疯狂Python讲义

（5周年纪念版）

李刚 编著

電子工業出版社
Publishing House of Electronics Industry
北京•BEIJING

内 容 简 介

这既是一本适合初学者入门 Python 的图书（一个 8 岁的小朋友在本书出版前已学习了很多章节并动手写出了自己的程序）；也是一本适合 Python 就业的图书，因为本书涵盖了网络编程、数据分析、网络爬虫等大量企业实用的知识。

本书全面而深入介绍了 Python 编程的相关内容，全书内容大致可分为四个部分。第一部分系统讲解 Python 的基本语法结构、函数编程、类和对象、模块和包、异常处理等核心语法；第二部分主要介绍 Python 常用的内置模块和包，包括 Python 的 JSON 和正则表达式支持、容器相关类、collections 包、Tkinter GUI 编程、I/O 编程、数据库编程、并发编程、网络通信编程等内容，这部分内容既是掌握 Python 编程的核心，也是 Python 进阶的关键基础；第三部分主要介绍 Python 开发工程化方面的内容，包括如何为 Python 程序编写符合格式的文档注释、提取文档注释生成帮助文档、为 Python 程序编写测试用例、程序打包等内容；第四部分则属于“Python 项目实战”，这部分引入了 pygame、Matplotlib、Pygal、Scrapy 这些第三方包，通过项目介绍 Python 游戏开发、大数据展示、网络爬虫等热门技能，尤其是网络爬虫和大数据展示，均是当下 Python 最热的就业岗位。

与“疯狂体系”图书类似，虽然我会尽量让本书的讲解通俗易懂（毕竟一个 8 岁的小朋友也能阅读此书），但我创作“疯狂体系”图书的初衷从来就不是“简单”和“入门”，本书所覆盖的 Python 的深度和广度，是很多书籍所不能比拟的。本书涉及大量实用案例开发：五子棋游戏、画图板、桌面弹球、合金弹头、大数据展示、基于网络的各国人均 GDP 对比、基于爬虫的招聘热点分析、基于爬虫的高清图片下载、基于 Scrapy+Selenium 的微博登录……设计这些案例的初衷不是“简单”和“入门”，而是让读者学以致用、激发编程自豪感，进而引爆内心的编程激情。因此对于那些仅图简单的读者，建议不要选择此书。本书课后习题共包括 110 道循序渐进的 Python 练习题（面试题），读者可通过这些练习题巩固所学、为面试做准备。

本书为所有打算深入掌握 Python 编程的读者而编写，适合各种层次的 Python 学习者和工作者阅读，也适合作为大学教育、培训机构的 Python 教材。但如果只是想简单涉猎 Python，则本书内容过于庞大，不适合阅读。

图书在版编目（CIP）数据

疯狂 Python 讲义：5 周年纪念版 / 李刚编著. —北京：电子工业出版社，2023.1
ISBN 978-7-121-44752-5

Ⅰ. ①疯… Ⅱ. ①李… Ⅲ. ①软件工具－程序设计 Ⅳ. ①TP311.561

中国版本图书馆 CIP 数据核字（2022）第 244744 号

责任编辑：张月萍
文字编辑：葛　娜
印　　刷：三河市良远印务有限公司
装　　订：三河市良远印务有限公司
出版发行：电子工业出版社
　　　　　北京市海淀区万寿路 173 信箱　　　　邮编：100036
开　　本：787×1092　1/16　　印张：39.75　　字数：1184 千字
版　　次：2019 年 1 月第 1 版
　　　　　2023 年 1 月第 2 版
印　　次：2023 年 1 月第 1 次印刷
定　　价：103.00 元

凡所购买电子工业出版社图书有缺损问题，请向购买书店调换。若书店售缺，请与本社发行部联系，联系及邮购电话：（010）88254888，88258888。

质量投诉请发邮件至 zlts@phei.com.cn，盗版侵权举报请发邮件至 dbqq@phei.com.cn。

本书咨询联系方式：010-51260888-819，faq@phei.com.cn。

前　言

创作本书纯属偶然，起因是我儿子想学编程。当他想报编程兴趣班时，居然没报上、满额了，而他是一个对生活充满好奇的小孩，望着他满是失落的眼睛，我想不如我来教吧，毕竟我曾经教了那么多别人的孩子。

我的想法是：挑一门上手足够容易的语言来教，毕竟他只是一个 8 岁的小孩。首先排除了 Java 和 C，虽然我自己用这两种语言比较多，但对于小孩来说，上手它们显得有些枯燥；也考虑过 Swift 或 Kotlin，能迅速带着做点手机小游戏比较酷，后来又觉得搭建运行环境有点费事；还是选一种能解释执行的脚本语言吧，我想到了 Python 或 Ruby，后来又了解到那个兴趣班教的就是 Python，那就选 Python 吧。

于是，他开始了自己的 Python 学习之旅。而我完全被困住了：每当他遇到一点问题就要来问我。这肯定不行，得找本书让他自己看，这样他就不用来烦我了。我是一个非常挑剔的人，找了不少书，却发现很少有合适的——有些书上手简单，但完全没有按照 Python 本身的知识体系讲解，单纯地为了简单而简单；有些书略微系统一些，却讲得晦涩难懂。典型来说，仅仅一个变量的概念，几乎没有一本书能通俗地讲明白。实际上，初学者并不需要知道变量的概念定义，他只要把变量当成一个小的“容器”，懂得对变量赋值就是把东西“装入”变量即可。那么我还是自己写一本吧，毕竟我曾经为别人写了那么多书。

创作这本书时，我有两点考虑。

1. 讲解要尽量通俗，避免搞那些晦涩的概念

编程，首要的是能动手编，让简单的程序跑起来。动手编得多了，那些概念的意义自然就浮现出来了。就像一个外星人来到地球，从未见过桌子，找个人一直给他讲桌子的概念，要他务必先理解桌子的概念，外星人的感觉一定是非常困惑；尝试用不同的方法：找一堆桌子放在一起，一张桌子、一张桌子给他看，让他在桌子上写字、用电脑、吃饭，甚至把桌子拆开给他看，相信外星人很快就能理解“什么是桌子”了。对于编程初学者而言，他们何尝不是刚来到地球的外星人？

2. 知识体系要完善，而且遵循 Python 内在的逻辑

一直以来，我写的书通常比较厚、内容也比较多。这和我挑剔的个性有关：既然做一件事情，当然要尽力做好它；否则干脆别做。一门工业级的编程语言，它不是玩具，它本身有那么多的知识点。**不管你学还是不学，编程语言本身的内容就在那里！不管作者写还是不写，编程语言本身的内容就在那里**。我写书总会尽量做到“够用”，起码认真学完这本书之后，不会随便遇到一个编程问题就只能问百度。

既要有完备的知识体系，又要详细讲透这些内容，书的篇幅自然就多了。同样的知识内容，一本厚厚的、讲解细致的图书，和一本薄薄的、浮光掠影的图书，哪本更容易看懂？

在知识内容相同的前提下，如果看不懂一本内容丰富、讲解细致的书，看一本薄薄的、浮光掠影的图书反而能看懂？这完全没道理。

但有些读者确实这样说过，这一点我也能理解，存在“鸵鸟心态”的人，他并不是第一个：看不到的就当它不存在。有些书之所以薄，无非是两个知识点不讲：这也不讲，那也不讲！读者阅读的时候固然是轻松，因为内容少呀。就像学数学，如果只教一加一等于二，当然讲得简单、学得轻松；但等到真正做事时才发现：啊？还有二加三等于五？数学还有乘法？还有除法？然后发现这也不会，那也看不懂，后果就是遇到问题就上百度。这就是有些所谓的开发者，他们是“面向百度”编程的。这些开发者往往哀叹：做程序员太累了，一个问题往往要调半天甚至一天，其实他们根本不是调试，只是在找别人的代码、试别人的代码，运气好找到了合适的代码，问题就解决了；找不到合适的代码就只能哀叹了。

正因为基于以上两点考虑进行创作，因此初学者上手本书的门槛比较低，大部分读者都能迅速地通过学习本书内容写出自己的 Python 程序、运行自己的 Python 程序；但要坚持把本书学完也需要一定的毅力：书中内容确实比较多，而且后面内容更偏向实际应用开发。

编程图书不仅是用来“看”的，更是需要动手“练”的，正如先圣王阳明所倡导的：知行合一。学习本书需要读者认真练习书中每个示例程序，还需要读者认真完成全书在各章节后所配的 110 道 Python 练习题（面试题），如果读者需要获取关于课后习题的解决方法、编程思路，可以关注“疯狂讲义”微信公众号。另外，笔者创作了一套已销售过万份的 Python 视频课程，感兴趣的读者欢迎联系“疯狂讲义”微信公众号了解详情，相信图书与视频双管齐下会更加利于掌握 Python。需要说明的是，图书与课程并不是一一对应的关系。

本书有什么特点

本书并不是一本简单的 Python 入门教材，虽然本书上手门槛很低，但本书的知识体系很丰富。在过去的 5 年里，本书收获了不俗的销量，在各大电商科技图书排行榜上屡屡登顶。总结起来，本书具有如下三个特点。

1. 讲解通俗，上手门槛低

创作本书的最初目的决定了本书的上手门槛，本书不会故弄玄虚地纠缠于晦涩的概念，而是力求用浅显易懂的比喻引出概念、用口语化的方式介绍编程、用清晰的逻辑解释思路。

为了降低读者阅读的难度，书中代码的注释非常详细，几乎每两行代码就有一行注释。本书所有程序中关键代码以粗体字标出，也是为了帮助读者能迅速找到这些程序的关键点。

2. 案例驱动，引爆编程激情

本书不是知识点的铺陈，而是致力于将知识点融入实际项目的开发中，所以书中涉及大量 Python 案例：五子棋游戏、画图板、桌面弹球、合金弹头、大数据展示、各国人均 GDP 对比、基于爬虫的招聘热点分析、基于爬虫的高清图片下载、基于 Scrapy+Selenium 的微博登录……希望读者通过编写这些程序找到编程的乐趣。

3. 知识体系完备，直面企业开发实战

虽然本书在讲解上力求简单，但内容并不简单，全书知识体系完备且系统，不仅全方位地覆盖 Python 语言本身的语法，而且覆盖大数据展示、爬虫等 Python 的热门技术，这些内容能带领读者直面企业开发实战。

本书写给谁看

如果你仅仅想对 Python 有所涉猎，那么本书并不适合你；如果小朋友有兴趣学习本书，可先引导他阅读本书前半部分；如果你想全面掌握 Python 编程，并使用 Python 解决大数据分析、网络爬虫等实际企业开发项目，那么你应该选择本书，并认真学完此书。希望本书能引爆你内心潜在的编程激情，让你废寝忘食。

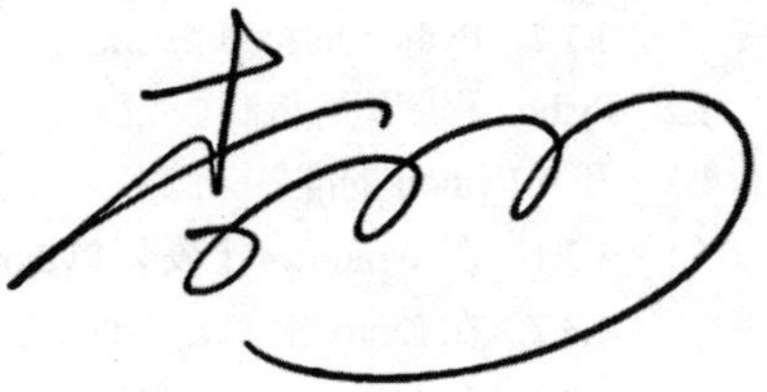

目录 CONTENTS

CHAPTER

1

第 1 章 Python 语言概述和开发环境

本章要点

- Python 的发展历史
- Python 语言的特点
- Python 程序的运行机制
- 在 Windows 上安装 Python 开发环境
- 在 Linux 上安装 Python 开发环境
- 在 Mac OS X 上安装 Python 开发环境
- 编写第一个 Python 程序
- 运行第一个 Python 程序
- 掌握交互式解释器的用法

伴随着大数据和人工智能的兴起，Python 这门“古老”的语言重新焕发出耀眼的光彩。实际上 Python 一直是一门优秀的编程语言，不仅简洁、易用，而且功能强大，它能做到的事情太多了——既可用于开发桌面应用，也可用于做网络编程，还可用于开发 Web 应用……可能正因为它能做到的方面太多，反而显得没有特别突出的一面。另外，由于 Python 非常简单，很多非专业人士都可使用 Python（我儿子 8 岁开始学编程，也是从 Python 开始的），这可能导致一些专业程序员对 Python 抱有偏见。

现在情况发生了改变，Python 在大数据和人工智能两个领域大放异彩，使得 Python 语言变得非常流行（目前 Python 排在商用语言排行榜的第 4 位），本书将会向读者详细介绍 Python 这门优秀的编程语言。本章重点介绍如何搭建 Python 的开发环境。

1.1 Python 简介

虽然软件产业的历史相对于人类历史只是白驹过隙，但世界上却存在非常多的编程语言，Python 就是其中之一。Python 语言算得上一门“古老”的编程语言，Python 流行这么久，必然有它的独到之处，下面我们简单介绍 Python 的相关情况。

1.1.1 Python 简史

Python 由 Guido van Rossum 于 1989 年年底出于某种娱乐目的而开发，Python 语言是基于 ABC 教学语言的，而 ABC 这种语言非常强大，是专门为非专业程序员设计的。但 ABC 语言并没有获得广泛的应用，Guido 认为是非开放造成的。

Python 的“出身”部分影响了它的流行，Python 上手非常简单，它的语法非常像自然语言，对非软件专业人士而言，选择 Python 的成本最低，因此某些医学甚至艺术专业背景的人，往往会选择 Python 作为编程语言。

Guido 在 Python 中避免了 ABC 不够开放的劣势，Guido 加强了 Python 和其他语言如 C、C++ 和 Java 的结合性。此外，Python 还实现了许多 ABC 中未曾实现的东西，这些因素大大提高了 Python 的流行程度。

2008 年 12 月，Python 发布了 3.0 版本（也常常被称为 Python 3000 或简称 Py3k）。Python 3.0 是一次重大的升级，为了避免引入历史包袱，Python 3.0 没有考虑与 Python 2.x 的兼容。这样导致很长时间以来，Python 2.x 的用户不愿意升级到 Python 3.0，这种割裂一度影响了 Python 的应用。

毕竟大势不可抵挡，开发者逐渐发现 Python 3.x 更简洁、更方便。现在，绝大部分开发者已经从 Python 2.x 转移到 Python 3.x，但有些早期的 Python 程序可能依然使用了 Python 2.x 语法。

2009 年 6 月，Python 发布了 3.1 版本。

2011 年 2 月，Python 发布了 3.2 版本。

2012 年 9 月，Python 发布了 3.3 版本。

2014 年 3 月，Python 发布了 3.4 版本。

2015 年 9 月，Python 发布了 3.5 版本。

2016 年 12 月，Python 发布了 3.6 版本。

……

提示

本书将以 Python 3.x 来介绍 Python 编程，也会简单对比 Python 2.x 与 Python 3.x 的语法差异。

目前，由于大数据、人工智能（AI）的流行，Python 变得比以往更加流行。在最新的 TIOBE 编程语言排行榜上，Python 已经迅速上升到第 4 位，仅次于 Java、C、C++。

> **提示**
>
> Java 占据了世界上绝大部分电商、金融、通信等服务端应用开发，而 C、C++占据了世界上绝大部分贴近操作系统的硬件编程，这三门语言的地位太难动摇了。

1.1.2 Python 的特点

Python 是一种面向对象、解释型、弱类型的脚本语言，它也是一种功能强大而完善的通用型语言。

相比其他编程语言（比如 Java），Python 代码非常简单，上手非常容易。比如我们要完成某个功能，如果用 Java 需要 100 行代码，但用 Python 可能只需要 20 行代码，这是 Python 具有巨大吸引力的一大特点。

Python 的两大特色是清晰的语法和可扩展性。Python 的语法非常清晰，它甚至不是一种格式自由的语言。例如，它要求 if 语句的下一行必须向右缩进，否则不能通过编译。

Python 的可扩展性体现为它的模块，Python 具有脚本语言中最丰富和强大的类库（这些类库被形象地称为“batteries included，内置电池”），这些类库覆盖了文件 I/O、GUI、网络编程、数据库访问、文本操作等绝大部分应用场景。此外，Python 的社区也很发达，即使一些小众的应用场景，Python 往往也有对应的开源模块来提供解决方案。

Python 作为一门解释型的语言，它天生具有跨平台的特征，只要为平台提供了相应的 Python 解释器，Python 就可以在该平台上运行。

> **提示**
>
> 解释型语言几乎天然是跨平台的。

Python 自然也具有解释型语言的一些弱点。

- 速度慢：Python 程序比 Java、C、C++等程序的运行效率都要慢。
- 源代码加密困难：不像编译型语言的源程序会被编译成目标程序，Python 直接运行源程序，因此对源代码加密比较困难。

上面两个问题其实不是什么大问题，关于第一个问题，由于目前计算机的硬件速度越来越快，软件工程往往更关注开发过程的效率和可靠性，而不是软件的运行效率；至于第二个问题，则更不是问题了，现在软件行业的大势本来就是开源，就像 Java 程序同样很容易反编译，但丝毫不会影响它的流行。

1.2 Python 程序运行机制

Python 是一门解释型的编程语言，因此它具有解释型语言的运行机制。

计算机程序，其实就是一组计算机指令集，能真正驱动机器运行的是机器指令，但让普通开发者直接编写机器指令是不现实的，因此就出现了计算机高级语言。高级语言允许使用自然语言（通常就是英语）来编程，但高级语言的程序最终必须被翻译成机器指令来执行。

高级语言按程序的执行方式可以分为编译型和解释型两种。

编译型语言是指使用专门的编译器，针对特定平台（操作系统）将某种高级语言源代码一次性“翻译”成可被该平台硬件执行的机器码（包括机器指令和操作数），并包装成该平台所能识别的可执行程序的格式，这个转换过程称为编译（Compile）。编译生成的可执行程序可以脱离开发环境，在特定的平台上独立运行。

有些程序编译结束后，还可能需要对其他编译好的目标代码进行链接，即组装两个以上的目标代码模块生成最终的可执行程序，通过这种方式实现低层次的代码复用。

因为编译型语言是一次性编译成机器码的，所以可以脱离开发环境独立运行，而且通常运行效率较高。但因为编译型语言的程序被编译成特定平台上的机器码，因此编译生成的可执行程序通常无法移植到其他平台上运行；如果需要移植，则必须将源代码复制到特定平台上，针对特定平台进行修改，至少需要采用特定平台上的编译器重新编译。

现有的 C、C++、Objective-C、Pascal 等高级语言都属于编译型语言。

解释型语言是指使用专门的解释器对源程序逐行解释成特定平台的机器码并立即执行的语言。解释型语言通常不会进行整体性的编译和链接处理，解释型语言相当于把编译型语言中的编译和解释过程混合到一起同时完成。

可以认为：每次执行解释型语言的程序都需要进行一次编译，因此解释型语言的程序运行效率通常较低，而且不能脱离解释器独立运行。但解释型语言有一个优势，就是跨平台比较容易，只需提供特定平台的解释器即可，每个特定平台上的解释器都负责将源程序解释成特定平台的机器指令。解释型语言可以方便地实现源程序级的移植，但这是以牺牲程序执行效率为代价的。

编译型语言和解释型语言的对比如图 1.1 所示。

此外，还有一种伪编译型语言，如 Visual Basic，它属于半编译型语言，并不是真正的编译型语言。它首先被编译成 P-代码，并将解释引擎封装在可执行程序内，当运行程序时，P-代码会被解析成真正的二进制代码。从表面上看，Visual Basic 可以编译生成可执行的 EXE 文件，而且这个 EXE 文件也可以脱离开发环境，在特定平台上运行，非常像编译型语言。实际上，在这个 EXE 文件中，既有程序的启动代码，也有链接解释程序的代码，而这部分代码负责启动 Visual Basic 解释程序，再对 Visual Basic 代码进行解释并执行。

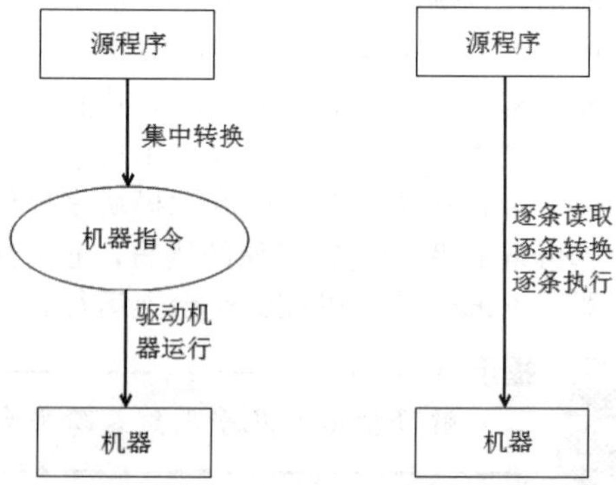

图 1.1 编译型语言和解释型语言

Python 语言属于解释型语言，因此运行 Python 程序时需要使用特定的解释器进行解释、执行。

解释型的 Python 语言天生具有跨平台的能力，只要为 Python 提供相应平台的解释器即可。接下来将会介绍为不同平台安装 Python 解释器。

1.3 开发 Python 的准备

在开发 Python 程序之前，必须先完成一些准备工作，也就是在计算机上安装并配置 Python 解释器。

1.3.1 在 Windows 上安装 Python

在 Windows 上安装 Python 请按如下步骤进行。

① 登录 https://www.python.org/downloads/页面，可以在该页面上看到两个下载链接。

- Download Python 3.6.x：下载 Python 3.x 的最新版。
- Download Python 2.7.x：下载 Python 2.x 的最新版。

从上面的链接可以看出，Python 同时维护 3.x 和 2.x 两个版本，这样既可让早期项目继续使用 Python 2.x，也可让新的项目使用 Python 3.x。

② 不要直接单击该页面上的两个下载链接，因为这两个链接总是下载 32 位的安装文件，但现在大部分 Windows 都是 64 位的，而 32 位 Python 无法在 64 位的 Windows 上运行。在该页面下方的“Looking for a specific release?”列表中选择“Python 3.6.x”，可以看到如图 1.2 所示的下载列表。

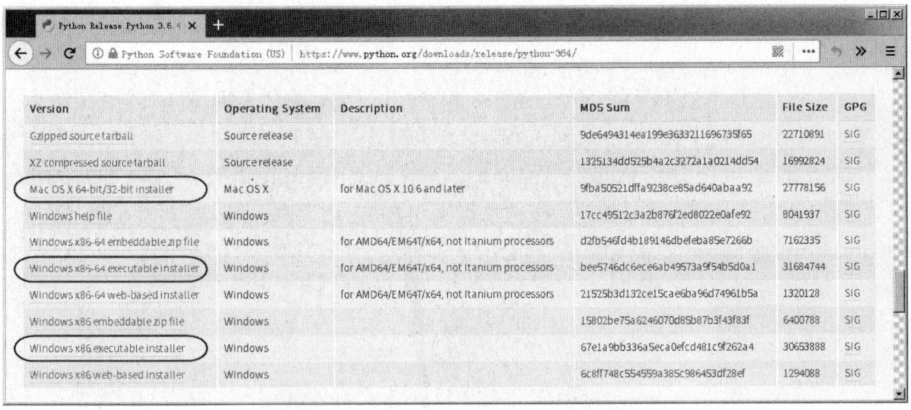

图 1.2 下载 Python 的安装程序

在下载列表中以“Windows x86-64”开头的链接才是 64 位的 Python 安装程序；以“Windows x86”开头的链接只是 32 位的 Python 安装程序。

③ 根据 Windows 系统平台下载合适的安装程序（64 位的平台下载 64 位的安装程序，32 位的平台下载 32 位的安装程序），本书以 64 位的安装程序为例，下载完成后得到 python-3.6.x-amd64.exe 安装文件。

如果在“Looking for a specific release?”列表中选择“Python 2.7.x”，也可以看到如图 1.2 所示的下载页面，通过这种方式下载平台对应的 Python 2.7.x 安装程序，下载完成后会得到一个 python-2.7.x.amd64.msi 安装文件。

④ 双击 python-3.6.x-amd64.exe 文件，系统将会开启 Python 安装向导，如图 1.3 所示。

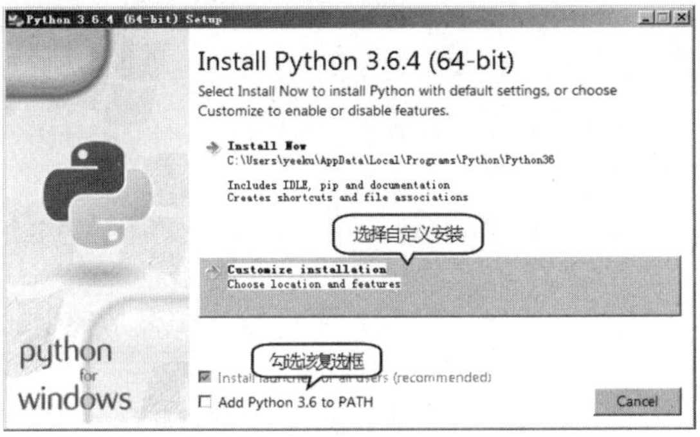

图 1.3 Python 安装向导

⑤ 勾选“Add Python 3.6 to PATH”复选框，可以将 Python 命令工具所在目录添加到系统 Path 环境变量中；单击“Customize installation”，可以在安装时指定自定义的安装路径。单击该选项即可开始安装。

在接下来的安装界面中只要改变 Python 的安装路径（建议安装在指定盘符的根路径下，比如安装在 D:\Python\目录下），其他地方使用默认选项即可。

安装完成后，启动 Windows 的命令行程序，在命令行窗口中输入“python”命令（字母 p 是小写的），如果出现 Python 提示符（>>>），就说明安装成功了。

```
    D:\>python
    Python 3.6.4 (v3.6.4:d48eceb, Dec 19 2017, 06:54:40) [MSC v.1900 64 bit (AMD64)]
on win32
    Type "help", "copyright", "credits" or "license" for more information.
    >>>
```

使用 python 命令启动的就是 Python 的交互式解释器，如果要退出交互式解释器，则可按“Ctrl+Z”快捷键或使用 exit()命令。

双击 python-2.7.x.amd64.msi 文件，按上面③④步的方式同时安装 Python 2.7.x，此次安装不要将 Python 命令工具添加到系统 Path 环境变量中。

安装完成后，电脑上将同时存在 Python 3.x 和 Python 2.x 的运行环境，直接在命令行窗口中输入"python"命令将会运行 Python 3（因为 Python 3 被添加在 Path 环境变量中）；在命令行窗口输入"python2"命令的绝对路径也可运行 Python 2（本书的 Python 2 被安装在 D:\ Python\Python27 目录下）。

```
D:\>D:\Python\Python27\python
Python 2.7.14 (v2.7.14:84471935ed, Sep 16 2017, 20:25:58) [MSC v.1500 64 bit (AMD64)] on win32
Type "help", "copyright", "credits" or "license" for more information.
>>>
```

提示

在 Windows 的"开始"菜单中也可找到 Python 3.x 和 Python 2.x 的菜单组，在这些菜单组中可找到 Python 提供的 IDLE 工具，该工具是一个简易开发环境，提供了简易的 Python 编辑工具，编辑完成后按 F5 键即可运行 Python 程序。

1.3.2 在 Linux 上安装 Python

在通常情况下，Linux 系统默认自带了 Python 开发环境。下面以 Ubuntu 为例来介绍在 Linux 系统上安装 Python 的步骤。

（1）通过系统的 Terminal（可通过"Ctrl+Alt+T"快捷键）启动命令行窗口，在该命令行窗口中输入 python 命令（注意，字母 p 是小写的）。

```
$ python
Python 2.7.12 (default, Dec 4 2017, 14:50:18)
[GCC 5.4.0 20160609] on linux2
Type "help", "copyright", "credits" or "license" for more information.
>>>
```

上面的命令行同样显示了 Python 提示符（>>>），这表明该 Ubuntu 系统上已经存在 Python 2 开发环境，直接执行 python 命令来启动 Python 2 开发环境。

使用 python 命令启动的是 Python 的交互式解释器，如果希望退出该交互式解释器，则可按"Ctrl+D"快捷键或使用 exit()命令。

如果要检查在 Ubuntu 系统上是否安装了 Python 3，则可在 Terminal 命令行窗口中输入 python3 命令。

```
$ python3
Python 3.5.2 (default, Nov 23 2017, 16:37:01)
[GCC 5.4.0 20160609] on linux2
Type "help", "copyright", "credits" or "license" for more information.
>>>
```

如果上面的命令行同样显示了 Python 提示符（>>>），则表明该 Ubuntu 系统上已经存在 Python 3 开发环境，执行 python3 命令来启动 Python 3 开发环境。

如果嫌 Ubuntu 系统内置的 Python 3 版本不够新，或者希望安装指定版本的 Python 交互式解释器，那么只要执行如下两条简单的命令即可。

```
$ sudo apt-get update
$ sudo apt-get install python3.6
```

上面的第一条命令指定更新/etc/apt/sources.list 和/etc/apt/sources.list.d 所列出的源地址，这样保证能获得最新的软件包；第二条命令则指定安装 Python 3.6。

在成功执行上面的命令之后，再次在 Terminal 命令行窗口中输入 python3 命令，即可看到 Python 3

交互式解释器更新到 Python 3.6。

1.3.3 在 Mac OS X 上安装 Python

最新版的 Mac OS X 系统通常已经安装了 Python 2，为了检查系统中是否已安装 Python，启动该系统的终端窗口（Terminal），在该窗口中输入“python”命令，将会看到系统提示 Python 2.x 已安装成功。

```
$ python
Python 2.7.10 (default, Jul 15 2017, 17:16:57)
[GCC 4.2.1 Compatible Apple LLVM 9.0.0 (clang-900.0.31)] on darwin
Type "help", "copyright", "credits" or "license" for more information.
>>>
```

从上面的运行结果可以看出，该 Mac OS X 系统已经安装了 Python 2.7.10。

如果要检查 Mac OS X 上是否安装了 Python 3，可以在终端窗口中输入“python3”命令，如果系统提示“command not found”，则表明该系统暂未安装 Python 3。

在 Mac OS X 上安装 Python 3 请按如下步骤进行。

① 登录 https://www.python.org/downloads/页面，在该页面下方的“Looking for a specific release?”列表中选择“Python 3.6.x”，可以看到如图 1.2 所示的下载列表。

在下载列表中单击以“Mac OS X”开头的链接（在 Mac OS X 平台上 Python 安装程序同时兼容 32 位和 64 位系统），下载完成后得到一个 python-3.6.4-macosx10.6.pkg 安装包。

② 双击 python-3.6.4-macosx10.6.pkg 文件，系统将会开启 Python 安装向导，如图 1.4 所示。

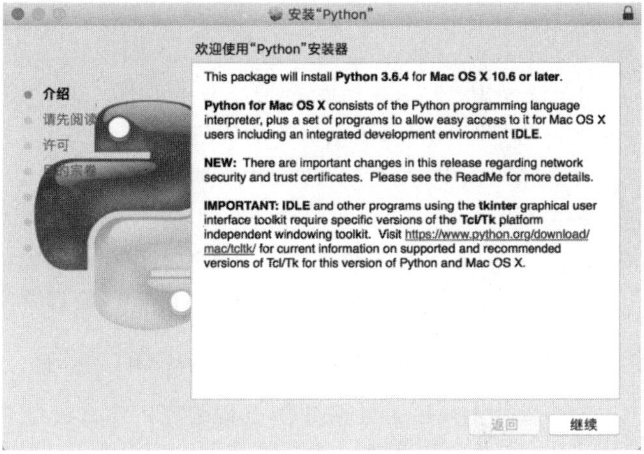

图 1.4 Python 安装向导

③ 按照图 1.4 所示的安装向导一步一步向下安装，一切保持默认即可。

安装完成后，电脑上将同时存在 Python 3.x 和 Python 2.x 的运行环境，直接在命令行窗口中输入“python”命令将会运行 Python 2；在命令行窗口中输入“python3”命令将会运行 Python 3。

```
$ python3
Python 3.6.4 (v3.6.4:d48ecebad5, Dec 18 2017, 21:07:28)
[GCC 4.2.1 (Apple Inc. build 5666) (dot 3)] on darwin
Type "help", "copyright", "credits" or "license" for more information.
>>>
```

与 Windows 平台类似的是，安装 Python 3 之后，在 Mac OS X 的程序列表中同样会多出一个 IDLE 工具，该工具就是 Python 3 的简易开发环境。

1.4 第一个 Python 程序

接下来按照惯例开始编写第一个程序：Hello World。

1.4.1 编辑 Python 源程序

在安装 Python 时已经提供了一个简单的编辑工具：IDLE，开发者使用 IDLE 即可编写 Python

程序。

如果开发者不习惯使用 IDLE，则可使用任何熟悉的无格式文本编辑器编写 Python 程序，在 Windows 操作系统上可使用 EditPlus、Notepad++、UltraEdit 等程序；在 Linux 平台上可使用 vim、gedit 等工具；在 Mac OS X 上可使用 TextEdit、Sublime Text 等工具。

编写 Python 程序不要使用写字板，更不可使用 Word 等文档编辑器。因为写字板、Word 等工具是有格式的编辑器，当使用它们编辑一份文档时，这个文档中会包含一些隐藏的格式化字符，这些隐藏的字符会导致程序无法正常编译、运行。

在记事本中新建一个文本文件，并在该文件中输入如下代码。

程序清单：codes\01\1.4\hello_world.py

```
print("Hello World")
```

该 Python 程序只要一行代码，这行代码用于在屏幕（不是打印机）上输出一行简单的字符串。在编辑上面的 Python 文件时，请严格注意程序中粗体字标识的单词的大小写，Python 程序严格区分大小写。

注意

Python 程序不要求语句使用分号结尾，当然也可以使用分号，但并没有实质的作用（除非同一行有更多的代码），而且这种做法也不是 Python 推荐的。

上面程序中的 print 在 Python 3 中是一个函数，而"Hello World"是传给该函数的一个参数。简而言之，这是一行“调用函数”的代码。

上面代码在 Python 2 中则应该写成如下形式。

```
print "Hello World"
```

此时的 print 不是函数，而是一条输出语句，后面的"Hello World"则是被输入的字符串。

将上面文本文件保存为 hello_world.py，该文件就是 Python 程序的源程序。

1.4.2　使用 IDLE 运行 Python 程序

如果使用 IDLE 工具编辑 Python 程序，那么运行 Python 程序非常容易，在该工具的主菜单中单击“Run”→“Run Module”菜单项（或直接按 F5 键），即可运行编辑器内的 Python 程序。

运行后的效果如图 1.5 所示。

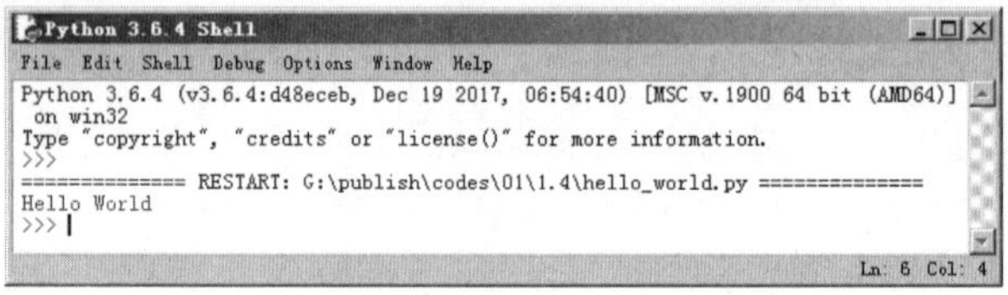

图 1.5　使用 IDLE 运行 Python 程序

1.4.3　使用命令行工具运行 Python 程序

运行 Python 程序实际上使用的是“python”命令，启动命令行窗口，进入 hello_world.py 所在的位置，在命令行窗口中直接输入如下命令。

```
python hello_world.py
```

运行上面的命令，将看到如下输出结果。

```
Hello World
```

这表明 Python 程序运行成功。

可以看出，使用“python”命令的语法非常简单，该命令的语法格式如下：

```
python <Python 源程序路径>
```

当进入 Python 源程序所在位置运行该命令时，可以只输入文件名即可，这相当于使用文件名作为相对路径。

注意

Windows 系统不区分大小写，在 Windows 平台上输入 Python 源程序路径时可以不区分大小写；Mac OS X 或 Linux 系统都区分大小写，因此在这两个平台上输入 Python 源程序路径时一定要注意大小写问题。

如果在 Windows 上使用 EditPlus 作为 Python 的编辑工具，则可以使用 EditPlus 把“python”命令集成进来，从而直接在 EditPlus 编辑器中运行 Python 程序，而无须每次都启动命令行窗口。

在 EditPlus 中集成 python 命令按如下步骤进行。

① 选择 EditPlus 的“工具”→“配置用户工具”菜单，弹出如图 1.6 所示的对话框。

② 单击“组名称”按钮来设置工具组的名称，例如输入“Python 工具组”。然后单击“添加工具”按钮，并选择“程序”选项，输入“python”命令的用法和参数，输入成功后将看到如图 1.7 所示的界面。

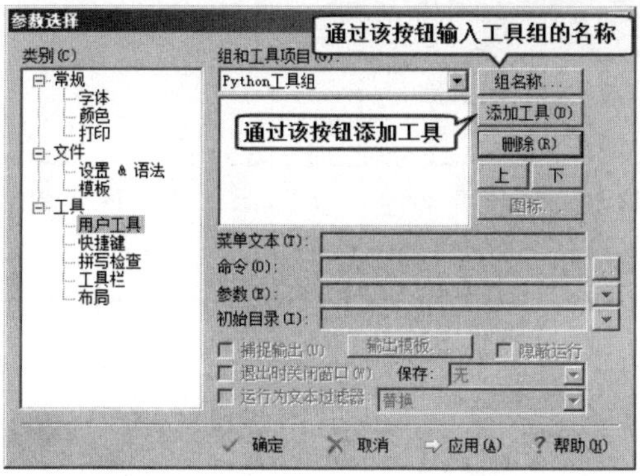

图 1.6　集成用户工具的对话框

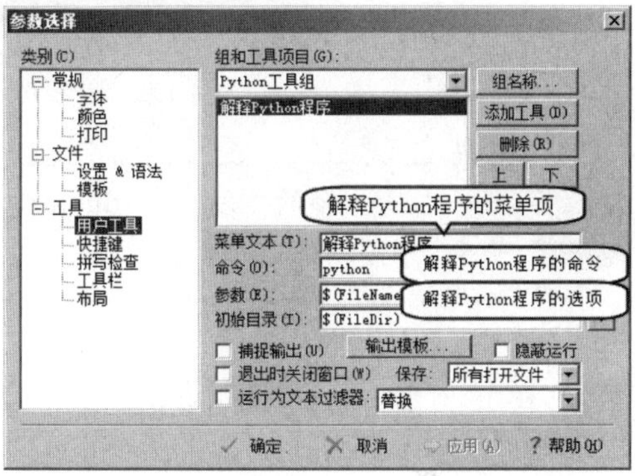

图 1.7　集成解释 Python 程序的工具

③ 单击“确定”按钮，返回 EditPlus 主界面。再次选择 EditPlus 的“工具”菜单，将看到该菜单中增加了“解释 Python 程序”菜单项，单击该菜单项即可运行 EditPlus 当前打开的 Python 源程序。

如果在 Mac OS X 上使用 Sublime Text 编辑 Python 程序，同样也可集成“python”命令来运行 Python 程序，从而避免每次都启动终端窗口。

在 Sublime Text 工具中集成运行 Python 程序的“python”命令，可按如下步骤进行。

① 在 Sublime Text 的主菜单中选择“Tools”→“Build System”→“New Build System...”菜单项，Sublime Text 工具将会打开一个新的配置文件，将该配置文件中的内容改为如下形式。

```
{
    "cmd": ["python3", "-u", "$file"]
}
```

上面文件指定运行“python3”命令来解释运行当前文件（$file 代表当前文件）。将该配置命名为“Python3.sublime-build”，并保存在默认目录下（当选择保存时 Sublime Text 默认打开的目录）。

提示

Python3.sublime-build 就是 Sublime Text 自定义构建系统的配置文件，该文件默认保存在/Users/用户名/Library/Application Support/Sublime Text 3/Packages/User 目录下。

② 重启 Sublime Text 工具，此时即可在 Sublime Text 的“Tools”→“Build System”菜单中看到新增的“Python 3”菜单项，勾选该菜单项，就是告诉 Sublime Text 将要使用前一步定义的配置文件。

③ 选择 Sublime Text 的“Tools”→“Build”菜单项（或按“command+B”快捷键），即可运行当前打开的 Python 程序。在 Sublime Text 窗口底部将会显示运行结果，如图 1.8 所示。

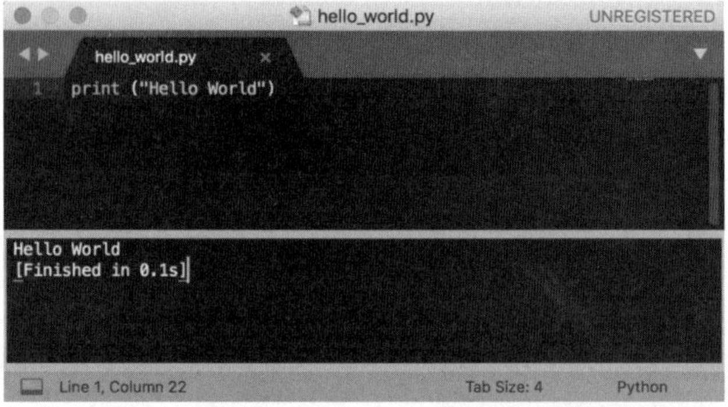

图 1.8　在 Sublime Text 中集成 Python 工具

提示

上面介绍的方法是在 Sublime Text 中集成“python3”命令，实际上也可按该步骤集成“python2”命令。

1.5　交互式解释器

为了让开发者能快速学习、测试 Python 的各种功能，Python 提供的“python”命令不仅能用于运行 Python 程序，也可作为一个交互式解释器——开发者逐行输入 Python 代码，它逐行解释执行。

当输入“python”命令时，可以看到如下输出结果。

```
G:\python
Python 3.6.4 (v3.6.4:d48eceb, Dec 19 2017, 06:54:40) [MSC v.1900 64 bit (AMD64)]
on win32
Type "help", "copyright", "credits" or "license" for more information.
>>>
```

交互式解释器提示当前使用的是 Python 3.6.4，后面的“>>>”就是交互式解释器的提示符。接下来用户可在该提示符后输入如下命令。

```
>>>print("Hello World")
```

按回车键后，交互式解释器就会解释执行这行代码，生成如下输出结果。

```
Hello World
>>>
```

从上面的输出结果可以看出，交互式解释器执行完 print("Hello World")之后，再次显示“>>>”，用于提示用户可以再次输入 Python 命令。

如果随便输入一段内容，例如输入 crazyit，将可以看到如下输出结果。

```
>>> crazyit
Traceback (most recent call last):
  File "<stdin>", line 1, in <module>
NameError: name 'crazyit' is not defined
>>>
```

交互式解释器提示 crazyit 没有定义。这表明该交互式解释器完全可作为一个“快速演练场”，既可用于学习各种新语法，也可用于测试各种功能。

再比如输入 5**4（其中**是乘方运算符），可以看到如下输出。

```
>>> 5**4
625
>>>
```

从上面的输出结果可以看出，交互式解释器帮我们计算了 5 的 4 次方的结果。

提示：

需要说明的是，如果直接在 Python 程序中写 5**4 不会有任何效果，这是因为 5**4 只是表示一次计算，既没有让 Python 输出计算结果，也没有将该结果赋值给任何变量。但交互式解释器总是将所有表达式的值打印出来，这样才能与开发者交互，所以可以看到 5**4 的结果是 625。

实际上，你可以在其中输入任何复杂的算式（甚至包括复数运算，Python 支持复数运算），交互式解释器总可以帮你得到正确的结果。这也是很多非专业程序员喜欢 Python 的一个原因：即使你不是程序员，但只要输入想执行的运算，交互式解释器就能告诉你正确的答案。

从这个角度来看，Python 的交互式解释器相当于一个功能无比强大的“计算器”，比 Windows、Mac OS X 系统自带的计算器的功能强大多了，让我们就从这个强大的“计算器”开始学习 Python 编程吧。

交互式解释器的运行效果如图 1.9 所示。

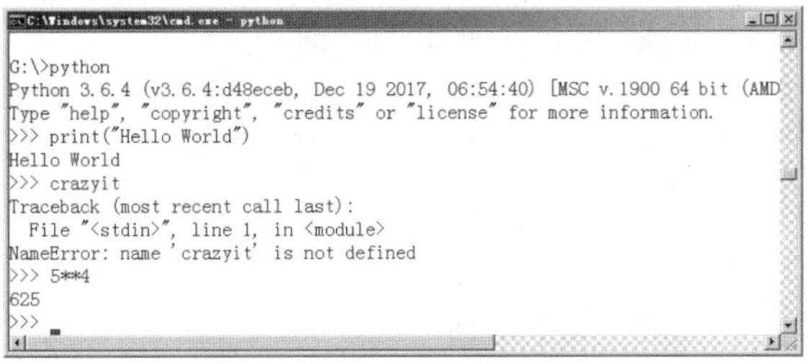

图 1.9　交互式解释器

1.6　本章小结

本章主要介绍了 Python 开发环境的搭建。本章先简要介绍了 Python 语言的发展历史和特征，并大致讲解了 Python 作为解释型语言的特征。本章详细介绍了如何安装 Python 开发环境，包括在 Windows、Linux、Mac OS X 这三个平台上如何搭建 Python 开发环境。

本章还介绍了如何运行 Python 程序，包括使用命令行工具和使用 Python 自带的 IDLE 工具来运行 Python 程序。为了方便读者在不同平台上开发 Python 程序，本章还介绍了配置在 EditPlus、Sublime Text 工具中运行 Python 程序的方法。

本章最后介绍了 Python 的交互式解释器，这是一个非常实用的工具，开发者可以通过该工具测试 Python 功能、查看帮助信息等，希望读者熟练掌握该工具。

≫本章练习

1. 搭建自己的 Python 开发环境。
2. 编写第一个 Python 程序，运行该程序时输出“Hello, World!”。
3. 使用 Python 交互式解释器执行加法、减法、乘法、除法、三角函数等常见的数学运算。

CHAPTER

2

第2章 变量和简单类型

本章要点

- 单行注释和多行注释
- Python 是弱类型语言
- Python 变量的特征
- Python 变量命名规则
- Python 关键字和内置函数
- Python 支持的各种数值类型
- Python 字符串入门
- 拼接字符串的方法
- repr 和字符串
- 使用 input 和 raw_input 获取用户输入
- 长字符串和原始字符串
- 字符串格式化
- 字符串的相关方法
- Python 的赋值运算符
- Python 的算术运算符
- Python 的位运算符
- Python 的扩展后的赋值运算符
- Python 的索引运算符
- Python 的比较运算符
- Python 的逻辑运算符
- Python 的三目运算符
- Python 的 in 运算符

所有编程语言的第一个功能肯定是定义变量，变量是编程的起始点，程序用到的各种数据都是存储在变量内的。Python 是一门弱类型语言，弱类型包含两方面的含义：①所有的变量无须声明即可使用，或者说对从未用过的变量赋值就是声明了该变量；②变量的数据类型可以随时改变，同一个变量可以一会儿是数值型，一会儿是字符串型。

本章作为学习 Python 编程的基础，将会向读者详细介绍使用变量的方法。此外，本章会重点介绍 Python 的整型、浮点型、字符串等基础类型，并通过示例介绍各种数据类型的功能、用法，以及相关注意事项。

本章的另一个重点内容是运算符。Python 提供了一系列功能丰富的运算符，包括所有的算术运算符，以及功能丰富的位运算符、比较运算符、逻辑运算符，这些运算符是 Python 编程的基础。将运算符和操作数连接在一起就形成了表达式。

2.1 单行注释和多行注释

为程序添加注释可以用来解释程序某些部分的作用和功能，提高程序的可读性。除此之外，注释也是调试程序的重要方式。在某些时候，我们不希望编译、执行程序中的某些代码，这时就可以将这些代码注释掉。

当然，添加注释的最大作用还是提高程序的可读性！很多时候，笔者宁愿自己写一个应用，也不愿意去改进别人的应用，没有合理的注释是一个重要原因。

虽然良好的代码可自成文档，但我们永远也不清楚今后读这段代码的人是谁，他是否和你有相同的思路。或者一段时间以后，你自己也不清楚当时写这段代码的目的了。通常而言，合理的代码注释应该占源代码的 1/3 左右。

Python 语言允许在任何地方插入空字符或注释，但不能插入到标识符和字符串中间。

Python 源代码的注释有两种形式：

- 单行注释
- 多行注释

Python 使用井号（#）表示单行注释的开始，跟在“#”号后面直到这行结束为止的代码都将被解释器忽略。单行注释就是在程序中注释一行代码，在 Python 程序中将井号（#）放在需要注释的内容之前就可以了。

多行注释是指一次性将程序中的多行代码注释掉，在 Python 程序中使用三个单引号或三个双引号将注释的内容括起来。

下面代码中增加了单行注释和多行注释。

程序清单：codes\02\2.1\comment_test.py

```
# 这是一行简单的注释
print("Hello World!")
'''
这里面的内容全部是多行注释
Python 语言真的很简单
'''
# print("这行代码被注释了，将不会被编译、执行!")
"""
这是用三个双引号括起来的多行注释
Python 同样是允许的
"""
```

上面程序代码中粗体字部分就是程序的注释，这些注释对程序本身没有任何影响，这些注释内容的主要作用就是“给人看”，向人提供一些说明信息，Python 解释器会忽略这些注释内容。

此外，添加注释也是调试程序的一个重要方法。如果觉得某段代码可能有问题，可以先把这段代码注释起来，让 Python 解释器忽略这段代码，再次编译、运行，如果程序可以正常执行，则可以说明错误就是由这段代码引起的，这样就缩小了错误所在的范围，有利于排错；如果依然出现相同的错误，则可以说明错误不是由这段代码引起的，同样也缩小了错误所在的范围。

2.2 变量

无论使用什么语言编程，总要处理数据，处理数据就需要使用变量来保存数据。

形象地看，变量就像一个个小容器，用于“盛装”程序中的数据。常量同样也用于“盛装”程序中的数据。常量与变量的区别是：常量一旦保存某个数据之后，该数据就不能发生改变；但变量保存的数据则可以多次发生改变，只要程序对变量重新赋值即可。

Python 使用等号（=）作为赋值运算符，例如 a = 20 就是一条赋值语句，这条语句用于将 20 装入变量 a 中——这个过程就被称为赋值：将 20 赋值给变量 a。

Python 是弱类型语言，弱类型语言有两个典型特征。

- 变量无须声明即可直接赋值：对一个不存在的变量赋值就相当于定义了一个新变量。
- 变量的数据类型可以动态改变：同一个变量可以一会儿被赋值为整数值，一会儿被赋值为字符串。

2.2.1 Python 是弱类型语言

对于没有编程基础的读者（甚至是小孩子，比如我儿子也在学习这本书），可以先不编写真正的 Python 程序，而是先打开 Python 的交互式解释器，在这个交互式解释器中“试验”Python。

下面先在 Python 解释器中输入如下内容。

```
>>> a = 5
>>>
```

上面代码没有生成任何输出，只是向交互式解释器中存入了一个变量 a，该变量 a 的值为 5。

如果我们想看到某个变量的值，可以直接在交互式解释器中输入该变量。例如，此处想看到变量 a 的值，可以直接输入 a。

```
>>> a
5
>>>
```

从上面的交互式过程可以看到，交互式解释器输出变量 a 的值：5。

接下来，如果改变变量 a 的值，只要将新的值赋给（装入）变量 a 即可，新赋的值会覆盖原来的值。例如：

```
a = 'Hello, Charlie'
>>>
```

此时变量 a 的值就不再是 5 了，而是字符串"Hello, Charlie"，a 的类型也变成了字符串。下面再次输入 a，让交互式解释器显示 a 的值。

```
>>> a
'Hello, Charlie'
```

如果想查看此时 a 的类型，可以使用 Python 的 type()函数。

提示：

形象地说，函数就相当于一个有魔法的“黑盒子”，你可以向这个“黑盒子”提供一些数据，这个“黑盒子”会对这些数据进行处理，这种处理包括转换和输出结果。比如 print()也是一个函数，它的作用就是输出传入的数据。此处 type()函数的作用则用于输出传入数据的类型。

在交互式解释器中输入：

```
>>> type(a)
<class 'str'>
>>>
```

此时可以看到 a 的类型是 str。

将上面的交互过程转换成真正的 Python 程序——只要将交互式过程中输入的每行代码放在一个文件中，并使用 print()函数来输出变量（在交互式解释器中只要输入变量名，交互式解释器就会输出变量的值；但在 Python 程序中则必须使用 print()函数来输出变量），将该文件保存为以.py 结尾的源文件即可。上面的交互过程对应的程序如下。

程序清单：codes\02\2.2\weak_type.py

```
# 定义一个数值类型变量
a = 5
print(a)
# 重新将字符串赋值给 a 变量
a = 'Hello, Charlie'
print(a)
print(type(a))
```

运行上面的程序，没有任何问题，可以看到如下输出结果。

```
5
Hello, Charlie
<type 'str'>
```

2.2.2 使用 print 函数输出变量

前面使用 print()函数时都只输出了一个变量，但实际上 print()函数完全可以同时输出多个变量，而且它具有更多丰富的功能。print()函数的详细语法格式如下：

```
print(value, ..., sep=' ', end='\n', file=sys.stdout, flush=False)
```

从上面的语法格式可以看出，value 参数可以接受任意多个变量或值，因此 print()函数完全可以输出多个值。例如如下代码。

程序清单：codes\02\2.2\print_test.py

```
user_name = 'Charlie'
user_age = 8
# 同时输出多个变量和字符串
print("读者名:" , user_name, "年龄:", user_age)
```

运行上面代码，可以看到如下输出结果。

```
读者名: Charlie 年龄: 8
```

从输出结果来看，使用 print()函数输出多个变量时，print()函数默认以空格隔开多个变量，如果读者希望改变默认的分隔符，可通过 sep 参数进行设置。例如输出语句：

```
# 同时输出多个变量和字符串，指定分隔符
print("读者名:" , user_name, "年龄:", user_age, sep='|')
```

运行上面代码，可以看到如下输出结果。

```
读者名:|Charlie|年龄:|8
```

在默认情况下，print()函数输出之后总会换行，这是因为 print()函数的 end 参数的默认值是“\n”，这个“\n”就代表了换行。如果希望 print()函数输出之后不会换行，则重设 end 参数即可，例如如下代码。

```
# 设置 end 参数，指定输出之后不再换行
print(40, '\t', end="")
print(50, '\t', end="")
print(60, '\t', end="")
```

上面三条 print()语句会执行三次输出，但由于它们都指定了 end=""，因此每条 print()语句的输出都不会换行，依然位于同一行。运行上面代码，可以看到如下输出结果。

```
40      50      60
```

file 参数指定 print()函数的输出目标，file 参数的默认值为 sys.stdout，该默认值代表了系统标准输出，也就是屏幕，因此 print()函数默认输出到屏幕。实际上，完全可以通过改变该参数让 print()函数输出到特定文件中，例如如下代码。

```
f = open("poem.txt", "w") # 打开文件以便写入
print('沧海月明珠有泪', file=f)
print('蓝田日暖玉生烟', file=f)
f.close()
```

提示

上面程序中的 open()函数用于打开一个文件，本书第 12 章还会详细介绍关于文件操作的内容。

print()函数的 flush 参数用于控制输出缓存，该参数一般保持为 False 即可，这样可以获得较好的性能。

2.2.3 变量的命名规则

Python 需要使用标识符给变量命名，其实标识符就是用于给程序中变量、类、方法命名的符号（简单来说，标识符就是合法的名字）。Python 语言的标识符必须以字母、下画线（_）开头，后面可以跟任意数目的字母、数字和下画线（_）。此处的字母并不局限于 26 个英文字母，可以包含中文字符、日文字符等。

由于 Python 3 支持 UTF-8 字符集，因此 Python 3 的标识符可以使用 UTF-8 所能表示的多种语言的字符。Python 语言是区分大小写的，因此 abc 和 Abc 是两个不同的标识符。

提示

Python 2.x 对中文支持较差，如果要在 Python 2.x 程序中使用中文字符或中文变量，则需要在 Python 源程序的第一行增加“# coding: utf-8”，当然别忘了将源文件保存为 UTF-8 字符集。

在使用标识符时，需要注意如下规则。

- 标识符可以由字母、数字、下画线（_）组成，其中数字不能打头。
- 标识符不能是 Python 关键字，但可以包含关键字。
- 标识符不能包含空格。

例如下面变量，有些是合法的，有些是不合法的。

- abc_xyz：合法。
- HelloWorld：合法。
- _abc：合法。
- xyz#abc：不合法，标识符中不允许出现“#”号。
- abc1：合法。
- 1abc：不合法，标识符不允许数字开头。

2.2.4 Python 的关键字和内置函数

Python 还包含一系列关键字和内置函数，一般也不建议使用它们作为变量名。

- 如果开发者尝试使用关键字作为变量名，Python 解释器会报错。
- 如果开发者使用内置函数的名字作为变量名，Python 解释器倒不会报错，只是该内置函数就被这个变量覆盖了，该内置函数就不能使用了。

Python 包含了如表 2.1 所示的关键字。

表 2.1 Python 关键字

False	None	True	and	as
assert	break	class	continue	def
del	elif	else	except	finally
for	from	global	if	import
in	is	lambda	nonlocal	not
or	pass	raise	return	try
while	with	yield		

实际上 Python 非常方便，开发者可以通过 Python 程序来查看它所包含的关键字。例如，对于如下程序。

程序清单：codes\02\2.2\view_keywords.py

```
# 导入 keyword 模块
import keyword
# 显示所有关键字
keyword.kwlist
```

从上面代码可以看出，程序只要先导入 keyword 模块，然后调用 keyword.kwlist 即可查看 Python 包含的所有关键字。在交互式解释器中运行上面程序的两行代码，可以看到如下输出结果。

```
['False', 'None', 'True', 'and', 'as', 'assert', 'break', 'class', 'continue', 'def',
'del', 'elif', 'else', 'except', 'finally', 'for', 'from', 'global', 'if', 'import',
'in', 'is', 'lambda', 'nonlocal', 'not', 'or', 'pass', 'raise', 'return', 'try',
'while', 'with', 'yield']
```

上面这些关键字都不能作为变量名。

此外，Python 3 还提供了如表 2.2 所示的内置函数。

表 2.2 Python 内置函数

abs()	all()	any()	basestring()	bin()
bool()	bytearray()	callable()	chr()	classmethod()
cmp()	compile()	complex()	delattr()	dict()
dir()	divmod()	enumerate()	eval()	execfile()
file()	filter()	float()	format()	frozenset()
getattr()	globals()	hasattr()	hash()	help()
hex()	id()	input()	int()	isinstance()

续表

issubclass()	iter()	len()	list()	locals()
long()	map()	max()	memoryview()	min()
next()	object()	oct()	open()	ord()
pow()	print()	property()	range()	raw_input()
reduce()	reload()	repr()	reversed()	zip()
round()	set()	setattr()	slice()	sorted()
staticmethod()	str()	sum()	super()	tuple()
type()	unichr()	unicode()	vars()	xrange()
Zip()	__import__()	apply()	buffer()	coerce()
intern				

上面这些内置函数的名字也不应该作为标识符，否则 Python 的内置函数会被覆盖。

注意

在 Python 2.x 中，print 是关键字而不是函数。上面这些内置函数（如 unicode()）只是 Python 2.x 的内置函数，为了保证 Python 程序具有更好的兼容性，程序也不应该使用这些内置函数的名字作为标识符。

2.3 数值类型

数值类型是计算机程序最常用的一种类型，既可用于记录各种游戏的分数、游戏角色的生命值、伤害值等，也可记录各种物品的价格、数量等，Python 提供了对各种数值类型的支持，如支持整型、浮点型和复数。

2.3.1 整型

Python 3 的整型支持各种整数值，不管是小的整数值，还是大的整数值，Python 都能轻松处理（不像某些语言，short、int、long 等整型增加了开发难度）。

例如如下代码。

程序清单：codes\02\2.3\integer_test.py

```
# 定义变量 a，赋值为 56
a = 56
print(a)
# 为 a 赋值一个大整数
a = 9999999999999999999999
print(a)
# type()函数用于返回变量的类型
print(type(a))
```

提示

对于没有编程基础的读者，同样可以在交互式解释器中逐行“试验”上面程序来观看运行效果。由于篇幅限制，本书后面的程序不再详细列出在交互式解释器中逐行“试验”的过程；但没有基础的读者依然可以按照这种方式来“玩”Python。

上面程序中粗体字代码将 9999999999999999999999 大整数赋值给变量 a，Python 也不会发生溢出等问题，程序运行一样正常——这就是 Python 的魅力：别搞那些乱七八糟的底层细节，非专业人士也不关心什么字节之类的细节。

使用 Python 3.x 运行上面程序，可以看到如下输出结果。

```
56
9999999999999999999999
<class 'int'>
```

从上面的输出结果可以看出，此时 a 依然是 int 类型。

但如果用 Python 2.x 运行上面程序，则可以看到如下输出结果。

```
56
9999999999999999999999
<type 'long'>
```

对比两种输出结果，不难发现：不管是 Python 3.x 还是 Python 2.x，Python 完全可以正常处理很大的整数，只是 Python 2.x 底层会将大整数当成 long 类型处理——但开发者通常不需要理会这种细节。

Python 的整型支持 None 值（空值），例如如下代码（程序清单同上）。

```
a = None
print(a)
```

Python 的整型数值有 4 种表示形式。

- 十进制形式：最普通的整数就是十进制形式的整数。
- 二进制形式：以 0b 或 0B 开头的整数就是二进制形式的整数。
- 八进制形式：以 0o 或 0O 开头的整数就是八进制形式的整数（第二个字母是大写或小写的 O）。
- 十六进制形式：以 0x 或 0X 开头的整数就是十六进制形式的整数，其中 10~15 分别以 a~f（此处的 a~f 不区分大小写）来表示。

下面代码片段使用了其他进制形式的数。

程序清单：codes\02\2.3\hex_test.py

```
# 以 0x 或 0X 开头的整型数值是十六进制形式的整数
hex_value1 = 0x13
hex_value2 = 0XaF
print("hexValue1 的值为：", hex_value1)
print("hexValue2 的值为：", hex_value2)
# 以 0b 或 0B 开头的整型数值是二进制形式的整数
bin_val = 0b111
print('bin_val 的值为：', bin_val)
bin_val = 0B101
print('bin_val 的值为：', bin_val)
# 以 0o 或 0O 开头的整型数值是八进制形式的整数
oct_val = 0o54
print('oct_val 的值为：', oct_val)
oct_val = 0O17
print('oct_val 的值为：', oct_val)
```

为了提高数值（包括浮点型）的可读性，Python 3.x 允许为数值（包括浮点型）增加下画线作为分隔符。这些下画线并不会影响数值本身。例如如下代码（程序清单同上）。

```
# 在数值中使用下画线
one_million = 1_000_000
print(one_million)
price = 234_234_234 # price 实际的值为 234234234
android = 1234_1234 # android 实际的值为 12341234
```

注意

Python 2.x 还支持八进制形式的整数（要求以 0 开头），但由于八进制形式的整数其实很“鸡肋”，所以 Python 3.x 删除了这个功能。此外，Python 2.x 不支持在数值中使用下画线。

2.3.2　浮点型

浮点型数值用于保存带小数点的数值，Python 的浮点数有两种表示形式。

- 十进制形式：这种形式就是平常简单的浮点数，例如 5.12、512.0、0.512。浮点数必须包含一个小数点，否则会被当成整数类型处理。
- 科学计数形式：例如 5.12e2（即 5.12×10^{2}）、5.12E2（也是 5.12×10^{2}）。

必须指出的是，只有浮点型数值才可以使用科学计数形式表示。例如 51200 是一个整型值，但 512E2 则是浮点型值。

Python 不允许除以 0。不管是整型值还是浮点型值，Python 都不允许除以 0。

下面程序示范了上面介绍的关于浮点数的各个知识点。

程序清单：codes\02\2.3\float_test.py

```
af1 = 5.2345556
# 输出 af1 的值
print("af1 的值为:", af1)
af2 = 25.2345
print("af2 的类型为:", type(af2))
f1 = 5.12e2
print("f1 的值为:", f1)
f2 = 5e3
print("f2 的值为:", f2)
print("f2 的类型为:", type(f2)) # 看到类型为 float
```

通过最后一行粗体字代码可以看出，虽然 5e3 的值是 5000，但它依然是浮点型值，而不是整型值——因为 Python 会自动将该数值变为 5000.0。

2.3.3　复数

Python 甚至可以支持复数，复数的虚部用 j 或 J 来表示。

注意

如果读者对虚数、虚部感到困惑，请直接跳过本节，大部分编程并不会用到复数这么“高级”的数学知识。

如果需要在程序中对复数进行计算，可导入 Python 的 cmath 模块（c 代表 complex），在该模块下包含了各种支持复数运算的函数。

提示

模块就是一个 Python 程序，Python 正是通过模块提高了自身的可扩展性的；Python 本身内置了大量模块，此外还有大量第三方模块，导入这些模块即可直接使用这些程序中定义的函数。关于模块的详细介绍请参考本书第 9 章。

下面程序示范了复数的用法。

程序清单：codes\02\2.3\complex_test.py

```
ac1 = 3 + 0.2j
print(ac1)
print(type(ac1)) # 输出复数类型
ac2 = 4 - 0.1j
print(ac2)
# 复数运行
print(ac1 + ac2) # 输出 (7+0.1j)
# 导入 cmath 模块
import cmath
# sqrt()是 cmath 模块下的函数，用于计算平方根
ac3 = cmath.sqrt(-1)
print(ac3) # 输出 1j
```

2.4　字符串入门

字符串的意思就是“一串字符”，比如"Hello, Charlie"是一个字符串，"How are you?"也是一个字符串。Python 要求字符串必须使用引号括起来，使用单引号也行，使用双引号也行——只要两边的引号能配对即可。

2.4.1　字符串和转义字符

字符串的内容几乎可以包含任何字符，英文字符也行，中文字符也行。

> **提示**
>
> Python 3.x 对中文字符支持较好，但 Python 2.x 则要求在源程序中增加“# coding: utf-8”才能支持中文字符。

字符串既可用单引号括起来，也可用双引号括起来，这没有任何区别。例如如下程序。

程序清单：codes\02\2.4\string_test.py

```
str1 = 'Charlie'
str2 = "疯狂软件教育"
print(str1)
print(str2)
```

但需要说明的是，Python 有时候没有我们期望的那么聪明——如果字符串内容本身包含了单引号或双引号，此时就需要进行特殊处理。

- 使用不同的引号将字符串括起来。
- 对引号进行转义。

先看第一种处理方式。假如字符串内容中包含了单引号，则可以使用双引号将字符串括起来。例如：

```
str3 = 'I'm a coder'
```

由于上面字符串中包含了单引号，此时 Python 会将字符串中的单引号与第一个单引号配对，这样就会把'I'当成字符串，而后面的 m a coder'就变成了多余的内容，从而导致语法错误。

为了避免这种问题，可以将上面代码改为如下形式。

```
str3 = "I'm a coder"
```

上面代码使用双引号将字符串括起来，此时 Python 就会把字符串中的单引号当成字符串内容，而不是和字符串开始的引号配对。

假如字符串内容本身包含双引号，则可使用单引号将字符串括起来，例如如下代码。

```
str4 = '"Spring is here, let us jam!", said woodchuck.'
```

接下来看第二种处理方式：使用转义字符。Python 允许使用反斜线（\）将字符串中的特殊字符进行转义。假如字符串既包含单引号，又包含双引号，此时必须使用转义字符，例如如下代码。

```
str5 = '"we are scared, Let\'s hide in the shade", says the bird'
```

2.4.2 拼接字符串

如果直接将两个字符串紧挨着写在一起，Python 就会自动拼接它们，例如如下代码。

```
s1 = "Hello,"  'Charlie'
print(s1)
```

上面代码将会输出：

```
Hello,Charlie
```

上面这种写法只是书写字符串的一种特殊方法，并不能真正用于拼接字符串。Python 使用加号（+）作为字符串的拼接运算符，例如如下代码。

```
s2 = "Python "
s3 = "is Funny"
# 使用+拼接字符串
s4 = s2 + s3
print(s4)
```

2.4.3 repr 和字符串

有时候，我们需要将字符串与数值进行拼接，而 Python 不允许直接拼接数值和字符串，程序必须先将数值转换成字符串。

为了将数值转换成字符串，可以使用 str()或 repr()函数，例如如下代码。

程序清单：codes\02\2.4\to_string.py

```
s1 = "这本书的价格是："
p = 99.8
# 字符串直接拼接数值，程序报错
print(s1 + p)
# 使用 str()将数值转换成字符串
print(s1 + str(p))
# 使用 repr()将数值转换成字符串
print(s1 + repr(p))
```

上面程序中粗体字代码直接拼接字符串和数值，程序会报错。

str()和 repr()函数都可以将数值转换成字符串，其中 str 本身是 Python 内置的类型（和 int、float 一样），而 repr()则只是一个函数。此外，repr 还有一个功能，它会以 Python 表达式的形式来表示值。对比如下两行粗体字代码。

```
st = "I will play my fife"
print(st)
print(repr(st))
```

上面代码中 st 本身就是一个字符串，但程序依然使用了 repr()对字符串进行转换。运行上面程序，可以看到如下输出结果。

```
I will play my fife
'I will play my fife'
```

通过上面的输出结果可以看出，如果直接使用 print()函数输出字符串，将只能看到字符串的内容，没有引号；但如果先使用 repr()函数对字符串进行处理，然后再使用 print()执行输出，将可以看到带引号的字符串——这就是字符串的 Python 的表达式形式。

提示

在交互式解释器中输入一个变量或表达式时，Python 会自动使用 repr()函数处理该变量或表达式。

2.4.4 使用 input 和 raw_input 获取用户输入

input()函数用于向用户生成一条提示，然后获取用户输入的内容。由于 input()函数总会将用户输入的内容放入字符串中，因此用户可以输入任何内容，input()函数总是返回一个字符串。

例如如下程序。

程序清单：codes\02\2.4\input_test.py

```
msg = input("请输入你的值：")
print(type(msg))
print(msg)
```

第一次运行该程序，我们输入一个整数，运行过程如下：

```
请输入你的值：2
<class 'str'>
2
```

第二次运行该程序，我们输入一个浮点数，运行过程如下：

```
请输入你的值：1.2
<class 'str'>
1.2
```

第三次运行该程序，我们输入一个字符串，运行过程如下：

```
请输入你的值：Hello
<class 'str'>
Hello
```

从上面的运行过程可以看出，无论输入哪种内容，始终可以看到 input()函数返回字符串，程序总会将用户输入的内容转换成字符串。

需要指出的是，Python 2.x 提供了一个 raw_input()函数，该 raw_input()函数就相当于 Python 3.x 中的 input()函数。

而 Python 2.x 也提供了一个 input()函数，该 input()函数则比较怪异：要求用户输入的必须是符合 Python 语法的表达式。通常来说，用户只能输入整数、浮点数、复数、字符串等。重点是格式必须正确，比如输入字符串时必须使用双引号，否则 Python 就会报错。

使用 Python 2.x 来运行上面程序，假如输入一个整数，运行过程如下：

```
请输入你的值：2
<class 'int'>
2
```

使用 Python 2.x 来运行上面程序，假如输入一个复数，运行过程如下：

```
请输入你的值：2+3j
<type 'complex'>
(2+3j)
```

使用 Python 2.x 来运行上面程序，假如输入一个字符串，运行过程如下：

```
请输入你的值：Hello
Traceback (most recent call last):
  File "input_test.py", line 16, in <module>
    msg = input("璇疯緭鍏ヤ綘鐨勫€硷細")
  File "<string>", line 1, in <module>
```

```
NameError: name 'Hello' is not defined
```

上面程序报错的原因是：Python 2.x 的 input()函数要求用户输入字符串时必须用引号把字符串括起来。

注意

在 Python 2.x 中应该尽量使用 raw_input()函数来获取用户输入；Python 2.x 中的 raw_input()等同于 Python 3.x 中的 input()。

2.4.5 长字符串

前面介绍 Python 多行注释时提到使用三个引号（单引号、双引号都行）来包含多行注释内容，其实这是长字符串写法，只是由于在长字符串中可以放置任何内容，包括放置单引号、双引号都可以，如果所定义的长字符串没有赋值给任何变量，那么这个字符串就相当于被解释器忽略了，也就相当于注释掉了。

实际上，使用三个引号括起来的长字符串完全可以赋值给变量，例如如下程序。

程序清单：codes\02\2.4\long_string.py

```
s = '''"Let's go fishing", said Mary.
"OK, Let's go", said her brother.
they walked to a lake'''
print(s)
```

上面程序使用三个引号定义了长字符串，该长字符串中既可包含单引号，也可包含双引号。

当程序中有大段文本内容要定义成字符串时，优先推荐使用长字符串形式，因为这种形式非常强大，可以让字符串中包含任何内容，既可包含单引号，也可包含双引号。

此外，Python 还允许使用转义字符（\）对换行符进行转义，转义之后的换行符不会“中断”字符串。例如如下代码（程序清单同上）。

```
s2 = 'The quick brown fox \
jumps over the lazy dog'
print(s2)
```

上面 s2 字符串的内容较长，故程序使用了转义字符（\）对内容进行了转义，这样就可以把一个字符串写成两行。

需要说明的是，Python 不是格式自由的语言，因此 Python 程序的换行、缩进都有其规定的语法。所以，Python 的表达式不允许随便换行。如果程序需要对 Python 表达式换行，同样需要使用转义字符（\）进行转义，代码如下：

```
num = 20 + 3 / 4 + \
    2 * 3
```

上面程序中有一个表达式，为了对该表达式换行，程序需要使用转义字符。

2.4.6 原始字符串

由于字符串中的反斜线都有特殊的作用，因此当字符串中包含反斜线时，就需要对其进行转义。

比如写一条 Windows 的路径：G:\publish\codes\02\2.4，如果在 Python 程序中直接这样写肯定是不行的，需要写成：G:\\publish\\codes\\02\\2.4，这很烦人，此时可借助于原始字符串来解决这个问题。

原始字符串以“r”开头，原始字符串不会把反斜线当成特殊字符。因此，上面的 Windows 路径可直接写成 r' G:\publish\codes\02\2.4'。

关于原始字符串的用法看如下程序。

程序清单：codes\02\2.4\raw_string.py

```
s1 = r' G:\publish\codes\02\2.4'
print(s1)
```

如果原始字符串中包含引号，程序同样需要对引号进行转义（否则 Python 同样无法对字符串的引号精确配对），但此时用于转义的反斜线会变成字符串的一部分。

例如如下代码。

```
# 原始字符串包含的引号，同样需要转义
s2 = r'"Let\'s go", said Charlie'
print(s2)
```

上面代码会生成如下输出结果。

```
"Let\'s go", said Charlie
```

由于原始字符串中的反斜线会对引号进行转义，因此原始字符串的结尾处不能是反斜线——否则字符串结尾处的引号就被转义了，这样就导致字符串不能正确结束。

如果确实要在原始字符串的结尾处包含反斜线怎么办呢？一种方式是不要使用原始字符串，而是改为使用长字符串写法（三引号字符串）；另一种方式就是将反斜线单独写。例如如下代码。

```
s3 = r'Good Morning' '\\'
print(s3)
```

上面代码开始写了一个原始字符串 r'Good Morning'，紧接着程序使用'\\'写了一个包含反斜线的字符串，Python 会自动将这两个字符串拼接在一起。运行上面代码会生成如下输出结果。

```
Good Morning\
```

2.4.7 字节串（bytes）

Python 3 新增了 bytes 类型，用于代表字节串（这是作者生造的一个词，与字符串对应）。字符串（str）由多个字符组成，以字符为单位进行操作；字节串（bytes）由多个字节组成，以字节为单位进行操作。

bytes 和 str 除操作的数据单元不同之外，它们支持的所有方法都基本相同，bytes 也是不可变序列。

bytes 对象只负责以字节（二进制格式）序列来记录数据，至于这些数据到底表示什么内容，完全由程序决定。如果采用合适的字符集，字符串可以转换成字节串；反过来，字节串也可以恢复成对应的字符串。

由于 bytes 保存的就是原始的字节（二进制格式）数据，因此 bytes 对象可用于在网络上传输数据，也可用于存储各种二进制格式的文件，比如图片、音乐等文件。

如果希望将一个字符串转换成 bytes 对象，有如下三种方式。

- 如果字符串内容都是 ASCII 字符，则可以通过直接在字符串之前添加 b 来构建字节串值。
- 调用 bytes()函数（其实是 bytes 的构造方法）将字符串按指定字符集转换成字节串，如果不指定字符集，默认使用 UTF-8 字符集。
- 调用字符串本身的 encode()方法将字符串按指定字符集转换成字节串，如果不指定字符集，默认使用 UTF-8 字符集。

例如，如下程序示范了如何创建字节串。

程序清单：codes\02\2.4\bytes_test.py

```
# 创建一个空的 bytes
b1 = bytes()
```

```
# 创建一个空的bytes值
b2 = b''
# 通过b前缀指定hello是bytes类型的值
b3 = b'hello'
print(b3)
print(b3[0])
print(b3[2:4])
# 调用bytes方法将字符串转换成bytes对象
b4 = bytes('我爱Python编程',encoding='utf-8')
print(b4)
# 利用字符串的encode()方法编码成bytes，默认使用UTF-8字符集
b5 = "学习Python很有趣".encode('utf-8')
print(b5)
```

上面程序中 b1~b5 都是字节串对象，该程序示范了以不同方式来构建字节串对象。其中 b2、b3 都是直接在 ASCII 字符串前添加 b 前缀来得到字节串的；b4 调用 bytes()函数来构建字节串；而 b5 则调用字符串的 encode 方法来构建字节串。

运行上面程序，可以看到如下输出结果。

```
b'hello'
104
b'll'
b'\xe6\x88\x91\xe7\x88\xb1Python\xe7\xbc\x96\xe7\xa8\x8b'
b'\xe5\xad\xa6\xe4\xb9\xa0Python\xe5\xbe\x88\xe6\x9c\x89\xe8\xb6\xa3'
```

从上面的输出结果可以看出，字节串和字符串非常相似，只是字节串里的每个数据单元都是 1 字节。

提示

计算机底层有两个基本概念：位（bit）和字节（Byte），其中 bit 代表 1 位，要么是 0，要么是 1——就像一盏灯，要么打开，要么熄灭；Byte 代表 1 字节，1 字节包含 8 位。

在字节串中每个数据单元都是字节，也就是 8 位，其中每 4 位（相当于 4 位二进制数，最小值为 0，最大值为 15）可以用一个十六进制数来表示，因此每字节需要两个十六进制数表示，所以可以看到上面的输出是：b'\xe6\x88\x91\xe7\x88\xb1Python\xe7\xbc\x96\xe7\xa8\x8b'，比如\xe6 就表示 1 字节，其中\x 表示十六进制，e6 就是两位的十六进制数。

如果程序获得了 bytes 对象，也可调用 bytes 对象的 decode()方法将其解码成字符串，例如，在上面程序中添加如下代码。

```
# 将bytes对象解码成字符串，默认使用UTF-8进行解码
st = b5.decode('utf-8')
print(st) # 学习Python很有趣
```

运行上面程序，可以看到如下输出结果。

```
学习Python很有趣
```

这里简单介绍一下字符集的概念。计算机底层并不能保存字符，但程序总是需要保存各种字符的，那该怎么办呢？计算机“科学家”就想了一个办法：为每个字符编号，当程序要保存字符时，实际上保存的是该字符的编号；当程序读取字符时，读取的其实也是编号，接下来要去查“编号-字符对应表”（简称码表）才能得到实际的字符。因此，所谓的字符集，就是所有字符的编号组成的总和。早期美国人给英文字符、数字、标点符号等字符进行了编号，他们认为所有字符加起来顶多 100 多个，只要 1 字节（8 位，支持 256 个字符编号）即可为所有字符编号——这就是 ASCII 字符集。后来，亚洲国家纷纷为本国文字进行编号——即制订本国的字符集，但这些字符集并不兼容。于是美国人又为世界上所有书面语言的字符进行了统一编号，这次他们用了两个字节（16 位，

支持65536个字符编号)，这就是Unicode字符集。实际使用的UTF-8、UTF-16等其实都属于Unicode字符集。

由于不同人对字符的编号完全可以很随意，比如同一个“爱”字，我可以为其编号为99，你可以为其编号为199，所以同一个编号在不同字符集中代表的字符完全有可能是不同的。因此，对于同一个字符串，如果采用不同的字符集来生成bytes对象，就会得到不同的bytes对象。

2.5 深入使用字符串

字符串是Python编程中最常用的类型之一，下面将会详细介绍字符串更深入的用法。

2.5.1 转义字符

前面已经提到，在字符串中可以使用反斜线进行转义；如果字符串本身包含反斜线，则需要使用“\\”表示，“\\”就是转义字符。Python当然不会只支持这么几个转义字符，Python支持的转义字符如表2.3所示。

表2.3 Python支持的转义字符

转义字符	说明
\b	退格符
\n	换行符
\r	回车符
\t	制表符
\"	双引号
\'	单引号
\\	反斜线

掌握了上面的转义字符之后，下面在字符串中使用它们，例如如下代码。

```
s = 'Hello\nCharlie\nGood\nMorning'
print(s)
```

运行上面代码，可以看到如下输出结果。

```
Hello
Charlie
Good
Morning
```

也可以使用制表符进行分隔，例如如下代码。

```
s2 = '商品名\t\t 单价\t\t 数量\t\t 总价'
s3 = '疯狂 Java 讲义\t108\t\t2\t\t216'
print(s2)
print(s3)
```

运行上面代码，可以看到如下输出结果。

```
商品名          单价          数量          总价
疯狂 Java 讲义  108           2             216
```

2.5.2 字符串格式化

Python提供了“%”对各种类型的数据进行格式化输出，例如如下代码。

```
price = 108
print("the book's price is %s" % price)
```

上面程序中粗体字代码就是格式化输出的关键代码，这行代码中的 print 函数包含三个部分，第一部分是格式化字符串（它相当于字符串模板），该格式化字符串中包含一个“%s”占位符，它会被第三部分的变量或表达式的值代替；第二部分固定使用“%”作为分隔符。

格式化字符串中的“%s”被称为转换说明符（Conversion Specifier），其作用相当于一个占位符，它会被后面的变量或表达式的值代替。“%s”指定将变量或值使用 str()函数转换为字符串。

如果格式化字符串中包含多个“%s”占位符，第三部分也应该对应地提供多个变量，并且使用圆括号将这些变量括起来。例如如下代码。

程序清单：codes\02\2.5\format_test.py

```
user = "Charli"
age = 8
# 格式化字符串中有两个占位符，第三部分也应该提供两个变量
print("%s is a %s years old boy" % (user , age))
```

在格式化字符串中难道只能使用“%s”吗？还有其他转换说明符吗？如果只有“%s”这一种形式，Python 的格式化功能未免也太单一了。

实际上，Python 提供了如表 2.4 所示的转换说明符。

表 2.4 转换说明符

转换说明符	说明
d, i	转换为带符号的十进制形式的整数
o	转换为带符号的八进制形式的整数
x	转换为带符号的十六进制形式的整数
X	转换为带符号的十六进制形式的整数
e	转化为科学计数法表示的浮点数（e 小写）
E	转化为科学计数法表示的浮点数（E 大写）
f, F	转化为十进制形式的浮点数
g	智能选择使用 f 或 e 格式
G	智能选择使用 F 或 E 格式
C	转换为单字符（只接受整数或单字符字符串）
r	使用 repr()将变量或表达式转换为字符串
s	使用 str()将变量或表达式转换为字符串

当使用上面的转换说明符时可指定转换后的最小宽度。例如如下代码（程序清单同上）。

```
num = -28
print("num is: %6i" % num)
print("num is: %6d" % num)
print("num is: %6o" % num)
print("num is: %6x" % num)
print("num is: %6X" % num)
print("num is: %6s" % num)
```

运行上面代码，可以看到如下输出结果。

```
num is:    -28
num is:    -28
num is:    -34
num is:    -1c
num is:    -1C
num is:    -28
```

从上面的输出结果可以看出，此时指定了字符串的最小宽度为 6，因此程序转换数值时总宽度为 6，程序自动在数值前面补充了三个空格。

在默认情况下，转换出来的字符串总是右对齐的，不够宽度时左边补充空格。Python 也允许

在最小宽度之前添加一个标志来改变这种行为，Python 支持如下标志。

- -：指定左对齐。
- +：表示数值总要带着符号（正数带“+”，负数带“-”）。
- 0：表示不补充空格，而是补充 0。

提示

这三个标志可以同时存在。

例如如下代码（程序清单同上）。

```
num2 = 30
# 最小宽度为 6，左边补 0
print("num2 is: %06d" % num2)
# 最小宽度为 6，左边补 0，总带上符号
print("num2 is: %+06d" % num2)
# 最小宽度为 6，左对齐
print("num2 is: %-6d" % num2)
```

运行上面代码，可以看到如下输出结果。

```
num2 is: 000030
num2 is: +00030
num2 is: 30
```

对于转换浮点数，Python 还允许指定小数点后的数字位数；如果转换的是字符串，Python 允许指定转换后的字符串的最大字符数。这个标志被称为精度值，该精度值被放在最小宽度之后，中间用点（.）隔开。例如如下代码（程序清单同上）。

```
my_value = 3.001415926535
# 最小宽度为 8，小数点后保留 3 位
print("my_value is: %8.3f" % my_value)
# 最小宽度为 8，小数点后保留 3 位，左边补 0
print("my_value is: %08.3f" % my_value)
# 最小宽度为 8，小数点后保留 3 位，左边补 0，始终带符号
print("my_value is: %+08.3f" % my_value)
the_name = "Charlie"
# 只保留 3 个字符
print("the name is: %.3s" % the_name) # 输出 Cha
# 只保留 2 个字符，最小宽度为 10
print("the name is: %10.2s" % the_name)
```

运行上面代码，可以看到如下输出结果。

```
my_value is:    3.001
my_value is: 0003.001
my_value is: +003.001
the name is: Cha
the name is:         Ch
```

2.5.3 序列相关方法

字符串本质上就是由多个字符组成的，因此程序允许通过索引来操作字符，比如获取指定索引处的字符，获取指定字符在字符串中的位置等。

Python 字符串直接在方括号（[]）中使用索引即可获取对应的字符，字符串中第一个字符的索引为 0、第二个字符的索引为 1，后面各字符依此类推。此外，Python 也允许从后面开始计算索引，最后一个字符的索引为-1，倒数第二个字符的索引为-2……依此类推。

下面代码示范了根据索引获取字符串中的字符。

程序清单：codes\02\2.5\chars_test.py

```
s = 'crazyit.org is very good'
# 获取 s 中索引 2 的字符
print(s[2]) # 输出 a
# 获取 s 中从右边开始，索引 4 的字符
print(s[-4]) # 输出 g
```

除可获取单个字符之外，也可在方括号中使用范围来获取字符串的中间“一段”（被称为子串）。例如如下代码（程序清单同上）。

```
# 获取 s 中从索引 3 到索引 5（不包含）的子串
print(s[3: 5]) # 输出 zy
# 获取 s 中从索引 3 到倒数第 5 个字符的子串
print(s[3: -5]) # 输出 zyit.org is very
# 获取 s 中从倒数第 6 个字符到倒数第 3 个字符的子串
print(s[-6: -3]) # 输出 y g
```

上面用法还允许省略起始索引或结束索引。如果省略起始索引，相当于从字符串开始处开始截取；如果省略结束索引，相当于截取到字符串的结束处。例如如下代码（程序清单同上）。

```
# 获取 s 中从索引 5 到结束的子串
print(s[5: ]) # 输出 it.org is very good
# 获取 s 中从倒数第 6 个字符到结束的子串
print(s[-6: ]) # 输出 y good
# 获取 s 中从开始到索引 5 的子串
print(s[: 5]) # 输出 crazy
# 获取 s 中从开始到倒数第 6 个字符的子串
print(s[: -6]) #输出 crazyit.org is ver
```

此外，Python 字符串还支持用 in 运算符判断是否包含某个子串。例如如下代码。

```
# 判断 s 是否包含'very'子串
print('very' in s) # True
print('fkit' in s) # False
```

如果要获取字符串的长度，则可调用 Python 内置的 len()函数。例如如下代码。

```
# 输出 s 的长度
print(len(s)) # 24
# 输出'test'的长度
print(len('test')) # 4
```

还可使用全局内置的 min()和 max()函数获取字符串中最小字符和最大字符。例如如下代码。

```
# 输出 s 字符串中的最大字符
print(max(s)) # z
# 输出 s 字符串中的最小字符
print(min(s)) # 空格
```

2.5.4 大小写相关方法

Python 字符串由内建的 str 类代表，那么 str 类包含哪些方法呢？Python 非常方便，它甚至不需要用户查询文档，Python 是“自带文档”的。此处需要读者简单掌握两个帮助函数。

- dir()：列出指定类或模块包含的全部内容（包括函数、方法、类、变量等）。
- help()：查看某个函数或方法的帮助文档。

例如，要查看 str 类包含的全部内容，可以在交互式解释器中输入如下命令。

```
>>> dir(str)
['__add__', '__class__', '__contains__', '__delattr__', '__dir__', '__doc__',
'__eq__', '__format__', '__ge__', '__getattribute__', '__getitem__', '__getnewargs__',
```

```
'__gt__', '__hash__', '__init__', '__init_subclass__', '__iter__', '__le__',
'__len__', '__lt__', '__mod__', '__mul__', '__ne__', '__new__', '__reduce__',
'__reduce_ex__', '__repr__', '__rmod__', '__rmul__', '__setattr__', '__sizeof__',
'__str__', '__subclasshook__', 'capitalize', 'casefold', 'center', 'count',
'encode', 'endswith', 'expandtabs', 'find', 'format', 'format_map', 'index',
'isalnum', 'isalpha', 'isdecimal', 'isdigit', 'isidentifier', 'islower',
'isnumeric', 'isprintable', 'isspace', 'istitle', 'isupper', 'join', 'ljust',
'lower', 'lstrip', 'maketrans', 'partition', 'replace', 'rfind', 'rindex', 'rjust',
'rpartition', 'rsplit', 'rstrip', 'split', 'splitlines', 'startswith', 'strip',
'swapcase', 'title', 'translate', 'upper', 'zfill']
>>>
```

上面列出了 str 类提供的所有方法，其中以“__”开头、“__”结尾的方法被约定成私有方法，不希望被外部直接调用。

如果希望查看某个方法的用法，则可使用 help()函数。例如，在交互式解释器中输入如下命令。

```
>>> help(str.title)
Help on method_descriptor:

title(...)
    S.title() -> str

    Return a titlecased version of S, i.e. words start with title case
    characters, all remaining cased characters have lower case.

>>>
```

从上面介绍可以看出，str 类的 title()方法的作用是将每个单词的首字母大写，其他字母保持不变。

在 str 类中与大小写相关的常用方法如下。

- title()：将每个单词的首字母改为大写。
- lower()：将整个字符串改为小写。
- upper()：将整个字符串改为大写。

例如，如果希望看到 lower()方法的相关用法，可运行如下命令。

```
>>> help(str.lower)
Help on method_descriptor:

lower(...)
    S.lower() -> str

    Return a copy of the string S converted to lowercase.
```

如下代码示范了 str 的与大小写相关的常用方法。

程序清单：codes\02\2.5\case_test.py

```
a = 'our domain is crazyit.org'
# 每个单词的首字母大写
print(a.title())
# 每个字母小写
print(a.lower())
# 每个字母大写
print(a.upper())
```

运行上面程序，可以看到如下输出结果。

```
Our Domain Is Crazyit.Org
our domain is crazyit.org
OUR DOMAIN IS CRAZYIT.ORG
```

2.5.5 删除空白

str 还提供了如下常用的方法来删除空白。

➢ strip()：删除字符串前后的空白。
➢ lstrip()：删除字符串前面（左边）的空白。
➢ rstrip()：删除字符串后面（右边）的空白。

需要说明的是，Python 的 str 是不可变的（不可变的意思是指，字符串一旦形成，它所包含的字符序列就不能发生任何改变），因此这三个方法只是返回字符串前面或后面空白被删除之后的副本，并没有真正改变字符串本身。

如果在交互式解释器中输入 help(str.lstrip)来查看 lstrip()方法的帮助信息，则可看到如下输出结果。

```
>>> help(str.lstrip)
Help on method_descriptor:

lstrip(...)
    S.lstrip([chars]) -> str

    Return a copy of the string S with leading whitespace removed.
    If chars is given and not None, remove characters in chars instead.
```

从上面介绍可以看出，lstrip()方法默认删除字符串左边的空白，但如果为该方法传入指定参数，则可删除该字符串左边的指定字符。如下代码示范了上面方法的用法。

程序清单：codes\02\2.5\strip_test.py

```
s = '  this is a puppy  '
# 删除左边的空白
print(s.lstrip())
# 删除右边的空白
print(s.rstrip())
# 删除两边的空白
print(s.strip())
# 再次输出 s，将会看到 s 并没有改变
print(s)
```

下面代码示范了删除字符串前后指定字符的功能（程序清单同上）。

```
s2 = 'i think it is a scarecrow'
# 删除左边的 i、t、o、w 字符
print(s2.lstrip('itow'))
# 删除右边的 i、t、o、w 字符
print(s2.rstrip('itow'))
# 删除两边的 i、t、o、w 字符
print(s2.strip('itow'))
```

运行上面代码，可以看到如下输出结果。

```
think it is a scarecrow
i think it is a scarecr
 think it is a scarecr
```

2.5.6 查找、替换相关方法

str 还提供了如下常用的执行查找、替换等操作的方法。

➢ startswith()：判断字符串是否以指定子串开头。
➢ endswith()：判断字符串是否以指定子串结尾。
➢ find()：查找指定子串在字符串中出现的位置，如果没有找到指定子串，则返回-1。

- index()：查找指定子串在字符串中出现的位置，如果没有找到指定子串，则引发 ValueError 错误。
- replace()：使用指定子串替换字符串中的目标子串。
- translate()：使用指定的翻译映射表对字符串执行替换。

如下代码示范了上面方法的用法。

程序清单：codes\02\2.5\search_test.py

```
s = 'crazyit.org is a good site'
# 判断 s 是否以 crazyit 开头
print(s.startswith('crazyit'))
# 判断 s 是否以 site 结尾
print(s.endswith('site'))
# 查找 s 中'org'出现的位置
print(s.find('org')) # 8
# 查找 s 中'org'出现的位置
print(s.index('org')) # 8
# 从索引 9 处开始查找'org'出现的位置
print(s.find('org', 9)) # -1
# 从索引 9 处开始查找'org'出现的位置
#print(s.index('org', 9)) # 引发错误
# 将字符串中的所有 it 替换成 xxxx
print(s.replace('it', 'xxxx'))
# 将字符串中 1 个 it 替换成 xxxx
print(s.replace('it', 'xxxx', 1))
# 定义翻译映射表：97 (a) ->945 (α) ,98 (b) ->946 (β) ,116 (t) ->964 (τ)
table = {97: 945, 98: 946, 116: 964}
print(s.translate(table))
```

上面程序中的粗体字代码查找'org'在 s 字符串中出现的位置，但由于第二个参数指定从索引 9 处开始查找，这样在该字符串中无法找到'org'，因此这行代码将会引发 ValueError 错误。

从上面程序可以看出，str 的 translate()方法需要根据翻译映射表对字符串进行查找、替换。在上面程序中我们自己定义了一个翻译映射表，这种方式需要开发者能记住所有字符的编码，这显然不太可能。为此，Python 为 str 类提供了一个 maketrans()方法，通过该方法可以非常方便地创建翻译映射表。

假如定义 a->α、b->β、t->τ 的映射，程序只要将需要映射的所有字符作为 maketrans()方法的第一个参数，将所有映射的目标字符作为 maketrans()方法的第二个参数即可。例如，直接在交互式解释器中执行如下代码。

```
>>> table = str.maketrans('abt', 'αβτ')
>>> table
{97: 945, 98: 946, 116: 964}
>>> table = str.maketrans('abc', '123')
>>> table
{97: 49, 98: 50, 99: 51}
```

从上面的执行过程可以看到，不管是自己定义的翻译映射表，还是使用 maketrans()方法创建的翻译映射表，其实都是为了定义字符与字符之间的对应关系，只不过该翻译映射表不能直接使用字符本身，必须使用字符的编码而已。

需要指出的是，如果使用 Python 2.x，str 类并没有 maketrans()方法，而是由 string 模块提供 maketrans()函数，因此程序需要先导入 string 模块，然后调用该模块的 maketrans()函数。下面在 Python 2.x 的交互式解释器中执行如下代码。

```
import string
table = string.maketrans('abc', '123')
```

但 Python 2.x 中的翻译映射表不如 Python 3.x 的翻译映射表直观、明了，我们一般不用理会翻译映射表的内容，只要将翻译映射表作为 translate()方法的参数即可。

2.5.7 分割、连接方法

Python 还为 str 提供了分割和连接方法。

- split()：将字符串按指定分割符分割成多个短语。
- join()：将多个短语连接成字符串。

下面代码示范了上面两个方法的用法。

程序清单：codes\02\2.5\split_test.py

```
s = 'crazyit.org is a good site'
# 使用空白对字符串进行分割
print(s.split()) # 输出 ['crazyit.org', 'is', 'a', 'good', 'site']
# 使用空白对字符串进行分割，最多只分割前两个单词
print(s.split(None, 2)) # 输出 ['crazyit.org', 'is', 'a good site']
# 使用点进行分割
print(s.split('.')) # 输出 ['crazyit', 'org is a good site']
mylist = s.split()
# 使用'/'作为分割符，将 mylist 连接成字符串
print('/'.join(mylist)) # 输出 crazyit.org/is/a/good/site
# 使用','作为分割符，将 mylist 连接成字符串
print(','.join(mylist)) # 输出 crazyit.org,is,a,good,site
```

从上面的运行结果可以看出，str 的 split()和 join()方法互为逆操作——split()方法用于将字符串分割成多个短语；而 join()方法则用于将多个短语连接成字符串。

2.6 运算符

运算符是一种特殊的符号，用来表示数据的运算、赋值和比较等。Python 语言使用运算符将一个或多个操作数连接成可执行语句，用来实现特定功能。

Python 语言中的运算符可分为如下几种。

- 赋值运算符
- 算术运算符
- 位运算符
- 索引运算符
- 比较运算符
- 逻辑运算符

2.6.1 赋值运算符

赋值运算符用于为变量或常量指定值，Python 使用“=”作为赋值运算符。通常，使用赋值运算符将表达式的值赋给另一个变量。例如如下代码。

程序清单：codes\02\2.6\assign_operator_test.py

```
# 为变量 st 赋值为 Python
st = "Python"
# 为变量 pi 赋值为 3.14
pi = 3.14
# 为变量 visited 赋值为 True
visited  = True
```

除此之外，也可使用赋值运算符将一个变量的值赋给另一个变量。例如，如下代码也是正确的（程序清单同上）。

```
# 将变量 st 的值赋给 st2
st2 = st
print(st2)
```

值得指出的是，Python 的赋值表达式是有值的，赋值表达式的值就是被赋的值，因此 Python 支持连续赋值。例如，如下代码也是正确的。

```
a = b = c = 20
```

上面程序将 c=20 这个表达式的值赋给变量 b，由于赋值表达式本身也有值，就是被赋的值，因此 c=20 这个表达式的值就是 20，故 b 也被赋值为 20；依此类推，变量 a 也被赋值为 20。

赋值运算符还可用于将表达式的值赋给变量。例如，如下代码也是正确的。

```
d1 = 12.34
# 将表达式的值赋给 d2
d2 = d1 + 5
# 输出 d2 的值
print("d2 的值为：%g" % d2 ) # 17.34
```

Python 的赋值运算符也支持同时对多个变量赋多个值。赋值运算符还可与其他运算符结合后，扩展成功能更加强大的赋值运算符，请参考 2.6.4 节。

2.6.2 算术运算符

Python 支持所有的基本算术运算符，这些算术运算符用于执行基本的数学运算，如加、减、乘、除和求余等。下面是 7 个基本的算术运算符。

+：加法运算符。例如如下代码。

程序清单：codes\02\2.6\arithmetic.py

```
a = 5.2
b = 3.1
the_sum = a + b
# sum 的值为 8.3
print("the_sum 的值为：", the_sum)
```

除此之外，“+”还可以作为字符串（包括第 3 章要介绍的序列）的连接运算符。例如如下代码。

```
s1 = 'Hello, '
s2 = 'Charlie'
# 使用+连接两个字符串
print(s1 + s2)
```

-：减法运算符。例如如下代码。

```
c = 5.2
d = 3.1
sub = c - d
# sub 的值为 2.1
print("sub 的值为：", sub)
```

此外，“-”除可以作为减法运算符之外，还可以作为求负的运算符。请看如下代码。

程序清单：codes\02\2.6\signed_test.py

```
# 定义变量 x，其值为-5.0
x = -5.0
# 对 x 求负，其值变成 5.0
x = -x
print(x)
```

但单目运算符“+”则不对操作数做任何改变，例如如下代码（程序清单同上）。

```
# 定义变量 y，其值为-5.0
y = -5.0
# y 值依然是-5.0
y = +y
print(y)
```

*：乘法运算符。例如如下代码。

```
e = 5.2
f = 3.1
multiply = e * f
# multiply 的值为 16.12
print("multiply 的值为：", multiply)
```

此外，“*”还可以作为字符串（包括第 3 章要介绍的序列）的连接运算符，表示将 *N* 个字符串连接起来。例如如下代码。

```
s3 = 'crazyit '
# 使用*将 5 个字符串连接起来
print(s3 * 5)
```

上面代码将会输出：

```
crazyit crazyit crazyit crazyit crazyit
```

/或//：除法运算符。Python 的除法运算符有两个：“/”表示普通除法，使用它除出来的结果与平常数学计算的结果是相同的（即除不尽时，会产生小数部分）；而“//”表示整除，使用它除出来的结果只有整数部分，小数部分将会被舍弃。例如如下代码：

```
print("19/4 的结果是:", 19/4)
print("19//4 的结果是:", 19//4)
aa = 5.2
bb = 3.1
# aa/bb 的值将是 1.67741935483871
print("aa/bb 的值是:", aa / bb)
# aa//bb 的值将是 1.0
print("aa//bb 的值是:", aa // bb)
```

此外，Python 不允许使用 0 作为除数，否则将会引发 ZeroDivisionError 错误。

提示

在有些编程语言中，0 作为除数会得到无穷大，包括正无穷大或负无穷大。

对于 Python 2.x 而言，它只提供了一个“/”运算符，该运算符是 Python 3.x 中“/”和“//”的综合版。对于 Python 2.x 中的“/”而言，它既是整除运算符，也是非整除运算符。规则如下：

- 当两个操作数都是整数时，Python 2.x 中的“/”就是整除运算符。
- 当两个操作数有一个是浮点数（或两个都是浮点数）时，Python 2.x 中的“/”就是非整除运算符。

例如，在 Python 2.x 的交互式解释执行器中执行如下代码。

```
>>> print(5/2)
2
>>> print(5.0/2)
2.5
>>> print(5/2.0)
2.5
>>> print(5.0/2.0)
2.5
```

%：求余运算符。Python 不要求求余运算符的两个操作数都是整数，Python 的求余运算符完全支持对浮点数求余。求余运算的结果不一定总是整数，它是使用第一个操作数来除以第二个操作数，得到一个整除的结果后剩下的值就是余数。

由于求余运算也需要进行除法运算，因此求余运算的第二个操作数不能是 0，否则程序会报出 ZeroDivisionError 错误。

例如如下程序。

程序清单：codes\02\2.6\mod_test.py

```
print("5%3 的值为：", 5 % 3) # 输出 2
print("5.2%3.1 的值为：", 5.2 % 3.1) # 输出 2.1
print("-5.2%-3.1 的值为：", -5.2 % -3.1) # 输出-2.1
print("5.2%-2.9 的值为：", 5.2 % -2.9) # 输出-0.6
print("5.2%-1.5 的值为：", 5.2 % -1.5) # 输出-0.8
print("-5.2%1.5 的值为：", -5.2 % 1.5) # 输出 0.8
#print("5 对 0.0 求余的结果是:", 5 % 0.0) # 导致错误
```

运行上面程序，可以看到如下输出结果。

```
5%3 的值为： 2
5.2%3.1 的值为： 2.1
-5.2%-3.1 的值为： -2.1
5.2%-2.9 的值为： -0.5999999999999996
5.2%-1.5 的值为： -0.7999999999999998
-5.2%1.5 的值为： 0.7999999999999998
```

前三个算式的运行结果比较简单，它们进行的都是很简单的求余计算。但 5.2 % - 2.9 的结果有点奇怪，我们预计它为-0.6，但实际输出的是-0.5999999999999996。这里有两个问题。

- 第一个问题：为什么预计 5.2 % - 2.9 的结果是-0.6 呢？因为 Python 求余运算的逻辑是用被除数减去除数的 N 倍，此处的 N 是-2，因此得到结果是-0.6。
- 第二个问题：为什么实际输出的是-0.5999999999999996 呢？这是由浮点数的存储机制导致的。计算机底层的浮点数的存储机制并不是精确保存每一个浮点数的值，读者暂时不需要花太多的时间去理解浮点数的存储机制，只要知道浮点数在 Python 中可能产生精度丢失的问题就行。比如此处正常计算的结果应该是-0.6，但实际计算出来的结果是一个非常接近-0.6 的值。

：乘方运算符。Python 支持使用""作为乘方运算符，这是一个使用非常方便的运算符。由于开方其实是乘方的逆运算，因此实际上使用"**"也可进行开方运算。例如如下代码。

```
print('5 的 2 次方：', 5 ** 2) # 25
print('4 的 3 次方：', 4 ** 3) # 64
print('4 的开平方：', 4 ** 0.5) # 2.0
print('27 的开 3 次方：', 27 ** (1 / 3)) # 3.0
```

2.6.3 位运算符

位运算符通常在图形、图像处理和创建设备驱动等底层开发中使用。使用位运算符可以直接操作数值的原始 bit 位，尤其是在使用自定义的协议进行通信时，使用位运算符对原始数据进行编码和解码也非常有效。

> **提示**
>
> 位运算符对于初学者来说有些难度，因此初学者可先跳过此节内容。

Python 支持的位运算符有如下 6 个。

- &：按位与。
- |：按位或。
- ^：按位异或。
- ~：按位取反。
- <<：左位移运算符。
- >>：右位移运算符。

位运算符的运算法则如表 2.5 所示。

表 2.5　位运算符的运算法则

第一个操作数	第二个操作数	按位与	按位或	按位异或
0	0	0	0	0
0	1	0	1	1
1	0	0	1	1
1	1	1	1	0

按位非只需要一个操作数，这个运算符将把操作数在计算机底层的二进制码按位取反。如下代码测试了按位与和按位或的运行结果。

程序清单：codes\02\2.6\bit_operator_test.py

```
# 将输出 1
print(5 & 9)
# 将输出 13
print(5 | 9)
```

程序执行的结果是：5&9 的结果是 1，5|9 的结果是 13。下面介绍运算过程。

5 的二进制码是 00000101（省略了前面的 24 个 0），而 9 的二进制码是 00001001（省略了前面的 24 个 0）。运算过程如图 2.1 所示。

```
  00000101     00000101
& 00001001    |00001001
  --------     --------
  00000001     00001101
```

图 2.1　按位与和按位或的运算过程

下面是按位取反和按位异或的执行代码（程序清单同上）。

```
a = -5
# 将输出 4
print( ~a)
# 将输出 12
print(5 ^ 9)
```

程序执行~-5 的结果是 4，执行 5 ^ 9 的结果是 12。下面通过图 2.2 来介绍~-5 的运算过程。

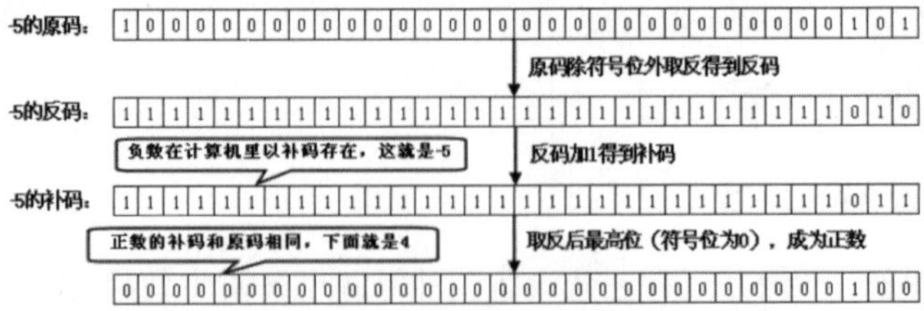

图 2.2　~-5 的运算过程

上面的运算过程涉及与计算机存储相关的内容。首先我们要明白：所有数值在计算机底层都是以二进制形式存在的，原码是直接将一个数值换算成二进制数。有符号整数的最高位是符号位，符号位为 0 代表正数，符号位为 1 代表负数。无符号整数则没有符号位，因此无符号整数只能表示 0 和正数。

为了方便计算，计算机底层以补码的形式保存所有的整数。补码的计算规则是：正数的补码和原码完全相同，负数的补码是其反码加 1；反码是对原码按位取反，只是最高位（符号位）保持不变。

5 ^ 9 进行的是异或运算，运算过程如图 2.3 所示。

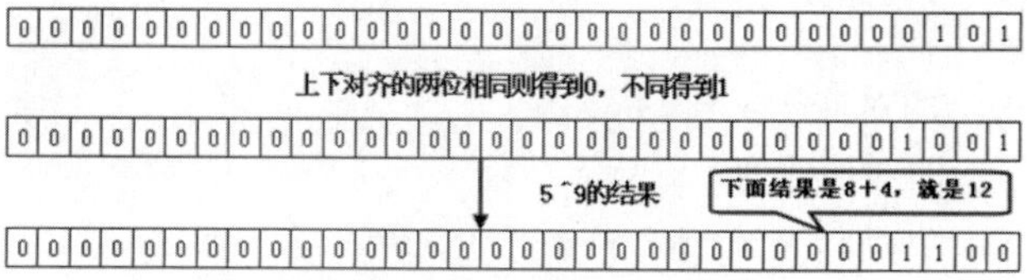

图 2.3 5 ^ 9 的运算过程

左移运算符是将操作数的二进制码整体左移指定位数，左移后右边空出来的位以 0 来填充。例如如下代码（程序清单同上）。

```
# 输出 20
print(5 << 2)
# 输出-20
print(-5 << 2)
```

图 2.4 示范了−5 左移两位的运算过程。

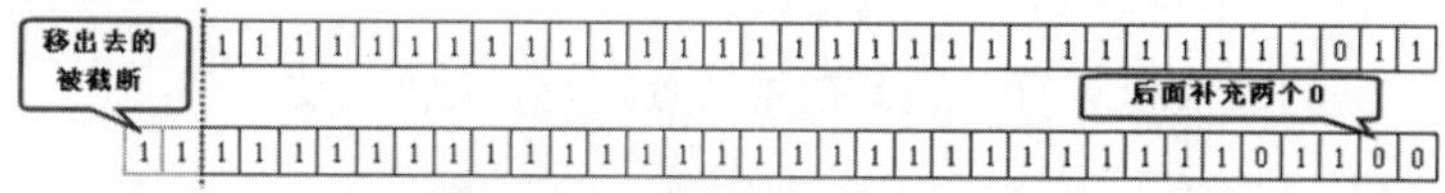

图 2.4 −5 左移两位的运算过程

在图 2.4 中，上面的 32 位数是−5 的补码，左移两位后得到一个二进制补码，这个二进制补码的最高位是 1，表明是一个负数，换算成十进制数就是−20。

Python 的右移运算符为：>>。对于“>>”运算符而言，把第一个操作数的二进制码右移指定位数后，左边空出来的位以原来的符号位来填充。即：如果第一个操作数原来是正数，则左边补 0；如果第一个操作数是负数，则左边补 1。

请看下面代码（程序清单同上）。

```
b = -5
# 输出-2
print(b >> 2)
```

图 2.5 给出了−5 >> 2 的运算过程。

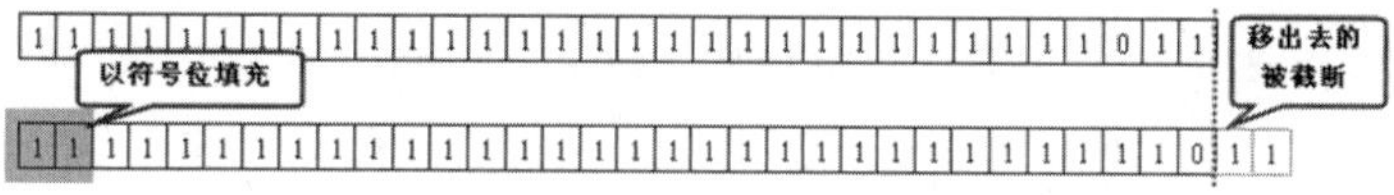

图 2.5 −5>>2 的运算过程

从图 2.5 来看，−5 右移两位后左边空出两位，空出来的两位以符号位来填充。从图 2.5 可以看出，右移运算后得到的结果的正负与第一个操作数的正负相同。右移后的结果依然是一个负数，这是一个二进制补码，换算成十进制数就是−2。

必须指出的是，位移运算符只适合对整型数进行运算。

注意

在进行位移运算时，不难发现，左移 *n* 位就相当于乘以 2 的 *n* 次方，右移 *n* 位则相当于除以 2 的 *n* 次方（如果不能整除，实际返回的结果是小于除得结果数值的最大整数的）。不仅如此，进行位移运算只是得到了一个新的运算结果，而原来的操作数本身是不会改变的。

2.6.4 扩展后的赋值运算符

赋值运算符可以与算术运算符、位运算符等结合，扩展成功能更加强大的运算符。扩展后的赋值运算符如下。

- +=：对于 x += y，即对应于 x = x + y。
- -=：对于 x -= y，即对应于 x = x - y。
- *=：对于 x *= y，即对应于 x = x * y。
- /=：对于 x /= y，即对应于 x = x / y。
- //=：对于 x //= y，即对应于 x = x // y。
- %=：对于 x %= y，即对应于 x = x % y。
- **=：对于 x **= y，即对应于 x = x ** y。
- &=：对于 x &= y，即对应于 x = x & y。
- |=：对于 x |= y，即对应于 x = x | y。
- ^=：对于 x ^= y，即对应于 x = x ^ y。
- <<=：对于 x <<= y，即对应于 x = x << y。
- >>=：对于 x >>= y，即对应于 x = x >> y。

只要能使用扩展后的赋值运算符，通常都推荐使用这种赋值运算符。

2.6.5 索引运算符

前面介绍字符串时已经使用了索引运算符，索引运算符就是方括号，在方括号中既可使用单个索引值，也可使用索引范围。实际上，在使用索引范围时，还可指定步长。下面代码示范了在索引范围中指定步长的用法。

程序清单：codes\02\2.6\index_test.py

```
a = 'abcdefghijklmn'
# 获取索引 2 到索引 8 的子串，步长为 3
print(a[2:8:3]) # 输出 cf
# 获取索引 2 到索引 8 的子串，步长为 2
print(a[2:8:2]) # 输出 ceg
```

2.6.6 比较运算符与 bool 类型

Python 提供了 bool 类型来表示真（对）或假（错），比如常见的 5 > 3 比较算式，这个是正确的，在程序世界里称之为真（对），Python 使用 True 来代表；再比如 4 > 20 比较算式，这个是错误的，在程序世界里称之为假（错），Python 使用 False 来代表。

由此可见，bool 类型就是用于代表某个事情的真（对）或假（错），如果这个事情是正确的，用 True 代表；如果这个事情是错误的，用 False 代表。

比较运算符用于判断两个值（这两个值既可以是变量，也可以是常量，还可以是表达式）之间的大小，比较运算的结果是 bool 值（True 代表真，False 代表假）。Python 支持的比较运算符如下。

- >：大于，如果运算符前面的值大于后面的值，则返回 True；否则返回 False。
- >=：大于或等于，如果运算符前面的值大于或等于后面的值，则返回 True；否则返回 False。
- <：小于，如果运算符前面的值小于后面的值，则返回 True；否则返回 False。
- <=：小于或等于，如果运算符前面的值小于或等于后面的值，则返回 True；否则返回 False。
- ==：等于，如果运算符前面的值等于后面的值，则返回 True；否则返回 False。
- !=：不等于，如果运算符前面的值不等于后面的值，则返回 True；否则返回 False。
- is：判断两个变量所引用的对象是否相同，如果相同则返回 True。

➢ is not：判断两个变量所引用的对象是否不相同，如果不相同则返回 True。

下面程序示范了比较运算符的使用。

程序清单：codes\02\2.6\compare_operator_test.py

```
# 输出 True
print("5 是否大于 4：", 5 > 4)
# 输出 False
print("3 的 4 次方是否大于或等于 90.0：", 3 ** 4 >= 90)
# 输出 True
print("20 是否大于或等于 20.0：", 20 >= 20.0)
# 输出 True
print("5 和 5.0 是否相等：", 5 == 5.0)
# 输出 False
print("True 和 False 是否相等：", True == False)
```

上面程序简单示范了 Python 比较运算符的功能和用法。

Python 的两个 bool 值分别是 True 和 False，但实际上 True 也可被当成整数 1 使用，False 也可被当成整数 0 使用。也就是说，True、False 两个值完全可以参与各种算术运算。例如如下代码（程序清单同上）。

```
# 输出 True
print("1 和 True 是否相等：", 1 == True)
# 输出 True
print("0 和 False 是否相等：", 0 == False)
print(True + False) # 输出 1
print(False - True)  # 输出-1
```

关于==与 is 看上去很相似，但实质上有区别，==只比较两个变量的值，但 is 要求两个变量引用同一个对象。看如下代码（程序清单同上）。

```
import time
# 获取当前时间
a = time.gmtime()
b =  time.gmtime()
print(a == b) # a 和 b 两个时间相等，输出 True
print(a is b) # a 和 b 不是同一个对象，输出 False
```

上面代码中 a、b 两个变量都代表当前系统时间，因此 a、b 两个变量的时间值是相等的，故程序使用“==”判断返回 True。但由于 a、b 两个变量分别引用不同的对象（每次调用 gmtime()函数都返回不同的对象），因此 a is b 返回 False。

实际上，Python 提供了一个全局的 id()函数来判断变量所引用的对象的内存地址（相当于对象在计算机内存中存储位置的门牌号），如果两个对象所在的内存地址相同（相当于它们住在同一个房间内，计算机同一块内存在任一时刻只能存放一个对象），则说明这两个对象其实是同一个对象。由此可见，is 判断其实就是要求通过 id()函数计算两个对象时返回相同的地址。例如，使用 id()函数判断上面的 a、b 两个变量。

```
print(id(a))
print(id(b))
```

从运行结果中将会看到 a、b 两个变量所引用的对象的内存地址是不同的，这样通过 is 来判断 a、b 两个变量自然也就输出 False 了。

2.6.7 逻辑运算符

逻辑运算符用于操作 bool 类型的变量、常量或表达式，逻辑运算的返回值也是 bool 值。

Python 的逻辑运算符有如下三个。

- and：与，前后两个操作数必须都是 True 才返回 True；否则返回 False。
- or：或，只要两个操作数中有一个是 True，就可以返回 True；否则返回 False。
- not：非，只需要一个操作数，如果操作数为 True，则返回 False；如果操作数为 False，则返回 True。

下面代码示范了与、或、非这三个逻辑运算符的使用。

程序清单：codes\02\2.6\logic_operator_test.py

```
# 直接对 False 求非运算，将返回 True
print(not False)
# 5>3 返回 True，20.0 大于 10，因此结果返回 True
print(5 > 3 and 20.0 > 10)
# 4>=5 返回 False，"c">"a"返回 True，求或后返回 True
print(4 >= 5 or "c" > "a")
```

有些时候，程序需要使用多个逻辑运算符来组合复杂的逻辑。例如，假设想表达如下逻辑：需要购买一本书名必须以“Python”结尾的图书，且图书价格小于 50 元或该图书是基于正式版的。

假如使用如下程序。

程序清单：codes\02\2.6\combining_logic_test.py

```
bookName = "疯狂 Python"
price = 79
version = "正式版"
if bookName.endswith('Python') and price < 50 or version == "正式版" :
    print("打算购买这本 Python 图书")
else:
    print("不购买！")
```

编译、运行上面程序，可以看到程序输出“打算购买这本 Python 图书”。那么上面程序是否有问题呢？其实问题是存在的，这是因为程序会先计算 bookName.endswith('Python') and price < 50，即使该逻辑表达式中的两个条件都是 False，但只要后面的 version == "正式版"返回 True，整个表达式就会返回 True，从而导致程序依然会输出“打算购买这本 Python 图书”——因此，即使把上面程序中的 bookName 改为不以“Python”结尾，程序也依然会输出“打算购买这本 Python 图书”。

运算结果显然与逻辑需求并不一致，逻辑需求是：需要购买一本书名以“Python”结尾的图书。此时应该使用圆括号来保证程序先对 price < 50 || version == "正式版"求值，然后再与 bookName.endswith('Python')的结果求与。

因此，应该把程序改为如下形式（程序清单同上）。

```
bookName = "疯狂 Python"
price = 79
version = "正式版"
if bookName.endswith('Python') and (price < 50 or version == "正式版") :
    print("打算购买这本 Python 图书")
else:
    print("不购买！")
```

从上面代码可以看出，对于组合逻辑来说，使用圆括号保证运算顺序非常重要。

需要说明的是，即使不是为了保证逻辑运算的顺序，且有括号和没括号的输出结果是一样的，本书也依然建议使用圆括号来提高程序的可读性。

2.6.8 三目运算符

Python 可通过 if 语句来实现三目运算符的功能，因此可以近似地把这种 if 语句当成三目运算符。作为三目运算符的 if 语句的语法格式如下：

```
True_statement if expression else False_statement
```

三目运算符的规则是：先对逻辑表达式 expression 求值，如果逻辑表达式返回 True，则执行并返回 True_statement 的值；如果逻辑表达式返回 False，则执行并返回 False_statement 的值。看如下代码。

程序清单：codes\02\2.6\ternary_operator_test.py

```
a = 5
b = 3
st = "a 大于 b" if a > b else "a 不大于 b"
# 输出"a 大于 b"
print(st)
```

实际上，如果只是为了在控制台输出提示信息，还可以将上面的三目运算符表达式改为如下形式（程序清单同上）。

```
# 输出"a 大于 b"
print("a 大于 b") if a > b else print("a 不大于 b")
```

需要指出的是，三目运算符支持嵌套，通过嵌套三目运算符，可以执行更复杂的判断。例如，下面代码需要判断 c、d 两个变量的大小关系（程序清单同上）。

```
c = 5
d = 5
# 下面将输出“c 等于 d”
print("c 大于 d") if c > d else (print("c 小于 d") if c < d else print("c 等于 d"))
```

上面代码首先对 c > d 求值，如果该表达式为 True，程序将会执行并返回第一个表达式：print("c 大于 d")；否则系统将会计算 else 后面的内容：(print("c 小于 d") if c < d else print("c 等于 d"))，这个表达式又是一个嵌套的三目运算符表达式——注意，进入该表达式时只剩下“c 小于 d”或“c 等于 d”两种情况，因此该三目运算符再次判断 c<d，如果该表达式为 True，将会输出“c 小于 d”；否则只剩下“c 等于 d”一种情况，自然就输出该字符串了。

2.6.9　in 运算符

Python 提供了 in 运算符，用于判断某个成员是否位于序列中，比如前面介绍的 str 就是一个序列，因此程序可使用 in 运算符判断字符串是否包含特定子串。

除 in 运算符之外，Python 也提供了 in 的反义词：not in。

例如如下代码。

程序清单：codes\02\2.6\in_test.py

```
s = 'crazyit.org'
print('it' in s) # True
print('it' not in s) # False
print('fkit' in s) # False
print('fkit' not in s) # True
```

使用 in 运算符除可判断字符串是否包含特定子串之外，还可判断序列是否包含子序列。

2.6.10　运算符的结合性和优先级

所有的数学运算都是从左向右进行的，Python 语言中的大部分运算符也是从左向右结合的，只有单目运算符、赋值运算符和三目运算符例外，它们是从右向左结合的，也就是说，它们是从右向左运算的。

乘法和加法是两个可结合的运算符，也就是说，这两个运算符左右两边的操作数可以互换位置而不会影响结果。

运算符有不同的优先级，所谓优先级就是在表达式运算中的运算顺序。表 2.6 中列出了包括分隔符在内的所有运算符的优先级顺序。

表 2.6　运算符的优先级

运算符说明	Python 运算符	优先级
索引运算符	x[index]或 x[index: index2[:index3]]	18、19
属性访问	x.attribute	17
乘方	**	16
按位取反	~	15
符号运算符	+或-	14
乘、除	*、/、//、%	13
加、减	+、-	12
位移	>>、<<	11
按位与	&	10
按位异或	^	9
按位或	|	8
比较运算符	==、!=、>、>=、<、<=	7
is 运算符	is、is not	6
in 运算符	in、not in	5
逻辑非	not	4
逻辑与	and	3
逻辑或	or	2

根据表 2.6 中运算符的优先级，我们分析 4+4<<2 语句的执行结果。程序先执行 4+4 得到结果 8，再执行 8<<2 得到 32。如果使用“()”就可以改变程序的执行顺序，比如 4 + (4 << 2)，则先执行 4<<2 得到结果 16，再执行 4 +16 得到 20。

虽然 Python 运算符存在优先级的关系，但并不推荐过度依赖运算符的优先级，因为这会导致程序的可读性降低。因此，在这里要提醒读者：

- 不要把一个表达式写得过于复杂，如果一个表达式过于复杂，则把它分成几步来完成。
- 不要过多地依赖运算符的优先级来控制表达式的执行顺序，这样可读性太差，应尽量使用“()”来控制表达式的执行顺序。

2.7　本章小结

本章主要介绍了 Python 编程的基础内容：变量和表达式。虽然 Python 是弱类型语言，Python 变量本身没有类型，可以“盛装”各种类型的数据，但变量所“盛装”的数据是有类型的，包括各种数值型、字符串型、bool 型等。因此本章的第一个重要部分就是 Python 的各种基本类型和字符串，本章详细介绍了 Python 字符串的功能和用法。

本章的第二个重要部分就是 Python 的各种运算符，通过这些运算符就可以把变量和数值连接成表达式。Python 支持算术运算符、位运算符、索引运算符、赋值运算符、比较运算符、逻辑运算符、三目运算符、in 运算符等各种功能丰富的运算符，掌握这些运算符是 Python 编程的基础。

>>本章练习

1. 使用数值类型声明多个变量，并使用不同方式为不同的数值类型的变量赋值。熟悉每种数据类型的赋值规则和表示方式。

2．使用数学运算符、逻辑运算符编写 40 个表达式，先自行计算各表达式的值，然后通过程序输出这些表达式的值进行对比，看看能否做到一切尽在掌握中。

3．从标准输入读取两个整数并打印两行，其中第一行输出两个整数的整除结果；第二行输出两个整数的带小数的除法结果。不需要执行任何四舍五入或格式化操作。

4．从标准输入读取两个整数并打印三行，其中第一行包含两个数的和；第二行包含两个数的差（第一个数减第二个数）；第三行包含两个数的乘积结果。

5．用户输入一个字符串和一个子串，程序必须打印出给定子串在目标字符串中出现的次数。字符串遍历将从左到右进行，而不是从右到左。例如给定'ABCDCDC'和'CDC'，程序输出“2”。

6．给定任意一个整数，打印出该整数的十进制、八进制、十六进制（大写）、二进制形式的字符串。

7．通过学习我们知道 str 是不可变的，本程序要实现一个功能：用户输入一个字符串，修改该字符串中哪个位置的字符，程序就会输出修改后的结果。比如用户输入：

```
'fkjava.org'
6 -
```

程序将会输出：'fkjava-org'。

CHAPTER

3

第3章 列表、元组和字典

本章要点

- 列表和元组
- 通过索引使用元素
- 通过索引获取子序列
- 列表和元组支持的运算
- 列表和元组的长度、最大值和最小值
- 为列表增加元素
- 为列表删除元素
- 为列表修改元素
- 列表的其他常用方法
- 字典入门和创建字典的方法
- 字典的基本用法
- 字典的常用方法
- 使用字典格式化字符串

本章将会介绍 Python 内置的三种常用数据结构：列表（list）、元组（tuple）和字典（dict），这三种数据结构一但都可用于保存多个数据项，这对于编程而言是非常重要的——因为程序不仅需要使用单个变量来保存数据，还需要使用多种数据结构来保存大量数据，而列表、元组和字典就可满足保存大量数据的需求。

列表和元组比较相似，它们都按顺序保存元素，每个元素都有自己的索引，因此列表和元组都可通过索引访问元素。二者的区别在于元组是不可修改的，但列表是可修改的。字典则以 key-value 的形式保存数据。这三种数据结构各有特色，它们都是 Python 编程中必不可少的内容。

3.1 序列简介

所谓序列，指的是一种包含多项数据的数据结构，序列包含的多个数据项（也叫成员）按顺序排列，可通过索引来访问成员。

3.1.1 Python 的序列

Python 的常见序列类型包括字符串、列表和元组等。前一章介绍过的字符串，其实就是一种常见的序列，通过索引访问字符串内的字符程序就是序列的示范程序。

本章介绍的序列主要是指列表和元组，这两种类型看起来非常相似，最主要的区别在于：元组是不可变的，元组一旦构建出来，程序就不能修改元组所包含的成员（就像字符串也是不可变的，程序无法修改字符串所包含的字符序列）；但列表是可变的，程序可以修改列表所包含的元素。

在具体的编程过程中，如果只是固定地保存多个数据项，则不需要修改它们，此时就应该使用元组；反之，就应该使用列表。此外，在某些时候，程序需要使用不可变的对象，比如 Python 要求字典的 key 必须是不可变的，此时程序就只能使用元组。

提示

列表和元组的关系就是可变和不可变的关系。

3.1.2 创建列表和元组

创建列表和元组的语法也有点相似，区别只是创建列表使用方括号，创建元组使用圆括号，并在括号中列出元组的元素，元素之间以英文逗号隔开。

创建列表的语法格式如下：

```
[ele1, ele2, ele3, ...]
```

创建元组的语法格式如下：

```
(ele1, ele2, ele3, ...)
```

下面代码示范了在程序中定义列表和元组。

程序清单：codes\03\3.1\list_and_tuple.py

```
# 使用方括号定义列表
my_list = ['crazyit', 20, 'Python']
print(my_list)
# 使用圆括号定义元组
my_tuple = ('crazyit', 20, 'Python')
print(my_tuple)
```

3.2 列表和元组的通用用法

列表和元组非常相似，它们都可包含多个元素，多个元素也有各自的索引。程序可通过索引来操作这些元素，只要不涉及改变元素的操作，列表和元组的用法是通用的。

3.2.1 通过索引使用元素

列表和元组都可通过索引来访问元素，它们的索引都是从 0 开始的，第 1 个元素的索引为 0，第 2 个元素的索引为 1……依此类推；它们也支持使用负数索引，倒数第 1 个元素的索引为-1，倒数第 2 个元素的索引为-2……依此类推。

列表的元素相当于一个变量，程序既可使用它的值，也可对元素赋值；元组的元素则相当于一个常量，程序只能使用它的值，不能对它重新赋值。此处只介绍它们的通用用法，先不介绍对列表元素赋值的情形。

如下代码示范了使用列表和元组的元素。

程序清单：codes\03\3.2\index_test.py

```
a_tuple = ('crazyit', 20, 5.6, 'fkit', -17)
print(a_tuple)
# 访问第 1 个元素
print(a_tuple[0]) # crazyit
# 访问第 2 个元素
print(a_tuple[1]) # 20
# 访问倒数第 1 个元素
print(a_tuple[-1]) # -17
# 访问倒数第 2 个元素
print(a_tuple[-2]) # fkit
```

3.2.2 子序列

与前面介绍的字符串操作类似的是，列表和元组同样也可使用索引获取中间一段，这种用法被称为 slice（分片或切片）。slice 的完整语法格式如下：

```
[start: end: step]
```

上面语法中 start、end 两个索引值都可使用正数或负数，其中负数表示从倒数开始。该语法表示从 start 索引的元素开始（包含），到 end 索引的元素结束（不包含）的所有元素——这和所有编程语言的约定类似。

step 表示步长，因此 step 使用负数没有意义。

下面代码示范了使用 start、end 获取元组中间一段的用法。

程序清单：codes\03\3.2\slice_test.py

```
a_tuple = ('crazyit', 20, 5.6, 'fkit', -17)
# 访问从第 2 个到第 4 个（不包含）的所有元素
print(a_tuple[1: 3]) # (20, 5.6)
# 访问从倒数第 3 个到倒数第 1 个（不包含）的所有元素
print(a_tuple[-3: -1]) # (5.6, 'fkit')
# 访问从第 2 个到倒数第 2 个（不包含）的所有元素
print(a_tuple[1: -2]) # (20, 5.6)
# 访问从倒数第 3 个到第 5 个（不包含）的所有元素
print(a_tuple[-3: 4]) # (5.6, 'fkit')
```

如果指定 step 参数，则可间隔 step 个元素再取元素。例如如下代码。

```
b_tuple = (1, 2, 3, 4, 5, 6, 7, 8, 9)
# 访问从第 3 个到第 9 个（不包含）、间隔为 2 的所有元素
print(b_tuple[2: 8: 2]) # (3, 5, 7)
# 访问从第 3 个到第 9 个（不包含）、间隔为 3 的所有元素
print(b_tuple[2: 8: 3]) # (3, 6)
# 访问从第 3 个到倒数第 2 个（不包含）、间隔为 2 的所有元素
print(b_tuple[2: -2: 2]) # (3, 5, 7)
```

3.2.3 加法

列表和元组支持加法运算，加法的和就是两个列表或元组所包含的元素的总和。

需要指出的是，列表只能和列表相加；元组只能和元组相加；元组不能直接和列表相加。

如下代码示范了元组和列表的加法运算。

程序清单：codes\03\3.2\plus_test.py

```
a_tuple = ('crazyit' , 20, -1.2)
b_tuple = (127, 'crazyit', 'fkit', 3.33)
# 计算元组相加
sum_tuple = a_tuple + b_tuple
print(sum_tuple) # ('crazyit', 20, -1.2, 127, 'crazyit', 'fkit', 3.33)
print(a_tuple) # a_tuple 并没有改变
print(b_tuple) # b_tuple 并没有改变
# 两个元组相加
print(a_tuple + (-20 , -30)) # ('crazyit', 20, -1.2, -20, -30)
# 下面代码报错：元组和列表不能直接相加
#print(a_tuple + [-20 , -30])
a_list = [20, 30, 50, 100]
b_list = ['a', 'b', 'c']
# 计算列表相加
sum_list = a_list + b_list
print(sum_list) # [20, 30, 50, 100, 'a', 'b', 'c']
print(a_list + ['fkit']) # [20, 30, 50, 100, 'fkit']
```

3.2.4 乘法

列表和元组可以和整数执行乘法运算，列表和元组乘法的意义就是把它们包含的元素重复 *N* 次——*N* 就是被乘的倍数。

如下代码示范了列表和元组的乘法。

程序清单：codes\03\3.2\multiple_test.py

```
a_tuple = ('crazyit' , 20)
# 执行乘法
mul_tuple = a_tuple * 3
print(mul_tuple) # ('crazyit', 20, 'crazyit', 20, 'crazyit', 20)
a_list = [30, 'Python', 2]
mul_list = a_list * 3
print(mul_list) # [30, 'Python', 2, 30, 'Python', 2, 30, 'Python', 2]
```

当然，也可以对列表、元组同时进行加法、乘法运算。例如，把用户输入的日期翻译成英文表示形式——就是添加英文的“第”后缀。对于 1、2、3 来说，英文的“第”后缀分别用 st、nd、rd 代表，其他则使用 th 代表。

为此，可使用如下代码来完成该转换。

程序清单：codes\03\3.2\translate.py

```
# 同时对元组使用加法、乘法
order_endings = ('st', 'nd', 'rd')\
    + ('th',) * 17 + ('st', 'nd', 'rd')\
```

```
    + ('th',) * 7 + ('st',)
# 将会看到 st、nd、rd、17 个 th、st、nd、rd、7 个 th、st
print(order_endings)
day = input("输入日期(1-31): ")
# 将字符串转成整数
day_int = int(day)
print(day + order_endings[day_int - 1])
```

上面粗体字代码同时对('th',)元组使用了乘法，再将乘法得到的结果使用加法连接起来，最终得到一个元组，该元组共有 31 个元素。

可能有读者对('th',)这种写法感到好奇，此处明明只有一个元素，为何不省略逗号？这是因为('th')只是字符串加上圆括号，并不是元组，也就是说，('th')和'th'是相同的。为了表示只有一个元素的元组，必须在唯一的元组元素之后添加英文逗号。

运行上面程序，可以看到如下运行结果。

```
输入日期(1-31): 27
27th
```

从上面的运行结果可以看出，用户输入 27，程序通过元组为 27 添加了“th”后缀。

3.2.5 in 运算符

in 运算符用于判断列表或元组是否包含某个元素，例如如下代码。

程序清单：codes\03\3.2\in_test.py

```
a_tuple = ('crazyit' , 20, -1.2)
print(20 in a_tuple) # True
print(1.2 in a_tuple) # False
print('fkit' not in a_tuple) # True
```

3.2.6 长度、最大值和最小值

Python 提供了内置的 len()、max()、min()全局函数来获取元组或列表的长度、最大值和最小值。

由于 max()、min()要对元组、列表中的元素比较大小，因此程序要求传给 max()、min()函数的元组、列表的元素必须是相同类型且可以比较大小。

例如如下代码。

程序清单：codes\03\3.2\func_test.py

```
# 元素都是数值的元组
a_tuple = (20, 10, -2, 15.2, 102, 50)
# 计算最大值
print(max(a_tuple)) # 102
# 计算最小值
print(min(a_tuple)) # -2
# 计算长度
print(len(a_tuple)) # 6
# 元素都是字符串的列表
b_list = ['crazyit', 'fkit', 'Python', 'Kotlin']
# 计算最大值（依次比较每个字符的 ASCII 码值，先比较第一个字符，若相同，再比较第二个字符，依此类推）
print(max(b_list)) # fkit （26 个小写字母的 ASCII 码为 97~122）
# 计算最小值
print(min(b_list)) # Kotlin （26 个大写字母的 ASCII 码为 65~90）
# 计算长度
print(len(b_list)) # 4
```

在上面代码中，首先使用 3 个函数对元素都是数值的元组进行处理，可以看到程序获取元组的

最大值、最小值等。程序后半部分使用 3 个函数对元素都是字符串的列表进行处理，也可以看到程序获取列表的最大值、最小值等，这说明 Python 的字符串也是可比较大小的——Python 依次按字符串中每个字符对应的编码来比较字符串的大小。

3.2.7 序列封包和序列解包

Python 还提供了序列封包（Sequence Packing）和序列解包（Sequence Unpacking）的功能。简单来说，Python 允许支持以下两种赋值方式。

- 程序把多个值赋给一个变量时，Python 会自动将多个值封装成元组。这种功能被称为序列封包。
- 程序允许将序列（元组或列表等）直接赋值给多个变量，此时序列的各元素会被依次赋值给每个变量（要求序列的元素个数和变量个数相等）。这种功能被称为序列解包。

下面代码示范了序列封包和序列解包的功能。

程序清单：codes\03\3.2\seq_packing.py

```
# 序列封包：将 10、20、30 封装成元组后赋值给 vals
vals = 10, 20, 30
print(vals) # (10, 20, 30)
print(type(vals)) # <class 'tuple'>
print(vals[1]) # 20
a_tuple = tuple(range(1, 10, 2))
# 序列解包：将 a_tuple 元组的各元素依次赋值给 a、b、c、d、e 变量
a, b, c, d, e = a_tuple
print(a, b, c, d, e) # 1 3 5 7 9
a_list = ['fkit', 'crazyit']
# 序列解包：将 a_list 序列的各元素依次赋值给 a_str、b_str 变量
a_str, b_str = a_list
print(a_str, b_str) # fkit crazyit
```

如果在赋值中同时运用了序列封包和序列解包机制，就可以让赋值运算符支持同时将多个值赋给多个变量。例如如下代码（程序清单同上）。

```
# 将 10、20、30 依次赋值给 x、y、z
x, y, z = 10, 20, 30
print(x, y, z) # 10 20 30
```

上面代码实际上相当于如下执行过程。

```
# 先执行序列封包
xyz = 10, 20, 30
# 再执行序列解包
x, y, z = xyz
```

使用这种语法也可以实现交换变量的值，例如如下代码。

```
# 将 y、z、x 依次赋值给 x、y、z
x, y, z = y, z, x
print(x, y, z) # 20 30 10
```

在序列解包时也可以只解出部分变量，剩下的依然使用列表变量保存。为了使用这种解包方式，Python 允许在左边被赋值的变量之前添加“*”，那么该变量就代表一个列表，可以保存多个集合元素。例如如下程序（程序清单同上）。

```
# first、second 保存前两个元素，rest 列表包含剩下的元素
first, second, *rest = range(10)
print(first) # 0
print(second) # 1
print(rest) # [2, 3, 4, 5, 6, 7, 8, 9]
# last 保存最后一个元素，begin 保存前面剩下的元素
```

```
*begin, last = range(10)
print(begin) # [0, 1, 2, 3, 4, 5, 6, 7, 8]
print(last) # 9
# first 保存第一个元素，last 保存最后一个元素，middle 保存中间剩下的元素
first, *middle, last = range(10)
print(first) # 0
print(middle) # [1, 2, 3, 4, 5, 6, 7, 8]
print(last) # 9
```

3.3 使用列表

前面已经提到，列表与元组最大的区别在于：元组是不可改变的，列表是可改变的。元组支持的操作，列表基本上都支持；列表支持对元素的修改，而元组则不支持。从这个角度来看，可以认为列表是增强版的元组。

注意

虽然大部分时候都可使用列表来代替元组，但如果程序不需要修改列表所包含的元素，那么使用元组代替列表会更安全。

3.3.1 创建列表

除使用前面介绍的方括号语法创建列表之外，Python 还提供了一个内置的 list()函数来创建列表，list()函数可用于将元组、区间（range）等对象转换为列表。

例如如下代码。

程序清单：codes\03\3.3\list_test.py

```
a_tuple = ('crazyit', 20, -1.2)
# 将元组转换成列表
a_list = list(a_tuple)
print(a_list)
# 使用 range()函数创建区间（range）对象
a_range = range(1, 5)
print(a_range) # range(1, 5)
# 将区间转换成列表
b_list = list(a_range)
print(b_list) # [1, 2, 3, 4]
# 创建区间时还指定了步长
c_list = list(range(4, 20, 3))
print(c_list) # [4, 7, 10, 13, 16, 19]
```

上面程序中第一行粗体字代码使用 list()将一个元组转换成列表；第二行粗体字代码用 list()将一个区间（range）对象转换为列表，该行代码转换的区间为 range(1, 5)，该区间使用默认步长 1，该区间共包括 1、2、3、4 四个值（注意：不包括 5）。因此程序输出 b_list 时将看到如下结果。

```
[1, 2, 3, 4]
```

第三行粗体字代码将 range(4, 20, 3)转换为列表，该区间是从 4 到 20（不包括 20）且步长为 3 的数值，因此程序输出 c_list 时将看到如下结果。

```
[4, 7, 10, 13, 16, 19]
```

提示

Python 2.x 提供了一个 xrange()函数，该函数与 Python 3.x 中的 range()函数基本相同。Python 2.x 也提供了 range()函数，但是该函数返回的是列表对象。

与 list()对应的是，Python 也提供了一个 tuple()函数，该函数可用于将列表、区间（range）等对象转换为元组。

例如如下代码。

程序清单：codes\03\3.3\tuple_test.py

```
a_list = ['crazyit', 20, -1.2]
# 将列表转换成元组
a_tuple = tuple(a_list)
print(a_tuple)
# 使用 range()函数创建区间（range）对象
a_range = range(1, 5)
print(a_range) # range(1, 5)
# 将区间转换成元组
b_tuple = tuple(a_range)
print(b_tuple) # (1, 2, 3, 4)
# 创建区间时还指定了步长
c_tuple = tuple(range(4, 20, 3))
print(c_tuple) # (4, 7, 10, 13, 16, 19)
```

上面三行粗体字代码正是使用 tuple()函数创建元组的关键代码。

3.3.2 增加列表元素

为列表增加元素可调用列表的 append()方法，该方法会把传入的参数追加到列表的最后面。

append()方法既可接收单个值，也可接收元组、列表等，但该方法只是把元组、列表当成单个元素，这样就会形成在列表中嵌套列表、嵌套元组的情形。例如如下代码。

程序清单：codes\03\3.3\append_test.py

```
a_list = ['crazyit', 20, -2]
# 追加元素
a_list.append('fkit')
print(a_list) # ['crazyit', 20, -2, 'fkit']
a_tuple = (3.4, 5.6)
# 追加元组，元组被当成一个元素
a_list.append(a_tuple)
print(a_list) # ['crazyit', 20, -2, 'fkit', (3.4, 5.6)]
# 追加列表，列表被当成一个元素
a_list.append(['a', 'b'])
print(a_list) # ['crazyit', 20, -2, 'fkit', (3.4, 5.6), ['a', 'b']]
```

在上面代码中，执行完第一行粗体字代码之后，程序向列表中追加了一个元组，此时被追加的元组只是列表中的一个元素（嵌套元组），接下来输出该列表时将看到如下结果。

```
['crazyit', 20, -2, 'fkit', (3.4, 5.6)]
```

在上面代码中，执行完第二行粗体字代码之后，程序再次向列表中追加了一个列表，此时被追加的列表也只是列表中的一个元素（嵌套列表），接下来输出该列表时将看到如下结果。

```
['crazyit', 20, -2, 'fkit', (3.4, 5.6), ['a', 'b']]
```

从上面代码可以看出，为列表追加另一个列表时，Python 会将被追加的列表当成一个整体的元素，而不是追加目标列表中的元素。如果希望不将被追加的列表当成一个整体，而只是追加列表中的元素，则可使用列表的 extend()方法。例如如下代码（程序清单同上）。

```
b_list = ['a', 30]
# 追加元组中的所有元素
b_list.extend((-2, 3.1))
print(b_list) # ['a', 30, -2, 3.1]
# 追加列表中的所有元素
b_list.extend(['C', 'R', 'A'])
```

```
print(b_list) # ['a', 30, -2, 3.1, 'C', 'R', 'A']
# 追加区间中的所有元素
b_list.extend(range(97, 100))
print(b_list) # ['a', 30, -2, 3.1, 'C', 'R', 'A', 97, 98, 99]
```

此外，如果希望在列表中间增加元素，则可使用列表的 insert()方法，使用 insert()方法时要指定将元素插入列表的哪个位置。例如如下代码（程序清单同上）。

```
c_list = list(range(1, 6))
print(c_list) # [1, 2, 3, 4, 5]
# 在索引 3 处插入字符串
c_list.insert(3, 'CRAZY' )
print(c_list) # [1, 2, 3, 'CRAZY', 4, 5]
# 在索引 3 处插入元组，元组被当成一个元素
c_list.insert(3, tuple('crazy'))
print(c_list) # [1, 2, 3, ('c', 'r', 'a', 'z', 'y'), 'CRAZY', 4, 5]
```

3.3.3 删除列表元素

删除列表元素使用 del 语句。del 语句是 Python 的一种语句，专门用于执行删除操作，不仅可用于删除列表的元素，也可用于删除变量等。

使用 del 语句既可删除列表中的单个元素，也可直接删除列表的中间一段。例如如下代码。

程序清单：codes\03\3.3\delete_test.py

```
a_list = ['crazyit', 20, -2.4, (3, 4), 'fkit']
# 删除第 3 个元素
del a_list[2]
print(a_list) # ['crazyit', 20, (3, 4), 'fkit']
# 删除第 2 个到第 4 个（不包含）元素
del a_list[1: 3]
print(a_list) # ['crazyit', 'fkit']
b_list = list(range(1, 10))
# 删除第 3 个到倒数第 2 个（不包含）元素，间隔为 2
del b_list[2: -2: 2]
print(b_list) # [1, 2, 4, 6, 8, 9]
# 删除第 3 个到第 5 个（不包含）元素，间隔为 2
del b_list[2: 4]
print(b_list) # [1, 2, 8, 9]
```

上面程序中第一行粗体字代码简单地删除了列表中的一个元素；第二行粗体字代码执行删除时，使用了列表的 slice 语法，因此该删除操作将会删除列表的中间一段；第三行粗体字代码执行删除时，同样使用了列表的 slice 语法，并指定了间隔，因此将会看到以间隔为 2 的方式删除列表的中间一段。

使用 del 语句不仅可以删除列表元素，也可以删除普通变量，例如如下代码（程序清单同上）。

```
name = 'crazyit'
print(name) # crazyit
# 删除 name 变量
del name
print(name) # NameError
```

上面粗体字代码删除了 name 变量，因此接下来访问 name 变量时将会引发 NameError 错误。

除使用 del 语句之外，Python 还提供了 remove()方法来删除列表元素，该方法并不是根据索引来删除元素的，而是根据元素本身来执行删除操作的。该方法只删除第一个找到的元素，如果找不到该元素，该方法将会引发 ValueError 错误。如下代码示范了使用 remove()方法删除元素（程序清单同上）。

```
c_list = [20, 'crazyit', 30, -4, 'crazyit', 3.4]
```

```
# 删除第一次找到的 30
c_list.remove(30)
print(c_list) # [20, 'crazyit', -4, 'crazyit', 3.4]
# 删除第一次找到的'crazyit'
c_list.remove('crazyit')
print(c_list) # [20, -4, 'crazyit', 3.4]
```

列表还包含一个 clear()方法，正如它的名字所暗示的，该方法用于清空列表的所有元素。例如如下代码。

```
c_list.clear()
print(c_list) # []
```

3.3.4　修改列表元素

列表的元素相当于变量，因此程序可以对列表的元素赋值，这样即可修改列表的元素。例如如下代码。

程序清单：codes\03\3.3\update_test.py

```
a_list = [2, 4, -3.4, 'crazyit', 23]
# 对第 3 个元素赋值
a_list[2] = 'fkit'
print(a_list) # [2, 4, 'fkit', 'crazyit', 23]
# 对倒数第 2 个元素赋值
a_list[-2] = 9527
print(a_list) # [2, 4, 'fkit', 9527, 23]
```

上面代码通过索引对列表元素赋值，程序既可使用正数索引，也可使用负数索引，这都没有问题。

此外，程序也可通过 slice 语法对列表其中一部分赋值，在执行这个操作时并不要求新赋值的元素个数与原来的元素个数相等。

这意味着通过这种方式既可为列表增加元素，也可为列表删除元素。例如，如下代码示范了对列表中间一段赋值（程序清单同上）。

```
b_list = list(range(1, 5))
print(b_list)
# 将第 2 个到第 4 个（不包含）元素赋值为新列表的元素
b_list[1: 3] = ['a', 'b']
print(b_list) # [1, 'a', 'b', 4]
```

如果对列表中空的 slice 赋值，就变成了为列表插入元素。例如如下代码。

```
# 将第 3 个到第 3 个（不包含）元素赋值为新列表的元素，就是插入元素
b_list[2: 2] = ['x', 'y']
print(b_list) # [1, 'a', 'x', 'y', 'b', 4]
```

如果将列表其中一段赋值为空列表，就变成了从列表中删除元素。例如如下代码。

```
# 将第 3 个到第 6 个（不包含）元素赋值为空列表，就是删除元素
b_list[2: 5] = []
print(b_list) # [1, 'a', 4]
```

对列表使用 slice 语法赋值时，不能使用单个值；如果使用字符串赋值，Python 会自动把字符串当成序列处理，其中每个字符都是一个元素。例如如下代码。

```
# Python 会自动将 str 分解成序列
b_list[1: 3] = 'Charlie'
print(b_list) # [1, 'C', 'h', 'a', 'r', 'l', 'i', 'e']
```

在使用 slice 语法赋值时，也可指定 step 参数。但如果指定了 step 参数，则要求所赋值的列表元素个数与所替换的列表元素个数相等。例如如下代码。

```
c_list = list(range(1, 10))
# 指定 step 为 2，被赋值的元素有 4 个，因此用于赋值的列表也必须有 4 个元素
c_list[2: 9: 2] = ['a', 'b', 'c', 'd']
print(c_list) # [1, 2, 'a', 4, 'b', 6, 'c', 8, 'd']
```

3.3.5 列表的其他常用方法

除上面介绍的增加元素、删除元素、修改元素方法之外，列表还包含了一些常用的方法。例如，在交互式解释器中输入 dir(list)即可看到列表包含的所有方法，如下所示。

```
>>> dir(list)
['append', 'clear', 'copy', 'count', 'extend', 'index', 'insert', 'pop', 'remove',
'reverse', 'sort']
```

备注：在上面输出结果中已经剔除了那些以双下画线开头的方法。按照约定，这些方法都具有特殊的意义，不希望被用户直接调用。

上面有些方法前面已经介绍过了，列表还包含如下常用方法可以使用。

- count()：用于统计列表中某个元素出现的次数。
- index()：用于判断某个元素在列表中出现的位置。
- pop()：用于将列表当成“栈”使用，实现元素出栈功能。
- reverse()：用于将列表中的元素反向存放。
- sort()：用于对列表元素排序。

下面代码示范了 count()方法的用法。

程序清单：codes\03\3.3\count_test.py

```
a_list = [2, 30, 'a', [5, 30], 30]
# 计算列表中 30 出现的次数
print(a_list.count(30)) # 2
# 计算列表中[5, 30]出现的次数
print(a_list.count([5, 30])) # 1
```

index()方法则用于定位某个元素在列表中出现的位置，如果该元素没有出现，则会引发 ValueError 错误。在使用 index()方法时还可传入 start、end 参数，用于在列表的指定范围内搜索元素。如下代码示范了 index()方法的用法。

程序清单：codes\03\3.3\index_test.py

```
a_list = [2, 30, 'a', 'b', 'crazyit', 30]
# 定位元素 30 出现的位置
print(a_list.index(30)) # 1
# 从索引 2 开始，定位元素 30 出现的位置
print(a_list.index(30, 2)) # 5
# 在索引 2 到索引 4 之间定位元素 30 出现的位置，找不到该元素
print(a_list.index(30, 2, 4)) # ValueError
```

pop()方法用于实现元素出栈功能。栈是一种特殊的数据结构，它可实现先入后出（FILO）功能，即先加入栈的元素，反而后出栈。

提示

在其他编程语言所实现的“栈”中，往往会提供一个 push()方法，用于实现入栈操作，但 Python 的列表并没有提供 push()方法，我们可以使用 append()方法来代替 push()方法实现入栈操作。

下面代码示范了使用列表作为“栈”的示例。

程序清单：codes\03\3.3\stack_test.py

```
stack = []
# 向栈中入栈 3 个元素
stack.append("fkit")
stack.append("crazyit")
stack.append("Charlie")
print(stack) # ['fkit', 'crazyit', 'Charlie']
# 第一次出栈：最后入栈的元素被移出栈
print(stack.pop())
print(stack) # ['fkit', 'crazyit']
# 再次出栈
print(stack.pop())
print(stack) # ['fkit']
```

上面程序中粗体字代码实现了第一次出栈操作，该操作将会把最后一次添加的元素移出栈，且该方法会返回出栈的元素。因此，执行这行粗体字代码将会看到输出 Charlie。

提示

与所有编程语言类似的是，出栈操作既会移出列表的最后一个元素，也会返回被移出的元素。

reverse()方法会将列表中所有元素的顺序反转。例如如下代码。

程序清单：codes\03\3.3\reverse_test.py

```
a_list = list(range(1, 8))
# 将 a_list 列表元素反转
a_list.reverse()
print(a_list) # [7, 6, 5, 4, 3, 2, 1]
```

从上面的运行结果可以看出，调用 reverse()方法将反转列表中的所有元素。

sort()方法用于对列表元素进行排序。例如如下代码。

程序清单：codes\03\3.3\sort_test.py

```
a_list = [3, 4, -2, -30, 14, 9.3, 3.4]
# 对列表元素排序
a_list.sort()
print(a_list) #[-30, -2, 3, 3.4, 4, 9.3, 14]
b_list = ['Python', 'Swift', 'Ruby', 'Go', 'Kotlin', 'Erlang']
# 对列表元素排序，默认按字符串包含的字符的编码来比较大小
b_list.sort()
print(b_list) # ['Erlang', 'Go', 'Kotlin', 'Python', 'Ruby', 'Swift']
```

sort()方法除支持默认排序之外，还可传入 key 和 reverse 两个参数，而且这两个参数必须通过参数名指定（这种参数叫关键字参数，本书第 5 章会详细介绍）。key 参数用于为每个元素都生成一个比较大小的“键”；reverse 参数则用于执行是否需要反转排序——默认是从小到大排序；如果将该参数设为 True，将会改为从大到小排序。

如下代码示范了 key 和 reverse 参数的用法（程序清单同上）。

```
# 指定 key 为 len，指定使用 len 函数对集合元素生成比较大小的键
# 也就是按字符串的长度比较大小
b_list.sort(key=len)
print(b_list) # ['Go', 'Ruby', 'Swift', 'Erlang', 'Kotlin', 'Python']
# 指定反向排序
b_list.sort(key=len, reverse=True)
print(b_list) # ['Erlang', 'Kotlin', 'Python', 'Swift', 'Ruby', 'Go']
```

上面两次排序时都将 key 参数指定为 len，这意味着程序将会使用 len()函数对集合元素生成比

较大小的键，即根据集合元素的字符串长度比较大小。

需要指出的是，在 Python 2.x 中，列表的 sort()方法还可传入一个比较大小的函数，该函数负责比较列表元素的大小。该函数包含两个参数，当该函数返回正整数时，代表该函数的第一个参数大于第二个参数；当该函数返回负整数时，代表该函数的第一个参数小于第二个参数；返回 0 则意味着两个参数相等。

下面代码示范了使用比较函数调用 sort()方法。以下代码只能在 Python 2.x 中执行。

```
# 以下代码只能在 Python 2.x 中执行
# 定义一个根据长度比较大小的比较函数
def len_cmp(x, y):
    # 下面代码比较大小的逻辑是：长度大的字符串就算大
    return 1 if len(x) > len(y) else (-1 if len(x) < len(y) else 0)
b_list.sort(len_cmp)
print(b_list) #['Go', 'Ruby', 'Swift', 'Erlang', 'Kotlin', 'Python']
```

执行上面代码，同样可以看到列表元素按长度大小从小到大排序。

3.4 使用字典

字典也是 Python 提供的一种常用的数据结构，它用于存放具有映射关系的数据。

3.4.1 字典入门

比如有成绩表数据——语文：79，数学：80，英语：92，这组数据看上去像两个列表，但这两个列表的元素之间有一定的关联关系。如果单纯使用两个列表来保存这组数据，则无法记录两组数据之间的关联关系。

为了保存具有映射关系的数据，Python 提供了字典，字典相当于保存了两组数据，其中一组数据是关键数据，被称为 key；另一组数据可通过 key 来访问，被称为 value。形象地看，字典中 key 和 value 的关联关系如图 3.1 所示。

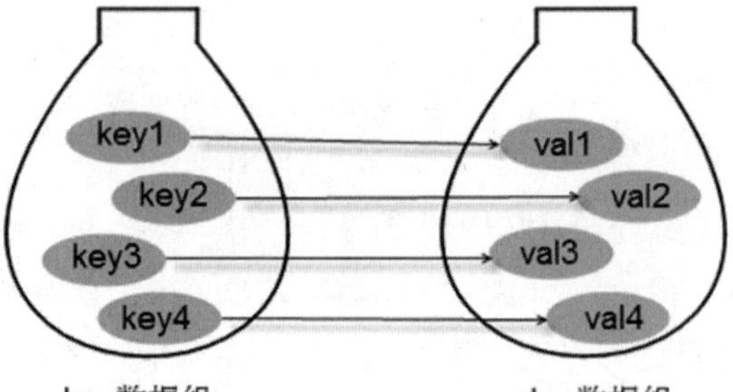

图 3.1 字典保存的关联数据

由于字典中的 key 是非常关键的数据，而且程序需要通过 key 来访问 value，因此字典中的 key 不允许重复。

3.4.2 创建字典

程序既可使用花括号语法来创建字典，也可使用 dict()函数来创建字典。实际上，dict 是一种类型，它就是 Python 中的字典类型。

在使用花括号语法创建字典时，花括号中应包含多个 key-value 对，key 与 value 之间用英文冒号隔开；多个 key-value 对之间用英文逗号隔开。

如下代码示范了使用花括号语法创建字典。

程序清单：codes\03\3.4\create_dict.py

```
scores = {'语文': 89, '数学': 92, '英语': 93}
print(scores)
# 空的花括号代表空的 dict
empty_dict = {}
print(empty_dict)
# 使用元组作为 dict 的 key
dict2 = {(20, 30):'good', 30:'bad'}
print(dict2)
```

上面程序中第一行粗体字代码创建了一个简单的 dict，该 dict 的 key 是字符串，value 是整数；第二行粗体字代码使用花括号创建了一个空的字典；第三行粗体字代码创建的字典中第一个 key 是元组，第二个 key 是整数值，这都是合法的。

需要指出的是，元组可以作为 dict 的 key，但列表不能作为 dict 的 key。这是由于 dict 要求 key 必须是不可变类型，但列表是可变类型，因此列表不能作为 dict 的 key。

在使用 dict()函数创建字典时，可以传入多个列表或元组参数作为 key-value 对，每个列表或元组将被当成一个 key-value 对，因此这些列表或元组都只能包含两个元素。例如如下代码。

```
vegetables = [('celery', 1.58), ('brocoli', 1.29), ('lettuce', 2.19)]
# 创建包含 3 个 key-value 对的字典
dict3 = dict(vegetables)
print(dict3) # {'celery': 1.58, 'brocoli': 1.29, 'lettuce': 2.19}
cars = [['BMW', 8.5], ['BENS', 8.3], ['AUDI', 7.9]]
# 创建包含 3 个 key-value 对的字典
dict4 = dict(cars)
print(dict4) # {'BMW': 8.5, 'BENS': 8.3, 'AUDI': 7.9}
```

如果不为 dict()函数传入任何参数，则代表创建一个空的字典。例如如下代码。

```
# 创建空的字典
dict5 = dict()
print(dict5) # {}
```

还可通过为 dict 指定关键字参数创建字典，此时字典的 key 不允许使用表达式。例如如下代码。

```
# 使用关键字参数来创建字典
dict6 = dict(spinach = 1.39, cabbage = 2.59)
print(dict6) # {'spinach': 1.39, 'cabbage': 2.59}
```

上面粗体字代码在创建字典时，其 key 直接写 spinach、cabbage，不需要将它们放在引号中。

3.4.3 字典的基本用法

对于初学者而言，应牢记字典包含多个 key-value 对，而 key 是字典的关键数据，因此程序对字典的操作都是基于 key 的。基本操作如下。

- 通过 key 访问 value。
- 通过 key 添加 key-value 对。
- 通过 key 删除 key-value 对。
- 通过 key 修改 key-value 对。
- 通过 key 判断指定 key-value 对是否存在。

通过 key 访问 value 使用的也是方括号语法，就像前面介绍的列表和元组一样，只是此时在方括号中放的是 key，而不是列表或元组中的索引。

如下代码示范了通过 key 访问 value。

程序清单：codes\03\3.4\dict_basic.py

```
scores = {'语文': 89}
```

```
# 通过 key 访问 value
print(scores['语文'])
```

如果要为 dict 添加 key-value 对，只需为不存在的 key 赋值即可（程序清单同上）。

```
# 对不存在的 key 赋值，就是增加 key-value 对
scores['数学'] = 93
scores[92] = 5.7
print(scores) # {'语文': 89, '数学': 93, 92: 5.7}
```

如果要删除字典中的 key-value 对，则可使用 del 语句。例如如下代码（程序清单同上）。

```
# 使用 del 语句删除 key-value 对
del scores['语文']
del scores['数学']
print(scores) # {92: 5.7}
```

如果对 dict 中存在的 key-value 对赋值，新赋的 value 就会覆盖原有的 value，这样即可改变 dict 中的 key-value 对。例如如下代码（程序清单同上）。

```
cars = {'BMW': 8.5, 'BENS': 8.3, 'AUDI': 7.9}
# 对存在的 key-value 对赋值，改变 key-value 对
cars['BENS'] = 4.3
cars['AUDI'] = 3.8
print(cars) # {'BMW': 8.5, 'BENS': 4.3, 'AUDI': 3.8}
```

如果要判断字典是否包含指定的 key，则可以使用 in 或 not in 运算符。需要指出的是，对于 dict 而言，in 或 not in 运算符都是基于 key 来判断的。例如如下代码（程序清单同上）。

```
# 判断 cars 是否包含名为 AUDI 的 key
print('AUDI' in cars) # True
# 判断 cars 是否包含名为 PORSCHE 的 key
print('PORSCHE' in cars) # False
print('LAMBORGHINI' not in cars) # True
```

通过上面介绍可以看出，字典的 key 是它的关键。换个角度来看，字典的 key 就相当于它的索引，只不过这些索引不一定是整数类型，字典的 key 可以是任意不可变类型。

可以这样说，字典相当于索引是任意不可变类型的列表；而列表则相当于 key 只能是整数的字典。因此，如果程序中要使用的字典的 key 都是整数类型，则可考虑能否换成列表。

此外，还有一点需要指出，列表的索引总是从 0 开始、连续增大的；但字典的索引即使是整数类型，也不需要从 0 开始，而且不需要连续。因此，列表不允许对不存在的索引赋值；但字典则允许直接对不存在的 key 赋值——这样就会为字典增加一个 key-value 对。

注意

列表不允许对不存在的索引赋值；但字典则允许直接对不存在的 key 赋值。

3.4.4 字典的常用方法

字典由 dict 类代表，因此我们同样可使用 dir(dict)来查看该类包含哪些方法。在交互式解释器中输入 dir(dict)命令，将看到如下输出结果。

```
>>> dir(dict)
['clear', 'copy', 'fromkeys', 'get', 'items', 'keys', 'pop', 'popitem',
'setdefault', 'update', 'values']
```

下面介绍 dict 的一些方法。

clear()用于清空字典中所有的 key-value 对，对一个字典执行 clear()方法之后，该字典就会变

成一个空字典。例如如下代码。

程序清单：codes\03\3.4\clear_test.py

```
cars = {'BMW': 8.5, 'BENS': 8.3, 'AUDI': 7.9}
print(cars) # {'BMW': 8.5, 'BENS': 8.3, 'AUDI': 7.9}
# 清空 cars 的所有 key-value 对
cars.clear()
print(cars) # {}
```

get()方法其实就是根据 key 来获取 value，它相当于方括号语法的增强版——当使用方括号语法访问并不存在的 key 时，字典会引发 KeyError 错误；但如果使用 get()方法访问不存在的 key，该方法会简单地返回 None，不会导致错误。例如如下代码。

程序清单：codes\03\3.4\get_test.py

```
cars = {'BMW': 8.5, 'BENS': 8.3, 'AUDI': 7.9}
# 获取 BMW 对应的 value
print(cars.get('BMW')) # 8.5
print(cars.get('PORSCHE')) # None
print(cars['PORSCHE']) # KeyError
```

update()方法可使用一个字典所包含的 key-value 对来更新已有的字典。在执行 update()方法时，如果被更新的字典中已包含对应的 key-value 对，那么原 value 会被覆盖；如果被更新的字典中不包含对应的 key-value 对，则该 key-value 对被添加进去。例如如下代码。

程序清单：codes\03\3.4\update_test.py

```
cars = {'BMW': 8.5, 'BENS': 8.3, 'AUDI': 7.9}
cars.update({'BMW':4.5, 'PORSCHE': 9.3})
print(cars) # {'BMW': 4.5, 'BENS': 8.3, 'AUDI': 7.9, 'PORSCHE': 9.3}
```

从上面的执行过程可以看出，由于被更新的 dict 中已包含 key 为“BMW”的 key-value 对，因此更新时该 key-value 对的 value 将被改写；但如果被更新的 dict 中不包含 key 为“PORSCHE”的 key-value 对，那么更新时就会为原字典增加一个 key-value 对。

items()、keys()、values()分别用于获取字典中的所有 key-value 对、所有 key、所有 value。这三个方法依次返回 dict_items、dict_keys 和 dict_values 对象，Python 不希望用户直接操作这几个方法，但可通过 list()函数把它们转换成列表。如下代码示范了这三个方法的用法。

程序清单：codes\03\3.4\items_test.py

```
cars = {'BMW': 8.5, 'BENS': 8.3, 'AUDI': 7.9}
# 获取字典中所有的 key-value 对，返回一个 dict_items 对象
ims = cars.items()
print(type(ims)) # <class 'dict_items'>
# 将 dict_items 转换成列表
print(list(ims)) # [('BMW', 8.5), ('BENS', 8.3), ('AUDI', 7.9)]
# 访问第 2 个 key-value 对
print(list(ims)[1]) # ('BENS', 8.3)
# 获取字典中所有的 key，返回一个 dict_keys 对象
kys = cars.keys()
print(type(kys)) # <class 'dict_keys'>
# 将 dict_keys 转换成列表
print(list(kys)) # ['BMW', 'BENS', 'AUDI']
# 访问第 2 个 key
print(list(kys)[1]) # 'BENS'
# 获取字典中所有的 value，返回一个 dict_values 对象
vals = cars.values()
# 将 dict_values 转换成列表
```

```
print(type(vals)) # [8.5, 8.3, 7.9]
# 访问第 2 个 value
print(list(vals)[1]) # 8.3
```

从上面代码可以看出，程序调用字典的 items()、keys()、values()方法之后，都需要调用 list()函数将它们转换为列表，这样即可把这三个方法的返回值转换为列表。

提示

在 Python 2.x 中，items()、keys()、values()方法的返回值本来就是列表，完全可以不用 list()函数进行处理。当然，使用 list()函数处理也行，列表被处理之后依然是列表。

pop()方法用于获取指定 key 对应的 value，并删除这个 key-value 对。如下方法示范了 pop()方法的用法。

程序清单：codes\03\3.4\pop_test.py

```
cars = {'BMW': 8.5, 'BENS': 8.3, 'AUDI': 7.9}
print(cars.pop('AUDI')) # 7.9
print(cars) # {'BMW': 8.5, 'BENS': 8.3}
```

上面粗体字代码将会获取“AUDI”对应的 value，并删除该 key-value 对。

popitem()方法用于随机弹出字典中的一个 key-value 对。

提示

此处的随机其实是假的，正如列表的 pop()方法总是弹出列表中最后一个元素，实际上字典的 popitem()其实也是弹出字典中最后一个 key-value 对。由于字典存储 key-value 对的顺序是不可知的，因此开发者感觉字典的 popitem()方法是“随机”弹出的，但实际上字典的 popitem()方法总是弹出底层存储的最后一个 key-value 对。

如下代码示范了 popitem()方法的用法。

程序清单：codes\03\3.4\popitem_test.py

```
cars = {'AUDI': 7.9, 'BENS': 8.3, 'BMW': 8.5}
print(cars)
# 弹出字典底层存储的最后一个 key-value 对
print(cars.popitem()) # ('AUDI', 7.9)
print(cars) # {'BMW': 8.5, 'BENS': 8.3}
```

由于实际上 popitem 弹出的就是一个元组，因此程序完全可以通过序列解包的方式用两个变量分别接收 key 和 value。例如如下代码。

```
# 将弹出项的 key 赋值给 k，value 赋值给 v
k, v = cars.popitem()
print(k, v) # BENS 8.3
```

setdefault()方法也用于根据 key 来获取对应 value 的值。但该方法有一个额外的功能——当程序要获取的 key 在字典中不存在时，该方法会先为这个不存在的 key 设置一个默认的 value，然后再返回该 key 对应的 value。总之，setdefault()方法总能返回指定 key 对应的 value——如果该 key-value 对存在，则直接返回该 key 对应的 value；如果该 key-value 对不存在，则先为该 key 设置默认的 value，然后再返回该 key 对应的 value。

如下代码示范了 setdefault()方法的用法。

程序清单：codes\03\3.4\setdefault_test.py

```
cars = {'BMW': 8.5, 'BENS': 8.3, 'AUDI': 7.9}
# 设置默认值，该 key 在 dict 中不存在，新增 key-value 对
```

```
print(cars.setdefault('PORSCHE', 9.2)) # 9.2
print(cars)
# 设置默认值，该 key 在 dict 中存在，不会修改 dict 内容
print(cars.setdefault('BMW', 3.4)) # 8.5
print(cars)
```

fromkeys()方法使用给定的多个 key 创建字典，这些 key 对应的 value 默认都是 None；也可以额外传入一个参数作为默认的 value。该方法一般不会使用字典对象调用（没什么意义），通常会使用 dict 类直接调用。例如如下代码。

程序清单：codes\03\3.4\fromkeys_test.py

```
# 使用列表创建包含两个 key 的字典
a_dict = dict.fromkeys(['a', 'b'])
print(a_dict) # {'a': None, 'b': None}
# 使用元组创建包含两个 key 的字典
b_dict = dict.fromkeys((13, 17))
print(b_dict) # {13: None, 17: None}
# 使用元组创建包含两个 key 的字典，指定默认的 value
c_dict = dict.fromkeys((13, 17), 'good')
print(c_dict) # {13: 'good', 17: 'good'}
```

3.4.5 使用字典格式化字符串

前一章介绍过在格式化字符串时，如果要格式化的字符串模板中包含多个变量，后面就需要按顺序给出多个变量，这种方式对于字符串模板中包含少量变量的情形是合适的，但如果字符串模板中包含大量变量，这种按顺序提供变量的方式则有些不合适。可改为在字符串模板中按 key 指定变量，然后通过字典为字符串模板中的 key 设置值。

例如如下程序。

程序清单：codes\03\3.4\dict_format_str.py

```
# 在字符串模板中使用 key
temp = '书名是:%(name)s, 价格是:%(price)010.2f, 出版社是:%(publish)s'
book = {'name':'疯狂 Python 讲义', 'price': 88.9, 'publish': '电子社'}
# 使用字典为字符串模板中的 key 传入值
print(temp % book)
book = {'name':'疯狂 Kotlin 讲义', 'price': 78.9, 'publish': '电子社'}
# 使用字典为字符串模板中的 key 传入值
print(temp % book)
```

运行上面程序，可以看到如下输出结果。

```
书名是:疯狂 Python 讲义, 价格是:0000088.90, 出版社是:电子社
书名是:疯狂 Kotlin 讲义, 价格是:0000078.90, 出版社是:电子社
```

3.5 本章小结

本章重点介绍了 Python 内置的三种重要的数据结构：列表、元组和字典，这三种数据结构是 Python 编程的重要基础。所有编程都离不开一些基础的数据结构，而列表、元组和字典就是这些基础数据结构的实现。其中列表和元组都代表元素有序、可通过索引访问元素的数据结构，区别只是列表是可变的——程序可以添加、删除、替换列表元素；元组是不可变的——程序不能改变元组中的元素。而字典则用于保存 key-value 对，这种类型在有些语言中也叫 Map。其实无论学习哪种编程语言，列表、set、字典都是最基本的容器类型，都需要读者好好掌握，而列表和字典尤其重要。本章暂时没有介绍 set 集合，第 10 章会介绍 set 集合。

本章练习

1．提示用户输入 *N* 个字符串，将它们封装成元组，然后计算并输入该元组乘以 3 的结果，再计算并输出该元组加上('fkjava', 'crazyit')的结果。

2．给定一个 list，将该列表的从 start 到 end 的所有元素复制到另一个 list 中。

3．用户输入一个整数 *n*，生成长度为 *n* 的列表，将 *n* 个随机数放入列表中。

4．用户输入一个整数 *n*，生成长度为 *n* 的列表，将 *n* 个随机的奇数放入列表中。

5．用户输入一个整数 *n*，生成长度为 *n* 的列表，将 *n* 个随机的大写字符放入列表中。

6．用户输入 *N* 个字符串，将这些字符串收集到列表中，然后去除其中重复的字符串后输出列表。

7．用户输入以空格分隔的多个整数，程序将这些整数转换成元组元素，并输出该元组及其 Hash 值（使用内置的 hash 函数）。

8．用户随机输入 *N* 个大写字母，程序使用 dict 统计用户输入的每个字母的次数。

CHAPTER

4

第4章 流程控制

本章要点

- 顺序结构
- 掌握分支结构的功能和用法
- 分支结构容易出现的各种错误
- 使用 if 表达式
- 使用 pass 空语句
- 掌握断言的功能和用法
- 掌握 while 循环的语法
- 使用 while 循环遍历列表或元组
- 掌握 for-in 循环的语法
- 使用 for-in 循环遍历列表和元组
- 使用 for-in 循环遍历字典
- 在循环中使用 else
- 掌握嵌套循环的用法
- 使用 for 表达式
- 与循环相关的工具函数
- 使用 break 结束循环
- 使用 continue 忽略本次循环的剩下语句
- 使用 return 结束方法
- 通过实例熟练使用流程控制

Python 同样提供了现代编程语言都支持的两种基本流程控制结构：分支结构和循环结构。其中分支结构用于实现根据条件来选择性地执行某段代码；循环结构则用于实现根据循环条件重复执行某段代码。Python 使用 if 语句提供分支支持，提供了 while、for-in 循环，也提供了 break 和 continue 来控制程序的循环结构。

4.1　顺序结构

在任何编程语言中最常见的程序结构就是顺序结构。顺序结构就是程序从上到下一行行地执行，中间没有任何判断和跳转。

如果 Python 程序的多行代码之间没有任何流程控制，则程序总是从上向下依次执行，排在前面的代码先执行，排在后面的代码后执行。这意味着如果没有流程控制，Python 程序的语句是一个顺序执行流，从上向下依次执行每条语句。

4.2　if 分支结构

if 分支使用布尔表达式或布尔值作为分支条件来进行分支控制。

Python 的 if 分支既可作为语句使用，也可作为表达式使用。下面先介绍 if 分支作为语句使用的情形。if 语句可使用任意表达式作为分支条件来进行分支控制。Python 的 if 语句有如下三种形式。

第一种形式：

```
if expression :
    statements...
```

第二种形式：

```
if expression :
    statements...
else :
    statements...
```

第三种形式：

```
if expression :
    statements...
elif expression :
    statements...
...// 可以有零条或多条 elif 语句
else :
    statement...
```

在上面 if 语句的三种形式中，第二种形式和第三种形式是相通的，如果第三种形式中的 elif 块不出现，则变成了第二种形式。

对于上面的 if 分支语句，执行过程是非常简单的——如果 if 条件为“真”，程序就会执行 if 条件后面的多条语句；否则就会依次判断 elif 条件，如果 elif 条件为“真”，程序就会执行 elif 条件后面的多条语句……如果前面所有条件都为“假”，程序就会执行 else 后的代码块（如果有）。

在上面的条件语句中，if expression :、elif expression :及 else :后缩进的多行代码被称为代码块，一个代码块通常被当成一个整体来执行（除非在运行过程中遇到 return、break、continue 等关键字），因此这个代码块也被称为条件执行体。

Python 是一门很“独特”的语言，它的代码块是通过缩进来标记的（大部分语言都使用花括号或 end 作为代码块的标记），具有相同缩进的多行代码属于同一个代码块。如果代码莫名其妙地乱缩进，Python 解释器会报错——前文说过，Python 不是格式自由的语言。

提示

关于 Python 的“缩进”风格，喜欢它的人说这是一种乐趣；不喜欢它的人说这是一门需要游标卡尺（一种长度测量仪器）的语言——因为你需要使用游标卡尺去测量每行代码的缩进。当然，这是一句玩笑话。

例如如下程序。

程序清单：codes\04\4.2\if_test.py

```
s_age = input("请输入您的年龄:")
age = int(s_age)
if age > 20 :
    # 只有当 age > 20 时，下面整体缩进的代码块才会执行
    # 整体缩进的语句是一个整体，要么一起执行，要么一起不执行
    print("年龄已经大于 20 岁了")
    print("20 岁以上的人应该学会承担责任...")
```

运行上面代码，如果输入年龄小于 20，将会看到如下运行结果。

```
请输入您的年龄:18
```

从上面代码可以看出，如果输入的年龄小于 20，则程序没有任何输出，整体缩进的语句作为整体都不会执行。

运行上面代码，如果输入年龄大于 20，将会看到如下运行结果。

```
请输入您的年龄:24
年龄已经大于 20 岁了
20 岁以上的人应该学会承担责任...
```

从上面代码可以看出，如果输入的年龄大于 20，则程序会执行整体缩进的代码块。

再次重复：Python 不是格式自由的语言，因此你不能随心所欲地缩进，必须按 Python 语法要求缩进。下面详细介绍在缩进过程中可能导致的错误。

4.2.1　不要忘记缩进

代码块一定要缩进，否则就不是代码块。例如如下程序。

程序清单：codes\04\4.2\no_indent.py

```
s_age = input("请输入您的年龄:")
age = int(s_age)
if age > 20 :
print("年龄已经大于 20 岁了")
```

上面程序的 if 条件与下面的 print 语句位于同一条竖线上，这样在 if 条件下就没有受控制的代码块了。因此，上面程序执行时会报出如下错误。

```
  File "no_indent.py", line 19
    print("年龄已经大于 20 岁了")
        ^
IndentationError: expected an indented block
```

注意

if 条件后的条件执行体一定要缩进。只有缩进后的代码才能算条件执行体。

接下来读者会产生一个疑问：代码块（条件执行体）到底要缩进多少呢？这个随意。你可以缩进 1 个空格、2 个空格、3 个空格……或 1 个 Tab 位，这都是符合语法要求的。但从编程习惯来看，

Python 通常建议缩进 4 个空格。

有些时候，Python 解释器不会报错，但并不代表程序没有错误。例如如下代码。

程序清单：codes\04\4.2\indent_error.py

```
s_age = input("请输入您的年龄:")
age = int(s_age)
if age > 20 :
    print("年龄已经大于 20 岁了")
print("20 岁以上的人应该学会承担责任...")
```

解释执行上面程序，程序不会报任何错误。但如果输入一个小于 20 的年龄，则可看到如下运行过程。

```
请输入您的年龄:12
20 岁以上的人应该学会承担责任...
```

从运行过程可以看出，我们输入的年龄明明小于 20，但运行结果还是会打印“20 岁以上……”。这是为什么呢？就是因为这条 print 语句没有缩进。如果这行代码不缩进，那么 Python 就不会把这行代码当成条件执行体，它就不受 if 条件的控制，因此无论用户输入什么年龄，print 语句总会执行。

如果忘记正确地缩进，很可能导致程序的运行结果超出我们的预期。例如如下程序。

程序清单：codes\04\4.2\indent_error.py

```
# 定义变量 b，并为其赋值
b = 5
if b > 4:
    # 如果 b>4，则执行下面的条件执行体，只有一行代码作为代码块
    print("b 大于 4")
else:
    # 否则，执行下面的条件执行体，只有一行代码作为代码块
    b -= 1
# 对于下面代码而言，它已经不再是条件执行体的一部分，因此总会执行
print("b 不大于 4")
```

上面代码中以粗体字标识的代码行：print("b 不大于 4")总会执行，因为这行代码没有缩进，因此它就不属于 else 后的条件执行体，else 后的条件执行体只有 b -=1 这一行代码。

如果要让 print("b 不大于 4")语句也处于 else 控制之下，则需要让这行代码也缩进 4 个空格。

if、else、elif 后的条件执行体必须使用相同缩进的代码块，将这个代码块整体作为条件执行体。当 if 后有多条语句作为条件执行体时，如果忘记了缩进某一行代码，则会引起语法错误。看下面代码（程序清单同上）。

```
# 定义变量 c，并为其赋值
c = 5
if c > 4:
    # 如果 c>4，则执行下面的条件执行体，只有 c-=1 一行代码为条件执行体
    c -= 1
# 下面是一行普通代码，不属于条件执行体
print("c 大于 4")
# 此处的 else 将没有 if 语句，因此编译出错
else:
    # 否则，执行下面的条件执行体，只有一行代码作为代码块
    print("c 不大于 4")
```

在上面代码中，因为 if 后的条件执行体的最后一条语句没有缩进，所以系统只把 c -= 1 一行代码作为条件执行体，当 c -= 1 语句执行结束后，if 语句也就执行结束了。后面的 print("c 大于 4")已经是一行普通代码，不再属于条件执行体，从而导致 else 语句没有 if 语句，引发编译错误。

运行上面代码，将看到如下错误。

```
  File "no_indent2.py", line 35
    else
       ^
SyntaxError: invalid syntax
```

为了改正上面的代码，需要让 print("c 大于 4")也缩进 4 个空格。

4.2.2 不要随意缩进

需要说明的是，虽然 Python 语法允许代码块随意缩进 *N* 个空格，但同一个代码块内的代码必须保持相同的缩进，不能一会缩进 2 个空格，一会缩进 4 个空格。

例如如下代码。

程序清单：codes\04\4.2\indent_error2.py

```
s_age = input("请输入您的年龄:")
age = int(s_age)
if age > 20 :
    print("年龄已经大于 20 岁了")
     print("20 岁以上的人应该学会承担责任...")
```

上面程序中第二条 print 语句缩进了 5 个空格，在这样的情况下，Python 解释器认为这条语句与前一条语句（缩进了 4 个空格）不是同一个代码块（这就是游标卡尺笑话的由来），因此 Python 解释器会报错。运行上面代码，将会报出如下错误。

```
  File "indent_error2.py", line 20
    print("20 岁以上的人应该学会承担责任...")
    ^
IndentationError: unexpected indent
```

把代码改为如下形式。

程序清单：codes\04\4.2\indent_error3.py

```
s_age = input("请输入您的年龄:")
age = int(s_age)
if age > 20 :
    print("年龄已经大于 20 岁了")
   print("20 岁以上的人应该学会承担责任...")
```

上面程序中第二条 print 语句只缩进了 3 个空格，它与前一条 print 语句（缩进了 4 个空格）同样不属于同一个代码块，因此 Python 解释器还是会报错。运行上面代码，则会报出如下错误。

```
  File "indent_error3.py", line 20
    print("20 岁以上的人应该学会承担责任...")
                                            ^
IndentationError: unindent does not match any outer indentation level
```

通过上面介绍可以看出，Python 代码块中的所有语句必须保持相同的缩进，既不能多，也不能少。

注意

位于同一个代码块中的所有语句必须保持相同的缩进，既不能多，也不能少。

另外，需要说明的是，对于不需要使用代码块的地方，千万不要随意缩进，否则程序也会报错。例如如下简单的程序。

程序清单：codes\04\4.2\redundant_indent.py

```
msg = "Hello, Charlie"
    print(msg)
```

上面程序只有两条简单的执行语句，并没有包括分支、循环等流程控制，因此不应该使用缩进。解释执行上面代码，将会看到如下错误。

```
  File "redundant_indent.py", line 17
    print(msg)
    ^
IndentationError: unexpected indent
```

4.2.3 不要遗忘冒号

从 Python 语法解释器的角度来看，Python 冒号精确表示代码块的开始点——这个功能不仅在条件执行体中如此，后面的循环体、方法体、类体全都遵守该规则。

如果程序遗忘了冒号，那么 Python 解释器就无法识别代码块的开始点。例如如下程序。

程序清单：codes\04\4.2\no_colon.py

```
age = 24
if age > 20
    print("年龄已经大于 20 岁了")
    print("20 岁以上的人应该学会承担责任...")
```

上面 if 条件后忘了写冒号，因此 Python 就不知道条件执行体的开始点。运行上面程序，将会报出如下错误。

```
  File "no_colon.py", line 17
    if age > 20
              ^
SyntaxError: invalid syntax
```

上面介绍的有关代码块的知识，不仅适用于 if 分支的代码块，也适用于作为循环体的代码块等。后面我们还会见到大量的 Python 代码块缩进、代码块必须以冒号开头的示例。

4.2.4 if 条件的类型

从前面的示例可以看到，Python 执行 if 语句时，会判断 if 条件是 True 还是 False。那么 if 条件是不是只能使用 bool 类型的表达式呢？不是。if 条件可以是任意类型，当下面的值作为 bool 表达式时，会被解释器当作 False 处理。

```
False、None、0、""、()、[]、{}
```

从上面介绍可以看出，除了 False 本身，各种代表“空”的 None、空字符串、空元组、空列表、空字典都会被当成 False 处理。

例如如下代码。

程序清单：codes\04\4.2\if_expr.py

```
# 定义空字符串
s = ""
if s :
    print('s 不是空字符串')
else:
    print('s 是空字符串')
# 定义空列表
my_list = []
if my_list:
    print('my_list 不是空列表')
else:
    print('my_list 是空列表')
# 定义空字典
my_dict = {}
```

```
if my_dict:
    print('my_dict 不是空字典')
else:
    print('my_dict 是空字典')
```

从上面的粗体字代码可以看出，这些 if 条件分别使用了 str 类型、list 类型、dict 类型，由于这些 str、list、dict 都是空值，因此 Python 会把它们当成 False 处理。

4.2.5 if 分支的逻辑错误

对于 if 分支，还有一个很容易出现的逻辑错误，这个逻辑错误并不属于语法问题，但引起错误的可能性更大。看下面程序。

程序清单：codes\04\4.2\iferror_test.py

```
age = 45
if age > 20 :
    print("青年人")
elif age > 40 :
    print("中年人")
elif age > 60 :
    print("老年人")
```

从表面上看，上面的程序没有任何问题：人的年龄大于 20 岁是青年人，年龄大于 40 岁是中年人，年龄大于 60 岁是老年人。但运行上面程序，就会发现打印结果是：青年人。而实际上希望 45 岁应被判断为中年人——这显然出现了一个问题。

对于任何的 if else 语句，从表面上看，else 后没有任何条件，或者 elif 后只有一个条件——但这不是真相，因为 else 的含义是“否则”——else 本身就是一个条件！这也是把 if、else 后的代码块统称为条件执行体的原因，else 的隐含条件是对前面条件取反。因此，上面代码实际上可改写为如下形式。

程序清单：codes\04\4.2\iferror_test2.py

```
age = 45
if age > 20 :
    print("青年人")
# 在原本的 if 条件中增加了 else 的隐含条件
if age > 40 and not(age > 20) :
    print("中年人")
# 在原本的 if 条件中增加了 else 的隐含条件
if age > 60 and not(age > 20) and not(age > 40 and not(age > 20)) :
    print("老年人")
```

此时就比较容易看出为什么会发生上面的错误。对于 age > 40 and not(age > 20)这个条件，又可改写成 age > 40 and age <= 20，这样永远都不可能出现满足该条件的 age。对于 age > 60 && !(age > 20) && !(age > 40 && !(age > 20))这个条件，则更不可能出现满足该条件的 age。因此，程序永远都不会判断中年人和老年人的情形。

为了达到正确的目的，可以把程序改写为如下形式。

程序清单：codes\04\4.2\ifcorrect_test.py

```
age = 45
if age > 60 :
    print("老年人")
elif age > 40 :
    print("中年人")
elif age > 20 :
    print("青年人")
```

运行程序，得到了正确结果。实际上，上面程序等同于下面程序。

程序清单：codes\04\4.2\ifcorrect_test2.py

```
age = 45
if age > 60 :
    print("老年人")
# 在原本的if条件中增加了else的隐含条件
if age > 40 and not(age >60) :
    print("中年人")
# 在原本的if条件中增加了else的隐含条件
if age > 20 and not(age > 60) and not(age > 40 and not(age >60)) :
    print("青年人")
```

上面程序的判断逻辑即转为如下三种情形。

- age 大于 60 岁，判断为“老年人”。
- age 大于 40 岁，且 age 小于或等于 60 岁，判断为“中年人”。
- age 大于 20 岁，且 age 小于或等于 40 岁，判断为“青年人”。

上面的判断逻辑才是实际希望看到的。因此，当使用 if else 语句进行流程控制时，一定不要忽略了 else 所带的隐含条件。

如果每次都去计算 if 条件和 else 条件的交集也是一件非常烦琐的事情，为了避免出现上面的错误，在使用 if else 语句时有一条基本规则：总是优先把包含范围小的条件放在前面处理。对比 age>60 和 age>20 两个条件，明显 age>60 的范围更小，所以应该先处理 age>60 的情形。

注意

在使用 if else 分支语句时，一定要先处理包含范围更小的情形。

4.2.6　if 表达式

正如前面所介绍的，if 分支语句还可作为表达式，此时 if 表达式相当于其他语言中的三目运算符。由于前面在介绍三目运算符时已经介绍了 if 表达式的用法，故此处不再详述。

4.2.7　pass 语句

很多程序都提供了“空语句”支持，Python 也不例外，Python 的 pass 语句就是空语句。

有时候程序需要占一个位、放一条语句，但又不希望这条语句做任何事情，此时就可通过 pass 语句来实现。通过使用 pass 语句，可以让程序更完整。

如下程序示范了 pass 作为空语句的用法。

程序清单：codes\04\4.2\pass_test.py

```
s = input("请输入一个整数: ")
s = int(s)
if s > 5:
    print("大于5")
elif s < 5:
    # 空语句，相当于占位符
    pass
else:
    print("等于5")
```

正如从上面程序所看到的，对于 s 小于 5 的情形，程序暂时不想处理（或不知道如何处理），此时程序就需要通过空语句来占一个位，这样即可使用 pass 语句了。

4.3 断言

断言语句和 if 分支有点类似，它用于对一个 bool 表达式进行断言，如果该 bool 表达式为 True，该程序可以继续向下执行；否则程序会引发 AssertionError 错误。

例如如下程序。

程序清单：codes\04\4.3\assert_test.py

```
s_age = input("请输入您的年龄:")
age = int(s_age)
assert 20 < age < 80
print("您输入的年龄在 20 和 80 之间")
```

上面程序中粗体字代码断言 age 必须位于 20 到 80 之间。运行上面程序，如果输入的 age 处于执行范围之内，则可看到如下运行过程。

```
请输入您的年龄:23
您输入的年龄在 20 和 80 之间
```

如果输入的 age 不处于 20 到 80 之间，将可以看到如下运行过程。

```
请输入您的年龄:1
Traceback (most recent call last):
  File "assert_test.py", line 18, in <module>
    assert 20 < age < 80
AssertionError
```

从上面的运行过程可以看出，断言也可以对逻辑表达式进行判断，因此实际上断言也相当于一种特殊的分支。

assert 断言的执行逻辑是：

```
if 条件为 False :
    程序引发 AssertionError 错误
```

4.4 循环结构

循环语句可以在满足循环条件的情况下，反复执行某一段代码，这段被重复执行的代码被称为循环体。当反复执行这个循环体时，需要在合适的时候把循环条件改为假，从而结束循环；否则循环将一直执行下去，形成死循环。循环语句可能包含如下 4 个部分。

- 初始化语句（init_statements）：一条或多条语句，用于完成一些初始化工作。初始化语句在循环开始之前执行。
- 循环条件（test_expression）：这是一个布尔表达式，这个表达式能决定是否执行循环体。
- 循环体（body_statements）：这个部分是循环的主体，如果循环条件允许，这个代码块将被重复执行。
- 迭代语句（iteration_statements）：这个部分在一次执行循环体结束后，对循环条件求值之前执行，通常用于控制循环条件中的变量，使得循环在合适的时候结束。

上面 4 个部分只是一般分类，并不是每个循环中都非常清晰地分出这 4 个部分。

4.4.1 while 循环

while 循环的语法格式如下：

```
[init_statements]
while test_expression :
```

```
    body_statements
    [iteration_statements]
```

while 循环在每次执行循环体之前，都要先对 test_expression 循环条件求值，如果循环条件为真，则运行循环体部分。从上面的语法格式来看，迭代语句 iteration_statements 总是位于循环体的最后，因此只有当循环体能成功执行完成时，while 循环才会执行迭代语句 iteration_statements。

从这个意义上看，while 循环也可被当成分支语句使用——如果 test_expression 条件一开始就为假，则循环体部分将永远不会获得执行的机会。

下面程序示范了一个简单的 while 循环。

程序清单：codes\04\4.4\while_test.py

```
# 循环的初始化条件
count_i = 0
# 当 count_i 小于 10 时，执行循环体
while count_i < 10 :
    print("count:", count_i)
    # 迭代语句
    count_i += 1
print("循环结束!")
```

在使用 while 循环时，一定要保证循环条件有变成假的时候；否则这个循环将成为一个死循环，永远无法结束这个循环。例如如下代码（程序清单同上）：

```
# 下面是一个死循环
count_i2 = 0
while count_i2 < 10 :
    print("不停执行的死循环:", count_i2)
    count_i2 -= 1
print("永远无法跳出的循环体")
```

在上面代码中，count_i2 的值越来越小，这将导致 count_i2 的值永远小于 10，count_i2< 10 循环条件一直为 True，从而导致这个循环永远无法结束。

与前面介绍分支语句类似的是，while 循环的循环体中所有代码必须使用相同的缩进，否则 Python 也会引发错误。例如如下程序。

程序清单：codes\04\4.4\while_indenterror.py

```
# 循环的初始化条件
count_i = 0
# 当 count_i 小于 10 时，执行循环体
while count_i < 10:
    print('count_i 的值', count_i)
count_i += 1
```

运行上面程序，将会看到执行一个死循环。这是由于 count_i += 1 代码没有缩进，这行代码就不属于循环体。这样程序中的 count_i 将一直是 0，从而导致 count_i < 10 一直都是 True，因此该循环就变成了一个死循环。

4.4.2　使用 while 循环遍历列表和元组

由于列表和元组的元素都是有索引的，因此程序可通过 while 循环、列表或元组的索引来遍历列表和元组中的所有元素。例如如下程序。

程序清单：codes\04\4.4\while_tuple.py

```
a_tuple = ('fkit', 'crazyit', 'Charlie')
i = 0
# 只有 i 小于 len(a_list)，继续执行循环体
```

```
while i < len(a_tuple):
    print(a_tuple[i]) # 根据 i 来访问元组的元素
    i += 1
```

运行上面程序，可以看到如下输出结果。

```
fkit
crazyit
Charlie
```

按照上面介绍的方法，while 循环也可用于遍历列表。

下面示范一个小程序，实现对一个整数列表的元素进行分类，能整除 3 的放入一个列表中；除以 3 余 1 的放入另一个列表中；除以 3 余 2 的放入第三个列表中。

程序清单：codes\04\4.4\while_list.py

```
src_list = [12, 45, 34,13, 100, 24, 56, 74, 109]
a_list = [] # 定义保存整除 3 的元素
b_list = [] # 定义保存除以 3 余 1 的元素
c_list = [] # 定义保存除以 3 余 2 的元素
# 只要 src_list 还有元素，就继续执行循环体
while len(src_list) > 0:
    # 弹出 src_list 的最后一个元素
    ele = src_list.pop()
    # 如果 ele % 3 等于 0（能被 3 整除）
    if ele % 3 == 0 :
        a_list.append(ele) # 添加元素
    elif ele % 3 == 1:
        b_list.append(ele) # 添加元素
    else:
        c_list.append(ele) # 添加元素
print("整除 3:", a_list)
print("除以 3 余 1:",b_list)
print("除以 3 余 2:",c_list)
```

4.4.3 for-in 循环

for-in 循环专门用于遍历范围、列表、元素和字典等可迭代对象包含的元素。for-in 循环的语法格式如下：

```
for 变量 in 字符串|范围|集合等 :
    statements
```

对于上面的语法格式有两点说明。

- for-in 循环中的变量的值受 for-in 循环控制，该变量将会在每次循环开始时自动被赋值，因此程序不应该在循环中对该变量赋值。
- for-in 循环可用于遍历任何可迭代对象。所谓可迭代对象，就是指该对象中包含一个__iter__方法，且该方法的返回值对象具有 next()方法。

for-in 循环可用于遍历范围。例如，如下程序使用 for-in 循环来计算指定整数的阶乘。

程序清单：codes\04\4.4\for_test.py

```
s_max = input("请输入您想计算的阶乘:")
mx = int(s_max)
result = 1
# 使用 for-in 循环遍历范围
for num in range(1, mx + 1):
    result *= num
print(result)
```

上面程序将会根据用户输入的数字进行循环。假如用户输入 7，此时程序将会构建一个 range(1, 8)对象（不包含 8），因此 for-in 循环将会自动循环 7 次，在每次循环开始时，num 都会被依次自动赋值为 range 所包含的每个元素。

for-in 循环中的变量完全接受 for-in 循环控制，因此该变量也被称为循环计数器。

运行上面程序，如果输入 7，将会看到如下运行过程。

```
请输入您想计算的阶乘:7
5040
```

程序对 for-in 循环的循环计数器赋值在语法上是允许的，但没有什么意义，而且非常容易导致错误。例如如下程序（程序清单同上）。

```
for i in range(1, 5) :
    i = 20
    print("i: ", i)
```

上面程序中的粗体字代码对循环计数器 i 赋值，这样导致程序每次循环时都要先对变量 i 赋值，当程序刚进入循环体时，i 就被重新赋值为 20，因此在循环体中看到的 i 永远是 20。运行上面程序，将看到如下输出结果。

```
i:  20
i:  20
i:  20
i:  20
```

4.4.4　使用 for-in 循环遍历列表和元组

在使用 for-in 循环遍历列表和元组时，列表或元组有几个元素，for-in 循环的循环体就执行几次，针对每个元素执行一次，循环计数器会依次被赋值为元素的值。

如下代码使用 for-in 循环遍历元组。

程序清单：codes\04\4.4\for_tuple.py

```
a_tuple = ('crazyit', 'fkit', 'Charlie')
for ele in a_tuple:
    print('当前元素是:', ele)
```

当然，也可按上面方法来遍历列表。例如，下面程序要计算列表中所有数值元素的总和、平均值。

程序清单：codes\04\4.4\for_list.py

```
src_list = [12, 45, 3.4, 13, 'a', 4, 56, 'crazyit', 109.5]
my_sum = 0
my_count = 0
for ele in src_list:
    # 如果该元素是整数或浮点数
    if isinstance(ele, int) or isinstance(ele, float):
        print(ele)
        # 累加该元素
        my_sum += ele
        # 数值元素的个数加 1
        my_count += 1
print('总和:', my_sum)
print('平均数:', my_sum / my_count)
```

上面程序使用 for-in 循环遍历列表的元素，并对列表元素进行判断：只有当列表元素是数值（int、float）时，程序才会累加它们，这样就可以计算出列表中数值元素的总和。

上面程序使用了 Python 的 isinstance()函数，该函数用于判断某个变量是否为指定类型的实例，其中前一个参数是要判断的变量，后一个参数是类型。我们可以在 Python 的交互式解释器中测试该函数的功能。例如如下运行过程。

```
>>> isinstance(2, int)
True
>>> isinstance('a', int)
False
>>> isinstance('a', str)
True
```

从上面的运行过程可以看出，使用 isinstance()函数判断变量是否为指定类型非常方便、有效。

如果需要，for-in 循环也可根据索引来遍历列表或元组：只要让循环计数器遍历 0 到列表长度的区间，即可通过该循环计数器来访问列表元素。例如如下程序。

程序清单：codes\04\4.4\for_index.py

```
a_list = [330, 1.4, 50, 'fkit', -3.5]
# 遍历 0 到 len(a_list)的范围
for i in range(0, len(a_list)) :
    # 根据索引访问列表元素
    print("第%d 个元素是 %s" % (i , a_list[i]))
```

运行上面程序，可以看到如下输出结果。

```
第 0 个元素是 330
第 1 个元素是 1.4
第 2 个元素是 50
第 3 个元素是 fkit
第 4 个元素是 -3.5
```

4.4.5 使用 for-in 循环遍历字典

使用 for-in 循环遍历字典其实也是通过遍历普通列表来实现的。前面在介绍字典时已经提到，字典包含了如下三个方法。

- items()：返回字典中所有 key-value 对的列表。
- keys()：返回字典中所有 key 的列表。
- values()：返回字典中所有 value 的列表。

因此，如果要遍历字典，完全可以先调用字典的上面三个方法之一来获取字典的所有 key-value 对、所有 key、所有 value，再进行遍历。如下程序示范了使用 for-in 循环来遍历字典。

程序清单：codes\04\4.4\for_dict.py

```
my_dict = {'语文': 89, '数学': 92, '英语': 80}
# 通过 items()方法遍历所有的 key-value 对
# 由于 items 方法返回的列表元素是 key-value 对，因此要声明两个变量
for key, value in my_dict.items():
    print('key:', key)
    print('value:', value)
print('-------------')
# 通过 keys()方法遍历所有的 key
for key in my_dict.keys():
    print('key:', key)
    # 再通过 key 获取 value
    print('value:', my_dict[key])
print('-------------')
# 通过 values()方法遍历所有的 value
for value in my_dict.values():
    print('value:', value)
```

上面程序通过三个 for-in 循环分别遍历了字典的所有 key-value 对、所有 key、所有 value。尤其是通过字典的 items()遍历所有的 key-value 对时，由于 items()方法返回的是字典中所有 key-value

对组成的列表，列表元素都是长度为 2 的元组，因此程序要声明两个变量来分别代表 key、value——这也是序列解包的应用。

假如需要实现一个程序，用于统计列表中各元素出现的次数。由于我们并不清楚列表中包含多少个元素，因此考虑定义一个字典，以列表的元素为 key，该元素出现的次数为 value。程序如下。

程序清单：codes\04\4.4\count_element.py

```
src_list = [12, 45, 3.4, 12, 'fkit', 45, 3.4, 'fkit', 45, 3.4]
statistics = {}
for ele in src_list:
    # 如果字典中包含 ele 代表的 key
    if ele in statistics:
        # 将 ele 元素代表的出现次数加 1
        statistics[ele] += 1
    # 如果字典中不包含 ele 代表的 key，说明该元素还未出现过
    else:
        # 将 ele 元素代表的出现次数设为 1
        statistics[ele] = 1
# 遍历 dict，打印各元素出现的次数
for ele, count in statistics.items():
    print("%s 出现的次数为:%d" % (ele, count))
```

4.4.6 循环使用 else

Python 的循环都可以定义 else 代码块，当循环条件为 False 时，程序会执行 else 代码块。如下代码示范了为 while 循环定义 else 代码块。

程序清单：codes\04\4.4\while_else.py

```
count_i = 0
while count_i < 5:
    print('count_i 小于 5: ', count_i)
    count_i += 1
else:
    print('count_i 大于或等于 5: ', count_i)
```

运行上面程序，可以看到如下输出结果。

```
count_i 小于 5:  0
count_i 小于 5:  1
count_i 小于 5:  2
count_i 小于 5:  3
count_i 小于 5:  4
count_i 大于或等于 5:  5
```

从上面的运行过程来看，当循环条件 count_i < 5 变成 False 时，程序执行了 while 循环的 else 代码块。

简单来说，程序在结束循环之前，会先执行 else 代码块。从这个角度来看，else 代码块其实没有太大的价值——将 else 代码块直接放在循环体之外即可。也就是说，上面的循环其实可改为如下形式。

```
count_i = 0
while count_i < 5:
    print('count_i 小于 5: ', count_i)
    count_i += 1
print('count_i 大于或等于 5: ', count_i)
```

上面代码直接将 else 代码块放在 while 循环体之外，程序执行结果与使用 else 代码块的执行结果完全相同。

循环的 else 代码块是 Python 的一个很特殊的语法（其他编程语言通常不支持），else 代码块的主要作用是便于生成更优雅的 Python 代码。

for 循环同样可使用 else 代码块，当 for 循环把区间、元组或列表的所有元素遍历一次之后，for 循环会执行 else 代码块，在 else 代码块中，循环计数器的值依然等于最后一个元素的值。例如如下代码。

程序清单：codes\04\4.4\for_else.py

```
a_list = [330, 1.4, 50, 'fkit', -3.5]
for ele in a_list:
    print('元素: ', ele)
else:
    # 访问循环计数器的值，依然等于最后一个元素的值
    print('else 块: ', ele)
```

运行上面程序，可以看到如下输出结果。

```
元素:  330
元素:  1.4
元素:  50
元素:  fkit
元素:  -3.5
else 块:  -3.5
```

4.4.7 嵌套循环

如果把一个循环放在另一个循环体内，那么就可以形成嵌套循环。嵌套循环既可以是 for-in 循环嵌套 while 循环，也可以是 while 循环嵌套 do while 循环……即各种类型的循环都可以作为外层循环，各种类型的循环也都可以作为内层循环。

当程序遇到嵌套循环时，如果外层循环的循环条件允许，则开始执行外层循环的循环体，而内层循环将被外层循环的循环体来执行——只是内层循环需要反复执行自己的循环体而已。当内层循环执行结束且外层循环的循环体也执行结束后，将再次计算外层循环的循环条件，决定是否再次开始执行外层循环的循环体。

根据上面分析，假设外层循环的循环次数为 n 次，内层循环的循环次数为 m 次，那么内层循环的循环体实际上需要执行 $n \times m$ 次。嵌套循环的执行流程图如图 4.1 所示。

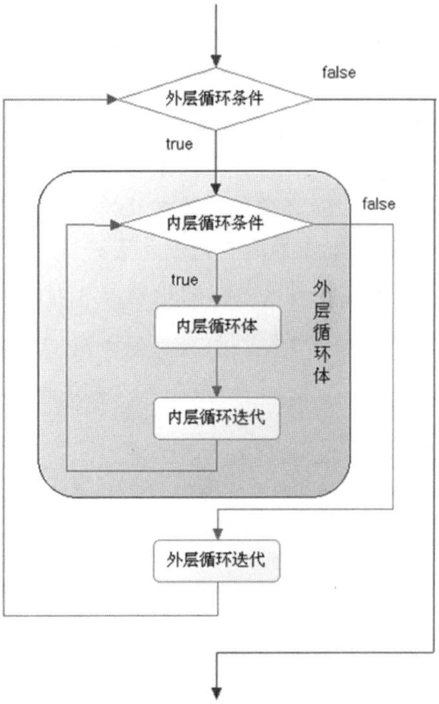

图 4.1 嵌套循环的执行流程图

从图 4.1 来看，嵌套循环就是把内层循环当成外层循环的循环体。只有内层循环的循环条件为假时，才会完全跳出内层循环，才可以结束外层循环的当次循环，开始下一次循环。下面是一个嵌套循环的示例代码。

程序清单：codes\04\4.4\nested_loop_test.py

```
# 外层循环
for i in range(0, 5) :
```

```
    j = 0
    # 内层循环
    while j < 3 :
        print("i 的值为: %d , j 的值为: %d" % (i, j))
        j += 1
```

运行上面程序，将看到如下运行结果。

```
i 的值为:0  j 的值为:0
i 的值为:0  j 的值为:1
i 的值为:0  j 的值为:2
……
```

从上面的运行结果可以看出，当进入嵌套循环时，循环变量 i 开始为 0，这时即进入了外层循环。当进入外层循环后，内层循环把 i 当成一个普通变量，其值为 0。在外层循环的当次循环中，内层循环就是一个普通循环。

实际上，嵌套循环不仅可以是两层嵌套，还可以是三层嵌套、四层嵌套……不论循环如何嵌套，都可以把内层循环当成外层循环的循环体来对待，区别只是这个循环体中包含了需要反复执行的代码。

4.4.8 for 表达式

for 表达式用于利用其他区间、元组、列表等可迭代对象创建新的列表。for 表达式的语法格式如下：

```
[表达式 for 循环计数器 in 可迭代对象]
```

从上面的语法格式可以看出，for 表达式与普通 for 循环的区别有两点。

- 在 for 关键字之前定义一个表达式，该表达式通常会包含循环计数器。
- for 表达式没有循环体，因此不需要冒号。

for 表达式当然也是有循环的，它同样会对可迭代对象进行循环——可迭代对象包含几个对象，该循环就对 for 之前的“表达式”执行几次（相当于 for 之前的表达式就是循环体），并将每次执行的值收集起来作为新的列表元素。

for 表达式最终返回的是列表，因此 for 表达式也被称为列表推导式。

例如如下代码。

程序清单：codes\04\4.4\for_expr.py

```
a_range = range(10)
# 对 a_range 执行 for 表达式
a_list = [x * x for x in a_range]
# a_list 集合包含 10 个元素
print(a_list)
```

上面粗体字代码将会对 a_range 执行迭代，由于 a_range 相当于包含 10 个元素，因此程序生成的 a_list 同样包含 10 个元素，每个元素都是 a_range 中每个元素的平方（由表达式 x * x 控制）。

运行上面代码，可以看到如下输出结果。

```
[0, 1, 4, 9, 16, 25, 36, 49, 64, 81]
```

还可以在 for 表达式后面添加 if 条件，这样 for 表达式将只迭代那些符合条件的元素。例如如下代码。

```
b_list = [x * x for x in a_range if x % 2 == 0]
# a_list 集合包含 5 个元素
print(b_list)
```

上面的粗体字代码与前面的粗体字代码大致相同，只是为 for 表达式增加了 if 条件，这样程序只处理 range 区间的偶数，因此程序生成的 b_list 只包含 5 个元素。

运行上面代码，可以看到如下输出结果。

```
[0, 4, 16, 36, 64]
```

如果将 for 表达式的方括号改为圆括号，for 表达式将不再生成列表，而是生成一个生成器（generator），该生成器同样可使用 for 循环迭代。

对于使用圆括号的 for 表达式，它最终返回的是生成器，因此这种 for 表达式也被称为生成器推导式。例如如下代码。

```
# 使用 for 表达式创建生成器
c_generator = (x * x for x in a_range if x % 2 == 0)
# 使用 for 循环迭代生成器
for i in c_generator:
    print(i, end='\t')
print()
```

上面的粗体字代码只是将 for 表达式的方括号改为圆括号，因此这行粗体字代码将会创建一个 generator 对象，接下来程序使用 for 循环遍历了该 generator 对象。运行上面程序，得到如下输出结果。

```
0       4       16      36      64
```

在前面看到的 for 表达式都只有一个循环，实际上 for 表达式可使用多个循环，就像嵌套循环一样。例如如下代码。

```
d_list = [(x, y) for x in range(5) for y in range(4)]
# d_list 列表包含 20 个元素
print(d_list)
```

上面代码中 x 是遍历 range(5)的计数器，因此该 x 可迭代 5 次；y 是遍历 range(4)的计数器，因此该 y 可迭代 4 次。因此，该(x,y)表达式一共会迭代 20 次。

运行上面代码，可以看到如下输出结果。

```
[(0, 0), (0, 1), (0, 2), (0, 3), (1, 0), (1, 1), (1, 2), (1, 3), (2, 0), (2, 1),
(2, 2), (2, 3),
(3, 0), (3, 1), (3, 2), (3, 3), (4, 0), (4, 1), (4, 2), (4, 3)]
```

上面的 for 表达式相当于如下嵌套循环。

```
dd_list = []
for x in range(5):
    for y in range(4):
        dd_list.append((x, y))
```

当然，也支持类似于三层嵌套的 for 表达式，例如如下代码。

```
e_list = [[x, y, z] for x in range(5) for y in range(4) for z in range(6)]
# e_list 列表包含 120 个元素
print(e_list)
```

对于包含多个循环的 for 表达式，同样可指定 if 条件。假如我们有一个需求：程序要将两个列表中的数值按“能否整除”的关系配对在一起。比如 src_a 列表中包含 30，src_b 列表中包含 5，其中 30 可以整除 5，那么就将 30 和 5 配对在一起。对于上面的需求使用 for 表达式来实现非常简单，例如如下代码。

```
src_a = [30, 12, 66, 34, 39, 78, 36, 57, 121]
src_b = [3, 5, 7, 11]
# 只要 y 能整除 x，就将它们配对在一起
```

```
result = [(x, y) for x in src_b for y in src_a if y % x == 0]
print(result)
```

运行上面代码，可以看到如下输出结果。

```
[(3, 30), (3, 12), (3, 66), (3, 39), (3, 78), (3, 36), (3, 57), (5, 30), (11, 66),
(11, 121)]
```

4.4.9 常用工具函数

使用 zip()函数可以把两个列表“压缩”成一个 zip 对象（可迭代对象），这样就可以使用一个循环并行遍历两个列表。为了测试 zip()函数的功能，我们可以先在交互式解释器中“试验”一下该函数的功能。

```
>>> a = ['a', 'b', 'c']
>>> b = [1, 2, 3]
>>> [x for x in zip(a,b)]
[('a', 1), ('b', 2), ('c', 3)]
```

从上面的测试结果来看，zip()函数压缩得到的可迭代对象所包含的元素是由原列表元素组成的元组。

提示

Python 2.x 的 zip()函数直接返回列表，而不是返回 zip 对象。Python 2.x 的 zip()函数返回的列表所包含的元素和 Python 3.x 的 zip()返回的 zip 对象所包含的元素相同。

例如：

```
>>> c = [0.1, 0.2]
>>> [x for x in zip(a,c)]
[('a', 0.1), ('b', 0.2)]
```

从上面代码可以看出，如果 zip()函数压缩的两个列表长度不相等，那么 zip()函数将以长度更短的列表为准。

zip()函数不仅可以压缩两个列表，也可以压缩多个列表。比如下面试验同时压缩 3 个列表。

```
>>> [x for x in zip(a, b, c)]
[('a', 1, 0.1), ('b', 2, 0.2)]
```

从上面代码可以看出，如果使用 zip()函数压缩 N 个列表，那么 zip()函数返回的可迭代对象的元素就是长度为 N 的元组。

下面代码示范了使用 zip()函数来实现并行遍历的效果。

程序清单：codes\04\4.4\zip_test.py

```
books = ['疯狂 Kotlin 讲义', '疯狂 Swift 讲义', '疯狂 Python 讲义']
prices = [79, 69, 89]
# 使用 zip()函数压缩两个列表，从而实现并行遍历
for book, price in zip(books, prices):
    print("%s 的价格是: %5.2f" % (book, price))
```

有些时候，程序需要进行反向遍历，此时可通过 reversed()函数，该函数可接收各种序列（元组、列表、区间等）参数，然后返回一个“反序排列”的迭代器，该函数对参数本身不会产生任何影响。在交互式解释器中，测试该函数的过程如下。

```
>>> a = range(10)
>>> [x for x in reversed(a)]
[9, 8, 7, 6, 5, 4, 3, 2, 1, 0]
```

从上面代码可以看出，通过 reversed()函数得到了 range(10)的反转序列；但如果再次访问 a，

将会看到 a 并没有发生改变。

```
>>> a
range(0, 10)
```

reversed()当然也可以对列表、元组进行反转。例如如下测试代码。

```
>>> b = ['a', 'fkit', 20, 3.4, 50]
>>> [x for x in reversed(b)]
[50, 3.4, 20, 'fkit', 'a']
```

前面提到过，str 其实也是序列，因此也可通过该函数实现在不影响字符串本身的前提下，对字符串进行反序遍历。例如如下测试代码。

```
>>> c = 'Hello, Charlie'
>>> [x for x in reversed(c)]
['e', 'i', 'l', 'r', 'a', 'h', 'C', ' ', ',', 'o', 'l', 'l', 'e', 'H']
```

与 reversed()函数类似的还有 sorted()函数，该函数接收一个可迭代对象作为参数，返回一个对元素排序的列表。

在交互式解释器中测试该函数，可以看到如下运行过程。

```
>>> a = [20, 30, -1.2, 3.5, 90, 3.6]
>>> sorted(a)
[-1.2, 3.5, 3.6, 20, 30, 90]
>>> a
[20, 30, -1.2, 3.5, 90, 3.6]
```

从上面的运行过程来看，sorted()函数也不会改变所传入的可迭代对象，该函数只是返回一个新的、排序好的列表。

在使用 sorted()函数时，还可传入一个 reverse 参数，如果将该参数设置为 True，则表示反向排序。例如如下测试过程。

```
>>> sorted(a, reverse=True)
[90, 30, 20, 3.6, 3.5, -1.2]
```

在调用 sorted()函数时，还可传入一个 key 参数，该参数可指定一个函数来生成排序的关键值。比如希望根据字符串长度排序，则可为 key 参数传入 len 函数。例如如下运行过程。

```
>>> b = ['fkit', 'crazyit', 'Charlie', 'fox', 'Emily']
>>> sorted(b, key=len)
['fox', 'fkit', 'Emily', 'crazyit', 'Charlie']
```

通过 sorted()函数的帮助，程序可对可迭代对象按照由小到大的顺序进行遍历。例如如下程序。

程序清单：codes\04\4.4\sorted_test.py

```
my_list = ['fkit', 'crazyit', 'Charlie', 'fox', 'Emily']
for s in sorted(my_list, key=len):
    print(s)
```

4.5 控制循环结构

Python 语言没有提供 goto 语句来控制程序的跳转，这种做法虽然提高了程序流程控制的可读性，但降低了灵活性。为了弥补这种不足，Python 提供了 continue 和 break 来控制循环结构。除此之外，使用 return 可以结束整个方法，当然也就结束了一次循环。

4.5.1 使用 break 结束循环

某些时候，需要在某种条件出现时强行中止循环，而不是等到循环条件为 False 时才退出循环。

此时，可以使用 break 来完成这个功能。break 用于完全结束一个循环，跳出循环体。不管是哪种循环，一旦在循环体中遇到 break，系统就将完全结束该循环，开始执行循环之后的代码。例如如下程序。

程序清单：codes\04\4.5\break_test.py

```
# 一个简单的 for 循环
for i in range(0, 10) :
    print("i 的值是: ", i)
    if i == 2 :
        # 执行该语句时将结束循环
        break
```

运行上面程序，将看到 i 循环到 2 时即结束，因为当 i 等于 2 时，在循环体内遇到了 break 语句，程序跳出该循环。

对于带 else 块的 for 循环，如果使用 break 强行中止循环，程序将不会执行 else 块。例如如下程序。

程序清单：codes\04\4.5\break_else.py

```
# 一个简单的 for 循环
for i in range(0, 10) :
    print("i 的值是: ", i)
    if i == 2 :
        # 执行该语句时将结束循环
        break
    else:
        print('else 块: ', i)
```

上面程序同样会在 i 等于 2 时跳出循环，而且此时 for 循环不会执行 else 块。

在使用 break 语句的情况下，循环的 else 代码块与直接放在循环体后是有区别的——如果将代码块放在 else 块中，当程序使用 break 中止循环时，循环不会执行 else 块；如果将代码块直接放在循环体后面，当程序使用 break 中止循环时，程序自然会执行循环体之后的代码块。

Python 的 break 语句不能像其他语言一样使用标签，因此它只可以结束其所在的循环，不可以结束嵌套循环的外层循环。

为了使用 break 语句跳出嵌套循环的外层循环，可先定义 bool 类型的变量来标志是否需要跳出外层循环，然后在内层循环、外层循环中分别使用两条 break 语句来实现。

例如如下程序。

程序清单：codes\04\4.5\break_out.py

```
exit_flag = False
# 外层循环
for i in range(0, 5) :
    # 内层循环
    for j in range(0, 3 ) :
        print("i 的值为: %d, j 的值为: %d" % (i, j))
        if j == 1 :
            exit_flag = True
            # 跳出内层循环
            break
    # 如果 exit_flag 为 True，跳出外层循环
    if exit_flag :
        break
```

上面程序在内层循环中判断 j 是否等于 1，当 j 等于 1 时，程序将 exit_flag 设为 True，并跳出

内层循环；接下来程序开始执行外层循环的剩下语句，由于 exit_flag 为 True，因此也会执行外层循环的 break 语句来跳出外层循环。

运行上面程序，将看到如下运行结果。

```
i 的值为: 0, j 的值为: 0
i 的值为: 0, j 的值为: 1
```

程序从外层循环进入内层循环后，当 j 等于 1 时，程序将 exit_flag 设为 True，并跳出内层循环；接下来程序又执行外层循环的 break 语句，从而跳出外层循环。

4.5.2 使用 continue 忽略本次循环的剩下语句

continue 的功能和 break 有点类似，区别是 continue 只是忽略当次循环的剩下语句，接着开始下一次循环，并不会中止循环；而 break 则是完全中止循环本身。如下程序示范了 continue 的用法。

程序清单：codes\04\4.5\continue_test.py

```
# 一个简单的 for 循环
for i in range(0, 3 ) :
    print("i 的值是: ", i)
    if i == 1 :
        # 忽略当次循环的剩下语句
        continue
    print("continue 后的输出语句")
```

运行上面程序，将看到如下运行结果。

```
i 的值是:  0
continue 后的输出语句
i 的值是:  1
i 的值是:  2
continue 后的输出语句
```

从上面的运行结果来看，当 i 等于 1 时，程序没有输出“continue 后的输出语句”字符串，因为程序执行到 continue 时，忽略了当次循环中 continue 语句后的代码。从这个意义上看，如果把一条 continue 语句放在当次循环的最后一行，那么这条 continue 语句是没有任何意义的——因为它仅仅忽略了一片空白，没有忽略任何程序语句。

4.5.3 使用 return 结束方法

return 用于从包围它的最直接方法、函数或匿名函数返回。当函数或方法执行到一条 return 语句时（在 return 关键字后还可以跟变量、常量和表达式，在函数或方法介绍中将有更详细的解释），这个函数或方法将被结束。

Python 程序中的大部分循环都被放在函数或方法中执行，一旦在循环体内执行到一条 return 语句时，return 语句就会结束该函数或方法，循环自然也随之结束。例如下面程序。

程序清单：codes\04\4.5\return_test.py

```
def test() :
    # 外层循环
    for i in range(10) :
        for j in range(10) :
            print("i 的值是: %d, j 的值是: %d" % (i , j))
            if j == 1 :
                return
            print("return 后的输出语句")
test()
```

运行上面程序，循环只能执行到 i 等于 0、j 等于 1 时，当 j 等于 1 时程序将完全结束（当 test() 函数结束时，也就是 Python 程序结束时）。从这个运行结果来看，虽然 return 并不是专门用于控制循环结构的关键字，但通过 return 语句确实可以结束一个循环。与 continue 和 break 不同的是，return 直接结束整个函数或方法，而不管 return 处于多少层循环之内。

提示

上面代码通过函数语法来定义函数，读者可参考本书第 5 章来了解函数相关知识。

4.6 牛刀小试

到目前为止，我们已经学习了不少 Python 编程知识，本节会通过几个简单的示例来综合运用前面介绍的各种知识。

4.6.1 数字转人民币读法

下面会实现在实际开发中常用的一个工具函数：将一个浮点数转换成人民币读法的字符串，这个程序需要使用数组。实现这个函数的思路是，首先把这个浮点数分成整数部分和小数部分。提取整数部分很容易，直接将这个浮点数强制类型转换成一个整数即可，这个整数就是浮点数的整数部分；再使用浮点数减去整数就可以得到这个浮点数的小数部分。

然后分开处理整数部分和小数部分。小数部分的处理比较简单，直接截断保留 2 位数字，转换成几角几分的字符串。整数部分的处理则稍微复杂一点，但只要认真分析不难发现，中国的数字习惯是 4 位一节的，一个 4 位的数字可被转成几千几百几十几，至于后面添加什么单位则不确定，如果这节 4 位数字出现在 1~4 位，则后面添加单位“元”；如果这节 4 位数字出现在 5~8 位，则后面添加单位“万”；如果这节 4 位数字出现在 9~12 位，则后面添加单位“亿”；多于 12 位就暂不考虑了。

因此，实现这个程序的关键就是把一个 4 位的数字字符串转换成中文读法。下面程序把这个需求实现了一部分。

程序清单：codes\04\4.6\num_to_rmb.py

```
'''
  把一个浮点数分解成整数部分和小数部分字符串
  num 是需要被分解的浮点数
  返回分解出来的整数部分和小数部分
  第一个数组元素是整数部分，第二个数组元素是小数部分
'''
def divide(num):
    # 将一个浮点数强制类型转换为 int 类型，即得到它的整数部分
    integer = int(num)
    # 浮点数减去整数部分，得到小数部分，小数部分乘以 100 后再取整，得到 2 位小数
    fraction = round((num - integer) * 100)
    # 下面把整数转换为字符串
    return (str(integer), str(fraction))

han_list = ["零" , "壹" , "贰" , "叁" , "肆" ,\
    "伍" , "陆" , "柒" , "捌" , "玖"]
unit_list = ["十" , "百" , "千"]
'''
  把一个 4 位的数字字符串变成汉字字符串
  num_str 是需要被转换的 4 位数字字符串
  返回 4 位数字字符串被转换成汉字字符串
```

```
'''
def four_to_hanstr(num_str):
    result = ""
    num_len = len(num_str)
    # 依次遍历数字字符串的每一位数字
    for i in range(num_len) :
        # 把字符串转换成数值
        num = int(num_str[i])
        # 如果不是最后一位数字，而且数字不是零，则需要添加单位（千、百、十）
        if i != num_len - 1 and num != 0 :
            result += han_list[num] + unit_list[num_len - 2 - i]
        # 否则不要添加单位
        else :
            result += han_list[num]
    return result
'''
  把数字字符串变成汉字字符串
  num_str 是需要被转换的数字字符串
  返回数字字符串被转换成汉字字符串
'''
def integer_to_str(num_str):
    str_len = len(num_str)
    if str_len > 12 :
        print('数字太大，翻译不了')
        return
    # 如果大于 8 位，包含单位“亿”
    elif str_len > 8:
        return four_to_hanstr(num_str[:-8]) + "亿" + \
            four_to_hanstr(num_str[-8: -4]) + "万" + \
            four_to_hanstr(num_str[-4:])
    # 如果大于 4 位，包含单位“万”
    elif str_len > 4:
        return four_to_hanstr(num_str[:-4]) + "万" + \
            four_to_hanstr(num_str[-4:])
    else:
        return four_to_hanstr(num_str)
num = float(input("请输入一个浮点数: "))
# 测试把一个浮点数分解成整数部分和小数部分
integer, fraction = divide(num)
# 测试把一个 4 位的数字字符串变成汉字字符串
print(integer_to_str(integer))
print(fraction)
```

运行上面程序，将看到如下运行结果。

```
请输入一个浮点数: 361092004.456
叁亿陆千壹百零玖万贰千零零肆
46
```

从上面程序的运行结果来看，初步实现了所需功能，但这个程序并不是这么简单的，对零的处理比较复杂。例如，有两个零连在一起时该如何处理呢？还有小数部分如何翻译？因此，这个程序还需要继续完善，希望读者能把这个程序写完。

4.6.2　绕圈圈

下面是来自某知名公司的一道“面试题”。

给定 4，应该输出如下形式的数据。

```
01 12 11 10
02 13 16 09
03 14 15 08
```

```
04 05 06 07
```

给定 5，应该输出如下形式的数据。

```
01 16 15 14 13
02 17 24 23 12
03 18 25 22 11
04 19 20 21 10
05 06 07 08 09
...
```

仔细观察上面的试题，不难发现程序就是“绕圈圈”填入整数，如图 4.2 所示。

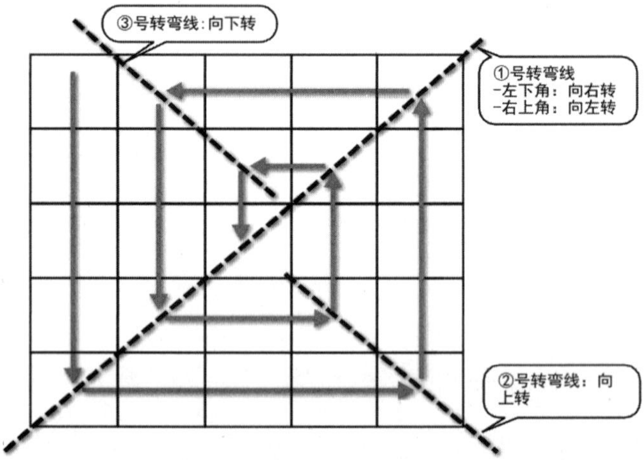

图 4.2　填数规则

掌握上面的规律之后，我们打算使用列表嵌套列表（相当于二维列表）的方式来存储这些整数，将数值存入嵌套列表时需要遵守这种“绕圈圈”的规则，然后再以二维方式将这个嵌套列表打印出来。

为了控制“绕圈”，该程序的关键点就是控制绕圈的拐弯点。在图 4.2 中标出的对角线上的位置，就是重要的拐弯点。

找到图中①②③号转弯线之后，可以发现如下规则。

- 位于①号转弯线的行索引与列索引总和为 n-1（即给定整数值减 1）。
- 位于②号转弯线的行索引与列索引相等。
- 位于③号转弯线的行索引等于列索引减 1。

总结出上面的规则之后，接下来就可实现如下程序。

程序清单：codes\04\4.6\exercise.py

```
SIZE = 7
array = [[0] * SIZE]
# 创建一个长度为SIZE * SIZE 的二维列表
for i in range(SIZE - 1):
    array += [[0] * SIZE]
# 该 orient 代表绕圈的方向
# 其中 0 代表向下，1 代表向右，2 代表向左，3 代表向上
orient = 0
# 控制将 1~SIZE * SIZE 的数值填入二维列表中
# 其中 j 控制行索引，k 控制列索引
j = 0
k = 0
for i in range(1, SIZE * SIZE + 1) :
    array[j][k] = i
    # 如果位于图 4.2 中①号转弯线上
```

```
        if j + k == SIZE - 1 :
            # j>k，位于左下角
            if j > k :
                orient = 1
            # 位于右上角
            else :
                orient = 2
        # 如果位于图 4.2 中②号转弯线上
        elif (k == j) and (k >= SIZE / 2) :
            orient = 3
        # 如果位于图 4.2 中③号转弯线上
        elif (j == k - 1) and (k <= SIZE / 2) :
            orient = 0
        # 根据方向来控制行索引、列索引的改变
        # 如果方向为向下绕圈
        if orient == 0 :
            j += 1
        # 如果方向为向右绕圈
        elif orient == 1:
            k += 1
        # 如果方向为向左绕圈
        elif orient == 2:
            k -= 1
        # 如果方向为向上绕圈
        elif orient == 3:
            j -= 1
    # 采用遍历输出上面的二维列表
    for i in range(SIZE) :
        for j in range(SIZE) :
            print('%02d ' % array[i][j], end = "")
        print("")
```

上面程序的重点就在于粗体字代码，这些粗体字代码控制当处于转弯线上时绕圈的方向。一旦正确控制了绕圈的方向，接下来就可通过对 j（行索引）、k（列索引）的增减来控制绕圈了。运行该程序，可以看到如下输出结果。

```
01 24 23 22 21 20 19
02 25 40 39 38 37 18
03 26 41 48 47 36 17
04 27 42 49 46 35 16
05 28 43 44 45 34 15
06 29 30 31 32 33 14
07 08 09 10 11 12 13
```

4.6.3　控制台五子棋

利用二维列表还可以完成五子棋、连连看、俄罗斯方块、扫雷等常见小游戏。下面简单介绍利用二维列表实现五子棋。先定义一个二维列表作为棋盘，每当一个棋手下一步棋时，也就是为二维列表的一个数组元素赋值。下面程序完成了这个游戏的初步功能。

程序清单：codes\04\4.6\gobang.py

```
# 定义棋盘的大小
BOARD_SIZE = 15
# 定义一个二维列表来充当棋盘
board = []
def initBoard() :
    # 为每个元素赋值"╋"，用于在控制台画出棋盘
    for i in range(BOARD_SIZE) :
```

```
        row = ["┼"] * BOARD_SIZE
        board.append(row)
# 在控制台输出棋盘的方法
def printBoard() :
    # 打印每个列表元素
    for i in range(BOARD_SIZE) :
        for j in range(BOARD_SIZE) :
            # 打印列表元素后不换行
            print(board[i][j], end="")
        # 每打印完一行列表元素后输出一个换行符
        print()
initBoard()
printBoard()
inputStr = input("请输入您下棋的坐标，应以x,y的格式：\n")
while inputStr != None :
    # 将用户输入的字符串以逗号（,）作为分隔符，分隔成两个字符串
    x_str, y_str = inputStr.split(sep = ",")
    # 为对应的列表元素赋值"●"
    board[int(y_str) - 1][int(x_str) - 1] = "●"
    '''
     电脑随机生成两个整数，作为电脑下棋的坐标，赋值给board列表
     还涉及
        1. 坐标的有效性，只能是数字，不能超出棋盘范围
        2. 下的棋的点，不能重复下棋
        3. 每次下棋后，需要扫描谁赢了
    '''
    printBoard()
    inputStr = input("请输入您下棋的坐标，应以x,y的格式：\n")
```

运行上面程序，将看到如图4.3所示的界面。

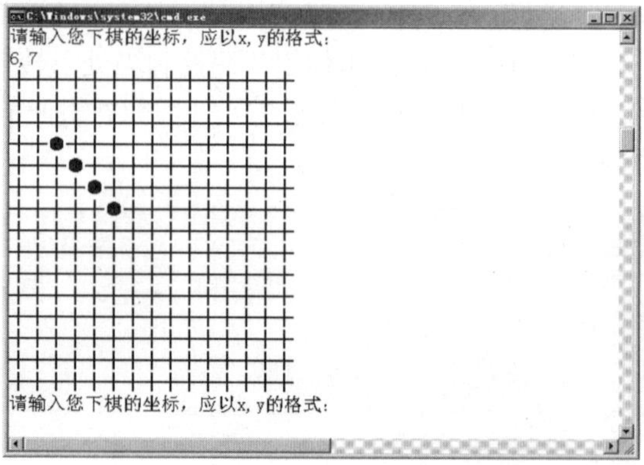

图4.3　控制台五子棋的运行界面

从图4.3来看，程序上面显示的黑点是棋手下的棋，电脑还没有下棋，电脑下棋可以使用随机生成的两个坐标值来控制，当然也可以增加人工智能（但这已经超出了本书的范围，实际上也很简单）来控制下棋。

读者需要在这个程序的基础上进行完善，保证在用户和电脑下的棋的坐标上不能有棋子（通过判断对应数组元素只能是"┼"来确定），还需要进行4次循环扫描，判断横、竖、左斜、右斜是否有5颗棋子连在一起，从而判定胜负。

4.6.4　控制台超市系统

本示例将会开发一个控制台超市系统，用户可通过程序提供的命令进行购物。

本程序的主要目的就是练习列表、字典等各种数据结构的用法，因此程序会用到如下数据。

- 程序使用元组代表商品，元组的多个元素分别代表商品条码、商品名称、商品单价。
- 程序使用 dict 来表示系统当前仓库中的所有商品，dict 的 key 是商品条码，value 是商品元组。
- 程序使用 list 列表来记录用户的购物清单，list 列表的元素代表购物明细项，每个明细项也是一个 list 列表。

本程序提供了如下功能。

- 显示当前超市的商品清单：遍历代表仓库的 dict 中的 values()返回值，即可显示当前超市的商品清单。
- 显示用户的购物清单：遍历代表用户购物清单的 list 列表，即可显示用户的购物清单。
- 用户添加购买的商品：向代表用户购物清单的 list 列表中添加一项。
- 用户修改购买商品的数量：修改代表用户购物清单的 list 列表的元素。
- 用户删除已购买的商品：删除代表用户购物清单的 list 列表的元素。

下面是该程序的示例代码。

程序清单：codes\04\4.6\supermarket.py

```
# 定义仓库
repository = dict()
# 定义购物清单对象
shop_list = []

# 定义一个函数来初始化商品
def init_repository():
    # 初始化很多商品，每个元组代表一个商品
    goods1 = ("1000001", "疯狂 Ruby 讲义", 88.0)
    goods2 = ("1000002", "疯狂 Swift 讲义", 69.0)
    goods3 = ("1000003", "疯狂 Kotlin 讲义", 59.0)
    goods4 = ("1000004", "疯狂 Java 讲义", 109.0)
    goods5 = ("1000005", "疯狂 Android 讲义", 108.0)
    goods6 = ("1000006", "疯狂 iOS 讲义", 77.0)
    # 把商品入库（放入 dict 中），条码作为 key
    repository[goods1[0]] = goods1
    repository[goods2[0]] = goods2
    repository[goods3[0]] = goods3
    repository[goods4[0]] = goods4
    repository[goods5[0]] = goods5
    repository[goods6[0]] = goods6
# 显示超市的商品清单，就是遍历代表仓库的 dict 字典
def show_goods():
    print("欢迎光临 疯狂超市")
    print('疯狂超市的商品清单：')
    print("%13s%40s%10s" % ("条码", "商品名称", "单价"))
    # 遍历 repository 中的所有 value 来显示商品清单
    for goods in repository.values():
        print("%15s%40s%12s" % goods)
# 显示购物清单，就是遍历代表购物清单的 list 列表
def show_list():
    print("=" * 100)
    # 如果清单不为空，则输出清单的内容
    if not shop_list:
        print("还未购买商品")
    else:
        title = "%-5s|%15s|%40s|%10s|%4s|%10s" % \
            ("ID", "条码", "商品名称", "单价", "数量", "小计")
        print(title)
        print("-" * 100)
        # 记录总计的价钱
```

```
        sum = 0
        # 遍历代表购物清单的 list 列表
        for i, item in enumerate(shop_list):
            # 转换 id 为索引加 1
            id = i + 1
            # 获取该购物明细项的第 1 个元素：商品条码
            code = item[0]
            # 获取商品条码读取商品，再获取商品名称
            name = repository[code][1]
            # 获取商品条码读取商品，再获取商品单价
            price = repository[code][2]
            # 获取该购物明细项的第 2 个元素：商品数量
            number = item[1]
            # 小计
            amount = price * number
            # 计算总计
            sum = sum + amount
            line = "%-5s|%17s|%40s|%12s|%6s|%12s" % \
                (id, code, name, price, number, amount)
            print( line )
        print("-" * 100)
        print("                                    总计：" , sum)
    print("=" * 100)
# 添加购买的商品，就是向代表用户购物清单的 list 列表中添加一项
def add():
    # 等待输入条码
    code = input("请输入商品的条码:\n")
    # 没有找到对应的商品，条码错误
    if code not in repository:
        print("条码错误，请重新输入")
        return
    # 根据条码找商品
    goods = repository[code]
    # 等待输入数量
    number = input("请输入购买数量:\n")
    # 把商品和购买数量封装成 list 后加入购物清单中
    shop_list.append([code, int(number)])
# 修改购买商品的数量，就是修改代表用户购物清单的 list 列表的元素
def edit():
    id = input("请输入要修改的购物明细项的 ID:\n")
    # id 减 1 得到购物明细项的索引
    index = int(id) - 1
    # 根据索引获取某个购物明细项
    item = shop_list[index]
    # 提示输入新的购买数量
    number = input("请输入新的购买数量:\n")
    # 修改 item 里面的 number
    item[1] = int(number)
# 删除已购买的商品明细项，就是删除代表用户购物清单的 list 列表的元素
def delete():
    id = input("请输入要删除的购物明细项的 ID: ")
    index = int(id) - 1
    # 直接根据索引从清单里面删除购物明细项
    del shop_list[index]
def payment():
    # 先打印清单
    show_list()
    print('\n' * 3)
    print("欢迎下次光临")
    # 退出程序
```

```
    import os
    os._exit(0)
cmd_dict = {'a': add, 'e': edit, 'd': delete, 'p': payment, 's': show_goods}
# 显示命令提示
def show_command():
    # 等待命令
    cmd = input("请输入操作指令: \n" +
        "    添加(a)  修改(e)  删除(d)  结算(p)  超市商品(s)\n")
    # 如果用户输入的字符没有对应的命令
    if cmd not in cmd_dict:
        print("不要玩，好不好！")
    else:
        cmd_dict[cmd]()
init_repository()
show_goods()
# 显示清单和操作命令提示
while True:
    show_list()
    show_command()
```

上面程序使用 def 关键字定义了几个函数，以便将程序的各功能划分到单独的函数中。

➢ show_goods()：显示超市的商品清单，其实就是遍历代表仓库的 repository 中的 values()返回值。
➢ show_list()：显示用户的购物清单，其实就是遍历代表用户购物清单的 shop_list。
➢ add()：添加购买的商品，其实就是向代表用户购物清单的 shop_list 中添加元素。
➢ edit()：修改商品数量，其实就是修改代表用户购物清单的 shop_list 中的元素。
➢ delete：删除已购买的商品，其实就是删除代表用户购物清单的 shop_list 中的元素。

运行上面程序，首先看到如图 4.4 所示的界面。

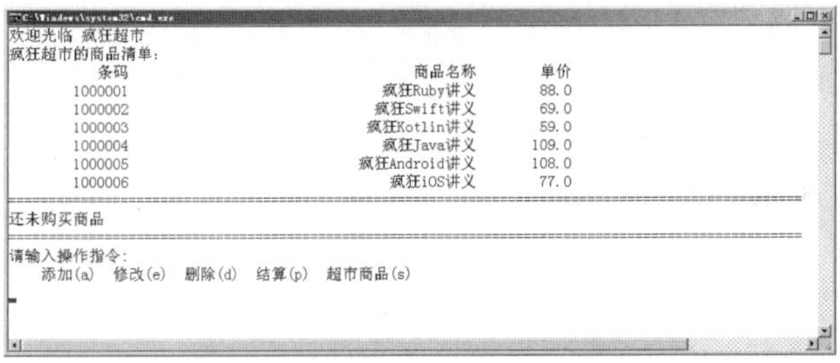

图 4.4 超市系统的开始界面

用户可以输入命令“a”、“e”、“d”、“p”或“s”，它们分别代表添加、修改、删除、结算和显示超市商品。以输入命令“a”为例，程序会提示用户输入商品条码，然后让用户输入购买数量。

当用户购买商品后，程序会显示如图 4.5 所示的界面。

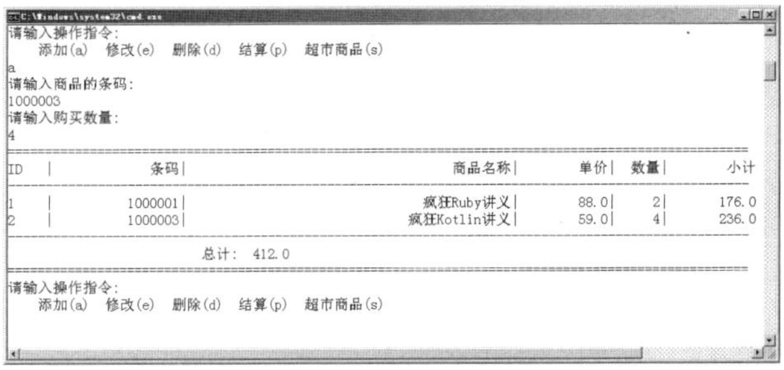

图 4.5 显示购物清单

用户也可输入命令“e”来修改购买商品的数量。当用户输入命令“e”之后，程序会提示用户输入商品条码，再输入新的购买数量，这样在购物清单上就会显示新的购买数量。

用户还可输入命令“d”来删除已购买的商品。当用户输入命令“d”之后，程序会提示用户输入商品条码，接下来程序就会从购物清单中删除已购买的商品，此时在购物清单上不再显示被删除的商品。

4.7　本章小结

本章主要介绍了 Python 的两种程序流程结构：分支结构和循环结构。本章详细讲解了 Python 提供的 if 分支结构，Python 的 if 分支不仅可作为语句使用，也可作为表达式使用，因此使用起来非常灵活。本章还详细介绍了 Python 提供的 while 和 for-in 循环结构，并详细分析了这两种循环结构的区别和联系。本章也介绍了 break、continue 等控制循环的语句，其中 break 用于彻底跳出循环；而 continue 则用于忽略当次循环剩下的语句，重新开始下一次循环。

本章最后介绍了几个实操性非常强的练手案例，通过这些案例可以让读者充分掌握流程控制、列表、元组、字典的功能和用法。

▶▶本章练习

1．使用循环输出九九乘法表。输出如下结果：

1 × 1 = 1
1 × 2 = 2, 2 × 2 = 4
1 × 3 = 3, 2 × 3 = 6, 3 × 3 = 9
…
1 × 9 = 9, 2 × 9 = 18, 3 × 9 = 27, … , 9 × 9 ＝ 81

2．使用循环输出等腰三角形。例如给定 4，输出如下结果：

```
   *
  ***
 *****
*******
```

3．给定奇数 3，输出（横、竖、斜的总和相等）：

08 01 06
03 05 07
04 09 02

给定奇数 5，输出（横、竖、斜的总和相等）：

17 24 01 08 15
23 05 07 14 16
04 06 13 20 22
10 12 19 21 03
11 18 25 02 09

依此类推。

4．使用循环输出菱形。例如用户输入 7（用户输入偶数，则提示不能打印），输出如下结果：

```
   *
  ***
 *****
*******
 *****
  ***
   *
```

5．使用循环输出空心菱形。例如用户输入 7（用户输入偶数，则提示不能打印），输出如下结果：

```
   *
  * *
 *   *
*     *
 *   *
  * *
   *
```

6．用户输入自己的成绩，程序会自动判断该成绩的类型：成绩≥90 分用 A 表示，80~89 分用 B 表示，70~79 分用 C 表示，其他的用 D 表示。

7．判断 101~200 之间有多少个素数，并输出所有的质数。

8．打印出所有的“水仙花数”。所谓“水仙花数”，是指一个三位数，其各位数字的立方和等于该数本身。例如，153 是一个“水仙花数”，因为 $153=1^3+5^3+3^3$。

9．输入一行字符，分别统计出其中英文字母、空格、数字和其他字符的个数。

10．打印出如下所示的近似圆，只要给定不同的半径，圆的大小就会随之发生改变（如果需要使用复杂的数学运算，则可使用 Python 的 math 模块）。

```
          **
     *          *
  *                *
 *                  *
*                    *
*                    *
*                    *
 *                  *
   *              *
     *          *
          **
```

11．给定 3，输出：

```
----c----
--c-b-c--
c-b-a-b-c
--c-b-c--
----c----
```

给定 4，输出：

------d------
----d-c-d----
--d-c-b-c-d--
d-c-b-a-b-c-d
--d-c-b-c-d--
----d-c-d----
------d------

给定 5，输出：

--------e--------
------e-d-e------
----e-d-c-d-e----
--e-d-c-b-c-d-e--
e-d-c-b-a-b-c-d-e
--e-d-c-b-c-d-e--
----e-d-c-d-e----
------e-d-e------
--------e--------

依此类推。

12．完善数字转人民币读法的程序。

13．完善控制台五子棋程序。

CHAPTER

5

第5章 函数和lambda表达式

本章要点

- 函数的语法和调用函数
- 函数返回多个值
- 递归函数
- 关键字参数
- 为形参指定默认值
- 参数收集（形参个数可变的函数）
- 逆向参数收集（调用函数时序列解包）
- 参数传递机制
- 变量作用域，以及访问不同作用域变量的方法
- 局部函数的用法
- 将函数当成对象用于赋值
- 将函数作为参数或返回值
- lambda 表达式的基本用法
- 使用 lambda 表达式代替局部函数

函数是执行特定任务的一段代码，程序通过将一段代码定义成函数，并为该函数指定一个函数名，这样即可在需要的时候多次调用这段代码。因此，函数是代码复用的重要手段。学习函数需要重点掌握定义函数、调用函数的方法。此外，本章也会介绍大量有关 Python 的高级内容，读者应该紧跟本章的讲解要点。

与函数紧密相关的另一个知识点是 lambda 表达式。lambda 表达式可作为表达式、函数参数或函数返回值，因此使用 lambda 表达式可以让程序更加简洁。

5.1 函数入门

函数就是 Python 程序的重要组成单位，一个 Python 程序可以由很多个函数组成。

5.1.1 理解函数

前面我们已经用过大量函数，如 len()、max()等，使用函数是真正开始编程的第一步。

比如在程序中定义了一段代码，这段代码用于实现一个特定的功能。问题来了，如果下次需要实现同样的功能，难道要把前面定义的代码复制一次？如果这样做实在太傻了，这意味着：每次当程序需要实现该功能时，都要将前面定义的代码复制一次。

正确的做法是：将实现特定功能的代码定义成一个函数，每次当程序需要实现该功能时，只要执行（调用）该函数即可。

通俗来讲，所谓函数，就是指为一段实现特定功能的代码“取”一个名字，以后即可通过该名字来执行（调用）该函数。

通常，函数可以接收零个或多个参数，也可以返回零个或多个值。从函数使用者的角度来看，函数就像一个“黑匣子”，程序将零个或多个参数传入这个“黑匣子”，该“黑匣子”经过一番计算即可返回零个或多个值。

对于“黑匣子”的内部细节（就是函数的内部实现细节），函数的使用者并不需要关心。就像前面在调用 len()、max()、min()等函数时，我们只负责传入参数、接收返回值，至于函数内部的实现细节，我们并不关心。

如图 5.1 所示为函数调用示意图。

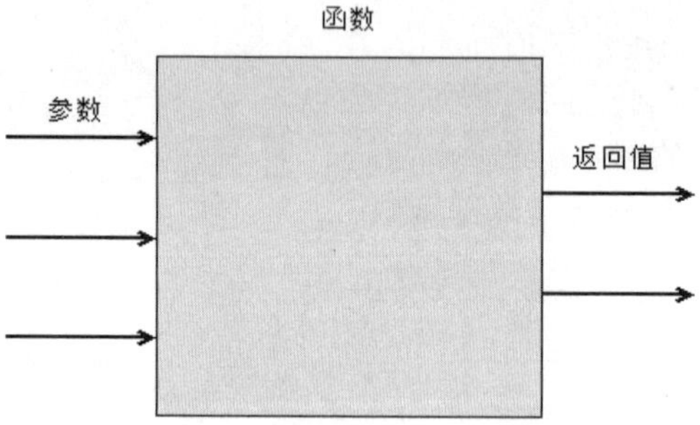

图 5.1 函数调用示意图

从函数定义者（实现函数的人）的角度来看，其至少需要想清楚以下 3 点。

- 函数需要几个关键的需要动态变化的数据，这些数据应该被定义成函数的参数。
- 函数需要传出几个重要的数据（就是调用该函数的人希望得到的数据），这些数据应该被定义成返回值。
- 函数的内部实现过程。

从上面介绍不难看出，定义函数比调用函数要难得多，而本章正是教读者如何定义函数的。不过读者不用担心，对于实现过程复杂的函数，定义本身就很费力，有时候实现不出来也完全正常。

5.1.2 定义函数和调用函数

在使用函数之前必须先定义函数，定义函数的语法格式如下：

```
def 函数名(形参列表) :
    // 由零条到多条可执行语句组成的函数
    [return [返回值]]
```

Python 声明函数必须使用 def 关键字，对函数语法格式的详细说明如下。

- 函数名：从语法角度来看，函数名只要是一个合法的标识符即可；从程序的可读性角度来看，函数名应该由一个或多个有意义的单词连缀而成，每个单词的字母全部小写，单词与单词之间使用下画线分隔。
- 形参列表：用于定义该函数可以接收的参数。形参列表由多个形参名组成，多个形参名之间以英文逗号（,）隔开。一旦在定义函数时指定了形参列表，调用该函数时就必须传入对应的参数值——谁调用函数，谁负责为形参赋值。

在函数体中多条可执行语句之间有严格的执行顺序，排在函数体前面的语句总是先执行，排在函数体后面的语句总是后执行。

下面程序定义了两个函数，并在程序中调用它们。

程序清单：codes\05\5.1\function_test.py

```
# 定义一个函数，声明两个形参
def my_max(x, y) :
    # 定义一个变量 z，该变量等于 x、y 中较大的值
    z = x if x > y else y
    # 返回变量 z 的值
    return z
# 定义一个函数，声明一个形参
def say_hi(name) :
    print("===正在执行 say_hi()函数===")
    return name + "，您好！"
a = 6
b = 9
# 调用 my_max()函数，将函数返回值赋值给 result 变量
result = my_max(a , b) # ①
print("result:", result)
# 调用 say_hi()函数，直接输出函数的返回值
print(say_hi("孙悟空")) # ②
```

上面程序中定义了两个函数：my_max()与 say_hi()，并在程序①号、②号代码处分别调用了 my_max()和 say_hi()这两个函数。从下面的运行结果可以看出，当程序调用一个函数时，既可以把调用函数的返回值赋值给指定变量，也可以将函数的返回值传给另一个函数，作为另一个函数的参数。

运行上面程序，将可以看到如下运行结果。

```
result: 9
===正在执行 say_hi()函数===
孙悟空，您好！
```

在函数体中使用 return 语句可以显式地返回一个值，return 语句返回的值既可是有值的变量，也可是一个表达式。

例如上面的 my_max()函数，实际上也可简写为如下形式。

```
def my_max(x, y) :
```

```
    # 返回一个表达式
    return x if x > y else y
```

5.1.3 为函数提供文档

前面介绍过可以使用 Python 内置的 help()函数查看其他函数的帮助文档，我们也经常通过 help()函数查看指定函数的帮助信息，这对于 Python 开发者来说非常重要。

我们还可以为函数编写说明文档——只要把一段字符串放在函数声明之后、函数体之前，这段字符串将被作为函数的部分，这个文档就是函数的说明文档。

程序既可通过 help()函数查看函数的说明文档，也可通过函数的__doc__属性访问函数的说明文档。下面程序示范了为函数编写说明文档。

程序清单：codes\05\5.1\function_doc.py

```
def my_max(x, y) :
    '''
    获取两个数值之间较大数的函数

    my_max(x, y)
        返回 x、y 两个参数之间较大的那个数
    '''
    # 定义一个变量 z，该变量等于 x、y 中较大的值
    z = x if x > y else y
    # 返回变量 z 的值
    return z
# 使用 help()函数查看 my_max 的帮助文档
help(my_max)
print(my_max.__doc__)
```

上面程序使用多行字符串的语法为 my_max()函数编写了说明文档，接下来程序既可通过 help()函数查看该函数的说明文档，也可通过__doc__属性访问该函数的说明文档。

运行上面代码，可以看到如下运行结果。

```
Help on function my_max in module __main__:

my_max(x, y)
    获取两个数值之间较大数的函数

    my_max(x, y)
        返回 x、y 两个参数之间较大的那个数


    获取两个数值之间较大数的函数

    my_max(x, y)
        返回 x、y 两个参数之间较大的那个数
```

5.1.4 多个返回值

如果程序需要有多个返回值，则既可将多个值包装成列表之后返回，也可直接返回多个值。如果 Python 函数直接返回多个值，Python 会自动将多个返回值封装成元组。

如下程序示范了函数直接返回多个值的情形。

程序清单：codes\05\5.1\multi_return.py

```
def sum_and_avg(list):
    sum = 0
    count = 0
    for e in list:
```

```
        # 如果元素 e 是数值
        if isinstance(e, int) or isinstance(e, float):
            count += 1
            sum += e
    return sum, sum / count
my_list = [20, 15, 2.8, 'a', 35, 5.9, -1.8]
# 获取 sum_and_avg 函数返回的多个值，多个返回值被封装成元组
tp = sum_and_avg(my_list)  #①
print(tp)
```

上面程序中的粗体字代码返回了多个值，当①号代码调用该函数时，该函数返回的多个值将会被自动封装成元组，因此程序看到 tp 是一个包含两个元素（由于被调用函数返回了两个值）的元组。

此外，也可使用 Python 提供的序列解包功能，直接使用多个变量接收函数返回的多个值。例如如下代码（程序清单同上）。

```
# 使用序列解包来获取多个返回值
s, avg = sum_and_avg(my_list) #②
print(s)
print(avg)
```

上面程序中的②号代码直接使用两个变量来接收 sum_and_avg()函数返回的两个值，这就是利用了 Python 提供的序列解包功能。

5.1.5 递归函数

在一个函数体内调用它自身，被称为函数递归。函数递归包含了一种隐式的循环，它会重复执行某段代码，但这种重复执行无须循环控制。

例如有如下数学题。已知有一个数列：$f(0) = 1$，$f(1)=4$，$f(n + 2) = 2*f(n+1) + f(n)$，其中 n 是大于 0 的整数，求 $f(10)$的值。这道题可以使用递归来求得。下面程序将定义一个 fn()函数，用于计算 $f(10)$的值。

程序清单：codes\05\5.1\recursive.py

```
def fn(n) :
    if n == 0 :
        return 1
    elif n == 1 :
        return 4
    else :
        # 在函数体中调用它自身，就是函数递归
        return 2 * fn(n - 1) + fn(n - 2)
# 输出 fn(10)的结果
print("fn(10)的结果是:", fn(10))
```

在上面的 fn()函数体中再次调用了 fn()函数，这就是函数递归。注意在 fn()函数体中调用 fn 的形式：

```
return 2 * fn(n - 1) + fn(n - 2)
```

对于 fn(10)，即等于 2 * fn(9) + fn(8)，其中 fn(9)又等于 2 * fn(8) + fn(7)……依此类推，最终会计算到 fn(2)等于 2 * fn(1) + fn(0)，即 fn(2)是可计算的，这样递归带来的隐式循环就有结束的时候，然后一路反算回去，最后就可以得到 fn(10)的值。

仔细看上面递归的过程，当一个函数不断地调用它自身时，必须在某个时刻函数的返回值是确定的，即不再调用它自身；否则，这种递归就变成了无穷递归，类似于死循环。因此，在定义递归函数时有一条最重要的规定：递归一定要向已知方向进行。

例如，如果把上面数学题改为如此。已知有一个数列：$f(20) = 1$，$f(21)=4$，$f(n + 2) = 2 * f(n+1) + f(n)$，其中 n 是大于 0 的整数，求 $f(10)$的值。那么 fn()的函数体就应该改为如下形式：

```
def fn(n) :
    if n == 20 :
        return 1
    elif n == 21 :
        return 4
    else :
        # 在函数体中调用它自身，就是函数递归
        return fn(n + 2) - 2 * fn(n + 1)
```

从上面的 fn()函数来看，当程序要计算 fn(10)的值时，fn(10)等于 fn(12)- 2 * fn(11)，而 fn(11)等于 fn(13)- 2 * fn(12)……依此类推，直到 fn(19)等于 fn(21) - 2 * fn(20)，此时就可以得到 fn(19)的值，然后依次反算到 fn(10)的值。这就是递归的重要规则：对于求 fn(10)而言，如果 fn(0)和 fn(1)是已知的，则应该采用 fn(n) = 2 * fn(n - 1) + fn(n - 2)的形式递归，因为小的一端已知；如果 fn(20)和 fn(21)是已知的，则应该采用 fn(n) = fn(n + 2) - 2 * fn(n + 1)的形式递归，因为大的一端已知。

递归是非常有用的，例如程序希望遍历某个路径下的所有文件，但这个路径下的文件夹的深度是未知的，那么就可以使用递归来实现这个需求。系统可定义一个函数，该函数接收一个文件路径作为参数，该函数可遍历出当前路径下的所有文件和文件路径——在该函数的函数体中再次调用函数自身来处理该路径下的所有文件路径。

总之，只要在一个函数的函数体中调用了函数自身，就是函数递归。递归一定要向已知方向进行。

5.2 函数的参数

在定义 Python 函数时可定义形参（形式参数的意思），这些形参的值要等到调用时才能确定下来，由函数的调用者负责为形参传入参数值。简单来说，就是谁调用函数，谁负责传入参数值。

5.2.1 关键字（keyword）参数

Python 函数的参数名不是无意义的，Python 允许在调用函数时通过名字来传入参数值。因此，Python 函数的参数名应该具有更好的语义——程序可以立刻明确传入函数的每个参数的含义。

按照形参位置传入的参数被称为位置参数。如果使用位置参数的方式来传入参数值，则必须严格按照定义函数时指定的顺序来传入参数值；如果根据参数名来传入参数值，则无须遵守定义形参的顺序，这种方式被称为关键字（keyword）参数。例如如下程序。

程序清单：codes\05\5.2\named_param_test.py

```
# 定义一个函数
def girth(width, height):
    print("width: ", width)
    print("height: ", height)
    return 2 * (width + height)
# 传统调用函数的方式，根据位置传入参数值
print(girth(3.5, 4.8))
# 根据关键字参数来传入参数值
print(girth(width = 3.5, height = 4.8))
# 在使用关键字参数时可交换位置
print(girth(height = 4.8, width = 3.5))
# 部分使用关键字参数，部分使用位置参数
print(girth(3.5, height = 4.8))
```

上面程序定义了一个简单的 girth()函数，该函数包含 width、height 两个参数，该函数与前面定义的函数并没有任何区别。

接下来在调用该函数时，既可使用传统的根据位置参数来调用（如上面程序中第二行粗体字代码所示），也可根据关键字参数来调用（如上面程序中第三行粗体字代码所示），在使用关键字参数

调用时可交换参数的位置（如上面程序中第四行粗体字代码所示），还可混合使用位置参数和关键字参数（如上面程序中第五行粗体字代码所示）。

需要说明的是，如果希望在调用函数时混合使用关键字参数和位置参数，则关键字参数必须位于位置参数之后。换句话说，在关键字参数之后的只能是关键字参数。例如如下代码是错误的。

```
# 必须将位置参数放在关键字参数之前，下面代码错误
print(girth(width = 3.5, 4.8))
```

运行上面代码，将会提示如下错误。

```
SyntaxError: positional argument follows keyword argument
```

5.2.2 参数默认值

在某些情况下，程序需要在定义函数时为一个或多个形参指定默认值——这样在调用函数时就可以省略为该形参传入参数值，而是直接使用该形参的默认值。

为形参指定默认值的语法格式如下：

```
形参名 = 默认值
```

从上面的语法格式可以看出，形参的默认值紧跟在形参之后，中间以英文“=”隔开。

例如，如下程序为 name、message 形参指定了默认值。

程序清单：codes\05\5.2\default_param_test.py

```
# 为两个参数指定默认值
def say_hi(name = "孙悟空", message = "欢迎来到疯狂软件"):
    print(name, ", 您好")
    print("消息是：", message)
# 全部使用默认参数
say_hi()
# 只有 message 参数使用默认值
say_hi("白骨精")
# 两个参数都不使用默认值
say_hi("白骨精", "欢迎学习 Python")
# 只有 name 参数使用默认值
say_hi(message = "欢迎学习 Python")
```

上面程序中在定义 say_hi()函数时为 name、message 形参指定了默认值，因此程序中第二行粗体字代码调用 say_hi()函数时没有为 name、message 参数指定参数值，此时 name、message 参数将会使用其默认值；程序第二次调用 say_hi()函数时为 name 参数（使用位置参数）指定了参数值，此时 message 参数将会使用默认值；程序第三次调用 say_hi()函数时为 name、message 参数（使用位置参数）都指定了参数值，因此这两个参数都使用开发者传入的参数值；程序第四次调用 say_hi 函数时只为 message 参数（使用关键字参数）传入了参数值，此时 name 参数将使用默认值。

运行上面程序，可以看到如下输出结果。

```
孙悟空 , 您好
消息是： 欢迎来到疯狂软件
白骨精 , 您好
消息是： 欢迎来到疯狂软件
白骨精 , 您好
消息是： 欢迎学习 Python
孙悟空 , 您好
消息是： 欢迎学习 Python
```

从上面程序可以看出，如果只传入一个位置参数，由于该参数位于第一位，系统会将该参数值传给 name 参数。因此，我们不能按如下方式调用 say_hi()函数。

```
say_hi("欢迎学习 Python")
```

上面调用时传入的"欢迎学习 Python"字符串将传给 name 参数，而不是 message 参数。

我们也不能按如下方式来调用 say_hi()函数。

```
say_hi(name="白骨精", "欢迎学习 Python")
```

因为 Python 规定：关键字参数必须位于位置参数的后面。因此提示错误：positional argument follows keyword argument。

那么，我们能不能单纯地将上面两个参数交换位置呢？

```
say_hi("欢迎学习 Python" , name="白骨精")
```

上面调用依然是错误的，因为第一个字符串没有指定关键字参数，因此将使用位置参数为 name 参数传入参数值，第二个参数使用关键字参数的形式再次为 name 参数传入参数值，这意味着两个参数值其实都会传给 name 参数，程序为 name 参数传入了多个参数值。因此提示错误：say_hi() got multiple values for argument 'name'。

将函数调用改为如下两种形式是正确的。

```
say_hi("白骨精", message="欢迎学习 Python")
say_hi(name="白骨精", message="欢迎学习 Python")
```

上面第一行代码先使用位置参数为 name 参数传入参数值，再使用关键字参数为 message 参数传入参数值；上面第二行代码中的 name、message 参数都使用关键字参数传入参数值。

由于 Python 要求在调用函数时关键字参数必须位于位置参数的后面，因此在定义函数时指定了默认值的参数（关键字参数）必须在没有默认值的参数之后。例如如下代码。

程序清单：codes\05\5.2\default_param_test2.py

```
# 定义一个打印三角形的函数，有默认值的参数必须放在后面
def printTriangle(char, height = 5) :
    for i in range(1, height + 1) :
        # 先打印一排空格
        for j in range(height - i) :
            print(' ', end = '')
        # 再打印一排特殊字符
        for j in range(2 * i - 1) :
            print(char, end = '')
        print()
printTriangle('@', 6)
printTriangle('#', height=7)
printTriangle(char = '*')
```

上面程序定义了一个 printTriangle()函数，该函数的第一个 char 参数没有默认值，第二个 height 参数有默认值。

上面程序中第一次调用 printTriangle()时，程序使用两个位置参数分别为 char、height 传入参数值，这当然是允许的；第二次调用 printTriangle()时，第一个参数使用位置参数，那么该参数值将传给 char 参数，第二个参数使用关键字参数为 height 参数传入参数值，这也是允许的；第三次调用 printTriangle()时，只使用关键字参数为 char 参数传入参数值，此时 height 参数将使用默认值，这是符合语法的。

注意

Python 要求将带默认值的参数定义在形参列表的最后。

5.2.3 参数收集（个数可变的参数）

很多编程语言都允许定义个数可变的参数，这样可以在调用函数时传入任意多个参数。Python 当然也不例外，Python 允许在形参前面添加一个星号（*），这样就意味着该参数可接收多个参数值，多个参数值被当成元组传入。下面程序定义了一个形参个数可变的函数。

程序清单：codes\05\5.2\varargs.py

```
# 定义了支持参数收集的函数
def test(a, *books) :
    print(books)
    # books 被当成元组处理
    for b in books :
        print(b)
    # 输出整数变量 a 的值
    print(a)
# 调用 test()函数
test(5 , "疯狂 iOS 讲义" , "疯狂 Android 讲义")
```

运行上面程序，将看到如下运行结果。

```
('疯狂 iOS 讲义', '疯狂 Android 讲义')
疯狂 iOS 讲义
疯狂 Android 讲义
5
```

从上面的运行结果可以看出，当调用 test()函数时，books 参数可以传入多个字符串作为参数值。从 test()的函数体代码来看，参数收集的本质就是一个元组：Python 会将传给 books 参数的多个值收集成一个元组。

Python 允许个数可变的形参可以处于形参列表的任意位置（不要求是形参列表的最后一个参数），但 Python 要求一个函数最多只能带一个支持“普通”参数收集的形参。例如如下程序。

程序清单：codes\05\5.2\varargs2.py

```
# 定义了支持参数收集的函数
def test(*books ,num) :
    print(books)
    # books 被当成元组处理
    for b in books :
        print(b)
    print(num)
# 调用 test()函数
test("疯狂 iOS 讲义", "疯狂 Android 讲义", num = 20)
```

正如从上面程序中所看到的，test()函数的第一个参数就是个数可变的形参，由于该参数可接收个数不等的参数值，因此如果需要给后面的参数传入参数值，则必须使用关键字参数；否则，程序会把所传入的多个值都当成是传给 books 参数的。

Python 还可以收集关键字参数，此时 Python 会将这种关键字参数收集成字典。为了让 Python 能收集关键字参数，需要在参数前面添加两个星号。在这种情况下，一个函数可同时包含一个支持“普通”参数收集的参数和一个支持关键字参数收集的参数。例如如下代码。

程序清单：codes\05\5.2\varargs3.py

```
# 定义了支持参数收集的函数
def test(x, y, z=3, *books, **scores) :
    print(x, y, z)
    print(books)
    print(scores)
test(1, 2, 3, "疯狂 iOS 讲义" , "疯狂 Android 讲义", 语文=89, 数学=94)
```

上面程序在调用 test()函数时，前面的 1、2、3 将会传给普通参数 x、y、z；接下来的两个字符串将会由 books 参数收集成元组；最后的两个关键字参数将会被收集成字典。运行上面代码，会看到如下输出结果。

```
1 2 3
('疯狂 iOS 讲义', '疯狂 Android 讲义')
{'语文': 89, '数学': 94}
```

对于以上面方式定义的 test()函数，参数 z 的默认值几乎不能发挥作用。比如按如下方式调用 test()函数。

```
test(1, 2, "疯狂 iOS 讲义" , "疯狂 Android 讲义", 语文=89, 数学=94)
```

上面代码在调用 test()函数时，前面的 1、2、"疯狂 iOS 讲义"将会传给普通参数 x、y、z；接下来的一个字符串将会由 books 参数收集成元组；最后的两个关键字参数将会被收集成字典。运行上面代码，会看到如下输出结果。

```
1 2 疯狂 iOS 讲义
('疯狂 Android 讲义',)
{'语文': 89, '数学': 94}
```

如果希望让 z 参数的默认值发挥作用，则需要只传入两个位置参数。例如如下调用代码。

```
test(1, 2, 语文=89, 数学=94)
```

上面代码在调用 test()函数时，前面的 1、2 将会传给普通参数 x、y，此时 z 参数将使用默认的参数值 3，books 参数将是一个空元组；接下来的两个关键字参数将会被收集成字典。运行上面代码，会看到如下输出结果。

```
1 2 3
()
{'语文': 89, '数学': 94}
```

5.2.4 逆向参数收集

所谓逆向参数收集，指的是在程序已有列表、元组、字典等对象的前提下，把它们的元素“拆开”后传给函数的参数。

逆向参数收集需要在传入的列表、元组参数之前添加一个星号，在字典参数之前添加两个星号。例如如下代码。

程序清单：codes\05\5.2\varargs4.py

```
def test(name, message):
    print("用户是: ", name)
    print("欢迎消息: ", message)
my_list = ['孙悟空', '欢迎来疯狂软件']
test(*my_list)
```

上面粗体字代码定义了一个需要两个参数的函数，而程序中的 my_list 列表包含两个元素，为了让程序将 my_list 列表的两个元素传给 test()函数，程序在传入的 my_list 参数之前添加了一个星号。

实际上，即使是支持收集的参数，如果程序需要将一个元组传给该参数，那么同样需要使用逆向收集。例如如下代码（程序清单同上）。

```
def foo(name, *nums):
    print("name 参数: ", name)
    print("nums 参数: ", nums)
my_tuple = (1, 2, 3)
# 使用逆向收集，将 my_tuple 元组的元素传给 nums 参数
foo('fkit', *my_tuple)
```

上面粗体字代码调用将'fkit'传给 foo()函数的 name 参数，然后使用逆向收集将 my_tuple 包含的多个元素传给 nums 参数，nums 再将 my_tuple 的多个元素收集成元组。

运行上面代码，将看到如下输出结果。

```
name 参数： fkit
nums 参数： (1, 2, 3)
```

此外，也可使用如下方式调用 foo()函数。

```
# 使用逆向收集，将 my_tuple 元组的第一个元素传给 name 参数，剩下元素传给 nums 参数
foo(*my_tuple)
```

此时程序会对 my_tuple 进行逆向收集，其中第一个元素传给 name 参数，后面剩下的元素传给 nums 参数。运行上面代码，将看到如下输出结果。

```
name 参数： 1
nums 参数： (2, 3)
```

如果不使用逆向收集（不在元组参数之前添加星号），整个元组将会作为一个参数，而不是将元组的元素作为多个参数。例如按如下方式调用 foo()函数。

```
# 不使用逆向收集，my_tuple 元组整体传给 name 参数
foo(my_tuple)
```

上面调用没有使用逆向收集，因此 my_tuple 整体作为参数值传给 name 参数。运行上面代码，将看到如下输出结果。

```
name 参数： (1, 2, 3)
nums 参数： ()
```

字典也支持逆向收集，字典将会以关键字参数的形式传入。例如如下代码（程序清单同上）。

```
def bar(book, price, desc):
    print(book, " 这本书的价格是： ", price)
    print('描述信息', desc)
my_dict = {'price': 89, 'book': '疯狂 Python 讲义', 'desc': '这是一本系统全面的 Python 学习图书'}
# 按逆向收集的方式将 my_dict 的多个 key-value 对传给 bar()函数
bar(**my_dict)
```

上面粗体字代码定义的 bar()需要三个参数。接下来程序定义了一个 my_dict 字典，该字典正好包含三个 key-value 对，程序使用逆向收集即可将 my_dict 包含的三个 key-value 对以关键字参数的形式传给 bar()函数。

5.2.5　函数的参数传递机制

Python 的参数值是如何传入函数的呢？这是由 Python 函数的参数传递机制来控制的。Python 中函数的参数传递机制都是“值传递”。所谓值传递，就是将实际参数值的副本（复制品）传入函数，而参数本身不会受到任何影响。

提示：

Python 里的参数传递类似于《西游记》里的孙悟空，孙悟空复制了一个假孙悟空，这个假孙悟空具有的能力和真孙悟空相同，可除妖或被砍头。但不管这个假孙悟空遇到什么事，真孙悟空都不会受到任何影响。与此类似，传入函数的是实际参数值的复制品，不管在函数中对这个复制品如何操作，实际参数值本身不会受到任何影响。

下面程序演示了函数参数传递的效果。

程序清单：codes\05\5.2\int_transfer_test.py

```
def swap(a , b) :
    # 下面代码实现 a、b 变量的值交换
    a, b = b, a
    print("在 swap 函数里，a 的值是", \
        a, "; b 的值是", b)
a = 6
b = 9
swap(a , b)
print("交换结束后，变量 a 的值是", \
    a , "; 变量 b 的值是", b)
```

运行上面程序，将看到如下运行结果。

```
在 swap 函数里，a 的值是 9 ; b 的值是 6
交换结束后，变量 a 的值是 6 ; 变量 b 的值是 9
```

从上面的运行结果来看，在 swap()函数里，a 和 b 的值分别是 9、6，交换结束后，变量 a 和 b 的值依然是 6、9。从这个运行结果可以看出，程序中实际定义的变量 a 和 b，并不是 swap()函数里的 a 和 b。正如前面所讲的，swap()函数里的 a 和 b 只是主程序中变量 a 和 b 的复制品。下面通过示意图来说明上面程序的执行过程。

上面程序开始定义了 a、b 两个局部变量，这两个变量在内存中的存储示意图如图 5.2 所示。

当程序执行 swap()函数时，系统进入 swap()函数，并将主程序中的 a、b 变量作为参数值传入 swap()函数，但传入 swap()函数的只是 a、b 的副本，而不是 a、b 本身。进入 swap()函数后，系统中产生了 4 个变量，这 4 个变量在内存中的存储示意图如图 5.3 所示。

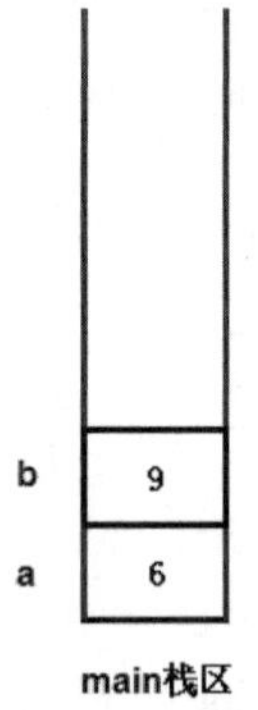

图 5.2　主栈区中 a、b 变量存储示意图

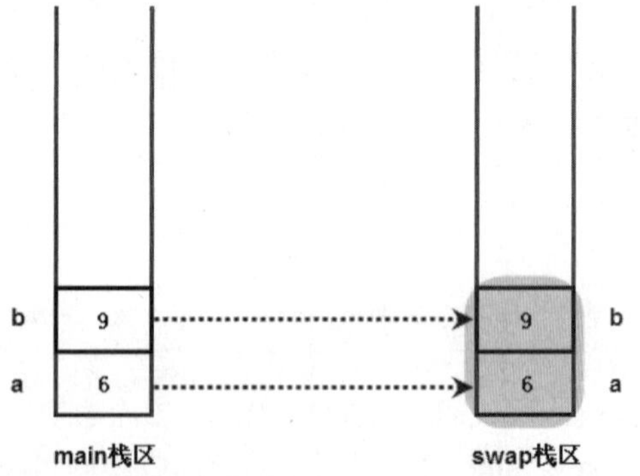

图 5.3　主栈区的变量作为参数值传入 swap()函数后存储示意图

当在主程序中调用 swap()函数时，系统分别为主程序和 swap()函数分配两块栈区，用于保存它们的局部变量。将主程序中的 a、b 变量作为参数值传入 swap()函数，实际上是在 swap()函数栈区中重新产生了两个变量 a、b，并将主程序栈区中 a、b 变量的值分别赋值给 swap()函数栈区中的 a、b 参数（就是对 swap()函数的 a、b 两个变量进行初始化）。此时，系统存在两个 a 变量、两个 b 变量，只是存在于不同的栈区中而已。

程序在 swap()函数中交换 a、b 两个变量的值，实际上是对图 5.3 中灰色区域的 a、b 变量进行交换。交换结束后，输出 swap()函数中 a、b 变量的值，可以看到 a 的值为 9，b 的值为 6，此时在内存中的存储示意图如图 5.4 所示。

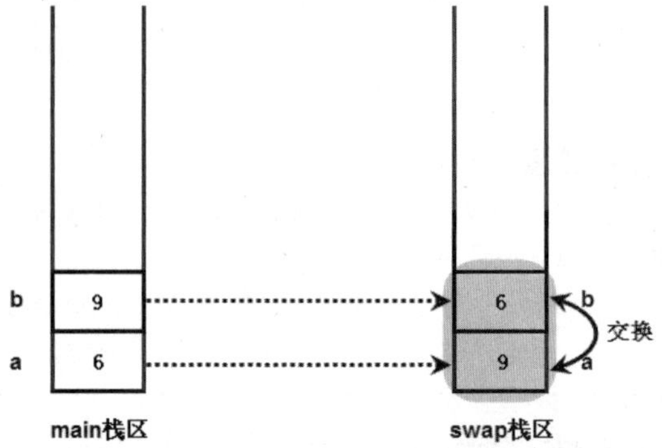

图 5.4　swap()函数中 a、b 交换之后的存储示意图

对比图 5.4 与图 5.2，可以看到两个示意图

中主程序栈区中 a、b 的值并未有任何改变，程序改变的只是 swap()函数栈区中 a、b 的值。这就是值传递的实质：当系统开始执行函数时，系统对形参执行初始化，就是把实参变量的值赋给函数的形参变量，在函数中操作的并不是实际的实参变量。

根据 Python 的参数传递机制，我们知道：传入函数的只是参数的副本，因此程序在函数中对参数赋值并不会影响参数本身。如果参数本身是一个可变对象(比如列表、字典等)，此时虽然 Python 采用的也是值传递方式，但许多初学者可能会对这种类型的参数传递产生一些误会。下面程序示范了这种类型的参数传递的效果。

程序清单：codes\05\5.2\dict_transfer_test.py

```
def swap(dw):
    # 下面代码实现 dw 的 a、b 两个元素的值交换
    dw['a'], dw['b'] = dw['b'], dw['a']
    print("在 swap() 函数里，a 元素的值是",\
        dw['a'], "; b 元素的值是", dw['b'])
dw = {'a': 6, 'b': 9}
swap(dw)
print("交换结束后，a 元素的值是",\
    dw['a'], "; b 元素的值是", dw['b'])
```

运行上面程序，将看到如下运行结果。

```
在 swap() 函数里，a 元素的值是 9 ; b 元素的值是 6
交换结束后，a 元素的值是 9 ; b 元素的值是 6
```

从上面的运行结果来看，在 swap()函数里，dw 字典的 a、b 两个元素的值被交换成功。不仅如此，当 swap()函数执行结束后，主程序中 dw 字典的 a、b 两个元素的值也被交换了。这很容易造成一种错觉：在调用 swap()函数时，传入 swap()函数的就是 dw 字典本身，而不是它的复制品。但这只是一种错觉，下面还是结合示意图来说明程序的执行过程。

程序开始创建了一个字典对象，并定义了一个 dw 引用变量指向字典对象，这意味着此时内存中有两个东西：对象本身和指向该对象的引用变量。此时在系统内存中的存储示意图如图 5.5 所示。

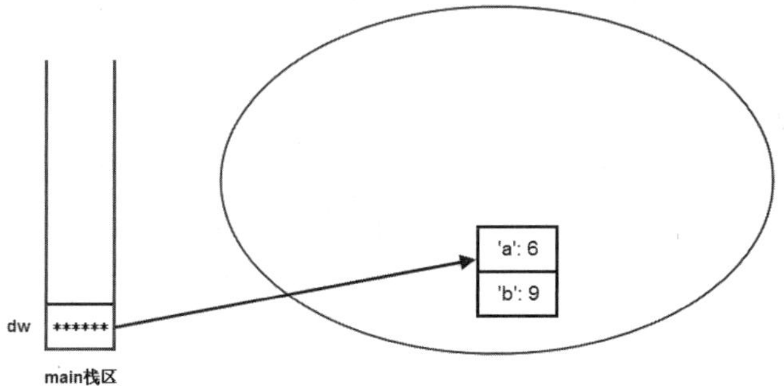

图 5.5　主程序创建了字典对象后存储示意图

接下来主程序开始调用 swap()函数，在调用 swap()函数时，dw 变量作为参数传入 swap()函数，同样采用值传递方式：把主程序中 dw 变量的值赋给 swap()函数的 dw 形参，从而完成 swap()函数的 dw 参数的初始化。值得指出的是，主程序中的 dw 是一个引用变量（也就是一个指针），它保存了字典对象的地址值，当把 dw 的值赋给 swap()函数的 dw 参数后，就是让 swap()函数的 dw 参数也保存这个地址值，即也会引用到同一个字典对象。图 5.6 显示了 dw 字典传入 swap()函数后的存储示意图。

从图 5.6 来看，这种参数传递方式是不折不扣的值传递方式，系统一样复制了 dw 的副本传入 swap()函数。但由于 dw 只是一个引用变量，因此系统复制的是 dw 变量，并未复制字典本身。

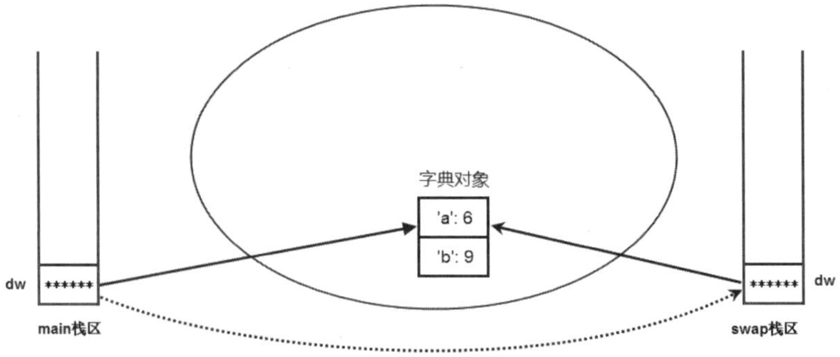

图 5.6　dw 字典传入 swap()函数后存储示意图

当程序在 swap()函数中操作 dw 参数时，由于 dw 只是一个引用变量，故实际操作的还是字典对象。此时，不管是操作主程序中的 dw 变量，还是操作 swap()函数里的 dw 参数，其实操作的都是它们共同引用的字典对象，它们引用的是同一个字典对象。因此，当在 swap()函数中交换 dw 参数所引用字典对象的 a、b 两个元素的值后，可以看到在主程序中 dw 变量所引用字典对象的 a、b 两个元素的值也被交换了。

为了更好地证明主程序中的 dw 和 swap()函数中的 dw 是两个变量，在 swap()函数的最后一行增加如下代码：

```
# 把 dw 直接赋值为 None，让它不再指向任何对象
dw = None
```

运行上面代码，结果是 swap()函数中的 dw 变量不再指向任何对象，程序其他地方没有任何改变。主程序调用 swap()函数后，再次访问 dw 变量的 a、b 两个元素，依然可以输出 9、6。可见，主程序中的 dw 变量没有受到任何影响。实际上，当在 swap()函数中增加“dw = None”代码后，在内存中的存储示意图如图 5.7 所示。

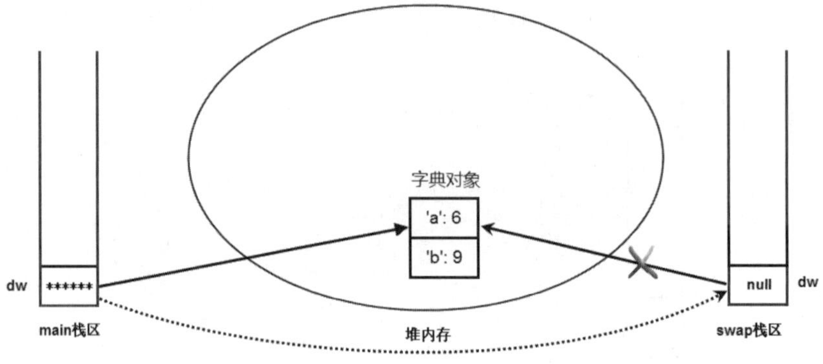

图 5.7　将 swap()函数中的 dw 赋值为 None 后存储示意图

从图 5.7 来看，把 swap()函数中的 dw 赋值为 None 后，在 swap()函数中失去了对字典对象的引用，不可再访问该字典对象。但主程序中的 dw 变量不受任何影响，依然可以引用该字典对象，所以依然可以输出字典对象的 a、b 元素的值。

通过上面介绍可以得出如下两个结论。

➢ 不管什么类型的参数，在 Python 函数中对参数直接使用“=”符号赋值是没用的，直接使用“=”符号赋值并不能改变参数。
➢ 如果需要让函数修改某些数据，则可以通过把这些数据包装成列表、字典等可变对象，然后把列表、字典等可变对象作为参数传入函数，在函数中通过列表、字典的方法修改它们，这样才能改变这些数据。

5.2.6 变量作用域

在程序中定义一个变量时，这个变量是有作用范围的，变量的作用范围被称为它的作用域。根据定义变量的位置，变量分为两种。

- 局部变量。在函数中定义的变量，包括参数，都被称为局部变量。
- 全局变量。在函数外面、全局范围内定义的变量，被称为全局变量。

每个函数在执行时，系统都会为该函数分配一块“临时内存空间”，所有的局部变量都被保存在这块临时内存空间内。当函数执行完成后，这块内存空间就被释放了，这些局部变量也就失效了，因此离开函数之后就不能再访问局部变量了。

全局变量意味着它们可以在所有函数内被访问。

不管是在函数的局部范围内还是在全局范围内，都可能存在多个变量，每个变量“持有”该变量的值。从这个角度来看，不管是局部范围还是全局范围，这些变量和它们的值就像一个“看不见”的字典，其中变量名就是字典的key，变量值就是字典的value。

实际上，Python提供了如下三个工具函数来获取指定范围内的“变量字典”。

- globals()：该函数返回全局范围内所有变量组成的“变量字典”。
- locals()：该函数返回当前局部范围内所有变量组成的“变量字典”。
- vars(object)：获取在指定对象范围内所有变量组成的“变量字典”。如果不传入object参数，vars()和locals()的作用完全相同。

globals()和locals()看似完全不同，但它们实际上也是有联系的，关于这两个函数的区别和联系大致有以下两点。

- locals()总是获取当前局部范围内所有变量组成的“变量字典”，因此，如果在全局范围内（在函数之外）调用locals()函数，同样会获取全局范围内所有变量组成的“变量字典”；而globals()无论在哪里执行，总是获取全局范围内所有变量组成的“变量字典”。
- 一般来说，使用locals()和globals()获取的“变量字典”只应该被访问，不应该被修改。但实际上，不管是使用globals()还是使用locals()获取的全局范围内的“变量字典”，都可以被修改，而这种修改会真正改变全局变量本身；但通过locals()获取的局部范围内的“变量字典”，即使对它修改也不会影响局部变量。

下面程序示范了如何使用locals()、globals()函数访问局部范围和全局范围内的“变量字典”。

程序清单：codes\05\5.2\locals _test.py

```
def test():
    age = 20
    # 直接访问 age 局部变量
    print(age) # 输出 20
    # 访问函数局部范围内的“变量数组”
    print(locals()) # {'age': 20}
    # 通过函数局部范围内的“变量数组”访问 age 变量
    print(locals()['age']) # 20
    # 通过 locals 函数局部范围内的“变量数组”改变 age 变量的值
    locals()['age'] = 12
    # 再次访问 age 变量的值
    print('xxx', age) # 依然输出 20
    # 通过 globals 函数修改 x 全局变量
    globals()['x'] = 19
test()
x = 5
y = 20
print(globals()) # {..., 'x': 5, 'y': 20}
# 在全局范围内使用 locals 函数，访问的是全局变量的“变量数组”
print(locals()) # {..., 'x': 5, 'y': 20}
# 直接访问 x 全局变量
```

```
print(x)  # 5
# 通过全局变量的“变量数组”访问 x 全局变量
print(globals()['x'])  # 5
# 通过全局变量的“变量数组”对 x 全局变量赋值
globals()['x'] = 39
print(x)  # 输出 39
# 在全局范围内使用 locals 函数对 x 全局变量赋值
locals()['x'] = 99
print(x)  # 输出 99
```

从上面程序可以清楚地看出，locals()函数用于访问特定范围内的所有变量组成的“变量字典”，而 globals()函数则用于访问全局范围内的全局变量组成的“变量字典”。

提示

在使用 globals()或 locals()访问全局变量的“变量字典”时，将会看到程序输出的“变量字典”默认包含了很多变量，这些都是 Python 主程序内置的，读者暂时不用理会它们。

全局变量默认可以在所有函数内被访问，但如果在函数中定义了与全局变量同名的变量，此时就会发生局部变量遮蔽（hide）全局变量的情形。例如如下程序。

程序清单：codes\05\5.2\globals _test.py

```
name = 'Charlie'
def test ():
    # 直接访问 name 全局变量
    print(name) # Charlie
test()
print(name) # Charlie
```

上面程序中粗体字代码直接访问 name 变量，这是允许的，此时程序将会输出 Charlie。如果在上面程序中粗体字代码之后增加如下一行代码。

```
name = '孙悟空'
```

再次运行该程序，将会看到如下错误。

```
UnboundLocalError: local variable 'name' referenced before assignment
```

该错误提示粗体字代码所访问的 name 变量还未定义。这是什么原因呢？这正是由于程序在 test()函数中增加了“name = '孙悟空'”一行代码造成的。

Python 语法规定：在函数内部对不存在的变量赋值时，默认就是重新定义新的局部变量。因此这行代码相当于重新定义了 name 局部变量，这样 name 全局变量就被遮蔽了，所以上面程序中粗体字代码会报错。

为了避免这个问题，可以通过两种方式来修改上面程序。

1. 访问被遮蔽的全局变量

如果程序希望粗体字代码依然能访问 name 全局变量，且在粗体字代码之后可重新定义 name 局部变量——也就是在函数中可以访问被遮蔽的全局变量，此时可通过 globals()函数来实现，将上面程序改为如下形式即可。

程序清单：codes\05\5.2\globals_right1.py

```
name = 'Charlie'
def test ():
    # 通过 globals() 函数访问 name 全局变量
    print(globals()['name'])  # Charlie
```

```
    name = '孙悟空'
test()
print(name)  # Charlie
```

2. 在函数中声明全局变量

为了避免在函数中对全局变量赋值（不是重新定义局部变量），可使用 global 语句来声明全局变量。因此，可将程序改为如下形式。

程序清单：codes\05\5.2\globals_right2.py

```
name = 'Charlie'
def test ():
    # 声明 name 是全局变量，后面的赋值语句不会重新定义局部变量
    global name
    # 直接访问 name 全局变量
    print(name)  # Charlie
    name = '孙悟空'
test()
print(name)  # 孙悟空
```

增加了“global name”声明之后，程序会把 name 变量当成全局变量，这意味着 test()函数后面对 name 赋值的语句只是对全局变量赋值，而不是重新定义局部变量。

5.3 局部函数

前面所看到的函数都是在全局范围内定义的，它们都是全局函数。Python 还支持在函数体内定义函数，这种被放在函数体内定义的函数称为局部函数。

在默认情况下，局部函数对外部是隐藏的，局部函数只能在其封闭（enclosing）函数内有效，其封闭函数也可以返回局部函数，以便程序在其他作用域中使用局部函数。

程序清单：codes\05\5.3\local_function_test.py

```
# 定义函数，该函数会包含局部函数
def get_math_func(type, nn) :
    # 定义一个计算平方的局部函数
    def square(n) :  # ①
        return n * n
    # 定义一个计算立方的局部函数
    def cube(n) :  # ②
        return n * n * n
    # 定义一个计算阶乘的局部函数
    def factorial(n) :   # ③
        result = 1
        for index in range(2, n + 1) :
            result *= index
        return result
    # 调用局部函数
    if type == "square" :
        return square(nn)
    elif type == "cube":
        return cube(nn)
    else:
        return factorial(nn)
print(get_math_func("square", 3)) # 输出 9
print(get_math_func("cube", 3)) # 输出 27
print(get_math_func("", 3)) # 输出 6
```

上面程序中第一行粗体字代码定义了 get_math_func()函数，接下来程序的①、②、③号粗体字

代码定义了 3 个局部函数，而 get_math_func()函数则根据参数选择调用不同的局部函数。

如果封闭函数没有返回局部函数，那么局部函数只能在封闭函数内部调用，如上面程序所示。

另外，还会出现一种情况，如果封闭函数将局部函数返回，且程序使用变量保存了封闭函数的返回值，那么这些局部函数的作用域就会被扩大。因此程序完全可以自由地调用它们，就像它们都是全局函数一样。下一节就会介绍函数返回函数的情况。

局部函数内的变量也会遮蔽它所在函数内的局部变量（这句话有点拗口），请看如下代码。

程序清单：codes\05\5.3\nonlocal_test.py

```
def foo ():
    # 局部变量name
    name = 'Charlie'
    def bar ():
        # 访问bar函数所在foo函数内的name局部变量
        print(name) # Charlie
        name = '孙悟空'
    bar()
foo()
```

运行上面代码，会导致如下错误。

```
UnboundLocalError: local variable 'name' referenced before assignment
```

该错误是由局部变量遮蔽局部变量导致的，在 bar()函数中定义的 name 局部变量遮蔽了它所在 foo()函数内的 name 局部变量，因此导致程序中粗体字代码报错。

为了声明 bar()函数中的“name='孙悟空'”赋值语句不是定义新的局部变量，只是访问它所在 foo()函数内的 name 局部变量，Python 提供了 nonlocal 关键字，通过 nonlocal 语句即可声明访问赋值语句只是访问该函数所在函数内的局部变量。将上面程序改为如下形式。

程序清单：codes\05\5.3\nonlocal_test.py

```
def foo ():
    # 局部变量name
    name = 'Charlie'
    def bar():
        nonlocal name
        # 访问bar()函数所在foo()函数内的name局部变量
        print(name) # Charlie
        name = '孙悟空'
    bar()
foo()
```

增加上面程序中的粗体字代码之后，接下来 bar()函数中的“name = '孙悟空'”就不再是定义新的局部变量，而是访问它所在函数（foo()函数）内的 name 局部变量。

提示：

nonlocal 和前面介绍的 global 功能大致相似，区别只是 global 用于声明访问全局变量，而 nonlocal 用于声明访问当前函数所在函数内的局部变量。

5.4　函数的高级内容

Python 的函数是“一等公民”，因此函数本身也是一个对象，函数既可用于赋值，也可用作其他函数的参数，还可作为其他函数的返回值。

5.4.1 使用函数变量

Python 的函数也是一种值：所有函数都是 function 对象，这意味着可以把函数本身赋值给变量，就像把整数、浮点数、列表、元组赋值给变量一样。

当把函数赋值给变量之后，接下来程序也可通过该变量来调用函数。例如如下代码。

程序清单：codes\05\5.4\function_var_test.py

```
# 定义一个计算乘方的函数
def pow(base, exponent) :
    result = 1
    for i in range(1, exponent + 1) :
        result *= base
    return result
# 将 pow 函数赋值给 my_fun，则 my_fun 可被当成 pow 使用
my_fun = pow
print(my_fun(3 , 4)) # 输出 81
# 定义一个计算面积的函数
def area(width, height) :
    return width * height
# 将 area 函数赋值给 my_fun，则 my_fun 可被当成 area 使用
my_fun = area
print(my_fun(3, 4)) # 输出 12
```

从上面代码可以看出，程序依次将 pow()、area()函数赋值给 my_fun 变量，接下来即可通过 my_fun 变量分别调用 pow()、area()函数。

提示： 其实 Python 已经内置了计算乘方的方法，因此此处的 pow()函数并没有太大的实际意义，只是作为示范使用。

通过对 my_fun 变量赋值不同的函数，可以让 my_fun 在不同的时间指向不同的函数，从而让程序更加灵活。由此可见，使用函数变量的好处是让程序更加灵活。

除此之外，程序还可使用函数作为另一个函数的形参和（或）返回值。

5.4.2 使用函数作为函数形参

有时候需要定义一个函数，该函数的大部分计算逻辑都能确定，但某些处理逻辑暂时无法确定——这意味着某些程序代码需要动态改变，如果希望调用函数时能动态传入这些代码，那么就需要在函数中定义函数形参，这样即可在调用该函数时传入不同的函数作为参数，从而动态改变这段代码。

Python 支持像使用其他参数一样使用函数参数，例如如下程序。

程序清单：codes\05\5.4\function_param_test.py

```
# 定义函数类型的形参，其中 fn 是一个函数
def map(data, fn) :
    result = []
    # 遍历 data 列表中的每个元素，并用 fn 函数对每个元素进行计算
    # 然后将计算结果作为新数组的元素
    for e in data :
        result.append(fn(e))
    return result
# 定义一个计算平方的函数
def square(n) :
    return n * n
# 定义一个计算立方的函数
```

```
def cube(n) :
    return n * n * n
# 定义一个计算阶乘的函数
def factorial(n) :
    result = 1
    for index in range(2, n + 1) :
        result *= index
    return result
data = [3 , 4 , 9 , 5, 8]
print("原数据: ", data)
# 下面程序代码调用 map() 函数三次，每次调用时传入不同的函数
print("计算数组元素的平方")
print(map(data, square))
print("计算数组元素的立方")
print(map(data, cube))
print("计算数组元素的阶乘")
print(map(data, factorial))
print(type(map))
```

上面程序中定义了一个 map()函数，该函数的第二个参数是一个函数类型的参数，这意味着每次调用函数时可以动态传入一个函数，随着实际传入函数的改变，就可以动态改变 map()函数中的部分计算代码。

提示：

Python 3 本身也提供了一个 map()函数，Python 3 内置的 map()函数的功能和此处定义的 map()函数功能类似，但更加强大。本章 5.5 节也会示范 Python 3 内置的 map()函数的用法。

接下来的三行粗体字代码调用了 map()函数三次，三次调用依次传入了 square、cube、factorial 函数作为参数，这样每次调用 map()函数时实际的执行代码是有区别的。

编译、运行上面程序，可以看到如下输出结果。

```
原数据:  [3, 4, 9, 5, 8]
计算数组元素的平方
[9, 16, 81, 25, 64]
计算数组元素的立方
[27, 64, 729, 125, 512]
计算数组元素的阶乘
[6, 24, 362880, 120, 40320]
```

从上面介绍不难看出，通过使用函数作为参数可以在调用函数时动态传入函数——实际上就可以动态改变被调用函数的部分代码。

在程序最后添加如下一行。

```
# 获取 map 的类型
print(type(map))
```

运行上面代码，将会看到如下输出结果。

```
<class 'function'>
```

5.4.3 使用函数作为返回值

前面已经提到，Python 还支持使用函数作为其他函数的返回值。例如如下程序。

程序清单：codes\05\5.4\function_return_test.py

```
def get_math_func(type) :
    # 定义一个计算平方的局部函数
```

```
    def square(n) : # ①
        return n * n
    # 定义一个计算立方的局部函数
    def cube(n) : # ②
        return n * n * n
    # 定义一个计算阶乘的局部函数
    def factorial(n) :  # ③
        result = 1
        for index in range(2 , n + 1):
            result *= index
        return result
    # 返回局部函数
    if type == "square" :
        return square
    if type == "cube" :
        return cube
    else:
        return factorial
# 调用 get_math_func()，程序返回一个嵌套函数
math_func = get_math_func("cube") # 得到 cube 函数
print(math_func(5)) # 输出 125
math_func = get_math_func("square") # 得到 square 函数
print(math_func(5)) # 输出 25
math_func = get_math_func("other") # 得到 factorial 函数
print(math_func(5)) # 输出 120
```

上面程序中的粗体字代码定义了一个 get_math_func()函数，该函数将返回另一个函数。接下来在 get_math_func()函数体内的①、②、③号粗体字代码分别定义了三个局部函数，最后 get_math_func()函数会根据所传入的参数，使用这三个局部函数之一作为返回值。

在定义了会返回函数的 get_math_func()函数之后，接下来程序调用 get_math_func()函数时即可返回所需的函数，如上面程序中最后三行粗体字代码所示。

5.5 局部函数与 lambda 表达式

lambda 表达式是现代编程语言争相引入的一种语法，如果说函数是命名的、方便复用的代码块，那么 lambda 表达式则是功能更灵活的代码块，它可以在程序中被传递和调用。

5.5.1 回顾局部函数

回顾 5.4 节介绍的 function_return_test.py 程序，该程序中的 get_math_func()函数将返回三个局部函数之一。该函数代码如下：

```
def get_math_func(type) :
    # 定义三个局部函数
    ...
    # 返回局部函数
    if type == "square" :
        return square
    if type == "cube" :
        return cube
    else:
        return factorial
```

由于局部函数的作用域默认仅停留在其封闭函数之内，因此这三个局部函数的函数名的作用太有限了——仅仅是在程序的 if 语句中作为返回值使用。一旦离开了 get_math_func()函数体，这三个局部函数的函数名就失去了意义。

既然局部函数的函数名没有太大的意义，那么就考虑使用 lambda 表达式来简化局部函数的写法。

5.5.2　使用 lambda 表达式代替局部函数

如果使用 lambda 表达式来简化 function_return_test.py，则可以将程序改写成如下形式。

程序清单：codes\05\5.5\lambda_test.py

```
def get_math_func(type) :
    result=1
    # 该函数返回的是 lambda 表达式
    if type == 'square':
        return lambda n: n * n  # ①
    elif type == 'cube':
        return lambda n: n * n * n  # ②
    else:
        return lambda n: (1 + n) * n / 2 # ③
# 调用 get_math_func()，程序返回一个嵌套函数
math_func = get_math_func("cube")
print(math_func(5)) # 输出 125
math_func = get_math_func("square")
print(math_func(5)) # 输出 25
math_func = get_math_func("other")
print(math_func(5)) # 输出 15.0
```

在上面三行粗体字代码中，return 后面的部分使用 lambda 关键字定义的就是 lambda 表达式，Python 要求 lambda 表达式只能是单行表达式。

注意

由于 lambda 表达式只能是单行表达式，不允许使用更复杂的函数形式，因此上面③号粗体字代码处改为计算 1+2+3+…+n 的总和。

lambda 表达式的语法格式如下：

```
lambda [parameter_list]: 表达式
```

从上面的语法格式可以看出 lambda 表达式的几个要点。

- lambda 表达式必须使用 lambda 关键字定义。
- 在 lambda 关键字之后、冒号左边的是参数列表，可以没有参数，也可以有多个参数。如果有多个参数，则需要用逗号隔开，冒号右边是该 lambda 表达式的返回值。

实际上，lambda 表达式的本质就是匿名的、单行函数体的函数。因此，lambda 表达式可以写成函数的形式。例如，对于如下 lambda 表达式。

```
lambda x, y:x + y
```

可改写为如下函数形式。

```
def add(x, y): return x+ y
```

上面定义函数时使用了简化语法：当函数体只有一行代码时，可以直接把函数体的代码放在与函数头同一行。

总体来说，函数比 lambda 表达式的适应性更强，lambda 表达式只能创建简单的函数对象（它只适合函数体为单行的情形）。但 lambda 表达式依然有如下两个用途。

- 对于单行函数，使用 lambda 表达式可以省去定义函数的过程，让代码更加简洁。
- 对于不需要多次复用的函数，使用 lambda 表达式可以在用完之后立即释放，提高了性能。

下面代码示范了通过 lambda 表达式来调用 Python 内置的 map()函数。

程序清单：codes\05\5.5\lambda_map.py

```
# 传入计算平方的 lambda 表达式作为参数
x = map(lambda x: x*x , range(8))
print([e for e in x]) # [0, 1, 4, 9, 16, 25, 36, 49]
# 传入计算平方的 lambda 表达式作为参数
y = map(lambda x: x*x if x % 2 == 0 else 0, range(8))
print([e for e in y]) # [0, 0, 4, 0, 16, 0, 36, 0]
```

正如从上面代码所看到的，内置的 map()函数的第一个参数需要传入函数，此处传入了函数的简化形式：lambda 表达式，这样程序更加简洁，而且性能更好。

5.6 本章小结

本章所介绍的函数和 lambda 表达式是 Python 编程的两大核心机制之一。Python 语言既支持面向过程编程，也支持面向对象编程。而函数和 lambda 表达式就是 Python 面向过程编程的语法基础，因此读者必须引起重视。

学习本章不仅需要掌握定义函数、调用函数的语法，还需要掌握函数位置参数和关键字参数的区别与用法、形参默认值等高级特性。除此之外，函数也是一个 function 对象，因此函数既可作为其他函数的参数，也可作为其他函数的返回值，通过把函数当成参数传入其他函数，可以让编程变得更加灵活。

Python 的 lambda 表达式只是单行函数的简化版本，因此 lambda 表达式的功能比较简单。

本章练习

1．定义一个函数，该函数可接收一个 list 作为参数，该函数使用直接选择排序对 list 排序。

2．定义一个函数，该函数可接收一个 list 作为参数，该函数使用冒泡排序对 list 排序。

3．定义一个 is_leap(year)函数，该函数可判断 year 是否为闰年。若是闰年，则返回 True；否则返回 False。

4．定义一个 count_str_char(my_str)函数，该函数返回参数字符串中包含多少个数字、多少个英文字母、多少个空白字符、多少个其他字符。

5．定义一个 fn(n)函数，该函数返回 1~n 的立方和，即求 1+2*2*2+3*3*3+⋯+n*n*n。

6．定义一个 fn(n)函数，该函数返回 n 的阶乘。

7．定义一个函数，该函数可接收一个 list 作为参数，该函数用于去除 list 中重复的元素。

8．定义一个 fn(n)函数，该函数返回一个包含 n 个不重复的 0~100 之间整数的元组。

9．定义一个 fn(n)函数，该函数返回一个包含 n 个不重复的大写字母的元组。

10．定义一个 fn(n)函数，其中 n 表示输入 n 行 n 列的矩阵（数的方阵）。在输出时，先输出 n 行 n 列的矩阵，再输出该矩阵的转置形式。例如，当参数为 3 时，先输出：

```
1 2 3
4 5 6
7 8 9
```

再输出：

```
1 4 7
2 5 8
3 6 9
```

CHAPTER

6

第6章 类和对象

本章要点

- 定义类、属性和方法
- 创建并使用对象
- 实例方法与自动绑定的 self
- 类与未绑定的方法
- 类方法和静态方法
- @符号和函数装饰器
- 类变量与实例变量的差别
- 使用 property 定义属性
- 使用特殊成员名实现封装
- Python 的继承
- 多继承的语法
- 重写父类的方法
- 使用未绑定方法调用被重写方法
- 使用 super 函数调用父类构造方法
- Python 多态的意义和灵活性
- 类型检查的相关函数和属性
- 枚举类的用法
- 枚举类及其构造器

在设计之初，Python 就被设计成支持面向对象的编程语言，因此 Python 完全能以面向对象的方式编程。而且 Python 的面向对象比较简单，它不像其他面向对象语言提供了大量繁杂的面向对象特征，它致力于提供简单、够用的语法功能。

正因为如此，在 Python 中创建一个类和对象都很容易。Python 支持面向对象的三大特征：封装、继承和多态，子类继承父类同样可以继承到父类的变量和方法。

6.1 类和对象

类是面向对象的重要内容，可以把类当成一种自定义类型，可以使用类来定义变量，也可以使用类来创建对象。

6.1.1 定义类

在面向对象的程序设计过程中有两个重要概念：类（class）和对象（object，也被称为实例，instance），其中类是某一批对象的抽象，可以把类理解成某种概念；对象才是一个具体存在的实体。从这个意义上看，日常所说的人，其实都是人的对象，而不是人类。

Python 定义类的简单语法如下：

```
class 类名:
    执行语句...
    零个到多个类变量...
    零个到多个方法...
```

类名只要是一个合法的标识符即可，但这仅仅满足的是 Python 的语法要求；如果从程序的可读性方面来看，Python 的类名必须是由一个或多个有意义的单词连缀而成的，每个单词首字母大写，其他字母全部小写，单词与单词之间不要使用任何分隔符。

从上面定义来看，Python 的类定义有点像函数定义，都是以冒号（:）作为类体的开始，以统一缩进的部分作为类体的。区别只是函数定义使用 def 关键字，而类定义则使用 class 关键字。

Python 的类定义由类头（指 class 关键字和类名部分）和统一缩进的类体构成，在类体中最主要的两个成员就是类变量和方法。如果不为类定义任何类变量和方法，那么这个类就相当于一个空类，如果空类不需要其他可执行语句，则可使用 pass 语句作为占位符。例如，如下类定义是允许的。

```
class Empty
   pass
```

通常来说，空类没有太大的实际意义。

类中各成员之间的定义顺序没有任何影响，各成员之间可以相互调用。

Python 类所包含的最重要的两个成员就是变量和方法，其中类变量属于类本身，用于定义该类本身所包含的状态数据；而实例变量则属于该类的对象，用于定义对象所包含的状态数据；方法则用于定义该类的对象的行为或功能实现。

Python 是一门动态语言，因此它的类所包含的类变量可以动态增加或删除——程序在类体中为新变量赋值就是增加类变量，程序也可在任何地方为已有的类增加变量；程序可通过 del 语句删除已有类的类变量。

类似的是，Python 对象的实例变量也可以动态增加或删除——只要对新实例变量赋值就是增加实例变量，因此程序可以在任何地方为已有的对象增加实例变量；程序可通过 del 语句删除已有对象的实例变量。

在类中定义的方法默认是实例方法，定义实例方法的方法与定义函数的方法基本相同，只是实例方法的第一个参数会被绑定到方法的调用者（该类的实例）——因此实例方法至少应该定义一个参数，该参数通常会被命名为 self。

注意

实例方法的第一个参数并不一定要叫 self，其实完全可以叫任意参数名，只是约定俗成地把该参数命名为 self，这样具有最好的可读性。

在实例方法中有一个特别的方法：__init__，这个方法被称为构造方法。构造方法用于构造该类的对象，Python 通过调用构造方法返回该类的对象（无须使用 new）。

提示：

Python 中很多这种以双下画线开头、双下画线结尾的方法，都具有特殊的意义，本书后面还会详细介绍这些特殊的方法。

构造方法是一个类创建对象的根本途径，因此 Python 还提供了一个功能：如果开发者没有为该类定义任何构造方法，那么 Python 会自动为该类定义一个只包含一个 self 参数的默认的构造方法。

下面程序将定义一个 Person 类。

程序清单：codes\06\6.1\Person.py

```
class Person :
    '这是学习 Python 定义的一个 Person 类'
    # 下面定义了一个类变量
    hair = 'black'
    def __init__(self, name = 'Charlie', age=8):
        # 下面为 Person 对象增加两个实例变量
        self.name = name
        self.age = age
    # 下面定义了一个 say 方法
    def say(self, content):
        print(content)
```

上面的 Person 类代码定义了一个构造方法，该构造方法只是方法名比较特殊：__init__，该方法的第一个参数同样是 self，被绑定到构造方法初始化的对象。

与函数类似的是，Python 也允许为类定义说明文档，该文档同样被放在类声明之后、类体之前，如上面程序中第二行的字符串所示。

在定义类之后，接下来即可使用该类了。Python 的类大致有如下作用。

- 创建对象。
- 派生子类

下面先介绍使用类来定义变量和创建对象。

6.1.2 对象的产生和使用

创建对象的根本途径是构造方法，调用某个类的构造方法即可创建这个类的对象，Python 无须使用 new 调用构造方法。如下代码示范了调用 Person 类的构造方法（程序清单同上）。

```
# 调用 Person 类的构造方法，返回一个 Person 对象
# 将该 Person 对象赋值给 p 变量
p = Person()
```

在创建对象之后，接下来即可使用该对象了。Python 的对象大致有如下作用。

- 操作对象的实例变量（包括访问实例变量的值、添加实例变量、删除实例变量）。
- 操作对象的方法（包括调用方法，添加方法，删除方法）。

对象访问方法或变量的语法是：对象.变量|方法（参数）。在这种方式中，对象是主调者，用于访问该对象的变量或方法。

下面代码通过 Person 对象来调用 Person 的实例和方法（程序清单同上）。

```
# 输出 p 的 name、age 实例变量
print(p.name, p.age)  # Charlie 8
# 访问 p 的 name 实例变量，直接为该实例变量赋值
p.name = '李刚'
# 调用 p 的 say()方法，在声明 say()方法时定义了两个形参
# 但第一个形参（self）是自动绑定的，因此调用该方法只需为第二个形参指定一个值
p.say('Python 语言很简单，学习很容易！')
# 再次输出 p 的 name、age 实例变量
print(p.name, p.age)  # 李刚 8
```

上面程序开始访问了 p 对象的 name、age 两个实例变量。这两个变量是何时定义的？留意在 Person 的构造方法中有如下两行代码。

```
self.name = name
self.age = age
```

这两行代码用传入的 name、age 参数（这两个参数都有默认值）对 self 的 name、age 变量赋值。由于 Python 的第一个 self 参数是自动绑定的（在构造方法中自动绑定到该构造方法初始化的对象），而这两行代码就是对 self 的 name、age 两个变量赋值，也就是对该构造方法初始化的对象（p 对象）的 name、age 变量赋值，即为 p 对象增加了 name、age 两个实例变量。

上面代码中通过 Person 对象调用了 say()方法，在调用方法时必须为方法的形参赋值。但 say()方法的第一个形参 self 是自动绑定的，它会被绑定到方法的调用者（p），因此程序只需要为 say()方法传入一个字符串作为参数值，这个字符串将被传给 content 参数。

大部分时候，定义一个类就是为了重复创建该类的对象，同一个类的多个对象具有相同的特征，而类则定义了多个对象的共同特征。从某个角度来看，类定义的是多个对象的特征，因此类不是一个具体存在的实体，对象才是一个具体存在的实体。完全可以这样说：你不是人这个类，我也不是人这个类，我们都只是人的对象。

6.1.3 对象的动态性

由于 Python 是动态语言，因此程序完全可以为 p 对象动态增加实例变量——只要为它的新变量赋值即可；也可以动态删除实例变量——使用 del 语句即可删除。例如如下代码（程序清单同上）。

```
# 为 p 对象增加一个 skills 实例变量
p.skills = ['programming', 'swimming']
print(p.skills)
# 删除 p 对象的 name 实例变量
del p.name
# 再次访问 p 的 name 实例变量
print(p.name)  # AttributeError
```

上面程序先为 p 对象动态增加了一个 skills 实例变量——只要对 p 对象的 skills 实例变量赋值就是新增一个实例变量。

接下来程序中的粗体字代码调用 del 删除了 p 对象的 name 实例变量，当程序再次访问 print(p.name)时就会导致 AttributeError 错误，并提示：'Person' object has no attribute 'name'。

Python 是动态语言，当然也允许为对象动态增加方法。比如上面程序中在定义 Person 类时只定义了一个 say()方法，但程序完全可以为 p 对象动态增加方法。

但需要说明的是，为 p 对象动态增加的方法，Python 不会自动将调用者自动绑定到第一个参数（即使将第一个参数命名为 self 也没用）。例如如下代码（程序清单同上）。

```
# 先定义一个函数
def info(self):
    print("---info 函数---", self)
# 使用 info 对 p 的 foo 方法赋值（动态增加方法）
p.foo = info
# Python 不会自动将调用者绑定到第一个参数
# 因此程序需要手动将调用者绑定到第一个参数
p.foo(p)  # ①

# 使用 lambda 表达式为 p 对象的 bar 方法赋值（动态增加方法）
p.bar = lambda self: print('--lambda 表达式--', self)
p.bar(p) # ②
```

上面两行粗体字代码分别使用函数、lambda 表达式为 p 对象动态增加了方法，但对于动态增加的方法，Python 不会自动将方法调用者绑定到它们的第一个参数，因此程序必须手动为第一个参数传入参数值，如上面程序中①号、②号代码所示。

如果希望动态增加的方法也能自动绑定到第一个参数，则可借助于 types 模块下的 MethodType 进行包装。例如如下代码（程序清单同上）。

```
def intro_func(self, content):
    print("我是一个人，信息为：%s" % content)
# 导入 MethodType
from types import MethodType
# 使用 MethodType 对 intro_func 进行包装，将该函数的第一个参数绑定为 p
p.intro = MethodType(intro_func, p)
# 第一个参数已经绑定了，无须传入
p.intro("生活在别处")
```

正如从上面粗体字代码所看到的，通过 MethodType 包装 intro_func 函数之后（包装时指定了将该函数的第一个参数绑定为 p），为 p 对象动态增加的 intro()方法的第一个参数已经绑定，因此程序通过 p 调用 intro()方法时无须传入第一个参数——就像定义类时已经定义了 intro()方法一样。

6.1.4 实例方法和自动绑定 self

对于在类体中定义的实例方法，Python 会自动绑定方法的第一个参数（通常建议将该参数命名为 self），第一个参数总是指向调用该方法的对象。根据第一个参数出现位置的不同，第一个参数所绑定的对象略有区别。

- 在构造方法中引用该构造方法正在初始化的对象。
- 在普通实例方法中引用调用该方法的对象。

由于实例方法(包括构造方法)的第一个 self 参数会自动绑定，因此程序在调用普通实例方法、构造方法时不需要为第一个参数传值。

self 参数（自动绑定的第一个参数）最大的作用就是引用当前方法的调用者，比如前面介绍的在构造方法中通过 self 为该对象增加实例变量。也可以在一个实例方法中访问该类的另一个实例方法或变量。假设定义了一个 Dog 类，这个 Dog 对象的 run()方法需要调用它的 jump()方法，此时就可通过 self 参数作为 jump()方法的调用者。

方法的第一个参数所代表的对象是不确定的，但它的类型是确定的——它所代表的只能是当前类的实例；只有当这个方法被调用时，它所代表的对象才被确定下来——谁在调用这个方法，方法的第一个参数就代表谁。

例如定义如下 Dog 类。

程序清单：codes\06\6.1\Dog.py

```
class Dog:
    # 定义一个 jump()方法
```

```
    def jump(self):
        print("正在执行 jump 方法")
    # 定义一个 run()方法，run()方法需要借助 jump()方法
    def run(self):
        # 使用 self 参数引用调用 run()方法的对象
        self.jump()
        print("正在执行 run 方法")
```

上面代码的 run()方法中的 self 代表该方法的调用者：谁在调用 run()方法，那么 self 就代表谁。因此该方法表示：当一个 Dog 对象调用 run()方法时，run()方法需要依赖它自己的 jump()方法。

在现实世界里，对象的一个方法依赖另一个方法的情形很常见，例如，吃饭方法依赖拿筷子方法，写程序方法依赖敲键盘方法，这种依赖都是同一个对象的两个方法之间的依赖。

当 Python 对象的一个方法调用另一个方法时，不可以省略 self。也就是说，将上面的 run()方法改为如下形式是不正确的。

```
    # 定义一个 run()方法，run()方法需要借助 jump()方法
    def run(self):
        # 省略 self，下面代码会报错
        jump()
        print("正在执行 run 方法")
```

提示：

从 Python 语言的设计来看，Python 的类、对象有点类似于一个命名空间，因此在调用类、对象的方法时，一定要加上“类.”或“对象.”的形式。如果直接调用某个方法，这种形式属于调用函数。

此外，在构造方法中，self 参数（第一个参数）代表该构造方法正在初始化的对象。例如如下代码。

程序清单：codes\06\6.1\self_in_constructor.py

```
class InConstructor :
    def __init__(self) :
        # 在构造方法中定义一个 foo 变量（局部变量）
        foo = 0
        # 使用 self 代表该构造方法正在初始化的对象
        # 下面的代码将会把该构造方法正在初始化的对象的 foo 实例变量设为 6
        self.foo = 6
# 所有使用 InConstructor 创建的对象的 foo 实例变量将被设为 6
print(InConstructor().foo) # 输出 6
```

在 InConstructor 的构造方法中，self 参数总是引用该构造方法正在初始化的对象。程序中粗体字代码将正在执行初始化的 InConstructor 对象的 foo 实例变量设为 6，这意味着该构造方法返回的所有对象的 foo 实例变量都等于 6。

需要说明的是，自动绑定的 self 参数并不依赖具体的调用方式，不管是以方法调用还是以函数调用的方式执行它，self 参数一样可以自动绑定。例如如下程序。

程序清单：codes\06\6.1\self_test.py

```
class User:
    def test(self):
        print('self 参数: ', self)

u = User()
# 以方法形式调用 test()方法
u.test() # <__main__.User object at 0x00000000021F8240>
# 将 User 对象的 test 方法赋值给 foo 变量
```

```
foo = u.test
# 通过 foo 变量（函数形式）调用 test()方法
foo() # <__main__.User object at 0x00000000021F8240>
```

上面程序中第一行粗体字代码以方法形式调用 User 对象的 test()方法，此时方法调用者当然会自动绑定到方法的第一个参数（self 参数）；程序中第二行粗体字代码以函数形式调用 User 对象的 test()方法，看上去此时没有调用者了，但程序依然会把实际调用者绑定到方法的第一个参数，因此上面程序中两行粗体字代码的输出结果完全相同。

当 self 参数作为对象的默认引用时，程序可以像访问普通变量一样来访问这个 self 参数，甚至可以把 self 参数当成实例方法的返回值。看下面程序。

程序清单：codes\06\6.1\return_self.py

```
class ReturnSelf :
    def grow(self):
        if hasattr(self, 'age'):
            self.age += 1
        else:
            self.age = 1
        # return self 返回调用该方法的对象
        return self
rs = ReturnSelf()
# 可以连续调用同一个方法
rs.grow().grow().grow()
print("rs 的 age 属性值是:", rs.age)
```

从上面程序中可以看出，如果在某个方法中把 self 参数作为返回值，则可以多次连续调用方法（只要该方法也返回 self），从而使得代码更加简洁。但是这种把 self 参数作为返回值的方法可能会造成实际意义的模糊，例如上面的 grow 方法用于表示对象的生长，即 age 属性的值加 1，实际上不应该有返回值。

注意

使用 self 参数作为方法的返回值可以让代码更加简洁，但可能造成实际意义的模糊。

6.2 方法

方法是类或对象的行为特征的抽象，但 Python 的方法其实也是函数，其定义方式、调用方式和函数都非常相似，因此 Python 的方法并不仅仅是单纯的方法，它与函数也有莫大的关系。

6.2.1 类也能调用实例方法

前面讲过，在 Python 的类体中定义的方法默认都是实例方法，前面也示范了通过对象来调用实例方法。

但要提醒大家的是，Python 的类在很大程度上是一个命名空间——当程序在类体中定义变量、定义方法时，与前面介绍的定义变量、定义函数其实并没有太大的不同。对比如下代码。

程序清单：codes\06\6.2\class_space.py

```
# 定义全局空间的 foo 函数
def foo ():
    print("全局空间的 foo 方法")
# 定义全局空间的 bar 变量
bar = 20
class Bird:
    # 定义 Bird 空间的 foo 函数
```

```
    def foo():
        print("Bird 空间的 foo 方法")
    # 定义 Bird 空间的 bar 变量
    bar = 200
# 调用全局空间的函数和变量
foo()
print(bar)
# 调用 Bird 空间的函数和变量
Bird.foo()
print(Bird.bar)
```

上面代码在全局空间和 Bird 类（Bird 空间）中分别定义了 foo()函数和 bar 变量，从定义它们的代码来看，几乎没有任何区别，只是在 Bird 类中定义它们时需要缩进。

接下来程序在调用 Bird 空间内的 bar 变量和 foo()函数（方法）时，只要添加 Bird.前缀即可，这说明完全可以通过 Bird 类来调用 foo()函数（方法）。这就是类调用实例方法的证明。

现在问题来了，如果使用类调用实例方法，那么该方法的第一个参数（self）怎么自动绑定呢？例如如下程序。

程序清单：codes\06\6.2\class_invoke_instancemethod.py

```
class User:
    def walk (self):
        print(self, '正在慢慢地走')
# 通过类调用实例方法
User.walk()
```

运行上面代码，程序会报出如下错误。

```
TypeError: walk() missing 1 required positional argument: 'self'
```

请看程序中粗体字代码，调用 walk()方法缺少传入的 self 参数，所以导致程序出错。这说明在使用类调用实例方法时，Python 不会自动为第一个参数绑定调用者。实际上也没法自动绑定，因此实例方法的调用者是类本身，而不是对象。

如果程序依然希望使用类来调用实例方法，则必须手动为方法的第一个参数传入参数值。例如，将上面的粗体字代码改为如下形式。

```
u = User()
# 显式地为方法的第一个参数绑定参数值
User.walk(u)
```

上面粗体字代码显式地为 walk()方法的第一个参数绑定了参数值，这样的调用效果完全等同于执行 u.walk()。

实际上，当通过 User 类调用 walk()实例方法时，Python 只要求手动为第一个参数绑定参数值，并不要求必须绑定 User 对象，因此也可使用如下代码进行调用。

```
# 显式地为方法的第一个参数绑定 fkit 字符串参数值
User.walk('fkit')
```

如果按上面方式进行绑定，那么'fkit'字符串就会被传给 walk()方法的第一个参数 self。因此，运行上面代码，将会看到如下输出结果。

```
fkit 正在慢慢地走
```

注意

Python 的类可以调用实例方法，但使用类调用实例方法时，Python 不会自动为方法的第一个参数 self 绑定参数值；程序必须显式地为第一个参数 self 传入方法调用者。这种调用方式被称为“未绑定方法”。

6.2.2 类方法与静态方法

实际上，Python 完全支持定义类方法，甚至支持定义静态方法。Python 的类方法和静态方法很相似，它们都推荐使用类来调用（其实也可使用对象来调用）。类方法和静态方法的区别在于：Python 会自动绑定类方法的第一个参数，类方法的第一个参数（通常建议参数名为 cls）会自动绑定到类本身；但对于静态方法则不会自动绑定。

使用@classmethod 修饰的方法就是类方法；使用@staticmethod 修饰的方法就是静态方法。

下面代码示范了定义类方法和静态方法。

程序清单：codes\06\6.2\class_static_method.py

```
class Bird:
    # 使用@classmethod修饰的方法是类方法
    @classmethod
    def fly (cls):
        print('类方法 fly: ', cls)
    # 使用@staticmethod修饰的方法是静态方法
    @staticmethod
    def info (p):
        print('静态方法 info: ', p)
# 调用类方法，Bird类会自动绑定到第一个参数
Bird.fly()  # ①
# 调用静态方法，不会自动绑定，因此程序必须手动绑定第一个参数
Bird.info('crazyit')
# 创建Bird对象
b = Bird()
# 使用对象调用fly()类方法，其实依然还是使用类调用的
# 因此第一个参数依然被自动绑定到Bird类
b.fly()  # ②
# 使用对象调用info()静态方法，其实依然还是使用类调用的
# 因此程序必须为第一个参数执行绑定
b.info('fkit')
```

从上面粗体字代码可以看出，使用@classmethod 修饰的方法是类方法，该类方法定义了一个 cls 参数，该参数会被自动绑定到 Bird 类本身，不管程序是使用类还是对象调用该方法，Python 始终都会将类方法的第一个参数绑定到类本身，如①号、②号代码的执行效果。

上面程序还使用@staticmethod 定义了一个静态方法，程序同样既可使用类调用静态方法，也可使用对象调用静态方法，不管用哪种方式调用，Python 都不会为静态方法执行自动绑定。

在使用 Python 编程时，一般不需要使用类方法或静态方法，程序完全可以使用函数来代替类方法或静态方法。但是在特殊的场景（比如使用工厂模式）下，类方法或静态方法也是不错的选择。

6.2.3 @函数装饰器

前面介绍的@staticmethod 和@classmethod 的本质就是函数装饰器，其中 staticmethod 和 classmethod 都是 Python 内置的函数。

使用@符号引用已有的函数（比如@staticmethod、@classmethod）后，可用于修饰其他函数，装饰被修饰的函数。那么我们是否可以开发自定义的函数装饰器呢？答案是肯定的。

当程序使用“@函数”（比如函数 A）装饰另一个函数（比如函数 B）时，实际上完成如下两步。

① 将被修饰的函数（函数 B）作为参数传给@符号引用的函数（函数 A）。

② 将函数 B 替换（装饰）成第①步的返回值。

从上面介绍不难看出，被“@函数”修饰的函数不再是原来的函数，而是被替换成一个新的东西。

为了让大家厘清函数装饰器的作用，下面看一个非常简单的示例。

程序清单：codes\06\6.2\decorator_test.py

```
def funA(fn):
    print('A')
    fn() # 执行传入的 fn 参数
    return 'fkit'
'''
下面的装饰效果相当于 funA(funB)
funB 将会被替换（装饰）成该语句的返回值
由于 funA 函数返回 fkit，因此 funB 就是 fkit
'''
@funA
def funB():
    print('B')
print(funB) # fkit
```

上面程序使用@funA 修饰 funB，这意味着程序要完成两步操作。

① 将 funB 作为 funA()的参数，也就是上面的粗体字代码相当于执行 funA(funB)。

② 将 funB 替换成第①步执行的结果，funA()执行完成后返回 fkit，因此 funB 就不再是函数，而是被替换成一个字符串。

运行上面程序，可以看到如下输出结果。

```
A
B
Fkit
```

通过这个例子，相信读者对函数装饰器的执行关系已经有了一个较为清晰的认识，但读者可能会产生另一个疑问：这个函数装饰器导致被修饰的函数变成了字符串，那么函数装饰器有什么用？别忘记了，被修饰的函数总是被替换成@符号所引用的函数的返回值，因此被修饰的函数会变成什么，完全由于@符号所引用的函数的返回值决定——如果@符号所引用的函数的返回值是函数，那么被修饰的函数在替换之后还是函数。

下面程序示范了更复杂的函数装饰器（程序清单同上）。

```
def foo(fn):
    # 定义一个嵌套函数
    def bar(*args):
        print("===1===", args)
        n = args[0]
        print("===2===", n * (n - 1))
        # 查看传给 foo 函数的 fn 函数
        print(fn.__name__)
        fn(n * (n - 1))
        print("*" * 15)
        return fn(n * (n - 1))
    return bar
'''
下面的装饰效果相当于 foo(my_test)
my_test 将会被替换（装饰）成该语句的返回值
由于 foo()函数返回 bar 函数，因此 my_test 就是 bar
'''
@foo
def my_test(a):
    print("==my_test 函数==", a)
# 打印 my_test 函数，将看到实际上是 bar 函数
print(my_test) # <function foo.<locals>.bar at 0x00000000021FABF8>
# 下面代码看上去是调用 my_test()，其实是调用 bar()函数
my_test(10)
```

```
my_test(6, 5)
```

上面程序定义了一个装饰器函数 foo，该函数执行完成后并不是返回普通值，而是返回 bar 函数（这是关键），这意味着被该@foo 修饰的函数最终都会被替换成 bar 函数。

上面程序使用@foo 修饰 my_test()函数，因此程序同样会执行 foo(my_test)，并将 my_test 替换成 foo()函数的返回值：bar 函数。所以，上面程序第二行粗体字代码在打印 my_test 函数时，实际上输出的是 bar 函数，这说明 my_test 已经被替换成 bar 函数。接下来程序两次调用 my_test()函数，实际上就是调用 bar()函数。

运行上面程序，可以看到如下输出结果。

```
<function foo.<locals>.bar at 0x0000000001E8ABF8>
===1=== (10,)
===2=== 90
my_test
==my_test 函数== 90
***************
==my_test 函数== 90
===1=== (6, 5)
===2=== 30
my_test
==my_test 函数== 30
***************
==my_test 函数== 30
```

通过@符号来修饰函数是 Python 的一个非常实用的功能，它既可以在被修饰函数的前面添加一些额外的处理逻辑（比如权限检查），也可以在被修饰函数的后面添加一些额外的处理逻辑（比如记录日志），还可以在目标方法抛出异常时进行一些修复操作……这种改变不需要修改被修饰函数的代码，只要增加一个修饰即可。

提示：

上面介绍的这种在被修饰函数之前、之后、抛出异常后增加某种处理逻辑的方式，就是其他编程语言中的 AOP（Aspect Orient Programming，面向切面编程）。

下面例子示范了如何通过函数装饰器为函数添加权限检查的功能。程序代码如下。

```
def auth(fn):
    def auth_fn(*args):
        # 用一条语句模拟执行权限检查
        print("----模拟执行权限检查----")
        # 回调被修饰的目标函数
        fn(*args)
    return auth_fn
@auth
def test(a, b):
    print("执行 test 函数,参数 a: %s, 参数 b: %s" % (a, b))
# 调用 test()函数，其实是调用修饰后返回的 auth_fn 函数
test(20, 15)
```

上面程序使用@auth 修饰了 test()函数，这会使得 test()函数被替换成 auth()函数所返回的 auth_fn 函数，而 auth_fn 函数的执行流程是：①先执行权限检查；②回调被修饰的目标函数——简单来说，auth_fn 函数就为被修饰函数添加了一个权限检查的功能。运行该程序，可以看到如下输出结果。

```
----模拟执行权限检查----
执行 test 函数,参数 a: 20, 参数 b: 15
```

6.2.4 再论类命名空间

再次重申：Python 的类就像命名空间。Python 程序默认处于全局命名空间内，类体则处于类命名空间内，Python 允许在全局范围内放置可执行代码——当 Python 执行该程序时，这些代码就会获得执行的机会；类似地，Python 同样允许在类范围内放置可执行代码——当 Python 执行该类定义时，这些代码同样会获得执行的机会。

例如，如下程序测试了类命名空间。

程序清单：codes\06\6.2\Item.py

```
class Item:
    # 直接在类命名空间中放置可执行代码
    print('正在定义 Item 类')
    for i in range(10):
        if i % 2 == 0 :
            print('偶数:', i)
        else:
            print('奇数:', i)
```

正如从上面代码所看到的，程序直接在 Item 类体中放置普通的输出语句、循环语句、分支语句，这都是合法的。当程序执行 Item 类时，Item 类命名空间中的这些代码都会被执行。

从执行效果来看，这些可执行代码被放在 Python 类命名空间与全局空间并没有太大的区别——确实如此，这是因为程序并没有定义"成员"（变量或函数），这些代码执行之后就完了，不会留下什么。

但下面代码就有区别。下面代码示范了在全局空间和类命名空间内分别定义 lambda 表达式。

程序清单：codes\06\6.2\lambda_in_space.py

```
global_fn = lambda p: print('执行 lambda 表达式，p 参数: ', p)
class Category:
    cate_fn = lambda p: print('执行 lambda 表达式，p 参数: ', p)
# 调用全局空间内的 global_fn，为参数 p 传入参数值
global_fn('fkit')  # ①
c = Category()
# 调用类命名空间内的 cate_fn，Python 自动绑定第一个参数
c.cate_fn()  # ②
```

上面程序中的两行粗体字代码分别在全局空间、类命名空间内定义了两个 lambda 表达式，在全局空间内定义的 lambda 表达式就相当于一个普通函数，因此程序使用调用函数的方式来调用该 lambda 表达式，并显式地为第一个参数绑定参数值，如上面程序中①号代码所示。

对于在类命名空间内定义的 lambda 表达式，则相当于在该类命名空间中定义了一个函数，这个函数就变成了实例方法，因此程序必须使用调用方法的方式来调用该 lambda 表达式，Python 同样会为该方法的第一个参数（相当于 self 参数）绑定参数值，如上面程序中②号代码所示。

6.3 成员变量

在类体内定义的变量，默认属于类本身。如果把类当成类命名空间，那么该类变量其实就是定义在类命名空间内的变量，

6.3.1 类变量和实例变量

在类命名空间内定义的变量就属于类变量，Python 可以使用类来读取、修改类变量。

例如，下面代码定义了一个 Address 类，并为该类定义了多个类变量。

程序清单：codes\06\6.3\class_var.py

```
class Address :
    detail = '广州'
    post_code = '510660'
    def info (self):
        # 尝试直接访问类变量
#        print(detail) # 报错
        # 通过类来访问类变量
        print(Address.detail)
        print(Address.post_code)
# 通过类来访问 Address 类的类变量
print(Address.detail) # 输出 广州
addr = Address()
addr.info()
# 修改 Address 类的类变量
Address.detail = '佛山'
Address.post_code = '460110'
addr.info()
```

上面两行粗体字代码为 Address 定义了两个类变量。

对于类变量而言，它们就是属于在类命名空间内定义的变量，因此程序不能直接访问这些变量，程序必须使用类名来调用类变量。不管是在全局范围内还是函数内访问这些类变量，都必须使用类名进行访问。

当程序第一次调用 Address 对象的 info()方法输出两个类变量时，将会输出这两个类变量的初始值。接下来程序通过 Address 类修改了两个类变量的值，因此当程序第二次通过 info()方法输出两个类变量时，将会输出这两个类变量修改之后的值。

运行上面代码，将会看到如下输出结果。

```
广州
广州
510660
佛山
460110
```

实际上，Python 完全允许使用对象来访问该对象所属类的类变量（当然还是推荐使用类访问类变量）。例如如下程序。

程序清单：codes\06\6.3\instance_access_classvar.py

```
class Record:
    # 定义两个类变量
    item = '鼠标'
    date = '2016-06-16'
    def info (self):
        print('info 方法中: ', self.item)
        print('info 方法中: ', self.date)

rc = Record()
print(rc.item)
print(rc.date)
rc.info()
```

上面程序的 Record 中定义了两个类变量，接下来程序完全可以使用 Record 对象来访问这两个类变量。

在上面程序的 Record 类的 info()方法中，程序使用 self 访问 Record 类的类变量，此时 self 代表 info()方法的调用者，也就是 Record 对象，因此这是合法的。

在主程序代码区，程序创建了 Record 对象，并通过对象调用 Record 对象的 item、date 类变量，这也是合法的。

实际上，程序通过对象访问类变量，其本质还是通过类名在访问类变量。运行上面程序，将看到如下输出结果。

```
鼠标
2016-06-16
info 方法中:  鼠标
info 方法中:  2016-06-16
```

由于通过对象访问类变量的本质还是通过类名在访问，因此如果类变量发生了改变，当程序访问这些类变量时也会读到修改之后的值。例如为程序增加如下代码（程序清单同上）。

```
# 修改 Record 类的两个类变量
Record.item = '键盘'
Record.date = '2016-08-18'
# 调用 info()方法
rc.info()
```

上面程序修改了 Record 类的两个类变量，然后通过对象调用 info 实例方法。运行上面代码，将看到如下输出结果。

```
info 方法中:  键盘
info 方法中:  2016-08-18
```

从上面的输出结果可以看到，通过实例访问类变量的本质依然是通过类名在访问。

需要说明的是，Python 允许通过对象访问类变量，但如果程序通过对象尝试对类变量赋值，此时性质就变了——Python 是动态语言，赋值语句往往意味着定义新变量。

因此，如果程序通过对象对类变量赋值，其实不是对“类变量赋值”，而是定义新的实例变量。例如如下程序。

程序清单：codes\06\6.3\modify_class_var.py

```
class Inventory:
    # 定义两个类变量
    item = '鼠标'
    quantity = 2000
    # 定义实例方法
    def change(self, item, quantity):
        # 下面赋值语句不是对类变量赋值，而是定义新的实例变量
        self.item = item
        self.quantity = quantity
# 创建 Inventory 对象
iv = Inventory()
iv.change('显示器', 500)
# 访问 iv 的 item 和 quantity 实例变量
print(iv.item) # 显示器
print(iv.quantity) # 500
# 访问 Inventory 的 item 和 quantity 类变量
print(Inventory.item) # 鼠标
print(Inventory.quantity) # 2000
```

上面程序中的两行粗体字代码通过实例对 item、quantity 变量赋值，看上去很像是对类变量赋值，但实际上不是，而是重新定义了两个实例变量（如果第一次调用该方法）。

上面程序在调用 Inventory 对象的 change()方法之后，访问 Inventory 对象的 item、quantity 变量——由于该对象本身已有这两个实例变量，因此程序将会输出该对象的实例变量的值；接下来程序通过 Inventory 访问它的 item、quantity 两个类变量，此时才是真的访问类变量。

运行上面程序，将看到如下输出结果。

```
显示器
500
鼠标
2000
```

如果程序通过类修改了两个类变量的值，程序中 Inventory 的实例变量的值也不会受到任何影响。例如如下代码。

```
Inventory.item = '类变量 item'
Inventory.quantity = '类变量 quantity'
# 访问 iv 的 item 和 quantity 实例变量
print(iv.item)
print(iv.quantity)
```

运行上面代码，可以看到如下输出结果。

```
显示器
500
```

上面程序开始就修改了 Inventory 类中两个类变量的值，但这种修改对 Inventory 对象的实例变量没有任何影响。

同样，如果程序对一个对象的实例变量进行了修改，这种修改也不会影响类变量和其他对象的实例变量。例如如下代码。

```
iv.item = '实例变量 item'
iv.quantity = '实例变量 quantity'
print(Inventory.item)
print(Inventory.quantity)
```

运行上面代码，将会看到如下输出结果。

```
类变量 item
类变量 quantity
```

从上面的输出结果来看，程序输出的依然是之前对类变量所赋的两个值。

6.3.2 使用 property 函数定义属性

如果为 Python 类定义了 getter、setter 等访问器方法，则可使用 property()函数将它们定义成属性（相当于实例变量）。

property()函数的语法格式如下：

```
property(fget=None, fset=None, fdel=None, doc=None)
```

从上面的语法格式可以看出，在使用 property()函数时，可传入 4 个参数，分别代表 getter 方法、setter 方法、del 方法和 doc，其中 doc 是一个文档字符串，用于说明该属性。当然，开发者调用 property 也可传入 0 个（既不能读，也不能写的属性）、1 个（只读属性）、2 个（读写属性、3 个（读写属性，也可删除）和 4 个（读写属性，也可删除，包含文档说明）参数。

例如，如下程序定义了一个 Rectangle 类，该类使用 property()函数定义了一个 size 属性。

程序清单：codes\06\6.3\property_test.py

```
class Rectangle:
    # 定义构造方法
    def __init__(self, width, height):
        self.width = width
        self.height = height
    # 定义 setsize()函数
    def setsize (self , size):
        self.width, self.height = size
    # 定义 getsize()函数
```

```
    def getsize (self):
        return self.width, self.height
     # 定义 delsize()函数
    def delsize (self):
        self.width, self.height = 0, 0
    # 使用 property 定义属性
    size = property(getsize, setsize, delsize, '用于描述矩形大小的属性')
# 访问 size 属性的说明文档
print(Rectangle.size.__doc__)
# 通过内置的 help()函数查看 Rectangle.size 的说明文档
help(Rectangle.size)
rect = Rectangle(4, 3)
# 访问 rect 的 size 属性
print(rect.size) # (4, 3)
# 对 rect 的 size 属性赋值
rect.size = 9, 7
# 访问 rect 的 width、height 实例变量
print(rect.width) # 9
print(rect.height) # 7
# 删除 rect 的 size 属性
del rect.size
# 访问 rect 的 width、height 实例变量
print(rect.width) # 0
print(rect.height) # 0
```

上面程序中的粗体字代码使用 property()函数定义了一个 size 属性，在定义该属性时一共传入了 4 个参数，这意味着该属性可读、可写、可删除，也有说明文档。

所以，该程序尝试对 Rectangle 对象的 size 属性进行读、写、删除操作，其实这种读、写、删除操作分别被委托给 getsize()、setsize()和 delsize()方法来实现。

运行上面程序，将会看到如下输出结果。

```
用于描述矩形大小的属性
Help on property:

    用于描述矩形大小的属性
(4, 3)
9
7
0
0
```

在使用 property()函数定义属性时，也可根据需要只传入少量的参数。例如，如下代码使用 property()函数定义了一个读写属性，该属性不能删除。

程序清单：codes\06\6.3\property_test2.py

```
class User :
    def __init__ (self, first, last):
        self.first = first
        self.last = last
    def getfullname(self):
        return self.first + ',' + self.last
    def setfullname(self, fullname):
        first_last = fullname.rsplit(',');
        self.first = first_last[0]
        self.last = first_last[1]
    # 使用 property()函数定义 fullname 属性，只传入两个参数
    # 该属性是一个读写属性，但不能删除
    fullname = property(getfullname, setfullname)
u = User('悟空', '孙')
# 访问 fullname 属性
```

```
print(u.fullname)
# 对fullname属性赋值
u.fullname = '八戒,朱'
print(u.first)
print(u.last)
```

上面粗体字代码使用 property()定义了 fullname 属性，该程序使用 property()函数时只传入两个参数，分别作为 getter 和 setter 方法，因此该属性是一个读写属性，不能删除。

运行上面程序，将看到如下输出结果。

```
悟空,孙
八戒
朱
```

提示：

在某些编程语言中，类似于这种 property 合成的属性被称为计算属性。这种属性并不真正存储任何状态，它的值其实是通过某种算法计算得到的。当程序对该属性赋值时，被赋的值也会被存储到其他实例变量中。

还可使用@property 装饰器来修饰方法，使之成为属性。例如如下程序。

程序清单：codes\06\6.3\property_test3.py

```
class Cell:
    # 使用@property修饰方法，相当于为该属性设置getter方法
    @property
    def state(self):
        return self._state
    # 为state属性设置setter方法
    @state.setter
    def state(self, value):
        if 'alive' in value.lower():
            self._state = 'alive'
        else:
            self._state = 'dead'
    # 为is_dead属性设置getter方法
    # 只有getter方法的属性是只读属性
    @property
    def is_dead(self):
        return not self._state.lower() == 'alive'
c = Cell()
# 修改state属性
c.state = 'Alive'
# 访问state属性
print(c.state)
# 访问is_dead属性
print(c.is_dead)
```

上面程序中第一行粗体字代码使用@property 修饰了 state()方法，这样就使得该方法变成了 state 属性的 getter 方法。如果只有该方法，那么 state 属性只是一个只读属性。

当程序使用@property 修饰了 state 属性之后，又多出一个@state.setter 装饰器，该装饰器用于修饰 state 属性的 setter 方法，如上面程序中第二行粗体字代码所示。这样 state 属性就有了 getter 和 setter 方法，state 属性就变成了读写属性。

程序中第三行粗体字代码使用@property 修饰了 is_dead 方法，该方法就会变成 is_dead 属性的 getter 方法。此处同样会多出一个@is_dead.setter 装饰器，但程序并未使用该装饰器修饰 setter 方法，因此 is_dead 属性只是一个只读属性。

运行上面程序，将看到如下输出结果。

```
alive
False
```

6.4 隐藏和封装

封装（Encapsulation）是面向对象的三大特征之一（另外两个是继承和多态），它指的是将对象的状态信息隐藏在对象内部，不允许外部程序直接访问对象内部信息，而是通过该类所提供的方法来实现对内部信息的操作和访问。

封装是面向对象编程语言对客观世界的模拟，在客观世界里，对象的状态信息都被隐藏在对象内部，外界无法直接操作和修改。对一个类或对象实现良好的封装，可以达到以下目的。

- 隐藏类的实现细节。
- 让使用者只能通过事先预定的方法来访问数据，从而可以在该方法里加入控制逻辑，限制对属性的不合理访问。
- 可进行数据检查，从而有利于保证对象信息的完整性。
- 便于修改，提高代码的可维护性。

为了实现良好的封装，需要从两个方面来考虑。

- 将对象的属性和实现细节隐藏起来，不允许外部直接访问。
- 把方法暴露出来，让方法来控制对这些属性进行安全的访问和操作。

因此，实际上封装有两个方面的含义：把该隐藏的隐藏起来，把该暴露的暴露出来。

Python 并没有提供类似于其他语言的 private 等修饰符，因此 Python 并不能真正支持隐藏。

为了隐藏类中的成员，Python 玩了一个小技巧：只要将 Python 类的成员命名为以双下画线开头的，Python 就会把它们隐藏起来。

例如，如下程序示范了 Python 的封装机制。

程序清单：codes\06\6.4\encapsule.py

```
class User :
    def __hide(self):
        print('示范隐藏的 hide 方法')
    def getname(self):
        return self.__name
    def setname(self, name):
        if len(name) < 3 or len(name) > 8:
            raise ValueError('用户名长度必须在 3~8 之间')
        self.__name = name
    name = property(getname, setname)
    def setage(self, age):
        if age < 18 or age > 70:
            raise ValueError('用户名年龄必须在 18~70 之间')
        self.__age = age
    def getage(self):
        return self.__age
    age = property(getage, setage)
# 创建 User 对象
u = User()
# 对 name 属性赋值，实际上调用 setname() 方法
u.name = 'fk' # 引发 ValueError 错误：用户名长度必须在 3~8 之间
```

上面程序将 User 的两个实例变量分别命名为__name 和__age，这两个实例变量就会被隐藏起来，这样程序就无法直接访问__name、__age 变量，只能通过 setname()、getname()、setage()、getage()这些访问器方法进行访问，而 setname()、setage()会对用户设置的 name、age 进行控制，只有符合条件的 name、age 才允许设置。

提示：

上面程序用到了 raise 关键字来抛出异常。关于 raise 关键字和异常的相关信息，请参考本书第 7 章。

上面程序尝试将 User 对象的 name 设为 fk，这个字符串的长度为“2”不符合实际要求，因此上面粗体字代码会包含如下错误。

```
ValueError: 用户名长度必须在 3~8 之间
```

将上面粗体字代码注释掉，在程序中添加如下代码。

```
u.name = 'fkit'
u.age = 25
print(u.name) # fkit
print(u.age) # 25
```

此时程序对 name、age 所赋的值都符合要求，因此上面两行赋值语句完全可以正常运行。运行上面代码，可以看到如下输出结果。

```
fkit
25
```

从该程序可以看出封装的好处，程序可以将 User 对象的实现细节隐藏起来，程序只能通过暴露出来的 setname()、setage()方法来改变 User 对象的状态，而这两个方法可以添加自己的逻辑控制，这种控制对 User 的修改始终是安全的。

上面程序还定义了一个__hide()方法，这个方法默认是隐藏的。如果程序尝试执行如下代码：

```
# 尝试调用隐藏的__hide()方法
u.__hide()
```

将会提示如下错误。

```
AttributeError: 'User' object has no attribute '__hide'
```

最后需要说明的是，Python 其实没有真正的隐藏机制，双下画线只是 Python 的一个小技巧：Python 会“偷偷”地改变以双下画线开头的方法名，会在这些方法名前添加单下画线和类名。因此上面的__hide()方法其实可以按如下方式调用（通常并不推荐这么干）。

```
# 调用隐藏的__hide()方法
u._User__hide()
```

运行上面代码，可以看到如下输出结果。

```
示范隐藏的 hide 方法
```

通过上面调用可以看出，Python 并没有实现真正的隐藏。

类似的是，程序也可通过为隐藏的实例变量添加下画线和类名的方式来访问或修改对象的实例变量。例如如下代码。

```
# 对隐藏的__name 属性赋值
u._User__name = 'fk'
# 访问 User 对象的 name 属性（实际上访问的是__name 实例变量）
print(u.name)
```

上面粗体字代码实际上就是对 User 对象的__name 实例变量进行赋值，通过这种方式可“绕开”setname()方法的检查逻辑，直接对 User 对象的 name 属性赋值。运行这两行代码，可以看到如下输出结果。

```
fk
```

总结：Python 并没有提供真正的隐藏机制，所以 Python 类定义的所有成员默认都是公开的；

如果程序希望将 Python 类中的某些成员隐藏起来，那么只要让该成员的名字以双下画线开头即可。即使通过这种机制实现了隐藏，其实也依然可以绕过去。

6.5 类的继承

继承是面向对象的三大特征之一，也是实现软件复用的重要手段。Python 的继承是多继承机制，即一个子类可以同时有多个直接父类。

6.5.1 继承的语法

Python 子类继承父类的语法是在定义子类时，将多个父类放在子类之后的圆括号里。语法格式如下：

```
class SubClass(SuperClass1, SuperClass2, ...) :
    # 类定义部分
```

从上面的语法格式来看，定义子类的语法非常简单，只需在原来的类定义后增加圆括号，并在圆括号中添加多个父类，即可表明该子类继承了这些父类。

如果在定义一个 Python 类时并未显式指定这个类的直接父类，则这个类默认继承 object 类。因此，object 类是所有类的父类，要么是其直接父类，要么是其间接父类。

实现继承的类被称为子类，被继承的类被称为父类，也被称为基类、超类。父类和子类的关系，是一般和特殊的关系。例如水果和苹果的关系，苹果继承了水果，苹果是水果的子类，则苹果是一种特殊的水果。

由于子类是一种特殊的父类，因此父类包含的范围总比子类包含的范围要大，所以可以认为父类是大类，而子类是小类。

从实际意义上看，子类是对父类的扩展，子类是一种特殊的父类。从这个意义上看，使用继承来描述子类和父类的关系是错误的，用扩展更恰当。因此，这样的说法更加准确：Apple 类扩展了 Fruit 类。

从子类的角度来看，子类扩展（extend）了父类；但从父类的角度来看，父类派生（derive）出子类。也就是说，扩展和派生所描述的是同一个动作，只是观察角度不同而已。

下面程序示范了子类继承父类的特点。下面是 Fruit 类的代码。

程序清单：codes\06\6.5\inherit.py

```
class Fruit:
    def info(self):
        print("我是一个水果！重%g 克" % self.weight)

class Food:
    def taste(self):
        print("不同食物的口感不同")

# 定义 Apple 类，继承了 Fruit 类和 Food 类
class Apple(Fruit, Food):
    pass

# 创建 Apple 对象
a = Apple()
a.weight = 5.6
# 调用 Apple 对象的 info()方法
a.info()
# 调用 Apple 对象的 taste()方法
a.taste()
```

上面程序开始定义了两个父类：Fruit 类和 Food 类，接下来程序定义了一个 Apple 类，该 Apple 类基本上是一个空类。

在主程序部分，主程序创建了 Apple 对象之后，可以访问该 Apple 对象的 info()和 taste()方法，这表明 Apple 对象也具有了 info()和 taste()方法，这就是继承的作用——子类扩展（继承）了父类，将可以继承得到父类定义的方法，这样子类就可复用父类的方法了。

6.5.2 关于多继承

大部分面向对象的编程语言（除了 C++）都只支持单继承，而不支持多继承，这是由于多继承不仅增加了编程的复杂度，而且很容易导致一些莫名的错误。

Python 虽然在语法上明确支持多继承，但通常推荐：如果不是很有必要，则尽量不要使用多继承，而是使用单继承，这样可以保证编程思路更清晰，而且可以避免很多麻烦。

当一个子类有多个直接父类时，该子类会继承得到所有父类的方法，这一点在前面示例中已经做了示范。现在的问题是：如果多个父类中包含了同名的方法，此时会发生什么呢？此时排在前面的父类中的方法会“遮蔽”排在后面的父类中的同名方法。

例如如下代码。

程序清单：codes\06\6.5\multiple_inherit.py

```
class Item:
    def info (self):
        print("Item 中方法:", '这是一个商品')
class Product:
    def info (self):
        print("Product 中方法:", '这是一个工业产品')
class Mouse(Item, Product): # ①
    pass
m = Mouse()
m.info()
```

上面①号粗体字代码让 Mouse 继承了 Item 类和 Product 类，由于 Item 排在前面，因此 Item 中定义的方法优先级更好，Python 会优先到 Item 父类中搜寻方法，一旦在 Item 父类中搜寻到目标方法，Python 就不会继续向下搜寻了。

上面程序中 Item 和 Product 两个父类中都包含了 info()方法，当 Mouse 子类对象调用 info()方法时——子类中没有定义 info()方法，因此 Python 会从父类中寻找 info()方法，此时优先使用第一个父类 Item 中的 info()方法。

运行上面程序，将看到如下输出结果。

```
Item 中方法: 这是一个商品
```

如果将上面粗体字代码改为如下形式。

```
class Mouse(Product, Item): # ①
```

此时 Product 父类的优先级高于 Item 父类，因此 Product 中的 info()方法将会起作用。运行上面程序，将会看到如下输出结果。

```
Product 中方法: 这是一个工业产品
```

6.5.3 重写父类的方法

子类扩展了父类，子类是一种特殊的父类。大部分时候，子类总是以父类为基础，额外增加新的方法。但有一种情况例外：子类需要重写父类的方法。例如鸟类都包含了飞翔方法，其中鸵鸟是一种特殊的鸟类，因此鸵鸟应该是鸟的子类，它也将从鸟类获得飞翔方法，但这个飞翔方法明显不适合鸵鸟，为此，鸵鸟需要重写鸟类的方法。

如下程序示范了子类重写父类的方法。

程序清单：codes\06\6.5\override.py

```
class Bird:
    # Bird类的fly()方法
    def fly(self):
        print("我在天空里自由自在地飞翔...")
class Ostrich(Bird):
    # 重写Bird类的fly()方法
    def fly(self):
        print("我只能在地上奔跑...")

# 创建Ostrich对象
os = Ostrich()
# 执行Ostrich对象的fly()方法，将输出"我只能在地上奔跑..."
os.fly()
```

运行上面程序，将看到运行 os.fly()时执行的不再是 Bird 类的 fly()方法，而是 Ostrich 类的 fly()方法。

这种子类包含与父类同名的方法的现象被称为方法重写（Override），也被称为方法覆盖。可以说子类重写了父类的方法，也可以说子类覆盖了父类的方法。

6.5.4 使用未绑定方法调用被重写的方法

如果在子类中调用重写之后的方法，Python 总是会执行子类重写的方法，不会执行父类中被重写的方法。如果需要在子类中调用父类中被重写的实例方法，那该怎么办呢？

读者别忘了，Python 类相当于类空间，因此 Python 类中的方法本质上相当于类空间内的函数。所以，即使是实例方法，Python 也允许通过类名调用。区别在于：在通过类名调用实例方法时，Python 不会为实例方法的第一个参数 self 自动绑定参数值，而是需要程序显式绑定第一个参数 self。这种机制被称为未绑定方法。

通过使用未绑定方法即可在子类中再次调用父类中被重写的方法。例如如下程序。

程序清单：codes\06\6.5\invoke_override.py

```
class BaseClass:
    def foo (self):
        print('父类中定义的foo方法')
class SubClass(BaseClass):
    # 重写父类的foo方法
    def foo (self):
        print('子类重写父类中的foo方法')
    def bar (self):
        print('执行bar方法')
        # 直接执行foo方法，将会调用子类重写之后的foo()方法
        self.foo()
        # 使用类名调用实例方法（未绑定方法）调用父类被重写的方法
        BaseClass.foo(self)
sc = SubClass()
sc.bar()
```

上面程序中 SubClass 继承了 BaseClass 类，并重写了父类的 foo()方法。接下来程序在 SubClass 类中定义了 bar()方法，该方法的第一行粗体字代码直接通过 self 调用 foo()方法，Python 将会执行子类重写之后的 foo()方法；第二行粗体字代码通过未绑定方法显式调用 BaseClass 中的 foo 实例方法，并显式为第一个参数 self 绑定参数值，这就实现了调用父类中被重写的方法。

6.5.5 使用 super 函数调用父类的构造方法

Python 的子类也会继承得到父类的构造方法，如果子类有多个直接父类，那么排在前面的父类的构造方法会被优先使用。例如如下代码。

程序清单：codes\06\6.5\super_error.py

```
class Employee :
    def __init__ (self, salary):
        self.salary = salary
    def work (self):
        print('普通员工正在写代码，工资是:', self.salary)
class Customer:
    def __init__ (self, favorite, address):
        self.favorite = favorite
        self.address = address
    def info (self):
        print('我是一个顾客，我的爱好是: %s,地址是%s' % (self.favorite, self.address))
# Manager 继承了 Employee、Customer
class Manager (Employee, Customer):
    pass
m = Manager(25000)
m.work()  #①
m.info()  #②
```

上面程序中粗体字代码定义了 Manager 类，该类继承了 Employee 和 Customer 两个父类。接下来程序中的 Manager 类将会优先使用 Employee 类的构造方法（因为它排在前面），所以程序使用 Manager(25000)来创建 Manager 对象。该构造方法只会初始化 salary 实例变量，因此执行上面程序中①号代码是没有任何问题的。

但是当执行到②号代码时就会引发错误，这是由于程序在使用 Employee 类的构造方法创建 Manager 对象时，程序并未初始化 Customer 对象所需的两个实例变量：favorite 和 address，因此程序引发错误。

如果将程序中粗体字代码改为如下形式。

```
class Manager (Customer, Employee)
```

上面 Manager 类将优先使用 Customer 类的构造方法，因此程序必须使用如下代码来创建 Manager 对象。

```
m = Manager('IT 产品', '广州')
```

上面代码为 Manager 的构造方法传入两个参数，这明显是调用从 Customer 类继承得到的两个构造方法，此时程序将可以初始化 Customer 类中的 favorite 和 address 实例变量，但它又不能初始化 Employee 类中的 salary 实例变量。因此，此时程序中的②号代码可以正常运行，但①号代码会报错。

为了让 Manager 能同时初始化两个父类中的实例变量，Manager 应该定义自己的构造方法——就是重写父类的构造方法。Python 要求：如果子类重写了父类的构造方法，那么子类的构造方法必须调用父类的构造方法。子类的构造方法调用父类的构造方法有两种方式。

- 使用未绑定方法，这种方式很容易理解。因为构造方法也是实例方法，当然可以通过这种方式来调用。
- 使用 super()函数调用父类的构造方法。

在交互式解释器中输入 help(super)查看 super()函数的帮助信息，可以看到如下输出信息。

```
class super(object)
 |  super() -> same as super(__class__, <first argument>)
 |  super(type) -> unbound super object
```

```
 |  super(type, obj) -> bound super object; requires isinstance(obj, type)
 |  super(type, type2) -> bound super object; requires issubclass(type2, type)
 |  Typical use to call a cooperative superclass method:
 |  class C(B):
 |      def meth(self, arg):
 |          super().meth(arg)  # ①
 |  This works for class methods too:
 |  class C(B):
 |      @classmethod
 |      def cmeth(cls, arg):
 |          super().cmeth(arg)  # ②
...
```

从上面介绍可以看出，super 其实是一个类，因此调用 super()的本质就是调用 super 类的构造方法来创建 super 对象。

从上面的帮助信息可以看到，使用 super()构造方法最常用的做法就是不传入任何参数（这种做法与 super(type, obj)的效果相同），然后通过 super 对象的方法既可调用父类的实例方法，也可调用父类的类方法。在调用父类的实例方法时，程序会完成第一个参数 self 的自动绑定，如上帮助信息中①号信息所示。在调用类方法时，程序会完成第一个参数 cls 的自动绑定，如上面帮助信息中②号信息所示。

掌握了 super()函数的用法之后，接下来可以将上面程序改为如下形式。

程序清单：codes\06\6.5\super_test.py

```
# Manager 继承了 Employee、Customer
class Manager(Employee, Customer):
    # 重写父类的构造方法
    def __init__(self, salary, favorite, address):
        print('--Manager 的构造方法--')
        # 通过 super()函数调用父类的构造方法
        super().__init__(salary)
        # 与上一行代码的效果相同
#        super(Manager, self).__init__(salary)
        # 使用未绑定方法调用父类的构造方法
        Customer.__init__(self, favorite, address)
# 创建 Manager 对象
m = Manager(25000, 'IT 产品', '广州')
m.work()  #①
m.info()  #②
```

上面程序中两行粗体字代码分别示范了两种方式调用父类的构造方法。通过这种方式，Manager 类重写了父类的构造方法，并在构造方法中显式调用了父类的两个构造方法执行初始化，这样两个父类中的实例变量都能被初始化。

运行上面程序，可以看到如下运行结果。

```
--Manager 的构造方法--
普通员工正在写代码，工资是：25000
我是一个顾客，我的爱好是：IT 产品，地址是广州
```

从上面的运行结果可以看到，此时程序中①、②号代码都可正常运行，这正是程序对 Manager 重写的构造方法分别调用了两个父类的构造方法来完成初始化的结果。

6.6 Python 的动态性

Python 是动态语言，动态语言的典型特征就是：类、对象的属性、方法都可以动态增加和修

改。前面已经简单介绍过为对象动态添加属性和方法，本节将进一步介绍 Python 的动态特征。

6.6.1　动态属性与__slots__

前面介绍了为对象动态添加方法，但是所添加的方法只是对当前对象有效，如果希望为所有实例都添加方法，则可通过为类添加方法来实现。例如如下代码。

程序清单：codes\06\6.6\dyna_method.py

```
class Cat:
    def __init__(self, name):
        self.name = name
def walk_func(self):
    print('%s 慢慢地走过一片草地' % self.name)
d1 = Cat('Garfield')
d2 = Cat('Kitty')
#d1.walk() # AttributeError
# 为Cat动态添加walk()方法，该方法的第一个参数会自动绑定
Cat.walk = walk_func  # ①
# d1、d2调用walk()方法
d1.walk()
d2.walk()
```

上面程序定义了一个 Cat 类，该 Cat 类只定义了一个构造方法，并未提供任何方法。因此，程序第一行粗体字代码调用 d1.walk()方法时会出现异常：Cat 类并没有 walk()方法。

程序中①号代码为 Cat 动态添加了 walk()方法，为类动态添加方法时不需要使用 MethodType 进行包装，该函数的第一个参数会自动绑定。为 Cat 动态添加 walk()方法之后，Cat 类的两个实例 d1、d2 都具有了 walk()方法，因此上面程序中最后两行 d1、d2 都可调用 walk()方法。

Python 的这种动态性固然有其优势，但也给程序带来了一定的隐患：程序定义好的类，完全有可能在后面被其他程序修改，这就带来了一些不确定性。如果程序要限制为某个类动态添加属性和方法，则可通过__slots__属性来指定。

__slots__属性的值是一个元组，该元组的所有元素列出了该类的实例允许动态添加的所有属性名和方法名（对于 Python 而言，方法相当于属性值为函数的属性）。例如如下程序。

程序清单：codes\06\6.6\slots_test.py

```
class Dog:
    __slots__ = ('walk', 'age', 'name')
    def __init__(self, name):
        self.name = name
    def test():
        print('预先定义的test方法')
d = Dog('Snoopy')
from types import MethodType
# 只允许为实例动态添加walk、age、name这三个属性或方法
d.walk = MethodType(lambda self: print('%s 正在慢慢地走' % self.name), d)
d.age = 5
d.walk()
d.foo = 30 # AttributeError
```

上面程序中第一行粗体字代码定义了__slots__ = ('walk', 'age', 'name')，这意味着程序只允许为 Dog 实例动态添加 walk、age、name 这三个属性或方法。因此上面程序中第二行、第三行粗体字代码为 Dog 对象动态添加 walk()方法和 age 属性都是允许的。

但如果程序尝试为 Dog 对象添加其他额外属性，程序就会引发 AttributeError 错误，如上面最后一行代码所示。运行上面程序，可以看到如下输出结果。

```
Snoopy 正在慢慢地走
Traceback (most recent call last):
```

```
  File "slots_test.py", line 28, in <module>
    d.foo = 30 # AttributeError
AttributeError: 'Dog' object has no attribute 'foo'
```

需要说明的是，__slots__属性并不限制通过类来动态添加属性或方法，因此下面代码是合法的。

```
# __slots__属性并不限制通过类来动态添加方法
Dog.bar = lambda self: print('abc')
d.bar()
```

上面代码为 Dog 类动态添加了 bar()方法，这样 Dog 对象就可以调用该 bar()方法了。

此外，__slots__属性指定的限制只对当前类的实例起作用，对该类派生出来的子类是不起作用的。例如如下代码（程序清单同上）。

```
class GunDog(Dog):
    def __init__(self, name):
        super().__init__(name)
    pass
gd = GunDog('Puppy')
# 完全可以为 GunDog 实例动态添加属性
gd.speed = 99
print(gd.speed)
```

正如从上面代码所看到的，Dog 的子类 GunDog 的实例完全可以动态添加 speed 属性，这说明__slots__属性指定的限制只对当前类起作用。

如果要限制子类的实例动态添加属性和方法，则需要在子类中也定义__slots__属性，这样，子类的实例允许动态添加属性和方法就是子类的__slots__元组加上父类的__slots__元组的和。

6.6.2 使用 type()函数定义类

前面已经提到使用 type()函数可以查看变量的类型，但如果想使用 type()直接查看某个类的类型呢？看如下程序。

程序清单：codes\06\6.6\type_test.py

```
class Role:
    pass
r = Role()
# 查看变量 r 的类型
print(type(r)) # <class '__main__.Role'>
# 查看 Role 类本身的类型
print(type(Role)) # <class 'type'>
```

运行上面程序，可以看到如下输出结果。

```
<class '__main__.Role'>
<class 'type'>
```

从上面的输出结果可以看到，Role 类本身的类型是 type。这句话有点拗口，怎样理解 Role 类的类型是 type？

从 Python 解释器的角度来看，当程序使用 class 定义 Role 类时，也可理解为定义了一个特殊的对象（type 类的对象），并将该对象赋值给 Role 变量。因此，程序使用 class 定义的所有类都是 type 类的实例。

实际上 Python 完全允许使用 type()函数（相当于 type 类的构造器函数）来创建 type 对象，又由于 type 类的实例就是类，因此 Python 可以使用 type()函数来动态创建类。例如如下程序。

程序清单：codes\06\6.6\type_class.py

```
def fn(self):
    print('fn 函数')
# 使用 type()定义 Dog 类
```

```
Dog = type('Dog', (object,), dict(walk=fn, age=6))
# 创建 Dog 对象
d = Dog()
# 分别查看 d、Dog 的类型
print(type(d))
print(type(Dog))
d.walk()
print(Dog.age)
```

上面粗体字代码使用 type()定义了一个 Dog 类。在使用 type()定义类时可指定三个参数。

- 参数一：创建的类名。
- 参数二：该类继承的父类集合。由于 Python 支持多继承，因此此处使用元组指定它的多个父类。即使实际只有一个父类，也需要使用元组语法（必须要多一个逗号）。
- 参数三：该字典对象为该类绑定的类变量和方法。其中字典的 key 就是类变量或方法名，如果字典的 value 是普通值，那就代表类变量；如果字典的 value 是函数，则代表方法。

由此可见，上面粗体字代码定义了一个 Dog 类，该类继承了 object 类，还为该类定义了一个 walk()方法和一个 age 类变量。

运行上面程序，将看到如下输出结果。

```
<class '__main__.Dog'>
<class 'type'>
fn 函数
6
```

从上面的输出结果可以看出，使用 type()函数定义的类与直接使用 class 定义的类并没有任何区别。事实上，Python 解释器在执行使用 class 定义的类时，其实依然是使用 type()函数来创建类的。因此，无论通过哪种方式定义类，程序最终都是创建一个 type 的实例。

6.6.3 使用 metaclass

如果希望创建某一批类全部具有某种特征，则可通过 metaclass 来实现。使用 metaclass 可以在创建类时动态修改类定义。

为了使用 metaclass 动态修改类定义，程序需要先定义 metaclass，metaclass 应该继承 type 类，并重写__new__()方法。

下面程序定义了一个 metaclass 类。

程序清单：codes\06\6.6\metaclass_test.py

```
# 定义 ItemMetaClass，继承 type
class ItemMetaClass(type):
    # cls 代表被动态修改的类
    # name 代表被动态修改的类名
    # bases 代表被动态修改的类的所有父类
    # attr 代表被动态修改的类的所有属性、方法组成的字典
    def __new__(cls, name, bases, attrs):
        # 为该类动态添加一个 cal_price 方法
        attrs['cal_price'] = lambda self: self.price * self.discount
        return type.__new__(cls, name, bases, attrs)
```

上面程序定义了一个 ItemMetaClass 类，该类继承了 type 类，并重写了__new__方法，在重写该方法时为目标类动态添加了一个 cal_price 方法。

metaclass 类的__new__方法的作用是：当程序使用 class 定义新类时，如果指定了 metaclass，那么 metaclass 的__new__方法就会被自动执行。

例如，如下程序使用 metaclass 定义了两个类（程序清单同上）。

```
# 定义 Book 类
```

```
class Book(metaclass=ItemMetaClass):
    __slots__ = ('name', 'price', '_discount')
    def __init__(self, name, price):
        self.name = name
        self.price = price
    @property
    def discount(self):
        return self._discount
    @discount.setter
    def discount(self, discount):
        self._discount = discount
# 定义 CellPhone 类
class CellPhone(metaclass=ItemMetaClass):
    __slots__ = ('price', '_discount' )
    def __init__(self, price):
        self.price = price
    @property
    def discount(self):
        return self._discount
    @discount.setter
    def discount(self, discount):
        self._discount = discount
```

上面程序定义了 Book 和 CellPhone 两个类，在定义这两个类时都指定了 metaclass 信息，因此当 Python 解释器在创建这两个类时，ItemMetaClass 的__new__方法就会被调用，用于修改这两个类。

ItemMetaClass 类的__new__方法会为目标类动态添加 cal_price 方法，因此，虽然在定义 Book、CellPhone 类时没有定义 cal_price()方法，但这两个类依然有 cal_price()方法。如下程序测试了 Book、CellPhone 两个类的 cal_price()方法（程序清单同上）。

```
b = Book("疯狂 Python 讲义", 89)
b.discount = 0.76
# 创建 Book 对象的 cal_price()方法
print(b.cal_price())
cp = CellPhone(2399)
cp.discount = 0.85
# 创建 CellPhone 对象的 cal_price()方法
print(cp.cal_price())
```

运行上面程序，可以看到如下运行结果。

```
67.64
2039.1499999999999
```

从上面的运行结果来看，通过使用 metaclass 可以动态修改程序中的一批类，对它们集中进行某种修改。这个功能在开发一些基础性框架时非常有用，程序可以通过使用 metaclass 为某一批需要具有通用功能的类添加方法。

6.7 多态

对于弱类型的语言来说，变量并没有声明类型，因此同一个变量完全可以在不同的时间引用不同的对象。当同一个变量在调用同一个方法时，完全可能呈现出多种行为（具体呈现出哪种行为由该变量所引用的对象来决定），这就是所谓的多态（Polymorphism）。

6.7.1 多态性

先看下面程序。

程序清单：codes\06\6.7\polymorphism.py

```
class Bird:
    def move(self, field):
        print('鸟在%s 上自由地飞翔' % field)
class Dog:
    def move(self, field):
        print('狗在%s 里飞快地奔跑' % field)
# x 变量被赋值为 Bird 对象
x = Bird()
# 调用 x 变量的 move()方法
x.move('天空')
# x 变量被赋值为 Dog 对象
x = Dog()
# 调用 x 变量的 move()方法
x.move('草地')
```

上面程序中 x 变量开始被赋值为 Bird 对象，因此当 x 变量执行 move()方法时，它会表现出鸟类的飞翔行为；接下来 x 变量被赋值为 Dog 对象，因此当 x 变量执行 move()方法时，它会表现出狗的奔跑行为。

运行上面程序，可以看到如下运行结果。

```
鸟在天空上自由地飞翔
狗在草地里飞快地奔跑
```

从上面的运行结果可以看出，同一个变量 x 在执行同一个 move()方法时，由于 x 指向的对象不同，因此它呈现出不同的行为特征，这就是多态。

看到这里，可能有读者感到失望：这个多态有什么用啊？不就是创建对象、调用方法吗？看不出多态有什么优势啊？

实际上，多态是一种非常灵活的编程机制。假如我们要定义一个 Canvas（画布）类，这个画布类定义一个 draw_pic()方法，该方法负责绘制各种图形。该 Canvas 类的代码如下。

程序清单：codes\06\6.7\polymorphism2.py

```
class Canvas:
    def draw_pic(self, shape):
        print('--开始绘图--')
        shape.draw(self)
```

从上面代码可以看出，Canvas 的 draw_pic()方法需要传入一个 shape 参数，该方法就是调用 shape 参数的 draw()方法将自己绘制到画布上。

从上面程序来看，Canvas 的 draw_pic()传入的参数对象只要带一个 draw()方法就行，至于该方法具有何种行为（到底执行怎样的绘制行为），这与 draw_pic()方法是完全分离的，这就为编程增加了很大的灵活性。下面程序定义了三个图形类，并为它们都提供了 draw()方法，这样它们就能以不同的行为绘制在画布上——这就是多态的实际应用。看如下示例程序。

程序清单：codes\06\6.7\polymorphism2.py

```
class Rectangle:
    def draw(self, canvas):
        print('在%s 上绘制矩形' % canvas)
class Triangle:
    def draw(self, canvas):
        print('在%s 上绘制三角形' % canvas)
class Circle:
    def draw(self, canvas):
        print('在%s 上绘制圆形' % canvas)
c = Canvas()
```

```
# 传入 Rectangle 参数，绘制矩形
c.draw_pic(Rectangle())
# 传入 Triangle 参数，绘制三角形
c.draw_pic(Triangle())
# 传入 Circle 参数，绘制圆形
c.draw_pic(Circle())
```

运行上面代码，可以看到如下输出结果。

```
--开始绘图--
在<__main__.Canvas object at 0x00000000021C8908>上绘制矩形
--开始绘图--
在<__main__.Canvas object at 0x00000000021C8908>上绘制三角形
--开始绘图--
在<__main__.Canvas object at 0x00000000021C8908>上绘制圆形
```

从上面这个例子可以体会到 Python 多态的优势。当程序涉及 Canvas 类的 draw_pic()方法时，该方法所需的参数是非常灵活的，程序为该方法传入的参数对象只要具有指定方法就行，至于该方法呈现怎样的行为特征，则完全取决于对象本身，这大大提高了 draw_pic()方法的灵活性。

6.7.2 检查类型

Python 提供了如下两个函数来检查类型。

- issubclass(cls, class_or_tuple)：检查 cls 是否为后一个类或元组包含的多个类中任意类的子类。
- isinstance(obj, class_or_tuple)：检查 obj 是否为后一个类或元组包含的多个类中任意类的对象。

通过使用上面两个函数，程序可以方便地先执行检查，然后才调用方法，这样可以保证程序不会出现意外情况。

如下程序示范了通过这两个函数来检查类型。

程序清单：codes\06\6.7\check_type.py

```
# 定义一个字符串
hello = "Hello";
# "Hello"是 str 类的实例，输出 True
print('"Hello"是否是 str 类的实例: ', isinstance(hello, str))
# "Hello"是 object 类的子类的实例，输出 True
print('"Hello"是否是 object 类的实例: ', isinstance(hello, object))
# str 是 object 类的子类，输出 True
print('str 是否是 object 类的子类: ', issubclass(str, object))
# "Hello"不是 tuple 类及其子类的实例，输出 False
print('"Hello"是否是 tuple 类的实例: ', isinstance(hello, tuple))
# str 不是 tuple 类的子类，输出 False
print('str 是否是 tuple 类的子类: ', issubclass(str, tuple))
# 定义一个列表
my_list = [2, 4]
# [2, 4]是 list 类的实例，输出 True
print('[2, 4]是否是 list 类的实例: ', isinstance(my_list, list))
# [2, 4]是 object 类的子类的实例，输出 True
print('[2, 4]是否是 object 类及其子类的实例: ', isinstance(my_list, object))
# list 是 object 类的子类，输出 True
print('list 是否是 object 类的子类: ', issubclass(list, object))
# [2, 4]不是 tuple 类及其子类及其子类的实例，输出 False
print('[2, 4]是否是 tuple 类的实例: ', isinstance([2, 4], tuple))
# list 不是 tuple 类的子类，输出 False
print('list 是否是 tuple 类的子类: ', issubclass(list, tuple))
```

通过上面程序可以看出，issubclass()和 isinstance()两个函数的用法差不多，区别只是 issubclass()

的第一个参数是类名，而 isinstance()的第一个参数是变量，这也与两个函数的意义对应：issubclass 用于判断是否为子类，而 isinstance()用于判断是否为该类或子类的实例。

issubclass()和 isinstance()两个函数的第二个参数都可使用元组。例如如下代码（程序清单同上）。

```
data = (20, 'fkit')
print('data 是否为列表或元组的实例: ', isinstance(data, (list, tuple))) #True
# str 不是 list 或 tuple 的子类，输出 False
print('str 是否为 list 或 tuple 的子类: ', isinstance(str, (list, tuple)))
# str 是 list 或 tuple 或 object 的子类，输出 True
print('str 是否为 list 或 tuple 或 object 的子类: ', issubclass(str, (list, tuple, object)))
```

此外，Python 为所有类都提供了一个__bases__属性，通过该属性可以查看该类的所有直接父类，该属性返回所有直接父类组成的元组。例如如下代码。

程序清单：codes\06\6.7\bases_test.py

```
class A:
    pass
class B:
    pass
class C(A, B):
    pass
print('类 A 的所有父类:', A.__bases__)
print('类 B 的所有父类:', B.__bases__)
print('类 C 的所有父类:', C.__bases__)
```

运行上面程序，可以看到如下运行结果。

```
类 A 的所有父类: (<class 'object'>,)
类 B 的所有父类: (<class 'object'>,)
类 C 的所有父类: (<class '__main__.A'>, <class '__main__.B'>)
```

从上面的运行结果可以看出，如果在定义类时没有显式指定它的父类，则这些类默认的父类是 object 类。

Python 还为所有类都提供了一个__subclasses__()方法，通过该方法可以查看该类的所有直接子类，该方法返回该类的所有子类组成的列表。例如，在上面程序中增加如下两行。

```
print('类 A 的所有子类:', A.__subclasses__())
print('类 B 的所有子类:', B.__subclasses__())
```

运行上面代码，可以看到如下输出结果。

```
类 A 的所有子类: [<class '__main__.C'>]
类 B 的所有子类: [<class '__main__.C'>]
```

6.8　枚举类

在某些情况下，一个类的对象是有限且固定的，比如季节类，它只有 4 个对象；再比如行星类，目前只有 8 个对象。这种实例有限且固定的类，在 Python 中被称为枚举类。

6.8.1　枚举入门

程序有两种方式来定义枚举类。

- 直接使用 Enum 列出多个枚举值来创建枚举类。
- 通过继承 Enum 基类来派生枚举类。

如下程序示范了直接使用 Enum 列出多个枚举值来创建枚举类。

程序清单：codes\06\6.8\Enum_test.py

```
import enum
# 定义 Season 枚举类
Season= enum.Enum('Season', ('SPRING', 'SUMMER', 'FALL', 'WINTER'))
```

上面程序使用 Enum()函数（就是 Enum 的构造方法）来创建枚举类，该构造方法的第一个参数是枚举类的类名；第二个参数是一个元组，用于列出所有枚举值。

在定义了上面的 Season 枚举类之后，程序可直接通过枚举值进行访问，这些枚举值都是该枚举的成员，每个成员都有 name、value 两个属性，其中 name 属性值为该枚举值的变量名，value 代表该枚举值的序号（序号通常从 1 开始）。

例如，如下代码测试了枚举成员的用法（程序清单同上）。

```
# 直接访问指定枚举
print(Season.SPRING)
# 访问枚举成员的变量名
print(Season.SPRING.name)
# 访问枚举成员的值
print(Season.SPRING.value)
```

运行该程序，可以看到如下输出结果。

```
Season.SPRING
SPRING
1
```

程序除可直接使用枚举之外，还可通过枚举变量名或枚举值来访问指定枚举对象。例如如下代码（程序清单同上）。

```
# 根据枚举变量名访问枚举对象
print(Season['SUMMER']) # Season.SUMMER
# 根据枚举值访问枚举对象
print(Season(3)) # Season.FALL
```

此外，Python 还为枚举提供了一个__members__属性，该属性返回一个 dict 字典，字典包含了该枚举的所有枚举实例。程序可通过遍历__members__属性来访问枚举的所有实例。例如如下代码（程序清单同上）。

```
# 遍历 Season 枚举的所有成员
for name, member in Season.__members__.items():
    print(name, '=>', member, ',', member.value)
```

运行上面代码，可以看到如下输出结果。

```
SPRING => Season.SPRING , 1
SUMMER => Season.SUMMER , 2
FALL => Season.FALL , 3
WINTER => Season.WINTER , 4
```

如果要定义更复杂的枚举，则可通过继承 Enum 来派生枚举类，在这种方式下程序就可以为枚举额外定义方法了。例如如下程序。

程序清单：codes\06\6.8\extend_Enum.py

```
import enum
class Orientation(enum.Enum):
    # 为序列值指定 value 值
    EAST = '东'
    SOUTH = '南'
    WEST = '西'
    NORTH = '北'
    def info(self):
```

```
        print('这是一个代表方向【%s】的枚举' % self.value)
print(Orientation.SOUTH)
print(Orientation.SOUTH.value)
# 通过枚举变量名访问枚举
print(Orientation['WEST'])
# 通过枚举值来访问枚举
print(Orientation('南'))
# 调用枚举的info()方法
Orientation.EAST.info()
# 遍历Orientation枚举的所有成员
for name, member in Orientation.__members__.items():
    print(name, '=>', member, ',', member.value)
```

上面程序通过继承 Enum 派生了 Orientation 枚举类，通过这种方式派生的枚举类既可额外定义方法，如上面的 info()方法所示，也可为枚举指定 value（value 的值默认是 1、2、3、…）。

虽然此时 Orientation 枚举的 value 是 str 类型，但该枚举同样可通过 value 来访问特定枚举，如上面程序中的 Orientation('南')，这是完全允许的。运行上面代码，可以看到如下输出结果。

```
Orientation.SOUTH
南
Orientation.WEST
Orientation.SOUTH
这是一个代表方向【东】的枚举
EAST => Orientation.EAST , 东
SOUTH => Orientation.SOUTH , 南
WEST => Orientation.WEST , 西
NORTH => Orientation.NORTH , 北
```

6.8.2 枚举的构造器

枚举也是类，因此枚举也可以定义构造器。为枚举定义构造器之后，在定义枚举实例时必须为构造器参数设置值。例如如下程序。

程序清单：codes\06\6.8\Enum_constructor.py

```
import enum
class Gender(enum.Enum):
    MALE = '男', '阳刚之力'
    FEMALE = '女', '柔顺之美'
    def __init__(self, cn_name, desc):
        self._cn_name = cn_name
        self._desc = desc
    @property
    def desc(self):
        return self._desc
    @property
    def cn_name(self):
        return self._cn_name
# 访问FEMALE的name
print('FEMALE的name:', Gender.FEMALE.name)
# 访问FEMALE的value
print('FEMALE的value:', Gender.FEMALE.value)
# 访问自定义的cn_name属性
print('FEMALE的cn_name:', Gender.FEMALE.cn_name)
# 访问自定义的desc属性
print('FEMALE的desc:', Gender.FEMALE.desc)
```

上面程序定义了 Gender 枚举类，并为它定义了一个构造器，调用该构造器需要传入 cn_name 和 desc 两个参数，因此程序使用如下代码来定义 Gender 的枚举值。

```
    MALE = '男', '阳刚之力'
    FEMALE = '女', '柔顺之美'
```

上面代码为MALE枚举指定的value是'男'和'阳刚之力'这两个字符串，其实它们会被自动封装成元组后传给 MALE 的 value 属性；而且此处传入的'男'和'阳刚之力'这两个参数值正好分别传给 cn_name 和 desc 两个参数。简单来说，枚举的构造器需要几个参数，此处就必须指定几个值。

运行上面程序，可以看到如下输出结果。

```
FEMALE 的 name: FEMALE
FEMALE 的 value: ('女', '柔顺之美')
FEMALE 的 cn_name: 女
FEMALE 的 desc: 柔顺之美
```

6.9 本章小结

本章主要介绍了 Python 面向对象的基本知识，包括如何定义类，如何为类定义变量、方法，以及如何创建类的对象。本章从本质上介绍了 Python 方法的特征，Python 的类其实就相当于类命名空间，在类中定义的方法就位于类命名空间内，因此使用类调用方法非常灵活，类不仅可以调用类方法、静态方法，也可以使用未绑定的方式调用实例方法。

本章详细介绍了 Python 的面向对象的三大特征：封装、继承和多态，Python 通过双下画线的方式来隐藏类中的成员。本章也重点讲解了 Python 的多继承机制，并详细说明了多继承导致的问题和注意点。Python 的多态则大大提高了 Python 编程的灵活性。

▶▶本章练习

1. 编写一个学生类，提供 name、age、gender、phone、address、email 等属性，为学生类提供带所有成员变量的构造器，为学生类提供方法，用于描绘吃、喝、玩、睡等行为。

2. 利用第 1 题定义的 Student 类，定义一个列表保存多个 Student 对象作为通讯录数据。程序可通过 name、email、address 查询，如果找不到数据，则进行友好提示。

3. 定义代表二维坐标系上某个点的 Point 类（包括 x、y 两个属性），为该类提供一个方法用于计算两个 Point 之间的距离，再提供一个方法用于判断三个 Point 组成的三角形是钝角、锐角还是直角三角形。

4. 定义代表三维笛卡尔坐标系上某个点的 Point 类（包括 x、y、z 三个属性），为该类定义一个方法，可接收 b、c、d 三个参数，用于计算当前点、b、c 组成的面与 b、c、d 组成的面之间的夹角。提示：cos(夹角) = $(X\cdot Y)/|X||Y|$，其中 $X=AB\times BC$，$Y=BC\times CD$，$X\cdot Y$ 代表 X 与 Y 的点积，$AB\times BC$ 代表 AB 与 BC 的叉乘。

5. 定义交通工具、汽车、火车、飞机这些类，注意它们的继承关系，为这些类提供构造器。

CHAPTER

7

第 7 章 异常处理

本章要点

- 异常的概念和意义
- Python 异常机制的优势
- 使用 try...except 捕获异常
- 多异常捕获
- Python 异常类的继承体系
- 异常对象的常用属性
- else 块的作用
- finally 块的作用
- 异常处理的合理嵌套
- 使用 raise 引发异常
- 自定义异常
- 异常包装和异常转译
- 异常的传播轨迹信息
- 异常的处理规则

异常机制已经成为判断一门编程语言是否成熟的标准，除传统的像 C 语言没有提供异常机制之外，目前主流的编程语言如 Python、Java、Kotlin 等都提供了成熟的异常机制。异常机制可以使程序中的异常处理代码和正常业务代码分离，保证程序代码更加优雅，并可以提高程序的健壮性。

Python 的异常机制主要依赖 try、except、else、finally 和 raise 五个关键字，其中在 try 关键字后缩进的代码块简称 try 块，它里面放置的是可能引发异常的代码；在 except 后对应的是异常类型和一个代码块，用于表明该 except 块处理这种类型的代码块；在多个 except 块之后可以放一个 else 块，表明程序不出现异常时还要执行 else 块；最后还可以跟一个 finally 块，finally 块用于回收在 try 块里打开的物理资源，异常机制会保证 finally 块总被执行；而 raise 用于引发一个实际的异常，raise 可以单独作为语句使用，引发一个具体的异常对象。

7.1 异常概述

异常机制已经成为衡量一门编程语言是否成熟的标准之一，使用异常处理机制的 Python 程序有更好的容错性，更加健壮。

对于计算机程序而言，情况就更复杂了——没有人能保证自己写的程序永远不会出错！就算程序没有错误，你能保证用户总是按你的意愿来输入？就算用户都是非常“聪明而且配合”的，你能保证运行该程序的操作系统永远稳定？你能保证运行该程序的硬件不会突然坏掉？你能保证网络永远通畅……你无法保证的情况太多了！

对于一个程序设计人员来说，需要尽可能预知所有可能发生的情况，尽可能保证程序在所有糟糕的情形下也都可以运行。

考虑前面介绍的五子棋程序：当用户输入下棋坐标时，程序要判断用户输入是否合法。如果保证程序有较好的容错性，将会有如下伪码。

```
if 用户输入包含除逗号之外的其他非数字字符:
    alert 坐标只能是数值
    goto retry
elif 用户输入不包含逗号:
    alert 应使用逗号分隔两个坐标值
    goto retry
elif 用户输入的坐标值超出了有效范围:
    alert 用户输入的坐标应位于棋盘坐标之内
    goto retry
elif 用户输入的坐标已有棋子:
    alert "只能在没有棋子的地方下棋"
    goto retry
else:
    # 业务实现代码
    ...
```

上面代码还未涉及任何有效处理，只是考虑了 4 种可能的错误，代码量就已经急剧增加了。但实际上，上面考虑的 4 种情况还远未包括所有可能的情况（事实上，世界上的意外是不可穷举的），程序可能发生的异常情况总是多于程序员所能考虑到的意外情况。

而且正如前面所提到的，高傲的程序员在开发程序时更倾向于认为：“对，错误也许会发生，但那是别人造成的，不关我的事”。

如果每次在实现真正的业务逻辑之前，都需要不厌其烦地考虑各种可能出错的情况，针对各种错误情况给出补救措施——这是多么乏味的事情啊。程序员喜欢解决问题，喜欢开发带来的“创造”快感，但不喜欢像一个“堵漏”工人，去堵那些由外在条件造成的“漏洞”。

提示：

对于构造大型、健壮、可维护的应用而言，错误处理是整个应用需要考虑的重要方面，程序员不能仅仅只做“对”的事情——程序员开发程序的过程，是一个创造的过程，这个过程需要有全面的考虑，仅做“对”的事情是远远不够的。

对于上面的错误处理机制，主要有如下两个缺点。

- 无法穷举所有的异常情况。因为人类知识的限制，异常情况总比可以考虑到的情况多，总有“漏网之鱼”的异常情况，所以程序总是不够健壮。
- 错误处理代码和业务实现代码混杂。这种错误处理和业务实现混杂的代码严重影响程序的可读性，会增加程序维护的难度。

程序员希望有一种强大的机制来解决上面的问题，希望将上面程序改成如下伪码。

```
if 用户输入不合法:
    alert 输入不合法
    goto retry
else:
    # 业务实现代码
    ...
```

上面伪码提供了一个非常强大的“if 块”——程序不管输入错误的原因是什么，只要用户输入不满足要求，程序就一次处理所有的错误。这种处理方法的好处是，使得错误处理代码变得更有条理，只需在一个地方处理错误。

现在的问题是，“用户输入不合法”这个条件怎么定义？当然，对于这个简单的要求，可以使用正则表达式对用户输入进行匹配，当用户输入与正则表达式不匹配时即可判断“用户输入不合法”。但对于更复杂的情形，就没有这么简单了。使用 Python 的异常处理机制就可以解决这个问题。

7.2 异常处理机制

Python 的异常处理机制可以让程序具有极好的容错性，让程序更加健壮。当程序运行出现意外情况时，系统会自动生成一个 Error 对象来通知程序，从而实现将“业务实现代码”和“错误处理代码”分离，提供更好的可读性。

7.2.1 使用 try...except 捕获异常

正如前一节代码所提示的，希望有一个非常强大的“if 块”，可以表示所有的错误情况，让程序一次处理所有的错误，也就是希望将错误集中处理。

出于这种考虑，此处试图把“错误处理代码”从“业务实现代码”中分离出来。将上面最后一段伪码改为如下伪码。

```
if 一切正常:
    # 业务实现代码
    ...
else:
    alert 输入不合法
    goto retry
```

上面代码中的“if 块”依然不可表示——一切正常是很抽象的，无法转换为计算机可识别的代码。在这种情形下，Python 提出了一种假设：如果程序可以顺利完成，那就“一切正常”，把系统的业务实现代码放在 try 块中定义，把所有的异常处理逻辑放在 except 块中进行处理。下面是 Python 异常处理机制的语法结构。

```
try:
    # 业务实现代码
    ...
except (Error1, Error2, ...) as e:
    alert 输入不合法
    goto retry
```

如果在执行 try 块里的业务逻辑代码时出现异常，系统自动生成一个异常对象，该异常对象被提交给 Python 解释器，这个过程被称为引发异常。

当 Python 解释器收到异常对象时，会寻找能处理该异常对象的 except 块，如果找到合适的 except 块，则把该异常对象交给该 except 块处理，这个过程被称为捕获异常。如果 Python 解释器找不到捕获异常的 except 块，则运行时环境终止，Python 解释器也将退出。

提示：

不管程序代码块是否处于 try 块中，甚至包括 except 块中的代码，只要执行该代码块时出现了异常，系统总会自动生成一个 Error 对象。如果程序没有为这段代码定义任何的 except 块，则 Python 解释器无法找到处理该异常的 except 块，程序就在此退出，这就是前面看到的例子程序在遇到异常时退出的情形。

下面使用异常处理机制来改写第 4 章五子棋游戏中用户下棋部分的代码。

程序清单：codes\07\7.2\gobang.py

```
inputStr = input("请输入您下棋的坐标，应以 x,y 的格式：\n")
while inputStr != None :
    try:
        # 将用户输入的字符串以逗号（,）作为分隔符，分隔成两个字符串
        x_str, y_str = inputStr.split(sep = ",")
        # 如果要下棋的点不为空
        if board[int(y_str) - 1][int(x_str) - 1] != "╋":
            inputStr = input("您输入的坐标点已有棋子了，请重新输入\n")
            continue
        # 把对应的列表元素赋为"●"
        board[int(y_str) - 1][int(x_str) - 1] = "●"
    except Exception:
        inputStr = input("您输入的坐标不合法，请重新输入，下棋坐标应以 x,y 的格式\n")
        continue
    ...
```

上面程序把处理用户输入字符串的代码都放在 try 块里执行，只要用户输入的字符串不是有效的坐标值（包括字母不能正确解析，没有逗号不能正确解析，解析出来的坐标引起数组越界……），系统就将引发一个异常对象，并把这个异常对象交给对应的 except 块（也就是上面程序中粗体字代码块）处理。except 块的处理方式是向用户提示坐标不合法，然后使用 continue 忽略本次循环剩下的代码，开始执行下一次循环。这就保证了该五子棋游戏有足够的容错性——用户可以随意输入，程序不会因为用户输入不合法而突然退出，程序会向用户提示输入不合法，让用户再次输入。

7.2.2 异常类的继承体系

当 Python 解释器接收到异常对象时，如何为该异常对象寻找 except 块呢？注意上面 gobang.py 程序中 except 块的 except Exception:，这意味着每个 except 块都是专门用于处理该异常类及其子类的异常实例。

当 Python 解释器接收到异常对象后，会依次判断该异常对象是否是 except 块后的异常类或其子类的实例，如果是，Python 解释器将调用该 except 块来处理该异常；否则，再次拿该异常对象和下一个 except 块里的异常类进行比较。Python 异常捕获流程示意图如图 7.1 所示。

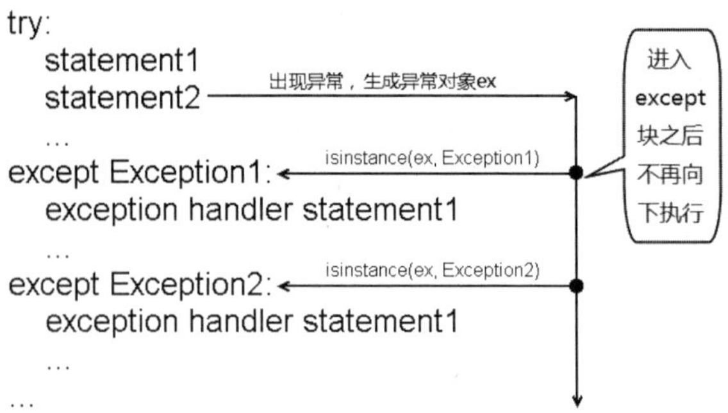

图 7.1　Python 异常捕获流程示意图

从图 7.1 中可以看出，在 try 块后可以有多个 except 块，这是为了针对不同的异常类提供不同的异常处理方式。当程序发生不同的意外情况时，系统会生成不同的异常对象，Python 解释器就会根据该异常对象所属的异常类来决定使用哪个 except 块来处理该异常。

通过在 try 块后提供多个 except 块可以无须在异常处理块中使用 if 判断异常类型，但依然可以针对不同的异常类型提供相应的处理逻辑，从而提供更细致、更有条理的异常处理逻辑。

从图 7.1 中可以看出，在通常情况下，如果 try 块被执行一次，则 try 块后只有一个 except 块会被执行，不可能有多个 except 块被执行。除非在循环中使用了 continue 开始下一次循环，下一次循环又重新运行了 try 块，这才可能导致多个 except 块被执行。

Python 的所有异常类都从 BaseException 派生而来，提供了丰富的异常类，这些异常类之间有严格的继承关系，图 7.2 显示了 Python 的常见异常类之间的继承关系。

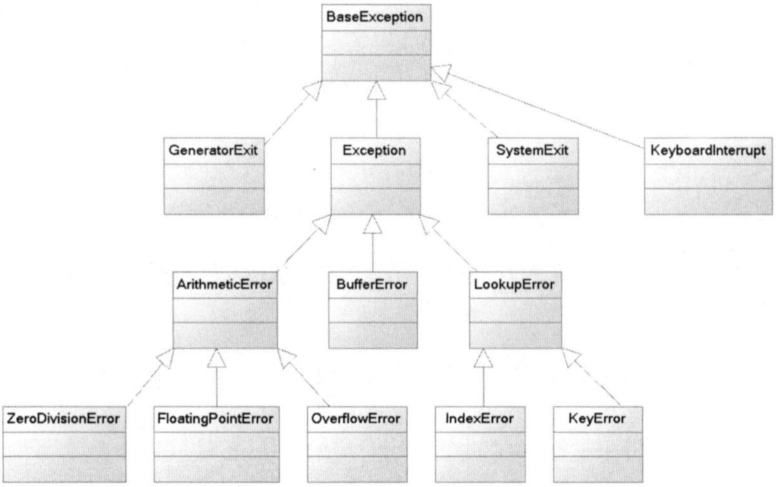

图 7.2　Python 的常见异常类之间的继承关系

从图 7.2 中可以看出，Python 的所有异常类的基类是 BaseException，但如果用户要实现自定义异常，则不应该继承这个基类，而是应该继承 Exception 类。

BaseException 的主要子类就是 Exception，不管是系统的异常类，还是用户自定义的异常类，都应该从 Exception 派生。

下面看几个简单的异常捕获的例子。

程序清单：codes\07\7.2\div_test.py

```
import sys
try:
    a = int(sys.argv[1])
    b = int(sys.argv[2])
```

```
    c = a / b
    print("您输入的两个数相除的结果是: ", c )
except IndexError:
    print("索引错误：运行程序时输入的参数个数不够")
except ValueError:
    print("数值错误：程序只能接收整数参数")
except ArithmeticError:
    print("算术错误")
except Exception:
    print("未知异常")
```

上面程序导入了 sys 模块，并通过 sys 模块的 argv 列表来获取运行 Python 程序时提供的参数。其中 sys.argv[0]通常代表正在运行的 Python 程序名，sys.argv[1]代表运行程序所提供的第一个参数，sys.argv[2]代表运行程序所提供的第二个参数……依此类推。

提示：

Python 使用 import 语句来导入模块，关于模块和导入模块在本书第 9 章中进行详细讲解。

上面程序针对 IndexError、ValueError、ArithmeticError 类型的异常，提供了专门的异常处理逻辑。该程序运行时的异常处理逻辑可能有如下几种情形。

- 如果在运行该程序时输入的参数不够，将会发生索引错误，Python 将调用 IndexError 对应的 except 块处理该异常。
- 如果在运行该程序时输入的参数不是数字，而是字母，将发生数值错误，Python 将调用 ValueError 对应的 except 块处理该异常。
- 如果在运行该程序时输入的第二个参数是 0，将发生除 0 异常，Python 将调用 ArithmeticError 对应的 except 块处理该异常。
- 如果在程序运行时出现其他异常，该异常对象总是 Exception 类或其子类的实例，Python 将调用 Exception 对应的 except 块处理该异常。

上面程序中的三种异常，都是非常常见的运行时异常，读者应该记住这些异常，并掌握在哪些情况下可能出现这些异常。

正如在前面程序中所看到的，程序总是把对应 Exception 类的 except 块放在最后，这是为什么呢？想一下图 7.1 所示的 Python 异常捕获流程，读者可能明白原因：如果把 Exception 类对应的 except 块排在其他 except 块的前面，Python 解释器将直接进入该 except 块（因为所有的异常对象都是 Exception 或其子类的实例），而排在它后面的 except 块将永远也不会获得执行的机会。

实际上，在进行异常捕获时不仅应该把 Exception 类对应的 except 块放在最后，而且所有父类异常的 except 块都应该排在子类异常的 except 块的后面（即：先处理小异常，再处理大异常）。

提示：

虽然 Python 语法没有要求，但在实际编程时一定要记住先捕获小异常，再捕获大异常。

7.2.3 多异常捕获

Python 的一个 except 块可以捕获多种类型的异常。

在使用一个 except 块捕获多种类型的异常时，只要将多个异常类用圆括号括起来，中间用逗号隔开即可——其实就是构建多个异常类的元组。

下面程序示范了 Python 的多异常捕获。

程序清单：codes\07\7.2\multi_exception_test.py

```
import sys
try:
    a = int(sys.argv[1])
    b = int(sys.argv[2])
    c = a / b
    print("您输入的两个数相除的结果是：", c )
except (IndexError, ValueError, ArithmeticError):
    print("程序发生了数组越界、数字格式异常、算术异常之一")
except:
    print("未知异常")
```

上面程序中第一行粗体字代码使用了(IndexError, ValueError, ArithmeticError)来指定所捕获的异常类型，这就表明该 except 块可以同时捕获这三种类型的异常。

读者看上面程序中第二行粗体字代码，这行代码只有 except 关键字，并未指定具体要捕获的异常类型，这种省略异常类的 except 语句也是合法的，它表示可捕获所有类型的异常，一般会作为异常捕获的最后一个 except 块。

7.2.4　访问异常信息

如果程序需要在 except 块中访问异常对象的相关信息，则可通过为异常对象声明变量来实现。当 Python 解释器决定调用某个 except 块来处理该异常对象时，会将异常对象赋值给 except 块后的异常变量，程序即可通过该变量来获得异常对象的相关信息。

所有的异常对象都包含了如下几个常用属性和方法。

- args：该属性返回异常的错误编号和描述字符串。
- errno：该属性返回异常的错误编号。
- strerror：该属性返回异常的描述字符串。
- with_traceback()：通过该方法可处理异常的传播轨迹信息。

下面例子演示了程序如何访问异常信息。

程序清单：codes\07\7.2\access_exception.py

```
def foo():
    try:
        fis = open("a.txt");
    except Exception as e:
        # 访问异常的错误编号和详细信息
        print(e.args)
        # 访问异常的错误编号
        print(e.errno)
        # 访问异常的详细信息
        print(e.strerror)
foo()
```

从上面程序可以看出，如果要访问异常对象，只要在单个异常类或异常类元组（多异常捕获）之后使用 as 再加上异常变量即可。

提示：

在 Python 2.x 的早期版本中，直接在单个异常类或异常类元组（多异常捕获）之后添加异常变量，中间用逗号隔开即可。

上面程序调用了 Exception 对象的 args 属性（该属性相当于同时返回 errno 属性和 strerror 属性）访问异常的错误编号和详细信息。运行上面程序，会看到如下运行结果。

```
(2, 'No such file or directory')
```

```
2
No such file or directory
```

从上面的运行结果可以看到，由于程序尝试打开的文件不存在，因此引发的异常错误编号为 2，异常详细信息为：No such file or directory。

关于如何处理异常的传播轨迹信息，本章后面还有更详细的介绍，此处暂不详细讲解。

> **提示：**
> 上面程序中使用 open()方法来打开一个文件，用于读取磁盘文件的内容。关于该 open()方法的详细介绍请参考本书第 12 章的内容。

7.2.5 else 块

在 Python 的异常处理流程中还可添加一个 else 块，当 try 块没有出现异常时，程序会执行 else 块。例如如下程序。

程序清单：codes\07\7.2\else_test.py

```
s = input('请输入除数:')
try:
    result = 20 / int(s)
    print('20 除以%s 的结果是: %g' % (s , result))
except ValueError:
    print('值错误，您必须输入数值')
except ArithmeticError:
    print('算术错误，您不能输入 0')
else:
    print('没有出现异常')
```

上面程序为异常处理流程添加了 else 块，当程序中的 try 块没有出现异常时，程序就会执行 else 块。运行上面程序，如果用户输入导致程序中的 try 块出现了异常，则运行结果如下。

```
请输入除数:a
值错误，您必须输入数值
```

如果用户输入让程序中的 try 块顺利完成，则运行结果如下。

```
请输入除数:3
20 除以 3 的结果是: 6.66667
没有出现异常
```

看到这里，可能有读者觉得奇怪：既然只有当 try 块没有异常时才会执行 else 块，那么直接把 else 块的代码放在 try 块的代码的后面不就行了？

实际上大部分语言的异常处理都没有 else 块，它们确实是将 else 块的代码直接放在 try 块的代码的后面的，因为对于大部分场景而言，直接将 else 块的代码放在 try 块的代码的后面即可。

但 Python 的异常处理使用 else 块绝不是多余的语法，当 try 块没有异常，而 else 块有异常时，就能体现出 else 块的作用了。例如如下程序。

程序清单：codes\07\7.2\else_test2.py

```
def else_test():
    s = input('请输入除数:')
    result = 20 / int(s)
    print('20 除以%s 的结果是: %g' % (s , result))
def right_main():
    try:
        print('try 块的代码，没有异常')
    except:
```

```
        print('程序出现异常')
    else:
        # 将else_test 放在else 块中
        else_test()
def wrong_main():
    try:
        print('try 块的代码，没有异常')
        # 将else_test 放在try 块的代码的后面
        else_test()
    except:
        print('程序出现异常')
wrong_main()
right_main()
```

上面程序中定义了一个 else_test()函数，该函数在运行时需要接收用户输入的参数，随着用户输入数据的不同可能导致异常。接下来程序定义了 right_main()和 wrong_main()两个函数，其中 right_main()将 else_test()函数放在 else 块内；而 wrong_main()将 else_test()函数放在 try 块的代码的后面。

正如上面所介绍的，当 try 块和 else 块都没有异常时，将 else_test()函数放在 try 块的代码的后面和放在 else 块中没有任何区别。例如，如果用户输入的数据没有导致程序出现异常，则将看到程序产生如下输出结果。

```
try 块的代码，没有异常
请输入除数:4
20 除以 4 的结果是: 5
try 块的代码，没有异常
请输入除数:4
20 除以 4 的结果是: 5
```

但如果用户输入的数据让 else_test()函数出现异常（try 块依然没有任何异常），此时程序就会产生如下输出结果。

```
try 块的代码，没有异常
请输入除数:0
程序出现异常
try 块的代码，没有异常
请输入除数:0
Traceback (most recent call last):
  File "else_test2.py", line 36, in <module>
    right_main()
  File "else_test2.py", line 27, in right_main
    else_test()
  File "else_test2.py", line 18, in else_test
    result = 20 / int(s)
ZeroDivisionError: division by zero
```

对比上面两个输出结果，用户输入的都是 0，这样都会导致 else_test()函数出现异常。如果将 else_test()函数放在 try 块的代码的后面，此时 else_test()函数运行产生的异常将会被 try 块对应的 except 捕获，这正是 Python 异常处理机制的执行流程；但如果将 else_test()函数放在 else 块中，当 else_test()函数出现异常时，程序没有 except 块来处理该异常，该异常将会传播给 Python 解释器，导致程序中止。

对比上面两个输出结果，不难发现，放在 else 块中的代码所引发的异常不会被 except 块捕获。所以，如果希望某段代码的异常能被后面的 except 块捕获，那么就应该将这段代码放在 try 块的代码之后；如果希望某段代码的异常能向外传播（不被 except 块捕获），那么就应该将这段代码放在 else 块中。

7.2.6　使用 finally 回收资源

有些时候，程序在 try 块里打开了一些物理资源（例如数据库连接、网络连接和磁盘文件等），这些物理资源都必须被显式回收。

提示：

Python 的垃圾回收机制不会回收任何物理资源，只能回收堆内存中对象所占用的内存。

那么在哪里回收这些物理资源呢？在 try 块里回收，还是在 except 块中进行回收？假设程序在 try 块里进行资源回收，根据图 7.1 所示的异常捕获流程——如果 try 块的某条语句引发了异常，该语句后的其他语句通常不会获得执行的机会，这将导致位于该语句之后的资源回收语句得不到执行。如果在 except 块里进行资源回收，因为 except 块完全有可能得不到执行，这将导致不能及时回收这些物理资源。

为了保证一定能回收在 try 块中打开的物理资源，异常处理机制提供了 finally 块。不管 try 块中的代码是否出现异常，也不管哪一个 except 块被执行，甚至在 try 块或 except 块中执行了 return 语句，finally 块总会被执行。Python 完整的异常处理语法结构如下：

```
try:
    # 业务实现代码
    ...
except SubException as e:
    # 异常处理块 1
    ...
except SubException2 as e:
    # 异常处理块 2
    ...
...
else:
    # 正常处理块
finally:
    # 资源回收块
    ...
```

在异常处理语法结构中，只有 try 块是必需的，也就是说，如果没有 try 块，则不能有后面的 except 块和 finally 块；except 块和 finally 块都是可选的，但 except 块和 finally 块至少出现其中之一，也可以同时出现；可以有多个 except 块，但捕获父类异常的 except 块应该位于捕获子类异常的 except 块的后面；不能只有 try 块，既没有 except 块，也没有 finally 块；多个 except 块必须位于 try 块之后，finally 块必须位于所有的 except 块之后。看如下程序。

程序清单：codes\07\7.2\finally_test.py

```
import os
def test():
    fis = None
    try:
        fis = open("a.txt")
    except OSError as e:
        print(e.strerror)
        # return 语句强制方法返回
        return        # ①
#        os._exit(1)     # ②
    finally:
        # 关闭磁盘文件，回收资源
        if fis is not None:
            try:
```

```
                # 关闭资源
                fis.close()
            except OSError as ioe:
                print(ioe.strerror)
        print("执行 finally 块里的资源回收!")
test()
```

上面程序在try块后增加了finally块，用于回收在try块中打开的物理资源。注意在程序的except块中①处有一条return语句，该语句强制方法返回。在通常情况下，一旦在方法里执行到return语句，程序将立即结束该方法；现在不会了，虽然return语句也强制方法结束，但一定会先执行finally块的代码。运行上面程序，将看到如下运行结果。

```
No such file or directory
执行 finally 块里的资源回收!
```

上面的运行结果表明在方法返回之前执行了finally块的代码。将①处的return语句注释掉，取消②处代码的注释，即在异常处理的except块中使用os._exit(1)语句来退出Python解释器。运行上面代码，将看到如下运行结果。

```
No such file or directory
```

上面的运行结果表明finally块没有被执行。如果在异常处理代码中使用os._exit(1)语句来退出Python解释器，则finally块将失去执行的机会。

注意

除非在try块、except块中调用了退出Python解释器的方法，否则不管在try块、except块中执行怎样的代码，出现怎样的情况，异常处理的finally块总会被执行。调用sys.exit()方法退出程序不能阻止finally块的执行，这是因为sys.exit()方法本身就是通过引发SystemExit异常来退出程序的。

在通常情况下，不要在finally块中使用如return或raise等导致方法中止的语句（raise语句将在后面介绍），一旦在finally块中使用了return或raise语句，将会导致try块、except块中的return、raise语句失效。看如下程序。

程序清单：codes\07\7.2\finally_flow_test.py

```
def test():
    try:
        # 因为 finally 块中包含了 return 语句
        # 所以下面的 return 语句失去作用
        return True
    finally:
        return False
a = test()
print(a)
```

上面程序在finally块中定义了一条return False语句，这将导致try块中的return True失去作用。运行上面程序，将打印出False的结果。

如果Python程序在执行try块、except块时遇到了return或raise语句，这两条语句都会导致该方法立即结束，那么系统执行这两条语句并不会结束该方法，而是去寻找该异常处理流程中的finally块，如果没有找到finally块，程序立即执行return或raise语句，方法中止；如果找到finally块，系统立即开始执行finally块——只有当finally块执行完成后，系统才会再次跳回来执行try块、except块里的return或raise语句；如果在finally块里也使用了return或raise等导致方法中止的语句，finally块已经中止了方法，系统将不会跳回去执行try块、except块里的任何代码。

注意

尽量避免在 finally 块里使用 return 或 raise 等导致方法中止的语句，否则可能出现一些很奇怪的情况。

7.2.7 异常处理嵌套

正如 finally_test.py 程序所示，在 finally 块中也包含了一个完整的异常处理流程，这种在 try 块、except 块或 finally 块中包含完整的异常处理流程的情形被称为异常处理嵌套。

异常处理流程代码可以被放在任何能放可执行代码的地方，因此完整的异常处理流程既可被放在 try 块里，也可被放在 except 块里，还可被放在 finally 块里。

对异常处理嵌套的深度没有很明确的限制，但通常没有必要使用超过两层的嵌套异常处理，使用层次太深的嵌套异常处理没有太大必要，而且容易导致程序的可读性降低。

7.3 使用 raise 引发异常

当程序出现错误时，系统会自动引发异常。除此之外，Python 也允许程序自行引发异常，自行引发异常使用 raise 语句来完成。

7.3.1 引发异常

异常是一种很“主观”的说法，以下雨为例，假设大家约好明天去爬山郊游，如果第二天下雨了，这种情况会打破既定计划，就属于一种异常；但对于正在期盼天降甘霖的农民而言，如果第二天下雨了，他们正好随雨追肥，这就完全正常。

很多时候，系统是否要引发异常，可能需要根据应用的业务需求来决定，如果程序中的数据、执行与既定的业务需求不符，这就是一种异常。由于与业务需求不符而产生的异常，必须由程序员来决定引发，系统无法引发这种异常。

如果需要在程序中自行引发异常，则应使用 raise 语句。raise 语句有如下三种常用的用法。

- raise：单独一个 raise。该语句引发当前上下文中捕获的异常（比如在 except 块中），或默认引发 RuntimeError 异常。
- raise 异常类：raise 后带一个异常类。该语句引发指定异常类的默认实例。
- raise 异常对象：引发指定的异常对象。

上面三种用法最终都是要引发一个异常实例（即使指定的是异常类，实际上也是引发该类的默认实例），raise 语句每次只能引发一个异常实例。

可以利用 raise 语句再次改写前面五子棋游戏中处理用户输入的代码。

```
try:
    # 将用户输入的字符串以逗号（,）作为分隔符，分隔成两个字符串
    x_str, y_str = inputStr.split(sep = ",")
    # 如果要下棋的点不为空
    if board[int(y_str) - 1][int(x_str) - 1] != "╋":
        # 引发默认的 RuntimeError 异常
        raise
    # 把对应的列表元素赋为"●"
    board[int(y_str) - 1][int(x_str) - 1] = "●"
except Exception as e:
    print(type(e))
    inputStr = input("您输入的坐标不合法，请重新输入，下棋坐标应以 x,y 的格式\n")
    continue
```

上面程序中粗体字代码使用 raise 语句来自行引发异常，程序认为当用户试图向一个已有棋子的坐标点下棋时就是异常。当 Python 解释器接收到开发者自行引发的异常时，同样会中止当前的执行流，跳到该异常对应的 except 块，由该 except 块来处理该异常。也就是说，不管是系统自动引发的异常，还是程序员手动引发的异常，Python 解释器对异常的处理没有任何差别。

即使是用户自行引发的异常，也可以使用 try...except 来捕获它。当然也可以不管它，让该异常向上（先调用者）传播，如果该异常传到 Python 解释器，那么程序就会中止。下面示例示范了处理用户引发异常的两种方式。

程序清单：codes\07\7.3\raise_test.py

```
def main():
    try:
        # 使用 try...except 来捕获异常
        # 此时即使程序出现异常，也不会传播给 main 函数
        mtd(3)
    except Exception as e:
        print('程序出现异常:', e)
    # 不使用 try...except 捕获异常，异常会传播出来导致程序中止
    mtd(3)
def mtd(a):
    if a > 0:
        raise ValueError("a 的值大于 0，不符合要求")
main()
```

从上面程序可以看到，程序既可在调用 mtd(3)时使用 try...except 来捕获异常，这样该异常将会被 except 块捕获，不会传播给调用它的函数；也可直接调用 mtd(3)，这样该函数的异常就会直接传播给它的调用函数，如果该函数也不处理该异常，就会导致程序中止。

运行上面程序，可以看到如下输出结果。

```
程序出现异常: a 的值大于 0，不符合要求
Traceback (most recent call last):
  File "raise_test.py", line 28, in <module>
    main()
  File "raise_test.py", line 24, in main
    mtd(3)
  File "raise_test.py", line 27, in mtd
    raise ValueError("a 的值大于 0，不符合要求")
ValueError: a 的值大于 0，不符合要求
```

上面第一行输出是第一次调用 mtd(3)的结果，该方法引发的异常被 except 块捕获并处理。后面的大段输出则是第二次调用 mtd(3)的结果，由于该异常没有被 except 块捕获，因此该异常一直向上传播，直到传给 Python 解释器导致程序中止。

提示：

第二次调用 mtd(3)引发的以“File”开头的三行输出，其实显示的就是异常的传播轨迹信息。也就是说，如果程序不对异常进行处理，Python 默认会在控制台输出异常的传播轨迹信息。

7.3.2 自定义异常类

很多时候，程序可选择引发自定义异常，因为异常的类名通常也包含了该异常的有用信息。所以在引发异常时，应该选择合适的异常类，从而可以明确地描述该异常情况。在这种情形下，应用程序常常需要引发自定义异常。

用户自定义异常都应该继承 Exception 基类或 Exception 的子类，在自定义异常类时基本不需

要书写更多的代码，只要指定自定义异常类的父类即可。

下面程序创建了一个自定义异常类。

程序清单：codes\07\7.3\AuctionException.py

```
class AuctionException(Exception): pass
```

上面程序创建了 AuctionException 异常类，该异常类不需要类体定义，因此使用 pass 语句作为占位符即可。

在大部分情况下，创建自定义异常类都可采用与 AuctionException.py 相似的代码来完成，只需改变 AuctionException 异常的类名即可，让该异常的类名可以准确地描述该异常。

7.3.3 except 和 raise 同时使用

在实际应用中对异常可能需要更复杂的处理方式——当一个异常出现时，单靠某个方法无法完全处理该异常，必须由几个方法协作才可完全处理该异常。也就是说，在异常出现的当前方法中，程序只对异常进行部分处理，还有些处理需要在该方法的调用者中才能完成，所以应该再次引发异常，让该方法的调用者也能捕获到异常。

为了实现这种通过多个方法协作处理同一个异常的情形，可以在 except 块中结合 raise 语句来完成。如下程序示范了 except 和 raise 同时使用的方法。

程序清单：codes\07\7.3\auction_test.py

```
class AuctionException(Exception): pass
class AuctionTest:
    def __init__(self, init_price):
        self.init_price = init_price
    def bid(self, bid_price):
        d = 0.0
        try:
            d = float(bid_price)
        except Exception as e:
            # 此处只是简单地打印异常信息
            print("转换出异常：", e)
            # 再次引发自定义异常
            raise AuctionException("竞拍价必须是数值，不能包含其他字符！")  # ①
        if self.init_price > d:
            raise AuctionException("竞拍价比起拍价低，不允许竞拍！")
        initPrice = d
def main():
    at = AuctionTest(20.4)
    try:
        at.bid("df")
    except AuctionException as ae:
        # 再次捕获到bid()方法中的异常，并对该异常进行处理
        print('main 函数捕获的异常：', ae)
main()
```

上面程序中粗体字代码对应的 except 块捕获到异常后，系统打印了该异常的字符串信息，接着引发一个 AuctionException 异常，通知该方法的调用者再次处理该 AuctionException 异常。所以程序中的 main()函数，也就是 bid()方法的调用者还可以再次捕获 AuctionException 异常，并将该异常的详细描述信息打印出来。

这种 except 和 raise 结合使用的情况在实际应用中非常常用。实际应用对异常的处理通常分成两个部分：① 应用后台需要通过日志来记录异常发生的详细情况；② 应用还需要根据异常向应用使用者传达某种提示。在这种情形下，所有异常都需要两个方法共同完成，也就必须将 except 和 raise 结合使用。

如果程序需要将原始异常的详细信息直接传播出去，Python 也允许用自定义异常对原始异常进行包装，只要将上面①号粗体字代码改为如下形式即可。

```
raise AuctionException(e)
```

上面就是把原始异常 e 包装成了 AuctionException 异常，这种方式也被称为异常包装或异常转译。

7.3.4 raise 不需要参数

正如前面所看到的，在使用 raise 语句时可以不带参数，此时 raise 语句处于 except 块中，它将会自动引发当前上下文激活的异常；否则，通常默认引发 RuntimeError 异常。

例如，将上面程序改为如下形式。

程序清单：codes\07\7.3\auction_test.py

```
class AuctionException(Exception): pass
class AuctionTest:
    def __init__(self, init_price):
        self.init_price = init_price
    def bid(self, bid_price):
        d = 0.0
        try:
            d = float(bid_price)
        except Exception as e:
            # 此处只是简单地打印异常信息
            print("转换出异常：", e)
            # 再次引发当前激活的异常
            raise
        if self.init_price > d:
            raise AuctionException("竞拍价比起拍价低，不允许竞拍！")
        initPrice = d
def main():
    at = AuctionTest(20.4)
    try:
        at.bid("df")
    except Exception as ae:
        # 再次捕获到bid()方法中的异常，并对该异常进行处理
        print('main 函数捕获的异常：', type(ae))
main()
```

正如从上面粗体字代码所看到的，此时程序在 except 块中只是简单地使用 raise 语句来引发异常，那么该 raise 语句将会再次引发该 except 块所捕获的异常。运行该程序，可以看到如下输出结果。

```
转换出异常： could not convert string to float: 'df'
main 函数捕获的异常： <class 'ValueError'>
```

从输出结果来看，此时 main()函数再次捕获了 ValueError——它就是在 bid()方法中 except 块所捕获的原始异常。

7.4 Python 的异常传播轨迹

异常对象提供了一个 with_traceback 用于处理异常的传播轨迹，查看异常的传播轨迹可追踪异常触发的源头，也可看到异常一路触发的轨迹。

下面示例显示了如何显示异常传播轨迹。

程序清单：codes\07\7.4\traceback_test.py

```
class SelfException(Exception): pass

def main():
```

```
    firstMethod()
def firstMethod():
    secondMethod()
def secondMethod():
    thirdMethod()
def thirdMethod():
    raise SelfException("自定义异常信息")
main()
```

上面程序中 main()函数调用 firstMethod()，firstMethod()调用 secondMethod()，secondMethod()调用 thirdMethod()，thirdMethod()直接引发一个 SelfException 异常。运行上面程序，将会看到如图 7.3 所示的结果。

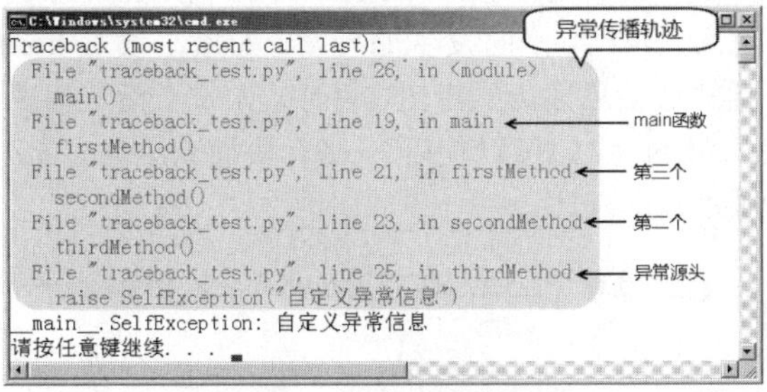

图 7.3 异常传播轨迹

从图 7.3 中可以看出，异常从 thirdMethod()函数开始触发，传到 secondMethod()函数，再传到 firstMethod()函数，最后传到 main()函数，在 main()函数止，这个过程就是 Python 的异常传播轨迹。

在实际应用程序的开发中，大多数复杂操作都会被分解成一系列函数或方法调用。这是因为：为了具有更好的可重用性，会将每个可重用的代码单元定义成函数或方法，将复杂任务逐渐分解为更易管理的小型子任务。由于一个大的业务功能需要由多个函数或方法来共同实现，在最终编程模型中，很多对象将通过一系列函数或方法调用来实现通信，执行任务。

所以，当应用程序运行时，经常会发生一系列函数或方法调用，从而形成“函数调用栈”。异常的传播则相反：只要异常没有被完全捕获（包括异常没有被捕获，或者异常被处理后重新引发了新异常），异常就从发生异常的函数或方法逐渐向外传播，首先传给该函数或方法的调用者，该函数或方法的调用者再传给其调用者……直至最后传到 Python 解释器，此时 Python 解释器会中止该程序，并打印异常的传播轨迹信息。

很多初学者一看到图 7.3 所示的异常提示信息，就会惊慌失措，他们以为程序出现了很多严重的错误，其实只有一个错误，系统提示那么多行信息，只不过是显示异常依次触发的轨迹。

其实图 7.3 所示的异常传播轨迹信息非常清晰——它记录了应用程序中执行停止的各个点。

最后一行信息详细显示了异常的类型和异常的详细消息。从这一行向上，逐个记录了异常发生源头、异常依次传播所经过的轨迹，并标明异常发生在哪个文件、哪一行、哪个函数处。

Python 专门提供了 traceback 模块来处理异常传播轨迹，使用 traceback 可以方便地处理 Python 的异常传播轨迹。导入 traceback 模块之后，traceback 提供了如下两个常用方法。

- traceback.print_exc()：将异常传播轨迹信息输出到控制台或指定文件中。
- format_exc()：将异常传播轨迹信息转换成字符串。

可能有读者感到好奇，从上面方法看不出它们到底处理哪个异常的传播轨迹信息。实际上我们常用的 print_exc()是 print_exc([limit[, file]])省略了 limit、file 两个参数的形式。

而 print_exc([limit[, file]])的完整形式是 print_exception(etype, value, tb[, limit[, file]])，在完整形式中，前面三个参数用于分别指定异常的如下信息。

- etype：指定异常类型。
- value：指定异常值。

➢ tb：指定异常的 traceback 信息。

当程序处于 except 块中时，该 except 块所捕获的异常信息可通过 sys 对象来获取，其中 sys.exc_type、 sys.exc_value、sys.exc_traceback 就代表当前 except 块内的异常类型、异常值和异常传播轨迹。

简单来说，print_exc([limit[, file]])相当于如下形式：

```
print_exception(sys.exc_etype, sys.exc_value, sys.exc_tb[, limit[, file]])
```

也就是说，使用 print_exc([limit[, file]])会自动处理当前 except 块所捕获的异常。该方法还涉及两个参数。

➢ limit：用于限制显示异常传播的层数，比如函数 A 调用函数 B，函数 B 发生了异常，如果指定 limit=1，则只显示函数 A 里面发生的异常。如果不设置 limit 参数，则默认全部显示。

➢ file：指定将异常传播轨迹信息输出到指定文件中。如果不指定该参数，则默认输出到控制台。

借助于 traceback 模块的帮助，我们可以使用 except 块捕获异常，并在其中打印异常传播信息，包括把它输出到文件中。例如如下程序。

程序清单：codes\07\7.4\traceback_test2.py

```
# 导入traceback模块
import traceback
class SelfException(Exception): pass

def main():
    firstMethod()
def firstMethod():
    secondMethod()
def secondMethod():
    thirdMethod()
def thirdMethod():
    raise SelfException("自定义异常信息")
try:
    main()
except:
    # 捕获异常，并将异常传播信息输出到控制台
    traceback.print_exc()
    # 捕获异常，并将异常传播信息输出到指定文件中
    traceback.print_exc(file=open('log.txt', 'a'))
```

上面程序第一行先导入了 traceback 模块，接下来程序使用 except 捕获程序的异常，并使用 traceback 的 print_exc()方法输出异常传播信息，分别将它输出到控制台和指定文件中。运行上面程序，同样可以看到在控制台输出异常传播信息，而且在程序目录下生成了一个 log.txt 文件，该文件中同样记录了异常传播信息。

7.5 异常处理规则

前面介绍了使用异常处理的优势、便捷之处，本节将进一步从程序性能优化、结构优化的角度给出异常处理的一般规则。成功的异常处理应该实现如下 4 个目标。

➢ 使程序代码混乱最小化。

➢ 捕获并保留诊断信息。

➢ 通知合适的人员。

➢ 采用合适的方式结束异常活动。

下面介绍达到这些效果的基本准则。

7.5.1 不要过度使用异常

不可否认，Python 的异常机制确实方便，但滥用异常机制也会带来一些负面影响。过度使用异常主要表现在两个方面。

- 把异常和普通错误混淆在一起，不再编写任何错误处理代码，而是以简单地引发异常来代替所有的错误处理。
- 使用异常处理来代替流程控制。

熟悉了异常使用方法后，程序员可能不再愿意编写烦琐的错误处理代码，而是简单地引发异常。实际上这样做是不对的，对于完全已知的错误和普通的错误，应该编写处理这种错误的代码，增加程序的健壮性。只有对于外部的、不能确定和预知的运行时错误才使用异常。

对比前面五子棋游戏中，处理用户输入坐标点已有棋子的两种方式。

如果用户试图下棋的坐标点已有棋子：

```
# 如果要下棋的点不为空
if board[int(y_str) - 1][int(x_str) - 1] != "+":
    inputStr = input("您输入的坐标点已有棋子了，请重新输入\n")
    continue
```

上面这种处理方式检测到用户试图下棋的坐标点已经有棋子，立即打印一条提示语句，并重新开始下一次循环。这种处理方式简洁明了、逻辑清晰，程序的运行效率也很好——程序进入 if 块后，即结束了本次循环。

如果将上面的处理机制改为如下方式：

```
# 如果要下棋的点不为空
if board[int(y_str) - 1][int(x_str) - 1] != "+":
    # 引发默认的 RuntimeError 异常
    raise
```

上面这种处理方式没有提供有效的错误处理代码，当程序检测到用户试图下棋的坐标点已经有棋子时，并没有提供相应的处理，而是简单地引发一个异常。这种处理方式虽然简单，但 Python 解释器接收到这个异常后，还需要进入相应的 except 块来捕获该异常，所以运行效率要差一些。而且用户下棋重复这个错误完全是可预料的，所以程序完全可以针对该错误提供相应的处理，而不是引发异常。

必须指出：异常处理机制的初衷是将不可预期异常的处理代码和正常的业务逻辑处理代码分离，因此绝不要使用异常处理来代替正常的业务逻辑判断。

另外，异常机制的效率比正常的流程控制效率差，所以不要使用异常处理来代替正常的程序流程控制。例如，对于如下代码：

```
# 定义一个字符串列表
my_list = ["Hello" , "Python" , "Spring"]
# 使用异常处理来遍历 arr 数组的每个元素
try:
    i = 0
    while True:
        print(my_list [i])
        i += 1
except:
    pass
```

运行上面程序确实可以实现遍历 my_list 列表的功能，但这种写法可读性较差，而且运行效率也不高。程序完全有能力避免产生 IndexError 异常，程序“故意”制造这种异常，然后使用 except 块去捕获该异常，这是不应该的。将程序改为如下形式肯定要好得多。

```
i = 0
while i < len(my_list):
    print(my_list [i])
    i += 1
```

注意

异常只应该用于处理非正常的情况，不要使用异常处理来代替正常的流程控制。对于一些完全可预知，而且处理方式清楚的错误，程序应该提供相应的错误处理代码，而不是将其笼统地称为异常。

7.5.2 不要使用过于庞大的 try 块

很多初学异常机制的读者喜欢在 try 块里放置大量的代码，这看上去很“简单”，但这种“简单”只是一种假象，只是在编写程序时看上去比较简单。但因为 try 块里的代码过于庞大，业务过于复杂，就会造成 try 块中出现异常的可能性大大增加，从而导致分析异常原因的难度也大大增加。

而且当 try 块过于庞大时，就难免在 try 块后紧跟大量的 except 块才可以针对不同的异常提供不同的处理逻辑。在同一个 try 块后紧跟大量的 except 块则需要分析它们之间的逻辑关系，反而增加了编程复杂度。

正确的做法是，把大块的 try 块分割成多个可能出现异常的程序段落，并把它们放在单独的 try 块中，从而分别捕获并处理异常。

7.5.3 不要忽略捕获到的异常

不要忽略异常！既然已捕获到异常，那么 except 块理应做些有用的事情——处理并修复异常。except 块整个为空，或者仅仅打印简单的异常信息都是不妥的！

except 块为空就是假装不知道甚至瞒天过海，这是最可怕的事情——程序出了错误，所有人都看不到任何异常，但整个应用可能已经彻底坏了。仅在 except 块里打印异常传播信息稍微好一点，但仅仅比空白多了几行异常信息。通常建议对异常采取适当措施，比如：

- 处理异常。对异常进行合适的修复，然后绕过异常发生的地方继续运行；或者用别的数据进行计算，以代替期望的方法返回值；或者提示用户重新操作……总之，程序应该尽量修复异常，使程序能恢复运行。
- 重新引发新异常。把在当前运行环境下能做的事情尽量做完，然后进行异常转译，把异常包装成当前层的异常，重新传给上层调用者。
- 在合适的层处理异常。如果当前层不清楚如何处理异常，就不要在当前层使用 except 语句来捕获该异常，让上层调用者来负责处理该异常。

7.6 本章小结

本章主要介绍了 Python 异常处理机制的相关知识，Python 的异常处理主要依赖 try、except、else、finally 和 raise 五个关键字，本章详细讲解了这五个关键字的用法。本章还介绍了 Python 异常类之间的继承关系。本章详细介绍了异常捕获的详细处理方法，以及如何使用 raise 根据业务需求引发自定义异常。本章还详细讲解了在实际开发中最常用的异常处理方式。本章最后从优化程序的角度，给出了在实际应用中处理异常的几条基本规则。

➤➤本章练习

1．提示用户输入一个 N，表示用户接下来要输入 *N* 个字符串，程序尝试将用户输入的每一个字符串用空格分割成两个整数，并结算这两个整数整除的结果。要求：使用异常处理机制来处理用户输入的各种错误情况，并提示用户重新输入。

2．提示用户输入一个整数，如果用户输入的整数是奇数，则输出“有趣”；如果用户输入的整数是偶数，且在 2~5 之间，则打印“没意思”；如果用户输入的整数是偶数，且在 6~20 之间，则输出“有趣”；如果输入的整数是其他偶数，则打印“没意思”。要求：使用异常处理机制来处理用户输入的各种错误情况。

3．提供一个字符串元组，程序要求元组中每一个元素的长度都在 5~20 之间；否则，程序引发异常。

4．提示用户输入 x1, y1, x2, y2, x3, y3 六个数值，分别代表三个点的坐标，程序判断这三个点是否在同一条直线上。要求：使用异常处理机制处理用户输入的各种错误情况，如果三个点不在同一条直线上，则程序出现异常。

CHAPTER

8

第 8 章 Python 类的特殊方法

本章要点

- 对象转字符串与__repr__方法
- 对象的析构方法__del__
- __dir__方法与__dict__属性
- 使用__getattr__等方法监听属性访问
- 使用 getattr 等方法动态操作属性
- __call__属性
- 与序列相关的特殊方法
- 与迭代器相关的特殊方法
- 扩展列表、元组和字典
- 生成器函数和生成器对象
- 生成器方法和使用生成器
- 与数值运算符相关的特殊方法
- 与比较运算符相关的特殊方法
- 与单目运算符相关的特殊方法
- 与类型转换相关的特殊方法
- 与常见的内建函数相关的特殊方法

在 Python 类中有些方法名、属性名的前后都添加了双下画线，这种方法、属性通常都属于 Python 的特殊方法和特殊属性，开发者可以通过重写这些方法或直接调用这些方法来实现特殊的功能。最常见的特殊方法就是前面介绍的构造方法：__init__，开发者可以通过重写类中的__init__方法来实现自己的初始化逻辑。

提示：

Python 是一门尽量简单的语言，它不像某些语言（如 Java）需要让类实现接口，并实现接口中的方法。Python 采用的是一种“约定”的机制，Python 按照约定，以特殊名字的方法、属性来提供特殊的功能。

Python 类中的特殊方法、特殊属性有些需要开发者重写，有些则可以直接调用，掌握这些常见的特殊方法、特殊属性也是非常重要的。

8.1 常见的特殊方法

下面是一些常见的特殊方法，它们对于 Python 类非常有用。

8.1.1 重写__repr__方法

先看下面程序。

程序清单：codes\08\8.1\print_object.py

```
class Item:
    def __init__ (self, name, price):
        self.name = name
        self.price = price
# 创建一个 Item 对象，将之赋值给 im 变量
im = Item('鼠标', 29.8)
# 打印 im 所引用的 Item 对象
print(im)
```

上面程序创建了一个 Item 对象，然后使用 print()方法输出 Item 对象。编译、运行上面程序，将看到如下输出结果。

```
<__main__.Item object at 0x000000001E78198>
```

当读者运行上面程序时，可能会看到不同的输出结果：at 后的 16 位十六进制数字可能发生改变。但这个输出结果是怎么来的呢？按道理来说，print()函数只能在控制台打印字符串，而 Item 实例是内存中的一个对象，怎么能直接转换为字符串输出呢？事实上，当使用该方法输出 Item 对象时，实际上输出的是 Item 对象的__repr__()方法的返回值。也就是说，下面两行代码的效果完全一样。

```
print(im)
print(im.__repr__())
```

__repr__()是 Python 类中的一个特殊方法，由于 object 类已提供了该方法，而所有的 Python 类都是 object 类的子类，因此所有的 Python 对象都具有__repr__()方法。

因此，当程序需要将任何对象与字符串进行连接时，都可先调用__repr__()方法将对象转换成字符串，然后将两个字符串连接在一起。例如如下代码。

```
im_str = im.__repr__() + ""
```

__repr__()是一个非常特殊的方法，它是一个“自我描述”的方法，该方法通常用于实现这样一个功能：当程序员直接打印该对象时，系统将会输出该对象的“自我描述”信息，用来告诉外界

该对象具有的状态信息。

object 类提供的__repr__()方法总是返回该对象实现类的“类名+object at+内存地址”值，这个返回值并不能真正实现“自我描述”的功能，因此，如果用户需要自定义类能实现“自我描述”的功能，就必须重写__repr__()方法。例如下面程序。

程序清单：codes\08\8.1\repr_test.py

```
class Apple:
    # 实现构造器
    def __init__(self, color, weight):
        self.color = color;
        self.weight = weight;
    # 重写__repr__()方法，用于实现 Apple 对象的“自我描述”
    def __repr__(self):
        return "Apple[color=" + self.color +\
            ", weight=" + str(self.weight) + "]"
a = Apple("红色" , 5.68)
# 打印 Apple 对象
print(a)
```

编译、运行上面程序，可以看到如下运行结果。

```
Apple[color=红色, weight=5.68]
```

从上面的运行结果可以看出，通过重写 Apple 类的__repr__()方法，就可以让系统在打印 Apple 对象时打印出该对象的“自我描述”信息。

大部分时候，重写__repr__()方法总是返回该对象的所有令人感兴趣的信息所组成的字符串。通常可返回如下格式的字符串：

```
类名[field1=值 1, field2=值 2,...]
```

8.1.2 析构方法：__del__

与__init__()方法对应的是__del__()方法，__init__()方法用于初始化 Python 对象，而__del__()则用于销毁 Python 对象——在任何 Python 对象将要被系统回收之时，系统都会自动调用该对象的__del__()方法。

当程序不再需要一个 Python 对象时，系统必须把该对象所占用的内存空间释放出来，这个过程被称为垃圾回收（GC，Garbage Collector），Python 会自动回收所有对象所占用的内存空间，因此开发者无须关心对象垃圾回收的过程。

提示：

Python 采用自动引用计数（ARC）方式来回收对象所占用的空间，当程序中有一个变量引用该 Python 对象时，Python 会自动保证该对象引用计数为 1；当程序中有两个变量引用该 Python 对象时，Python 会自动保证该对象引用计数为 2……依此类推，如果一个对象的引用计数变成了 0，则说明程序中不再有变量引用该对象，表明程序不再需要该对象，因此 Python 就会回收该对象。

大部分时候，Python 的 ARC 都能准确、高效地回收系统中的每个对象。但如果系统中出现循环引用的情况，比如对象 a 持有一个实例变量引用对象 b，而对象 b 又持有一个实例变量引用对象 a，此时两个对象的引用计数都是 1，而实际上程序已经不再有变量引用它们，系统应该回收它们，此时 Python 的垃圾回收器就可能没那么快，要等专门的循环垃圾回收器（Cyclic Garbage Collector）来检测并回收这种引用循环。

当一个对象被垃圾回收时，Python 就会自动调用该对象的__del__方法。

需要说明的是，不要以为对一个变量执行 del 操作，该变量所引用的对象就会被回收——只有当对象的引用计数变成 0 时，该对象才会被回收。因此，如果一个对象有多个变量引用它，那么 del 其中一个变量是不会回收该对象的。

程序清单：codes\08\8.1\del_test.py

```
class Item:
    def __init__ (self, name, price):
        self.name = name
        self.price = price
    # 定义析构函数
    def __del__ (self):
        print('del 删除对象')
# 创建一个 Item 对象，将之赋值给 im 变量
im = Item('鼠标', 29.8)
x = im    # ①
# 打印 im 所引用的 Item 对象
del im
print('--------------')
```

上面程序中粗体字代码重写了 Item 类的__del__()方法，该方法就是 Item 类的析构函数，当系统将要回收 Item 时，系统会自动调用 Item 对象的__del__()方法。

上面程序先创建了一个 Item 对象，并将该对象赋值给 im 变量，①号代码又将 im 赋值给变量 x，这样程序中有两个变量引用 Item 对象，接下来程序执行 del im 代码删除 im 对象——此时由于还有变量引用该 Item 对象，因此程序并不会回收 Item 对象。运行上面程序，可以看到如下输出结果。

```
--------------
del 删除对象
```

从上面程序的输出结果可以看到，del im 执行之后，程序并没有回收 Item 对象，只有等到程序执行将要结束时（系统必须回收所有对象），系统才会回收 Item 对象。

如果将程序中①号代码注释掉，再次运行上面程序，将会看到如下输出结果。

```
del 删除对象
--------------
```

注释掉①号代码之后，当程序执行 del im 之后，此时程序中不再有任何变量引用该 Item 对象，因此系统会立即回收该对象，则无须等到程序结束之前。

注意

最后需要说明的是，如果父类提供了__del__()方法，则系统重写__del__()方法时必须显式调用父类的__del__()方法，这样才能保证合理地回收父类实例的部分属性。

8.1.3 __dir__方法

对象的__dir__()方法用于列出该对象内部的所有属性（包括方法）名，该方法将会返回包含所有属性（方法）名的序列。

当程序对某个对象执行 dir(object)函数时，实际上就是将该对象的__dir__()方法返回值进行排序，然后包装成列表。

例如，如下程序示范了__dir__()方法的功能。

程序清单：codes\08\8.1\dir_test.py

```
class Item:
    def __init__ (self, name, price):
        self.name = name
```

```
        self.price = price
    def info ():
        pass
# 创建一个 Item 对象，将之赋值给 im 变量
im = Item('鼠标', 29.8)
print(im.__dir__())  # 返回所有属性（包括方法）组成的列表
print(dir(im))  # 返回所有属性（包括方法）排序之后的列表
```

运行上面程序，可以看到程序不仅会输出我们为对象定义的 name、price、info 三个属性和方法，而且还有大量系统内置的属性和方法，如刚刚所介绍的__repr__和__del__方法。

8.1.4 __dict__属性

__dict__属性用于查看对象内部存储的所有属性名和属性值组成的字典，通常程序直接使用该属性即可。程序使用__dict__属性既可查看对象的所有内部状态，也可通过字典语法来访问或修改指定属性的值。例如如下程序。

程序清单：codes\08\8.1\dict_test.py

```
class Item:
    def __init__(self, name, price):
        self.name = name
        self.price = price
im = Item('鼠标', 28.9)
print(im.__dict__)  # ①
# 通过__dict__访问 name 属性
print(im.__dict__['name'])
# 通过__dict__访问 price 属性
print(im.__dict__['price'])
im.__dict__['name'] = '键盘'
im.__dict__['price'] = 32.8
print(im.name) # 键盘
print(im.price) # 32.8
```

上面程序中①号代码直接输出对象的__dict__属性，这样将会直接输出该对象内部存储的所有属性名和属性值组成的 dict 对象；接下来的两行粗体字代码通过__dict__属性访问对象的 name、price 两个属性；最后两行粗体字代码通过__dict__属性对 name、price 两个属性赋值。

运行上面程序，可以看到如下输出结果。

```
{'name': '鼠标', 'price': 28.9}
鼠标
28.9
键盘
32.8
```

8.1.5 __getattr__、__setattr__等

当程序操作（包括访问、设置、删除）对象的属性时，Python 系统同样会执行该对象特定的方法。这些方法共涉及如下几个。

- __getattribute__(self, name)：当程序访问对象的 name 属性时被自动调用。
- __getattr__(self, name)：当程序访问对象的 name 属性且该属性不存在时被自动调用。
- __setattr__(self, name, value)：当程序对对象的 name 属性赋值时被自动调用。
- __delattr__(self, name)：当程序删除对象的 name 属性时被自动调用。

通过重写上面的方法，可以为 Python 类“合成”属性——当属性不存在时，程序会委托给上面的__getattr__、__setattr__、__delattr__方法来实现，因此程序可通过重写这些方法来“合成”属

性。例如如下程序。

程序清单：codes\08\8.1\attr_test.py

```
class Rectangle:
    def __init__ (self, width, height):
        self.width = width
        self.height = height
    def __setattr__(self, name, value):
        print('----设置%s 属性----' % name)
        if name == 'size':
            self.width, self.height = value
        else:
            self.__dict__[name] = value
    def __getattr__(self, name):
        print('----读取%s 属性----' % name)
        if name == 'size':
            return self.width, self.height
        else:
            raise AttributeError
    def __delattr__(self, name):
        print('----删除%s 属性----' % name)
        if name == 'size':
            self.__dict__['width'] = 0
            self.__dict__['height'] = 0

rect = Rectangle(3, 4)
print(rect.size)
rect.size = 6, 8
print(rect.width)
del rect.size
print(rect.size)
```

上面程序实现了__setattr__()和__getattr__()方法，并在实现这两个方法时对 size 属性进行了判断，如果程序正在获取 size 属性，__getattr__()方法将返回 self.width 和 self.height 组成的元组，如果获取其他属性则直接引发 AttributeError 异常；如果程序正在设置 size 属性，则转换为对 self.width、self.height 属性的赋值，如果是对其他属性赋值，则通过对象的__dict__属性进行赋值。

关于上面这两个方法要进行一些说明。

- 对于__getattr__()方法：它只处理程序访问指定属性且该属性不存在的情形。比如程序访问 width 或 height 属性，Rectangle 对象本身包含该属性，因此该方法不会被触发。所以重写该方法只需处理我们需要“合成”的属性（比如 size），假如程序试图访问其他不存在的属性，当然直接引发 AttributeError 异常即可。
- 对于__setattr__()方法，只要程序试图对指定属性赋值时总会触发该方法，因此无论程序是对 width、height 属性赋值，还是对 size 属性赋值，该方法都会被触发。所以重写该方法既要处理对 size 属性赋值的情形，也要处理对 width、height 属性赋值的情形。尤其是处理对 width、height 属性赋值的时候，千万不要在__setattr__()方法中再次对 width、height 赋值，因为对这两个属性赋值会再次触发__setattr__()方法，这样会让程序陷入死循环中。

运行上面程序，可以看到如下输出结果。

```
----设置 width 属性----
----设置 height 属性----
----读取 size 属性----
(3, 4)
----设置 size 属性----
----设置 width 属性----
----设置 height 属性----
6
```

```
----删除 size 属性----
----读取 size 属性----
(0, 0)
```

如果程序需要在读取、设置属性之前进行某种拦截处理（比如检查数据是否合法之类的），也可通过重写__setattr__()或__getattribute__方法来实现。例如如下程序。

程序清单：codes\08\8.1\attr_test2.py

```
class User:
    def __init__ (self, name, age):
        self.name = name
        self.age = age
    # 重写__setattr__()方法对设置的属性值进行检查
    def __setattr__ (self, name, value):
        # 如果正在设置 name 属性
        if name == 'name':
            if 2 < len(value) <= 8:
                self.__dict__['name'] = value
            else:
                raise ValueError('name 的长度必须在 2~8 之间')
        elif name == 'age':
            if 10 < value < 60:
                self.__dict__['age'] = value
            else:
                raise ValueError('age 值必须在 10~60 之间')

u = User('fkit', 24)
print(u.name)
print(u.age)
#u.name = 'fk' # 引发异常
u.age = 2  # 引发异常
```

上面程序只重写了__setattr__()方法，并在该方法中对 name、age 属性设置的属性值进行了限制。比如程序中第一行粗体字代码限制了 name 属性值的长度必须在 2~8 之间；第二行粗体字代码限制了 age 属性值必须在 10~60 之间，只有在该范围内的属性值才能设置成功，否则程序会引发 ValueError 异常。上面程序中最后两行代码设置的属性值不符合条件，它们将会引发 ValueError 异常。

8.2 与反射相关的属性和方法

如果程序在运行过程中要动态判断是否包含某个属性（包括方法），甚至要动态设置某个属性值，则可通过 Python 的反射支持来实现。

8.2.1 动态操作属性

在动态检查对象是否包含某些属性（包括方法）相关的函数有如下几个。

- hasattr(obj, name)：检查 obj 对象是否包含名为 name 的属性或方法。
- getattr(object, name[, default])：获取 object 对象中名为 name 的属性的属性值。
- setattr(obj, name, value, /)：将 obj 对象的 name 属性设为 value。

下面程序示范了通过以上函数来动态操作 Python 对象的属性。

程序清单：codes\08\8.2\reflect.py

```
class Comment:
    def __init__ (self, detail, view_times):
        self.detail = detail
```

```
        self.view_times = view_times
    def info ():
        print("一条简单的评论，内容是%s" % self.detail)

c = Comment('疯狂 Python 讲义很不错', 20)
# 判断是否包含指定的属性或方法
print(hasattr(c, 'detail')) # True
print(hasattr(c, 'view_times')) # True
print(hasattr(c, 'info')) # True
# 获取指定属性的属性值
print(getattr(c, 'detail')) # '疯狂 Python 讲义很不错'
print(getattr(c, 'view_times')) # 20
# 获取 info 属性的值，由于 info 是方法，因此输出绑定方法（bound method）：Comment.info
print(getattr(c, 'info', '默认值'))
# 为指定属性设置属性值
setattr(c, 'detail', '天气不错')
setattr(c, 'view_times', 32)
# 输出重新设置后的属性值
print(c.detail)
print(c.view_times)
```

上面程序先定义了一个 Comment 类，接下来程序创建了 Comment 类的实例。程序后面部分示范了 hasattr()、getattr()、setattr()三个函数的用法。从上面的示例代码可以看出，hasattr()函数既可判断属性，也可判断方法，但 getattr()也可获取属性或方法的值，当使用 getattr()获取方法时，将返回绑定的方法本身。

运行上面代码，可以看到如下输出结果。

```
True
True
True
疯狂 Python 讲义很不错
20
<bound method Comment.info of <__main__.Comment object at 0x0000000002880508>>
天气不错
32
```

从上面最后两行输出来看，程序使用 setattr()函数可改变 Python 对象的属性值；如果使用该函数对 Python 对象设置的属性不存在，那么就表现为添加属性——反正 Python 是动态语言。看如下代码。

```
# 设置不存在的属性，即为对象添加属性
setattr(c, 'test', '新增的测试属性')
print(c.test) # 新增的测试属性
```

实际上 setattr()函数还可对方法进行设置，在使用 setattr()函数重新设置对象的方法时，新设置的方法是未绑定方法。例如如下代码。

```
def bar ():
    print('一个简单的 bar 方法')
# 将 c 的 info 方法设为 bar 函数
setattr(c, 'info', bar)
c.info()
```

上面程序先定义了一个 bar()函数，在该函数中不能定义 self 参数（否则需要程序员显式为参数传入参数值，系统不会自动为该参数绑定参数值）。接下来程序调用 setattr()函数将 Comment 对象的 info()方法设置为 bar()函数，然后程序调用 Comment 对象的 info()方法，其实就是调用程序中的 bar()函数。

运行上面代码，可以看到运行 c.info()方法时实际执行的是前面定义的 bar()函数。

不仅如此，程序完全可通过 setattr()函数将 info()方法设置成普通值，这样将会把 info 变成一个属性，而不是方法，例如如下代码。

```
# 将 c 的 info 设置为字符串'fkit'
setattr(c, 'info', 'fkit')
c.info()
```

上面第一行代码将 c 的 info（原本是方法）设置为字符串'fkit'，这样 info 就变成了属性，而不是方法。运行上面第二行代码，将会看到如下错误提示。

```
TypeError: 'str' object is not callable
```

8.2.2　__call__属性

上面程序可用 hasattr()函数判断指定属性（或方法）是否存在，但到底是属性还是方法，则需要进一步判断它是否可调用。程序可通过判断该属性（或方法）是否包含__call__属性来确定它是否可调用。

例如如下程序。

程序清单：codes\08\8.2\call_test.py

```
class User:
    def __init__(self, name, passwd):
        self.name = name
        self.passwd = passwd
    def validLogin (self):
        print('验证%s 的登录' % self.name)
u = User('crazyit', 'leegang')
# 判断 u.name 是否包含__call__方法，即判断它是否可调用
print(hasattr(u.name, '__call__')) # False
# 判断 u.passwd 是否包含__call__方法，即判断它是否可调用
print(hasattr(u.passwd, '__call__')) # False
# 判断 u.validLogin 是否包含__call__方法，即判断它是否可调用
print(hasattr(u.validLogin, '__call__')) # True
```

上面程序中粗体字代码分别判断 User 对象的 name、passwd、validLogin 是否包含__call__方法，如果包含该方法，则表明它是可调用的；否则就说明它是不可调用的。

从上面程序的输出结果不难看到，对于 name、passwd 两个属性，由于它们都是不可调用的，因此程序在判断它们是否包含__call__方法时输出 False；对于 validLogin 方法，由于它是可调用的，因此程序在判断它是否包含__call__方法时输出 True。

实际上，一个函数（甚至对象）之所以能执行，关键就在于__call__()方法。实际上 x(arg1, arg2, ...)只是 x.__call__(arg1, arg2, ...)的快捷写法，因此我们甚至可以为自定义类添加__call__方法，从而使得该类的实例也变成可调用的。例如如下代码（程序清单同上）。

```
# 定义 Role 类
class Role:
    def __init__ (self, name):
        self.name = name
    # 定义__call__方法
    def __call__(self):
        print('执行 Role 对象')
r = Role('管理员')
# 直接调用 Role 对象，就是调用该对象的__call__方法
r()
```

上面程序中最后一行粗体字代码使用调用函数的语法来调用对象，这看上去似乎是错误的，但

由于该 Role 类提供了__call__方法，因此调用对象的本质就是执行该对象的__call__方法。运行上面代码，将看到如下输出结果。

```
执行 Role 对象
```

对于程序中的函数，同样既可使用函数的语法来调用它，也可把函数当成对象，调用它的__call__方法。例如如下示例代码。

```
def foo ():
    print('--foo 函数--')
# 下面示范了通过两种方式来调用 foo()函数
foo()
foo.__call__()
```

运行上面代码，可以看到 foo()和 foo.__call__()的效果完全相同。

8.3 与序列相关的特殊方法

Python 的序列可包含多个元素，开发者只要实现符合序列要求的特殊方法，就可实现自己的序列。

8.3.1 序列相关方法

序列最重要的特征就是可包含多个元素，因此和序列有关的特殊方法有如下几个。

- __len__(self)：该方法的返回值决定序列中元素的个数。
- __getitem__(self, key)：该方法获取指定索引对应的元素。该方法的 key 应该是整数值或 slice 对象，否则该方法会引发 KeyError 异常。
- __contains__(self, item)：该方法判断序列是否包含指定元素。
- __setitem__(self, key, value)：该方法设置指定索引对应的元素。该方法的 key 应该是整数值或 slice 对象，否则该方法会引发 KeyError 异常。
- __delitem__(self, key)：该方法删除指定索引对应的元素。

如果程序要实现不可变序列（程序只能获取序列中的元素，不能修改），只要实现上面前 3 个方法就行；如果程序要实现可变序列（程序既能获取序列中的元素，也可修改），则需要实现上面 5 个方法。

下面程序将会实现一个字符串序列，在该字符串序列中默认每个字符串的长度都是 3，该序列的元素按 AAA、AAB、AAC……这种格式排列。

程序清单：codes\08\8.3\seq_test.py

```
def check_key (key):
    '''
    该函数将会负责检查序列的索引，该索引必须是整数值，否则引发 TypeError 异常
    且程序要求索引必须为非负整数值，否则引发 IndexError 异常
    '''
    if not isinstance(key, int): raise TypeError('索引值必须是整数')
    if key < 0: raise IndexError('索引值必须是非负整数')
    if key >= 26 ** 3: raise IndexError('索引值不能超过%d' % 26 ** 3)
class StringSeq:
    def __init__(self):
        # 用于存储被修改的数据
        self.__changed = {}
        # 用于存储已删除元素的索引
        self.__deleted = []
    def __len__(self):
        return 26 ** 3
```

```
    def __getitem__(self, key):
        '''
        根据索引获取序列中元素
        '''
        check_key(key)
        # 如果在self.__changed中找到修改后的数据
        if key in self.__changed :
            return self.__changed[key]
        # 如果key在self.__deleted中，说明该元素已被删除
        if key in self.__deleted :
            return None
        # 否则根据计算规则返回序列元素
        three = key // (26 * 26)
        two = ( key - three * 26 * 26) // 26
        one = key % 26
        return chr(65 + three) + chr(65 + two) + chr(65 + one)
    def __setitem__(self, key, value):
        '''
        根据索引修改序列中元素
        '''
        check_key(key)
        # 将修改的元素以key-value对的形式保存在__changed中
        self.__changed[key] = value
    def __delitem__(self, key):
        '''
        根据索引删除序列中元素
        '''
        check_key(key)
        # 如果__deleted列表中没有包含被删除的key，则添加被删除的key
        if key not in self.__deleted : self.__deleted.append(key)
        # 如果__changed中包含被删除的key，则删除它
        if key in self.__changed : del self.__changed[key]
# 创建序列
sq = StringSeq()
# 获取序列的长度，实际上就是返回__len__()方法的返回值
print(len(sq))
print(sq[26*26])
# 打印修改之前的sq[1]
print(sq[1]) # 'AAB'
# 修改sq[1]元素
sq[1] = 'fkit'
# 打印修改之后的sq[1]
print(sq[1]) # 'fkit'
# 删除sq[1]
del sq[1]
print(sq[1]) # None
# 再次对sq[1]赋值
sq[1] = 'crazyit'
print(sq[1]) # crazyit
```

上面程序实现了一个StringSeq类，并为该类实现了__len__()、__getitem__()、__setitem__()和__delitem__()方法，其中__len__()方法返回该序列包含的元素个数，__getitem__()方法根据索引返回元素，__setitem()__方法根据索引修改元素的值，而__delitem()__方法则用于根据索引删除元素。

该序列本身并不保存序列元素，序列会根据索引动态计算序列元素，因此该序列需要保存被修改、被删除的元素。该序列使用__changed实例变量保存被修改的元素，使用__deleted实例变量（列表）保存被删除的索引。

在定义了字符串序列之后，接下来程序创建了序列对象，并调用序列方法测试该工具类。运行该程序，可以看到如下输出结果。

```
17576
```

```
BAA
AAB
fkit
None
crazyit
```

从上面的输出结果来看，程序中序列的第二个元素 sq[1]恰好为'AAB'，程序既可对序列元素赋值，也可删除、修改序列元素，这完全是一个功能完备的序列。

8.3.2 实现迭代器

前面介绍了使用 for-in 循环遍历列表、元组和字典等，这些对象都是可迭代的，因此它们都属于迭代器。

如果开发者需要实现迭代器，只要实现如下两个方法即可。

- __iter__(self)：该方法返回一个迭代器（iterator），迭代器必须包含一个__next__()方法，该方法返回迭代器的下一个元素。
- __reversed__(self)：该方法主要为内建的 reversed()反转函数提供支持，当程序调用 reversed()函数对指定迭代器执行反转时，实际上是由该方法实现的。

从上面介绍不难看出，如果程序不需要让迭代器反转迭代，其实只需要实现第一个方法即可。下面程序将会定义一个代表斐波那契数列（数列的元素等于前两个元素之和：$f(n+2) = f(n+1) + f(n)$）的迭代器。

程序清单：codes\08\8.3\iter_test.py

```
# 定义一个代表斐波那契数列的迭代器
class Fibs:
    def __init__(self, len):
        self.first = 0
        self.sec = 1
        self.__len = len
    # 定义迭代器所需的__next__方法
    def __next__(self):
        # 如果__len__属性为 0，结束迭代
        if self.__len == 0:
            raise StopIteration
        # 完成数列计算
        self.first, self.sec = self.sec, self.first + self.sec
        # 数列长度减 1
        self.__len -= 1
        return self.first
    # 定义__iter__方法，该方法返回迭代器
    def __iter__(self):
        return self
# 创建 Fibs 对象
fibs = Fibs(10)
# 获取迭代器的下一个元素
print(next(fibs))
# 使用 for-in 循环遍历迭代器
for el in fibs:
    print(el, end=' ')
```

上面程序定义了一个 Fibs 类，该类实现了__iter__()方法，该方法返回 self，因此它要求该类必须提供__next__()方法，该方法会返回数列的下一个值。程序使用__len 属性控制数列的剩余长度，当__len 为 0 时，程序停止遍历。

上面程序创建了一个长度为 10 的数列，程序开始使用内置的 next()函数来获取迭代器的下一个元素，该 next()函数其实就是通过迭代器的__next()__方法来实现的。

程序接下来使用 for 循环来遍历该数列。运行该程序，将看到如下输出结果。

```
1 1 2 3 5 8 13 21 34 55
```

此外，程序可使用内置的 iter()函数将列表、元组等转换成迭代器，例如如下代码。

```
# 将列表转换为迭代器
my_iter = iter([2, 'fkit', 4])
# 依次获取迭代器的下一个元素
print(my_iter.__next__()) # 2
print(my_iter.__next__()) # fkit
```

8.3.3 扩展列表、元组和字典

通过前面介绍的方法可实现自定义序列、自定义迭代器。实际上前面介绍的列表、元组等本身都实现了这些序列方法、迭代器方法，因此它们既是序列，也是迭代器。

很多时候，如果程序明确需要一个特殊的列表、元组或字典类，我们有两种选择。

- 自己实现序列、迭代器等各种方法，自己来实现这个特殊的类。
- 扩展系统已有的列表、元组或字典。

很明显，第一种方式有点烦琐，因为这意味着开发者要把所有方法都自己实现一遍；第二种方式就简单多了，只要继承系统已有的列表、元组或字典类，然后重写或新增方法即可。

下面程序将会示范开发一个新的字典类，这个字典类可根据 value 来获取 key。由于字典中 value 是可以重复的，因此该方法会返回指定 value 对应的全部 key 组成的列表。

程序清单：codes\08\8.3\extend_dict.py

```
# 定义 ValueDict 类，继承 dict 类
class ValueDict(dict):
    # 定义构造函数
    def __init__(self, *args, **kwargs):
        # 调用父类的构造函数
        super().__init__(*args, **kwargs)
    # 新增 getkeys 方法
    def getkeys(self, val):
        result = []
        for key, value in self.items():
            if value == val: result.append(key)
        return result
my_dict = ValueDict(语文 = 92, 数学 = 89, 英语 = 92)
# 获取 92 对应的所有 key
print(my_dict.getkeys(92)) # ['语文', '英语']
my_dict['编程'] = 92
print(my_dict.getkeys(92)) # ['语文', '英语', '编程']
```

上面粗体字代码为扩展的 ValueDict 类新增了一个 getkeys 方法，该方法可以根据 value 获取它对应的所有 key 组成的列表。

运行该程序，可以看到如下输出结果。

```
['语文', '英语']
['语文', '英语', '编程']
```

从上面的输出结果不难看出，我们扩展的这个字典类可以根据 value 获取对应的 key，运行非常好，而程序只要扩展 dict 类，并新增一个方法即可，非常方便。

8.4 生成器

生成器和迭代器的功能非常相似，它也会提供__next__()方法，这意味着程序同样可调用内置

的 next()函数来获取生成器的下一个值，也可使用 for 循环来遍历生成器。

生成器与迭代器的区别在于：迭代器通常是先定义一个迭代器类，然后通过创建实例来创建迭代器；而生成器则是先定义一个包含 yield 语句的函数，然后通过调用该函数来创建生成器。

生成器是一种非常优秀的语法，Python 使用生成器可以让程序变得很优雅。

8.4.1 创建生成器

创建生成器需要两步操作。

① 定义一个包含 yield 语句的函数。

② 调用第①步创建的函数得到生成器。

下面程序使用生成器来定义一个差值递增的数列。程序先定义了一个包含 yield 语句的函数。

程序清单：codes\08\8.4\simple_generator.py

```
def test(val, step):
    print("--------函数开始执行------")
    cur = 0
    # 遍历 0~val
    for i in range(val):
        # cur 添加 i*step
        cur += i * step
        yield cur
```

上面函数与前面介绍的普通函数的最大区别在于 yield cur 这行，如果将这行代码改为 print(cur)，那么这个函数就显得比较普通了——该函数只是简单地遍历区间，并将循环计数器乘以 step 后添加到 cur 变量上，该数列中两个值之间的差值会逐步递增。

如果将上面的 yield cur 语句改为 print(cur, end=' ')，执行 test(10, 2)函数将会看到如下输出结果。

```
0 2 6 12 20 30 42 56 72 90
```

yield cur 语句的作用有两点。

- 每次返回一个值，有点类似于 return 语句。
- 冻结执行，程序每次执行到 yield 语句时就会被暂停。

在程序被 yield 语句冻结之后，当程序再次调用 next()函数获取生成器的下一个值时，程序才会继续向下执行。

需要指出的是，调用包含 yield 语句的函数并不会立即执行，它只是返回一个生成器。只有当程序通过 next()函数调用生成器或遍历生成器时，函数才会真正执行。

保留上面函数中的 yield cur 语句，执行如下语句。

```
# 执行函数，返回生成器
t = test(10, 2)
print('=================')
# 获取生成器的第一个值
print(next(t)) # 0，生成器被"冻结"在 yield 处
print(next(t)) # 2，生成器被再次"冻结"在 yield 处
```

运行上面代码，可以看到如下输出结果。

```
=================
--------函数开始执行------
0
2
```

从上面的输出结果不难看出，当程序执行 t = test(10, 2)调用函数时，程序并未开始执行 test()函数；当程序第一次调用 next(t)时，test()函数才开始执行。

注意

Python 2.x 不使用 next()函数来获取生成器的下一个值，而是直接调用生成器的 next()方法。也就是说，在 Python 2.x 中应该写成 t.next()。

当程序调用 next(t)时，生成器会返回 yield cur 语句返回的值（第一次返回 0），程序被“冻结”在 yield 语句处，因此可以看到上面生成器第一次输出的值为 0。

当程序第二次调用 next(t)时，程序的“冻结”被解除，继续向下执行，这一次循环计数器 i 变成 1，在执行 cur += i * step 之后，cur 变成 2，生成器再次返回 yield cur 语句返回的值（这一次返回 2），程序再次被“冻结”在该 yield 语句处，因此可以看到上面生成器第二次输出的值为 2。

程序可使用 for 循环来遍历生成器，相当于不断地使用 next()函数获取生成器的下一个值。例如如下代码。

```
for ele in t:
    print(ele, end=' ')
```

运行上面循环代码，会生成如下输出结果。

```
6 12 20 30 42 56 72 90
```

由于前面两次调用 next()函数已经获取了生成器的前两个值，因此此处循环时第一次输出的值就是 6。

此外，程序可使用 list()函数将生成器能生成的所有值转换成列表，也可使用 tuple()函数将生成器能生成的所有值转换成元组。例如如下代码。

```
# 再次创建生成器
t = test(10, 1)
# 将生成器转换成列表
print(list(t))
# 再次创建生成器
t = test(10, 3)
# 将生成器转换成元组
print(tuple(t))
```

运行上面代码，可以看到如下输出结果。

```
--------函数开始执行------
[0, 1, 3, 6, 10, 15, 21, 28, 36, 45]
--------函数开始执行------
(0, 3, 9, 18, 30, 45, 63, 84, 108, 135)
```

如果读者还记得 4.4.8 节的内容，应该知道前面还介绍过使用 for 循环来创建生成器（将 for 表达式放在圆括号里）。可见，Python 主要提供了以下两种方式来创建生成器。

- 使用 for 循环的生成器推导式。
- 调用带 yield 语句的生成器函数。

生成器是 Python 的一个特色功能，在其他语言中往往没有对应的机制，因此很多 Python 开发者对生成器机制不甚了解。但实际上生成器是一种非常优秀的机制，以我们实际开发的经验来看，使用生成器至少有以下几个优势。

- 当使用生成器来生成多个数据时，程序是按需获取数据的，它不会一开始就把所有数据都生成出来，而是每次调用 next()获取下一个数据时，生成器才会执行一次，因此可以减少代码的执行次数。比如前面介绍的示例，程序不会一开始就把生成器函数中的循环都执行完成，而是每次调用 next()时才执行一次循环体。
- 当函数需要返回多个数据时，如果不使用生成器，程序就需要使用列表或元组来收集函数返回的多个值，当函数要返回的数据量较大时，这些列表、元组会带来一定的内存开销；如果使用生成器就不存在这个问题，生成器可以按需、逐个返回数据。

➢ 使用生成器的代码更加简洁。

8.4.2 生成器的方法

当生成器运行起来之后，开发者还可以为生成器提供值，通过这种方式让生成器与“外部程序”动态地交换数据。

为了实现生成器与“外部程序”动态地交换数据，需要借助于生成器的 send()方法，该方法的功能与前面示例中所使用的next()函数的功能非常相似，它们都用于获取生成器所生成的下一个值，并将生成器“冻结”在 yield 语句处；但 send()方法可以接收一个参数，该参数值会被发送给生成器函数。

在生成器函数内部，程序可通过 yield 表达式来获取 send()方法所发送的值——这意味着此时程序应该使用一个变量来接收 yield 语句的值。如果程序依然使用 next()函数来获取生成器所生成的下一个值，那么 yield 语句返回 None。

对于上面详细的描述，归纳起来就是两句话。

➢ 外部程序通过 send()方法发送数据。

➢ 生成器函数使用 yield 语句接收收据。

另外，需要说明的是，只有等到生成器被“冻结”之后，外部程序才能使用 send()方法向生成器发送数据。获取生成器第一次所生成的值，应该使用 next()函数；如果程序非要使用 send()方法获取生成器第一次所生成的值，也不能向生成器发送数据，只能为该方法传入 None 参数。

下面程序示范了向生成器发送数据。该程序会依次生成每个整数的平方值，但外部程序可以向生成器发送数据，当生成器接收到外部数据之后会生成外部数据的平方值。

程序清单：codes\08\8.4\send_test.py

```
def square_gen(val):
    i = 0
    out_val = None
    while True:
        # 使用 yield 语句生成值，使用 out_val 接收 send()方法发送的参数值
        out_val = (yield out_val ** 2) if out_val is not None else (yield i ** 2)
        # 如果程序使用 send()方法获取下一个值，out_val 会获取 send()方法的参数值
        if out_val is not None : print("====%d" % out_val)
        i += 1

sg = square_gen(5)
# 第一次调用 send()方法获取值，只能传入 None 作为参数
print(sg.send(None))
print(next(sg))
print('--------------')
# 调用 send()方法获取生成器的下一个值，参数 9 会被发送给生成器
print(sg.send(9))
# 再次调用 next()函数获取生成器的下一个值
print(next(sg))
```

该程序与前面的简单生成器程序的区别就在于粗体字代码行，这行代码在 yield 语句（yield 语句被放在 if 表达式中，整个表达式只会返回一个 yield 语句）的左边放了一个变量，该变量就用于接收生成器 send()方法所发送的值。

上面程序第一次使用生成器的 send()方法来获取生成器的下一个值，因此只能为 send()方法传入 None 作为参数。程序执行到粗体字代码处，由于此时 out_val 为 None，因此程序执行 yield i ** 2（生成器返回 0），程序被“冻结”——注意，当程序被“冻结”时，程序还未对 out_val 变量赋

值，因此看到第一次获取生成器的值为 0。

> **提示**
>
> 通过上面的执行过程不难看出，生成器根本不能获取第一次调用 send()方法发送的参数值，这就是 Python 要求生成器第一次调用 send()方法时只能发送 None 参数的原因。

接下来程序调用 next(sg)获取生成器的下一个值，程序从“冻结”处（对 out_val 赋值）向下执行。由于此处调用 next()函数获取生成器的下一个值，因此 out_val 被赋值为 None，所以程序执行 yield i ** 2（生成器返回 1），程序再次被“冻结”。

接下来程序调用 sg.send(9)获取生成器的下一个值，程序从“冻结”处（对 out_val 赋值）向下执行。由于此处调用 send(9)方法获取生成器的下一个值，因此 out_val 被赋值为 9，所以程序执行 yield out_val ** 2（生成器返回 81），程序再次被“冻结”。因此看到本次获取生成器的值为 81。

程序再次调用 next(sg)获取生成器的下一个值，程序从“冻结”处（对 out_val 赋值）向下执行。由于此处调用 next()函数获取生成器的下一个值，因此 out_val 被赋值为 None，所以程序执行 yield i ** 2（此时 i 已经递增到 3，因此生成器返回 9），程序再次被“冻结”。因此看到本次获取生成器的值为 9。

运行上面程序，可以看到如下输出结果。

```
0
1
--------------
====9
81
9
```

此外，生成器还提供了如下两个常用方法。

- close()：该方法用于停止生成器。
- throw()：该方法用于在生成器内部（yield 语句内）引发一个异常。

例如，在程序中增加如下代码。

```
# 让生成器引发异常
sg.throw(ValueError)
```

运行上面代码，将看到如下输出结果。

```
Traceback (most recent call last):
  File "send_test.py", line 37, in <module>
    sg.throw(ValueError)
  File "send_test.py", line 21, in square_gen
    out_val = (yield out_val ** 2) if out_val is not None else (yield i ** 2)
ValueError
```

从上面的输出结果可以看到，在程序调用生成器的 throw()方法引发异常之后，程序就会在 yield 语句中引发该异常。

将上面的 sg.throw(ValueError)代码注释掉，为程序增加如下两行代码来示范 close()方法的用法。在程序调用 close()方法关闭生成器之后，程序就不能再去获取生成器的下一个值，否则就会引发异常。

```
# 关闭生成器
sg.close()
print(next(sg)) # StopIteration
```

运行上面代码，可以看到如下输出结果。

```
Traceback (most recent call last):
  File "send_test.py", line 41, in <module>
    print(next(sg)) # StopIteration
StopIteration
```

8.5 运算符重载的特殊方法

Python 允许为自定义类提供特殊方法，这样就可以让自定义类的对象也支持各种运算符的运算。

8.5.1 与数值运算符相关的特殊方法

根据第 2 章的介绍，与数值运算相关的运算符包括算术运算符、位运算符等，其实这些运算符都是由对应的方法提供支持的。开发人员可以为自定义类提供如下方法。

- object.__add__(self, other)：加法运算，为“+”运算符提供支持。
- object.__sub__(self, other)：减法运算，为“-”运算符提供支持。
- object.__mul__(self, other)：乘法运算，为“*”运算符提供支持。
- object.__matmul__(self, other)：矩阵乘法，为“@”运算符提供支持。

提示：

本书暂不介绍 Python 的矩阵运算支持，如果读者对 Python 的矩阵运算感兴趣，则需要先为 Python 安装 numpy 模块，通过命令行窗口输入 pip3 install numpy 命令来安装 numpy 模块；然后再导入 numpy 模块，可以通过在程序中添加 from numpy import *或 import numpy as np 语句来导入 numpy 模块。

- object.__truediv__(self, other)：除法运算，为“/”运算符提供支持。
- object.__floordiv__(self, other)：整除运算，为“//”运算符提供支持。
- object.__mod__(self, other)：求余运算，为“%”运算符提供支持。
- object.__divmod__(self, other)：求余运算，为 divmod 运算符提供支持。
- object.__pow__(self, other[, modulo])：乘方运算，为“**”运算符提供支持。
- object.__lshift__(self, other)：左移运算，为“<<”运算符提供支持。
- object.__rshift__(self, other)：右移运算，为“>>”运算符提供支持。
- object.__and__(self, other)：按位与运算，为“&”运算符提供支持。
- object.__xor__(self, other)：按位异或运算，为“^”运算符提供支持。
- object.__or__(self, other)：按位或运算，为“|”运算符提供支持。

一旦为自定义类提供了上面这些方法，程序就可以直接用运算符来操作该类的实例。比如程序执行 x + y，相当于调用 x.__add__(self, y)，因此只要 x 所属的类提供__add__(self, other)方法即可；如果自定义类没有提供对应的方法，程序会返回 NotImplemented。

例如，下面程序定义了一个 Rectangle 类，如果希望对两个 Rectangle 执行加法运算，则可为该类提供__add__(self, other)方法。

程序清单：codes\08\8.5\add_test.py

```
class Rectangle:
    def __init__(self, width, height):
        self.width = width
        self.height = height
    # 定义 setSize()函数
    def setSize (self , size):
        self.width, self.height = size
    # 定义 getSize()函数
    def getSize (self):
        return self.width, self.height
    # 使用 property 定义属性
    size = property(getSize, setSize)
    # 定义__add__方法，该对象可执行“+”运算
```

```
    def __add__(self, other):
        # 要求参与"+"运算的另一个操作数必须是 Rectangle
        if not isinstance(other, Rectangle):
            raise TypeError('+运算要求目标是 Rectangle')
        return Rectangle(self.width + other.width, self.height + other.height)
    def __repr__(self):
        return 'Rectangle(width=%g, height=%g)' % (self.width, self.height)
r1 = Rectangle(4, 5)
r2 = Rectangle(3, 4)
# 对两个 Rectangle 执行加法运算
r = r1 + r2
print(r) # Rectangle(width=7, height=9)
```

上面程序为 Rectangle 提供了__add__方法，因此程序就可以对两个 Rectangle 使用“+”执行加法运算了。运行上面程序，可以看到如下输出结果。

```
Rectangle(width=7, height=9)
```

当程序执行 x + y 运算时，Python 首先会尝试使用 x 的__add__方法进行计算；如果 x 没有提供__add__方法，Python 还会尝试调用 y 的__radd__方法进行计算。这意味着上面介绍的各种数值运算相关方法，还有一个带 r 的版本。

- object.__radd__(self, other)：当 y 提供该方法时，可执行 x + y。
- object.__rsub__(self, other)：当 y 提供该方法时，可执行 x - y。
- object.__rmul__(self, other)：当 y 提供该方法时，可执行 x * y。
- object.__rmatmul__(self, other)：当 y 提供该方法时，可执行 x @ y。
- object.__rtruediv__(self, other)：当 y 提供该方法时，可执行 x / y。
- object.__rfloordiv__(self, other)：当 y 提供该方法时，可执行 x // y。
- object.__rmod__(self, other)：当 y 提供该方法时，可执行 x % y。
- object.__rdivmod__(self, other)：当 y 提供该方法时，可执行 x divmod y。
- object.__rpow__(self, other)：当 y 提供该方法时，可执行 x ** y。
- object.__rlshift__(self, other)：当 y 提供该方法时，可执行 x << y。
- object.__rrshift__(self, other)：当 y 提供该方法时，可执行 x >> y。
- object.__rand__(self, other)：当 y 提供该方法时，可执行 x & y。
- object.__rxor__(self, other)：当 y 提供该方法时，可执行 x ^ y。
- object.__ror__(self, other)：当 y 提供该方法时，可执行 x | y。

简单来说，如果自定义类提供了上面列出的__rxxx__()方法，那么该自定义类的对象就可以出现在对应运算符的右边。

下面程序使用 Rectangle 类，并为该类定义了一个__radd__方法，这样即使运算符左边的对象没有提供对应的运算符方法，但是只要把 Rectangle 对象放在运算符的右边，程序也一样可以执行运算。

程序清单：codes\08\8.5\radd_test.py

```
class Rectangle:
    def __init__(self, width, height):
        self.width = width
        self.height = height
    # 定义 setSize()函数
    def setSize (self , size):
        self.width, self.height = size
    # 定义 getSize()函数
    def getSize (self):
        return self.width, self.height
    # 使用 property 定义属性
```

```
    size = property(getSize, setSize)
    # 定义__radd__方法，该对象可出现在“+”的右边
    def __radd__(self, other):
        # 要求参与“+”运算的另一个操作数必须是数值
        if not (isinstance(other, int) or isinstance(other, float)):
            raise TypeError('+运算要求目标是数值')
        return Rectangle(self.width + other, self.height + other)
    def __repr__(self):
        return 'Rectangle(width=%g, height=%g)' % (self.width, self.height)
r1 = Rectangle(4, 5)
# r1 有__radd__方法，因此它可以出现在“+”运算符的右边
r = 3 + r1
print(r) # Rectangle(width=7, height=8)
```

上面程序为 Rectangle 提供了__radd__方法，因此 Rectangle 对象可出现在“+”运算符的右边，支持加法运算。运行上面程序，可以看到如下输出结果。

```
Rectangle(width=7, height=8)
```

此外，Python 还支持各种扩展后的赋值运算符，这些扩展后的赋值运算符也是由特殊方法来提供支持的。

- object.__iadd__(self, other)：为“+=”运算符提供支持。
- object.__isub__(self, other)：为“-=”运算符提供支持。
- object.__imul__(self, other)：为“*=”运算符提供支持。
- object.__imatmul__(self, other)：为“@=”运算符提供支持。
- object.__itruediv__(self, other)：为“/=”运算符提供支持。
- object.__ifloordiv__(self, other)：为“//=”运算符提供支持。
- object.__imod__(self, other)：为“%=”运算符提供支持。
- object.__ipow__(self, other[, modulo])：为“**=”运算符提供支持。
- object.__ilshift__(self, other)：为“<<=”运算符提供支持。
- object.__irshift__(self, other)：为“>>=”运算符提供支持。
- object.__iand__(self, other)：为“&=”运算符提供支持。
- object.__ixor__(self, other)：为“^=”运算符提供支持。
- object.__ior__(self, other)：为“|=”运算符提供支持。

下面程序将示范为 Rectangle 类定义一个__iadd__()方法，从而使得 Rectangle 对象可支持“+=”运算。

程序清单：codes\08\8.5\iadd_test.py

```
class Rectangle:
    def __init__(self, width, height):
        self.width = width
        self.height = height
    # 定义 setSize()函数
    def setSize (self , size):
        self.width, self.height = size
    # 定义 getSize()函数
    def getSize (self):
        return self.width, self.height
    # 使用 property 定义属性
    size = property(getSize, setSize)
    # 定义__iadd__方法，该对象可支持“+=”运算
    def __iadd__(self, other):
        # 要求参与“+=”运算的另一个操作数必须是数值
        if not (isinstance(other, int) or isinstance(other, float)):
            raise TypeError('+=运算要求目标是数值')
```

```
        return Rectangle(self.width + other, self.height + other)
    def __repr__(self):
        return 'Rectangle(width=%g, height=%g)' % (self.width, self.height)
r = Rectangle(4, 5)
# r有__iadd__方法，因此它支持“+=”运算
r += 2
print(r) # Rectangle(width=6, height=7)
```

上面程序为 Rectangle 提供了__iadd__方法，因此 Rectangle 对象就可以支持“+=”运算。运行上面程序，可以看到如下输出结果。

```
Rectangle(width=6, height=7)
```

8.5.2 与比较运算符相关的特殊方法

Python 提供的>、<、>=、<=、==和!=等运算符同样是由特殊方法提供支持的。因此，如果程序为自定义类提供了这些特殊方法，那么程序就可使用这些比较运算符来比较大小了。

下面是与比较运算符相关的特殊方法。

- object.__lt__(self, other)：为“<”运算符提供支持。
- object.__le__(self, other)：为“<=”运算符提供支持。
- object.__eq__(self, other)：为“==”运算符提供支持。
- object.__ne__(self, other)：为“!=”运算符提供支持。
- object.__gt__(self, other)：为“>”运算符提供支持。
- object.__ge__(self, other)：为“>=”运算符提供支持。

虽然 Python 为每个比较运算符都提供了特殊方法，但实际上往往并不需要实现这么多的特殊方法，对于同一个类的实例比较大小而言，通常只要实现其中三个方法即可。因为在实现__gt__()方法之后，程序即可使用“>”和“<”两个运算符；在实现__eq__()方法之后，程序即可使用“==”和“!=”两个运算符；在实现__ge__()方法之后，程序即可使用“>=”和“<=”两个运算符。

下面程序还是为 Rectangle 类提供了这些特殊方法，从而使得两个 Rectangle 可以比较大小（基于面积比较大小）。

程序清单：codes\08\8.5\compare_test.py

```
class Rectangle:
    def __init__(self, width, height):
        self.width = width
        self.height = height
    # 定义 setSize()函数
    def setSize (self , size):
        self.width, self.height = size
    # 定义 getSize()函数
    def getSize (self):
        return self.width, self.height
    # 使用 property 定义属性
    size = property(getSize, setSize)
    # 定义__gt__方法，该对象可支持“>”和“<”比较
    def __gt__(self, other):
        # 要求参与“>”比较的另一个操作数必须是 Rectangle
        if not isinstance(other, Rectangle):
            raise TypeError('>比较要求目标是 Rectangle')
        return True if self.width * self.height > other.width * other.height else
False
    # 定义__eq__方法，该对象可支持“==”和“!=”比较
    def __eq__(self, other):
        # 要求参与“==”比较的另一个操作数必须是 Rectangle
        if not isinstance(other, Rectangle):
```

```
            raise TypeError('==比较要求目标是 Rectangle')
        return True if self.width * self.height == other.width * other.height else
False
    # 定义__ge__方法，该对象可支持“>=”和“<=”比较
    def __ge__(self, other):
        # 要求参与“>=”比较的另一个操作数必须是 Rectangle
        if not isinstance(other, Rectangle):
            raise TypeError('>=比较要求目标是 Rectangle')
        return True if self.width * self.height >= other.width * other.height else
False
    def __repr__(self):
        return 'Rectangle(width=%g, height=%g)' % (self.width, self.height)
r1 = Rectangle(4, 5)
r2 = Rectangle(3, 4)
print(r1 > r2) # True
print(r1 >= r2) # True
print(r1 < r2) # False
print(r1 <= r2) # False
print(r1 == r2) # False
print(r1 != r2) # True
print('------------------')
r3 = Rectangle(2, 6)
print(r2 >= r3) # True
print(r2 > r3) # False
print(r2 <= r3) # True
print(r2 < r3) # False
print(r2 == r3) # True
print(r2 != r3) # False
```

上面程序中三行粗体字代码为 Rectangle 实现了__gt__()、__eq__()和__ge__()方法，这样程序即可使用各种比较运算符来比较大小了。

运行上面程序，可以看到如下输出结果。

```
True
True
False
False
False
True
------------------
True
False
True
False
True
False
```

上面的比较结果正是根据程序所实现的三个特殊方法的比较逻辑得来的：面积越大的矩形越大。

8.5.3 与单目运算符相关的特殊方法

Python 还提供了+（单目求正）、-（单目求负）、~（单目取反）等运算符，这些运算符也有对应的特殊方法。

- object.__neg__(self)：为单目求负（-）运算符提供支持。
- object.__pos__(self)：为单目求正（+）运算符提供支持。
- object.__invert__(self)：为单目取反（~）运算符提供支持。

下面程序为 Rectangle 类实现了一个__neg__()方法，该方法用于控制将矩形的宽、高交换。下面是该类的代码。

程序清单：codes\08\8.5\neg_test.py

```
class Rectangle:
    def __init__(self, width, height):
        self.width = width
        self.height = height
    # 定义 setSize()函数
    def setSize (self , size):
        self.width, self.height = size
    # 定义 getSize()函数
    def getSize (self):
        return self.width, self.height
    # 使用 property 定义属性
    size = property(getSize, setSize)
    # 定义__neg__方法，该对象可执行求负（-）运算
    def __neg__(self):
        self.width, self.height = self.height, self.width
    def __repr__(self):
        return 'Rectangle(width=%g, height=%g)' % (self.width, self.height)
r = Rectangle(4, 5)
# 对 Rectangle 执行求负运算
-r
print(r) # Rectangle(width=5, height=4)
```

上面程序中粗体字代码定义了__neg__方法，这样即可对 Rectangle 对象执行求负运算，在__neg__方法内部就是交换矩形的宽和高，因此程序对 Rectangle 执行求负运算其实就是交换矩形的宽和高。

运行上面程序，可以看到如下输出结果。

```
Rectangle(width=5, height=4)
```

8.5.4 与类型转换相关的特殊方法

Python 提供了 str()、int()、float()、complex()等函数（其实是这些类的构造器）将其他类型的对象转换成字符串、整数、浮点数和复数，这些转换同样也是由特殊方法在底层提供支持的。下面是这些特殊方法。

- object.__str__(self)：对应于调用内置的 str()函数将该对象转换成字符串。

提示：

对象的__str__()和__repr__()方法的功能有些类似，它们都用于将对象转换成字符串，区别在于：__repr__代表的是“自我描述”的方法，当程序调用 print()函数输出对象时，Python 会自动调用该对象的__repr__()方法，而__str__()方法则只有在显式调用 str()函数时才会起作用。

- object.__bytes__(self)：对应于调用内置的 bytes()函数将该对象转换成字节内容。该方法应该返回 bytes 对象。
- object.__complex__(self)：对应于调用内置的 complex()函数将该对象转换成复数。该方法应该返回 complex 对象
- object.__int__(self)：对应于调用内置的 int()函数将对象转换成整数。该方法应该返回 int 对象
- object.__float__(self)：对应于调用内置的 float()函数将对象转换成浮点数。该方法应该返回 float 对象

下面还是以自定义的 Rectangle 为例，程序为该类提供了一个__int__()方法，这样程序就可用 int()函数将 Rectangle 对象转换成整数了。

程序清单：codes\08\8.5\int_test.py

```
class Rectangle:
    def __init__(self, width, height):
        self.width = width
        self.height = height
    # 定义 setSize()函数
    def setSize (self , size):
        self.width, self.height = size
    # 定义 getSize()函数
    def getSize (self):
        return self.width, self.height
    # 使用 property 定义属性
    size = property(getSize, setSize)
    # 定义__int__方法，程序可调用 int()函数将该对象转换成整数
    def __int__(self):
        return int(self.width * self.height)
    def __repr__(self):
        return 'Rectangle(width=%g, height=%g)' % (self.width, self.height)
r = Rectangle(4, 5)
print(int(r)) # 20
```

上面程序中粗体字代码实现了__int__方法，该方法返回 Rectangle 对象的面积转换成的整数，因此程序可调用 int()函数将 Rectangle 转换成整数——实际上就是返回该矩形的面积。

运行上面程序，可以看到如下输出结果。

```
20
```

8.5.5 与常见的内建函数相关的特殊方法

Python 还提供了一些常见的内建函数，当使用这些内建的函数处理对象时，实际上也是由以下特殊方法来提供支持的。

- object.__format__(self, format_spec)：对应于调用内置的 format()函数将对象转换成格式化字符串。
- object.__hash__(self)：对应于调用内置的 hash()函数来获取该对象的 hash 码。
- object.__abs__(self)：对应于调用内置的 abs()函数返回绝对值。
- object.__round__(self[, ndigits])：对应于调用内置的 round()函数执行四舍五入取整。
- object.__trunc__(self)：对应于调用内置的 trunc()函数执行截断取整。

注意

如果某个自定义类没有提供__int__(self)方法，而是提供了__trunc__(self)方法，那么程序在调用内置的 int()函数将其转换成整数时，底层将由__trunc__(self)方法提供支持。

- object.__floor__(self)：对应于调用内置的 floor()函数执行向下取整。
- object.__ceil__(self)：对应于调用内置的 ceil()函数执行向上取整。

下面程序示范了为 Rectangle 类定义一个__round__()方法，接下来程序就可以调用 round()函数对 Rectangle 对象执行四舍五入取整了。

程序清单：codes\08\8.5\round_test.py

```
class Rectangle:
    def __init__(self, width, height):
        self.width = width
        self.height = height
```

```
        # 定义setSize()函数
        def setSize (self , size):
            self.width, self.height = size
        # 定义getSize()函数
        def getSize (self):
            return self.width, self.height
        # 使用property定义属性
        size = property(getSize, setSize)
        # 定义__round__方法，程序可调用round()函数将该对象执行四舍五入取整
        def __round__(self, ndigits=0):
            self.width, self.height = round(self.width, ndigits), round(self.height,
ndigits)
            return self
        def __repr__(self):
            return 'Rectangle(width=%g, height=%g)' % (self.width, self.height)
    r = Rectangle(4.13, 5.56)
    # 对Rectangle对象执行四舍五入取整
    result = round(r, 1)
    print(r) # Rectangle(width=4.1, height=5.6)
    print(result) # Rectangle(width=4.1, height=5.6)
```

上面程序中粗体字代码为 Rectangle 类定义了__round__()方法，因此程序可调用 round()函数对 Rectangle 对象执行四舍五入取整。运行该程序，可以看到如下输出结果。

```
    Rectangle(width=4.1, height=5.6)
    Rectangle(width=4.1, height=5.6)
```

8.6 本章小结

本章主要介绍了 Python 的部分特殊方法。Python 是一门很独特的语言，这门语言力求简洁，它甚至不像某些语言（比如 Java）提供了接口语法，Python 语言采用的是“约定”规则，它提供了大量具有特殊意义的方法，这些方法有些可以直接使用，有些需要开发者重写。掌握这些方法是使用 Python 面向对象编程的基础。本章也详细介绍了与序列和生成器相关的特殊方法。本章还详细介绍了与运算符重载相关的特殊方法、与类型转换相关的特殊方法、与常见的内建函数相关的特殊方法，对于这些方法读者也应该好好掌握。

本章练习

1．自定义一个序列，该序列按顺序包含 52 张扑克牌，分别是黑桃、红心、草花、方块的 2~A。要求：提供序列的各种操作方法。

2．自定义一个序列，该序列按顺序包含所有三位数（如 100, 101, 102…）。要求：提供序列的各种操作方法。

3．自定义一个迭代器，该迭代器分别返回 1, 1+2, 1+2+3…的累积和。

4．自定义一个生成器，该生成器可按顺序返回 52 张扑克牌，分别是黑桃、红心、草花、方块的 2~A。

5．自定义一个生成器，可依次返回 1, 2, 3, 4…的阶乘。

6．自定义一个生成器，可依次访问前面目录下的所有 Python 源文件（以.py 为后缀的文件）。

7．自定义一个代表二维坐标系上某个点的 Point 类（包括 x、y 两个属性），为 Point 类提供自定义的减法运算符支持，计算结果返回两点之间的距离。

8．自定义代表扑克牌的 Card 类（包括花色和牌面值），为 Card 类提供自定义的比较大小的运算符支持，大小比较标准是先比较牌面值，如果牌面值相等则比较花色，花色大小规则为：黑桃>红心>草花>方块。

CHAPTER

9

第9章 模块和包

本章要点

- 理解 Python 模块
- 导入 Python 模块
- 定义模块
- 为模块编写说明文档和测试代码
- 使用环境变量指定模块的加载路径
- 为 Python 安装扩展模块
- 模块的__all__变量
- 包和模块的关系
- 定义包
- 使用包管理包内模块
- 查看模块内容
- 查看模块内容的帮助信息和源文件路径

前面第 7 章在介绍异常时已经用到了系统提供的 sys、os、traceback 这三个模块，可能已有读者对模块这个“神秘”的东西感到很好奇：Python 每次导入模块之后，Python 似乎就增加了某种特别的功能，模块怎么这么厉害呢？这些模块到底是从哪里来的？

本章将会带着大家去真正了解模块这个强大的工具。实际上，Python 语言之所以能被广泛应用于各行各业，在很大程度上得益于它的模块化系统。在 Python 的标准安装中包含了一组自带的模块，这些模块被称为“标准库”。Python 3 的标准库请参考 https://docs.python.org/3/library/index.html。

更重要的是，开发者完全可以根据自己的需要不断地为 Python 增加扩展库。各行各业的 Python 用户贡献了大量的扩展库，这些扩展库极大地丰富了 Python 的功能，这些扩展库从某种程度上也形成了 Python 的“生态圈”。

9.1 模块化编程

对于一个真实的 Python 程序，我们不可能自己完成所有的工作，通常都需要借助于第三方类库。此外，也不可能在一个源文件中编写整个程序的源代码，这些都需要以模块化的方式来组织项目的源代码。

9.1.1 导入模块的语法

在前面章节中已经看到使用 import 导入模块的语法，但实际上 import 还有更多详细的用法。import 语句主要有两种用法。

- import 模块名 1[as 别名 1], 模块名 2[as 别名 2],…：导入整个模块。
- from 模块名 import 成员名 1[as 别名 1], 成员名 2[as 别名 2],…：导入模块中指定成员。

上面两种 import 语句的区别主要有三点。

- 第一种 import 语句导入整个模块内的所有成员（包括变量、函数、类等）；第二种 import 语句只导入模块内的指定成员（除非使用 form 模块名 import *，但通常不推荐使用这种语法）。
- 当使用第一种 import 语句导入模块中的成员时，必须添加模块名或模块别名前缀；当使用第二种 import 语句导入模块中的成员时，无须使用任何前缀，直接使用成员名或成员别名即可。

下面程序使用导入整个模块的最简单语法来导入指定模块。

程序清单：codes\09\9.1\import_test.py

```
# 导入 sys 整个模块
import sys
# 使用 sys 模块名作为前缀来访问模块中的成员
print(sys.argv[0])
```

上面粗体字代码使用最简单的方式导入了 sys 模块，因此在程序中使用 sys 模块内的成员时，必须添加模块名作为前缀。

运行上面程序，可以看到如下输出结果（sys 模块下的 argv 变量用于获取运行 Python 程序的命令行参数，其中 argv[0]用于获取该 Python 程序的程序名）。

```
import_test.py
```

在导入整个模块时可以为模块指定别名。例如如下程序。

程序清单：codes\09\9.1\import_test2.py

```
# 导入 sys 整个模块，并指定别名为 s
import sys as s
```

```
# 使用 s 模块别名作为前缀来访问模块中的成员
print(s.argv[0])
```

上面粗体字代码在导入 sys 模块时指定了别名 s，因此在程序中使用 sys 模块内的成员时，必须添加模块别名 s 作为前缀。运行该程序，可以看到如下输出结果。

```
import_test2.py
```

使用导入整个模块的语法也可一次导入多个模块，多个模块之间用逗号隔开。例如如下程序。

程序清单：codes\09\9.1\import_test3.py

```
# 导入 sys、os 两个模块
import sys,os
# 使用模块名作为前缀来访问模块中的成员
print(sys.argv[0])
# os 模块的 sep 变量代表平台上的路径分隔符
print(os.sep)
```

上面粗体字代码一次导入了 sys 和 os 两个模块，因此程序要使用 sys、os 两个模块内的成员，只要分别使用 sys、os 模块名作为前缀即可。在 Windows 平台上运行该程序，可以看到如下输出结果（os 模块的 sep 变量代表平台上的路径分隔符）。

```
import_test3.py
\
```

同时，在导入多个模块时也可以为模块指定别名，例如如下程序。

程序清单：codes\09\9.1\import_test4.py

```
# 导入 sys、os 两个模块，并为 sys 指定别名 s，为 os 指定别名 o
import sys as s,os as o
# 使用模块别名作为前缀来访问模块中的成员
print(s.argv[0])
print(o.sep)
```

上面粗体字代码一次导入了 sys 和 os 两个模块，并分别为它们指定别名为 s、o，因此程序可以通过 s、o 两个前缀来使用 sys、os 两个模块内的成员。在 Windows 平台上运行该程序，可以看到如下输出结果。

```
import_test4.py
\
```

接下来介绍使用 from...import 导入模块内指定成员的用法。

下面程序使用 from...import 导入模块成员的最简单语法来导入指定成员。

程序清单：codes\09\9.1\from_import_test.py

```
# 导入 sys 模块内的 argv 成员
from sys import argv
# 使用导入成员的语法，直接使用成员名访问
print(argv[0])
```

上面粗体字代码导入了 sys 模块中的 argv 成员，这样即可在程序中直接使用 argv 成员，无须使用任何前缀。运行该程序，可以看到如下输出结果。

```
from_import_test.py
```

使用 from...import 导入模块成员时也可为成员指定别名，例如如下程序。

程序清单：codes\09\9.1\from_import_test2.py

```
# 导入 sys 模块内的 argv 成员，并为其指定别名 v
from sys import argv as v
# 使用导入成员的语法，直接使用成员的别名访问
print(v[0])
```

上面粗体字代码导入了 sys 模块中的 argv 成员，并为该成员指定别名 v，这样即可在程序中通过别名 v 使用 argv 成员，无须使用任何前缀。运行该程序，可以看到如下输出结果。

```
from_import_test2.py
```

在使用 from...import 导入模块成员时也可同时导入多个成员，例如如下程序。

程序清单：codes\09\9.1\from_import_test3.py

```
# 导入 sys 模块内的 argv,winver 成员
from sys import argv, winver
# 使用导入成员的语法，直接使用成员名访问
print(argv[0])
print(winver)
```

上面粗体字代码导入了 sys 模块中的 argv、winver 成员，这样即可在程序中直接使用 argv、winver 两个成员，无须使用任何前缀。运行该程序，可以看到如下输出结果（sys 的 winver 成员记录了该 Python 的版本号）。

```
from_import_test3.py
3.6
```

在使用 from...import 同时导入多个模块成员时也可指定别名，同样使用 as 关键字为成员指定别名，例如如下程序。

程序清单：codes\09\9.1\from_import_test4.py

```
# 导入 sys 模块中的 argv,winver 成员，并为其指定别名 v、wv
from sys import argv as v, winver as wv
# 使用导入成员（并指定别名）的语法，直接使用成员的别名访问
print(v[0])
print(wv)
```

上面粗体字代码导入了 sys 模块中的 argv、winver 成员，并分别为它们指定了别名 v、wv，这样即可在程序中通过 v 和 wv 两个别名使用 argv、winver 成员，无须使用任何前缀。运行该程序，可以看到如下输出结果。

```
from_import_test4.py
3.6
```

在使用 from...import 语法时也可一次导入指定模块内的所有成员，例如如下程序。

```
# 导入 sys 模块内的所有成员
from sys import *
# 使用导入成员的语法，直接使用成员的别名访问
print(argv[0])
print(winver)
```

上面粗体字代码一次导入了 sys 模块中的所有成员，这样程序即可通过成员名来使用该模块内的所有成员。该程序的输出结果和前面程序的输出结果完全相同。

需要说明的是，一般不推荐使用“from 模块 import *”这种语法导入指定模块内的所有成员，因为它存在潜在的风险。比如同时导入 module1 和 module2 内的所有成员，假如这两个模块内都有一个 foo()函数，那么当在程序中执行如下代码时：

```
foo()
```

上面调用的这个 foo()函数到底是 module1 模块中的还是 module2 模块中的？因此，这种导入指定模块内所有成员的用法是有风险的。

但如果换成如下两种导入方式：

```
import module1
import module2 as m2
```

接下来要分别调用这两个模块中的 foo()函数就非常清晰。程序可使用如下代码：

```
# 使用模块 module1 的模块名作为前缀调用 foo()函数
module1.foo()
# 使用 module2 的模块别名作为前缀调用 foo()函数
m2.foo()
```

或者使用 from...import 语句也是可以的。

```
# 导入 module1 中的 foo 成员，并指定其别名为 foo1
from module1 import foo as foo1
# 导入 module2 中的 foo 成员，并指定其别名为 foo2
from module2 import foo as foo2
```

此时通过别名将 module1 和 module2 两个模块中的 foo 函数很好地进行了区分，接下来分别调用两个模块中 foo()函数就很清晰。

```
foo1() # 调用 module1 中的 foo()函数
foo2() # 调用 module2 中的 foo()函数
```

9.1.2 定义模块

掌握了导入模块的语法之后，下一个问题来了：模块到底是什么？可能有读者开始摩拳擦掌了：怎样才能定义自己的模块呢？

模块就是 Python 程序！任何 Python 程序都可作为模块导入。前面我们写的所有 Python 程序都可作为模块导入。换而言之，随便写的一个 Python 程序，其实都可作为模块导入。对于任何程序，只要导入了模块，即可使用该模块内的所有成员

下面程序定义了一个简单的模块。

程序清单：codes\09\9.1\module1.py

```
print('这是 module 1')
my_book = '疯狂 Python 讲义'
def say_hi(user):
    print('%s,您好，欢迎学习 Python' % user)
class User:
    def __init__(self, name):
        self.name = name
    def walk(self):
        print('%s 正在慢慢地走路' % self.name)
    def __repr__(self):
        return 'User[name=%s]' % self.name
```

上面程序中第一行代码执行了一条简单的输出语句，第二行代码定义了一个 my_book 变量。接下来程序定义了一个 say_hi()函数，然后定义了一个 User 类。不难发现，这个程序和我们前面所写的 Python 程序并没有太大的区别，但它依然可以作为模块导入。

使用模块的好处在于：如果将程序需要使用的程序单元（比如 module1.py 定义的 say_hi()函数、User 类）定义在模块中，后面不管哪个程序只要导入该模块，该程序即可使用该模块所包含的程序单元，这样就可以提供很好的复用——导入模块，使用模块，从而避免每个程序都需要重新定义这些程序单元。

模块文件的文件名就是它的模块名，比如 module1.py 的模块名就是 module1。

9.1.3 为模块编写说明文档

与前面介绍的函数、类相同的是，在实际开发中往往也应该为模块编写说明文档；否则，其他开发者将不知道该模块有什么作用，以及包含哪些功能。

为模块编写说明文档很简单，只要在模块开始处定义一个字符串直接量即可。例如，在

module1.py 文件的第一行代码之前添加如下内容。

```
'''
这是我们编写的第一个模块，该模块包含以下内容
my_book：字符串变量
say_hi：简单的函数
User：代表用户的类
'''
```

这段字符串内容将会作为该模块的说明文档，可通过模块的__doc__属性来访问文档。

9.1.4 为模块编写测试代码

当模块编写完成之后，可能还需要为模块编写一些测试代码，用于测试模块中的每一个程序单元是否都能正常运行。

由于模块其实也是一个 Python 程序，因此我们完全可以使用 python 命令来解释和执行模块程序——只要模块中包含可执行代码。比如使用 python module1.py 命令来运行上面的模块程序，即可看到如下输出结果。

```
这是module 1
```

上面这行输出是因为 module1.py 程序中包含了一条 print 语句。但模块中的变量、函数、类都没有得到测试，因此还应该为这些变量、函数、类提供测试程序。

例如，可以为上面的 module1.py 增加如下测试代码（程序清单同上）。

```
# ===以下部分是测试代码===
def test_my_book ():
    print(my_book)
def test_say_hi():
    say_hi('孙悟空')
    say_hi(User('Charlie'))
def test_User():
    u = User('白骨精')
    u.walk()
    print(u)
```

上面代码为 module1 定义了三个函数，分别用于测试模块中的变量、函数和类，不过这三个函数并没有得到调用的机会。因此，如果使用 python 命令来运行上面模块，程序并不会运行它们。

注意

对于实际开发的项目，对每个函数、类可能都需要使用更多的测试用例进行测试，这样才能达到各种覆盖效果（比如语句覆盖、条件覆盖等）。本书并不介绍测试相关内容，因此就不深入展开了。

如果只是简单地调用上面的测试程序，则会导致一个问题：当其他程序每次导入该模块时，这三个测试函数都会自动运行，这显然不是我们期望看到的结果。此时希望实现的效果是：如果直接使用 python 命令运行该模块（相当于测试），程序应该执行该模块的测试函数；如果是其他程序导入该模块，程序不应该执行该模块的测试函数。

此时可借助于所有模块内置的__name__变量进行区分，如果直接使用 python 命令来运行一个模块，__name__变量的值为__main__；如果该模块被导入其他程序中，__name__变量的值就是模块名。因此，如果希望测试函数只有在使用 python 命令直接运行时才执行，则可在调用测试函数时增加判断：只有当__name__属性为__main__时才调用测试函数。为模块增加如下代码即可（程序清单同上）。

```
# 当__name__为'__main__'（直接使用python运行该模块）时执行如下代码
```

```
    if __name__ == '__main__':
        test_my_book()
        test_say_hi()
        test_User()
```

此时再次使用 python module1.py 命令来运行该模块，可以看到如下输出结果。

```
这是 module 1
疯狂 Python 讲义
孙悟空,您好，欢迎学习 Python
User[name=Charlie],您好，欢迎学习 Python
白骨精正在慢慢地走路
User[name=白骨精]
```

从上面的测试结果来看，当直接使用 python 命令来运行模块时，模块中的测试函数得到了执行。

在定义好模块之后，接下来就要让 Python 系统能找到并加载该模块。

9.2　加载模块

在编写一个 Python 模块之后，如果直接用 import 或 from...import 来导入该模块，Python 通常并不能加载该模块。道理很简单：Python 怎么知道到哪里去找这个模块呢？

> **提示**
>
> 编程其实并不难，就是用合适的语法告诉计算机，让它帮助完成某个工作。因此计算机能完成的事情，其实都是程序员预先告诉它的。

为了让 Python 能找到我们编写（或第三方提供）的模块，可以用以下两种方式来告诉它。

- 使用环境变量。
- 将模块放在默认的模块加载路径下。

下面详细介绍这两种方式。

9.2.1　使用环境变量

Python 将会根据 PYTHONPATH 环境变量的值来确定到哪里去加载模块。PYTHONPATH 环境变量的值是多个路径的集合，这样 Python 就会依次搜索 PYTHONPATH 环境变量所指定的多个路径，试图从中找到程序想要加载的模块。

下面介绍在不同平台上设置环境变量的方式。

1. 在 Windows 平台上设置环境变量

右击桌面上的“计算机”图标，出现右键菜单；单击“属性”菜单项，系统显示“控制面板\所有控制面板项\系统”窗口，单击该窗口左边栏中的“高级系统设置”链接，出现“系统属性”对话框，如图 9.1 所示。

单击该对话框中“高级”Tab 页中的“环境变量”按钮，将看到如图 9.2 所示的“环境变量”对话框，通过该对话框可以添加或修改环境变量。

在如图 9.2 所示的对话框中，上面的“用户变量”部分用于设置当前用户的环境变量，下面的“系统变量”部分用于设置整个系统的环境变量。

一般建议设置“用户变量”即可，因为用户变量只对当前用户有效，而系统变量对所有用户有效。为了减少自己所做的修改对其他人的影响，故设置用户变量。对于当前用户而言，设置用户变量和系统变量的效果大致相同，不过系统变量的路径排在用户变量的路径之前。

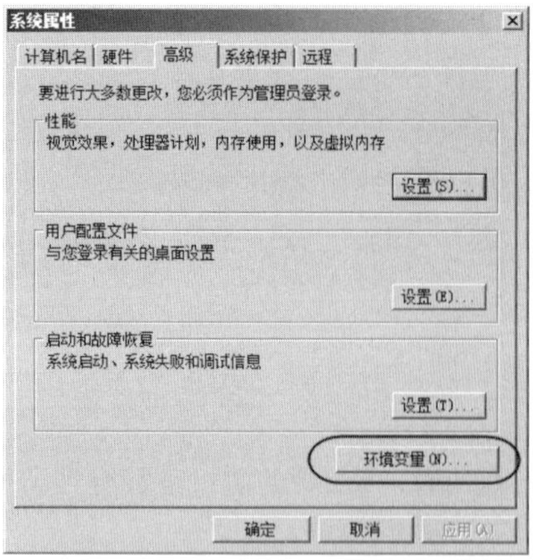

图 9.1　“系统属性”对话框

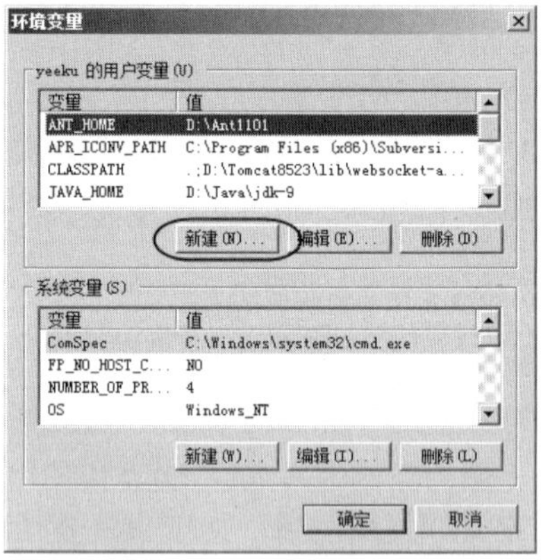

图 9.2　“环境变量”对话框

单击用户变量中的“新建”按钮，系统显示如图 9.3 所示的对话框。

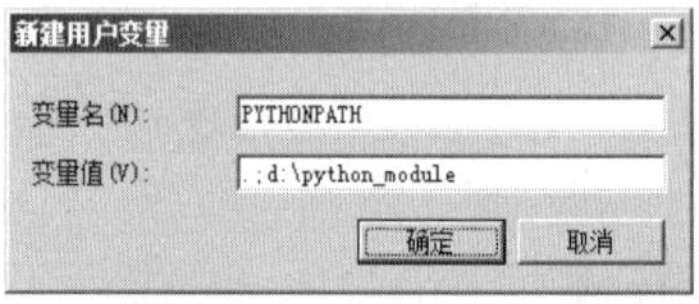

图 9.3　新建 PYTHONPATH 环境变量

在“变量名”文本框内输入 PYTHONPATH，表明将要建立名为 PYTHONPATH 的环境变量；在“变量值”文本框内输入.;d:\python_module，这就是该环境变量的值，该值其实包含了两条路径（分号为分隔符），第一条路径为一个点（.），这个点代表当前路径，表明当运行 Python 程序时，Python 总能从当前路径加载模块；第二条路径为 d:\python_module，表明当运行 Python 程序时，Python 总能从 d:\python_module 加载模块。

在成功设置了上面的环境变量之后，接下来只要把前面定义的模块（Python 程序）放在与当前所运行 Python 程序相同的路径中（或放在 d:\python_module 路径下），该模块就能被成功加载了。

2. 在 Linux 上设置环境变量

启动 Linux 的终端窗口（命令行界面），进入当前用户的 home 路径下，然后在 home 路径下输入如下命令。

```
ls -a
```

该命令将列出当前路径下所有的文件，包括隐藏文件。Linux 平台的环境变量是通过.bash_profile 文件来设置的，使用无格式编辑器打开该文件，在该文件中添加 PYTHONPATH 环境变量。也就是为该文件增加如下一行：

```
# 设置 PYTHONPATH 环境变量
PYTHONPATH=.:/home/yeeku/python_module
```

Linux 与 Windows 平台不一样，多个路径之间以冒号（:）作为分隔符，因此上面一行同样设置了两条路径：点（.）代表当前路径；还有一条路径是/home/yeeku/python_module（yeeku 是作者在 Linux 系统的登录名）。

在完成了 PYTHONPATH 变量值的设置后，在.bash_profile 文件的最后添加导出 PYTHONPATH 变量的语句。

```
# 导出 PYTHONPATH 环境变量
export PYTHONPATH
```

重新登录 Linux 平台，或者执行如下命令。

```
source .bash_profile
```

这两种方式都是为了运行该文件，使在文件中设置的 PYTHONPATH 变量值生效。

在成功设置了上面的环境变量之后，接下来只要把前面定义的模块（Python 程序）放在与当前所运行 Python 程序相同的路径中（或放在/home/yeeku/python_module 路径下），该模块就能被成功加载了。

3. 在 Mac OS X 上设置环境变量

在 Mac OS X 上设置环境变量与 Linux 大致相同（因为 Mac OS X 本身也是类 UNIX 系统）。启动 Mac OS X 的终端窗口（命令行界面），进入当前用户的 home 路径下，然后在 home 路径下输入如下命令。

```
ls -a
```

该命令将列出当前路径下所有的文件，包括隐藏文件。Mac OS X 平台的环境变量也可通过.bash_profile 文件来设置，使用无格式编辑器打开该文件，在该文件中添加 PYTHONPATH 环境变量。也就是为该文件增加如下一行。

```
# 设置 PYTHONPATH 环境变量
PYTHONPATH=.:/Users/yeeku/python_module
```

Mac OS X 的多个路径之间同样以冒号（:）作为分隔符，因此上面一行同样设置了两条路径：点（.）代表当前路径；还有一条路径是/Users/yeeku/python_module（yeeku 是作者在 Mac OS X 系统的登录名）。

在完成了 PYTHONPATH 变量值的设置后，在.bash_profile 文件的最后添加导出 PYTHONPATH 变量的语句。

```
# 导出 PYTHONPATH 环境变量
export PYTHONPATH
```

重新登录 Mac OS X 系统，或者执行如下命令。

```
source .bash_profile
```

这两种方式都是为了运行该文件，使在文件中设置的 PYTHONPATH 变量值生效。

在成功设置了上面的环境变量之后，接下来只要把前面定义的模块（Python 程序）放在与当前所运行 Python 程序相同的路径中（或放在/Users/yeeku/python_module 路径下），该模块就能被成功加载了。

在设置好环境变量之后，下面编写一个程序来导入、使用前面定义的 module1 模块。

程序清单：codes\09\9.2\module1_test.py

```
# 两次导入 module1，并指定其别名为 md
import module1 as md
import module1 as md
print(md.my_book)
md.say_hi('Charlie')
user = md.User('孙悟空')
print(user)
user.walk()
```

注意

该程序位于 codes\09\9.2\目录下，因此需要将前面的 module1.py 文件也拷贝到该目录下。

上面两行粗体字代码两次导入了 module1 模块，运行该程序，可以看到如下输出结果。

```
这是 module 1
疯狂 Python 讲义
Charlie，您好，欢迎学习 Python
```

```
User[name=孙悟空]
孙悟空正在慢慢地走路
```

上面程序在导入了 module1 模块之后，完全可以正常地使用 module1 中的程序单元——依次测试了 module1 中的变量、函数和类，它们都是完全正常的。

这里为什么要两次导入 module1 模块呢？其实完全没必要，此处两次导入只是为了说明一点：Python 很智能。

虽然上面程序两次导入了 module1 模块，但最后运行程序，我们看到输出语句只输出一条“这是 module 1”，这说明第二次导入的 module1 模块并没有起作用，这就是 Python 的“智能”之处。

当程序重复导入同一个模块时，Python 只会导入一次。道理很简单，因为这些变量、函数、类等程序单元都只需要定义一次即可，何必导入多次呢？

相反，如果 Python 允许导入多次，反而可能会导致严重的后果。比如程序定义了 foo 和 bar 两个模块，假如 foo 模块导入了 bar 模块，而 bar 模块又导入了 foo 模块——这似乎形成了无限循环导入，但由于 Python 只会导入一次，所以这个无限循环导入的问题完全可以避免。

9.2.2 默认的模块加载路径

如果要安装某些通用性模块，比如复数功能支持的模块、矩阵计算支持的模块、图形界面支持的模块等，这些都属于对 Python 本身进行扩展的模块，这种模块应该直接安装在 Python 内部，以便被所有程序共享，此时就可借助于 Python 默认的模块加载路径。

Python 默认的模块加载路径由 sys.path 变量代表，因此可通过在交互式解释器中执行如下命令来查看 Python 默认的模块加载路径。

```
>>> import sys, pprint
>>> pprint.pprint(sys.path)
['',
 'C:\\Users\\yeeku',
 'D:\\Python\\Python36\\python36.zip',
 'D:\\Python\\Python36\\DLLs',
 'D:\\Python\\Python36\\lib',
 'D:\\Python\\Python36',
 'D:\\Python\\Python36\\lib\\site-packages']
```

上面代码使用 pprint 模块下的 pprint()函数代替普通的 print()函数，这是因为如果要打印的内容很多，使用 pprint 可以显示更友好的打印结果。

上面的运行结果就是 Python 3.x 默认的模块加载路径，这是因为作者将 Python 安装在了 d:\Python 路径下。如果将 Python 安装在其他路径下，上面的运行结果应该略有差异。

上面的运行结果列出的路径都是 Python 默认的模块加载路径，但通常来说，我们应该将 Python 的扩展模块添加在 lib\site-packages 路径下，它专门用于存放 Python 的扩展模块和包。

提示

如果读者前面安装过矩阵计算支持的模块，则可以在 lib\site-packages 下找到一个 numpy 文件夹，这说明前面安装的 numpy 模块也是被放在 lib\site-packages 路径下的。

下面编写一个 Python 模块文件，并将该文件复制在 lib\site-packages 路径下。

程序清单：codes\09\9.2\print_shape.py

```
'''
简单的模块，该模块包含以下内容
my_list：保存列表的变量
print_triangle：打印由星号组成的三角形的函数
'''
my_list = ['Python', 'Kotlin', 'Swift']
def print_triangle(n):
```

```
    '''打印由星号组成的一个三角形'''
    if n <= 0:
        raise ValueError('n 必须大于 0')
    for i in range(n):
        print(' ' * (n - i - 1), end='')
        print('*' * (2 * i + 1), end='')
        print('')

# ====以下是测试代码====
def test_print_triangle():
    print_triangle(3)
    print_triangle(4)
    print_triangle(7)
if __name__ == '__main__': test_print_triangle()
```

上面模块文件中定义了一个 print_triangle()函数，把该模块文件拷贝到 lib\site-packages 路径下，就相当于为 Python 扩展了一个 print_shape 模块，这样任何 Python 程序都可使用该模块。

下面可直接在 Python 交互式解释器中测试该模块。在 Python 交互式解释器中输入如下命令。

```
>>> import print_shape
>>> print(print_shape.__doc__)

简单的模块，该模块包含以下内容
my_list：保存列表的变量
print_triangle: 使用星号打印三角形的函数
>>> print_shape.print_triangle.__doc__
'使用星号打印一个三角形'
```

上面第一行代码用于导入 print_shape 模块；第二行代码用于查看 print_shape 模块的文档，交互式解释器输出了该模块开始定义的文档内容；第三行代码用于查看 print_shape 模块下 print_triangle 函数的文档，交互式解释器会输出该函数定义后的文档说明。

接下来测试该模块中的 my_list 变量和 print_triangle()函数。在交互式解释器中输入如下命令。

```
>>> print_shape.my_list[1]
'Kotlin'
>>> print_shape.print_triangle(4)
   *
  ***
 *****
*******
```

从上面的运行结果可以看到，程序通过模块前缀访问 my_list 变量，输出了该变量的第二个元素；程序也通过模块前缀调用了 print_triangle 函数，打印出由星号组成的三角形，这表明该模块完全正常。

9.2.3　导入模块的本质

为了帮助大家更好地理解导入模块，下面定义一个新的模块，该模块比较简单，所以不再为之编写测试代码。该模块代码如下。

程序清单：codes\09\9.2\fk_module.py

```
'一个简单的测试模块: fkmodule'
print("this is fk_module")
name = 'fkit'

def hello():
    print("Hello, Python")
```

接下来，在相同的路径下定义如下程序来使用该模块。

程序清单：codes\09\9.2\fk_module_test1.py

```
import fk_module

print("================")
# 打印 fk_module 的类型
print(type(fk_module))
print(fk_module)
print(fk_module.name)
print(fk_module.hello)
```

由于前面在 PYTHONPATH 环境变量中已经添加了点（.），因此 Python 程序总可以加载相同路径下的模块。所以，上面程序可以导入相同路径下的 fk_module 模块。运行上面程序，可以看到如下输出结果。

```
this is fk_module
================
<class 'module'>
<module 'fk_module' from 'G:\\publish\\codes\\09\\9.2\\fk_module.py'>
fkit
<function hello at 0x0000000001EABAE8>
```

从上面的输出结果来看，当程序导入 fk_module 时，该模块中的输出语句会在 import 时自动执行。该程序中还包含一个与模块同名的变量，该变量的类型是 module。

使用“import fk_module”导入模块的本质就是：将 fk_module.py 中的全部代码加载到内存并执行，然后将整个模块内容赋值给与模块同名的变量，该变量的类型是 module，而在该模块中定义的所有程序单元都相当于该 module 对象的成员。

下面再试试使用 from...import 语句来执行导入，例如使用如下程序来测试该模块。

程序清单：codes\09\9.2\fk_module_test2.py

```
from fk_module import name, hello

print("================")
print(name)
print(hello)
# 打印 fk_module
print(fk_module)
```

运行上面程序，可以看到如下输出结果。

```
this is fk_module
================
fkit
<function hello at 0x0000000001E7BAE8>
Traceback (most recent call last):
  File "fk_module_test2.py", line 22, in <module>
    print(fk_module)
NameError: name 'fk_module' is not defined
```

从上面的输出结果可以看出，即使使用 from...import 只导入模块中部分成员，该模块中的输出语句也会在 import 时自动执行，这说明 Python 依然会加载并执行模块中的代码。

使用“from fk_module import name, hello”导入模块中成员的本质就是：将 fk_module.py 中的全部代码加载到内存并执行，然后只导入指定变量、函数等成员单元，并不会将整个模块导入，因此上面程序在输出 fk_module 时将看到错误提示：name 'fk_module' is not defined。

在导入模块后，可以在模块文件所在目录下看到一个名为“__pycache__”的文件夹，打开该文件夹，可以看到 Python 为每个模块都生成一个*.cpython-36.pyc 文件，比如 Python 为 fk_module 模块生成一个 fk_module.cpython-36.pyc 文件，该文件其实是 Python 为模块编译生成的字节码，用于提升该模块的运行效率。

9.2.4 模块的__all__变量

在默认情况下，如果使用“from 模块名 import *”这样的语句来导入模块，程序会导入该模块中所有不以下画线开头的程序单元，这是很容易想到的结果。

有时候模块中虽然包含很多成员，但并不希望每个成员都被暴露出来供外界使用，此时可借助于模块的__all__变量，将变量的值设置成一个列表，只有该列表中的程序单元才会被暴露出来。

例如，下面程序定义了一个包含__all__变量的模块。

程序清单：codes\09\9.2\all_module.py

```
'测试__all__变量的模块'

def hello():
    print("Hello, Python")
def world():
    print("Python World is funny")
def test():
    print('--test--')

# 定义__all__变量，默认只导入 hello 和 world 两个程序单元
__all__ = ['hello', 'world']
```

上面的__all__变量指定该模块默认只被导入 hello 和 world 两个程序单元。下面程序示范了模块中__all__变量的用处。

程序清单：codes\09\9.2\all_module_test.py

```
# 导入 all_module 模块中所有的成员
from all_module import *
hello()
world()
test() # 会提示找不到 test()函数
```

上面第一行粗体字代码使用“from all_module import *”导入了 all_module 模块下所有的程序单元。由于该模块包含了__all__变量，因此该语句只导入__all__变量所列出的程序单元。

运行上面程序，可以看到如下输出结果。

```
Hello, Python
Python World is funny
Traceback (most recent call last):
  File "all_module_test.py", line 20, in <module>
    test() # 会提示找不到 test()函数
NameError: name 'test' is not defined
```

从上面的输出结果可以看到，通过“from all_module import *”语句确实只能导入__all__变量所列出的全部程序单元，没有列出的 test 就没有被导入进来。

事实上，__all__变量的意义在于为模块定义了一个开放的公共接口。通常来说，只有__all__变量列出的程序单元，才是希望该模块被外界使用的程序单元。因此，为模块设置__all__变量还是比较有用的。比如一个实际的大模块可能包含了大量其他程序不需要使用的变量、函数和类，那么通过__all__变量即可把它们自动过滤掉，这还是非常酷的。

如果确实希望程序使用模块内__all__列表之外的程序单元，有两种解决方法。

- 第一种是使用“import 模块名”来导入模块。在通过这种方式导入模块之后，总可以通过模块名前缀（如果为模块指定了别名，则可以使用模块的别名作为前缀）来调用模块内的成员。
- 第二种是使用“from 模块名 import 程序单元”来导入指定程序单元。在这种方式下，即使想导入的程序单元没有位于__all__列表中，也依然可以导入。

9.3 使用包

对于一个需要实际应用的模块而言，往往会具有很多程序单元，包括变量、函数和类等，如果将整个模块的所有内容都定义在同一个 Python 源文件中，这个文件将会变得非常庞大，显然并不利于模块化开发。

9.3.1 什么是包

为了更好地管理多个模块源文件，Python 提供了包的概念。那么问题来了，什么是包呢？

- 从物理上看，包就是一个文件夹，在该文件夹下包含了一个__init__.py 文件，该文件夹可用于包含多个模块源文件。
- 从逻辑上看，包的本质依然是模块。

根据上面介绍可以得到一个推论：包的作用是包含多个模块，但包的本质依然是模块，因此包也可用于包含包。典型地，当我们为 Python 安装了 numpy 模块之后，可以在 Python 安装目录的 Lib\site-packages 目录下找到一个 numpy 文件夹，它就是前面安装的 numpy 模块（其实是一个包）。该文件夹的内容如图 9.4 所示。

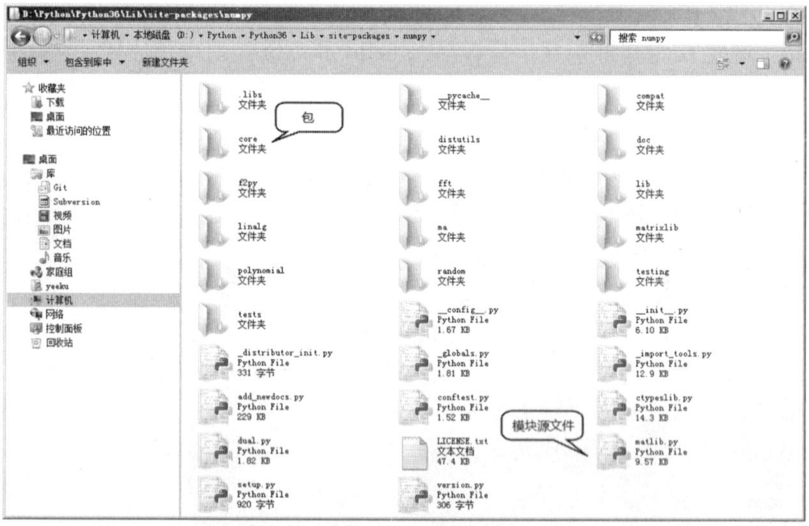

图 9.4　numpy 模块（包）的文件结构

从图 9.4 可以看出，在 numpy 包（也是模块）下既包含了 matlib.py 等模块源文件，也包含了 core 等子包（也是模块）。这正对应了我们刚刚介绍的：包的本质依然是模块，因此包又可以包含包。

9.3.2 定义包

掌握了包是什么之后，接下来学习如何定义包。定义包更简单，主要有两步。

1. 创建一个文件夹，该文件夹的名字就是该包的包名。
2. 在该文件夹内添加一个__init__.py 文件即可。

下面定义一个非常简单的包。先新建一个 first_package 文件夹，然后在该文件夹中添加一个__init__.py 文件，该文件内容如下。

程序清单：codes\09\9.3\first_package__init__.py

```
'''
这是学习包的第一个示例
'''
print('this is first_package')
```

上面的 Python 源文件非常简单，该文件开始部分的字符串是该包的说明文档，接下来是一条简单的输出语句。

下面通过如下程序来使用该包。

程序清单：codes\09\9.3\first_package_test.py

```
# 导入 first_package 包（模块）
import first_package

print('==========')
print(first_package.__doc__)
print(type(first_package))
print(first_package)
```

再次强调，包的本质就是模块，因此导入包和导入模块的语法完全相同。因此，上面程序中第一行粗体字代码导入了 first_package 包。程序最后三行代码输出了包的说明文档、包的类型和包本身。

运行该程序，可以看到如下输出结果。

```
this is first_package
==========

这是学习包的第一个示例

<class 'module'>
<module 'first_package' from 'G:\\publish\\codes\\09\\9.3\\first_package\\__init__.py'>
```

从上面的输出结果可以看出，在导入 first_package 包时，程序执行了该包所对应的文件夹下的__init__.py；从倒数第二行输出可以看到，包的本质就是模块；从最后一行输出可以看到，使用 import first_package 导入包的本质就是加载并执行该包下的__init__.py 文件，然后将整个文件内容赋值给与包同名的变量，该变量的类型是 module，

与模块类似的是，包被导入之后，会在包目录下生成一个__pycache__文件夹，并在该文件夹内为包生成一个__init__.cpython-36.pyc 文件。

由于导入包就相当于导入该包下的__init__.py 文件，因此我们完全可以在__init__.py 文件中定义变量、函数、类等程序单元，但实际上往往并不会这么做。想一想原因是什么？包的主要作用是包含多个模块，因此__init__.py 文件的主要作用就是导入该包内的其他模块。

下面再定义一个更加复杂的包，在该包下将会包含多个模块，并使用__init__.py 文件来加载这些模块。

新建一个 fk_package 包，并在该包下包含三个模块文件。

- print_shape.py
- billing.py
- arithmetic_chart.py

fk_package 的文件结构如下：

```
fk_package
  ├──arithmetic_chart.py
  ├──billing.py
  ├──print_shape.py
  └──__init__.py
```

其中，arithmetic_chart.py 模块文件的内容如下。

程序清单：codes\09\9.3\fk_package\arithmetic_chart.py

```
def print_multiple_chart(n):
```

```
    '打印乘法口诀表的函数'
    for i in range(n):
        for j in range(i + 1):
            print('%d * %d = %2d' % ((j + 1) , (i + 1) , (j + 1)* (i + 1)), end='  ')
        print('')
```

上面模块文件中定义了一个打印乘法口诀表的函数。

billing.py 模块文件的内容如下。

程序清单：codes\09\9.3\fk_package\billing.py

```
class Item:
    '定义代表商品的 Item 类'
    def __init__(self, price):
        self.price = price
    def __repr__(self):
        return 'Item[price=%g]' % self.price
```

print_shape.py 模块文件的内容如下。

程序清单：codes\09\9.3\fk_package\print_shape.py

```
def print_blank_triangle(n):
    '打印一个由星号组成的空心的三角形'
    if n <= 0:
        raise ValueError('n 必须大于 0')
    for i in range(n):
        print(' ' * (n - i - 1), end='')
        print('*', end='')
        if i != n - 1:
            print(' ' * (2 * i - 1), end='')
        else:
            print('*' * (2 * i - 1), end='')
        if i != 0:
            print('*')
        else:
            print('')
```

fk_package 包下的__init__.py 文件暂时为空，不用编写任何内容。

上面三个模块文件都位于 fk_package 包下，总共提供了两个函数和一个类。这意味着：fk_package 包（也是模块）总共包含 arithmetic_chart、billing 和 print_shape 三个模块。在这种情况下，这三个模块就相当于 fk_package 包的成员。

9.3.3 导入包内成员

如果需要使用 arithmetic_chart、billing 和 print_shape 这三个模块，则可以在程序中执行如下导入代码。

程序清单：codes\09\9.3\fk_package_test1.py

```
# 导入 fk_package 包，实际上就是导入包下的__init__.py 文件
import fk_package
# 导入 fk_package 包下的 print_shape 模块
# 实际上就是导入 fk_package 目录下的 print_shape.py
import fk_package.print_shape
# 导入 fk_package 包下的 billing 模块
# 实际上就是导入 fk_package 目录下的 billing.py
from fk_package import billing
# 导入 fk_package 包下的 arithmetic_chart 模块
# 实际上就是导入 fk_package 目录下的 arithmetic_chart.py
import fk_package.arithmetic_chart

fk_package.print_shape.print_blank_triangle(5)
```

```
im = billing.Item(4.5)
print(im)
fk_package.arithmetic_chart.print_multiple_chart(5)
```

上面程序中第一行粗体字代码是“import fk_package”，由于导入包的本质只是加载并执行包里的__init__.py 文件，因此执行这条导入语句之后，程序只能使用 fk_package 目录下的__init__.py 文件中定义的程序单元。对于本例而言，由于 fk_package__init__.py 文件内容为空，因此这条导入语句没有任何作用。

第二行粗体字代码是“import fk_package.print_shape”，这条导入语句的本质就是加载并执行 fk_package 包下的 print_shape.py 文件，并将其赋值给 fk_package.print_shape 变量。因此执行这条导入语句之后，程序可访问 fk_package\print_shape.py 文件所定义的程序单元，但需要添加 fk_package.print_shape 前缀。

第三行粗体字代码是“from fk_package import billing”，这条导入语句的本质是导入 fk_package 包（也是模块）下的 billing 成员（其实是模块）。因此执行这条导入语句之后，程序可使用 fk_package\billing.py 文件定义的程序单元，而且只需要添加 billing 前缀。

第四行粗体字代码与第二行粗体字代码的导入效果相同。

该程序后面分别测试了 fk_package 包下的 print_shape、billing、arithmetic_chart 这三个模块的功能。运行上面程序，可以看到三个模块的功能完全可以正常显示。

上面程序虽然可以正常运行，但此时存在两个问题。

- 为了调用包内模块中的程序单元，需要使用很长的前缀，这实在是太麻烦了。
- 包内__init__.py 文件的功能完全被忽略了。

想一想就知道：包内的__init__.py 文件并不是用来定义程序单元的，而是用于导入该包内模块的成员，这样即可把模块中的成员导入变成包内成员，以后使用起来会更加方便。

将 fk_package 包下的__init__.py 文件编辑成如下形式。

程序清单：codes\09\9.3\fk_package__init__.py

```
# 从当前包中导入print_shape模块
from . import print_shape
# 从.print_shape中导入所有程序单元到fk_package中
from .print_shape import *
# 从当前包中导入billing模块
from . import billing
# 从.billing中导入所有程序单元到fk_package中
from .billing import *
# 从当前包中导入arithmetic_chart模块
from . import arithmetic_chart
# 从.arithmetic_chart中导入所有程序单元到fk_package中
from .arithmetic_chart import *
```

该程序的代码基本上差不多，都是通过如下两行代码来处理导入的。

```
# 从当前包中导入print_shape模块
from . import print_shape
# 从.print_shape中导入所有程序单元到fk_package中
from .print_shape import *
```

上面第一行 from...import 用于导入当前包（模块）中的 print_shape（模块），这样即可在 fk_package 中使用 print_shape 模块。但这种导入方式是将 print_shape 模块导入了 fk_package 包中，因此当其他程序使用 print_shape 内的成员时，依然需要通过 fk_package.print_shape 前缀进行调用。第二行导入语句用于将.print_shape 模块内的所有程序单元导入 fk_package 模块中，这样以后只要使用 fk_package.前缀就可以使用三个模块内的程序单元。例如如下程序。

程序清单：codes\09\9.3\fk_package_test2.py

```
# 导入 fk_package 包，实际上就是导入该包下的__init__.py 文件
import fk_package

# 直接使用 fk_package.前缀即可调用它所包含的模块内的程序单元
fk_package.print_blank_triangle(5)
im = fk_package.Item(4.5)
print(im)
fk_package.print_multiple_chart(5)
```

上面粗体字代码是导入 fk_package 包，导入该包的本质就是导入该包下的__init__py 文件。而__init__.py 文件又执行了导入，它们会把三个模块内的程序单元导入 fk_package 包中，因此程序的下面代码可使用 fk_package.前缀来访问三个模块内的程序单元。

运行上面程序，同样可以看到正常的运行结果。

9.4 查看模块内容

在导入模块之后，开发者往往需要了解模块包含哪些功能，比如包含哪些变量、哪些函数、哪些类等，还希望能查看模块中各成员的帮助信息，掌握这些信息才能正常地使用该模块。

9.4.1 模块包含什么

为了查看模块包含什么，可以通过如下两种方式。

- 使用 dir()函数。
- 使用模块本身提供的__all__变量。

前面第 2 章已经介绍过 dir()函数的基本用法，该函数可用于返回模块或类所包含的全部程序单元（包括变量、函数、类和方法等），但直接使用 dir()函数默认会列出模块内所有的程序单元，包括以下画线开头的程序单元，而这些以下画线开头的程序单元其实并不希望被外界使用。

比如在 Python 的交互式解释器中执行如下命令来导入 string 模块（Python 内置的用于丰富字符串功能的模块）。

```
>>> import string
```

然后通过 dir()函数来查看该模块的内容，将可以看到如下输出结果。

```
>>> dir(string)
['Formatter', 'Template', '_ChainMap', '_TemplateMetaclass', '__all__',
'__builtins__', '__cached__', '__doc__', '__file__', '__loader__', '__name__',
'__package__', '__spec__', '_re', '_string', 'ascii_letters', 'ascii_lowercase',
'ascii_uppercase', 'capwords', 'digits', 'hexdigits', 'octdigits', 'printable',
'punctuation', 'whitespace']
```

很明显，该模块内有大量以下画线开头的程序单元，其实这些程序单元并不希望被其他程序使用，因此列出这些程序单元意义不大。

为了过滤这些以下画线开头的程序单元，我们可以使用如下列表推导式来列出模块中的程序单元。

```
>>> [e for e in dir(string) if not e.startswith('_')]
['Formatter', 'Template', 'ascii_letters', 'ascii_lowercase', 'ascii_uppercase',
'capwords', 'digits', 'hexdigits', 'octdigits', 'printable', 'punctuation',
'whitespace']
```

上面粗体字命令使用 for-in 循环的列表推导式列出了 dir(string)返回的所有不以下画线开头的程序单元，它们才是该模块希望被其他程序使用的程序单元。

此外，本章前面还介绍过模块中的__all__变量，该变量相当于该模块开放的功能接口，因此也可通过该模块的__all__变量来查看模块内的程序单元。例如，在交互式解释器中输入如下命令。

```
>>> string.__all__
```

```
['ascii_letters', 'ascii_lowercase', 'ascii_uppercase', 'capwords', 'digits',
'hexdigits', 'octdigits', 'printable', 'punctuation', 'whitespace', 'Formatter',
'Template']
```

对比前面列表推导式列出的结果和此处__all__变量列出的结果，不难发现二者的输出结果大致相同，这说明使用这两种方式都可以查看到模块所包含的程序单元。

注意

并不是所有模块都会提供__all__变量的，有些模块并不提供__all__变量，在这种情况下，只能使用列表推导式来查看模块中的程序单元。

9.4.2　使用__doc__属性查看文档

前面介绍了使用 help()函数来查看程序单元的帮助信息。比如导入 string 模块之后，即可使用 help()函数来查看指定程序单元的帮助信息。

例如，在交互式解释器中输入如下命令来查看 string 模块下 capwords()函数的作用。

```
>>> help(string.capwords)
Help on function capwords in module string:

capwords(s, sep=None)
    capwords(s [,sep]) -> string

    Split the argument into words using split, capitalize each
    word using capitalize, and join the capitalized words using
    join.  If the optional second argument sep is absent or None,
    runs of whitespace characters are replaced by a single space
    and leading and trailing whitespace are removed, otherwise
    sep is used to split and join the words.
```

通过上面描述可以看到，capwords()函数的作用就是将给定的 s 字符串中每个单词的首字母变成大写的。该函数可通过 sep 参数指定分隔符；如果不指定 sep 参数，该字符串默认以空白作为分隔符。

在查看了帮助信息之后，接下来通过如下命令来测试 string.capwords()函数的用法。

```
>>> string.capwords('abc xyz')
'Abc Xyz'
>>> string.capwords('abc;xyz', sep=';')
'Abc;Xyz'
```

上面代码在第一次使用 capwords()函数时，没有指定 sep 参数，因此默认以空格为分隔符，这意味着程序将 abc xyz 分成 abc 和 xyz 两个单词，因此该函数将 a、x 两个字母变成大写的；在第二次使用 capwords()函数时，指定 sep 参数为“;”，这意味着以“;”为分隔符将 abc;xyz 分成 abc 和 xyz 两个单词，因此程序将 a、x 两个字母变成大写的。

需要说明的是，使用 help()函数之所以能查看到程序单元的帮助信息，其实完全是因为该程序单元本身有文档信息，也就是有__doc__属性。换句话说，使用 help()函数查看的其实就是程序单元的__doc__属性值。

例如，使用 print(string.capwords.__doc__)命令来查看 capwords()的帮助信息，将会看到如下输出结果。

```
>>> print(string.capwords.__doc__)
capwords(s [,sep]) -> string

    Split the argument into words using split, capitalize each
    word using capitalize, and join the capitalized words using
    join.  If the optional second argument sep is absent or None,
    runs of whitespace characters are replaced by a single space
    and leading and trailing whitespace are removed, otherwise
```

```
    sep is used to split and join the words.
```

对比 help(string.capwords)和 print(string.capwords.__doc__)两个命令的输出结果，不难看到它们的输出结果完全相同，这说明使用 help()函数查看的就是程序单元的__doc__属性值。

提示：

从理论上说，应该为每个程序单元都编写完备而详细的文档信息，这样开发者只要通过 help()函数即可查看该程序单元的文档信息，完全不需要查看文档。但不得不说的是，有些程序单元的文档信息并不是很详细，此时可能需要借助于 Python 库的参考文档：https://docs.python.org/3/library/index.html。

9.4.3 使用__file__属性查看模块的源文件路径

除可以查看模块的帮助信息之外，还可以直接阅读模块的源代码来掌握模块功能，提升 Python 编程能力。

提示：

不管学习哪种编程语言，认真阅读那些优秀的框架、库的源代码都是非常好的学习方法。

通过模块的__file__属性即可查看到指定模块的源文件路径。例如，在交互式解释器中输入 string.__file__即可看到如下输出结果。

```
>>> string.__file__
'D:\\Python\\Python36\\lib\\string.py'
```

这说明 string 模块对应的文件就是保存在 D:\Python\Python36\lib\目录下的 string.py 文件，开发者完全可以直接打开该文件来查看该模块的全部源代码。

需要说明的是，并不是所有模块都是使用 Python 语言编写的，有些与底层交互的模块可能是用 C 语言编写的，而且是 C 程序编译之后的效果，因此这种模块可能没有__file__属性。

9.5 本章小结

本章介绍了 Python 编程的重要内容：模块。模块既是使用 Python 进行模块化编程的重要方式，也是扩展 Python 功能的重要手段。大量第三方模块和库极大地扩展了 Python 语言的能力，形成了 Python 强大的生态圈。学习本章内容需要掌握导入模块的两种方式和导入模块的本质；也需要重点掌握自定义模块的语法，包括为模块编写说明文档和测试代码。此外，还需要重点理解包和模块的区别与联系，并掌握使用包管理模块的方式。

本章最后讲解了如何查看、使用模块的内容，包括查看模块所包含的程序单元，查看这些程序单元的帮助信息，以及如何查看模块源文件的存储路径。

本章练习

1. 定义一个 geometry 模块，在该模块下定义 print_triangle(n)和 print_diamand(n)两个函数，分别用于在控制台用星号打印三角形和菱形，并为模块和函数都提供文档说明。

2. 定义一个 fk_class 模块，在该模块下定义 Teacher、Student 和 Computer 三个类，并为模块和类都提供文档说明。

3. 定义一个 fk_package 包，并在该包下提供 foo 和 bar 两个模块，在每一个模块下又包含任意两个函数。

CHAPTER

10

第10章 常见模块

本章要点

- 使用 sys 模块的函数与 Python 解释器交互
- 使用 os 模块的函数获取操作系统信息
- 使用 random 模块生成随机数
- 使用 time 模块
- 日期、时间与字符串相互转换
- JSON 的基本知识
- Python 的 JSON 支持
- Python 的正则表达式支持
- 正则表达式的基本语法
- 正则表达式的子表达式和组
- 正则表达式的贪婪模式和勉强模式
- set 和 frozenset 集合
- 双端队列（deque）的功能和用法
- Python 的堆操作
- ChainMap 对象的功能和用法
- Counter 对象的功能和用法
- defaultdict 对象的功能和用法
- 命名元组的功能和用法
- OrderedDict 对象的功能和用法
- itertools 模块下的迭代器功能函数
- functools 模块下的函数装饰器和功能函数

第 9 章介绍了 Python 模块的相关知识，读者已经掌握了如何自定义模块。但在实际开发中，Python 的很多功能都已有了成熟的第三方实现，一般不需要开发者“重复造轮子”，当开发者需要完成某种功能时，通过搜索引擎进行搜索，通常就可以找到第三方在 Python 中为该功能所扩展的模块。实际上，Python 语言本身也内置了大量模块，对于常规的日期、时间、正则表达式、JSON 支持、容器类等，Python 内置的模块已经非常完备，而本章就将带着读者来熟悉 Python 自带的这些模块。

需要说明的是，Python 内置的模块总是在不断的更新中，阅读本章内容只是掌握 Python 内置模块的入门之路，关于更详细、更完备的模块介绍文档可参考 Python 库的参考手册：https://docs.python.org/3/library/index.html。

10.1 sys

sys 模块代表了 Python 解释器，主要用于获取和 Python 解释器相关的信息。

在 Python 的交互式解释器中先导入 sys 模块，然后输入[e for e in dir(sys) if not e.startswith('_')]命令（sys 模块没有__all__变量），可以看到如下输出结果。

```
>>> [e for e in dir(sys) if not e.startswith('_')]
['api_version', 'argv', 'base_exec_prefix', 'base_prefix', 'builtin_module_names',
'byteorder', 'call_tracing', 'callstats', 'copyright', 'displayhook', 'dllhandle',
'dont_write_bytecode', 'exc_info', 'excepthook', 'exec_prefix', 'executable', 'exit',
'flags', 'float_info', 'float_repr_style', 'get_asyncgen_hooks', 'get_coroutine_wrapper',
'getallocatedblocks', 'getcheckinterval', 'getdefaultencoding',
'getfilesystemencodeerrors', 'getfilesystemencoding', 'getprofile',
'getrecursionlimit', 'getrefcount', 'getsizeof', 'getswitchinterval', 'gettrace',
'getwindowsversion', 'hash_info', 'hexversion', 'implementation', 'int_info', 'intern',
'is_finalizing', 'last_traceback', 'last_type', 'last_value', 'maxsize', 'maxunicode',
'meta_path', 'modules', 'path', 'path_hooks', 'path_importer_cache', 'platform',
'prefix', 'ps1', 'ps2', 'set_asyncgen_hooks', 'set_coroutine_wrapper', 'setcheckinterval',
'setprofile', 'setrecursionlimit', 'setswitchinterval', 'settrace', 'stderr', 'stdin',
'stdout', 'thread_info', 'version', 'version_info', 'warnoptions', 'winver']
```

上面列出的程序单元就是 sys 模块所包含的全部程序单元（包括变量、函数等），读者不要被它们吓着了，以为这些全都需要记下来。实际上完全没有必要，通常都是用到哪些模块就去查阅其对应的说明文档和参考手册。sys 模块的参考页面为 https://docs.python.org/ 3/library/sys.html。

需要说明的是，大部分时候用不到 sys 模块里很冷僻的功能，因此本节只介绍 sys 模块中常用的属性和函数。

- sys.argv：获取运行 Python 程序的命令行参数。其中 sys.argv[0]通常就是指该 Python 程序，sys.argv[1]代表为 Python 程序提供的第一个参数，sys.argv[2]代表为 Python 程序提供的第二个参数……依此类推。
- sys.byteorder：显示本地字节序的指示符。如果本地字节序是大端模式，则该属性返回 big；否则返回 little。
- sys.copyright：该属性返回与 Python 解释器有关的版权信息。
- sys.executable：该属性返回 Python 解释器在磁盘上的存储路径。
- sys.exit()：通过引发 SystemExit 异常来退出程序。将其放在 try 块中不能阻止 finally 块的执行。
- sys.flags：该只读属性返回运行 Python 命令时指定的旗标。
- sys.getfilesystemencoding()：返回在当前系统中保存文件所用的字符集。
- sys.getrefcount(object)：返回指定对象的引用计数。前面介绍过，当 object 对象的引用计数为 0 时，系统会回收该对象。

- sys.getrecursionlimit()：返回 Python 解释器当前支持的递归深度。该属性可通过 setrecursionlimit()方法重新设置。
- sys.getswitchinterval()：返回在当前 Python 解释器中线程切换的时间间隔。该属性可通过 setswitchinterval()函数改变。
- sys.implementation：返回当前 Python 解释器的实现。
- sys.maxsize：返回 Python 整数支持的最大值。在 32 位平台上，该属性值为 2**31 - 1；在 64 位平台上，该属性值为 2**63 - 1。
- sys.modules：返回模块名和载入模块对应关系的字典。
- sys.path：该属性指定 Python 查找模块的路径列表。程序可通过修改该属性来动态增加 Python 加载模块的路径。
- sys.platform：返回 Python 解释器所在平台的标识符。
- sys.stdin：返回系统的标准输入流——一个类文件对象。
- sys.stdout：返回系统的标准输出流——一个类文件对象。
- sys.stderr：返回系统的错误输出流——一个类文件对象。
- sys.version：返回当前 Python 解释器的版本信息。
- sys.winver：返回当前 Python 解释器的主版本号。

下面程序示范了使用 sys 模块的部分功能。

程序清单：codes\10\10.1\sys_test.py

```
import sys
# 显示本地字节序的指示符
print(sys.byteorder)
# 显示与 Python 解释器有关的版权信息
print(sys.copyright)
# 显示 Python 解释器在磁盘上的存储路径
print(sys.executable)
# 显示在当前系统中保存文件所用的字符集
print(sys.getfilesystemencoding())
# 显示 Python 整数支持的最大值
print(sys.maxsize)
# 显示 Python 解释器所在的平台
print(sys.platform)
# 显示当前 Python 解释器的版本信息
print(sys.version)
# 返回当前 Python 解释器的主版本号
print(sys.winver)
```

上面程序分别调用了 sys 模块的部分属性和函数。运行该程序，可以看到如下输出结果。

```
little
Copyright (c) 2001-2017 Python Software Foundation.
All Rights Reserved.

Copyright (c) 2000 BeOpen.com.
All Rights Reserved.

Copyright (c) 1995-2001 Corporation for National Research Initiatives.
All Rights Reserved.

Copyright (c) 1991-1995 Stichting Mathematisch Centrum, Amsterdam.
All Rights Reserved.
D:\Python\Python36\python.exe
utf-8
9223372036854775807
win32
```

```
3.6.4 (v3.6.4:d48eceb, Dec 19 2017, 06:54:40) [MSC v.1900 64 bit (AMD64)]
3.6
```

从上面的输出结果可以看出，Windows 7 系统（作者使用的）的字节序是小端模式，将 Python 解释器保存在 D:\Python\Python36\python.exe 处，当前 Python 版本是 3.6.4。

10.1.1 获取运行参数

通过 sys 模块的 argv 属性可获取运行 Python 程序的命令行参数。argv 属性值是一个列表，其列表元素和运行参数的关系如图 10.1 所示。

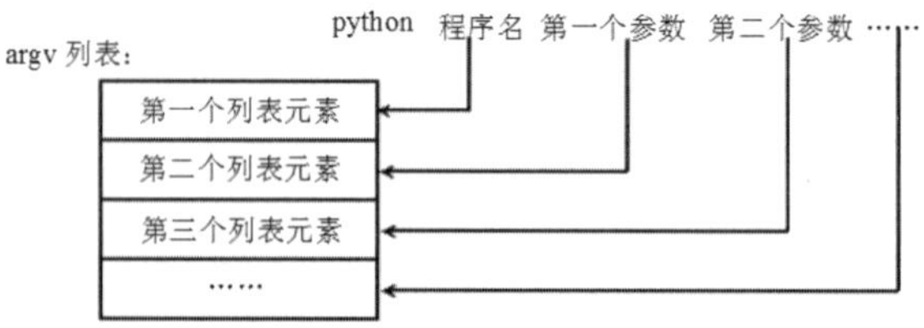

图 10.1 运行 Python 程序时命令行参数与 argv 列表的关系

因此，如果需要获取运行 Python 程序时传入的参数，可以通过 argv[1]、argv[2]……来获取。例如下面程序。

程序清单：codes\10\10.1\argv_test.py

```
from sys import argv
# 输出 argv 列表的长度
print(len(argv))
# 遍历 argv 列表的每一个元素
for arg in argv:
    print(arg)
```

上面程序是最简单的“HelloWorld”级的程序，只是这个程序增加了输出 argv 列表的长度、遍历 argv 列表元素的代码。使用“python argv_test.py”命令运行上面程序，可以看到如下输出结果。

```
1
argv_test.py
```

此时看到 argv 列表的长度为 1，argv 的第一个元素就是被运行的 Python 程序。

如果改为使用如下命令来运行该程序。

```
python argv_test.py Python Swift
```

可以看到如下输出结果。

```
3
argv_test.py
Python
Swift
```

上面两次运行的结果和前面介绍的内容完全一致。

如果某个参数本身包含了空格，则应该将该参数用双引号（""）括起来；否则，Python 会把这个空格当成参数分隔符，而不是参数本身。例如，采用如下命令来运行上面程序。

```
python argv_test.py "Python Swift"
```

可以看到 argv 列表的长度是 2，第一个列表元素是被运行的 Python 程序，第二个列表元素的值是“Python Swift”。

10.1.2 动态修改模块加载路径

前面介绍了使用 PYTHONPATH 环境变量来添加 Python 模块的加载路径，但这种方式必须预先设置好。如果需要在程序运行时动态改变 Python 模块的加载路径，则可通过 sys.path 属性来实现。

sys.path 也是很有用的一个属性，它可用于在程序运行时为 Python 动态修改模块加载路径。例如，如下程序在运行时动态指定加载 g:\fk_ext 目录下的模块。

程序清单：codes\10\10.1\sys_path_test.py

```
import sys
# 动态添加 g:\fk_ext 路径作为模块加载路径
sys.path.append('g:\\fk_ext')
# 加载 g:\fk_ext 路径下的 hello 模块
import hello
```

为了成功运行该程序，需要在 G:\盘中创建 fk_ext 目录，并在该目录下添加 hello.py 模块文件。

10.2 os 模块

os 模块代表了程序所在的操作系统，主要用于获取程序运行所在操作系统的相关信息。

在 Python 的交互式解释器中先导入 os 模块，然后输入 os.__all__命令（__all__变量代表了该模块开放的公开接口），即可看到该模块所包含的全部属性和函数。开发者同样不需要完全记住这些属性和函数的含义，在需要用时可参考 https://docs.python.org/3/library/os.html。

此处仅介绍 os 模块中常用的属性和函数。

- os.name：返回导入依赖模块的操作系统名称，通常可返回'posix'、'nt'、'java'等值其中之一。
- os.environ：返回在当前系统上所有环境变量组成的字典。
- os.fsencode(filename)：该函数对类路径（path-like）的文件名进行编码。
- os.fsdecode(filename)：该函数对类路径（path-like）的文件名进行解码。
- os.PathLike：这是一个类，代表一个类路径（path-like）对象。
- os.getenv(key, default=None)：获取指定环境变量的值。
- os.getlogin()：返回当前系统的登录用户名。与该函数对应的还有 os.getuid()、os.getgroups()、os.getgid()等函数，用于获取用户 ID、用户组、组 ID 等，这些函数通常只在 UNIX 系统上有效。
- os.getpid()：获取当前进程 ID。
- os.getppid()：获取当前进程的父进程 ID。
- os.putenv(key, value)：该函数用于设置环境变量。
- os.cpu_count()：返回当前系统的 CPU 数量。
- os.sep：返回路径分隔符。
- os.pathsep：返回当前系统上多条路径之间的分隔符。一般在 Windows 系统上多条路径之间的分隔符是英文分号（;）；在 UNIX 及类 UNIX 系统（如 Linux、Mac OS X）上多条路径之间的分隔符是英文冒号（:）。
- os.linesep：返回当前系统的换行符。一般在 Windows 系统上换行符是“\r\n”；在 UNIX 系统上换行符是“\n”；在 Mac OS X 系统上换行符是“\r”。
- os.urandom(size)：返回适合作为加密使用的、最多由 *N* 个字节组成的 bytes 对象。该函数通过操作系统特定的随机性来源返回随机字节，该随机字节通常是不可预测的，因此适用于绝大部分加密场景。

下面程序示范了 os 模块的大部分函数的用法。

程序清单：codes\10\10.2\os_test.py

```
import os
# 显示导入依赖模块的操作系统名称
print(os.name)
# 获取 PYTHONPATH 环境变量的值
print(os.getenv('PYTHONPATH'))
# 返回当前系统的登录用户名
print(os.getlogin())
# 获取当前进程 ID
print(os.getpid())
# 获取当前进程的父进程 ID
print(os.getppid())
# 返回当前系统的 CPU 数量
print(os.cpu_count())
# 返回路径分隔符
print(os.sep)
# 返回当前系统的路径分隔符
print(os.pathsep)
# 返回当前系统的换行符
print(os.linesep)
# 返回适合作为加密使用的、最多由 3 个字节组成的 bytes 对象
print(os.urandom(3))
```

运行上面程序，可以看到如下输出结果。

```
nt
.;d:\python_module
yeeku
3788
9908
4
\
;


b'\x8c\x95\xb7'
```

从上面的输出结果可以看出，在 Windows 系统上 Python 导入依赖模块的操作系统名称为“nt”；当前系统的登录用户名是“yeeku”；当前进程 ID 为“3788”；当前进程的父进程 ID 为“9908”；当前系统上有 4 个 CPU；当前系统（Windows）的路径分隔符是“\”；当前系统（Windows）上多条路径之间的分隔符是分号（;）；但在当前系统（Windows）上换行符不能明显看到，这是因为当在控制台输出“\r\n”时会产生两个空行。

此外，在 os 模块下还包含大量操作文件和目录的功能函数，本书将会在第 12 章专门介绍这些功能函数。

在 os 模块下还包含各种进程管理函数，它们可用于启动新进程、中止已有进程等。在 os 模块下与进程管理相关的函数如下。

- os.abort()：生成一个 SIGABRT 信号给当前进程。在 UNIX 系统上，默认行为是生成内核转储；在 Windows 系统上，进程立即返回退出代码 3。
- os.execl(path, arg0, arg1, ...)：该函数还有一系列功能类似的函数，比如 os.execle()、os. execlp()等，这些函数都是使用参数列表 arg0, arg1,...来执行 path 所代表的执行文件的。

注意

由于 os.exec*()函数都是 POSIX 系统的直接映射，因此如果使用该命令来执行 Python程序，传入的arg0参数没有什么作用。os._exit(n)用于强制退出 Python解释器。将其放在 try 块中可以阻止 finally 块的执行。

- os.forkpty()：fork 一个子进程。
- os.kill(pid, sig)：将 sig 信号发送到 pid 对应的过程，用于结束该进程。
- os.killpg(pgid, sig)：将 sig 信号发送到 pgid 对应的进程组。
- os.popen(cmd, mode='r', buffering=-1)：用于向 cmd 命令打开读写管道（当 mode 为 r 时为只读管道，当 mode 为 rw 时为读写管道），buffering 缓冲参数与内置的 open()函数有相同的含义。该函数返回的文件对象用于读写字符串，而不是字节。
- os.spawnl(mode, path, ...)：该函数还有一系列功能类似的函数，比如 os.spawnle()、os.spawnlp()等，这些函数都用于在新进程中执行新程序。
- os.startfile(path[, operation])：对指定文件使用该文件关联的工具执行 operation 对应的操作。如果不指定 operation 操作，则默认执行打开（open）操作。operation 参数必须是有效的命令行操作项目，比如 open（打开）、edit（编辑）、print（打印）等。
- os.system(command)：运行操作系统上的指定命令。

下面程序示范了在 os 模块中与进程管理相关的函数的功能。

程序清单：codes\10\10.2\os_process_test.py

```
import os
# 运行平台上的 cmd 命令
#os.system('cmd')
# 使用 Excel 打开 g:\abc.xls 文件
os.startfile('g:\\abc.xls')
os.spawnl(os.P_NOWAIT, 'E:\\Tools\\Notepad++.7.5.6.bin.x64\\notepad++.exe', ' ')
# 使用 python 命令执行 os_test.py 程序
os.execl("D:\\Python\\Python36\\python.exe", " ", 'os_test.py', 'i')
```

如果直接运行上面程序，可以看到程序运行后使用 Excel 打开了 abc.xls 文件，也打开了 Notepad++工具，还使用 python 命令运行了 os_test.py 文件。但如果将程序中粗体字代码取消注释，将看到程序运行后只是启动了 cmd 命令行程序，这是因为使用 os.system()函数来运行程序时，新程序所在的进程会替代原有的进程。

提示

在使用 os.execl()函数运行新进程之后，也会取代原有的进程，因此上面程序将这行代码放在了最后。

10.3 random

random 模块主要包含生成伪随机数的各种功能变量和函数。

在 Python 的交互式解释器中先导入 random 模块，然后输入 random.__all__命令（__all__变量代表了该模块开放的公开接口），即可看到该模块所包含的全部属性和函数。

```
>>> random.__all__
['Random', 'seed', 'random', 'uniform', 'randint', 'choice', 'sample', 'randrange',
'shuffle', 'normalvariate', 'lognormvariate', 'expovariate', 'vonmisesvariate',
'gammavariate', 'triangular', 'gauss', 'betavariate', 'paretovariate', 'weibullvariate',
```

```
'getstate', 'setstate', 'getrandbits', 'choices', 'SystemRandom']
```

开发者同样不需要完全记住这些属性和函数的含义，在使用时可参考 https://docs.python.org/3/library/random.html。

在 random 模块下提供了如下常用函数。

- random.seed(a=None, version=2)：指定种子来初始化伪随机数生成器。
- random.randrange(start, stop[, step])：返回从 start 开始到 stop 结束、步长为 step 的随机数。其实就相当于 choice(range(start, stop, step))的效果，只不过实际底层并不生成区间对象。
- random.randint(a, b)：生成一个范围为 a≤*N*≤b 的随机数。其等同于 randrange(a, b+1)的效果。
- random.choice(seq)：从 seq 中随机抽取一个元素，如果 seq 为空，则引发 IndexError 异常。
- random.choices(seq, weights=None, *, cum_weights=None, k=1)：从 seq 序列中抽取 *k* 个元素，还可通过 weights 指定各元素被抽取的权重（代表被抽取的可能性高低）。
- random.shuffle(x[, random])：对 x 序列执行洗牌“随机排列”操作。
- random.sample(population, k)：从 population 序列中随机抽取 *k* 个独立的元素。
- random.random()：生成一个从 0.0（包含）到 1.0（不包含）之间的伪随机浮点数。
- random.uniform(a, b)：生成一个范围为 a≤*N*≤b 的随机数。
- random.expovariate(lambd)：生成呈指数分布的随机数。其中 lambd 参数（其实应该是 lambda，只是 lambda 是 Python 关键字，所以简写成 lambd）为 1 除以期望平均值。如果 lambd 是正值，则返回的随机数是从 0 到正无穷大；如果 lambd 为负值，则返回的随机数是从负无穷大到 0。

提示：

关于生成伪随机浮点数的函数，Python 还提供了 random.triangular(low, high, mode)、random.gauss(mu, sigma)等，它们用于生成呈对称分布、高斯分布的随机数。由于这种随机数需要一些数学知识来理解它们，而且平时开发并不常用，因此这里就不深入展开介绍了。

下面程序示范了 random 模块中常见函数的功能和用法。

程序清单：codes\10\10.3\random_test.py

```
import random
# 生成范围为 0.0≤x<1.0 的伪随机浮点数
print(random.random())
# 生成范围为 2.5≤x<10.0 的伪随机浮点数
print(random.uniform(2.5, 10.0))
# 生成呈指数分布的伪随机浮点数
print(random.expovariate(1 / 5))
# 生成从 0 到 9 的伪随机整数
print(random.randrange(10))
# 生成从 0 到 100 的随机偶数
print(random.randrange(0, 101, 2))
# 随机抽取一个元素
print(random.choice(['Python', 'Swift', 'Kotlin']))
book_list = ['Python', 'Swift', 'Kotlin']
# 对列表元素进行随机排列
random.shuffle(book_list)
print(book_list)
# 随机抽取 4 个独立的元素
print(random.sample([10, 20, 30, 40, 50], k=4))
```

运行上面程序，可以看到如下输出结果。

```
0.815752401378117
```

```
9.175082219753273
0.38056877044087645
7
14
Python
['Kotlin', 'Swift', 'Python']
[30, 10, 20, 40]
```

实际上，使用 random 模块中的随机函数可以做很多很有趣的事情。比如下面程序（备注：部分程序参考了 Python 官方文档）。

程序清单：codes\10\10.3\random_test2.py

```
import random
import collections
# 指定随机抽取 6 个元素，各元素被抽取的权重（概率）不同
print(random.choices(['Python', 'Swift', 'Kotlin'], [5, 5, 1], k=6))
# 下面模拟从 52 张扑克牌中抽取 20 张
# 在被抽到的 20 张牌中，牌面为 10（包括 J、Q、K）的牌占多大比例
# 生成一个 16 个 tens（代表 10）和 36 个 low_cards（代表其他牌）的集合
deck = collections.Counter(tens=16, low_cards=36)
# 从 52 张牌中随机抽取 20 张
seen = random.sample(list(deck.elements()), k=20)
# 统计 tens 元素有多少个，再除以 20
print(seen.count('tens') / 20)
```

运行上面程序，可以看到如下输出结果。

```
['Swift', 'Swift', 'Swift', 'Python', 'Swift', 'Swift']
0.3
```

从上面的输出结果来看，在第一次抽取的 6 个元素中 Kotlin 完全没有被抽取到，这是因为它的被抽取比例太低了。

10.4 time

time 模块主要包含各种提供日期、时间功能的类和函数。该模块既提供了把日期、时间格式化为字符串的功能，也提供了从字符串恢复日期、时间的功能。

在 Python 的交互式解释器中先导入 time 模块，然后输入[e for e in dir(time) if not e.startswith('_')]命令，即可看到该模块所包含的全部属性和函数。

```
>>> [e for e in dir(time) if not e.startswith('_')]
['altzone', 'asctime', 'clock', 'ctime', 'daylight', 'get_clock_info', 'gmtime', 'localtime', 'mktime', 'monotonic', 'perf_counter', 'process_time', 'sleep', 'strftime', 'strptime', 'struct_time', 'time', 'timezone', 'tzname']
```

在 time 模块内提供了一个 time.struct_time 类，该类代表一个时间对象，它主要包含 9 个属性，每个属性的信息如表 10.1 所示。

表 10.1 time.struct_time 类中各属性的含义

字段名	字段含义	值
tm_year	年	如 2017、2018 等
tm_mon	月	如 2、3 等，范围为 1~12
tm_mday	日	如 2、3 等，范围为 1~31
tm_hour	时	如 2、3 等，范围为 0~23
tm_min	分	如 2、3 等，范围为 0~59
tm_sec	秒	如 2、3 等，范围为 0~59
tm_wday	周	周一为 0，范围为 0~6

续表

字段名	字段含义	值
tm_yday	一年内第几天	如 65，范围为 1~366
tm_isdst	夏令时	0、1 或-1

比如，Python 可以用 time.struct_time(tm_year=2018, tm_mon=5, tm_mday=2, tm_hour=8, tm_min=0, tm_sec=30, tm_wday=3, tm_yday=1, tm_isdst=0)很清晰地代表时间。

此外，Python 还可以用一个包含 9 个元素的元组来代表时间，该元组的 9 个元素和 struct_time 对象中 9 个属性的含义是一一对应的。比如程序可以使用(2018, 5, 2, 8, 0, 30, 3, 1, 0)来代表时间。

在日期、时间模块内常用的功能函数如下。

- time.asctime([t])：将时间元组或 struct_time 转换为时间字符串。如果不指定参数 t，则默认转换当前时间。
- time.ctime([secs])：将以秒数代表的时间转换为时间字符串。

提示：

Python 可以用从 1970 年 1 月 1 日 0 点整到现在所经过的秒数来代表当前时间，比如我们写 30 秒，那么意味着时间是 1970 年 1 月 1 日 0 点 0 分 30 秒。但需要注意的是，在实际输出时可能会受到时区的影响，比如中国处于东八区，因此实际上会输出 1970 年 1 月 1 日 8 点 0 分 30 秒。

- time.gmtime([secs])：将以秒数代表的时间转换为 struct_time 对象。如果不传入参数，则使用当前时间。
- time.localtime([secs])：将以秒数代表的时间转换为代表当前时间的 struct_time 对象。如果不传入参数，则使用当前时间。
- time.mktime(t)：它是 localtime 的反转函数，用于将 struct_time 对象或元组代表的时间转换为从 1970 年 1 月 1 日 0 点整到现在过了多少秒。
- time.perf_counter()：返回性能计数器的值。以秒为单位。
- time.process_time()：返回当前进程使用 CPU 的时间。以秒为单位。
- time.sleep(secs)：暂停 secs 秒，什么都不干。
- time.strftime(format[, t])：将时间元组或 struct_time 对象格式化为指定格式的时间字符串。如果不指定参数 t，则默认转换当前时间。
- time.strptime(string[, format])：将字符串格式的时间解析成 struct_time 对象。
- time.time()：返回从 1970 年 1 月 1 日 0 点整到现在过了多少秒。
- time.timezone：返回本地时区的时间偏移，以秒为单位。
- time.tzname：返回本地时区的名字。

下面程序示范了 time 模块的功能函数。

程序清单：codes\10\10.4\time_test.py

```
import time
# 将当前时间转换为时间字符串
print(time.asctime())
# 将指定时间转换为时间字符串，时间元组的后面 3 个元素没有设置
print(time.asctime((2018, 2, 4, 11, 8, 23, 0, 0 ,0))) # Mon Feb  4 11:08:23 2018
# 将以秒数代表的时间转换为时间字符串
print(time.ctime(30)) # Thu Jan  1 08:00:30 1970
# 将以秒数代表的时间转换为 struct_time 对象
print(time.gmtime(30))
# 将当前时间转换为 struct_time 对象
```

```
print(time.gmtime())
# 将以秒数代表的时间转换为代表当前时间的 struct_time 对象
print(time.localtime(30))
# 将元组格式的时间转换为以秒数代表的时间
print(time.mktime((2018, 2, 4, 11, 8, 23, 0, 0 ,0))) # 1517713703.0
# 返回性能计数器的值
print(time.perf_counter())
# 返回当前进程使用 CPU 的时间
print(time.process_time())
#time.sleep(10)
# 将当前时间转换为指定格式的字符串
print(time.strftime('%Y-%m-%d %H:%M:%S'))
st = '2018 年 3 月 20 日'
# 将指定时间字符串恢复成 struct_time 对象
print(time.strptime(st, '%Y 年%m 月%d 日'))
# 返回从 1970 年 1 月 1 日 0 点整到现在过了多少秒
print(time.time())
# 返回本地时区的时间偏移，以秒为单位
print(time.timezone) # 在中国东八区输出-28800
```

运行上面程序，可以看到如下输出结果。

```
Fri May 18 20:12:49 2018
Mon Feb  4 11:08:23 2018
Thu Jan  1 08:00:30 1970
time.struct_time(tm_year=1970, tm_mon=1, tm_mday=1, tm_hour=0, tm_min=0,
tm_sec=30, tm_wday=3, tm_yday=1, tm_isdst=0)
time.struct_time(tm_year=2018, tm_mon=5, tm_mday=18, tm_hour=12, tm_min=12,
tm_sec=49, tm_wday=4, tm_yday=138, tm_isdst=
0)
time.struct_time(tm_year=1970, tm_mon=1, tm_mday=1, tm_hour=8, tm_min=0,
tm_sec=30, tm_wday=3, tm_yday=1, tm_isdst=0)
1517713703.0
3.538979917350663e-07
0.046800299999999996
2018-05-18 20:12:49
time.struct_time(tm_year=2018, tm_mon=3, tm_mday=20, tm_hour=0, tm_min=0,
tm_sec=0, tm_wday=1, tm_yday=79, tm_isdst=-1)
1526645569.1647778
-28800
```

time 模块中的 strftime()和 strptime()两个函数互为逆函数，其中 strftime()用于将 struct_time 对象或时间元组转换为时间字符串；而 strptime()函数用于将时间字符串转换为 struct_time 对象。这两个函数都涉及编写格式模板，比如上面程序中使用%Y 代表年、%m 代表月、%d 代表日、%H 代表时、%M 代表分、%S 代表秒。这两个函数所需要的时间格式字符串支持的指令如表 10.2 所示。

表 10.2 Python 时间格式字符串所支持的指令

指令	含义
%a	本地化的星期几的缩写名，比如 Sun 代表星期天
%A	本地化的星期几的完整名
%b	本地化的月份的缩写名，比如 Jan 代表一月
%B	本地化的月份的完整名
%c	本地化的日期和时间的表示形式
%d	代表一个月中第几天的数值，范围：01~31
%H	代表 24 小时制的小时，范围：00~23
%I	代表 12 小时制的小时，范围：01~12
%j	一年中第几天，范围：001~366
%m	代表月份的数值，范围：01~12

续表

指令	含义
%M	代表分钟的数值，范围：00~59
%p	上午或下午的本地化方式。当使用 strptime()函数并使用%I 指令解析小时时，%p 只影响小时字段
%S	代表分钟的数值，范围：00~61。该范围确实是 00~61，60 在表示闰秒的时间戳时有效，而 61 则是由于一些历史原因造成的
%U	代表一年中第几周，以星期天为每周的第一天，范围：00~53。在这种方式下，一年中第一个星期天被认为处于第一周。当使用 strptime()函数解析时间字符串时，只有同时指定了星期几和年份该指令才会有效
%w	代表星期几的数值，范围：0~6，其中 0 代表周日
%W	代表一年中第几周，以星期一为每周的第一天，范围：00~53。在这种方式下，一年中第一个星期一被认为处于第一周。当使用 strptime()函数解析时间字符串时，只有同时指定了星期几和年份该指令才会有效
%x	本地化的日期的表示形式
%X	本地化的时间的表示形式
%y	年份的缩写，范围：00~99，比如 2018 年就简写成 18
%Y	年份的完整形式。如 2018
%z	显示时区偏移
%Z	时区名（如果时区不存在，则显示为空）
%%	用于代表%符号

10.5 JSON 支持

JSON 是一种轻量级、跨平台、跨语言的数据交换格式，JSON 格式被广泛应用于各种语言的数据交换中，Python 也提供了对 JSON 的支持。

10.5.1 JSON 的基本知识

JSON 的全称是 JavaScript Object Notation，即 JavaScript 对象符号，它是一种轻量级的数据交换格式。JSON 的数据格式既适合人来读写，也适合计算机本身解析和生成。最早的时候，JSON 是 JavaScript 语言的数据交换格式，后来慢慢发展成一种语言无关的数据交换格式，这一点非常类似于 XML。

JSON 主要在类似于 C 的编程语言中广泛使用，这些语言包括 C、C++、C#、Java、JavaScript、Perl、Python 等。JSON 提供了多种语言之间完成数据交换的能力，因此，JSON 也是一种非常理想的数据交换格式。JSON 主要有如下两种数据结构。

- 由 key-value 对组成的数据结构。这种数据结构在不同的语言中有不同的实现。例如，在 JavaScript 中是一个对象；在 Python 中是一种 dict 对象；在 C 语言中是一个 struct；在其他语言中，则可能是 record、dictionary、hash table 等。
- 有序集合。这种数据结构在 Python 中对应于列表；在其他语言中，可能对应于 list、vector、数组和序列等。

上面两种数据结构在不同的语言中都有对应的实现，因此这种简便的数据表示方式完全可以实现跨语言。所以，JSON 可以作为程序设计语言中通用的数据交换格式。在 JavaScript 中主要有两种 JSON 语法，其中一种用于创建对象；另一种用于创建数组。

1. 使用 JSON 语法创建对象

使用 JSON 语法创建对象是一种更简单的方式。使用 JSON 语法可避免书写函数，也可避免使用 new 关键字，而是可以直接获取一个 JavaScript 对象。对于早期的 JavaScript 版本，如果要使用 JavaScript 创建一个对象，通常可能会这样写。

```
// 定义一个函数，可以作为该类的构造器
function Person(name, gender)
{
    this.name = name;
    this.gender = gender;
}
// 创建一个 Person 实例
var p = new Person('yeeku' , 'male');
// 输出 Person 实例的 name 属性
alert(p.name);
```

从 JavaScript 1.2 开始，创建对象有了一种更快捷的语法，如下所示。

```
var p = { "name": 'yeeku',
      "gender" : 'male'};
alert(p);
```

这种语法就是一种 JSON 语法。显然，使用 JSON 语法创建对象更加简捷、方便。如图 10.2 所示是使用 JSON 创建对象的语法示意图。

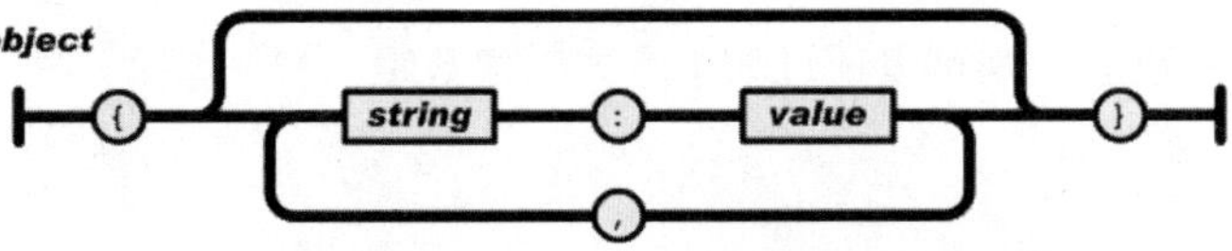

图 10.2 使用 JSON 创建对象的语法示意图

从图 10.2 可以看出，在创建对象 object 时，总以“{”开始，以“}”结束，对象的每个属性名和属性值之间以英文冒号（:）隔开，多个属性定义之间以英文逗号（,）隔开。语法格式如下：

```
object =
{
   propertyName1 : propertyValue1,
   propertyName2 : propertyValue2,
   ...
}
```

必须注意的是，并不是在每个属性定义的后面都有英文逗号（,），必须当后面还有属性定义时才需要有逗号（,）。因此，下面的对象定义是错误的。

```
person =
{
   name : 'yeeku',
   gender : 'male',
}
```

因为在 gender 属性定义的后面多出了一个英文逗号。如果在最后一个属性定义的后面直接以“}”结束了，则不应该再有英文逗号。

当然，在使用 JSON 语法创建 JavaScript 对象时，属性值不仅可以是普通字符串，也可以是任何基本数据类型，还可以是函数、数组，甚至是另外一个使用 JSON 语法创建的对象。例如：

```
person =
{
   name : 'yeeku',
   gender : 'male',
   // 使用 JSON 语法为其指定一个属性
   son : {
      name:'tiger',
      grade:1
   },
   // 使用 JSON 语法为 person 直接分配一个方法
   info : function()
   {
```

```
        console.log("姓名: " + this.name + "性别: " + this.sex);
    }
}
```

2. 使用 JSON 语法创建数组

使用 JSON 语法创建数组也是非常常见的情形，在早期的 JavaScript 语法中，我们通过如下方式来创建数组。

```
// 创建数组对象
var a = new Array();
// 为数组元素赋值
a[0] = 'yeeku';
// 为数组元素赋值
a[1] = 'nono';
```

或者，通过如下方式创建数组。

```
// 在创建数组对象时直接赋值
var a = new Array('yeeku', 'nono');
```

但如果使用 JSON 语法，则可以通过如下方式创建数组。

```
// 使用 JSON 语法创建数组
var a = ['yeeku', 'nono'];
```

如图 10.3 所示是使用 JSON 创建数组的语法示意图。

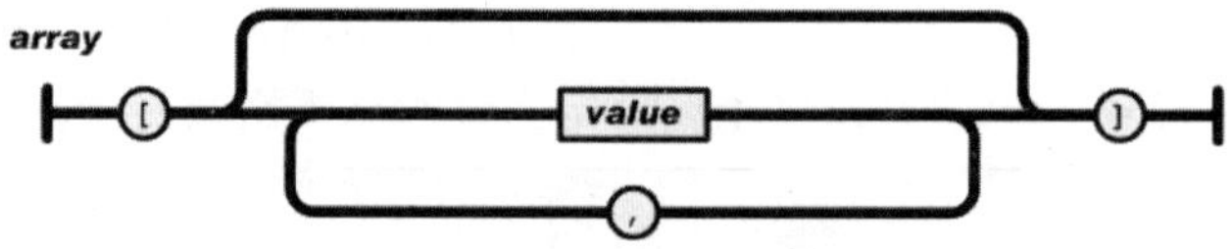

图 10.3　使用 JSON 创建数组的语法示意图

正如从图 10.3 中所看到的，使用 JSON 语法创建数组总是以英文方括号（[）开始，然后依次放入数组元素，元素与元素之间以英文逗号（,）隔开，最后一个数组元素后面不需要英文逗号，但以英文反方括号（]）结束。使用 JSON 创建数组的语法格式如下：

```
arr = [value1 , value2 ...]
```

与使用 JSON 语法创建对象相似的是，在数组的最后一个元素的后面不能有英文逗号（,）。

鉴于 JSON 语法的简单易用，而且作为数据传输载体时，数据传输量更小，因此在跨平台的数据交换中，往往采用 JSON 作为数据交换格式。假设需要交换一个对象 person，其 name 属性为 yeeku，gender 属性为 male，age 属性为 29，使用 JSON 语法可以简单写成如下形式。

```
person =
{
    name:'yeeku',
    gender:'male',
    age:29
}
```

而 Python 则提供了将符合格式的 JSON 字符串恢复成对象的函数，也提供了将对象转换成 JSON 字符串的方法。JSON 的官方站点是 http://www.json.org，读者可以登录该站点了解关于 JSON 的更多信息。

10.5.2　Python 的 JSON 支持

json 模块提供了对 JSON 的支持，它既包含了将 JSON 字符串恢复成 Python 对象的函数，也提供了将 Python 对象转换成 JSON 字符串的函数。

当程序把 JSON 对象或 JSON 字符串转换成 Python 对象时，从 JSON 类型到 Python 类型的转换关系如表 10.3 所示。

表 10.3 JSON 类型转换 Python 类型的对应关系

JSON 类型	Python 类型
对象（object）	字典（dict）
数组（array）	列表（list）
字符串（string）	字符串（str）
整数（number(int)）	整数（int）
实数（number(real)）	浮点数（float）
true	True
false	False
null	None

当程序把 Python 对象转换成 JSON 格式字符串时，从 Python 类型到 JSON 类型的转换关系如表 10.4 所示。

表 10.4 Python 类型转换 JSON 类型的对应关系

Python 类型	JSON 类型
字典（dict）	对象（object）
列表（list）和元组（tuple）	数组（array）
字符串（str）	字符串（string）
整型、浮点型，以及整型、浮点型派生的枚举（float, int- & float-derived Enums）	数值型（number）
True	true
False	false
None	null

在 Python 的交互式解释器中先导入 json 模块，然后输入 json.__all__命令，即可看到该模块所包含的全部属性和函数。

```
>>> json.__all__
['dump', 'dumps', 'load', 'loads', 'JSONDecoder', 'JSONDecodeError', 'JSONEncoder']
```

json 模块中常用的函数和类的功能如下。

- json.dump(obj, fp, *, skipkeys=False, ensure_ascii=True, check_circular=True, allow_nan= True, cls=None, indent=None, separators=None, default=None, sort_keys=False, **kw)：将 obj 对象转换成 JSON 字符串输出到 fp 流中，fp 是一个支持 write()方法的类文件对象。
- json.dumps(obj, *, skipkeys=False, ensure_ascii=True, check_circular=True, allow_nan= True, cls=None, indent=None, separators=None, default=None, sort_keys=False, **kw)：将 obj 对象转换为 JSON 字符串，并返回该 JSON 字符串。
- json.load(fp, *, cls=None, object_hook=None, parse_float=None, parse_int=None, parse_constant=None, object_pairs_hook=None, **kw)：从 fp 流读取 JSON 字符串，将其恢复成 JSON 对象，其中 fp 是一个支持 write()方法的类文件对象。
- json.loads(s, *, encoding=None, cls=None, object_hook=None, parse_float=None, parse_int=None, parse_constant=None, object_pairs_hook=None, **kw)：将 JSON 字符串 s 恢复成 JSON 对象。

通过上面 4 个功能函数就可以实现 JSON 的两个主要应用场景，由于 JSON 只是一种轻量级的数据交换格式，因此 JSON 的主要应用场景如图 10.4 所示。

图 10.4　Python 的 JSON 支持

下面程序示范了 dumps()和 dump()函数的 encode 操作（将 Python 对象转换成 JSON 字符串）。

程序清单：codes\10\10.5\encode_test.py

```
import json
# 将 Python 对象转换为 JSON 字符串（元组会被当成数组）
s = json.dumps(['yeeku', {'favorite': ('coding', None, 'game', 25)}])
print(s) # ["yeeku", {"favorite": ["coding", null, "game", 25]}]
# 将简单的 Python 字符串转换为 JSON 字符串
s2 = json.dumps("\"foo\bar")
print(s2) #"\"foo\bar"
# 将简单的 Python 字符串转换为 JSON 字符串
s3 = json.dumps('\\')
print(s3) #"\\"
# 将 Python 的 dict 对象转换为 JSON 字符串，并对 key 排序
s4 = json.dumps({"c": 0, "b": 0, "a": 0}, sort_keys=True)
print(s4) #{"a": 0, "b": 0, "c": 0}
# 将 Python 列表转换为 JSON 字符串
# 并指定 JSON 分隔符：在逗号和冒号之后没有空格（默认有空格）
s5 = json.dumps([1, 2, 3, {'x': 5, 'y': 7}], separators=(',', ':'))
# 在输出的 JSON 字符串中，在逗号和冒号之后没有空格
print(s5) # '[1,2,3,{"4":5,"6":7}]'
# 指定 indent 为 4，意味着转换的 JSON 字符串有缩进
s6 = json.dumps({'Python': 5, 'Kotlin': 7}, sort_keys=True, indent=4)
print(s6)
# 使用 JSONEncoder 的 encode 方法将 Python 对象转换为 JSON 字符串
s7 = json.JSONEncoder().encode({"names": ("孙悟空", "齐天大圣")})
print(s7) # {"names": ["\u5b59\u609f\u7a7a", "\u9f50\u5929\u5927\u5723"]}
f = open('a.json', 'w')
# 使用 dump()函数将转换得到的 JSON 字符串输出到文件中
json.dump(['Kotlin', {'Python': 'excellent'}], f)
```

上面程序主要是调用 dumps()函数执行 encode 操作，程序在调用 dumps()函数时指定了不同的选项。上面程序最后一行代码调用 dump()函数将通过 encode 操作得到的 JSON 字符串输出到文件中。实际上，dumps()和 dump()函数的功能、所支持的选项基本相同，只是 dumps()函数直接返回转换得到的 JSON 字符串，而 dump()函数则将转换得到的 JSON 字符串输出到文件中。

运行上面程序，可以看到如下输出结果。

```
["yeeku", {"favorite": ["coding", null, "game", 25]}]
"\"foo\bar"
"\\"
{"a": 0, "b": 0, "c": 0}
[1,2,3,{"x":5,"y":7}]
{
    "Kotlin": 7,
    "Python": 5
}
{"names": ["\u5b59\u609f\u7a7a", "\u9f50\u5929\u5927\u5723"]}
```

程序运行结束后，会在程序所在目录生成一个 a.json 文件，该文件内容就是转换得到的 JSON 字符串。

正如从上面程序中粗体字代码所看到的，程序调用 json.JSONEncoder 对象的 encode()方法也可以将 Python 对象转换为 JSON 字符串。而 dumps()和 dump()函数是更高级的调用方式，一般调用

dumps()和 dump()函数对 Python 对象执行转换即可。

下面程序示范了 loads()和 load()函数的 decode 操作（将 JSON 字符串转换成 Python 对象）。

程序清单：codes\10\10.5\decode_test.py

```
import json
# 将 JSON 字符串恢复成 Python 列表
result1 = json.loads('["yeeku", {"favorite": ["coding", null, "game", 25]}]')
print(result1) # ['yeeku', {'favorite': ['coding', None, 'game', 25]}]
# 将 JSON 字符串恢复成 Python 字符串
result2 = json.loads('"\\"foo\\"bar"')
print(result2) # "foo"bar
# 定义一个自定义的转换函数
def as_complex(dct):
    if '__complex__' in dct:
        return complex(dct['real'], dct['imag'])
    return dct
# 使用自定义的恢复函数
# 自定义的恢复函数将 real 数据转换成复数的实部，将 imag 转换成复数的虚部
result3 = json.loads('{"__complex__": true, "real": 1, "imag": 2}',\
    object_hook=as_complex)
print(result3) # (1+2j)
f = open('a.json')
# 从文件流恢复 JSON 列表
result4 = json.load(f)
print(result4) # ['Kotlin', {'Python': 'excellent'}]
```

上面程序开始调用 loads()函数从 JSON 字符串恢复 Python 列表、Python 字符串等。接下来程序示范了一个比较特殊的例子——程序定义了一个自定义的恢复函数，该函数负责将一个原本应该恢复成 dict 对象的 JSON 字符串恢复成复数，并负责将字典中 real 对应的值转换成复数的实部，将字典中 imag 对应的值转换成复数的虚部。

通过使用自定义的恢复函数，可以完成 JSON 类型到 Python 特殊类型（如复数、矩阵）的转换。

上面程序最后使用 load()函数示范了从文件流来恢复 JSON 列表。运行上面程序，可以看到如下输出结果。

```
['yeeku', {'favorite': ['coding', None, 'game', 25]}]
"foo"bar
(1+2j)
['Kotlin', {'Python': 'excellent'}]
```

此外，我们还需要考虑一个问题：Python 支持更多的 JSON 所不支持的类型，比如复数、矩阵等，如果直接使用 dumps()或 dump()函数进行转换，程序肯定会出问题。此时就需要开发者对 JSONEncoder 类进行扩展，通过这种扩展来完成从 Python 特殊类型到 JSON 类型的转换。

例如，如下程序示范了通过扩展 JSONEncoder 来实现从 Python 复数到 JSON 字符串的转换。

程序清单：codes\10\10.5\extend_JSONEncoder.py

```
import json
# 定义 JSONEncoder 的子类
class ComplexEncoder(json.JSONEncoder):
    def default(self, obj):
        # 如果要转换的对象是复数类型，程序负责处理
        if isinstance(obj, complex):
            return {"__complex__": 'true', 'real': obj.real, 'imag': obj.imag}
        # 对于其他类型，还使用 JSONEncoder 默认处理
        return json.JSONEncoder.default(self, obj)
s1 = json.dumps(2 + 1j, cls=ComplexEncoder)
print(s1) # '{"__complex__": "true", "real": 2.0, "imag": 1.0}'
```

```
s2 = ComplexEncoder().encode(2 + 1j)
print(s2) # '{"__complex__": "true", "real": 2.0, "imag": 1.0}'
```

上面程序扩展了 JSONEncoder 类的子类，并重写了它的 default()方法，在方法中判断如果要转换的目标类型是复数（complex），程序就会进行自定义转换——将复数转换成 JSON 对象，且该对象包含"__complex__": 'true'属性。

一旦扩展了 JSONEncoder 的子类之后，程序有两种方式来使用自定义的子类。

- ➢ 在 dumps()或 dump()函数中通过 cls 属性指定使用 JSONEncoder 的自定义子类。
- ➢ 直接使用 JSONEncoder 的自定义子类的 encode()方法来执行转换。

运行该程序，可以看到如下输出结果。

```
{"__complex__": "true", "real": 2.0, "imag": 1.0}
{"__complex__": "true", "real": 2.0, "imag": 1.0}
```

10.6 正则表达式

正则表达式（Regular Expression）用于描述一种字符串匹配的模式（Pattern），它可用于检查一个字符串是否含有某个子串，也可用于从字符串中提取匹配的子串，或者对字符串中匹配的子串执行替换操作。

很多读者都会觉得正则表达式是非常神奇、高级的知识，实际上正则表达式确实是一种非常实用的工具。但正则表达式的入门并不难，任意字符串都可以被当成正则表达式来使用，例如"abc"，它也是一个正则表达式，只是它只能匹配"abc"字符串。

当然，如果正则表达式仅能匹配"abc"这样的字符串，那么正则表达式也就不值得学习了。事实上，正则表达式包含的知识点比较多，它的模式匹配能力也非常强，初学者可以由浅入深地学习。

但对于 Python 开发者来说，掌握正则表达式确实是一个很重要的技能。在掌握了正则表达式之后，Python 开发者也可使用正则表达式来开发数据抓取、网络爬虫等程序。实际上，掌握 Python 的正则表达式并不难，无非就是几个简单的函数，因此下面先介绍 Python 的正则表达式支持。

10.6.1 Python 的正则表达式支持

在 Python 的交互式解释器中先导入 re 模块，然后输入 re.__all__命令，即可看到该模块所包含的全部属性和函数。

```
>>> re.__all__
['match', 'fullmatch', 'search', 'sub', 'subn', 'split', 'findall', 'finditer',
'compile', 'purge', 'template', 'escape', 'error', 'A', 'I', 'L', 'M', 'S', 'X', 'U',
'ASCII', 'IGNORECASE', 'LOCALE', 'MULTILINE', 'DOTALL', 'VERBOSE', 'UNICODE']
```

从上面的输出结果可以看出，re 模块包含了为数不多的几个函数和属性（用于控制正则表达式匹配的几个选项）。下面先介绍这些函数的作用。

- ➢ re.compile(pattern, flags=0)：该函数用于将正则表达式字符串编译成_sre.SRE_Pattern 对象，该对象代表了正则表达式编译之后在内存中的对象，它可以缓存并复用正则表达式字符串。如果程序需要多次使用同一个正则表达式字符串，则可考虑先编译它。

该函数的 pattern 参数就是它所编译的正则表达式字符串，flags 则代表了正则表达式的匹配旗标。关于旗标的介绍请参考 10.6.2 节。

编译得到的_sre.SRE_Pattern 对象包含了 re 模块中绝大部分函数对应的方法。比如下面两行代码表示先编译正则表达式，然后调用正则表达式的 search()方法执行匹配。

```
# 先编译正则表达式
p = re.compile('abc')
# 调用_sre.SRE_Pattern 对象的 search()方法
```

```
p.search("www.abc.com")
```

上面两行代码和下面代码的效果基本相同。

```
# 直接用正则表达式匹配目标字符串
re.search('abc', 'www.abc.com')
```

对于上面两种方式，由于第一种方式预编译了正则表达式，因此程序可复用 p 对象（该对象缓存了正则表达式字符串），所以具有更好的性能。

➢ re.match(pattern, string, flags=0)：尝试从字符串的开始位置来匹配正则表达式，如果从开始位置匹配不成功，match()函数就返回 None。其中 pattern 参数代表正则表达式；string 代表被匹配的字符串；flags 则代表正则表达式的匹配旗标。该函数返回_sre.SRE_Match 对象，该对象包含的 span(n)方法用于获取第 n+1 个组的匹配位置，group(n)方法用于获取第 n+1 个组所匹配的子串。

➢ re.search(pattern, string, flags=0)：扫描整个字符串，并返回字符串中第一处匹配 pattern 的匹配对象。其中 pattern 参数代表正则表达式；string 代表被匹配的字符串；flags 则代表正则表达式的匹配旗标。该函数也返回_sre.SRE_Match 对象。

根据上面介绍不难发现，match()与 search()的区别在于：match()必须从字符串开始处就匹配，但 search()则可以搜索整个字符串。例如如下程序。

程序清单：codes\10\10.6\match_test.py

```
import re
m1 = re.match('www', 'www.fkit.org')# 从开始位置匹配
print(m1.span())  # span 返回匹配的位置
print(m1.group()) # group 返回匹配的组
print(re.match('fkit', 'www.fkit.com')) # 如果从开始位置匹配不到，返回 None
m2 = re.search('www', 'www.fkit.org') # 从开始位置匹配
print(m2.span())
print(m2.group())
m3 = re.search('fkit', 'www.fkit.com') # 从中间位置匹配，返回 Match 对象
print(m3.span())
print(m3.group())
```

运行上面程序，可以看到如下输出结果。

```
(0, 3)
www
None
(0, 3)
www
(4, 8)
fkit
```

从上面的输出结果可以看出，match()函数要求必须从字符串开始处匹配，而 search()函数则可扫描整个字符串，从中间任意位置开始匹配。

➢ re.findall(pattern, string, flags=0)：扫描整个字符串，并返回字符串中所有匹配 pattern 的子串组成的列表。其中 pattern 参数代表正则表达式；string 代表被匹配的字符串；flags 则代表正则表达式的匹配旗标。

➢ re.finditer(pattern, string, flags=0)：扫描整个字符串，并返回字符串中所有匹配 pattern 的子串组成的迭代器，迭代器的元素是_sre.SRE_Match 对象。其中 pattern 参数代表正则表达式；string 代表被匹配的字符串；flags 则代表正则表达式的匹配旗标。

从上面介绍不难看出，findall()与 finditer()函数的功能基本相似，区别在于它们的返回值不同，findall()函数返回所有匹配 patten 的子串组成的列表；而 finditer()函数则返回所有匹配 pattern 的子串组成的迭代器。

如果对比 findall()、finditer()和 search()函数，它们的区别也很明显，search()只返回字符串中第一处匹配 pattern 的子串；而 findall()和 finditer()则返回字符串中所有匹配 pattern 的子串。

程序清单：codes\10\10.6\find_test.py

```
import re
# 返回所有匹配 pattern 的子串组成的列表，忽略大小写
print(re.findall('fkit', 'FkIt is very good , Fkit.org is my favorite' , re.I))
# 返回所有匹配 pattern 的子串组成的迭代器，忽略大小写
it = re.finditer('fkit', 'FkIt is very good , Fkit.org is my favorite' , re.I)
for e in it:
    print(str(e.span()) + "-->" + e.group())
```

- re.fullmatch(pattern, string, flags=0)：该函数要求整个字符串能匹配 pattern，如果匹配则返回包含匹配信息的_sre.SRE_Match 对象；否则返回 None。
- re.sub(pattern, repl, string, count=0, flags=0)：该函数用于将 string 字符串中所有匹配 pattern 的内容替换成 repl；repl 既可是被替换的字符串，也可是一个函数。count 参数控制最多替换多少次，如果指定 count 为 0，则表示全部替换。

如下程序示范了 sub()函数的简单用法。

程序清单：codes\10\10.6\sub_test.py

```
import re
my_date = '2008-08-18'
# 将 my_date 字符串里的中画线替换成斜线
print(re.sub(r'-', '/' , my_date))
# 将 my_date 字符串里的中画线替换成斜线，只替换一次
print(re.sub(r'-', '/' , my_date, 1))
```

运行上面程序，可以看到如下输出结果。

```
2008/08/18
2008/08-18
```

提示：

上面程序所使用的 r'-'是原始字符串，其中 r 代表原始字符串，通过使用原始字符串，可以避免对字符串中的特殊字符进行转义。

在某些情况下，所执行的替换要基于被替换内容进行改变。比如下面程序需要将字符串中的每个英文单词都变成一本图书的名字（程序清单同上）。

```
# 在匹配的字符串前后添加内容
def fun(matched):
    # matched 就是匹配对象，通过该对象的 group()方法可获取被匹配的字符串
    value = "《疯狂" + (matched.group('lang')) + "讲义》"
    return value
s = 'Python 很好，Kotlin 也很好'
# 对 s 里面的英文单词（用 re.A 旗标控制）进行替换
# 使用 fun 函数指定替换的内容
print(re.sub(r'(?P<lang>\w+)', fun, s, flags=re.A))
```

上面程序使用 sub()函数执行替换时，指定使用 fun()函数作为替换内容，而 fun()函数则负责在 pattern 匹配的字符串之前添加“《疯狂”，在 pattern 匹配的字符串之后添加“讲义》”。运行上面程序，可以看到如下输出结果。

```
《疯狂 Python 讲义》很好，《疯狂 Kotlin 讲义》也很好
```

由于此时还未深入介绍正则表达式的语法，因此前面所使用的正则表达式都很简单，但此处使用了一个稍微复杂的正则表达式：r'(?P<lang>\w+)'。

r'(?P<lang>\w+)'正则表达式用圆括号表达式创建了一个组，并使用“?P”选项为该组起名为 lang——所起的组名要放在尖括号内。剩下的“\w+”才是正则表达式的内容，其中“\w”代表任意字符；“+”用于限定前面的“\w”可出现一次到多次，因此“\w+”代表一个或多个任意字符。又由于程序执行 sub()函数时指定了 re.A 选项，这样“\w”就只能代表 ASCII 字符，不能代表汉字。

当使用 sub()函数执行替换时，正则表达式“\w+”所匹配的内容可以通过组名“lang”来获取，这样 fun()函数就调用了 matched.group('lang')来获取“\w+”所匹配的内容。

- re.split(pattern, string, maxsplit=0, flags=0)：使用 pattern 对 string 进行分割，该函数返回分割得到的多个子串组成的列表。其中 maxsplit 参数控制最多分割几次。

如下程序示范了 split()函数的用法。

程序清单：codes\10\10.6\split_test.py

```
import re
# 使用逗号对字符串进行分割
print(re.split(', ', 'fkit, fkjava, crazyit'))
# 输出：['fkit', 'fkjava', 'crazyit']
# 指定只分割一次，被切分成两个子串
print(re.split(', ', 'fkit, fkjava, crazyit', 1))
# 输出：['fkit', 'fkjava, crazyit']
# 使用 a 进行分割
print(re.split('a', 'fkit, fkjava, crazyit'))
# 输出：['fkit, fkj', 'v', ', cr', 'zyit']
# 使用 x 进行分割，没有匹配内容，则不会执行分割
print(re.split('x', 'fkit, fkjava, crazyit'))
# 输出：['fkit, fkjava, crazyit']
```

- re.purge()：清除正则表达式缓存。
- re.escape(pattern)：对模式中除 ASCII 字符、数值、下画线（_）之外的其他字符进行转义。

如下程序示范了 escape()函数的用法。

程序清单：codes\10\10.6\escape_test.py

```
import re
# 对模式中的特殊字符进行转义
print(re.escape(r'www.crazyit.org is good, i love it!'))
# 输出：www\.crazyit\.org\ is\ good\,\ i\ love\ it\!
print(re.escape(r'A-Zand0-9?'))
# 输出：A\-Zand0\-9\?
```

从上面的输出结果可以看出，使用 escape()函数对模式执行转义之后，模式中除 ASCII 字符、数值、下画线（_）之外的其他字符都被添加了反斜线进行转义。

此外，在 re 模块中还包含两个类，它们分别是正则表达式对象（其具体类型为_sre.SRE_Pattern）和匹配（Match）对象，其中正则表达式对象就是调用 re.compile()函数的返回值。该对象的方法与前面介绍的 re 模块中的函数大致对应。

相比之下，正则表达式对象的 search()、match()、fullmatch()、findall()、finditer()方法的功能更强大一些，因为这些方法都可额外指定 pos 和 endpos 两个参数，用于指定只处理目标字符串从 pos 开始到 endpos 结束之间的子串。如下程序示范了使用正则表达式的方法来执行匹配。

程序清单：codes\10\10.6\re_test.py

```
import re
# 编译得到正则表达式对象
pa = re.compile('fkit')
# 调用 match 方法，原本应该从开始位置匹配
# 此处指定从索引 4 的地方开始匹配，可以匹配成功
print(pa.match('www.fkit.org', 4).span()) # (4, 8)
```

```
# 此处指定从索引 4 到索引 6 之间执行匹配，匹配失败
print(pa.match('www.fkit.org', 4, 6)) # None
# 此处指定从索引 4 到索引 8 之间执行全匹配，匹配成功
print(pa.fullmatch('www.fkit.org', 4, 8).span()) # (4, 8)
```

上面程序示范了使用正则表达式调用 match()、fullmatch()方法时指定 pos 和 endpos 参数的效果——在指定这两个参数之后，程序就可以只处理目标字符串的中间一段。此外，通过上面程序也可以体会到编译正则表达式的好处——程序使用 compile()函数编译正则表达式之后，该函数所返回的对象就会缓存该正则表达式，从而可以多次利用该正则表达式执行匹配。比如上面程序多次使用 pa 对象（它缓存了正则表达式）来执行匹配。

re 模块中的 Match 对象（其具体类型为_sre.SRE_Match）则是 match()、search()方法的返回值，该对象中包含了详细的正则表达式匹配信息，包括正则表达式匹配的位置、正则表达式所匹配的子串。

_sre.SRE_Match 对象包含了如下方法或属性。

- match.group([group1, ...])：获取该匹配对象中指定组所匹配的字符串。
- match.__getitem__(g)：这是 match.group(g)的简化写法。由于 match 对象提供了__getitem__()方法，因此程序可使用 match[g]来代替 match.group(g)。
- match.groups(default=None)：返回 match 对象中所有组所匹配的字符串组成的元组。
- match.groupdict(default=None)：返回 match 对象中所有组所匹配的字符串组成的字典。
- match.start([group])：获取该匹配对象中指定组所匹配的字符串的开始位置。
- match.end([group])：获取该匹配对象中指定组所匹配的字符串的结束位置。
- match.span([group])：获取该匹配对象中指定组所匹配的字符串的开始位置和结束位置。该方法相当于同时返回 start()和 end()方法的返回值。

上面这些方法都涉及了组的概念，组是正则表达式中很常见的一个东西：用圆括号将多个表达式括起来形成组。如果正则表达式中没有圆括号，那么整个表达式就属于一个默认组。如下程序示范了正则表达式包含组的情形。

程序清单：codes\10\10.6\group_test.py

```
import re
# 在正则表达式中使用组
m = re.search(r'(fkit).(org)', r"www.fkit.org is a good domain")
print(m.group(0)) # fkit.org
# 调用的简化写法，底层是调用 m.__getitem__(0)
print(m[0]) # fkit.org
print(m.span(0)) # (4, 12)
print(m.group(1)) # fkit
# 调用的简化写法，底层是调用 m.__getitem__(1)
print(m[1]) # fkit
print(m.span(1)) # (4, 8)
print(m.group(2)) # org
# 调用的简化写法，底层是调用 m.__getitem__(2)
print(m[2]) # org
print(m.span(2)) # (9, 12)
# 返回所有组所匹配的字符串组成的元组
print(m.groups())
```

上面程序中 search()函数使用了一个正则表达式：r'(fkit).(org)'，在该正则表达式内包含两个组，即(fkit)和(org)，因此程序可以依次获取 group(0)、group(1)、group(2)的值——也就是依次获取整个正则表达式所匹配的子串、第一个组所匹配的子串和第二个组所匹配的子串；程序也可以依次获取 span(0)、span(1)、span(2)的值——也就是依次获取整个正则表达式所匹配的子串的开始位置和结束位置、第一个组所匹配的子串的开始位置和结束位置、第二个组所匹配的子串的开始位置和结束位置。

运行上面程序，可以看到如下输出结果。

```
fkit.org
fkit.org
(4, 12)
fkit
fkit
(4, 8)
org
org
(9, 12)
('fkit', 'org')
```

从该程序可以看出，只要正则表达式能匹配得到结果，则不管正则表达式是否包含组，group(0)、span(0)总能获得内容，因为它们分别是获取整个正则表达式所匹配的子串，以及该子串的开始位置和结束位置。

如果在正则表达式中为组指定了名字（用?P<名字>为正则表达式的组指定名字），就可以调用groupdict()方法来获取所有组所匹配的字符串组成的字典——其中组名作为字典的 key。例如如下代码。

```
# 为正则表达式定义了两个组，并为组指定了名字
m2 = re.search(r'(?P<prefix>fkit).(?P<suffix>org)',\
    r"www.fkit.org is a good domain")
print(m2.groupdict()) # {'prefix': 'fkit', 'suffix': 'org'}
```

上面程序为正则表达式的第一个组指定名字为 prefix，为第二个组指定名字为 suffix。运行上面程序，可以看到如下输出结果。

```
{'prefix': 'fkit', 'suffix': 'org'}
```

从上面的输出结果可以看到，此处返回的字典的 key 为正则表达式中的组名，value 为该组所匹配的子串。

- match.pos：该属性返回传给正则表达式对象的 search()、match()等方法的 pos 参数。
- match.endpos：该属性返回传给正则表达式对象的 search()、match()等方法的 endpos 参数。
- match.lastindex：该属性返回最后一个匹配的捕获组的整数索引。如果没有组匹配，该属性返回 None。例如用(a)b、((a)(b))或((ab))对字符串'ab'执行匹配，该属性都会返回 1；但如果使用(a)(b)正则表达式对'ab'执行匹配，则 lastindex 等于 2。
- match.lastgroup：该属性返回最后一个匹配的捕获组的名字；如果该组没有名字或根本没有组匹配，该属性返回 None。
- match.re：该属性返回执行正则表达式匹配时所用的正则表达式。
- match.string：该属性返回执行正则表达式匹配时所用的字符串。

10.6.2 正则表达式旗标

Python 支持的正则表达式旗标都使用该模块中的属性来代表，这些旗标如下所示。

- re.A 或 re.ASCII：该旗标控制\w, \W, \b, \B, \d, \D, \s 和\S 只匹配 ASCII 字符，而不匹配所有的 Unicode 字符。也可以在正则表达式中使用(?a)行内旗标来代表。
- re.DEBUG：显示编译正则表达式的 Debug 信息。没有行内旗标。
- re.I 或 re.IGNORECASE：使用正则表达式匹配时不区分大小写。对应于正则表达式中的(?i)行内旗标。

```
# 默认区分大小写，所以无匹配
>>> re.findall(r'fkit', 'FkIt is a good domain, FKIT is good')
[]
# 使用 re.I 指定区分大小写
```

```
>>> re.findall(r'fkit', 'FkIt is a good domain, FKIT is good', re.I)
['FkIt', 'FKIT']
```

- re.L 或 re.LOCALE：根据当前区域设置使用正则表达式匹配时不区分大小写。该旗标只能对 bytes 模式起作用，对应于正则表达式中的(?L)行内旗标。
- re.M 或 re.MULTILINE：多行模式的旗标。当指定该旗标后，“^”能匹配字符串的开头和每行的开头（紧跟在每一个换行符的后面）；“$”能匹配字符串的末尾和每行的末尾（在每一个换行符之前）。在默认情况下，“^”只匹配字符串的开头，“$”只匹配字符串的结尾，或者匹配到字符串默认的换行符（如果有）之前。对应于正则表达式中的(?m)行内旗标。
- re.S 或 s.DOTALL：让点（.）能匹配包括换行符在内的所有字符，如果不指定该旗标，则点（.）能匹配不包括换行符的所有字符。对应于正则表达式中的(?s)行内旗标。
- re.U 或 re.Unicode：该旗标控制\w, \W, \b, \B, \d, \D, \s 和\S 能匹配所有的 Unicode 字符。这个旗标在 Python 3.x 中完全是多余的，因为 Python 3.x 默认就是匹配所有的 Unicode 字符。
- re.X 或 re.VERBOSE：通过该旗标允许分行书写正则表达式，也允许为正则表达式添加注释，从而提高正则表达式的可读性。对应于正则表达式中的(?x)行内旗标。

例如，下面两个正则表达式都可匹配广州的座机号码，它们是完全一样的。

```
a = re.compile(r"""020   # 广州的区号
              \-     # 中间的短横线
              \d{8}  # 8 个数值""", re.X)
b = re.compile(r'020\-\d{8}')
```

上面的 a 在编译正则表达式时使用了 re.X 旗标，这意味着该正则表达式可以换行，也可以添加注释，这样该正则表达式就更容易阅读、理解了。

10.6.3 创建正则表达式

前面已经介绍了，正则表达式就是一个用于匹配字符串的模板，它可以匹配一批字符串，所以创建正则表达式就是创建一个特殊的字符串。正则表达式所支持的合法字符如表 10.5 所示。

表 10.5 正则表达式所支持的合法字符

字符	解释
x	字符 x（x 可代表任意合法的字符）
\uhhhh	十六进制值 0xhhhh 所表示的 Unicode 字符
\t	制表符（'\u0009'）
\n	新行（换行）符（'\u000A'）
\r	回车符（'\u000D'）
\f	换页符（'\u000C'）
\a	报警（bell）符（'\u0007'）
\e	Escape 符（'\u001B'）
\cx	*x* 对应的控制符。例如，\cM 匹配 Ctrl+M。*x* 值必须为 A~Z 或 a~z 之一

除此之外，正则表达式中有一些特殊字符，这些特殊字符在正则表达式中有其特殊的用途，比如前面介绍的反斜线（\）。如果需要匹配这些特殊字符，就必须先将这些字符转义，也就是在前面添加一个反斜线（\）。正则表达式中的特殊字符如表 10.6 所示。

表 10.6 正则表达式中的特殊字符

特殊字符	说明
$	匹配一行的结尾。要匹配 $ 字符本身，请使用 \$
^	匹配一行的开头。要匹配 ^ 字符本身，请使用 \^

续表

<table>
<tr><th>特殊字符</th><th>说明</th></tr>
<tr><td>()</td><td>标记子表达式（也就是组）的开始位置和结束位置。要匹配这些字符，请使用 \(和 \)</td></tr>
<tr><td>[]</td><td>用于确定中括号表达式的开始位置和结束位置。要匹配这些字符，请使用 \[和 \]</td></tr>
<tr><td>{}</td><td>用于标记前面子表达式的出现频度。要匹配这些字符，请使用 \{ 和 \}</td></tr>
<tr><td>*</td><td>指定前面子表达式可以出现零次或多次。要匹配 * 字符本身，请使用 *</td></tr>
<tr><td>+</td><td>指定前面子表达式可以出现一次或多次。要匹配 + 字符本身，请使用 \+</td></tr>
<tr><td>?</td><td>指定前面子表达式可以出现零次或一次。要匹配 ? 字符本身，请使用 \?</td></tr>
<tr><td>.</td><td>匹配除换行符 \n 之外的任意单个字符。要匹配 . 字符本身，请使用 \.</td></tr>
<tr><td>\</td><td>用于转义下一个字符，或指定八进制、十六进制字符。如果需匹配 \ 字符，请使用 \\</td></tr>
<tr><td>|</td><td>指定在两项之间任选一项。如果要匹配 | 字符本身，请使用 \|</td></tr>
</table>

将上面多个字符拼起来，就可以创建一个正则表达式。例如：

```
>>> print(re.fullmatch(r'\u0041\\', 'A\\'))  # 匹配 A\
<_sre.SRE_Match object; span=(0, 2), match='A\\'>
>>> print(re.fullmatch(r'\u0061\t', 'a\t'))  # 匹配 a<制表符>
<_sre.SRE_Match object; span=(0, 2), match='a\t'>
>>> print(re.fullmatch(r'\?\[', '?[')) # // 匹配?[
<_sre.SRE_Match object; span=(0, 2), match='?['>
```

上面的正则表达式依然只能匹配单个字符，这是因为还未在正则表达式中使用通配符，通配符是可以匹配多个字符的特殊字符。正则表达式中的通配符的功能远远超出了普通通配符的功能，它被称为“预定义字符”。正则表达式支持如表 10.7 所示的预定义字符。

表 10.7　正则表达式所支持的预定义字符

预定义字符	说明
.	默认可匹配除换行符之外的任意字符，在使用 re.S 或 s.DOTALL 旗标之后，它还可匹配换行符
\d	匹配 0~9 的所有数字
\D	匹配非数字
\s	匹配所有的空白字符，包括空格、制表符、回车符、换页符、换行符等
\S	匹配所有的非空白字符
\w	匹配所有的单词字符，包括 0~9 的所有数字、26 个英文字母和下画线（_）
\W	匹配所有的非单词字符

提示：

上面的 7 个预定义字符其实很容易记忆：d 是 digit 的意思，代表数字；s 是 space 的意思，代表空白；w 是 word 的意思，代表单词。d、s、w 的大写形式恰好匹配与之相反的字符。

有了上面的预定义字符之后，接下来就可以创建更强大的正则表达式了。例如：

```
>>> re.fullmatch(r'c\wt' , 'cat')  # c\wt 可以匹配 cat、cbt、cct、c0t、c9t 等一批字符串
<_sre.SRE_Match object; span=(0, 3), match='cat'>
>>> re.fullmatch(r'c\wt' , 'c9t')  # c\wt 可以匹配 cat、cbt、cct、c0t、c9t 等一批字符串
<_sre.SRE_Match object; span=(0, 3), match='c9t'>
# 匹配如 000-000-0000 形式的电话号码
>>> re.fullmatch(r'\d\d\d-\d\d\d-\d\d\d\d' , '123-456-8888')
<_sre.SRE_Match object; span=(0, 12), match='123-456-8888'>
```

在一些特殊情况下，例如，若只想匹配 a~f 的字母，或者匹配除 ab 之外的所有小写字母，或者匹配中文字符，那么上面这些预定义字符就无能为力了，此时就需要使用方括号表达式。方括号表达式有如表 10.8 所示的几种形式。

表 10.8　方括号表达式

方括号表达式	说明
表示枚举	例如[abc]，表示 a、b、c 其中任意一个字符；[gz]，表示 g、z 其中任意一个字符
表示范围	例如[a-f]，表示 a~f 范围内的任意字符；[\\u0041-\\u0056]，表示十六进制字符\u0041 到\u0056 范围的字符。范围可以和枚举结合使用，如[a-cx-z]，表示 a~c、x~z 范围内的任意字符
表示求否：^	例如[^abc]，表示非 a、b、c 的任意字符；[^a-f]，表示不是 a~f 范围内的任意字符

方括号表达式比前面的预定义字符灵活得多，几乎可以匹配任意字符。例如，若需要匹配所有的中文字符，就可以利用[\\u0041-\\u0056]的形式——因为所有的中文字符的 Unicode 值是连续的，只要找出所有中文字符中最小、最大的 Unicode 值，就可以利用上面的形式来匹配所有的中文字符。

此外，Python 正则表达式还支持如表 10.9 所示的几个边界匹配符。

表 10.9　边界匹配符

边界匹配符	说明
^	行的开头
$	行的结尾
\b	单词的边界，即只能匹配单词前后的空白
\B	非单词的边界，即只能匹配不在单词前后的空白
\A	只匹配字符串的开头
\Z	只匹配字符串的结尾，仅用于最后的结束符

10.6.4　子表达式

正则表达式还支持圆括号表达式，用于将多个表达式组成一个子表达式，在圆括号中可以使用或运算符（|）。圆括号表达式也是功能丰富的用法之一。

子表达式（组）支持如下用法。

- (exp)：匹配 exp 表达式并捕获成一个自动命名的组，后面可通过“\1”引用第一个捕获组所匹配的子串，通过“\2”引用第二个捕获组所匹配的子串……依此类推。例如如下代码。

```
>>> re.search(r'Windows (95|98|NT|2000)[\w ]+\1', 'Windows 98 published in 98')
<_sre.SRE_Match object; span=(0, 26), match='Windows 98 published in 98'>
```

在上面代码中用到的正则表达式是 r'Windows (95|98|NT|2000)[\w]+\1，其中(95|98|NT|2000)是一个组，该组可匹配 95、98、NT 或 2000；接下来是[\w]+，这个方括号表达式可匹配任意单词字符和空格，方括号后面的“+”表示方括号表达式可出现 1~*N* 次；最后是“\1”，引用第一个组所匹配的子串——假如第一个组匹配 98，那么“\1”也必须是 98，因此该正则表达式可匹配“Windows 98 published in 98”。

将上面代码改为如下形式。

```
>>> print(re.search(r'Windows (95|98|NT|2000)[\w ]+\1', 'Windows 98 published in
95'))
None
```

上面代码中第一个组匹配的子串是 98，因此“\1”应该引用子串 98，所以该正则表达式无法匹配“Windows 98 published in 95”。

- (?P<name>exp)：匹配 exp 表达式并捕获成命名组，该组的名字为 name。后面可通过(?P=name)来引用前面捕获的组。通过此处介绍不难看出，(exp)和(?P<name>exp)的功能大致相似，只是 exp 捕获的组没有显式指定组名，因此后面使用\1、\2 等方式来引用这种组所匹配的子串；而(?P<name>exp)捕获的组指定了名称，因此后面可通过<?P=name>这种方式来引用命名组所匹配的子串。

➢ (?P=name)：引用 name 命名组所匹配的子串。

例如如下代码。

```
>>> re.search(r'<(?P<tag>\w+)>\w+</(?P=tag)>', '<h3>xx</h3>')
<_sre.SRE_Match object; span=(0, 11), match='<h3>xx</h3>'>
```

上面的正则表达式为 r'<(?P<tag>\w+)>\w+</(?P=tag)>'，表达式开始是“<”符号，它直接匹配该符号；接下来定义了一个命名组：(?P<tag>\w+)，该组的组名为 tag，该组能匹配 1~*N* 个任意字符；表达式又定义了一个“>”符号，用于匹配一个 HTML 或 XML 标签。接下来的“\w+”用于匹配标签中的内容；正则表达式又定义了“</”，它直接匹配这两个字符；之后的(?P=tag)就用于引用前面的 tag 组所匹配的子串——也就是说，该正则表达式要求内容必须在合理关闭的 HTML 或 XML 标签内。因此上面的<h3>xx</h3>可以匹配。

```
>>> print(re.search(r'<(?P<tag>\w+)>\w+</(?P=tag)>', '<h3>xx</h2>'))
None
```

上面的表达式尝试匹配的字符串虽然在 HTML 标签内，但由于前后两个标签不相同，因此不能匹配。

➢ (?:exp)：匹配 exp 表达式并且不捕获。这种组与(exp)的区别就在于它是不捕获的，因此不能通过\1、\2 等来引用。例如，在交互式解释器中执行如下命令，将会出现错误，原因是(?:95|98|NT|2000)是一个不捕获的组，因此在该正则表达式中不能使用“\1”来引用该组。

```
>>> re.search(r'Windows (?:95|98|NT|2000)[a-z ]+\1', 'Windows 98 published in 98')
```

将上面命令改为如下形式。

```
>>> re.search(r'Windows (?:95|98|NT|2000)[a-z ]+', 'Windows 98 published in 98')
<_sre.SRE_Match object; span=(0, 24), match='Windows 98 published in '>
```

在上面的正则表达式中定义的组是未捕获组，后面也没有使用“\1”来引用该组，因此该正则表达式可以正常匹配。

➢ (?<=exp)：括号中的子模式必须出现在匹配内容的左侧，但 exp 不作为匹配的一部分。

➢ (?=exp)：括号中的子模式必须出现在匹配内容的右侧，但 exp 不作为匹配的一部分。

上面两种组主要用于对匹配内容进行限定，括号中的子模式本身不作为匹配的一部分。例如要获取 HTML 代码中<h1>元素的内容。

```
>>> re.search(r'(?<=<h1>).+?(?=</h1>)', 'help! <h1>fkit.org</h1>! technology')
<_sre.SRE_Match object; span=(10, 18), match='fkit.org'>
```

在上面的正则表达式中，(?<=<h1>)是一个限定组，该组的内容就是<h1>，由于该组用了(?<=exp)声明，因此在被匹配内容的左侧必须有<h1>；还有一个组是(?=</h1>)，该组的内容是</h1>，该组用了(?=exp)声明，因此要求在被匹配内容的右侧必须出现</h1>

所以，上面的正则表达式会将<h1>和</h1>之间的内容匹配出来。例如：

```
>>> re.search(r'(?<=<h1>).+?(?=</h1>)', 'help! <h1><div>fkit</div></h1>! technology')
<_sre.SRE_Match object; span=(10, 25), match='<div>fkit</div>'>
```

➢ (?<!exp)：括号中的子模式必须不出现在匹配内容的左侧，但 exp 不作为匹配的一部分。其实它是(?<=exp)的逆向表达。

➢ (?!exp)：括号中的子模式必须不出现在匹配内容的右侧，但 exp 不作为匹配的一部分。其实它是(?=exp)的逆向表达。

➢ (?#comment)：注释组。“?#”后的内容是注释，不影响正则表达式本身。例如：

```
>>> re.search(r'[a-zA-Z0-9_]{3,}(?#username)@fkit\.org', 'sun@fkit.org')
<_sre.SRE_Match object; span=(0, 12), match='sun@fkit.org'>
```

在上面代码中，正则表达式内的(?#username)就是注释，用于对正则表达式的部分内容进行说明。

➢ (?aiLmsux)：旗标组，用于为整个正则表达式添加行内旗标，可同时指定一个或多个旗标（关于各旗标的含义可参考 10.6.2 节的说明）。例如：

```
>>> re.search(r'(?i)[a-z0-9_]{3,}(?#username)@fkit\.org', 'Sun@FKIT.ORG')
<_sre.SRE_Match object; span=(0, 12), match='Sun@FKIT.ORG'>
```

在上面的正则表达式中指定了(?i)组，这意味着该正则表达式匹配时不区分大小写，因此该正则表达式可匹配 Sun@FKIT.ORG；如果去掉该旗标组，那么就不能匹配了。

➢ (?imsx-imsx:exp)：只对当前组起作用的旗标。该组旗标与前一组旗标的区别是，前一组旗标作用于整个正则表达式，而这组旗标只影响组内的子表达式。例如：

```
>>> re.search(r'(?i:[a-z0-9_]){3,}@fkit\.org', 'Sun@fkit.org')
<_sre.SRE_Match object; span=(0, 12), match='Sun@fkit.org'>
```

在上面的表达式中有一个(?i:[a-z0-9_])组，该组内的子表达式不区分大小写，但整个表达式依然区分大小写。因此，上面的正则表达式可以匹配 Sun@fkit.org，但不能匹配 Sun@Fkit.org，因为后面部分依然区分大小写。

如果在旗标前应用“-”，则表明去掉该旗标。比如在执行 search()方法时传入了 re.I 参数，这意味着对整个正则表达式不区分大小写；如果希望某个组内的表达式依然区分大小写，则可使用(-i:exp)来表示。例如：

```
>>> re.search(r'(?-i:[a-z0-9_]){3,}@fkit\.org', 'sun@Fkit.org', re.I)
<_sre.SRE_Match object; span=(0, 12), match='sun@Fkit.org'>
```

上面例子在执行 search()方法时指定了 re.I 选项，这意味着在执行整个正则表达式匹配时并不区分大小写；但假如又需要用户名部分区分大小写，于是就把用户名部分放在用组定义成的子表达式中，并为该子表达式指定“?-i:”选项（表明去除 re.I 选项），这样该组内的子表达式就会区分大小写了。因此，上面的表达式可以匹配 sun@Fkit.org、sun@fkit.org，但不能匹配 Sun@Fkit.org，因为用户名是区分大小写的。

10.6.5　贪婪模式与勉强模式

在前面例子中需要建立一个匹配 000-000-0000 形式的电话号码时，使用了 r'\d\d\d-\d\d\d-\d\d\d\d' 正则表达式，这看起来比较烦琐。实际上，正则表达式还提供了频度限定，用于限定前面的模式可出现的次数。Python 正则表达式支持如下几种频度限定。

➢ *：限定前面的子表达式可出现 0~*N* 次。例如正则表达式 r'zo*'能匹配 'z'，也能匹配 'zoo'、'zooo'等。* 等价于{0,}。

➢ +：限定前面的子表达式可出现 1~*N* 次。例如正则表达式 r'zo+'不能匹配 'z'，可匹配 'zo'、'zoo'、'zooo' 等。+ 等价于{1,}。

➢ ?：限定前面的子表达式出现 0~1 次。例如正则表达式 r'zo?'能匹配 'z' 和 'zo'两个字符串。? 等价于{0,1}。

➢ {n,m}：n 和 m 均为非负整数，其中 n≤m，限定前面的子表达式出现 *n*~*m* 次。例如正则表达式 r'fo{1,3}d'可匹配 'fod'、'food'、'foood' 这三个字符串。

➢ {n,}：n 是一个非负整数，限定前面的子表达式至少出 *n* 次。例如正则表达式 r'fo{2,}d'可匹配 'food'、'foood'、'fooood' 等字符串。

➢ {,m}：m 是一个非负整数，限定前面的子表达式至多出现 *m* 次。例如正则表达式 r'fo{,3}d' 可匹配 'fd'、'fod'、'food'、'foood' 这四个字符串。

➢ {n}：n 是一个非负整数，限定前面的子表达式必须出现 *n* 次。例如正则表达式 r'fo{2}d' 只能匹配 'food' 字符串。

在掌握了上面的写法之后，如果再需要书写匹配如 000-000-0000 形式的电话号码，则可写成

r'\d{3}-\d{3}-\d{4}'。

在默认情况下，正则表达式的频度限定是贪婪模式的。所谓贪婪模式，指的是表达式中的模式会尽可能多地匹配字符。

例如，在交互式解释器中输入如下代码。

```
>>> re.search(r'@.+\.', 'sun@fkit.com.cn')
<_sre.SRE_Match object; span=(3, 13), match='@fkit.com.'>
```

上面的正则表达式是 r'@.+\.'，该表达式就是匹配@符号和点号之间的全部内容。但由于在@和点号之间用的是“.+”，其中“.”可代表任意字符，而且此时是贪婪模式，因此“.+”会尽可能多地进行匹配，只要它最后有一个“.”结尾即可，所以匹配的结果是'@fkit.com.'。

只要在频度限定之后添加一个英文问号，贪婪模式就变成了勉强模式，所谓勉强模式，指的是表达式中的模式会尽可能少地匹配字符。

例如，在交互式解释器中输入如下代码。

```
>>> re.search(r'@.+?\.', 'sun@fkit.com.cn')
<_sre.SRE_Match object; span=(3, 9), match='@fkit.'>
```

上面的正则表达式与前一个示例中的正则表达式基本相似，只是中间部分是“.+?”，这就是勉强模式。该模式会尽可能少地匹配字符，只要它最后有一个“.”结尾即可，因此匹配的结果是'@fkit.'。

10.7 容器相关类

除前面介绍的列表（list）、元组（tuple）和字典（dict）等容器类型之外，Python 还提供了集合（set）、双端队列（deque）等数据类型，这些数据类型可能不如列表、字典等容器类型常用，但它们也是 Python 编程的基础内容，也应该重点掌握。

绝大部分编程语言都会提供 list、set、dict（在有的语言中叫 dictionary 或 map）、deque 这些数据类型，如果你有 Java、Objective-C 等其他语言的编程经验，那么你会对这些类型感到似曾相识。这是为什么呢？

早期学计算机编程的人可能听过一句话：

程序 = 数据结构 + 算法

一直以来，这句话被国内多少计算机专业奉为圭臬，“数据结构”也是不少本科院校软件专业的基础课程，“数据结构”课程所讲授的其实就是 list、set、dict、deque 等内容。其原因就在于：list、set、dict、deque 等数据结构确实是软件开发的基础。

提示：

以笔者的经验来看，软件专业一开始就上“数据结构”课程未必是好事，这些内容虽然非常重要，但对于普通开发者而言，他们往往并不需要掌握实现 list、set、dict、deque 的具体细节，只要会用它们即可。此外，一开始就学习“数据结构”比较容易打击初学者的信心，因此完全可以等学习者有一定的编程基础之后再来学习这些数据结构的底层实现，一开始只要会用它们即可。

总的来说，绝大部分编程语言通常总会提供的 4 种主流的数据结构是 list、set、dict 和 deque，其中 set 集合类似于一个罐子，把一个对象添加到 set 集合时，set 集合无法记住添加这个元素的顺序，所以 set 里的元素不能重复（否则系统无法准确识别这个元素）；list 容器就是前面介绍的列表，它可以记住每次添加元素的顺序，因此程序可通过索引来存取元素，list 容器的元素允许重复；dict 容器也像一个罐子，只是它里面的每项数据都由 key-value 对组成，因此程序可通过 key 来存取 value。

图 10.5 显示了这三种容器的示意图。

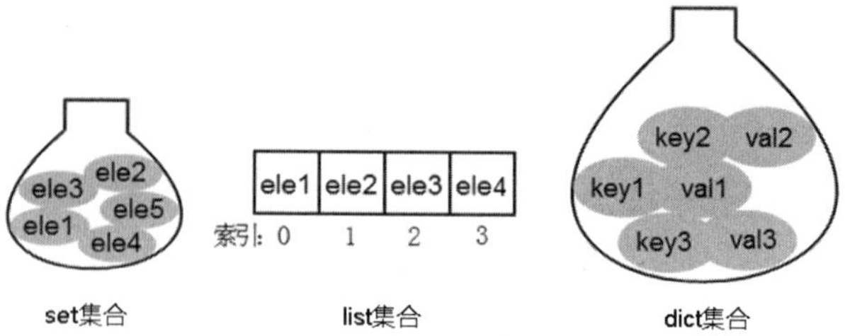

图 10.5　三种容器的示意图

deque 则代表一个双端队列。双端队列的特征是它的两端都可以添加、删除元素，它既可作为栈（stack）使用，也可作为队列（queue）使用。

10.7.1　set 和 frozenset

set 集合有如下两个特征。

- set 不记录元素的添加顺序。
- 元素不允许重复。

set 集合是可变容器，程序可以改变容器中的元素。与 set 对应的还有 frozenset 集合，frozenset 是 set 的不可变版本，它的元素是不可变的。

在交互式解释器中输入[e for e in dir(set) if not e.startswith('_')]来查看 set 集合的全部方法，可以看到如下输出结果。

```
>>> [e for e in dir(set) if not e.startswith('_')]
['add', 'clear', 'copy', 'difference', 'difference_update', 'discard',
'intersection', 'intersection_update', 'isdisjoint', 'issubset', 'issuperset', 'pop',
'remove', 'symmetric_difference', 'symmetric_difference_update', 'union', 'update']
```

对于上面这些方法，其方法名已经暗示了它们的作用，比如 add()很明显就是向 set 集合中添加元素，remove()、discard()就是删除元素，clear()就是清空 set 集合，等等。

提示：

remove()与 discard()方法都用于删除集合中的元素，但区别在于：如果集合中不包含被删除的元素，remove()方法会报出 KeyError 异常，而 discard()方法则什么也不做。

下面程序示范了 set 集合的方法的用法。

程序清单：codes\10\10.7\set_test.py

```
# 使用花括号构建 set 集合
c = {'白骨精'}
# 添加元素
c.add("孙悟空")
c.add(6)
print("c 集合的元素个数为:" , len(c)) # 输出 3
# 删除指定元素
c.remove(6)
print("c 集合的元素个数为:" , len(c)) # 输出 2
# 判断是否包含指定字符串
print("c 集合是否包含'孙悟空'字符串:" , ("孙悟空" in c)) # 输出 True
c.add("轻量级 Java EE 企业应用实战")
print("c 集合的元素: " , c)
# 使用 set()函数（构造器）来创建 set 集合
books = set()
```

```
books.add("轻量级 Java EE 企业应用实战")
books.add("疯狂 Java 讲义")
print("books 集合的元素：" , books)
# 使用 issubset()方法判断是否为子集合
print("books 集合是否为 c 的子集合？", books.issubset(c)) # 输出 False
# issubset()方法与<=运算符的效果相同
print("books 集合是否为 c 的子集合？", (books <= c)) # 输出 False
# 使用 issuperset()方法判断是否为父集合
# issubset 和 issuperset 其实就是相互倒过来判断
print("c 集合是否完全包含 books 集合？", c.issuperset(books)) # 输出 False
# issuperset()方法与>=运算符的效果相同
print("c 集合是否完全包含 books 集合？", (c >= books)) # 输出 False
# 用 c 集合减去 books 集合里的元素，不改变 c 集合本身
result1 = c - books
print(result1)
# difference()方法也是对集合做减法，与用“-”执行运算的效果完全一样
result2 = c.difference(books)
print(result2)
# 用 c 集合减去 books 集合里的元素，改变 c 集合本身
c.difference_update(books)
print("c 集合的元素：" , c)
# 删除 c 集合里的所有元素
c.clear()
print("c 集合的元素：" , c)
# 直接创建包含元素的集合
d = {"疯狂 Java 讲义", '疯狂 Python 讲义', '疯狂 Kotlin 讲义'}
print("d 集合的元素：" , d)
# 计算两个集合的交集，不改变 d 集合本身
inter1 = d & books
print(inter1)
# intersection()方法也是获取两个集合的交集，与用“&”执行运算的效果完全一样
inter2 = d.intersection(books)
print(inter2)
# 计算两个集合的交集，改变 d 集合本身
d.intersection_update(books)
print("d 集合的元素：" , d)
# 将 range 对象包装成 set 集合
e = set(range(5))
f = set(range(3, 7))
print("e 集合的元素：" , e)
print("f 集合的元素：" , f)
# 对两个集合执行异或运算
xor = e ^ f
print('e 和 f 执行 xor 的结果：', xor)
# 计算两个集合的并集，不改变 e 集合本身
un = e.union(f)
print('e 和 f 执行并集的结果：', un)
# 计算两个集合的并集，改变 e 集合本身
e.update(f)
print('e 集合的元素：', e)
```

上面程序基本示范了 set 集合中所有方法的用法。不仅如此，该程序还示范了 set 集合支持的如下几个运算符。

➢ <=：相当于调用 issubset()方法，判断前面的 set 集合是否为后面的 set 集合的子集合。

➢ >=：相当于调用 issuperset()方法，判断前面的 set 集合是否为后面的 set 集合的父集合。

➢ -：相当于调用 difference()方法，用前面的 set 集合减去后面的 set 集合的元素。

➢ &：相当于调用 intersection ()方法，用于获取两个 set 集合的交集。

➢ ^：计算两个集合异或的结果，就是用两个集合的并集减去交集的元素。

此外，由于 set 集合本身是可变的，因此它除了提供 add()、remove()、discard()方法来操作单个元素，还支持进行集合运算来改变集合内的元素。因此，它的集合运算方法都有两个版本。

➢ 交集运算：intersection()和 intersection_update()，前者不改变集合本身，而是返回两个集合的交集；后者会通过交集运算改变第一个集合。
➢ 并集运算：union()和 update()，前者不改变集合本身，而是返回两个集合的并集；后者会通过并集运算改变第一个集合。
➢ 减法运算：difference()和 difference_update()，前者不改变集合本身，而是返回两个集合做减法的结果；后者改变第一个集合。

frozenset 是 set 的不可变版本，因此 set 集合中所有能改变集合本身的方法（如 add、remove、discard、xxx_update 等），frozenset 都不支持；set 集合中不改变集合本身的方法，frozenset 都支持。在交互式解释器中输入[e for e in dir(frozenset) if not e.startswith('_')]命令来查看 frozenset 集合的全部方法，可以看到如下输出结果。

```
>>> [e for e in dir(frozenset) if not e.startswith('_')]
['copy', 'difference', 'intersection', 'isdisjoint', 'issubset', 'issuperset',
'symmetric_difference', 'union']
```

很明显，frozenset 的这些方法和 set 集合的同名方法的功能完全相同。

frozenset 的作用主要有两点。

➢ 当集合元素不需要改变时，使用 frozenset 代替 set 更安全。
➢ 当某些 API 需要不可变对象时，必须用 frozenset 代替 set。比如 dict 的 key 必须是不可变对象，因此只能用 frozenset；再比如 set 本身的集合元素必须是不可变的，因此 set 不能包含 set，set 只能包含 frozenset。

如下程序示范了在 set 中添加 frozenset。

程序清单：codes\10\10.7\frozenset_test.py

```
s = set()
frozen_s = frozenset('Kotlin')
# 为 set 集合添加 frozenset
s.add(frozen_s)
print('s 集合的元素：', s)
sub_s = {'Python'}
# 为 set 集合添加普通 set 集合，程序报错
s.add(sub_s)
```

上面程序中第一行粗体字代码为 set 添加 frozenset，程序完全没有问题，这样 set 中就包括一个 frozenset 子集合；第二行粗体字代码试图向 set 中添加普通 set，程序会报出 TypeError 异常。运行上面代码，可以看到如下输出结果。

```
s 集合的元素： {frozenset({'K', 'l', 'o', 't', 'n', 'i'})}
Traceback (most recent call last):
  File "frozeset_test.py", line 23, in <module>
    s.add(sub_s)
TypeError: unhashable type: 'set'
```

10.7.2 双端队列（deque）

在“数据结构”课程中最常讲授的数据结构有栈、队列、双端队列。

栈是一种特殊的线性表，它只允许在一端进行插入、删除操作，这一端被称为栈顶（top），另一端则被称为栈底（bottom）。

从栈顶插入一个元素被称为进栈，将一个元素插入栈顶被称为“压入栈”，对应的英文说法为push。

从栈顶删除一个元素被称为出栈，将一个元素从栈顶删除被称为“弹出栈”，对应的英文说法为pop。对于栈而言，最先入栈的元素位于栈底，只有等到上面所有元素都出栈之后，栈底的元素才能出栈。因此栈是一种后进先出（LIFO）的线性表。如图10.6所示为栈的操作示意图。

队列也是一种特殊的线性表，它只允许在表的前端（front）进行删除操作，在表的后端（rear）进行插入操作。进行插入操作的端被称为队尾，进行删除操作的端被称为队头。

对于一个队列来说，每个元素总是从队列的 rear 端进入队列的，然后等待该元素之前的所有元素都出队之后，当前元素才能出队。因此，队列是一种先进先出（FIFO）的线性表。队列示意图如图10.7所示。

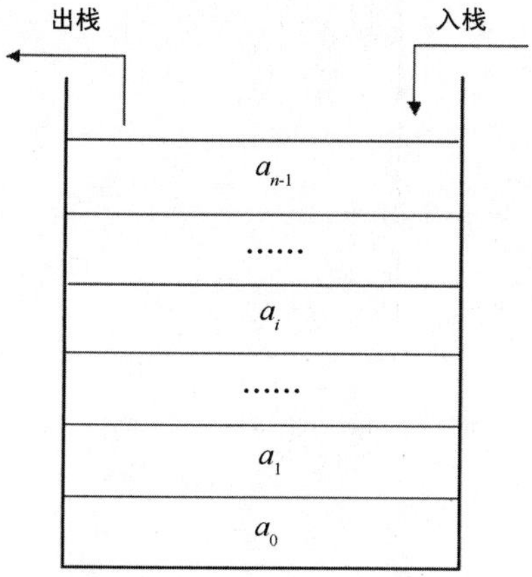

图10.6 栈的操作示意图

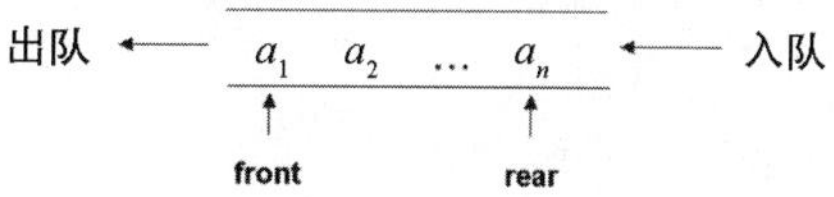

图10.7 队列示意图

双端队列（即此处介绍的deque）代表一种特殊的队列，它可以在两端同时进行插入、删除操作，如图10.8所示。

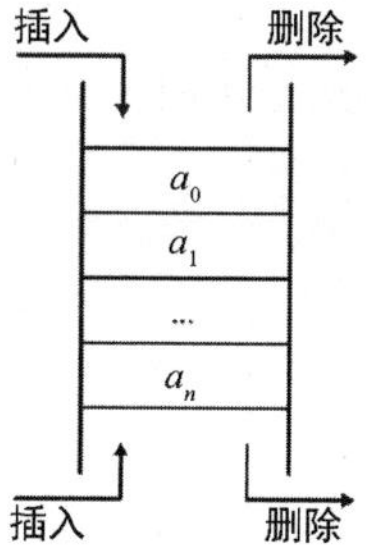

图10.8 双端队列示意图

对于一个双端队列来说，它可以从两端分别进行插入、删除操作，如果程序将所有的插入、删除操作都固定在一端进行，那么这个双端队列就变成了栈；如果固定在一端只添加元素，在另一端只删除元素，那么它就变成了队列。因此，deque既可被当成队列使用，也可被当成栈使用。

deque 位于 collections 包下，在交互式解释器中先导入 collections 包，然后输入[e for e in dir(collections.deque) if not e.startswith('_')]命令来查看 deque 的全部方法，可以看到如下输出结果。

```
>>> from collections import deque
>>> [e for e in dir(deque) if not e.startswith('_')]
['append', 'appendleft', 'clear', 'copy', 'count', 'extend', 'extendleft', 'index',
'insert', 'maxlen', 'pop', 'popleft', 'remove', 'reverse', 'rotate']
```

从上面的方法可以看出，deque的方法基本都有两个版本，这就体现了它作为双端队列的特征。

deque 的左边（left）就相当于它的队列头（front），右边（right）就相当于它的队列尾（rear）。

- append 和 appendleft：在 deque 的右边或左边添加元素，也就是默认在队列尾添加元素。
- pop 和 popleft：在 deque 的右边或左边弹出元素，也就是默认在队列尾弹出元素。
- extend 和 extendleft：在 deque 的右边或左边添加多个元素，也就是默认在队列尾添加多个元素。

deque 中的 clear()方法用于清空队列；insert()方法则是线性表的方法，用于在指定位置插入元素。

假如程序要把 deque 当成栈使用，则意味着只在一端添加、删除元素，因此调用 append 和 pop 方法即可。例如如下程序。

程序清单：codes\10\10.7\deque_stack.py

```
from collections import deque
stack = deque(('Kotlin', 'Python'))
# 元素入栈
stack.append('Erlang')
stack.append('Swift')
print('stack 中的元素：' , stack)
# 元素出栈，后添加的元素先出栈
print(stack.pop())
print(stack.pop())
print(stack)
```

运行上面程序，可以看到如下运行结果。

```
stack 中的元素： deque(['Kotlin', 'Python', 'Erlang', 'Swift'])
Swift
Erlang
deque(['Kotlin', 'Python'])
```

从上面的运行结果可以看出，程序最后入栈的元素“Swift”最先出栈，这体现了栈的 LIFO 的特征。

假如程序要把 deque 当成队列使用，则意味着一端只用来添加元素，另一端只用来删除元素，因此调用 append、popleft 方法即可。例如如下程序。

程序清单：codes\10\10.7\deque_queue.py

```
from collections import deque
q = deque(('Kotlin', 'Python'))
# 元素入队列
q.append('Erlang')
q.append('Swift')
print('q 中的元素：' , q)
# 元素出队列，先添加的元素先出队列
print(q.popleft())
print(q.popleft())
print(q)
```

运行上面程序，可以看到如下运行结果。

```
q 中的元素： deque(['Kotlin', 'Python', 'Erlang', 'Swift'])
Kotlin
Python
deque(['Erlang', 'Swift'])
```

从上面的运行结果可以看出，程序先添加的元素“Kotlin”最先出队列，这体现了队列的 FIFO 的特征。

此外，deque 还有一个 rotate()方法，该方法的作用是将队列的队尾元素移动到队头，使之首尾相连。例如如下程序。

程序清单：codes\10\10.7\deque_rotate.py

```
from collections import deque
q = deque(range(5))
print('q 中的元素：' , q)
# 执行旋转，使之首尾相连
q.rotate()
print('q 中的元素：' , q)
# 再次执行旋转，使之首尾相连
q.rotate()
print('q 中的元素：' , q)
```

运行上面程序，可以看到如下输出结果。

```
q 中的元素： deque([0, 1, 2, 3, 4])
q 中的元素： deque([4, 0, 1, 2, 3])
q 中的元素： deque([3, 4, 0, 1, 2])
```

从上面的输出结果来看，每次执行 rotate()方法，deque 的队尾元素都会被移到队头，这样就形成了首尾相连的效果。

10.7.3 Python 的堆操作

Python 提供了关于堆的操作，下面先简单介绍有关堆的概念。

假设有 n 个数据元素的序列 $k_0, k_1,\cdots, k_{n-1}$，当且仅当满足如下关系时，可以将这组数据称为小顶堆（小根堆）。

$$k_i \leqslant k_{2i+1} \text{ 且 } k_i \leqslant k_{2i+2} \text{（其中 } i=0, 2,\cdots,(n-1)/2\text{）}$$

或者满足如下关系时，可以将这组数据称为大顶堆（大根堆）。

$$k_i \geqslant k_{2i+1} \text{ 且 } k_i \geqslant k_{2i+2} \text{（其中 } i=0, 2,\cdots,(n-1)/2\text{）}$$

对于满足小顶堆的数据序列 $k_0, k_1,\cdots, k_{n-1}$，如果将它们顺序排成一棵完全二叉树，则此树的特点是：树中所有节点的值都小于其左、右子节点的值，此树的根节点的值必然最小。反之，对于满足大顶堆的数据序列 $k_0, k_1,\cdots, k_{n-1}$，如果将它们顺序排成一棵完全二叉树，则此树的特点是：树中所有节点的值都大于其左、右子节点的值，此树的根节点的值必然最大。

通过上面介绍不难发现，小顶堆的任意子树也是小顶堆，大顶堆的任意子树还是大顶堆。

Python 提供的是基于小顶堆的操作，因此 Python 可以对 list 中的元素进行小顶堆排列，这样程序每次获取堆中元素时，总会取得堆中最小的元素。

例如，判断数据序列 9, 30, 49, 46, 58, 79 是否为堆，可以将其转换为一棵完全二叉树，如图 10.9 所示。

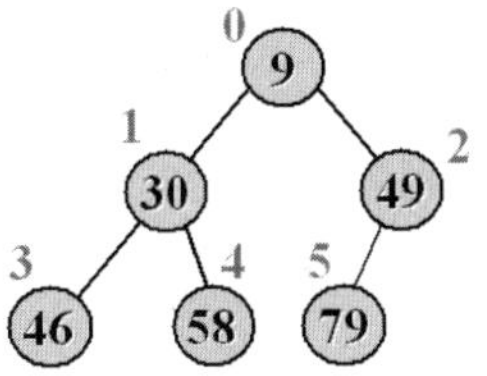

图 10.9 完全二叉树

在图 10.9 中，每个节点上的灰色数字代表该节点数据在底层数组中的索引。图 10.9 所示的完全二叉树完全满足小顶堆的特征，每个父节点的值总小于或等于它的左、右子节点的值。

Python 并没有提供“堆”这种数据类型，它是直接把列表当成堆处理的。Python 提供的 heapq 包中有一些函数，当程序用这些函数来操作列表时，该列表就会表现出“堆”的行为。

在交互式解释器中先导入 heapq 包，然后输入 heapq.__all__命令来查看 heapq 包下的全部函数，可以看到如下输出结果。

```
>>> heapq.__all__
['heappush', 'heappop', 'heapify', 'heapreplace', 'merge', 'nlargest', 'nsmallest',
'heappushpop']
```

上面这些函数就是执行堆操作的工具函数，这些函数的功能大致如下。

- heappush(heap, item)：将 item 元素加入堆。
- heappop(heap)：将堆中最小元素弹出。
- heapify(heap)：将堆属性应用到列表上。
- heapreplace(heap, x)：将堆中最小元素弹出，并将元素 x 入堆。
- merge(*iterables, key=None, reverse=False)：将多个有序的堆合并成一个大的有序堆，然后再输出。
- heappushpop(heap, item)：将 item 入堆，然后弹出并返回堆中最小的元素。
- nlargest(n, iterablc, kcy=None)：返回堆中最大的 *n* 个元素。
- nsmallest(n, iterable, key=None)：返回堆中最小的 *n* 个元素。

下面程序示范了这些函数的用法。

程序清单：codes\10\10.7\heap_test.py

```
from heapq import *
my_data = list(range(10))
my_data.append(0.5)
# 此时 my_data 依然是一个 list 列表
print('my_data 的元素：', my_data)
# 对 my_data 应用堆属性
heapify(my_data)
print('应用堆之后 my_data 的元素：', my_data)
heappush(my_data, 7.2)
print('添加 7.2 之后 my_data 的元素：', my_data)
```

上面程序开始创建了一个 list 列表，接下来程序调用 heapify()函数对列表执行堆操作，执行之后看到 my_data 的元素顺序如下。

```
应用堆之后 my_data 的元素： [0, 0.5, 2, 3, 1, 5, 6, 7, 8, 9, 4]
```

这些元素看上去是杂乱无序的，但其实并不是，它完全满足小顶堆的特征。我们将它转换为完全二叉树，可以看到如图 10.10 所示的效果。

当程序再次调用 heappush(my_data, 7.2)向堆中加入一个元素之后，输出该堆中元素，可以看到如下输出结果。

```
添加 7.2 之后 my_data 的元素： [0, 0.5, 2, 3, 1, 5, 6, 7, 8, 9, 4, 7.2]
```

此时将它转换为完全二叉树，可以看到如图 10.11 所示的效果。

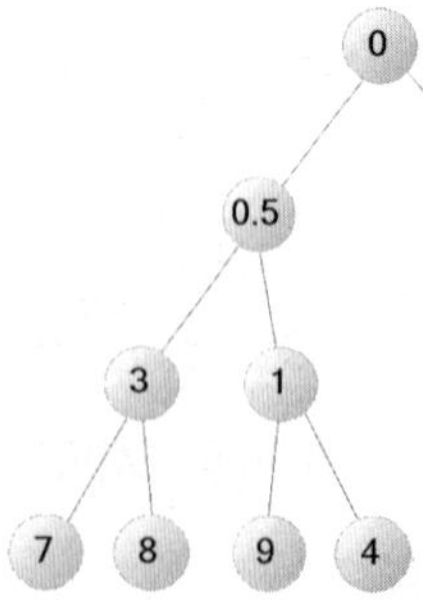

图 10.10　小顶堆对应的完全二叉树

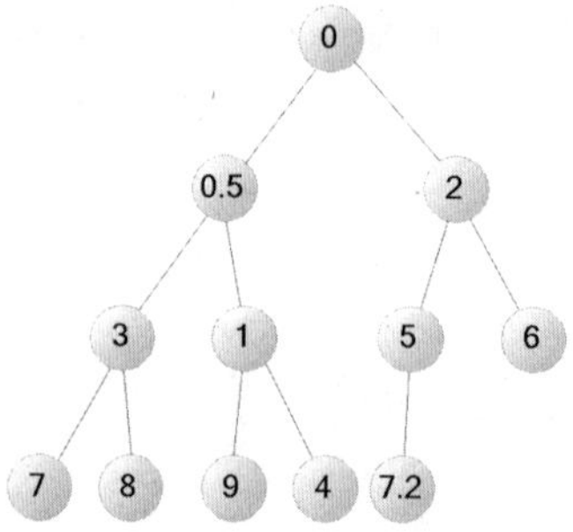

图 10.11　添加 7.2 之后的小顶堆对应的完全二叉树

接下来程序尝试从堆中弹出两个元素。

```
# 弹出堆中最小的元素
print(heappop(my_data)) # 0
print(heappop(my_data)) # 0.5
```

```
print('弹出两个元素之后 my_data 的元素：', my_data)
```

上面三行代码的输出如下：

```
0
0.5
弹出两个元素之后 my_data 的元素： [1, 3, 2, 7, 4, 5, 6, 7.2, 8, 9]
```

从最后输出的 my_data 的元素来看，此时 my_data 的元素依然满足小顶堆的特征。

下面代码示范了 replace()函数的用法。

```
# 弹出最小的元素，压入指定元素
print(heapreplace(my_data, 8.1))
print('执行 replace 之后 my_data 的元素：', my_data)
```

执行上面两行代码，可以看到如下输出结果。

```
1
执行 replace 之后 my_data 的元素： [2, 3, 5, 7, 4, 8.1, 6, 7.2, 8, 9]
```

也可以测试通过 nlargest()、nsmallest()来获取最大、最小的 *n* 个元素，代码如下。

```
print('my_data 中最大的 3 个元素：', nlargest(3, my_data))
print('my_data 中最小的 4 个元素：', nsmallest(4, my_data))
```

运行上面程序，可以看到如下输出结果。

```
my_data 中最大的 3 个元素： [9, 8.1, 8]
my_data 中最小的 4 个元素： [2, 3, 4, 5]
```

通过上面程序不难看出，Python 的 heapq 包中提供的函数，其实就是提供对排序算法中“堆排序”的支持。Python 通过在底层构建小顶堆，从而对容器中的元素进行排序，以便程序能快速地获取最小、最大的元素，因此使用起来非常方便。

提示：

当程序要获取列表中最大的 *n* 个元素，或者最小的 *n* 个元素时，使用堆能缓存列表的排序结果，因此具有较好的性能。

10.8　collections 下的容器支持

在 collections 包中除包含 deque 容器类之外，还包含另外一些容器类，这些容器类可能不如前面介绍的容器类那么常用，但在实际开发中同样也是很实用的，掌握它们会使编程更加方便。

10.8.1　ChainMap 对象

ChainMap 是一个方便的工具类，它使用链的方式将多个 dict“链”在一起，从而允许程序可直接获取任意一个 dict 所包含的 key 对应的 value。

简单来说，ChainMap 相当于把多个 dict 合并成一个大的 dict，但实际上底层并未真正合并这些 dict，因此程序无须调用多个 update()方法将多个 dict 进行合并。所以说 ChainMap 是一种“假”合并，但实际用起来又具有较好的效果。

需要说明的是，由于 ChainMap 只是将多个 dict 链在一起，并未真正合并它们，因此在多个 dict 中完全可能具有重复的 key，在这种情况下，排在“链”前面的 dict 中的 key 具有更高的优先级。

例如，下面程序示范了 ChainMap 的用法。

程序清单：codes\10\10.8\ChainMap_test.py

```
from collections import ChainMap
# 定义三个 dict 对象
```

```
a = {'Kotlin': 90, 'Python': 86}
b = {'Go': 93, 'Python': 92}
c = {'Swift': 89, 'Go': 87}
# 将三个dict对象链在一起，就像变成了一个大的dict
cm = ChainMap(a, b , c)
print(cm)
# 获取Kotlin对应的value
print(cm['Kotlin']) # 90
# 获取Python对应的value
print(cm['Python']) # 86
# 获取Go对应的value
print(cm['Go']) # 93
```

上面程序中粗体字代码将 a、b、c 三个 dict 链在一起，组成一个 ChainMap，这个链的顺序就是 a、b、c，因此 a 的优先级最高，b 的优先级次之，c 的优先级最低。运行上面程序，可以看到如下输出结果。

```
ChainMap({'Kotlin': 90, 'Python': 86}, {'Go': 93, 'Python': 92}, {'Swift': 89, 'Go': 87})
90
86
93
```

从上面第一行输出可以看到，ChainMap 其实并未将这三个 dict 合并成一个大的 dict，只是将它们链在一起而已。

掌握了 ChainMap 的用法之后，接下来介绍的示例程序借鉴了 Python 库文档中的一个例子，该例子将局部范围的定义、全局范围的定义、Python 内置定义链成一个 ChainMap，当程序通过该 ChainMap 获取变量时，将会按照局部定义、全局定义、内置定义的顺序执行搜索。

程序清单：codes\10\10.8\ChainMap_test2.py

```
from collections import ChainMap
import builtins
my_name = '孙悟空'
def test():
    my_name = 'yeeku'
    # 将locals、globals、builtins的变量链成ChainMap
    pylookup = ChainMap(locals(), globals(), vars(builtins))
    # 访问my_name对应的value，优先使用局部范围的定义
    print(pylookup['my_name']) # 'yeeku'
    # 访问len对应的value，由于在局部范围、全局范围中都找不到，因此访问内置定义的len函数
    print(pylookup['len']) # <built-in function len>
test()
```

下面程序示范了优先使用运行程序的指定参数，然后是系统环境变量，最后才使用系统默认值的实现，程序同样将这三个搜索范围链成 ChainMap。

程序清单：codes\10\10.8\ChainMap_test3.py

```
from collections import ChainMap
import os, argparse
# 定义默认参数
defaults = {'color': '蓝色', 'user': 'yeeku'}
# 创建程序参数解析器
parser = argparse.ArgumentParser()
# 为参数解析器添加-u (--user) 和-c (--color) 参数
parser.add_argument('-u', '--user')
parser.add_argument('-c', '--color')
# 解析运行程序的参数
namespace = parser.parse_args()
# 将程序参数转换成dict
command_line_args = {k:v for k, v in vars(namespace).items() if v}
```

```
# 将 command_line_args（由程序参数解析而来）、os.environ（环境变量）、defaults 链成 ChainMap
combined = ChainMap(command_line_args, os.environ, defaults)
# 获取 color 对应的 value
print(combined['color'])
# 获取 user 对应的 value
print(combined['user'])
# 获取 PYTHONPATH 对应的 value
print(combined['PYTHONPATH'])
```

上面程序将 command_line_args、os.environ、defaults 链成 ChainMap，其中 command_line_ args 由程序参数解析而来，它的优先级最高。

假如使用如下命令来运行该程序。

```
python ChainMap_test3.py -c 红色 -u Charlie
```

由于上面命令指定了-c（对应于 color）和-u（对应于 user）参数，在命令行指定的参数的优先级是最高的，因此可以看到如下输出结果。

```
红色
Charlie
.;d:\python_module
```

上面输出的最后一行是 PYTHONPATH 环境变量的值。

如果使用如下命令来运行该程序。

```
python ChainMap_test3.py
```

由于上面命令没有指定任何命令行参数，因此程序访问 user、color 时将会使用 defaults 字典中 key 对应的值，所以可以看到如下输出结果。

```
蓝色
yeeku
.;d:\python_module
```

10.8.2 Counter 对象

collections 包下的 Counter 也是一个很有用的工具类，它可以自动统计容器中各元素出现的次数。

Counter 的本质就是一个特殊的 dict，只不过它的 key 都是其所包含的元素，而它的 value 则记录了该 key 出现的次数。因此，如果通过 Counter 并不存在的 key 访问 value，将会输出 0——代表该 key 出现了 0 次。

程序可通过任何可迭代对象参数来创建 Counter 对象，此时 Counter 将会自动统计各元素出现的次数，并以元素为 key，出现的次数为 value 来构建 Counter 对象；程序也能以 dict 为参数来构建 Counter 对象；还能通过关键字参数来构建 Counter 对象。例如如下程序。

程序清单：codes\10\10.8\Counter_test.py

```
from collections import Counter
# 创建空的 Counter 对象
c1 = Counter()
# 以可迭代对象创建 Counter 对象
c2 = Counter('hannah')
print(c2)
# 以可迭代对象创建 Counter 对象
c3 = Counter(['Python', 'Swift', 'Swift', 'Python', 'Kotlin', 'Python'])
print(c3)
# 以 dict 来创建 Counter 对象
c4 = Counter({'red': 4, 'blue': 2})
print(c4)
# 使用关键字参数的语法创建 Counter
c5 = Counter(Python=4, Swift=8)
```

```
print(c5)
```

运行上面程序，可以看到如下输出结果。

```
Counter({'h': 2, 'a': 2, 'n': 2})
Counter({'Python': 3, 'Swift': 2, 'Kotlin': 1})
Counter({'red': 4, 'blue': 2})
Counter({'Swift': 8, 'Python': 4})
```

事实上，Counter 继承了 dict 类，因此它完全可以调用 dict 所支持的方法。此外，Counter 还提供了如下三个常用的方法。

- elements()：该方法返回该 Counter 所包含的全部元素组成的迭代器。
- most_common([n])：该方法返回 Counter 中出现最多的 *n* 个元素。
- subtract([iterable-or-mapping])：该方法计算 Counter 的减法，其实就是计算减去之后各元素出现的次数。

下面程序示范了 Counter 类中这些方法的用法示例。

程序清单：codes\10\10.8\Counter_test2.py

```
from collections import Counter
# 创建 Counter 对象
cnt = Counter()
# 访问并不存在的 key，将输出该 key 的次数为 0
print(cnt['Python']) # 0
for word in ['Swift', 'Python', 'Kotlin', 'Kotlin', 'Swift', 'Go']:
    cnt[word] += 1
print(cnt)
# 只访问 Counter 对象的元素
print(list(cnt.elements()))
# 将字符串（迭代器）转换成 Counter
chr_cnt = Counter('abracadabra')
# 获取出现最多的三个字母
print(chr_cnt.most_common(3))  # [('a', 5), ('b', 2), ('r', 2)]
c = Counter(a=4, b=2, c=0, d=-2)
d = Counter(a=1, b=2, c=3, d=4)
# 用 Counter 对象执行减法，其实就是减少各元素出现的次数
c.subtract(d)
print(c) # Counter({'a': 3, 'b': 0, 'c': -3, 'd': -6})
e = Counter({'x': 2, 'y': 3, 'z': -4})
# 调用 del 删除 key-value 对，会真正删除该 key-value 对
del e['y']
print(e)
# 访问'w'对应的 value，'w'没有出现过，因此返回 0
print(e['w']) # 0
# 删除 e['w']，删除该 key-value 对
del e['w']
# 再次访问'w'对应的 value，'w'还是没出现，因此返回 0
print(e['w']) # 0
```

上面程序中第一行粗体字代码调用了 Counter 对象的 elements()方法，该方法返回容器中所有元素组成的迭代器，Counter 记录了几个元素的出现次数，该方法就会返回几个对应的元素。

程序中第二行粗体字代码调用了 Counter 对象的 most_common(3)方法，该方法会返回容器中出现次数最多的三个元素。

程序中第三行粗体字代码调用了 Counter 对象的 subtract()方法执行减法，实质上就是对元素出现的次数执行减法。

运行上面代码，可以看到如下输出结果。

```
0
Counter({'Swift': 2, 'Kotlin': 2, 'Python': 1, 'Go': 1})
```

```
['Swift', 'Swift', 'Python', 'Kotlin', 'Kotlin', 'Go']
[('a', 5), ('b', 2), ('r', 2)]
Counter({'a': 3, 'b': 0, 'c': -3, 'd': -6})
Counter({'x': 2, 'z': -4})
0
0
```

此外，对于 Counter 对象还有一些很常用的操作，比如把 Counter 对象转换成 set（集合）、list（列表）、dict（字典）等，程序还可对 Counter 执行加、减、交、并运算，对 Counter 进行求正、求负运算等。对 Counter 执行各种运算的含义如下。

- 加：将两个 Counter 对象中各 key 出现的次数相加，且只保留出现次数为正的元素。
- 减：将两个 Counter 对象中各 key 出现的次数相减，且只保留出现次数为正的元素。
- 交：取两个 Counter 对象中都出现的 key 且各 key 对应的次数的最小数。
- 并：取两个 Counter 对象中各 key 对应的出现次数的最大数。
- 求正：只保留 Counter 对象中出现次数为 0 或正数的 key-value 对。
- 求负：只保留 Counter 对象中出现次数为负数的 key-value 对，并将出现次数改为正数。

下面程序示范了对 Counter 对象进行的这些常用操作。

程序清单：codes\10\10.8\Counter_test3.py

```
from collections import Counter
# 创建 Counter 对象
c = Counter(Python=4, Swift=2, Kotlin=3, Go=-2)
# 统计 Counter 中所有元素出现次数的总和
print(sum(c.values())) # 7
# 将 Counter 转换为 list，只保留各 key
print(list(c)) # ['Python', 'Swift', 'Kotlin', 'Go']
# 将 Counter 转换为 set，只保留各 key
print(set(c)) # {'Go', 'Python', 'Swift', 'Kotlin'}
# 将 Counter 转换为 dict
print(dict(c)) # {'Python': 4, 'Swift': 2, 'Kotlin': 3, 'Go': -2}
# 将 Counter 转换为 list，列表元素都是(元素, 出现次数)组
list_of_pairs = c.items()
print(list_of_pairs) # dict_items([('Python', 4), ('Swift', 2), ('Kotlin', 3),
('Go', -2)])
# 将列表元素为(元素，出现次数)组的 list 转换成 Counter
c2 = Counter(dict(list_of_pairs))
print(c2) # Counter({'Python': 4, 'Kotlin': 3, 'Swift': 2, 'Go': -2})
# 获取 Counter 中最少出现的三个元素
print(c.most_common()[:-4:-1]) # [('Go', -2), ('Swift', 2), ('Kotlin', 3)]
# 清空所有 key-value 对
c.clear()
print(c) # Counter()
c = Counter(a=3, b=1, c=-1)
d = Counter(a=1, b=-2, d=3)
# 对 Counter 执行加法
print(c + d)  # Counter({'a': 4, 'd': 3})
# 对 Counter 执行减法
print(c - d)  # Counter({'b': 3, 'a': 2})
Counter({'a': 2})
# 对 Counter 执行交运算
print(c & d) # Counter({'a': 1})
print(c | d) # Counter({'a': 3, 'd': 3, 'b': 1})
print(+c) # Counter({'a': 3, 'b': 1})
print(-d) # Counter({'b': 2})
```

上面程序演示了前面介绍的 Counter 的各种通用方法和运算符，并且还给出了每次运算的输出结果，读者可通过这些输出结果来理解 Counter 对象的方法和运算符的功能。

10.8.3 defaultdict 对象

defaultdict 是 dict 的子类，因此 defaultdict 也可被当成 dict 来使用，dict 支持的功能，defaultdict 基本都支持。但它与 dict 最大的区别在于：如果程序试图根据不存在的 key 来访问 dict 中对应的 value，则会引发 KeyError 异常；而 defaultdict 则可以提供一个 default_factory 属性，该属性所指定的函数负责为不存在的 key 来生成 value。

通过下面程序进行对比。

程序清单：codes\10\10.8\dict_vs_defaultdict.py

```
from collections import defaultdict
my_dict = {}
# 使用 int 作为 defaultdict 的 default_factory
# 当 key 不存在时，将会返回 int 函数的返回值
my_defaultdict = defaultdict(int)
print(my_defaultdict['a']) # 0
print(my_dict['a']) # KeyError
```

上面程序分别创建了空的 dict 对象和 defaultdict 对象，当程序试图访问 defaultdict 中不存在的 key 对应的 value 时，程序输出 defaultdict 的 default_factory 属性（int 函数）的返回值：0；如果程序试图访问 dict 中不存在的 key 对应的 value，就会引发 KeyError 异常。

假如程序中包含多个 key-value 对数据，在这些 key-value 对中有些 key 是重复的，程序希望对这些 key-value 对进行整理：key 对应一个 list，该 list 中包含这组数据中该 key 对应的所有 value。

下面先使用普通 dict 来完成这项工作。

程序清单：codes\10\10.8\dict_process.py

```
s = [('Python', 1), ('Swift', 2), ('Python', 3), ('Swift', 4), ('Python', 9)]
d = {}
for k, v in s:
    # setdefault()方法用于获取指定 key 对应的 value
    # 如果该 key 不存在，则先将该 key 对应的 value 设置为默认值：[]
    d.setdefault(k, []).append(v)
print(list(d.items()))
```

正如从上面粗体字代码所看到的，如果使用普通 dict 来处理，就需要处理 key 不存在的情况。程序中粗体字代码使用了 dict 的 setdefault()方法，该方法用于获取指定 key 对应的 value，但如果该 key 不存在，setdefault()方法就会先为该 key 设置一个默认的 value。

运行上面程序，可以看到如下输出结果。

```
[('Python', [1, 3, 9]), ('Swift', [2, 4])]
```

如果使用 defaultdict 来处理则简单得多，因为程序可以直接为 defaultdict 中不存在的 key 设置默认的 value。该处理程序如下。

程序清单：codes\10\10.8\defaultdict_process.py

```
from collections import defaultdict
s = [('Python', 1), ('Swift', 2), ('Python', 3), ('Swift', 4), ('Python', 9)]
# 创建 defaultdict，设置由 list 函数来生成默认值
d = defaultdict(list)
for k, v in s:
    # 直接访问 defaultdict 中指定的 key 对应的 value 即可
    # 如果该 key 不存在，defaultdict 会自动为该 key 生成默认值
    d[k].append(v)
print(list(d.items()))
```

对比该程序中的粗体字代码和前一个程序中的粗体字代码，不难发现使用 defaultdict 更加方便，原因是程序直接访问 defaultdict 中指定的 key 对应的 value，如果该 key 不存在，程序在创建

defaultdict 时传入的 list 函数将会为之生成默认的 value。

10.8.4 namedtuple 工厂函数

namedtuple()是一个工厂函数，使用该函数可以创建一个 tuple 类的子类，该子类可以为 tuple 的每个元素都指定字段名，这样程序就可以根据字段名来访问 namedtuple 的各元素了。当然，如果有需要，程序依然可以根据索引来访问 namedtuple 的各元素。

namedtuple 是轻量级的，性能很好，其并不比普通 tuple 需要更多的内存。

namedtuple 函数的语法格式如下。

```
namedtuple(typename, field_names, *, verbose=False, rename=False, module=None)
```

关于该函数参数的说明如下。

- typename：该参数指定所创建的 tuple 子类的类名，相当于用户定义了一个新类。
- field_names：该参数是一个字符串序列，如['x', 'y']。此外，field_names 也可直接使用单个字符串代表所有字段名，多个字段名用空格、逗号隔开，如 'x y' 或 'x, y'。任何有效的 Python 标识符都可作为字段名（不能以下画线开头）。有效的标识符可由字母、数字、下画线组成，但不能以数字、下画线开头，也不能是关键字（如 return、global、pass、raise 等）。
- rename：如果将该参数设为 True，那么无效的字段名将会被自动替换为位置名。例如指定['abc', 'def', 'ghi', 'abc']，它将会被替换为 ['abc', '_1', 'ghi', '_3']，这是因为 def 字段名是关键字，而 abc 字段名重复了。
- verbose：如果该参数被设为 True，那么当该子类被创建之后，该类定义就会被立即打印出来。
- module：如果设置了该参数，那么该类将位于该模块下，因此该自定义类的__module__属性将被设为该参数值。

下面程序示范了使用 namedtuple 工厂函数来创建命名元组。

程序清单：codes\10\10.8\namedtuple_test.py

```
from collections import namedtuple
# 定义命名元组类：Point
Point = namedtuple('Point', ['x', 'y'])
# 初始化 Point 对象，既可用位置参数，也可用命名参数
p = Point(11, y=22)
# 像普通元组一样根据索引访问元素
print(p[0] + p[1]) # 33
# 执行元组解包，按元素的位置解包
a, b = p
print(a, b) # 11, 22
# 根据字段名访问各元素
print(p.x + p.y) # 33
print(p) # Point(x=11, y=22)
```

上面程序先创建了一个命名元组类：Point，它是 tuple 的子类，因此程序既可使用命名参数的方式设置元组成员，也可使用索引的方式设置元组成员。

在创建了 Point 对象之后，Point 就代表一个命名元组，程序既可使用普通元组的方式来访问元组的成员，也可使用字段名来访问元组的成员。

除上面介绍的用法之外，Python 还为命名元组提供了如下方法和属性。

- _make(iterable)：类方法。该方法用于根据序列或可迭代对象创建命名元组对象。
- _asdict()：将当前命名元组对象转换为 OrderedDict 字典。
- _replace(**kwargs)：替换命名元组中一个或多个字段的值。
- _source：该属性返回定义该命名元组的源代码。
- _fields：该属性返回该命名元组中所有字段名组成的元组。

下面代码示范了上面方法和属性的用法（程序清单同上）。

```
my_data = ['East', 'North']
# 创建命名元组对象
p2 = Point._make(my_data)
print(p2) # Point(x='East', y='North')
# 将命名元组对象转换成 OrderedDict
print(p2._asdict()) # OrderedDict([('x', 'East'), ('y', 'North')])
# 替换命名元组对象的字段值
p2._replace(y='South')
print(p2) # Point(x='East', y='North')
# 输出 p2 包含的所有字段
print(p2._fields) # ('x', 'y')
# 定义一个命名元组类
Color = namedtuple('Color', 'red green blue')
# 再定义一个命名元组类，其字段由 Point 的字段加上 Color 的字段组成
Pixel = namedtuple('Pixel', Point._fields + Color._fields)
# 创建 Pixel 对象，分别为 x、y、red、green、blue 字段赋值
pix = Pixel(11, 22, 128, 255, 0)
print(pix) # Pixel(x=11, y=22, red=128, green=255, blue=0)
```

运行上面程序，可以看到如下输出结果。

```
33
11 22
33
Point(x=11, y=22)
Point(x='East', y='North')
OrderedDict([('x', 'East'), ('y', 'North')])
Point(x='East', y='North')
('x', 'y')
Pixel(x=11, y=22, red=128, green=255, blue=0)
```

10.8.5 OrderedDict 对象

OrderedDict 也是 dict 的子类，其最大特征是：它可以“维护”添加 key-value 对的顺序。简单来说，就是先添加的 key-value 对排在前面，后添加的 key-value 对排在后面。

由于 OrderedDict 能维护 key-value 对的添加顺序，因此即使两个 OrderedDict 中的 key-value 对完全相同，但只要它们的顺序不同，程序在判断它们是否相等时也依然会返回 false。

例如如下程序。

程序清单：codes\10\10.8\OrderedDict_test.py

```
from collections import OrderedDict
# 创建 OrderedDict 对象
dx = OrderedDict(b=5, c=2, a=7)
print(dx) # OrderedDict([('b', 5), ('c', 2), ('a', 7)])
d = OrderedDict()
# 向 OrderedDict 中添加 key-value 对
d['Python'] = 89
d['Swift'] = 92
d['Kotlin'] = 97
d['Go'] = 87
# 遍历 OrderedDict 的 key-value 对
for k,v in d.items():
    print(k, v)
```

上面程序首先创建了 OrderedDict 对象，接下来程序向其中添加了 4 个 key-value 对，OrderedDict 完全可以“记住”它们的添加顺序。运行该程序，可以看到如下输出结果。

```
OrderedDict([('b', 5), ('c', 2), ('a', 7)])
Python 89
```

```
Swift 92
Kotlin 97
Go 87
```

正如前面所说的，两个 OrderedDict 中即使包含的 key-value 对完全相同，但只要它们的顺序不同，程序也依然会判断出两个 OrderedDict 是不相等的。例如如下程序。

程序清单：codes\10\10.8\OrderedDict_test.py

```
# 创建普通的 dict 对象
my_data = {'Python': 20, 'Swift':32, 'Kotlin': 43, 'Go': 25}
# 创建基于 key 排序的 OrderedDict
d1 = OrderedDict(sorted(my_data.items(), key=lambda t: t[0]))
# 创建基于 value 排序的 OrderedDict
d2 = OrderedDict(sorted(my_data.items(), key=lambda t: t[1]))
print(d1) # OrderedDict([('Go', 25), ('Kotlin', 43), ('Python', 20), ('Swift', 32)])
print(d2) # OrderedDict([('Python', 20), ('Go', 25), ('Swift', 32), ('Kotlin', 43)])
print(d1 == d2) # False
```

上面程序先创建了一个普通的 dict 对象，该对象中包含 4 个 key-value 对；接下来程序中两行粗体字代码分别使用 sorted()函数对 my_data（dict 对象）的 items 进行排序：d1 是按 key 排序的；d2 是按 value 排序的，这样得到的 d1、d2 两个 OrderedDict 中的 key-value 对是一样的，只不过顺序不同。

运行上面程序，可以看到如下输出结果。

```
OrderedDict([('Go', 25), ('Kotlin', 43), ('Python', 20), ('Swift', 32)])
OrderedDict([('Python', 20), ('Go', 25), ('Swift', 32), ('Kotlin', 43)])
False
```

从上面的输出结果可以看到，虽然两个 OrderedDict 所包含的 key-value 对完全相同，但由于它们的顺序不同，因此程序判断它们不相等。

此外，由于 OrderedDict 是有序的，因此 Python 为之提供了如下两个方法。

- popitem(last=True)：默认弹出并返回最右边（最后加入）的 key-value 对；如果将 last 参数设为 False，则弹出并返回最左边（最先加入）的 key-value 对。
- move_to_end(key, last=True)：默认将指定的 key-value 对移动到最右边（最后加入）；如果将 last 改为 False，则将指定的 key-value 对移动到最左边（最先加入）。

下面程序示范了 OrderedDict 的两个方法的用法。

程序清单：codes\10\10.8\OrderedDict_test2.py

```
from collections import OrderedDict
d = OrderedDict.fromkeys('abcde')
# 将 b 对应的 key-value 对移动到最右边（最后加入）
d.move_to_end('b')
print(d.keys()) # odict_keys(['a', 'c', 'd', 'e', 'b'])
# 将 b 对应的 key-value 对移动到最左边（最先加入）
d.move_to_end('b', last=False)
print(d.keys()) # odict_keys(['b', 'a', 'c', 'd', 'e'])
# 弹出并返回最右边（最后加入）的 key-value 对
print(d.popitem()[0]) # e
# 弹出并返回最左边（最先加入）的 key-value 对
print(d.popitem(last=False)[0]) # b
```

运行上面程序，可以看到如下输出结果。

```
odict_keys(['a', 'c', 'd', 'e', 'b'])
odict_keys(['b', 'a', 'c', 'd', 'e'])
e
b
```

通过上面的输出结果可以看出，使用 OrderedDict 的 move_to_end()方法可以方便地将指定的 key-value 对移动到 OrderedDict 的任意一端；而 popitem()方法则可用于弹出并返回 OrderedDict 任意一端的 key-value 对。

10.9 函数相关模块

Python 完全支持函数式编程，它还提供了一些与函数相关的模块。

10.9.1 itertools 模块的功能函数

在 itertools 模块中主要包含了一些用于生成迭代器的函数。在 Python 的交互式解释器中先导入 itertools 模块，然后输入[e for e in dir(itertools) if not e.startswith('_')]命令，即可看到该模块所包含的全部属性和函数。

```
>>> [e for e in dir(itertools) if not e.startswith('_')]
['accumulate', 'chain', 'combinations', 'combinations_with_replacement',
'compress', 'count', 'cycle', 'dropwhile', 'fil
terfalse', 'groupby', 'islice', 'permutations', 'product', 'repeat', 'starmap',
'takewhile', 'tee', 'zip_longest']
```

从上面的输出结果可以看出，itertools 模块中的不少函数都可以用于生成迭代器。

先看 itertools 模块中三个生成无限迭代器的函数。

- count(start, [step])：生成 start, start+step, start+2*step, …的迭代器，其中 step 默认为 1。比如使用 count(10)生成的迭代器包含：10, 11, 12, 13, 14, …。
- cycle(p)：对序列 p 生成无限循环 p0, p1, …, p0, p1, …的迭代器。比如使用 cycle('ABCD')生成的迭代器包含：A, B, C, D, A, B, C, D, …。
- repeat(elem [,n])：生成无限个 elem 元素重复的迭代器，如果指定了参数 n，则只生成 *n* 个 elem 元素。比如使用 repeat(10, 3) 生成的迭代器包含：10, 10, 10。

下面程序示范了使用上面三个函数来生成迭代器。

程序清单：codes\10\10.9\itertools_test.py

```
import itertools as it
# 使用 count(10, 3)生成 10、13、16、…的迭代器
for e in it.count(10, 3):
    print(e)
    # 用于跳出无限循环
    if e > 20:
        break
print('---------')
my_counter = 0
# cycle 用于对序列生成无限循环的迭代器
for e in it.cycle(['Python', 'Kotlin', 'Swift']):
    print(e)
    # 用于跳出无限循环
    my_counter += 1
    if my_counter > 7:
        break
print('---------')
# repeat 用于生成 n 个元素重复的迭代器
for e in it.repeat('Python', 3):
    print(e)
```

在 itertools 模块中还有一些常用的迭代器函数，如下所示。

- accumulate(p [,func])：默认生成根据序列 p 元素累加的迭代器，p0, p0+p1, p0+p1+p2, …序

列，如果指定了 func 函数，则用 func 函数来计算下一个元素的值。

- chain(p, q, ...)：将多个序列里的元素“链”在一起生成新的序列。
- compress(data, selectors)：根据 selectors 序列的值对 data 序列的元素进行过滤。如果 selector[0]为真，则保留 data[0]；如果 selector[1]为真，则保留 data[1]……依此类推。
- dropwhile(pred, seq)：使用 pred 函数对 seq 序列进行过滤，从 seq 中第一个使用 pred 函数计算为 False 的元素开始，保留从该元素到序列结束的全部元素。
- takewhile(pred, seq)：该函数和上一个函数恰好相反。使用 pred 函数对 seq 序列进行过滤，从 seq 中第一个使用 pred 函数计算为 False 的元素开始，去掉从该元素到序列结束的全部元素。
- filterfalse(pred, seq)：使用 pred 函数对 seq 序列进行过滤，保留 seq 中使用 pred 计算为 True 的元素。比如 filterfalse(lambda x: x%2, range(10))，得到 0, 2, 4, 6, 8。
- islice(seq, [start,] stop [, step])：其功能类似于序列的 slice 方法，实际上就是返回 seq[start:stop:step]的结果。
- starmap(func, seq)：使用 func 对 seq 序列的每个元素进行计算，将计算结果作为新的序列元素。当使用 func 计算序列元素时，支持序列解包。比如 seq 序列的元素长度为 3，那么 func 可以是一个接收三个参数的函数，该函数将会根据这三个参数来计算新序列的元素。
- zip_longest(p, q, …)：将 p、q 等序列中的元素按索引合并成元组，这些元组将作为新序列的元素。

上面这些函数的测试程序如下。

程序清单：codes\10\10.9\itertools_test2.py

```
import itertools as it
# 默认使用累加的方式计算下一个元素的值
for e in it.accumulate(range(6)):
    print(e, end=', ') # 0, 1, 3, 6, 10, 15
print('\n---------')
# 使用 x*y 的方式来计算迭代器下一个元素的值
for e in it.accumulate(range(1, 6), lambda x, y: x * y):
    print(e, end=', ') # 1, 2, 6, 24, 120
print('\n---------')
# 将两个序列“链”在一起，生成新的迭代器
for e in it.chain(['a', 'b'], ['Kotlin', 'Swift']):
    print(e, end=', ') # 'a', 'b', 'Kotlin', 'Swift'
print('\n---------')
# 根据第二个序列来筛选第一个序列的元素
# 由于第二个序列只有中间两个元素为 1 (True)，因此第一个序列只保留中间两个元素
for e in it.compress(['a', 'b', 'Kotlin', 'Swift'], [0, 1, 1, 0]):
    print(e, end=', ') # 只有: 'b', 'Kotlin'
print('\n---------')
# 获取序列中从长度不小于 4 的元素开始到结束的所有元素
for e in it.dropwhile(lambda x:len(x)<4, ['a', 'b', 'Kotlin', 'x', 'y']):
    print(e, end=', ') # 只有: 'Kotlin', 'x', 'y'
print('\n---------')
# 去掉序列中从长度不小于 4 的元素开始到结束的所有元素
for e in it.takewhile(lambda x:len(x)<4, ['a', 'b', 'Kotlin', 'x', 'y']):
    print(e, end=', ')  # 只有: 'a', 'b'
print('\n---------')
# 只保留序列中长度不小于 4 的元素
for e in it.filterfalse(lambda x:len(x)<4, ['a', 'b', 'Kotlin', 'x', 'y']):
    print(e, end=', ') # 只有: 'Kotlin'
print('\n---------')
# 使用 pow 函数对原序列的元素进行计算，将计算结果作为新序列的元素
for e in it.starmap(pow, [(2,5), (3,2), (10,3)]):
```

```
    print(e, end=', ') # 32, 9, 1000
print('\n---------')
# 将'ABCD'、'xy'的元素按索引合并成元组，这些元组将作为新序列的元素
# 长度不够的序列元素使用'-'字符代替
for e in it.zip_longest('ABCD', 'xy', fillvalue='-'):
    print(e, end=', ') # ('A', 'x'), ('B', 'y'), ('C', '-'), ('D', '-')
```

运行上面程序，可以看到如下输出结果。

```
0, 1, 3, 6, 10, 15,
---------
1, 2, 6, 24, 120,
---------
a, b, Kotlin, Swift,
---------
b, Kotlin,
---------
Kotlin, x, y,
---------
a, b,
---------
Kotlin,
---------
32, 9, 1000,
---------
('A', 'x'), ('B', 'y'), ('C', '-'), ('D', '-'),
```

在 itertools 模块中还有一些用于生成排列组合的工具函数。

- product(p, q, ... [repeat=1])：用序列 p、q、…中的元素进行排列组合，就相当于使用嵌套循环组合。
- permutations(p[, r])：从序列 p 中取出 r 个元素组成全排列，将排列得到的元组作为新迭代器的元素。
- combinations(p, r)：从序列 p 中取出 r 个元素组成全组合，元素不允许重复，将组合得到的元组作为新迭代器的元素。
- combinations_with_replacement(p, r)，从序列 p 中取出 r 个元素组成全组合，元素允许重复，将组合得到的元组作为新迭代器的元素。

如下程序示范了上面 4 个函数的用法。

程序清单：codes\10\10.9\itertools_test3.py

```
import itertools as it
# 使用两个序列进行排列组合
for e in it.product('AB', 'CD'):
    print(''.join(e), end=', ') # AC, AD, BC, BD,
print('\n---------')
# 使用一个序列，重复两次进行全排列
for e in it.product('AB', repeat=2):
    print(''.join(e), end=', ') # AA, AB, BA, BB,
print('\n---------')
# 从序列中取两个元素进行排列
for e in it.permutations('ABCD', 2):
    print(''.join(e), end=', ') # AB, AC, AD, BA, BC, BD, CA, CB, CD, DA, DB, DC,
print('\n---------')
# 从序列中取两个元素进行组合，元素不允许重复
for e in it.combinations('ABCD', 2):
    print(''.join(e), end=', ') # AB, AC, AD, BC, BD, CD,
print('\n---------')
# 从序列中取两个元素进行组合，元素允许重复
for e in it.combinations_with_replacement('ABCD', 2):
    print(''.join(e), end=', ') # AA, AB, AC, AD, BB, BC, BD, CC, CD, DD,
```

上面程序用到了一个字符串的join()方法，该方法用于将元组的所有元素连接成一个字符串。

运行上面程序，可以看到如下输出结果。

```
AC, AD, BC, BD,
---------
AA, AB, BA, BB,
---------
AB, AC, AD, BA, BC, BD, CA, CB, CD, DA, DB, DC,
---------
AB, AC, AD, BC, BD, CD,
---------
AA, AB, AC, AD, BB, BC, BD, CC, CD, DD,
```

10.9.2 functools 模块的功能函数

在 functools 模块中主要包含了一些函数装饰器和便捷的功能函数。在 Python 的交互式解释器中先导入 functools 模块，然后输入[e for e in dir(functools) if not e.startswith('_')]命令，即可看到该模块所包含的全部属性和函数。

```
>>> [e for e in dir(functools) if not e.startswith('_')]
['MappingProxyType', 'RLock', 'WRAPPER_ASSIGNMENTS', 'WRAPPER_UPDATES',
'WeakKeyDictionary', 'cmp_to_key', 'get_cache_token', 'lru_cache', 'namedtuple',
'partial', 'partialmethod', 'recursive_repr', 'reduce', 'singledispatch',
'total_ordering', 'update_wrapper', 'wraps']
```

在 functools 模块中常用的函数装饰器和功能函数如下。

- functools.cmp_to_key(func)：将老式的比较函数（func）转换为关键字函数（key function）。在 Python 3 中比较大小、排序都是基于关键字函数的，Python 3 不支持老式的比较函数。

提示：

比较函数接收两个参数，比较这两个参数并根据它们的大小关系返回负值（代表前者小于后者）、零或正值（代表前者大于后者）；关键字函数则只需要一个参数，通过该参数可返回一个用于排序关键字的值。

- @functools.lru_cache(maxsize=128, typed=False)：该函数装饰器使用 LRU（最近最少使用）缓存算法来缓存相对耗时的函数结果，避免传入相同的参数重复计算。同时，缓存并不会无限增长，不用的缓存会被释放。其中 maxsize 参数用于设置缓存占用的最大字节数，typed 参数用于设置将不同类型的缓存结果分开存放。
- @functools.total_ordering：这个类装饰器（作用类似于函数装饰器，只是它用于修饰类）用于为类自动生成比较方法。通常来说，开发者只要提供__lt__()、__le__()、__gt__()、__ge__()其中之一（最好能提供__eq__()方法），@functools.total_ordering 装饰器就会为该类生成剩下的比较方法。
- functools.partial(func, *args, **keywords)：该函数用于为 func 函数的部分参数指定参数值，从而得到一个转换后的函数，程序以后调用转换后的函数时，就可以少传入那些已指定值的参数。
- functools.partialmethod(func, *args, **keywords)：该函数与上一个函数的含义完全相同，只不过该函数用于为类中的方法设置参数值。
- functools.reduce(function, iterable[, initializer])：将初始值（默认为 0，可由 initializer 参数指定）、迭代器的当前元素传入 function 函数，将计算出来的函数结果作为下一次计算的初始值、迭代器的下一个元素再次调用 function 函数……依此类推，直到迭代器的最后一个元素。

- @functools.singledispatch：该函数装饰器用于实现函数对多个类型进行重载。比如同样的函数名称，为不同的参数类型提供不同的功能实现。该函数的本质就是根据参数类型的变换，将函数转向调用不同的函数。
- functools.update_wrapper(wrapper, wrapped, assigned=WRAPPER_ASSIGNMENTS, updated=WRAPPER_UPDATES)：对 wrapper 函数进行包装，使之看上去就像 wrapped（被包装）函数。
- @functools.wraps(wrapped, assigned=WRAPPER_ASSIGNMENTS, updated=WRAPPER_UPDATES)：该函数装饰器用于修饰包装函数，使包装函数看上去就像 wrapped 函数。

提示：

通过介绍不难发现，functools.update_wrapper 和@functools.wraps 的功能是一样的，只不过前者是函数，因此需要把包装函数作为第一个参数传入；而后者是函数装饰器，因此使用该函数装饰器修饰包装函数即可，无须将包装函数作为第一个参数传入。

下面程序示范了 functiontools 模块中部分函数或函数装饰器的用法。

程序清单：codes\10\10.9\functools_test3.py

```
from functools import *
# 设初始值（默认为 0）为 x，当前序列元素为 y，将 x+y 的和作为下一次计算的初始值
print(reduce(lambda x,y: x + y, range(5))) # 10
print(reduce(lambda x,y: x + y, range(6))) # 15
# 设初始值为 10
print(reduce(lambda x,y: x + y, range(6), 10)) # 25
print('----------------')
class User:
    def __init__(self, name):
        self.name = name
    def __repr__(self):
        return 'User[name=%s' % self.name
# 定义一个老式的大小比较函数，User 的 name 越长，该 User 越大
def old_cmp(u1 , u2):
    return len(u1.name) - len(u2.name)
my_data = [User('Kotlin'), User('Swift'), User('Go'), User('Java')]
# 对 my_data 排序，需要关键字函数（调用 cmp_to_key 将 old_cmp 转换为关键字函数）
my_data.sort(key=cmp_to_key(old_cmp))
print(my_data)
print('----------------')
@lru_cache(maxsize=32)
def factorial(n):
    print('~~计算%d 的阶乘~~' % n)
    if n == 1:
        return 1
    else:
        return n * factorial(n - 1)
# 只有这行会计算，然后会缓存 5、4、3、2、1 的阶乘
print(factorial(5))
print(factorial(3))
print(factorial(5))
print('----------------')
# int 函数默认将十进制形式的字符串转换为整数
print(int('12345'))
# 为 int 函数的 base 参数指定参数值
basetwo = partial(int, base=2)
basetwo.__doc__ = '将二进制形式的字符串转换成整数'
# 相当于执行 base 为 2 的 int 函数
print(basetwo('10010'))
print(int('10010', 2))
```

上面程序中第一行粗体字代码调用 reduce()函数来计算序列的“累计”结果，在调用该函数时传入的第一个参数（函数）决定了累计算法，此处使用的累计算法是“累加”。

程序中第二行粗体字代码调用 cmp_to_key()函数将老式的大小比较函数（old_cmp）转换为关键字函数，这样该关键字函数即可作为列表对象的 sort()方法的参数。

程序中第三行粗体字代码调用@lru_cache 对函数结果进行缓存，后面程序第一次执行 factorial(5)时将会看到执行结果；但接下来调用 factorial(3)、factorial(5)时都不会看到执行结果，因为它们的结果已被缓存起来。

程序中第四行粗体字代码调用 partial()函数为 int()函数的 base 参数绑定值“2”，这样程序以后调用该函数时实际上就相当于调用 base 为 2 的 int()函数。所以，上面程序中最后两行代码的本质是完全一样的。

partialmethod()与 partial()函数的作用基本相似，区别只是 partial()函数用于为函数的部分参数绑定值；而 partialmethod()函数则用于为类中方法的部分参数绑定值。如下程序示范了 partialmethod()函数的用法。

程序清单：codes\10\10.9\ partialmethod_test.py

```
from functools import *
class Cell:
    def __init__(self):
        self._alive = False
    # @property 装饰器指定该方法可使用属性语法访问
    @property
    def alive(self):
        return self._alive
    def set_state(self, state):
        self._alive = bool(state)
    # 指定 set_alive()方法，就是将 set_state()方法的 state 参数指定为 True
    set_alive = partialmethod(set_state, True)
    # 指定 set_dead()方法，就是将 set_state()方法的 state 参数指定为 False
    set_dead = partialmethod(set_state, False)
c = Cell()
print(c.alive)
# 相当于调用 c.set_state(True)
c.set_alive()
print(c.alive)
# 相当于调用 c.set_state(False)
c.set_dead()
print(c.alive)
```

上面程序定义了一个 Cell（细胞）类，在该类中定义了一个 set_state()方法，该方法用于设置该细胞的状态。接下来程序中两行粗体字代码使用 partialmethod()函数为 set_state()方法绑定了参数值；将 set_state()方法的参数值绑定为 True 之后赋值给了 set_alive()方法；将 set_state()方法的参数值绑定为 False 之后赋值给了 set_dead()方法。

因此，程序调用 c.set_alive()就相当于调用 c.set_state(True)；程序调用 c.set_dead()就相当于调用 c.set_state(False)。

下面程序示范了@total_ordering 类装饰器的作用。

程序清单：codes\10\10.9\total_ordering_test.py

```
from functools import *
@total_ordering
class User:
    def __init__(self, name):
        self.name = name
    def __repr__(self):
        return 'User[name=%s' % self.name
```

```
    # 根据是否有 name 属性来决定是否可比较
    def _is_valid_operand(self, other):
        return hasattr(other, "name")
    def __eq__(self, other):
        if not self._is_valid_operand(other):
            return NotImplemented
        # 根据 name 判断是否相等（都转换成小写比较、忽略大小写）
        return self.name.lower()  == other.name.lower()
    def __lt__(self, other):
        if not self._is_valid_operand(other):
            return NotImplemented
        # 根据 name 判断是否相等（都转换成小写比较、忽略大小写）
        return self.name.lower() < other.name.lower()
# 打印被装饰之后的 User 类中的__gt__方法
print(User.__gt__)
```

上面程序定义了一个 User 类，并为该类提供了__eq__、__lt__两个比较大小的方法。程序中粗体字代码使用@total_ordering 装饰器修饰了该 User 类，这样该装饰器将会为该类提供__gt__、__ge__、__le__、__ne__这些比较方法。上面程序中最后一行输出了 User 类的__gt__方法。运行该程序，可以看到如下输出结果。

```
<function _gt_from_lt at 0x00000000028C2D90>
```

从上面的输出结果可以看到，此时的__gt__方法是根据__lt__方法“生产”出来的。

但如果将上面程序中的粗体字代码@total_ordering 注释掉，再次运行该程序，则可以看到如下输出结果。

```
<slot wrapper '__gt__' of 'object' objects>
```

从上面的输出结果可以看到，此时该__gt__方法其实来自父类 object。

@singledispatch 函数装饰器的作用是根据函数参数类型转向调用另一个函数，从而实现函数重载的功能。例如，如下程序示范了该函数装饰器的用法。

程序清单：codes\10\10.9\singledispatch_test.py

```
from functools import *
@singledispatch
def test(arg, verbose):
    if verbose:
        print("默认参数为：", end=" ")
    print(arg)
# 限制 test 函数的第一个参数为 int 类型的函数版本
@test.register(int)
def _(argu, verbose):
    if verbose:
        print("整型参数为：", end=" ")
    print(argu)
test('Python', True)  # ①
# 调用第一个参数为 int 类型的版本
test(20, True)  # ②
```

上面程序中第一行粗体字代码使用@singledispatch 装饰器修饰了 test()函数，接下来程序即可通过 test()函数的 register()方法来注册被转向调用的函数。程序中第二行粗体字代码使用@test.register(int)修饰了目标函数，这意味着如果 test()函数的第一个参数为 int 类型，实际上则会转向调用被@test.register(int)修饰的函数。

提示：

使用@singledispatch 装饰器修饰之后的函数就有了 register()方法，该方法用于为指定类型注册被转向调用的函数。

程序中①号代码在调用 test()函数时第一个参数是 str 类型，因此程序依然调用 test()函数本身；程序中②号代码在调用 test()函数时第一个参数是 int 类型，因此将会转向调用被@test.register(int)修饰的函数。

运行上面程序，可以看到如下输出结果。

```
默认参数为: Python
整型参数为: 20
```

程序还可继续使用@test.register()装饰器来绑定被转向调用的函数。例如如下代码（程序清单同上）。

```
# 限制 test 函数的第一个参数为 list 类型的函数版本
@test.register(list)
def _(argb, verbose=False):
    if verbose:
        print("列表中所有元素为:")
    for i, elem in enumerate(argb):
        print(i, elem, end=" ")
test([20, 10, 16, 30, 14], True) # ③
print("\n---------------")
```

上面粗体字代码显示 test()函数的第一个参数是 list 时将转向调用被@test.register(list)修饰的函数。而上面程序中③号代码在调用 test()函数时第一个参数是 list 对象，因此这行代码将会转向调用被@test.register(list)修饰的函数。运行上面代码，将看到如下输出结果。

```
0 20 1 10 2 16 3 30 4 14
---------------
```

此外，程序也可使用 register(类型,被转向调用的函数)方法来执行绑定。这种方式与前面使用函数装饰器的本质是一样的，只不过这种语法没有修饰被转向调用的函数，因此额外多传入一个参数。例如如下代码（程序清单同上）。

```
print("\n---------------")
# 定义一个函数，不使用函数装饰器修饰
def nothing(arg, verbose=False):
    print("~~None 参数~~")
# 当 test 函数的第一个参数为 None 类型时，转向调用 nothing 函数
test.register(type(None), nothing)
test(None, True) # ④
print("\n---------------")
```

上面程序中粗体字代码指定调用 test()函数的第一个参数为 None 类型时，程序将会转向调用 nothing 函数。而上面程序中④号代码在调用 test()函数时第一个参数是 None，因此这行代码将会转向调用 nothing 函数。运行上面代码，可以看到如下输出结果。

```
~~None 参数~~

---------------
```

此外，@singledispatch 也允许为参数的多个类型绑定同一个被转向调用的函数：只要使用多个@函数名.register()装饰器即可。例如如下代码（程序清单同上）。

```
from decimal import Decimal
# 限制 test 函数的第一个参数为 float 或 Decimal 类型的函数版本
@test.register(float)
@test.register(Decimal)
def test_num(arg, verbose=False):
    if verbose:
        print("参数的一半为:", end=" ")
    print(arg / 2)
```

上面程序中两行粗体字代码使用@test.register(float)、@test.register(Decimal)修饰 test_num 函数，这意味着程序在调用 test()函数时无论第一个参数是 float 类型还是 Decimal 类型，其实都会转向调用 test_num 函数。

当程序为@singledispatch 函数执行绑定之后，程序就可以通过该函数的 dispatch(类型)方法来找到该类型所对应转向的函数。例如如下代码（程序清单同上）。

```
# 通过 test.dispatch(类型)即可获取它转向的函数
# 当 test 函数的第一个参数为 float 时将转向调用 test_num
print(test_num is test.dispatch(float)) # True
# 当 test 函数的第一个参数为 Decimal 时将转向调用 test_num
print(test_num is test.dispatch(Decimal)) # True
# 直接调用 test 并不等于调用 test_num
print(test_num is test) # False
```

由于程序在调用 test()函数时无论第一个参数类型是 float 还是 Decimal，都会转向调用 test_num 函数，因此 test.dispatch(float)和 test.dispatch(Decimal)其实就是 test_num 函数。运行上面代码，将看到如下输出结果。

```
True
True
False
```

此外，如果想访问@singledispatch 函数所绑定的全部类型及对应的 dispatch 函数，则可通过该函数的只读属性 registry 来实现，该属性相当于一个只读的 dict 对象。例如如下代码（程序清单同上）。

```
# 获取 test 函数所绑定的全部类型
print(test.registry.keys())
# 获取 test 函数为 int 类型绑定的函数
print(test.registry[int])
```

运行上面代码，可以看到如下输出结果。

```
dict_keys([<class 'object'>, <class 'int'>, <class 'list'>, <class 'NoneType'>,
<class 'decimal.Decimal'>, <class 'float'>])
<function _ at 0x0000000002350620>
```

@wraps(wrapped_func)函数装饰器与 update_wrapper(wrapper, wrapped_func)函数的作用是一样的，都用于让包装函数看上去就像被包装函数（主要就是让包装函数的__name__、__doc__属性与被包装函数保持一致）。区别是：@wraps(wrapped_func)函数装饰器直接修饰包装函数，因此不需要传入包装函数作为参数；而 update_wrapper(wrapper, wrapped_func)则需要同时传入包装函数、被包装函数作为参数。

如下程序示范了@wraps(wrapped_func)函数装饰器的用法。

程序清单：codes\10\10.9\wraps_test.py

```
from functools import wraps

def fk_decorator(f):
    # 让 wrapper 函数看上去就像 f 函数
    @wraps(f)
    def wrapper(*args, **kwds):
        print('调用被装饰函数')
        return f(*args, **kwds)
    return wrapper
@fk_decorator
def test():
    """test 函数的说明信息"""
    print('执行 test 函数')
```

```
test()
print(test.__name__)
print(test.__doc__)
```

上面程序中粗体字代码的作用是：让被包装函数（wrapper）就像 f 函数。

上面程序使用@fk_decorator 修饰 test()函数，因此在调用 test()函数时，实际上是调用 fk_decorator 的返回值：wrapper 函数——这是前面的函数装饰器的功能。

也就是说，上面程序中最后三行代码看上去是访问 test 函数，实际上是访问 wrapper 函数。由于程序使用@wraps(f)修饰了 wrapper 函数，因此该函数看上去就像 test 函数。所以，程序在输出 test.__name__和 test.__doc__时（注意此处的 test 其实是 wrapper 函数），输出的依然是 test 函数的函数名、描述文档。

运行上面代码，将看到如下输出结果。

```
调用被装饰函数
执行 test 函数
test
test 函数的说明信息
```

如果注释掉程序中的粗体字代码@wraps(f)，此时将不能让 wrapper 函数看上去像 test 函数。如果再次运行该程序，将看到如下输出结果。

```
调用被装饰函数
执行 test 函数
wrapper
None
```

10.10 本章小结

由于篇幅关系，本章不可能把 Python 的所有内置模块都介绍一遍，因此还有大量 Python 内置模块是本章不曾介绍的，当读者用到这些模块时，需要自行参考 Python 库文档。

本章开始详细介绍了 sys、os 两个模块的内容，其中 sys 代表与 Python 解释器相关的操作；而 os 则代表与操作系统相关的操作。接下来本章介绍了 random、time、json 模块，它们都是编程中非常实用且并不复杂的模块，因此读者应该熟练掌握它们。

本章重点介绍了 Python 的正则表达式模块，正则表达式是 Python 的一个强大功能，也是使用 Python 编写爬虫类程序、抓取数据的基础，而且正则表达式并不简单，因此需要读者花更多的时间来学习它。

本章也重点介绍了 Python 的各种容器类，包括 set、frozenset、deque、堆操作、ChainMap、Counter、defaultdict、OrderedDict、命名元组等，这些容器类虽然不如前面介绍的列表（list）、元组（tuple）和字典（dict）那么常用，但它们在一些特殊场合下具有特殊的功用，熟练地运用它们不仅能大大提高开发效率，而且可以让程序代码更加优雅，因此读者也应该花时间掌握它们。

本章最后还介绍了 itertools 和 functools 模块下的迭代器功能函数、函数装饰器和其他功能函数，熟练地运用它们可以让 Python 代码更加简洁和优雅。

本章练习

1．提示用户输入自己的名字、年龄、身高，并将该用户信息以 JSON 格式保存在文件中。再写一个程序读取刚刚保存的 JSON 文件，恢复用户输入的信息。

2．给定一个字符串，该字符串只包含数字 0~9、英文逗号、英文点号，请使用英文逗号、英文点号将它们分割成多个子串。

3．定义一个正则表达式，用于验证国内的所有手机号码。

4．提示用户输入一个字符串，程序使用正则表达式获取该字符串中第一次重复出现的英文字母（包括大小写）。

5．提示用户输入一个字符串和一个子串，打印出该子串在字符串中出现的 start 和 end 位置；如果没有出现，则打印(-1, -1)。例如用户输入：

```
aaadaa
aa
```

程序输出：

```
(0, 1)
(1, 2)
(4, 5)
```

6．提示用户输入两行，第一行是所有学习 Python 的学员编号（以逗号隔开），第二行是所有学习 Java 的学员编号（以逗号隔开），计算所有只学 Python 不学 Java 的学员的数量。

7．提示用户输入两行，第一行是所有学习 Python 的学员编号（以逗号隔开），第二行是所有学习 Java 的学员编号（以逗号隔开），计算既学 Python 又学 Java 的学员的数量。

8．计算用户输入的两个带时区的时间戳字符串之间相差的秒数。例如用户输入：

```
Sun 10 May 2015 13:54:36 -0700
Sun 10 May 2015 13:54:36 -0000
```

程序应该输出：

```
25200
```

9．提示用户输入一个字符串，程序要输出该字符串中出现次数最多的 3 个字符，以及对应的出现次数。

10．定义一个 fibonacci(n)函数，该函数返回包含 *n* 个元素的斐波那契数列的列表。再使用 lambda 表达式定义一个平方函数，程序最终输出斐波那契数列的前 *n* 个元素的平方值。

CHAPTER

11

第 11 章 图形界面编程

本章要点

- Python 常见的几种 GUI 库和 Tkinter
- Tkinter GUI 编程组件
- Pack 布局管理器的功能和用法
- Grid 布局管理器的功能和用法
- Place 布局管理器的功能和用法
- 使用 command 绑定事件处理函数
- 使用 bind 方法绑定更复杂的事件处理函数
- Tkinter 组件和 ttk 组件
- 使用 Variable 类绑定组件的状态
- 常见 Tkinter 组件的功能和用法
- 使用 Labelframe 容器进行布局
- 使用 Panedwindow 容器进行布局
- 使用 OptionMenu 组件开发带菜单的按钮
- 普通对话框的功能和用法
- 使用自定义模式、非模式对话框
- 输入对话框、文件对话框、颜色对话框
- 消息框的功能和用法
- 窗口菜单的功能和开发方式
- 右键菜单的功能和开发方式
- Tkinter Canvas 的绘制功能
- 使用 Canvas 的方法操作图形项的标签
- 使用 Canvas 的方法操作图形项
- 为图形项绑定事件
- 动画的原理和方法

本章内容会比较“有趣”，因为可以看到非常熟悉的窗口、按钮、动画等效果，而这些图形界面元素不仅会让开发者感到更“有趣”，对最终用户也是一种诱惑，用户总是喜欢功能丰富、操作简单的应用，图形用户界面程序就可以满足用户的这种渴望。

正如前面介绍的Python库一样，Python提供了大量的GUI库，用于创建功能丰富的图形用户界面。这些GUI库大部分是第三方提供的，这就造成了部分开发者的“选择障碍”：到底应该选择哪种GUI库呢？实际上开发者完全可以选择自己熟悉的任何GUI库，或者干脆就选择Python内置的Tkinter库来开发图形界面程序。

程序以一种“搭积木”的方式将这些图形用户组件组织在一起，就是实际可用的图形用户界面，但这些图形用户界面还不能与用户交互。为了实现图形用户界面与用户交互操作，还应该为程序提供事件处理，事件处理负责让程序响应用户动作。通过学习本章内容，读者应该能开发出简单的图形用户界面应用，并提供相应的事件响应机制。本章也会介绍Tkinter库中的图形处理相关知识。

11.1　Python的GUI库

前面介绍的所有程序都是基于命令行的，这些程序可能只有一些“专业”的计算机人士才会使用。例如前面编写的五子棋等程序，恐怕只有程序员自己才愿意玩这么“糟糕”的游戏，很少有最终用户愿意对着黑乎乎的命令行界面敲命令。

相反，如果为程序提供直观的图形用户界面（Graphics User Interface，GUI），最终用户通过拖动鼠标、单击等动作就可以操作整个应用，这样的应用程序就会很受欢迎（实际上，Windows之所以广为人知，其最初的吸引力就是来自它所提供的图形用户界面）。作为一个程序设计者，必须优先考虑用户的感受，一定要让用户感到“爽”，程序才会被需要、被使用，这样的程序才有价值。

在真正开始介绍Python图形界面编程之前，首先简单介绍一下Python的图形用户界面库。

- PyGObject：PyGObject库为基于GObject的C函数库提供了内省绑定，这些库可以支持GTK+ 3图形界面工具集，因此PyGObject提供了丰富的图形界面组件。
- PyGTK：PyGTK基于老版本的GTK+ 2的库提供绑定，借助于底层GTK+ 2所提供的各种可视化元素和组件，同样可以开发出在GNOME桌面系统上运行的软件，因此它主要适用于Linux/UNIX系统。PyGTK对GTK+ 2的C语言进行了简单封装，提供了面向对象的编程接口。其官方网址是http://www.pygtk.org/。
- PyQt：PyQt是Python编程语言和Qt库的成功融合。Qt本身是一个扩展的C++ GUI应用开发框架，Qt可以在UNIX、Windows和Mac OS X上完美运行，因此PyQt是建立在Qt基础上的Python包装。所以，PyQt也能跨平台使用。
- PySide：PySide是由Nokia提供的对Qt工具集的新的包装库，目前成熟度不如PyQt。
- wxPython：wxPython是一个跨平台的GUI工具集，wxPython以流行的wxWidgets（原名wxWindows）为基础，提供了良好的跨平台外观。简单来说，wxPython在Windows上调用Windows的本地组件、在Mac OS上调用Mac OS X的本地组件、在Linux上调用Linux的本地组件，这样可以让GUI程序在不同的平台上显示平台对应的风格。wxPython是一个非常流行的跨平台的GUI库。其官方网址是http://www.wxpython.org/。

如果读者有需要，则完全可以选择上面这些Python GUI库来开发图形用户界面。如果考虑开发跨平台的图形用户界面，则推荐使用PyQt或wxPython。

本章所介绍的GUI库是Tkinter，它是Python自带的GUI库，无须进行额外的下载安装，只要导入tkinter包即可使用。

11.2 Tkinter GUI 编程的组件

如果从程序员的角度来看一个窗口，这个窗口不是一个整体（有点庖丁解牛的感觉），而是由多个部分组合而成的，如图 11.1 所示。

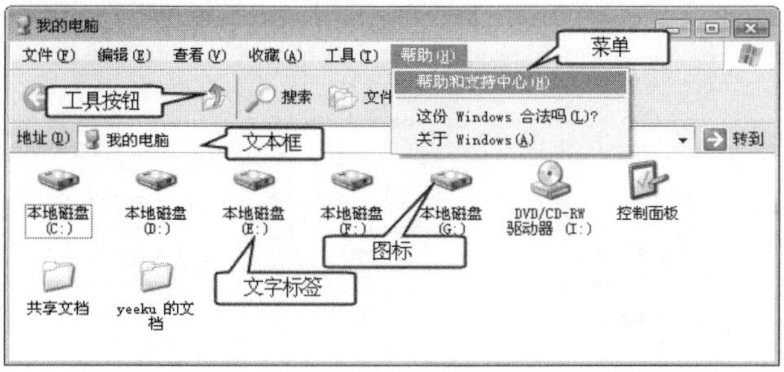

图 11.1 窗口的“分解”

从图 11.1 中可以看出，任何窗口都可被分解成一个空的容器，容器里盛装了大量的基本组件，通过设置这些基本组件的大小、位置等属性，就可以将该空的容器和基本组件组成一个整体的窗口。实际上，图形界面编程非常简单，它非常类似于小朋友玩的拼图游戏，容器类似于拼图的“母板”，而普通组件（如 Button、Listbox 之类的）则类似于拼图的图块。创建图形用户界面的过程就是完成拼图的过程。

使用 Tkinter 进行 GUI 编程与其他语言的 GUI 编程基本相似，都是使用不同的“积木块”来堆出各种各样的界面。因此，学习 GUI 编程的总体步骤大致可分为三步。

① 了解 GUI 库大致包含哪些组件，就相当于熟悉每个积木块到底是些什么东西。

② 掌握容器及容器对组件进行布局的方法，就相当于掌握拼图的“母板”，以及母板怎么固定积木块的方法。

③ 逐个掌握各组件的用法，则相当于深入掌握每个积木块的功能和用法。

下面先完成第①步，大致介绍 Tkinter 库包含的各 GUI 组件。由于这些组件之间存在错综复杂的继承关系，因此先通过类图来了解各 GUI 组件，以及它们之间的关系。

Tkinter 的 GUI 组件之间的继承关系如图 11.2 所示。

从图 11.2 可以看到，Tkinter 的 GUI 组件有两个根父类，它们都直接继承了 object 类。

- Misc：它是所有组件的根父类。
- Wm：它主要提供了一些与窗口管理器通信的功能函数。

对于 Misc 和 Wm 两个基类而言，GUI 编程并不需要直接使用它们，但由于它们是所有 GUI 组件的父类，因此 GUI 组件都可以直接使用它们的方法。

Misc 和 Wm 派生了一个子类：Tk，它代表应用程序的主窗口。因此，所有 Tkinter GUI 编程通常都需要直接或间接使用该窗口类。

BaseWidget 是所有组件的基类，它还派生了一个子类：Widget。Widget 代表一个通用的 GUI 组件，Tkinter 所有的 GUI 组件都是 Widget 的子类。

再来看 Widget 的父类。Widget 一共有四个父类，除 BaseWidget 之外，还有 Pack、Place 和 Grid，这三个父类都是布局管理器，它们负责管理所包含的组件的大小和位置。

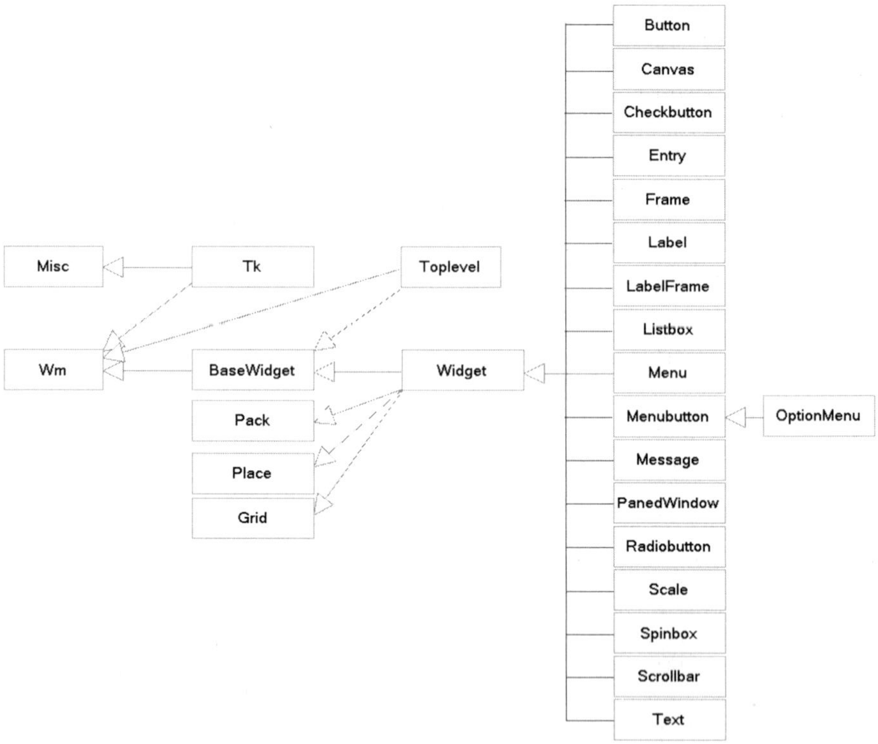

图 11.2　Tkinter 的 GUI 组件之间的继承关系

剩下的就是图 11.2 右边所显示的 Widget 的子类了，它们都是 Tkinter GUI 编程的各种 UI 组件，也就是前面所说的各种“积木块”。表 11.1 简单介绍了各 GUI 组件的功能。

表 11.1　各 GUI 组件的功能

Tkinter 类	名称	简介
Toplevel	顶层	容器类，可用于为其他组件提供单独的容器；Toplevel 有点类似于窗口
Button	按钮	代表按钮组件
Canvas	画布	提供绘图功能，包括绘制直线、矩形、椭圆、多边形、位图等
Checkbutton	复选框	可供用户勾选的复选框
Entry	单行输入框	用户可输入内容
Frame	容器	用于装载其他 GUI 组件
Label	标签	用于显示不可编辑的文本或图标
LabelFrame	容器	也是容器组件，类似于 Frame，但它支持添加标题
Listbox	列表框	列出多个选项，供用户选择
Menu	菜单	菜单组件
Menubutton	菜单按钮	用来包含菜单的按钮（包括下拉式、层叠式等）
OptionMenu	菜单按钮	Menubutton 的子类，也代表菜单按钮，可通过按钮打开一个菜单
Message	消息框	类似于标签，但可以显示多行文本；后来当 Label 也能显示多行文本之后，该组件基本处于废弃状态
PanedWindow	分区窗口	该容器会被划分成多个区域，每添加一个组件占一个区域，用户可通过拖动分隔线来改变各区域的大小
Radiobutton	单选钮	可供用户点选的单选钮
Scale	滑动条	拖动滑块可设定起始值和结束值，可显示当前位置的精确值
Spinbox	微调选择器	用户可通过该组件的向上、向下箭头选择不同的值
Scrollbar	滚动条	用于为组件（文本域、画布、列表框、文本框）提供滚动功能
Text	多行文本框	显示多行文本

此处只是简单地介绍了这些 GUI 组件，读者有一个大致印象即可，先不用太熟悉它们。

下面通过一个简单的例子来创建一个窗口。

程序清单：codes\11\11.2\tk_test.py

```
# Python 2.x 使用这行
#from Tkinter import *
# Python 3.x 使用这行
from tkinter import *
# 创建 Tk 对象，Tk 代表窗口
root = Tk()
# 设置窗口标题
root.title('窗口标题')
# 创建 Label 对象，第一个参数指定将该 Label 放入 root 内
w = Label(root, text="Hello Tkinter!")
# 调用 pack 进行布局
w.pack()
# 启动主窗口
root.mainloop()
```

上面程序主要创建了两个对象：Tk 和 Label。其中 Tk 代表顶级窗口，Label 代表一个简单的文本标签，因此需要指定将该 Label 放在哪个容器内。上面程序在创建 Label 时第一个参数指定了 root，表明该 Label 要放入 root 窗口内。

运行上面程序，可以看到如图 11.3 所示的运行效果。

图 11.3　简单窗口

此外，还有一种方式是不直接使用 Tk，只要创建 Frame 的子类，它的子类就会自动创建 Tk 对象作为窗口。例如如下程序。

程序清单：codes\11\11.2\extend_frame.py

```
# Python 2.x 使用这行
#from Tkinter import *
# Python 3.x 使用这行
from tkinter import *

# 定义继承 Frame 的 Application 类
class Application(Frame):
    def __init__(self, master=None):
        Frame.__init__(self, master)
        self.pack()
        # 调用 initWidgets()方法初始化界面
        self.initWidgets()
    def initWidgets(self):
        # 创建 Label 对象，第一个参数指定将该 Label 放入 root 内
        w = Label(self)
        # 创建一个位图
        bm = PhotoImage(file = 'images/serial.png')
        # 必须用一个不会被释放的变量引用该图片，否则该图片会被回收
        w.x = bm
        # 设置显示的图片是 bm
        w['image'] = bm
        w.pack()
        # 创建 Button 对象，第一个参数指定将该 Button 放入 root 内
        okButton = Button(self, text="确定")
        okButton['background'] = 'yellow'
```

```
        # okButton.configure(background='yellow') # 与上面代码的作用相同
        okButton.pack()
# 创建 Application 对象
app = Application()
# Frame 有一个默认的 master 属性，该属性值是 Tk 对象（窗口）
print(type(app.master))
# 通过 master 属性来设置窗口标题
app.master.title('窗口标题')
# 启动主窗口的消息循环
app.mainloop()
```

上面程序创建了 Frame 的子类：Application，并在该类的构造方法中调用了 initWidgets()方法——这个方法可以是任意方法名，程序在 initWidgets()方法中创建了两个组件，即 Label 和 Button。

上面程序只是创建了 Application 的实例（Frame 容器的子类），并未创建 Tk 对象（窗口），那么这个程序有窗口吗？答案是肯定的。如果程序在创建任意 Widget 组件（甚至 Button）时没有指定 master 属性（即创建 Widget 组件时第一个参数传入 None），那么程序会自动为该 Widget 组件创建一个 Tk 窗口，因此 Python 会自动为 Application 实例创建 Tk 对象来作为它的 master。

该程序与上一个程序的差别在于：程序在创建 Label 和 Button 之后，对 Label 进行了配置，设置了 Label 显示的背景图片；也对 Button 进行了配置，设置了 Button 的背景色。

可能有读者对上面程序中的如下代码感到好奇：

```
w.x = bm
```

这行代码负责为 w 的 x 属性赋值。这行代码有什么作用呢？因为程序在 initWidgets()方法中创建了 PhotoImage 对象，这是一个图片对象。当该方法结束时，如果该对象没有被其他变量引用，这个图片可能会被系统回收，此处由于 w（Label 对象）需要使用该图片，因此程序就让 w 的 x 属性引用该 PhotoImage 对象，阻止系统回收 PhotoImage 的图片。

运行上面程序，可以看到如图 11.4 所示的效果。

图 11.4　配置 Label 和 Button

仔细体会上面程序中 initWidgets()方法的代码，虽然看上去代码量不小，但实际上只有 3 行代码。

- 创建 GUI 组件。相当于创建“积木块”。
- 添加 GUI 组件，此处使用 pack()方法添加。相当于把“积木块”添加进去。
- 配置 GUI 组件。

其中创建 GUI 组件的代码很简单，与创建其他 Python 对象并没有任何区别，但通常至少要指定一个参数，用于设置该 GUI 组件属于哪个容器（Tk 组件例外，因为该组件代表顶级窗口）。

配置 GUI 组件有两个时机。

- 在创建 GUI 组件时以关键字参数的方式配置。例如 Button(self, text="确定")，其中 text="确定"就指定了该按钮上的文本是“确定”。
- 在创建完成之后，以字典语法进行配置。例如 okButton['background'] = 'yellow'，这种语法使得 okButton 看上去就像一个字典，它用于配置 okButton 的 background 属性，从而改变该按钮的背景色。

上面两种方式完全可以切换。比如可以在创建按钮之后配置该按钮上的文本，例如如下代码。

```
okButton['text'] = '确定'
```

这行代码其实是调用 configure()方法的简化写法。也就是说，这样代码等同于如下代码。

```
okButton.configure(text = '确定')
```

也可以在创建按钮时就配置它的文本和背景色，例如如下代码。

```
# 创建 Button 对象，在创建时就配置它的文本和背景色
okButton = Button(self, text="确定", background = 'yellow')
```

这里又产生了一个问题：除可配置 background、image 等选项之外，GUI 组件还可配置哪些选项呢？可以通过该组件的构造方法的帮助文档来查看。例如，查看 Button 的构造方法的帮助文档，可以看到如下输出结果。

```
>>> help(tkinter.Button.__init__)
Help on function __init__ in module tkinter:

__init__(self, master=None, cnf={}, **kw)
    Construct a button widget with the parent MASTER

    STANDARD OPTIONS

        activebackground, activeforeground, anchor,
        background, bitmap, borderwidth, cursor,
        disabledforeground, font, foreground
        highlightbackground, highlightcolor,
        highlightthickness, image, justify,
        padx, pady, relief, repeatdelay,
        repeatinterval, takefocus, text,
        textvariable, underline, wraplength

    WIDGET-SPECIFIC OPTIONS

        command, compound, default, height,
        overrelief, state, width
```

上面的帮助文档指出，Button 支持两组选项：标准选项（STANDARD OPTIONS）和组件特定选项（WIDGET-SPECIFIC OPTIONS）。至于这些选项的含义，基本上通过它们的名字就可猜出来。

此处简单介绍一下这些 GUI 组件的常见选项的含义。表 11.2 显示了大部分 GUI 组件都支持的选项。

表 11.2　GUI 组件支持的通用选项

选项名（别名）	含义	单位	典型值
activebackground	指定组件处于激活状态时的背景色	color	'gray25'或'#ff4400'
activeforeground	指定组件处于激活状态时的前景色	color	'gray25'或'#ff4400'
anchor	指定组件内的信息（比如文本或图片）在组件中如何显示。必须为下面的值之一：N、NE、E、SE、S、SW、W、NW 或 CENTER。比如 NW（NorthWest）指定将信息显示在组件的左上角		CENTER
background(bg)	指定组件正常显示时的背景色	color	'gray25'或'#ff4400'
bitmap	指定在组件上显示该选项指定的位图，该选项值可以是 Tk_GetBitmap 接收的任何形式的位图。位图的显示方式受 anchor、justify 选项的影响。如果同时指定了 bitmap 和 text，那么 bitmap 覆盖文本；如果同时指定了 bitmap 和 image，那么 image 覆盖 bitmap		
borderwidth	指定组件正常显示时的 3D 边框的宽度，该值可以是 Tk_GetPixels 接收的任何格式	pixel	2

续表

选项名（别名）	含义	单位	典型值
cursor	指定光标在组件上的样式。该值可以是 Tk_GetCursors 接收的任何格式	cursor	gumby
command	指定按组件关联的命令方法，该方法通常在鼠标离开组件时被触发调用		
disabledforeground	指定组件处于禁用状态时的前景色	color	'gray25'或'#ff4400'
font	指定组件上显示的文本字体	font	'Helvetica'或('Verdana',8)
foreground(fg)	指定组件正常显示时的前景色	color	'gray'或'#ff4400'
highlightbackground	指定组件在高亮状态下的背景色	color	'gray'或'#ff4400'
highlightcolor	指定组件在高亮状态下的前景色	color	'gray'或'#ff4400'
highlightthickness	指定组件在高亮状态下的周围方形区域的宽度，该值可以是 Tk_GetPixels 接收的任何格式	pixel	2
height	指定组件的高度，以 font 选项指定的字体的字符高度为单位，至少为 1	integer	14
image	指定组件中显示的图像，如果设置了 image 选项，它将会覆盖 text、bitmap 选项	image	
justify	指定组件内部内容的对齐方式，该选项支持 LEFT（左对齐）、CENTER（居中对齐）或 RIGHT（右对齐）这三个值	constant	RIGHT
padx	指定组件内部在水平方向上两边的空白，该值可以是 Tk_GetPixels 接收的任何格式	pixel	12
pady	指定组件内部在垂直方向上两边的空白，该值可以是 Tk_GetPixels 接收的任何格式	pixel	12
relief	指定组件的 3D 效果，该选项支持的值包括 RAISED、SUNKEN、FLAT、RIDGE、SOLID、GROOVE。该值指出组件内部相对于外部的外观样式，比如 RAISED 表示组件内部相对于外部凸起	constant	GROOVE RAISED
selectbackground	指定组件在选中状态下的背景色	color	'gray'或'#ff4400'
selectborderwidth	指定组件在选中状态下的 3D 边框的宽度，该值可以是 Tk_GetPixels 接收的任何格式	pixel	2
selectforeground	指定组件在选中状态下的前景色	color	'gray'或'#ff4400'
state	指定组件的当前状态。该选项支持 NORMAL（正常）、DISABLE（禁用）这两个值	constant	NORMAL
takefocus	指定组件在键盘遍历（Tab 或 Shift+Tab）时是否接收焦点，将该选项设为 1 表示接收焦点；设为 0 表示不接收焦点	boolean	1 或 YES
text	指定组件上显示的文本，文本显示格式由组件本身、anchor 及 justify 选项决定	str	'确定'
textvariable	指定一个变量名，GUI 组件负责显示该变量值转换得到的字符串，文本显示格式由组件本身、anchor 及 justify 选项决定	variable	bnText
underline	指定为组件文本的第几个字符添加下画线，该选项就相当于为组件绑定了快捷键	integer	2
width	指定组件的宽度，以 font 选项指定的字体的字符高度为单位，至少为 1	integer	14

续表

选项名（别名）	含义	单位	典型值
wraplength	对于能支持字符换行的组件，该选项指定每行显示的最大字符数，超过该数量的字符将会转到下行显示	integer	20
xscrollcommand	通常用于将组件的水平滚动改变（包括内容滚动或宽度发生改变）与水平滚动条的 set 方法关联，从而让组件的水平滚动改变传递到水平滚动条	function	scroll.set
yscrollcommand	通常用于将组件的垂直滚动改变（包括内容滚动或高度发生改变）与垂直滚动条的 set 方法关联，从而让组件的垂直滚动改变传递到垂直滚动条	function	scroll.set

11.3 布局管理器

GUI 编程就相当于小孩子搭积木，每个积木块应该放在哪里，每个积木块显示为多大，也就是对大小和位置都需要进行管理，而布局管理器正是负责管理各组件的大小和位置的。此外，当用户调整了窗口的大小之后，布局管理器还会自动调整窗口中各组件的大小和位置。

11.3.1 Pack 布局管理器

如果使用 Pack 布局，那么当程序向容器中添加组件时，这些组件会依次向后排列，排列方向既可是水平的，也可是垂直的。

下面程序简单示范了 Pack 布局的用法，该程序向窗口中添加了三个 Label 组件。

程序清单：codes\11\11.3\pack_test.py

```
# Python 2.x 使用这行
#from Tkinter import *
# Python 3.x 使用这行
from tkinter import *

# 创建窗口并设置窗口标题
root = Tk()
# 设置窗口标题
root.title('Pack 布局')
for i in range(3):
    lab = Label(root, text="第%d 个 Label" % (i + 1), bg='#eeeeee')
    # 调用 pack 进行布局
    lab.pack()
# 启动主窗口的消息循环
root.mainloop()
```

上面程序创建了一个窗口，然后使用循环创建了三个 Label，并对这三个 Label 使用了 pack()方法进行默认的 Pack 布局。运行该程序，可以看到如图 11.5 所示的界面。

图 11.5　使用 Pack 布局

图 11.5 使用的是默认的 Pack 布局，实际上程序在调用 pack()方法时可传入多个选项。例如，通过 help(tkinter.Label.pack)命令来查看 pack()方法支持的选项，可以看到如下输出结果。

```
>>> help(tkinter.Label.pack)
Help on function pack_configure in module tkinter:

pack_configure(self, cnf={}, **kw)
    Pack a widget in the parent widget. Use as options:
    after=widget - pack it after you have packed widget
```

```
    anchor=NSEW (or subset) - position widget according to
                             given direction
    before=widget - pack it before you will pack widget
    expand=bool - expand widget if parent size grows
    fill=NONE or X or Y or BOTH - fill widget if widget grows
    in=master - use master to contain this widget
    in_=master - see 'in' option description
    ipadx=amount - add internal padding in x direction
    ipady=amount - add internal padding in y direction
    padx=amount - add padding in x direction
    pady=amount - add padding in y direction
    side=TOP or BOTTOM or LEFT or RIGHT -  where to add this widget.
```

从上面的显示信息可以看出，pack()方法通常可支持如下选项。

- anchor：当可用空间大于组件所需求的大小时，该选项决定组件被放置在容器的何处。该选项支持 N（北，代表上）、E（东，代表右）、S（南，代表下）、W（西，代表左）、NW（西北，代表左上）、NE（东北，代表右上）、SW（西南，代表左下）、SE（东南，代表右下）、CENTER（中，默认值）这些值。
- expand：该 bool 值指定当父容器增大时是否拉伸组件。
- fill：设置组件是否沿水平或垂直方向填充。该选项支持 NONE、X、Y、BOTH 四个值，其中 NONE 表示不填充，BOTH 表示沿着两个方向填充。
- ipadx：指定组件在 x 方向（水平）上的内部留白（padding）。
- ipady：指定组件在 y 方向（水平）上的内部留白（padding）。
- padx：指定组件在 x 方向（水平）上与其他组件的间距。
- pady：指定组件在 y 方向（水平）上与其他组件的间距。
- side：设置组件的添加位置，可以设置为 TOP、BOTTOM、LEFT 或 RIGHT 这四个值的其中之一。

当程序界面比较复杂时，就需要使用多个容器（Frame）分开布局，然后再将 Frame 添加到窗口中。例如如下程序。

程序清单：codes\11\11.3\pack_test2.py

```
# Python 2.x 使用这行
#from Tkinter import *
# Python 3.x 使用这行
from tkinter import *
class App:
    def __init__(self, master):
        self.master = master
        self.initWidgets()
    def initWidgets(self):
        # 创建第一个容器
        fm1 = Frame(self.master)
        # 该容器放在左边排列
        fm1.pack(side=LEFT, fill=BOTH, expand=YES)
        # 向 fm1 中添加三个按钮
        # 设置按钮从顶部开始排列，且按钮只能在水平（X）方向上填充
        Button(fm1, text='第一个').pack(side=TOP, fill=X, expand=YES)
        Button(fm1, text='第二个').pack(side=TOP, fill=X, expand=YES)
        Button(fm1, text='第三个').pack(side=TOP,  fill=X, expand=YES)
        # 创建第二个容器
        fm2 = Frame(self.master)
        # 该容器放在左边排列，就会挨着 fm1
        fm2.pack(side=LEFT, padx=10, expand=YES)
        # 向 fm2 中添加三个按钮
        # 设置按钮从右边开始排列
```

```
        Button(fm2, text='第一个').pack(side=RIGHT, fill=Y, expand=YES)
        Button(fm2, text='第二个').pack(side=RIGHT, fill=Y, expand=YES)
        Button(fm2, text='第三个').pack(side=RIGHT, fill=Y, expand=YES)
        # 创建第三个容器
        fm3 = Frame(self.master)
        # 该容器放在右边排列，就会挨着 fm1
        fm3.pack(side=RIGHT, padx=10, fill=BOTH, expand=YES)
        # 向 fm3 中添加三个按钮
        # 设置按钮从底部开始排列，且按钮只能在垂直（Y）方向上填充
        Button(fm3, text='第一个').pack(side=BOTTOM, fill=Y, expand=YES)
        Button(fm3, text='第二个').pack(side=BOTTOM, fill=Y, expand=YES)
        Button(fm3, text='第三个').pack(side=BOTTOM, fill=Y, expand=YES)
root = Tk()
root.title("Pack 布局")
display = App(root)
root.mainloop()
```

上面程序创建了三个 Frame 容器，其中第一个 Frame 容器内包含三个从顶部（TOP）开始排列的按钮，这意味着这三个按钮会从上到下依次排列，且这三个按钮能在水平（*X*）方向上填充；第二个 Frame 容器内包含三个从右边（RIGHT）开始排列的按钮，这意味着这三个按钮会从右向左依次排列；第三个 Frame 容器内包含三个从底部（BOTTOM）开始排列的按钮，这意味着这三个按钮会从下到上依次排列，且这三个按钮能在垂直（*Y*）方向上填充。

运行上面程序，将看到如图 11.6 所示的界面。

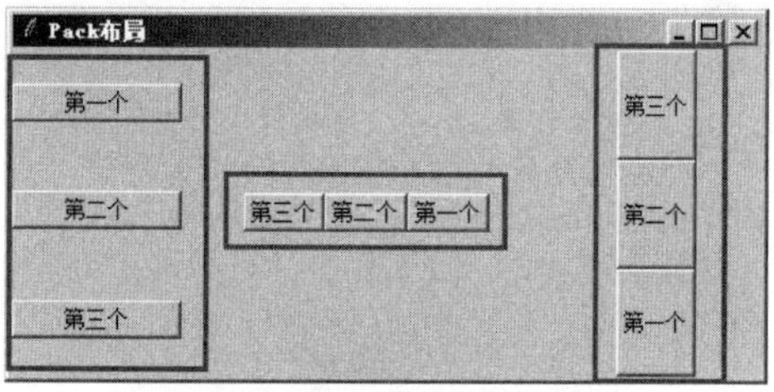

图 11.6 复杂的 Pack 布局

从图 11.6 中可以看到，为运行效果添加了三个框，分别代表 fm1、fm2、fm3（实际上容器是看不到的），此时可以看到 fm1 内的三个按钮从上到下排列，并且可以在水平方向上填充；fm3 内的三个按钮从下到上排列，并且可以在垂直方向上填充。

可能有读者会有疑问：fm2 内的三个按钮也都设置了 fill=Y, expand=YES，这说明它们也能在垂直方向上填充，为啥看不到呢？仔细看 fm2.pack(side=LEFT, padx=10, expand=YES)这行代码，它说明 fm2 本身不在任何方向上填充，因此 fm2 内的三个按钮都不能填充。

如果希望看到 fm2 内的三个按钮也能在垂直方向上填充，则可将 fm2 的 pack()方法改为如下代码。

```
fm2.pack(side=LEFT, padx=10, fill=BOTH, expand=YES)
```

通过上面介绍不难发现，Pack 布局其实还是非常灵活的，它完全可以实现很复杂的用户界面。这里有一个界面分解的常识需要说明：无论看上去多么复杂、古怪的界面，其实大多可分解为水平排列和垂直排列，而 Pack 布局既可实现水平排列，也可实现垂直排列，然后再通过多个容器进行组合，这样就可以开发出更复杂的界面了。

对于打算使用 Pack 布局的开发者来说，首先要做的事情是将程序界面进行分解，分解成水平排列的容器和垂直排列的容器——有时候甚至要容器嵌套容器，然后使用多个 Pack 布局的容器将它们组合在一起。

11.3.2 Grid 布局管理器

很多时候 Tkinter 界面编程都会优先考虑使用 Pack 布局，但实际上 Tkinter 后来引入的 Grid 布局不仅简单易用，而且管理组件也非常方便。

Grid 把组件空间分解成一个网格进行维护，即按照行、列的方式排列组件，组件位置由其所在的行号和列号决定：行号相同而列号不同的几个组件会被依次上下排列，列号相同而行号不同的

几个组件会被依次左右排列。

可见，在很多场景下 Grid 是最好用的布局方式。相比之下，Pack 布局在控制细节方面反而显得有些力不从心。

使用 Grid 布局的过程就是为各个组件指定行号和列号的过程，不需要为每个网格都指定大小，Grid 布局会自动为它们设置合适的大小。

程序调用组件的 grid()方法就进行 Grid 布局，在调用 grid()方法时可传入多个选项，该方法支持的 ipadx、ipady、padx、pady 与 pack()方法的这些选项相同。而 grid()方法额外增加了如下选项。

- column：指定将组件放入哪列。第一列的索引为 0。
- columnspan：指定组件横跨多少列。
- row：指定组件放入哪行。第一行的索引为 0
- rowspan：指定组件横跨多少行。
- sticky：有点类似于 pack()方法的 anchor 选项，同样支持 N（北，代表上）、E（东，代表右）、S（南，代表下）、W（西，代表左）、NW（西北，代表左上）、NE（东北，代表右上）、SW（西南，代表左下）、SE（东南，代表右下）、CENTER（中，默认值）这些值。

下面程序使用 Grid 布局来实现一个计算器界面。

程序清单：codes\11\11.3\grid_test.py

```
# Python 2.x 使用这行
#from Tkinter import *
# Python 3.x 使用这行
from tkinter import *

class App:
    def __init__(self, master):
        self.master = master
        self.initWidgets()
    def initWidgets(self):
        # 创建一个输入组件
        e = Entry(relief=SUNKEN, font=('Courier New', 24), width=25)
        # 对该输入组件使用 Pack 布局，放在容器顶部
        e.pack(side=TOP, pady=10)
        p = Frame(self.master)
        p.pack(side=TOP)
        # 定义字符串元组
        names = ("0" , "1" , "2" , "3"
            , "4" , "5" , "6" , "7" , "8" , "9"
            , "+" , "-" , "*" , "/" , ".", "=")
        # 遍历字符串元组
        for i in range(len(names)):
            # 创建 Button，将 Button 放入 p 组件中
            b = Button(p, text=names[i], font=('Verdana', 20), width=6)
            b.grid(row=i // 4, column=i % 4)
root = Tk()
root.title("Grid 布局")
App(root)
root.mainloop()
```

上面程序实际上使用了两个布局管理器进行嵌套，先使用 Pack 布局管理两个组件：Entry（输入组件）和 Frame（容器），这两个组件就会按照从上到下的方式排列。

接下来程序使用 Grid 布局管理 Frame 容器中的 16 个按钮，分别将 16 个按钮放入不同的行、不同的列。运行上面程序，可以看到如图 11.7 所示的界面。

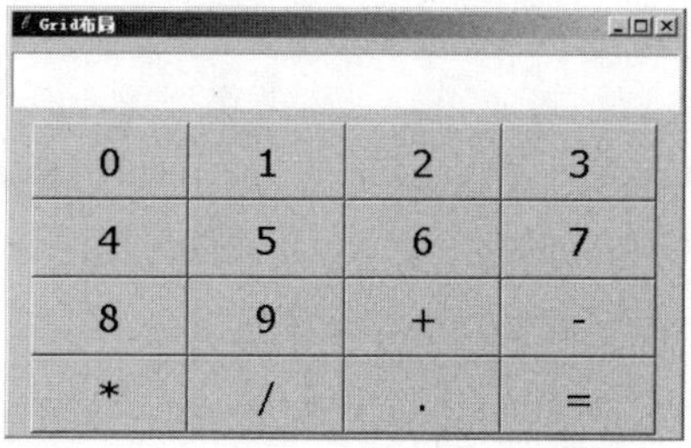

图 11.7 使用 Grid 布局实现计算器界面

11.3.3 Place 布局管理器

Place 布局就是其他 GUI 编程中的“绝对布局”，这种布局方式要求程序显式指定每个组件的绝对位置或相对于其他组件的位置。

如果要使用 Place 布局，调用相应组件的 place()方法即可。在使用该方法时同样支持一些详细的选项，关于这些选项的介绍如下。

- x：指定组件的 *X* 坐标。x 为 0 代表位于最左边。
- y：指定组件的 *Y* 坐标。y 为 0 代表位于最上边。
- relx：指定组件的 *X* 坐标，以父容器总宽度为单位 1，该值应该在 0.0~1.0 之间，其中 0.0 代表位于窗口最左边，1.0 代表位于窗口最右边，0.5 代表位于窗口中间。
- rely：指定组件的 *Y* 坐标，以父容器总高度为单位 1，该值应该在 0.0~1.0 之间，其中 0.0 代表位于窗口最上边，1.0 代表位于窗口最下边，0.5 代表位于窗口中间。
- width：指定组件的宽度，以 pixel 为单位。
- height：指定组件的高度，以 pixel 为单位。
- relwidth：指定组件的宽度，以父容器总宽度为单位 1，该值应该在 0.0~1.0 之间，其中 1.0 代表整个窗口宽度，0.5 代表窗口的一半宽度。
- relheight：指定组件的高度，以父容器总高度为单位 1，该值应该在 0.0~1.0 之间，其中 1.0 代表整个窗口高度，0.5 代表窗口的一半高度。
- bordermode：该属性支持“inside”或“outside”属性值，用于指定当设置组件的宽度、高度时是否计算该组件的边框宽度。

当使用 Place 布局管理容器中的组件时，需要设置组件的 x、y 或 relx、rely 选项，Tkinter 容器内的坐标系统的原点（0,0）在左上角，其中 *X* 轴向右延伸，*Y* 轴向下延伸，如图 11.8 所示。

图 11.8 Tkinter 容器坐标系

如果通过 x、y 指定坐标，单位就是 pixel（像素）；如果通过 relx、rely 指定坐标，则以整个父容器的宽度、高度为 1。不管通过哪种方式指定坐标，通过图 11.8 不难发现，通过 x 指定的坐标值越大，该组件就越靠右；通过 y 指定的坐标值越大，该组件就越靠下。

下面介绍一个使用 Place 进行布局的例子，该示例将会动态计算各 Label 的大小和位置，并通过 place()方法设置各 Label 的大小和位置。

程序清单：codes\11\11.3\place_test.py

```
# Python 2.x 使用这行
#from Tkinter import *
# Python 3.x 使用这行
from tkinter import *
import random
class App:
    def __init__(self, master):
        self.master = master
        self.initWidgets()
    def initWidgets(self):
        # 定义字符串元组
        books = ('疯狂 Python 讲义', '疯狂 Swift 讲义', '疯狂 Kotlin 讲义',\
            '疯狂 Java 讲义', '疯狂 Ruby 讲义')
        for i in range(len(books)):
            # 生成三个随机数
            ct = [random.randrange(256) for x in range(3)]
            grayness = int(round(0.299*ct[0] + 0.587*ct[1] + 0.114*ct[2]))
            # 将元组中的三个随机数格式化成十六进制数，转换成颜色格式
            bg_color = "#%02x%02x%02x" % tuple(ct)
            # 创建 Label，设置背景色和前景色
            lb = Label(root,
                text=books[i],
                fg = 'White' if grayness < 125 else 'Black',
                bg = bg_color)
            # 使用 place()设置该 Label 的大小和位置
            lb.place(x = 20, y = 36 + i*36, width=180, height=30)
root = Tk()
root.title("Place 布局")
# 设置窗口的大小和位置
# width x height + x_offset + y_offset
root.geometry("250x250+30+30")
App(root)
root.mainloop()
```

上面程序中粗体字代码就是调用 place()方法执行 Place 布局的关键代码。在调用 place()方法时主要设置了 x（*X* 坐标）、y（*Y* 坐标）、width（宽度）、height（高度）这四个选项，通过这四个选项即可控制各 Label 的位置和大小。

为了增加一些趣味性，上面程序使用随机数计算了 Label 组件的背景色，并根据背景色的灰度值来计算 Label 组件的前景色：如果 grayness 小于 125，则说明背景色较深，前景色使用白色；否则说明背景色较浅，前景色使用黑色。运行上面程序，可以看到如图 11.9 所示的界面。

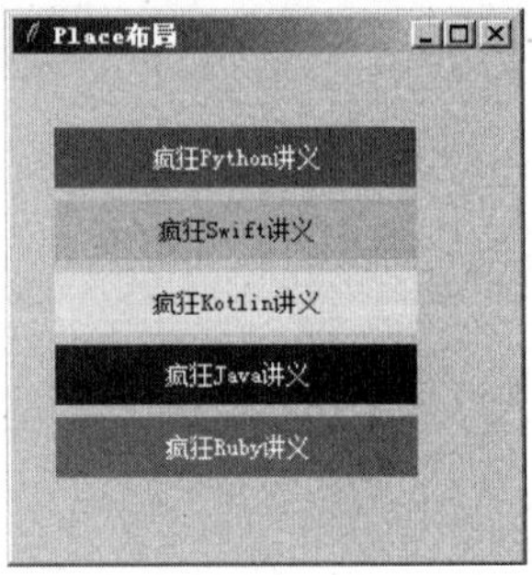

图 11.9　使用 Place 布局

11.4　事件处理

前面介绍了如何放置各种组件，从而得到了丰富多彩的图形界面，但这些界面还不能响应用户

的任何操作。比如单击窗口上的按钮，该按钮并不会提供任何响应。这就是因为程序没有为这些组件绑定任何事件处理的缘故。

➤➤ 11.4.1 简单的事件处理

简单的事件处理可通过 command 选项来绑定，该选项绑定为一个函数或方法，当用户单击指定按钮时，通过该 command 选项绑定的函数或方法就会被触发。

下面程序示范了为按钮的 command 绑定事件处理方法。

程序清单：codes\11\11.4\command_test.py

```
# Python 2.x 使用这行
#from Tkinter import *
# Python 3.x 使用这行
from tkinter import *
import random

class App:
    def __init__(self, master):
        self.master = master
        self.initWidgets()
    def initWidgets(self):
        self.label = Label(self.master, width=30)
        self.label['font'] = ('Courier', 20)
        self.label['bg'] = 'white'
        self.label.pack()
        bn = Button(self.master, text='单击我', command=self.change)
        bn.pack()
    # 定义事件处理方法
    def change(self):
        self.label['text'] = '欢迎学习 Python'
        # 生成三个随机数
        ct = [random.randrange(256) for x in range(3)]
        grayness = int(round(0.299*ct[0] + 0.587*ct[1] + 0.114*ct[2]))
        # 将元组中的三个随机数格式化成十六进制数，转换成颜色格式
        bg_color = "#%02x%02x%02x" % tuple(ct)
        self.label['bg'] = bg_color
        self.label['fg'] = 'black' if grayness > 125 else 'white'
root = Tk()
root.title("简单事件处理")
App(root)
root.mainloop()
```

上面程序中粗体字代码为 Button 的 command 选项指定为 self.change，这意味着当该按钮被单击时，将会触发当前对象的 change()方法。该 change()方法会改变界面上 Label 的文本和背景色。

运行该程序，单击界面上的“单击我”按钮，将看到如图 11.10 所示的界面。

图 11.10 使用 command 绑定事件处理

➤➤ 11.4.2 事件绑定

上面这种简单的事件绑定方式虽然简单，但它存在较大的局限性。

➢ 程序无法为具体事件（比如鼠标移动、按键事件）绑定事件处理方法。

➢ 程序无法获取事件相关信息。

为了弥补这种不足，Python 提供了更灵活的事件绑定方式，所有 Widget 组件都提供了一个 bind()方法，该方法可以为“任意”事件绑定事件处理方法。

下面先看一个为按钮的单击、双击事件绑定事件处理方法的示例。

程序清单：codes\11\11.4\simple_bind.py

```
# 将 tkinter 写成 Tkinter 兼容 Python 2.x
from tkinter import *
class App:
    def __init__(self, master):
        self.master = master
        self.initWidgets()
    def initWidgets(self):
        self.show = Label(self.master, width=30, bg='white', font=('times', 20))
        self.show.pack()
        bn = Button(self.master, text='单击我或双击我')
        bn.pack(fill=BOTH, expand=YES)
        # 为左键单击事件绑定处理方法
        bn.bind('<Button-1>', self.one)
        # 为左键双击事件绑定处理方法
        bn.bind('<Double-1>', self.double)
    def one(self, event):
        self.show['text'] = "左键单击:%s" % event.widget['text']
    def double(self, event):
        print("左键双击，退出程序:", event.widget['text'])
        import sys; sys.exit()
root = Tk()
root.title('简单绑定')
App(root)
root.mainloop()
```

上面程序中两行粗体字代码为 Button 按钮的单击、双击事件绑定了事件处理方法，其中第一行粗体字代码为'<Btutton-1>'事件绑定了 self.one 作为事件处理方法；第二行粗体字代码为'<Double-1>'事件绑定了 self.double 作为事件处理方法。

此时 self.one 和 self.double 方法都可定义一个 event 参数，该参数代表了传给该事件处理方法的事件对象，因此上面程序示范了通过事件来获取事件源的方式——通过 event.widget 获取即可。对于鼠标事件来说，鼠标相对当前组件的位置可通过 event 对象中的 x 和 y 属性来获取。

运行上面程序，单击界面上的按钮，将看到如图 1.11 所示的运行结果。

图 11.11　为单击、双击事件绑定事件处理方法

从上面的例子可以看到，Tkinter 直接使用字符串来代表事件类型，比如使用<Button-1>代表鼠标左键单击事件，使用<Double-1>代表鼠标左键双击事件。那问题来了，其他事件应该怎么写呢？

代表 Tkinter 事件的字符串大致遵循如下格式。

```
<modifier-type-detail>
```

其中 type 是事件字符串的关键部分，用于描述事件的种类，比如鼠标事件、键盘事件等；modifer 则代表事件的修饰部分，比如单击、双击等；detail 用于指定事件的详情，比如指定鼠标左键、右键、滚轮等。

Tkinter 支持的各种鼠标、键盘事件如表 11.3 所示。

表 11.3　Tkinter 支持的各种鼠标、键盘事件

事件	简介
<Button-detail>	鼠标按键的单击事件，detail 指定哪一个鼠标键被单击。比如：单击鼠标左键为<Button-1>，单击鼠标中键为<Button-2>，单击鼠标右键为<Button-3>，单击向上滚动的滚轮为<Button-4>，单击向下滚动的滚轮为<Button-5>

续表

事件	简介
<modifier-Motion>	鼠标在组件上的移动事件，modifier 指定要求按住哪个鼠标键。比如按住鼠标左键移动为<B1-Motion>，按住鼠标中键移动为<B2-Motion>，按住鼠标右键移动为<B3-Motion>
<ButtonRelease-detail>	鼠标按键的释放事件，detail 指定哪一个鼠标键被释放。比如鼠标左键被释放为<ButtonRelease-1>，鼠标中键被释放为<ButtonRelease-2>，鼠标右键被释放为<ButtonRelease-3>
<Double-Button-detail>或<Double-detail>	用户双击某个鼠标键的事件，detail 指定哪一个鼠标键被双击。比如双击鼠标左键为<Double-1>，双击鼠标中键为<Double-2>，双击鼠标右键为<Double-3>，双击向上滚动的滚轮为<Double-4>，双击向下滚动的滚轮为<Double-5>
<Enter>	鼠标进入组件的事件。注意：<Enter>事件不是按下回车键事件，按下回车键的事件是<Return>
<Leave>	鼠标移出组件事件
<FocusIn>	组件及其包含的子组件获得焦点
<FocusOut>	组件及其包含的子组件失去焦点
<Return>	按下回车键的事件。实际上可以为所有按键绑定事件处理方法。特殊键位名称包括 Cancel、BackSpace、Tab、Return（回车）、Shift_L（左 Shift，如果只写 Shift 则代表任意 Shift）、Control_L（左 Ctrl，如果只写 Control 则代表任意 Ctrl）、Alt_L（左 Alt，如果只写 Alt 则代表任意 Alt）、Pause、Caps_Lock、 Escape、Prior（Page Up）、Next（Page Down）、End、Home、Left、Up、Right、Down、Print、Insert、Delete、F1、F2、F3、F4、F5、F6、F7、F8、F9、F10、F11、F12、Num_Lock 和 Scroll_Lock
<Key>	键盘上任意键的单击事件，程序可通过 event 获取用户单击了哪个键
a	键盘上指定键被单击的事件。比如'a'代表 a 键被单击，'b'代表 b 键被单击（不要尖括号）……
<Shift-Up>	在 Shift 键被按下时按 Up 键。类似的还有<Shift-Left>、<Shift-Down>、<Alt-Up>、<Control-Up>等
<Configure>	组件大小、位置改变的事件。组件改变之后的大小、位置可通过 event 的 width、height、x、y 获取

下面通过一个示例来示范为鼠标移动事件绑定事件处理方法。

程序清单：codes\11\11.4\bind_mouse.py

```
# 将 tkinter 写成 Tkinter 可兼容 Python 2.x
from tkinter import *
class App:
    def __init__(self, master):
        self.master = master
        self.initWidgets()
    def initWidgets(self):
        lb = Label(self.master, width=40, height=3)
        lb.config(bg='lightgreen', font=('Times', 20))
        # 为鼠标移动事件绑定事件处理方法
        lb.bind('<Motion>', self.motion)
        # 为按住左键时的鼠标移动事件绑定事件处理方法
        lb.bind('<B1-Motion>', self.press_motion)
        lb.pack()
        self.show = Label(self.master, width=38, height=1)
        self.show.config(bg='white', font=('Courier New', 20))
        self.show.pack()
    def motion(self, event):
        self.show['text'] = "鼠标移动到：(%s %s)" % (event.x, event.y)
        return
    def press_motion(self, event):
        self.show['text'] = "按住鼠标的位置为：(%s %s)" % (event.x, event.y)
        return
```

```
root = Tk()
root.title('鼠标事件')
App(root)
root.mainloop()
```

上面程序中第一行粗体字代码为<Motion>（鼠标移动）事件绑定了事件处理方法，因此鼠标在 lb 组件上移动时将会不断触发 motion()方法；第二行粗体字代码为<B1-Motion>（按住左键时鼠标移动）事件绑定了事件处理方法，因此按住鼠标左键在 lb 组件上移动时将会不断触发 press_motion()方法。

运行该程序，如果让鼠标直接在第一个 Label 组件（lb）上移动，将看到如图 11.12 所示的运行结果。

如果按住鼠标左键并让鼠标在第一个 Label 组件（lb）上移动，将看到如图 11.13 所示的运行结果。

图 11.12　鼠标移动事件

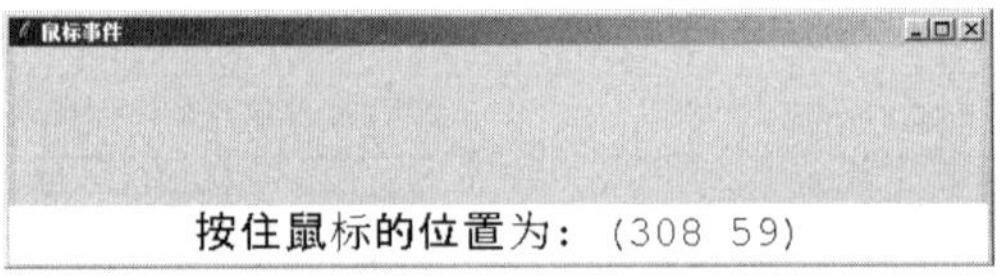

图 11.13　按住左键时的鼠标移动事件

读者可能对前面那个徒有其表的计算器感到很失望，下面程序将会为该计算器的按钮绑定事件处理方法，从而使它变成真正可运行的计算器。

程序清单：codes\11\11.4\cal.py

```
# 将 tkinter 改为 Tkinter 兼容 Python 2.x
from tkinter import *
class App:
    def __init__(self, master):
        self.master = master
        self.initWidgets()
        self.expr = None
    def initWidgets(self):
        # 创建一个输入组件
        self.show = Label(relief=SUNKEN, font=('Courier New', 24),\
            width=25, bg='white', anchor=E)
        # 对该输入组件使用 Pack 布局，放在容器顶部
        self.show.pack(side=TOP, pady=10)
        p = Frame(self.master)
        p.pack(side=TOP)
        # 定义字符串元组
        names = ("0" , "1" , "2" , "3"
            , "4" , "5" , "6" , "7" , "8" , "9"
            , "+" , "-" , "*" , "/" , ".", "=")
        # 遍历字符串元组
        for i in range(len(names)):
            # 创建 Button，将 Button 放入 p 组件中
            b = Button(p, text=names[i], font=('Verdana', 20), width=6)
            b.grid(row=i // 4, column=i % 4)
            # 为鼠标左键的单击事件绑定事件处理方法
            b.bind('<Button-1>', self.click)
            # 为鼠标左键的双击事件绑定事件处理方法
            if b['text'] == '=': b.bind('<Double-1>', self.clean)
    def click(self, event):
        # 如果用户单击的是数字键或点号
        if(event.widget['text'] in ('0', '1', '2', '3',\
            '4', '5', '6', '7', '8', '9', '.')):
            self.show['text'] = self.show['text'] + event.widget['text']
        # 如果用户单击了运算符
```

```
        elif(event.widget['text'] in ('+', '-', '*', '/')):
            # 如果当前表达式为 None，则直接用 show 组件的内容和运算符进行连接
            if self.expr is None:
                self.expr = self.show['text'] + event.widget['text']
            # 如果当前表达式不为 None，则用表达式、show 组件的内容和运算符进行连接
            else:
                self.expr = self.expr + self.show['text'] + event.widget['text']
            self.show['text'] = ''
        elif(event.widget['text'] == '=' and self.expr is not None):
            self.expr = self.expr + self.show['text']
            print(self.expr)
            # 使用 eval 函数计算表达式的值
            self.show['text'] = str(eval(self.expr))
            self.expr = None
    # 当双击"="按钮时，程序清空计算结果，将表达式设为 None
    def clean(self, event):
        self.expr = None
        self.show['text'] = ''
root = Tk()
root.title("计算器")
App(root)
root.mainloop()
```

上面程序中第一行粗体字代码为界面上所有按钮的单击事件绑定了处理方法，以便处理程序的计算功能；第二行粗体字代码则为“=”按钮的双击事件绑定了处理方法，当用户双击该按钮时，程序会清空计算结果，重新开始计算。

11.5 Tkinter 常用组件

掌握了如何管理 GUI 组件的大小、位置之后，接下来自然就需要进一步掌握各组件的详细用法了，就相当于掌握各个“积木块”的详细功能。

11.5.1 使用 ttk 组件

前面程序都是直接使用 tkinter 模块下的 GUI 组件的，这些组件看上去特别“复古”，也就是丑，仿佛是从 20 年前的程序上抠出来的组件。为了弥补这点不足，Tkinter 后来引入了一个 ttk 组件作为补充（主要就是简单包装、美化一下），并使用功能更强大的 Combobox 取代了原来的 Listbox，且新增了 LabeledScale（带标签的 Scale）、Notebook（多文档窗口）、Progressbar（进度条）、Treeview（树）等组件。

ttk 作为一个模块被放在 tkinter 包下，使用 ttk 组件与使用普通的 Tkinter 组件并没有多大的区别，只要导入 ttk 模块即可。

下面程序示范了如何使用 ttk 组件。

程序清单：codes\11\11.5\ttk_test.py

```
from tkinter import *
# 导入 ttk
from tkinter import ttk

class App:
    def __init__(self, master):
        self.master = master
        self.initWidgets()
    def initWidgets(self):
        # ttk 使用 Combobox 取代了 Listbox
#       cb = ttk.Combobox(self.master, font=24)
        # 为 Combobox 设置列表项
```

```
#        cb['values'] = ('Python', 'Swift', 'Kotlin')
        cb = Listbox(self.master, font=24)
        # 为Listbox设置列表项
        for s in ('Python', 'Swift', 'Kotlin'):
            cb.insert(END, s)
        cb.pack(side=LEFT, fill=X, expand=YES)
#        f = ttk.Frame(self.master)
        f = Frame(self.master)
        f.pack(side=RIGHT, fill=BOTH, expand=YES)
#        lab = ttk.Label(self.master, text='我的标签', font=24)
        lab = Label(self.master, text='我的标签', font=24)
        lab.pack(side=TOP, fill=BOTH, expand=YES)
#        bn = ttk.Button(self.master, text='我的按钮')
        bn = Button(self.master, text='我的按钮')
        bn.pack()
root = Tk()
root.title("简单事件处理")
App(root)
root.mainloop()
```

上面程序中被注释的代码是使用 ttk 组件的代码，未被注释的代码是直接使用 Tkinter 组件的代码。直接运行上面程序，可以看到如图 11.14 所示的界面。

如果将上面程序中被注释的代码取消注释，并注释使用 Tkinter 组件的代码，改为使用 ttk 组件，再次运行上面程序，则可以看到如图 11.15 所示的界面。

图 11.14　Tkinter 组件的运行界面

图 11.15　ttk 组件的运行界面

对比两个界面上 Tkinter 的 Button 和 ttk 的 Button，不难发现 ttk 下的 Button 更接近 Windows 7 本地平台的风格，显得更漂亮，这就是 ttk 组件的优势。

提示

笔者一般不喜欢开启 Windows 7 的主题风格，但这里为了演示 Tkinter 组件和 ttk 组件的差异，不得不开启 Windows 7 的主题风格。本书后面依然会关闭 Windows 7 的主题风格。

11.5.2　Variable 类

Tkinter 支持将很多 GUI 组件与变量进行双向绑定，执行这种双向绑定后编程非常方便。

- 如果程序改变变量的值，GUI 组件的显示内容或值会随之改变。
- 当 GUI 组件的内容发生改变时（比如用户输入），变量的值也会随之改变。

为了让 Tkinter 组件与变量进行双向绑定，只要为这些组件指定 variable（通常绑定组件的 value）、textvariable（通常绑定组件显示的文本）等属性即可。

但这种双向绑定有一个限制，就是 Tkinter 不允许将组件和普通变量进行绑定，只能和 tkinter 包下 Variable 类的子类进行绑定。该类包含如下几个子类。

- StringVar()：用于包装 str 值的变量。
- IntVar()：用于包装整型值的变量。

➢ DoubleVar()：用于包装浮点值的变量。

➢ BooleanVar()：用于包装 bool 值的变量。

对于 Variable 变量而言，如果要设置其保存的变量值，则使用它的 set()方法；如果要得到其保存的变量值，则使用它的 get()方法。

下面程序示范了将 Entry 组件与 StringVar 进行双向绑定，这样程序既可通过该 StringVar 改变 Entry 输入框显示的内容，也可通过该 StringVar 获取 Entry 输入框中的内容。

程序清单：codes\11\11.5\variable_test.py

```
from tkinter import *
# 导入 ttk
from tkinter import ttk

class App:
    def __init__(self, master):
        self.master = master
        self.initWidgets()
    def initWidgets(self):
        self.st = StringVar()
        # 创建 Label 组件，将其 textvariable 绑定到 self.st 变量
        ttk.Entry(self.master, textvariable=self.st,
            width=24,
            font=('StSong', 20, 'bold'),
            foreground='red').pack(fill=BOTH, expand=YES)
        # 创建 Frame 作为容器
        f = Frame(self.master)
        f.pack()
        # 创建两个按钮，将其放入 Frame 中
        ttk.Button(f, text='改变', command=self.change).pack(side=LEFT)
        ttk.Button(f, text='获取', command=self.get).pack(side=LEFT)
    def change(self):
        books = ('疯狂 Python 讲义', '疯狂 Kotlin 讲义', '疯狂 Swift 讲义')
        import random
        # 改变 self.st 变量的值，与之绑定的 Entry 的内容随之改变
        self.st.set(books[random.randint(0, 2)])
    def get(self):
        from tkinter import messagebox
        # 获取 self.st 变量的值，实际上就是获取与之绑定的 Entry 中的内容
        # 并使用消息框显示 self.st 变量的值
        messagebox.showinfo(title='输入内容', message=self.st.get() )
root = Tk()
root.title("variable 测试")
App(root)
root.mainloop()
```

上面程序中第一行粗体字代码调用 StringVar 改变变量的值，这样与该变量绑定的 Entry 中显示的内容会随之改变；第二行粗体字代码获取 StringVar 变量的值，实际上就是获取与该变量绑定的 Entry 中的内容。

运行该程序，单击界面上的“改变”按钮，将可以看到输入框中的内容会随之改变；如果单击界面上的“获取”按钮，将会看到程序弹出一个消息框，显示了用户在 Entry 输入框中输入的内容。

11.5.3 使用 compound 选项

程序可以为按钮或 Label 等组件同时指定 text 和 image 两个选项，其中 text 用于指定该组件上的文本；image 用于显示该组件上的图片，当同时指定这两个选项时，通常 image 会覆盖 text。但在某些时候，程序希望该组件能同时显示文本和图片，此时就需要通过 compound 选项进行控制。

compound 选项支持如下属性值。

- None：图片覆盖文字。
- LEFT 常量（值为'left'字符串）：图片在左，文本在右。
- RIGHT 常量（值为'right'字符串）：图片在右，文本在左。
- TOP 常量（值为'top'字符串）：图片在上，文本在下。
- BOTTOM 常量（值为'bottom'字符串）：图片在底，文本在上。
- CENTER 常量（值为'center'字符串）：文本在图片上方。

下面程序使用多个单选钮来控制 Label 的 compound 选项。

程序清单：codes\11\11.5\compound_test.py

```
from tkinter import *
# 导入 ttk
from tkinter import ttk
class App:
    def __init__(self, master):
        self.master = master
        self.initWidgets()
    def initWidgets(self):
        # 创建一个位图
        bm = PhotoImage(file = 'images/serial.png')
        # 创建一个 Entry，同时指定 text 和 image
        self.label = ttk.Label(self.master, text='疯狂体\n 系图书',\
            image=bm, font=('StSong', 20, 'bold'), foreground='red' )
        self.label.bm = bm
        # 设置 Label 默认的 compound 为 None
        self.label['compound'] = None
        self.label.pack()
        # 创建 Frame 容器，用于装多个 Radiobutton
        f = ttk.Frame(self.master)
        f.pack(fill=BOTH, expand=YES)
        compounds = ('None', "LEFT", "RIGHT", "TOP", "BOTTOM", "CENTER")
        # 定义一个 StringVar 变量，用作绑定 Radiobutton 的变量
        self.var = StringVar()
        self.var.set('None')
        # 使用循环创建多个 Radionbutton 组件
        for val in compounds:
            rb = Radiobutton(f,
                text = val,
                padx = 20,
                variable = self.var,
                command = self.change_compound,
                value = val).pack(side=LEFT, anchor=CENTER)
    # 实现 change_compound 方法，用于动态改变 Label 的 compound 选项
    def change_compound(self):
        self.label['compound'] = self.var.get().lower()
root = Tk()
root.title("compound 测试")
App(root)
root.mainloop()
```

上面程序中第一行粗体字代码设置 Label 默认的 compound 选项为 None，这意味着该 Label 默认图片覆盖文字；第二行粗体字会根据单选钮的值（单选钮与 self.var 绑定）来确定 Label 的 compound 选项。

运行该程序，将会看到 Label 中只显示图片，并不显示文字，这就是 compound 选项为 None 的效果。随着用户单击下面的单选钮，将可以看到 Label 上图片和文字的位置的改变，如图 11.16 所示。

图 11.16 将 compound 设为 RIGHT 让图片居右

11.5.4 Entry 和 Text 组件

Entry 和 Text 组件都是可接收用户输入的输入框组件，区别是 Entry 是单行输入框组件，Text 是多行输入框组件，而且 Text 可以为不同的部分添加不同的格式，甚至响应事件。

不管是 Entry 还是 Text 组件，程序都提供了 get()方法来获取文本框中的内容；但如果程序要改变文本框中的内容，则需要调用二者的 insert()方法来实现。

如果要删除 Entry 或 Text 组件中的部分内容，则可通过 delete(self, first, last=None)方法实现，该方法指定删除从 first 到 last 之间的内容。

关于 Entry 和 Text 支持的索引需要说明一下，由于 Entry 是单行文本框组件，因此它的索引很简单，比如要指定第 4 个字符到第 8 个字符，索引指定为(3, 8)即可。但 Text 是多行文本框组件，因此它的索引需要同时指定行号和列号，比如 1.0 代表第 1 行、第 1 列（行号从 1 开始，列号从 0 开始），如果要指定第 2 行第 3 个字符到第 3 行第 7 个字符，索引应指定为(2.2, 3.6)。

此外，正如从前面程序所看到的，Entry 支持双向绑定，程序可以将 Entry 与变量绑定在一起，这样程序就可以通过该变量来改变、获取 Entry 组件中的内容。

下面程序示范了 Entry 和 Text 组件的用法。

程序清单：codes\11\11.5\Entry_test.py

```
from tkinter import *
# 导入ttk
from tkinter import ttk
from tkinter import messagebox
class App:
    def __init__(self, master):
        self.master = master
        self.initWidgets()
    def initWidgets(self):
        # 创建Entry组件
        self.entry = ttk.Entry(self.master,
            width=44,
            font=('StSong', 14),
            foreground='green')
        self.entry.pack(fill=BOTH, expand=YES)
        # 创建Text组件
        self.text = Text(self.master,
            width=44,
            height=4,
            font=('StSong', 14),
            foreground='gray')
        self.text.pack(fill=BOTH, expand=YES)
        # 创建Frame作为容器
        f = Frame(self.master)
        f.pack()
        # 创建五个按钮，将其放入Frame中
        ttk.Button(f, text='开始插入', command=self.insert_start).pack(side=LEFT)
        ttk.Button(f, text='编辑处插入', command=self.insert_edit).pack(side=LEFT)
        ttk.Button(f, text='结尾插入', command=self.insert_end).pack(side=LEFT)
        ttk.Button(f, text='获取Entry', command=self.get_entry).pack(side=LEFT)
        ttk.Button(f, text='获取Text', command=self.get_text).pack(side=LEFT)
```

```
    def insert_start(self):
        # 在Entry和Text的开始处插入内容
        self.entry.insert(0, 'Kotlin')
        self.text.insert(0.0, 'Kotlin')
    def insert_edit(self):
        # 在Entry和Text的编辑处插入内容
        self.entry.insert(INSERT, 'Python')
        self.text.insert(INSERT, 'Python')
    def insert_end(self):
        # 在Entry和Text的结尾处插入内容
        self.entry.insert(END, 'Swift')
        self.text.insert(END, 'Swift')
    def get_entry(self):
        messagebox.showinfo(title='输入内容', message=self.entry.get())
    def get_text(self):
        messagebox.showinfo(title='输入内容', message=self.text.get(0.0, END))
root = Tk()
root.title("Entry测试")
App(root)
root.mainloop()
```

上面程序开始创建了一个Entry组件和一个Text组件，程序中前面两行粗体字代码用于在Entry和Text组件的开始部分插入指定文本内容——如果要在Entry、Text的指定位置插入文本内容，通过insert()方法的第一个参数指定位置即可。如果要在编辑处插入内容，则将第一个参数设为INSERT常量（值为'insert'）；如果要在结尾处插入内容，则将第一个参数设为END常量（值为'end'）。

上面程序中后面两行粗体字代码调用了Entry和Text组件的get()方法来获取其中的文本内容。

运行上面程序，尝试向Entry、Text中插入一些内容，然后单击界面上的“获取Text”按钮，则可以看到如图11.17所示的界面。

图11.17 获取文本框中的内容

Text实际上是一个功能强大的“富文本”编辑组件，这意味着使用Text不仅可以插入文本内容，也可以插入图片，可通过image_create(self, index, cnf={}, **kw)方法来插入。

Text也可以设置被插入文本内容的格式，此时就需要为insert(self, index, chars, *args)方法的最后一个参数传入多个tag进行控制，这样就可以使用Text组件实现图文并茂的效果。

此外，当Text内容较多时就需要对该组件使用滚动条，以便该Text能实现滚动显示。为了让滚动条控制Text组件内容的滚动，实际上就是将它们进行双向关联。这里需要两步操作。

1. 将Scrollbar的command设为目标组件的xview或yview，其中xview用于水平滚动条控制目标组件水平滚动；yview用于垂直滚动条控制目标组件垂直滚动。
2. 将目标组件的xscrollcommand或yscrollcommand属性设为Scrollbar的set方法。

如下程序示范了使用Text来实现一个图文并茂的界面。

程序清单：codes\11\11.5\Text_test.py

```
from tkinter import *
# 导入ttk
from tkinter import ttk
class App:
    def __init__(self, master):
        self.master = master
        self.initWidgets()
    def initWidgets(self):
        # 创建第一个Text组件
        text1 = Text(self.master, height=27, width=32)
        # 创建图片
```

```
        book = PhotoImage(file='images/java.png')
        text1.bm = book
        text1.insert(END,'\n')
        # 在结尾处插入图片
        text1.image_create(END, image=book)
        text1.pack(side=LEFT, fill=BOTH, expand=YES)
        # 创建第二个 Text 组件
        text2 = Text(self.master, height=33, width=50)
        text2.pack(side=LEFT,  fill=BOTH, expand=YES)
        self.text = text2
        # 创建 Scrollbar 组件，设置该组件与 text2 的垂直滚动关联
        scroll = Scrollbar(self.master, command=text2.yview)
        scroll.pack(side=RIGHT, fill=Y)
        # 设置 text2 的垂直滚动影响 scroll 滚动条
        text2.configure(yscrollcommand=scroll.set)
        # 配置名为 title 的样式
        text2.tag_configure('title', font=('楷体', 20, 'bold'),
            foreground='red', justify=CENTER, spacing3=20)
        text2.tag_configure('detail', foreground='darkgray',
            font=('微软雅黑', 11, 'bold'),
            spacing2=10, # 设置行间距
            spacing3=15) # 设置段间距
        text2.insert(END,'\n')
        # 插入文本内容，设置使用 title 样式
        text2.insert(END,'疯狂 Java 讲义\n', 'title')
        # 创建图片
        star = PhotoImage(file='images/g016.gif')
        text2.bm = star
        details = ('《疯狂 Java 讲义》历时十年沉淀，现已升级到第 4 版，' +\
            '经过无数 Java 学习者的反复验证，被包括北京大学在内的大量 985、' +\
            '211 高校的优秀教师引荐为参考资料，选作教材。\n',
        '《疯狂 Java 讲义》曾被翻译为中文繁体字版，在中国台湾上市发行。\n',
        '《疯狂 Java 讲义》屡获殊荣，多次获取电子工业出版社的“畅销图书”'+\
            '“长销图书”奖项，作者本人也多次获得“优秀作者”的称号。'+\
            '仅第 3 版一版的印量即达 9 万多册。\n')
        # 采用循环插入多条介绍信息
        for de in details:
            text2.image_create(END, image=star)
            text2.insert(END, de, 'detail')
        url =['https://item.jd.com/12261787.html','http://product.dangdang.com/
23532609.html']
        name =['京东链接', '当当链接']
        m=0
        for each in name:
            # 为每个链接创建单独的配置
            text2.tag_configure(m, foreground='blue', underline=True,
                font=('微软雅黑', 13, 'bold'))
            text2.tag_bind(m, '<Enter>', self.show_arrow_cursor)
            text2.tag_bind(m, '<Leave>', self.show_common_cursor)
            # 使用 handlerAdaptor 包装，将当前链接参数传入事件处理方法中
            text2.tag_bind(m, '<Button-1>', self.handlerAdaptor(self.click, x = url[m]))
            text2.insert(END, each + '\n', m)
            m += 1
    def show_arrow_cursor(self, event):
        # 光标移上去时变成箭头
        self.text.config(cursor='arrow')
    def show_common_cursor(self, event):
        # 光标移出去时恢复原样
        self.text.config(cursor='xterm')
    def click(self, event, x):
        import webbrowser
```

```
            # 使用默认浏览器打开链接
            webbrowser.open(x)
        def handlerAdaptor(self, fun,**kwds):
            return lambda event, fun=fun, kwds=kwds: fun(event,**kwds)
root = Tk()
root.title("Text 测试")
App(root)
root.mainloop()
```

上面程序中第一段粗体字代码使用 Text 的 tag_configure（也写作 tag_config）方法创建了 title 和 detail 两个 tag，每个 tag 可用于控制一段文本的格式、事件等。

接下来程序使用 title tag 插入了一个标题内容，因此该标题内容的格式将受到 title tag 的控制；然后程序使用循环插入了三条受 detail tag 控制的描述信息，每次在插入描述信息之前都先插入一张图片。

上面程序中第二段粗体字代码在循环内创建了 tag，并调用 Text 组件的 tag_bind()方法为 tag 绑定事件处理方法。

与前面的描述信息不同的是，此处程序需要让每个链接打开不同的页面，因此程序为每条链接内容分别创建了不同的 tag，从而实现为每个链接打开对应的页面。

运行上面程序，将看到如图 11.18 所示的图文并茂的界面。

图 11.18　使用 Text 实现图文并茂的界面

11.5.5　Radiobutton 和 Checkbutton 组件

Radiobutton 组件代表单选钮，该组件可以绑定一个方法或函数，当单选钮被选择时，该方法或函数将会被触发。

为了将多个 Radiobutton 编为一组，程序需要将多个 Radiobutton 绑定到同一个变量，当这组 Radiobutton 的其中一个单选钮被选中时，该变量会随之改变；反过来，当该变量发生改变时，这组 Radiobutton 也会自动选中该变量值所对应的单选钮。

下面程序示范了 Radiobutton 组件的用法。

程序清单：codes\11\11.5\Radiobutton_test.py

```
from tkinter import *
# 导入 ttk
from tkinter import ttk
class App:
    def __init__(self, master):
        self.master = master
        self.initWidgets()
    def initWidgets(self):
        # 创建一个 Label 组件
        ttk.Label(self.master, text='选择您喜欢的图书:')\
            .pack(fill=BOTH, expand=YES)
        self.intVar = IntVar()
        # 定义元组
        books = ('疯狂 Kotlin 讲义', '疯狂 Python 讲义',
            '疯狂 Swift 讲义', '疯狂 Java 讲义')
        i = 1
        # 采用循环创建多个 Radiobutton
```

```
        for book in books:
            ttk.Radiobutton(self.master,
                text = book,
                variable = self.intVar, # 将 Radiobutton 绑定到 self.intVar 变量
                command = self.change, # 将选中事件绑定到 self.change 方法
                value=i).pack(anchor=W)
            i += 1
        # 设置 Radiobutton 绑定的变量值为 2
        # 则选中 value 为 2 的 Radiobutton
        self.intVar.set(2)
    def change(self):
        from tkinter import messagebox
        # 通过 Radiobutton 绑定变量获取选中的单选钮
        messagebox.showinfo(title=None, message=self.intVar.get() )
root = Tk()
root.title("Radiobutton 测试")
App(root)
root.mainloop()
```

上面程序使用循环创建了多个 Radiobutton 组件，程序中第一行粗体字代码指定将这些 Radiobutton 绑定到 self.intVar 变量，这意味着这些 Radiobutton 位于同一组内；第二行粗体字代码为这组 Radiobutton 的选中事件绑定了 self.change 方法，因此每次当用户选择不同的单选钮时，总会触发该对象的 change()方法。

运行上面程序，可以看到程序默认选中第二个单选钮，这是因为第二个单选钮的 value 为 2，而程序将这组单选钮绑定的 self.intVar 的值设置为 2；如果用户改变选中其他单选钮，程序将会弹出提示框显示用户的选择项，如图 11.19 所示。

图 11.19　选中不同的单选钮

单选钮除了可以显示文本，也可以显示图片，只要为其指定 image 选项即可。如果希望图片和文字同时显示也是可以的，只要通过 compound 选项进行控制即可（如果不指定 compound 选项，该选项默认为 None，这意味着只显示图片）。如下程序示范了带图片的单选钮。

程序清单：codes\11\11.5\Radiobutton_test2.py

```
from tkinter import *
# 导入 ttk
from tkinter import ttk
class App:
    def __init__(self, master):
        self.master = master
        self.initWidgets()
    def initWidgets(self):
        # 创建一个 Label 组件
        ttk.Label(self.master, text='选择您喜欢的兵种:')\
            .pack(fill=BOTH, expand=YES)
        self.intVar = IntVar()
        # 定义元组
        races = ('z.png', 'p.pNg','t.png')
        raceNames = ('虫族', '神族','人族')
        i = 1
        # 采用循环创建多个 Radiobutton
        for rc in races:
            bm = PhotoImage(file = 'images/' + rc)
            r = ttk.Radiobutton(self.master,
                image = bm,
                text = raceNames[i - 1],
                compound = RIGHT, # 图片在文字右边
                variable = self.intVar, # 将 Radiobutton 绑定到 self.intVar 变量
```

```
                command = self.change, # 将选中事件绑定到self.change方法
                value=i)
            r.bm = bm
            r.pack(anchor=W)
            i += 1
        # 设置默认选中value为2的单选钮
        self.intVar.set(2)
    def change(self): pass
root = Tk()
root.title("Radiobutton测试")
# 改变窗口图标
root.iconbitmap('images/fklogo.ico')
App(root)
root.mainloop()
```

上面程序中粗体字代码为 RadioButton 同时指定了 image 和 text 选项，并指定 compound 选项为 RIGHT，这意味着该单选钮的图片显示在文字的右边。运行上面程序，可以看到如图 11.20 所示的运行界面。

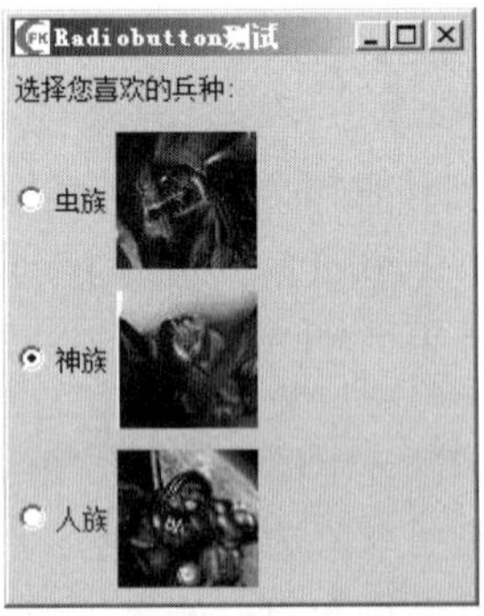

图 11.20　带图标的单选钮

提示：

上面程序还重新设置了窗口图标，因此在运行界面上可以看到窗口图标是自定义的图标。

Checkbutton 与 Radiobutton 很相似，只是 Checkbutton 允许选择多项，而每组 Radiobutton 只能选择一项。其他功能基本相似，同样可以显示文字和图片，同样可以绑定变量，同样可以为选中事件绑定处理函数和处理方法。但由于 Checkbutton 可以同时选中多项，因此程序需要为每个 Checkbutton 都绑定一个变量。

Checkbutton 就像开关一样，它支持两个值：开关打开的值和开关关闭的值。因此，在创建 Checkbutton 时可同时设置 onvalue 和 offvalue 选项为打开和关闭分别指定值。如果不指定 onvalue 和 offvalue，则 onvalue 默认为 1，offvalue 默认为 0。

下面程序通过两组 Checkbutton 示范了 Checkbutton 的用法。

程序清单：codes\11\11.5\Checkbutton_test.py

```
from tkinter import *
# 导入ttk
from tkinter import ttk
class App:
    def __init__(self, master):
        self.master = master
        self.initWidgets()
    def initWidgets(self):
        # 创建一个Label组件
        ttk.Label(self.master, text='选择您喜欢的人物:')\
            .pack(fill=BOTH, expand=YES)
        self.chars = []
        # 定义元组
        characters = ('孙悟空', '猪八戒','唐僧', '牛魔王')
        # 采用循环创建多个Checkbutton
        for ch in characters:
            intVar = IntVar()
            self.chars.append(intVar)
            cb = ttk.Checkbutton(self.master,
                text = ch,
                variable = intVar, # 将Checkbutton绑定到intVar变量
```

```
                command = self.change) # 将选中事件绑定到 self.change 方法
            cb.pack(anchor=W)
        # 创建一个 Label 组件
        ttk.Label(self.master, text='选择您喜欢的图书:')\
            .pack(fill=BOTH, expand=YES)
        # --------------下面是第二组 Checkbutton---------------
        self.books = []
        # 定义两个元组
        books = ('疯狂 Python 讲义', '疯狂 Kotlin 讲义','疯狂 Swift 讲义', '疯狂 Java 讲义')
        vals = ('python', 'kotlin','swift', 'java')
        i = 0
        # 采用循环创建多个 Checkbutton
        for book in books:
            strVar = StringVar()
            self.books.append(strVar)
            cb = ttk.Checkbutton(self.master,
                text = book,
                variable = strVar, # 将 Checkbutton 绑定到 strVar 变量
                onvalue = vals[i],
                offvalue = '无',
                command = self.books_change) # 将选中事件绑定到 books_change 方法
            cb.pack(anchor=W)
            i += 1
    from tkinter import messagebox
    def change(self):
        # 将 self.chars 列表转换成元素为 str 的列表
        new_li = [str(e.get()) for e in self.chars]
        # 将 new_li 列表连接成字符串
        st = ', '.join(new_li)
        messagebox.showinfo(title=None, message=st)
    def books_change(self):
        # 将 self.books 列表转换成元素为 str 的列表
        new_li = [e.get() for e in self.books]
        # 将 new_li 列表连接成字符串
        st = ', '.join(new_li)
        messagebox.showinfo(title=None, message=st)
root = Tk()
root.title("Checkbutton 测试")
# 改变窗口图标
root.iconbitmap('images/fklogo.ico')
App(root)
root.mainloop()
```

上面程序中第一组 Checkbutton 没有指定 onvalue 和 offvalue，因此它们的 onvalue 和 offvalue 默认分别为 1、0，所以程序将这组 Checkbutton 绑定到 IntVar 类型的变量；第二组 Checkbutton 将 onvalue 和 offvalue 都指定为字符串，因此程序将这组 Checkbutton 绑定到 StringVar 类型的变量。

运行该程序，选中“疯狂 Kotlin 讲义”选项，可以看到如图 11.21 所示的运行效果。

图 11.21 Checkbutton 组件

11.5.6 Listbox 和 Combobox 组件

Listbox 代表一个列表框，用户可通过列表框来选择一个列表项。ttk 模块下的 Combobox 则是 Listbox 的改进版，它既提供了单行文本框让用户直接输入（就像 Entry 一样），也提供了下拉列表框供用户选择（就像 Listbox 一样），因此它被称为复合框。

程序创建 Listbox 起码需要两步。

① 创建 Listbox 对象，并为之执行各种选项。Listbox 除支持表 11.2 中所介绍的大部分通用选项之外，还支持 selectmode 选项，用于设置 Listbox 的选择模式。

② 调用 Listbox 的 insert(self, index, *elements)方法来添加选项。从最后一个参数可以看出，该方法既可每次添加一个选项，也可传入多个参数，每次添加多个选项。index 参数指定选项的插入位置，它支持 END（结尾处）、ANCHOR（当前位置）和 ACTIVE（选中处）等特殊索引。

Listbox 的 selectmode 支持的选择模式有如下几种。

- 'browse'：单选模式，支持按住鼠标键拖动来改变选择。
- 'multiple'：多选模式。
- 'single'：单选模式，必须通过鼠标键单击来改变选择。
- 'extended'：扩展的多选模式，必须通过 Ctrl 或 Shift 键辅助实现多选。

下面程序示范了 Listbox 的基本用法。

程序清单：codes\11\11.5\Listbox_test.py

```
from tkinter import *
# 导入ttk
from tkinter import ttk
class App:
    def __init__(self, master):
        self.master = master
        self.initWidgets()
    def initWidgets(self):
        topF = Frame(self.master)
        topF.pack(fill=Y, expand=YES)
        # 创建Listbox组件
        self.lb = Listbox(topF)
        self.lb.pack(side=LEFT, fill=Y, expand=YES)
        for item in ['Python', 'Kotlin', 'Swift', 'Ruby']:
            self.lb.insert(END, item)
        # 直接插入多个选项
        self.lb.insert(ANCHOR, 'Python', 'Kotlin', 'Swift', 'Ruby')
        # 创建Scrollbar组件，设置该组件与self.lb的垂直滚动关联
        scroll = Scrollbar(topF, command=self.lb.yview)
        scroll.pack(side=RIGHT, fill=Y)
        # 设置self.lb的垂直滚动影响scroll滚动条
        self.lb.configure(yscrollcommand=scroll.set)
        f = Frame(self.master)
        f.pack()
        Label(f, text = '选择模式:').pack(side=LEFT)
        modes = ('multiple', 'browse', 'single', 'extended')
        self.strVar = StringVar()
        for m in modes:
            rb = ttk.Radiobutton(f, text = m, value = m,
                variable = self.strVar, command = self.choose_mode)
            rb.pack(side=LEFT)
        self.strVar.set('browse')
    def choose_mode(self):
        print(self.strVar.get())
        self.lb['selectmode'] = self.strVar.get()
root = Tk()
root.title("Listbox测试")
# 改变窗口图标
root.iconbitmap('images/fklogo.ico')
App(root)
root.mainloop()
```

上面程序中第一行粗体字代码表示每次插入一个选项，因此程序使用循环来控制插入多个选项；第二行粗体字代码则表示直接插入多个选项。

程序中第三行粗体字代码根据用户选择来改变 Listbox 的 selectmode 选项，这样读者可以体会 Listbox 不同选项的差异。运行上面程序，可以看到如图 11.22 所示的效果。

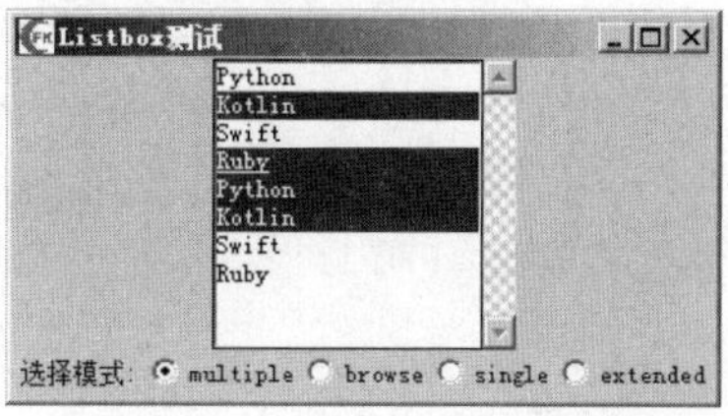
图 11.22 Listbox 的运行效果

除了最常见的 insert()方法，Listbox 还支持如下常见的操作列表项的方法。

- ➢ selection_set(self, first, last=None)：选中从 first 到 last（包含）的所有列表项。如果不指定 last，则直接选中 first 列表项。
- ➢ selection_clear(self, first, last=None)：取消选中从 first 到 last（包含）的所有列表项。如果不指定 last，则只取消选中 first 列表项。
- ➢ delete(self, first, last=None)：删除从 first 到 last（包含）的所有列表项。如果不指定 last，则只删除 first 列表项。

Listbox 也支持使用 listvariable 选项与变量进行绑定，但这个变量并不是控制 Listbox 选中哪些项，而是控制 Listbox 包含哪些项。简单来说，如果 listvariable 选项与变量进行了双向绑定，则无须调用 insert()、delete()方法来添加、删除列表项，只要通过绑定变量即可改变 Listbox 中的列表项。

下面程序示范了操作 Listbox 中选项的方法。

程序清单：codes\11\11.5\Listbox_test2.py

```
from tkinter import *
# 导入 ttk
from tkinter import ttk
class App:
    def __init__(self, master):
        self.master = master
        self.initWidgets()
    def initWidgets(self):
        topF = Frame(self.master)
        topF.pack(fill=Y, expand=YES)
        # 定义 StringVar 变量
        self.v = StringVar()
        # 创建 Listbox 组件，与 v 变量绑定
        self.lb = Listbox(topF, listvariable = self.v)
        self.lb.pack(side=LEFT, fill=Y, expand=YES)
        for item in range(20):
            self.lb.insert(END, str(item))
        # 创建 Scrollbar 组件，设置该组件与 self.lb 的垂直滚动关联
        scroll = Scrollbar(topF, command=self.lb.yview)
        scroll.pack(side=RIGHT, fill=Y)
        # 设置 self.lb 的垂直滚动影响 scroll 滚动条
        self.lb.configure(yscrollcommand=scroll.set)
        f = Frame(self.master)
        f.pack()
        Button(f, text="选中 10 项", command=self.select).pack(side=LEFT)
        Button(f, text="清除选中 3 项", command=self.clear_select).pack(side=LEFT)
        Button(f, text="删除 3 项", command=self.delete).pack(side=LEFT)
        Button(f, text="绑定变量", command=self.var_select).pack(side=LEFT)
    def select(self):
        # 选中指定项
        self.lb.selection_set(0,9)
    def clear_select(self):
        # 取消选中指定项
        self.lb.selection_clear(1,3)
    def delete(self):
        # 删除指定项
        self.lb.delete(5, 8)
```

```
    def var_select(self):
        # 修改与Listbox绑定的变量
        self.v.set(('12', '15'))
root = Tk()
root.title("Listbox测试")
# 改变窗口图标
root.iconbitmap('images/fklogo.ico')
App(root)
root.mainloop()
```

上面程序中第一行粗体字代码控制选中列表项中第一个到第十个选项；第二行粗体字代码控制取消选中列表项中的 3 项；第三行粗体字代码删除列表项中的 4 项；第四行粗体字代码通过绑定变量来改变 Listbox 中的列表项。运行上面程序，删除其中 4 项之后的运行效果如图 11.23 所示。

图 11.23　操作列表项

如果程序要获取 Listbox 当前选中的项，则可通过 curselection()方法来实现，该方法会返回一个元组，该元组包含当前 Listbox 的所有选中项。

Listbox 并不支持使用 command 选项来绑定事件处理函数或方法，如果程序需要为 Listbox 绑定事件处理函数或方法，则可通过 bind()方法来实现。下面程序示范了通过 bind()方法为 Listbox 绑定事件处理方法。

程序清单：codes\11\11.5\Listbox_test3.py

```
from tkinter import *
# 导入ttk
from tkinter import ttk
class App:
    def __init__(self, master):
        self.master = master
        self.initWidgets()
    def initWidgets(self):
        topF = Frame(self.master)
        topF.pack(fill=Y, expand=YES)
        # 创建Listbox组件
        self.lb = Listbox(topF)
        self.lb.pack(side=LEFT, fill=Y, expand=YES)
        for item in range(20):
            self.lb.insert(END, str(item))
        # 创建Scrollbar组件，设置该组件与self.lb的垂直滚动关联
        scroll = Scrollbar(topF, command=self.lb.yview)
        scroll.pack(side=RIGHT, fill=Y)
        # 设置self.lb的垂直滚动影响scroll滚动条
        self.lb.configure(yscrollcommand=scroll.set)
        # 为双击事件绑定事件处理方法
        self.lb.bind("<Double-1>", self.click)
    def click(self, event):
        from tkinter import messagebox
        # 获取Listbox当前选中项
        messagebox.showinfo(title=None, message=str(self.lb.curselection()))
root = Tk()
root.title("Listbox测试")
# 改变窗口图标
root.iconbitmap('images/fklogo.ico')
App(root)
root.mainloop()
```

上面程序中第一行粗体字代码为 Listbox 的左键双击事件(<Double-1>)绑定了事件处理方法：

当用户双击 Listbox 时，程序将会触发该对象的 click 方法；在 click()方法中粗体字代码则调用了 Listbox 的 curselection()方法来获取当前选中项。

运行上面程序，双击某个列表项，将可以看到如图 11.24 所示的运行效果。

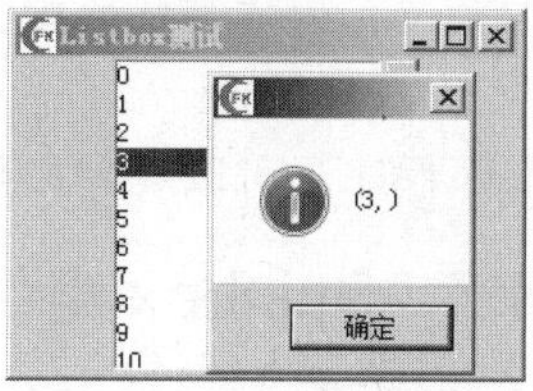

图 11.24 为双击事件绑定事件处理方法

Combobox 的用法更加简单，程序可通过 values 选项直接为它设置多个选项。该组件的 state 选项支持 'readonly'状态，该状态代表 Combobox 的文本框不允许编辑，只能通过下拉列表框的列表项来改变。

Combobox 同样可通过 textvariable 选项将它与指定变量绑定，这样程序可通过该变量来获取或修改 Combobox 组件的值。

Combobox 还可通过 postcommand 选项指定事件处理函数或方法：当用户单击 Combobox 的下拉箭头时，程序就会触发 postcommand 选项指定的事件处理函数或方法。

下面程序示范了 Combobox 组件的用法。

程序清单：codes\11\11.5\Combobox_test.py

```
from tkinter import *
# 导入 ttk
from tkinter import ttk
class App:
    def __init__(self, master):
        self.master = master
        self.initWidgets()
    def initWidgets(self):
        self.strVar = StringVar()
        # 创建 Combobox 组件
        self.cb = ttk.Combobox(self.master,
            textvariable=self.strVar, # 绑定到 self.strVar 变量
            postcommand=self.choose) # 当用户单击下拉箭头时触发 self.choose 方法
        self.cb.pack(side=TOP)
        # 为 Combobox 配置多个选项
        self.cb['values'] = ['Python', 'Ruby', 'Kotlin', 'Swift']
        f = Frame(self.master)
        f.pack()
        self.isreadonly = IntVar()
        # 创建 Checkbutton，绑定到 self.isreadonly 变量
        Checkbutton(f, text = '是否只读:',
            variable=self.isreadonly,
            command=self.change).pack(side=LEFT)
        # 创建 Button，单击该按钮时触发 setvalue 方法
        Button(f, text = '绑定变量设置',
            command=self.setvalue).pack(side=LEFT)
    def choose(self):
        from tkinter import messagebox
        # 获取 Combobox 的当前值
        messagebox.showinfo(title=None, message=str(self.cb.get()))
    def change(self):
        self.cb['state'] = 'readonly' if self.isreadonly.get() else 'enable'
    def setvalue(self):
        self.strVar.set('我爱 Python')
root = Tk()
root.title("Combobox 测试")
# 改变窗口图标
root.iconbitmap('images/fklogo.ico')
App(root)
root.mainloop()
```

上面程序中第一行粗体字代码将 Combobox 组件绑定到 self.strVar 变量；第二行粗体字代码为 Combobox 的 command 绑定了事件处理方法。

程序中第三行粗体字代码根据列表框的值来确定 Combobox 是否允许编辑。

运行上面程序，可以看到如图 11.25 所示的运行界面。

图 11.25　Combobox 组件

➤➤ 11.5.7　Spinbox 组件

Spinbox 组件是一个带有两个小箭头的文本框，用户既可以通过两个小箭头上下调整该组件内的值，也可以直接在文本框内输入内容作为该组件的值。

Spinbox 本质上也相当于持有一个列表框，这一点类似于 Combobox，但 Spinbox 不会展开下拉列表供用户选择。Spinbox 只能通过向上、向下箭头来选择不同的选项。

在使用 Spinbox 组件时，既可通过 from（由于 from 是关键字，实际使用时写成 from_）、to、increment 选项来指定选项列表，也可通过 values 选项来指定多个列表项，该选项的值可以是 list 或 tuple。

Spinbox 同样可通过 textvariable 选项将它与指定变量绑定，这样程序即可通过该变量来获取或修改 Spinbox 组件的值。

Spinbox 还可通过 command 选项指定事件处理函数或方法：当用户单击 Spinbox 的向上、向下箭头时，程序就会触发 command 选项指定的事件处理函数或方法。

下面程序示范了 Spinbox 组件的用法。

程序清单：codes\11\11.5\Spinbox_test.py

```
from tkinter import *
# 导入 ttk
from tkinter import ttk
class App:
    def __init__(self, master):
        self.master = master
        self.initWidgets()
    def initWidgets(self):
        ttk.Label(self.master, text='指定 from、to、increment').pack()
        # 通过指定 from_、to、increament 选项创建 Spinbox
        sb1 = Spinbox(self.master, from_ = 20,
            to = 100,
            increment = 5)
        sb1.pack(fill=X, expand=YES)
        ttk.Label(self.master, text='指定 values').pack()
        # 通过指定 values 选项创建 Spinbox
        self.sb2 = Spinbox(self.master,
            values=('Python', 'Swift', 'Kotlin', 'Ruby'),
            command = self.press) # 通过 command 绑定事件处理方法
        self.sb2.pack(fill=X, expand=YES)
        ttk.Label(self.master, text='绑定变量').pack()
        self.intVar = IntVar()
        # 通过指定 values 选项创建 Spinbox，并为之绑定变量
        sb3 = Spinbox(self.master,
            values=list(range(20, 100, 4)),
            textvariable = self.intVar, # 绑定变量
            command = self.press)
        sb3.pack(fill=X, expand=YES)
        self.intVar.set(33) # 通过变量改变 Spinbox 的值
    def press(self):
        print(self.sb2.get())
root = Tk()
```

```
root.title("Spinbox 测试")
# 改变窗口图标
root.iconbitmap('images/fklogo.ico')
App(root)
root.mainloop()
```

上面程序中第一段粗体字代码使用 from_、to、increment 选项创建了 Spinbox 组件；第二段粗体字代码使用 values 选项创建了 Spinbox 组件，并为该组件的 command 选项指定了事件处理方法，因此当单击 Spinbox 的向上、向下箭头调整值时，该选项指定的事件处理方法就会被触发；第三段粗体字代码在创建 Spinbox 时使用 textvariable 选项绑定了变量，这样程序完全可通过绑定变量来访问或修改该 Spinbox 组件的值。

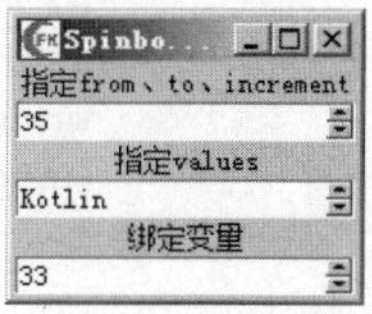

图 11.26　Spinbox 组件

运行上面程序，可以看到如图 11.26 所示的运行界面。

11.5.8　Scale 和 LabeledScale 组件

Scale 组件代表一个滑动条，可以为该滑动条设置最小值和最大值，也可以设置滑动条每次调节的步长。Scale 组件支持如下选项。

- from：设置该 Scale 的最小值。
- to：设置该 Scale 的最大值。
- resolution：设置该 Scale 滑动时的步长。
- label：为 Scale 组件设置标签内容。
- length：设置轨道的长度。
- width：设置轨道的宽度。
- troughcolor：设置轨道的背景色。
- sliderlength：设置滑块的长度。
- sliderrelief：设置滑块的立体样式。
- showvalue：设置是否显示当前值。
- orient：设置方向。该选项支持 VERTICAL 和 HORIZONTAL 两个值。
- digits：设置有效数字至少要有几位。
- variable：用于与变量进行绑定。
- command：用于为该 Scale 组件绑定事件处理函数或方法。

提示：

如果使用 ttk.Scale 组件，则更接近操作系统本地的效果，但允许定制的选项少。

下面以一个示例程序来介绍 Scale 组件的选项的功能和用法。

程序清单：codes\11\11.5\Scale_test.py

```
from tkinter import *
# 导入 ttk
from tkinter import ttk

class App:
    def __init__(self, master):
        self.master = master
        self.initWidgets()
    def initWidgets(self):
        self.scale = Scale(self.master,
```

```
            from_ = -100,  # 设置最大值
            to = 100,  # 设置最小值
            resolution = 5, # 设置步长
            label = '示范 Scale', # 设置标签内容
            length = 400, # 设置轨道的长度
            width = 30, # 设置轨道的宽度
            troughcolor='lightblue', # 设置轨道的背景色
            sliderlength=20, # 设置滑块的长度
            sliderrelief=SUNKEN, # 设置滑块的立体样式
            showvalue=YES, # 设置显示当前值
            orient = HORIZONTAL  # 设置水平方向
        )
        self.scale.pack()
        # 创建一个 Frame 作为容器
        f = Frame(self.master)
        f.pack(fill=X, expand=YES, padx=10)
        Label(f, text='是否显示值:').pack(side=LEFT)
        i = 0
        self.showVar = IntVar()
        self.showVar.set(1)
        # 创建两个 Radiobutton 控制 Scale 是否显示值
        for s in ('不显示', '显示'):
            Radiobutton(f, text=s, value=i,variable=self.showVar,
            command=self.switch_show).pack(side=LEFT)
            i += 1
        # 创建一个 Frame 作为容器
        f = Frame(self.master)
        f.pack(fill=X, expand=YES, padx=10)
        Label(f, text='方向:').pack(side=LEFT)
        i = 0
        self.orientVar = IntVar()
        self.orientVar.set(0)
        # 创建两个 Radiobutton 控制 Scale 的方向
        for s in ('水平', '垂直'):
            Radiobutton(f, text=s, value=i,variable=self.orientVar,
            command=self.switch_orient).pack(side=LEFT)
            i += 1
    def switch_show(self):
        self.scale['showvalue'] = self.showVar.get()
    def switch_orient(self):
        # 根据单选钮的选中状态设置 orient 选项的值
        self.scale['orient'] = VERTICAL if self.orientVar.get() else HORIZONTAL
root = Tk()
root.title("Scale 测试")
App(root)
root.mainloop()
```

上面程序中粗体字代码创建了 Scale 组件，并为该 Scale 组件指定了上面所介绍的选项。此外，程序中倒数第二行粗体字代码根据单选钮的选中状态来设置 Scale 组件的 showvalue 选项，该选项将会控制该 Scale 组件是否显示当前值；程序中最后一行粗体字代码根据单选钮的选中状态设置 Scale 是水平的还是垂直的——根据 orient 选项进行设置。

运行上面程序，如果将 Scale 组件默认显示为水平滑动条，则效果如图 11.27 所示。

如果将上面的 Scale 设置为垂直滑动条，并选中“不显示”单选钮，将会看到如图 11.28 所示的效果。

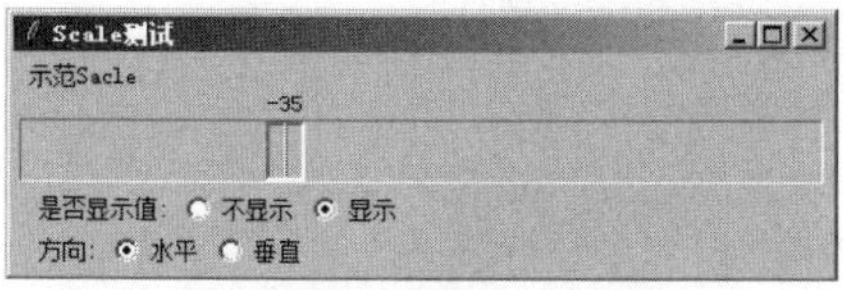

图 11.27　水平滑动条

图 11.28　垂直滑动条

Scale 组件同样支持 variable 进行变量绑定，也支持使用 command 选项绑定事件处理函数或方法，这样每当用户拖动滑动条上的滑块时，都会触发 command 绑定的事件处理方法，不过 Scale 的事件处理方法比较奇葩：它可以额外定义一个参数，用于获取 Scale 的当前值。例如如下程序。

程序清单：codes\11\11.5\Scale_test2.py

```
from tkinter import *
# 导入 ttk
from tkinter import ttk

class App:
    def __init__(self, master):
        self.master = master
        self.initWidgets()
    def initWidgets(self):
        # 定义变量
        self.doubleVar = DoubleVar()
        self.scale = Scale(self.master,
            from_ = -100,  # 设置最大值
            to = 100,  # 设置最小值
            resolution = 5, # 设置步长
            label = '示范 Sacle', # 设置标签内容
            length = 400, # 设置轨道的长度
            width = 30, # 设置轨道的宽度
            orient = HORIZONTAL,  # 设置水平方向
            digits = 10, # 设置 10 位有效数字
            command = self.change, # 绑定事件处理方法
            variable = self.doubleVar # 绑定变量
        )
        self.scale.pack()
        # 设置 Scale 的当前值
        self.scale.set(20)
    # 这个事件处理方法比较奇葩，它可以接收到 Scale 的值
    def change(self, value):
        print(value, self.scale.get(), self.doubleVar.get())
root = Tk()
root.title("Scale 测试")
App(root)
root.mainloop()
```

上面程序中粗体字代码示范了通过三种方式来获取 Scale 组件的值。

- 通过事件处理方法的参数来获取。
- 通过 Scale 组件提供的 get()方法来获取。
- 通过 Scale 组件绑定的变量来获取。

通过上面三种方式获取的变量值都是一样的，但由于 Scale 组件指定了 digits 选项（该选项指定 Scale 的值的有效数字至少保留几位）为 10，因此程序通过事件处理方法获取的值将有 10 位有效数字，如-35.0000000。

ttk.LabeledScale 是平台化的滑动条，因此它允许设置的选项很少，只能设置 from、to 和 compound 等有限的几个选项，而且它总是生成一个水平滑动条（不能变成垂直的），其中 compound 选项控制滑动条的数值标签是显示在滑动条的上方，还是滑动条的下方。

下面程序示范了 LabeledScale 组件的功能和用法。

程序清单：codes\11\11.5\LabeledScale_test.py

```
from tkinter import *
# 导入ttk
from tkinter import ttk

class App:
    def __init__(self, master):
        self.master = master
        self.initWidgets()
    def initWidgets(self):
        self.scale = ttk.LabeledScale(self.master,
            from_ = -100,  # 设置最大值
            to = 100,  # 设置最小值
#            compound = BOTTOM # 设置显示数值的标签在下方
            )
        self.scale.value = -20
        self.scale.pack(fill=X, expand=YES)
root = Tk()
root.title("LabeledScale 测试")
App(root)
root.mainloop()
```

上面程序中粗体字代码创建了一个 LabeledScale 组件，该组件会生成一个水平滑动条，并且滑动条的数值标签默认会显示在滑动条的上方；如果取消程序中被注释代码的注释，也就是将 compound 选项设为 BOTTOM，则意味着滑动条的数值标签默认会显示在滑动条的下方。

11.5.9 Labelframe 组件

Labelframe 是 Frame 容器的改进版，它允许为容器添加一个标签，该标签既可以是普通的文字标签，也可以将任意 GUI 组件作为标签。

提示：

为了让 ttk.Labelframe 与 tkinter.LabelFrame 保持名字上的兼容，ttk 为 ttk.Labelframe 起了一个别名：ttk.LabelFrame（注意 f 的大小写），因此在程序中既可使用 ttk.Labelframe，也可使用 ttk.LabelFrame，它们二者完全相同。

为了给 Labelframe 设置文字标签，只要为它指定 text 选项即可。如下程序示范了 Labelframe 组件的用法。

程序清单：codes\11\11.5\Labelframe_test.py

```
from tkinter import *
# 导入ttk
```

```
    from tkinter import ttk
    class App:
        def __init__(self, master):
            self.master = master
            self.initWidgets()
        def initWidgets(self):
            # 创建 Labelframe 容器
            lf = ttk.Labelframe(self.master, text='请选择图书',
                padding=20)
            lf.pack(fill=BOTH, expand=YES, padx=10, pady=10)
            books = ['Swift', 'Python', 'Kotlin', 'Ruby']
            i = 0
            self.intVar = IntVar()
            # 使用循环创建多个 Radiobutton，并放入 Labelframe 中
            for book in books:
                Radiobutton(lf, text='疯狂' + book + '讲义',
                value=i,
                variable=self.intVar).pack(side=LEFT)
                i += 1
    root = Tk()
    root.title("Labelframe 测试")
    # 改变窗口图标
    root.iconbitmap('images/fklogo.ico')
    App(root)
    root.mainloop()
```

上面程序首先创建了一个简单的 Labelframe 组件，并为它指定了 text 选项，该选项的内容将会作为该容器的标签。接下来程序向 Labelframe 容器中添加了 4 个 Radiobutton。运行该程序，可以看到如图 11.29 所示的效果。

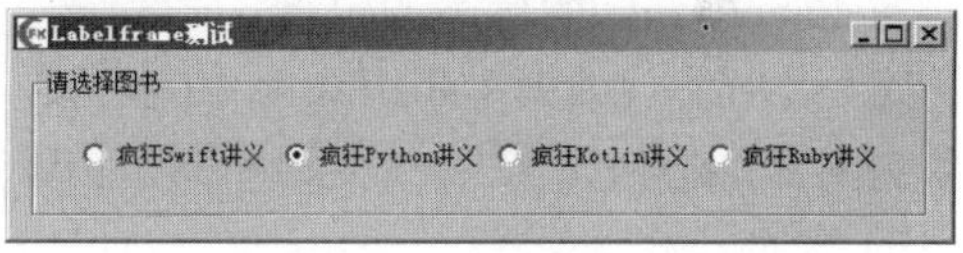

图 11.29 Labelframe 组件

Labelframe 允许通过如下选项对标签进行定制。

➢ labelwidget：设置可以将任意 GUI 组件作为标签。
➢ labelanchor：设置标签的位置。该选项支持'e'、's'、'w'、'n'、'es'、'ws'、'en'、'wn'、'ne'、'nw'、'se'、'sw'这 12 个选项值，用于控制标签的位置。

如下程序示范了对 Labelframe 的标签进行定制。

程序清单：codes\11\11.5\Labelframe_test2.py

```
from tkinter import *
# 导入 ttk
from tkinter import ttk
class App:
    def __init__(self, master):
        self.master = master
        self.initWidgets()
    def initWidgets(self):
        # 创建 Labelframe 容器
        self.lf = ttk.Labelframe(self.master, padding=20)
        self.lf.pack(fill=BOTH, expand=YES, padx=10, pady=10)
        # 创建一个显示图片的 Label
        bm = PhotoImage(file='images/z.png')
        lb = Label(self.lf, image=bm)
        lb.bm = bm
        # 将 Labelframe 的标题设为显示图片的 Label
        self.lf['labelwidget'] = lb
        # 定义代表 Labelframe 的标题位置的 12 个常量
        self.books = ['e', 's', 'w', 'n', 'es', 'ws', 'en', 'wn',
            'ne', 'nw', 'se', 'sw']
```

```
        i = 0
        self.intVar = IntVar()
        # 使用循环创建多个 Radiobutton，并放入 Labelframe 中
        for book in self.books:
            Radiobutton(self.lf, text= book,
            value=i,
            command=self.change,
            variable=self.intVar).pack(side=LEFT)
            i += 1
        self.intVar.set(9)
    def change(self):
        # 通过 labelanchor 选项改变 Labelframe 的标签的位置
        self.lf['labelanchor'] = self.books[self.intVar.get()]
root = Tk()
root.title("Labelframe 测试")
# 改变窗口图标
root.iconbitmap('images/fklogo.ico')
App(root)
root.mainloop()
```

上面程序中第一行粗体字代码通过 labelwidget 选项定制了该 Labelframe 的标签，该选项值指定为一个显示图片的 Label，因此该 Labelframe 的标签就是一张图片。程序中第二行粗体字代码将会根据单选钮的选中状态设置 Labelframe 的标签的位置。

运行该程序，改变 Labelframe 的标签的位置到右下角（se）处，将看到如图 11.30 所示的界面。

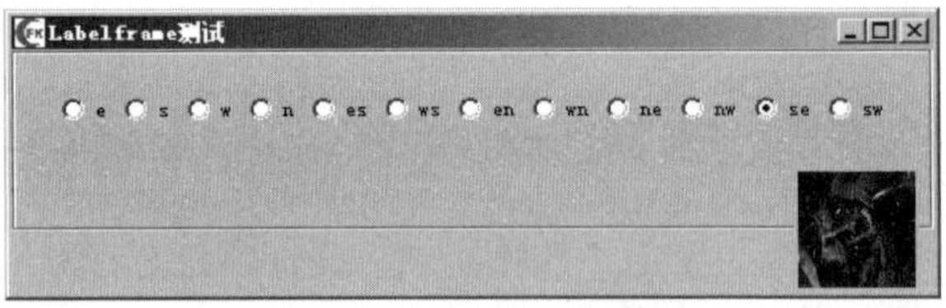

图 11.30　定制 Labelframe 的标签

11.5.10　Panedwindow 组件

Panedwindow 是一个管理窗口布局的容器，它允许添加多个子组件（不需要使用 Pack、Grid 或 Place 布局）并为每个子组件划分一个区域，用户可用鼠标移动各区域的分隔线来改变各子组件的大小（如果没有显式指定大小，子组件总是自动占满整个区域）。

提示：

ttk.Panedwindow 继承了 tkinter.PanedWindow，为了让 ttk.Panedwindow 与 tkinter.PanedWindow 保持名字上的兼容，ttk 为 ttk.Panedwindow 起了一个别名：ttk.PanedWindow（注意 w 的大小写），因此在程序中既可使用 ttk.Panedwindow，也可使用 ttk.PanedWindow，它们二者完全相同。

Panedwindow 是一个非常有特色的容器，它自带布局管理功能，它允许通过 orient 选项指定水平或垂直方向，让容器中的各组件按水平或垂直方向排列。

在创建 Panedwindow 之后，程序可通过如下方法操作 Panedwindow 容器中的子组件。

- add(self, child, **kw)：添加一个子组件。
- insert(self, pos, child, **kw)：在 pos 位置插入一个子组件。
- remove(self, child)：删除一个子组件，该子组件所在区域也被删除。

下面程序示范了为 Panedwindow 添加、插入、删除子组件。

程序清单：codes\11\11.5\Panedwindow_test.py

```
from tkinter import *
# 导入 ttk
from tkinter import ttk
```

```
class App:
    def __init__(self, master):
        self.master = master
        self.initWidgets()
    def initWidgets(self):
        # 创建 Style
        style = ttk.Style()
        style.configure("fkit.TPanedwindow", background='darkgray', relief=RAISED)
        # 创建 Panedwindow 组件，通过 style 属性设置分隔线
        pwindow = ttk.Panedwindow(self.master,
            orient=VERTICAL, style="fkit.TPanedwindow")
        pwindow.pack(fill=BOTH, expand=1)
        first = ttk.Label(pwindow, text="第一个标签")
        # 调用 add 方法添加组件，每个组件占一个区域
        pwindow.add(first)
        okBn = ttk.Button(pwindow, text="第二个按钮",
            # 调用 remove()方法删除组件，该组件所在区域消失
            command=lambda : pwindow.remove(okBn))
        # 调用 add 方法添加组件，每个组件占一个区域
        pwindow.add(okBn)
        entry = ttk.Entry(pwindow, width=30)
        # 调用 add 方法添加组件，每个组件占一个区域
        pwindow.add(entry)
        # 调用 insert 方法插入组件
        pwindow.insert(1, Label(pwindow, text='插入的标签'))
root = Tk()
root.title("Panedwindow 测试")
App(root)
root.mainloop()
```

上面程序中前面两行粗体字代码创建了一个 ttk.Style 对象，该对象专门用于管理 ttk 组件的样式，这样 ttk 组件即可通过 style 选项复用 ttk.Style 管理的样式。此处使用 ttk.Style 为 ttk.Panedwindow 指定样式，这样才能看到 ttk.Panedwindow 容器内的分隔线（默认是看不到的）。

上面程序中第三行粗体字代码调用了 add()方法为 Panedwindow 容器添加子组件；第四行粗体字代码调用了 remove()方法删除 Panedwindow 容器中的子组件；第五行粗体字代码调用了 insert()方法向 Panedwindow 容器中添加了子组件。

运行上面程序，将看到如图 11.31 所示的运行界面。

如果单击该界面上的“第二个按钮”，将会删除 Panedwindow 组件中的该按钮，该按钮所占的区域也会消失。此时将看到如图 11.32 所示的界面。

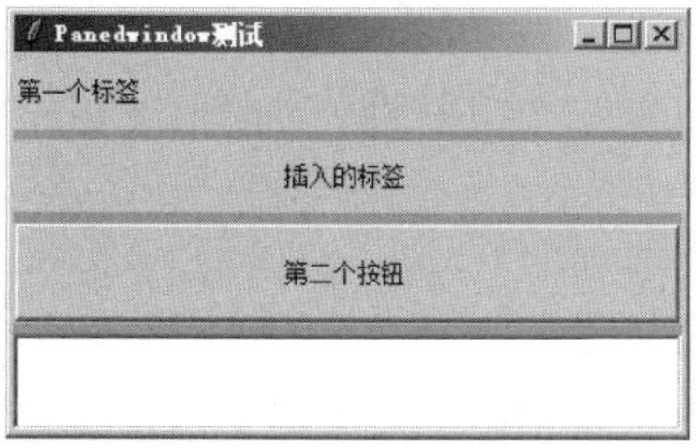

图 11.31　Panedwindow 组件

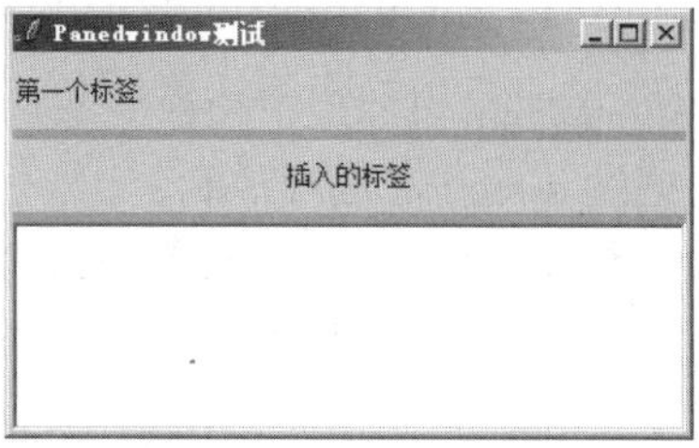

图 11.32　删除 Panedwindow 组件中的子组件

看到上面例子，可能有读者会想：Panedwindow 要么水平排列组件，要么垂直排列组件，这样功能不是太局限了吗？请别忘记了，Panedwindow 组件同样也是可以嵌套的，以实现功能更丰富的界面。例如，如下程序在水平 Panedwindow 中嵌套了垂直 Panedwindow。

程序清单：codes\11\11.5\Panedwindow_test2.py

```
from tkinter import *
```

```
# 导入ttk
from tkinter import ttk

class App:
    def __init__(self, master):
        self.master = master
        self.initWidgets()
    def initWidgets(self):
        # 创建Style
        style = ttk.Style()
        style.configure("fkit.TPanedwindow",
            background='darkgray', relief=RAISED)
        # 创建第一个Panedwindow组件，通过style属性设置分隔线
        pwindow = ttk.Panedwindow(self.master,
            orient=HORIZONTAL, style="fkit.TPanedwindow")
        pwindow.pack(fill=BOTH, expand=YES)
        left = ttk.Label(pwindow, text="左边标签", background='pink')
        pwindow.add(left)
        # 创建第二个Panedwindow组件，该组件的方向是垂直的
        rightwindow = PanedWindow(pwindow, orient=VERTICAL)
        pwindow.add(rightwindow)
        top = Label(rightwindow, text="右上标签", background='lightgreen')
        rightwindow.add(top)
        bottom = Label(rightwindow, text="右下标签", background='lightblue')
        rightwindow.add(bottom)
root = Tk()
root.title("Panedwindow测试")
App(root)
root.mainloop()
```

上面程序中第一行粗体字代码创建了一个水平分布的 Panedwindow 容器，在该容器中先添加了一个 Label 组件；第二行粗体字代码创建了一个垂直分布的 Panedwindow 容器，该容器被添加到第一个 Panedwindow 容器中，这样就形成了嵌套，从而可以实现功能更丰富的界面。

运行上面程序，可以看到如图 11.33 所示的界面。

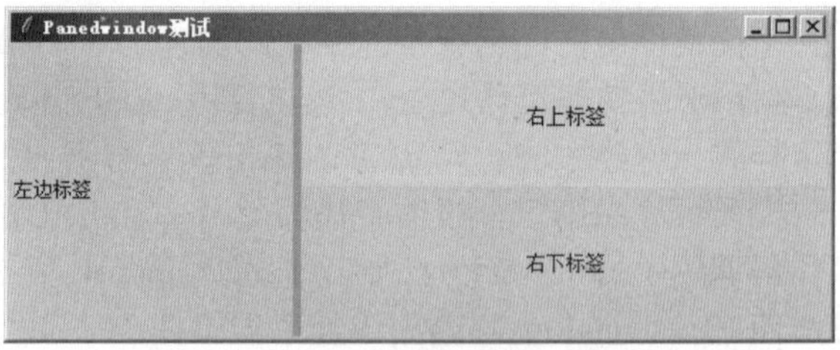

图 11.33　Panedwindow 嵌套

➤➤ 11.5.11　OptionMenu 组件

OptionMenu 组件用于构建一个带菜单的按钮，该菜单可以在按钮的四个方向上展开——展开方向可通过 direction 选项控制。

使用 OptionMenu 比较简单，直接调用它的如下构造函数即可。

```
__init__(self, master, variable, value, *values, **kwargs)
```

其中，master 参数的作用与所有的 Tkinter 组件一样，指定将该组件放入哪个容器中。其他参数的含义如下。

- variable：指定该按钮上的菜单与哪个变量绑定。
- value：指定默认选择菜单中的哪一项。
- values：Tkinter 将收集为此参数传入的多个值，为每个值创建一个菜单项。
- kwargs：用于为 OptionMenu 配置选项。除前面介绍的常规选项之外，还可通过 direction 选项控制菜单的展开方向。

下面程序创建了一个 OptionMenu，并通过单选钮来控制 OptionMenu 中菜单的展开方向。

程序清单：codes\11\11.5\OptionMenu_test.py

```
from tkinter import *
# 导入 ttk
from tkinter import ttk
class App:
    def __init__(self, master):
        self.master = master
        self.initWidgets()
    def initWidgets(self):
        self.sv = StringVar()
        # 创建一个 OptionMenu 组件
        self.om = ttk.OptionMenu(root,
            self.sv, # 绑定变量
            'Python', # 设置初始选中值
            'Kotlin', # 以下多个值用于设置菜单项
            'Ruby',
            'Swift',
            'Java',
            'Python',
            'JavaScript',
            'Erlang',
            command = self.print_option) # 绑定事件处理方法
        self.om.pack()
        # 创建 Labelframe 容器
        lf = ttk.Labelframe(self.master, padding=20, text='请选择菜单方向')
        lf.pack(fill=BOTH, expand=YES, padx=10, pady=10)
        # 定义代表 Labelframe 的标签位置的 5 个常量
        self.directions = ['below', 'above', 'left', 'right', 'flush']
        i = 0
        self.intVar = IntVar()
        # 使用循环创建多个 Radiobutton，并放入 Labelframe 中
        for direct in self.directions:
            Radiobutton(lf, text= direct,
            value=i,
            command=self.change,
            variable=self.intVar).pack(side=LEFT)
            i += 1
        self.intVar.set(9)
    def print_option(self, val):
        # 通过两种方式来获取 OptionMenu 选中的菜单项的值
        print(self.sv.get(), val)
    def change(self):
        # 通过 direction 选项改变 OptionMenu 中菜单的展开方向
        self.om['direction'] = self.directions[self.intVar.get()]
root = Tk()
root.title("OptionMenu 测试")
# 改变窗口图标
root.iconbitmap('images/fklogo.ico')
App(root)
root.mainloop()
```

上面程序中第一行粗体字代码为 OptionMenu 的 command 选项绑定了 self.print_option 方法，这意味着当用户选择菜单中的不同菜单项时，都会触发 self.print_option 方法。该事件处理方法也比较奇葩：它可以额外指定一个参数来获取目标菜单项上的值，如上面程序中第二行粗体字代码所示。

程序中第三行粗体字代码通过动态改变 OptionMenu 的 direction 选项值，就可以动态改变按钮上菜单的展开方向。

运行上面程序，选中下方的“left”单选钮，就可以看到如图 11.34 所示的效果。

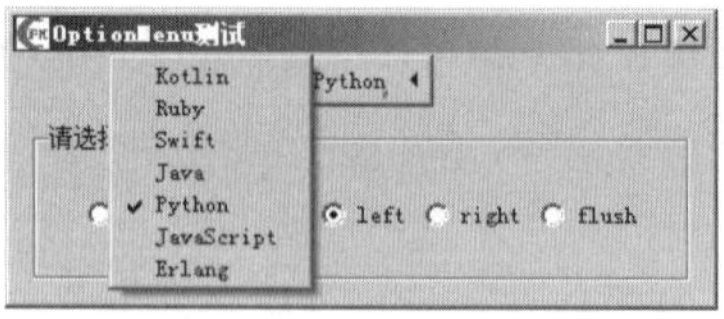

图 11.34　OptionMenu 组件

11.6　对话框（Dialog）

对话框也是图形界面编程中很常用的组件，通常用于向用户生成某种提示信息，或者请求用户输入某些简单的信息。

对话框看上去有点类似于顶级窗口，但对于对话框有如下两点需要注意。

- 对话框通常依赖其他窗口，因此程序在创建对话框时同样需要指定 master 属性（该对话框的属主窗口）。
- 对话框有非模式（non-modal）和模式（modal）两种，当某个模式对话框被打开之后，该模式对话框总是位于它依赖的窗口之上；在模式对话框被关闭之前，它依赖的窗口无法获得焦点。

11.6.1　普通对话框

Tkinter 在 simpledialog 和 dialog 模块下分别提供了 SimpleDialog 类和 Dialog 类，它们都可作为普通对话框使用，而且用法也差不多。

在使用 simpledialog.SimpleDialog 创建对话框时，可指定如下选项。

- title：指定该对话框的标题。
- text：指定该对话框的内容。
- button：指定该对话框下方的几个按钮。
- default：指定该对话框中默认第几个按钮得到焦点。
- cancel：指定当用户通过对话框右上角的 X 按钮关闭对话框时，该对话框的返回值。

如果使用 dialog.Dialog 创建对话框，除可使用 master 指定对话框的属主窗口之外，还可通过 dict 来指定如下选项。

- title：指定该对话框的标题。
- text：指定该对话框的内容。
- strings：指定该对话框下方的几个按钮。
- default：指定该对话框中默认第几个按钮得到焦点。
- bitmap：指定该对话框上的图标。

对比上面介绍不难发现，simpledialog.SimpleDialog 和 dialog.Dialog 所支持的选项大同小异，区别只是 dialog.Dialog 需要使用 dict 来传入多个选项。

如下程序分别示范了使用 SimpleDialog 和 Dialog 来创建对话框。

程序清单：codes\11\11.6\Dialog_test.py

```
from tkinter import *
# 导入ttk
from tkinter import ttk
# 导入simpledialog
from tkinter import simpledialog
# 导入dialog
```

```
from tkinter import dialog

class App:
    def __init__(self, master):
        self.master = master
        self.initWidgets()
    def initWidgets(self):
        self.msg = '《疯狂 Java 讲义》历时十年沉淀，现已升级到第 4 版，'+\
            '经过无数 Java 学习者的反复验证，被包括北京大学在内的大量 985、'+\
            '211 高校的优秀教师引荐为参考资料，选作教材。'
        # 创建两个按钮，并为之绑定事件处理方法
        ttk.Button(self.master, text='打开 SimpleDialog',
            command=self.open_simpledialog # 绑定 open_simpledialog 方法
            ).pack(side=LEFT, ipadx=5, ipady=5, padx= 10)
        ttk.Button(self.master, text='打开 Dialog',
            command=self.open_dialog # 绑定 open_dialog 方法
            ).pack(side=LEFT, ipadx=5, ipady=5, padx = 10)
    def open_simpledialog(self):
        # 使用 simpledialog.SimpleDialog 创建对话框
        d = simpledialog.SimpleDialog(self.master, # 设置该对话框所属的窗口
            title='SimpleDialog 测试', # 标题
            text=self.msg,  # 内容
            buttons=["是", "否", "取消"],
            cancel=3,
            default=0 # 设置默认哪个按钮得到焦点
        )
        print(d.go())  # ①
    def open_dialog(self):
        # 使用 dialog.Dialog 创建对话框
        d = dialog.Dialog(self.master # 设置该对话框所属的窗口
            , {'title': 'Dialog 测试',  # 标题
            'text':self.msg, # 内容
            'bitmap': 'question', # 图标
            'default': 0,  # 设置默认选中项
            # strings 选项用于设置按钮
            'strings': ('确定',
                '取消',
                '退出')})
        print(d.num)  # ②

root = Tk()
root.title("对话框测试")
App(root)
root.mainloop()
```

上面程序中第一行粗体字代码使用 simpledialog.SimpleDialog 创建了对话框；第二行粗体字代码使用 dialog.Dialog 创建了对话框。从上面代码可以看到，创建两个对话框的代码相似，区别只是创建 dialog.Dialog 时需要使用 dict 传入选项。

运行上面程序，单击界面上的“打开 SimpleDialog”按钮，可以看到如图 11.35 所示的效果。

图 11.35 SimpleDialog 对话框

程序中①号代码打印了该对话框 go()方法的返回值，该返回值会获取用户单击了对话框的哪个按钮。如果用户通过对话框右上角的 X 按钮关闭对话框，则返回 cancel 选项指定的值。

如果单击界面上的“打开 Dialog”按钮，可以看到如图 11.36 所示的效果。

程序中②号代码打印了该对话框 num 属性的值，该返回值会获取用户单击了对话框的哪个按钮。

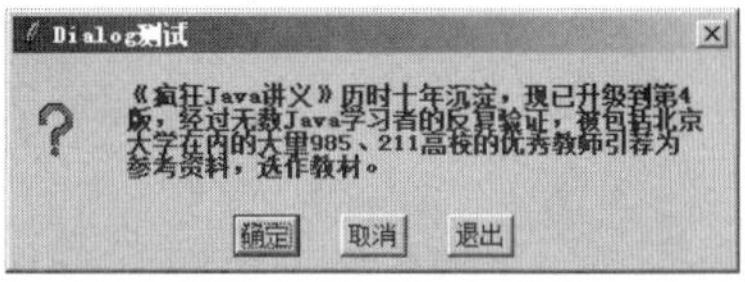

图 11.36　Dialog 对话框

在图 11.36 所示对话框的左边还显示了一个问号图标，这是 Python 内置的 10 个位图之一，可以直接使用。共有如下几个常量可用于设置位图。

- "error"
- "gray75"
- "gray50"
- "gray25"
- "gray12"
- "hourglass"
- "info"
- "questhead"
- "question"
- "warning"

11.6.2　自定义模式、非模式对话框

从上面的介绍可以看到，不管是使用 SimpleDialog 还是 Dialog，整个对话框的布局都是比较固定的，开发者只能为其指定 title、text 等选项，如果希望在对话框中添加其他组件，这就很难实现了。另外，SimpleDialog 和 Dialog 都是模式的。

如果开发者需要使用自定义的对话框，包括定制模式和非模式行为，则可通过继承 Toplevel 来实现。如果打算通过这种方式来实现自定义对话框，有两点要注意。

- 继承 Toplevel 来实现自定义对话框同样需要为对话框指定 master。
- 程序可调用 Toplevel 的 grab_set()方法让该对话框变成模式对话框，否则就是非模式对话框。

下面程序示范了自定义模式和非模式对话框。

程序清单：codes\11\11.6\CustomDialog_test.py

```
from tkinter import *
# 导入ttk
from tkinter import ttk
from tkinter import messagebox

# 自定义对话框类，继承Toplevel
class MyDialog(Toplevel):
    # 定义构造方法
    def __init__(self, parent, title = None, modal=True):
        Toplevel.__init__(self, parent)
        self.transient(parent)
        # 设置标题
        if title: self.title(title)
        self.parent = parent
        self.result = None
        # 创建对话框的主体内容
        frame = Frame(self)
        # 调用init_widgets方法来初始化对话框界面
        self.initial_focus = self.init_widgets(frame)
        frame.pack(padx=5, pady=5)
        # 调用init_buttons方法初始化对话框下方的按钮
        self.init_buttons()
        # 根据modal选项设置是否为模式对话框
        if modal: self.grab_set()
```

```
        if not self.initial_focus:
            self.initial_focus = self
        # 为 WM_DELETE_WINDOW 协议使用 self.cancel_click 事件处理方法
        self.protocol("WM_DELETE_WINDOW", self.cancel_click)
        # 根据父窗口来设置对话框的位置
        self.geometry("+%d+%d" % (parent.winfo_rootx()+50,
            parent.winfo_rooty()+50))
        print( self.initial_focus)
        # 让对话框获得焦点
        self.initial_focus.focus_set()
        self.wait_window(self)
    # 通过该方法来创建自定义对话框的内容
    def init_widgets(self, master):
        # 创建并添加 Label
        Label(master, text='用户名', font=12,width=10).grid(row=1, column=0)
        # 创建并添加 Entry，用于接收用户输入的用户名
        self.name_entry = Entry(master, font=16)
        self.name_entry.grid(row=1, column=1)
        # 创建并添加 Label
        Label(master, text='密  码', font=12,width=10).grid(row=2, column=0)
        # 创建并添加 Entry，用于接收用户输入的密码
        self.pass_entry = Entry(master, font=16)
        self.pass_entry.grid(row=2, column=1)
    # 通过该方法来创建对话框下方的按钮
    def init_buttons(self):
        f = Frame(self)
        # 创建"确定"按钮，并为之绑定 self.ok_click 处理方法
        w = Button(f, text="确定", width=10, command=self.ok_click, default=ACTIVE)
        w.pack(side=LEFT, padx=5, pady=5)
        # 创建"取消"按钮，并为之绑定 self.cancel_click 处理方法
        w = Button(f, text="取消", width=10, command=self.cancel_click)
        w.pack(side=LEFT, padx=5, pady=5)
        self.bind("<Return>", self.ok_click)
        self.bind("<Escape>", self.cancel_click)
        f.pack()
    # 该方法可对用户输入的数据进行校验
    def validate(self):
        # 可重写该方法
        return True
    # 该方法可处理用户输入的数据
    def process_input(self):
        user_name = self.name_entry.get()
        user_pass = self.pass_entry.get()
        messagebox.showinfo(message='用户输入的用户名: %s, 密码: %s'
            % (user_name , user_pass))
    def ok_click(self, event=None):
        print('确定')
        # 如果不能通过校验，让用户重新输入
        if not self.validate():
            self.initial_focus.focus_set()
            return
        self.withdraw()
        self.update_idletasks()
        # 获取用户输入的数据
        self.process_input()
        # 将焦点返回给父窗口
        self.parent.focus_set()
        # 销毁自己
        self.destroy()
    def cancel_click(self, event=None):
        print('取消')
```

```
            # 将焦点返回给父窗口
            self.parent.focus_set()
            # 销毁自己
            self.destroy()
class App:
    def __init__(self, master):
        self.master = master
        self.initWidgets()
    def initWidgets(self):
        # 创建两个按钮，并为之绑定事件处理方法
        ttk.Button(self.master, text='模式对话框',
            command=self.open_modal # 绑定 open_modal 方法
            ).pack(side=LEFT, ipadx=5, ipady=5, padx= 10)
        ttk.Button(self.master, text='非模式对话框',
            command=self.open_none_modal # 绑定 open_none_modal 方法
            ).pack(side=LEFT, ipadx=5, ipady=5, padx= 10)
    def open_modal(self):
        d = MyDialog(self.master, title='模式对话框') # 默认是模式对话框
    def open_none_modal(self):
        d = MyDialog(self.master, title='非模式对话框', modal=False)
root = Tk()
root.title("颜色对话框测试")
App(root)
root.mainloop()
```

上面程序定义了一个父类为 Toplevel 的 MyDialog 类，该类就是一个自定义对话框类，读者以后完全可以复用这个 MyDialog 类。该对话框的主体包含两个方法。

➢ init_widgets：该方法用于初始化对话框的主体界面组件。

➢ init_buttons：该方法用于初始化对话框下方的多个按钮组件。

至于 MyDialog 类中的 ok_click、cancel_click，则是程序为对话框按钮所绑定的事件处理方法。这不是固定的，程序下方有几个按钮，通常就需要为几个按钮绑定事件处理方法。

上面程序中第一行粗体字代码通过 MyDialog 创建了模式对话框；第二行粗体字代码通过 MyDialog 创建了非模式对话框。

运行该程序，单击界面上的“模式对话框”按钮，程序弹出如图 11.37 所示的自定义对话框。

图 11.37　模式对话框

在该模式对话框没有关闭的情况下，该程序的主窗口将无法与用户交互，主窗口无法获得焦点。

如果单击界面上的“非模式对话框”按钮，程序也弹出类似于图 11.37 所示的自定义对话框，但这个对话框是非模式对话框，即使在该对话框没有关闭的情况下，用户也依然可以与程序的主窗口交互，主窗口可以获得焦点。

11.6.3　输入对话框

在 simpledialog 模块下还有如下便捷的工具函数，通过这些工具函数可以更方便地生成各种输入对话框。

➢ askinteger：生成一个让用户输入整数的对话框。

➢ askfloat：生成一个让用户输入浮点数的对话框。

➢ askstring：生成一个让用户输入字符串的对话框。

上面三个工具函数的前两个参数分别指定对话框的标题和提示信息，后面还可以通过选项来设置对话框的初始值、最大值和最小值。

下面程序示范了 simpledialog 模块下三个工具函数的用法。

程序清单：codes\11\11.6\InputDialog_test.py

```
from tkinter import *
# 导入 ttk
from tkinter import ttk
# 导入 simpledialog
from tkinter import simpledialog
class App:
    def __init__(self, master):
        self.master = master
        self.initWidgets()
    def initWidgets(self):
        # 创建三个按钮，并为之绑定事件处理方法
        ttk.Button(self.master, text='输入整数对话框',
            command=self.open_integer # 绑定 open_integer 方法
            ).pack(side=LEFT, ipadx=5, ipady=5, padx= 10)
        ttk.Button(self.master, text='输入浮点数对话框',
            command=self.open_float # 绑定 open_float 方法
            ).pack(side=LEFT, ipadx=5, ipady=5, padx= 10)
        ttk.Button(self.master, text='输入字符串对话框',
            command=self.open_string # 绑定 open_string 方法
            ).pack(side=LEFT, ipadx=5, ipady=5, padx= 10)
    def open_integer(self):
        # 调用 askinteger 函数生成一个让用户输入整数的对话框
        print(simpledialog.askinteger("猜糖果", "你猜我手上有几个糖果:",
            initialvalue=3, minvalue=1, maxvalue=10))
    def open_float(self):
        # 调用 askfloat 函数生成一个让用户输入浮点数的对话框
        print(simpledialog.askfloat("猜体重", "你猜我体重多少公斤:",
            initialvalue=27.3, minvalue=10, maxvalue=50))
    def open_string(self):
        # 调用 askstring 函数生成一个让用户输入字符串的对话框
        print(simpledialog.askstring("猜名字", "你猜我叫什么名字:",
            initialvalue='Charlie'))
root = Tk()
root.title("输入对话框测试")
App(root)
root.mainloop()
```

上面程序中第一行粗体字代码生成让用户输入整数的对话框；第二行粗体字代码生成让用户输入浮点数的对话框；第三行粗体字代码生成让用户输入字符串的对话框。

askinteger()、askfloat 和 askstring 这三个函数会返回用户输入的数据，因此上面三行粗体字代码打印了这三个函数的返回值，这样就可以打印出用户输入的内容。

运行该程序，单击界面上的“输入整数对话框”按钮，可以看到如图 11.38 所示的对话框。

在图 11.38 所示的对话框中，用户只能输入整数，而且输入的整数必须在指定范围内；否则，系统会生成错误提示。当用户输入所允许范围内的整数并单击“OK”按钮后，可以看到控制台打印了用户输入的整数。

单击界面上的“输入浮点数对话框”按钮，可以看到如图 11.39 所示的对话框。

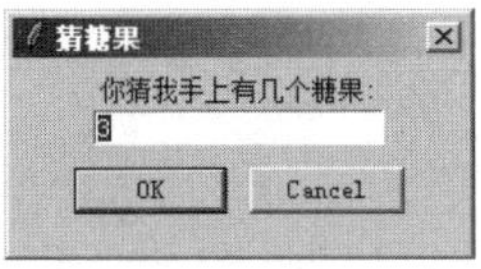

图 11.38　输入整数的对话框

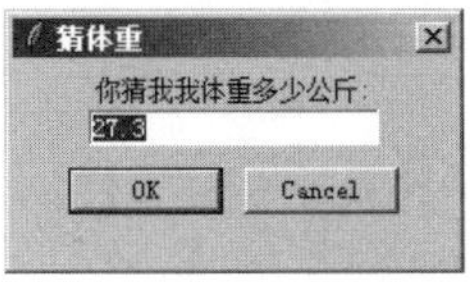

图 11.39　输入浮点数的对话框

在图 11.39 所示的对话框中，用户只能输入浮点数，而且输入的浮点数必须在指定范围内；否

则，系统会生成错误提示。当用户输入所允许范围内的浮点数并单击“OK”按钮后，可以看到控制台打印了用户输入的浮点数。

单击界面上的“输入字符串对话框”按钮，可以看到如图 11.40 所示的对话框。

在图 11.40 所示的对话框中，用户只能输入字符串。当用户输入合适的字符串并单击“OK”按钮后，可以看到控制台打印了用户输入的字符串。

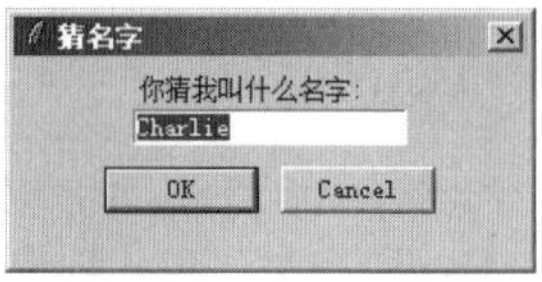

图 11.40　输入字符串的对话框

11.6.4　文件对话框

在 filedialog 模块下提供了各种用于生成文件对话框的工具函数，如下所示。这些工具函数有些返回用户所选择文件的路径，有些直接返回用户所选择文件的输入/输出流。

- askopenfile()：生成打开单个文件的对话框，返回所选择文件的文件流，程序可通过该文件流来读取文件内容。
- askopenfiles()：生成打开多个文件的对话框，返回多个所选择文件的文件流组成的列表，程序可通过这些文件流来读取文件内容。
- askopenfilename()：生成打开单个文件的对话框，返回所选择文件的文件路径。
- askopenfilenames()：生成打开多个文件的对话框，返回多个所选择文件的文件路径组成的元组。
- asksaveasfile()：生成保存文件的对话框，返回所选择文件的文件输出流，程序可通过该文件输出流向文件写入数据。
- asksaveasfilename()：生成保存文件的对话框，返回所选择文件的文件路径。
- askdirectory()：生成打开目录的对话框。

上面的用于生成打开文件的对话框的工具函数支持如下选项。

- defaultextension：指定默认扩展名。当用户没有输入扩展名时，系统会默认添加该选项指定的扩展名。
- filetypes：指定在该文件对话框中能查看的文件类型。该选项值是一个序列，可指定多个文件类型。可以通过“*”指定浏览所有文件。
- initialdir：指定初始打开的目录。
- initialfile：指定所选择的文件。
- parent：指定该对话框的属主窗口。
- title：指定对话框的标题。
- multiple：指定是否允许多选。

对于打开目录的对话框，还额外支持一个 mustexist 选项，该选项指定是否只允许打开已存在的目录。

下面程序示范了文件对话框的各工具函数的用法。

程序清单：codes\11\11.6\FileDialog_test.py

```
from tkinter import *
# 导入 ttk
from tkinter import ttk
# 导入 filedialog
from tkinter import filedialog
class App:
    def __init__(self, master):
        self.master = master
        self.initWidgets()
```

```
    def initWidgets(self):
        # 创建 7 个按钮，并为之绑定事件处理方法
        ttk.Button(self.master, text='打开单个文件',
            command=self.open_file # 绑定 open_file 方法
            ).pack(side=LEFT, ipadx=5, ipady=5, padx= 10)
        ttk.Button(self.master, text='打开多个文件',
            command=self.open_files # 绑定 open_files 方法
            ).pack(side=LEFT, ipadx=5, ipady=5, padx= 10)
        ttk.Button(self.master, text='获取单个打开文件的文件名',
            command=self.open_filename # 绑定 open_filename 方法
            ).pack(side=LEFT, ipadx=5, ipady=5, padx= 10)
        ttk.Button(self.master, text='获取多个打开文件的文件名',
            command=self.open_filenames # 绑定 open_filenames 方法
            ).pack(side=LEFT, ipadx=5, ipady=5, padx= 10)
        ttk.Button(self.master, text='获取保存文件',
            command=self.save_file # 绑定 save_file 方法
            ).pack(side=LEFT, ipadx=5, ipady=5, padx= 10)
        ttk.Button(self.master, text='获取保存文件的文件名',
            command=self.save_filename # 绑定 save_filename 方法
            ).pack(side=LEFT, ipadx=5, ipady=5, padx= 10)
        ttk.Button(self.master, text='打开目录',
            command=self.open_dir # 绑定 open_dir 方法
            ).pack(side=LEFT, ipadx=5, ipady=5, padx= 10)
    def open_file(self):
        # 调用 askopenfile 方法获取单个打开的文件
        print(filedialog.askopenfile(title='打开单个文件',
            filetypes=[("文本文件", "*.txt"), ('Python 源文件', '*.py')], # 只处理的文件类型
            initialdir='g:/')) # 初始目录
    def open_files(self):
        # 调用 askopenfiles 方法获取多个打开的文件
        print(filedialog.askopenfiles(title='打开多个文件',
            filetypes=[("文本文件", "*.txt"), ('Python 源文件', '*.py')], # 只处理的文件类型
            initialdir='g:/')) # 初始目录
    def open_filename(self):
        # 调用 askopenfilename 方法获取单个文件的文件名
        print(filedialog.askopenfilename(title='打开单个文件',
            filetypes=[("文本文件", "*.txt"), ('Python 源文件', '*.py')], # 只处理的文件类型
            initialdir='g:/')) # 初始目录
    def open_filenames(self):
        # 调用 askopenfilenames 方法获取多个文件的文件名
        print(filedialog.askopenfilenames(title='打开多个文件',
            filetypes=[("文本文件", "*.txt"), ('Python 源文件', '*.py')], # 只处理的文件类型
            initialdir='g:/')) # 初始目录
    def save_file(self):
        # 调用 asksaveasfile 方法保存文件
        print(filedialog.asksaveasfile(title='保存文件',
            filetypes=[("文本文件", "*.txt"), ('Python 源文件', '*.py')], # 只处理的文件类型
            initialdir='g:/')) # 初始目录
    def save_filename(self):
        # 调用 asksaveasfilename 方法获取保存文件的文件名
        print(filedialog.asksaveasfilename(title='保存文件',
            filetypes=[("文本文件", "*.txt"), ('Python 源文件', '*.py')], # 只处理的文件类型
            initialdir='g:/')) # 初始目录
    def open_dir(self):
        # 调用 askdirectory 方法打开目录
        print(filedialog.askdirectory(title='打开目录',
            initialdir='g:/')) # 初始目录
```

```
    root = Tk()
    root.title("文件对话框测试")
    App(root)
    root.mainloop()
```

上面程序中几段粗体字代码就是 filedialog 模块下不同函数的示范代码。运行上面程序，单击界面上的“打开单个文件”按钮，将会看到如图 11.41 所示的文件对话框。

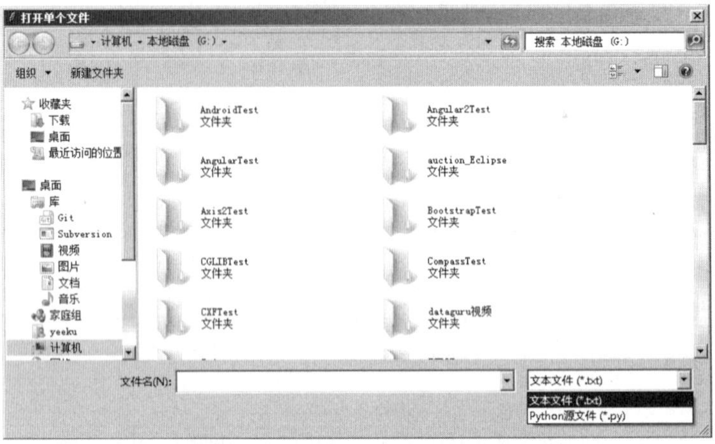

图 11.41　打开单个文件的对话框

从图 11.41 所示的对话框可以看到，在该对话框中只能浏览文本文件和 Python 源文件，这正是程序通过 filetypes 选项设置的效果；该对话框默认的打开目录是 G:/根目录，这是程序通过 initialdir 选项设置的效果。

提示：

通过 filedialog 模块下的工具函数打开的文件对话框依赖所在的平台，因此在不同的平台上看到的文件对话框是不同的。

当用户选择指定文件后，可以在控制台看到打印出类似于“<_io.TextIOWrapper name='xxx' mode='r' encoding='cp936'>”的输出信息，这就是被打开文件的文件流；如果用户单击 “xxx 的文件名”按钮，通过文件对话框选择文件之后，将会在控制台看到只打印出所选择文件的文件路径。

11.6.5　颜色选择对话框

在 colorchooser 模块下提供了用于生成颜色选择对话框的 askcolor()工具函数，为该工具函数可指定如下选项。

- parent：指定该对话框的属主窗口。
- title：指定该对话框的标题。
- color：指定该对话框初始选择的颜色。

下面程序示范了颜色选择对话框的功能和用法。

程序清单：codes\11\11.6\ColorDialog_test.py

```
from tkinter import *
# 导入ttk
from tkinter import ttk
# 导入colorchooser
from tkinter import colorchooser
class App:
    def __init__(self, master):
```

```
        self.master = master
        self.initWidgets()
    def initWidgets(self):
        # 创建一个按钮，并为之绑定事件处理方法
        ttk.Button(self.master, text='选择颜色',
            command=self.choose_color # 绑定 choose_color 方法
            ).pack(side=LEFT, ipadx=5, ipady=5, padx= 10)
    def choose_color(self):
        # 调用 askcolor 函数获取所选中的颜色
        print(colorchooser.askcolor(parent=self.master, title='选择画笔颜色',
            color = 'blue')) # 初始颜色
root = Tk()
root.title("颜色对话框测试")
App(root)
root.mainloop()
```

上面程序中粗体字代码就是调用 askcolor()函数生成颜色选择对话框的关键代码。运行该程序，单击界面上的“选择颜色”按钮，将可以看到如图 11.42 所示的对话框。

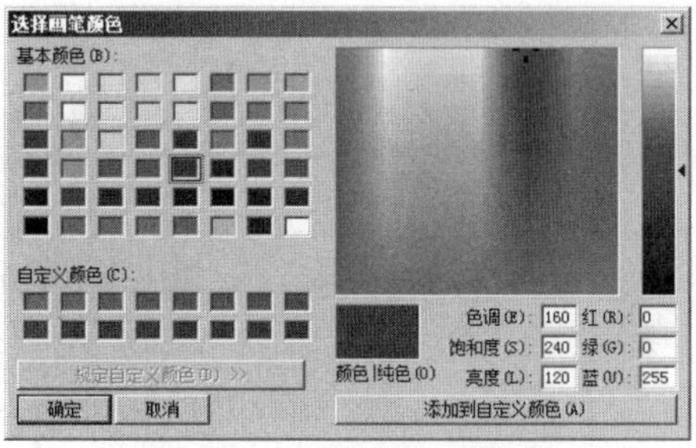

图 11.42　颜色选择对话框

提示：
通过 colorchooser 模块下的工具函数打开的颜色选择对话框依赖所在的平台，因此在不同的平台上看到的颜色选择对话框是不同的。

当用户选择指定颜色，并单击颜色选择对话框中的“确定”按钮后，askcolor()函数会返回用户所选择的颜色，因此可以在控制台看到用户所选择的颜色。

11.6.6　消息框

在 messagebox 模块下提供了大量工具函数来生成各种消息框，这些消息框的结构大致如图 11.43 所示。

图 11.43　消息框的结构

在默认情况下，开发者在调用 messagebox 的工具函数时只要设置提示区的字符串即可，图标区的图标、按钮区的按钮都有默认设置。

如果有必要，则完全可通过如下两个选项来定制图标和按钮。

- icon：定制图标的选项。该选项支持"error"、"info"、"question"、"warning"这几个选项值。
- type：定制按钮的选项。该选项支持"abortretryignore"（取消、重试、忽略）、"ok"（确定）、"okcancel"（确定、取消）、"retrycancel"（重试、取消）、"yesno"（是、否）、"yesnocancel"（是、否、取消）这些选项值。

下面的示例程序不仅示范了 messagebox 的各工具函数的用法，而且还通过两组单选钮让用户动态选择不同的 icon 和 type 选项的效果。

程序清单：codes\11\11.6\messagebox_test.py

```
from tkinter import *
# 导入 ttk
from tkinter import ttk
# 导入 messagebox
from tkinter import messagebox as msgbox
class App:
    def __init__(self, master):
        self.master = master
```

```
        self.initWidgets()
    def initWidgets(self):
        #-----------创建第一个Labelframe，用于选择图标类型-----------
        topF = Frame(self.master)
        topF.pack(fill=BOTH)
        lf1 = ttk.Labelframe(topF, text='请选择图标类型')
        lf1.pack(side=LEFT, fill=BOTH, expand=YES, padx=10, pady=5)
        i = 0
        self.iconVar = IntVar()
        self.icons = [None, "error", "info", "question", "warning"]
        # 使用循环创建多个Radiobutton，并放入Labelframe中
        for icon in self.icons:
            Radiobutton(lf1, text = icon if icon is not None else '默认',
            value=i,
            variable=self.iconVar).pack(side=TOP, anchor=W)
            i += 1
        self.iconVar.set(0)
        #-----------创建第二个Labelframe，用于选择按钮类型-----------
        lf2 = ttk.Labelframe(topF, text='请选择按钮类型')
        lf2.pack(side=LEFT,fill=BOTH, expand=YES, padx=10, pady=5)
        i = 0
        self.typeVar = IntVar()
        # 定义所有按钮类型
        self.types = [None, "abortretryignore", "ok", "okcancel",
            "retrycancel", "yesno", "yesnocancel"]
        # 使用循环创建多个Radiobutton，并放入Labelframe中
        for tp in self.types:
            Radiobutton(lf2, text= tp if tp is not None else '默认',
            value=i,
            variable=self.typeVar).pack(side=TOP, anchor=W)
            i += 1
        self.typeVar.set(0)
        #-----------创建Frame，用于包含多个按钮来生成不同的消息框-----------
        bottomF = Frame(self.master)
        bottomF.pack(fill=BOTH)
        # 创建8个按钮，并为之绑定事件处理函数
        btn1 = ttk.Button(bottomF, text="showinfo",
            command=self.showinfo_clicked)
        btn1.pack(side=LEFT, fill=X, ipadx=5, ipady=5,
            pady=5, padx=5)
        btn2 = ttk.Button(bottomF, text="showwarning",
            command=self.showwarning_clicked)
        btn2.pack(side=LEFT, fill=X, ipadx=5, ipady=5,
            pady=5, padx=5)
        btn3 = ttk.Button(bottomF, text="showerror",
            command=self.showerror_clicked)
        btn3.pack(side=LEFT, fill=X, ipadx=5, ipady=5,
            pady=5, padx=5)
        btn4 = ttk.Button(bottomF, text="askquestion",
            command=self.askquestion_clicked)
        btn4.pack(side=LEFT, fill=X, ipadx=5, ipady=5,
            pady=5, padx=5)
        btn5 = ttk.Button(bottomF, text="askokcancel",
            command=self.askokcancel_clicked)
        btn5.pack(side=LEFT, fill=X, ipadx=5, ipady=5,
            pady=5, padx=5)
        btn6 = ttk.Button(bottomF, text="askyesno",
            command=self.askyesno_clicked)
        btn6.pack(side=LEFT, fill=X, ipadx=5, ipady=5,
            pady=5, padx=5)
        btn7 = ttk.Button(bottomF, text="askyesnocancel",
            command=self.askyesnocancel_clicked)
        btn7.pack(side=LEFT, fill=X, ipadx=5, ipady=5,
```

```
            pady=5, padx=5)
        btn8 = ttk.Button(bottomF, text="askretrycancel",
            command=self.askretrycancel_clicked)
        btn8.pack(side=LEFT, fill=X, ipadx=5, ipady=5,
            pady=5, padx=5)
    def showinfo_clicked(self):
        print(msgbox.showinfo("Info", "showinfo 测试.",
            icon=self.icons[self.iconVar.get()],
            type=self.types[self.typeVar.get()]))
    def showwarning_clicked(self):
        print(msgbox.showwarning("Warning", "showwarning 测试.",
            icon=self.icons[self.iconVar.get()],
            type=self.types[self.typeVar.get()]))
    def showerror_clicked(self):
        print(msgbox.showerror("Error", "showerror 测试.",
            icon=self.icons[self.iconVar.get()],
            type=self.types[self.typeVar.get()]))
    def askquestion_clicked(self):
        print(msgbox.askquestion("Question", "askquestion 测试.",
            icon=self.icons[self.iconVar.get()],
            type=self.types[self.typeVar.get()]))
    def askokcancel_clicked(self):
        print(msgbox.askokcancel("OkCancel", "askokcancel 测试.",
            icon=self.icons[self.iconVar.get()],
            type=self.types[self.typeVar.get()]))
    def askyesno_clicked(self):
        print(msgbox.askyesno("YesNo", "askyesno 测试.",
            icon=self.icons[self.iconVar.get()],
            type=self.types[self.typeVar.get()]))
    def askyesnocancel_clicked(self):
        print(msgbox.askyesnocancel("YesNoCancel", "askyesnocancel 测试.",
            icon=self.icons[self.iconVar.get()],
            type=self.types[self.typeVar.get()]))
    def askretrycancel_clicked(self):
        print(msgbox.askretrycancel("RetryCancel", "askretrycancel 测试.",
            icon=self.icons[self.iconVar.get()],
            type=self.types[self.typeVar.get()]))
root = Tk()
root.title("消息框测试")
App(root)
root.mainloop()
```

上面程序先创建了两组单选钮来让用户选择图标类型（通过 icon 选项改变）和按钮类型（通过 type 选项改变）。

接下来的几行粗体字代码就是调用函数生成不同消息框的关键代码。运行上面程序，可以看到如图 11.44 所示的界面。

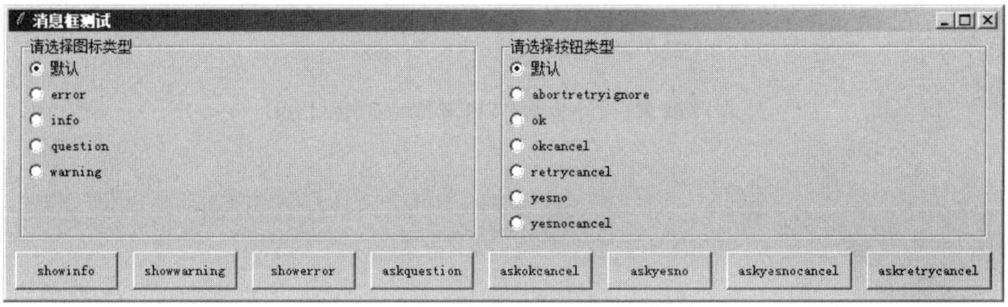

图 11.44　生成消息框的程序界面

读者可通过左边的单选钮选择图标类型，通过右边的单选钮选择按钮类型。比如在左边选择“error”，在右边选择“abortretryignore”，然后单击“showinfo”按钮，将可以看到如图 11.45 所示的消息框。

showinfo()函数默认生成的消息框的图标应该是一个感叹号，下方也只有一个按钮（读者可通过两组单选钮都选择“默认”来看默认效果）；但从图 11.45 中看到通过 showinfo()函数生成的消息框被改变了，这就是因为指定了 icon 和 type 选项的缘故。

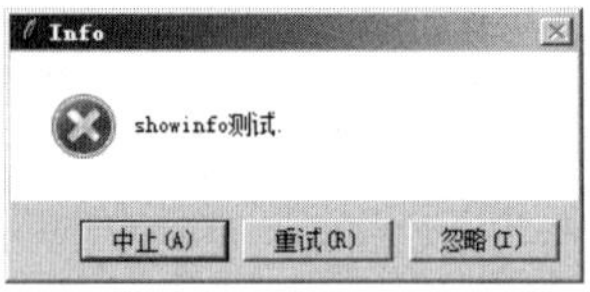

图 11.45　定制的消息框

上面程序打印出消息框返回的结果，这些消息框到底返回什么呢？消息框返回的是用户单击的按钮，比如用户单击“中止”按钮，消息框就返回'abort'字符串；用户单击“重试”按钮，消息框就返回'retry'字符串……

11.7　菜单

Tkinter 为菜单提供了 Menu 类，该类既可代表菜单条，也可代表菜单，还可代表上下文菜单（右键菜单）。简单来说，Menu 类就可以搞定所有菜单相关内容。

程序可调用 Menu 的构造方法来创建菜单，在创建菜单之后可通过如下方法添加菜单项。

- add_command()：添加菜单项。
- add_checkbutton()：添加复选框菜单项。
- add_radiobutton()：添加单选钮菜单项。
- add_separator()：添加菜单分隔条。

上面的前三个方法都用于添加菜单项，因此都支持如下常用选项。

- label：指定菜单项的文本。
- command：指定为菜单项绑定的事件处理方法。
- image：指定菜单项的图标。
- compound：指定在菜单项中图标位于文字的哪个方位。

有了菜单之后，接下来就是如何使用菜单了。菜单有两种用法。

- 在窗口上方通过菜单条管理菜单。
- 通过鼠标右键触发右键菜单（上下文菜单）。

11.7.1　窗口菜单

在创建菜单之后，如果要将菜单设置为窗口的菜单条（Menu 对象可被当成菜单条使用），则只要将该菜单设为窗口的 menu 选项即可。例如如下代码。

```
self.master['menu'] = menubar
```

如果要将菜单添加到菜单条中，或者添加为子菜单，则调用 Menu 的 add_cascade()方法。

下面程序示范了如何为窗口添加菜单。

程序清单：codes\11\11.7\Menu_test.py

```
from tkinter import *
# 导入ttk
from tkinter import ttk
from tkinter import messagebox as msgbox

class App:
    def __init__(self, master):
        self.master = master
        self.init_menu()
    # 创建菜单
    def init_menu(self):
```

```
        # 创建menubar，它被放入 self.master 中
        menubar = Menu(self.master)
        self.master.filenew_icon = PhotoImage(file='images/filenew.png')
        self.master.fileopen_icon = PhotoImage(file='images/fileopen.png')
        # 添加菜单条
        self.master['menu'] = menubar
        # 创建 file_menu 菜单，它被放入 menubar 中
        file_menu = Menu(menubar, tearoff=0)
        # 使用 add_cascade 方法添加 file_menu 菜单
        menubar.add_cascade(label='文件', menu=file_menu)
        # 创建 lang_menu 菜单，它被放入 menubar 中
        lang_menu = Menu(menubar, tearoff=0)
        # 使用 add_cascade 方法添加 lang_menu 菜单
        menubar.add_cascade(label='选择语言', menu=lang_menu)
        # 使用 add_command 方法为 file_menu 添加菜单项
        file_menu.add_command(label="新建", command = None,
            image=self.master.filenew_icon, compound=LEFT)
        file_menu.add_command(label="打开", command = None,
            image=self.master.fileopen_icon, compound=LEFT)
        # 使用 add_separator 方法为 file_menu 添加分隔条
        file_menu.add_separator()
        # 为 file_menu 创建子菜单
        sub_menu = Menu(file_menu, tearoff=0)
        # 使用 add_cascade 方法添加 sub_menu 子菜单
        file_menu.add_cascade(label='选择性别', menu=sub_menu)
        self.genderVar = IntVar()
        # 使用循环为 sub_menu 子菜单添加菜单项
        for i, im in enumerate(['男', '女', '保密']):
            # 使用 add_radiobutton 方法为 sub_menu 子菜单添加单选菜单项
            # 绑定同一个变量，说明它们是一组的
            sub_menu.add_radiobutton(label=im, command=self.choose_gender,
                variable=self.genderVar, value=i)
        self.langVars = [StringVar(), StringVar(), StringVar(), StringVar()]
        # 使用循环为 lang_menu 菜单添加菜单项
        for i, im in enumerate(('Python', 'Kotlin','Swift', 'Java')):
            # 使用 add_checkbutton 方法为 lang_menu 菜单添加多选菜单项
            lang_menu.add_checkbutton(label=im, command=self.choose_lang,
                onvalue=im, variable=self.langVars[i])
    def choose_gender(self):
        msgbox.showinfo(message=('选择的性别为: %s' % self.genderVar.get()))
    def choose_lang(self):
        rt_list = [e.get() for e in self.langVars]
        msgbox.showinfo(message=('选择的语言为: %s' % ','.join(rt_list)))
root = Tk()
root.title("菜单测试")
root.geometry('400x200')
# 禁止改变窗口大小
root.resizable(width=False, height=False)
App(root)
root.mainloop()
```

上面程序中第一行粗体字代码将 Menu 设置为窗口的 menu 选项，这意味着该菜单变成了菜单条；第二行、第三行粗体字代码调用 add_cascade()方法添加菜单，这意味着为菜单条添加了两个菜单。

接下来程序调用 add_command 方法为 file_menu 添加多个菜单项，直到第四行粗体字代码调用 file_menu 的 add_cascade()方法再次为 file_menu 添加子菜单。

第五行粗体字代码位于循环中，这样程序调用 add_radiobutton()方法添加多个单选菜单项，这些单选菜单项都绑定了一个变量，因此它们就是一组的；第六行粗体字代码位于循环中，这样程序

调用 add_checkbutton()方法添加多个多选菜单项，每个多选菜单项都有单独的值，因此它们都需要绑定一个变量。

运行上面程序，可以看到如图 11.46 所示的效果。

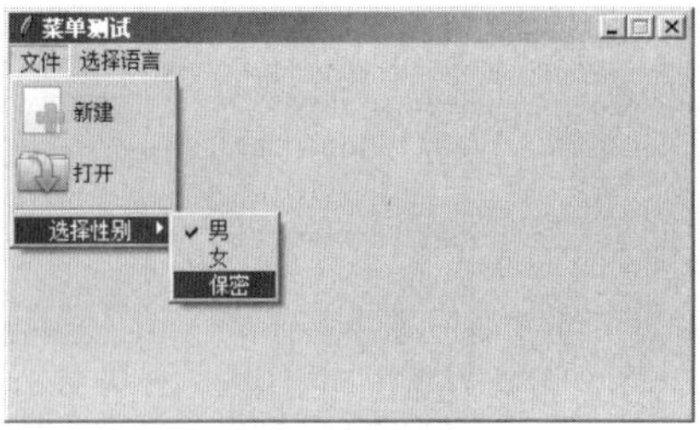

图 11.46　生成菜单

由于程序为单选菜单项、多选菜单项都绑定了事件处理方法，因此单击这些菜单项，程序将会弹出消息框提示用户的选择。

下面将会实现一个功能更全面的菜单示例，而且该示例程序还会添加一个工具条——实际上 Tkinter 并未提供工具条组件，因此本书将以 Frame 来实现工具条，以 Button 实现工具条上的按钮。

程序清单：codes\11\11.7\Menu_senior_test.py

```
from tkinter import *
# 导入ttk
from tkinter import ttk
from collections import OrderedDict

class App:
    def __init__(self, master):
        self.master = master
        self.initWidgets()
    def initWidgets(self):
        # 初始化菜单、工具条用到的图标
        self.init_icons()
        # 调用 init_menu 初始化菜单
        self.init_menu()
        # 调用 init_toolbar 初始化工具条
        self.init_toolbar()
        #---------------------------------
        # 创建、添加左边的 Frame 容器
        leftframe = ttk.Frame(self.master, width=40)
        leftframe.pack(side=LEFT, fill=Y)
        # 在左边窗口放一个 Listbox
        lb = Listbox(leftframe, font=('Courier New', 20))
        lb.pack(fill=Y, expand=YES)
        for s in ('Python', 'Ruby', 'Swift', 'Kotlin', 'Java'):
            lb.insert(END, s)
        # 创建、添加右边的 Frame 容器
        mainframe = ttk.Frame(self.master)
        mainframe.pack(side=LEFT, fill=BOTH)
        text = Text(mainframe, width=40, font=('Courier New', 16))
        text.pack(side=LEFT, fill=BOTH)
        scroll = ttk.Scrollbar(mainframe)
        scroll.pack(side=LEFT,fill=Y)
        # 设置滚动条与 text 组件关联
        scroll['command'] = text.yview
        text.configure(yscrollcommand=scroll.set)
    # 创建菜单
    def init_menu(self):
        '初始化菜单的方法'
        # 定义菜单条所包含的三个菜单
        menus = ('文件', '编辑', '帮助')
        # 定义菜单数据
        items = (OrderedDict([
                # 每项对应一个菜单项，后面元组的第一个元素是菜单图标
                # 第二个元素是菜单对应的事件处理函数
                ('新建', (self.master.filenew_icon, None)),
                ('打开', (self.master.fileopen_icon, None)),
```

```
            ('保存', (self.master.save_icon, None)),
            ('另存为...', (self.master.saveas_icon, None)),
            ('-1', (None, None)),
            ('退出', (self.master.signout_icon, None)),
            ]),
        OrderedDict([('撤销',(None, None)),
            ('重做',(None, None)),
            ('-1',(None, None)),
            ('剪切',(None, None)),
            ('复制',(None, None)),
            ('粘贴',(None, None)),
            ('删除',(None, None)),
            ('选择',(None, None)),
            ('-2',(None, None)),
            # 二级菜单
            ('更多', OrderedDict([
                ('显示数据',(None, None)),
                ('显示统计',(None, None)),
                ('显示图表',(None, None))
                ]))
            ]),
        OrderedDict([('帮助主题',(None, None)),
            ('-1',(None, None)),
            ('关于', (None, None))]))
    # 使用Menu创建菜单条
    menubar = Menu(self.master)
    # 为窗口配置菜单条，也就是添加菜单条
    self.master['menu'] = menubar
    # 遍历menus元组
    for i, m_title in enumerate(menus):
        # 创建菜单
        m = Menu(menubar, tearoff=0)
        # 添加菜单
        menubar.add_cascade(label=m_title, menu=m)
        # 将当前正在处理的菜单数据赋值给tm
        tm = items[i]
        # 遍历OrderedDict，默认只遍历它的key
        for label in tm:
            print(label)
            # 如果value又是OrderedDict，说明是二级菜单
            if isinstance(tm[label], OrderedDict):
                # 创建子菜单并添加子菜单
                sm = Menu(m, tearoff=0)
                m.add_cascade(label=label, menu=sm)
                sub_dict = tm[label]
                # 再次遍历子菜单对应的OrderedDict，默认只遍历它的key
                for sub_label in sub_dict:
                    if sub_label.startswith('-'):
                        # 添加分隔条
                        sm.add_separator()
                    else:
                        # 添加菜单项
                        sm.add_command(label=sub_label,image=sub_dict[sub_label][0],
                            command=sub_dict[sub_label][1], compound=LEFT)
            elif label.startswith('-'):
                # 添加分隔条
                m.add_separator()
            else:
                # 添加菜单项
                m.add_command(label=label,image=tm[label][0],
```

```
                        command=tm[label][1], compound=LEFT)
    # 生成所有需要的图标
    def init_icons(self):
        self.master.filenew_icon = PhotoImage(file='images/filenew.png')
        self.master.fileopen_icon = PhotoImage(file='images/fileopen.png')
        self.master.save_icon = PhotoImage(file='images/save.png')
        self.master.saveas_icon = PhotoImage(file='images/saveas.png')
        self.master.signout_icon = PhotoImage(file='images/signout.png')
    # 生成工具条
    def init_toolbar(self):
        # 创建并添加一个 Frame 作为工具条的容器
        toolframe = Frame(self.master, height=20, bg='lightgray')
        toolframe.pack(fill=X) # 将该 Frame 容器放在窗口顶部
        # 再次创建并添加一个 Frame 作为工具按钮的容器
        frame = ttk.Frame(toolframe)
        frame.pack(side=LEFT) # 将该 Frame 容器放在菜单项左边
        # 遍历 self.master 的全部数据，根据系统图标来创建工具条按钮
        for i, e in enumerate(dir(self.master)):
            # 只处理属性名以_icon 结尾的属性（这些属性都是图标）
            if e.endswith('_icon'):
                ttk.Button(frame, width=20, image=getattr(self.master, e),
                    command=None).grid(row=0, column=i, padx=1, pady=1, sticky=E)
root = Tk()
root.title("菜单测试")
# 禁止改变窗口大小
root.resizable(width=False, height=True)
App(root)
root.mainloop()
```

该程序比较实用，整个程序界面中的菜单并不是写死的，而是根据程序中粗体字代码自动生成的，这些粗体字代码中的每个 OrderedDict 代表一个菜单，它的每个 key-value 对代表一个菜单项，其中 key 是菜单文本，value 是一个元组，元组的第一个元素是菜单图标，第二个元素是为菜单绑定的事件处理函数。

因此，当开发者需要改变程序界面中的菜单时，并不需要修改后面的代码，只需修改粗体字代码即可。

提示：

由于代码功能的限制，上面的粗体字代码只能支持二级菜单，并不支持三级菜单。实际上 Tkinter 菜单完全支持三级，只是该程序没有做进一步处理。

上面程序也会自动生成工具条，只要为 self.master 添加了以_icon 结尾的属性，程序就会自动把它们添加为工具条上的按钮。

运行上面程序，可以看到如图 11.47 所示的效果。

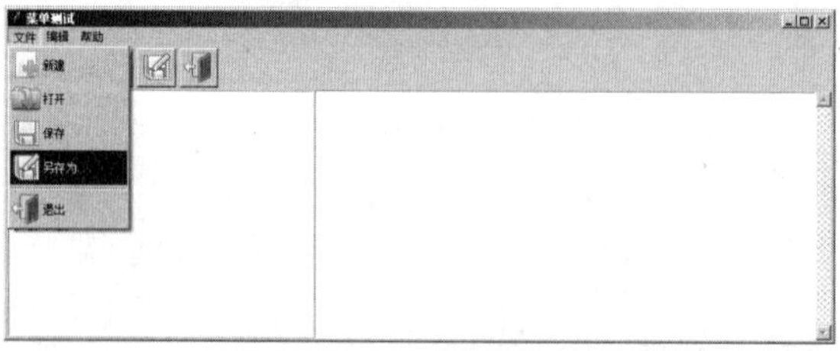

图 11.47　菜单和工具条

11.7.2　右键菜单

实现右键菜单很简单，程序只要先创建菜单，然后为目标组件的右键单击事件绑定处理函数，

当用户单击鼠标右键时，调用菜单的 post()方法即可在指定位置弹出右键菜单。

如下程序示范了创建并添加右键菜单。

程序清单：codes\11\11.7\PopupMenu_test.py

```
from tkinter import *
# 导入ttk
from tkinter import ttk
from collections import OrderedDict
class App:
    def __init__(self, master):
        self.master = master
        self.initWidgets()
    def initWidgets(self):
        self.text = Text(self.master, height=12, width=60,
            foreground='darkgray',
            font=('微软雅黑', 12),
            spacing2=8, # 设置行间距
            spacing3=12) # 设置段间距
        self.text.pack()
        st = '《疯狂 Java 讲义》历时十年沉淀，现已升级到第 4 版，' +\
            '经过无数 Java 学习者的反复验证，被包括北京大学在内的大量 985、' +\
            '211 高校的优秀教师引荐为参考资料，选作教材。\n'
        self.text.insert(END, st)
        # 为 Text 组件的右键单击事件绑定处理函数
        self.text.bind('<Button-3>',self.popup)
        # 创建 Menu 对象，准备作为右键菜单
        self.popup_menu = Menu(self.master,tearoff = 0)
        self.my_items = (OrderedDict([('超大', 16), ('大',14), ('中',12),
            ('小',10), ('超小',8)]),
            OrderedDict([('红色','red'), ('绿色','green'), ('蓝色', 'blue')]))
        i = 0
        for k in ['字体大小','颜色']:
            m = Menu(self.popup_menu, tearoff = 0)
            # 添加子菜单
            self.popup_menu.add_cascade(label=k ,menu = m)
            # 遍历 OrderedDict 的 key（默认就是遍历 key）
            for im in self.my_items[i]:
                m.add_command(label=im, command=self.handlerAdaptor(self.choose, x=im))
            i += 1
    def popup(self, event):
        # 在指定位置显示菜单
        self.popup_menu.post(event.x_root,event.y_root)  # ①
    def choose(self, x):
        # 如果用户选择修改字体大小的子菜单项
        if x in self.my_items[0].keys():
            # 改变字体大小
            self.text['font'] = ('微软雅黑', self.my_items[0][x])
        # 如果用户选择修改颜色的子菜单项
        if x in self.my_items[1].keys():
            # 改变颜色
            self.text['foreground'] = self.my_items[1][x]
    def handlerAdaptor(self, fun,**kwds):
        return lambda fun=fun, kwds=kwds: fun(**kwds)
root = Tk()
root.title("右键菜单测试")
App(root)
root.mainloop()
```

上面程序中的粗体字代码用于创建一个 Menu，并为之添加菜单项。这段代码与前面介绍的创建菜单、添加菜单项的代码并没有区别。

程序中①号代码位于Text组件的右键单击事件的处理函数内，这行代码调用 Menu 对象的 post()方法弹出右键菜单，这意味着当用户在Text组件内单击鼠标右键时，Text 组件就会弹出右键菜单。

运行该程序，在界面上的Text组件内单击鼠标右键，将可以看到如图 11.48 所示的右键菜单。

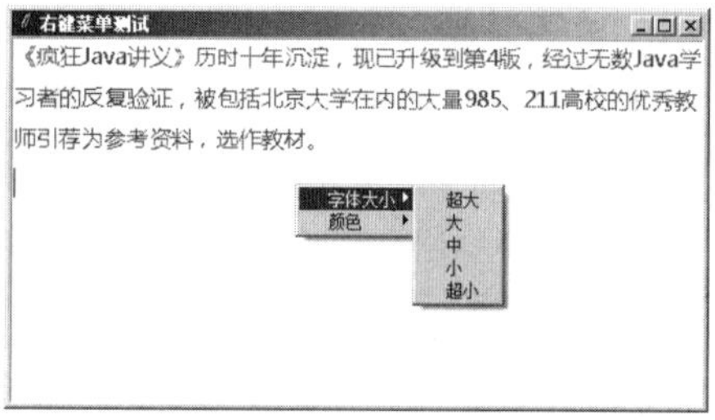

图 11.48　右键菜单

11.8　在 Canvas 中绘图

Tkinter 提供了 Canvas 组件来实现绘图。程序既可在 Canvas 中绘制直线、矩形、椭圆等各种几何图形，也可绘制图片、文字、UI 组件（如 Button）等。Canvas 允许重新改变这些图形项（Tkinter 将程序绘制的所有东西统称为 item）的属性，比如改变其坐标、外观等。

11.8.1　Tkinter Canvas 的绘制功能

Canvas 组件的用法与其他 GUI 组件一样简单，程序只要创建并添加 Canvas 组件，然后调用该组件的方法来绘制图形即可。如下程序示范了最简单的 Canvas 绘图。

程序清单：codes\11\11.8\canvas_qs.py

```
from tkinter import *

# 创建窗口
root = Tk()
# 创建并添加Canvas
cv = Canvas(root, background='white')
cv.pack(fill=BOTH, expand=YES)
cv.create_rectangle(30, 30, 200, 200,
    outline='red', # 边框颜色
    stipple = 'question', # 填充的位图
    fill="red", # 填充颜色
    width=5 # 边框宽度
    )
cv.create_oval(240, 30, 330, 200,
    outline='yellow', # 边框颜色
    fill='pink', # 填充颜色
    width=4 # 边框宽度
    )
root.mainloop()
```

上面程序先创建并添加了 Canvas 组件，接下来粗体字代码分别绘制了矩形和椭圆。运行上面程序，可以看到如图 11.49 所示的效果。

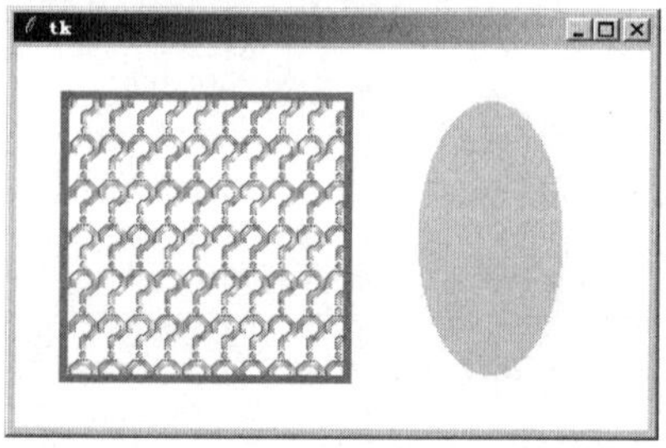

图 11.49　最简单的 Canvas 绘图

从上面程序可以看到，Canvas 提供了 create_rectangle()方法绘制矩形和 create_oval()方法绘制椭圆（包括圆，圆是椭圆的特例）。实际上，Canvas 还提供了如下方法来绘制各种图形。

- create_arc：绘制弧。
- create_bitmap：绘制位图。
- create_image：绘制图片。
- create_line()：绘制直线。
- create_polygon：绘制多边形。

- create_text：绘制文字。
- create_window：绘制组件。

Canvas 的坐标系统是绘图的基础，其默认的坐标系统如图 11.8 所示。其中点（0,0）位于 Canvas 组件的左上角，*X* 轴水平向右延伸，*Y* 轴垂直向下延伸。

绘制上面这些图形时需要简单的几何基础。

- 在使用 create_line()绘制直线时，需要指定两个点的坐标，分别作为直线的起点和终点。
- 在使用 create_rectangle()绘制矩形时，需要指定两个点的坐标，分别作为矩形左上角点和右下角点的坐标。
- 在使用 create_oval()绘制椭圆时，需要指定两个点的坐标，分别作为左上角点和右下角点的坐标来确定一个矩形，而该方法则负责绘制该矩形的内切椭圆，如图 11.50 所示。

从图 11.50 可以看出，只要矩形确定下来，该矩形的内切椭圆就能确定下来，而 create_oval()方法所需要的两个坐标正是用于指定该矩形的左上角点和右下角点的坐标。

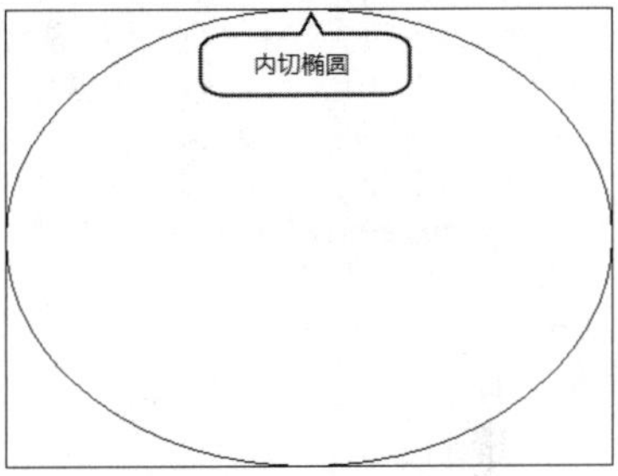

图 11.50　内切椭圆

- 在使用 create_arc 绘制弧时，和 create_oval 的用法相似，因为弧是椭圆的一部分，因此同样也是指定左上角和右下角两个点的坐标，默认总是绘制从 3 点（0）开始，逆时针旋转 90° 的那一段弧。程序可通过 start 改变起始角度，也可通过 extent 改变转过的角度。
- 在使用 create_polygon 绘制多边形时，需要指定多个点的坐标来作为多边形的多个定点。
- 在使用 create_bitmap、create_image、create_text、create_window 等方法时，只要指定一个坐标点，用于指定目标元素的绘制位置即可。

在绘制这些图形时可指定如下选项。

- fill：指定填充颜色。如果不指定该选项，默认不填充。
- outline：指定边框颜色。
- width：指定边框宽度。如果不指定该选项，边框宽度默认为 1。
- dash：指定边框使用虚线。该属性值既可为单独的整数，用于指定虚线中线段的长度；也可为形如(5,2,3)格式的元素，此时 5 指定虚线中线段的长度，2 指定间隔长度，3 指定虚线长度……依此类推。
- stipple：使用位图平铺进行填充。该选项可与 fill 选项结合使用，fill 选项用于指定位图的颜色。
- style：指定绘制弧的样式。该选项仅对 create_arc 方法起作用。该选项支持 PIESLICE（扇形）、CHORD（弓形）、ARC（仅绘制弧）选项值。
- start：指定绘制弧的起始角度。该选项仅对 create_arc 方法起作用。
- extent：指定绘制弧的角度。该选项仅对 create_arc 方法起作用。
- arrow：指定绘制直线时两端是否有箭头。该选项支持 NONE（两端无箭头）、FIRST（开始端有箭头）、LAST（结束端有箭头）、BOTH（两端都有箭头）选项值。
- arrowshape：指定箭头形状。该选项是一个形如"20 20 10"的字符串，字符串中的三个整数依次指定填充长度、箭头长度、箭头宽度。
- joinstyle：指定直接连接点的风格。仅对绘制直线和多向形有效。该选项支持 METTER（连接点形状如▶）、ROUND（连接点形状如▶）、BEVEL（连接点形状如▶）选项值。
- anchor：指定绘制文字、GUI 组件的位置。该选项仅对 create_text()、create_window()方法有效。

➢ justify：指定文字的对齐方式。该选项支持 CENTER、LEFT、RIGHT 常量值，该选项仅对 create_text 方法有效。

下面程序示范了通过不同的方法来绘制不同的图形，这些图形分别使用不同的边框、不同的填充效果。

程序清单：codes\11\11.8\canvas_create.py

```
from tkinter import *

# 创建窗口
root = Tk()
root.title('绘制图形项')
# 创建并添加 Canvas
cv = Canvas(root, background='white', width=830, height=830)
cv.pack(fill=BOTH, expand=YES)
columnFont = ('微软雅黑', 18)
titleFont = ('微软雅黑', 20, 'bold')
# 采用循环绘制文字
for i, st in enumerate(['默认', '指定边宽', '指定填充', '边框颜色', '位图填充']):
    cv.create_text((130 + i * 140, 20),text = st,
    font = columnFont,
    fill='gray',
    anchor = W,
    justify = LEFT)
# 绘制文字
cv.create_text(10, 60, text = '绘制矩形',
    font = titleFont,
    fill='magenta',
    anchor = W,
    justify = LEFT)
# 定义列表，每个元素的 4 个值分别指定边框宽度、填充颜色、边框颜色、位图填充
options = [(None, None, None, None),
    (4, None, None, None),
    (4, 'pink', None, None),
    (4, 'pink', 'blue', None),
    (4, 'pink', 'blue', 'error')]
# 采用循环绘制 5 个矩形
for i, op in enumerate(options):
    cv.create_rectangle(130 + i * 140, 50, 240 + i * 140, 120,
        width = op[0], # 边框宽度
        fill = op[1], # 填充颜色
        outline = op[2], # 边框颜色
        stipple = op[3]) # 使用位图填充
# 绘制文字
cv.create_text(10, 160, text = '绘制椭圆',
    font = titleFont,
    fill='magenta',
    anchor = W,
    justify = LEFT)
# 定义列表，每个元素的 4 个值分别指定边框宽度、填充颜色、边框颜色、位图填充
options = [(None, None, None, None),
    (4, None, None, None),
    (4, 'pink', None, None),
    (4, 'pink', 'blue', None),
    (4, 'pink', 'blue', 'error')]
# 采用循环绘制 5 个椭圆
for i, op in enumerate(options):
    cv.create_oval(130 + i * 140, 150, 240 + i * 140, 220,
        width = op[0], # 边框宽度
        fill = op[1], # 填充颜色
```

```
        outline = op[2], # 边框颜色
        stipple = op[3]) # 使用位图填充
# 绘制文字
cv.create_text(10, 260, text = '绘制多边形',
    font = titleFont,
    fill='magenta',
    anchor = W,
    justify = LEFT)
# 定义列表，每个元素的 4 个值分别指定边框宽度、填充颜色、边框颜色、位图填充
options = [(None, "", 'black', None),
    (4, "", 'black', None),
    (4, 'pink', 'black', None),
    (4, 'pink', 'blue', None),
    (4, 'pink', 'blue', 'error')]
# 采用循环绘制 5 个多边形
for i, op in enumerate(options):
    cv.create_polygon(130 + i * 140, 320, 185 + i * 140, 250, 240 + i * 140, 320,
        width = op[0], # 边框宽度
        fill = op[1], # 填充颜色
        outline = op[2], # 边框颜色
        stipple = op[3]) # 使用位图填充
# 绘制文字
cv.create_text(10, 360, text = '绘制扇形',
    font = titleFont,
    fill='magenta',
    anchor = W,
    justify = LEFT)
# 定义列表，每个元素的 4 个值分别指定边框宽度、填充颜色、边框颜色、位图填充
options = [(None, None, None, None),
    (4, None, None, None),
    (4, 'pink', None, None),
    (4, 'pink', 'blue', None),
    (4, 'pink', 'blue', 'error')]
# 采用循环绘制 5 个扇形
for i, op in enumerate(options):
    cv.create_arc(130 + i * 140, 350, 240 + i * 140, 420,
        width = op[0], # 边框宽度
        fill = op[1], # 填充颜色
        outline = op[2], # 边框颜色
        stipple = op[3]) # 使用位图填充
# 绘制文字
cv.create_text(10, 460, text = '绘制弓形',
    font = titleFont,
    fill='magenta',
    anchor = W,
    justify = LEFT)
# 定义列表，每个元素的 4 个值分别指定边框宽度、填充颜色、边框颜色、位图填充
options = [(None, None, None, None),
    (4, None, None, None),
    (4, 'pink', None, None),
    (4, 'pink', 'blue', None),
    (4, 'pink', 'blue', 'error')]
# 采用循环绘制 5 个弓形
for i, op in enumerate(options):
    cv.create_arc(130 + i * 140, 450, 240 + i * 140, 520,
        width = op[0], # 边框宽度
        fill = op[1], # 填充颜色
        outline = op[2], # 边框颜色
        stipple = op[3], # 使用位图填充
        start = 30, # 指定起始角度
```

```
        extent = 60, # 指定逆时针转过角度
        style = CHORD) # CHORD 指定绘制弓形
# 绘制文字
cv.create_text(10, 560, text = '仅绘弧',
    font = titleFont,
    fill='magenta',
    anchor = W,
    justify = LEFT)
# 定义列表，每个元素的 4 个值分别指定边框宽度、填充颜色、边框颜色、位图填充
options = [(None, None, None, None),
    (4, None, None, None),
    (4, 'pink', None, None),
    (4, 'pink', 'blue', None),
    (4, 'pink', 'blue', 'error')]
# 采用循环绘制 5 个弧
for i, op in enumerate(options):
    cv.create_arc(130 + i * 140, 550, 240 + i * 140, 620,
        width = op[0], # 边框宽度
        fill = op[1], # 填充颜色
        outline = op[2], # 边框颜色
        stipple = op[3], # 使用位图填充
        start = 30, # 指定起始角度
        extent = 60, # 指定逆时针转过角度
        style = ARC) # ARC 指定仅绘制弧
# 绘制文字
cv.create_text(10, 660, text = '绘制直线',
    font = titleFont,
    fill='magenta',
    anchor = W,
    justify = LEFT)
# 定义列表，每个元素的 5 个值分别指定边框宽度、线条颜色、位图填充、箭头风格、箭头形状
options = [(None, None, None, None, None),
    (6, None, None, BOTH, (20, 40, 10)),
    (6, 'pink', None, FIRST, (40, 40, 10)),
    (6, 'pink', None, LAST, (60, 50, 10)),
    (8, 'pink', 'error', None, None)]
# 采用循环绘制 5 条直线
for i, op in enumerate(options):
    cv.create_line(130 + i * 140, 650, 240 + i * 140, 720,
        width = op[0], # 边框宽度
        fill = op[1], # 填充颜色
        stipple = op[2], # 使用位图填充
        arrow = op[3], # 箭头风格
        arrowshape = op[4]) # 箭头形状
# 绘制文字
cv.create_text(10, 760, text = '绘制位图\n 图片、组件',
    font = titleFont,
    fill='magenta',
    anchor = W,
    justify = LEFT)
# 定义包括 create_bitmap、create_image 和 create_window 三个方法的数组
funcs = [Canvas.create_bitmap, Canvas.create_image, Canvas.create_window]
# 为上面三个方法定义选项
items = [{'bitmap' : 'questhead'}, {'image':PhotoImage(file='images/fklogo.gif')},
    {'window':Button(cv,text = '单击我', padx=10, pady=5,
        command = lambda :print('按钮单击')),'anchor': W}]
for i, func in enumerate(funcs):
    func(cv, 230 + i * 140, 780, **items[i])
root.mainloop()
```

上面程序示范了 Canvas 中不同的 create_xxx 方法的功能和用法，它们可用于创建矩形、椭圆、多边形、扇形、弓形、弧、直线、位图、图片和组件等。在绘制不同的图形时可指定不同的选项，从而实现丰富的绘制效果。运行上面程序，可以看到如图 11.51 所示的效果。

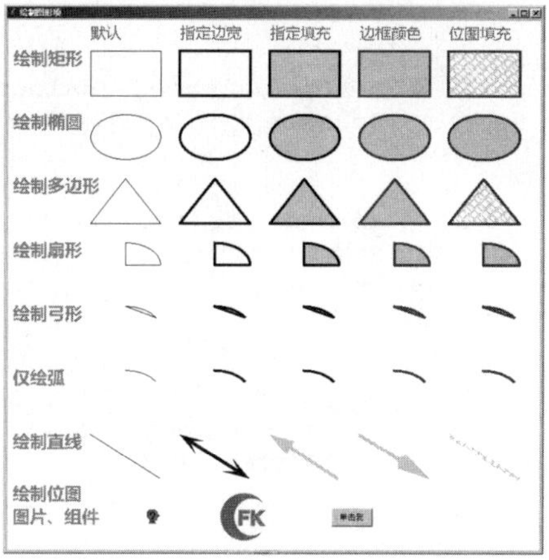

图 11.51　使用 Canvas 绘制图形

掌握了上面的绘制方法之后，实际上已经可以实现一些简单的游戏了。比如前面介绍的控制台五子棋，之前程序是在控制台打印游戏状态的，实际上程序完全可以在界面上绘制游戏状态，这样就能看到图形界面的五子棋了。

此外，该五子棋还需要根据用户的鼠标动作来确定下棋坐标，因此程序会为游戏界面的<Button-1>（左键单击）、<Motion>（鼠标移动）、<Leave>（鼠标移出）事件绑定事件处理函数。下面程序示范了实现图形界面的五子棋（备注：本程序修改自 9 岁的 Charlie 小朋友的程序，删除了他的部分代码，增加了注释）。

程序清单：codes\11\11.8\gobang.py

```
from tkinter import *
import random

BOARD_WIDTH = 535
BOARD_HEIGHT = 536
BOARD_SIZE = 15
# 定义棋盘坐标的像素值和棋盘数组之间的偏移距离
X_OFFSET = 21
Y_OFFSET = 23
# 定义棋盘坐标的像素值和棋盘数组之间的比率
X_RATE = (BOARD_WIDTH - X_OFFSET * 2) / (BOARD_SIZE - 1)
Y_RATE = (BOARD_HEIGHT - Y_OFFSET * 2) / (BOARD_SIZE - 1)
BLACK_CHESS = "●"
WHITE_CHESS = "○"
board = []
# 将每个元素赋值为"╋"，代表无棋
for i in range(BOARD_SIZE) :
    row = ["╋"] * BOARD_SIZE
    board.append(row)
# 创建窗口
root = Tk()
# 禁止改变窗口大小
root.resizable(width=False, height=False)
# 修改图标
root.iconbitmap('images/fklogo.ico')
# 设置窗口标题
root.title('五子棋')
# 创建并添加 Canvas
cv = Canvas(root, background='white',
    width=BOARD_WIDTH, height=BOARD_HEIGHT)
cv.pack()
bm = PhotoImage(file="images/board.png")
cv.create_image(BOARD_HEIGHT/2 + 1, BOARD_HEIGHT/2 + 1, image=bm)
selectedbm = PhotoImage(file="images/selected.gif")
# 创建选择框图片，但该图片默认不在棋盘中
selected = cv.create_image(-100, -100, image=selectedbm)
def move_handler(event):
    # 计算用户当前的选择点，并保证该选择点在 0~14 之间
```

```
        selectedX = max(0, min(round((event.x - X_OFFSET) / X_RATE), 14))
        selectedY = max(0, min(round((event.y - Y_OFFSET) / Y_RATE), 14))
        # 移动红色选择框
        cv.coords(selected,(selectedX * X_RATE + X_OFFSET,
            selectedY * Y_RATE + Y_OFFSET))
    black = PhotoImage(file="images/black.gif")
    white = PhotoImage(file="images/white.gif")
    def click_handler(event):
        # 计算用户的下棋点，并保证该下棋点在 0~14 之间
        userX = max(0, min(round((event.x - X_OFFSET) / X_RATE), 14))
        userY = max(0, min(round((event.y - Y_OFFSET) / Y_RATE), 14))
        # 当下棋点没有棋子时，用户才能下棋
        if board[userY][userX] == "┼":
            cv.create_image(userX * X_RATE + X_OFFSET, userY * Y_RATE + Y_OFFSET,
                image=black)
            board[userY][userX] = "●"
            while(True):
                comX = random.randint(0, BOARD_SIZE - 1)
                comY = random.randint(0, BOARD_SIZE - 1)
                # 如果电脑要下棋的点没有棋子时，才能让电脑下棋
                if board[comY][comX] == "┼": break
            cv.create_image(comX * X_RATE + X_OFFSET, comY * Y_RATE + Y_OFFSET,
                image=white)
            board[comY][comX] = "○"
    def leave_handler(event):
        # 将红色选择框移出界面
        cv.coords(selected, -100, -100)
    # 为鼠标移动事件绑定事件处理函数
    cv.bind('<Motion>', move_handler)
    # 为鼠标单击事件绑定事件处理函数
    cv.bind('<Button-1>', click_handler)
    # 为鼠标移出事件绑定事件处理函数
    cv.bind('<Leave>', leave_handler)
    root.mainloop()
```

上面程序中第一行粗体字代码绘制了五子棋的棋盘，该棋盘就是一张预先准备好的图片；第二行粗体字代码绘制选择框，当用户鼠标在棋盘上移动时，该选择框显示用户鼠标当前停留在哪个下棋点上。

第三行粗体字代码调用了 Canvas 的 coords()方法，该方法负责重设选择框的坐标。这是 Tkinter 绘图的特别之处：绘制好的每一个图形项都不是固定的，程序后面完全可以修改它们。因此，第三行粗体字代码将会控制选择框图片随着用户鼠标的移动而改变位置。

第四行粗体字代码根据用户鼠标单击来绘制黑色棋子，也就是下黑棋；第五行粗体字代码则绘制白色棋子，也就是下白棋。程序在绘制黑色棋子和白色棋子的同时，也改变了底层代表棋盘状态的 board 列表的数据，这样即可记录下棋状态，从而让程序在后面可以根据 board[]列表来判断胜负（本来这个功能在 Charlie 的程序中是有的，此处为了突出绘图的主题，作者删除了这部分）。另外，也可以加入人工智能，根据 board[]列表来决定电脑的下棋点。

运行该程序，可以看到如图 11.52 所示的效果。

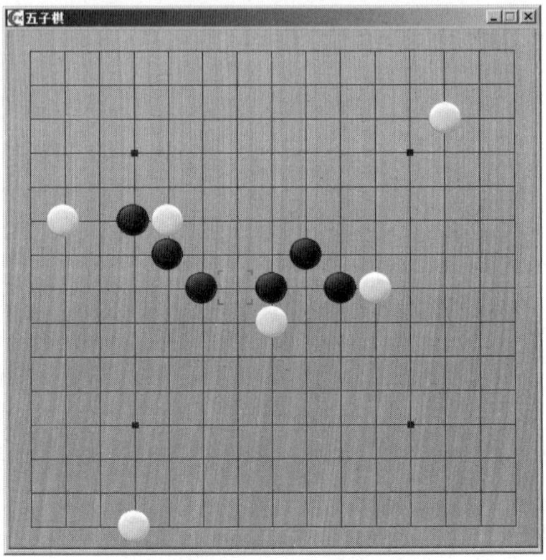

图 11.52　五子棋

提示：

在上面这个程序中，电脑下棋采用的方式是随机下棋，因此下得比较“凌乱”。如果要让电脑下棋更加智能，则可通过简单的人工智能来实现，本书此处暂不涉及。

11.8.2 操作图形项的标签

在 Canvas 中通过 create_xxx 方法绘制图形项之后，这些图形项并不是完全静态的图形，每个图形项都是一个独立的对象，程序完全可以动态地修改、删除这些图形项。

Canvas 以“堆叠”的形式来管理这些图形项，先绘制的图形项位于“堆叠”的下面，后绘制的图形项位于“堆叠”的上面。因此，如果两个图形项有重叠的部分，那么后绘制的图形项（位于上面）会遮挡先绘制的图形项。Canvas 管理图形项的堆叠形式如图 11.53 所示。

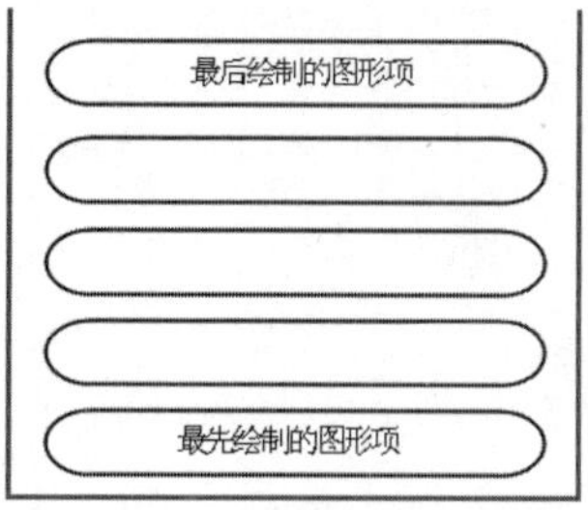

图 11.53 Canvas 管理图形项的堆叠形式

为了修改、删除这些图形项，程序需要先获得这些图形项的引用。获得这些图形项的引用有两种方式。

- 通过图形项的 id，也就是 Canvas 执行 create_xxx() 方法的返回值。一般来说，create_xxx()会依次返回 1、2、3 等整数作为图形项的 id。
- 通过图形项的 tag（标签）。

在 Canvas 中调用 create_xxx()方法绘图时，还可传入一个 tags 选项，该选项可以为所绘制的图形项（比如矩形、椭圆、多边形等）添加一个或多个 tag（标签）。

此外，Canvas 还允许调用方法为图形项添加 tag、删除 tag 等，这些 tag 也相当于该图形项的标识，程序完全可以根据 tag 来获取图形项。

总结来说，Canvas 提供了如下方法来为图形项添加 tag。

- addtag_above(self, newtag, tagOrId)：为 tagOrId 对应图形项的上一个图形项添加新 tag。
- addtag_all(self, newtag)：为所有图形项添加新 tag。
- addtag_below(self, newtag, tagOrId)：为 tagOrId 对应图形项的下一个图形项添加新 tag。
- addtag_closest(self, newtag, x, y)：为和 x、y 点最接近的图形项添加新 tag。
- addtag_enclosed(self, newtag, x1, y1, x2, y2)：为指定矩形区域内最上面的图形项添加新 tag。其中 x1、y1 确定矩形区域的左上角坐标；x2、y2 确定矩形区域的右下角坐标。
- addtag_overlapping(self, newtag, x1, y1, x2, y2)：为与指定矩形区域重叠的最上面的图形项添加 tag。

注意

addtag_enclosed()和 addtag_overlapping()方法的说明与官方文档不一致，但实际运行就是这个效果，应该是官方文档有错误。

- addtag_withtag(self, newtag, tagOrId)：为 tagOrId 对应图形项添加新 tag。

Canvas 提供了如下方法来删除图形项的 tag。

- dtag(self, *args)：删除指定图形项的 tag。

Canvas 提供了如下方法来获取图形项的所有 tag。

- gettags(self, *args)：获取指定图形项的所有 tag。

Canvas 提供了如下方法根据 tag 来获取其对应的所有图形项。

➢ find_withtag(self, tagOrId)：获取 tagOrId 对应的所有图形项。

为了更好地理解上面方法的作用，下面用一个程序来进行演示。

程序清单：codes\11\11.8\manipulate_tag.py

```
from tkinter import *

# 创建窗口
root = Tk()
root.title('操作标签')
# 创建并添加 Canvas
cv = Canvas(root, background='white', width=620, height=250)
cv.pack(fill=BOTH, expand=YES)
# 绘制一个矩形
rt = cv.create_rectangle(40, 40, 300, 220,
    outline='blue', width=2,
    tag = ('t1', 't2', 't3', 'tag4'))  # 为该图形项指定标签
# 访问图形项的 id，也就是编号
print(rt) # 1
# 绘制一个椭圆
oval = cv.create_oval(350, 50, 580, 200,
    fill='yellow', width=0,
    tag = ('g1', 'g2', 'g3', 'tag4'))  # 为该图形项指定标签
# 访问图形项的 id，也就是编号
print(oval) # 2
# 根据指定 tag 来获取其对应的所有图形项
print(cv.find_withtag('tag4')) # (1, 2)
# 获取指定图形项的所有 tag
print(cv.gettags(rt))  # ('t1', 't2', 't3', 'tag4')
print(cv.gettags(2))  # ('g1', 'g2', 'g3', 'tag4')
cv.dtag(1, 't1') # 删除 id 为 1 的图形项上名为 t1 的 tag
cv.dtag(oval, 'g1') # 删除 id 为 oval 的图形项上名为 g1 的 tag
# 获取指定图形项的所有 tag
print(cv.gettags(rt))  # ('tag4', 't2', 't3')
print(cv.gettags(2))  # ('tag4', 'g2', 'g3')
# 为所有图形项添加 tag
cv.addtag_all('t5')
print(cv.gettags(1))  # ('tag4', 't2', 't3', 't5')
print(cv.gettags(oval))  # ('tag4', 'g2', 'g3', 't5')
# 为指定图形项添加 tag
cv.addtag_withtag('t6', 'g2')
# 获取指定图形项的所有 tag
print(cv.gettags(1))  # ('tag4', 't2', 't3', 't5')
print(cv.gettags(oval))  # ('tag4', 'g2', 'g3', 't5', 't6')
# 为指定图形项上面的图形项添加 tag，在 t2 上面的就是 oval 图形项
cv.addtag_above('t7', 't2')
print(cv.gettags(1))  # ('tag4', 't2', 't3', 't5')
print(cv.gettags(oval))  # ('tag4', 'g2', 'g3', 't5', 't6', 't7')
# 为指定图形项下面的图形项添加 tag，在 g2 下面的就是 rt 图形项
cv.addtag_below('t8', 'g2')
print(cv.gettags(1))  # ('tag4', 't2', 't3', 't5', 't8')
print(cv.gettags(oval))  # ('tag4', 'g2', 'g3', 't5', 't6', 't7')
# 为最接近指定点的图形项添加 tag，最接近 360、90 的图形项是 oval
cv.addtag_closest('t9', 360, 90)
print(cv.gettags(1))  # ('tag4', 't2', 't3', 't5', 't8')
print(cv.gettags(oval))  # ('tag4', 'g2', 'g3', 't5', 't6', 't7', 't9')
# 为位于指定区域内（几乎覆盖整个图形区）最上面的图形项添加 tag
cv.addtag_closest('t10', 30, 30, 600, 240)
print(cv.gettags(1))  # ('tag4', 't2', 't3', 't5', 't8')
print(cv.gettags(oval))  # ('tag4', 'g2', 'g3', 't5', 't6', 't7', 't9', 't10')
# 为与指定区域重叠的最上面的图形项添加 tag
```

```
cv.addtag_closest('t11', 250, 30, 400, 240)
print(cv.gettags(1))  # ('tag4', 't2', 't3', 't5', 't8')
print(cv.gettags(oval))  # ('tag4', 'g2', 'g3', 't5', 't6', 't7', 't9', 't10', 't11')
root.mainloop()
```

上面程序示范了操作图形项的 tag 的方法，而且列出了每次操作之后的输出结果。因此，读者可以结合程序的运行结果来理解 Canvas 是如何管理图形项的 tag 的。

11.8.3 操作图形项

在 Canvas 中获取图形项之后，接下来可通过 Canvas 提供的大量方法来操作图形项。

总结起来，Canvas 提供了如下方法在图形项“堆叠”中查找图形项。

- find_above(self, tagOrId)：返回 tagOrId 对应图形项的上一个图形项。
- find_all(self)：返回全部图形项。
- find_below(self, tagOrId)：返回 tagOrId 对应图形项的下一个图形项。
- find_closest(self, x, y)：返回和 x、y 点最接近的图形项。
- find_enclosed(self, x1, y1, x2, y2)：返回位于指定矩形区域内最上面的图形项。
- find_overlapping(self, x1, y1, x2, y2)：返回与指定矩形区域重叠的最上面的图形项。
- find_withtag(self, tagOrId)：返回 tagOrId 对应的全部图形项。

Canvas 提供了如下方法在图形项“堆叠”中移动图形项。

- tag_lower(self, *args) | lower：将 args 的第一个参数对应的图形项移到“堆叠”的最下面。也可额外指定一个参数，代表移动到指定图形项的下面。
- tag_raise(self, *args) | lift）：将 args 的第一个参数对应的图形项移到“堆叠”的最上面。也可额外指定一个参数，代表移动到指定图形项的上面。

如果程序希望获取或修改图形项的选项，则可通过 Canvas 的如下方法来操作。

- itemcget(self, tagOrId, option)：获取 tagOrId 对应图形项的 option 选项值。
- itemconfig(self, tagOrId, cnf=None, **kw)：为 tagOrId 对应图形项配置选项。
- itemconfigure：该方法与上一个方法完全相同。

Canvas 提供了如下方法来改变图形项的大小和位置。

- coords(self, *args)：重设图形项的大小和位置。
- move(self, *args)：移动图形项，但不能改变大小。简单来说，就是在图形项的 x、y 基础上加上新的 mx、my 参数。
- scale(self, *args)：缩放图形项。该方法的 args 参数要传入 4 个值，其中前两个值指定缩放中心；后两个值指定 *x*、*y* 方向的缩放比。

此外，Canvas 还提供了如下方法来删除图形项或文字图形项（由 create_text 方法创建）中间的部分文字。

- delete(self, *args)：删除指定 id 或 tag 对应的全部图形项。
- dchars(self, *args)：删除文字图形项中间的部分文字。

下面程序示范了操作图形项的方法。

程序清单：codes\11\11.8\manipulate_item.py

```
from tkinter import *
from tkinter import colorchooser
import threading

# 创建窗口
root = Tk()
root.title('操作图形项')
# 创建并添加 Canvas
```

```
cv = Canvas(root, background='white', width=400, height=350)
cv.pack(fill=BOTH, expand=YES)
# 该变量用于保存当前所选择的图形项
current = None
# 该变量用于保存当前所选择图形项的边框颜色
current_outline = None
# 该变量用于保存当前所选择图形项的边框宽度
current_width = None
# 该函数用于高亮显示所选择的图形项（边框颜色会在 red、yellow 之间切换）
def show_current():
    # 如果当前选择项不为 None
    if current is not None:
        # 如果当前所选择图形项的边框颜色为 red，将它改为 yellow
        if cv.itemcget(current, 'outline') == 'red':
            cv.itemconfig(current, width=2,
                outline='yellow')
        # 否则，将颜色改为 red
        else:
            cv.itemconfig(current, width=2,
                outline='red')
    global t
    # 通过定时器指定 0.2s 之后执行 show_current 函数
    t = threading.Timer(0.2, show_current)
    t.start()
# 通过定时器指定 0.2s 之后执行 show_current 函数
t = threading.Timer(0.2, show_current)
t.start()
# 分别创建矩形、椭圆和圆
rect = cv.create_rectangle(30, 30, 250, 200,
    fill='magenta', width='0')
oval = cv.create_oval(180, 50, 380, 180,
    fill='yellow', width='0')
circle = cv.create_oval(120, 150, 300, 330,
    fill='pink', width='0')
bottomF = Frame(root)
bottomF.pack(fill=X,expand=True)
liftbn = Button(bottomF, text='向上',
    # 将椭圆移动到它上面的图形项之上
    command=lambda : cv.tag_raise(oval, cv.find_above(oval)))
liftbn.pack(side=LEFT, ipadx=10, ipady=5, padx=3)
lowerbn = Button(bottomF, text='向下',
    # 将椭圆移动到它下面的图形项之下
    command=lambda : cv.tag_lower(oval, cv.find_below(oval)))
lowerbn.pack(side=LEFT, ipadx=10, ipady=5, padx=3)
def change_fill():
    # 弹出颜色选择框，让用户选择颜色
    fill_color = colorchooser.askcolor(parent=root,
        title='选择填充颜色',
        # 初始颜色设置为椭圆当前的填充颜色（fill 选项值）
        color = cv.itemcget(oval, 'fill'))
    if fill_color is not None:
        cv.itemconfig(oval, fill=fill_color[1])
fillbn = Button(bottomF, text='改变填充色',
    # 单击该按钮触发 change_fill 函数
    command=change_fill)
fillbn.pack(side=LEFT, ipadx=10, ipady=5, padx=3)
def change_outline():
    # 弹出颜色选择框，让用户选择颜色
    outline_color = colorchooser.askcolor(parent=root,
        title='选择边框颜色',
        # 初始颜色设置为椭圆当前的边框颜色（outline 选项值）
        color = cv.itemcget(oval, 'outline'))
```

```
    if outline_color is not None:
        cv.itemconfig(oval, outline=outline_color[1], width=4)
outlinebn = Button(bottomF, text='改变边框色',
    # 单击该按钮触发 change_outline 函数
    command=change_outline)
outlinebn.pack(side=LEFT, ipadx=10, ipady=5, padx=3)
movebn = Button(bottomF, text='右下移动',
    # 调用 move 方法移动图形项
    command=lambda : cv.move(oval, 15, 10))
movebn.pack(side=LEFT, ipadx=10, ipady=5, padx=3)
coordsbn = Button(bottomF, text='位置复位',
    # 调用 coords 方法重设图形项的大小和位置
    command=lambda : cv.coords(oval, 180, 50, 380, 180))
coordsbn.pack(side=LEFT, ipadx=10, ipady=5, padx=3)
# 再次添加 Frame 容器
bottomF = Frame(root)
bottomF.pack(fill=X,expand=True)
zoomoutbn = Button(bottomF, text='缩小',
    # 调用 scale 方法对图形项进行缩放
    # 前面两个参数指定缩放中心，后面两个参数指定横向、纵向的缩放比
    command=lambda : cv.scale(oval, 180, 50, 0.8, 0.8))
zoomoutbn.pack(side=LEFT, ipadx=10, ipady=5, padx=3)
zoominbn = Button(bottomF, text='放大',
    # 调用 scale 方法对图形项进行缩放
    # 前面两个参数指定缩放中心，后面两个参数指定横向、纵向的缩放比
    command=lambda : cv.scale(oval, 180, 50, 1.2, 1.2))
zoominbn.pack(side=LEFT, ipadx=10, ipady=5, padx=3)
def select_handler(ct):
    global current, current_outline, current_width
    # 如果 ct 元组包含了选择项
    if ct is not None and len(ct) > 0:
        ct = ct[0]
        # 如果 current 对应的图形项不为空
        if current is not None:
            # 恢复 current 对应的图形项的边框
            cv.itemconfig(current, outline=current_outline,
                width = current_width)
        # 获取当前所选择图形项的边框信息
        current_outline = cv.itemcget(ct, 'outline')
        current_width = cv.itemcget(ct, 'width')
        # 使用 current 保存当前选择项
        current = ct
def click_handler(event):
    # 获取当前所选择的图形项
    ct = cv.find_closest(event.x, event.y)
    # 调用 select_handler 处理选择图形项
    select_handler(ct)
def click_select():
    # 取消为“框选”绑定的两个事件处理函数
    cv.unbind('<B1-Motion>')
    cv.unbind('<ButtonRelease-1>')
    # 为“点选”绑定鼠标单击的事件处理函数
    cv.bind('<Button-1>', click_handler)
clickbn = Button(bottomF, text='点选图形项',
    # 单击该按钮触发 click_select 函数
    command=click_select)
clickbn.pack(side=LEFT, ipadx=10, ipady=5, padx=3)
# 记录鼠标拖动的第一个点的 x、y 坐标
firstx = firsty = None
# 记录上一次绘制的代表选择区的虚线框
prev_select = None
```

```
def drag_handler(event):
    global firstx, firsty, prev_select
    # 在刚开始拖动时，用鼠标位置为 firstx、firsty 赋值
    if firstx is None and firsty is None:
        firstx, firsty = event.x, event.y
    leftx, lefty = min(firstx, event.x), min(firsty, event.y)
    rightx, righty = max(firstx, event.x), max(firsty, event.y)
    # 删除上一次绘制的虚线选择框
    if prev_select is not None:
        cv.delete(prev_select)
    # 重新绘制虚线选择框
    prev_select = cv.create_rectangle(leftx, lefty, rightx, righty,
        dash=2)
def release_handler(event):
    global firstx, firsty
    if prev_select is not None:
        cv.delete(prev_select)
    if firstx is not None and firsty is not None:
        leftx, lefty = min(firstx, event.x), min(firsty, event.y)
        rightx, righty = max(firstx, event.x), max(firsty, event.y)
        firstx = firsty = None
        # 获取当前所选择的图形项
        ct = cv.find_enclosed(leftx, lefty, rightx, righty)
        # 调用 select_handler 处理选择图形项
        select_handler(ct)
def rect_select():
    # 取消为“点选”绑定的事件处理函数
    cv.unbind('<Button-1>')
    # 为“框选”绑定鼠标拖动、鼠标释放的事件处理函数
    cv.bind('<B1-Motion>', drag_handler)
    cv.bind('<ButtonRelease-1>', release_handler)
rectbn = Button(bottomF, text='框选图形项',
    # 单击该按钮触发 rect_select 函数
    command=rect_select)
rectbn.pack(side=LEFT, ipadx=10, ipady=5, padx=3)
deletebn = Button(bottomF, text='删除',
    # 删除图形项
    command=lambda : cv.delete(oval))
deletebn.pack(side=LEFT, ipadx=10, ipady=5, padx=3)
root.mainloop()
```

上面程序开始按顺序绘制了三个图形：矩形、椭圆和圆。由于椭圆是第二个绘制的，因此椭圆位于矩形的上面、圆的下面，效果如图 11.54 所示。此时椭圆能挡住矩形，圆又能挡住椭圆。

程序中第一行粗体字代码由第一个按钮的事件处理函数触发，这行粗体字代码将会把椭圆移动到它上面的图形项（圆）之上，这时将会看到椭圆挡住圆，效果如图 11.55 所示。

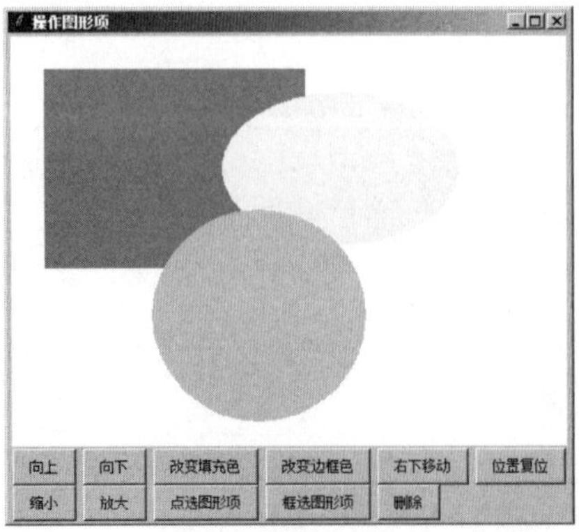

图 11.54　椭圆位于矩形之上、圆之下

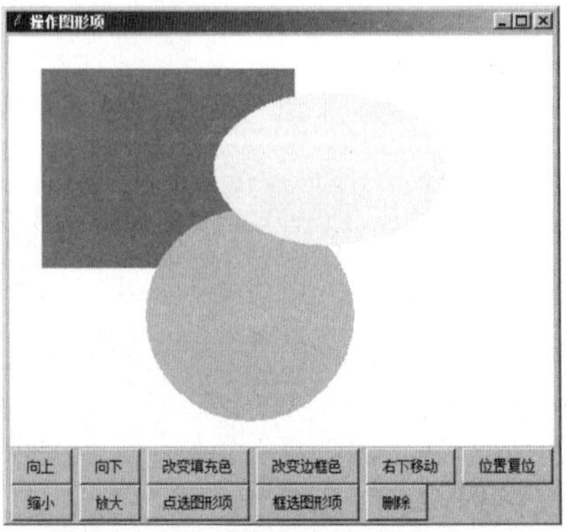

图 11.55　将椭圆移动到最上面

如果两次单击图 11.55 所示界面上的“向下”按钮，则会把椭圆移动到最下面（由程序中第二行粗体字代码控制实现），将会看到椭圆被矩形、圆挡住，效果如图 11.56 所示。

程序中第三行粗体字代码调用 Canvas 的 itemconfig()方法改变椭圆的 fill 选项值，这样即可改变椭圆的填充颜色；第四行粗体字代码调用 Canvas 的 itemconfig()方法改变椭圆的 outline、width 选项值，这样即可改变椭圆的边框。

程序中第五行粗体字代码调用 move()方法移动图形项。由于程序传入的两个参数都是正数，因此将会看到椭圆不断地向右下角移动。多次单击界面上的“右下移动”按钮，将会看到如图 11.57 所示的效果。

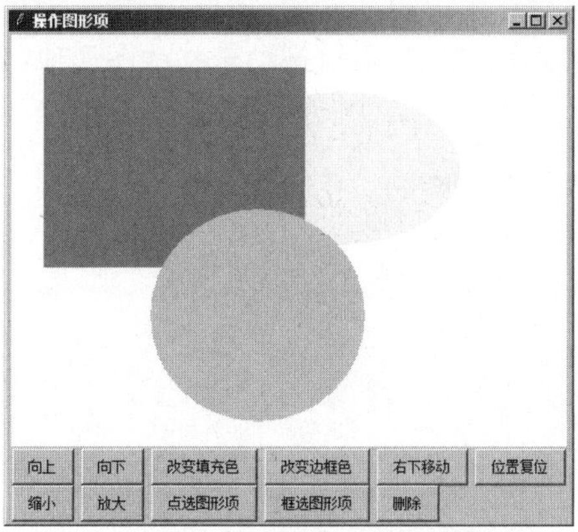

图 11.56 将椭圆移动到最下面

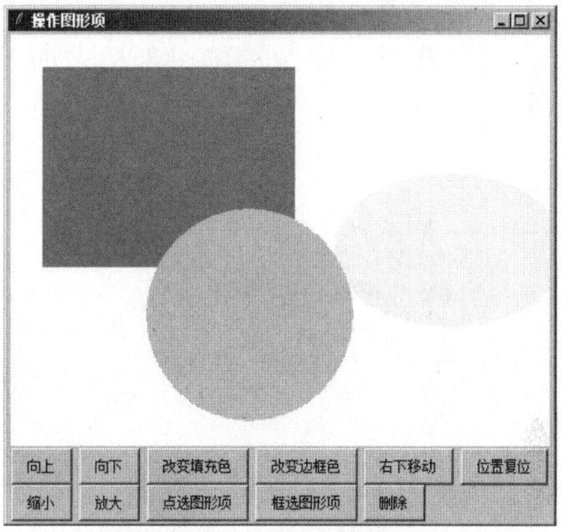

图 11.57 移动图形项

程序中第六行粗体字代码（由“位置复位”按钮触发）调用 coords()方法设置图形项的大小和位置。由于调用该方法时传入的参数与创建椭圆时指定的位置信息完全相同，因此单击“位置复位”按钮之后，将会看到椭圆再次回到原来的位置。

程序中第七行、第八行粗体字代码调用 Canvas 的 scale()方法缩放椭圆。

程序中第九行粗体字代码调用 Canvas 的 find_closest()方法获取与指定点最接近的图形项；第十行粗体字代码调用 Canvas 的 find_enclosed()方法获取指定矩形区域内的图形项；第十一行粗体字代码调用 Canvas 的 delete()方法删除图形项。

11.8.4 为图形项绑定事件

Canvas 提供了一个 tag_bind()方法，该方法用于为指定图形项绑定事件处理函数或方法，这样图形项就可以响应用户动作了。

下面程序示范了为矩形的单击事件绑定事件处理函数。

程序清单：codes\11\11.8\tag_bind_test.py

```
from tkinter import *

root = Tk()
# 创建一个 Canvas，设置其背景色为白色
cv = Canvas(root,bg = 'white')
cv.pack()
# 创建一个矩形
cv.create_rectangle(30, 30, 220, 150,
    width = 8,
    tags = ('r1','r2','r3'))
def first(event):
    print('第一次的函数')
def second(event):
    print('第二次的函数')
```

```
# 为指定图形项的左键单击事件绑定事件处理函数
cv.tag_bind('r1','<Button-1>', first)
# 为指定图形项的左键单击事件绑定事件处理函数
cv.tag_bind('r1','<Button-1>', second, add=True) # add为True表示添加，否则表示替代
root.mainloop()
```

上面程序中第一行粗体字代码为 r1 对应的图形项的左键单击事件绑定事件处理函数，第二行粗体字代码依然为 r1 对应的图形项的左键单击事件绑定事件处理函数，其中的 add 选项为 True，表示为该图形项再次添加一个事件处理函数（即为该图形项的单击事件绑定两个事件处理函数）；如果将 add 选项设为 False，则表示第二次添加的事件处理函数会取代第一次添加的事件处理函数。

下面将开发一个功能相对完善的绘图程序，该程序可以让用户绘制直线、矩形、椭圆、多边形，用户还可以通过鼠标左键单击来选中所绘制的图形，也可以通过鼠标右键拖动来移动图形项。程序代码如下。

程序清单：codes\11\11.8\simple_painter.py

```
from tkinter import *
# 导入ttk
from tkinter import ttk
from tkinter import colorchooser
import threading

class App:
    def __init__(self, master):
        self.master = master
        # 保存设置的初始的边框宽度
        self.width = IntVar()
        self.width.set(1)
        # 保存设置的初始的边框颜色
        self.outline = 'black'
        # 保存设置的初始的填充颜色
        self.fill = None
        # 记录拖动时前一个点的x、y坐标
        self.prevx = self.prevy = -10
        # 记录拖动开始的第一个点的x、y坐标
        self.firstx = self.firsty = -10
        # 记录拖动右键来移动图形时前一个点的x、y坐标
        self.mv_prevx = self.mv_prevy = -10
        # 用item_type记录要绘制哪种图形
        self.item_type = 0
        self.points = []
        self.init_widgets()
        self.temp_item = None
        self.temp_items = []
        # 初始化所选择的图形项
        self.choose_item = None
    # 创建界面组件
    def init_widgets(self):
        self.cv = Canvas(root, background='white')
        self.cv.pack(fill=BOTH, expand=True)
        # 为鼠标左键拖动事件、鼠标左键释放事件绑定事件处理函数
        self.cv.bind('<B1-Motion>', self.drag_handler)
        self.cv.bind('<ButtonRelease-1>', self.release_handler)
        # 为鼠标左键双击事件绑定事件处理函数
        self.cv.bind('<Double-1>', self.double_handler)
        f = ttk.Frame(self.master)
        f.pack(fill=X)
        self.bns = []
        # 采用循环创建多个按钮，用于绘制不同的图形
        for i, lb in enumerate(('直线', '矩形', '椭圆', '多边形', '铅笔')):
```

```
            bn = Button(f, text=lb, command=lambda i=i: self.choose_type(i))
            bn.pack(side=LEFT, ipadx=8,ipady=5, padx=5)
            self.bns.append(bn)
        # 默认选择直线
        self.bns[self.item_type]['relief'] = SUNKEN
        ttk.Button(f, text='边框颜色',
            command=self.choose_outline).pack(side=LEFT, ipadx=8,ipady=5, padx=5)
        ttk.Button(f, text='填充颜色',
            command=self.choose_fill).pack(side=LEFT, ipadx=8,ipady=5, padx=5)
        om = ttk.OptionMenu(f,
            self.width, # 绑定变量
            '1', # 设置初始选择值
            '0', # 以下多个值用于设置菜单项
            '1',
            '2',
            '3',
            '4',
            '5',
            '6',
            '7',
            '8',
            command = None)
        om.pack(side=LEFT, ipadx=8,ipady=5, padx=5)
    def choose_type(self, i):
        # 将所有按钮恢复为默认状态
        for b in self.bns: b['relief'] = RAISED
        # 将当前按钮设置为选择样式
        self.bns[i]['relief'] = SUNKEN
        # 设置要绘制的图形
        self.item_type = i
    # 处理选择边框颜色的方法
    def choose_outline(self):
        # 弹出颜色选择对话框
        select_color = colorchooser.askcolor(parent=self.master,
            title="请选择边框颜色", color=self.outline)
        if select_color is not None:
            self.outline = select_color[1]
    # 处理选择填充颜色的方法
    def choose_fill(self):
        # 弹出颜色选择对话框
        select_color = colorchooser.askcolor(parent=self.master,
            title="请选择填充颜色", color=self.fill)
        if select_color is not None:
            self.fill = select_color[1]
        else:
            self.fill = None
    def drag_handler(self, event):
        # 如果绘制直线
        if self.item_type == 0:
            # 如果第一个点不存在（self.firstx 和 self.firsty 都小于 0）
            if self.firstx < -1 and self.firsty < -1:
                self.firstx, self.firsty = event.x, event.y
            # 删除上一次绘制的虚线图形
            if self.temp_item is not None:
                self.cv.delete(self.temp_item)
            # 重新绘制虚线
            self.temp_item = self.cv.create_line(self.firstx, self.firsty,
                event.x, event.y, dash=2)
        # 如果绘制矩形或椭圆
        if self.item_type == 1 or self.item_type == 2:
            # 如果第一个点不存在（self.firstx 和 self.firsty 都小于 0）
            if self.firstx < -1 and self.firsty < -1:
```

```
                self.firstx, self.firsty = event.x, event.y
            # 删除上一次绘制的虚线图形
            if self.temp_item is not None:
                self.cv.delete(self.temp_item)
            leftx, lefty = min(self.firstx, event.x), min(self.firsty, event.y)
            rightx, righty = max(self.firstx, event.x), max(self.firsty, event.y)
            # 重新绘制虚线选择框
            self.temp_item = self.cv.create_rectangle(leftx, lefty, rightx, righty,
                dash=2)
        if self.item_type == 3:
            self.draw_polygon = True
            # 如果第一个点不存在（self.firstx 和 self.firsty 都小于 0）
            if self.firstx < -1 and self.firsty < -1:
                self.firstx, self.firsty = event.x, event.y
            # 删除上一次绘制的虚线图形
            if self.temp_item is not None:
                self.cv.delete(self.temp_item)
            # 重新绘制虚线
            self.temp_item = self.cv.create_line(self.firstx, self.firsty,
                event.x, event.y, dash=2)
        if self.item_type == 4:
            # 如果前一个点存在（self.prevx 和 self.prevy 都大于 0）
            if self.prevx > 0 and self.prevy > 0:
                self.cv.create_line(self.prevx, self.prevy, event.x, event.y,
                    fill=self.outline, width=self.width.get())
            self.prevx, self.prevy = event.x, event.y
    def item_bind(self, t):
        # 为鼠标右键拖动事件绑定事件处理函数
        self.cv.tag_bind(t, '<B3-Motion>', self.move)
        # 为鼠标右键释放事件绑定事件处理函数
        self.cv.tag_bind(t, '<ButtonRelease-3>', self.move_end)
    def release_handler(self, event):
        # 删除临时绘制的虚线图形项
        if self.temp_item is not None:
            # 如果不是绘制多边形
            if self.item_type != 3:
                self.cv.delete(self.temp_item)
            # 如果绘制多边形，将之前绘制的虚线先保存下来，以便后面删除它们
            else:
                self.temp_items.append(self.temp_item)
        self.temp_item = None
       # 如果绘制直线
        if self.item_type == 0:
            # 如果第一个点存在（self.firstx 和 self.firsty 都大于 0）
            if self.firstx > 0 and self.firsty > 0:
                # 绘制实际的直线
                t = self.cv.create_line(self.firstx, self.firsty,
                    event.x, event.y, fill=self.outline, width=self.width.get())
                # 为鼠标左键单击事件绑定事件处理函数，用于选择被单击的图形项
                self.cv.tag_bind(t, '<Button-1>',
                    lambda event=event, t=t: self.choose_item_handler(event,t))
                self.item_bind(t)
        # 如果绘制矩形或椭圆
        if self.item_type == 1 or self.item_type == 2:
            # 如果第一个点存在（self.firstx 和 self.firsty 都大于 0）
            if self.firstx > 0 and self.firsty > 0:
                leftx, lefty = min(self.firstx, event.x), min(self.firsty, event.y)
                rightx, righty = max(self.firstx, event.x), max(self.firsty, event.y)
                if self.item_type == 1:
                    # 绘制实际的矩形
                    t = self.cv.create_rectangle(leftx, lefty, rightx, righty,
                        outline=self.outline, fill=self.fill, width=self.width.get())
```

```
                if self.item_type == 2:
                    # 绘制实际的椭圆
                    t = self.cv.create_oval(leftx, lefty, rightx, righty,
                        outline=self.outline, fill=self.fill, width=self.width.get())
                # 为鼠标左键单击事件绑定事件处理函数，用于选择被单击的图形项
                self.cv.tag_bind(t, '<Button-1>',
                    lambda event=event, t=t: self.choose_item_handler(event,t))
                self.item_bind(t)
        if self.item_type != 3:
            self.prevx = self.prevy = -10
            self.firstx = self.firsty = -10
        # 如果正在绘制多边形
        elif(self.draw_polygon):
            # 将第一个点添加到列表中
            self.points.append((self.firstx, self.firsty))
            self.firstx, self.firsty = event.x, event.y
    def double_handler(self, event):
        # 只处理绘制多边形的情形
        if self.item_type == 3:
            t = self.cv.create_polygon(*self.points,
                outline=self.outline, fill="" if self.fill is None else self.fill,
                width=self.width.get())
            # 为鼠标左键单击事件绑定事件处理函数，用于选择被单击的图形项
            self.cv.tag_bind(t, '<Button-1>',
                lambda event=event, t=t: self.choose_item_handler(event,t))
            self.item_bind(t)
            # 清空所有保存的点数据
            self.points.clear()
            # 将self.firstx = self.firsty 设置为-10，停止绘制
            self.firstx = self.firsty = -10
            # 删除所有临时的虚线框
            for it in self.temp_items: self.cv.delete(it)
            self.temp_items.clear()
            self.draw_polygon = False
    # 根据传入的参数 t 来选择对应的图形项
    def choose_item_handler(self, event, t):
        # 使用 self.choose_item 保存当前选择项
        self.choose_item = t
    # 定义移动图形项的方法
    def move(self, event):
        # 只有当被选择的图形项不为空时，才可以执行移动
        if self.choose_item is not None:
            # 如果前一个点存在（self.mv_prevx 和 self.mv_prevy 都大于 0）
            if self.mv_prevx > 0 and self.mv_prevy > 0:
                # 移动所选择的图形项
                self.cv.move(self.choose_item, event.x - self.mv_prevx,
                    event.y - self.mv_prevy)
            self.mv_prevx, self.mv_prevy = event.x, event.y
    # 结束移动的方法
    def move_end(self, event):
        self.mv_prevx = self.mv_prevy = -10
    def delete_item(self, event):
        # 如果被选择的图形项不为空，则删除被选择的图形项
        if self.choose_item is not None:
            self.cv.delete(self.choose_item)
root = Tk()
root.title("绘图工具")
root.iconbitmap('images/fklogo.ico')
root.geometry('800x680')
app = App(root)
root.bind('<Delete>', app.delete_item)
root.mainloop()
```

上面程序稍微有点复杂，这是由于该程序并不是简单地绘制图形，而是当用户拖动鼠标时可以动态地绘制虚线图形，只有当用户松开鼠标时才真正完成绘制，因此该程序完全是一个很实用的绘图工具。

程序中第一行粗体字代码为鼠标右键拖动事件绑定事件处理函数，该事件处理函数会根据用户的鼠标拖动来移动图形项；第二行粗体字代码为鼠标右键松开事件绑定事件处理函数，该事件处理函数会结束鼠标拖动行为。

接下来程序中的所有粗体字代码都完成一件事情：为程序绘制的图形项的鼠标左键单击事件绑定事件处理函数，当用户在图形项上单击鼠标时，程序会选中该图形项——由于程序为所有图形项的鼠标左键单击事件都绑定了事件处理函数，因此不管用户单击哪个图形项，程序都会选择该图形项，接下来就可以操作和删除该图形项了。

程序中最后一行粗体字代码为 Delete 按键事件绑定事件处理函数，当用户按 Delete 键时，程序会删除当前所选择的图形项。

运行上面程序，用户完全可以按照自己的意愿进行创作，绘制各种图形。随意创作后的效果如图 11.58 所示。

图 11.58　绘图工具

上面程序还有一个小小的问题：当用户选择指定图形项时，看不出到底选中了没有。而对于一个更实用的程序来说，当用户选择指定图形时，程序应该高亮显示该图形。在本书配套代码的 codes\11\11.8\目录下有一个更完善的 painter.py 程序，这个程序在 simple_painter.py 的基础上做了一些增强：当用户选择指定图形时，程序会高亮显示该图形。由于设置直线的颜色是通过 fill 选项，而设置其他几何图形的颜色则是通过 outline 选项，因此程序要分开处理直线和其他几何图形的高亮显示，所以 painter.py 程序比 simple_painter.py 程序要复杂一些。

11.8.5　绘制动画

其实前面程序中的高亮显示已经是动画效果了。程序会用红色、黄色交替显示几何图形的边框，这样看上去就是动画效果了。实现其他动画效果也是这个原理，程序只要增加一个定时器，周期性地改变界面上图形项的颜色、大小、位置等选项，用户看上去就是所谓的“动画”了。

下面以一个简单的桌面弹球游戏来介绍使用 Canvas 绘制动画。在游戏界面上会有一个小球，该小球会在界面上滚动，遇到边界或用户挡板就会反弹。该程序涉及两个动画。

- 小球转动：小球转动是一个“逐帧动画”，程序会循环显示多张转动的小球图片，这样用户就会看到小球转动的效果。
- 小球移动：只要改变小球的坐标程序就可以控制小球移动。

为了让用户控制挡板移动，程序还为 Canvas 的向左箭头、向右箭头绑定了事件处理函数。下面是桌面弹球游戏的程序（备注：本程序同样修改自 Charlie 小朋友的程序，删除了他的部分代码，增加了注释）。

程序清单：codes\11\11.8\pin_ball.py

```
from tkinter import *
import threading
import random
GAME_WIDTH = 500
```

```
GAME_HEIGHT = 680
BOARD_X = 230
BOARD_Y = 600
BOARD_WIDTH = 80
BALL_RADIUS = 9
class App:
    def __init__(self, master):
        self.master = master
        # 记录小球动画的第几帧
        self.ball_index = 0
        # 记录游戏是否失败的旗标
        self.is_lose = False
        # 初始化记录小球位置的变量
        self.curx = 260
        self.cury = 30
        self.boardx = BOARD_X
        self.init_widgets()
        self.vx = random.randint(3, 6) # x 方向的速度
        self.vy = random.randint(5, 10) # y 方向的速度
        # 通过定时器指定 0.1s 之后执行 moveball 函数
        self.t = threading.Timer(0.1, self.moveball)
        self.t.start()
    # 创建界面组件
    def init_widgets(self):
        self.cv = Canvas(root, background='white',
            width=GAME_WIDTH, height=GAME_HEIGHT)
        self.cv.pack()
        # 让画布得到焦点，从而可以响应按键事件
        self.cv.focus_set()
        self.cv.bms = []
        # 初始化小球的动画帧
        for i in range(8):
            self.cv.bms.append(PhotoImage(file='images/ball_' + str(i+1) + '.gif'))
        # 绘制小球
        self.ball = self.cv.create_image(self.curx, self.cury,
            image=self.cv.bms[self.ball_index])
        self.board = self.cv.create_rectangle(BOARD_X, BOARD_Y,
            BOARD_X + BOARD_WIDTH, BOARD_Y + 20, width=0, fill='lightblue')
        # 为向左箭头绑定事件处理函数，挡板左移
        self.cv.bind('<Left>', self.move_left)
        # 为向右箭头绑定事件处理函数，挡板右移
        self.cv.bind('<Right>', self.move_right)
    def move_left(self, event):
        if self.boardx <= 0:
            return
        self.boardx -= 5
        self.cv.coords(self.board, self.boardx, BOARD_Y,
            self.boardx + BOARD_WIDTH, BOARD_Y + 20)
    def move_right(self, event):
        if self.boardx + BOARD_WIDTH >= GAME_WIDTH:
            return
        self.boardx += 5
        self.cv.coords(self.board, self.boardx, BOARD_Y,
            self.boardx + BOARD_WIDTH, BOARD_Y + 20)
    def moveball(self):
        self.curx += self.vx
        self.cury += self.vy
        # 小球到了右边墙壁，转向
        if self.curx + BALL_RADIUS >= GAME_WIDTH:
            self.vx = -self.vx
        # 小球到了左边墙壁，转向
        if self.curx - BALL_RADIUS <= 0:
            self.vx = -self.vx
```

```
        # 小球到了上边墙壁，转向
        if self.cury - BALL_RADIUS <= 0:
            self.vy = -self.vy
        # 小球到了挡板处
        if self.cury + BALL_RADIUS >= BOARD_Y:
            # 如果在挡板范围内
            if self.boardx <= self.curx <= (self.boardx + BOARD_WIDTH):
                self.vy = -self.vy
            else:
                messagebox.showinfo(title='失败', message='您已经输了')
                self.is_lose = True
        self.cv.coords(self.ball, self.curx, self.cury)
        self.ball_index += 1
        self.cv.itemconfig(self.ball, image=self.cv.bms[self.ball_index % 8])
        # 如果游戏还未失败，让定时器继续执行
        if not self.is_lose:
            # 通过定时器指定 0.1s 之后执行 moveball 函数
            self.t = threading.Timer(0.1, self.moveball)
            self.t.start()
root = Tk()
root.title("弹球游戏")
root.iconbitmap('images/fklogo.ico')
root.geometry('%dx%d' % (GAME_WIDTH, GAME_HEIGHT))
# 禁止改变窗口大小
root.resizable(width=False, height=False)
App(root)
root.mainloop()
```

上面程序中前两行粗体字代码通过线程启动了一个定时器，该定时器控制 moveball()方法每隔 0.1 秒执行一次，而 moveball()方法中第一行粗体字代码用于改变小球的坐标，这样可以实现小球移动的效果；第二行粗体字代码则用于改变小球的图片，这样可以实现小球滚动的效果。

运行上面程序，可以看到如图 11.59 所示的游戏效果。

图 11.59　桌面弹球游戏

提示

如果读者对使用 Python 开发游戏有很浓厚的兴趣，则不要局限于使用简单的 Tkinter 和 Canvas 画布。记住 Python 的优势：拥有大量的工具和库。如果想使用 Python 开发游戏，则尽量考虑使用专业的游戏工具库，比如 Pygame。

11.9 本章小结

本章主要介绍了 Tkinter GUI 编程的基本知识。本章开始简单介绍了 Python 的几种常见的 GUI 库，本章主要以 Python 自带的 Tkinter 库为例来介绍 GUI 编程。

本章介绍了 Tkinter GUI 编程的基本概念，详细介绍了 Tkinter GUI 的三种布局管理器。本章重点介绍了 Tkinter GUI 编程的事件绑定机制，包括简单地使用 command 选项绑定事件处理函数，使用 bind()方法绑定事件处理函数。此外，本章也大致介绍了 Tkinter GUI 的常用组件，如按钮、文本框、对话框、菜单等。本章还介绍了如何在 Tkinter GUI 程序中绘图，包括绘制各种基本的几何图形和位图，并通过简单的桌面弹球游戏介绍了如何在 GUI 程序中实现动画效果。

本章练习

1. 使用 Tkinter 编写图形界面的计算器。
2. 开发并完善本章介绍的桌面弹球游戏，为桌面弹球游戏增加一些障碍物。
3. 开发并完善本章介绍的五子棋游戏，为游戏增加判断输赢的功能。
4. 开发并完善本章介绍的画图程序。

CHAPTER

12

第 12 章 文件 I/O

本章要点

- pathlib 模块的 PurePath 和 Path
- 使用 os.path 模块操作目录
- 使用 fnmatch 处理文件名匹配
- 打开文件的模式与缓冲的概念
- 按字节或字符读取文件
- 按行读取文件内容
- 使用 fileinput 读取文件内容
- 使用文件迭代器读取文件
- 管道输入
- 使用 with 语句处理资源关闭
- 使用 linecache 随机读取指定行
- 文件指针和操作文件指针的方法
- 写文件
- os 模块提供的 I/O 函数
- 使用 tempfile 模块生成临时文件和临时目录

I/O（输入/输出）是比较乏味的事情，因为看不到明显的运行效果；但 I/O 是所有程序都必需的部分——使用输入机制，允许程序读取外部数据（包括来自磁盘、光盘等存储设备的数据），用户输入数据；使用输出机制，允许程序记录运行状态，将程序数据输出到磁盘、光盘等存储设备中。

Python 提供了非常丰富的 I/O 支持，它既提供了 pathlib 和 os.path 来操作各种路径，也提供了全局的 open()函数来打开文件——在打开文件之后，程序既可读取文件的内容，也可向文件输出内容。而且 Python 提供了多种方式来读取文件内容，因此非常简单、灵活。此外，在 Python 的 os 模块下也包含了大量进行文件 I/O 的函数，使用这些函数来读取、写入文件也很方便，因此读者可以根据需要选择不同的方式来读写文件。

Python 还提供了 tempfile 模块来创建临时文件和临时目录，tempfile 模块下的高级 API 会自动管理临时文件的创建和删除：当程序不再使用临时文件和临时目录时，程序会自动删除临时文件和临时目录。

12.1　使用 pathlib 模块操作目录

pathlib 模块提供了一组面向对象的类，这些类可代表各种操作系统上的路径，程序可通过这些类操作路径。pathlib 模块下的类如图 12.1 所示。

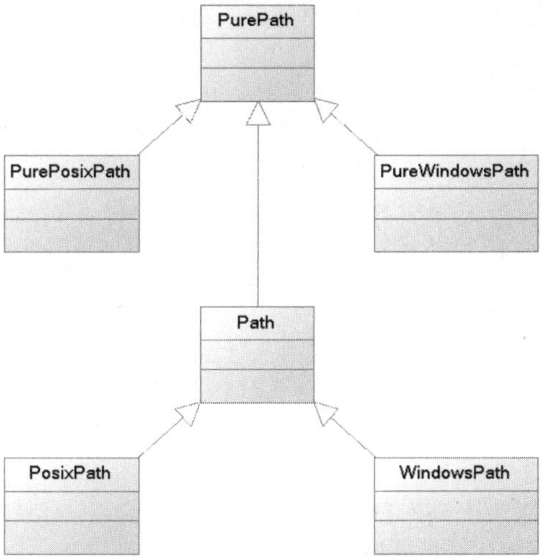

图 12.1　pathlib 模块下的类

- PurePath：代表并不访问实际文件系统的“纯路径”。简单来说，PurePath 只是负责对路径字符串执行操作，至于该字符串是否对应实际的路径，它并不关心。PurePath 有两个子类，即 PurePosixPath 和 PureWindowsPath，分别代表 UNIX 风格的路径（包括 Mac OS X）和 Windows 风格的路径。

提示：

UNIX 风格的路径和 Windows 风格的路径的主要区别在于根路径和路径分隔符：UNIX 风格的路径的根路径是斜杠（/），而 Windows 风格的路径的根路径是盘符（c:）；UNIX 风格的路径的分隔符是斜杠（/），而 Windows 风格的路径的分隔符是反斜杠（\）。

- Path：代表访问实际文件系统的“真正路径”。Path 对象可用于判断对应的文件是否存在、是否为文件、是否为目录等。Path 同样有两个子类，即 PosixPath 和 WindowsPath。

12.1.1　PurePath 的基本功能

程序可使用 PurePath 或它的两个子类来创建 PurePath 对象，如果在 UNIX 或 Mac OS X 系统上使用 PurePath 创建对象，程序实际返回 PurePosixPath 对象；如果在 Windows 系统上使用 PurePath 创建对象，程序实际返回 PureWindowsPath 对象。

如果程序明确希望创建 PurePosixPath 或 PureWindowsPath 对象，则应该直接使用 PurePath 的子类。

程序在创建 PurePath 和 Path 时，既可传入单个路径字符串，也可传入多个路径字符串，PurePath 会将它们拼接成一个字符串。例如如下程序。

程序清单：codes\12\12.1\PurePath_test.py

```
from pathlib import *

# 创建 PurePath，实际上使用 PureWindowsPath
pp = PurePath('setup.py')
print(type(pp))  # <class 'pathlib.PureWindowsPath'>
pp = PurePath('crazyit', 'some/path', 'info')
# 看到输出 Windows 风格的路径
print(pp) # 'crazyit\some\path\info'
pp = PurePath(Path('crazyit'), Path('info'))
# 看到输出 Windows 风格的路径
print(pp) # 'crazyit\info'
# 明确指定创建 PurePosixPath
pp = PurePosixPath('crazyit', 'some/path', 'info')
# 看到输出 UNIX 风格的路径
print(pp) # crazyit/some/path/info
```

如果在创建 PurePath 时不传入任何参数，系统默认创建代表当前路径的 PurePath，相当于传入点号（.代表当前路径）作为参数。例如如下代码（程序清单同上）。

```
# 如果不传入参数，默认使用当前路径
pp = PurePath()
print(pp) # .
```

如果在创建 PurePath 时传入的参数包含多个根路径，则只有最后一个根路径及后面的子路径生效。例如如下代码（程序清单同上）。

```
# 如果传入的参数包含多个根路径，则只有最后一个根路径及后面的子路径生效
pp = PurePosixPath('/etc', '/usr', 'lib64')
print(pp) # /usr/lib64
pp = PureWindowsPath('c:/Windows', 'd:info')
print(pp) # d:info
```

需要说明的是，在 Windows 风格的路径中，只有盘符才能算根路径，仅有斜杠是不算的。例如如下代码（程序清单同上）。

```
# 在 Windows 风格的路径中，只有盘符才算根路径
pp = PureWindowsPath('c:/Windows', '/Program Files')
print(pp) # c:\Program Files
```

如果在创建 PurePath 时传入的路径字符串中包含多余的斜杠和点号，系统会直接忽略它们。但不会忽略两点，因为两点在路径中有实际意义（两点代表上一级路径）。例如如下代码（程序清单同上）。

```
# 在路径字符串中多出来的斜杠和点号（代表当前路径）都会被忽略
pp = PurePath('foo//bar')
print(pp) # foo\bar
pp = PurePath('foo/./bar')
print(pp) # foo\bar
```

```
pp = PurePath('foo/../bar')
print(pp) # foo\..\bar，相当于找和 foo 同一级的 bar 路径
```

PurePath 对象支持各种比较运算符，它们既可比较是否相等，也可比较大小——实际上就是比较它们的路径字符串。

提示：

PurePath 只是代表特定平台的路径字符串，读者可以把它们看作包装后的字符串——它们的本质就是字符串。

下面程序示范了 PurePath 对象的比较运算。

程序清单：codes\12\12.1\PurePath_test2.py

```
from pathlib import *

# 比较两个 UNIX 风格的路径，区分大小写
print(PurePosixPath('info') == PurePosixPath('INFO')) # False
# 比较两个 Windows 风格的路径，不区分大小写
print(PureWindowsPath('info') == PureWindowsPath('INFO')) # True
# Windows 风格的路径不区分大小写
print(PureWindowsPath('INFO') in { PureWindowsPath('info') })# True
# UNIX 风格的路径区分大小写，所以'D:'小于'c:'
print(PurePosixPath('D:') < PurePosixPath('c:')) # True
# Windows 风格的路径不区分大小写，所以'd:'（D:）大于'c:'
print(PureWindowsPath('D:') > PureWindowsPath('c:')) # True
```

对于不同风格的 PurePath，它们依然可以比较是否相等（结果总是返回 False），但不能比较大小，否则会引发错误。例如如下代码（程序清单同上）。

```
# 不同风格的路径可以判断是否相等（总不相等）
print(PureWindowsPath('crazyit') == PurePosixPath('crazyit')) # False
# 不同风格的路径不能判断大小，否则会引发错误
print(PureWindowsPath('info') < PurePosixPath('info')) # TypeError
```

PurePath 对象支持斜杠（/）作为运算符，该运算符的作用是将多个路径连接起来。不管是 UNIX 风格的路径，还是 Windows 风格的路径，都是使用斜杠作为连接运算符的（程序清单同上）。

```
pp = PureWindowsPath('abc')
# 将多个路径连接起来（Windows 风格的路径）
print(pp / 'xyz' / 'wawa') # abc\xyz\wawa
pp = PurePosixPath('abc')
# 将多个路径连接起来（UNIX 风格的路径）
print(pp / 'xyz' / 'wawa') # abc/xyz/wawa
pp2 = PurePosixPath('haha', 'hehe')
# 将 pp、pp2 两个路径连接起来
print(pp / pp2) # abc/haha/hehe
```

正如从上面程序中粗体字代码所看到的，程序将使用斜杠来连接多个 Windows 路径，连接完成后可以看到 Windows 路径的分隔符依然是反斜杠。

PurePath 的本质其实就是字符串，因此程序可使用 str()将它们恢复成字符串对象。在恢复成字符串对象时会转换为对应平台风格的字符串。例如如下代码（程序清单同上）。

```
pp = PureWindowsPath('abc', 'xyz', 'wawa')
print(str(pp)) # abc\xyz\wawa
pp = PurePosixPath('abc', 'xyz', 'wawa')
print(str(pp)) # abc/xyz/wawa
```

上面程序在创建 PurePath 时传入的参数完全相同，但在创建 PureWindowsPath 对象后路径字符串使用反斜杠作为分隔符；在创建 PurePosixPath 对象后路径字符串使用斜杠作为分隔符。

12.1.2 PurePath 的属性和方法

PurePath 提供了不少属性和方法，这些属性和方法主要还是用于操作路径字符串。由于 PurePath 并不真正执行底层的文件操作，也不理会路径字符串在底层是否有对应的路径，因此这些操作有点类似于字符串方法。

- PurePath.parts：该属性返回路径字符串中所包含的各部分。
- PurePath.drive：该属性返回路径字符串中的驱动器盘符。
- PurePath.root：该属性返回路径字符串中的根路径。
- PurePath.anchor：该属性返回路径字符串中的盘符和根路径。
- PurePath.parents：该属性返回当前路径的全部父路径。
- PurePath.parent：该属性返回当前路径的上一级路径，相当于 parents[0]的返回值。
- PurePath.name：该属性返回当前路径中的文件名。
- PurePath.suffixes：该属性返回当前路径中的文件所有后缀名。
- PurePath.suffix：该属性返回当前路径中的文件后缀名。相当于 suffixes 属性返回的列表的最后一个元素。
- PurePath.stem：该属性返回当前路径中的主文件名
- PurePath.as_posix()：将当前路径转换成 UNIX 风格的路径。
- PurePath.as_uri()：将当前路径转换成 URI。只有绝对路径才能转换，否则将会引发 ValueError。
- PurePath.is_absolute()：判断当前路径是否为绝对路径。
- PurePath.joinpath(*other)：将多个路径连接在一起，作用类似于前面介绍的斜杠运算符。
- PurePath.match(pattern)：判断当前路径是否匹配指定通配符。
- PurePath.relative_to(*other)：获取当前路径中去除基准路径之后的结果。
- PurePath.with_name(name)：将当前路径中的文件名替换成新文件名。如果当前路径中没有文件名，则会引发 ValueError。
- PurePath.with_suffix(suffix)：将当前路径中的文件后缀名替换成新的后缀名。如果当前路径中没有后缀名，则会添加新的后缀名。

下面程序大致测试了上面属性和方法的用法。

程序清单：codes\12\12.1\PurePath_test3.py

```
from pathlib import *

# 访问 drive 属性
print(PureWindowsPath('c:/Program Files/').drive)  # c:
print(PureWindowsPath('/Program Files/').drive)  # ''
print(PurePosixPath('/etc').drive)  # ''

# 访问 root 属性
print(PureWindowsPath('c:/Program Files/').root)  # \
print(PureWindowsPath('c:Program Files/').root)  # ''
print(PurePosixPath('/etc').root)  # /

# 访问 anchor 属性
print(PureWindowsPath('c:/Program Files/').anchor)  # c:\
print(PureWindowsPath('c:Program Files/').anchor)  # c:
print(PurePosixPath('/etc').anchor)  # /

# 访问 parents 属性
pp = PurePath('abc/xyz/wawa/haha')
print(pp.parents[0])  # abc\xyz\wawa
print(pp.parents[1])  # abc\xyz
print(pp.parents[2])  # abc
```

```
print(pp.parents[3]) # .
# 访问 parent 属性
print(pp.parent) # abc\xyz\wawa

# 访问 name 属性
print(pp.name) # haha
pp = PurePath('abc/wawa/bb.txt')
print(pp.name) # bb.txt

pp = PurePath('abc/wawa/bb.txt.tar.zip')
# 访问 suffixes 属性
print(pp.suffixes[0]) # .txt
print(pp.suffixes[1]) # .tar
print(pp.suffixes[2]) # .zip
# 访问 suffix 属性
print(pp.suffix) # .zip
print(pp.stem) # bb.txt.tar

pp = PurePath('abc', 'xyz', 'wawa', 'haha')
print(pp) # abc\xyz\wawa\haha
# 转换成 UNIX 风格的路径
print(pp.as_posix()) # abc/xyz/wawa/haha
# 将相对路径转换成 URI 引发异常
#print(pp.as_uri()) # ValueError
# 创建绝对路径
pp = PurePath('d:/', 'Python', 'Python3.6')
# 将绝对路径转换成 URI
print(pp.as_uri()) # file:///d:/Python/Python3.6

# 判断当前路径是否匹配指定通配符
print(PurePath('a/b.py').match('*.py')) # True
print(PurePath('/a/b/c.py').match('b/*.py')) # True
print(PurePath('/a/b/c.py').match('a/*.py')) # False

pp = PurePosixPath('c:/abc/xyz/wawa')
# 测试 relative_to 方法
print(pp.relative_to('c:/'))  # abc\xyz\wawa
print(pp.relative_to('c:/abc'))  # xyz\wawa
print(pp.relative_to('c:/abc/xyz'))  # wawa

# 测试 with_name 方法
p = PureWindowsPath('e:/Downloads/pathlib.tar.gz')
print(p.with_name('fkit.py')) # e:\Downloads\fkit.py
p = PureWindowsPath('c:/')
#print(p.with_name('fkit.py')) # ValueError

# 测试 with_suffix 方法
p = PureWindowsPath('e:/Downloads/pathlib.tar.gz')
print(p.with_suffix('.zip'))  # e:\Downloads\pathlib.tar.zip
p = PureWindowsPath('README')
print(p.with_suffix('.txt'))  # README.txt
```

上面程序在测试每个方法后都给出了对应的输出结果，读者可结合程序的输出结果来理解 PurePath 各属性和方法的功能。

12.1.3 Path 的功能和用法

Path 是 PurePath 的子类，它除支持 PurePath 的各种操作、属性和方法之外，还会真正访问底层的文件系统，包括判断 Path 对应的路径是否存在，获取 Path 对应路径的各种属性（如是否只读、是文件还是文件夹等），甚至可以对文件进行读写。

提示：

PurePath 和 Path 最根本的区别在于：PurePath 的本质依然是字符串，而 Path 则会真正访问底层的文件路径，因此它提供了属性和方法来访问底层的文件系统。

关于 Path 的大量属性和方法本章不再详细列出，读者可参考 https://docs.python.org/3/library/pathlib.html 进行查阅。

Path 同样提供了两个子类：PosixPath 和 WindowsPath，其中前者代表 UNIX 风格的路径；后者代表 Windows 风格的路径。

Path 对象包含了大量 is_xxx()方法，用于判断该 Path 对应的路径是否为 xxx。Path 包含一个 exists()方法，用于判断该 Path 对应的目录是否存在。

Path 还包含一个很常用的 iterdir()方法，该方法可返回 Path 对应目录下的所有子目录和文件。此外，Path 还包含一个 glob()方法，用于获取 Path 对应目录及其子目录下匹配指定模式的所有文件。借助于 glob()方法，可以非常方便地查找指定文件。

下面程序示范了 Path 的简单用法。

程序清单：codes\12\12.1\Path_test1.py

```
from pathlib import *

# 获取当前目录
p = Path('.')
# 遍历当前目录下的所有文件和子目录
for x in p.iterdir():
    print(x)

# 获取上一级目录
p = Path('../')
# 获取上级目录及其所有子目录下的.py 文件
for x in p.glob('**/*.py'):
    print(x)

# 获取 g:/publish/codes 对应的目录
p = Path('g:/publish/codes')
# 获取上级目录及其所有子目录下的.py 文件
for x in p.glob('**/Path_test1.py'):
    print(x)
```

上面程序中第一行粗体字代码调用了 Path 的 iterdir()方法，该方法将会返回当前目录下的所有文件和子目录；第二行粗体字代码调用了 glob()方法，获取上一级目录及其所有子目录下的*.py 文件；第三行粗体字代码用于获取 g:/publish/codes 目录及其所有子目录下的 Path_test1.py 文件。

运行上面程序，可以看到如下输出结果。

```
Path_test1.py
PurePath_test1.py
PurePath_test2.py
PurePath_test3.py
..\12.1\Path_test1.py
..\12.1\PurePath_test1.py
..\12.1\PurePath_test2.py
..\12.1\PurePath_test3.py
g:\publish\codes\12\12.1\path_test1.py
```

从上面的输出结果来看，不管是遍历当前目录下的文件和子目录，还是搜索指定目录及其子目录，Path 对象都能用一个方法搞定——对于不少语言来说，Path 的 glob()方法所实现的功能，其他语言往往要通过递归才能实现，这可能就是 Python 的魅力所在。

此外，Path 还提供了 read_bytes()和 read_text(encoding=None, errors=None)方法，分别用于读取该 Path 对应文件的字节数据（二进制数据）和文本数据；也提供了 write_bytes(data)和 Path.write_text(data, encoding=None, errors=None)方法来输出字节数据（二进制数据）和文本数据。

下面程序示范了使用 Path 来读写文件。

程序清单：codes\12\12.1\Path_test2.py

```
from pathlib import *

p = Path('a_test.txt')
# 指定以 GBK 字符集输出文本内容
result = p.write_text('''有一个美丽的新世界
它在远方等我
那里有天真的孩子
还有姑娘的酒窝''', encoding='GBK')
# 返回输出的字符数
print(result)

# 指定以 GBK 字符集读取文本内容
content = p.read_text(encoding='GBK')
# 输出所读取的文本内容
print(content)

# 读取字节内容
bb = p.read_bytes()
print(bb)
```

上面程序中第一行粗体字代码使用 GBK 字符集调用 write_text()方法输出字符串内容，该方法将会返回实际输出的字符个数；第二行粗体字代码使用 GBK 字符集读取文件的字符串内容，该方法将会返回整个文件的内容，也就是刚刚输出的内容。

12.2 使用 os.path 操作目录

在 os.path 模块下提供了一些操作目录的方法，这些函数可以操作系统的目录本身。该模块提供了 exists()函数判断该目录是否存在；也提供了 getctime()、getmtime()、getatime()函数来获取该目录的创建时间、最后一次修改时间、最后一次访问时间；还提供了 getsize()函数来获取指定文件的大小。

下面程序示范了 os.path 模块下的操作目录的常见函数的功能和用法。

程序清单：codes\12\12.2\os.path_test.py

```
import os
import time

# 获取绝对路径
print(os.path.abspath("abc.txt")) # G:\publish\codes\12\12.2\abc.txt
# 获取共同前缀名
print(os.path.commonprefix(['/usr/lib', '/usr/local/lib'])) # /usr/l
# 获取共同路径
print(os.path.commonpath(['/usr/lib', '/usr/local/lib'])) # \usr
# 获取目录
print(os.path.dirname('abc/xyz/README.txt')) #abc/xyz
# 判断指定目录是否存在
print(os.path.exists('abc/xyz/README.txt')) # False
# 获取最近一次访问时间
print(time.ctime(os.path.getatime('os.path_test.py')))
# 获取最后一次修改时间
```

```
print(time.ctime(os.path.getmtime('os.path_test.py')))
# 获取创建时间
print(time.ctime(os.path.getctime('os.path_test.py')))
# 获取文件大小
print(os.path.getsize('os.path_test.py'))
# 判断是否为文件
print(os.path.isfile('os.path_test.py')) # True
# 判断是否为目录
print(os.path.isdir('os.path_test.py')) # False
# 判断是否为同一个文件
print(os.path.samefile('os.path_test.py', './os.path_test.py')) # True
```

运行上面程序，大部分函数的输出结果都通过注释给出了，程序中 getatime()、getmtime()、getctime()三个函数分别获取了文件的最后一次访问时间、最后一次修改时间和创建时间。读者可通过运行该程序来理解 os.path 模块下这些函数的功能。

12.3 使用 fnmatch 处理文件名匹配

前面介绍的那些操作目录的函数只能进行简单的模式匹配，但 fnmatch 模块可以支持类似于 UNIX shell 风格的文件名匹配。

fnmatch 匹配支持如下通配符。

- *：可匹配任意个任意字符。
- ?：可匹配一个任意字符。
- [字符序列]：可匹配中括号里字符序列中的任意字符。该字符序列也支持中画线表示法。比如[a-c]可代表 a、b 和 c 字符中任意一个。
- [!字符序列]：可匹配不在中括号里字符序列中的任意字符。

在该模块下提供了如下函数。

- fnmatch.fnmatch(filename, pattern)：判断指定文件名是否匹配指定 pattern。

如下程序示范了 fnmatch()函数的用法。

程序清单：codes\12\12.3\os.path_test.py

```
from pathlib import *
import fnmatch

# 遍历当前目录下的所有文件和子目录
for file in Path('.').iterdir():
    # 访问所有以_test.py结尾的文件
    if fnmatch.fnmatch(file, '*_test.PY'):
        print(file)
```

上面程序先遍历当前目录下的所有文件和子目录，然后粗体字代码调用 fnmatch()函数判断所有以_test.py 结尾的文件，并将该文件打印出来。

- fnmatch.fnmatchcase(filename, pattern)：该函数与上一个函数的功能大致相同，只是该函数区分大小写。
- fnmatch.filter(names, pattern)：该函数对 names 列表进行过滤，返回 names 列表中匹配 pattern 的文件名组成的子集合。如下代码示范了该函数的功能（程序清单同上）。

```
names = ['a.py', 'b.py', 'c.py', 'd.py']
# 对names列表进行过滤
sub = fnmatch.filter(names, '[ac].py')
print(sub) # ['a.py', 'c.py']
```

上面程序定义了一个['a.py', 'b.py', 'c.py', 'd.py']集合，该集合中的 4 个元素都代表了指定文件（实际上文件是否存在，fnmatch 模块并不关心）。接下来程序中粗体字代码调用了 filter()函数对 names 进行过滤，过滤完成后只保留匹配[ac].py 模式的文件名——要求文件名要么是 a.py，要么是 c.py。

- fnmatch.translate(pattern)：该函数用于将一个 UNIX shell 风格的 pattern 转换为正则表达式 pattern。如下代码示范了该函数的功能（程序清单同上）。

```
print(fnmatch.translate('?.py')) # (?s:.\.py)\Z
print(fnmatch.translate('[ac].py')) # (?s:[ac]\.py)\Z
print(fnmatch.translate('[a-c].py')) # (?s:[a-c]\.py)\Z
```

12.4 打开文件

掌握了各种操作目录字符串或目录的函数之后，接下来可以准备读写文件了。在进行文件读写之前，首先要打开文件。

Python 提供了一个内置的 open()函数，该函数用于打开指定文件。该函数的语法格式如下：

```
open(file_name [, access_mode][, buffering])
```

在上面的语法格式中，只有第一个参数是必需的，该参数代表要打开文件的路径。access_mode 和 bufering 参数都是可选的。

在打开文件之后，就可调用文件对象的属性和方法了。文件对象支持如下常见的属性。

- file.closed：该属性返回文件是否已经关闭。
- file.mode：该属性返回被打开文件的访问模式。
- file.name：该属性返回文件的名称。

如下程序简单示范了如何打开文件和访问被打开文件的属性。

程序清单：codes\12\12.4\open_test.py

```
# 以默认方式打开文件
f = open('open_test.py')
# 所访问文件的编码方式
print(f.encoding) # cp936
# 所访问文件的访问模式
print(f.mode) # r
# 所访问文件是否已经关闭
print(f.closed) # False
# 所访问文件对象打开的文件名
print(f.name) # open_test.py
```

上面程序使用 open()内置函数打开了 open_test.py 文件，接下来程序访问了被打开文件的各属性。运行上面程序，可以看到如下输出结果。

```
cp936
r
False
open_test.py
```

从上面的输出结果可以看出，open()函数默认打开文件的模式是“r”，也就是只读模式。下面详细讲解 open()函数支持的不同模式。

12.4.1 文件打开模式

open()函数支持的文件打开模式如表 12.1 所示。

表 12.1　open 函数支持的文件打开模式

模式	意义
r	只读模式
w	写模式
a	追加模式
+	读写模式，可与其他模式结合使用。比如 r+代表读写模式，w+也代表读写模式
b	二进制模式，可与其他模式结合使用。比如 rb 代表二进制只读模式，rb+代表二进制读写模式，ab 代表二进制追加模式

可能有读者感到疑惑，w 本身就代表写模式，w+还有什么意义呢？简单来说，w 只是代表写模式，而 w+则代表读写模式，但实际上它们的差别并不大。因为不管是 w 还是 w+模式，当使用这两种模式打开指定文件时，open()函数都会立即清空文件内容，实际上都无法读取文件内容。

根据上面的介绍不难看出，如果希望调用 open()函数打开指定文件后，该文件中的内容能被保留下来，那么程序就不能使用 w 或 w+模式。

图 12.2 说明了不同文件打开模式的功能。

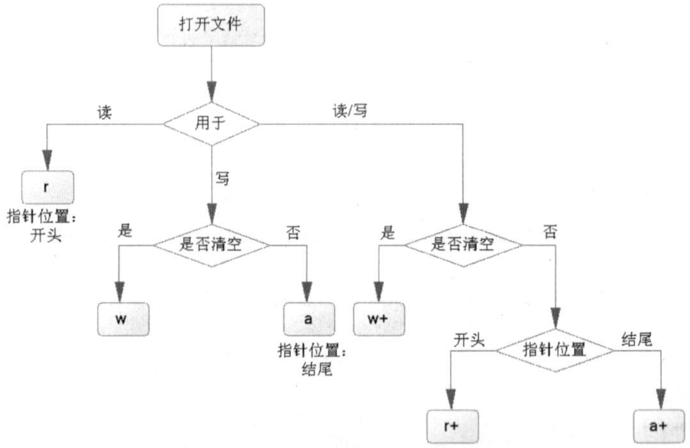

图 12.2　不同文件打开模式的功能

需要指出的是，如果程序使用 r 或 r+模式打开文件，则要求被打开的文件本身是存在的。也就是说，使用 r 或 r+模式都不能创建文件。但如果使用 w、w+、a、a+模式打开文件，则该文件可以是不存在的，open()函数会自动创建新文件。

b 模式可被追加到其他模式上，用于代表以二进制的方式来读写文件内容。对于计算机中的文件来说，文本文件只有很少的一部分，大部分文件其实都是二进制文件，包括图片文件、音频文件、视频文件等。

如果使用文本方式来操作二进制文件，则往往无法得到正确的文件内容。道理很简单，比如强行以文本方式打开一个音频文件，则势必会出现乱码。因此，如果程序需要读写文本文件以外的其他文件，则都应该添加 b 模式。

12.4.2　缓冲

众所周知，计算机外设（比如硬盘、网络）的 I/O 速度远远低于访问内存的速度，而程序执行 I/O 时要么将内存中的数据写入外设，要么将外设中的数据读取到内存，如果不使用缓冲，就必须等外设输入或输出一个字节后，内存中的程序才能输出或输入一个字节，这意味着内存中的程序大部分时间都处于等待状态。

提示：

内存中程序的读写速度很快，如果不使用缓冲，则程序必须等待外设进行同步读写。打个形象的比喻，就像在一条堵车的马路上开着跑车，必须等前面的车开一点，跑车才能前进一点。

因此，一般建议打开缓冲。在打开缓冲之后，当程序执行输出时，程序会先将数据输出到缓冲区中，而不用等待外设同步输出，当程序把所有数据都输出到缓冲区中之后，程序就可以去干其他事情了，留着缓冲区慢慢同步到外设即可；反过来，当程序执行输入时，程序会先等外设将数据读入缓冲区中，而不用等待外设同步输入。

在使用 open()函数时，如果其第三个参数是 0（或 False），那么该函数打开的文件就是不带缓冲的；如果其第三个参数是 1（或 True），则该函数打开的文件就是带缓冲的，此时程序执行 I/O 将具有更好的性能。如果其第三个参数是大于 1 的整数，则该整数用于指定缓冲区的大小（单位是字节）；如果其第三个参数为任何负数，则代表使用默认的缓冲区大小。

在打开文件之后，接下来就可以开始读取文件内容了。

12.5　读取文件

Python 既可使用文件对象的方法来读取文件，也可使用其他模块的函数来读取文件。

12.5.1　按字节或字符读取

文件对象提供了 read()方法来按字节或字符读取文件内容，到底是读取字节还是字符，则取决于是否使用了 b 模式，如果使用了 b 模式，则每次读取一个字节；如果没有使用 b 模式，则每次读取一个字符。在调用该方法时可传入一个整数作为参数，用于指定最多读取多少个字节或字符。

例如，如下程序采用循环读取整个文件的内容。

程序清单：codes\12\12.5\read_test.py

```
f = open("test.txt", 'r', True)
while True:
    # 每次读取一个字符
    ch = f.read(1)
    # 如果没有读取到数据，则跳出循环
    if not ch: break
    # 输出 ch
    print(ch, end='')
f.close()
```

上面程序采用循环依次读取每一个字符（因为程序没有使用 b 模式），每读取到一个字符，程序就输出该字符。

正如从上面程序所看到的，当程序读写完文件之后，推荐立即调用 close()方法来关闭文件，这样可以避免资源泄露。

提示：

如果需要更安全地关闭文件，推荐将关闭文件的 close()方法调用在 finally 块中执行。例如，将上面程序改写为如下形式。

```
f = open("test.txt", 'r', True)
try:
    while True:
        # 每次读取一个字符
```

```
            ch = f.read(1)
            # 如果没有读取到数据，则跳出循环
            if not ch: break
            # 输出 ch
            print(ch, end='')
    finally:
        f.close()
```

本章为了突出主题、简化程序，都将直接调用 close()方法关闭文件，避免使用 finally 块。

如果在调用 read()方法时不传入参数，该方法默认会读取全部文件内容。例如如下程序。

程序清单：codes\12\12.5\read_test2.py

```
f = open("test.txt", 'r', True)
# 直接读取全部文件内容
print(f.read())
f.close()
```

通过上面两个程序，读者可能已经发现了一个问题：当使用 open()函数打开文本文件时，程序使用的是哪种字符集呢？总是使用当前操作系统的字符集，比如 Windows 平台，open()函数总是使用 GBK 字符集。因此，上面程序读取的 test.txt 也必须使用 GBK 字符集保存；否则，程序就会出现 UnicodeDecodeError 错误。

如果要读取的文件所使用的字符集和当前操作系统的字符集不匹配，则有两种解决方式。

- 使用二进制模式读取，然后用 bytes 的 decode()方法恢复成字符串。
- 利用 open()函数来打开文件时通过 encoding 参数指定字符集。

下面程序使用二进制模式来读取文本文件。

程序清单：codes\12\12.5\read_test3.py

```
# 指定使用二进制模式读取文件内容
f = open("read_test3.py", 'rb', True)
# 直接读取全部文件内容，并调用 bytes 的 decode()方法将字节内容恢复成字符串
print(f.read().decode('utf-8'))
f.close()
```

上面程序在调用 open()函数时，传入了 rb 模式，这表明采用二进制模式读取文件，此时文件对象的 read()方法返回的是 bytes 对象，程序可调用 bytes 对象的 decode()方法将它恢复成字符串。由于此时读取的 read_test3.py 文件是以 UTF-8 的格式保存的，因此程序需要使用 decode()方法恢复字符串时显式指定使用 UTF-8 字符集。

下面程序使用 open()函数来打开文件时显式指定了字符集。

```
# 指定使用 utf-8 字符集读取文件内容
f = open("read_test4.py", 'r', True, 'utf-8')
while True:
    # 每次读取一个字符
    ch = f.read(1)
    # 如果没有读取到数据，则跳出循环
    if not ch: break
    # 输出 ch
    print(ch, end='')
f.close()
```

上面程序中粗体字代码在调用 open()函数时显式指定使用 UTF-8 字符集，这样程序在读取文件内容时就完全没有问题了。

12.5.2　按行读取

如果程序要读取行，通常只能用文本方式来读取——道理很简单，只有文本文件才有行的概念，二进制文件没有所谓行的概念。

文件对象提供了如下两个方法来读取行。

- readline([n])：读取一行内容。如果指定了参数 n，则只读取此行内的 *n* 个字符。
- readlines()：读取文件内所有行。

下面程序示范了使用 readline()方法来读取文件内容。

程序清单：codes\12\12.5\readline_test.py

```
# 指定使用 UTF-8 字符集读取文件内容
f = open("readline_test.py", 'r', True, 'utf-8')
while True:
    # 每次读取一行
    line = f.readline()
    # 如果没有读取到数据，则跳出循环
    if not line: break
    # 输出 line
    print(line, end='')
f.close()
```

上面程序使用 UTF-8 字符集打开 readline_test.py 文件——这是由于该 Python 源文件是采用 UTF-8 字符集保存的，因此，如果直接用普通的 open()函数打开文件，则会引发 UnicodeDecodeError 异常。

接下来程序中粗体字代码使用 readline()方法逐行进行读取，当读取到结尾时，该方法将会返回空，程序就会退出循环。

程序也可以使用 readlines()方法一次读取文件内所有行。例如如下程序。

程序清单：codes\12\12.5\readlines_test.py

```
# 指定使用 UTF-8 字符集读取文件内容
f = open("readlines_test.py", 'r', True, 'utf-8')
# 使用 readlines()读取所有行，返回所有行组成的列表
for l in f.readlines():
    print(l, end='')
f.close()
```

12.5.3　使用 fileinput 读取多个输入流

fileinput 模块提供了如下函数可以把多个输入流合并在一起。

- fileinput.input(files=None, inplace=False, backup='', bufsize=0, mode='r', openhook=None)：该函数中的 files 参数用于指定多个文件输入流。该函数返回一个 FileInput 对象。

当程序使用上面函数创建了 FileInput 对象之后，即可通过 for-in 循环来遍历文件的每一行。此外，fileinput 还提供了如下全局函数来判断正在读取的文件信息。

- fileinput.filename()：返回正在读取的文件的文件名。
- fileinput.fileno()：返回当前文件的文件描述符（file descriptor），该文件描述符是一个整数。

提示：

文件描述符就是一个文件的代号，其值为一个整数。12.7 节介绍了关于文件描述符的操作

- fileinput.lineno()：返回当前读取的行号。

- fileinput.filelineno()：返回当前读取的行在其文件中的行号。
- fileinput.isfirstline()：返回当前读取的行在其文件中是否为第一行。
- fileinput.isstdin()：返回最后一行是否从 sys.stdin 读取。程序可以使用“-”代表从 sys.stdin 读取。
- fileinput.nextfile()：关闭当前文件，开始读取下一个文件。
- fileinput.close()：关闭 FileInput 对象。

通过上面的介绍不难发现，fileinput 也存在一个缺陷：在创建 FileInput 对象时不能指定字符集，因此它所读取的文件的字符集必须与操作系统默认的字符集保持一致。当然，如果文本文件的内容是纯英文，则不存在字符集的问题。

下面程序示范了使用 fileinput 模块来读取多个文件。

程序清单：codes\12\12.5\fileinput_test.py

```
import fileinput
# 一次读取多个文件
for line in fileinput.input(files=('info.txt', 'test.txt')):
    # 输出文件名，以及当前行在当前文件中的行号
    print(fileinput.filename(), fileinput.filelineno(), line, end='')
# 关闭文件流
fileinput.close()
```

上面程序使用 fileinput.input 直接合并了 info.txt 和 test.txt 两个文件，这样程序可以直接遍历读取这两个文件的内容。

12.5.4 文件迭代器

实际上，文件对象本身就是可遍历的（就像一个序列一样），因此，程序完全可以使用 for-in 循环来遍历文件内容。例如，如下程序使用 for-in 循环读取文件内容。

程序清单：codes\12\12.5\for_file.py

```
# 指定使用 UTF-8 字符集读取文件内容
f = open("for_file.py", 'r', True, 'utf-8')
# 使用 for-in 循环遍历文件对象
for line in f:
    print(line, end='')
f.close()
```

如果有需要，程序也可以使用 list()函数将文件转换成 list 列表，就像文件对象的 readlines()方法的返回值一样。例如如下代码（程序清单同上）。

```
# 将文件对象转换为 list 列表
print(list(open("for_file.py", 'r', True, 'utf-8')))
```

此外，sys.stdin 也是一个类文件对象（类似于文件的对象，Python 的很多 I/O 流都是类文件对象），因此，程序同样可以使用 for-in 循环遍历 sys.stdin，这意味着程序可以通过 for-in 循环来获取用户的键盘输入。例如如下代码。

程序清单：codes\12\12.5\for_stdin.py

```
import sys
# 使用 for-in 循环遍历标准输入
for line in sys.stdin:
    print('用户输入:', line, end='')
```

上面粗体字代码使用 for-in 循环遍历 sys.stdin，这意味着程序可以通过 for-in 循环来读取用户的键盘输入——用户每输入一行，程序就会输出用户输入的这行。

12.5.5 管道输入

从上面的示例看到，系统标准输入 sys.stdin 也是一个类文件对象，因此，Python 程序可以通过 sys.stdin 来读取键盘输入。但在某些时候，Python 程序希望读取的输入不是来自用户，而是来自某个命令，此时就需要使用管道输入了。

管道的作用在于：将前一个命令的输出，当成下一个命令的输入。不管是 UNIX 系统（包括 Mac OS X）还是 Windows 系统，它们都支持管道输入。管道输入的语法如下：

```
cmd1 | cmd2 | cmd3 ...
```

上面语法的作用是：cmd1 命令的输出，将会传给 cmd2 命令作为输入；cmd2 命令的输出，又会传给 cmd3 命令作为输入。

下面的 Python 程序用于读取 sys.stdin 的输入，并通过正则表达式识别其中包含多少个 E-mail 地址。

程序清单：codes\12\12.5\pipein_test.py

```
import sys
import re

# 定义匹配 E-mail 的正则表达式
mailPattern = r'([a-z0-9]*[-_]?[a-z0-9]+)*@([a-z0-9]*[-_]?[a-z0-9]+)+'\
    + '[\.][a-z]{2,3}([\.][a-z]{2})?'
# 读取标准输入
text = sys.stdin.read()
# 使用正则表达式执行查找
it = re.finditer(mailPattern, text , re.I)
# 输出所有的电子邮件地址
for e in it:
    print(str(e.span()) + "-->" + e.group())
```

上面程序中粗体字代码使用 sys.stdin 来读取标准输入的内容，并使用正则表达式匹配所读取字符串中的 E-mail 地址。

如果程序使用管道输入的方式，就可以把前一个命令的输出当成 pipein_test.py 这个程序的输入。例如使用如下命令。

```
type ad.txt | python pipein_test.py
```

上面的管道命令由两个命令组成。

- type ad.txt：该命令使用 type 读取 ad.txt 文件的内容，并将文件内容输出到控制台。但由于使用了管道，因此该命令的输出会传给下一个命令。
- python pipein_test.py：该命令使用 python 执行 pipein_test.py 程序。由于该命令前面有管道，因此它会把前一个命令的输出当成输入。

前面命令读取的 ad.txt 文件内容如下：

```
我有一台二手电脑要出售，联系者请发邮件到 sun@heaven.com，尽快联系。
我要租房，联系者请发邮件到 bai@crazyit.org，价格 2000 元左右
谁要找工作，请将简历发送到 zhu@fkit.org
刚来广州，想交个朋友，联系者请发邮件到 niu@yao.com
```

运行上面的 type ad.txt | python pipein_test.py 命令，pipein_test.py 程序将会把 ad.txt 文件的内容作为标准输入。程序运行的结果如下：

```
(19, 33)-->sun@heaven.com
(50, 65)-->bai@crazyit.org
(86, 98)-->zhu@fkit.org
(115, 126)-->niu@yao.com
```

12.5.6 使用 with 语句

在前面的程序中，我们都采用了程序主动关闭文件的方式。实际上，Python 提供了 with 语句来管理资源关闭。比如可以把打开的文件放在 with 语句中，这样 with 语句就会帮我们自动关闭文件。

with 语句的语法格式如下：

```
with context_expression [as target(s)]:
    with 代码块
```

在上面的语法格式中，context_expression 用于创建可自动关闭的资源。

例如，程序使用 with 语句来读取文件。

程序清单：codes\12\12.5\with_test.py

```
# 使用 with 语句打开文件，该语句会负责关闭文件
with open("readlines_test.py", 'r', True, 'utf-8') as f:
    for line in f:
        print(line, end='')
```

程序也可以使用 with 语句来处理通过 fileinput.input 合并的多个文件，例如如下程序。

程序清单：codes\12\12.5\with_test2.py

```
import fileinput
# 使用 with 语句打开文件，该语句会负责关闭文件
with fileinput.input(files=('test.txt', 'info.txt')) as f:
    for line in f:
        print(line, end='')
```

上面两个程序中的粗体字代码都使用了 with 语句来管理资源，因此它们都不需要显式关闭文件。

那么，with 语句的实现原理是什么？其实很简单，使用 with 语句管理的资源必须是一个实现上下文管理协议（context manage protocol）的类，这个类的对象可被称为上下文管理器。要实现上下文管理协议，必须实现如下两个方法。

- context_manager.__enter__()：进入上下文管理器自动调用的方法。该方法会在 with 代码块执行之前执行。如果 with 语句有 as 子句，那么该方法的返回值会被赋值给 as 子句后的变量；该方法可以返回多个值，因此，在 as 子句后面也可以指定多个变量（多个变量必须由“()”括起来组成元组）。
- context_manager.__exit__(exc_type, exc_value, exc_traceback)：退出上下文管理器自动调用的方法。该方法会在 with 代码块执行之后执行。如果 with 代码块成功执行结束，程序自动调用该方法，调用该方法的三个参数都为 None；如果 with 代码块因为异常而中止，程序也自动调用该方法，使用 sys.exc_info 得到的异常信息将作为调用该方法的参数。

通过上面的介绍不难发现，只要一个类实现了__enter__()和__exit__(exc_type, exc_value, exc_traceback)方法，程序就可以使用 with 语句来管理它；通过__exit__()方法的参数，即可判断出 with 代码块执行时是否遇到了异常。

换而言之，上面程序所用的文件对象、FileInput 对象，其实都实现了这两个方法，因此它们都可以接受 with 语句的管理。

下面我们自定义一个实现上下文管理协议的类，并使用 with 语句来管理它。

程序清单：codes\12\12.5\with_theory.py

```
class FkResource:
    def __init__(self, tag):
        self.tag = tag
```

```
        print('构造器,初始化资源: %s' % tag)
    # 定义__enter__方法，它是在with代码块执行之前执行的方法
    def __enter__(self):
        print('[__enter__ %s]: ' % self.tag)
        # 该返回值将作为as子句后的变量的值
        return 'fkit'  # 可以返回任意类型的值
    # 定义__exit__方法，它是在with代码块执行之后执行的方法
    def __exit__(self, exc_type, exc_value, exc_traceback):
        print('[__exit__ %s]: ' % self.tag)
        # exc_traceback为None，代表没有异常
        if exc_traceback is None:
            print('没有异常时关闭资源')
        else:
            print('遇到异常时关闭资源')
            return False   # 可以省略，默认返回None，也被看作是False

with FkResource('孙悟空') as dr:
    print(dr)
    print('[with代码块] 没有异常')
print('------------------------------')
with FkResource('白骨精'):
    print('[with代码块] 异常之前的代码')
    raise Exception
    print('[with代码块] ~~~~~~~~异常之后的代码')
```

上面程序定义了一个 FkResource 类，该类定义了__enter__()和__exit__()两个方法，因此该类的对象可以被 with 语句管理。

- 程序在执行 with 代码块之前，会执行__enter__()方法，并将该方法的返回值赋值给 as 子句后的变量。
- 程序在执行 with 代码块之后，会执行__exit__()方法，可以根据该方法的参数来判断 with 代码块是否有异常。

程序两次使用 with 语句管理 FkResource 对象：第一次，with 代码块没有出现异常；第二次，with 代码块出现了异常。大家可以看到，使用 with 语句两次对 FkResource 的管理略有差异——主要是在__exit()__方法中略有差异。

运行上面的程序，可以看到如下输出结果。

```
构造器,初始化资源: 孙悟空
[__enter__ 孙悟空]:
fkit        # ①
[with代码块] 没有异常
[__exit__ 孙悟空]:
没有异常时关闭资源
------------------------------
构造器,初始化资源: 白骨精
[__enter__ 白骨精]:
[with代码块] 异常之前的代码
[__exit__ 白骨精]:
遇到异常时关闭资源
Traceback (most recent call last):
  File "with_theory.py", line 41, in <module>
    raise Exception
Exception
```

从上面的输出结果来看，使用 with 语句管理资源，程序总可以在进入 with 代码块之前自动执行__enter__()方法，无论 with 代码块是否有异常，这个部分都是一样的，而且__enter__()方法的返回值被赋值给了 as 子句后的变量，如上面的①号输出信息所示。

对于 with 代码块有异常和无异常这两种情况，此时主要通过__exit__()方法的参数进行判断，程序可针对 with 代码块是否有异常分别进行处理，如上面的两行粗体字输出信息所示。

12.5.7 使用 linecache 随机读取指定行

linecache 模块允许从 Python 源文件中随机读取指定行，并在内部使用缓存优化存储。由于该模块主要被设计成读取 Python 源文件，因此它会用 UTF-8 字符集来读取文本文件。实际上，使用 linecache 模块也可以读取其他文件，只要该文件使用了 UTF-8 字符集存储。

linecache 模块包含以下常用函数。

- linecache.getline(filename, lineno, module_globals=None)：读取指定模块中指定文件的指定行。其中 filename 指定文件名，lineno 指定行号。
- linecache.clearcache()：清空缓存。
- linecache.checkcache(filename=None)：检查缓存是否有效。如果没有指定 filename 参数，则默认检查所有缓存的数据。

下面程序示范了使用 linecache 模块来随机读取指定行。

程序清单：codes\12\12.5\linecache_test.py

```
import linecache
import random

# 读取 random 模块源文件的第 3 行
print(linecache.getline(random.__file__, 3))
# 读取本程序的第 3 行
print(linecache.getline('linecache_test.py', 3))
# 读取普通文件的第 2 行
print(linecache.getline('utf_text.txt', 2))
```

上面程序示范了使用 linecache 模块随机读取指定模块源文件、Python 源程序、普通文件的指定行。运行程序后，即可看到使用 linecache 模块读取指定行的效果。

12.6 写文件

如果以 r+、w、w+、a、a+模式打开文件，则都可以写入。需要指出的是，当以 r+、w、w+模式打开文件时，文件指针位于文件开头处；当以 a、a+模式打开文件时，文件指针位于文件结尾处。

另外，需要说明的是，当以 w 或 w+模式打开文件时，程序会立即清空文件的内容。

12.6.1 文件指针的概念

文件指针用于标明文件读写的位置。假如把文件看成一个水流，文件中每个数据（以 b 模式打开，每个数据就是一个字节；以普通模式打开，每个数据就是一个字符）就相当于一个水滴，而文件指针就标明了文件将要读写哪个位置。

图 12.3 简单示意了文件指针的概念。

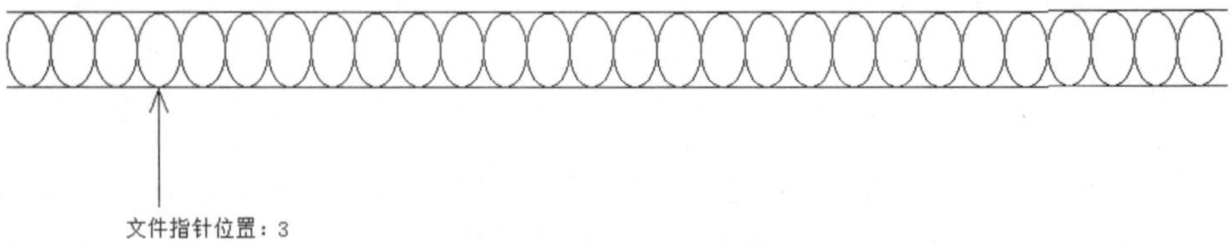

图 12.3　文件指针概念示意图

文件对象提供了以下方法来操作文件指针。

➢ seek(offset[, whence])：该方法把文件指针移动到指定位置。当whence为0时（这是默认值），表明从文件开头开始计算，比如将offset设为3，就是将文件指针移动到第3处；当whence为1时，表明从指针当前位置开始计算，比如文件指针当前在第5处，将offset设为3，就是将文件指针移动到第8处；当whence为2时，表明从文件结尾开始计算，比如将offset设为-3，表明将文件指针移动到文件结尾倒数第3处。
➢ tell()：判断文件指针的位置。

此外，当程序使用文件对象读写数据时，文件指针会自动向后移动：读写了多少个数据，文件指针就自动向后移动多少个位置。

下面程序示范了文件指针操作。

程序清单：codes\12\12.6\filept_test.py

```
f = open('filept_test.py', 'rb')
# 判断文件指针的位置
print(f.tell()) # 0
# 将文件指针移动到第 3 处
f.seek(3)
print(f.tell()) # 3
# 读取一个字节，文件指针自动后移 1 个数据
print(f.read(1)) # o
print(f.tell())  # 4
# 将文件指针移动到第 5 处
f.seek(5)
print(f.tell())  # 5
# 将文件指针向后移动 5 个数据
f.seek(5, 1)
print(f.tell())  # 10
# 将文件指针移动到倒数第 10 处
f.seek(-10, 2)
print(f.tell())
print(f.read(1))  # d
```

上面程序中粗体字代码示范了使用seek()方法来移动文件指针，包括从文件开头、指针当前位置、文件结尾处开始计算。运行上面程序，结合程序输出结果可以体会文件指针移动的效果。

当文件指针位于哪里时，程序就会读取哪个位置的数据；当程序读取多少个数据时，文件指针就会自动向后移动多少个位置。

12.6.2　输出内容

文件对象提供的写文件的方法主要有两个。

➢ write（str或bytes）：输出字符串或字节串。只有以二进制模式（b模式）打开的文件才能写入字节串。
➢ writelines（可迭代对象）：输出多个字符串或多个字节串。

下面程序示范了使用write()和writelines()输出字符串。

程序清单：codes\12\12.6\writestr_test.py

```
import os
f = open('x.txt', 'w+')
# os.linesep 代表当前操作系统上的换行符
f.write('我爱 Python' + os.linesep)
f.writelines(('土门壁甚坚，'+ os.linesep,
    '杏园度亦难。'+ os.linesep,
    '势异邺城下，'+ os.linesep,
```

```
    '纵死时犹宽。'+ os.linesep))
```

上面程序中第一行粗体字代码调用 write()方法输出单个字符串；第二行粗体字代码则调用 writelines()方法输出多个字符串。

当采用上面方法输出文件时，程序会使用当前操作系统默认的字符集。如果需要使用指定的字符集来输出文件，则可以来用二进制形式——程序先将所输出的字符串转换成指定字符集对应的二进制数据（字节串），然后输出二进制数据。

下面程序示范了使用二进制数据输出，通过这种方式来实现以 UTF-8 字符集保存文件。

程序清单：codes\12\12.6\writebytes_test.py

```
import os
f = open('y.txt', 'wb+')
# os.linesep 代表当前操作系统上的换行符
f.write(('我爱 Python' + os.linesep).encode('utf-8'))
f.writelines((('土门壁甚坚，'+ os.linesep).encode('utf-8'),
    ('杏园度亦难。'+ os.linesep).encode('utf-8'),
    ('势异邺城下，'+ os.linesep).encode('utf-8'),
    ('纵死时犹宽。'+ os.linesep).encode('utf-8')))
```

上面程序中的粗体字代码以 wb+模式打开文件，这意味着程序会以二进制形式来输出文件，此时程序输出的必须是字节串，不能是字符串。因此，程序调用 encode()方法将字符串转换成字节串，转换时指定使用 UTF-8 字符集，这意味着程序将会以 UTF-8 字符集来保存文件。

该程序输出的文件内容与上一个程序输出的文件内容相同，只是该程序输出的文件内容是以 UTF-8 字符集保存的。

从上面的程序可以看到，当使用 w+、wb+模式打开文件时，会导致文件内容被清空。因此，无论程序运行多少次，其输出的文件内容都只保留最近一次的输出数据。如果程序希望在文件后面追加内容，则应该使用 a+或 ab+模式。例如如下程序。

程序清单：codes\12\12.6\append_test.py

```
import os
f = open('z.txt', 'a+')
# os.linesep 代表当前操作系统上的换行符
f.write('我爱 Python' + os.linesep)
f.writelines(('土门壁甚坚，'+ os.linesep,
    '杏园度亦难。'+ os.linesep,
    '势异邺城下，'+ os.linesep,
    '纵死时犹宽。'+ os.linesep))
```

上面程序以 a+模式打开指定文件，这意味着以追加模式来打开文件，因此，使用 open()函数打开文件后，不会立即清空文件内容，并且会将文件指针移动到文件结尾处，程序会在文件结尾处追加内容。

每次运行上面程序，都会向 z.txt 文件中追加一段内容；程序运行的次数越多，z.txt 文件的内容就会越多。

12.7 os 模块的文件和目录函数

除上面介绍的各种函数之外，在 os 模块下也提供了大量操作文件和目录的函数，如果读者需要查阅有关这些函数的说明，则可访问 https://docs.python.org/3/library/os.html 页面。本节会介绍 os 模块下常用的函数。

12.7.1 与目录相关的函数

与目录相关的函数如下。

- os.getcwd()：获取当前目录。
- os.chdir(path)：改变当前目录。
- os.fchdir(fd)：通过文件描述符改变当前目录。该函数与上一个函数的功能基本相似，只是该函数以文件描述符作为参数来代表目录。

下面程序测试了与目录相关的函数的用法。

程序清单：codes\12\12.6\os_chdir_test.py

```
import os

# 获取当前目录
print(os.getcwd())  # G:\publish\codes\12\12.7
# 改变当前目录
os.chdir('../12.6')
# 再次获取当前目录
print(os.getcwd())  # G:\publish\codes\12\12.6
```

上面程序示范了使用 getcwd()来获取当前目录，也示范了使用 chdir()来改变当前目录。

- os.chroot(path)：改变当前进程的根目录。
- os.listdir(path)：返回 path 对应目录下的所有文件和子目录。
- os.mkdir(path[, mode])：创建 path 对应的目录，其中 mode 用于指定该目录的权限。该 mode 参数代表一个 UNIX 风格的权限，比如 0o777 代表所有者可读/可写/可执行、组用户可读/可写/可执行、其他用户可读/可写/可执行。
- os.makedirs(path[, mode])：其作用类似于 mkdir()，但该函数的功能更加强大，它可以递归创建目录。比如要创建 abc/xyz/wawa 目录，如果在当前目录下没有 abc 目录，那么使用 mkdir()函数就会报错，而使用 makedirs()函数则会先创建 abc，然后在其中创建 xyz 子目录，最后在 xyz 子目录下创建 wawa 子目录。

如下程序示范了如何创建目录。

程序清单：codes\12\12.6\os_mkdir_test.py

```
import os

path = 'my_dir'
# 直接在当前目录下创建子目录
os.mkdir(path, 0o755)
path = "abc/xyz/wawa"
# 递归创建目录
os.makedirs(path, 0o755)
```

正如从上面两行粗体字代码所看到的，第一行粗体字代码直接在当前目录下创建 my_dir 子目录，因此可以使用 mkdir()函数创建；第二行粗体字代码需要程序递归创建 abc/xyz/wawa 目录，因此使用 makedirs()函数。

- os.rmdir(path)：删除 path 对应的空目录。如果目录非空，则抛出一个 OSError 异常。程序可以先用 os.remove()函数删除文件。
- os.removedirs(path)：递归删除目录。其功能类似于 rmdir()，但该函数可以递归删除 abc/xyz/wawa 目录，它会从 wawa 子目录开始删除，然后删除 xyz 子目录，最后删除 abc 目录。

如下程序示范了如何删除目录。

程序清单：codes\12\12.6\os_rmdir_test.py

```
import os

path = 'my_dir'
# 直接删除当前目录下的子目录
os.rmdir(path)
path = "abc/xyz/wawa"
# 递归删除目录
os.removedirs(path)
```

上面程序中第一行粗体字代码使用 rmdir()函数删除当前目录下的 my_dir 子目录，该函数不会执行递归删除；第二行粗体字代码使用 removedirs()函数删除 abc/xyz/wawa 目录，该函数会执行递归删除，它会先删除 wawa 子目录，然后删除 xyz 子目录，最后才删除 abc 目录。

- os.rename(src, dst)：重命名文件或目录，将 src 重名为 dst。
- os.renames(old, new)：对文件或目录进行递归重命名。其功能类似于 rename()，但该函数可以递归重命名 abc/xyz/wawa 目录，它会从 wawa 子目录开始重命名，然后重命名 xyz 子目录，最后重命名 abc 目录。

如下程序示范了如何重命名目录。

程序清单：codes\12\12.6\os_rmdir_test.py

```
import os

path = 'my_dir'
# 直接重命名当前目录下的子目录
os.rename(path, 'your_dir')
path = "abc/xyz/wawa"
# 递归重命名目录
os.renames(path, 'foo/bar/haha')
```

上面程序中第一行粗体字代码直接重命名当前目录下的 my_dir 子目录，程序会将该子目录重命名为 your_dir；第二行粗体字代码则执行递归重命名，程序会将 wawa 重命名为 haha，将 xyz 重命名为 bar，将 abc 重命名为 foo。

12.7.2　与权限相关的函数

与权限相关的函数如下。

- os.access(path, mode)：检查 path 对应的文件或目录是否具有指定权限。该函数的第二个参数可能是以下四个状态值的一个或多个值。
    - os.F_OK：判断是否存在。
    - os.R_OK：判断是否可读。
    - os.W_OK：判断是否可写。
    - os.X_OK：判断是否可执行。

例如如下程序。

程序清单：codes\12\12.7\os.access_test.py

```
import os, sys

# 判断当前目录的权限
ret = os.access('.', os.F_OK|os.R_OK|os.W_OK|os.X_OK)
print("os.F_OK|os.R_OK|os.W_OK|os.X_OK - 返回值:", ret)
# 判断 os.access_test.py 文件的权限
ret = os.access('os.access_test.py', os.F_OK|os.R_OK|os.W_OK)
print("os.F_OK|os.R_OK|os.W_OK - 返回值:", ret)
```

上面程序判断当前目录的权限和 os.access_test.py 文件的权限，这里特意将 os.access_test.py 文件设为只读的。运行该程序，可以看到如下输出结果。

```
os.F_OK|os.R_OK|os.W_OK|os.X_OK - 返回值: True
os.F_OK|os.R_OK|os.W_OK - 返回值: False
```

- os.chmod(path, mode)：更改权限。其中 mode 参数代表要改变的权限，该参数支持的值可以是以下一个或多个值的组合。
  - stat.S_IXOTH：其他用户有执行权限。
  - stat.S_IWOTH：其他用户有写权限。
  - stat.S_IROTH：其他用户有读权限。
  - stat.S_IRWXO：其他用户有全部权限。
  - stat.S_IXGRP：组用户有执行权限。
  - stat.S_IWGRP：组用户有写权限。
  - stat.S_IRGRP：组用户有读权限。
  - stat.S_IRWXG：组用户有全部权限。
  - stat.S_IXUSR：所有者有执行权限。
  - stat.S_IWUSR：所有者有写权限。
  - stat.S_IRUSR：所有者有读权限。
  - stat.S_IRWXU：所有者有全部权限。
  - stat.S_IREAD：Windows 将该文件设为只读的。
  - stat.S_IWRITE：Windows 将该文件设为可写的。

提示：

前面的那些权限都是 UNIX 文件系统下有效的概念，UNIX 文件系统下的文件有一个所有者，跟所有者处于同一组的其他用户被称为组用户。因此在 UNIX 文件系统下允许为不同用户分配不同的权限。

例如如下程序。

程序清单：codes\12\12.7\os.chmod_test.py

```
import os, stat

# 将os.chmod_test.py文件改为只读的
os.chmod('os.chmod_test.py', stat.S_IREAD)
# 判断是否可写
ret = os.access('os.chmod_test.py', os.W_OK)
print("os.W_OK - 返回值:", ret)
```

运行上面程序后，os.chmod_test.py 变成只读文件。

- os.chown(path, uid, gid)：更改文件的所有者。其中 uid 代表用户 id，gid 代表组 id。该命令主要在 UNIX 文件系统下有效。
- os.fchmod(fd, mode)：改变一个文件的访问权限，该文件由文件描述符 fd 指定。该函数的功能与 os.chmod()函数的功能相似，只是该函数使用 fd 代表文件。
- os.fchown(fd, uid, gid)：改变文件的所有者，该文件由文件描述符 fd 指定。该函数的功能与 os.chown()函数的功能相似，只是该函数使用 fd 代表文件。

12.7.3　与文件访问相关的函数

与文件访问相关的函数如下。

➢ os.open(file, flags[, mode])：打开一个文件，并且设置打开选项，mode 参数是可选的。该函数返回文件描述符。其中 flags 代表打开文件的旗标，它支持如下一个或多个选项。
  - os.O_RDONLY：以只读的方式打开。
  - os.O_WRONLY：以只写的方式打开。
  - os.O_RDWR：以读写的方式打开。
  - os.O_NONBLOCK：打开时不阻塞。
  - os.O_APPEND：以追加的方式打开。
  - os.O_CREAT：创建并打开一个新文件。
  - os.O_TRUNC：打开一个文件并截断它的长度为 0（必须有写权限）。
  - os.O_EXCL：在创建文件时，如果指定的文件存在，则返回错误。
  - os.O_SHLOCK: 自动获取共享锁。
  - os.O_EXLOCK：自动获取独立锁。
  - os.O_DIRECT：消除或减少缓存效果。
  - os.O_FSYNC：同步写入。
  - os.O_NOFOLLOW：不追踪软链接。

➢ os.read(fd, n)：从文件描述符 fd 中读取最多 *n* 个字节，返回读到的字节串。如果文件描述符 fd 对应的文件已到达结尾，则返回一个空字节串。

➢ os.write(fd, str)：将字节串写入文件描述符 fd 中，返回实际写入的字节串长度。

➢ os.close(fd)：关闭文件描述符 fd。

➢ os.lseek(fd, pos, how)：该函数同样用于移动文件指针。其中 how 参数指定从哪里开始移动，如果将 how 设为 0 或 SEEK_SET，则表明从文件开头开始移动；如果将 how 设为 1 或 SEEK_CUR，则表明从文件指针当前位置开始移动；如果将 how 设为 2 或 SEEK_END，则表明从文件结束处开始移动。

上面几个函数同样可用于执行文件的读写，程序通常会先通过 os.open()打开文件，然后调用 os.read()、os.write()来读写文件，当操作完成后通过 os.close()关闭文件。

如下程序示范了使用上面的函数来读写文件。

程序清单：codes\12\12.7\os_readwrite_test.py

```
import os

# 以读写、创建的方式打开文件
f = os.open('abc.txt', os.O_RDWR|os.O_CREAT)
# 写入文件内容
len1 = os.write(f, '水晶潭底银鱼跃，\n'.encode('utf-8'))
len2 = os.write(f, '清徐风中碧竿横。\n'.encode('utf-8'))
# 将文件指针移动到开始处
os.lseek(f, 0, os.SEEK_SET)
# 读取文件内容
data = os.read(f, len1 + len2)
# 打印所读取到的字节串
print(data)
# 将字节串恢复成字符串
print(data.decode('utf-8'))
os.close(f)
```

上面程序中前两行粗体字代码用于向所打开的文件中写入数据；第三行粗体字代码用于读取文件内容。

➢ os.fdopen(fd[, mode[, bufsize]])：通过文件描述符 fd 打开文件，并返回对应的文件对象。

➢ os.closerange(fd_low, fd_high)：关闭从 fd_low（包含）到 fd_high（不包含）范围的所有文

件描述符。

- os.dup(fd)：复制文件描述符。
- os.dup2(fd, fd2)：将一个文件描述符 fd 复制到另一个文件描述符 fd2 中。
- os.ftruncate(fd, length)：将 fd 对应的文件截断到 length 长度，因此此处传入的 length 参数不应该超过文件大小。
- os.remove(path)：删除 path 对应的文件。如果 path 是一个文件夹，则抛出 OSError 错误。如果要删除目录，则使用 os.rmdir()。
- os.link(src, dst)：创建从 src 到 dst 的硬链接。硬链接是 UNIX 系统的概念，如果在 Windows 系统中就是复制目标文件。
- os.symlink(src, dst)：创建从 src 到 dst 的符号链接，对应于 Windows 的快捷方式。

提示：

由于 Windows 权限的缘故，因此必须以管理员身份执行 os.symlink()函数来创建快捷方式。

下面程序示范了在 Windows 系统中使用 os.symlink(src, dst)函数来创建快捷方式。

程序清单：codes\12\12.7\os_link_test.py

```
import os

# 为 os.link_test.py 文件创建快捷方式
os.symlink('os.link_test.py', 'tt')
# 为 os.link_test.py 文件创建硬链接（在 Windows 系统中就是复制文件）
os.link('os.link_test.py', 'dst')
```

上面程序使用 symlink()函数为指定文件创建符号链接，在 Windows 系统中就是创建快捷方式；使用 link()函数创建硬链接，在 Windows 系统中就是复制文件。

运行上面程序，将会看到程序在当前目录下创建了一个名为“tt”的快捷方式，并将 os.link_test.py 文件复制为 dst 文件。

12.8 使用 tempfile 模块生成临时文件和临时目录

tempfile 模块专门用于创建临时文件和临时目录，它既可以在 UNIX 平台上运行良好，也可以在 Windows 平台上运行良好。

在 tempfile 模块下提供了如下常用的函数。

- tempfile.TemporaryFile(mode='w+b', buffering=None, encoding=None, newline=None, suffix=None, prefix=None, dir=None)：创建临时文件。该函数返回一个类文件对象，也就是支持文件 I/O。
- tempfile.NamedTemporaryFile(mode='w+b', buffering=None, encoding=None, newline=None, suffix=None, prefix=None, dir=None, delete=True)：创建临时文件。该函数的功能与上一个函数的功能大致相同，只是它生成的临时文件在文件系统中有文件名。
- tempfile.SpooledTemporaryFile(max_size=0, mode='w+b', buffering=None, encoding=None, newline=None, suffix=None, prefix=None, dir=None)：创建临时文件。与 TemporaryFile 函数相比，当程序向该临时文件输出数据时，会先输出到内存中，直到超过 max_size 才会真正输出到物理磁盘中。
- tempfile.TemporaryDirectory(suffix=None, prefix=None, dir=None)：生成临时目录。
- tempfile.gettempdir()：获取系统的临时目录。

➢ tempfile.gettempdirb()：与 gettempdir()相同，只是该函数返回字节串。
➢ tempfile.gettempprefix()：返回用于生成临时文件的前缀名。
➢ tempfile.gettempprefixb()：与 gettempprefix()相同，只是该函数返回字节串。

tempfile 模块还提供了 tempfile.mkstemp()和 tempfile.mkdtemp()两个低级别的函数。上面介绍的 4 个用于创建临时文件和临时目录的函数都是高级别的函数，高级别的函数支持自动清理，而且可以与 with 语句一起使用，而这两个低级别的函数则不支持，因此一般推荐使用高级别的函数来创建临时文件和临时目录。

此外，tempfile 模块还提供了 tempfile.tempdir 属性，通过对该属性赋值可以改变系统的临时目录。

下面程序示范了如何使用临时文件和临时目录。

程序清单：codes\12\12.8\tempfile_test.py

```
import tempfile

# 创建临时文件
fp = tempfile.TemporaryFile()
print(fp.name)
fp.write('两情若是久长时，'.encode('utf-8'))
fp.write('又岂在朝朝暮暮。'.encode('utf-8'))
# 将文件指针移到开始处，准备读取文件
fp.seek(0)
print(fp.read().decode('utf-8')) # 输出刚才写入的内容
# 关闭文件，该文件将会被自动删除
fp.close()

# 通过 with 语句创建临时文件，with 会自动关闭临时文件
with tempfile.TemporaryFile() as fp:
    # 写入内容
    fp.write(b'I Love Python!')
    # 将文件指针移到开始处，准备读取文件
    fp.seek(0)
    # 读取文件内容
    print(fp.read()) # b'I Love Python!'

# 通过 with 语句创建临时目录
with tempfile.TemporaryDirectory() as tmpdirname:
    print('创建临时目录', tmpdirname)
```

上面程序以两种方式来创建临时文件。

➢ 第一种方式是手动创建临时文件，读写临时文件后需要主动关闭它，当程序关闭该临时文件时，该文件会被自动删除。
➢ 第二种方式则是使用 with 语句创建临时文件，这样 with 语句会自动关闭临时文件。

上面程序最后还创建了临时目录。由于程序使用 with 语句来管理临时目录，因此程序也会自动删除该临时目录。

运行上面程序，可以看到如下输出结果。

```
C:\Users\admin\AppData\Local\Temp\tmphvehw9z1
两情若是久长时，又岂在朝朝暮暮。
b'I Love Python!'
创建临时目录 C:\Users\admin\AppData\Local\Temp\tmp3sjbnwob
```

上面第一行输出结果就是程序生成的临时文件的文件名，最后一行输出结果就是程序生成的临时目录的目录名——不要去找临时文件或临时文件夹，程序退出时该临时文件和临时文件夹都会被删除。

12.9 本章小结

本章主要介绍了与 Python I/O 相关的知识，包括如何管理目录和文件。本章介绍了使用 pathlib 和 os.path 两个模块操作目录的方法，也介绍了使用 fnmatch 模块处理文件名匹配的方法。Python 文件读写都需要通过全局 open()函数，在使用 open()函数打开文件时可指定不同的模式，通过不同的模式能以二进制文件和文本文件的方式来打开文件，既可打开文件进行读写，也可打开文件进行追加。在打开文件后，程序能以多种方式读取文件内容，即可按字节/字符读取、按行读取、使用 fileinput 读取、使用文件迭代器读取，也可直接使用 linecache 读取。在写入文件内容时比较简单，要么使用 write()方法输出单独的字符串或字节串，要么使用 writelines()方法批量输出多个字节串和字符串。

此外，在 Python 的 os 模块下也提供了大量与 I/O 相关的函数与方法来操作文件和目录，本章对这些函数也进行了系统介绍。本章最后还介绍了如何利用 tempfile 模块来创建临时文件和临时目录。

➤➤本章练习

1．有两个磁盘文件 text1.txt 和 text2.txt，各存放一行英文字母，要求把这两个文件中的信息合并（按字母顺序排列），然后输出到一个新文件 text3.txt 中。

2．提示用户不断地输入多行内容，程序自动将该内容保存到 my.txt 文件中，直到用户输入 exit 为止。

3．实现一个程序，该程序提示用户输入一个文件路径，程序读取这个可能包含手机号码的文本文件（该文件内容可能很大），要求程序能识别出该文本文件中所有的手机号码，并将这些手机号码保存到 phone.txt 文件中。

4．实现一个程序，该程序提示用户输入一个目录，程序递归读取该目录及其子目录下所有能识别的文本文件，要求程序能识别出所有文件中的所有手机号码，并将这些手机号码保存到 phones.txt 文件中。

5．实现一个程序，该程序提示用户运行该程序时输入一个路径。该程序会将该路径下（及其子目录下）的所有文件列出来。

6．实现一个程序，当用户运行该程序时，提示用户输入一个路径。该程序会将该路径下的文件、文件夹的数量统计出来。

7．编写仿 Windows 记事本的小程序。

8．编写一个命令行工具，这个命令行工具就像 Windows 提供的 cmd 命令一样，可以执行各种常见的命令，如 dir、md、copy、move 等。

CHAPTER

13

第 13 章 数据库编程

本章要点

- Python 数据库 API 的简介
- Python 数据库 API 的核心类
- 使用 Python 数据库 API 操作数据库的基本流程
- 使用 SQLite 数据库模块连接 SQLite 数据库
- 调用 execute 方法执行 DDL 语句
- 调用 executemany 方法执行 DML 语句
- 执行查询语句
- Python 数据库 API 的事务控制
- 调用 executescript 方法执行 SQL 脚本
- 使用 SQLite 数据库模块创建自定义函数
- 使用 SQLite 数据库模块创建自定义聚集函数
- 使用 SQLite 数据库模块创建自定义比较函数
- 使用 pip 工具管理第三方模块
- 使用 MySQL 模块执行 DDL 语句
- 使用 MySQL 模块执行 DML 语句
- 使用 MySQL 模块执行查询语句
- 使用 MySQL 模块调用存储过程

第 12 章介绍了使用文件来保存程序状态，这种方式虽然简单、易用，但只适用于保存一些格式简单、数据量不太大的数据。对于数据量巨大且具有复杂关系的数据，当然还是推荐使用数据库进行保存。

Python 为操作不同的数据库提供了不同的模块。别忘了，Python 的魅力之一就是它的模块，无论你想做什么，总能找到对应的模块。可能有人会想，世界上那么多数据库，难道使用 Python 操作每个数据库都要学习对应的模块？理论上确实如此，但各位读者不用担心：这些模块内 API 的设计大同小异，因此掌握 Python 的一个数据库模块之后，再看其他数据库模块时就会有似曾相识的感觉。

为了让读者体会使用 Python 操作不同数据库的相似性，本章会分别介绍如何使用 Python 操作 SQLite 内置数据库和开源的 MySQL 数据库。

Python 3.6 默认内置了操作 SQLite 数据库的模块，但如果 Python 程序需要操作 MySQL 数据库，则需要自行下载操作 MySQL 数据库的 Python 模块。

提示：

世界上的数据库非常多，流行的商业级数据库有 Oracle、DB 2、SQL Server 等，通常这些数据库厂商都会提供对应的 Python 模块来操作相应的数据库；开源的数据库有 MySQL、PostgreSQL 和 Firebird 等，它们同样会提供对应的 Python 模块来操作相应的数据库。前面提到这些数据库都是关系型数据库，而关系型数据库也不是唯一类型的数据库，目前一些 NoSQL 数据库也比较流行，如 MangoDB、Redis 等。

本章主要介绍基于 SQL 的数据库操作方式，但本书并不打算介绍 SQL 的 DDL、DML、查询语句的详细语法，如果读者需要了解这方面的知识，可参考《疯狂 Java 讲义》的第 13 章。

13.1 Python 数据库 API 简介

虽然 Python 需要为操作不同的数据库使用不同的模块，但不同的数据库模块并非没有规律可循——因为它们基本都遵守 Python 制订的 DB API 协议，目前该协议的最新版本是 2.0，因此这些数据库模块有很多操作其实都是相同的。下面先介绍不同数据库模块之间的通用内容。

13.1.1 全局变量

Python 推荐支持 DB API 2.0 的数据库模块都应该提供如下 3 个全局变量。

- apilevel：该全局变量显示数据库模块的 API 版本号。对于支持 DB API 2.0 版本的数据库模块来说，该变量值通常就是 2.0。如果这个变量不存在，则可能该数据库模块暂时还不支持 DB API 2.0。读者应该考虑选择使用支持该数据库的其他数据库模块。
- threadsafety：该全局变量指定数据库模块的线程安全等级，该等级值为 0~3，其中 3 代表该模块完全是线程安全的；1 表示该模块具有部分线程安全性，线程可以共享该模块，但不能共享连接；0 则表示线程完全不能共享该模块。
- paramstyle：该全局变量指定当 SQL 语句需要参数时，可以使用哪种风格的参数。该变量可能返回如下变量值。
  - format：表示在 SQL 语句中使用 Python 标准的格式化字符串代表参数。例如，在程序中需要参数的地方使用%s，接下来程序即可为这些参数指定参数值。
  - pyformat：表示在 SQL 语句中使用扩展的格式代码代表参数。比如使用%(name)，这样即可使用包含 key 为 name 的字典为该参数指定参数值。
  - qmark：表示在 SQL 语句中使用问号（?）代表参数。在 SQL 语句中有几个参数，全部用问号代替。

- numeric：表示在 SQL 语句中使用数字占位符（:N）代表参数。例如:1 代表一个参数，:2 也表示一个参数，这些数字相当于参数名，因此它们不一定需要连续。
- named：表示在 SQL 语句中使用命名占位符（:name）代表参数。例如:name 代表一个参数，:age 也表示一个参数。

通过查阅这些全局变量，即可大致了解该数据库 API 模块的对外的编程风格，至于该模块内部的实现细节，完全由该模块实现者负责提供，通常不需要开发者关心。

13.1.2 数据库 API 的核心类

遵守 DB API 2.0 协议的数据库模块通常会提供一个 connect()函数，该函数用于连接数据库，并返回数据库连接对象。

数据库连接对象通常会具有如下方法和属性。

- cursor(factory=Cursor)：打开游标。
- commit()：提交事务。
- rollback()：回滚事务。
- close()：关闭数据库连接。
- isolation_level：返回或设置数据库连接中事务的隔离级别。
- in_transaction：判断当前是否处于事务中。

上面第一个方法可以返回一个游标对象，游标对象是 Python DB API 的核心对象，该对象主要用于执行各种 SQL 语句，包括 DDL、DML、select 查询语句等。使用游标执行不同的 SQL 语句返回不同的数据。

游标对象通常会具有如下方法和属性。

- execute(sql[, parameters])：执行 SQL 语句。parameters 参数用于为 SQL 语句中的参数指定值。
- executemany(sql, seq_of_parameters)：重复执行 SQL 语句。可以通过 seq_of_parameters 序列为 SQL 语句中的参数指定值，该序列有多少个元素，SQL 语句被执行多少次。
- executescript(sql_script)：这不是 DB API 2.0 的标准方法。该方法可以直接执行包含多条 SQL 语句的 SQL 脚本。
- fetchone()：获取查询结果集的下一行。如果没有下一行，则返回 None。
- fetchmany(size=cursor.arraysize)：返回查询结果集的下 N 行组成的列表。如果没有更多的数据行，则返回空列表。
- fetchall()：返回查询结果集的全部行组成的列表。
- close()：关闭游标。
- rowcount：该只读属性返回受 SQL 语句影响的行数。对于 executemany()方法，该方法所修改的记录条数也可通过该属性获取。
- lastrowid：该只读属性可获取最后修改行的 rowid。
- arraysize：用于设置或获取 fetchmany()默认获取的记录条数，该属性默认为 1。有些数据库模块没有该属性。
- description：该只读属性可获取最后一次查询返回的所有列的信息。
- connection：该只读属性返回创建游标的数据库连接对象。有些数据库模块没有该属性。

总结来看，Python 的 DB API 2.0 由一个 connect()开始，一共涉及数据库连接和游标两个核心 API。它们的分工如下。

- 数据库连接：用于获取游标、控制事务。
- 游标：执行各种 SQL 语句。

掌握了上面这些 API 之后，接下来可以大致归纳出 Python DB API 2.0 的编程步骤。

13.1.3 操作数据库的基本流程

使用 Python DB API 2.0 操作数据库的基本流程如下。

1. 调用 connect()方法打开数据库连接，该方法返回数据库连接对象。
2. 通过数据库连接对象打开游标。
3. 使用游标执行 SQL 语句（包括 DDL、DML、select 查询语句等）。如果执行的是查询语句，则处理查询数据。
4. 关闭游标。
5. 关闭数据库连接。

图 13.1 显示了使用 Python DB API 2.0 操作数据库的基本流程。

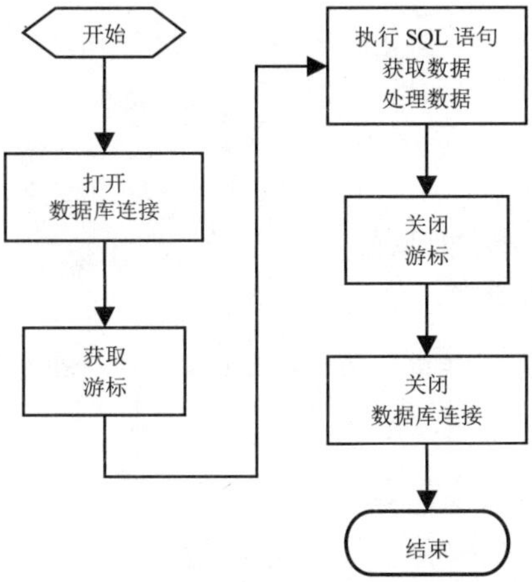

图 13.1 使用 Python DB API 2.0 操作数据库的基本流程

13.2 操作 SQLite 数据库

Python 默认自带了 SQLite 数据库和 SQLite 数据库的 API 模块——在 Python 安装目录下的 DLLs 子目录中可以看到 sqlite3.dll 文件，该文件就是 SQLite 数据库的核心文件；也可以在 Python 安装目录下的 Lib 目录中看到 sqlite3 子目录，它就是 SQLite 数据库的 API 模块。

SQLite 与 Oracle、MySQL 等服务器级的数据库不同，SQLite 只是一个嵌入式的数据库引擎，专门适用于在资源有限的设备上（如手机、PDA 等）进行适量数据的存取。

虽然 SQLite 支持绝大部分 SQL 92 语法，也允许开发者使用 SQL 语句操作数据库中的数据，但 SQLite 并不像 Oracle、MySQL 等数据库那样需要安装、启动服务器进程，SQLite 数据库只是一个文件，它不需要服务器进程。

提示：

从本质上看，SQLite 的操作方式只是一种更便捷的文件操作。后面会看到，当应用程序创建或打开一个 SQLite 数据库时，其实只是打开一个文件准备读写。因此，有人说 SQLite 有点像 Microsoft 的 Access，其实 SQLite 的实际功能要强大得多。

下面详细介绍操作 SQLite 数据库的情形。在使用 SQLite 数据库模块之前，先检查该模块的全局属性。

```
>>> import sqlite3
>>> sqlite3.apilevel
'2.0'
>>> sqlite3.paramstyle
'qmark'
```

从上面的输出可以看到，Python 自带的 SQLite 数据库模块遵守 DB API 2.0 规范，且该模块要求在 SQL 语句中使用问号作为参数。

13.2.1　创建数据表

程序只要通过数据库连接对象打开游标，接下来就可以用游标来执行 DDL 语句，DDL 语句负责创建表、修改表或删除表。

使用 connect()方法打开或创建一个数据库，例如如下代码。

```
conn = sqlite3.connect('first.db')
```

上面代码就用于打开或创建一个 SQLite 数据库。如果 first.db 文件（该文件就是一个数据库）存在，那么程序就是打开该数据库；如果该文件不存在，则会在当前目录下创建相应的文件（即对应于数据库）。

上面代码将会在当前目录下创建一个 first.db 文件，如果程序希望创建内存中的数据库，则只需将 first.db 改为特殊名称:memory:即可。

如下程序示范了如何创建数据表。

程序清单：codes\13\13.2\exec_ddl.py

```
# 导入访问 SQLite 的模块
import sqlite3

# ①打开或创建数据库
# 也可以使用特殊名称:memory:，代表创建内存中的数据库
conn = sqlite3.connect('first.db')
# ②获取游标
c = conn.cursor()
# ③执行 DDL 语句创建数据表
c.execute('''create table user_tb(
    _id integer primary key autoincrement,
    name text,
    pass text,
    gender text)''')
# 执行 DDL 语句创建数据表
c.execute('''create table order_tb(
    _id integer primary key autoincrement,
    item_name text,
    item_price real,
    item_number real,
    user_id inteter,
    foreign key(user_id) references user_tb(_id) )''')
# ④关闭游标
c.close()
# ⑤关闭连接
conn.close()
```

上面程序使用①~⑤清晰地标出了使用 Python DB API 2.0 执行数据库访问的步骤。

上面程序中第③步执行了两次，每次分别执行一条 create 语句，因此该程序执行完成后，将会看到在当前数据库中包含两个数据表：user_tb 和 order_tb，且在 order_tb 表中有一个外键列引用 user_tb 表的_id 主键列。

程序中第③步使用 execute()方法执行的就是标准的 DDL 语句，因此，只要读者拥有 SQL 语法

知识，就可以使用 Python DB API 模块来执行这些 SQL 语句，非常简单。

SQLite 数据库所支持的 SQL 语句与 MySQL 大致相同，开发者完全可以把已有的 MySQL 经验“移植”到 SQLite 数据库上。当然，当 Python 程序提示某条 SQL 语句有语法错误时，最好先利用 SQLite 数据库管理工具（下一节介绍）来测试这条语句，以保证这条 SQL 语句的语法正确。

需要指出的是，SQLite 内部只支持 NULL、INTEGER、REAL（浮点数）、TEXT（文本）和 BLOB（大二进制对象）这 5 种数据类型，但实际上 SQLite 完全可以接受 varchar(n)、char(n)、decimal(p,s)等数据类型，只不过 SQLite 会在运算或保存时将它们转换为上面 5 种数据类型中相应的类型。

除此之外，SQLite 还有一个特点，就是它允许把各种类型的数据保存到任何类型的字段中，开发者可以不用关心声明该字段所使用的数据类型。例如，可以把字符串类型的值存入 INTEGER 类型的字段中，也可以把数值类型的值存入布尔类型的字段中……但有一种情况例外——被定义为“INTEGER PRIMARY KEY”的字段只能存储 64 位整数，当使用这种字段保存除整数以外的其他类型的数据时，SQLite 会产生错误。

由于 SQLite 允许在存入数据时忽略底层数据列实际的数据类型，因此在编写建表语句时可以省略数据列后面的类型声明。例如，对于 SQLite 数据库如下 SQL 语句也是正确的。

```
create table my_test
(
    _id integer primary key autoincrement,
    name ,
    pass ,
    gender
);
```

13.2.2 使用 SQLite Expert 工具

上面程序创建了一个 first.db 数据库（就是一个文件），并在该数据库中创建了两个数据表，那么怎样才能看到它们呢？此时可以通过 SQLite Expert 工具进行查看和管理。

安装 SQLite Expert 工具的步骤如下。

① 登录 http://www.sqliteexpert.com/download.html 站点来下载 SQLite Expert，该工具提供了两个版本：免费的个人版和收费的商业版。此处选择免费的个人版。将页面滚动到下方，找到“SQLite Expert Personal 5.x”，然后单击下方的链接（64 位操作系统选择 64bit 版，32 位操作系统选择 32bit 版），如图 13.2 所示。

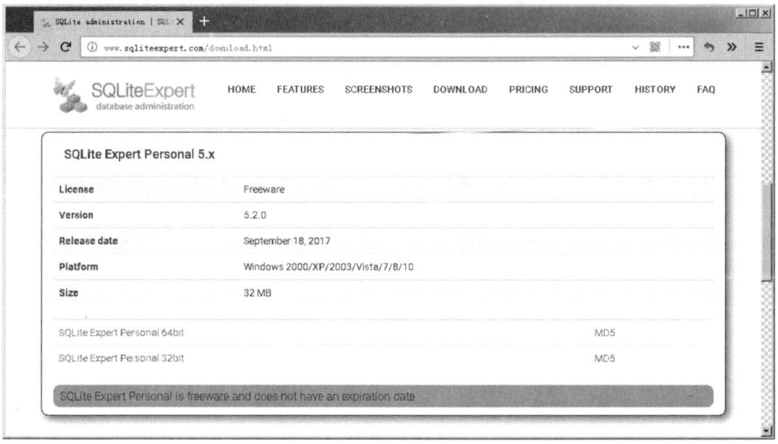

图 13.2 下载 SQLite Expert

② 本书以 64 位操作系统为例，所以应该下载 SQLiteExpertPersSetup64.exe 文件，下载完成后

单击该文件开始安装，其安装过程和安装普通的 Windows 软件完全相同。

③ 安装完成后，启动 SQLite Expert 工具，启动后可以看到如图 13.3 所示的程序界面。

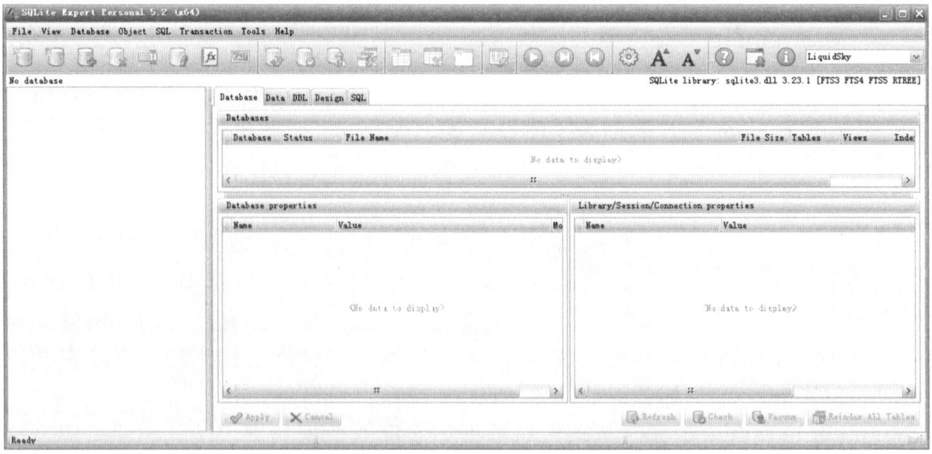

图 13.3　SQLite Expert 程序界面

在图 13.3 所示程序界面的左上角工具栏中看到 4 个工具按钮，它们的作用依次是：创建数据库、创建内存中的数据库、打开数据库和关闭数据库。

➢ 如果要使用 SQLite Expert 新建数据库，则单击图 13.3 所示工具栏中的“New Database”按钮，即可创建一个新的数据库。

➢ 如果要使用 SQLite Expert 打开已有的数据库文件，则单击图 13.3 所示工具栏中的“Open Database”按钮。

④ 单击图 13.3 所示工具栏中的“Open Database”按钮，打开如图 13.4 所示的浏览数据库文件窗口。

找到前面程序所创建的 first.db 文件，然后单击“打开”按钮，SQLite Expert 将会打开 first.db 文件所代表的数据库。

⑤ 打开 first.db 数据库之后，可以在 SQLite Expert 工具中看到该数据库包含两个数据表。随便选中一个数据表，就可以在右边看到该数据表的详细信息，包括数据列（Columns）、主键（Primary Key）、索引（Indexs）、外键（Foreign Keys）、唯一约束（Unique Constraints）等，如图 13.5 所示。

图 13.4　浏览数据库文件窗口

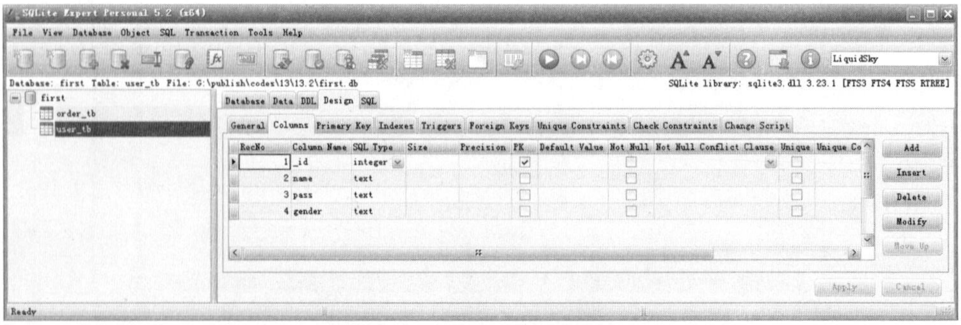

图 13.5　查看数据表设计

如图 13.5 所示的界面，就是一个非常方便的数据库管理界面，可以通过该界面执行创建数据表、删除数据表、添加数据、删除数据等操作，请读者多摸索该工具的用法。

13.2.3 使用序列重复执行 DML 语句

使用游标的 execute()方法也可以执行 DML 的 insert、update、delete 语句，这样即可对数据库执行插入、修改和删除数据操作。

例如，如下程序示范了向数据库的两个数据表中分别插入一条数据。

程序清单：codes\13\13.2\exec_insert.py

```
# 导入访问 SQLite 的模块
import sqlite3

# ①打开或创建数据库
# 也可以使用特殊名称:memory:，代表创建内存中的数据库
conn = sqlite3.connect('first.db')
# ②获取游标
c = conn.cursor()
# ③执行 insert 语句插入数据
c.execute('insert into user_tb values(null, ?, ?, ?)',
    ('孙悟空', '123456', 'male'))
c.execute('insert into order_tb values(null, ?, ?, ?, ?)',
    ('鼠标', '34.2', '3', 1))
conn.commit()
# ④关闭游标
c.close()
# ⑤关闭连接
conn.close()
```

上面程序与 exec_ddl.py 程序基本相同，只是程序调用 execute()方法执行的不是 DDL 语句，而是 insert 语句，这样程序即可向数据表中插入数据。

由于 Python 的 SQLite 数据库 API 默认是开启了事务的，因此必须调用上面程序中的粗体字代码来提交事务；否则，程序对数据库所做的修改（包括插入数据、修改数据、删除数据）不会生效。

运行上面程序，将会向 first.db 数据库的两个数据表中各插入一条数据。打开 SQLite Expert，可以看到如图 13.6 所示的数据。

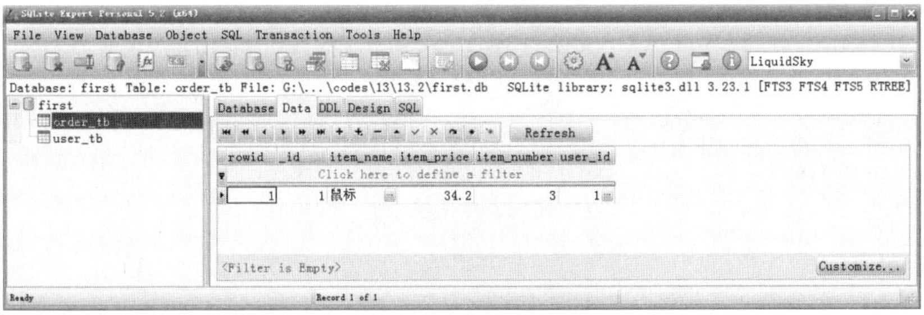

图 13.6 插入数据

如果程序使用 executemany()方法，则可以多次执行同一条 SQL 语句。例如如下程序。

程序清单：codes\13\13.2\exec_many.py

```
# 导入访问 SQLite 的模块
import sqlite3

# ①打开或创建数据库
# 也可以使用特殊名称:memory:，代表创建内存中的数据库
conn = sqlite3.connect('first.db')
# ②获取游标
```

```
c = conn.cursor()
# ③调用 executemany()方法多次执行同一条 SQL 语句
c.executemany('insert into user_tb values(null, ?, ?, ?)',
    (('sun', '123456', 'male'),
    ('bai', '123456', 'female'),
    ('zhu', '123456', 'male'),
    ('niu', '123456', 'male'),
    ('tang', '123456', 'male')))
conn.commit()
# ④关闭游标
c.close()
# ⑤关闭连接
conn.close()
```

上面粗体字代码调用 executemany()方法执行一条 insert 语句，但调用该方法的第二个参数是一个元组，该元组的每个元素都代表执行该 insert 语句一次，在执行 insert 语句时这些元素负责为该语句中的“?”占位符赋值。

运行上面程序，将向 user_tb 数据表中插入 5 条数据。打开 SQLite Expert，可以看到如图 13.7 所示的数据。

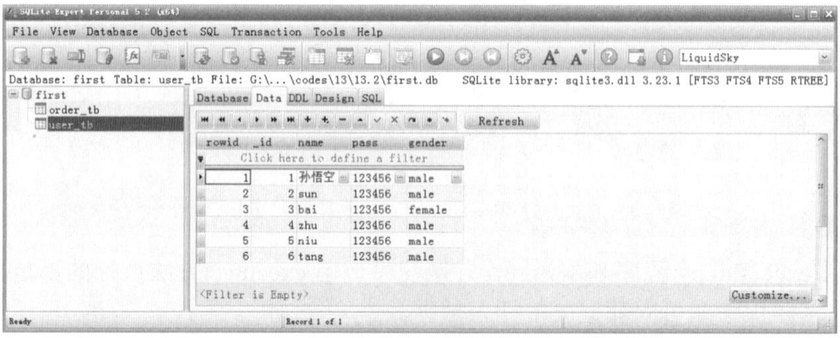

图 13.7　使用 executemany()重复执行 insert 语句插入 5 条数据

虽然上面程序演示的是使用 executemany()重复执行 insert 语句，但实际上程序完全可以使用 executemany()重复执行 update 语句或 delete 语句，只要其第二个参数是一个序列，序列的每个元素都可对被执行 SQL 语句的参数赋值即可。如下程序示范了如何重复执行 update 语句。

程序清单：codes\13\13.2\execmany_update.py

```
# 导入访问 SQLite 的模块
import sqlite3

# ①打开或创建数据库
# 也可以使用特殊名称:memory:，代表创建内存中的数据库
conn = sqlite3.connect('first.db')
# ②获取游标
c = conn.cursor()
# ③调用 executemany()方法多次执行同一条 SQL 语句
c.executemany('update user_tb set name=? where _id=?',
    (('小孙', 2),
    ('小白', 3),
    ('小猪', 4),
    ('小牛', 5),
    ('小唐', 6)))
# 通过 rowcount 获取被修改的记录条数
print('修改的记录条数：', c.rowcount)
conn.commit()
# ④关闭游标
c.close()
```

```
# ⑤关闭连接
conn.close()
```

正如从上面粗体字代码所看到的，此时使用 executemany()执行的 update 语句中包含两个参数，因此调用 executemany()方法的第二个参数是一个元组，该元组中的每个元素只包含两个元素，这两个元素就用于为 update 语句中的两个“？”占位符赋值。

上面程序还使用游标的 rowcount 属性来获取 update 语句所修改的记录条数。

运行上面程序，可以看到 user_tb 表中_id 为 2~6 的记录的 name 都被修改了。

13.2.4 执行查询

执行查询依然按照前面介绍的步骤进行，只是改为执行 select 语句。由于 select 语句执行完成后可以得到查询结果，因此程序可通过游标的 fetchone()、fetchmany(n)、fetchall()来获取查询结果。正如它们的名字所暗示的，fetchone()用于获取一条记录，fetchmany(n)用于获取 *n* 条记录，fetchall()用于获取全部记录。

如下程序示范了如何执行查询语句，并输出查询结果。

程序清单：codes\13\13.2\exec_select.py

```
# 导入访问 SQLite 的模块
import sqlite3

# ①打开或创建数据库
# 也可以使用特殊名称:memory:，代表创建内存中的数据库
conn = sqlite3.connect('first.db')
# ②获取游标
c = conn.cursor()
# ③调用执行 select 语句查询数据
c.execute('select * from user_tb where _id > ?', (2,))
print('查询返回的记录数:', c.rowcount)
# 通过游标的 description 属性获取列信息
for col in (c.description):
    print(col[0], end='\t')
print('\n--------------------------------')
while True:
    # 获取一条记录，每行数据都是一个元组
    row = c.fetchone()
    # 如果获取的 row 为 None，则退出循环
    if not row :
        break
    print(row)
    print(row[1] + '-->' + row[2])
# ④关闭游标
c.close()
# ⑤关闭连接
conn.close()
```

上面程序使用 execute()方法执行了一条 select 语句，接下来程序使用循环，通过游标的 description 属性获取查询的列信息，也可以通过游标来获取查询结果，如上面程序中的粗体字代码所示。

运行上面程序，可以看到如下运行结果。

```
_id     name    pass    gender
--------------------------------
(3, '小白', '123456', 'female')
小白-->123456
(4, '小猪', '123456', 'male')
小猪-->123456
```

```
(5, '小牛', '123456', 'male')
小牛-->123456
(6, '小唐', '123456', 'male')
小唐-->123456
```

从上面的运行结果来看，程序返回了所有_id 大于 2 的记录，这就是上面程序查询所返回的结果。

由于每条 select 语句都可能返回多个查询结果，因此不能使用 executemany()执行查询语句，这没什么意义。

注意

不要试图使用 executemany()方法执行 select 语句，否则程序将会报错：ProgrammingError: executemany() can only execute DML statements。

上面程序使用 fetchone()方法每次获取一条记录，这是比较常见的做法。实际上，程序也可以使用 fetchmany(n)或 fetchall()方法一次获取多条记录。例如，可将上面程序中的粗体字代码改为如下形式。

程序清单：codes\13\13.2\exec_select2.py

```
# 通过游标的 description 属性获取列信息
for col in (c.description):
    print(col[0], end='\t')
print('\n--------------------------------')
while True:
    # 每次获取 3 条记录，该方法返回一个由 3 条记录组成的列表
    rows = c.fetchmany(3)
    # 如果获取的 rows 为 None，则退出循环
    if not rows :
        break
    # 再次使用循环遍历所获取的列表
    for r in rows:
        print(r)
```

上面程序使用 fetchmany(3)每次获取 3 条记录，该方法返回由 3 条记录组成的列表，因此程序还需要遍历该列表才能取出每条记录。

一般来说，在程序中应该尽量避免使用 fetchall()来获取查询返回的全部记录。这是因为程序可能并不清楚实际查询会返回多少条记录，如果查询返回的记录数量太多，那么调用 fetchall()一次获取全部记录可能会导致内存开销过大，情况严重时可能导致系统崩溃。

13.2.5 事务控制

事务是由一步或几步数据库操作序列组成的逻辑执行单元，这一系列操作要么全部执行，要么全部放弃执行。程序和事务是两个不同的概念。一般而言，在一段程序中可能包含多个事务。

事务具备 4 种特性：原子性（Atomicity）、一致性（Consistency）、隔离性（Isolation）和持续性（Durability）。这 4 种特性也简称为 ACID。

- 原子性：事务是应用中最小的执行单位，就如原子是自然界的最小颗粒，具有不可再分的特征一样，事务是应用中不可再分的最小逻辑执行体。
- 一致性：事务执行的结果，必须使数据库从一种一致性状态变到另一种一致性状态。当数据库只包含事务成功提交的结果时，数据库处于一致性状态。如果系统运行发生中断，某个事务尚未完成而被迫中断，而该未完成的事务对数据库所做的修改已被写入数据库中，此时数据库就处于一种不正确的状态。比如银行在两个账户之间转账，从 A 账户向 B 账户

转入 1000 元，系统先减少 A 账户的 1000 元，然后再为 B 账户增加 1000 元。如果全部执行成功，数据库处于一致性状态；如果仅执行完 A 账户金额的修改，而没有增加 B 账户的金额，则数据库就处于不一致性状态。因此，一致性是通过原子性来保证的。

- 隔离性：各个事务的执行互不干扰，任意一个事务的内部操作对其他并发的事务都是隔离的。也就是说，并发执行的事务之间不能看到对方的中间状态，它们不能互相影响。
- 持续性：持续性也称为持久性（Persistence），指事务一旦提交，对数据所做的任何改变都要记录到永久存储器中，通常就是保存到物理数据库中。

当事务所包含的任意一个数据库操作执行失败后，应该回滚（rollback）事务，使在该事务中所做的修改全部失效。事务回滚有两种方式：显式回滚和自动回滚。

- 显式回滚：调用数据库连接对象的 rollback。
- 自动回滚：系统错误，或者强行退出。

正如前面程序所介绍的，如果程序执行了 DML 语句后没有执行 commit()方法，则不会提交事务，程序所做的修改不会被提交到底层数据库。

13.2.6 执行 SQL 脚本

SQLite 数据库模块的游标对象还包含了一个 executescript()方法，这不是一个标准的 API 方法，这意味着在其他数据库 API 模块中可能没有这个方法。但是这个方法却很实用，它可以执行一段 SQL 脚本。

例如，如下程序使用 executescript()方法执行一段 SQL 脚本。

程序清单：codes\13\13.2\exec_script.py

```
# 导入访问 SQLite 的模块
import sqlite3

# ①打开或创建数据库
# 也可以使用特殊名：:memory:代表创建内存中的数据库
conn = sqlite3.connect('first.db')
# ②获取游标
c = conn.cursor()
# ③调用 executescript()方法执行一段 SQL 脚本
c.executescript('''
    insert into user_tb values(null, '武松', '3444', 'male');
    insert into user_tb values(null, '林冲', '44444', 'male');
    create table item_tb(_id integer primary key autoincrement,
       name,
       price);
    ''')
conn.commit()
# ④关闭游标
c.close()
# ⑤关闭连接
conn.close()
```

上面程序中的粗体字代码调用 executescript()方法执行一段复杂的 SQL 脚本，在这段 SQL 脚本中包含了两条 insert 语句，该语句负责向 user_tb 表中插入记录，还使用 create 语句创建了一个数据表。

运行上面程序，可以看到 first.db 数据库中多了一个 item_tb 数据表，user_tb 数据表被插入了两条记录。

此外，为了简化编程，SQLite 数据库模块还为数据库连接对象提供了如下 3 个方法。

- execute(sql[, parameters])：执行一条 SQL 语句。

- executemany(sql[, parameters])：根据序列重复执行 SQL 语句。
- executescript(sql_script)：执行 SQL 脚本。

读者可能会发现，这 3 个方法与游标对象所包含的 3 个方法完全相同。事实正是如此，数据库连接对象的这 3 个方法都不是 DB API 2.0 的标准方法，它们只是游标对象的 3 个方法的快捷方式，因此在用法上与游标对象的 3 个方法完全相同。

13.2.7　创建自定义函数

数据库连接对象还提供了一个 create_function(name, num_params, func)方法，该方法用于注册一个自定义函数，接下来程序就可以在 SQL 语句中使用该自定义函数。该方法包含 3 个参数。

- name 参数：指定注册的自定义函数的名字。
- num_params：指定自定义函数所需参数的个数。
- func：指定自定义函数对应的函数。

下面程序使用 create_function()方法为 SQL 语句注册一个自定义函数，然后程序就可以在 SQL 语句中使用该自定义函数。

程序清单：codes\13\13.2\create_func.py

```
# 导入访问 SQLite 的模块
import sqlite3

# 先定义一个普通函数，准备注册为 SQL 语句中的自定义函数
def reverse_ext(st):
    # 对字符串反转，前后添加方括号
    return '[' + st[::-1] + ']'
# ①打开或创建数据库
# 也可以使用特殊名称:memory:，代表创建内存中的数据库
conn = sqlite3.connect('first.db')
# 调用 create_function 注册自定义函数：enc
conn.create_function('enc', 1, reverse_ext)
# ②获取游标
c = conn.cursor()
# ③在 SQL 语句中使用 enc 自定义函数
c.execute('insert into user_tb values(null, ?, enc(?), ?)',
    ('贾宝玉', '123456', 'male'))
conn.commit()
# ④关闭游标
c.close()
# ⑤关闭连接
conn.close()
```

上面程序中第一行粗体字代码将 reverse_ext()函数注册为自定义函数 enc，该函数用于模拟一个简单的加密功能：程序会对字符串反转，并在字符串前后添加方括号。

提示

此时使用的加密功能只是一个简单的模拟，如果需要真正对密码进行加密，则建议使用更高强度的加密算法，比如加盐 MD5 加密。

程序中第二行粗体字代码在执行的 SQL 语句中使用了 enc 自定义函数，该自定义函数用于对插入的密码进行加密。因此，当使用上面程序插入数据时，程序会自动对插入的密码进行加密：程序会对密码进行反转，并在密码前后添加方括号。

13.2.8　创建聚集函数

标准的 SQL 语句提供了如下 5 个标准的聚集函数。

- sum()：统计总和。
- avg()：统计平均值。
- count()：统计记录条数。
- max()：统计最大值。
- min()：统计最小值。

如果程序需要在 SQL 语句中使用与其他业务相关的聚集函数，则可使用数据库连接对象所提供的 create_aggregate(name, num_params, aggregate_class)方法，该方法用于注册一个自定义的聚集函数。该方法包含 3 个参数。

- name：指定自定义聚集函数的名字。
- num_params：指定聚集函数所需的参数。
- aggregate_class：指定聚集函数的实现类。该类必须实现 step(self, params...)和 finalize(self)方法，其中 step()方法对于查询所返回的每条记录各执行一次；finalize(self)方法只在最后执行一次，该方法的返回值将作为聚集函数最后的返回值。

假设需要查询 user_tb 表中长度最短的密码，此时就需要用到自定义的聚集函数。下面程序使用 create_aggregate()方法为 SQL 语句注册一个自定义的聚集函数，然后程序就可以在 SQL 语句中使用该自定义的聚集函数。

程序清单：codes\13\13.2\create_aggregate.py

```
# 导入访问 SQLite 的模块
import sqlite3

# 先定义一个普通类，准备注册为 SQL 中的自定义聚集函数
class MinLen:
    def __init__(self):
        self.min_len = None
    def step(self, value):
        # 如果 self.min_len 还未赋值，则直接将当前 value 赋值给 self.min_lin
        if self.min_len is None :
            self.min_len = value
            return
        # 找到一个长度更短的 value，用 value 代替 self.min_len
        if len(self.min_len) > len(value):
            self.min_len = value
    def finalize(self):
        return self.min_len
# ①打开或创建数据库
# 也可以使用特殊名称:memory:，代表创建内存中的数据库
conn = sqlite3.connect('first.db')
# 调用 create_aggregate 注册自定义聚集函数：min_len
conn.create_aggregate('min_len', 1, MinLen)
# ②获取游标
c = conn.cursor()
# ③在 SQL 语句中使用 min_len 自定义聚集函数
c.execute('select min_len(pass) from user_tb')
print(c.fetchone()[0])
conn.commit()
# ④关闭游标
c.close()
# ⑤关闭连接
conn.close()
```

上面程序中第一行粗体字代码使用 create_aggregate()创建了一个自定义聚集函数，该函数用于将 MinLen 类注册成 min_len 自定义聚集函数，其中 MinLen 类中的 step()方法负责对每个传入的参数进行比较，选出长度最短的字符串；而 finalize()方法则负责返回长度最短的字符串，该方法的返回值将作为聚集函数的返回值。第二行粗体字代码在 select 语句中使用自定义聚集函数，通过该函数就可以选出长度最短的密码。

运行上面的程序，将可以看到 user_tb 表中长度最短的密码被选出来。

13.2.9　创建比较函数

在标准的 SQL 语句中提供了一个 order by 子句，该子句用于对查询结果进行排序，但这种排序只会按默认的排序规则进行，如果程序需要按业务相关规则进行排序，则需要创建自定义的比较函数。

如果程序需要在 SQL 语句中使用与业务相关的比较函数，则可使用数据库连接对象所提供的 create_collation(name, callable)方法，该方法用于注册一个自定义的比较函数。该方法包含两个参数。

- name：指定自定义比较函数的名字。
- callable：指定自定义比较函数对应的函数。该函数包含两个参数，并对这两个参数进行大小比较，如果该方法返回正整数，系统认为第一个参数更大；如果返回负整数，系统认为第二个参数更大；如果返回 0，系统认为两个参数相等。

注意

callable 函数的参数以 Python（bytes）字节串的形式传入，因此系统默认会以 UTF-8 字符集将字符串编码成字节串后传入 callable 函数。

假设要求对 user_tb 表中的 pass 进行排序，但考虑到 pass 列前面采用了加密：第一个字符和最后一个字符都是方括号，因此程序会对 pass 列去掉前后两个方括号之后再进行排序。所以，程序需要自定义比较函数，该函数将会把字符串的第一个字符和最后一个字符去掉后比较大小。

下面程序创建了一个自定义比较函数，然后在 SQL 语句中使用该自定义比较函数进行排序。

程序清单：codes\13\13.2\create_collation.py

```
# 导入访问 SQLite 的模块
import sqlite3

# 去掉字符串的第一个字符和最后一个字符后比较大小
def my_collate(st1, st2):
    if st1[1: -1] == st2[1: -1]:
        return 0
    elif st1[1: -1] > st2[1: -1]:
        return 1
    else:
        return -1
#  ①打开或创建数据库
# 也可以使用特殊名称:memory:，代表创建内存中的数据库
conn = sqlite3.connect('first.db')
# 调用 create_collation 注册自定义比较函数：sub_cmp
conn.create_collation('sub_cmp', my_collate)
# ②获取游标
c = conn.cursor()
# ③在 SQL 语句中使用 sub_cmp 自定义比较函数
c.execute('select * from user_tb order by pass collate sub_cmp')
# 采用 for-in 循环遍历游标
for row in c:
    print(row)
```

```
    conn.commit()
    # ④关闭游标
    c.close()
    # ⑤关闭连接
    conn.close()
```

上面程序中第一行粗体字代码定义了一个大小比较函数：my_collate()，该函数会去掉字节串的第一个字符和最后一个字符后再比较大小。第二行粗体字代码调用 create_collation()方法将 my_collate()函数注册为 sub_cmp 自定义比较函数，接下来就可以在 SQL 语句中使用该自定义比较函数，如第三行粗体字代码所示。

运行上面的程序，将可以看到查询结果是按 pass 列去掉前后各一个字符之后进行排序的。

上面程序还用到游标的一个特点：游标本身是可迭代对象，因此程序不需要使用 fetchone()来逐行获取查询结果，而是直接使用 for-in 循环来遍历游标获取查询结果集。

13.3 操作 MySQL 数据库

使用 Python 的 DB API 2.0 来操作 MySQL 数据库与操作 SQLite 数据库并没有太大的区别，因为不管是 SQLite 数据库模块，还是 MySQL 数据库模块，它们遵循的是相同的 DB API 2.0 规范。

为了方便读者练习本节的示例，下面先从 MySQL 安装讲起。

13.3.1 下载和安装 MySQL 数据库

安装 MySQL 数据库与安装普通程序并没有太大的区别，关键是在配置 MySQL 数据库时需要注意选择支持中文的编码集。下面简要介绍在 Windows 平台上下载和安装 MySQL 数据库的步骤。

① 登录 http://dev.mysql.com/downloads/mysql/站点，下载 MySQL 数据库社区版（Community)的最新版本。在本书成书之时，MySQL 数据库的最新稳定版本是 MySQL 8.0.11，建议下载该版本的 MySQL 安装文件。读者可根据自己所用的 Windows 平台，选择下载相应的 MSI Installer 安装文件。

② 下载完成后，得到一个 mysql-installer-community-8.0.11.0.msi 文件。双击该文件，开始安装 MySQL 数据库。

③ 在出现的对话框中单击“Install MySQL Products”按钮，然后看到“License Agreement”界面，该界面要求用户必须接受该协议才能安装 MySQL 数据库。勾选该界面下方的“I accept the license terms”复选框，然后单击“Next”按钮，显示如图 13.8 所示的安装选项对话框。

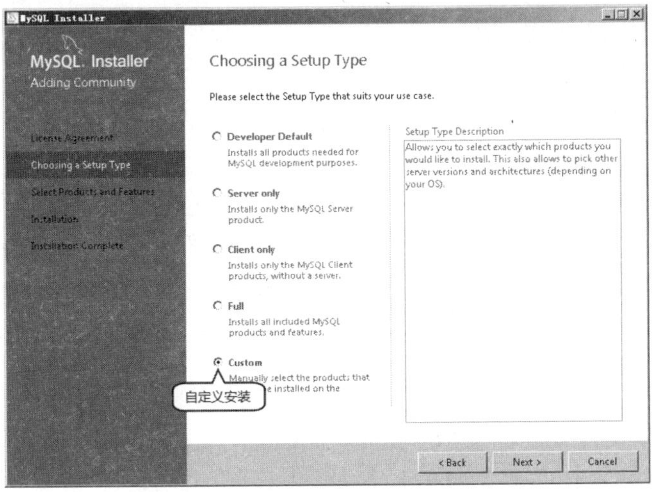

图 13.8 选择自定义安装

❹ 勾选“Custom”单选钮，然后单击“Next”按钮。在接下来的界面中可以选择安装 MySQL 所需的组件，并选择 MySQL 数据库及数据文件的安装路径，本书选择将 MySQL 数据库和数据文件都安装在 D 盘下。单击“Next”按钮，将显示选择安装组件对话框，选择安装 MySQL 服务器、文档和 Connector/Python（这就是 Python 连接 MySQL 的模块），如图 13.9 所示。

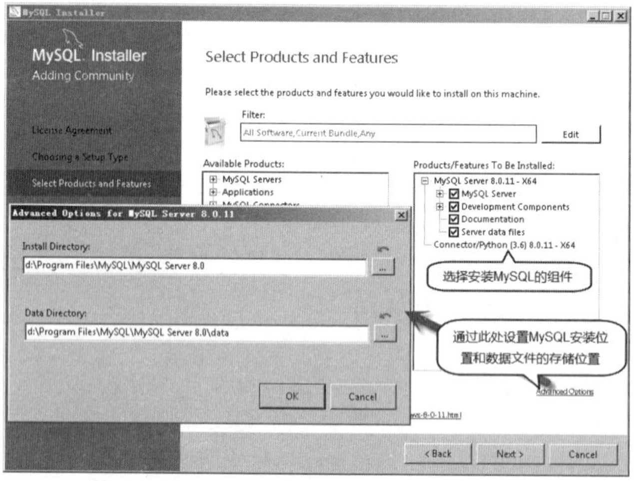

图 13.9　选择安装组件并设置数据库和数据文件的安装位置

❺ 单击“Next”按钮，MySQL Installer 会检查系统环境是否满足安装 MySQL 数据库的要求。如果满足要求，则可以直接单击“Next”按钮开始安装；如果不符合条件，请根据 MySQL 提示先安装相应的系统组件，然后再重新安装 MySQL 数据库。

❻ 开始安装 MySQL 数据库，安装完成后，会看到如图 13.10 所示的成功安装对话框。

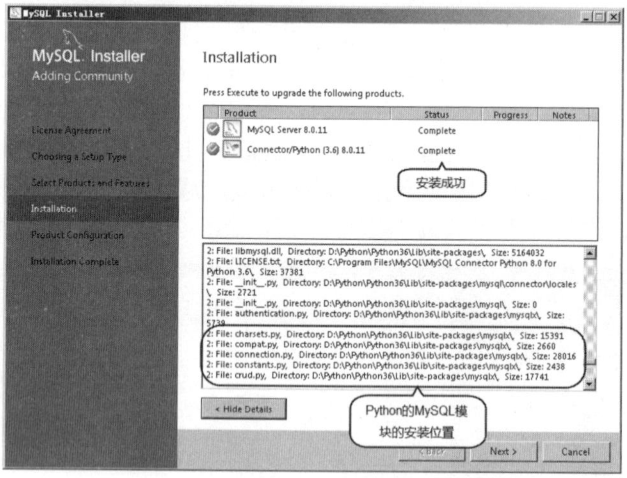

图 13.10　成功安装 MySQL 数据库

从图 13.10 可以看出，MySQL Server（数据库服务器）安装成功，Connector/Python 模块也安装成功，通过下方的 Details 信息可以看到 Python 的 MySQL 模块的安装位置。

注意

MySQL 8.0 需要 Visual C++ 2015 Redistributable，而且不管操作系统是 32 位还是 64 位的，它始终需要 32 位的 Visual C++ 2015 Redistributable，否则会安装失败。

⑦ MySQL 数据库程序安装成功后，系统还要求配置 MySQL 数据库。单击如图 13.10 所示对话框下方的“Next”按钮，开始配置 MySQL 数据库。在如图 13.11 所示的对话框中，选中“Standalone MySQL Server/Classic MySQL Replication”单选钮，即可进行更详细的配置。

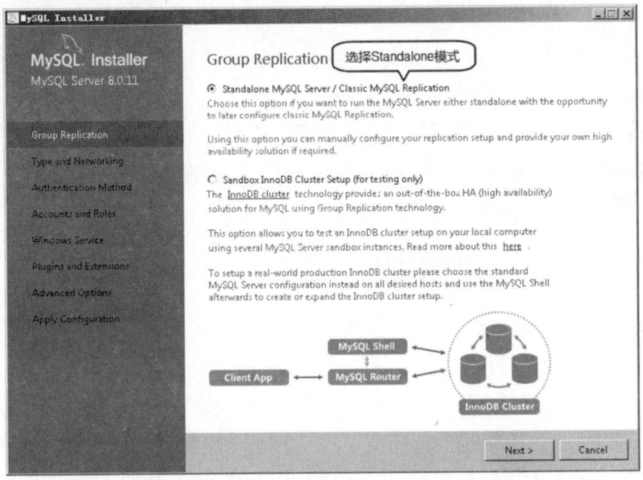

图 13.11 选择 Standalone 模式进行详细配置

⑧ 两次单击“Next”按钮，将出现如图 13.12 所示的对话框，允许用户设置 MySQL 的 root 账户密码，也允许添加更多的用户。

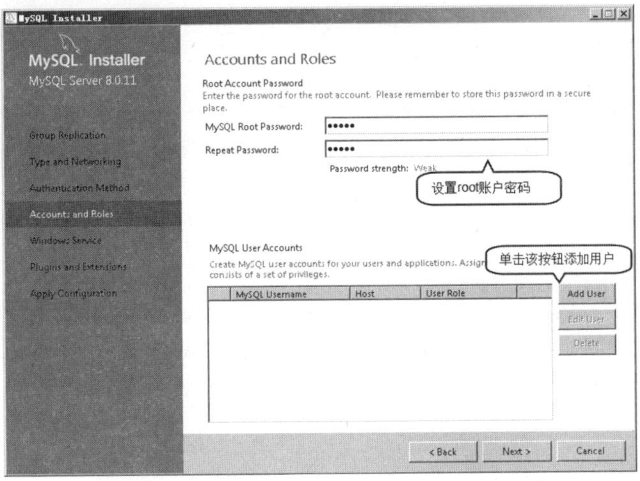

图 13.12 设置 root 账户密码和添加新用户

⑨ 如果需要为 MySQL 数据库添加更多的用户，则可单击“Add User”按钮。设置完成后，单击“Next”按钮，将依次出现一系列对话框，但这些对话框对配置影响不大，直接单击“Next”按钮，直至 MySQL 数据库配置成功。

MySQL 可通过命令行客户端来管理 MySQL 数据库及数据库中的数据。经过上面 9 个步骤之后，应该在 Windows 的“开始”菜单中看到“MySQL”→“MySQL Server 8.0”→“MySQL 8.0 Command Line Client - Unicode”菜单项，单击该菜单项将启动 MySQL 的命令行客户端窗口，进入该窗口将会提示输入 root 账户密码。

提示：

由于 MySQL 默认使用 UTF-8 字符串，因此应该通过“MySQL 8.0 Command Line Client - Unicode”菜单项启动命令行工具，该工具将会使用 UTF-8 字符集。

提示：

市面上有一个名为 SQLyog 的工具程序提供了较好的图形用户界面来管理 MySQL 数据库中的数据。除此之外，MySQL 也提供了 MySQLAdministrator 工具来管理 MySQL 数据库。读者可以自行下载这两个工具，并使用这两个工具来管理 MySQL 数据库。但本书依然推荐读者使用命令行工具，因为这种“恶劣”的工具会强制读者记住 SQL 命令的详细用法。

在命令行客户端中输入在图 3.12 中为 root 账户设置的密码，进入 MySQL 数据库系统中，通过执行 SQL 命令就可以管理 MySQL 数据库了。

13.3.2 使用 pip 工具管理模块

前面在介绍安装 MySQL 服务器时，已经选择安装 MySQL 提供的 Python 数据库模块，而且根据最后的安装提示，显示已经安装成功。

问题是：我们有没有办法来查看是否已经安装成功了呢？或者说，如果在安装 MySQL 服务器时忘记了选择 Connector/Python 模块，现在是否还有补救措施？答案是肯定的。

Python 自带了一个 pip 工具用来查看、管理所安装的各种模块。

1. 查看已安装的模块

查看已安装的模块，使用如下命令。

```
pip show packagename
```

启动命令行窗口，在窗口中输入如下命令。

```
pip show mysql-connector-python
```

在上面的命令中，mysql-connector-python 就是该模块的名字。运行该命令，可以看到如下输出结果。

```
Name: mysql-connector-python
Version: 8.0.11
Summary: MySQL driver written in Python
Home-page: http://dev.mysql.com/doc/connector-python/en/index.html
Author: Oracle and/or its affiliates
Author-email: UNKNOWN
License: GNU GPLv2 (with FOSS License Exception)
Location: d:\python\python36\lib\site-packages
Requires: protobuf
Required-by:
```

从上面的输出结果可以看到，已经成功安装了 mysql-connector-python 8.0.11，以及该模块的官方网址和安装路径等有用的信息。

2. 卸载已安装的模块

卸载已安装的模块，使用如下命令。

```
pip uninstall packagename
```

在命令行窗口中输入如下命令。

```
pip uninstall mysql-connector-python
```

运行该命令，可以看到如下输出结果。

```
Uninstalling mysql-connector-python-8.0.11:
  Would remove:
    d:\python\python36\lib\site-packages\mysql
```

```
    d:\python\python36\lib\site-packages\mysql_connector_python-8.0.11-
py3.6.egg-info
    d:\python\python36\lib\site-packages\mysqlx
  Proceed (y/n)?
```

上面的提示信息询问是否要删除 mysql-connector-python 模块，如果删除该模块，将会删除 3 个目录。如果希望删除，则可以在输入“y”之后按回车键。接下来将看到系统提示如下信息。

```
Successfully uninstalled mysql-connector-python-8.0.11
```

该信息显示 mysql-connector-python-8.0.11 被删除成功。

执行该删除命令后，Python 将不再包含 mysql-connector-python 模块，相当于在安装 MySQL 服务器时没有选择 Connector/Python 模块。

如果要查看已安装的所有模块，可以使用如下命令。

```
pip list
```

3. 安装模块

安装模块，使用如下命令。

```
pip install packagename
```

在命令行窗口中输入如下命令。

```
pip install mysql-connector-python
```

运行该命令，将看到程序下载并安装 mysql-connector-python 模块的过程，最后会生成如下提示信息。

```
Successfully installed mysql-connector-python-8.0.11
```

上面的信息提示该模块安装成功。

如果希望安装不同版本的模块，则可指定版本号。例如：

```
pip install packagename ==1.0.4     # 安装指定版本
```

提示：

除使用 MySQL 官方提供的 Python 模块来连接 MySQL 数据库之外，还有一个使用广泛的连接MySQL数据库的模块：MySQL-python，其官方站点为 https://pypi.org/project/MySQL-python/。

13.3.3 执行 DDL 语句

在使用 mysql-connector-python 模块操作 MySQL 数据库之前，同样先检查一下该模块的全局属性。

```
>>> import mysql.connector
>>> mysql.connector.apilevel
'2.0'
>>> mysql.connector.paramstyle
'pyformat'
>>>
```

从上面的输出信息可以看到，mysql-connector-python 数据库模块同样遵守 DB API 2.0 规范，且该模块允许在 SQL 语句中使用扩展的格式代码（pyformat）来代表参数。

使用 MySQL 模块对 MySQL 数据库执行 DDL 语句，与使用 SQLite 模块对 SQLite 数据库执行 DDL 语句并没有太大的区别，只是 MySQL 数据库有服务器进程，默认通过 3306 端口对外提供服务。因此，Python 程序在连接 MySQL 数据库时可指定远程服务器 IP 地址和端口，如果不指定服务器 IP 地址和端口，则使用默认的服务器 IP 地址 localhost 和默认端口 3306。

下面程序示范了如何连接 MySQL 数据库，并通过 DDL 语句来创建两个数据表。

程序清单：codes\13\13.3\exec_ddl.py

```
# 导入访问 MySQL 的模块
import mysql.connector

# ①连接数据库
conn = mysql.connector.connect(user='root', password='32147',
    host='localhost', port='3306',
    database='python', use_unicode=True)
# ②获取游标
c = conn.cursor()
# ③执行 DDL 语句创建数据表
c.execute('''create table user_tb(
        user_id int primary key auto_increment,
        name varchar(255),
        pass varchar(255),
        gender varchar(255))''')
# 执行 DDL 语句创建数据表
c.execute('''create table order_tb(
        order_id integer primary key auto_increment,
        item_name varchar(255),
        item_price double,
    item_number double,
        user_id int,
    foreign key(user_id) references user_tb(user_id) )''')
# ④关闭游标
c.close()
# ⑤关闭连接
conn.close()
```

与连接 SQLite 的程序相比，上面程序最大的区别就在于那行粗体字代码：程序要连接 localhost 主机上 3306 端口服务的 python 数据库，必须先在本机的 MySQL 数据库服务器中创建一个 python 数据库。

通过“开始”菜单中的“MySQL→MySQL Server 8.0→MySQL 8.0 Command Line Client - Unicode”启动 MySQL 的命令行客户端，输入在图 13.12 中为 root 账户设置的密码，即可进入 MySQL 的命令行客户端，然后输入如下命令来创建 python 数据库。

```
create database python;
```

运行上面的程序，当程序运行结束后，将可以看到 python 数据库中多了两个数据表，如图 13.13 所示。

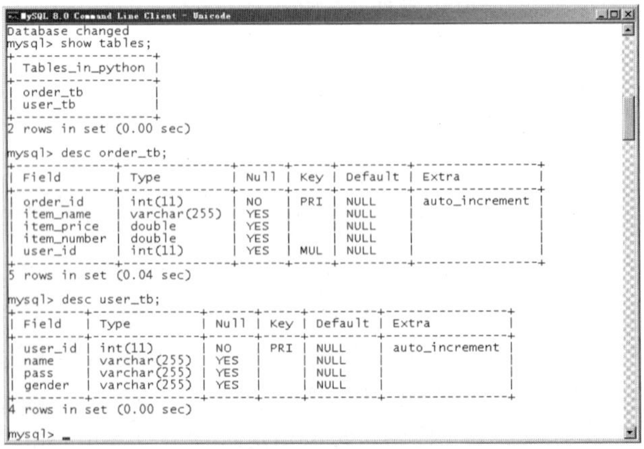

图 13.13　创建数据表

上面程序中的①~⑤步与前面并无区别，程序在第③步执行了两次，每次分别执行一条 create 语句。因此，该程序执行完成后，将会看到当前数据库中包含两个数据表：user_tb 和 order_tb，且在 order_tb 表中有一个外键列引用了 user_tb 表的 user_id 主键列。

需要指出的是，此处程序使用 execute()方法执行的 create 语句与前面操作 SQLite 数据库时所使用的 create 语句略有差异，但这个差异是由两个数据库本身所引起的，与 Python 程序并没有任何关系。

如果 Python 程序提示某条 SQL 语句有语法错误，则最好先利用此处介绍的 MySQL 的命令行客户端测试这条 SQL 语句，以保证该语句的语法正确。

提示：

同一条 SQL 语句，在有的数据库上可能是成功的，而在其他数据库上可能会失败，这是由于不同数据库所支持的 SQL 虽然大体是相同的，但在实现细节上略有差异。

13.3.4 执行 DML 语句

与使用 SQLite 数据库模块类似，MySQL 数据库模块同样可以使用游标的 execute()方法执行 DML 的 insert、update、delete 语句，对数据库进行插入、修改和删除数据操作。

例如，如下程序示范了向数据库的两个数据表中分别插入一条数据。

程序清单：codes\13\13.3\exec_insert.py

```
# 导入访问 MySQL 的模块
import mysql.connector

# ①连接数据库
conn = mysql.connector.connect(user='root', password='32147',
    host='localhost', port='3306',
    database='python', use_unicode=True)
# ②获取游标
c = conn.cursor()
# ③调用 execute()执行 insert 语句插入数据
c.execute('insert into user_tb values(null, %s, %s, %s)',
    ('孙悟空', '123456', 'male'))
c.execute('insert into order_tb values(null, %s, %s, %s, %s)',
    ('鼠标', '34.2', '3', 1))
conn.commit()
# ④关闭游标
c.close()
# ⑤关闭连接
conn.close()
```

上面程序中两行粗体字代码分别用于向 user_tb 和 order_tb 表中插入数据。注意该程序的 SQL 语句中的占位符：%s，这正如 mysql.connector.paramstyle 属性所标识的 pyformat，它指定在 SQL 语句中使用扩展的格式代码来作为占位符。

上面程序运行完成之后，就会向 python 数据库的两个数据表中各插入一条记录。打开 MySQL 的命令行客户端，可以看到如图 13.14 所示的数据。

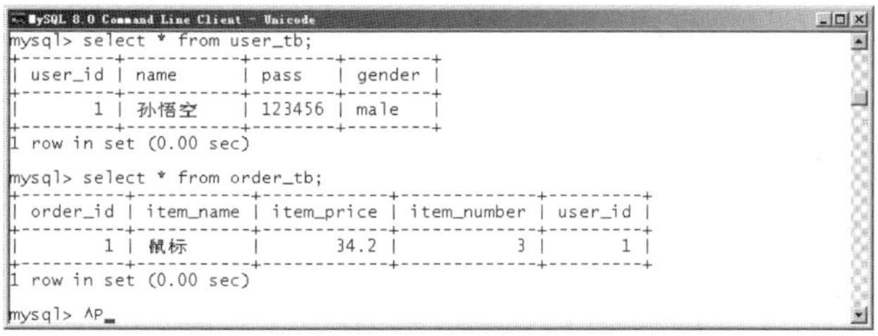

图 13.14 执行 insert 语句插入数据

与 SQLite 数据库模块类似的是，MySQL 数据库模块同样支持使用

executemany()方法重复执行一条 SQL 语句。例如如下程序。

程序清单：codes\13\13.3\exec_many.py

```
# 导入访问 MySQL 的模块
import mysql.connector

# ①连接数据库
conn = mysql.connector.connect(user='root', password='32147',
    host='localhost', port='3306',
    database='python', use_unicode=True)
# ②获取游标
c = conn.cursor()
# ③调用 executemany()方法多次执行同一条 SQL 语句
c.executemany('insert into user_tb values(null, %s, %s, %s)',
    (('sun', '123456', 'male'),
    ('bai', '123456', 'female'),
    ('zhu', '123456', 'male'),
    ('niu', '123456', 'male'),
    ('tang', '123456', 'male')))
conn.commit()
# ④关闭游标
c.close()
# ⑤关闭连接
conn.close()
```

该程序与前面使用 SQLite 数据库模块重复执行 SQL 语句的程序基本相同，只是该程序在 SQL 语句中使用了%s 作为占位符。

使用 MySQL 数据库模块中游标的 executemany()方法同样可重复执行 update、delete 语句，在本书配套代码的 codes\13\13.3 目录下可找到一个 executemany_update.py 程序，该程序使用 executemany()方法重复执行 update 语句，这完全是允许的。

需要说明的是，MySQL 数据库模块的连接对象有一个 autocommit 属性，如果将该属性设为 True，则意味着关闭该连接的事务支持，程序每次执行 DML 语句之后都会自动提交，这样程序就无须调用连接对象的 commit()方法来提交事务了。例如如下程序。

程序清单：codes\13\13.3\autocommit_test.py

```
# 导入访问 MySQL 的模块
import mysql.connector

# ①连接数据库
conn = mysql.connector.connect(user='root', password='32147',
    host='localhost', port='3306',
    database='python', use_unicode=True)
# 将 autocommit 设为 True，关闭事务
conn.autocommit = True
#  下面执行的 DML 语句会自动提交
...
# ④关闭游标
c.close()
# ⑤关闭连接
conn.close()
```

在上面程序中，将连接对象的 autocommit 设为 True，这意味着该连接将会自动提交每条 DML 语句，相当于关闭了事务，所以程序也不需要调用连接对象的 commit()方法来提交事务。

13.3.5 执行查询语句

使用 MySQL 数据库模块执行查询语句，与使用 SQLite 数据库模块执行查询语句基本相似，

只需注意 SQL 语句中的占位符的差别即可。例如，如下程序示范了查询 MySQL 数据库中的数据。

程序清单：codes\13\13.3\exec_select.py

```
# 导入访问 MySQL 的模块
import mysql.connector

# ①连接数据库
conn = mysql.connector.connect(user='root', password='32147',
    host='localhost', port='3306',
    database='python', use_unicode=True)
# ②获取游标
c = conn.cursor()
# ③调用 execute()执行 select 语句查询数据
c.execute('select * from user_tb where user_id > %s', (2,))
# 通过游标的 description 属性获取列信息
for col in (c.description):
    print(col[0], end='\t')
print('\n--------------------------------')
# 直接使用 for-in 循环来遍历游标中的结果集
for row in c:
    print(row)
    print(row[1] + '-->' + row[2])
# ④关闭游标
c.close()
# ⑤关闭连接
conn.close()
```

上面程序中的粗体字代码调用 execute()方法执行 select 语句查询数据，在该 SQL 语句中同样使用了%s 作为占位符，这就是与 SQLite 数据库模块的差别。

该程序直接使用 for-in 循环来遍历游标所包含的查询数据，这完全是可以的——因为游标本身就是可遍历对象。运行上面的程序，可以看到如下查询结果。

```
user_id name    pass    gender
--------------------------------
(3, '小白', '123456', 'female')
小白-->123456
(4, '小猪', '123456', 'male')
小猪-->123456
(5, '小牛', '123456', 'male')
小牛-->123456
(6, '小唐', '123456', 'male')
小唐-->123456
(7, '孙悟空', '123456', 'male')
孙悟空-->123456
```

MySQL 数据库模块的游标对象同样支持 fetchone()、fetchmany()、fetchall()方法，在本书配套代码的 codes\13\13.3 目录下可以看到一个 exec_select2.py 程序，该程序使用 fetchmany()方法每次获取 3 条记录。

13.3.6 调用存储过程

MySQL 数据库模块为游标对象提供了一个非标准的 callproc(self, procname, args=())方法，该方法用于调用数据库存储过程。该方法的 procname 参数代表存储过程的名字，而 args 参数则用于为存储过程传入参数。

下面的 SQL 脚本可以在 MySQL 数据库中创建一个简单的存储过程。打开 MySQL 的命令行客户端，连接 python 数据库之后，输入如下 SQL 脚本来创建存储过程。

```
delimiter //
create procedure add_pro(a int , b int, out sum int)
begin
set sum = a + b;
end;
//
```

下面程序示范了使用 MySQL 数据库模块来调用存储过程。

程序清单：codes\13\13.3\callproc_select.py

```
# 导入访问 MySQL 的模块
import mysql.connector

# ①连接数据库
conn = mysql.connector.connect(user='root', password='32147',
    host='localhost', port='3306',
    database='python', use_unicode=True)
# ②获取游标
c = conn.cursor()
# ③调用 callproc()方法执行存储过程
# 虽然 add_pro 存储过程需要 3 个参数，但最后一个参数是传出参数
# 程序不会使用它的值，因此程序用一个 0 来占位置
result_args = c.callproc('add_pro', (5, 6, 0))
# 返回的 result_args 既包含传入参数的值，也包含传出参数的值
print(result_args)
# 如果只想访问传出参数的值，则可直接访问 result_args 的第 3 个元素，如下面的代码所示
print(result_args[2])
# ④关闭游标
c.close()
# ⑤关闭连接
conn.close()
```

上面程序中的粗体字代码就是调用存储过程的关键代码。使用 MySQL 数据库模块调用存储过程非常简单：存储过程需要几个参数，程序通过 callproc()方法调用存储过程时就传入一个包含几个元素的元组；对于存储过程的传入参数，该参数对应的元组元素负责为传入参数传值；对于存储过程的传出参数，该参数对应的元组元素随便定义即可。

运行上面的程序，可以看到如下输出结果。

```
(5, 6, 11)
11
```

从上面的输出结果来看，当程序使用 Python 调用存储过程后，程序会返回传入参数和传出参数组成的元组，如第一行输出结果所示。如果程序只需要获取传出参数的值，则通过返回的结果元组取出对应的值即可。

13.4　本章小结

本章介绍了使用 SQLite 数据库模块操作 SQLite 数据库，也介绍了使用 MySQL 数据库模块操作 MySQL 数据库，通过这两个数据库模块的对比，读者应该发现它们在很多地方都是相似的，这就是属于 Python DB API 2.0 规范层次的东西。换而言之，无论使用哪种数据库模块，只要遵守 Python DB API 2.0 规范，其就会具有和本章内容类似的编程步骤和编程方法。因此，读者应该通过 SQLite、MySQL 数据库模块的编程方法，进而掌握使用 Python 操作所有数据库的方法。

学习本章主要应掌握 Python DB API 2.0 的相关规范，并掌握使用 Python 操作数据库的主要流程，包括连接数据库的方法，使用 execute()、executemany()执行不同的 SQL 语句，并通过游标获取查询结果。此外，必须注意不同的数据库模块可能略有差异，比如 SQLite 数据库模块的游标提

供了 executescript()方法来执行 SQL 脚本，而 MySQL 数据库模块的游标则提供了 callproc()方法来调用存储过程。

➤➤本章练习

1．实现个人记账程序，用户可以录入个人每天的消费记录（至少包括消费时间、消费地点、消费用途、消费金额等），并且可以根据各种条件查看消费记录，也可以修改消费记录，但不允许删除消费记录。

2．设计一个数据表用于保存图书信息，需要保存图书的书名、价格、作者、出版社、封面（图片）等信息。开发一个带界面的程序，用户可以向该数据表中添加记录、删除记录，也可以修改已有的图书记录，并可以根据书名、价格、作者等条件查询图书。

3．开发 C/S 结构的图书销售管理系统，要求实现两个模块：①后台管理，包括管理种类、图书库存（可以上传图书封面图片）、出版社；②前台销售，包括查询图书资料（根据种类、书名、出版社）、销售图书（会影响库存），并记录每一条销售信息，统计每天、每月的销售情况。

4．编写“学生管理系统”，要求：必须使用自定义函数，完成对程序的模块化；学生信息至少包含姓名、年龄、学号。除此之外，可以适当添加必需的功能，如添加、删除、修改、查询、退出。

CHAPTER

14

第14章 并发编程

本章要点

- 线程的基础知识
- 理解线程和进程的区别与联系
- 两种创建线程的方式
- 线程的 run()和 start()方法的区别与联系
- 线程的生命周期
- 线程死亡的几种情况
- 控制线程的常用方法
- 线程同步的概念和必要性
- 使用 Lock 对象控制线程同步
- 死锁的引发原因及避免死锁的方法
- 使用 Condition 实现线程通信
- 使用 Queue 实现线程通信
- 使用 Event 实现线程通信
- 线程池的功能和用法
- 线程局部变量的功能和用法
- 定时器的功能和用法
- 调度器的功能和用法
- 使用 os.fork 创建新进程
- 跨平台创建进程的两种方法
- 使用进程池管理进程
- 进程通信的两种方式

前面介绍的绝大部分程序，都只是在做单线程的编程。前面所有程序（除第 11 章中的程序之外，它们有内建的多线程支持）都只有一条顺序执行流——程序依次向下执行每行代码，如果程序在执行某行代码时遇到阻塞，则程序将会停滞在该处。使用 IDE 工具的单步调试功能，就可以非常清楚地看出这一点。

但实际的情况是，单线程的程序往往功能非常有限。例如，开发一个简单的服务器程序，当这个服务器程序需要向不同的客户端提供服务时，不同的客户端之间应该互不干扰。多线程听上去是非常专业的概念，其实它非常简单——单线程的程序（前面介绍的绝大部分程序）只有一个顺序执行流，而多线程的程序则可以包含多个顺序执行流，这些顺序执行流之间互不干扰。可以这样理解：单线程的程序如同只雇佣一个服务员的餐厅，他必须做完一件事情后才可以做下一件事情；而多线程的程序则如同雇佣多个服务员的餐厅，他们可以同时做多件事情。

Python 语言提供了非常优秀的多线程支持，程序可以通过非常简单的方式来启动多线程。本章将会详细介绍 Python 多线程编程的相关知识，包括创建、启动线程，控制线程，以及多线程的同步操作，并会介绍如何利用 Python 内建支持的线程池来提高多线程的性能。

14.1　线程概述

几乎所有的操作系统都支持同时运行多个任务，一个任务通常就是一个程序，每一个运行中的程序就是一个进程。当一个程序运行时，内部可能包含多个顺序执行流，每一个顺序执行流就是一个线程。

14.1.1　线程和进程

几乎所有的操作系统都支持进程的概念，所有运行中的任务通常对应一个进程（Process）。当一个程序进入内存运行时，即变成一个进程。进程是处于运行过程中的程序，并且具有一定的独立功能。进程是系统进行资源分配和调度的一个独立单位。

一般而言，进程包含如下三个特征。

- **独立性：**进程是系统中独立存在的实体，它可以拥有自己的独立的资源，每一个进程都拥有自己的私有的地址空间。在没有经过进程本身允许的情况下，一个用户进程不可以直接访问其他进程的地址空间。
- **动态性：**进程与程序的区别在于，程序只是一个静态的指令集合，而进程是一个正在系统中活动的指令集合。在进程中加入了时间的概念。进程具有自己的生命周期和各种不同的状态，在程序中是没有这些概念的。
- **并发性：**多个进程可以在单个处理器上并发执行，多个进程之间不会互相影响。

注意

并发（Concurrency）和并行（Parallel）是两个概念，并行指在同一时刻有多条指令在多个处理器上同时执行；并发指在同一时刻只能有一条指令执行，但多个进程指令被快速轮换执行，使得在宏观上具有多个进程同时执行的效果。

大部分操作系统都支持多进程并发执行，现代的操作系统几乎都支持同时执行多个任务。例如，程序员一边开着开发工具在写程序，一边开着参考手册备查，同时还使用电脑播放音乐……除此之外，每台电脑运行时还有大量底层的支撑性程序在运行……这些进程看上去像是在同时工作。

但事实的真相是，对于一个 CPU 而言，在某个时间点它只能执行一个程序。也就是说，只能运行一个进程，CPU 不断地在这些进程之间轮换执行。那么，为什么用户感觉不到任何中断呢？

这是因为相对人的感觉来说，CPU 的执行速度太快了（如果启动的程序足够多，则用户依然可以感觉到程序的运行速度下降了）。所以，虽然 CPU 在多个进程之间轮换执行，但用户感觉到好像有多个进程在同时执行。

现代的操作系统都支持多进程的并发执行，但在具体的实现细节上可能因为硬件和操作系统的不同而采用不同的策略。比较常用的策略有：共用式的多任务操作策略，例如 Windows 3.1 和 Mac OS 9 操作系统采用这种策略；抢占式的多任务操作策略，其效率更高，目前操作系统大多采用这种策略，例如 Windows NT、Windows 2000 以及 UNIX/Linux 等操作系统。

多线程则扩展了多进程的概念，使得同一个进程可以同时并发处理多个任务。线程（Thread）也被称作轻量级进程（Lightweight Process），线程是进程的执行单元。就像进程在操作系统中的地位一样，线程在程序中是独立的、并发的执行流。当进程被初始化后，主线程就被创建了。对于绝大多数的应用程序来说，通常仅要求有一个主线程，但也可以在进程内创建多个顺序执行流，这些顺序执行流就是线程，每一个线程都是独立的。

线程是进程的组成部分，一个进程可以拥有多个线程，一个线程必须有一个父进程。线程可以拥有自己的堆栈、自己的程序计数器和自己的局部变量，但不拥有系统资源，它与父进程的其他线程共享该进程所拥有的全部资源。因为多个线程共享父进程里的全部资源，因此编程更加方便；但必须更加小心，因为需要确保线程不会妨碍同一进程中的其他线程。

线程可以完成一定的任务，可以与其他线程共享父进程中的共享变量及部分环境，相互之间协同来完成进程所要完成的任务。

线程是独立运行的，它并不知道进程中是否还有其他线程存在。线程的运行是抢占式的，也就是说，当前运行的线程在任何时候都可能被挂起，以便另外一个线程可以运行。

一个线程可以创建和撤销另一个线程，同一个进程中的多个线程之间可以并发运行。

从逻辑的角度来看，多线程存在于一个应用程序中，让一个应用程序可以有多个执行部分同时执行，但操作系统无须将多个线程看作多个独立的应用，对多线程实现调度和管理，以及资源分配。线程的调度和管理由进程本身负责完成。

简而言之，一个程序运行后至少有一个进程，在一个进程中可以包含多个线程，但至少要包含一个主线程。

提示

归纳起来，可以这样说：操作系统可以同时执行多个任务，每一个任务就是一个进程；进程可以同时执行多个任务，每一个任务就是一个线程。

14.1.2 多线程的优势

线程在程序中是独立的、并发的执行流。与分隔的进程相比，进程中线程之间的隔离程度要小，它们共享内存、文件句柄和其他进程应有的状态。

因为线程的划分尺度小于进程，使得多线程程序的并发性高。进程在执行过程中拥有独立的内存单元，而多个线程共享内存，从而极大地提高了程序的运行效率。

线程比进程具有更高的性能，这是由于同一个进程中的线程都有共性——多个线程共享同一个进程的虚拟空间。线程共享的环境包括进程代码段、进程的公有数据等，利用这些共享的数据，线程之间很容易实现通信。

操作系统在创建进程时，必须为该进程分配独立的内存空间，并分配大量的相关资源，但创建线程则简单得多。因此，使用多线程来实现并发比使用多进程的性能要高得多。

总结起来，使用多线程编程具有如下几个优点。

- 进程之间不能共享内存，但线程之间共享内存非常容易。

- 操作系统在创建进程时，需要为该进程重新分配系统资源，但创建线程的代价则小得多。因此，使用多线程来实现多任务并发执行比使用多进程的效率高。
- Python 语言内置了多线程功能支持，而不是单纯地作为底层操作系统的调度方式，从而简化了 Python 的多线程编程。

在实际应用中，多线程是非常有用的。比如一个浏览器必须能同时下载多张图片；一个 Web 服务器必须能同时响应多个用户请求；图形用户界面（GUI）应用也需要启动单独的线程，从主机环境中收集用户界面事件……总之，多线程在实际编程中的应用是非常广泛的。

14.2 线程的创建和启动

Python 提供了_thread 和 threading 两个模块来支持多线程，其中_thread 提供低级别的、原始的线程支持，以及一个简单的锁，正如它的名字所暗示的，一般编程不建议使用_thread 模块；而 threading 模块则提供了功能丰富的多线程支持。

Python 主要通过两种方式来创建线程。

- 使用 threading 模块的 Thread 类的构造器创建线程。
- 继承 threading 模块的 Thread 类创建线程类。

14.2.1 调用 Thread 类的构造器创建线程

调用 Thread 类的构造器创建线程很简单，直接调用 threading.Thread 类的如下构造器创建线程。

```
    __init__(self, group=None, target=None, name=None, args=(), kwargs=None, *,
daemon=None)
```

上面的构造器涉及如下几个参数。

- group：指定该线程所属的线程组。目前该参数还未实现，因此它只能设为 None。
- target：指定该线程要调度的目标方法。
- args：指定一个元组，以位置参数的形式为 target 指定的函数传入参数。元组的第一个元素传给 target 函数的第一个参数，元组的第二个元素传给 target 函数的第二个参数……依此类推。
- kwargs：指定一个字典，以关键字参数的形式为 target 指定的函数传入参数。
- daemon：指定所构建的线程是否为后台线程。

通过 Thread 类的构造器创建并启动多线程的步骤如下。

① 调用 Thread 类的构造器创建线程对象。在创建线程对象时，target 参数指定的函数将作为线程执行体。

② 调用线程对象的 start()方法启动该线程。

下面程序示范了通过 Thread 类的构造器来创建线程对象。

程序清单：codes\14\14.2\first_thread.py

```
import threading

# 定义一个普通的 action 方法，该方法准备作为线程执行体
def action(max):
    for i in range(max):
        # 调用 threading 模块的 current_thread()函数获取当前线程
        # 调用线程对象的 getName()方法获取当前线程的名字
        print(threading.current_thread().getName() +  " " + str(i))
# 下面是主程序（也就是主线程的线程执行体）
for i in range(100):
    # 调用 threading 模块的 current_thread()函数获取当前线程
```

```
        print(threading.current_thread().getName() + " " + str(i))
        if i == 20:
            # 创建并启动第一个线程
            t1 =threading.Thread(target=action,args=(100,))
            t1.start()
            # 创建并启动第二个线程
            t2 =threading.Thread(target=action,args=(100,))
            t2.start()
print('主线程执行完成!')
```

上面程序中的主程序包含一个循环，当循环变量 i 等于 20 时创建并启动两个新线程。程序中第一行粗体字代码创建了一个 Thread 对象，该线程的 target 为 action，这意味着它会将 action 函数作为线程执行体。接下来程序调用 start()方法来启动 t1 线程。

程序中第二行粗体字代码再次创建了一个线程，其创建和启动方式与第一个线程完全相同。

运行上面程序，将会看到如图 14.1 所示的界面。

虽然上面程序只显式创建并启动了两个线程，但实际上程序有三个线程，即程序显式创建的两个子线程和主线程。前面已经提到，当 Python 程序开始运行后，程序至少会创建一个主线程，主线程的线程执行体就是程序中的主程序——没有放在任何函数中的代码。

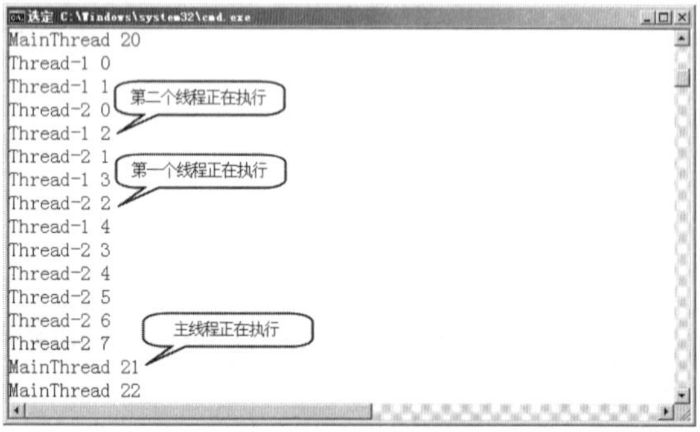

图 14.1　多线程的运行效果

提示： 在进行多线程编程时，不要忘记 Python 程序运行时默认的主线程，主程序部分（没有放在任何函数中的代码）就是主线程的线程执行体。

从图 14.1 可以看出，此时程序中共包含三个线程，这三个线程的执行没有先后顺序，它们以并发方式执行：Thread-1 执行一段时间，然后可能 Thread-2 或 MainThread 获得 CPU 执行一段时间，接下来又换其他线程执行，这就是典型的线程并发执行——CPU 以快速轮换的方式在多个线程之间切换，从而给用户一种错觉：多个线程似乎同时在执行。

通过上面介绍不难看出多线程的意义：如果不使用多线程，主程序直接调用两次 action()函数，那么程序必须等第一次调用的 action()函数执行完成，才会执行第二次调用的 action()函数；必须等第二次调用的 action()函数执行完成，才会继续向下执行主程序。而使用多线程之后，程序可以让两个 action()函数、主程序以并发方式执行，给用户一种错觉：两个 action()函数和主程序似乎同时在执行。

提示： 说穿了很简单，多线程就是让多个函数能并发执行，让普通用户感觉到多个函数似乎同时在执行。

除此之外，上面程序还用到了如下函数和方法。

- threading.current_thread()：它是 threading 模块的函数，该函数总是返回当前正在执行的线程对象。
- getName()：它是 Thread 类的实例方法，该方法返回调用它的线程名字。

提示：

程序可以通过 setName(name)方法为线程设置名字，也可以通过 getName()方法返回指定线程的名字，这两个方法可通过 name 属性来代替。在默认情况下，主线程的名字为 MainThread，用户启动的多个线程的名字依次为 Thread-1、Thread-2、Thread-3、…、Thread-n 等。

14.2.2　继承 Thread 类创建线程类

通过继承 Thread 类来创建并启动线程的步骤如下。

① 定义 Thread 类的子类，并重写该类的 run()方法。run()方法的方法体就代表了线程需要完成的任务，因此把 run()方法称为线程执行体。

② 创建 Thread 子类的实例，即创建线程对象。

③ 调用线程对象的 start()方法来启动线程。

下面程序示范了通过继承 Thread 类来创建并启动线程。

程序清单：codes\14\14.2\second_thread.py

```
import threading

# 通过继承 threading.Thread 类来创建线程类
class FkThread(threading.Thread):
    def __init__(self):
        threading.Thread.__init__(self)
        self.i = 0
    # 重写 run() 方法作为线程执行体
    def run(self):
        while self.i < 100:
            # 调用 threading 模块的 current_thread() 函数获取当前线程
            # 调用线程对象的 getName() 方法获取当前线程的名字
            print(threading.current_thread().getName() + " " + str(self.i))
            self.i += 1
# 下面是主程序（也就是主线程的线程执行体）
for i in range(100):
    # 调用 threading 模块的 current_thread() 函数获取当前线程
    print(threading.current_thread().getName() + " " + str(i))
    if i == 20:
        # 创建并启动第一个线程
        ft1 = FkThread()
        ft1.start()
        # 创建并启动第二个线程
        ft2 = FkThread()
        ft2.start()
print('主线程执行完成!')
```

上面程序中的 FkThread 类继承了 threading.Thread 类，如第一行粗体字代码所示，并实现了 run()方法，如第二段粗体字代码所示。run()方法中的代码执行流就是该线程所需要完成的任务。

运行上面程序，将会看到如图 14.2 所示的界面。

图 14.2　继承 Thread 类创建并启动线程

从图 14.2 可以看到，此时程序中同样有主线程、Thread-1 和 Thread-2 三个线程，它们以快速轮换的方式在执行，这就是三个线程并发执行的效果。

通常来说，推荐使用第一种方式来创建线程，因为这种方式不仅编程简单，而且线程直接包装 target 函数，具有更清晰的逻辑结构。

14.3　线程的生命周期

当线程被创建并启动以后，它既不是一启动就进入执行状态的，也不是一直处于执行状态的，在线程的生命周期中，它要经过新建（New）、就绪（Ready）、运行（Running）、阻塞（Blocked）和死亡（Dead）5 种状态。尤其是当线程启动以后，它不可能一直“霸占”着 CPU 独自运行，所以 CPU 需要在多个线程之间切换，于是线程状态也会多次在运行、就绪之间转换。

14.3.1　新建和就绪状态

当程序创建了一个 Thread 对象或 Thread 子类的对象之后，该线程就处于新建状态，和其他的 Python 对象一样，此时的线程对象并没有表现出任何线程的动态特征，程序也不会执行线程执行体。

当线程对象调用 start()方法之后，该线程处于就绪状态，Python 解释器会为其创建方法调用栈和程序计数器，处于这种状态中的线程并没有开始运行，只是表示该线程可以运行了。至于该线程何时开始运行，取决于 Python 解释器中线程调度器的调度。

注意

启动线程使用 start()方法，而不是 run()方法！永远不要调用线程对象的 run()方法！调用 start()方法来启动线程，系统会把该 run()方法当成线程执行体来处理；但如果直接调用线程对象的 run()方法，则 run()方法立即就会被执行，而且在该方法返回之前其他线程无法并发执行——也就是说，如果直接调用线程对象的 run()方法，则系统把线程对象当成一个普通对象，而 run()方法也是一个普通方法，而不是线程执行体。

程序清单：codes\14\14.3\invoke_run.py

```
import threading

# 定义准备作为线程执行体的 action 函数
def action(max):
    for i in range(max):
        # 当直接调用 run()方法时，Thread 的 name 属性返回的是该对象的名字
        # 而不是当前线程的名字
        # 使用 threading.current_thread().name 总是获取当前线程的名字
        print(threading.current_thread().name +  " " + str(i))  # ①
for i in range(100):
    # 调用 Thread 的 current_thread()函数获取当前线程
    print(threading.current_thread().name +  " " + str(i))
    if i == 20:
        # 直接调用线程对象的 run()方法
        # 系统会把线程对象当成普通对象，把 run()方法当成普通方法
        # 所以下面两行代码并不会启动两个线程，而是依次执行两个 run()方法
        threading.Thread(target=action,args=(100,)).run()
        threading.Thread(target=action,args=(100,)).run()
```

上面程序在创建线程对象后，直接调用了线程对象的 run()方法（如粗体字代码所示），程序运行的结果是整个程序只有一个线程：主线程。还有一点需要指出，如果直接调用线程对象的 run()

方法，则在 run()方法中不能直接通过 name 属性（getName()方法）来获取当前执行线程的名字，而是需要使用 threading.current_thread()函数先获取当前线程，然后再调用线程对象的 name 属性来获取线程的名字。

通过上面程序不难看出，启动线程的正确方法是调用 Thread 对象的 start()方法，而不是直接调用 run()方法；否则就变成单线程程序了。

需要指出的是，在调用线程对象的 run()方法之后，该线程已经不再处于新建状态，不要再次调用线程对象的 start()方法。

注意

只能对处于新建状态的线程调用 start()方法。也就是说，如果程序对同一个线程重复调用 start()方法，将引发 RuntimeError 异常。

在调用线程对象的 start()方法之后，该线程立即进入就绪状态——相当于“等待执行”，但该线程并未真正进入运行状态。

14.3.2 运行和阻塞状态

如果处于就绪状态的线程获得了 CPU，开始执行 run()方法的线程执行体，则该线程处于运行状态。如果计算机只有一个 CPU，那么在任何时刻只有一个线程处于运行状态。当然，在一个具有多处理器的机器上，将会有多个线程并行（Parallel）执行；当线程数大于处理器数时，依然会存在多个线程在同一个 CPU 上轮换的情况。

当一个线程开始运行后，它不可能一直处于运行状态（除非它的线程执行体足够短，瞬间就执行结束了），线程在运行过程中需要被中断，目的是使其他线程获得执行的机会，线程调度的细节取决于底层平台所采用的策略。对于采用抢占式调度策略的系统而言，系统会给每一个可执行的线程一个小时间段来处理任务；当该时间段用完后，系统就会剥夺该线程所占用的资源，让其他线程获得执行的机会。在选择下一个线程时，系统会考虑线程的优先级。

所有现代的桌面和服务器操作系统都采用抢占式调度策略，但一些小型设备如手机等则可能采用协作式调度策略，在这样的系统中，只有当一个线程调用了它的 sleep()或 yield()方法后才会放弃其所占用的资源——也就是必须由该线程主动放弃其所占用的资源。

当发生如下情况时，线程将会进入阻塞状态。

- 线程调用 sleep()方法主动放弃其所占用的处理器资源。
- 线程调用了一个阻塞式 I/O 方法，在该方法返回之前，该线程被阻塞。
- 线程试图获得一个锁对象，但该锁对象正被其他线程所持有。关于锁对象的知识，后面将有更深入的介绍。
- 线程在等待某个通知（Notify）。

当前正在执行的线程被阻塞之后，其他线程就可以获得执行的机会。被阻塞的线程会在合适的时候重新进入就绪状态，注意是就绪状态，而不是运行状态。也就是说，被阻塞线程的阻塞解除后，必须重新等待线程调度器再次调度它。

针对上面几种情况，当发生如下特定的情况时可以解除阻塞，让该线程重新进入就绪状态。

- 调用 sleep()方法的线程经过了指定的时间。
- 线程调用的阻塞式 I/O 方法已经返回。
- 线程成功地获得了试图获取的锁对象。
- 线程正在等待某个通知时，其他线程发出了一个通知。

图 14.3 显示了线程状态转换图。

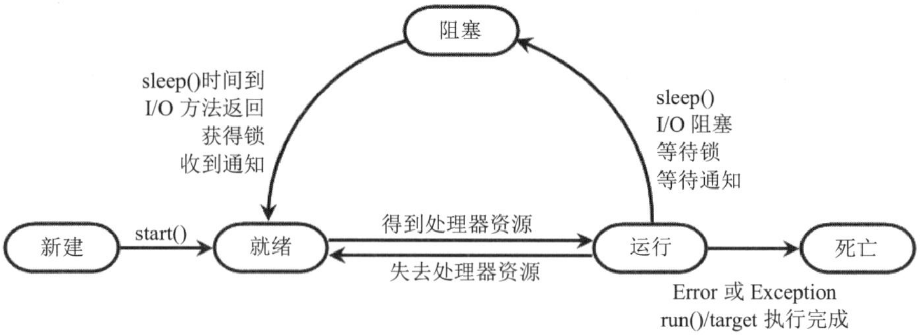

图 14.3　线程状态转换图

从图 14.3 中可以看出，线程从阻塞状态只能进入就绪状态，无法直接进入运行状态。就绪和运行状态之间的转换通常不受程序控制，而是由系统线程调度所决定的，当处于就绪状态的线程获得处理器资源时，该线程进入运行状态；当处于运行状态的线程失去处理器资源时，该线程进入就绪状态。

14.3.3　线程死亡

线程会以如下三种方式结束，结束后就处于死亡状态。

- run()方法或代表线程执行体的 target 函数执行完成，线程正常结束。
- 线程抛出一个未捕获的 Exception 或 Error。

注意

当主线程结束时，其他线程不受任何影响，并不会随之结束。一旦子线程启动起来后，它就拥有和主线程相同的地位，它不会受主线程的影响。

为了测试某个线程是否已经死亡，可以调用线程对象的 is_alive()方法，当线程处于就绪、运行、阻塞三种状态时，该方法将返回 True；当线程处于新建、死亡两种状态时，该方法将返回 False。

注意

不要试图对一个已经死亡的线程调用 start()方法使它重新启动，死亡就是死亡，该线程将不可再次作为线程运行。

下面程序尝试对处于死亡状态的线程再次调用 start()方法。

程序清单：codes\14\14.3\start_dead.py

```
import threading

# 定义 action 函数准备作为线程执行体使用
def action(max):
    for  i in range(100):
        print(threading.current_thread().name +  " " + str(i))
# 创建线程对象
sd = threading.Thread(target=action, args=(100,))
for i in range(300):
    # 调用 threading.current_thread()函数获取当前线程
    print(threading.current_thread().name +  " " + str(i))
    if i == 20:
        # 启动线程
        sd.start()
```

```
        # 判断启动后线程的is_alive()值，输出True
        print(sd.is_alive())
    # 当线程处于新建、死亡两种状态时，is_alive()方法返回False
    # 当i > 20时，该线程肯定已经启动过了，如果sd.is_alive()为False
    # 那么就处于死亡状态了
    if i > 20 and not(sd.is_alive()):
        # 试图再次启动该线程
        sd.start()
```

上面程序中的粗体字代码试图在线程已死亡的情况下再次调用 start()方法来启动该线程。运行上面程序，将引发 RuntimeError 异常，这表明处于死亡状态的线程无法再次运行。

注意

不要对处于死亡状态的线程调用 start()方法，程序只能对处于新建状态的线程调用 start()方法，对处于新建状态的线程两次调用 start()方法也是错误的。它们都会引发 RuntimeError 异常。

看到这里，可能有读者感觉 Python 的多线程编程有些似曾相识，有点类似于《疯狂 Java 讲义》中关于多线程的介绍。的确如此，不要以为我写错了。实际上，Python 的多线程模型完全是借用 Java 的。在 Python 参考文档（https://docs.python.org/3/library/threading.html）页面中有如下一段说明（已翻译为中文）。

该模块的设计是基于 Java 多线程模型的。在 Java 多线程模型中，Lock 和 Condition 是每个对象的基本行为（作者注：其实这只是 Java 1.5 之前的默认行为，Java 1.5 引入了独立的 Lock 和 Condition）。在 Python 中，Lock 和 Condition 是独立的对象。Python 的线程类只支持 Java 线程类的方法子集，目前 Python 的线程不支持优先级，不支持线程组，线程不支持 destroy()、stop()、suspend()、resume()和 interrupt()方法，Java 线程类的静态方法通常对应于 threading 模块内的模块级函数。

从上面的介绍不难看出，如果有很好的 Java 多线程编程基础，那么学习 Python 多线程编程基本上毫无压力，因为它们大致是相同的。

- Java 创建线程对象有两种方式：①创建 Thread 子类的实例；②以 Runnable 或 Callable 对象为 target，创建 Thread 对象。Python 创建线程对象同样有两种方式：①创建 Thread 子类的实例；②以指定函数为 target，创建 Thread 对象。其中 Java 的 Runnable 或 Callable 对象的核心就是作为线程执行体的函数；而由于 Python 直接支持函数编程，因此可以直接用函数作为 Thread 的 target 来创建线程对象。
- Java 的 Thread 对象支持的方法，Python 对象基本也支持。除了 destroy()、stop()、suspend()、resume()、interrupt()方法，这些方法在 Java 中早已标记为过时，同样不推荐使用。
- Java 的 Thread 类支持的类方法（静态方法），在 threading 模块中以模块级函数存在。

因此，如果读者学习过《疯狂 Java 讲义》的多线程编程一章，那么学习本章内容将会非常轻松。

提示

虽然 IT 行业的编程语言有很多，但真正有变化的并不多，有时候无非就是一些小小的语法糖而已。当真正学习到编程语言的本质之后，上手任何编程语言都非常快。

14.4 控制线程

Python 的线程支持提供了一些便捷的工具方法，通过这些工具方法可以很好地控制线程的执行。

14.4.1 join 线程

Thread 提供了让一个线程等待另一个线程完成的方法——join()方法。当在某个程序执行流中调用其他线程的 join()方法时，调用线程将被阻塞，直到被 join()方法加入的 join 线程执行完成。

join()方法通常由使用线程的程序调用，以将大问题划分成许多小问题，并为每个小问题分配一个线程。当所有的小问题都得到处理后，再调用主线程来进一步操作。

程序清单：codes\14\14.4\join_thread.py

```
import threading

# 定义 action 函数准备作为线程执行体使用
def action(max):
    for i in range(max):
        print(threading.current_thread().name + " " + str(i))

# 启动子线程
threading.Thread(target=action, args=(100,), name="新线程").start()
for i in range(100):
    if i == 20:
        jt = threading.Thread(target=action, args=(100,), name="被 Join 的线程")
        jt.start()
        # 主线程调用了 jt 线程的 join()方法
        # 主线程必须等 jt 执行结束才会向下执行
        jt.join()
    print(threading.current_thread().name + " " + str(i))
```

上面程序中一共有三个线程，主程序开始时就启动了名为“新线程”的子线程，该子线程将会和主线程并发执行。当主线程的循环变量 i 等于 20 时，启动了名为“被 Join 的线程”的线程，该线程不会和主线程并发执行，主线程必须等该线程执行结束后才可以向下执行。在名为“被 Join 的线程”的线程执行时，实际上只有两个子线程并发执行，而主线程处于等待状态。运行上面程序，将会看到如图 14.4 所示的运行效果。

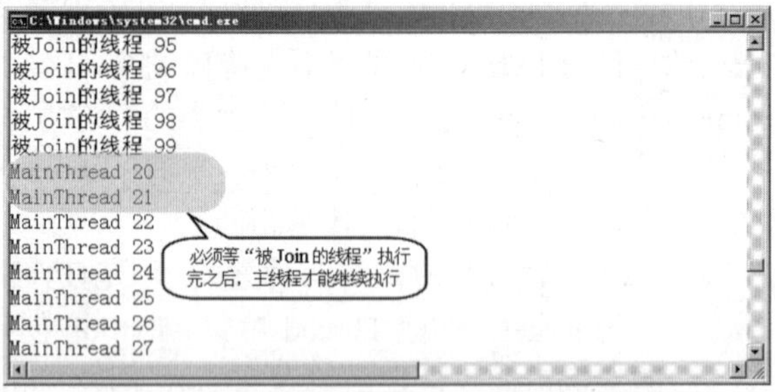

图 14.4 主线程等待 join 线程的效果

从图 14.4 中可以看出，主线程执行到 i == 20 时，程序启动并 join 了名为“被 Join 的线程”的线程，所以主线程将一直处于阻塞状态，直到名为“被 Join 的线程”的线程执行完成。

join(timeout=None)方法可以指定一个 timeout 参数，该参数指定等待被 join 的线程的时间最长为 timeout 秒。如果在 timeout 秒内被 join 的线程还没有执行结束，则不再等待。

14.4.2 后台线程

有一种线程，它是在后台运行的，它的任务是为其他线程提供服务，这种线程被称为“后台线程（Daemon Thread）”，又称为“守护线程”或“精灵线程”。Python 解释器的垃圾回收线程就是典型的后台线程。

后台线程有一个特征：如果所有的前台线程都死亡了，那么后台线程会自动死亡。

调用 Thread 对象的 daemon 属性可以将指定线程设置成后台线程。下面程序将指定线程设置成后台线程，可以看到当所有的前台线程都死亡后，后台线程随之死亡。当在整个虚拟机中只剩下后台线程时，程序就没有继续运行的必要了，所以程序也就退出了。

程序清单：codes\14\14.4\daemon_thread.py

```
import threading

# 定义后台线程的线程执行体与普通线程没有任何区别
def action(max):
    for i in range(max):
        print(threading.current_thread().name + "  " + str(i))
t = threading.Thread(target=action, args=(100,), name='后台线程')
# 将此线程设置成后台线程
# 也可以在创建 Thread 对象时通过 daemon 参数将其设置为后台线程
t.daemon = True
# 启动后台线程
t.start()
for i in range(10):
    print(threading.current_thread().name + "  " + str(i))
# -----程序执行到此处，前台线程（主线程）结束------
# 后台线程也应该随之结束
```

上面程序中的粗体字代码先将 t 线程设置成后台线程，然后启动该线程。本来该线程应该执行到 i 等于 99 时才会结束，但在运行程序时不难发现，该后台线程无法运行到 99，因为当主线程也就是程序中唯一的前台线程运行结束后，程序会主动退出，所以后台线程也就被结束了。

从上面的程序可以看出，主线程默认是前台线程，t 线程默认也是前台线程。但并不是所有的线程默认都是前台线程，有些线程默认就是后台线程——前台线程创建的子线程默认是前台线程，后台线程创建的子线程默认是后台线程。

可见，创建后台线程有两种方式。

- 主动将线程的 daemon 属性设置为 True。
- 后台线程启动的线程默认是后台线程。

注意

当前台线程死亡后，Python 解释器会通知后台线程死亡，但是从它接收指令到做出响应需要一定的时间。如果要将某个线程设置为后台线程，则必须在该线程启动之前进行设置。也就是说，将 daemon 属性设为 True，必须在 start()方法调用之前进行，否则会引发 RuntimeError 异常。

14.4.3 线程睡眠：sleep

如果需要让当前正在执行的线程暂停一段时间，并进入阻塞状态，则可以通过调用 time 模块的 sleep(secs)函数来实现。该函数可指定一个 secs 参数，用于指定线程阻塞多少秒。

当当前线程调用 sleep()函数进入阻塞状态后，在其睡眠时间段内，该线程不会获得执行的机会，即使系统中没有其他可执行的线程，处于 sleep()中的线程也不会执行，因此 sleep()函数常用来暂停程序的运行。

下面程序调用 sleep()函数来暂停主线程的执行，因为该程序只有一个主线程，当主线程进入睡眠后，系统没有可执行的线程，所以可以看到程序在 sleep()函数处暂停。

程序清单：codes\14\14.4\sleep_test.py

```
import time

for i in range(10):
    print("当前时间: %s" % time.ctime())
    # 调用 sleep()函数让当前线程暂停 1s
    time.sleep(1)
```

上面程序中的粗体字代码将当前执行的线程暂停 1s。运行上面的程序，将看到程序依次输出 10 个字符串，输出两个字符串的时间间隔为 1s。

14.5 线程同步

多线程编程是一件有趣的事情，它很容易突然出现“错误情况”，这是由系统的线程调度具有一定的随机性造成的。不过，即使程序偶然出现问题，那也是由于编程不当引起的。当使用多个线程来访问同一个数据时，很容易“偶然”出现线程安全问题。

14.5.1 线程安全问题

关于线程安全，有一个经典的问题——银行取钱问题。从银行取钱的基本流程基本上可以分为如下几个步骤。

1. 用户输入账户、密码，系统判断用户的账户、密码是否匹配。
2. 用户输入取款金额。
3. 系统判断账户余额是否大于取款金额。
4. 如果余额大于取款金额，则取款成功；如果余额小于取款金额，则取款失败。

乍一看上去，这确实就是日常生活中的取款流程，这个流程没有任何问题。但一旦将这个流程放在多线程并发的场景下，就有可能出现问题。注意，此处说的是有可能，并不是说一定。也许你的程序运行了一百万次都没有出现问题，但没有出现问题并不等于没有问题！

按照上面的流程编写取款程序，并使用两个线程来模拟模拟两个人使用同一个账户并发取钱操作。此处忽略检查账户和密码的操作，仅仅模拟后面三步操作。下面先定义一个账户类，该账户类封装了账户编号和余额两个成员变量。

程序清单：codes\14\14.5\Account.py

```
class Account:
    # 定义构造器
    def __init__(self, account_no, balance):
        # 封装账户编号和账户余额两个成员变量
        self.account_no = account_no
        self.balance = balance
```

接下来程序会定义一个模拟取钱的函数，该函数根据执行账户、取钱数量进行取钱操作，取钱的逻辑是当账户余额不足时无法提取现金，当余额足够时系统吐出钞票，余额减少。

程序的主程序非常简单，仅仅是创建一个账户，并启动两个线程从该账户中取钱。程序如下。

程序清单：codes\14\14.5\draw_thread.py

```
import threading
import time
import Account

# 定义一个函数来模拟取钱操作
def draw(account, draw_amount):
    # 账户余额大于取钱数目
    if account.balance >= draw_amount:
        # 吐出钞票
        print(threading.current_thread().name\
            + "取钱成功！吐出钞票:" + str(draw_amount))
#        time.sleep(0.001)
        # 修改余额
        account.balance -= draw_amount
        print("\t 余额为: " + str(account.balance))
```

```
        else:
            print(threading.current_thread().name\
                + "取钱失败！余额不足！")
    # 创建一个账户
    acct = Account.Account("1234567" , 1000)
    # 使用两个线程模拟从同一个账户中取钱
    threading.Thread(name='甲', target=draw , args=(acct , 800)).start()
    threading.Thread(name='乙', target=draw , args=(acct , 800)).start()
```

先不要管程序中那行被注释掉的粗体字代码，上面程序是一个非常简单的取钱逻辑，这个取钱逻辑与实际的取钱操作也很相似。

多次运行上面程序，很有可能都会看到如图 14.5 所示的错误结果。

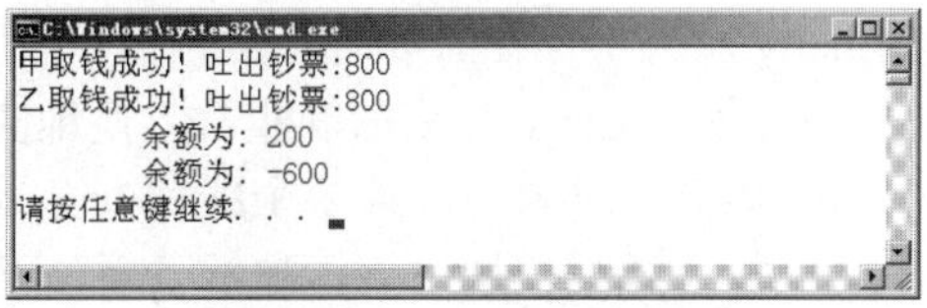

图 14.5　线程安全问题

如图 14.5 所示的运行结果并不是银行所期望的结果（不过有可能看到正确的运行结果），这正是多线程编程突然出现的“偶然”错误——因为线程调度的不确定性。假设系统线程调度器在粗体字代码处暂停，让另一个线程执行——为了强制暂停，只要取消上面程序中粗体字代码的注释即可。取消注释后，再次运行 draw_test.py 程序，将总可以看到如图 14.5 所示的错误结果。

问题出现了：账户余额只有 1000 元时取出了 1600 元，而且账户余额出现了负值，这不是银行所期望的结果。虽然上面程序是人为地使用 time.sleep(0.001)来强制线程调度切换，但这种切换也是完全可能发生的——100000 次操作只要有 1 次出现了错误，那就是由编程错误引起的。

14.5.2　同步锁（Lock）

之所以出现如图 14.5 所示的错误结果，是因为 run()方法的方法体不具有线程安全性——程序中有两个并发线程在修改 Account 对象；而且系统恰好在粗体字代码处执行线程切换，切换到另一个修改 Account 对象的线程，所以就出现了问题。

为了解决这个问题，Python 的 threading 模块引入了锁（Lock）。threading 模块提供了 Lock 和 RLock 两个类，它们都提供了如下两个方法来加锁和释放锁。

- acquire(blocking=True, timeout=-1)：请求对 Lock 或 RLock 加锁，其中 timeout 参数指定加锁多少秒。
- release()：释放锁。

Lock 和 RLock 的区别如下。

- threading.Lock：它是一个基本的锁对象，每次只能锁定一次，其余的锁请求，需等待锁释放后才能获取。
- threading.RLock：它代表可重入锁（Reentrant Lock）。对于可重入锁，在同一个线程中可以对它进行多次锁定，也可以多次释放。如果使用 RLock，那么 acquire()和 release()方法必须成对出现。如果调用了 *n* 次 acquire()加锁，则必须调用 *n* 次 release()才能释放锁。

由此可见，RLock 锁具有可重入性。也就是说，同一个线程可以对已被加锁的 RLock 锁再次加锁，RLock 对象会维持一个计数器来追踪 acquire()方法的嵌套调用，线程在每次调用 acquire()加锁后，都必须显式调用 release()方法来释放锁。所以，一段被锁保护的方法可以调用另一个被相同锁保护的方法。

Lock 是控制多个线程对共享资源进行访问的工具。通常，锁提供了对共享资源的独占访问，每次只能有一个线程对 Lock 对象加锁，线程在开始访问共享资源之前应先请求获得 Lock 对象。当对共享资源访问完成后，程序释放对 Lock 对象的锁定。

在实现线程安全的控制中，比较常用的是 RLock。通常使用 RLock 的代码格式如下：

```
class X:
    # 定义需要保证线程安全的方法
    def m():
        # 加锁
        self.lock.acquire()
        try:
            # 需要保证线程安全的代码
            # ... 方法体
        # 使用 finally 块来保证释放锁
        finally:
            # 修改完成，释放锁
            self.lock.release()
```

使用 RLock 对象来控制线程安全，当加锁和释放锁出现在不同的作用范围内时，通常建议使用 finally 块来确保在必要时释放锁。

通过使用 Lock 对象可以非常方便地实现线程安全的类，线程安全的类具有如下特征。

- 该类的对象可以被多个线程安全地访问。
- 每个线程在调用该对象的任意方法之后，都将得到正确的结果。
- 每个线程在调用该对象的任意方法之后，该对象都依然保持合理的状态。

总的来说，不可变类总是线程安全的，因为它的对象状态不可改变；但可变对象需要额外的方法来保证其线程安全。例如，上面的 Account 就是一个可变类，它的 self.account_no 和 self._balance（为了更好地封装，将 balance 改名为_balance）两个成员变量都可以被改变，当两个线程同时修改 Account 对象的 self._balance 成员变量的值时，程序就出现了异常。下面将 Account 类对 self._balance 的访问设置成线程安全的，那么只需对修改 self._balance 的方法增加线程安全的控制即可。

将 Account 类改为如下形式，它就是线程安全的。

程序清单：codes\14\14.5\Lock\Account.py

```
import threading
import time

class Account:
    # 定义构造器
    def __init__(self, account_no, balance):
        # 封装账户编号和账户余额两个成员变量
        self.account_no = account_no
        self._balance = balance
        self.lock = threading.RLock()
    # 因为账户余额不允许随便修改，所以只为 self._balance 提供 getter 方法
    def getBalance(self):
        return self._balance
    # 提供一个线程安全的 draw()方法来完成取钱操作
    def draw(self, draw_amount):
        # 加锁
        self.lock.acquire()
        try:
            # 账户余额大于取钱数目
            if self._balance >= draw_amount:
                # 吐出钞票
                print(threading.current_thread().name\
                    + "取钱成功！吐出钞票:" + str(draw_amount))
                time.sleep(0.001)
                # 修改余额
                self._balance -= draw_amount
                print("\t 余额为: " + str(self._balance))
            else:
                print(threading.current_thread().name\
                    + "取钱失败！余额不足！")
```

```
        finally:
            # 修改完成，释放锁
            self.lock.release()
```

上面程序中的第一行粗体字代码定义了一个 RLock 对象。在程序中实现 draw()方法时，进入该方法开始执行后立即请求对 RLock 对象加锁，当执行完 draw()方法的取钱逻辑之后，程序使用 finally 块来确保释放锁。

程序中 RLock 对象作为同步锁，线程每次开始执行 draw()方法修改 self._balance 时，都必须先对 RLock 对象加锁。当该线程完成对 self._balance 的修改，将要退出 draw()方法时，则释放对 RLock 对象的锁定。这样的做法完全符合“加锁→修改→释放锁”的安全访问逻辑。

当一个线程在 draw()方法中对 RLock 对象加锁之后，其他线程由于无法获取对 RLock 对象的锁定，因此它们不能同时执行 draw()方法对 self._balance 进行修改。这意味着：并发线程在任意时刻只有一个线程可以进入修改共享资源的代码区（也被称为临界区），所以在同一时刻最多只有一个线程处于临界区内，从而保证了线程安全。

为了保证 Lock 对象能真正“锁定”它所管理的 Account 对象，程序会被编写成每个 Account 对象有一个对应的 Lock——就像一个房间有一个锁一样。

上面的 Account 类增加了一个代表取钱的 draw()方法，并使用 Lock 对象保证该 draw()方法的线程安全，而且取消了 setBalance()方法（避免程序直接修改 self._balance 成员变量），因此线程执行体只需调用 Account 对象的 draw()方法即可执行取钱操作。

下面程序创建并启动了两个取钱线程。

程序清单：codes\14\14.5\Lock\draw_test.py

```
import threading
import Account

# 定义一个函数来模拟取钱操作
def draw(account, draw_amount):
    # 直接调用 account 对象的 draw()方法来执行取钱操作
    account.draw(draw_amount)
# 创建一个账户
acct = Account.Account("1234567" , 1000)
# 使用两个线程模拟从同一个账户中取钱
threading.Thread(name='甲', target=draw , args=(acct , 800)).start()
threading.Thread(name='乙', target=draw , args=(acct , 800)).start()
```

上面程序中代表线程执行体的 draw()函数无须自己实现取钱操作，而是直接调用 account 的 draw()方法来执行取钱操作。由于 draw()方法已经使用 RLock 对象实现了线程安全，因此上面程序就不会导致线程安全问题。

多次重复运行上面程序，总可以看到如图 14.6 所示的运行结果。

图 14.6　使用锁对象保证线程安全

提示：

在 Account 中定义 draw()方法，而不是直接在线程执行体函数中实现取钱逻辑，这种做法更符合面向对象的规则。在面向对象中有一种流行的设计方式：Domain Driven Design（领域驱动设计，DDD），这种方式认为每个类都应该是完备的领域对象，例如 Account 代表用户账户，应该提供用户账户的相关方法；通过 draw()方法来执行取钱操作（实际上还应该提供 transfer()等方法来完成转账等操作），而不是直接将 setBalance()方法暴露出来任人操作，这样才可以更好地保证 Account 对象的完整性和一致性。

可变类的线程安全是以降低程序的运行效率作为代价的，为了减少线程安全所带来的负面影响，程序可以采用如下策略。

- 不要对线程安全类的所有方法都进行同步，只对那些会改变竞争资源（竞争资源也就是共享资源）的方法进行同步。例如，上面 Account 类中的 account_no 实例变量就无须同步，所以程序只对 draw()方法进行了同步控制。
- 如果可变类有两种运行环境：单线程环境和多线程环境，则应该为该可变类提供两种版本，即线程不安全版本和线程安全版本。在单线程环境中使用线程不安全版本以保证性能，在多线程环境中使用线程安全版本。

14.5.3 死锁

当两个线程相互等待对方释放同步监视器时就会发生死锁。Python 解释器没有监测，也没有采取措施来处理死锁情况，所以在进行多线程编程时应该采取措施避免出现死锁。一旦出现死锁，整个程序既不会发生任何异常，也不会给出任何提示，只是所有线程都处于阻塞状态，无法继续。

死锁是很容易发生的，尤其是在系统中出现多个同步监视器的情况下，如下程序将会出现死锁。

程序清单：codes\14\14.5\dead_lock.py

```
import threading
import time

class A:
    def __init__(self):
        self.lock = threading.RLock()
    def foo(self, b):
        try:
            self.lock.acquire()
            print("当前线程名: " + threading.current_thread().name\
                + " 进入了A实例的foo()方法" )      # ①
            time.sleep(0.2)
            print("当前线程名: " + threading.current_thread().name\
                + " 企图调用B实例的last()方法")   # ③
            b.last()
        finally:
            self.lock.release()
    def last(self):
        try:
            self.lock.acquire()
            print("进入了A类的last()方法内部")
        finally:
            self.lock.release()
class B:
    def __init__(self):
        self.lock = threading.RLock()
    def bar(self, a):
        try:
            self.lock.acquire()
            print("当前线程名: " + threading.current_thread().name\
                + " 进入了B实例的bar()方法" )   # ②
            time.sleep(0.2)
            print("当前线程名: " + threading.current_thread().name\
                + " 企图调用A实例的last()方法")  # ④
            a.last()
        finally:
            self.lock.release()
    def last(self):
        try:
            self.lock.acquire()
```

```
            print("进入了 B 类的 last()方法内部")
        finally:
            self.lock.release()
a = A()
b = B()
def init():
    threading.current_thread().name = "主线程"
    # 调用 a 对象的 foo()方法
    a.foo(b)
    print("进入了主线程之后")
def action():
    threading.current_thread().name = "副线程"
    # 调用 b 对象的 bar()方法
    b.bar(a)
    print("进入了副线程之后")
# 以 action 为 target 启动新线程
threading.Thread(target=action).start()
# 调用 init()函数
init()
```

运行上面程序，将会看到如图 14.7 所示的效果。

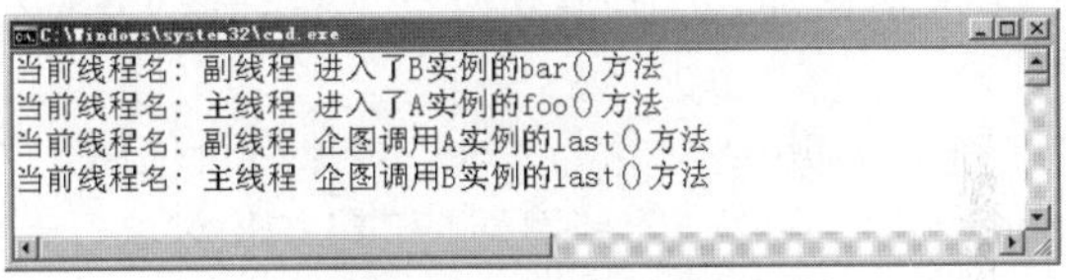

图 14.7 死锁效果

从图 14.7 中可以看出，程序既无法向下执行，也不会抛出任何异常，就一直"僵持"着。究其原因，是因为：上面程序中 A 对象和 B 对象的方法都是线程安全的方法。程序中有两个线程执行，副线程的线程执行体是 action()函数，主线程的线程执行体是 init()函数（主程序调用了 init()函数）。其中在 action()函数中让 B 对象调用 bar()方法，而在 init()函数中让 A 对象调用 foo()方法。图 14.7 显示 action()函数先执行，调用了 B 对象的 bar()方法，在进入 bar()方法之前，该线程对 B 对象的 Lock 加锁——当程序执行到②号代码时，副线程暂停 0.2s；CPU 切换到执行另一个线程，让 A 对象执行 foo()方法，所以看到主线程开始执行 A 实例的 foo()方法，在进入 foo()方法之前，该线程对 A 对象的 Lock 加锁——当程序执行到①号代码时，主线程也暂停 0.2s。接下来副线程会先醒过来，继续向下执行，直到执行到④号代码处希望调用 A 对象的 last()方法——在执行该方法之前，必须先对 A 对象的 Lock 加锁，但此时主线程正保持着 A 对象的 Lock 的锁定，所以副线程被阻塞。接下来主线程应该也醒过来了，继续向下执行，直到执行到③号代码处希望调用 B 对象的 last()方法——在执行该方法之前，必须先对 B 对象的 Lock 加锁，但此时副线程没有释放对 B 对象的 Lock 的锁定。至此，就出现了主线程保持着 A 对象的锁，等待对 B 对象加锁，而副线程保持着 B 对象的锁，等待对 A 对象加锁，两个线程互相等待对方先释放锁，所以就出现了死锁。

死锁是不应该在程序中出现的，在编写程序时应该尽量避免出现死锁。下面有几种常见的方式用来解决死锁问题

- 避免多次锁定：尽量避免同一个线程对多个 Lock 进行锁定。例如上面的死锁程序，主线程要对 A、B 两个对象的 Lock 进行锁定，副线程也要对 A、B 两个对象的 Lock 进行锁定，这就埋下了导致死锁的隐患。
- 具有相同的加锁顺序：如果多个线程需要对多个 Lock 进行锁定，则应该保证它们以相同的顺序请求加锁。比如上面的死锁程序，主线程先对 A 对象的 Lock 加锁，再对 B 对象的 Lock 加锁；而副线程则先对 B 对象的 Lock 加锁，再对 A 对象的 Lock 加锁。这种加锁顺序很容易形成嵌套锁定，进而导致死锁。如果让主线程、副线程按照相同的顺序加锁，就可以避免这个问题。
- 使用定时锁：程序在调用 acquire()方法加锁时可指定 timeout 参数，该参数指定超过 timeout

秒后会自动释放对 Lock 的锁定，这样就可以解开死锁了。

➢ 死锁检测：死锁检测是一种依靠算法机制来实现的死锁预防机制，它主要是针对那些不可能实现按序加锁，也不能使用定时锁的场景的。

14.6 线程通信

当线程在系统中运行时，线程的调度具有一定的透明性，通常程序无法准确控制线程的轮换执行，如果有需要，Python 可通过线程通信来保证线程协调运行。

14.6.1 使用 Condition 实现线程通信

假设系统中有两个线程，这两个线程分别代表存款者和取钱者——现在假设系统有一种特殊的要求，即要求存款者和取钱者不断地重复存款、取钱的动作，而且要求每当存款者将钱存入指定账户后，取钱者就立即取出该笔钱。不允许存款者连续两次存钱，也不允许取钱者连续两次取钱。

为了实现这种功能，可以借助于 Condition 对象来保持协调。使用 Condition 可以让那些已经得到 Lock 对象却无法继续执行的线程释放 Lock 对象，Condition 对象也可以唤醒其他处于等待状态的线程。

将 Condition 对象与 Lock 对象组合使用，可以为每个对象提供多个等待集（wait-set）。因此，Condition 对象总是需要有对应的 Lock 对象。从 Condition 的构造器__init__(self, lock=None)可以看出，程序在创建 Condition 时可通过 lock 参数传入要绑定的 Lock 对象；如果不指定 lock 参数，在创建 Condition 时它会自动创建一个与之绑定的 Lock 对象。

Condition 类提供了如下几个方法。

➢ acquire([timeout])/release()：调用 Condition 关联的 Lock 的 acquire()或 release()方法。

➢ wait([timeout])::导致当前线程进入 Condition 的等待池等待通知并释放锁，直到其他线程调用该 Condition 的 notify()或 notify_all()方法来唤醒该线程。在调用该 wait()方法时可传入一个 timeout 参数，指定该线程最多等待多少秒。

➢ notify()：唤醒在该 Condition 等待池中的单个线程并通知它，收到通知的线程将自动调用 acquire()方法尝试加锁。如果所有线程都在该 Condition 等待池中等待，则会选择唤醒其中一个线程，选择是任意性的。

➢ notify_all()：唤醒在该 Condition 等待池中等待的所有线程并通知它们。

在本例程序中，可以通过一个旗标来标识账户中是否已有存款，当旗标为 False 时，表明账户中没有存款，存款者线程可以向下执行，当存款者把钱存入账户中后，将旗标设为 True，并调用 Condition 的 notify()或 notify_all()方法来唤醒其他线程；当存款者线程进入线程体后，如果旗标为 True，就调用 Condition 的 wait()方法让该线程等待。

当旗标为 True 时，表明账户中已经存入了钱，取钱者线程可以向下执行，当取钱者把钱从账户中取出后，将旗标设为 False，并调用 Condition 的 notify()或 notify_all()方法来唤醒其他线程；当取钱者线程进入线程体后，如果旗标为 False，就调用 wait()方法让该线程等待。

本程序为 Account 类提供了 draw()和 deposit()两个方法，分别对应于该账户的取钱和存款操作。因为这两个方法可能需要并发修改 Account 类的 self._balance 成员变量的值，所以它们都使用 Lock 来控制线程安全。除此之外，这两个方法还使用了 Condition 的 wait()和 notify_all()来控制线程通信。

程序清单：codes\14\14.6\Condition\Account.py

```
import threading

class Account:
    # 定义构造器
```

```
    def __init__(self, account_no, balance):
        # 封装账户编号和账户余额两个成员变量
        self.account_no = account_no
        self._balance = balance
        self.cond = threading.Condition()
        # 定义代表是否已经存钱的旗标
        self._flag = False

    # 因为账户余额不允许随便修改，所以只为 self._balance 提供 getter 方法
    def getBalance(self):
        return self._balance
    # 提供一个线程安全的 draw()方法来完成取钱操作
    def draw(self, draw_amount):
        # 加锁，相当于调用 Condition 绑定的 Lock 的 acquire()
        self.cond.acquire()
        try:
            # 如果 self._flag 为 False，表明账户中还没有人存钱进去，取钱方法被阻塞
            if not self._flag:
                self.cond.wait()
            else:
                # 执行取钱操作
                print(threading.current_thread().name
                    + " 取钱:" +  str(draw_amount))
                self._balance -= draw_amount
                print("账户余额为: " + str(self._balance))
                # 将表明账户中是否已有存款的旗标设为 False
                self._flag = False
                # 唤醒其他线程
                self.cond.notify_all()
        # 使用 finally 块来释放锁
        finally:
            self.cond.release()
    def deposit(self, deposit_amount):
        # 加锁，相当于调用 Condition 绑定的 Lock 的 acquire()
        self.cond.acquire()
        try:
            # 如果 self._flag 为 True，表明账户中已有人存钱进去，存款方法被阻塞
            if self._flag:            # ①
                self.cond.wait()
            else:
                # 执行存款操作
                print(threading.current_thread().name\
                    + " 存款:" +  str(deposit_amount))
                self._balance += deposit_amount
                print("账户余额为: " + str(self._balance))
                # 将表明账户中是否已有存款的旗标设为 True
                self._flag = True
                # 唤醒其他线程
                self.cond.notify_all()
        # 使用 finally 块来释放锁
        finally:
            self.cond.release()
```

上面程序中的粗体字代码使用 Condition 的 wait()和 notify_all()方法进行控制，对存款者线程而言，当程序进入 deposit()方法后，如果 self._flag 为 True，则表明账户中已有存款，程序调用 Condition 的 wait()方法被阻塞；否则，程序向下执行存款操作，当存款操作执行完成后，系统将 self._flag 设为 True，然后调用 notify_all()来唤醒其他被阻塞的线程——如果系统中有存款者线程，存款者线程也会被唤醒，但该存款者线程执行到①号粗体字代码处时再次进入阻塞状态，只有执行 draw()方法的取钱者线程才可以向下执行。同理，取钱者线程的运行流程也是如此。

程序中的存款者线程循环 100 次重复存款，而取钱者线程则循环 100 次重复取钱，存款者线程和取钱者线程分别调用 Account 对象的 deposit()、draw()方法来实现。主程序可以启动任意多个“存款”线程和“取钱”线程，可以看到所有的“取钱”线程必须等“存款”线程存钱后才可以向下执行，而“存款”线程也必须等“取钱”线程取钱后才可以向下执行。主程序代码如下。

程序清单：codes\14\14.6\Condition\draw_deposit.py

```
import threading
import Account

#  定义一个函数，模拟重复 max 次执行取钱操作
def draw_many(account, draw_amount, max):
    for i in range(max):
        account.draw(draw_amount)
#  定义一个函数，模拟重复 max 次执行存款操作
def deposit_many(account, deposit_amount, max):
    for i in range(max):
        account.deposit(deposit_amount)
# 创建一个账户
acct = Account.Account("1234567" , 0)
# 创建并启动一个“取钱”线程
threading.Thread(name="取钱者", target=draw_many,
    args=(acct, 800, 100)).start()
# 创建并启动一个“存款”线程
threading.Thread(name="存款者甲", target=deposit_many,
    args=(acct , 800, 100)).start();
threading.Thread(name="存款者乙", target=deposit_many,
    args=(acct , 800, 100)).start()
threading.Thread(name="存款者丙", target=deposit_many,
    args=(acct , 800, 100)).start()
```

运行该程序，可以看到存款者线程、取钱者线程交替执行的情形，每当存款者向账户中存入 800 元之后，取钱者线程就立即从账户中取出这笔钱。存款完成后账户余额总是 800 元，取钱结束后账户余额总是 0 元。运行该程序，将会看到如图 14.8 所示的结果。

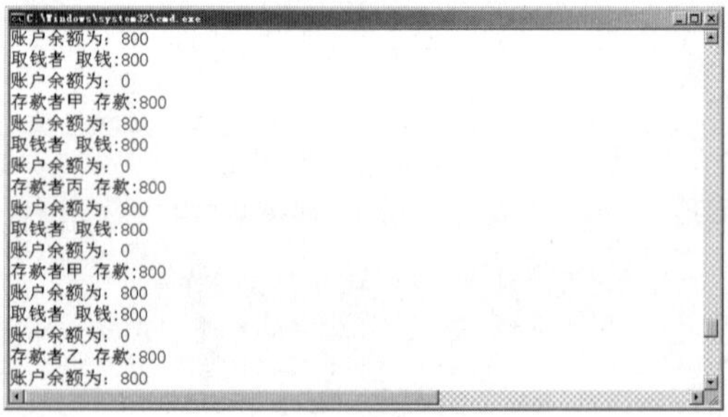

图 14.8　线程通信的效果

从图 14.8 中可以看出，3 个存款者线程随机地向账户中存钱，只有 1 个取钱者线程执行取钱操作。只有当取钱者线程取钱后，存款者线程才可以存钱；同理，只有等存款者线程存钱后，取钱者线程才可以取钱。

图 14.8 显示程序最后被阻塞无法继续向下执行。这是因为 3 个存款者线程共有 300 次尝试存钱操作，但 1 个取钱者线程只有 100 次尝试取钱操作，所以程序最后被阻塞！

注意

如图 14.8 所示的阻塞并不是死锁，对于这种情况，取钱者线程已经执行结束，而存款者线程只是在等待其他线程来取钱而已，并不是等待其他线程释放同步监视器。不要把死锁和程序阻塞等同起来！

14.6.2 使用队列（Queue）控制线程通信

在 queue 模块下提供了几个阻塞队列，这些队列主要用于实现线程通信。在 queue 模块下主要提供了三个类，分别代表三种队列，它们的主要区别就在于进队列、出队列的不同。关于这三个队列类的简单介绍如下。

- queue.Queue(maxsize = 0)：代表 FIFO（先进先出）的常规队列，maxsize 可以限制队列的大小。如果队列的大小达到队列的上限，就会加锁，再次加入元素时就会被阻塞，直到队列中的元素被消费。如果将 maxsize 设置为 0 或负数，则该队列的大小就是无限制的
- queue.LifoQueue(maxsize = 0)：代表 LIFO（后进先出）的队列，与 Queue 的区别就是出队列的顺序不同。
- PriorityQueue(maxsize = 0)：代表优先级队列，优先级最小的元素先出队列。

这三个队列类的属性和方法基本相同，它们都提供了如下属性和方法。

- Queue.qsize()：返回队列的实际大小，也就是该队列中包含几个元素。
- Queue.empty()：判断队列是否为空。
- Queue.full()：判断队列是否已满。
- Queue.put(item, block=True, timeout=None)：向队列中放入元素。如果队列已满，且 block 参数为 True（阻塞），当前线程被阻塞，timeout 指定阻塞时间，如果将 timeout 设置为 None，则代表一直阻塞，直到该队列的元素被消费；如果队列已满，且 block 参数为 False（不阻塞），则直接引发 queue.FULL 异常。
- Queue.put_nowait(item)：向队列中放入元素，不阻塞。相当于在上一个方法中将 block 参数设置为 False。
- Queue.get(item, block=True, timeout=None)：从队列中取出元素（消费元素）。如果队列已满，且 block 参数为 True（阻塞），当前线程被阻塞，timeout 指定阻塞时间，如果将 timeout 设置为 None，则代表一直阻塞，直到有元素被放入队列中；如果队列已空，且 block 参数为 False（不阻塞），则直接引发 queue.EMPTY 异常。
- Queue.get_nowait(item)：从队列中取出元素，不阻塞。相当于在上一个方法中将 block 参数设置为 False。

下面以普通的 Queue 为例介绍阻塞队列的功能和用法。首先用一个最简单的程序来测试 Queue 的 put()和 get()方法。

程序清单：codes\14\14.6\Queue\Queue_test.py

```
import queue

# 定义一个长度为 2 的阻塞队列
bq = queue.Queue(2)
bq.put("Python")
bq.put("Python")
print("1111111111")
bq.put("Python")  # ① 阻塞线程
print("2222222222")
```

上面程序先定义了一个大小为 2 的 Queue，程序先向该队列中放入两个元素，此时队列还没有满，两个元素都可以被放入。当程序试图放入第三个元素时，如果使用 put()方法尝试放入元素将会阻塞线程，如上面程序中①号代码所示。

与此类似的是，在 Queue 已空的情况下，程序使用 get()方法尝试取出元素将会阻塞线程。

在掌握了 Queue 阻塞队列的特性之后，在下面程序中就可以利用 Queue 来实现线程通信了。

程序清单：codes\14\14.6\Queue\Queue_test2.py

```
import threading
import time
import queue

def product(bq):
    str_tuple = ("Python", "Kotlin", "Swift")
    for i in range(99999):
        print(threading.current_thread().name + "生产者准备生产元组元素！")
        time.sleep(0.2);
        # 尝试放入元素，如果队列已满，则线程被阻塞
        bq.put(str_tuple[i % 3])
        print(threading.current_thread().name \
            + "生产者生产元组元素完成！")
def consume(bq):
    while True:
        print(threading.current_thread().name + "消费者准备消费元组元素！")
        time.sleep(0.2)
        # 尝试取出元素，如果队列已空，则线程被阻塞
        t = bq.get()
        print(threading.current_thread().name \
            + "消费者消费[ %s ]元素完成！" % t)
# 创建一个容量为 1 的 Queue
bq = queue.Queue(maxsize=1)
# 启动三个生产者线程
threading.Thread(target=product, args=(bq, )).start()
threading.Thread(target=product, args=(bq, )).start()
threading.Thread(target=product, args=(bq, )).start()
# 启动一个消费者线程
threading.Thread(target=consume, args=(bq, )).start()
```

上面程序启动了三个生产者线程向 Queue 队列中放入元素，启动了三个消费者线程从 Queue 队列中取出元素。本程序中 Queue 队列的大小为 1，因此三个生产者线程无法连续放入元素，必须等待消费者线程取出一个元素后，其中的一个生产者线程才能放入一个元素。运行该程序，将会看到如图 14.9 所示的结果。

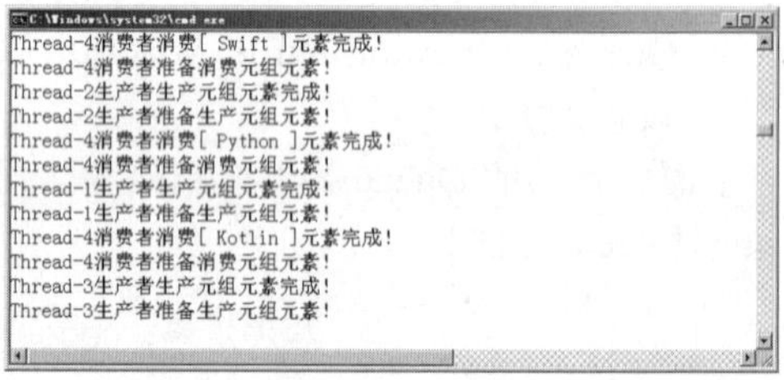

图 14.9　使用 Queue 控制线程通信

从图 14.9 可以看出，三个生产者线程都想向 Queue 中放入元素，但只要其中一个生产者线程向该队列中放入元素之后，其他生产者线程就必须等待，等待消费者线程取出 Queue 队列中的元素。

14.6.3　使用 Event 控制线程通信

Event 是一种非常简单的线程通信机制：一个线程发出一个 Event，另一个线程可通过该 Event 被触发。

Event 本身管理一个内部旗标，程序可以通过 Event 的 set()方法将该旗标设置为 True，也可以调用 clear()方法将该旗标设置为 False。程序可以调用 wait()方法来阻塞当前线程，直到 Event 的内部旗标被设置为 True。

Event 提供了如下方法。

- is_set()：该方法返回 Event 的内部旗标是否为 True。
- set()：该方法将会把 Event 的内部旗标设置为 True，并唤醒所有处于等待状态的线程。
- clear()：该方法将 Event 的内部旗标设置为 False，通常接下来会调用 wait()方法来阻塞当前线程。

➢ wait(timeout=None)：该方法会阻塞当前线程。

下面程序示范了 Event 最简单的用法。

程序清单：codes\14\14.6\Event\Event_test.py

```
import threading
import time

event = threading.Event()
def cal(name):
    # 等待事件，进入等待阻塞状态
    print('%s 启动' % threading.currentThread().getName())
    print('%s 准备开始计算状态' % name)
    event.wait()    # ①
    # 收到事件后进入运行状态
    print('%s 收到通知了。' % threading.currentThread().getName())
    print('%s 正式开始计算！'% name)
# 创建并启动两个线程，它们都会在①号代码处等待
threading.Thread(target=cal, args=('甲', )).start()
threading.Thread(target=cal, args=("乙", )).start()
time.sleep(2)    # ②
print('------------------')
# 发出事件
print('主线程发出事件')
event.set()
```

上面程序以 cal()函数为 target，创建并启动了两个线程。由于 cal()函数在①号代码处调用了 Event 的 wait()，因此两个线程执行到①号代码处都会进入阻塞状态；即使主线程在②号代码处被阻塞，两个子线程也不会向下执行。

直到主程序执行到最后一行：程序调用了 Event 的 set()方法将 Event 的内部旗标设置为 True，并唤醒所有等待的线程，这两个线程才能向下执行。

运行上面程序，将看到如下输出结果。

```
Thread-1 启动
甲 准备开始计算状态
Thread-2 启动
乙 准备开始计算状态
------------------
主线程发出事件
Thread-1 收到通知了。
Thread-2 收到通知了。
甲 正式开始计算！
乙 正式开始计算！
```

上面程序还没有使用 Event 的内部旗标，如果结合 Event 的内部旗标，同样可实现前面的 Account 的生产者-消费者效果：存钱线程（生产者）存钱之后，必须等取钱线程（消费者）取钱之后才能继续向下执行。

> **提示**
>
> Event 实际上有点类似于 Condition 和旗标的结合体，但 Event 本身并不带 Lock 对象，因此，如果要实现线程同步，还需要额外的 Lock 对象。

下面是使用 Event 改写后的 Account。

程序清单：codes\14\14.6\Event\Account.py

```
import threading
```

```
class Account:
    # 定义构造器
    def __init__(self, account_no, balance):
        # 封装账户编号和账户余额两个成员变量
        self.account_no = account_no
        self._balance = balance
        self.lock = threading.Lock()
        self.event = threading.Event()
    # 因为账户余额不允许随便修改，所以只为self._balance 提供getter 方法
    def getBalance(self):
        return self._balance
    # 提供一个线程安全的draw()方法来完成取钱操作
    def draw(self, draw_amount):
        # 加锁
        self.lock.acquire()
        # 如果Event 的内部旗标为True，则表明账户中已有人存钱进去
        if self.event.is_set():
            # 执行取钱操作
            print(threading.current_thread().name
                + " 取钱:" +  str(draw_amount))
            self._balance -= draw_amount
            print("账户余额为: " + str(self._balance))
            # 将Event 的内部旗标设置为False
            self.event.clear()
            # 释放锁
            self.lock.release()
            # 阻塞当前线程
            self.event.wait()
        else:
            # 释放锁
            self.lock.release()
            # 阻塞当前线程
            self.event.wait()
    def deposit(self, deposit_amount):
        # 加锁
        self.lock.acquire()
        # 如果Event 的内部旗标为False，则表明账户中还没有人存钱进去
        if not self.event.is_set():
            # 执行存款操作
            print(threading.current_thread().name\
                + " 存款:" +  str(deposit_amount))
            self._balance += deposit_amount
            print("账户余额为: " + str(self._balance))
            # 将Event 的内部旗标设置为True
            self.event.set()
            # 释放锁
            self.lock.release()
            # 阻塞当前线程
            self.event.wait()
        else:
            # 释放锁
            self.lock.release()
            # 阻塞当前线程
            self.event.wait()
```

14.7　线程池

系统启动一个新线程的成本是比较高的，因为它涉及与操作系统的交互。在这种情形下，使用线程池可以很好地提升性能，尤其是当程序中需要创建大量生存期很短暂的线程时，更应该考虑使

用线程池。

线程池在系统启动时即创建大量空闲的线程，程序只要将一个函数提交给线程池，线程池就会启动一个空闲的线程来执行它。当该函数执行结束后，该线程并不会死亡，而是再次返回到线程池中变成空闲状态，等待执行下一个函数。

此外，使用线程池可以有效地控制系统中并发线程的数量。当系统中包含有大量的并发线程时，会导致系统性能急剧下降，甚至导致 Python 解释器崩溃，而线程池的最大线程数参数可以控制系统中并发线程的数量不超过此数。

14.7.1 使用线程池

线程池的基类是 concurrent.futures 模块中的 Executor，Executor 提供了两个子类，即 ThreadPoolExecutor 和 ProcessPoolExecutor，其中 ThreadPoolExecutor 用于创建线程池，而 ProcessPoolExecutor 用于创建进程池。

如果使用线程池/进程池来管理并发编程，那么只要将相应的 task 函数提交给线程池/进程池，剩下的事情就由线程池/进程池来搞定。

Exectuor 提供了如下常用方法。

- submit(fn, *args, **kwargs)：将 fn 函数提交给线程池。*args 代表传给 fn 函数的参数，*kwargs 代表以关键字参数的形式为 fn 函数传入参数。
- map(func, *iterables, timeout=None, chunksize=1)：该函数类似于全局函数 map(func, *iterables)，只是该函数将会启动多个线程，以异步方式立即对 iterables 执行 map 处理。
- shutdown(wait=True)：关闭线程池。

程序将 task 函数提交（submit）给线程池后，submit 方法会返回一个 Future 对象，Future 类主要用于获取线程任务函数的返回值。由于线程任务会在新线程中以异步方式执行，因此，线程执行的函数相当于一个“将来完成”的任务，所以 Python 使用 Future 来代表。

提示

实际上，在 Java 的多线程编程中同样有 Future，此处的 Future 与 Java 的 Future 大同小异。

Future 提供了如下方法。

- cancel()：取消该 Future 代表的线程任务。如果该任务正在执行，不可取消，则该方法返回 False；否则，程序会取消该任务，并返回 True。
- cancelled()：返回 Future 代表的线程任务是否被成功取消。
- running()：如果该 Future 代表的线程任务正在执行、不可被取消，该方法返回 True。
- done()：如果该 Future 代表的线程任务被成功取消或执行完成，则该方法返回 True。
- result(timeout=None)：获取该 Future 代表的线程任务最后返回的结果。如果 Future 代表的线程任务还未完成，该方法将会阻塞当前线程，其中 timeout 参数指定最多阻塞多少秒。
- exception(timeout=None)：获取该 Future 代表的线程任务所引发的异常。如果该任务成功完成，没有异常，则该方法返回 None。
- add_done_callback(fn)：为该 Future 代表的线程任务注册一个“回调函数”，当该任务成功完成时，程序会自动触发该 fn 函数。

在用完一个线程池后，应该调用该线程池的 shutdown()方法，该方法将启动线程池的关闭序列。调用 shutdown()方法后的线程池不再接收新任务，但会将以前所有的已提交任务执行完成。当线程池中的所有任务都执行完成后，该线程池中的所有线程都会死亡。

使用线程池来执行线程任务的步骤如下。

1. 调用 ThreadPoolExecutor 类的构造器创建一个线程池。
2. 定义一个普通函数作为线程任务。
3. 调用 ThreadPoolExecutor 对象的 submit()方法来提交线程任务。
4. 当不想提交任何任务时，调用 ThreadPoolExecutor 对象的 shutdown()方法来关闭线程池。

下面程序示范了如何使用线程池来执行线程任务。

程序清单：codes\14\14.7\submit_task.py

```
from concurrent.futures import ThreadPoolExecutor
import threading
import time

# 定义一个准备作为线程任务的函数
def action(max):
    my_sum = 0
    for i in range(max):
        print(threading.current_thread().name + '  ' + str(i))
        my_sum += i
    return my_sum
# 创建一个包含两个线程的线程池
pool = ThreadPoolExecutor(max_workers=2)
# 向线程池中提交一个任务，50 会作为 action()函数的参数
future1 = pool.submit(action, 50)
# 向线程池中再提交一个任务，100 会作为 action()函数的参数
future2 = pool.submit(action, 100)
# 判断 future1 代表的任务是否结束
print(future1.done())
time.sleep(3)
# 判断 future2 代表的任务是否结束
print(future2.done())
# 查看 future1 代表的任务返回的结果
print(future1.result())
# 查看 future2 代表的任务返回的结果
print(future2.result())
# 关闭线程池
pool.shutdown()
```

上面程序中第一行粗体字代码创建了一个包含两个线程的线程池，接下来的两行粗体字代码只要将 action()函数提交（submit）给线程池，该线程池就会负责启动线程来执行 action()函数。这种启动线程的方法既优雅，又具有更高的效率。

当程序把 action()函数提交给线程池时，submit()方法会返回该任务所对应的 Future 对象，程序立即判断 future1 的 done()方法，该方法将会返回 False——表明此时该任务还未完成。接下来主程序暂停 3 秒，然后判断 future2 的 done()方法，如果此时该任务已经完成，那么该方法将会返回 True。

程序最后通过 Future 的 result()方法来获取两个异步任务返回的结果。运行上面程序，在程序开始执行时可以看到如图 14.10 所示的输出信息。

当程序执行完成后，可以看到如图 14.11 所示的输出信息。

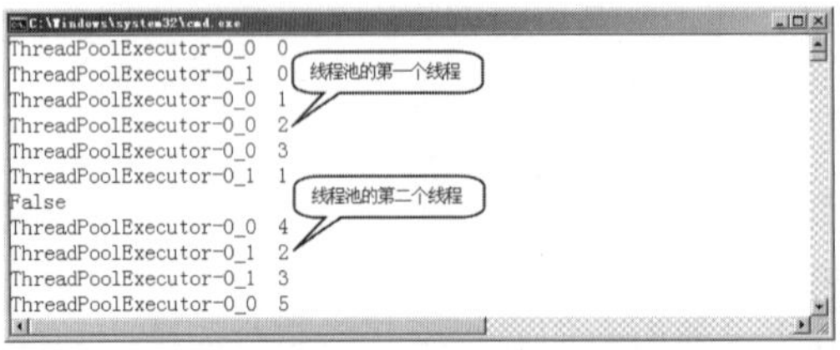

图 14.10　使用线程池执行线程

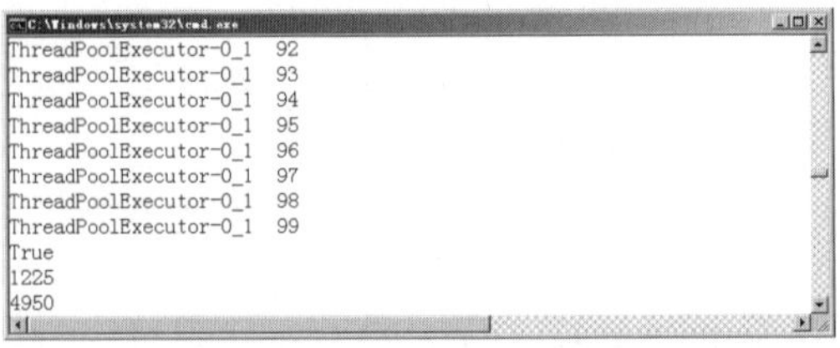

图 14.11　使用 Future 获取线程任务的返回值

当程序使用 Future 的 result()方法来获取结果时，该方法会阻塞当前线程，如果没有指定 timeout

参数，当前线程将一直处于阻塞状态，直到 Future 代表的任务返回。

14.7.2 获取执行结果

前面程序调用了 Future 的 result()方法来获取线程任务的返回值，但该方法会阻塞当前主线程，只有等到线程任务完成后，result()方法的阻塞才会被解除。

如果程序不希望直接调用 result()方法阻塞线程，则可通过 Future 的 add_done_callback()方法来添加回调函数，该回调函数形如 fn(future)。当线程任务完成后，程序会自动触发该回调函数，并将对应的 Future 对象作为参数传给该回调函数。

下面程序使用 add_done_callback()方法来获取线程任务的返回值。

程序清单：codes\14\14.7\add_done_callback.py

```
from concurrent.futures import ThreadPoolExecutor
import threading
import time

# 定义一个准备作为线程任务的函数
def action(max):
    my_sum = 0
    for i in range(max):
        print(threading.current_thread().name + '  ' + str(i))
        my_sum += i
    return my_sum
# 创建一个包含两个线程的线程池
with ThreadPoolExecutor(max_workers=2) as pool:
    # 向线程池中提交一个任务，50 会作为 action() 函数的参数
    future1 = pool.submit(action, 50)
    # 向线程池中再提交一个任务，100 会作为 action() 函数的参数
    future2 = pool.submit(action, 100)
    def get_result(future):
        print(future.result())
    # 为 future1 添加线程完成的回调函数
    future1.add_done_callback(get_result)
    # 为 future2 添加线程完成的回调函数
    future2.add_done_callback(get_result)
    print('--------------')
```

上面主程序中的两行粗体字代码分别为 future1、future2 添加了同一个回调函数，该回调函数会在线程任务结束时获取其返回值。

主程序的最后一行代码打印了一条横线。由于程序并未直接调用 future1、future2 的 result()方法，因此主线程不会被阻塞，可以立即看到输出主线程打印出的横线。接下来将会看到两个新线程并发执行，当线程任务执行完成后，get_result()函数被触发，输出线程任务的返回值。

另外，由于线程池实现了上下文管理协议（Context Manage Protocol），因此，程序可以使用 with 语句来管理线程池，这样即可避免手动关闭线程池，如上面的程序所示。

此外，Exectuor 还提供了一个 map(func, *iterables, timeout=None, chunksize=1)方法，该方法的功能类似于全局函数 map()，区别在于线程池的 map()方法会为 iterables 的每个元素启动一个线程，以并发方式来执行 func 函数。这种方式相当于启动 len(iterables)个线程，并收集每个线程的执行结果。

例如，如下程序使用 Executor 的 map()方法来启动线程，并收集线程任务的返回值。

程序清单：codes\14\14.7\map_test.py

```
from concurrent.futures import ThreadPoolExecutor
import threading
import time

# 定义一个准备作为线程任务的函数
```

```
def action(max):
    my_sum = 0
    for i in range(max):
        print(threading.current_thread().name + '  ' + str(i))
        my_sum += i
    return my_sum
# 创建一个包含 4 个线程的线程池
with ThreadPoolExecutor(max_workers=4) as pool:
    # 使用线程执行 map 计算
    # 后面的元组有 3 个元素，因此程序启动 3 个线程来执行 action 函数
    results = pool.map(action, (50, 100, 150))
    print('--------------')
    for r in results:
        print(r)
```

上面程序中的粗体字代码使用 map()方法来启动 3 个线程（该程序的线程池包含 4 个线程，如果继续使用只包含两个线程的线程池，此时将有一个任务处于等待状态，必须等其中一个任务完成、线程空闲出来才会获得执行的机会），map()方法的返回值将会收集每个线程任务的返回结果。

运行上面程序，同样可以看到 3 个线程并发执行的结果，最后通过 results 可以看到 3 个线程任务的返回结果。

通过上面程序可以看出，使用 map()方法来启动线程，并收集线程的执行结果，不仅具有代码简单的优点，而且虽然程序会以并发方式来执行 action()函数，但最后收集的 action()函数的执行结果，依然与传入参数的结果保持一致。也就是说，上面 results 的第一个元素是 action(50)的结果，第二个元素是 action(100)的结果，第三个元素是 action(150)的结果。

14.8 线程相关类

Python 还为线程并发提供了一些工具函数，如 threading.local()函数等。

14.8.1 线程局部变量

Python 在 threading 模块下提供了一个 local()函数，该函数可以返回一个线程局部变量，通过使用线程局部变量可以很简捷地隔离多线程访问的竞争资源，从而简化多线程并发访问的编程处理。

线程局部变量（Thread Local Variable）的功用其实非常简单，就是为每一个使用该变量的线程都提供一个变量的副本，使每一个线程都可以独立地改变自己的副本，而不会和其他线程的副本冲突。从线程的角度看，就好像每一个线程都完全拥有该变量一样。

下面程序示范了线程局部变量的作用。

程序清单：codes\14\14.8\thread_local_test.py

```
import threading
from concurrent.futures import ThreadPoolExecutor

# 定义线程局部变量
mydata = threading.local()
# 定义准备作为线程执行体使用的函数
def action (max):
    for i in range(max):
        try:
            mydata.x += i
        except:
            mydata.x = i
        # 访问 mydata 的 x 的值
        print('%s mydata.x 的值为: %d' %
            (threading.current_thread().name, mydata.x))
```

```
    # 使用线程池启动两个子线程
    with ThreadPoolExecutor(max_workers=2) as pool:
        pool.submit(action , 10)
        pool.submit(action , 10)
```

上面程序中粗体字代码定义了一个 threading.local 变量，程序将会为每个线程各创建一个该变量的副本。

程序中作为线程执行体的 action 函数使用 mydata.x 记录 0~10 的累加值，如果两个线程共享同一个 mydata 变量，将会看到 mydata.x 最后会累加到 90（0~9 的累加值是 45，但两次累加会得到 90）。但由于 mydata 是 threading.local 变量，因此程序会为每个线程都创建一个该变量的副本，所以将会看到两个线程的 mydata.x 最后都累加到 45。运行上面程序，将看到如图 14.12 所示的输出信息。

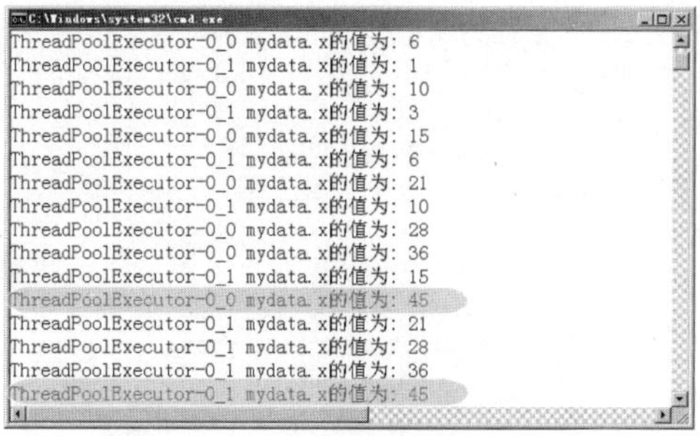

图 14.12 使用线程局部变量

线程局部变量和其他同步机制一样，都是为了解决多线程中对共享资源的访问冲突的。在普通的同步机制中，是通过为对象加锁来实现多个线程对共享资源的安全访问的。由于共享资源是多个线程共享的，所以要使用这种同步机制，就需要很细致地分析什么时候对共享资源进行读写，什么时候需要锁定该资源，什么时候释放对该资源的锁定等。在这种情况下，系统并没有将这份资源复制多份，只是采用安全机制来控制对这份资源的访问而已。

线程局部变量从另一个角度来解决多线程的并发访问问题。线程局部变量将需要并发访问的资源复制多份，每个线程都拥有自己的资源副本，从而也就没有必要对该资源进行同步了。线程局部变量提供了线程安全的共享对象，在编写多线程代码时，可以把不安全的整个变量放到线程局部变量中，或者把该对象中与线程相关的状态放入线程局部变量中保存。

线程局部变量并不能替代同步机制，两者面向的问题领域不同。同步机制是为了同步多个线程对共享资源的并发访问，是多个线程之间进行通信的有效方式；而线程局部变量是为了隔离多个线程的数据共享，从根本上避免多个线程之间对共享资源（变量）的竞争，也就不需要对多个线程进行同步了。

通常建议：如果多个线程之间需要共享资源，以实现线程通信，则使用同步机制；如果仅仅需要隔离多个线程之间的共享冲突，则可以使用线程局部变量。

14.8.2 定时器

Thread 类有一个 Timer 子类，该子类可用于控制指定函数在特定时间内执行一次。例如如下程序。

程序清单：codes\14\14.8\Timer_test.py

```
from threading import Timer

def hello():
    print("hello, world")
# 指定 10s 后执行 hello 函数
t = Timer(10.0, hello)
t.start()
```

上面程序中粗体字代码使用 Timer 控制 10s 后执行 hello 函数。

需要说明的是，Timer 只能控制函数在指定时间内执行一次，如果要使用 Timer 控制函数多次重复执行，则需要再执行下一次调度。

如果程序想取消 Timer 的调度，则可调用 Timer 对象的 cancel()函数。例如，如下程序每 1s 输出一次当前时间。

程序清单：codes\14\14.8\Timer_test2.py

```
from threading import Timer
import time

# 定义总共输出几次的计数器
count = 0
def print_time():
    print("当前时间：%s" % time.ctime())
    global t, count
    count += 1
    # 如果 count 小于 10，开始下一次调度
    if count < 10:
        t = Timer(1, print_time)
        t.start()
# 指定 1s 后执行 print_time 函数
t = Timer(1, print_time)
t.start()
```

上面程序开始运行后，程序控制 1s 后执行 print_time()函数。print_time()函数中的粗体字代码判断：如果 count 小于 10，程序再次使用 Timer 调度 1s 后执行 print_time()函数，这样就可以控制 print_time()函数多次重复执行。

在上面程序中，由于只有当 count 小于 10 时才会使用 Timer 调度 1s 后执行 print_time()函数，因此该函数只会重复执行 10 次。

14.8.3　任务调度

如果需要执行更复杂的任务调度，则可使用 Python 提供的 sched 模块。该模块提供了 sched.scheduler 类，该类代表一个任务调度器。

sched.scheduler(timefunc=time.monotonic, delayfunc=time.sleep)构造器支持两个参数。

- timefunc：该参数指定生成时间戳的时间函数，默认使用 time.monotonic 来生成时间戳。
- delayfunc：该参数指定阻塞程序的函数，默认使用 time.sleep 函数来阻塞程序。

sched.scheduler 调度器支持如下常用属性和方法。

- scheduler.enterabs(time, priority, action, argument=(), kwargs={})：指定在 time 时间点执行 action 函数，argument 和 kwargs 都用于向 action 函数传入参数，其中 argument 使用位置参数的形式传入参数；kwargs 使用关键字参数的形式传入参数。该方法返回一个 event，它可作为 cancel()方法的参数用于取消该调度。priority 参数指定该任务的优先级，当在同一个时间点有多个任务需要执行时，优先级高（值越小代表优先级越高）的任务会优先执行。
- scheduler.enter(delay, priority, action, argument=(), kwargs={})：该方法与上一个方法基本相同，只是 delay 参数用于指定多少秒之后执行 action 任务。
- scheduler.cancel(event)：取消任务。如果传入的 event 参数不是当前调度队列中的 event，程序将会引发 ValueError 异常。
- scheduler.empty()：判断当前该调度器的调度队列是否为空。
- scheduler.run(blocking=True)：运行所有需要调度的任务。如果调用该方法的 blocking 参数为 True，该方法将会阻塞线程，直到所有被调度的任务都执行完成。
- scheduler.queue：该只读属性返回该调度器的调度队列。

下面程序示范了使用 sched.scheduler 来执行任务调度。

程序清单：codes\14\14.8\sched_test.py

```
import sched, time
import threading

# 定义线程调度器
s = sched.scheduler()

# 定义被调度的函数
def print_time(name='default'):
    print("%s 的时间: %s" % (name, time.ctime()))
print('主线程: ', time.ctime())
# 指定 10s 后执行 print_time 函数
s.enter(10, 1, print_time)
# 指定 5s 后执行 print_time 函数，优先级为 2
s.enter(5, 2, print_time, argument=('位置参数',))
# 指定 5s 后执行 print_time 函数，优先级为 1
s.enter(5, 1, print_time, kwargs={'name': '关键字参数'})
# 执行调度的任务
s.run()
print('主线程: ', time.ctime())
```

上面程序中第一行粗体字代码指定 10s 后执行 print_time()函数，本次调度没有为该函数传入参数；第二行粗体字代码指定 5s 后调度 print_time()函数，本次调度使用位置参数的形式为该函数传入参数；第三行粗体字代码指定 5s 后调度 print_time()函数，本次调度使用关键字参数的形式为该函数传入参数。

上面程序运行后，将会看到程序在 5s 后执行两次 print_time()函数，其中传入关键字参数的函数先执行（它的优先级更高），10s 后执行一次 print_time()函数。运行上面程序，将看到如下输出结果。

```
主线程:  Wed Jun 27 20:15:57 2018
关键字参数 的时间: Wed Jun 27 20:16:02 2018
位置参数 的时间: Wed Jun 27 20:16:02 2018
default 的时间: Wed Jun 27 20:16:07 2018
主线程:  Wed Jun 27 20:16:07 2018
```

14.9 多进程

除可以进行多线程编程之外，Python 还支持使用多进程来实现并发编程。

14.9.1 使用 fork 创建新进程

Python 的 os 模块提供了一个 fork()方法，该方法可以 fork 出来一个子进程。简单来说，fork()方法的作用在于：程序会启动两个进程（一个是父进程，一个是 fork 出来的子进程）来执行从 os.fork()开始的所有代码。fork()方法不需要参数，它有一个返回值，该返回值表明是哪个进程在执行。

- 如果 fork()方法返回 0，则表明是 fork 出来的子进程在执行。
- 如果 fork()方法返回非 0，则表明是父进程在执行，该方法返回 fork()出来的子进程的进程 ID。

下面程序示范了使用 fork()方法创建新进程的过程。

程序清单：codes\14\14.9\fork_test.py

```
import os

print('父进程 (%s) 开始执行' % os.getpid())
```

```
# 开始 fork 一个子进程
# 从这行代码开始，下面的代码都会被两个进程执行
pid = os.fork()
print('进程进入：%s' % os.getpid())
# 如果 pid 为 0，则表明是子进程
if pid == 0:
    print('子进程，其 ID 为 (%s)， 父进程 ID 为 (%s)' % (os.getpid(), os.getppid()))
else:
    print('我 (%s) 创建的子进程 ID 为 (%s).' % (os.getpid(), pid))
print('进程结束：%s' % os.getpid())
```

上面程序中粗体字代码 fork 出来一个子进程，这意味着程序会分别使用父进程和子进程来执行从粗体字代码开始的代码。

在 Linux 或 Mac OS X 系统上运行上面程序（Windows 不支持 fork()方法，因此在 Windows 系统上运行上面程序会报错），可以看到如下运行结果。

```
父进程 (1795) 开始执行
进程进入：1795
我 (1795) 创建的子进程 ID 为 (1796).
进程结束：1795
进程进入：1796
子进程，其 ID 为 (1796)， 父进程 ID 为 (1795)
进程结束：1796
```

从上面的运行结果可以看到，此时程序分别使用两个进程执行从“进程进入”到“进程结束”之间的代码，这就是 os.fork()方法的作用。

在实际编程中，程序可通过 fork()方法来创建一个子进程，然后通过判断 fork()方法的返回值来确定程序是否正在执行子进程，也就是把需要并发执行的任务放在 if pid == 0:的条件执行体中，这样就可以启动多个子进程来执行并发任务。

注意

os.fork()方法在 Windows 系统上无效，只在 UNIX 及类 UNIX 系统上有效，UNIX 及类 UNIX 系统包括 UNIX、Linux 和 Mac OS X。

14.9.2 使用 multiprocessing.Process 创建新进程

虽然使用 os.fork()方法可以启动多个进程，但这种方式显然不适合 Windows，而 Python 是跨平台的语言，所以 Python 绝不能仅仅局限于 Windows 系统，因此 Python 也提供了其他方式在 Windows 下创建新进程。

Python 在 multiprocessing 模块下提供了 Process 来创建新进程。与 Thread 类似的是，使用 Process 创建新进程也有两种方式。

- 以指定函数作为 target，创建 Process 对象即可创建新进程。
- 继承 Process 类，并重写它的 run()方法来创建进程类，程序创建 Process 子类的实例作为进程。

Process 类也有如下类似的方法和属性。

- run()：重写该方法可实现进程的执行体。
- start()：该方法用于启动进程。
- join([timeout])：该方法类似于线程的 join()方法，当前进程必须等待被 join 的进程执行完成才能向下执行。
- name：该属性用于设置或访问进程的名字。

- is_alive()：判断进程是否还活着。
- daemon：该属性用于判断或设置进程的后台状态。
- pid：返回进程的 ID。
- authkey：返回进程的授权 key。
- terminate()：中断该进程。

1．以指定函数作为 target 创建新进程

下面先介绍以指定函数作为 target 来创建新进程。

程序清单：codes\14\14.9\first_process.py

```
import multiprocessing
import os

# 定义一个普通的 action 函数，该函数准备作为进程执行体
def action(max):
    for i in range(max):
        print("(%s)子进程（父进程:(%s)）: %d" %
            (os.getpid(), os.getppid(), i))
if __name__ == '__main__':
    # 下面是主程序（也就是主进程）
    for i in range(100):
        print("(%s)主进程: %d" % (os.getpid(), i))
        if i == 20:
            # 创建并启动第一个进程
            mp1 = multiprocessing.Process(target=action,args=(100,))
            mp1.start()
            # 创建并启动第二个进程
            mp2 = multiprocessing.Process(target=action,args=(100,))
            mp2.start()
            mp2.join()
    print('主进程执行完成!')
```

上面程序中两行粗体字代码就是程序创建并启动新进程的关键代码，不难发现这两行代码和创建并启动新线程的代码几乎一样，只是此处创建的是 multiprocessing.Process 对象。

需要说明的是，通过 multiprocessing.Process 来创建并启动进程时，程序必须先判断 if __name__ =='__main__':，否则可能引发异常。

运行上面程序，可以看到程序中运行了三个进程：一个主进程和程序启动的两个子进程，如图 14.13 所示。

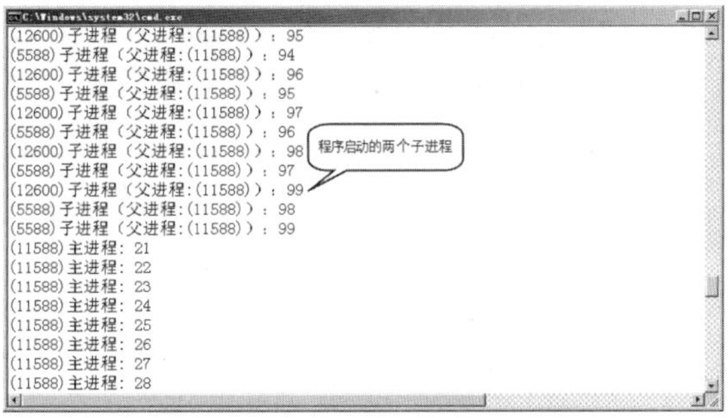

图 14.13　程序启动的子进程

由于上面程序调用了 mp2.join()，因此主进程必须等 mp2 进程完成后才能向下执行。

2．继承 Process 类创建子进程

继承 Process 类创建子进程的步骤如下。

① 定义继承 Process 的子类，重写其 run()方法准备作为进程执行体。
② 创建 Process 子类的实例。
③ 调用 Process 子类的实例的 start()方法来启动进程。

下面程序通过继承 Process 类来创建子进程。

程序清单：codes\14\14.9\second_process.py

```
import multiprocessing
import os

class MyProcess(multiprocessing.Process):
    def __init__(self, max):
        self.max = max
        super().__init__()
    # 重写 run()方法作为进程执行体
    def run(self):
        for i in range(self.max):
            print("(%s)子进程（父进程:(%s)）: %d" %
                (os.getpid(), os.getppid(), i))
if __name__ == '__main__':
    # 下面是主程序（也就是主进程）
    for i in range(100):
        print("(%s)主进程: %d" % (os.getpid(), i))
        if i == 20:
            # 创建并启动第一个进程
            mp1 = MyProcess(100)
            mp1.start()
            # 创建并启动第二个进程
            mp2 = MyProcess(100)
            mp2.start()
            mp2.join()
    print('主进程执行完成!')
```

该程序的运行结果与上一个程序的运行结果大致相同，它们只是创建进程的方式略有不同而已。

通常，推荐使用第一种方式来创建进程，因为这种方式不仅编程简单，而且进程直接包装 target 函数，具有更清晰的逻辑结构。

14.9.3 Context 和启动进程的方式

根据平台的支持，Python 支持三种启动进程的方式。

- spawn：父进程会启动一个全新的 Python 解释器进程。在这种方式下，子进程只能继承那些处理 run()方法所必需的资源。典型的，那些不必要的文件描述器和 handle 都不会被继承。使用这种方式来启动进程，其效率比使用 fork 或 forkserver 方式要低得多。

提示：

Windows 只支持使用 spawn 方式来启动进程，因此在 Windows 平台上默认使用这种方式来启动进程。

- fork：父进程使用 os.fork()来启动一个 Python 解释器进程。在这种方式下，子进程会继承父进程的所有资源，因此子进程基本等效于父进程。这种方式只在 UNIX 平台上有效，UNIX 平台默认使用这种方式来启动进程。
- forkserver：如果使用这种方式来启动进程，程序将会启动一个服务器进程。在以后的时间内，当程序再次请求启动新进程时，父进程都会连接到该服务器进程，请求由服务器进程来 fork 新进程。通过这种方式启动的进程不需要从父进程继承资源。这种方式只在 UNIX 平台上有效。

从上面介绍可以看出，如果程序使用 UNIX 平台（包括 Linux 和 Mac OS X），Python 支持三种启动进程的方式；但如果使用 Windows 平台，则只能使用效率最低的 spawn 方式。

multiprocessing 模块提供了一个 set_start_method()函数，该函数可用于设置启动进程的方式——必须将这行设置代码放在所有与多进程有关的代码之前。下面程序示范了显式设置启动进程的方式。

程序清单：codes\14\14.9\start_method_test.py

```
import multiprocessing
import os

def foo(q):
    print('被启动的新进程: (%s)' % os.getpid())
    q.put('Python')
if __name__ == '__main__':
    # 设置使用 fork 方式启动进程
    multiprocessing.set_start_method('fork')
    q = multiprocessing.Queue()
    # 创建进程
    mp = multiprocessing.Process(target=foo, args=(q, ))
    # 启动进程
    mp.start()
    # 获取队列中的消息
    print(q.get())
    mp.join()
```

上面程序中粗体字代码显式指定必须使用 fork 方式来启动进程，因此该程序只能在 UNIX 平台（包括 Linux、Mac OS X）上运行。上面代码实际上就相当于前面介绍的使用 os.fork()方法来启动新进程。

在 Mac OS X 上运行上面程序，可以看到如下输出结果。

```
被启动的新进程: (1868)
Python
```

上面程序的新进程向 multiprocessing.Queue 中放入一个数据（Python 字符串），主进程取出该 Queue 中的数据，并输出该数据。

还有一种设置进程启动方式的方法，就是利用 get_context()方法来获取 Context 对象，调用该方法时可传入 spawn、fork 或 forkserver 字符串。Context 拥有和 multiprocessing 相同的 API，因此程序可通过 Context 来创建并启动进程。例如如下程序。

程序清单：codes\14\14.9\Context_test.py

```
import multiprocessing
import os

def foo(q):
    print('被启动的新进程: (%s)' % os.getpid())
    q.put('Python')
if __name__ == '__main__':
    # 设置使用 fork 方式启动进程，并获取 Context 对象
    ctx = multiprocessing.get_context('fork')
    # 接下来就可以使用 Context 对象来代替 mutliprocessing 模块
    q = ctx.Queue()
    # 创建进程
    mp = ctx.Process(target=foo, args=(q, ))
    # 启动进程
    mp.start()
    # 获取队列中的消息
    print(q.get())
    mp.join()
```

上面程序中粗体字代码设置以 fork 方式启动进程，并获取 Context 对象，这样程序后面就可以使用 Context 对象来代替 multiprocessing 模块了。

14.9.4 使用进程池管理进程

与线程池类似的是，如果程序需要启动多个进程，也可以使用进程池来管理进程。程序可以通过 multiprocessing 模块的 Pool()函数创建进程池，进程池实际上是 multiprocessing.pool.Pool 类。

进程池具有如下常用方法。

- apply(func[, args[, kwds]])：将 func 函数提交给进程池处理。其中 args 代表传给 func 的位置参数，kwds 代表传给 func 的关键字参数。该方法会被阻塞直到 func 函数执行完成。
- apply_async(func[, args[, kwds[, callback[, error_callback]]]])：这是 apply()方法的异步版本，该方法不会被阻塞。其中 callback 指定 func 函数完成后的回调函数，error_callback 指定 func 函数出错后的回调函数。
- map(func, iterable[, chunksize])：类似于 Python 的 map()全局函数，只不过此处使用新进程对 iterable 的每一个元素执行 func 函数。
- map_async(func, iterable[, chunksize[, callback[, error_callback]]])：这是 map()方法的异步版本，该方法不会被阻塞。其中 callback 指定 func 函数完成后的回调函数，error_callback 指定 func 函数出错后的回调函数。
- imap(func, iterable[, chunksize])：这是 map()方法的延迟版本。
- imap_unordered(func, iterable[, chunksize])：功能类似于 imap()方法，但该方法不能保证所生成的结果（包含多个元素）与原 iterable 中的元素顺序一致。
- starmap(func, iterable[, chunksize])：功能类似于 map()方法，但该方法要求 iterable 的元素也是 iterable 对象，程序会将每一个元素解包之后作为 func 函数的参数。
- close()：关闭进程池。在调用该方法之后，该进程池不能再接收新任务，它会把当前进程池中的所有任务执行完成后再关闭自己。
- terminate()：立即中止进程池。
- join()：等待所有进程完成。

从上面介绍不难看出，如果程序只是想将任务提交给进程池执行，则可调用 apply()或 apply_async()方法；如果程序需要使用指定函数将 iterable 转换成其他 iterable，则可使用 map()或 imap()方法。

下面程序示范了使用 apply_async()方法启动进程。

程序清单：codes\14\14.9\pool_test.py

```
import multiprocessing
import time
import os

def action(name='default'):
    print('(%s)进程正在执行，参数为: %s' % (os.getpid(), name))
    time.sleep(3)
if __name__ == '__main__':
    # 创建包含 4 个进程的进程池
    pool = multiprocessing.Pool(processes=4)
    # 将 action 分 3 次提交给进程池
    pool.apply_async(action)
    pool.apply_async(action, args=('位置参数', ))
    pool.apply_async(action, kwds={'name': '关键字参数'})
    pool.close()
    pool.join()
```

上面程序中第一行粗体字代码创建了一个进程池，接下来 3 行粗体字都负责将 action 提交给进程池，只是每次提交时指定参数的方式不同。

运行上面程序，可以看到如下输出结果。

```
(14304)进程正在执行，参数为: default
(9344)进程正在执行，参数为: 位置参数
(13796)进程正在执行，参数为: 关键字参数
```

从上面的输出结果可以看到，程序分别使用 3 个进程来执行 action 任务。

从上面程序可以看出，进程池同样实现了上下文管理协议，因此程序可以使用 with 子句来管理进程池，这样就可以避免程序主动关闭进程池。

下面程序示范了使用 map()方法来启动进程。

程序清单：codes\14\14.9\pool_test2.py

```
import multiprocessing
import time
import os

# 定义一个准备作为进程任务的函数
def action(max):
    my_sum = 0
    for i in range(max):
        print('(%s)进程正在执行: %d' % (os.getpid(), i))
        my_sum += i
    return my_sum
if __name__ == '__main__':
    # 创建一个包含 4 个进程的进程池
    with multiprocessing.Pool(processes=4) as pool:
        # 使用进程执行 map 计算
        # 后面元组有 3 个元素，因此程序启动 3 个进程来执行 action 函数
        results = pool.map(action, (50, 100, 150))
        print('--------------')
        for r in results:
            print(r)
```

运行上面程序，可以看到程序启动 3 个进程来执行 action 函数，程序最后输出 0~50、0~100、0~150 的累加结果。

可能读者已经发现了，其实该程序与前面介绍线程池的 map()方法时所用的示例程序几乎一样。事实就是如此，只不过前面程序使用了更轻量级的线程来实现并发，而此处则使用进程来实现并发。这两种方式殊途同归，但相比之下，使用线程会有更好的性能，因此一般推荐使用多线程来实现并发。

14.9.5 进程通信

Python 为进程通信提供了两种机制。

- Queue：一个进程向 Queue 中放入数据，另一个进程从 Queue 中读取数据。
- Pipe：Pipe 代表连接两个进程的管道。程序在调用 Pipe()函数时会产生两个连接端，分别交给通信的两个进程，接下来进程既可从该连接端读取数据，也可向该连接端写入数据。

1．使用 Queue 实现进程通信

下面先看使用 Queue 来实现进程通信。multiprocessing 模块下的 Queue 和 queue 模块下的 Queue 基本类似，它们都提供了 qsize()、empty()、full()、put()、put_nowait()、get()、get_nowait()等方法。区别只是 multiprocessing 模块下的 Queue 为进程提供服务，而 queue 模块下的 Queue 为线程提供服务。

下面程序使用 Queue 来实现进程之间的通信。

程序清单：codes\14\14.9\Queue_test.py

```
import multiprocessing
```

```
def f(q):
    print('(%s) 进程开始放入数据...' % multiprocessing.current_process().pid)
    q.put('Python')
if __name__ == '__main__':
    # 创建进程通信的Queue
    q = multiprocessing.Queue()
    # 创建子进程
    p = multiprocessing.Process(target=f, args=(q,))
    # 启动子进程
    p.start()
    print('(%s) 进程开始取出数据...' % multiprocessing.current_process().pid)
    # 取出数据
    print(q.get())  # Python
    p.join()
```

上面程序中第一行粗体字代码（子进程）负责向 Queue 中放入一个数据，第二行粗体字代码（父进程）负责从 Queue 中读取一个数据，这样就实现了父、子两个进程之间的通信。

运行上面程序，可以看到如下输出结果。

```
(14180) 进程开始取出数据...
(14700) 进程开始放入数据...
Python
```

2. 使用 Pipe 实现进程通信

使用 Pipe 实现进程通信，程序会调用 multiprocessing.Pipe()函数来创建一个管道，该函数会返回两个 PipeConnection 对象，代表管道的两个连接端（一个管道有两个连接端，分别用于连接通信的两个进程）。

PipeConnection 对象包含如下常用方法。

- send(obj)：发送一个 obj 给管道的另一端，另一端使用 recv()方法接收。需要说明的是，该 obj 必须是可 picklable 的（Python 的序列化机制），如果该对象序列化之后超过 32MB，则很可能会引发 ValueError 异常。
- recv()：接收另一端通过 send()方法发送过来的数据。
- fileno()：关于连接所使用的文件描述器。
- close()：关闭连接。
- poll([timeout])：返回连接中是否还有数据可以读取。
- send_bytes(buffer[, offset[, size]])：发送字节数据。如果没有指定 offset、size 参数，则默认发送 buffer 字节串的全部数据；如果指定了 offset 和 size 参数，则只发送 buffer 字节串中从 offset 开始、长度为 size 的字节数据。通过该方法发送的数据，应该使用 recv_bytes()或 recv_bytes_into 方法接收。
- recv_bytes([maxlength])：接收通过 send_bytes()方法发送的数据，maxlength 指定最多接收的字节数。该方法返回接收到的字节数据。
- recv_bytes_into(buffer[, offset])：功能与 recv_bytes()方法类似，只是该方法将接收到的数据放在 buffer 中。

下面程序将会示范如何使用 Pipe 来实现两个进程之间的通信。

程序清单：codes\14\14.9\Pipe_test.py

```
import multiprocessing

def f(conn):
    print('(%s) 进程开始发送数据...' % multiprocessing.current_process().pid)
    # 使用 conn 发送数据
    conn.send('Python')
```

```
    if __name__ == '__main__':
        # 创建 Pipe，该函数返回两个 PipeConnection 对象
        parent_conn, child_conn = multiprocessing.Pipe()
        # 创建子进程
        p = multiprocessing.Process(target=f, args=(child_conn, ))
        # 启动子进程
        p.start()
        print('(%s) 进程开始接收数据...' % multiprocessing.current_process().pid)
        # 通过 conn 读取数据
        print(parent_conn.recv())  # Python
        p.join()
```

上面程序中第一行粗体字代码（子进程）通过 PipeConnection 向管道发送数据，数据将会被发送给管道另一端的父进程。第二行粗体字代码（父进程）通过 PipeConnection 从管道读取数据，程序就可以读取到另一端子进程写入的数据，这样就实现了父、子两个进程之间的通信。

运行上面程序，可以看到如下输出结果。

```
(15560) 进程开始接收数据...
(15580) 进程开始发送数据...
Python
```

14.10　本章小结

本章主要介绍了 Python 并发编程的相关知识。本章重点介绍了 Python 的多线程编程支持，并简要介绍了 Python 的多进程编程。本章首先简单介绍了线程的基本概念，并讲解了线程和进程之间的区别与联系。本章详细讲解了如何创建和启动多个线程，也详细介绍了线程的生命周期。本章通过示例程序示范了控制线程的几个方法，还详细讲解了线程同步的意义和必要性，并介绍了使用 Lock 实现线程同步的方法。本章介绍了三种实现线程通信的方式：使用 Condition 对象、阻塞队列和 Event 实现线程通信。此外，本章也介绍了使用线程池来管理线程。由于线程属于创建成本较大的对象，因此在程序中应该考虑复用线程，在实际开发中使用线程池是一个不错的选择。

本章还介绍了与线程相关的工具类，比如线程局部变量、定时器和任务调度等。本章最后介绍了 Python 的多进程编程支持，包括使用 os.fork()方法和 Process 类创建新进程两种方式，也介绍了使用进程池管理进程的方式和实现进程通信的两种方法。需要指出的是，使用多进程实现并发的开销比使用多线程的开销大，因此推荐程序尽量使用多线程来实现并发。

➤➤本章练习

1．启动 3 个线程打印递增的数字，控制线程 1 打印 1, 2, 3, 4, 5（每行都打印线程名和一个数字），线程 2 打印 6, 7, 8, 9, 10，线程 3 打印 11, 12, 13, 14, 15；接下来再由线程 1 打印 16, 17, 18, 19, 20……依此类推，直到打印 75。

2．编写两个线程，其中一个线程打印 1~52；另一个线程打印 A~Z，打印顺序是 12A34B56C…5152Z。该练习题需要利用多线程通信的知识。

3．有 4 个线程 1, 2, 3, 4。线程 1 的功能是输出 1，线程 2 的功能是输出 2，依此类推。现在有 4 个文件 A, B, C, D，初始都为空。让 4 个文件最后呈现出如下内容：

```
A：1 2 3 4 1 2…
B：2 3 4 1 2 3…
C：3 4 1 2 3 4…
D：4 1 2 3 4 1…
```

CHAPTER

15

第15章 网络编程

本章要点

- IP 地址和端口号
- Python 的基本网络支持模块
- urllib.parse 子模块的功能和用法
- 使用 urllib.request 读取资源
- 使用 urllib.request 发送各种请求
- 通过 cookie 来管理 urllib.request 的连接状态
- TCP 协议
- 使用 socket 创建 TCP 服务器端
- 使用基于 TCP 协议的 socket 通信
- 半关闭的 socket
- 使用 selectors 模块实现非阻塞通信
- UDP 协议
- 使用 socket 发送和接收数据
- 使用 UDP 协议实现多点广播
- 使用 smtplib 模块发送邮件
- 使用 poplib 模块收取邮件

本章将主要介绍 Python 的网络通信支持，通过网络模块，Python 程序可以非常方便地访问互联网上的 HTTP 服务、FTP 服务等，并可以直接获取互联网上的远程资源，还可以向远程资源发送 GET、POST 请求。

本章先简要介绍计算机网络的基础知识，包括 IP 地址和端口等概念，这些知识是网络编程的基础。接下来将详细介绍 Python 的 urllib 模块，这个模块是 Python 访问网络资源最常用的工具，它不仅可用于访问各种网络资源，也可用于向 Web 服务器发送 GET、POST、DELETE、PUT 等各种请求，而且还能有效地管理 cooke。这是一个非常实用的网络模块。

本章将重点介绍 Python 提供的 TCP 网络通信支持，包括如何利用 socket 建立 TCP 服务器端，以及如何利用 socket 建立 TCP 客户端。实际上，Python 的网络通信非常简单，服务器端与客户端通过 socket 建立连接之后，程序就可以通过 socket 的 send()、recv()方法来发送和接收数据。本章将以采用逐步迭代的方式开发一个 C/S 结构的多人网络聊天工具为例，向读者介绍基于 TCP 协议的网络编程。

本章还将重点介绍 Python 提供的 UDP 网络通信支持。由于 UDP 协议是非连接的，因此基于 UDP 协议的 socket 在发送数据时要使用 sendto()方法，该方法会将数据报发送到指定地址。本章还会讲解基于 UDP 协议实现多点广播。本章也将以开发局域网通信程序为例来介绍基于 UDP 协议的网络编程。

本章最后还会介绍利用 smtplib、poplib 来发送和接收邮件。在实际开发中邮件处理也是非常实用的功能，因此也需要读者好好掌握。

15.1 网络编程的基础知识

时至今日，计算机网络缩短了人们之间的距离，把“地球村”变成现实，网络应用已经成为计算机领域最广泛的应用。

15.1.1 网络基础知识

所谓计算机网络，就是把分布在不同地理区域的计算机与专门的外部设备用通信线路互联成一个规模大、功能强的网络系统，从而使众多的计算机可以方便地互相传递信息，共享硬件、软件、数据信息等资源。

计算机网络是现代通信技术与计算机技术相结合的产物，计算机网络可以提供如下一些主要功能。

- 资源共享。
- 信息传输与集中处理。
- 均衡负荷与分布处理。
- 综合信息服务。

通过计算机网络可以向全社会提供各种经济信息、科研情报和咨询服务等。其中，国际互联网 Internet 上的全球信息网（WWW，World Wide Web）服务就是一个最典型的、最成功的例子。实际上，今天的网络承载了绝大部分大型企业的运转，一个大型的、全球性的企业或组织的日常工作流程都是建立在互联网基础之上的。

计算机网络有很多种类型，根据不同的分类原则，可以得到不同类型的计算机网络。通常计算机网络是按照规模大小和延伸范围来分类的，常见的类型有：局域网（LAN）、城域网（MAN）和广域网（WAN）。Internet 可以被视为世界上最大的广域网。

在计算机网络中实现通信必须有一些约定，这些约定被称为通信协议。通信协议负责对传输速率、传输代码、代码结构、传输控制步骤、出错控制等制定处理标准。为了让两个节点能进行对话，必须在它们之间建立通信工具，使彼此之间能进行信息交换。

通信协议通常由三部分组成：一是语义部分，用于决定双方对话的类型；二是语法部分，用于决定双方对话的格式；三是变换规则，用于决定通信双方的应答关系。

国际标准化组织（ISO）于 1978 年提出了“开放系统互连参考模型”，即著名的 OSI（Open System Interconnection）参考模型。OSI 参考模型力求将网络简化，并以模块化的方式来设计网络。

OSI 参考模型把计算机网络分成物理层、数据链路层、网络层、传输层、会话层、表示层、应用层七层，受到计算机界和通信业的极大关注。经过十多年的发展和推进，OSI 模式已成为各种计算机网络结构的参考标准。

图 15.1 显示了 OSI 参考模型的推荐分层。

通信协议是网络通信的基础，IP 协议则是一种非常重要的通信协议。IP（Internet Protocol）又称网际协议，是支持网间互联的数据报协议。IP 协议提供了网间连接的完善功能，包括 IP 数据报规定的互联网络范围内的地址格式。

经常与 IP 协议放在一起的还有 TCP（Transmission Control Protocol），即传输控制协议，它规定了一种可靠的数据信息传递服务。虽然 IP 和 TCP 这两个协议的功能不尽相同，也可以分开单独使用，但它们是在同一个时期作为一个协议来设计的，并且在功能上是互补的，因此，在实际使用中常常把这两个协议统称为 TCP/IP 协议。TCP/IP 协议最早出现在 UNIX 操作系统中，现在几乎所有的操作系统都支持 TCP/IP 协议，因此，TCP/IP 协议也是 Internet 中最常用的基础协议。

按照 TCP/IP 协议模型，网络模型通常被分为四层。OSI 参考模型和 TCP/IP 分层模型的大致对应关系如图 15.2 所示。

图 15.1　OSI 参考模型的推荐分层

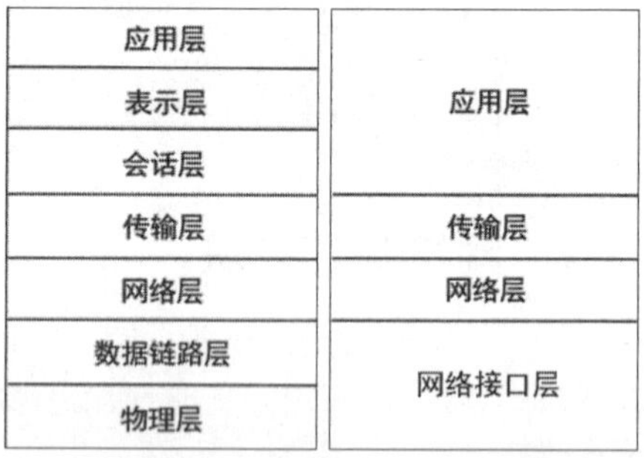

图 15.2　OSI 参考模型和 TCP/IP 分层模型的大致对应关系

15.1.2　IP 地址和端口号

IP 地址用于唯一标识网络中的一个通信实体，这个通信实体既可以是一个主机，也可以是一台打印机，或者是路由器的某一个端口。而在基于 IP 协议的网络中传输的数据包，都必须使用 IP 地址来进行标识。

就像写一封信，要标明收信人的地址和寄信人的地址，而邮政工作人员则通过该地址来决定信件的去向。类似的过程也发生在计算机网络中，被传输的每一个数据包也要包括一个源 IP 地址和一个目的 IP 地址。当该数据包在网络中进行传输时，这两个地址要保持不变，以确保网络设备总能根据确定的 IP 地址，将数据包从源通信实体送往指定的目的通信实体。

IP 地址是数字型的，它是一个 32 位（32bit）整数。但为了便于记忆，通常把它分成 4 个 8 位的二进制数，每 8 位之间用圆点隔开，每个 8 位整数都可以转换成一个 0~255 的十进制整数，因此日常看到的 IP 地址常常是这种形式：202.9.128.88。

NIC（Internet Network Information Center）统一负责全球 Internet IP 地址的规划和管理，而 Inter NIC、APNIC、RIPE 三大网络信息中心则具体负责美国及其他地区的 IP 地址分配。其中 APNIC 负

责亚太地区的 IP 地址管理，我国申请 IP 地址也要通过 APNIC，APNIC 的总部设在日本东京大学。

IP 地址被分成 A、B、C、D、E 五类，每个类别的网络标识和主机标识各有规则。

- A 类：10.0.0.0~10.255.255.255
- B 类：172.16.0.0~172.31.255.255
- C 类：192.168.0.0~192.168.255.255

IP 地址用于唯一标识网络上的一个通信实体，但一个通信实体可以有多个通信程序同时提供网络服务，此时还需要使用端口。

端口是一个 16 位的整数，用于表示将数据交给哪个通信程序处理。因此，端口就是应用程序与外界交流的出入口，它是一种抽象的软件结构，包括一些数据结构和 I/O（输入/输出）缓冲区。

不同的应用程序处理不同端口上的数据，在同一台机器中不能有两个程序使用同一个端口。端口号可以为 0~65535，通常将端口分为如下三类。

- 公认端口（Well Known Port）：端口号为 0~1023，它们紧密地绑定（Binding）一些特定的服务。
- 注册端口（Registered Port）：端口号为 1024~49151，它们松散地绑定一些服务。应用程序通常应该使用这个范围内的端口。
- 动态和/或私有端口（Dynamic and/or Private Port）：端口号为 49152~65535，这些端口是应用程序使用的动态端口，应用程序一般不会主动使用这些端口。

如果把应用程序比作人，把计算机网络比作类似于邮递员的角色，把 IP 地址理解为某个人所在地方的地址（包括街道和门牌号），但仅有地址是找不到这个人的，还需要知道这个人所在的房间号才可以找到他，这个房间号就相当于端口号。因此，当一个程序需要发送数据时，需要指定目的地的 IP 地址和端口号，只有指定了正确的 IP 地址和端口号，计算机网络才可以将数据发送给该 IP 地址和端口号所对应的程序。

15.2 Python 的基本网络支持

Python 模块的优势在网络支持这个部分得到了极好的体现，Python 的网络模块非常丰富，这些网络模块既提供了底层的 TCP、UDP 协议的网络通信功能，也提供了对应用层 HTTP、FTP、SMTP、POP3 协议的支持。

15.2.1 Python 的网络模块概述

根据前面对网络分层模型的介绍，我们知道实际的网络模型大致分为四层，这四层各有对应的网络协议提供支持，如图 15.3 所示。

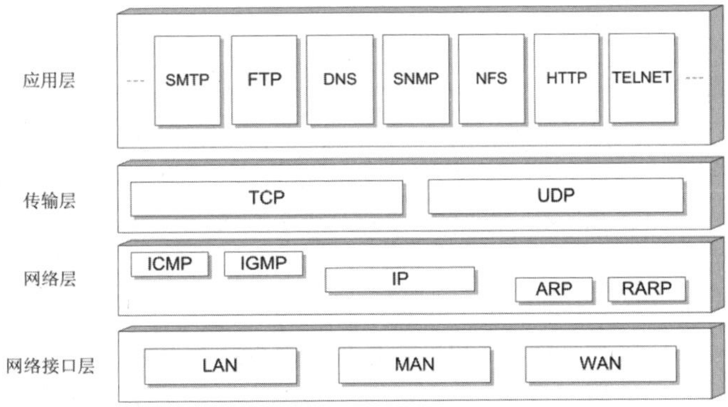

图 15.3 四层网络模型及对应的协议

网络层协议主要是 IP，它是所有互联网协议的基础，其中 ICMP（Internet Control Message Protocol）、IGMP（Internet Group Manage Protocol）、ARP（Address Resolution Protocol）、RARP（Reverse Address Resolution Protocol）等协议都可认为是 IP 协议族的子协议。通常来说，很少会直接基于网络层进行应用程序编程。

传输层协议主要是 TCP 和 UDP，Python 提供了 socket 等模块针对传输层协议进行编程。

应用层协议就更多了，正如图 15.3 所示的，FTP、HTTP、TELNET 等协议都属于应用层协议，Python 同样为基于应用层协议的编程提供了丰富的支持。

虽然 Python 自带的标准库已经提供了很多与网络有关的模块，但如果在使用时觉得不够方便，则不要忘记了 Python 的优势：大量的第三方模块随时可用于增强 Python 的功能。

表 15.1 显示了 Python 标准库中的网络相关模块。

表 15.1　Python 标准库中的网络相关模块

模块	描述
socket	基于传输层 TCP、UDP 协议进行网络编程的模块
asyncore	socket 模块的异步版，支持基于传输层协议的异步通信
asynchat	asyncore 的增强版
cgi	基本的 CGI（Common Gateway Interface，早期开发动态网站的技术）支持
email	E-mail 和 MIME 消息处理模块
ftplib	支持 FTP 协议的客户端模块
httplib、http.client	支持 HTTP 协议以及 HTTP 客户端的模块
imaplib	支持 IMAP 4 协议的客户端模块
mailbox	操作不同格式邮箱的模块
mailcap	支持 Mailcap 文件处理的模块
nntplib	支持 NTTP 协议的客户端模块
smtplib	支持 SMTP 协议（发送邮件）的客户端模块
poplib	支持 POP3 协议的客户端模块
telnetlib	支持 TELNET 协议的客户端模块
urllib 及其子模块	支持 URL 处理的模块
xmlrpc、xmlrpc.server、xmlrpc.client	支持 XML-RPC 协议的服务器端和客户端模块

15.2.2　使用 urllib.parse 子模块

URL（Uniform Resource Locator）对象代表统一资源定位器，它是指向互联网“资源”的指针。资源可以是简单的文件或目录，也可以是对复杂对象的引用，例如对数据库或搜索引擎的查询。在通常情况下，URL 可以由协议名、主机、端口和资源路径组成，即满足如下格式：

```
protocol://host:port/path
```

例如如下的 URL 地址：

```
http://www.crazyit.org/index.php
```

urllib 模块则包含了多个用于处理 URL 的子模块。

- urllib.request：这是最核心的子模块，它包含了打开和读取 URL 的各种函数。
- urllib.error：主要包含由 urllib.request 子模块所引发的各种异常。
- urllib.parse：用于解析 URL。
- urllib.robotparser：主要用于解析 robots.txt 文件。

通过使用 urllib 模块可以打开任意 URL 所指向的资源，就像打开本地文件一样，这样程序就能完整地下载远程页面。如果再与第 10 章介绍的 re 模块结合使用，那么程序完全可以提取页面中各种信息，这就是所谓的“网络爬虫”的初步原理。

提示：

在 Python 2.x 中，urllib 模块被分为 urllib 和 urllib2 两个模块，其中 urllib 主要用于简单的下载，而 urllib2 则可实现 HTTP 验证、cookie 管理。

下面先介绍 urllib.parse 子模块中用于解析 URL 地址和查询字符串的函数。

- urllib.parse.urlparse(urlstring, scheme='', allow_fragments=True)：该函数用于解析 URL 字符串。程序返回一个 ParseResult 对象，可以获取解析出来的数据。
- urllib.parse.urlunparse(parts)：该函数是上一个函数的反向操作，用于将解析结果反向拼接成 URL 地址。
- urllib.parse.parse_qs(qs, keep_blank_values=False, strict_parsing=False, encoding='utf-8', errors='replace')：该函数用于解析查询字符串（application/x-www-form-urlencoded 类型的数据），并以 dict 形式返回解析结果。
- urllib.parse.parse_qsl(qs, keep_blank_values=False, strict_parsing=False, encoding='utf-8', errors='replace')：该函数用于解析查询字符串（application/x-www-form-urlencoded 类型的数据），并以列表形式返回解析结果。
- urllib.parse.urlencode(query, doseq=False, safe='', encoding=None, errors=None, quote_via=quote_plus)：将字典形式或列表形式的请求参数恢复成请求字符串。该函数相当于 parse_qs()、parse_qsl()的逆函数。
- urllib.parse.urljoin(base, url, allow_fragments=True)：该函数用于将一个 base URL 和另一个资源 URL 连接成代表绝对地址的 URL。

例如，如下程序使用 urlparse()函数来解析 URL 字符串。

程序清单：codes\15\15.2\urlparse_test.py

```
from urllib.parse import *

# 解析 URL 字符串
result = urlparse('http://www.crazyit.org:80/index.php;yeeku?name=fkit#frag')
print(result)
# 通过属性名和索引来获取 URL 的各部分
print('scheme:', result.scheme, result[0])
print('主机和端口:', result.netloc, result[1])
print('主机:', result.hostname)
print('端口:', result.port)
print('资源路径:', result.path, result[2])
print('参数:', result.params, result[3])
print('查询字符串:', result.query, result[4])
print('fragment:', result.fragment, result[5])
print(result.geturl())
```

上面程序中粗体字代码使用 urlparse()函数解析 URL 字符串，解析结果是一个 ParseResult 对象，该对象实际上是 tuple 的子类。因此，程序既可通过属性名来获取 URL 的各部分，也可通过索引来获取 URL 的各部分。

表 15.2 显示了 ParseResult 各属性与元组索引的对应关系。

表 15.2　ParseResult 各属性与元组索引的对应关系

属性名	元组索引	返回值	默认值
scheme	0	返回 URL 的 scheme	scheme 参数
netloc	1	网络位置部分（主机名+端口）	空字符串
path	2	资源路径	空字符串

续表

属性名	元组索引	返回值	默认值
params	3	资源路径的附加参数	空字符串
query	4	查询字符串	空字符串
fragment	5	Fragment 标识符	空字符串
username		用户名	None
password		密码	None
hostname		主机名	None
port		端口	None

上面程序使用 urlparse()函数解析 URL 字符串之后，分别使用了属性名和索引来获取 URL 的各部分。运行上面程序，将看到如下输出结果。

```
ParseResult(scheme='http', netloc='www.crazyit.org:80', path='/index.php',
params='yeeku', query='name=fkit', fragment='frag')
scheme: http http
主机和端口: www.crazyit.org:80 www.crazyit.org:80
主机: www.crazyit.org
端口: 80
资源路径: /index.php /index.php
参数: yeeku yeeku
查询字符串: name=fkit name=fkit
fragment: frag frag
http://www.crazyit.org:80/index.php;yeeku?name=fkit#frag
```

如果使用 urlunparse()函数，则可以把一个 ParseResult 对象或元组恢复成 URL 字符串。例如如下代码（程序清单同上）。

```
result = urlunparse(('http', 'www.crazyit.org:80', 'index.php',
    'yeeku', 'name=fkit', 'frag'))
print('URL 为:', result)
```

运行上面程序，将看到如下输出结果。

```
URL 为: http://www.crazyit.org:80/index.php;yeeku?name=fkit#frag
```

如果被解析的 URL 以双斜线（//）开头，那么 urlparse()函数可以识别出主机，只是缺少 scheme 部分。但如果被解析的 URL 既没有 scheme，也没有以双斜线（//）开头，那么 urlparse()函数将会把这些 URL 都当成资源路径。例如如下代码（程序清单同上）。

```
# 解析以//开头的 URL
result = urlparse('//www.crazyit.org:80/index.php')
print('scheme:', result.scheme, result[0])
print('主机和端口:', result.netloc, result[1])
print('资源路径:', result.path, result[2])
print('-----------------')
# 解析没有 scheme，也没有以双斜线（//）开头的 URL
# 从开头部分开始就会被当成资源路径
result = urlparse('www.crazyit.org/index.php')
print('scheme:', result.scheme, result[0])
print('主机和端口:', result.netloc, result[1])
print('资源路径:', result.path, result[2])
```

运行上面程序，可以看到如下输出结果。

```
scheme:
主机和端口: www.crazyit.org:80 www.crazyit.org:80
资源路径: /index.php /index.php
-----------------
scheme:
```

```
主机和端口：
资源路径：www.crazyit.org/index.php www.crazyit.org/index.php
```

parse_qs()和 parse_qsl()（这个 l 代表 list）两个函数都用于解析查询字符串，只不过返回值不同而已——parse_qsl()函数的返回值是 list（正如该函数名所暗示的）。urlencode()则是它们的逆函数。例如如下代码（程序清单同上）。

```
# 解析查询字符串，返回 dict
result = parse_qs('name=fkit&name=%E7%96%AF%E7%8B%82java&age=12')
print(result)
# 解析查询字符串，返回 list
result = parse_qsl('name=fkit&name=%E7%96%AF%E7%8B%82java&age=12')
print(result)
# 将列表形式的请求参数恢复成字符串
print(urlencode(result))
```

运行上面程序，将看到如下输出结果。

```
{'name': ['fkit', '疯狂 java'], 'age': ['12']}
[('name', 'fkit'), ('name', '疯狂 java'), ('age', '12')]
name=fkit&name=%E7%96%AF%E7%8B%82java&age=12
```

从上面的输出结果可以看到，parse_qs()函数返回了一个 dict，其中 key 是参数名，value 是参数值。而 parse_qsl()函数返回了一个 list，每个元素代表一个查询参数。

urljoin()函数负责将两个 URL 拼接在一起，返回代表绝对地址的 URL。这里主要可能出现 3 种情况。

- 被拼接的 URL 只是一个相对路径 path（不以斜线开头），那么该 URL 将会被拼接到 base 之后，如果 base 本身包含 path 部分，则用被拼接的 URL 替换 base 所包含的 path 部分。
- 被拼接的 URL 是一个根路径 path（以单斜线开头），那么该 URL 将会被拼接到 base 的域名之后。
- 被拼接的 URL 是一个绝对路径 path（以双斜线开头），那么该 URL 将会被拼接到 base 的 scheme 之后。

例如，如下代码示范了 urljoin()函数的功能和用法（程序清单同上）。

```
# 被拼接的 URL 不以斜线开头
result = urljoin('http://www.crazyit.org/users/login.html', 'help.html')
print(result) # http://www.crazyit.org/users/help.html
result = urljoin('http://www.crazyit.org/users/login.html', 'book/list.html')
print(result) # http://www.crazyit.org/users/book/list.html
# 被拼接的 URL 以斜线（代表根路径 path）开头
result = urljoin('http://www.crazyit.org/users/login.html', '/help.html')
print(result) # http://www.crazyit.org/help.html
# 被拼接的 URL 以双斜线（代表绝对路径 path）开头
result = urljoin('http://www.crazyit.org/users/login.html', '//help.html')
print(result) # http://help.html
```

上面代码已经给出了程序运行结果，通过运行结果可以看到 urljoin()函数的功能。

15.2.3 使用 urllib.request 读取资源

在 urllib.request 子模块下包含了一个非常实用的 urllib.request.urlopen(url, data=None)方法，该方法用于打开 url 指定的资源，并从中读取数据。根据请求 url 的不同，该方法的返回值会发生动态改变。如果 url 是一个 HTTP 地址，那么该方法返回一个 http.client.HTTPResponse 对象。

例如如下程序。

程序清单：codes\15\15.2\urlopen_test.py

```
from urllib.request import *
```

```
# 打开 URL 对应的资源
result = urlopen('http://www.crazyit.org/index.php')
# 按字节读取数据
data = result.read(326)
# 将字节数据恢复成字符串
print(data.decode('utf-8'))

# 用 context manager 来管理打开的 URL 资源
with urlopen('http://www.crazyit.org/index.php') as f:
    # 按字节读取数据
    data = f.read(326)
    # 将字节数据恢复成字符串
    print(data.decode('utf-8'))
```

上面程序都是向 http://www.crazyit.org/index.php 发送请求，并请求下载该页面的内容。只不过第一个示例程序是直接获取 http://www.crazyit.org/index.php 资源的数据；第二个示例程序则使用 context manager 来管理通过 urlopen 打开的资源。

运行上面程序，可以看到程序分两次获取并输出了 http://www.crazyit.org/index.php 页面内容。

在使用 urlopen()函数时，可以通过 data 属性向被请求的 URL 发送数据。例如如下程序。

程序清单：codes\15\15.2\data_test.py

```
from urllib.request import *

# 向 https://localhost/cgi-bin/test.cgi 发送请求数据
with urlopen(url='https://localhost/cgi-bin/test.cgi',
#with urlopen(url='http://localhost:8888/test/test',   # ①
    data='测试数据'.encode('utf-8')) as f:
    # 读取服务器的全部响应数据
    print(f.read().decode('utf-8'))
```

上面程序为 data 属性指定了一个 bytes 字节数据，该字节数据会以原始二进制流的方式提交给服务器。

上面程序需要在本地（localhost）部署一个 Web 应用，该程序对应的服务器端所使用的 CGI 代码为：

```
#!/usr/bin/env python
import sys
data = sys.stdin.read()
print('Content-type: text/plain\n\nGot Data: "%s"' % data)
```

提示：

如果读者部署 CGI 服务器、开发应用还不熟练，那么只要将上面程序中①号代码的前一行代码注释掉，再取消①号代码的注释，就可以改为向 http://localhost:8888/test/test 发送请求。部署该应用就很简单了，只要将本书配套代码中 codes/15/15.2/路径下的 test 应用复制到 Tomcat 的 webapps 目录下，并启动 Tomcat 服务器即可。

运行上面程序，可以看到如下输出结果。

```
Got Data: "测试数据"
```

如果使用 urlopen()函数向服务器页面发送 GET 请求参数，则无须使用 data 属性，直接把请求参数附加在 URL 之后即可。例如如下代码（程序清单同上）。

```
import urllib.parse
params = urllib.parse.urlencode({'name': 'fkit', 'password': '123888'})
# 将请求参数添加到 URL 的后面
url = 'http://localhost:8888/test/get.jsp?%s' % params
```

```
    with urlopen(url=url) as f:
        # 读取服务器的全部响应数据
        print(f.read().decode('utf-8'))
```

正如从上面粗体字代码所看到的，程序在发送 GET 请求参数时，只要将请求参数附加到 URL 的后面即可。

上面程序同样需要服务器的支持，该程序使用了一个简单的 JSP 页面作为服务器，读者只要把本书配套代码中 codes/15/15.2/路径下的 test 应用复制到 Tomcat 的 webapps 目录下，并启动 Tomcat 服务器即可。

运行上面程序，可以看到如下输出结果。

```
name 参数:fkit
password 参数:123888
```

如果想通过 urlopen()函数发送 POST 请求参数，则同样可通过 data 属性来实现。例如如下代码（程序清单同上）。

```
import urllib.parse
params = urllib.parse.urlencode({'name': '疯狂软件', 'password': '123888'})
params = params.encode('utf-8')
# 使用 data 指定请求参数
with urlopen("http://localhost:8888/test/post.jsp", data=params) as f:
    print(f.read().decode('utf-8'))
```

从上面的粗体字代码可以看到，如果要向指定地址发送 POST 请求，那么通过 data 指定请求参数即可。测试该代码，同样需要将本书配套代码中 codes/15/15.2/路径下的 test 应用复制到 Tomcat 的 webapps 目录下，并启动 Tomcat 服务器。

这段代码与前一段代码的运行结果基本相同，此处不再给出。

实际上，使用 data 属性不仅可以发送 POST 请求，还可以发送 PUT、PATCH、DELETE 等请求，此时需要使用 urllib.request.Request 来构建请求参数。程序使用 urlopen()函数打开远程资源时，第一个 url 参数既可以是 URL 字符串，也可以使用 urllib.request.Request 对象。urllib.request.Request 对象的构造器如下：

urllib.request.Request(url, data=None, headers={}, origin_req_host=None, unverifiable=False, method=None)：从该构造器可以看出，使用 Request 可以通过 method 指定请求方法，也可以通过 data 指定请求参数，还可以通过 headers 指定请求头。

下面代码示范了如何通过 Request 对象来发送 PUT 请求。

程序清单：codes\15\15.2\Request_test.py

```
from urllib.request import *

params = 'put 请求数据'.encode('utf-8')
# 创建 Request 对象，设置使用 PUT 请求方式
req = Request(url='http://localhost:8888/test/put',
    data=params, method='PUT')
with urlopen(req) as f:
    print(f.status)
    print(f.read().decode('utf-8'))
```

正如从上面粗体字代码所看到的，程序在创建 Request 对象时通过 method 指定使用 PUT 请求方式，这意味着程序会发送 PUT 请求。测试该代码，同样需要将本书配套代码中 codes/15/15.2/路径下的 test 应用复制到 Tomcat 的 webapps 目录下，并启动 Tomcat 服务器。

正如刚刚所提到的，程序也可以使用 Request 对象来添加请求头。例如如下代码（程序清单同上）。

```
# 创建 Request 对象
```

```
req = Request('http://localhost:8888/test/header.jsp')
# 添加请求头
req.add_header('Referer', 'http://www.crazyit.org/')
with urlopen(req) as f:
    print(f.status)
    print(f.read().decode('utf-8'))
```

正如从上面粗体字代码所看到的，程序通过 Request 的 add_header()方法添加了一个 Referer 请求头，服务器端的处理程序将可以读到此处添加的请求头。

通过 urlopen()函数打开远程资源之后，也可以非常方便地读取远程资源——甚至实现多线程下载。如下程序实现了一个多线程下载的工具类。

程序清单：codes\15\15.2\DownUtil.py

```
from urllib.request import *
import threading

class DownUtil:
    def __init__(self, path, target_file, thread_num):
        # 定义下载资源的路径
        self.path = path
        # 定义需要使用多少个线程下载资源
        self.thread_num = thread_num
        # 指定所下载的文件的保存位置
        self.target_file = target_file
        # 初始化 threads 数组
        self.threads = []
    def download(self):
        # 创建 Request 对象
        req = Request(url=self.path, method='GET')
        # 添加请求头
        req.add_header('Accept', '*/*')
        req.add_header('Charset', 'UTF-8')
        req.add_header('Connection', 'Keep-Alive')
        # 打开要下载的资源
        f = urlopen(req)
        # 获取要下载的文件大小
        self.file_size = int(dict(f.headers).get('Content-Length', 0))
        f.close()
        # 计算每个线程要下载的资源大小
        current_part_size = self.file_size // self.thread_num + 1
        for i in range(self.thread_num):
            # 计算每个线程下载的开始位置
            start_pos = i * current_part_size
            # 每个线程都使用一个以 wb 模式打开的文件进行下载
            t = open(self.target_file, 'wb')
            # 定位该线程的下载位置
            t.seek(start_pos, 0);
            # 创建下载线程
            td = DownThread(self.path, start_pos, current_part_size, t)
            self.threads.append(td)
            # 启动下载线程
            td.start()
    # 获取下载完成的百分比
    def get_complete_rate(self):
        # 统计多个线程已经下载的资源总大小
        sum_size = 0
        for i in range(self.thread_num):
            sum_size += self.threads[i].length
        # 返回已经完成的百分比
        return sum_size / self.file_size
```

```
class DownThread(threading.Thread):
    def __init__(self, path, start_pos, current_part_size, current_part):
        super().__init__()
        self.path = path
        # 当前线程的下载位置
        self.start_pos = start_pos
        # 定义当前线程负责下载的文件大小
        self.current_part_size = current_part_size
        # 当前线程需要下载的文件块
        self.current_part = current_part
        # 定义该线程已下载的字节数
        self.length = 0
    def run(self):
        # 创建 Request 对象
        req = Request(url = self.path, method='GET')
        # 添加请求头
        req.add_header('Accept', '*/*')
        req.add_header('Charset', 'UTF-8')
        req.add_header('Connection', 'Keep-Alive')
        # 打开要下载的资源
        f = urlopen(req)
        # 跳过 self.start_pos 个字节，表明该线程只下载自己负责的那部分内容
        for i in range(self.start_pos):
            f.read(1)
        # 读取网络数据，并写入本地文件中
        while self.length < self.current_part_size:
            data = f.read(1024)
            if data is None or len(data) <= 0:
                break
            self.current_part.write(data)
            # 累计该线程下载的资源总大小
            self.length += len(data)
        self.current_part.close()
        f.close()
```

上面程序中定义了 DownThread 线程类，该线程类负责读取从 start_pos 开始、长度为 current_part_size 的所有字节数据，并写入本地文件对象中。DownThread 线程类的 run()方法就是一个简单的输入/输出实现。

程序中 DownUtils 类的 download()方法负责按如下步骤来实现多线程下载。

1. 使用 urlopen()方法打开远程资源。
2. 获取指定的 URL 对象所指向资源的大小（通过 Content-Length 响应头获取）。
3. 计算每个线程应该下载网络资源的哪个部分（从哪个字节开始，到哪个字节结束）。
4. 依次创建并启动多个线程来下载网络资源的指定部分。

提示：

上面程序已经实现了多线程下载的核心代码，如果要实现断点下载，则需要额外增加一个配置文件（读者可以发现，所有的断点下载工具都会在下载开始时生成两个文件：一个是与网络资源具有相同大小的空文件；一个是配置文件），该配置文件分别记录每个线程已经下载到哪个字节，当网络断开后再次开始下载时，每个线程根据配置文件中记录的位置向后下载即可。

有了上面的 DownUtil 工具类之后，接下来就可以在主程序中调用该工具类的 download()方法执行下载，如下面的程序所示。

程序清单：codes\15\15.2\multithread_down.py

```
from DownUtil import *
```

```
du = DownUtil("http://www.crazyit.org/data/attachment/" \
    + "forum/201801/19/121212ituj1s9gj8g880jr.png", 'a.png', 3)
du.download()
def show_process():
    print("已完成: %.2f" % du.get_complete_rate())
    global t
    if du.get_complete_rate() < 1:
        # 通过定时器启动 0.1s 之后执行 show_process 函数
        t = threading.Timer(0.1, show_process)
        t.start()
# 通过定时器启动 0.1s 之后执行 show_process 函数
t = threading.Timer(0.1, show_process)
t.start()
```

运行上面程序，即可看到程序从 www.crazyit.org 下载得到一个名为 a.png 的图片文件。

15.2.4 管理 cookie

从上面的介绍可以发现，使用 urlopen()既可发送 GET 请求，也可发送 POST、PUT、DELETE、PATCH 等请求。因此，在绝大部分时候，完全可以使用 urllib.request 模块代替 http.client 模块。

有时候，用户可能需要访问 Web 应用中的被保护页面，如果使用浏览器则十分简单，通过系统提供的登录页面登录系统，浏览器会负责维护与服务器之间的 session，如果用户登录的用户名、密码符合要求，就可以访问被保护资源了。

如果使用 urllib.request 模块来访问被保护页面，则同样需要维护与服务器之间的 session，此时就需要借助于 cookie 管理器来实现。

提示：

HTTP 是一种“请求-响应”式协议：客户端向服务器发送请求，服务器向客户端生成响应数据。这就涉及一个问题：服务器如何辨别两次请求的客户端是同一个客户端呢？答案是 session id。当客户端第一次向服务器发送请求时，服务器会为该客户端分配一个 session id 作为其标识，服务器在生成响应数据时，也会把该 session id 作为响应数据发送给客户端。当客户端第二次向服务器发送请求时，如果客户端把自己的 session id 也发送给服务器，且服务器端的 session id 还未过期，服务器就知道该客户端与前一次发送请求的客户端是同一个。

如果程序直接使用 urlopen()发送请求，并且并未管理与服务器之间的 session，那么服务器就无法识别两次请求是否是同一个客户端发出的。为了有效地管理 session，程序可引入 http.cookiejar 模块。

此外，程序还需要使用 OpenerDirector 对象来发送请求。

为了使用 urllib.request 模块通过 cookie 来管理 session，可按如下步骤进行操作。

1. 创建 http.cookiejar.CookieJar 对象或其子类的对象。
2. 以 CookieJar 对象为参数，创建 urllib.request.HTTPCookieProcessor 对象，该对象负责调用 CookieJar 来管理 cookie。
3. 以 HTTPCookieProcessor 对象为参数，调用 urllib.request.build_opener()函数创建 OpenerDirector 对象。
4. 使用 OpenerDirector 对象来发送请求，该对象将会通过 HTTPCookieProcessor 调用 CookieJar 来管理 cookie。

下面程序示范了先登录 Web 应用，然后访问 Web 应用中的被保护页面。

程序清单：codes\15\15.2\cookie_test.py

```
from urllib.request import *
import http.cookiejar, urllib.parse

# 以指定文件创建 CookieJar 对象，该对象可以把 cookie 信息保存在文件中
cookie_jar = http.cookiejar.MozillaCookieJar('a.txt')
# 创建 HTTPCookieProcessor 对象
cookie_processor = HTTPCookieProcessor(cookie_jar)
# 创建 OpenerDirector 对象
opener = build_opener(cookie_processor)

# 定义模拟 Chrome 浏览器的 User-Agent
user_agent = r'Mozilla/5.0 (Windows NT 6.1; WOW64) AppleWebKit/537.36' \
    r' (KHTML, like Gecko) Chrome/56.0.2924.87 Safari/537.36'
# 定义请求头
headers = {'User-Agent':user_agent, 'Connection':'keep-alive'}

#-------------下面代码发送登录的 POST 请求----------------
# 定义登录系统的请求参数
params = {'name':'crazyit.org', 'pass':'leegang'}
postdata = urllib.parse.urlencode(params).encode()
# 创建向登录页面发送 POST 请求的 Request
request = Request('http://localhost:8888/test/login.jsp',
    data = postdata, headers = headers)
# 使用 OpenerDirector 发送 POST 请求
response = opener.open(request)
print(response.read().decode('utf-8'))

# 将 cookie 信息写入文件中
#cookie_jar.save(ignore_discard=True, ignore_expires=True)  # ①

#-------------下面代码发送访问被保护资源的 GET 请求----------------
# 创建向被保护页面发送 GET 请求的 Request
request = Request('http://localhost:8888/test/secret.jsp',
    headers=headers)
response = opener.open(request)
print(response.read().decode())
```

上面程序中第一行粗体字代码先创建了一个 CookieJar 对象，此处使用它的子类：MozillaCookieJar，该对象负责把 cookie 信息保存在文件中。第二行粗体字代码负责创建 HTTPCookieProcessor 对象；第三行粗体字代码调用 build_opener()函数创建 OpenerDirector 对象——接下来程序就会通过该对象来发送请求，而底层的 CookieJar 对象就负责处理 cookie。

程序发送 POST 请求和 GET 请求的代码与前面的示例代码并没有太大的区别，只不过此处额外设置了一个 User-Agent 请求头，该请求头用于模拟 Chrome 浏览器。

正如从上面代码所看到的，该程序同样需要访问 test 应用下的 login.jsp 和 secret.jsp 页面，因此，测试该代码同样需要将本书配套代码中 codes/15/15.2/路径下的 test 应用复制到 Tomcat 的 webapps 目录下，并启动 Tomcat 服务器。

运行上面程序，可以看到如下输出结果。

```
恭喜您，登录成功！

<!DOCTYPE html>
<html>
<head>
      <meta name="author" content="Yeeku.H.Lee(CrazyIt.org)" />
      <meta http-equiv="Content-Type" content="text/html; charset=utf-8" />
      <title> 安全资源 </title>
</head>
```

```
<body>
        安全资源，只有登录用户<br/>
        且用户名是 crazyit.org 才可访问该资源
</body>
</html>
```

上面第一行输出信息就是发送 POST 登录请求的响应数据，这行响应数据提示“登录成功”。后面的输出信息则显示该程序成功访问了“安全资源”——这份资源要求用户必须登录才能访问，如果没有登录，直接访问 secret.jsp 页面是看不到该输出信息的。

如果将上面程序中①号粗体字代码的注释取消，程序就会把 cookie 信息写入 a.txt 文件中。这意味着该程序将会把服务器响应的 session id 等 cookie 持久化保存在 a.txt 文件中，后面程序可以读取该 cookie 文件信息，这样程序就可以模拟前面登录过的客户端，从而直接访问被保护页面了。例如如下程序。

程序清单：codes\15\15.2\cookie_load.py

```
from urllib.request import *
import http.cookiejar, urllib.parse

# 以指定文件创建 CookieJar 对象，该对象将可以把 cookie 信息保存在文件中
cookie_jar = http.cookiejar.MozillaCookieJar('a.txt')
# 直接加载 a.txt 中的 cookie 信息
cookie_jar.load('a.txt',ignore_discard=True,ignore_expires=True)
# 遍历 a.txt 中保存的 cookie 信息
for item in cookie_jar:
    print('Name ='+ item.name)
    print('Value ='+ item.value)
# 创建 HTTPCookieProcessor 对象
cookie_processor = HTTPCookieProcessor(cookie_jar)
# 创建 OpenerDirector 对象
opener = build_opener(cookie_processor)

# 定义模拟 Chrome 浏览器的 User-Agent
user_agent = r'Mozilla/5.0 (Windows NT 6.1; WOW64) AppleWebKit/537.36' \
    r' (KHTML, like Gecko) Chrome/56.0.2924.87 Safari/537.36'
# 定义请求头
headers = {'User-Agent':user_agent, 'Connection':'keep-alive'}

#-------------下面代码发送访问被保护资源的 GET 请求----------------
# 创建向被保护页面发送 GET 请求的 Request
request = Request('http://localhost:8888/test/secret.jsp',
    headers=headers)
response = opener.open(request)
print(response.read().decode())
```

该程序的前面部分同样用于创建 CookieJar、HTTPCookieProcessor、OpenerDirector 对象，但它多了第一行粗体字代码，这行代码用于从 a.txt 文件中读取 cookie 信息。接下来的粗体字代码只是用于显示 a.txt 文件中所保存的 cookie 信息，这些代码不影响程序本身。

该程序并未向服务器发送登录请求，但由于该 CookieJar 会把登录成功的 session id 发送给服务器，因此服务器就会认为该程序与前面那个登录成功的程序是同一个客户端。运行上面程序，也可以访问到 Web 应用中的被保护页面，输出结果如下。

```
Name =JSESSIONID
Value =CA772F2EB65808A43A09A452005C2F55

<!DOCTYPE html>
<html>
<head>
        <meta name="author" content="Yeeku.H.Lee(CrazyIt.org)" />
```

```
        <meta http-equiv="Content-Type" content="text/html; charset=utf-8" />
        <title> 安全资源 </title>
</head>
<body>
        安全资源，只有登录用户<br/>
        且用户名是 crazyit.org 才可访问该资源
</body>
</html>
```

上面前两行输出内容就是 a.txt 文件中保存的 cookie 信息。从该输出结果可以看到，该 cookie 信息只是保存了服务器发送给客户端的 session id。因此，程序使用 OpenerDirector 向服务器发送请求时，就会将该 session id 发送给服务器，这样服务器就会把程序当成前一个已经登录成功的程序。所以，该程序也可以访问到被保护页面。

15.3　基于 TCP 协议的网络编程

TCP/IP 通信协议是一种可靠的网络协议，它在通信的两端各建立一个 socket，从而形成虚拟的网络链路。一旦建立了虚拟的网络链路，两端的程序就可以通过该链路进行通信了。Python 的 socket 模块为基于 TCP 协议的网络通信提供了良好的封装，Python 使用 socket 对象来代表两端的通信端口，并通过 socket 进行网络通信。

15.3.1　TCP 协议基础

IP 是 Internet 上使用的一个关键协议，它的全称是 Internet Protocol，即 Internet 协议，通常简称 IP 协议。通过使用 IP 协议，使 Internet 成为一个允许连接不同类型的计算机和不同操作系统的网络。

要使两台计算机彼此能进行通信，必须使这两台计算机使用同一种“语言”，IP 协议只保证计算机能发送和接收分组数据。IP 协议负责将消息从一个主机传送到另一个主机，消息在传送的过程中被分割成一个个小包。

尽管通过安装 IP 软件，保证了计算机之间可以发送和接收数据，但 IP 协议还不能解决数据分组在传输过程中可能出现的问题。因此，连接 Internet 的计算机还需要安装 TCP 协议来提供可靠且无差错的通信服务。

TCP 被称作端对端协议，这是因为它在两台计算机的连接中起了重要作用——当一台计算机需要与另一台远程计算机连接时，TCP 协议会让它们之间建立一个虚拟链路，用于发送和接收数据。

TCP 协议负责收集这些数据包，并将其按照适当的顺序传送，接收端接收到数据包后再将其正确地还原。TCP 协议保证数据包在传送过程中准确无误。TCP 协议采用重发机制——当一个通信实体发送一个消息给另一个通信实体后，需要接收到另一个通信实体的确认信息，如果没有接收到该确认信息，则会重发信息。

通过重发机制，TCP 协议向应用程序提供了可靠的通信连接，使其能够自动适应网络上的各种变化。即使在 Internet 暂时出现堵塞的情况下，TCP 协议也能够保证通信的可靠性。

图 15.4 显示了 TCP 协议控制两个通信实体互相通信的示意图。

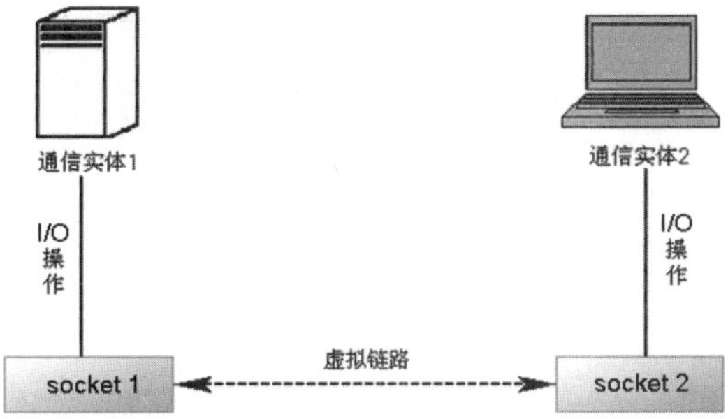

图 15.4　TCP 协议控制两个通信实体互相通信的示意图

只有把 TCP 和 IP 两个协议结合起来，才能保证 Internet 在复杂的环境下正常运行。凡是要连接到 Internet 的计算机，都必须同时安装和使用 TCP/IP 协议。

15.3.2 使用 socket 创建 TCP 服务器端

程序在使用 socket 之前，必须先创建 socket 对象，可通过该类的如下构造器来创建 socket 实例。

- socket.socket(family=AF_INET, type=SOCK_STREAM, proto=0, fileno=None)

上面构造器的前三个参数比较重要，其中：

- family 参数用于指定网络类型。该参数支持 socket.AF_UNIX（UNIX 网络）、socket.AF_INET（基于 IPv4 协议的网络）和 socket.AF_INET6（基于 IPv6 协议的网络）这三个常量。
- type 参数用于指定网络 Sock 类型。该参数可支持 SOCK_STREAM（默认值，创建基于 TCP 协议的 socket）、SOCK_DGRAM（创建基于 UDP 协议的 socket）和 SOCK_RAW（创建原始 socket）。一般常用的是 SOCK_STREAM 和 SOCK_DGRAM。
- proto 参数用于指定协议号，如果没有特殊要求，该参数默认为 0，并可以忽略。

在创建了 socket 之后，接下来需要将两个 socket 连接起来。从图 15.4 中并没有看出 TCP 协议控制的两个通信实体之间有服务器端和客户端之分，这是因为此图是两个通信实体之间已经建立虚拟链路之后的示意图。在两个通信实体之间没有建立虚拟链路时，必须有一个通信实体先做出“主动姿态”，主动接收来自其他通信实体的连接请求。

作为服务器端使用的 socket 必须被绑定到指定 IP 地址和端口，并在该 IP 地址和端口进行监听，接收来自客户端的连接。

socket 对象提供了如下常用方法。

- socket.accept()：作为服务器端使用的 socket 调用该方法接收来自客户端的连接。
- socket.bind(address)：作为服务器端使用的 socket 调用该方法，将该 socket 绑定到指定 address，该 address 可以是一个元组，包含 IP 地址和端口。
- socket.close()：关闭连接，回收资源。
- socket.connect(address)：作为客户端使用的 socket 调用该方法连接远程服务器。
- socket.connect_ex(address)：该方法与上一个方法的功能大致相同，只是当程序出错时，该方法不会抛出异常，而是返回一个错误标识符。
- socket.listen([backlog])：作为服务器端使用的 socket 调用该方法进行监听。
- socket.makefile(mode='r', buffering=None, *, encoding=None, errors=None, newline=None)：创建一个和该 socket 关联的文件对象。
- socket.recv(bufsize[, flags])：接收 socket 中的数据。该方法返回 bytes 对象代表接收到的数据。
- socket.recvfrom(bufsize[, flags])：该方法与上一个方法的功能大致相同，只是该方法的返回值是(bytes, address)元组。
- socket.recvmsg(bufsize[, ancbufsize[, flags]])：该方法不仅接收来自 socket 的数据，还接收来自 socket 的辅助数据，因此该方法的返回值是一个长度为 4 的元组——(data, ancdata, msg_flags, address)，其中 ancdata 代表辅助数据。
- socket.recvmsg_into(buffers[, ancbufsize[, flags]])：类似于 socket.recvmsg()方法，但该方法将接收到的数据放入 buffers 中。
- socket.recvfrom_into(buffer[, nbytes[, flags]])：类似于 socket.recvfrom()方法，但该方法将接收到的数据放入 buffer 中。
- socket.recv_into(buffer[, nbytes[, flags]])：类似于 recv()方法，但该方法将接收到的数据放入 buffer 中。
- socket.send(bytes[, flags])：向 socket 发送数据，该 socket 必须与远程 socket 建立了连接。该方法通常用于在基于 TCP 协议的网络中发送数据。

- socket.sendto(bytes, address)。向 socket 发送数据，该 socket 应该没有与远程 socket 建立连接。该方法通常用于在基于 UDP 协议的网络中发送数据。
- socket.sendfile(file, offset=0, count=None)：将整个文件内容都发送出去，直到遇到文件的 EOF。
- socket.shutdown(how)：关闭连接。其中 how 用于设置关闭方式。

掌握了这些常用的方法之后，可以大致归纳出 TCP 通信的服务器端编程的基本步骤。

1. 服务器端先创建一个 socket 对象。
2. 服务器端 socket 将自己绑定到指定 IP 地址和端口。
3. 服务器端 socket 调用 listen()方法监听网络。
4. 程序采用循环不断调用 socket 的 accept()方法接收来自客户端的连接。代码片段如下：

```
# 创建 socket 对象
s = socket.socket()
# 将 socket 绑定到本机 IP 地址和端口
s.bind(('192.168.1.88', 30000))
# 服务器端开始监听来自客户端的连接
s.listen()
while True:
    # 每当接收到客户端 socket 的请求时，该方法就返回对应的 socket 和远程地址
    c, addr = s.accept()
    ...
```

上面程序先创建了一个 socket 对象，接下来将该 socket 绑定到 192.168.1.88 的 30000 端口，其中 192.168.1.88 是程序所在计算机的 IP 地址。

提示：

上面程序使用 30000 作为该 socket 的监听端口，通常推荐使用 1024 以上的端口，主要是为了避免与其他应用程序的通用端口发生冲突。

15.3.3　使用 socket 通信

客户端也是先创建一个 socket 对象，然后调用 socket 的 connect()方法建立与服务器端的连接，这样就可以建立一个基于 TCP 协议的网络连接。

TCP 通信的客户端编程的基本步骤大致归纳如下。

1. 客户端先创建一个 socket 对象。
2. 客户端 socket 调用 connect()方法连接远程服务器。代码片段如下：

```
# 创建 socket 对象
s = socket.socket()
# 连接远程服务器
s.connect(('192.168.1.88', 30000))
# 下面就可以使用 socket 进行通信了
...
```

当执行上面程序中的粗体字代码时，将会连接到指定服务器，让服务器端 socket 的 accept()方法向下执行，于是服务器端和客户端就产生一对互相连接的 socket。

当服务器端和客户端产生了对应的 socket 之后，就得到了如图 15.4 所示的通信示意图，程序无须再区分服务器端和客户端，而是通过各自的 socket 进行通信。通过前面介绍我们知道，socket 提供了大量方法来发送和接收数据。

- 发送数据：使用 send()方法。注意，sendto()方法用于 UDP 协议的通信。
- 接收数据：使用 recv_xxx()方法。

下面的服务器端程序非常简单，它仅仅建立 socket，并监听来自客户端的连接，只要客户端连接进来，程序就会向 socket 发送一条简单的信息。

程序清单：codes\15\15.3\server.py

```
# 导入 socket 模块
import socket

# 创建 socket 对象
s = socket.socket()
# 将 socket 绑定到本机 IP 地址和端口
s.bind(('192.168.1.88', 30000))
# 服务器端开始监听来自客户端的连接
s.listen()
while True:
    # 每当接收到客户端 socket 的请求时，该方法就返回对应的 socket 和远程地址
    c, addr = s.accept()
    print(c)
    print('连接地址：', addr)
    c.send('您好，您收到了服务器的新年祝福！'.encode('utf-8'))
    # 关闭连接
    c.close()
```

下面的客户端程序也非常简单，它仅仅使用 socket 建立与指定 IP 地址和端口的连接，并从 socket 中获取服务器端发送的数据。

程序清单：codes\15\15.3\client.py

```
# 导入 socket 模块
import socket

# 创建 socket 对象
s = socket.socket()
# 连接远程服务器
s.connect(('192.168.1.88', 30000))    # ①
print('--%s--' % s.recv(1024).decode('utf-8'))
s.close()
```

上面程序中①号粗体字代码使用 socket 建立与服务器端的连接，接下来的粗体字代码调用 socket 的 recv()方法来接收网络数据。

先运行服务器端程序，将看到服务器一直处于等待状态，因为服务器使用了死循环来接收来自客户端的请求；再运行客户端程序，将看到程序输出："--您好，您收到了服务器的新年祝福！--"，这表明客户端和服务器端通信成功。

15.3.4 加入多线程

前面的服务器端和客户端只是进行了简单的通信操作：服务器端接受客户端的连接之后，向客户端输出一个字符串，而客户端也只是读取服务器端的字符串后就退出了。在实际应用中，客户端则可能需要和服务器端保持长时间通信，即服务器端需要不断地读取客户端数据，并向客户端写入数据；客户端也需要不断地读取服务器端数据，并向服务器端写入数据。

由于 socket 的 recv()方法在成功读取到数据之前，线程会被阻塞，程序无法继续执行。考虑到这个原因，服务器端应该为每个 socket 都单独启动一个线程，每个线程负责与一个客户端进行通信。

客户端读取服务器端数据的线程同样会被阻塞，所以系统应该单独启动一个线程，该线程专门负责读取服务器端数据。

现在考虑实现一个命令行界面的 C/S 聊天室应用，服务器端应该包含多个线程，每个 socket 对应一个线程，该线程负责从 socket 中读取数据（从客户端发送过来的数据），并将所读取到的数

据向每个 socket 发送一次（将一个客户端发送过来的数据“广播”给其他客户端），因此需要在服务器端使用 list 来保存所有的 socket。

下面是服务器端的实现代码。该服务器端代码定义了一个 server_target()函数，该函数将会作为线程执行的 target，负责处理每个 socket 的数据通信。

程序清单：codes\15\15.3\MultiThread\server\MyServer.py

```
import socket
import threading

# 定义保存所有 socket 的列表
socket_list = []
# 创建 socket 对象
ss = socket.socket()
# 将 socket 绑定到本机 IP 地址和端口
ss.bind(('192.168.1.88', 30000))
# 服务端开始监听来自客户端的连接
ss.listen()
def read_from_client(s):
    try:
        return s.recv(2048).decode('utf-8')
    # 如果捕获到异常，则表明该 socket 对应的客户端已经关闭
    except:
        # 删除该 socket
        socket_list.remove(s);      # ①
def server_target(s):
    try:
        # 采用循环不断地从 socket 中读取客户端发送过来的数据
        while True:
            content = read_from_client(s)
            print(content)
            if content is None:
                break
            for client_s in socket_list:
                client_s.send(content.encode('utf-8'))
    except e:
        print(e.strerror)
while True:
    # 此行代码会被阻塞，将一直等待别人的连接
    s, addr = ss.accept()
    socket_list.append(s)
    # 每当客户端连接后，都会启动一个线程为该客户端服务
    threading.Thread(target=server_target, args=(s, )).start()
```

上面实现的服务器端主程序只负责接收客户端 socket 的连接请求，每当客户端 socket 连接进来之后，程序都将对应的 socket 加入 socket_list 列表中保存，并为该 socket 启动一个线程，该线程负责处理该 socket 所有的通信任务，如程序中最后 3 行粗体字代码所示。

代表服务器端线程执行体的 server_target()函数则不断地读取客户端数据。程序使用 read_from_client()函数来读取客户端数据，如果在读取数据过程中捕获到异常，则表明该 socket 对应的客户端 socket 出现了问题（到底什么问题不用深究，反正不正常），程序就将该 socket 从 socket_list 列表中删除，如 read_from_client()函数中的①号代码所示。

当服务器端线程读取到客户端数据之后，程序遍历 socket_list 列表，并将该数据向 socket_list 列表中的每个 socket 发送一次——该服务器端线程把从 socket 中读取到的数据向 socket_list 列表中的每个 socket 转发一次，如 server_target()函数中的粗体字代码所示。

每个客户端都应该包含两个线程，其中一个负责读取用户的键盘输入内容，并将用户输入的数据输出到 socket 中；另一个负责读取 socket 中的数据（从服务器端发送过来的数据），并将这些数

据打印输出。由程序的主线程负责读取用户的键盘输入内容，由新线程负责读取 socket 数据。

程序清单：codes\15\15.3\MultiThread\client\MyClient.py

```
import socket
import threading

# 创建 socket 对象
s = socket.socket()
# 连接远程服务器
s.connect(('192.168.1.88', 30000))
def read_from_server(s):
    while True:
        print(s.recv(2048).decode('utf-8'))
# 客户端启动线程不断地读取来自服务器端的数据
threading.Thread(target=read_from_server, args=(s, )).start()   # ①
while True:
    line = input('')
    if line is None or line == 'exit':
        break
    # 将用户的键盘输入内容写入 socket 中
    s.send(line.encode('utf-8'))
```

上面程序中的主线程读取到用户的键盘输入内容后，将该内容发送到 socket 中（实际上就是把数据发送给服务器端）。

此外，当主线程的 socket 连接到服务器端之后，以 read_from_server()函数为 target 启动了新线程来处理 socket 通信，如程序中①号粗体字代码所示。read_from_server()函数使用死循环读取 socket 中的数据（就是来自服务器端的数据），并将这些内容在控制台打印出来，如 read_from_server()函数中的粗体字代码所示。

先运行上面的 MyServer 程序，该程序运行后只是作为服务器，看不到任何输出信息。再运行多个 MyClient 程序——相当于启动多个聊天室客户端登录该服务器，接下来可以在任何一个客户端通过键盘输入一些内容，然后按回车键，即可在所有客户端（包括自己）的控制台中收到刚刚输入的内容，这就粗略地实现了一个 C/S 结构的聊天室应用。

15.3.5　记录用户信息

上面程序虽然已经完成了粗略的通信功能，每个客户端都可以看到其他客户端发送的信息，但无法知道是哪个客户端发送的信息，这是因为服务器端从未记录过用户信息，当客户端使用 socket 连接到服务器端之后，程序只是使用 socket_list 列表保存服务器端对应生成的 socket，并没有保存该 socket 关联的用户信息。

下面程序将考虑使用 dict（字典）来保存用户状态信息，因为本程序将实现私聊功能。也就是说，一个客户端可以将信息发送给另一个指定客户端。实际上，所有客户端只与服务器端连接，客户端之间并没有互相连接。也就是说，当一个客户端将信息发送到服务器端之后，服务器端必须可以判断出该信息到底是向所有用户发送的，还是向指定用户发送的，并需要知道向哪个用户发送。这里需要解决如下两个问题。

- 客户端发送的信息必须有特殊的标识——让服务器端可以判断出是公聊信息还是私聊信息。
- 如果是私聊信息，客户端会将该信息的目的用户（私聊对象）发送给服务器端，服务器端要将该信息发送给该私聊对象。

为了解决第一个问题，可以让客户端在发送不同的信息之前，先对这些信息进行适当处理。比如在内容前后添加一些特殊字符——这些特殊字符被称为协议字符串。本例提供了一个 CrazyitProtocol 程序，该程序专门用于定义协议字符。

程序清单：codes\15\15.3\Senior\server\CrazyitProtocol.py

```
# 定义协议字符串的长度
PROTOCOL_LEN = 2
# 下面是一些协议字符串，在服务器端和客户端交换的信息前后都应该添加这些特殊字符串
MSG_ROUND = "§γ"
USER_ROUND = "ΠΣ"
LOGIN_SUCCESS = "1"
NAME_REP = "-1"
PRIVATE_ROUND = "★【"
SPLIT_SIGN = "※"
```

实际上，由于服务器端和客户端都需要使用这些协议字符串，所以程序在服务器端和客户端都要保留上面的 CrazyitProtocol.py 文件。

为了解决第二个问题，可以考虑使用一个 dict（字典）来保存聊天室所有用户和对应 socket 之间的映射关系——这样服务器端就可以根据用户名来找到对应的 socket。

服务器端提供了一个 dict 的子类，并提供了根据 value 获取 key、根据 value 删除 key 等方法。

程序清单：codes\15\15.3\Senior\server\CrazyitDict.py

```
class CrazyitDict(dict):
    # 根据 value 查找 key
    def key_from_value(self, val):
        # 遍历所有 key 组成的集合
        for key in self.keys():
            # 如果指定 key 对应的 value 与被搜索的 value 相同，则返回对应的 key
            if self[key] == val:
                return key
        return None
    # 根据 value 删除 key
    def remove_by_value(self, val):
        # 遍历所有 key 组成的集合
        for key in self.keys():
            # 如果指定 key 对应的 value 与被搜索的 value 相同，则返回对应的 key
            if self[key] == val:
                self.pop(key)
                return
```

严格来讲，CrazyitDict 已经不是一个标准的 dict 结构了，但程序需要这样一个数据结构来保存用户名和对应 socket 之间的映射关系，这样既可以通过用户名找到对应的 socket，也可以根据 socket 找到对应的用户名。

服务器端的主线程依然只是建立 socket 来监听来自客户端 socket 的连接请求，但该程序增加了一些异常处理代码，可能看上去比上一节的程序稍微复杂一点。

程序清单：codes\15\15.3\Senior\server\Server.py

```
import socket, threading, CrazyitDict,CrazyitProtocol

from server_thread import server_target
SERVER_PORT = 30000
# 使用 CrazyitDict 来保存每个用户名和对应 socket 之间的映射关系
clients = CrazyitDict.CrazyitDict()
# 创建 socket 对象
s = socket.socket()
try:
    # 将 socket 绑定到本机 IP 地址和端口
    s.bind(('192.168.1.88', SERVER_PORT))
    # 服务器端开始监听来自客户端的连接
    s.listen()
    # 采用死循环不断地接收来自客户端的请求
```

```
        while True:
            # 每当接收到客户端 socket 的请求时，该方法都将返回对应的 socket 和远程地址
            c, addr = s.accept()
            threading.Thread(target=server_target, args=(c, clients)).start()
    # 如果抛出异常
    except :
        print("服务器启动失败，是否端口%d 已被占用？" % SERVER_PORT)
```

该程序的关键代码依然只有三行，如程序中粗体字代码所示。其依然是使用 socket 网络连接，接收来自客户端 socket 的连接请求，并为已连接的 socket 启动单独的线程。上面程序以 server_target 作为新线程的 target。

服务器端线程的 server_target 函数比上一节的程序要复杂一点，因为该函数要分别处理公聊、私聊两类聊天信息。除此之外，还需要处理用户名是否重复的问题。服务器端线程的 server_target 函数的代码如下。

程序清单：codes\15\15.3\Senior\server\ServerThread.py

```
import CrazyitProtocol

def server_target(s, clients):
    try:
        while True:
            # 从 socket 读取数据
            line = s.recv(2048).decode('utf-8')
            print(line)
            # 如果读取到的行以 CrazyitProtocol.USER_ROUND 开始，并以其结束
            # 则可以确定读取到的是用户登录的用户名
            if line.startswith(CrazyitProtocol.USER_ROUND) \
                and line.endswith(CrazyitProtocol.USER_ROUND):
                # 得到真实消息
                user_name = line[CrazyitProtocol.PROTOCOL_LEN: \
                    -CrazyitProtocol.PROTOCOL_LEN]
                # 如果用户名重复
                if user_name in clients:
                    print("重复")
                    s.send(CrazyitProtocol.NAME_REP.encode('utf-8'))
                else:
                    print("成功")
                    s.send(CrazyitProtocol.LOGIN_SUCCESS.encode('utf-8'))
                    clients[user_name] = s
            # 如果读取到的行以 CrazyitProtocol.PRIVATE_ROUND 开始，并以其结束
            # 则可以确定是私聊信息，私聊信息只向特定的 socket 发送
            elif line.startswith(CrazyitProtocol.PRIVATE_ROUND) \
                and line.endswith(CrazyitProtocol.PRIVATE_ROUND):
                # 得到真实消息
                user_and_msg = line[CrazyitProtocol.PROTOCOL_LEN: \
                    -CrazyitProtocol.PROTOCOL_LEN]
                # 以 SPLIT_SIGN 分割字符串，前一半是私聊用户，后一半是聊天信息
                user = user_and_msg.split(CrazyitProtocol.SPLIT_SIGN)[0]
                msg = user_and_msg.split(CrazyitProtocol.SPLIT_SIGN)[1]
                # 获取私聊用户对应的 socket，并发送私聊信息
                clients[user].send((clients.key_from_value(s) \
                    + "悄悄地对你说：" + msg).encode('utf-8'))
            # 公聊信息要向每个 socket 发送
            else:
                # 得到真实消息
                msg = line[CrazyitProtocol.PROTOCOL_LEN: \
                    -CrazyitProtocol.PROTOCOL_LEN]
                # 遍历 clients 中的每个 socket
                for client_socket in clients.values():
```

```
                    client_socket.send((clients.key_from_value(s) \
                    + "说: " + msg).encode('utf-8'))
        # 捕获到异常后，表明该 socket 对应的客户端出现了问题
        # 所以程序将其对应的 socket 从 dict 中删除
        except:
            clients.remove_by_value(s)
            print(len(clients))
            # 关闭网络、I/O 资源
            if s is not None:
                s.close()
```

上面程序比上一节的程序除增加了异常处理代码之外，还主要增加了对读取数据的判断代码，如程序中两行粗体字代码所示。当程序读取到客户端发送过来的内容之后，会根据该内容前后的协议字符串进行相应的处理。

客户端程序增加了让用户输入用户名的代码，并且不允许用户名重复。除此之外，还可以根据用户的键盘输入内容来判断用户是否想发送私聊信息。客户端程序的代码如下。

程序清单：codes\15\15.3\Senior\client\Client.py

```
import socket, threading, CrazyitProtocol, os
from tkinter import simpledialog
import time

SERVER_PORT = 30000

# 定义一个读取键盘输入内容，并向网络中发送的函数
def read_send(s):
    # 采用死循环不断地读取键盘输入内容
    while True:
        line = input('')
        if line is None or line == 'exit':
            break
        # 如果发送的信息中有冒号，且以//开头，则认为想发送私聊信息
        if ":" in line and line.startswith("//"):
            line = line[2:]
            s.send((CrazyitProtocol.PRIVATE_ROUND
                + line.split(":")[0] + CrazyitProtocol.SPLIT_SIGN
                + line.split(":")[1] + CrazyitProtocol.PRIVATE_ROUND).encode('utf-8'))
        else:
            s.send((CrazyitProtocol.MSG_ROUND + line
                + CrazyitProtocol.MSG_ROUND).encode('utf-8'))
# 创建 socket 对象
s = socket.socket()
try:
    # 连接远程服务器
    s.connect(('192.168.1.88', SERVER_PORT))
    tip = ""
    # 采用循环不断地弹出对话框要求输入用户名
    while True:
        user_name = input(tip + '输入用户名:\n')     # ①
        # 在用户输入的用户名前后增加协议字符串后发送
        s.send((CrazyitProtocol.USER_ROUND + user_name
            + CrazyitProtocol.USER_ROUND).encode('utf-8'))
        time.sleep(0.2)
        # 读取服务器端的响应信息
        result = s.recv(2048).decode('utf-8')
        if result is not None and result != '':
            # 如果用户名重复，则开始下一次循环
            if result == CrazyitProtocol.NAME_REP:
                tip = "用户名重复！请重新输入"
                continue
```

```
            # 如果服务器端返回登录成功的信息，则结束循环
            if result == CrazyitProtocol.LOGIN_SUCCESS:
                break
    # 捕获到异常，关闭网络资源，并退出该程序
    except:
        print("网络异常！请重新登录！")
        s.close()
        os._exit(1)
def client_target(s):
    try:
        # 不断地从 socket 中读取数据，并将这些数据打印出来
        while True:
            line = s.recv(2048).decode('utf-8')
            if line is not None:
                print(line)
            # 本例仅打印出从服务器端读取到的内容。实际上，此处可以更复杂，如果希望
            # 客户端能看到聊天室的用户列表，则可以让服务器端在每次有用户登录、用户
            # 退出时，都将所有的用户列表信息向客户端发送一遍。为了区分服务器端发送
            # 的是聊天信息还是用户列表信息，服务器端也应该在要发送的信息前后添加协
            # 议字符串，客户端则根据协议字符串的不同而进行不同的处理
            # 更复杂的情况是
            # 如果两端进行游戏，则还有可能发送游戏信息。例如两端进行五子棋游戏，则
            # 需要发送下棋坐标信息等，服务器端同样需要在这些下棋坐标信息前后添加协
            # 议字符串，然后再发送，客户端就可以根据该信息知道对手的下棋坐标了
    # 使用 finally 块来关闭该线程对应的 socket
    finally:
        s.close()
# 启动客户端线程
threading.Thread(target=client_target, args=(s,)).start()
read_send(s)
```

上面程序在建立连接之后，立即提示用户输入用户名，如程序中①号粗体字代码所示。然后程序立即将用户输入的用户名发送给服务器端，服务器端会返回该用户名是否重复的提示信息，程序又立即读取服务器端的提示信息，并根据该提示信息判断是否需要继续让用户输入用户名。

与上一节的客户端主程序相比，该程序还增加了对用户输入信息的判断代码——判断用户输入的内容是否以斜线（/）开头，并包含冒号（:）。如果满足该特征，系统认为该用户想发送私聊信息，就会将冒号(:)之前的部分当成私聊用户名，将冒号(:)之后的部分当成聊天信息，如 read_send() 函数中的粗体字代码所示。

本程序中客户端线程的 client_target 函数没有太大的改变，程序依然只是采用死循环不断地读取来自服务器端的信息。

虽然该线程的 client_target 函数简单，但正如程序注释中所指出的，如果服务器端可以返回更多丰富类型的数据，则该线程类的处理将会更复杂，那么该程序可以扩展到功能非常强大。

先运行上面的 Server 程序，启动服务器；再多次运行 Client 程序，启动多个客户端，并输入不同的用户名，登录服务器后，两个客户端的聊天界面如图 15.5 所示。

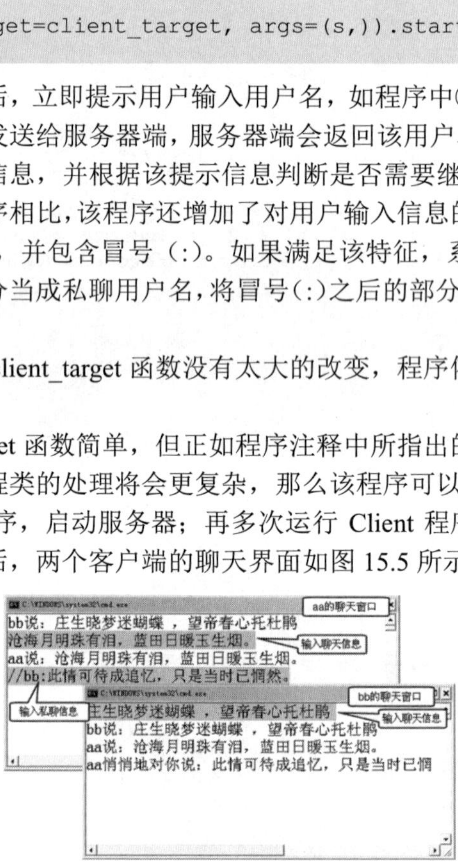

图 15.5　两个客户端的聊天界面

提示：

本程序没有提供GUI部分，而是直接使用命令行窗口进行聊天的——因为增加GUI部分会让程序的代码更多，从而引起读者的畏难心理。如果读者理解了本程序，那么相信读者一定乐意为该程序添加界面部分，因为整个程序的所有核心功能都已经实现了。不仅如此，读者完全可以在本程序的基础上扩展成一个仿 QQ 游戏大厅的网络程序。

15.3.6 半关闭的 socket

前面在介绍服务器端和客户端通信时，总是以一个 bytes 对象作为通信的最小数据单位的，服务器端在处理信息时也是针对每个 bytes 进行的。在一些协议中，通信的数据单位可能需要多个 bytes 对象——在这种情况下，就需要解决一个问题：socket 如何表示输出数据已经结束？

如果要表示输出数据已经结束，则可以通过关闭 socket 来实现。但如果彻底关闭了 socket，则会导致程序无法再从该 socket 中读取数据。

在这种情况下，socket 提供了一个 shutdown(how)关闭方法，该方法可以只关闭 socket 的输入或输出部分，用以表示输出数据已经发送完成。该方法的 how 参数接受如下参数值。

- SHUT_RD：关闭 socket 的输入部分，程序还可通过该 socket 输出数据。
- SHUT_WR：关闭该 socket 的输出部分，程序还可通过该 socket 读取数据。
- SHUT_RDWR：全关闭。该 socket 既不能读取数据，也不能写入数据。

当调用 shutdown()方法关闭 socket 的输入或输出部分之后，该 socket 处于“半关闭”状态。

提示：

即使一个 socket 实例在调用 shutdown()方法时传入了 SHUT_RDWR 参数，该 socket 也依然没有被彻底清理（与 close()方法不同），只是该 socket 既不能输出数据，也不能读取数据了。

下面程序示范了 shutdown()方法的用法。在该程序中服务器端先向客户端发送多条数据，当数据发送完成后，该 socket 对象调用 shutdown()方法来关闭输出部分，表明数据发送结束——在关闭输出部分之后，依然可以从 socket 中读取数据。

程序清单：codes\15\15.3\HalfClose\server.py

```
import socket

# 创建 socket 对象
s = socket.socket()
# 将 socket 绑定到本机 IP 地址和端口
s.bind(('192.168.1.88', 30000))
# 服务端开始监听来自客户端的连接
s.listen()
# 每当接收到客户端 socket 的请求时，该方法返回对应的 socket 和远程地址
skt, addr = s.accept()
skt.send("服务器的第一行数据".encode('utf-8'))
skt.send("服务器的第二行数据".encode('utf-8'))
# 关闭 socket 的输出部分，表明输出数据已经结束
skt.shutdown(socket.SHUT_WR)
while True:
    # 从 socket 中读取数据
    line = skt.recv(2048).decode('utf-8')
    if line is None or line == '':
        break
    print(line)
skt.close()
```

```
    s.close()
```

上面程序中的第一行粗体字代码关闭了 socket 的输出部分，此时该 socket 并未被彻底关闭，程序只是不能向该 socket 中写入数据了，但依然可以从该 socket 中读取数据。

本程序的客户端代码比较简单，它先读取服务器端返回的数据，然后向服务器端输出一些内容，故此处不再赘述，读者可参考 codes\15\15.3\HalfClose\client.py 程序来查看该代码。

当调用 socket 的 shutdown()方法关闭了输入或输出部分之后，该 socket 无法再次打开输入或输出部分，因此这种做法通常不适合保持持久通信状态的交互式应用，只适用于一站式的通信协议，例如 HTTP 协议——客户端连接到服务器端，开始发送请求数据，当发送完成后无须再次发送数据，只需要读取服务器端的响应数据即可，当读取响应数据完成后，该 socket 连接就被完全关闭了。

15.3.7 selectors 模块

前面介绍的 socket 都是采用阻塞方式进行通信的，当程序调用 recv()方法从 socket 中读取数据时，如果没有读取到有效的数据，当前线程就会被阻塞。为了解决这个问题，上面程序采用了多线程并发编程：服务器端为每个客户端连接都启动一个单独的线程，不同的线程负责对应的 socket 的通信工作。

通过 selectors 模块允许 socket 以非阻塞方式进行通信：selectors 相当于一个事件注册中心，程序只要将 socket 的所有事件注册给 selectors 管理，当 selectors 检测到 socket 中的特定事件之后，程序就调用相应的监听方法进行处理。

selectors 主要支持两种事件。

- selectors.EVENT_READ：当 socket 有数据可读时触发该事件。当有客户端连接进来时也会触发该事件。
- selectors.EVENT_WRITE：当 socket 将要写数据时触发该事件。

使用 selectors 实现非阻塞式编程的步骤大致如下。

① 创建 selectors 对象。

② 通过 selectors 对象为 socket 的 selectors.EVENT_READ 或 selectors.EVENT_WRITE 事件注册监听器函数。每当 socket 有数据需要读写时，系统负责触发所注册的监听器函数。

③ 在监听器函数中处理 socket 通信。

下面程序使用 selectors 模块实现非阻塞式通信的服务器端。

程序清单：codes\15\15.3\noblock\server.py

```
import selectors, socket

# 创建默认的selectors对象
sel = selectors.DefaultSelector()
# 负责监听“有数据可读”事件的函数
def read(skt, mask):
    try:
        # 读取数据
        data = skt.recv(1024)
        if data:
            # 将所读取的数据采用循环向每个socket发送一次
            for s in socket_list:
                s.send(data)  # Hope it won't block
        else:
            # 如果该socket已被对方关闭，则关闭该socket
            # 并将其从socket_list列表中删除
            print('关闭', skt)
            sel.unregister(skt)
            skt.close()
```

```
            socket_list.remove(skt)
        # 如果捕获到异常，则将该 socket 关闭，并将其从 socket_list 列表中删除
        except:
            print('关闭', skt)
            sel.unregister(skt)
            skt.close()
            socket_list.remove(skt)
socket_list = []
# 负责监听“有客户端连接进来”事件的函数
def accept(sock, mask):
    conn, addr = sock.accept()
    # 使用 socket_list 保存代表客户端的 socket
    socket_list.append(conn)
    conn.setblocking(False)
    # 使用 sel 为 conn 的 EVENT_READ 事件注册 read 监听函数
    sel.register(conn, selectors.EVENT_READ, read)    # ②
sock = socket.socket()
sock.bind(('192.168.1.88', 30000))
sock.listen()
# 设置该 socket 是非阻塞的
sock.setblocking(False)
# 使用 sel 为 sock 的 EVENT_READ 事件注册 accept 监听函数
sel.register(sock, selectors.EVENT_READ, accept)    # ①
# 采用死循环不断提取 sel 的事件
while True:
    events = sel.select()
    for key, mask in events:
        # 使用 key 的 data 属性获取为该事件注册的监听函数
        callback = key.data
        # 调用监听函数，使用 key 的 fileobj 属性获取被监听的 socket 对象
        callback(key.fileobj, mask)
```

上面程序中定义了两个监听器函数：accept()和 read()，其中 accept()函数作为“有客户端连接进来”事件的监听函数，主程序中的①号粗体字代码负责为 socket 的 selectors.EVENT_READ 事件注册该函数；read()函数则作为“有数据可读”事件的监听函数，如 accept()函数中的②号粗体字代码所示。

通过上面这种方式，程序避免了采用死循环不断地调用 socket 的 accept()方法来接受客户端连接，也避免了采用死循环不断地调用 socket 的 recv()方法来接收数据。socket 的 accept()、recv()方法调用都是写在事件监听函数中的，只有当事件（如“有客户端连接进来”事件、“有数据可读”事件）发生时，accept()和 recv()方法才会被调用，这样就避免了阻塞式编程。

为了不断地提取 selectors 中的事件，程序最后使用一个死循环不断地调用 selectors 的 select()方法“监测”事件，每当监测到相应的事件之后，程序就会调用对应的事件监听函数。

下面是该示例的客户端程序。该客户端程序更加简单——客户端程序只需要读取 socket 中的数据，因此只要使用 selectors 为 socket 注册“有数据可读”事件的监听函数即可。

程序清单：codes\15\15.3\noblock\client.py

```
import selectors, socket, threading

# 创建默认的 selectors 对象
sel = selectors.DefaultSelector()
# 负责监听“有数据可读”事件的函数
def read(conn, mask):
    data = conn.recv(1024)  # Should be ready
    if data:
        print(data.decode('utf-8'))
    else:
        print('closing', conn)
```

```
        sel.unregister(conn)
        conn.close()
# 创建 socket 对象
s = socket.socket()
# 连接远程服务器
s.connect(('192.168.1.88', 30000))
# 设置该 socket 是非阻塞的
s.setblocking(False)
# 使用 sel 为 s 的 EVENT_READ 事件注册 read 监听函数
sel.register(s, selectors.EVENT_READ, read)    # ①
# 定义不断读取用户的键盘输入内容的函数
def keyboard_input(s):
    while True:
        line = input('')
        if line is None or line == 'exit':
            break
        # 将用户的键盘输入内容写入 socket 中
        s.send(line.encode('utf-8'))
# 采用线程不断读取用户的键盘输入内容
threading.Thread(target=keyboard_input, args=(s, )).start()
while True:
    # 获取事件
    events = sel.select()
    for key, mask in events:
        # 使用 key 的 data 属性获取为该事件注册的监听函数
        callback = key.data
        # 调用监听函数，使用 key 的 fileobj 属性获取被监听的 socket 对象
        callback(key.fileobj, mask)
```

上面程序中的①号粗体字代码为 socket 的 EVENT_READ 事件注册了 read()监听函数，这样每当 socket 中有数据可读时，程序就会触发 read()函数来读取 socket 中的数据。

程序最后也采用死循环不断地调用 selectors 的 select()方法“监测”事件，每当监测到相应的事件之后，程序就会调用对应的事件监听函数。

先运行上面的服务器端程序，该程序运行后只是作为服务器，看不到任何输出信息。再运行多个客户端程序——相当于启动多个聊天室客户端登录该服务器。接下来可以在任何一个客户端通过键盘输入一些内容，然后按回车键，即可在所有客户端（包括自己）的控制台上接收到刚刚输入的内容。这也是一个粗略的 C/S 结构的聊天室应用。

15.4　基于 UDP 协议的网络编程

UDP 是一种不可靠的网络协议，它在通信实例的两端各建立一个 socket，但这两个 socket 之间并没有虚拟链路，它们只是发送、接收数据报的对象。Python 同样使用 socket 模块来支持基于 UDP 协议的通信。

15.4.1　UDP 协议基础

UDP（User Datagram Protocol，用户数据报协议）主要用来支持那些需要在计算机之间传输数据的网络连接。UDP 协议从问世至今已经被使用了很多年，虽然目前 UDP 协议的应用不如 TCP 协议广泛，但 UDP 依然是一种非常实用和可行的网络传输层协议。尤其是在一些实时性很强的应用场景中，比如网络游戏、视频会议等，UDP 协议的快速能力更具有独特的魅力。

UDP 是一种面向非连接的协议，面向非连接指的是在正式通信前不必与对方先建立连接，不管对方状态就直接发送数据。至于对方是否可以接收到这些数据，UDP 协议无法控制，所以说 UDP 是一种不可靠的协议。UDP 协议适用于一次只传送少量数据、对可靠性要求不高的应用环境。

与前面介绍的 TCP 协议一样，UDP 协议直接位于 IP 协议之上。实际上，IP 协议属于 OSI 参考模型的网络层协议，而 UDP 协议和 TCP 协议都属于传输层协议。

因为 UDP 是面向非连接的协议，没有建立连接的过程，因此它的通信效率很高；但也正因为如此，它的可靠性不如 TCP 协议。

UDP 协议的主要作用是完成网络数据流和数据报之间的转换——在信息的发送端，UDP 协议将网络数据流封装成数据报，然后将数据报发送出去；在信息的接收端，UDP 协议将数据报转换成实际数据内容。

提示：

可以认为 UDP 协议的 socket 类似于码头，数据报则类似于集装箱。码头的作用就是负责发送、接收集装箱，而 socket 的作用则是发送、接收数据报。因此，对于基于 UDP 协议的通信双方而言，没有所谓的客户端和服务器端的概念。

UDP 协议和 TCP 协议简单对比如下。

- TCP 协议：可靠，传输大小无限制，但是需要连接建立时间，差错控制开销大。
- UDP 协议：不可靠，差错控制开销较小，传输大小限制在 64KB 以下，不需要建立连接。

15.4.2 使用 socket 发送和接收数据

程序在创建 socket 时，可通过 type 参数指定该 socket 的类型，如果将该参数指定为 SOCK_DGRAM，则意味着创建基于 UDP 协议的 socket。

在创建了基于 UDP 协议的 socket 之后，程序可以通过如下两个方法来发送和接收数据。

- socket.sendto(bytes, address)：将 bytes 数据发送到 address 地址。
- socket.recvfrom(bufsize[, flags])：接收数据。该方法可以同时返回 socket 中的数据和数据来源地址。

从这两个方法的介绍可以看出，使用 UDP 协议的 socket 在发送数据时必须使用 sendto()方法，这是因为程序必须指定发送数据的目标地址（通过 address 参数指定）；使用 UDP 协议的 socket 在接收数据时，既可使用普通的 recv()方法，也可使用 recvfrom()方法。如果程序需要得到数据报的来源，则应该使用 recvfrom()方法。

从上面的介绍不难看出，由于 UDP 协议没有建立虚拟链路，因此程序使用 socket 发送数据报时，scoket 并不知道将该数据报发送到哪里，必须通过 sendto()方法的 address 参数来指定数据报的目的地，这个目的地的地址会被附加在所发送的数据报上。就像码头并不知道每个集装箱的目的地一样，码头只是将这些集装箱发送出去，而集装箱本身包含了该集装箱的目的地。

程序在使用 UDP 协议进行网络通信时，实际上并没有明显的服务器端和客户端，因为双方都需要先建立一个 socket 对象，用来接收或发送数据报。但在实际编程中，通常具有固定 IP 地址和端口的 socket 对象所在的程序被称为服务器，因此该 socket 应该调用 bind()方法被绑定到指定 IP 地址和端口，这样其他 socket（客户端 socket）才可向服务器端 socket（绑定了固定 IP 地址和端口的 socket）发送数据报，而服务器端 socket 就可以接收这些客户端数据报。

当服务器端（也可以是客户端）接收到一个数据报后，如果想向该数据报的发送者“反馈”一些信息，此时就必须获取数据报的“来源信息”，这就到了 recvfrom()方法“闪亮登场”的时候，该方法不仅可以获取 socket 中的数据，也可以获取数据的来源地址，程序就可以通过该来源地址来“反馈”信息。

一般来说，服务器端 socket 的 IP 地址和端口应该是固定的，因此客户端程序可以直接向服务器端 socket 发送数据；但服务器端无法预先知道各客户端 socket 的 IP 地址和端口，因此必须调用 recvfrom()方法来获取客户端 socket 的 IP 地址和端口。

下面程序使用UDP协议的socket实现了C/S结构的网络通信。本程序的服务器端通过循环1000次来读取 socket 中的数据报，每当读取到内容之后，便向该数据报的发送者发送一条信息。服务器端程序的代码如下。

程序清单：codes\15\15.4\udp_server.py

```
import socket

PORT = 30000;
# 定义每个数据报的大小最大为4KB
DATA_LEN = 4096;
# 定义一个字符串数组，服务器端发送该数组的元素
books = ("疯狂Python讲义",
    "疯狂Kotlin讲义",
    "疯狂Android讲义",
    "疯狂Swift讲义")
# 通过type属性指定创建基于UDP协议的socket
s = socket.socket(type=socket.SOCK_DGRAM)
# 将该socket绑定到本机的指定IP地址和端口
s.bind(('192.168.1.88', PORT))
# 采用循环接收数据
for i in range(1000):
    # 读取s中的数据的发送地址
    data, addr = s.recvfrom(DATA_LEN)
    # 将接收到的内容转换成字符串后输出
    print(data.decode('utf-8'))
    # 从字符串数组中取出一个元素作为发送数据
    send_data = books[i % 4].encode('utf-8')
    # 将数据报发送给addr地址
    s.sendto(send_data, addr)
s.close()
```

上面程序中的粗体字代码就是使用UDP协议的socket发送和接收数据报的关键代码，该程序可以接收1000个客户端发送过来的数据。

客户端程序的代码与此类似，客户端采用循环不断地读取用户的键盘输入内容，每当读取到用户输入的内容后，就将该内容通过数据报发送出去；接下来再读取来自 socket 中的信息（也就是来自服务器端的数据）。客户端程序的代码如下。

程序清单：codes\15\15.4\udp_client.py

```
import socket

PORT = 30000;
# 定义每个数据报的大小最大为4KB
DATA_LEN = 4096;
DEST_IP = "192.168.1.88";
# 通过type属性指定创建基于UDP协议的socket
s = socket.socket(type=socket.SOCK_DGRAM)
# 不断地读取用户的键盘输入内容
while True:
    line = input('')
    if line is None or line == 'exit':
        break
    data = line.encode('utf-8')
    # 发送数据报
    s.sendto(data, (DEST_IP, PORT))
    # 读取socket中的数据
    data = s.recv(DATA_LEN)
    print(data.decode('utf-8'))
s.close()
```

上面程序中的粗体字代码就是使用 UDP 协议的 socket 发送和接收数据报的关键代码，这些代码与服务器端程序的代码基本相似。而客户端与服务器端的唯一区别在于：服务器端的 IP 地址和端口是固定的，所以客户端可以直接将数据报发送给服务器端；而服务器端则需要根据所接收到的数据报来决定“反馈”数据报的目的地。

读者可能会发现，在使用 UDP 协议进行网络通信时，服务器端无须也无法保存每个客户端的状态，客户端把数据报发送到服务器端后，完全有可能立即退出。但不管客户端是否退出，服务器端都无法知道客户端的状态。

当使用 UDP 协议时，如果想让一个客户端发送的聊天信息被转发到其他所有的客户端也是可以的，程序可以考虑在服务器端使用 list 列表来保存所有的客户端信息，每当接收到一个客户端的数据报之后，程序检查该数据报的来源地址是否在 list 列表中，如果不在就将该来源地址添加到 list 列表中。这样又涉及一个问题：可能有些客户端发送一个数据报之后，永久地退出了程序，但服务器端依然会将该客户端的 IP 地址和端口保存在 list 列表中。因此，程序还需要定义一个定时器，定期检查每个客户端有多长时间没向服务器端发送数据了，如果超过一定的时间（比如 10 分钟）该客户端还没有发送数据，则服务器端就将该客户端的 IP 地址和端口从 list 列表中删除……总之，这种方式需要处理的问题比较多，编程比较烦琐。幸好 UDP 协议还支持多点广播，Python 也为 UDP 协议的多点广播提供了支持。

15.4.3 使用 UDP 协议实现多点广播

通过多点广播，可以将数据报以广播方式式发送到多个客户端。

若要使用多点广播，则需要将数据报发送到一个组目标地址，当数据报发出后，整个组的所有主机都能接收到该数据报。IP 多点广播（或多点发送）实现了将单一信息发送给多个接收者的广播，其思想是设置一组特殊的网络地址作为多点广播地址，每一个多点广播地址都被看作一个组，当客户端需要发送和接收广播信息时，加入该组即可。

IP 协议为多点广播提供了特殊的 IP 地址，这些 IP 地址的范围是 224.0.0.0~239.255.255.255。多点广播示意图如图 15.6 所示。

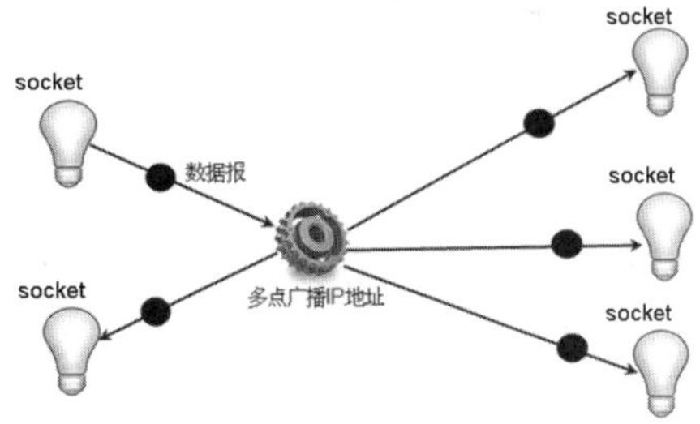

图 15.6 多点广播示意图

从图 15.6 中可以看出，当 socket 把一个数据报发送到多点广播 IP 地址时，该数据报将被自动广播到加入该地址的所有 socket。该 socket 既可以将数据报发送到多点广播地址，也可以接收其他主机的广播信息。

在创建了 socket 对象后，还需要将该 socket 加入指定的多点广播地址中，socket 使用 setsockopt() 方法加入指定组。

如果创建仅用于发送数据报的 socket 对象，则使用默认地址、随机端口即可。但如果创建接收数据报的 socket 对象，则需要将该 socket 对象绑定到指定端口；否则，发送方无法确定发送数据报的目标端口。

支持多点广播的 socket 还可设置广播信息的 TTL（Time-To-Live），该 TTL 参数用于设置数据报最多可以跨过多少个网络。当 TTL 的值为 0 时，指定数据报应停留在本地主机中；当 TTL 的值为 1 时，指定将数据报发送到本地局域网中；当 TTL 的值为 32 时，意味着只能将数据报发送到本站点的网络上；当 TTL 的值为 64 时，意味着数据报应被保留在本地区；当 TTL 的值为 128 时，意味着数据报应被保留在本大洲；当 TTL 的值为 255 时，意味着数据报可被发送到所有地方；在默认情况下，TTL 的值为 1。

从图 15.6 中可以看出，使用 socket 进行多点广播时所有的通信实体都是平等的，它们都将自己的数据报发送到多点广播 IP 地址，并使用 socket 接收其他人发送的广播数据报。下面程序使用 socket 实现了一个基于广播的多人聊天室。程序只需要一个 socket、两个线程，其中 socket 既用于发送数据，也用于接收数据；主线程负责读取用户的键盘输入内容，并向 socket 发送数据，子线程则负责从 socket 中读取数据。

程序清单：codes\15\15.4\multicast_test.py

```
import time, socket, threading, os

# 定义本机 IP 地址
SENDERIP = '192.168.1.88'
# 定义本地端口
SENDERPORT = 30000
# 定义本程序的多点广播 IP 地址
MYGROUP = '230.0.0.1'
# 通过 type 属性指定创建基于 UDP 协议的 socket
s = socket.socket(type=socket.SOCK_DGRAM)
# 将该 socket 绑定到 0.0.0.0 这个虚拟 IP 地址
s.bind(('0.0.0.0', SENDERPORT))     # ①
# 设置广播信息的 TTL
s.setsockopt(socket.IPPROTO_IP, socket.IP_MULTICAST_TTL, 64)
# 设置允许多点广播使用相同的端口
s.setsockopt(socket.SOL_SOCKET, socket.SO_REUSEADDR, 1)
# 使 socket 进入广播组
status = s.setsockopt(socket.IPPROTO_IP,
    socket.IP_ADD_MEMBERSHIP,
    socket.inet_aton(MYGROUP) + socket.inet_aton(SENDERIP))
# 定义从 socket 中读取数据的方法
def read_socket(sock):
    while True:
        data = sock.recv(2048)
        print("信息: ", data.decode('utf-8'))
# 以 read_socket 作为 target 启动多线程
threading.Thread(target=read_socket, args=(s, )).start()
# 采用循环不断读取用户的键盘输入内容，并输出到 socket 中
while True:
    line = input('')
    if line is None or line == 'exit':
        break
        os._exit(0)
    # 将 line 输出到 socket 中
    s.sendto(line.encode('utf-8'), (MYGROUP, SENDERPORT))
```

上面主程序中的第一行粗体字代码先创建了一个基于 UDP 协议的 socket 对象，由于需要使用该 socket 对象接收数据报，所以将该 socket 绑定到固定端口——由于只需要绑定到固定端口，因此程序中①号粗体字代码使用了 0.0.0.0 这个虚拟 IP 地址。第三行粗体字代码将该 socket 对象添加到指定的多点广播 IP 地址。至于程序中使用 socket 发送和接收数据报的代码，与前面的程序并没有区别，故此处不再赘述。

15.5　电子邮件支持

Python 为邮件支持提供了 smtplib、smtpd、poplib 等模块，使用这些模块既可发送邮件，也可收取邮件。

15.5.1　使用 smtplib 模块发送邮件

使用 Python 的 smtplib 模块来发送邮件非常简单，大部分底层的处理都由 smtplib 进行了封装，

开发者只需要按照如下 3 步来发送邮件即可。

1. 连接 SMTP 服务器，并使用用户名、密码登录服务器。
2. 创建 EmailMessage 对象，该对象代表邮件本身。
3. 调用代表与 SMTP 服务器连接的对象的 sendmail()方法发送邮件。

下面程序按照上面步骤示范了如何发送邮件。

程序清单：codes\15\15.5\send_text_mail.py

```
import smtplib
from email.message import EmailMessage

# 定义 SMTP 服务器地址
smtp_server = 'smtp.qq.com'
# 定义发件人地址
from_addr = 'kongyeeku@qq.com'
# 定义登录邮箱的密码
password = '123456'
# 定义收件人地址
to_addr = 'kongyeeku@163.com'

# 创建 SMTP 连接
#conn = smtplib.SMTP(smtp_server, 25)
conn = smtplib.SMTP_SSL(smtp_server,465)
conn.set_debuglevel(1)
conn.login(from_addr, password)          # ①
# 创建邮件对象
msg = EmailMessage()
# 设置邮件内容
msg.set_content('您好，这是一封来自 Python 的邮件', 'plain', 'utf-8')
# 发送邮件
conn.sendmail(from_addr, [to_addr], msg.as_string())
# 退出连接
conn.quit()
```

上面程序中的 3 行粗体字代码基本代表了使用 Python 的 smtp 模块发送邮件的 3 大核心步骤，其中①号代码使用了发件人的地址和密码来登录邮箱。关于该程序有以下几点需要说明。

- 程序中提供的邮箱密码是错误的，不用尝试。读者必须改为使用自己的邮箱地址和密码。
- 早期 SMTP 服务器都采用普通的网络连接，因此默认端口是 25。但现在绝大部分 SMTP 都是基于 SSL（Secure Socket Layer）的，这样保证网络上传输的信息都是加密过的，从而使得信息更加安全。这种基于 SSL 的 SMTP 服务器的默认端口是 465。上面程序中第一行粗体字代码连接的是 QQ 邮箱的基于 SSL 的 SMTP 服务器，QQ 邮箱服务器不支持普通的 SMTP。
- 国内有些公司的免费邮箱（比如 QQ 邮箱）默认是关闭了 SMTP 的，因此需要读者登录邮箱进行设置。
- 由于该程序发送的邮件太简单，邮件没有主题，而且程序在测试过程中可能会发送很多邮件，因此有些邮箱服务商会将该程序发送的邮件当成垃圾邮件。

注意

早期 Python 2.x 提供了 email.mime、email.header、email.charset、email.encoders、email.iterators 等库来处理邮件，这些库设计得过于烦琐，用起来极为不便，因此读者应该尽快改为使用最新的 Python 库。本书不会介绍这些过时的库。具体可参考 https://docs.python.org/3/library/email.html 页面的说明。

由于程序打开了 smtplib 调试模式（将 debuglevel 设置为 1），因此在运行该程序时，可以看到 SMTP 发送邮件的详细过程。当程序运行结束后，将可以在收件人邮箱中看到一封新邮件（可能在垃圾邮件内），如图 15.7 所示。

图 15.7　在收件人邮箱内收到了 smtplib 模块发送的邮件

上面这封邮件是最简单的，没有为该邮件设置主题、发件人名字和收件人名字，邮件内容也只是简单的文本。

如果要为邮件设置主题、发件人名字和收件人名字，那么只需设置 EmailMessage 对象的相应属性即可。如果程序要将邮件内容改为 HTML 内容，那么只需将调用 EmailMessage 的 set_content() 方法的第二个参数设置为 html 即可。

例如，如下程序只是对 EmailMessage 进行了修改。

程序清单：codes\15\15.5\send_html_mail.py

```
import smtplib
from email.message import EmailMessage

# 定义 SMTP 服务器地址
smtp_server = 'smtp.qq.com'
# 定义发件人地址
from_addr = 'kongyeeku@qq.com'
# 定义登录邮箱的密码
password = '123456'
# 定义收件人地址
to_addr = 'kongyeeku@163.com'

# 创建 SMTP 连接
#conn = smtplib.SMTP(smtp_server, 25)
conn = smtplib.SMTP_SSL(smtp_server,465)
conn.set_debuglevel(1)
conn.login(from_addr, password)                 # ①
# 创建邮件对象
msg = EmailMessage()
# 设置邮件内容，指定邮件内容为 HTML 内容
msg.set_content('<h2>邮件内容</h2>' +
    '<p>您好，这是一封来自 Python 的邮件<p>' +
    '来自<a href="http://www.crazyit.org">疯狂联盟</a>', 'html', 'utf-8')
msg['subject'] = '一封 HTML 邮件'
msg['from'] = '李刚 <%s>' % from_addr
msg['to'] = '新用户 <%s>' % to_addr
# 发送邮件
conn.sendmail(from_addr, [to_addr], msg.as_string())
# 退出连接
conn.quit()
```

该程序与上一个程序基本相似，只是在调用 set_content()方法时将第二个参数改为了“html”。此外，程序增加了上面 3 行粗体字代码，分别用于设置邮件主题、发件人名字和收件人名字。

运行上面程序，在目标邮箱内可以看到如图 15.8 所示的邮件。打开该邮件，将可以看到如图 15.9 所示的邮件内容。

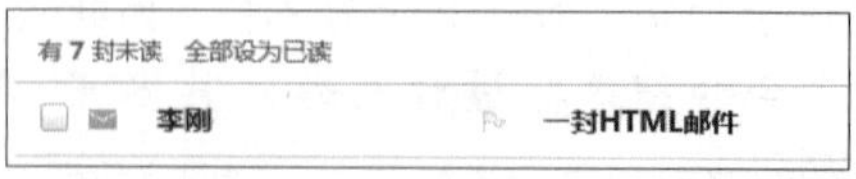

图 15.8　设置了邮件主题、发件人名字和收件人名字的 HTML 邮件

图 15.9　HTML 邮件内容

如果希望实现图文并茂的邮件，也就是在邮件中插入图片，则首先要给邮件添加附件——不要直接在邮件中嵌入外链的图片，很多邮箱出于安全考虑，都会禁用邮件中外链的资源。因此，如果直接在 HTML 右键中外链其他图片，那么该图片很有可能显示不出来。

为了给邮件添加附件，只需调用 EmailMessage 的 add_attachment()方法即可。该方法支持很多参数，最常见的参数如下。

- maintype：指定附件的主类型。比如指定 image 代表附件是图片。
- subtype：指定附件的子类型。比如指定为 png，代表附件是 PNG 图片。一般来说，子类型受主类型的限制。
- filename：指定附件的文件名。
- cid=img：指定附件的资源 ID，邮件正文可通过资源 ID 来引用该资源。

例如，如下程序为邮件添加了 3 个附件。

程序清单：codes\15\15.5\send_image_mail.py

```
import smtplib, email.utils
from email.message import EmailMessage

# 定义 SMTP 服务器地址
smtp_server = 'smtp.qq.com'
# 定义发件人地址
from_addr = 'kongyeeku@qq.com'
# 定义登录邮箱的密码
password = '123456'
# 定义收件人地址
to_addr = 'kongyeeku@163.com'

# 创建 SMTP 连接
#conn = smtplib.SMTP(smtp_server, 25)
conn = smtplib.SMTP_SSL(smtp_server,465)
conn.set_debuglevel(1)
conn.login(from_addr, password)            # ①
# 创建邮件对象
msg = EmailMessage()
# 随机生成两个图片 ID
first_id, second_id = email.utils.make_msgid(), email.utils.make_msgid()
# 设置邮件内容，指定邮件内容为 HTML 内容
msg.set_content('<h2>邮件内容</h2>' +
    '<p>您好，这是一封来自 Python 的邮件' +
    '<img src="cid:' + second_id[1:-1] +'"><p>' +
    '来自<a href="http://www.crazyit.org">疯狂联盟</a>' +
    '<img src="cid:' + first_id[1:-1] +'">', 'html', 'utf-8')
msg['subject'] = '一封 HTML 邮件'
msg['from'] = '李刚 <%s>' % from_addr
msg['to'] = '新用户 <%s>' % to_addr
with open('E:/logo.jpg', 'rb') as f:
    # 添加第一个附件
    msg.add_attachment(f.read(), maintype='image',
        subtype='jpeg', filename='test.png', cid=first_id)
with open('E:/fklogo.gif', 'rb') as f:
    # 添加第二个附件
    msg.add_attachment(f.read(), maintype='image',
        subtype='gif', filename='test.gif', cid=second_id)
with open('E:/fkit.pdf', 'rb') as f:
    # 添加第三个附件，邮件正文不需要引用该附件，因此不指定 cid
    msg.add_attachment(f.read(), maintype='application',
        subtype='pdf', filename='test.pdf',)
# 发送邮件
```

```
conn.sendmail(from_addr, [to_addr], msg.as_string())
# 退出连接
conn.quit()
```

该程序与上一个程序的最大区别在于增加了第三段粗体字代码，它们为邮件添加了三个附件。由于邮件正文不需要引用第三个附件，因此程序添加第三个附件时没有指定 cid 属性。

在添加附件时指定 cid 属性之后，程序就可以在邮件正文中通过该 cid 来引用附件，如上面程序中邮件正文的前两行粗体字代码所示。

运行上面程序，可以在目标邮箱内看到一封新邮件。打开该邮件，将看到如图 15.10 所示的邮件内容。

图 15.10　图文并茂、带附件的邮件内容

通过上面三个示例，可以发现使用 smtplib 模块发送邮件很简单，基本只需要连接服务器、创建邮件和发送邮件三个步骤。如果要构建复杂的邮件内容，则主要通过 EmailMessage 对象来进行设置。EmailMessage 也是 Python 3.x 对邮件处理的巨大简化，它把对邮件内容的各种处理都封装在 EmailMessage 类中，因此使得编程变得轻松、简单。

15.5.2　使用 poplib 模块收取邮件

使用 poplib 模块收取邮件也很简单，该模块提供了 poplib.POP3 和 poplib.POP3_SSL 两个类，分别用于连接普通的 POP 服务器和基于 SSL 的 POP 服务器。

一旦使用 poplib.POP3 或 poplib.POP3_SSL 连接到服务器之后，接下来基本就按照 POP 3 协议与服务器进行交互。为了更好地理解 poplib 模块的运行机制，下面先简单介绍 POP 3 协议内容。

POP 3 协议也属于请求-响应式交互协议，当客户端连接到服务器之后，客户端向 POP 服务器发送请求，而 POP 服务器则对客户端生成响应数据，客户端可通过响应数据下载得到邮件内容。当下载完成后，邮件客户端可以删除或修改任意邮件，而无须与电子邮件服务器进行进一步交互。

POP 3 的命令和响应数据都是基于 ASCII 文本的，并以 CR 和 LF（/r/n）作为行结束符，响应数据包括一个表示返回状态的符号（+/-）和描述信息。

请求和响应的标准格式如下：

```
请求标准格式：命令 [参数] CRLF
响应标准格式：+OK/[-ERR] description CRLF
```

POP 3 协议客户端的命令和服务器端对应的响应数据如下。

- user name：向 POP 服务器发送登录的用户名。
- pass string：向 POP 服务器发送登录的密码。
- quit：退出 POP 服务器。
- stat：统计邮件服务器状态，包括邮件数和总大小。
- list [msg_no]：列出全部邮件或指定邮件。返回邮件编号和对应大小。
- retr msg_no：获取指定邮件的内容（根据邮件编号来获取，编号从 1 开始）。
- dele msg_no：删除指定邮件（根据邮件编号来删除，编号从 1 开始）。
- noop：空操作。仅用于与服务器保持连接。
- rset：用于撤销 dele 命令。

poplib 模块完全模拟了上面命令，poplib.POP3 或 poplib.POP3_SSL 为上面命令提供了相应的方法，开发者只要依次使用上面命令即可从服务器端下载对应的邮件。

使用 poplib 收取邮件可分为两步。

① 使用 poplib.POP3 或 poplib.POP3_SSL 按 POP 3 协议从服务器端下载邮件。

② 使用 email.parser.Parser 或 email.parser.BytesParser 解析邮件内容，得到 EmailMessage 对象，从 EmailMessage 对象中读取邮件内容。

下面程序示范了如何使用 poplib 模块来收取邮件。

程序清单：codes\15\15.5\poplib_test.py

```
import poplib, os.path, mimetypes
from email.parser import BytesParser, Parser
from email.policy import default

# 输入邮件地址、密码和 POP 服务器地址
email = 'kongyeeku@qq.com'
password = '123456'
pop3_server = 'pop.qq.com'

# 连接到 POP 服务器
#conn = poplib.POP3(pop3_server, 110)
conn = poplib.POP3_SSL(pop3_server, 995)
# 可以打开或关闭调试信息
conn.set_debuglevel(1)
# 可选：打印 POP 服务器的欢迎文字
print(conn.getwelcome().decode('utf-8'))
# 输入用户名、密码信息
# 相当于发送 POP 3 的 user 命令
conn.user(email)
# 相当于发送 POP 3 的 pass 命令
conn.pass_(password)
# 获取邮件统计信息，相当于发送 POP 3 的 stat 命令
message_num, total_size = conn.stat()
print('邮件数: %s. 总大小: %s' % (message_num, total_size))
# 获取服务器上的邮件列表，相当于发送 POP 3 的 list 命令
# 使用 resp 保存服务器的响应码
# 使用 mails 列表保存每封邮件的编号、大小
resp, mails, octets = conn.list()
print(resp, mails)
# 获取指定邮件的内容（此处传入总长度，也就是获取最后一封邮件）
# 相当于发送 POP 3 的 retr 命令
# 使用 resp 保存服务器的响应码
# 使用 data 保存该邮件的内容
resp, data, octets  = conn.retr(len(mails))
# 将 data 的所有数据（原本是一个字节列表）拼接在一起
msg_data = b'\r\n'.join(data)
# 将字符串内容解析成邮件，此处一定要指定 policy=default
msg = BytesParser(policy=default).parsebytes(msg_data)       # ①
print(type(msg))
print('发件人:' + msg['from'])
print('收件人:' + msg['to'])
print('主题:' + msg['subject'])
print('第一个收件人名字:' + msg['to'].addresses[0].username)
print('第一个发件人名字:' + msg['from'].addresses[0].username)
for part in msg.walk():
    counter = 1
    # 如果 maintype 是 multipart，则说明是容器（用于包含正文、附件等）
    if part.get_content_maintype() == 'multipart' :
        continue
    # 如果 maintype 是 text，则说明是邮件正文部分
    elif part.get_content_maintype() == 'text':
```

```
        print(part.get_content())
    # 处理附件
    else :
        # 获取附件的文件名
        filename = part.get_filename()
        # 如果没有文件名，程序要负责为附件生成文件名
        if not filename:
            # 根据附件的contnet_type来推测它的后缀名
            ext = mimetypes.guess_extension(part.get_content_type())
            # 如果推测不出后缀名
            if not ext:
                # 使用.bin作为后缀名
                ext = '.bin'
            # 程序为附件生成文件名
            filename = 'part-%03d%s' % (counter, ext)
        counter += 1
        # 将附件写入本地文件中
        with open(os.path.join('.', filename), 'wb') as fp:
            fp.write(part.get_payload(decode=True))
# 退出服务器，相当于发送POP 3的quit命令
conn.quit()
```

上面程序中第一段粗体字代码就是通过 poplib 模块使用 POP 3 命令从服务器端下载邮件的步骤，其实就是依次发送 user、pass、stat、list、retr 命令的过程。当 retr 命令执行完成后，将得到最后一封邮件的数据：data，该 data 是一个 list 列表，因此程序需要先将这些数据拼接成一个整体，然后使用①号代码将邮件数据恢复成 EmailMessage 对象。

这里有一点需要指出，程序在创建 BytesParser（解析字节串格式的邮件数据）或 Parser（解析字符串格式的邮件数据）时，必须指定 policy=default；否则，BytesParse 或 Parser 解析邮件数据得到的就是过时的 Message 对象，处理起来非常不方便。

注意

在创建 BytesParse 或 Parser 解析器时，一定要指定 policy=default；否则，解析出来的对象就是 Message，而不是新的 EmailMessage。

程序在①号代码之后特意输出了解析得到的 msg 类型，此时应该看到的是 EmailMesssage，而不是过时的 Message 对象。

在①号代码之前，就是完成 poplib 模块收取邮件的第一步：从服务器端下载邮件；在①号代码之后，就是完成 poplib 模块收取邮件的第二步：解析邮件内容。

如果程序要获取邮件的发件人、收件人和主题，直接通过 EmailMessage 的相应属性来获取即可，与前面为 EmailMessage 设置发件人、收件人和主题的方式是对应的。

如果程序要读取 EmailMessage 的各部分，则需要调用该对象的 walk()方法，该方法返回一个可迭代对象，程序使用 for-in 循环遍历 walk()方法的返回值，对邮件内容进行逐项处理。

- 如果邮件某项的 maintype 是'multipart'，则说明这一项是容器，用于包含邮件内容、附件等其他项。
- 如果邮件某项的 maintype 是'text'，则说明这一项的内容是文本，通常就是邮件正文或文本附件。对于这种文本内容，程序直接将其输出到控制台中。
- 如果邮件某项的 maintype 是其他，则说明这一项的内容是附件，程序将附件内容保存在本地文件中。

运行上面程序，可以看到程序收取了指定邮件的最后一封邮件，并将邮件内容输出到控制台中，将邮件附件保存在本地文件中。

15.6 本章小结

本章重点介绍了 Python 网络编程的相关知识。本章先简要介绍了计算机网络的相关知识，并介绍了 IP 地址和端口的概念，这是进行网络编程的基础。本章详细介绍了 urllib 模块及其子模块的功能和用法，这是 Python 网络编程中使用最广泛的工具。

本章详细介绍了基于 TCP 协议和 UDP 协议的 socket 通信，这是基于传输层协议的编程，属于比较底层的、真正的网络编程。本章并没有介绍一个简单的通信示例，而是真正以逐步迭代的方式开发一个 C/S 结构的多人网络聊天工具，通过这个示例可以让读者真正掌握基于 TCP 协议和 UDP 协议的网络编程。读者要注意 TCP 协议和 UDP 协议的区别：基于 TCP 协议的两个通信实体之间存在虚拟链路连接，因此在使用基于 TCP 协议的 socket 通信时，首先要建立两个 socket 之间的连接，然后通过 send()、recv()方法来发送和接收数据；而基于 UDP 协议的两个通信实体之间并无连接，因此程序必须使用 sendto()方法来发送数据，并且在发送时要指定数据的目标地址。此外，本章还介绍了通过 selectors 模块实现非阻塞通信的方式。

本章最后介绍了两个应用层协议的网络编程——使用 smtplib 和 poplib 模块。Python 使用 smtplib 来发送邮件，使用 poplib 来收取邮件，而收发邮件是实际编程中应用非常广泛的功能。读者通过学习 smtplib 和 poplib 这两个应用层协议的支持模块，也可以大致了解到 Python 的其他应用层协议支持模块的用法。

➤➤本章练习

1．编写一个程序，使用 urllib.request 读取 http://www.crazyit.org 首页的内容。

2．编写一个程序，结合使用 urllib.request 和 re 模块，下载并识别 http://www.crazyit.org 首页的全部链接地址。

3．开发并完善本章介绍的聊天室程序，并为该程序提供界面。

4．开发并完善本章介绍的多点广播程序，并为该程序提供界面，使之成为一个局域网内的聊天程序。

5．结合使用 smtplib 和 poplib 模块，开发一个简单的邮件客户端程序，该客户端程序既可以发送邮件，也可以收取邮件。

CHAPTER

16

第 16 章 文档和测试

本章要点

- 使用 pydoc 在控制台中查看文档
- 使用 pydoc 生成 HTML 页面
- 使用 pydoc 启动本地服务器来查看帮助文档
- 使用 pydoc 查找模块
- 软件测试的概念、目的和分类
- 常见的 Bug 管理工具
- Python 提供的文档测试工具的用法
- 单元测试的基本概念
- 单元测试的逻辑覆盖
- unittest 的功能和用法
- 使用测试包来组织测试用例
- 使用 setUp 和 tearDown 来管理测试固件
- 跳过测试用例的方法

经过漫长的软件开发、调试过程，开发人员终于得到了一个软件产品，但谁也没法保证这个软件产品是否满足实际要求。为了检验该软件产品是否满足实际需要，必须对它进行测试。

通常软件测试应用由测试人员来完成，而不应该是开发人员。因此，软件测试的目的不是为了修复软件，不是为了证明软件是满足要求的、可用的，而只是为了找出软件系统中存在的缺陷，然后将这些缺陷提交给 Bug 管理系统（如 Bugzilla 等）。修复工作与软件测试人员无关，应该由软件开发人员来完成。

在传统的软件开发流程（如瀑布模型）中，习惯上将软件测试放在软件开发之后，也就是在软件开发完成后才进行软件测试；但就目前实际的软件开发流程来看，软件开发和软件测试往往是同步进行的。开发人员不断地为系统开发新功能，而测试人员则不断地测试它们，找出这些新功能中可能存在的缺陷，并提交给 Bug 管理系统，开发者再修复这些缺陷。在一些更激进的开发流程（如测试驱动开发）中，甚至倡导先进行测试——也就是先提供测试用例，然后再开发满足测试要求的软件。总之，软件测试已经成为软件工程中重要的一环，不可分割。

16.1 使用 pydoc 生成文档

前面已经介绍了为函数、类、方法等编写文档——只要在函数、类、方法定义后定义一个字符串即可。前面也介绍了使用 help()函数和__doc__属性来查看函数、类、方法的文档，但这种方式总是在控制器中查看，有时候难免不太方便。

借助于 Python 自带的 pydoc 模块，可以非常方便地查看、生成帮助文档，该文档是 HTML 格式的，因此查看、使用起来非常方便。

这里先在 codes\16\16.1 目录下提供如下 Python 源文件（模块）。

程序清单：codes\16\16.1\fkmodule.py

```
MY_NAME = '疯狂软件教育中心'

def say_hi(name):
    '''
    定义一个打招呼的函数
    返回对指定用户打招呼的字符串
    '''
    print("执行 say_hi 函数")
    return name + '您好！'
def print_rect(height, width):
    '''
    定义一个打印矩形的函数
    height - 代表矩形的高
    width - 代表矩形的宽
    '''
    print(('*' * width + '\n') * height)
class User:
    NATIONAL = 'China'
    '''
    定义一个代表用户的类
    该类包括 name、age 两个变量
    '''
    def __init__(self, name, age):
        '''
        name 初始化该用户的 name
        age 初始化该用户的 age
        '''
        self.name = name
        self.age = age
```

```
    def eat (food):
        '''
        定义用户吃东西的方法
        food - 代表用户正在吃的东西
        '''
        print('%s 正在吃%s' % (self.name, food))
```

上面代码定义了一个 fkmodule.py 源文件，也就是定义了一个 fkmodule 模块，该模块为函数、类和方法都提供了文档说明。下面将会示范如何使用 pydoc 来查看、生成该模块的文档。

16.1.1 在控制台中查看文档

先看如何使用 pydoc 模块在控制台中查看 HTML 文档。使用 pydoc 模块在控制台中查看帮助文档的命令如下：

```
python -m pydoc 模块名
```

上面命令中的-m 是 python 命令的一个选项，表示运行指定模块，此处表示运行 pydoc 模块。后面的“模块名”参数代表程序要查看的模块。

例如，在 codes\16\16.1 目录下运行如下命令。

```
python -m pydoc fkmodule
```

上面命令表示使用 pydoc 查看 fkmodule 模块的命令。运行该命令，将看到如图 16.1 所示的输出结果。

按下空格键，pydoc 将会使用第二屏来显示文档信息，如图 16.2 所示。

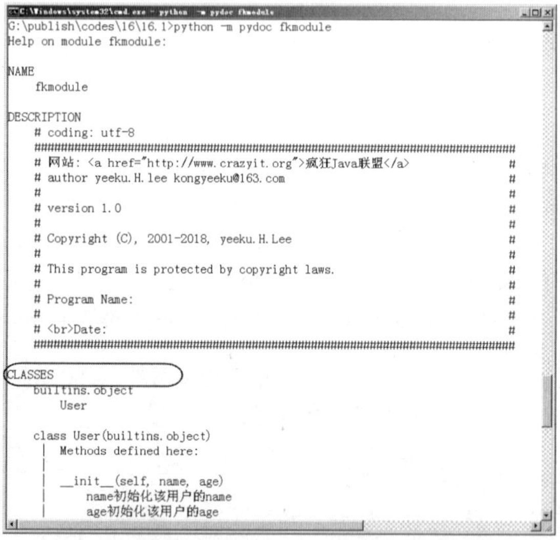

图 16.1　使用 pydoc 模块在控制台中查看文档

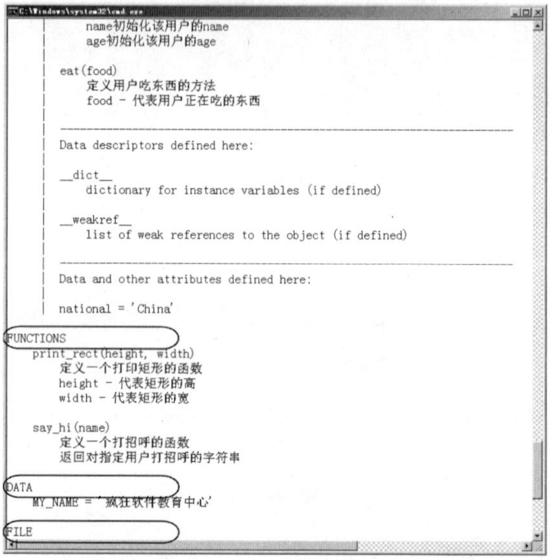

图 16.2　使用 pydoc 查看文档的第二屏信息

从图 16.1 可以看出，使用 pydoc 在控制台中查看文档时，由于一屏无法显示所有的文档信息，因此同样需要以分屏的形式来显示，这样查看其实并不方便，与使用 help()命令查看帮助信息的差别并不大。当然，在使用 pydoc 查看帮助信息时，它会有自己的组织方式，它总是按如下顺序来显示模块中的全部内容。

- 模块的文档说明：就是*.py 文件顶部的注释信息，这部分信息会被提取成模块的文档说明。
- CLASSES 部分：这部分会列出该模块所包含的全部类。
- FUNCTIONS 部分：这部分会列出该模块所包含的全部函数。
- DATA 部分：这部分会列出该模块所包含的全部成员变量。
- FILE 部分：这部分会显示该模块对应的源文件。

不管怎么样，直接在控制台中查看指定模块的帮助信息依然不太方便，下面将会使用 pydoc 来为指定模块生成 HTML 文档。

16.1.2 生成 HTML 文档

使用 pydoc 模块在控制台中查看帮助文档的命令如下：

```
python -m pydoc -w 模块名
```

上面命令主要就是为 pydoc 模块额外指定了-w 选项，该选项代表 write，表明输出 HTML 文档。

例如，在 codes\16\16.1 目录下运行如下命令。

```
python -m pydoc -w fkmodule
```

运行上面命令，可以看到系统生成"wrote fkmodule.html"提示信息。接下来可以在该目录下发现额外生成了一个 fkmodule.html 文件，使用浏览器打开该文件，可以看到如图 16.3 所示的页面。

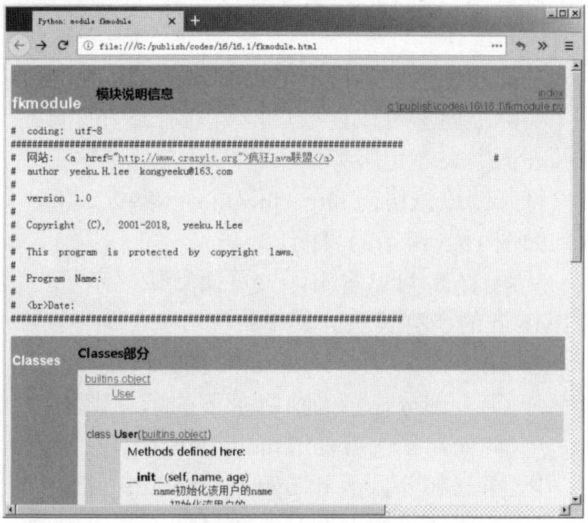

图 16.3 使用 pydoc 生成的 HTML 文档

将图 16.3 所示的页面拉到下面，可以看到如图 16.4 所示的页面。

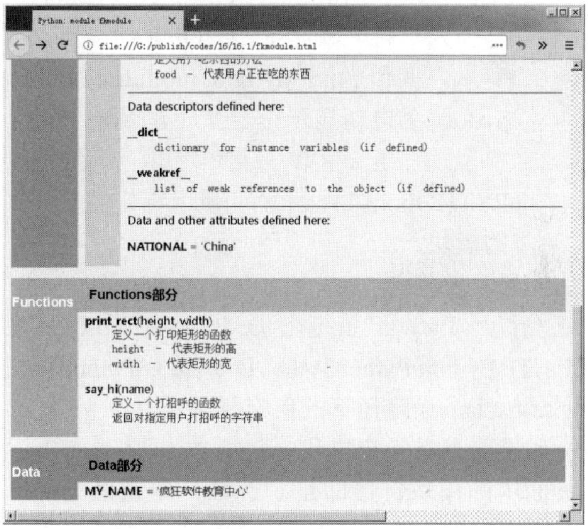

图 16.4 使用 pydoc 生成的文档的第二屏信息

从图 16.3 和图 16.4 所示的页面来看，该 HTML 页面与在控制台中查看的文档信息基本相同，区别在于：由于这是一个 HTML 页面，因此用户可以拖动滑块来上、下滚动屏幕，以方便查看。

需要说明的是，pydoc 还可用于为指定目录生成 HTML 文档。例如，通过如下命令为指定目录下的所有模块生成 HTML 文档。

```
python3 -m pydoc -w 目录名
```

但上面命令有一个缺陷——当该命令工具要展示目录下子文件的说明时，会去子目录下找对应的.html 文件，如果文件不存在，就会显示 404 错误。

如果真的要查看指定目录下所有子目录中的文档信息，则建议启动本地服务器来查看。

16.1.3 启动本地服务器来查看文档信息

启动本地服务器来查看文档信息，可以使用如下两个命令。

```
python3 -m pydoc -p 端口号
```

在指定端口启动 HTTP 服务器，接下来用户可以通过浏览器来查看 Python 的所有模块的文档信息。

```
python3 -m pydoc -b
```

在任意一个未占用的端口启动 HTTP 服务器，接下来用户同样可以通过浏览器来查看 Python 的所有模块的文档信息。

例如，在 codes\16\16.1 目录下运行如下命令。

```
python -m pydoc -p 8899
```

该命令工具将会显示如下输出信息。

```
G:\publish\codes\16\16.1>python -m pydoc -p 8899
Server ready at http://localhost:8899/
Server commands: [b]rowser, [q]uit
```

上面的输出信息提示 HTTP 服务器正在 8899 端口提供服务，用户可以输入 b 命令来启动浏览器（实际上用户可以自行启动浏览器），也可以输入 q 命令来停止服务器。

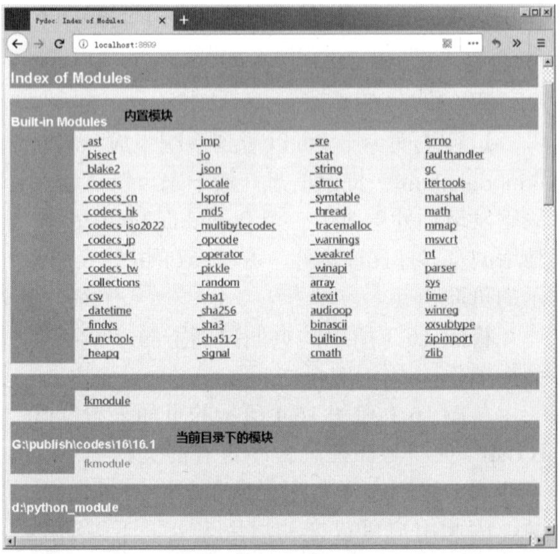

图 16.5　模块列表

打开浏览器访问 http://localhost:8899/，将会看到如图 16.5 所示的页面。

从图 16.5 可以看出，该页面默认显示了当前 Python 的所有模块。其中：

- 第一部分显示 Python 内置的核心模块。
- 第二部分显示当前目录下的所有模块，此处显示的就是 fkmodule 模块。
- 第三部分显示 d:\python_module 目录下的所有模块，此时在该目录下并未包含任何模块。pydoc 之所以显示该目录，是因为本机配置了 PYTHONPATH 环境变量，其值为.;d:\python_module，因此 pydoc 会自动显示该目录下的所有模块。换而言之，第三部分用于显示 PYTHONPATH 环境变量所指定路径下的模块。

如果读者将图 16.5 所示的页面向下拉，将会依次看到 Python 系统在 D:\Python\Python36\DLLs、D:\Python\Python36\lib、D:\Python\Python36\lib\site-packages 路径下的所有模块。

如果要查看指定模块，只要单击图 16.5 所示页面中的模块链接即可。例如，单击图 16.5 所示页面中的“fkmodule”模块链接，将会看到如图 16.6 所示的页面。

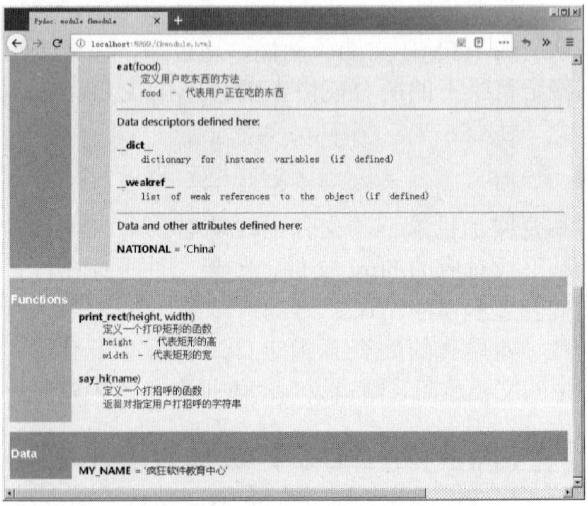

图 16.6　通过服务器查看 fkmodule 模块的信息

对比图 16.4 与图 16.6 所示的页面不难发现，它们显示的内容是一样的。因此，无论是生成 HTML 页面，还是直接启动 HTTP 服务器，都能看到相同的文档页面。

16.1.4　查找模块

此外，pydoc 还提供了一个-k 选项，该选项用于查找模块。该选项的语法格式如下：

```
python -m pydoc -k 被搜索模块的部分内容
```

例如，在 codes\16\16.1 目录下运行如下命令

```
python -m pydoc -k fk
```

可以看到如下输出信息。

```
G:\publish\codes\16\16.1>python -m pydoc -k fk
fkmodule
```

从上面的输出信息可以看到，pydoc 找到了包含“fk”的 fkmodule。

16.2 软件测试概述

软件测试是保证软件质量的重要手段之一。软件开发和软件测试通常由不同的人员来完成，软件开发人员较少直接参与软件测试（在测试人员缺乏的情况下，也可以让软件开发人员直接参与测试，测试由另一组开发人员开发的软件），但是其对软件测试也应该有一定的了解。

软件测试的工作量通常占软件开发总工作量的 40%，在某些极端的情况下，例如那些关系到生命、财产安全的软件所花费的测试成本，可能相当于软件工程其他开发步骤的 3~5 倍。

16.2.1 软件测试的概念和目的

从广义的角度来看，软件测试包括在软件产品生存周期内所有的检查、评审和确认活动，如设计评审、系统测试等。从狭义的角度来看，软件测试的范围要小得多，它单指对软件产品的质量进行测试。

关于软件测试，IEEE 给出了如下定义。

“测试是使用人工和自动手段来运行或检测某个系统的过程，其目的在于检验系统是否满足规定的需求，或者弄清预期结果与实际结果之间的差别。”

除此之外，Glen Myers（梅尔斯）提出的定义也曾被许多人所接受。

- 软件测试是为了发现软件隐藏的缺陷。
- 一次成功的软件测试是发现了尚未被发现的缺陷。
- 软件测试并不能保证软件没有缺陷。

不同的人员对待软件测试具有不同的态度。对于用户来说，他们希望通过软件测试来发现软件中潜在的缺陷和问题，以考虑是否需要接受该软件产品；对于开发人员来说，他们希望测试成为软件产品中不存在缺陷和问题的证明过程，从而表明该软件产品已经能满足用户的需求。

软件测试并不是软件质量保证。前者从“破坏”的角度出发，力图找出软件的缺陷；后者从“建设”的角度出发，监督和改进过程，尽量减少软件的缺陷。软件质量保证贯穿整个软件开发过程，从需求分析开始，一直到最后系统上线。

总体来说，软件测试的目的在于以最少的时间和人力，系统地找出软件中潜在的各种错误和缺陷。

软件质量保证期望尽可能早地发现并纠正软件中的所有缺陷，但实际上这是不可能的，因为软件本身的复杂性，以及引起软件缺陷的来源如此之多。

- 编程错误：只要是程序员，就有可能犯错误。
- 软件的复杂度：软件的复杂度随软件的规模以指数级数增长，软件的分布式应用、数据通信、多线程处理等都增加了软件的复杂度。
- 不断变更的需求：软件的需求定义总是滞后于实际的需求，如果实际的需求变更太快，软件就难以成功。
- 时间的压力：为了追上需求的变更，软件的时间安排非常紧张，随着最后期限的到来，缺陷被大量引入。

- 开发平台本身的缺陷：类库、编译器、链接器本身也是程序，它们也可能存在缺陷，新开发的系统也就无法幸免。

软件开发过程的质量保证无法保证软件没有缺陷。即使进行了软件测试，甚至进行了上百万次的测试，也依然不能保证软件没有缺陷。

软件测试是不可穷举的，因此，软件测试是在成本与效果之间的平衡选择。软件测试在软件生命周期中横跨两个阶段：通常在编写出每个模块之后，程序开发者应该完成必要的测试，这种测试称为单元测试；在各个阶段结束后，还必须对软件系统进行各种综合测试，这部分的测试通常由测试人员来完成。

测试的目的并不是为了证明程序是正确的，而是为了发现程序的缺陷。与传统的观点——成功的测试是没有发现缺陷的测试恰恰相反，成功的测试是发现了软件缺陷的测试。测试只能找出软件中的缺陷，并不能证明软件没有缺陷。

从软件测试的目的来分析，软件测试不应该由软件开发人员来完成。俗语说“自己的孩子自己爱”，软件系统是开发人员的心血，让开发人员来找软件的缺陷，是一件很困难的事情，因为这意味着开发人员要“破坏”自己的系统，从心理上就难以接受。因此，软件测试通常应该由其他人员组成测试小组来完成。

关于软件测试有以下几条基本原则。

- 应该尽早并不断地进行软件测试。
- 测试用例应该由测试输入数据和对应的预期输出结果两部分组成。
- 开发人员避免测试自己的程序。
- 在设计测试用例时，至少应该包括合理的输入和不合理的输入两种。
- 应该充分注意测试中的群集现象，经验表明，测试后程序中残存的错误数目与该程序中已发现的错误数目呈正比。
- 严格执行测试计划，避免测试的随意性。
- 应当对每一个测试结果都做全面检查。
- 妥善保存测试计划、测试用例、出错统计和最终分析报告，为维护提供方便。

16.2.2 软件测试的分类

按照不同的标准，软件测试可以有不同的分类。

从软件工程的总体把握来分，软件测试可分为如下类别。

- 静态测试：针对测试不运行部分进行检查和审阅。静态测试又分为如下三类。
  - 代码审阅：检查代码设计的一致性，检查代码的标准性、可读性，包括代码结构的合理性。
  - 代码分析：主要针对程序进行流程分析，包括数据流分析、接口分析和表达式分析等。
  - 文档检查：主要检查各阶段的文档是否完备。
- 动态测试：通过运行和试探发现缺陷。动态测试又分为如下两类。
  - 结构测试（白盒）：各种覆盖测试。
  - 功能测试（黑盒）：集成测试、系统测试和用户测试等。

从软件测试工程的大小来分，软件测试又可分为如下类别。

- 单元测试：测试中的最小单位，测试特殊的功能和代码模块。由于必须了解内部代码和设计的详细情况，该测试通常由开发者来完成。该测试的难易程度与代码设计的好坏直接相关。
- 集成测试：测试应用程序结合的部分来确定它们的功能是否正确，主要测试功能模块或独立的应用程序。这种测试的难易程度取决于系统的模块粒度。

- 系统测试：这是典型的黑盒测试，与应用程序的功能需求紧密相关。这类测试应由测试人员来完成。
- 用户测试：这类测试分为两种，第一种测试由测试人员模拟最终用户来完成，称为 α 测试；第二种测试由最终用户来完成，该测试在实际使用环境中试用，这种测试称为 β 测试。如果软件的功能和性能与用户的合理期望一致，则软件系统有效。
- 平行测试：同时运行新开发的系统和即将被取代的旧系统，比较新旧两个系统的运行结果。通过平行测试，可以在准生产环境中运行新系统而不冒风险，从而对新系统进行全负荷测试来检验性能指标，为用户熟悉新系统赢得时间，并赢得更多的时间来验证用户指南、使用手册等用户文档。

16.2.3 开发活动和测试活动

在实际的软件开发过程中，开发活动和测试活动往往是同时进行的，其中软件开发团队由软件开发经理负责，而软件测试团队由软件测试经理负责，两者的活动互相补充，并行向前，两个团队的地位完全平等。

比较常规的流程如下。

① 软件开发人员发布一个新功能、新模块，随之一起提交的还有软件开发文档、发布文档（包括新增了哪些功能、改进了哪些功能），以及软件安装、部署等相关文档。

② 软件测试人员按照软件开发人员提供的文档来安装、部署新功能、新模块。

③ 软件测试人员准备进行测试，在测试之前要编写详细的测试计划并准备测试用例。

④ 软件测试人员进行实际测试，并编写一些自动化测试脚本，以简化下一次的回归测试，然后将测试发现的 Bug 提交到 Bug 管理系统（如 Bugzilla）。

⑤ 软件开发人员查看 Bug 管理系统，对软件测试人员提交的 Bug 进行修复，提交所做的修改，并在 Bug 管理系统中将该 Bug 设为已修复。

⑥ 软件测试人员针对已修复的 Bug 进行回归测试。如果 Bug 依然存在，则在 Bug 管理系统中将 Bug 重新打开（即将其设为需要修复的 Bug）。

重复⑤⑥两个步骤，直到测试没有发现 Bug 为止。图 16.7 显示了开发活动与测试活动。

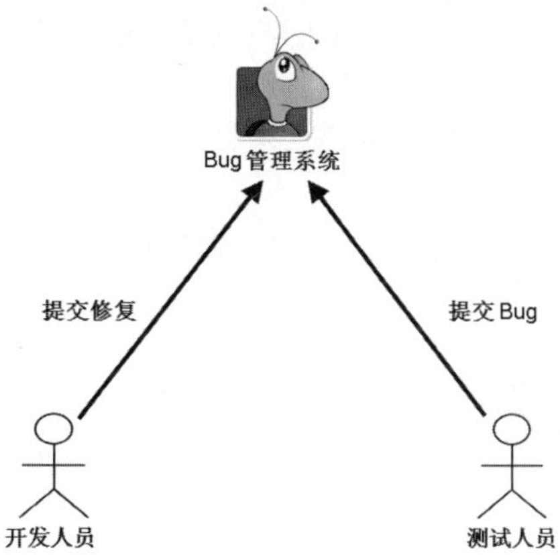

图 16.7 开发活动与测试活动

16.2.4 常见的 Bug 管理工具

衔接软件开发活动和软件测试活动的通常就是 Bug 管理系统，对于一些处于初级阶段的公司来说，其往往没有采用专业的 Bug 管理工具，而是采用 Excel 来管理系统 Bug。实际上，使用 Excel 进行 Bug 管理远远不够，而一个专业的 Bug 管理工具会让软件开发、软件测试事半功倍。

对于一个专业的 Bug 管理工具来说，它至少包含如下两个功能。

- 可以让软件开发和软件测试人员方便地看到每个 Bug 的处理过程。
- 可以方便地跟踪每个 Bug 的处理过程。

有一些 Bug 管理工具可以与版本控制工具结合使用，这样可以更方便地整合软件开发和软件测试。

目前，常见的主流 Bug 管理工具有如下几个。

- Bugzilla：一个开源、免费且功能强大的 Bug 管理工具，只是在初次使用时其配置、上手稍微复杂一点。但是一旦熟悉，几乎就会喜欢上这个 Bug 管理工具。还有一点值得一提，Bugzilla 可以与 CVS 进行整合开发。

- BugFree：一个开源、免费的 Bug 管理工具，它是一款 B/S 结构的 Bug 管理软件。
- TestDirector：由 Mercury Interactive 公司（著名的软件测试工具提供商，现已被惠普收购）开发的一款商业的软件测试管理工具，也是业界第一个基于 Web 的测试管理系统，从而允许软件开发和软件测试人员既可在公司内部，也可在公司外部进行测试管理。
- JIRA：由 Atlassian 公司提供的一款集项目计划、任务分配、需求管理、Bug 跟踪于一体的商业软件。实际上，JIRA 已经不再是单纯的 Bug 管理工具，它融合了项目管理、任务管理和缺陷管理等多方面的功能。由于 Atlassian 公司对很多开源项目免费提供 Bug 跟踪服务，因此 JIRA 在开源领域的认知度比其他产品要高得多。
- ClearQuest：IBM 的 Rational 旗下的一个专业的 Bug 管理工具，它可以对 Bug 和记录的变化进行跟踪管理，也可以跟踪一个 Bug 完整的生命周期，从提交到关闭，ClearQuest 可以记录 Bug 所有的改变历史。同时 ClearQuest 提供了各种方便的查询功能，从而可以及时了解每个 Bug 的处理情况。
- MantisBT：一个基于 PHP + MySQL（或 SQL Server、PostgreSQL）技术开发的 B/S 结构的 Bug 管理系统，开源、免费。

对于开发人员来说，最起码需要完成单元测试，用于保证自己所定义的类、函数、方法都是经过测试的，可以良好地运行；进一步的，开发者还有责任完成集成测试，用于保证自己所开发的模块也是经过测试的，可以良好地运行。

开发者所完成的测试都应该是可“复用”的——开发者在修改代码之后，只要重新运行测试用例即可完成测试。Python 为这种可“复用”的测试提供了文档测试和单元测试。

下面依次介绍这两种测试。

16.3　文档测试

所谓文档测试，指的是通过 doctest 模块运行 Python 源文件的说明文档中的测试用例，从而生成测试报告。

前面在查看 Python 的模块文档时，经常会看到如下信息。

```
>>> os.path.commonprefix(['/usr/lib', '/usr/local/lib'])
'/usr/l'

>>> os.path.commonpath(['/usr/lib', '/usr/local/lib'])
'/usr'
```

用户完全可以将这些代码拷贝到 Python 的交互式解释器中运行，然后可以看到运行结果与文档中示例代码的输出结果完全一致。

上面的说明就是文档测试的注释，文档测试工具可以提取说明文档中的测试用例，其中“>>>”之后的内容表示测试用例，接下来的一行则代表该测试用例的输出结果。文档测试工具会判断测试用例的运行结果与输出结果是否一致，如果不一致就会显示错误信息。

现在定义一个简单的模块，该模块包含一个函数和一个类，程序为该函数和该类提供了说明文档，该文档中包含了测试用例。程序代码如下。

程序清单：codes\16\16.3\crayzit_module.py

```
def square (x):
    '''
    一个用于计算平方的函数
```

```
    例如
    >>> square(2)
    4
    >>> square(3)
    9
    >>> square(-3)
    9
    >>> square(0)
    0
    '''
    return x * 2 # ①故意写错
class User:
    '''
    定义一个代表用户的类，该类包含如下两个属性
    name - 代表用户的名字
    age - 代表用户的年龄

    例如
    >>> u = User('fkjava', 9)
    >>> u.name
    'fkjava'
    >>> u.age
    9
    >>> u.say('i love python')
    'fkjava说: i love python'
    '''
    def __init__(self, name, age):
        self.name = 'fkit' # ②故意写错
        self.age = age
    def say(self, content):
        return self.name + '说: ' + content
if __name__=='__main__':
    import doctest
    doctest.testmod()
```

上面第一段粗体字代码就是程序为 square()函数提供的测试用例，在文档中一共为该函数提供了 4 个测试用例；第二段粗体字代码是程序为 User 类提供的测试用例，在文档中一共为该类提供了 3 个测试用例，分别用于测试用户的 name、age 和 say()方法。

最后一段粗体字代码进行了判断，如果是直接使用 python 命令来运行该程序（__name__等于__main__），程序将导入 doctest 模块，并调用该模块的 testmod()函数。

从上面程序可以看到，Python 为文档测试提供了 doctest 模块，该模块的用法非常简单，程序只要调用该模块的 testmod()函数即可。

运行上面程序，可以看到如下输出结果。

```
**********************************************************************
File "crazyit_module.py", line 39, in __main__.User
Failed example:
    u.name
Expected:
    'fkjava'
Got:
    'fkit'
**********************************************************************
File "crazyit_module.py", line 43, in __main__.User
Failed example:
    u.say('i love python')
Expected:
    'fkjava说: i love python'
Got:
    'fkit说: i love python'
```

```
**********************************************************************
File "crazyit_module.py", line 23, in __main__.square
Failed example:
    square(3)
Expected:
    9
Got:
    6
**********************************************************************
File "crazyit_module.py", line 25, in __main__.square
Failed example:
    square(-3)
Expected:
    9
Got:
    -6
**********************************************************************
2 items had failures:
   2 of   4 in __main__.User
   2 of   4 in __main__.square
***Test Failed*** 4 failures.
```

从上面的输出结果可以看出，一共有4个测试没有通过——在User类中有两个测试没有通过；在square()函数中有两个测试没有通过。这是因为上面程序中①②两行代码故意写错了，其中①号代码用于计算x的平方，应该写成x ** 2，但漏写了一个星号；②号代码则应该用传入的name参数对self.name赋值。

上面显示的测试输出结果也很清晰，每个测试用例结果都包含如下4部分。

- 第一部分：显示在哪个源文件的哪一行。
- 第二部分：Failed example，显示是哪个测试用例出错了。
- 第三部分：Expected，显示程序期望的输出结果。也就是在“>>> 命令”的下一行给出的运行结果，它就是期望结果。
- 第四部分：Got，显示程序实际运行产生的输出结果。只有当实际运行产生的输出结果与期望结果一致时，才表明该测试用例通过。

将上面程序中①②两行代码修改正确，再次使用python命令来运行该程序，将看不到任何输出结果——说明文档测试中的所有测试用例都通过了。

由此可见，Python为文档注释提供了doctest模块，该模块的用法非常简单，程序只要导入该模块，并调用该模块的testmod()函数即可。testmod()函数会自动提取该模块的说明文档中的测试用例，并执行这些测试用例，最终生成测试报告。如果存在没有通过的测试用例，程序就会显示有多少个测试用例没有通过；如果所有测试用例都能通过测试，则不生成任何输出结果。

16.4 单元测试

单元测试是一种比较特别的测试，与其他测试通常由测试人员来完成不同，单元测试可以由开发人员来完成。尤其是借助xUnit测试框架，开发人员往往在开发软件的同时也完成了单元测试。

16.4.1 单元测试概述

单元测试是一种小粒度的测试，用以测试某个功能或代码块。单元测试既可由程序开发者来完成，也可由专业的软件测试人员来完成。由于单元测试属于难度较大的白盒测试，往往需要知道程序内部的设计和编码的细节才能进行测试，因此有些公司直接让开发人员进行单元测试。如果需要让软件测试人员来完成单元测试，那么这些软件测试人员必须有一定的编程功底，甚至拥有编程经验，只有这样才能先去了解程序内部的设计和编码的细节。

单元测试的好处如下。

- 提高开发速度：借助专业的测试框架，单元测试能以自动化方式执行，从而提高开发者开发、测试的执行效率。
- 提高软件代码质量：单元测试使用小版本发布、集成，有利于开发人员实时除错，同时引入系统重构的理念，从而使代码具有更高的可扩展性。
- 提升系统的可信赖度：单元测试可作为一种回归测试，支持在修复或更正后进行“再测试”，从而确保代码的正确性。

单元测试的主要被测对象包括：

- 结构化编程语言中的函数。
- 面向对象编程语言中的接口、类、对象。

单元测试的任务主要包括：

- 被测单元的接口测试。
- 被测单元的局部数据结构测试。
- 被测单元的边界条件测试。
- 被测单元中的所有独立执行路径测试。
- 被测单元中的各条错误处理路径测试。

被测单元的接口测试指的是它与其他程序单元的通信接口，比如调用方法的方法名、形参等。接口测试是单元测试的基础，只有在数据能正确输入、输出的前提下，其他测试才有意义。测试接口正确与否应该考虑下列因素。

- 输入的实参与形参的个数、类型是否匹配。
- 调用其他程序单元（如方法）时所传入实参的个数、类型与被调用程序单元的形参的个数、类型是否匹配。
- 是否存在与当前入口点无关的参数引用。
- 是否修改了只读型参数。
- 是否把某些约束也作为参数传入了。

如果被测程序单元还包含来自外部的输入/输出，则还需要考虑如下因素。

- 打开的输入/输出流是否正确。
- 是否正常打开、关闭了输入/输出流。
- 格式说明与输入/输出语句是否匹配。
- 缓冲区大小与记录长度是否匹配。
- 文件在使用前是否已经打开。
- 是否处理了文件尾。
- 是否处理了输入/输出错误。

接下来，单元测试应该从被测程序单元的内部进行分析，主要保证被测程序单元内部的局部变量在程序执行过程中是正确的、完整的。局部变量往往是错误的根源，应仔细设计测试用例，力求发现下面几类错误。

- 不合适或不兼容的类型声明。
- 没有为局部变量指定初值。
- 局部变量的初值或默认值有错。
- 局部变量名出错（包括手误拼错或不正确的截断）。
- 出现上溢、下溢和地址异常。

除局部变量之外，如果被测程序单元还与程序中的全局变量耦合，那么在进行单元测试时还应该查清全局变量对被测单元的影响。

除此之外，一个健壮的程序单元不仅可以应付各种正确的情形，还可以预见各种出错的情况，并针对出错情况进行处理。因此，软件测试也应该对这些错误处理进行测试，这种测试应着重检查下列问题。

- 输出的出错信息是否易于理解、调试。
- 记录的错误信息与实际遇到的错误是否相符。
- 异常处理是否合适。
- 在错误信息中是否包含足够的出错定位信息。

Python 为单元测试提供了 PyUnit（由 unittest 包负责提供），它是广大 xUnit 家族成员（包括 JUnit、CppUnit 等）之一，通过使用 PyUnit，开发人员可以非常方便地为函数、类提供配套的、可复用的单元测试。

16.4.2 单元测试的逻辑覆盖

从单元测试的用例设计来看，最基本、最简单的方法就是边界值分析。所谓边界值分析，指的是测试经验表明大量的错误都发生在输入/输出范围的边界条件上，而不是某个范围的内部。因此往往针对边界值及其左、右来设计测试用例，很有可能发现新的缺陷。

接下来的测试可以对被测单元的内部执行进行逻辑覆盖。单元测试的逻辑覆盖包括：

- 语句覆盖——每条语句都至少执行一次。
- 判定（边）覆盖——每条语句都执行，每个判定的所有可能结果都至少执行一次。
- 条件覆盖——每条语句都执行，判定表达式的每种可能都取得各种结果。
- 判定-条件覆盖——同时满足判定覆盖和条件覆盖，每个判定条件的各种可能组合都至少出现一次。
- 路径覆盖——程序的每条可能路径都至少执行一次。

1. 语句覆盖

设计若干测试用例，执行被测程序，使得每条可执行语句都至少执行一次。语句覆盖是最弱的逻辑覆盖准则。

下面是一段非常简单的 Python 代码。

```
def test (a, b, m):
    if a > 10 and b == 0:
        m = a + b
    if a == 20 or m > 15:
        m += 1
```

上面代码的执行流程如图 16.8 所示。

对于上面的代码，设计如下两个测试用例。

- 用例 1：a = 20; b = 0; m = 3，程序按路径 ACE 执行，这样该代码段的 4 条语句均得到执行，从而做到了语句覆盖。
- 用例 2：a = 20; b = 1; m = 3，程序按路径 ABE 执行，没有做到语句覆盖，因此语句 m= a + b 没有被执行。

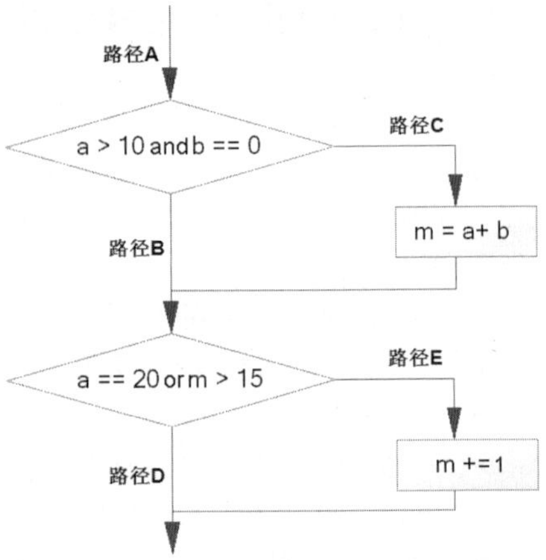

图 16.8　代码执行流程图

2. 判定（边）覆盖

设计若干测试用例，执行被测程序，使得程序中每个判断的取真分支和取假分支都至少执行一次，即判断的真假值均得到满足。判定覆盖又称为分支覆盖。

仍以上面的代码为例，选用的两个测试用例如下。

- 用例 1：a = 20; b = 0; m = 3，通过路径 ACE，也就是让两个判定条件都取真值。
- 用例 2：a = 10; b = 0; m = 3，通过路径 ABD，也就是让两个判定条件都取假值，从而使两个判断的 4 个分支 C、E 和 B、D 分别得到覆盖。

也可以选用另外两个测试用例，如下所示。

- 用例 3：a = 12; b = 0; m = 3，通过路径 ACD。
- 用例 4：a = 20; b = 1; m = 1，通过路径 ABE，同样也可覆盖 4 个分支。

上述两组测试用例不仅满足了语句覆盖，而且还做到了判定覆盖。

3. 条件覆盖

设计若干测试用例，执行被测程序，使得每个判断中每个条件的可能取值都至少满足一次。

在上面的代码中，所有条件一共包含如下几种情况。

（1）a > 10，取真值，记为 T1。

（2）a > 10，取假值，即 a< = 10，记为 F1。

（3）b == 0，取真值，记为 T2。

（4）b == 0，取假值，即 b ! = 0，记为 F2。

（5）a == 20，取真值，记为 T3。

（6）a == 20，取假值，即 a ! = 20，记为 F3。

（7）m > 15，取真值，记为 T4。

（8）m > 15，取假值，即 m < = 15，记为 F4。

表 16.1 给出了 3 个测试用例。

表 16.1 测试用例

测试用例	a, b, m	通过路径	覆盖条件
用例 1	20, 0, 1	ACE	T1, T2, T3, T4
用例 2	5, 0, 2	ABD	F1, T2, F3, F4
用例 3	20, 1, 5	ABE	T1, F2, T3, F4

从表 16.1 中可以看到，3 个测试用例覆盖了 4 个条件的 8 种情况。进一步分析表 16.1 发现，3 个测试用例也把两个判断的 4 个分支 B、C、D 和 E 都覆盖了。这是否意味着做到了条件覆盖，也就必然实现了判定覆盖？

假设选用表 16.2 所示的两个测试用例。

表 16.2 测试用例

测试用例	a, b, m	通过路径	覆盖分支	覆盖条件
用例 1	20, 1, 10	ABE	BE	T1, F2, T3, F4
用例 2	9, 0, 20	ABE	BE	F1, T2, F3, T4

上面这种覆盖情况表明，满足条件覆盖的测试用例不一定满足判定覆盖。正如从表 16.2 中所看到的，这两个测试用例做到了条件覆盖，但其只覆盖了 4 个分支中的两个。为了解决这一矛盾，需要对条件和分支兼顾，这种覆盖被称为判定-条件覆盖。

4. 判定-条件覆盖

判定-条件覆盖要求设计足够多的测试用例，使得判断中每个条件所有可能的组合都至少出现一次，并且每个判断本身的判定结果也至少出现一次。示例中两个判断各包含两个条件，如下所示。

（1）a > 10, b == 0，记作 T1, T2。

（2）a > 10, b != 0，记作 T1, F2。

（3）a <= 10, b == 0，记作 F1, T2；

（4）a <= 10, b != 0，记作 F1, F2。

（5）a == 20, m > 1，记作 T3, T4。

（6）a == 20, m <= 1，记作 T3, F4。

（7）a != 20, m > 1，记作 F3, T4。

（8）a != 20, m <= 1，记作 F3, F4。

选用的 4 个测试用例如表 16.3 所示。

表 16.3　测试用例

测试用例	a, b, m	通过路径	覆盖组合号	覆盖条件
用例 1	20, 0, 3	ACE	（1）（5）	T1, T2, T3, T4
用例 2	20, 1, 10	ABC	（2）（6）	T1, F2, T3, F4
用例 3	10, 0, 20	ABE	（3）（7）	F1, T2, F3, T4
用例 4	1, 2, 3	ABD	（4）（8）	F1, F2, F3, F4

上面的代码共有 4 条路径，以上 4 个测试用例覆盖了条件组合，同时也覆盖了 4 个分支。路径 ACD 没有被测试。

5. 路径覆盖

路径覆盖要求设计足够多的测试用例，覆盖程序中所有可能的路径。示例中有 4 条可能路径 ACE、ABD、ABE 和 ACD。

下面设计 4 个测试用例，分别覆盖这 4 条路径，如表 16.4 所示。

表 16.4　测试用例

测试用例	a, b, m	通过路径
用例 1	20, 0, 3	ACE
用例 2	5, 0, 2	ABD
用例 3	20, 1, 10	ABE
用例 4	12, 0, 7	ACD

由于上面的代码非常短，只有 4 条可能的路径，但在实际测试中代码要复杂得多。因此，在实际测试中做到路径覆盖的可能性并不大。

通常在实际测试中，基本要求是做到判定覆盖即可。因此，随着覆盖级别的提升，软件测试的测试成本也会大幅度提高。实用的测试策略应该是测试效果和测试成本的折中选择。而且，即使选择最严格的测试流程，选择最高级别的覆盖，也不能保证程序的正确性。

测试的目的不是要证明程序的正确性，而是要尽可能找出程序中的缺陷。没有完备的测试方法，也就没有完备的测试活动。

16.5　使用 PyUnit（unittest）

PyUnit 是 Python 自带的单元测试框架，用于编写和运行可重复的测试。PyUnit 是 xUnit 体系的一个成员，xUnit 是众多测试框架的总称，PyUnit 主要用于进行白盒测试和回归测试。

提示：

如果你使用的是 2.1 或更早版本的 Python，则可能需要自行下载和安装 PyUnit。现在的开发者通常不需要操心这些事情。

通过 PyUnit 可以让测试具有持久性，测试与开发同步进行，测试代码与开发代码一同发布。使用 PyUnit 具有如下好处。

- 可以使测试代码与产品代码分离。
- 针对某一个类的测试代码只需要进行较少的改动，便可以应用于另一个类的测试。
- PyUnit 开放源代码，可以进行二次开发，方便对 PyUnit 的扩展。

PyUnit 是一个简单、易用的测试框架，其具有如下特征。

- 使用断言方法判断期望值和实际值的差异，返回 bool 值。
- 测试驱动设备可使用共同的初始化变量或实例。
- 测试包结构便于组织和集成运行。

16.5.1 PyUnit（unittest）的用法

所有测试的本质其实都是一样的：通过给定参数来执行函数，然后判断函数的实际输出结果和期望输出结果是否一致。

PyUnit 测试与其他 xUnit 的套路一样：基于断言机制来判断函数或方法的实际输出结果和期望输出结果是否一致，测试用例提供参数来执行函数或方法，获取它们的执行结果，然后使用断言方法来判断该函数或方法的输出结果与期望输出结果是否一致，如果一致则说明测试通过；如果不一致则说明测试不通过。

目前还有一种流行的开发方式叫作测试驱动开发，这种方式强调先编写测试用例，然后再编写函数和方法。假如程序要开发满足 A 功能的 fun_a()函数，采用测试驱动开发的步骤如下。

① 为 fun_a()函数编写测试用例，根据业务要求，使用大量不同的参数组合来执行 fun_a()函数，并断言该函数的执行结果与业务期望的执行结果匹配。

② 编写、修改 fun_a()函数。

③ 运行 fun_a()函数的测试用例，如果测试用例不能完全通过；则重复第 2 步和第 3 步，直到 fun_a()的所有测试用例全部通过。

测试驱动开发强调结果导向：在开发某个功能之前，先定义好该功能的最终结果（测试用例关注函数的执行结果），然后再去开发该功能。就像建筑工人在砌墙之前，要先拉好一根笔直的绳子（作用相当于测试用例），然后再开始砌墙——这样砌出来的墙就会符合标准。所以说测试驱动开发确实是一种不错的开发方式。

下面开发一个简单的 fk_math.py 程序，该程序包含两个函数，分别用于计算一元一次方程的解和二元一次方程的解。

程序清单：codes\16\16.5\fk_math.py

```
def one_equation(a , b):
    '''
    求一元一次方程 a * x + b = 0 的解
    参数 a - 方程中变量的系数
    参数 b - 方程中的常量
    返回方程的解
    '''
    # 如果 a = 0，则方程无法求解
    if a == 0:
        raise ValueError("参数错误")
    # 返回方程的解
    else:
        return -b / a   # ①
def two_equation(a , b , c):
    '''
    求一元二次方程 a * x * x + b * x + c = 0 的解
```

```
    参数 a - 方程中变量二次幂的系数
    参数 b - 方程中变量的系数
    参数 c - 方程中的常量
    返回方程的解
    '''
    # 如果 a == 0，则变成一元一次方程
    if a == 0:
        raise ValueError("参数错误")
    # 在有理数范围内无解
    elif b * b - 4 * a * c < 0:
        raise ValueError("方程在有理数范围内无解")
    # 方程有唯一的解
    elif b * b - 4 * a * c == 0:
        # 使用数组返回方程的解
        return -b / (2 * a)
    # 方程有两个解
    else:
        r1 = (-b + (b * b - 4 * a * c) ** 0.5) / 2 / a
        r2 = (-b - (b * b - 4 * a * c) ** 0.5) / 2 / a
        # 方程的两个解
        return r1, r2
```

在定义好上面的 fk_math.py 程序之后，该程序就相当于一个模块，接下来为该模块编写单元测试代码。

unittest 要求单元测试类必须继承 unittest.TestCase，该类中的测试方法需要满足如下要求。

➢ 测试方法应该没有返回值。
➢ 测试方法不应该有任何参数。
➢ 测试方法应以 test_开头。

下面是测试用例的代码。

程序清单：codes\16\16.5\test_fk_math.py

```
import unittest

from fk_math import *

class TestCrazyitModule(unittest.TestCase):
    # 测试一元一次方程的求解
    def test_one_equation(self):
        # 断言该方程的解应该为-1.8
        self.assertEqual(one_equation(5 , 9) , -1.8)
        # 断言该方程的解应该为-2.5
        self.assertTrue(one_equation(4 , 10) == -2.5 , .00001)
        # 断言该方程的解应该为 27/4
        self.assertTrue(one_equation(4 , -27) == 27 / 4)
        # 断言当 a == 0 时的情况，断言引发 ValueError
        with self.assertRaises(ValueError):
            one_equation(0 , 9)
    # 测试一元二次方程的求解
    def test_two_equation(self):
        r1, r2 = two_equation(1 , -3 , 2)
        self.assertCountEqual((r1, r2), (1.0, 2.0), '求解出错')
        r1, r2 = two_equation(2 , -7 , 6)
        self.assertCountEqual((r1, r2), (1.5, 2.0), '求解出错')
        # 断言只有一个解的情况
        r = two_equation(1 , -4 , 4)
        self.assertEqual(r, 2.0, '求解出错')
        # 断言当 a == 0 时的情况，断言引发 ValueError
        with self.assertRaises(ValueError):
```

```
            two_equation(0, 9, 3)
        # 断言引发 ValueError
        with self.assertRaises(ValueError):
            two_equation(4, 2, 3)
```

上面测试用例中的粗体字代码使用断言方法判断函数的实际输出结果与期望输出结果是否一致，如果一致则表明测试通过，否则表明测试失败。

在上面的测试用例中，在测试 one_equation()方法时传入了四组参数（如粗体字代码所示）。至于此处到底需要传入几组参数进行测试，关键取决于测试者要求达到怎样的逻辑覆盖程度，随着测试要求的提高，此处可能需要传入更多的测试参数。当然，此处只是介绍 PyUnit 的用法示例，并未刻意去达到怎样的逻辑覆盖，这一点请务必留意。

提示：

在测试某个方法时，如果实际测试要求达到某种覆盖程度，那么在编写测试用例时必须传入多组参数来进行测试，使得测试用例能达到指定的逻辑覆盖。

unittest.TestCase 内置了大量 assertXxx 方法来执行断言，其中最常用的断言方法如表 16.5 所示。

表 16.5　TestCase 中最常用的断言方法

断言方法	检查条件
assertEqual(a, b)	a == b
assertNotEqual(a, b)	a != b
assertTrue(x)	bool(x) is True
assertFalse(x)	bool(x) is False
assertIs(a, b)	a is b
assertIsNot(a, b)	a is not b
assertIsNone(x)	x is None
assertIsNotNone(x)	x is not None
assertIn(a, b)	a in b
assertNotIn(a, b)	a not in b
assertIsInstance(a, b)	isinstance(a, b)
assertNotIsInstance(a, b)	not isinstance(a, b)

除了上面这些断言方法，如果程序要对异常、错误、警告和日志进行断言判断，TestCase 提供了如表 16.6 所示的断言方法。

表 16.6　TestCase 包含的与异常、错误、警告和日志相关的断言方法

断言方法	检查条件
assertRaises(exc, fun, *args, **kwds)	fun(*args, **kwds)引发 exc 异常
assertRaisesRegex(exc, r, fun, *args, **kwds)	fun(*args, **kwds)引发 exc 异常，且异常信息匹配 r 正则表达式
assertWarns(warn, fun, *args, **kwds)	fun(*args, **kwds)引发 warn 警告
assertWarnsRegex(warn, r, fun, *args, **kwds)	fun(*args, **kwds)引发 warn 警告，且警告信息匹配 r 正则表达式
assertLogs(logger, level)	With 语句块使用日志器生成 level 级别的日志

TestCase 还包含了如表 16.7 所示的断言方法用于完成某种特定检查。

表 16.7　TestCase 包含的用于完成某种特定检查的断言方法

断言方法	检查条件
assertAlmostEqual(a, b)	round(a-b, 7) == 0
assertNotAlmostEqual(a, b)	round(a-b, 7) != 0
assertGreater(a, b)	a > b

续表

断言方法	检查条件
assertGreaterEqual(a, b)	a >= b
assertLess(a, b)	a < b
assertLessEqual(a, b)	a <= b
assertRegex(s, r)	r.search(s)
assertNotRegex(s, r)	not r.search(s)
assertCountEqual(a, b)	a、b 两个序列包含的元素相同，不管元素出现的顺序如何

当测试用例使用 assertEqual()判断两个对象是否相等时，如果被判断的类型是字符串、序列、列表、元组、集合、字典，则程序会自动改为使用如表 16.8 所示的断言方法进行判断。换而言之，如表 16.8 所示的断言方法其实没有必要使用，unittest 模块会自动应用它们。

表 16.8　TestCase 包含的针对特定类型的断言方法

断言方法	用于比较的类型
assertMultiLineEqual(a, b)	字符串（string）
assertSequenceEqual(a, b)	序列（sequence）
assertListEqual(a, b)	列表（list）
assertTupleEqual(a, b)	元组（tuple）
assertSetEqual(a, b)	集合（set 或 frozenset）
assertDictEqual(a, b)	字典（dict）

16.5.2　运行测试

在编写完测试用例之后，可以使用如下两种方式来运行它们。

（1）通过代码调用测试用例。程序可以通过调用 unittest.main()来运行当前源文件中的所有测试用例。例如，在上面的测试用例中增加如下代码。

```
if __name__ == '__main__':
    unittest.main()
```

在增加了上面的代码之后，如果程序直接执行该 Python 程序，程序就会调用 unittest.main()，该方法就会运行当前源文件中的所有测试用例。

（2）使用 unittest 模块运行测试用例。使用该模块的语法格式如下：

```
python -m unittest 测试文件
```

对于上面的 test_fk_math.py 测试文件，可以通过如下命令来运行测试用例。

```
py -m unittest test_fk_math.py
```

在使用 python -m unittest 命令运行测试用例时，如果没有指定测试用例，该命令将自动查找并运行当前目录下的所有测试用例。因此，程序也可直接使用如下命令来运行所有测试用例。

```
py -m unittest
```

采用上面任意一种方式来运行测试用例，均可以看到如下输出结果。

```
G:\publish\codes\16\16.5>python test_fk_math.py
..
----------------------------------------------------------------------
Ran 2 tests in 0.000s

OK
```

在上面输出结果的第一行可以看到两个点，这里的每个点都代表一个测试用例（每个以 test_开头的方法都是一个真正独立的测试用例）的结果。由于上面测试类中包含了两个测试用例，因此此处看到两个点，其中点代表测试用例通过。此处可能出现如下字符。

- .：代表测试通过。
- F：代表测试失败，F 代表 failure。
- E：代表测试出错，E 代表 error。
- s：代表跳过该测试，s 代表 skip。

在上面输出结果的横线下面看到了“Ran 2 tests in 0.000s”提示信息，这行提示信息说明本次测试运行了多少个测试用例。如果看到下面提示 OK，则表明所有测试用例均通过。

上面的测试用例都可通过，是因为 fk_math.py 程序没有错误。如果将 fk_math.py 程序中的①号代码故意修改为出错，假如将①号代码修改为 return b / a，再次运行上面的测试用例，将会看到如下输出结果。

```
python -m unittest test_fk_math.py
F.
======================================================================
FAIL: test_one_equation (test_fk_math.TestFkMath)
----------------------------------------------------------------------
Traceback (most recent call last):
  File "G:\publish\codes\16\16.5\test_fk_math.py", line 24, in test_one_equation
    self.assertEqual(one_equation(5 , 9) , -1.8)
AssertionError: 1.8 != -1.8

----------------------------------------------------------------------
Ran 2 tests in 0.001s

FAILED (failures=1)
```

此时看到第一行的输出信息为 F.，这表明第一个测试用例失败，第二个测试用例成功。

接下来在两条横线之间可以看到断言错误的 Traceback 信息，以及函数运行的实际输出结果和期望输出结果的差异，如粗体字代码所示。这行信息提示该函数运行的实际输出结果是 1.8，但期望输出结果是-1.8。

16.5.3　使用测试包

使用测试包（TestSuite）可以组织多个测试用例，测试包还可以嵌套测试包。在使用测试包组织多个测试用例和测试包之后，程序可以使用测试运行器（TestRunner）来运行该测试包所包含的所有测试用例。

为了示范测试包的功能，下面再开发一个程序。

程序清单：codes\16\16.5\hello.py

```
# 该方法简单地返回字符串
def say_hello():
    return "Hello World."
# 计算两个整数的和
def add(nA, nB):
    return nA + nB
```

接下来为上面程序提供如下测试类。

程序清单：codes\16\16.5\test_hello.py

```
import unittest

from hello import *

class TestHello(unittest.TestCase):
    # 测试 say_hello 函数
    def test_say_hello(self):
```

```
        self.assertEqual(say_hello() , "Hello World.")
    # 测试 add 函数
    def test_add(self):
        self.assertEqual(add(3, 4) , 7)
        self.assertEqual(add(0, 4) , 4)
        self.assertEqual(add(-3, 0) , -3)
```

我们可以看到在 codes\16\16.5\目录下包含了 test_fk_math.py 和 test_hello.py 文件，此时程序就可以通过 TestSuite 将它们组织在一起，然后使用 TestRunner 来运行该测试包。

程序清单：codes\16\16.5\suite_test.py

```
import unittest
from test_fk_math import TestFkMath
from test_hello import TestHello

test_cases = (TestHello, TestFkMath)
def whole_suite():
    # 创建测试加载器
    loader = unittest.TestLoader()
    # 创建测试包
    suite = unittest.TestSuite()
    # 遍历所有测试类
    for test_class in test_cases:
        # 从测试类中加载测试用例
        tests = loader.loadTestsFromTestCase(test_class)
        # 将测试用例添加到测试包中
        suite.addTests(tests)
    return suite
if __name__ == '__main__':
    # 创建测试运行器（TestRunner）
    runner = unittest.TextTestRunner(verbosity=2)  // ①
    runner.run(whole_suite())
```

上面程序中的粗体字代码调用 TestSuite 的 addTests()方法来添加测试用例，这样就实现了使用 TestSuite 来组织多个测试用例。

上面程序还使用 TestLoader 来加载测试用例，该对象提供了一个 loadTestsFromTestCase()方法，从指定类加载测试用例。

上面程序中的①号代码创建了 TextTestRunner，它是一个测试运行器，专门用于运行测试用例和测试包。其实前面使用的 unittest.main()函数，同样也是通过 TextTestRunner 来运行测试用例的。

程序中的①号代码在创建 TextTestRunner 时还指定了 verbosity=2，这样可以生成更详细的测试信息。

提示：

在调用 unittest.main()函数时同样可指定 verbosity=2，用来生成更详细的测试信息。

运行上面程序，可以看到生成如下测试报告。

```
test_add (test_hello.TestHello) ... ok
test_say_hello (test_hello.TestHello) ... ok
test_one_equation (test_fk_math.TestFkMath) ... FAIL
test_two_equation (test_fk_math.TestFkMath) ... ok

======================================================================
FAIL: test_one_equation (test_fk_math.TestFkMath)
----------------------------------------------------------------------
Traceback (most recent call last):
  File "G:\publish\codes\16\16.5\test_fk_math.py", line 24, in test_one_equation
    self.assertEqual(one_equation(5 , 9) , -1.8)
```

```
AssertionError: 1.8 != -1.8

----------------------------------------------------------------------
Ran 4 tests in 0.002s

FAILED (failures=1)
```

从上面的运行结果可以看到，测试报告通过更详细的信息来提示每个测试用例的运行结果，此时同样可以看到 test_one_equation()测试失败。

如果不希望仅能在控制台中看到测试报告，而是希望直接生成文件格式的测试报告，则可以在①号代码创建 TextTestRunner 对象时指定 stream 属性，该属性是一个打开的类文件对象，这样程序就会把测试报告输出到该类文件对象中。

例如，将上面的__main__部分改为如下形式。

```
if __name__ == '__main__':
    with open('fk_test_report.txt', 'a') as f:
        # 创建测试运行器（TestRunner），将测试报告输出到文件中
        runner = unittest.TextTestRunner(verbosity=2, stream=f)
        runner.run(whole_suite())
```

再次运行该程序，此时在控制台中将看不到任何信息，测试报告将会被输出到 fk_test_report.txt 文件中。

16.5.4　测试固件之 setUp 和 tearDown

到目前为止，针对 unittest 已经介绍了测试用例类（TestCase 的子类）、测试包（TestSuite）和测试运行器（TestRunner）。此外，unittest 还有测试固件（Test Fixture）的概念。

- 测试用例类：测试用例类就是单个的测试单元，其负责检查特定输入和对应的输出是否匹配。unittest 提供了一个 TestCase 基类用于创建测试用例类。
- 测试包：用于组合多个测试用例，测试包也可以嵌套测试包。
- 测试运行器：负责组织、运行测试用例，并向用户呈现测试结果。
- 测试固件：代表执行一个或多个测试用例所需的准备工作，以及相关联的准备操作，准备工作可能包括创建临时数据库、创建目录、开启服务器进程等。

unittest.TestCase 包含了 setUp()和 tearDown()两个方法，其中 setUp()方法用于初始化测试固件；而 tearDown()方法用于销毁测试固件。程序会在运行每个测试用例（以 test_开头的方法）之前自动执行 setUp()方法来初始化测试固件，并在每个测试用例（以 test_开头的方法）运行完成之后自动执行 tearDown()方法来销毁测试固件。

由此可见，如果希望程序为测试用例初始化、销毁测试固件，那么只要重写 TestCase 的 setUp()和 tearDown()方法即可。例如如下测试程序。

程序清单：codes\16\16.5\fixture_test1.py

```
import unittest

from hello import *

class TestHello(unittest.TestCase):
    # 测试 say_hello 函数
    def test_say_hello(self):
        self.assertEqual(say_hello() , "Hello World.")
    # 测试 add 函数
    def test_add(self):
        self.assertEqual(add(3, 4) , 7)
        self.assertEqual(add(0, 4) , 4)
        self.assertEqual(add(-3, 0) , -3)
```

```
    def setUp(self):
        print('\n====执行 setUp 模拟初始化测试固件====')
    def tearDown(self):
        print('\n====调用 tearDown 模拟销毁测试固件====')
```

使用如下命令来运行该测试程序。

```
python -m unittest -v fixture_test1.py
```

为该命令添加了-v 选项，该选项用于告诉 unittest 生成更详细的输出信息。此时可以看到如下输出结果。

```
python -m unittest -v fixture_test1.py
test_add (fixture_test1.TestHello) ...
====执行 setUp 模拟初始化测试固件====

====调用 tearDown 模拟销毁测试固件====
ok
test_say_hello (fixture_test1.TestHello) ...
====执行 setUp 模拟初始化测试固件====

====调用 tearDown 模拟销毁测试固件====
ok

----------------------------------------------------------------------
Ran 2 tests in 0.018s

OK
```

从上面的输出结果可以看出，unittest 在运行每个测试用例（以 test_开头的方法）之前都执行了 setUp()方法，在每个测试用例（以 test_开头的方法）运行完成之后都执行了 tearDown()方法。

如果希望程序在该类的所有测试用例执行之前都用一个方法来初始化测试固件，在该类的所有测试用例执行之后都用一个方法来销毁测试固件，则可通过重写 setUpClass()和 tearDownClass()类方法来实现。

例如如下测试程序。

程序清单：codes\16\16.5\fixture_test2.py

```
import unittest

from hello import *

class TestHello(unittest.TestCase):
    # 测试 say_hello 函数
    def test_say_hello(self):
        self.assertEqual(say_hello() , "Hello World.")
    # 测试 add 函数
    def test_add(self):
        self.assertEqual(add(3, 4) , 7)
        self.assertEqual(add(0, 4) , 4)
        self.assertEqual(add(-3, 0) , -3)
    @classmethod
    def setUpClass(cls):
        print('\n====执行 setUpClass 在类级别模拟初始化测试固件====')
    @classmethod
    def tearDownClass(cls):
        print('\n====调用 tearDownClass 在类级别模拟销毁测试固件====')
```

上面程序中定义的 setUpClass()和 tearDownClass()两个类方法也是用于初始化测试固件和销毁测试固件的方法，但它们会在该类的所有测试用例执行之前和执行之后执行。

使用如下命令来运行该测试程序。

```
python -m unittest -v fixture_test2.py
```

可以看到如下输出结果。

```
python -m unittest -v fixture_test2.py

====执行 setUpClass 在类级别模拟初始化测试固件====
test_add (fixture_test2.TestHello) ... ok
test_say_hello (fixture_test2.TestHello) ... ok

====调用 tearDownClass 在类级别模拟销毁测试固件====

----------------------------------------------------------------------
Ran 2 tests in 0.010s

OK
```

16.5.5 跳过测试用例

在默认情况下，unittest 会自动测试每一个测试用例（以 test_开头的方法），但如果希望临时跳过某个测试用例，则可以通过如下两种方式来实现。

（1）使用 skipXxx 装饰器来跳过测试用例。unittest 一共提供了 3 个装饰器，分别是@unittest.skip(reason)、@unittest.skipIf(condition, reason)和@unittest.skipUnless(condition, reason)。其中 skip 代表无条件跳过，skipIf 代表当 condition 为 True 时跳过；skipUnless 代表当 condition 为 False 时跳过。

（2）使用 TestCase 的 skipTest()方法来跳过测试用例。

下面程序示范了使用@unittest.skip 装饰器来跳过测试用例。

程序清单：codes\16\16.5\skip_test1.py

```
import unittest

from hello import *

class TestHello(unittest.TestCase):
    # 测试 say_hello 函数
    def test_say_hello(self):
        self.assertEqual(say_hello() , "Hello World.")
    # 测试 add 函数
    @unittest.skip('临时跳过 test_add')
    def test_add(self):
        self.assertEqual(add(3, 4) , 7)
        self.assertEqual(add(0, 4) , 4)
        self.assertEqual(add(-3, 0) , -3)
```

上面的粗体字代码使用@unittest.skip 装饰器跳过了 test_add()测试方法。使用如下命令来运行该测试程序。

```
python -m unittest skip_test1.py
```

可以看到如下输出结果。

```
python -m unittest skip_test1.py
s.
----------------------------------------------------------------------
Ran 2 tests in 0.000s

OK (skipped=1)
```

在上面输出结果的第一行可以看到 s.，这表明程序运行了两个测试用例，s 代表跳过了第一个测试用例，点（.）代表第二个测试用例通过。

此外，程序也可以使用 TestCase 的 skipTest()方法跳过测试用例。例如，如下程序示范了使用

skipTest()方法来跳过测试用例。

程序清单：codes\16\16.5\skip_test2.py

```
import unittest

from hello import *

class TestHello(unittest.TestCase):
    # 测试 say_hello 函数
    def test_say_hello(self):
        self.assertEqual(say_hello() , "Hello World.")
    # 测试 add 函数
    def test_add(self):
        self.skipTest('临时跳过 test_add')
        self.assertEqual(add(3, 4) , 7)
        self.assertEqual(add(0, 4) , 4)
        self.assertEqual(add(-3, 0) , -3)
```

上面的粗体字代码使用 self.skipTest()方法跳过了测试方法（test_add()）。使用如下命令来运行该测试程序。

```
python -m unittest -v skip_test2.py
```

上面命令使用了-v 选项来生成更详细的测试报告。运行上面命令，可以看到如下输出结果。

```
python -m unittest -v skip_test2.py
test_add (skip_test2.TestHello) ... skipped '临时跳过 test_add'
test_say_hello (skip_test2.TestHello) ... ok

----------------------------------------------------------------------
Ran 2 tests in 0.004s

OK (skipped=1)
```

从上面的输出结果可以看到，unittest 测试跳过了 test_add()方法，并显示了跳过的原因：'临时跳过 test_add'（如果不使用-v 选项，将不会输出该原因）。

16.6　本章小结

本章主要介绍了与 Python 开发相关的两个附属知识：文档和测试。对于实际的企业开发来说，文档是非常重要的一环，如果程序没有有效的说明文档，其他人员就不能有效地使用该程序，因此文档完全属于程序的一部分。Python 提供了 pydoc 工具来查看、生成文档，只要开发者为 Python 程序提供了符合格式的文档说明，使用 pydoc 就既可直接查看程序中的文档，也可为之生成 HTML 文档。

本章的另一个重要主题是测试。本章简要介绍了软件测试的相关基础知识，重点介绍了 Python 的两种测试：文档测试和单元测试。文档测试是较为传统的测试方式，这种测试方式简单、易用，但在工程化方面略有欠缺。unittest 是目前最流行的单元测试工具，它属于 xUnit 单元测试家族的一员，因此需要读者重点掌握。

▶▶本章练习

1．定义一个包，该包包含两个模块，在每个模块下定义两个函数和一个类，程序为这个包及其所包含的其他程序单元编写文档说明，并为包生成 HTML 文档。

2．定义三个函数和一个类，为这些函数和类提供文档测试，并运行文档测试。

3．定义三个函数和一个类，为这些函数和类提供单元测试，并运行单元测试。

CHAPTER 17

第 17 章 打包和发布

本章要点

- 发布 Python 程序
- 使用 zipapp 生成可执行的 Python 档案包
- 使用 zipapp 创建独立应用
- 安装 PyInstaller 模块
- 使用 PyInstaller 生成 EXE 程序

经过复杂的开发、调试之后，终于得到一个 Python 程序，这个程序或许精巧，或许有些古拙，但它是我们心血的结晶，我们当然希望将这个程序发布出来。本章将会介绍两个常用的发布工具：zipapp 和 PyInstaller。

zipapp 模块可用于生成可执行的 Python 档案包，这个档案包会包含目录下所有的 Python 程序。如果使用 pip 工具先将 Python 程序所依赖的模块下载到目标目录下，那么就可以生成可独立运行的 Python 程序——只要目标机器上安装有 Python 解释器环境即可。

PyIntaller 工具则更强大，它可以直接将 Python 程序编译成 Windows、Mac OS X 平台上的可执行程序，这种可执行程序可直接被分发到其他 Windows、Mac OS X 计算机上，而无须在这些机器上安装 Python 环境。

17.1　使用 zipapp 模块

Python 提供了一个 zipapp 模块，通过该模块可以将一个 Python 模块（可能包含很多个源程序）打包成一个 Python 应用，甚至发布成一个 Windows 的可执行程序。

17.1.1　生成可执行的 Python 档案包

zipapp 是一个可以直接运行的模块，该模块用于将单个 Python 文件或整个目录下的所有文件打包成可执行的档案包。该模块的命令行语法如下：

```
python -m zipapp source [options]
```

在上面命令中，source 参数代表要打包的 Python 源程序或目录，该参数既可以是单个的 Python 文件，也可以是文件夹。如果 source 参数是文件夹，那么 zipapp 模块会打包该文件夹中的所有 Python 文件。

该命令的 options 支持如下选项。

- -o <output>, --output=<output>：该选项指定输出档案包的文件名。如果不指定该选项，所生成的档案包的文件名默认为 source 参数值，并加上.pyz 后缀。
- -p <interpreter>, --python=<interpreter>：该选项用于指定 Python 解释器。
- -m <mainfn>, --main=<mainfn>：该选项用于指定 Python 程序的入口函数。该选项应该为 pkg.mod:fn 形式，其中 pkg.mod 是一个档案包中的包或模块，fn 是指定模块中的函数。如果不指定该选项，则默认从模块中的__main__.py 文件开始执行。
- -c, --compress：从 Python 3.7 开始支持该选项。该选项用于指定是否对档案包进行压缩来减小文件的大小，默认是不压缩。
- --info：该选项用于在诊断时显示档案包中的解释器。
- -h, --help：该选项用于显示 zipapp 模块的帮助信息。

下面在 codes\17\17.1\目录下建立一个 app 子目录，该子目录用于包含多个 Python 程序。首先在该目录下开发一个 say_hello.py 程序。

程序清单：codes\17\17.1\app\say_hello.py

```
def say_hello(name):
    return name + "，您好！"
```

然后在该目录下开发一个 app.py 程序来使用 say_hello 模块。

程序清单：codes\17\17.1\app\app.py

```
from say_hello import *

def main():
```

```
    print('程序开始执行')
    print(say_hello('孙悟空'))
```

在命令行工具中进入 codes\17\17.1\目录下，然后执行如下命令。

```
python -m zipapp app -o first.pyz -m "app:main"
```

上面命令指定将当前目录下的 app 子目录下的所有 Python 源文件打包成一个档案包，并通过 -o 选项指定所生成的档案包的文件名为 first.pyz；-m 选项指定使用 app.py 模块中的 main 函数作为程序入口。

运行上面命令，将会生成一个 first.pyz 文件。接下来可以使用 python 命令来运行 first.pyz 文件。

```
python first.pyz
程序开始执行
孙悟空，您好！
```

通过命令行工具在 codes\17\17.1\目录下执行如下命令。

```
python -m zipapp app -m "app:main"
```

上面命令没有指定-o 选项，这意味着该命令将会使用默认的输出文件名：source 参数值加.pyz 后缀。运行上面命令，将会在当前目录下生成一个 app.pyz 文件。

17.1.2 创建独立应用

通过上面介绍的方式打包得到的档案包中只有当前项目的 Python 文件，如果 Python 应用还需要使用第三方模块和包（比如前面介绍的需要连接 MySQL 的应用），那么仅打包该应用的 Python 程序是不够的。

为了创建能独立启动的应用（自带依赖模块和包），需要执行两步操作。

1. 将应用依赖的模块和包下载到应用目录中。
2. 使用 zipapp 将应用和依赖模块一起打包成档案包。

下面在 codes\17\17.1 目录下再创建一个 dbapp 子目录，该子目录将会作为本应用的目录。将 codes\13\13.2\目录下的 exec_select.py 文件拷贝到 dbapp 子目录下，然后对文件中的程序略做修改，将程序中代码放在 query_db()函数内定义。修改后的 exec_select.py 文件被保存在 codes\17\17.1\dbapp 子目录下。

接下来在 codes\17\17.1\dbapp\目录下新建一个__main__.py 文件作为程序入口，这样程序在打包档案包时就不需要指定程序入口了。

下面是__main__.py 文件的代码。

程序清单：codes\17\17.1\dbapp__main__.py

```
from exec_select import *

# 执行 query_db()函数
query_db()
```

最后按照如下步骤将 dbapp 子目录下的应用打包成独立应用。

1. 通过命令行工具在 codes\17\17.1\目录下执行如下命令。

```
python -m pip install -r requirements.txt --target dbapp
```

上面命令实际上就是使用 pip 模块来安装模块，其中 python -m pip install 表示要安装模块。--target 选项指定将模块安装到指定目录下，此处指定将依赖模块安装到 dbapp 子目录下。-r 选项指定要安装哪些模块，此处使用 requirements.txt 文件列出要安装的模块和包。-r 选项支持两个值。

- 直接指定要安装的模块或包。
- 使用清单文件指定要安装的模块和包。

当应用依赖的模块较多时，建议使用清单文件来列出所依赖的模块。

如果直接运行上面命令，pip 模块会提示找不到 requirements.txt 文件，因此需要在 codes\17\17.1\ 目录下添加一个 requirements.txt 文件，并在该文件中增加如下一行。

```
mysql-connector-python
```

如果项目需要依赖多个模块，则可以在 requirements.txt 文件中定义多行，每行定义一个模块。

重新运行上面命令，将可以看到 pip 开始下载 mysql-connector-python 模块，下载完成后将可以在 dbapp 子目录下看到大量有关 mysql-connector-python 模块的文件。

② 如果 pip 在 dbapp 子目录下生成了.dist-info 目录，则建议删除该目录。

③ 使用 zipapp 模块执行打包操作。由于本例的 dbapp 子目录下包含了__main__.py 文件，该文件将会作为程序入口，因此打包时不需要指定-m 选项。使用如下命令来打包。

```
python -m zipapp dbapp
```

与上一节所使用的命令相比，该命令没有使用-m 选项来指定程序入口，该程序将会使用档案包中的__main__.py 文件作为程序入口。

运行上面命令，将会得到一个大约为 18MB 的档案包。因为该档案包自包含了 mysql-connector-python 模块，所以其比较大。

在创建了独立应用之后，只要目标机器上安装了合适版本的 Python 解释器，即可运行该独立应用。我们可以先使用如下命令卸载在 Python 目录下安装的 mysql-connector-python 模块。

```
pip uninstall mysql-connector-python
```

此时在本机的 Python 目录下不再包含 mysql-connector-python 模块，但 dbapp.pyz 程序依然可以正常运行——因为它自包含了 mysql-connector-python 模块。

17.2 使用 PyInstaller 生成可执行程序

在创建了独立应用（自包含该应用的依赖包）之后，还可以使用 PyInstaller 将 Python 程序生成可直接运行的程序，这个程序就可以被分发到对应的 Windows 或 Mac OS X 平台上运行。

17.2.1 安装 PyInstaller

Python 默认并不包含 PyInstaller 模块，因此需要自行安装 PyInstaller 模块。

安装 PyInstaller 模块与安装其他 Python 模块一样，使用 pip 命令安装即可。在命令行输入如下命令。

```
pip install pyinstaller
```

提示：

强烈建议使用 pip 在线安装的方式来安装 PyInstaller 模块，不要使用离线包的方式来安装！这是因为 PyInstaller 模块还依赖其他模块，因此 pip 在安装 PyInstaller 模块时会先安装它的依赖模块。

运行上面命令，应该看到如下输出结果。

```
Successfully installed pyinstaller-x.x.x
```

其中的 x.x.x 代表 PyInstaller 的版本。

在 PyInstaller 模块安装成功之后，在 Python 的安装目录下的 Scripts（D:\Python\Python36\ Scripts）目录下会增加一个 pyinstaller.exe 程序，接下来就可以使用该工具将 Python 程序生成 EXE 程序了。

17.2.2　生成可执行程序

PyInstaller 工具的命令语法如下：

```
pyinstaller 选项 Python 源文件
```

不管这个 Python 应用是单文件的应用，还是多文件的应用，只要在使用 pyinstaller 命令时编译作为程序入口的 Python 程序即可。

提示：

PyInstaller 工具是跨平台的，它既可以在 Windows 平台上使用，也可以在 Mac OS X 平台上运行。在不同的平台上使用 PyInstaller 工具的方法是一样的，它们支持的选项也是一样的。

下面先处理上一节的 app 应用，将 codes\17\17.1\目录下的 app 目录复制到 codes\17\17.2 目录下，对 codes\17\17.2\app\目录下的 app.py 文件略做修改，将该文件改成可执行的 Python 程序。例如如下代码。

程序清单：　code\17\17.2\app\app.py

```
from say_hello import *

def main():
    print('程序开始执行')
    print(say_hello('孙悟空'))
# 增加调用 main() 函数
if __name__ == '__main__':
    main()
```

接下来使用命令行工具进入 codes\17\17.2\app\目录下，在该目录下执行如下命令。

```
pyinstaller -F app.py
```

执行上面命令，将看到详细的生成过程。当生成完成后，将会在 codes\17\17.2\app\目录下看到多了一个 dist 目录，并在该目录下看到有一个 app.exe 文件，这就是使用 PyInstaller 工具生成的 EXE 程序。

在命令行窗口中进入 codes\17\17.2\app\dist\目录下，在该目录下执行 app.exe，将会看到该程序生成如下输出结果。

```
程序开始执行
孙悟空，您好！
```

提示：

由于该程序没有图形用户界面，因此，如果读者试图通过双击来运行该程序，则只能看到程序窗口一闪就消失了，这样将无法看到该程序的输出结果。

在上面命令中使用了-F 选项，该选项指定生成单独的 EXE 文件，因此，在 dist 目录下生成了一个单独的大约为 6MB 的 app.exe 文件（在 Mac OS X 平台上生成的文件就叫 app，没有后缀）；与-F 选项对应的是-D 选项（默认选项），该选项指定生成一个目录（包含多个文件）来作为程序。

下面先将 PyInstaller 工具在 app 目录下生成的 build、dist 目录删除，并将 app.spec 文件也删除，然后使用如下命令来生成 EXE 文件。

```
pyinstaller -D app.py
```

执行上面命令，将看到详细的生成过程。当生成完成后，将会在 codes\17\17.2\app\目录下看到多了一个 dist 目录，并在该目录下看到有一个 app 子目录，该子目录的内容如图 17.1 所示。

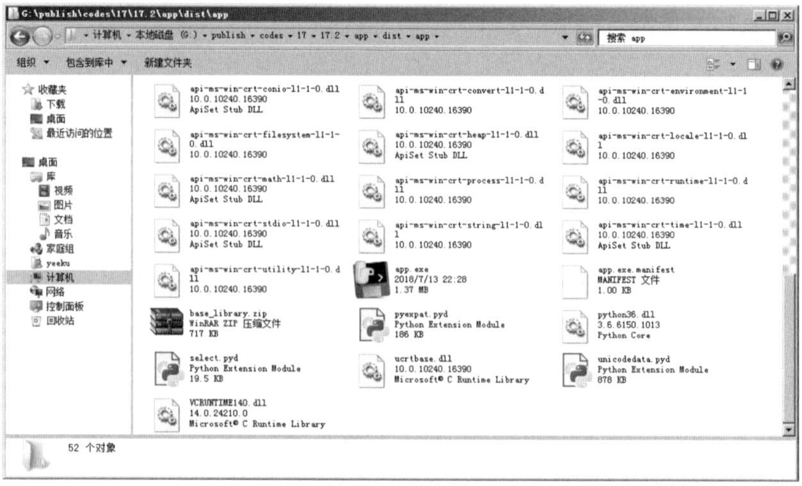

图 17.1　包含可执行程序的 app 子目录

从图 17.1 可以看出，在该子目录下包含了大量.dll 文件和.pyz 文件，它们都是 app.exe 程序的支撑文件。在命令行窗口中运行该 app.exe 程序，同样可以看到与前一个 app.exe 程序相同的输出结果。

PyInstaller 不仅支持-F、-D 选项，而且也支持如表 17.1 所示的常用选项。

表 17.1　PyInstaller 支持的常用选项

选项	作用
-h, --help	查看该模块的帮助信息
-F, -onefile	产生单个的可执行文件
-D, --onedir	产生一个目录（包含多个文件）作为可执行程序
-a, --ascii	不包含 Unicode 字符集支持
-d, --debug	产生 debug 版本的可执行文件
-w, --windowed, --noconsole	指定程序运行时不显示命令行窗口（仅对 Windows 有效）
-c, --nowindowed, --console	指定使用命令行窗口运行程序（仅对 Windows 有效）
-o DIR, --out=DIR	指定 spec 文件的生成目录。如果没有指定，则默认使用当前目录来生成 spec 文件
-p DIR, --path=DIR	设置 Python 导入模块的路径（和设置 PYTHONPATH 环境变量的作用相似）。也可使用路径分隔符（Windows 使用分号，Linux 使用冒号）来分隔多个路径
-n NAME, --name=NAME	指定项目（产生的 spec）名字。如果省略该选项，那么第一个脚本的主文件名将作为 spec 的名字

在表 17.1 中列出的只是 PyInstaller 模块所支持的常用选项，如果需要了解 PyInstaller 选项的详细信息，则可通过 pyinstaller -h 来查看。

下面再创建一个带图形用户界面，可以访问 MySQL 数据库的应用程序。

在 codes\17\17.2\ 目录下创建一个 dbapp 目录，并在该目录下创建 Python 程序，其中 exec_select.py 程序负责查询数据，main.py 程序负责创建图形用户界面来显示查询结果。这两个程序在前面章节中已有详细介绍，此处不再给出，读者可通过本书配套代码中的 codes\17\17.2\dbapp\ 目录来查看这两个程序。

通过命令行工具进入 codes\17\17.2\dbapp\目录下，在该目录下执行如下命令。

```
PyInstaller -F -w main.py
```

上面命令中的-F 选项指定生成单个的可执行程序，-w 选项指定生成图形用户界面程序（不需要命令行界面)。运行上面命令，该工具同样在 codes\17\17.2\dbapp\目录下生成了一个 dist 子目录，并在该子目录下生成了一个 main.exe 文件。

直接双击运行 main.exe 程序（该程序有图形用户界面，因此可以双击运行），将可以看到如图 17.2 所示的运行结果。

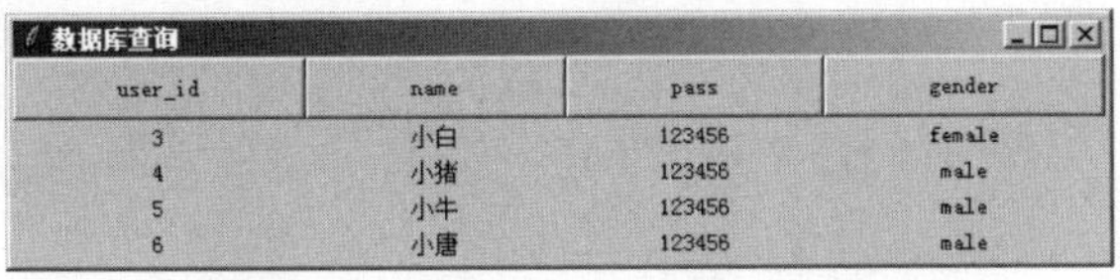

图 17.2 main.exe 程序运行结果

提示：

上面程序的运行结果需要查询 MySQL 的 python 数据库中的 user_tb 数据表。简单来说，该程序的运行结果依赖本书 13.3 节插入的数据。

17.3 本章小结

本章主要介绍了两种打包 Python 程序的工具：zipapp 和 PyInstaller。zipapp 主要用于将 Python 应用打包成一个.pyz 文件。不管开发 Python 应用时有多少个源文件或多少个依赖包，使用 zipapp 都可以将它们打包成一个.pyz 文件，该文件依然需要 Python 环境来执行。PyInstaller 则直接将 Python 程序打包成可执行程序，而且该工具还是跨平台的，因此使用非常方便。使用 PyInstaller 打包出来的程序，完全可以被分发到对应平台的目标机器上直接运行，无须在目标机器上安装 Python 解释器环境。

本章练习

1. 将第 11 章介绍的桌面弹球游戏打包成可执行的 Python 档案包。
2. 使用 PyInstaller 将第 11 章介绍的五子棋游戏生成可执行程序。

CHAPTER

18

第18章 合金弹头

本章要点

- 开发射击类游戏的基本方法
- 游戏的界面分解和分析
- 游戏界面组件的分析和实现
- 怪物的移动和发射子弹
- 怪物的创建、管理
- 管理游戏资源
- 实现游戏角色，并实现移动、跳跃、发射子弹等行为
- 检测子弹是否命中目标
- 通过动态地图实现游戏动画
- 为游戏增加音效
- 为游戏增加多个场景

本章将会介绍一款经典的射击类游戏：合金弹头。合金弹头游戏要求玩家控制自己的角色不断前行，并发射子弹去射击沿途遇到的各种怪物，同时还要躲避怪物发射的子弹。当然，由于完整的合金弹头游戏涉及的地图场景很多，而且怪物种类也很多，因此本章对该游戏进行了适当的简化。本游戏只实现了一个地图场景，并将之设置为无限地图，并且只实现了 3 种类型的怪物，但只要读者真正掌握了本章的内容，当然也就能从一个地图扩展为多个地图，也可以从 3 种类型的怪物扩展出多种类型的怪物。

对于 Python 学习者来说，学习开发这个小程序难度适中，而且能很好地培养其学习乐趣。开发者需要从程序员的角度来看待玩家面对的游戏界面，游戏界面上的每个怪物、每个角色、每颗子弹、每个能与玩家交互的东西，都应该在程序中通过类的形式来定义，这样才能更好地用面向对象的方式来解决问题。

本章将会介绍 Python 的一个游戏包：pygame，这个游戏包简化了游戏界面开发的定时器、多线程等复杂处理，因此使用 pygame 来开发游戏会更加简便。

18.1 合金弹头游戏简介

合金弹头是一款早期风靡一时的射击类游戏，这款游戏的节奏感非常强，让大部分男同胞充满童年回忆。图 18.1 显示了合金弹头游戏界面。

图 18.1 合金弹头游戏界面

这款游戏的玩法很简单，玩家控制角色不断地向右前进，角色可通过跳跃来躲避敌人（也可统称为怪物）发射的子弹和地上的炸弹，玩家也可控制角色发射子弹来打死右边的敌人。完整的合金弹头游戏会包含很多“关卡”，每个关卡都是一种地图，每个关卡都包含了大量不同的怪物。但由于篇幅关系，本章只做了一种地图，而且这种地图是无限循环的——也就是说，玩家只能一直向前去消灭不同的怪物，无法实现“通关”。

提示

如果读者有兴趣把这款游戏改成包含很多关卡，那么就需要准备大量的背景图片，然后为不同的地图加载不同的背景图片，让地图不要无限循环即可，并为不同的地图使用不同的怪物。

18.2 pygame 简介

pygame 是一个成熟的 Python 游戏包，下面简单介绍 pygame 相关知识。

18.2.1　安装 pygame

安装 pygame 与安装其他 Python 包没有区别，同样可以使用 pip 来安装。

启动命令行窗口，在命令行窗口中输入如下命令。

```
pip install pygame
```

上面命令将会自动安装 pygame 的最新版本。运行上面命令，可以看到程序先下载 pygame，然后给出 pygame 安装成功的提示。

```
Installing collected packages: pygame
Successfully installed pygame-1.9.4
```

> **提示**
>
> pip 其实也是 Python 的一个模块，如果在命令行窗口中提示找不到 pip 命令，则也可通过 python 命令运行 pip 模块来安装 pygame。例如，通过如下命令来安装 pygame。
>
> ```
> python -m pip install pygame
> ```

在成功安装 pygame 之后，可以通过 pydoc 来查看 pygame 相关文档。在命令行窗口中输入如下命令。

```
python -m pydoc -p 8899
```

运行上面命令，打开浏览器查看 http://localhost:8899/页面，可以在 Python 安装目录的 lib\site-packages 下看到 pygame 文档，如图 18.2 所示。

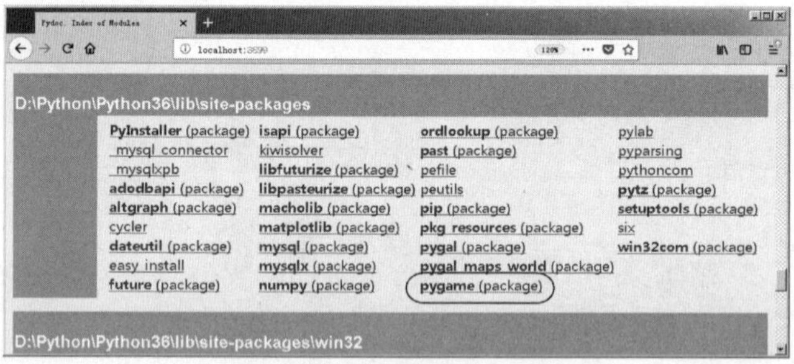

图 18.2　pygame 文档

单击图 18.2 所示页面上的“pygame (package)”链接，可以看到如图 18.3 所示的 API 页面。

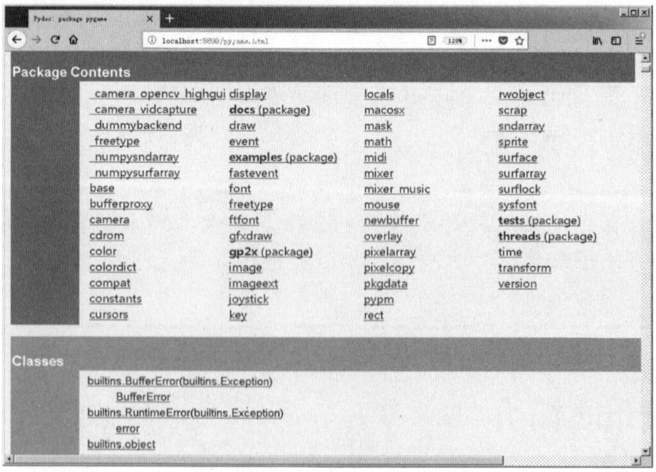

图 18.3　pygame 的 API

通过图 18.3 所示的页面，即可查看 pygame 下的函数和类。

18.2.2 pygame 常用的游戏 API

从图 18.3 可以看出，在 pygame 中包含了大量的内容，比如 image 模块可用于读取和保存文件，transform 模块可对图片执行变换等。下面简单介绍 pygame 常用的游戏 API。

1. 使用 pygame.image 读取和保存图片

调用 pygame.image 模块的 load()函数可以读取图片。该函数返回一个包含图片的 Surface，Surface 的格式和原来的文件相同（包括颜色格式、透明色和 alpha 透明度）。例如如下代码。

```
img = pygame.image.load(filename)
```

pygame.image.load()函数用于读取文件名为 filename 的图片文件，pygame 会自动确定图片文件的类型（比如 GIF 或 PNG 等）。该函数可支持 JPG、PNG、GIF（非动画）、BMP、PCX、TGA（未压缩图片）、TIF、LBM、PBM（PGM、PPM）、XPM 等。

调用 pygame.image 模块的 save()函数可以保存图片。该函数的第一个参数是一个包含图片的 Surface；第二个参数是要保存图片的文件。例如如下代码。

```
pygame.image.save(img, filename)
```

该函数用于将 img 代表的 Surface 的内容保存为 filename 所指定的图片文件，filename 可指定图片文件的扩展名，pygame 会自动根据文件扩展名来确定图片格式。如果 pygame 不能识别文件扩展名所代表的图片格式，则默认保存为 TGA 格式（GA 和 BMP 格式都是非压缩的）

此外，pygame.image 还提供了 tostring()、fromstring()、frombuffer()函数来完成图片序列化操作，也就是将图片保存到字符串中，或者从字符串中读取图片。

2. 使用 pygame.transform 对图片执行变换

使用 pygame.transform 模块的 flip()函数可以对图片执行水平或垂直镜像。该函数的第一个参数指定需要执行变换的原图片；第二个参数指定是否对图片执行垂直镜像；第三个参数指定是否对图片执行水平镜像。该函数不会改变原图片，它返回变换之后的图片。

例如，如下代码对图片执行垂直镜像。

```
newimg = pygame.transform.flip(img, True, False)
```

如下代码对图片执行水平镜像。

```
newimg = pygame.transform.flip(img, False, True)
```

使用 pygame.transform 模块的 scale()函数可以对图片进行缩放。该函数的第一个参数指定需要执行缩放的原图片；第二个参数指定缩放后的图片大小。该函数不会改变原图片，它返回缩放之后的图片。

例如，如下代码将原图片缩放到宽为 1200，高为 600。

```
newimg = pygame.transform.resize(img, (1200, 600))
```

使用 pygame.transform 模块的 scale2x()函数可以将图片放大到原来的 2 倍。该函数相当于 resize()函数的便利化版本。

例如，如下代码将原图片放大到原来的 2 倍。

```
newimg = pygame.transform.scale2x(img)
```

使用 pygame.transform 模块的 rotate()函数可以对图片进行旋转。该函数的第一个参数指定需要执行旋转的原图片；第二个参数指定旋转的角度，正值表示逆时针旋转，负值表示顺时针旋转。该函数不会改变原图片，它返回旋转之后的图片。

例如，如下代码将原图片逆时针旋转 30°。

```
newimg = pygame.transform.rotate(img, 30.0)
```

需要说明的是，图片旋转之后可能比原图片大，新图片空出来的部分补上透明色或原图片左上角第一个点的颜色。

使用 pygame.transform 模块的 rotozoom()函数可以对图片进行缩放并旋转。该函数的第一个参数指定需要执行缩放并旋转的原图片；第二个参数指定旋转的角度，正值表示逆时针旋转，负值表示顺时针旋转；第三个参数指定缩放比。该函数不会改变原图片，它返回缩放并旋转之后的图片。

例如，如下代码将原图片逆时针旋转 30°，并放大到原来的 2 倍。

```
newimg = pygame.transform.rotozoom(img, 30.0, 2.0)
```

rotozoom()函数会对图片进行滤波处理，因此图片效果更好，但是速度会慢一些。

使用 pygame.transform 模块的 chop()函数可以对图片进行裁切。该函数的第一个参数指定需要执行裁切的原图片；第二个参数指定裁切的区域。该函数不会改变原图片，它返回裁切之后的图片。

例如，如下代码从原图片中"挖出"一块(50, 50, 100, 100)区域。

```
newimg = pygame.transform.chop(img, (50, 50, 100, 100))
```

3. 绘图

使用 Surface 的 blit()方法可以将图片绘制在该 Surface 上。该方法的完整形式为 blit(source, dest, area=None, special_flags = 0)，其中 source 参数指定要绘制的图片，dest 参数指定 source 图片的绘制位置；area 参数指定只绘制 source 图片的指定区域。

例如，如下代码可用于绘制游戏的背景图片。

```
screen.blit(view_manager.map, (0, 0))
```

上面代码并未指定 area 参数，因此会将 map 整张图片绘制在 screen 的(0,0)位置处。

如下代码同样用于绘制游戏的背景图片。

```
screen.blit(self.map, (0, 0), (-player.shift(), 0, width, self.map.get_height()))
```

上面代码指定了 area 参数，该参数定义一个矩形，代表只将 map 图片的指定区域绘制在 screen 上。

如果要绘制几何图形，则可使用 pygame.draw 模块提供的相关函数。

- rect(Surface, color, Rect, width=0) -> Rect：该函数在 Surface 上使用 color 绘制一个矩形。
- polygon(Surface, color, pointlist, width=0) -> Rect：该函数在 Surface 上使用 color 绘制一个多边形。其中 pointlist 参数指定该多边形的多个顶点。
- line(Surface, color, start_pos, end_pos, width=1) -> Rect：该函数在 Surface 上使用 color 绘制一条线段。其中 start_pos 参数指定该线段的起点，end_pos 参数指定该线段的终点。
- aaline(Surface, color, startpos, endpos, blend=1) -> Rect：该函数与 line()函数基本相似，只是该函数用于绘制去锯齿的线段。
- circle(Surface, color, pos, radius, width=0) -> Rect：该函数在 Surface 上使用 color 绘制一个圆。其中 pos 参数指定该圆的圆心，radius 参数指定该圆的半径。
- ellipse(Surface, color, Rect, width=0) -> Rect：该函数在 Surface 上使用 color 绘制一个椭圆。其中 Rect 参数指定该椭圆的外切矩形。
- arc(Surface, color, Rect, start_angle, stop_angle, width=1) -> Rect：该函数在 Surface 上使用 color 绘制一个弧。其中 start_angle 参数指定该弧的起始角度，stop_angle 参数指定该弧的结束角度。
- lines(Surface, color, closed, pointlist, width=1)：该函数在 Surface 上使用 color 绘制多条连续的线段。其中 pointlist 参数指定该多条线段的多个断点。

- aalines(Surface, color, closed, pointlist, blend=1)：该函数与 lines()函数基本相似，只是该函数用于绘制多条连续的去锯齿线段。

在熟悉了 pygame 所提供的 API 之后，下面我们将调用这些 API 来开发游戏界面组件。

18.3　开发游戏界面组件

在开发游戏之前，首先需要从程序员的角度来分析游戏界面，并逐步实现游戏界面上的各种组件。

18.3.1　游戏界面分析

对于图 18.1 所示的游戏界面，从普通玩家的角度来看，游戏界面上有受玩家控制移动、跳跃、发射子弹的角色，还有不断发射子弹的敌人，地上有炸弹，天空中有正在爆炸的飞机……乍看上去给人一种眼花缭乱的感觉。

如果从程序员的角度来看，游戏界面大致可包含如下组件。

- 游戏背景：只是一张静止图片。
- 角色：可以站立、走动、跳跃、射击。
- 怪物：代表游戏界面上所有的敌人，包括拿枪的敌人、地上的炸弹、天空中的飞机……虽然这些怪物的图片不同、发射的子弹不同，攻击力也可能不同，但这些只是实例与实例之间的差异，因此程序只要为怪物定义一个类即可。
- 子弹：不管是角色发射的子弹还是怪物发射的子弹，都可归纳为子弹类。虽然不同子弹的图片不同，攻击力不同，但这些只是实例与实例之间的差异，因此程序只要为子弹定义一个类即可。

从上面的介绍不难看出，开发这款游戏，主要就是实现上面的角色、怪物和子弹 3 个类。

18.3.2　实现“怪物”类

由于不同怪物之间会存在如下差异，因此需要为怪物类定义相应的实例变量来记录这些差异。

- 怪物的类型。
- 代表怪物位置的 *X*、*Y* 坐标。
- 标识怪物是否已经死亡的旗标。
- 绘制怪物图片左上角的 *X*、*Y* 坐标。
- 绘制怪物图片右下角的 *X*、*Y* 坐标。
- 怪物发射的所有子弹（有的怪物不会发射子弹）。
- 怪物未死亡时所有的动画帧图片和怪物死亡时所有的动画帧图片。

提示

本程序并未把怪物的所有动画帧图片直接保存在怪物实例中。本程序将会专门使用一个工具类来保存所有角色、怪物的所有动画帧图片。

为了让游戏界面上的角色、怪物都能“动起来”，程序的实现思路是这样的：通过 pygame 的定时器控制角色、怪物不断地更换新的动画帧图片——因此，程序需要为怪物增加一个成员变量来记录当前游戏界面正在绘制怪物动画的第几帧，而 pygame 只要不断地调用怪物的绘制方法即可——实际上，该绘制方法每次只绘制一张静态图片（这张静态图片是怪物动画的其中一帧）。

下面是怪物类的构造器代码，该构造器代码负责初始化怪物类的成员变量。

程序清单：codes\18\metal_slug_v1\monster.py

```
import pygame
import sys
from random import randint
from pygame.sprite import Sprite
from pygame.sprite import Group
from bullet import *

# 控制怪物动画的速度
COMMON_SPEED_THRESHOLD = 10
MAN_SPEED_THRESHOLD = 8

# 定义代表怪物类型的常量（如果程序需要增加更多的怪物，则只需在此处添加常量即可）
TYPE_BOMB = 1
TYPE_FLY = 2
TYPE_MAN = 3

class Monster(Sprite):
    def __init__ (self, view_manager, tp=TYPE_BOMB):
        super().__init__()
        # 定义怪物的类型
        self.type = tp
        # 定义怪物的 X、Y 坐标的属性
        self.x = 0
        self.y = 0
        # 定义怪物是否已经死亡的旗标
        self.is_die = False
        # 绘制怪物图片左上角的 X 坐标
        self.start_x = 0
        # 绘制怪物图片左上角的 Y 坐标
        self.start_y = 0
        # 绘制怪物图片右下角的 X 坐标
        self.end_x = 0
        # 绘制怪物图片右下角的 Y 坐标
        self.end_y = 0
        # 该变量用于控制动画刷新的速度
        self.draw_count = 0
        # 定义当前正在绘制怪物动画的第几帧的变量
        self.draw_index = 0
        # 用于记录死亡的动画只绘制一次，不需要重复绘制
        # 每当怪物死亡时，该变量都会被初始化为等于死亡动画的总帧数
        # 当怪物的死亡动画帧播放完成后，该变量的值变为 0
        self.die_max_draw_count = sys.maxsize
        # 定义怪物发射的子弹
        self.bullet_list = Group()
        # -------下面代码根据怪物类型来初始化怪物的 X、Y 坐标------
        # 如果怪物是炸弹（TYPE_BOMB）或敌人（TYPE_MAN）
        # 怪物的 Y 坐标与玩家控制的角色的 Y 坐标相同
        if self.type == TYPE_BOMB or self.type == TYPE_MAN:
            self.y = view_manager.Y_DEFALUT
        # 如果怪物是飞机，则根据屏幕高度随机生成怪物的 Y 坐标
        elif self.type == TYPE_FLY:
            self.y = view_manager.screen_height * 50 / 100 - randint(0, 99)
        # 随机计算怪物的 X 坐标。
        self.x = view_manager.screen_width + randint(0,
            view_manager.screen_width >> 1) - (view_manager.screen_width >> 2)
    ...
```

上面的成员变量即可记录该怪物实例的各种状态。实际上，如果以后程序要升级，比如为怪物增加更多的特征，如怪物可以拿不同的武器，怪物可以穿不同的衣服，怪物可以具有不同的攻击

力……则都可考虑将这些定义成怪物的成员变量。

从上面的代码可以看到，怪物类的构造器可传入一个 tp 参数，该参数用于告诉系统，该怪物是哪种类型。当前程序支持定义 3 种怪物，这 3 种怪物由代码中的 3 个常量来代表。

- TYPE_BOMB：代表炸弹的怪物。
- TYPE_FLY 代表飞机的怪物。
- TYPE_MAN 代表人的怪物。

从上面的粗体字代码可以看出，程序在创建怪物实例时，不仅负责初始化怪物的 type 成员变量，而且还会根据怪物类型来设置怪物的 *X*、*Y* 坐标。

- 如果怪物是炸弹和拿枪的敌人（都在地面上），那么它们的 *Y* 坐标与角色默认的 *Y* 坐标（在地面上）相同。如果怪物是飞机，那么怪物的 *Y* 坐标是随机计算的。
- 不管是什么怪物，它的 *X* 坐标都是随机计算的。

前面介绍了绘制怪物动画的思路：程序将由 pygame 控制不断地绘制怪物动画的下一帧，但实际上每次绘制的只是怪物动画的某一帧。下面是绘制怪物的方法。

程序清单：codes\18\metal_slug_v1\monster.py

```
    # 绘制怪物的方法
    def draw(self, screen, view_manager):
        # 如果怪物是炸弹，则绘制炸弹
        if self.type == TYPE_BOMB:
            # 死亡的怪物使用死亡的图片，活着的怪物使用活着的图片
            self.draw_anim(screen, view_manager, view_manager.bomb2_images
                if self.is_die else view_manager.bomb_images)
        # 如果怪物是飞机，则绘制飞机
        elif self.type == TYPE_FLY:
            self.draw_anim(screen, view_manager, view_manager.fly_die_images
                if self.is_die else view_manager.fly_images)
        # 如果怪物是人，则绘制人
        elif self.type == TYPE_MAN:
            self.draw_anim(screen, view_manager, view_manager.man_die_images
                if self.is_die else view_manager.man_images)
        else:
            pass

    # 根据怪物的动画帧图片来绘制怪物动画
    def draw_anim(self, screen, view_manager, bitmap_arr):
        # 如果怪物已经死亡，且没有播放过死亡动画
        # (self.die_max_draw_count 等于初始值，表明未播放过死亡动画)
        if self.is_die and self.die_max_draw_count == sys.maxsize:
            # 将 die_max_draw_count 设置为与死亡动画的总帧数相等
            self.die_max_draw_count = len(bitmap_arr)    # ⑤
        self.draw_index %= len(bitmap_arr)
        # 获取当前绘制的动画帧对应的位图
        bitmap = bitmap_arr[self.draw_index]  # ①
        if bitmap == None:
            return
        draw_x = self.x
        # 对绘制怪物动画帧位图的 X 坐标进行微调
        if self.is_die:
            if type == TYPE_BOMB:
                draw_x = self.x - 50
            elif type == TYPE_MAN:
                draw_x = self.x + 50
        # 对绘制怪物动画帧位图的 Y 坐标进行微调
        draw_y = self.y - bitmap.get_height()
        # 绘制怪物动画帧的位图
        screen.blit(bitmap, (draw_x, draw_y))
```

```
        self.start_x = draw_x
        self.start_y = draw_y
        self.end_x = self.start_x + bitmap.get_width()
        self.end_y = self.start_y + bitmap.get_height()
        self.draw_count += 1
        # 控制人、飞机发射子弹的速度
        if self.draw_count >= (COMMON_SPEED_THRESHOLD if type == TYPE_MAN
                else MAN_SPEED_THRESHOLD):  # ③
            # 如果怪物是人，则只在第 3 帧才发射子弹
            if self.type == TYPE_MAN and self.draw_index == 2:
                self.add_bullet()
            # 如果怪物是飞机，则只在最后一帧才发射子弹
            if self.type == TYPE_FLY and self.draw_index == len(bitmap_arr) - 1:
                self.add_bullet()
            self.draw_index += 1   # ②
            self.draw_count = 0    # ④
        # 每播放死亡动画的一帧，self.die_max_draw_count 就减 1
        # 当 self.die_max_draw_count 等于 0 时，表明死亡动画播放完成
        if self.is_die:
            self.die_max_draw_count -= 1   # ⑥
        # 绘制子弹
        self.draw_bullets(screen, view_manager)
```

上面代码包含两个方法，draw(self, screen, view_manager)方法只是简单地对怪物类型进行判断，并针对不同类型的怪物使用不同的怪物动画。draw(self, screen, view_manager)方法总是调用 draw_anim(self, screen, view_manager, bitmap_arr)方法来绘制怪物，在调用时会根据怪物类型、怪物是否死亡传入不同的图片数组——每个图片数组就代表一组动画帧的所有图片。

draw_anim()方法中的①号粗体字代码根据 self.draw_index 来获取当前帧对应的图片，而程序执行 draw_anim()方法时，②号粗体字代码可以控制 self.draw_index 加 1，这样即可保证下次调用 draw_anim()方法时就会绘制动画的下一帧。

draw_anim()方法还涉及一个 self.draw_count 变量，这个变量是控制动画刷新速度的计数器——程序在③号粗体字代码处进行了控制：只有当 self.draw_count 的值大于 10（对于其他类型的怪物，该值为 8）时才会调用 self.draw_index += 1，这意味着当怪物类型是 TYPE_MAN 时，draw_anim()方法至少被调用 8 次才会将 self.draw_index 加 1（即绘制下一帧位图）；当怪物是其他类型时，draw_anim()方法至少被调用 6 次才会将 self.draw_index 加 1（即绘制下一帧位图）——这是因为使用 pygame 控制动画刷新的频率是固定的，如果不加任何控制，游戏界面上的所有怪物“动”的速度就会是一样的，而且都动得非常快。为了解决这个问题，程序就需要使用 self.draw_count 来控制不同怪物 pygame 每刷新几次才更新一次动画帧。对于上面的代码来说，如果怪物类型是 TYPE_MAN，则只有当 self.draw_count 的值大于 10 时才会更新一次动画帧，这意味着只有当 pygame 每刷新 10 次时才会更新一次动画帧；如果是其他类型的怪物，那么只有当 self.draw_count 的值大于 6 时才会更新一次动画帧，这意味着只有当 pygame 每刷新 6 次时才会更新一次动画帧。

提示

如果游戏中还有更多类型的怪物，且这些怪物的动画帧具有不同的更新速度，那么程序还需要进行更细致的判断。

draw_anim()方法还涉及一个 self.die_max_draw_count 变量，这个变量用于控制怪物的死亡动画只会被绘制一次——在怪物临死之前，程序都必须播放怪物的死亡动画，该动画播放完成后，就应该从地图上删除该怪物。当怪物已经死亡（is_die 为真）且还未绘制死亡动画的任何帧时（self.die_max_draw_count 等于初始值），程序在⑤号粗体字代码处将 self.die_max_draw_count 设置为与死亡动画的总帧数相等，程序每次调用 draw_anim()方法时，⑥号粗体字代码都会把

self.die_max_draw_count 减 1。当 self.die_max_draw_count 变为 0 时，表明该怪物的死亡动画的所有帧都绘制完成，接下来程序即可将该怪物从地图上删除了——在后面的 monster_manager.py 中将会看到，当 self.die_max_draw_count 为 0 时，程序将怪物从地图上删除的代码。

Monster 还包含了 start_x、start_y、end_x、end_y 四个变量，这些变量就代表怪物当前帧所覆盖的矩形区域。因此，如果程序需要判断该怪物是否被子弹打中，那么只要子弹出现在该矩形区域内，即可判断出怪物被子弹打中。下面是判断怪物是否被子弹打中的方法。

程序清单：codes\18\metal_slug_v1\monster.py

```
    # 判断怪物是否被子弹打中的方法
    def is_hurt(self, x, y):
        return self.start_x < x < self.end_x and self.start_y < y < self.end_y
```

接下来实现怪物发射子弹的方法。

程序清单：codes\18\metal_slug_v1\monster.py

```
    # 根据怪物类型获取子弹类型，不同怪物发射不同的子弹
    # return 0 代表这种怪物不发射子弹
    def bullet_type(self):
        if self.type == TYPE_BOMB:
            return 0
        elif self.type == TYPE_FLY:
            return BULLET_TYPE_3
        elif self.type == TYPE_MAN:
            return BULLET_TYPE_2
        else:
            return 0

    # 定义发射子弹的方法
    def add_bullet(self):
        # 如果没有子弹
        if self.bullet_type() <= 0:
            return
        # 计算子弹的 X、Y 坐标
        draw_x = self.x
        draw_y = self.y - 60
        # 如果怪物是飞机，则重新计算飞机发射的子弹的 Y 坐标
        if self.type == TYPE_FLY:
            draw_y = self.y - 30
        # 创建子弹对象
        bullet = Bullet(self.bullet_type(), draw_x, draw_y, player.DIR_LEFT)
        # 将子弹对象添加到该怪物发射的子弹 Group 中
        self.bullet_list.add(bullet)
```

怪物发射子弹的方法是 add_bullet()，该方法需要调用 bullet_type(self)方法来判断该怪物所发射的子弹类型（不同怪物可能需要发射不同的子弹）。如果 bullet_type(self)方法返回 0，则代表这种怪物不发射子弹。

一旦确定怪物发射子弹的类型，程序就可根据不同怪物计算子弹的初始 *X*、*Y* 坐标——基本上，保持子弹的 *X*、*Y* 坐标与怪物当前的 *X*、*Y* 坐标相同，再进行适当微调即可。程序最后的两行粗体字代码创建了一个 Bullet 对象（子弹实例），并将新的 Bullet 对象添加到 self.bullet_list 中。

当怪物发射子弹之后，程序还需要绘制该怪物的所有子弹。下面是绘制怪物发射的所有子弹的方法。

程序清单：codes\18\metal_slug_v1\monster.py

```
    # 更新所有子弹的位置：将所有子弹的 X 坐标减少 shift 距离（子弹左移）
    def update_shift(self, shift):
        self.x -= shift
```

```
            for bullet in self.bullet_list:
                if bullet != None:
                    bullet.x -= shift

    # 绘制子弹的方法
    def draw_bullets(self, screen, view_manager) :
        # 遍历该怪物发射的所有子弹
        for bullet in self.bullet_list.copy():
            # 如果子弹已经越过屏幕
            if bullet.x <= 0 or bullet.x > view_manager.screen_width:
                # 删除已经移出屏幕的子弹
                self.bullet_list.remove(bullet)  # ⑦
        # 绘制所有子弹
        for bullet in self.bullet_list.sprites():
            # 获取子弹对应的位图
            bitmap = bullet.bitmap(view_manager)
            if bitmap == None:
                continue
            # 子弹移动
            bullet.move()
            # 绘制子弹位图
            screen.blit(bitmap, (bullet.x, bullet.y))
```

上面程序中的 update_shift(self, shift)方法负责将怪物发射的所有子弹全部左移 shift 距离，这是因为界面上的角色会不断地向右移动，产生一个 shift 偏移，所以程序就需要将怪物（包括其所有子弹）全部左移 shift 距离，这样才会产生逼真的效果。

上面程序中的⑦号粗体字代码负责将越过屏幕的子弹删除。

接下来，程序采用循环遍历该怪物发射的所有子弹。先获取子弹对应的位图，然后调用子弹的 move()方法控制子弹移动。上面方法中的最后一行粗体字代码负责绘制子弹位图。

18.3.3　实现怪物管理

由于游戏界面上会出现很多怪物，因此需要额外定义一个怪物管理程序来专门负责管理怪物的随机产生、死亡等行为。

为了有效地管理游戏界面上所有活着的怪物和已死的怪物（保存已死的怪物是为了绘制死亡动画），为怪物管理程序定义如下两个变量。

程序清单：codes\18\metal_slug_v1\monster_manager.py

```
# 保存所有死掉的怪物，保存它们是为了绘制死亡动画，绘制完成后清除这些怪物
die_monster_list = Group()
# 保存所有活着的怪物
monster_list = Group()
```

接下来在怪物管理程序中定义一个随机生成怪物的工具函数。

程序清单：codes\18\metal_slug_v1\monster_manager.py

```
# 随机生成并添加怪物的函数
def generate_monster(view_manager):
    if len(monster_list) < 3 + randint(0, 2):
        # 创建新怪物
        monster = Monster(view_manager, randint(1, 3))
        monster_list.add(monster)
```

前面已经指出，当玩家控制游戏界面上的角色不断向右移动时，程序界面上的所有怪物、怪物的子弹都必须不断地左移，因此需要在 monster_manager 程序中定义一个控制所有怪物及其子弹不断左移的函数。

程序清单：codes\18\metal_slug_v1\monster_manager.py

```
# 更新怪物与子弹的坐标的函数
def update_posistion(screen, view_manager, player, shift):
    # 定义一个 list 列表，保存所有将要被删除的怪物
    del_list = []
    # 遍历怪物 Group
    for monster in monster_list.sprites():
        monster.draw_bullets(screen, view_manager)
        # 更新怪物、怪物所有子弹的位置
        monster.update_shift(shift)  # ①
        # 如果怪物的 X 坐标越界，则将怪物添加到 del_list 列表中
        if monster.x < 0:
            del_list.append(monster)
    # 删除 del_list 列表中的所有怪物
    monster_list.remove(del_list)
    del_list.clear()
    # 遍历所有已死的怪物 Group
    for monster in die_monster_list.sprites():
        # 更新怪物、怪物所有子弹的位置
        monster.update_shift(shift)  # ②
        # 如果怪物的 X 坐标越界，则将怪物添加到 del_list 列表中
        if monster.x < 0:
            del_list.append(monster)
    # 删除 del_list 列表中的所有怪物
    die_monster_list.remove(del_list)
```

上面程序中的①号粗体字代码处于循环体之内，该循环将会控制把所有活着的怪物及其子弹全部左移 shift 距离，如果移动之后怪物的 *X* 坐标超出了屏幕范围，程序就会清除该怪物；②号粗体字代码同样处于循环体之内，其处理方式与①号粗体字代码的处理方式几乎是一样的，只是它负责处理的是界面上已死的怪物。

monster_manager 还需要定义一个绘制所有怪物的函数。该函数的实现逻辑也非常简单，只要分别遍历该程序的 die_monster_list 和 monster_list 两个 Group，并将 Group 中的所有怪物绘制出来即可。对于 die_monster_list 中的怪物，它们都是将要死亡的怪物，因此，只要将它们的死亡动画帧都绘制一次，接下来就应该清除这些怪物了——当 Monster 实例的 self.die_max_draw_count 成员变量为 0 时，就代表所有的死亡动画帧都绘制了一次。

下面是 draw_monster()函数的代码，该函数就负责绘制所有怪物。

程序清单：codes\18\metal_slug_v1\monster_manager.py

```
# 绘制所有怪物的函数
def draw_monster(screen, view_manager):
    # 遍历所有活着的怪物，绘制活着的怪物
    for monster in monster_list.sprites():
        # 绘制怪物
        monster.draw(screen, view_manager)
    del_list = []
    # 遍历所有已经死亡的怪物，绘制已经死亡的怪物
    for monster in die_monster_list.sprites():
        # 绘制怪物
        monster.draw(screen, view_manager)
        # 当怪物的 die_max_draw_count 返回 0 时，表明该怪物已经死亡
        # 且该怪物的死亡动画的所有帧都播放完成，将它们彻底删除
        if monster.die_max_draw_count <= 0:  # ③
            del_list.append(monster)
    die_monster_list.remove(del_list)
```

上面程序中的第一行粗体字代码负责遍历所有活着的怪物，并将它们绘制出来；第二行粗体字

代码则负责遍历所有已经死亡的怪物，并将它们绘制出来。程序中③号粗体字代码检测该怪物的self.die_max_draw_count是否为0，如果为0，则表明该怪物已经死亡，且该怪物的死亡动画的所有帧都播放完成，应该将它们彻底删除。

18.3.4 实现“子弹”类

本游戏的子弹类比较简单，因此只需要定义如下属性即可。

- 子弹的类型。
- 子弹的 *X*、*Y* 坐标。
- 子弹的射击方向（向左或向右）。
- 子弹在垂直方向（*Y* 方向）上的加速度。

本游戏中的子弹不会产生爆炸效果。对子弹的处理思路是：只要子弹打中目标，子弹就会自动消失。

基于上面分析，程序为Bullet类定义了如下构造器，该构造器用于初始化子弹的成员变量的值。

程序清单：codes\18\metal_slug_v1\bullet.py

```
import pygame
from pygame.sprite import Sprite
import player

# 定义代表子弹类型的常量（如果程序需要增加更多的子弹，则只需在此处添加常量即可）
BULLET_TYPE_1 = 1
BULLET_TYPE_2 = 2
BULLET_TYPE_3 = 3
BULLET_TYPE_4 = 4

# 子弹类
class Bullet(Sprite):
    def __init__ (self, tipe, x, y, pdir):
        super().__init__()
        # 定义子弹的类型
        self.type = tipe
        # 子弹的 X、Y 坐标
        self.x = x
        self.y = y
        # 定义子弹的射击方向
        self.dir = pdir
        # 定义子弹在 Y 方向上的加速度
        self.y_accelate = 0
        # 子弹是否有效
        self.is_effect = True
    ...
```

上面Bullet类的构造器用于对子弹的类型，*X*、*Y* 坐标，方向执行初始化。

本游戏中不同怪物、角色发射的子弹各不相同，因此对不同类型的子弹将会采用不同的位图。下面是Bullet类根据子弹类型来获取对应位图的方法。

程序清单：codes\18\metal_slug_v1\bullet.py

```
    # 根据子弹类型来获取对应的位图
    def bitmap(self, view_manager):
        return view_manager.bullet_images[self.type - 1]
```

从上面程序可以看出，根据子弹类型来获取对应位图的处理方式玩了一个小技巧——程序使用view_manager的bullet_images列表来管理所有子弹的位图，第一种子弹（type属性值为BULLET_TYPE_1）的位图正好对应bullet_images列表的第一个元素，因此直接通过子弹的type

属性即可获取 bullet_images 列表中的位图。

接下来，程序还可以计算子弹在水平方向、垂直方向上的速度。下面的两个方法就是用于实现该功能的。

程序清单：codes\18\metal_slug_v1\bullet.py

```
    # 根据子弹类型来计算子弹在 X 方向上的速度
    def speed_x(self):
            # 根据玩家的方向来计算子弹方向和移动方向
            sign = 1 if self.dir == player.DIR_RIGHT else -1
            # 对于第 1 种子弹，以 12 为基数来计算其速度
            if self.type == BULLET_TYPE_1:
                return 12 * sign
            # 对于第 2 种子弹，以 8 为基数来计算其速度
            elif self.type == BULLET_TYPE_2:
                return 8 * sign
            # 对于第 3 种子弹，以 8 为基数来计算其速度
            elif self.type == BULLET_TYPE_3:
                return 8 * sign
            # 对于第 4 种子弹，以 8 为基数来计算其速度
            elif self.type == BULLET_TYPE_4:
                return 8 * sign
            else:
                return 8 * sign

    # 根据子弹类型来计算子弹在 Y 方向上的速度
    def speed_y(self):
        # 如果 self.y_accelate 不为 0，则以 self.y_accelate 作为 Y 方向上的速度
        if self.y_accelate != 0:
            return self.y_accelate
        # 此处控制只有第 3 种子弹才有 Y 方向上的速度（子弹会斜着向下移动）
        if self.type == BULLET_TYPE_1 or self.type == BULLET_TYPE_2 \
            or self.type == BULLET_TYPE_4:
            return 0
        elif self.type == BULLET_TYPE_3:
            return 6
```

从上面代码可以看出，当程序要计算子弹在 *X* 方向上的速度时，首先判断该子弹的射击方向是否向右，如果子弹的射击方向是向右的，那么子弹在 *X* 方向上的速度为正值（保证子弹不断地向右移动）；如果子弹的射击方向是向左的，那么子弹在 *X* 方向上的速度为负值（保证子弹不断地向左移动）。

> **提示**
> 上面程序用到了 player 程序中定义的一个常量，因此还需要一个 player.py 文件。player 程序的具体内容可参考 codes\18\metal_slug_v1 目录下的 player.py 文件。

接下来程序计算子弹在 *X* 方向上的速度就非常简单了。除第 1 种子弹以 12 为基数来计算 *X* 方向上的速度之外，其他子弹都是以 8 为基数来计算的，这意味着只有第 1 种子弹的速度是最快的。

在计算 *Y* 方向上的速度时，程序的计算逻辑也非常简单。如果该子弹的 self.y_accelate 不为 0（*Y* 方向上的加速度不为 0），则直接以 self.y_accelate 作为子弹在 *Y* 方向上的速度。这是因为程序设定玩家在跳起的过程中发射的子弹应该是斜向上射出的；玩家在降落的过程中发射的子弹应该是斜向下射出的。除此之外，程序还使用 if 语句对子弹的类型进行判断：如果是第 3 种子弹，其将具有 *Y* 方向上的速度（这意味着子弹会不断地向下移动）——这是因为程序设定飞机发射的是第 3 种子弹，这种子弹会模拟飞机投弹斜向下移动。

程序计算出子弹在 *X* 方向、*Y* 方向上的移动速度之后，接下来控制子弹移动就非常简单了——使

用 *X* 坐标加上 *X* 方向上的速度、*Y* 坐标加上 *Y* 方向上的速度来控制。下面是控制子弹移动的方法。

程序清单：codes\18\metal_slug_v1\bullet.py

```
    # 定义控制子弹移动的方法
    def move(self):
        self.x += self.speed_x()
        self.y += self.speed_y()
```

18.3.5 加载、管理游戏图片

为了统一管理游戏中所有的图片、声音资源，本游戏开发了一个 ViewManager 工具类，该工具类主要用于加载、管理游戏的图片资源，这样 Monster、Bullet 类就可以正常地显示出来。

ViewManager 类定义了如下构造器来管理游戏涉及的图片资源。

程序清单：codes\18\metal_slug_v1\view_manager.py

```
import pygame

# 管理图片加载和图片绘制的工具类
class ViewManager:
    # 加载所有游戏图片、声音的方法
    def __init__ (self):
        self.screen_width = 1200
        self.screen_height = 600
        # 保存角色生命值的成员变量
        x = self.screen_width * 15 / 100
        y = self.screen_height * 75 / 100
        # 控制角色的默认坐标
        self.X_DEFAULT = x
        self.Y_DEFALUT = y
        self.Y_JUMP_MAX = self.screen_height * 50 / 100

        self.map = pygame.image.load("images/map.jpg")
        self.map_back = pygame.image.load("images/game_back.jpg")
        self.map_back = pygame.transform.scale(self.map_back, (1200, 600))
        # 加载角色站立时腿部动画帧的图片
        self.leg_stand_images = []
        self.leg_stand_images.append(pygame.image.load("images/leg_stand.png"))
        # 加载角色站立时头部动画帧的图片
        self.head_stand_images = []
        self.head_stand_images.append(pygame.image.load("images/head_stand_1.png"))
        self.head_stand_images.append(pygame.image.load("images/head_stand_2.png"))
        self.head_stand_images.append(pygame.image.load("images/head_stand_3.png"))
        # 加载角色跑动时腿部动画帧的图片
        self.leg_run_images = []
        self.leg_run_images.append(pygame.image.load("images/leg_run_1.png"))
        self.leg_run_images.append(pygame.image.load("images/leg_run_2.png"))
        self.leg_run_images.append(pygame.image.load("images/leg_run_3.png"))
        # 加载角色跑动时头部动画帧的图片
        self.head_run_images = []
        self.head_run_images.append(pygame.image.load("images/head_run_1.png"))
        self.head_run_images.append(pygame.image.load("images/head_run_2.png"))
        self.head_run_images.append(pygame.image.load("images/head_run_3.png"))
        # 加载角色跳跃时腿部动画帧的图片
        self.leg_jump_images = []
        self.leg_jump_images.append(pygame.image.load("images/leg_jum_1.png"))
        self.leg_jump_images.append(pygame.image.load("images/leg_jum_2.png"))
        self.leg_jump_images.append(pygame.image.load("images/leg_jum_3.png"))
        self.leg_jump_images.append(pygame.image.load("images/leg_jum_4.png"))
        self.leg_jump_images.append(pygame.image.load("images/leg_jum_5.png"))
        # 加载角色跳跃时头部动画帧的图片
```

```
self.head_jump_images = []
self.head_jump_images.append(pygame.image.load("images/head_jump_1.png"))
self.head_jump_images.append(pygame.image.load("images/head_jump_2.png"))
self.head_jump_images.append(pygame.image.load("images/head_jump_3.png"))
self.head_jump_images.append(pygame.image.load("images/head_jump_4.png"))
self.head_jump_images.append(pygame.image.load("images/head_jump_5.png"))
# 加载角色射击时头部动画帧的图片
self.head_shoot_images = []
self.head_shoot_images.append(pygame.image.load("images/head_shoot_1.png"))
self.head_shoot_images.append(pygame.image.load("images/head_shoot_2.png"))
self.head_shoot_images.append(pygame.image.load("images/head_shoot_3.png"))
self.head_shoot_images.append(pygame.image.load("images/head_shoot_4.png"))
self.head_shoot_images.append(pygame.image.load("images/head_shoot_5.png"))
self.head_shoot_images.append(pygame.image.load("images/head_shoot_6.png"))
# 加载子弹图片
self.bullet_images = []
self.bullet_images.append(pygame.image.load("images/bullet_1.png"))
self.bullet_images.append(pygame.image.load("images/bullet_2.png"))
self.bullet_images.append(pygame.image.load("images/bullet_3.png"))
self.bullet_images.append(pygame.image.load("images/bullet_4.png"))
self.head = pygame.image.load("images/head.png")
# 加载第一种怪物（炸弹）未爆炸时动画帧的图片
self.bomb_images = []
self.bomb_images.append(pygame.image.load("images/bomb_1.png"))
self.bomb_images.append(pygame.image.load("images/bomb_2.png"))
# 加载第一种怪物（炸弹）爆炸时的图片
self.bomb2_images = []
self.bomb2_images.append(pygame.image.load("images/bomb2_1.png"))
self.bomb2_images.append(pygame.image.load("images/bomb2_2.png"))
self.bomb2_images.append(pygame.image.load("images/bomb2_3.png"))
self.bomb2_images.append(pygame.image.load("images/bomb2_4.png"))
self.bomb2_images.append(pygame.image.load("images/bomb2_5.png"))
self.bomb2_images.append(pygame.image.load("images/bomb2_6.png"))
self.bomb2_images.append(pygame.image.load("images/bomb2_7.png"))
self.bomb2_images.append(pygame.image.load("images/bomb2_8.png"))
self.bomb2_images.append(pygame.image.load("images/bomb2_9.png"))
self.bomb2_images.append(pygame.image.load("images/bomb2_10.png"))
self.bomb2_images.append(pygame.image.load("images/bomb2_11.png"))
self.bomb2_images.append(pygame.image.load("images/bomb2_12.png"))
self.bomb2_images.append(pygame.image.load("images/bomb2_13.png"))
# 加载第二种怪物（飞机）的动画帧的图片
self.fly_images = []
self.fly_images.append(pygame.image.load("images/fly_1.gif"))
self.fly_images.append(pygame.image.load("images/fly_2.gif"))
self.fly_images.append(pygame.image.load("images/fly_3.gif"))
self.fly_images.append(pygame.image.load("images/fly_4.gif"))
self.fly_images.append(pygame.image.load("images/fly_5.gif"))
self.fly_images.append(pygame.image.load("images/fly_6.gif"))
# 加载第二种怪物（飞机）爆炸时动画帧的图片
self.fly_die_images = []
self.fly_die_images.append(pygame.image.load("images/fly_die_1.png"))
self.fly_die_images.append(pygame.image.load("images/fly_die_2.png"))
self.fly_die_images.append(pygame.image.load("images/fly_die_3.png"))
self.fly_die_images.append(pygame.image.load("images/fly_die_4.png"))
self.fly_die_images.append(pygame.image.load("images/fly_die_5.png"))
self.fly_die_images.append(pygame.image.load("images/fly_die_6.png"))
self.fly_die_images.append(pygame.image.load("images/fly_die_7.png"))
self.fly_die_images.append(pygame.image.load("images/fly_die_8.png"))
self.fly_die_images.append(pygame.image.load("images/fly_die_9.png"))
self.fly_die_images.append(pygame.image.load("images/fly_die_10.png"))
# 加载第三种怪物（人）活着时的动画帧的图片
self.man_images = []
self.man_images.append(pygame.image.load("images/man_1.png"))
self.man_images.append(pygame.image.load("images/man_2.png"))
```

```
        self.man_images.append(pygame.image.load("images/man_3.png"))
        # 加载第三种怪物（人）死亡时的动画帧的图片
        self.man_die_images = []
        self.man_die_images.append(pygame.image.load("images/man_die_1.png"))
        self.man_die_images.append(pygame.image.load("images/man_die_2.png"))
        self.man_die_images.append(pygame.image.load("images/man_die_3.png"))
        self.man_die_images.append(pygame.image.load("images/man_die_4.png"))
        self.man_die_images.append(pygame.image.load("images/man_die_5.png"))
```

上面代码比较简单，程序为每组图片创建一个 list 列表，然后使用该 list 列表来管理 pygame.image 加载的图片。

提示

随着游戏规模的加大，游戏可能需要添加更多的怪物、更多的角色，那么此处加载动画帧的代码将会更多。

18.3.6　让游戏"运行"起来

现在，我们已经完成了 Monster 和 monster_manager 程序，将它们组合起来即可在界面上生成、绘制怪物；同时也创建了 Bullet 类，这样 Monster 即可通过 Bullet 来发射子弹。

下面开始创建游戏界面，并使用 monster_manager 在界面上添加怪物。

先看主程序代码。

程序清单：codes\18\metal_slug_v1\metal_slug.py

```
import pygame
import sys
from view_manager import ViewManager
import game_functions as gf
import monster_manager as mm

def run_game():
    # 初始化游戏
    pygame.init()
    # 创建 ViewManager 对象
    view_manager = ViewManager()
    # 设置显示屏幕，返回 Surface 对象
    screen = pygame.display.set_mode((view_manager.screen_width,
        view_manager.screen_height))
    # 设置标题
    pygame.display.set_caption('合金弹头')

    while(True):
        # 处理游戏事件
        gf.check_events(screen, view_manager)
        # 更新游戏屏幕
        gf.update_screen(screen, view_manager, mm)
run_game()
```

上面主程序定义了一个 run_game()函数，该函数的第一行粗体字代码用于初始化 pygame，这是使用 pygame 开发游戏必须做的第一件事；第二行粗体字代码设置游戏界面的宽和高，set_mode 函数将会返回代表游戏界面的 Surface 对象。

在初始化游戏界面之后，程序使用一个死循环（while(True)）不断地处理游戏的交互事件、屏幕刷新。本游戏使用 game_functions 程序来处理游戏的交互事件、屏幕刷新。下面是 game_functions 程序的代码。

程序清单：codes\18\metal_slug_v1\game_functions.py

```
import sys
import pygame

def check_events(screen, view_manager):
    ''' 响应按键和鼠标事件 '''
    for event in pygame.event.get():
        # 处理游戏退出
        if event.type == pygame.QUIT:
            sys.exit()

def update_screen(screen, view_manager, mm):
    ''' 处理更新游戏界面的方法 '''
    # 随机生成怪物
    mm.generate_monster(view_manager)
    # 绘制背景图片
    screen.blit(view_manager.map, (0, 0))
    # 绘制怪物
    mm.draw_monster(screen, view_manager)

    # 更新屏幕显示，放在最后一行
    pygame.display.flip()
```

上面程序先定义了一个简单的事件处理函数 check_events()，该函数判断如果游戏获得的事件是 pygame.QUIT（程序退出），程序就调用 sys.exit()退出游戏。

上面程序中第一行粗体字代码调用 monster_manager 程序的 generate_monster()函数来生成怪物；第二行粗体字代码在 screen 上绘制图片作为地图；第三行粗体字代码调用 monster_manager 程序的 draw_monster()函数来绘制怪物。

至此，已经完成了该游戏最基础的部分：绘制地图，在地图上绘制怪物。运行上面的 metal_slug 程序，将可以看到如图 18.4 所示的有多个怪物的游戏界面。

图 18.4 monster_manager 自动生成多个怪物

18.4 增加“角色”

游戏的角色类（也就是受玩家控制的那个人）和怪物类其实差不多，它们具有很多相似的地方，因此在类实现上有很多相似之处。不过，由于角色需要受玩家控制，其动作比较多，因此程序需要额外为角色定义一个成员变量，用于记录该角色正在执行的动作，并且需要将角色的头部和腿部分开进行处理。

18.4.1 开发“角色”类

本游戏采用迭代方式进行开发，因此本节将开发 metal_slug_v2 版本。该版本的游戏需要实现角色类，因此程序使用 player.py 文件来定义 Player 类。下面是 Player 类的构造器。

程序清单：codes\18\metal_slug_v2\player.py

```
import pygame
import sys
from random import randint
from pygame.sprite import Sprite
from pygame.sprite import Group
import pygame.font

from bullet import *
import monster_manager as mm

# 定义角色的最高生命值
MAX_HP = 50
# 定义控制角色动作的常量
# 此处控制该角色只包含站立、跑动、跳跃等动作
ACTION_STAND_RIGHT = 1
ACTION_STAND_LEFT = 2
ACTION_RUN_RIGHT = 3
ACTION_RUN_LEFT = 4
ACTION_JUMP_RIGHT = 5
ACTION_JUMP_LEFT = 6
# 定义角色向右移动的常量
DIR_RIGHT = 1
# 定义角色向左移动的常量
DIR_LEFT = 2
# 定义控制角色移动的常量
# 此处控制该角色只包含站立、向右移动、向左移动三种移动方式
MOVE_STAND = 0
MOVE_RIGHT = 1
MOVE_LEFT = 2
MAX_LEFT_SHOOT_TIME = 6

class Player(Sprite):
    def __init__(self, view_manager, name, hp):
        super().__init__()
        self.name = name # 保存角色名字的成员变量
        self.hp = hp # 保存角色生命值的成员变量
        self.view_manager = view_manager
        # 保存角色所使用枪的类型（以后可考虑让角色能更换不同的枪）
        self.gun = 0
        # 保存角色当前动作的成员变量（默认向右站立）
        self.action = ACTION_STAND_RIGHT
        # 代表角色 X 坐标的属性
        self._x = -1
        # 代表角色 Y 坐标的属性
        self.y = -1
        # 保存角色发射的所有子弹
        self.bullet_list = Group()
        # 保存角色移动方式的成员变量
        self.move = MOVE_STAND
        # 控制射击状态的保留计数器
        # 每当角色发射一枪时，left_shoot_time 都会被设置为 MAX_LEFT_SHOOT_TIME，然后递减
        # 只有当 left_shoot_time 变为 0 时，角色才能发射下一枪
        self.left_shoot_time = 0
        # 保存角色是否跳跃的属性
        self._is_jump = False
        # 保存角色是否跳到最高处的成员变量
        self.is_jump_max = False
        # 控制跳到最高处的停留时间
```

```
        self.jump_stop_count = 0
        # 当前正在绘制角色腿部动画的第几帧
        self.index_leg = 0
        # 当前正在绘制角色头部动画的第几帧
        self.index_head = 0
        # 当前绘制头部图片的 X 坐标
        self.current_head_draw_x = 0
        # 当前绘制头部图片的 Y 坐标
        self.current_head_draw_y = 0
        # 当前正在绘制的脚部动画帧的图片
        self.current_leg_bitmap = None
        # 当前正在绘制的头部动画帧的图片
        self.current_head_bitmap = None
        # 该变量控制动画刷新的速度
        self.draw_count = 0
        # 加载中文字体
        self.font = pygame.font.Font('images/msyh.ttf', 20)
    ...
```

上面程序中的粗体字代码成员变量正是角色类与怪物类的差别所在，由于角色有名字、生命值（hp）、动作、移动方式这些特殊的状态，因此程序为角色定义了 name、hp、action、move 这些成员变量。

上面程序还为 Player 类定义了一个 self.left_shoot_time 变量，该变量的作用有两个。

- 当角色的 self.left_shoot_time 不为 0 时，表明角色当前正处于射击状态，因此，此时角色的头部动画必须使用射击的动画帧。
- 当角色的 self.left_shoot_time 不为 0 时，表明角色当前正处于射击状态，因此，角色不能立即发射下一枪——必须等到 self.left_shoot_time 为 0 时，角色才能发射下一枪。这意味着即使玩家按下“射击”按钮，也必须等到角色发射完上一枪后才能发射下一枪。

上面程序中的最后 6 行粗体字代码是与绘制角色位图相关的成员变量。从这些成员变量可以看出，程序对角色按头部和腿部分开进行处理，因此需要为头部和腿部分开定义相应的成员变量。

为了计算角色的方向（程序需要根据角色的方向来绘制角色），程序为 Player 类提供了如下方法。

程序清单：codes\18\metal_slug_v2\player.py

```
    # 计算该角色的当前方向：action 变量的值为奇数代表向右
    def get_dir(self):
        return DIR_RIGHT if self.action % 2 == 1 else DIR_LEFT
```

从上面代码可以看出，程序可以根据角色的 self.action 来计算其方向，只要 self.action 变量的值为奇数，即可判断出该角色的方向为向右。

由于程序对 Player 的 self._x 变量赋值时需要进行逻辑控制，因此应该提供 setter 方法来控制对 self._x 的赋值，提供 getter 方法来访问 self._x 的值，并使用 property 为 self._x 定义 x 属性。在 Player 类中增加如下代码。

程序清单：codes\18\metal_slug_v2\player.py

```
    def get_x(self):
        return self._x
    def set_x(self, x_val):
            self._x = x_val % (self.view_manager.map.get_width() +
                self.view_manager.X_DEFAULT)
            # 如果角色移动到屏幕最左边
            if self._x < self.view_manager.X_DEFAULT:
                self._x = self.view_manager.X_DEFAULT
    x = property(get_x, set_x)
```

Player 的 self._is_jump 在赋值时也需要进行额外的控制，因此程序也需要按以上方式为 self._is_jump 定义 is_jump 属性。在 Player 类中增加如下代码。

程序清单：codes\18\metal_slug_v2\player.py

```
def get_is_jump(self):
    return self._is_jump
def set_is_jump(self, jump_val):
    self._is_jump = jump_val
    self.jump_stop_count = 6
is_jump = property(get_is_jump, set_is_jump)
```

在介绍 Monster 类时提到，为了更好地在屏幕上绘制 Monster 对象以及所有子弹，程序需要根据角色在游戏界面上的位移来控制 Monster 及所有子弹的偏移，因此需要为 Player 方法计算角色在游戏界面上的位移。下面是 Player 类中计算位移的方法。

程序清单：codes\18\metal_slug_v2\player.py

```
# 返回该角色在游戏界面上的位移
def shift(self):
    if self.x <= 0 or self.y <= 0:
        self.init_position()
    return self.view_manager.X_DEFAULT - self.x
```

从上面的粗体字代码可以看出，程序计算角色位移的方法很简单，只要用角色的初始 *X* 坐标减去其当前 *X* 坐标即可。

该游戏绘制角色和角色动画的方法，与绘制怪物和怪物动画的方法基本相似，只是程序需要分开绘制角色头部和腿部，读者可参考本书配套代码来理解绘制角色和角色动画的方法。

为了在游戏界面的左上角绘制角色的名字、头像、生命值，Player 类提供了如下方法。

程序清单：codes\18\metal_slug_v2\player.py

```
# 绘制角色的名字、头像、生命值的方法
def draw_head(self, screen):
    if self.view_manager.head == None:
        return
    # 对图片执行镜像（第二个参数控制水平镜像，第三个参数控制垂直镜像）
    head_mirror = pygame.transform.flip(self.view_manager.head, True, False)
    # 绘制头像
    screen.blit(head_mirror, (0, 0))
    # 将名字渲染成图片
    name_image = self.font.render(self.name, True, (230, 23, 23))
    # 绘制名字
    screen.blit(name_image, (self.view_manager.head.get_width(), 10))
    # 将生命值渲染成图片
    hp_image = self.font.render("HP:" + str(self.hp), True, (230, 23, 23))
    # 绘制生命值
    screen.blit(hp_image, (self.view_manager.head.get_width(), 30))
```

上面方法的实现非常简单，其中第一行粗体字将头像位图进行水平镜像，接下来将变换后的位图绘制在程序界面上；第二行粗体字代码将角色的名字渲染成图片，接下来即可将该图片绘制在程序界面上；第三行粗体字代码将角色的生命值渲染成图片，接下来即可将该图片绘制在程序界面上。

角色是否被子弹打中的方法与怪物是否被子弹打中的方法基本相似，只要判断子弹出现在角色图片覆盖的区域中，即可判断出角色被子弹打中了。

与怪物类相似的是，Player 类同样需要提供绘制子弹的方法，该方法负责绘制该角色发射的所有子弹。而且，在绘制子弹之前，应该先判断子弹是否已越过屏幕边界，如果子弹越过屏幕边界，则应该将其清除。由于绘制子弹的方法与在 Monster 类中绘制子弹的方法大致相似，因此这里不再赘述。

由于角色发射子弹是受玩家单击按钮控制的，但本游戏设定角色在发射子弹之后，必须等待一定的时间才能发射下一发子弹，因此，程序为 Player 定义了一个 self.left_shoot_time 计数器，只要该计数器不等于 0，角色就处于发射子弹的状态，不能发射下一发子弹。

下面是发射子弹的方法。

程序清单：codes\18\metal_slug_v2\player.py

```
    # 发射子弹的方法
    def add_bullet(self, view_manager):
        # 计算子弹的初始 X 坐标
        bullet_x = self.view_manager.X_DEFAULT + 50 if self.get_dir() \
            == DIR_RIGHT else self.view_manager.X_DEFAULT - 50
        # 创建子弹对象
        bullet = Bullet(BULLET_TYPE_1, bullet_x, self.y - 60, self.get_dir())
        # 将子弹对象添加到角色发射的子弹 Group 中
        self.bullet_list.add(bullet)
        # 在发射子弹时，将 self.left_shoot_time 设置为射击状态最大值
        self.left_shoot_time = MAX_LEFT_SHOOT_TIME
    # 绘制子弹
    def draw_bullet(self, screen):
        delete_list = []
        # 遍历角色发射的所有子弹
        for bullet in self.bullet_list.sprites():
            # 将所有越界的子弹都收集到 delete_list 列表中
            if bullet.x < 0 or bullet.x > self.view_manager.screen_width:
                delete_list.append(bullet)
        # 清除所有越界的子弹
        self.bullet_list.remove(delete_list)
        # 遍历角色发射的所有子弹
        for bullet in self.bullet_list.sprites():
            # 获取子弹对应的位图
            bitmap = bullet.bitmap(self.view_manager)
            # 子弹移动
            bullet.move()
            # 绘制子弹，根据子弹方向判断是否需要翻转图片
            if bullet.dir == DIR_LEFT:
                # 对图片执行镜像（第二个参数控制水平镜像，第三个参数控制垂直镜像）
                bitmap_mirror = pygame.transform.flip(bitmap, True, False)
                screen.blit(bitmap_mirror, (bullet.x, bullet.y))
            else:
                screen.blit(bitmap, (bullet.x, bullet.y))
```

正如从上面粗体字代码所看到的，每次发射子弹时都会将 self.left_shoot_time 设置为最大值，而 self.left_shoot_time 会随着动画帧的绘制不断自减，只有当 self.left_shoot_time 为 0 时才可判断出角色已结束射击状态。这样后面程序控制角色发射子弹时，也需要先判断 self.left_shoot_time：只有当 self.left_shoot_time 小于或等于 0 时（角色不处于发射状态），角色才可以发射子弹。

由于玩家还可以控制游戏界面上的角色移动、跳跃，因此，程序还需要实现角色移动以及角色移动与跳跃之间的关系。程序为 Player 类提供了如下两个方法。

程序清单：codes\18\metal_slug_v2\player.py

```
    # 处理角色移动的方法
    def move_position(self, screen):
        if self.move == MOVE_RIGHT:
            # 更新怪物的位置
            mm.update_posistion(screen, self.view_manager, self, 6)
            # 更新角色的位置
            self.x += 6
            if not self.is_jump:
```

```
                # 不跳跃时，需要设置动作
                self.action = ACTION_RUN_RIGHT
        elif self.move == MOVE_LEFT:
            if self.x - 6 < self.view_manager.X_DEFAULT:
                # 更新怪物的位置
                mm.update_posistion(screen, self.view_manager, self, \
                    -(self.x - self.view_manager.X_DEFAULT))
            else:
                # 更新怪物的位置
                mm.update_posistion(screen, self.view_manager, self, -6)
            # 更新角色的位置
            self.x -= 6
            if not self.is_jump:
                # 不跳跃时，需要设置动作
                self.action = ACTION_RUN_LEFT
        elif self.action != ACTION_JUMP_RIGHT and self.action != ACTION_JUMP_LEFT:
            if not self.is_jump:
                # 不跳跃时，需要设置动作
                self.action = ACTION_STAND_RIGHT

    # 处理角色移动与跳跃的逻辑关系
    def logic(self, screen):
        if not self.is_jump:
            self.move_position(screen)
            return
        # 如果还没有跳到最高点
        if not self.is_jump_max:
            self.action = ACTION_JUMP_RIGHT if self.get_dir() == \
                DIR_RIGHT else ACTION_JUMP_LEFT
            # 更新 Y 坐标
            self.y -= 8
            # 设置子弹在 Y 方向上具有向上的加速度
            self.set_bullet_y_accelate(-2)
            # 已经达到最高点
            if self.y <= self.view_manager.Y_JUMP_MAX:
                self.is_jump_max = True
        else:
            self.jump_stop_count -= 1
            # 如果在最高点停留的次数已经使用完
            if self.jump_stop_count <= 0:
                # 更新 Y 坐标
                self.y += 8
                # 设置子弹在 Y 方向上具有向下的加速度
                self.set_bullet_y_accelate(2)
                # 已经掉落到最低点
                if self.y >= self.view_manager.Y_DEFALUT:
                    # 恢复 Y 坐标
                    self.y = self.view_manager.Y_DEFALUT
                    self.is_jump = False
                    self.is_jump_max = False
                    self.action = ACTION_STAND_RIGHT
                else:
                    # 未掉落到最低点，继续使用跳跃动作
                    self.action = ACTION_JUMP_RIGHT if self.get_dir() == \
                    DIR_RIGHT else ACTION_JUMP_LEFT
        # 控制角色移动
        self.move_position(screen)
```

Player 类同样提供了 draw()和 draw_anim()方法，分别用于绘制角色和角色的动画帧。由于这两个方法与 Monster 类的对应方法大致相似，故此处不再进行介绍。在 Player 类中还包含了如下简单方法。

- is_die(self)：判断角色是否死亡的方法。
- init_position(self)：初始化角色初始坐标的方法。
- update_bullet_shift(self, shift)：更新角色所发射子弹位置的方法。
- set_bullet_y_accelate(self, accelate)：计算角色所发射子弹在垂直方向上的加速度的方法。

上面 4 个方法的代码比较简单，读者可参考 player.py 文件来了解。

18.4.2 添加角色

为了将角色添加进来，程序先为 Monster 类增加 check_bullet()方法，该方法用于判断怪物的子弹是否打中角色，如果打中角色，则删除该子弹。下面是该方法的代码。

程序清单：codes\18\metal_slug_v2\monster.py

```
    # 判断子弹是否与玩家控制的角色碰撞（判断子弹是否打中角色）
    def check_bullet(self, player):
        # 遍历所有子弹
        for bullet in self.bullet_list.copy():
            if bullet == None or not bullet.is_effect:
                continue
            # 如果玩家控制的角色被子弹打到
            if player.is_hurt(bullet.x, bullet.x, bullet.y, bullet.y):
                # 将子弹设为无效
                bullet.isEffect = False
                # 将玩家的生命值减 5
                player.hp = player.hp - 5
                # 删除已经打中角色的子弹
                self.bullet_list.remove(bullet)
```

接下来，需要在 monster_manager 程序的 update_posistion(screen, view_manager, player, shift)函数的结尾处增加一行代码（需要为原方法增加一个 player 形参），这行代码用于更新角色的子弹的位置。此外，还需要为 monster_manager 程序额外增加一个 check_monster()函数，该函数用于检测游戏界面上的怪物是否将要死亡，将要死亡的怪物将从 monster_list 中删除，并添加到 die_monster_list 中，然后程序负责绘制它们的死亡动画。

程序清单：codes\18\metal_slug_v2\monster_manager.py

```
# 更新怪物与子弹的坐标的函数
def update_posistion(screen, view_manager, player, shift):
    ...
    # 更新玩家控制的角色的子弹的坐标
    player.update_bullet_shift(shift)

# 检测怪物是否将要死亡的函数
def check_monster(view_manager, player):
    # 获取角色发射的所有子弹
    bullet_list = player.bullet_list
    # 定义一个 del_list 列表，用于保存将要死亡的怪物
    del_list = []
    # 定义一个 del_bullet_list 列表，用于保存所有将要被删除的子弹
    del_bullet_list = []
    # 遍历所有怪物
    for monster in monster_list.sprites():
        # 如果怪物是炸弹
        if monster.type == TYPE_BOMB:
            # 角色被炸弹炸到
            if player.is_hurt(monster.x, monster.end_x,
                monster.start_y, monster.end_y):
                # 将怪物设置为死亡状态
```

```
                monster.is_die = True
                # 将怪物（爆炸的炸弹）添加到 del_list 列表中
                del_list.append(monster)
                # 玩家控制的角色的生命值减 10
                player.hp = player.hp - 10
            continue
        # 对于其他类型的怪物，则需要遍历角色发射的所有子弹
        # 只要任何一颗子弹打中怪物，即可判断出怪物即将死亡
        for bullet in bullet_list.sprites():
            if not bullet.is_effect:
                continue
            # 如果怪物被角色的子弹打到
            if monster.is_hurt(bullet.x, bullet.y):
                # 将子弹设为无效
                bullet.is_effect = False
                # 将怪物设为死亡状态
                monster.is_die = True
                # 将怪物（被子弹打中的怪物）添加到 del_list 列表中
                del_list.append(monster)
                # 将打中怪物的子弹添加到 del_bullet_list 列表中
                del_bullet_list.append(bullet)
        # 将 del_bullet_list 中包含的所有子弹从 bullet_list 列表中删除
        bullet_list.remove(del_bullet_list)
        # 检测怪物的子弹是否打中角色
        monster.check_bullet(player)
    # 将已经死亡的怪物（保存在 del_list 列表中）添加到 die_monster_list 列表中
    die_monster_list.add(del_list)
    # 将已经死亡的怪物（保存在 del_list 列表中）从 monster_list 列表中删除
    monster_list.remove(del_list)
```

上面程序中的第一行粗体字代码就是为 update_posistion()函数额外增加的一行。

程序中 check_monster()函数的判断逻辑非常简单，程序把怪物分为两类进行处理。

- 如果怪物是地上的炸弹，只要炸弹炸到角色，炸弹也就即将死亡。上面程序中第二行粗体字代码处理了怪物是炸弹的情形。
- 对于其他类型的怪物，程序则需要遍历角色发射的子弹，只要任意一颗子弹打中了怪物，即可判断出怪物即将死亡。上面程序中第三行粗体字代码正是遍历角色所发射的子弹的循环代码。

为了将角色添加到游戏中，需要在 metal_slug 主程序中创建 Player 对象，并将 Player 对象传给 check_events()、update_screen()函数。修改后的 metal_slug 程序的 run_game()函数的代码如下。

程序清单：codes\18\metal_slug_v2\metal_slug.py

```
def run_game():
    # 初始化游戏
    pygame.init()
    # 创建 ViewManager 对象
    view_manager = ViewManager()
    # 设置显示屏幕，返回 Surface 对象
    screen = pygame.display.set_mode((view_manager.screen_width,
        view_manager.screen_height))
    # 设置标题
    pygame.display.set_caption('合金弹头')
    # 创建玩家角色
    player = Player(view_manager, '孙悟空', MAX_HP)
    while(True):
        # 处理游戏事件
        gf.check_events(screen, view_manager, player)
        # 更新游戏屏幕
```

```
        gf.update_screen(screen, view_manager, mm, player)
```

此时需要修改 game_functions 程序的 check_events()和 update_screen()两个函数，其中 check_events()函数需要处理更多的按键事件——程序要根据玩家按键来激发相应的处理代码；update_screen()函数则需要增加对 Player 对象的处理代码，并在界面上绘制 Player 对象。下面是修改后的 game_functions 程序的代码。

程序清单：codes\18\metal_slug_v2\game_functions.py

```
import sys
import pygame
from player import *

def check_events(screen, view_manager, player):
    ''' 响应按键和鼠标事件 '''
    for event in pygame.event.get():
        # 处理游戏退出
        if event.type == pygame.QUIT:
            sys.exit()
        # 处理按键被按下的事件
        if event.type == pygame.KEYDOWN:
            if event.key == pygame.K_SPACE:
                # 当角色的 left_shoot_time 为 0 时（上一枪发射结束），角色才能发射下一枪
                if player.left_shoot_time <= 0:
                    player.add_bullet(view_manager)
            # 玩家按下向上键，表示跳起来
            if event.key == pygame.K_UP:
                player.is_jump = True
            # 玩家按下向右键，表示向右移动
            if event.key == pygame.K_RIGHT:
                player.move = MOVE_RIGHT
            # 玩家按下向左键，表示向左移动
            if event.key == pygame.K_LEFT:
                player.move = MOVE_LEFT
        # 处理按键被松开的事件
        if event.type == pygame.KEYUP:
            # 玩家松开向右键，表示向右站立
            if event.key == pygame.K_RIGHT:
                player.move = MOVE_STAND
            # 玩家松开向左键，表示向左站立
            if event.key == pygame.K_LEFT:
                player.move = MOVE_STAND

# 处理更新游戏界面的方法
def update_screen(screen, view_manager, mm, player):
    # 随机生成怪物
    mm.generate_monster(view_manager)
    # 处理角色的逻辑
    player.logic(screen)
    # 如果游戏角色已死，则判断出玩家失败
    if player.is_die():
        print('游戏失败!')
    # 检测所有怪物是否将要死亡
    mm.check_monster(view_manager, player)

    # 绘制背景图片
    screen.blit(view_manager.map, (0, 0))
    # 绘制角色
    player.draw(screen)
    # 绘制怪物
    mm.draw_monster(screen, view_manager)
```

```
    # 更新屏幕显示，放在最后一行
    pygame.display.flip()
```

上面程序中的 check_events()函数增加了大量事件处理代码，用于处理玩家的按键事件，这样玩家即可通过按键来控制游戏角色跑动、跳跃、发射子弹；update_screen()函数的粗体字代码就是新增的代码，这些代码用于处理 Player 对象，判断 Player 对象是否已经死亡，绘制 Player 对象。

再次运行 metal_slug 程序，此时将可以在界面上看到玩家控制的游戏角色，玩家可以通过箭头键控制角色跑动、跳跃，通过空格键控制角色射击。加入角色后的游戏界面如图 18.5 所示。

图 18.5　加入角色后的游戏界面

此时游戏中的角色可以接受玩家控制，游戏角色可以跳跃、发射子弹，子弹也能打死怪物，怪物的子弹也能打中角色。但是角色跑动的效果很差，看上去好像只有怪物在移动，角色并没有动，这是下一步将要解决的问题。

18.5　合理绘制地图

通过前面的开发工作，已经完成了游戏中的各种怪物和角色，只是角色跑动的效果较差。这其实只是一个视觉效果：由于游戏的背景地图是静止的，因此玩家会感觉角色似乎并未跑动。

为了让角色的跑动效果更加真实，游戏需要根据玩家跑动的位移来改变背景地图。当游戏的背景地图动起来之后，玩家控制的角色就好像在地图上“跑”起来了。

为了集中处理游戏的界面绘制，程序在 ViewManager 类中定义了一个 draw_game(self, screen, mm, player)方法，该方法负责整个游戏场景。该方法的实现思路是先绘制背景地图，然后绘制游戏角色，最后绘制所有的怪物。下面是 draw_game()方法的代码。

程序清单：codes\18\metal_slug_v3\view_manager.py

```
    def draw_game(self, screen, mm, player):
        ''' 绘制游戏界面的方法，该方法先绘制背景地图
        然后绘制游戏角色，最后绘制所有的怪物 '''
        # 绘制背景地图
        if self.map != None:
            width = self.map.get_width() + player.shift()
            # 绘制 map 图片，也就是绘制背景地图
            screen.blit(self.map, (0, 0), (-player.shift(), 0, width, self.map.get_height()))
            total_width = width
            # 采用循环，保证地图前后可以拼接起来
            while total_width < self.screen_width:
                map_width = self.map.get_width()
                draw_width = self.screen_width - total_width
                if map_width < draw_width:
```

```
                draw_width = map_width
            screen.blit(self.map, (total_width, 0), (0, 0, draw_width,
                self.map.get_height()))
            total_width += draw_width
        # 绘制角色
        player.draw(screen)
        # 绘制怪物
        mm.draw_monster(screen, self)
```

上面方法中第一行粗体字代码使用 screen 的 blit()方法来绘制背景地图；第二行粗体字代码依然使用 blit()方法来绘制背景地图——这是因为当角色在地图上不断地向右移动时，随着地图不断地向左拖动，地图不能完全覆盖屏幕右边，此时就需要再绘制一张背景地图，拼接成完整的地图——这样就形成了无限循环的游戏地图。

由于 ViewManager 提供了 draw_game()方法来绘制游戏界面，因此 game_functions 程序的 update_screen()方法只要调用 ViewManager 所提供的 draw_game()方法即可。所以，将 game_functions 程序的 update_screen()方法改为如下形式。

程序清单：codes\18\metal_slug_v3\game_functions.py

```
# 处理更新游戏界面的方法
def update_screen(screen, view_manager, mm, player):
    # 随机生成怪物
    mm.generate_monster(view_manager)
    # 处理角色的逻辑
    player.logic(screen)
    # 如果游戏角色已死，则判断出玩家失败
    if player.is_die():
        print('游戏失败!')
    # 检测所有的怪物是否将要死亡
    mm.check_monster(view_manager, player)

    # 绘制背景图片
#    screen.blit(view_manager.map, (0, 0))
    # 绘制角色
#    player.draw(screen)
    # 绘制怪物
#    mm.draw_monster(screen, view_manager)
    # 绘制游戏界面
    view_manager.draw_game(screen, mm, player)

    # 更新屏幕显示，放在最后一行
    pygame.display.flip()
```

上面程序中被注释掉的 3 行代码是之前绘制游戏背景图片、角色、怪物的代码。现在把这些代码删除（或注释掉），改为调用 ViewManager 的 draw_game()方法绘制游戏界面即可，如粗体字代码所示。

此时再运行该程序，将会看到非常好的跑动效果。

18.6 增加音效

现在游戏已经运行起来，但整个游戏安静无声，这不够好，还应该为游戏增加音效，比如为发射子弹、爆炸、打中目标增加各种音效，这样会使游戏更加逼真。

pygame 提供了 pygame.mixer 模块来播放音效，该模块主要提供两种播放音效的方式。

- 使用 pygame.mixer 的 Sound 类：每个 Sound 对象管理一个音效，该对象通常用于播放短暂的音效，比如射击音效、爆炸音效等。

➢ 使用 pygame.mixer.music 子模块：该子模块通常用于播放游戏的背景音乐。该子模块提供了一个 load()方法用于加载背景音乐，并提供了一个 play()方法用于播放背景音乐。

为了给游戏增加背景音乐，修改 metal_slug 程序，在该程序中加载背景音乐、播放背景音乐即可。将 metal_slug 程序的 run_game()方法改为如下形式。

程序清单：codes\18\metal_slug_v4\game_functions.py

```
def run_game():
    # 初始化游戏
    pygame.init()
    # 初始化混音器模块
    pygame.mixer.init()
    # 加载背景音乐
    pygame.mixer.music.load('music/background.mp3')
    # 创建 ViewManager 对象
    view_manager = ViewManager()
    # 设置显示屏幕，返回 Surface 对象
    screen = pygame.display.set_mode((view_manager.screen_width,
        view_manager.screen_height))
    # 设置标题
    pygame.display.set_caption('合金弹头')
    # 创建玩家角色
    player = Player(view_manager, '孙悟空', MAX_HP)
    while(True):
        # 处理游戏事件
        gf.check_events(screen, view_manager, player)
        # 更新游戏屏幕
        gf.update_screen(screen, view_manager, mm, player)
        # 播放背景音乐
        if pygame.mixer.music.get_busy() == False:
            pygame.mixer.music.play()
```

上面程序中的第一行粗体字代码初始化 pygame 的混音器模块；第二行粗体字代码调用 pygame.mixer.music 子模块的 load()方法来加载背景音乐；第三行粗体字代码则调用 pygame.mixer.music 子模块的 play()方法来播放背景音乐。

接下来，程序同样使用 ViewManager 来管理游戏的发射、爆炸等各种音效。在 ViewManager 的构造器中增加如下代码。

程序清单：codes\18\metal_slug_v4\view_manager.py

```
# 管理图片加载和图片绘制的工具类
class ViewManager:
    # 加载所有游戏图片、声音的方法
    def __init__ (self):
        ...
        self.Y_JUMP_MAX = self.screen_height * 50 / 100

        # 使用 list 列表管理所有音效
        self.sound_effect = []
        # 使用 load 方法加载指定的音频文件，并将所加载的音频添加到 list 列表中进行管理
        self.sound_effect.append(pygame.mixer.Sound("music/shot.wav"))
        self.sound_effect.append(pygame.mixer.Sound("music/bomb.wav"))
        self.sound_effect.append(pygame.mixer.Sound("music/oh.wav"))
```

上面程序中的第一行粗体字代码创建了一个 list 列表，接下来程序将所有通过 Sound 加载的音效都保存到该 list 列表中，以后即可通过该 list 列表来访问这些音效。

接下来为 Player 发射子弹添加音效。Player 使用 add_bullet()方法来发射子弹，因此应该在该方法的最后添加如下代码。

程序清单：codes\18\metal_slug_v4\player.py

```
    # 发射子弹的方法
    def add_bullet(self, view_manager):
        ...
        self.left_shoot_time = MAX_LEFT_SHOOT_TIME
        # 播放射击音效
        view_manager.sound_effect[0].play()
```

上面程序中的粗体字代码即可控制 Player 在发射子弹时播放射击音效。

此外，还需要控制怪物在死亡时播放对应的音效。当炸弹和飞机爆炸时，应该播放爆炸音效；当枪兵（人）死亡时，应该播放惨叫音效。因此，需要修改 monster_manager 的 check_monster()函数（该函数用于检测怪物是否将要死亡），当该函数内的代码检测到怪物将要死亡时，将增加播放音效的代码。

修改后的 check_monster()函数代码如下。

程序清单：codes\18\metal_slug_v4\monster_manager.py

```
# 检测怪物是否将要死亡的函数
def check_monster(view_manager, player):
    # 获取角色发射的所有子弹
    bullet_list = player.bullet_list
    # 定义一个 del_list 列表，用于保存将要死亡的怪物
    del_list = []
    # 定义一个 del_bullet_list 列表，用于保存所有将要被删除的子弹
    del_bullet_list = []
    # 遍历所有怪物
    for monster in monster_list.sprites():
        # 如果怪物是炸弹
        if monster.type == TYPE_BOMB:
            # 角色被炸弹炸到
            if player.is_hurt(monster.x, monster.end_x,
                monster.start_y, monster.end_y):
                # 将怪物设为死亡状态
                monster.is_die = True
                # 播放爆炸音效
                view_manager.sound_effect[1].play()
                # 将怪物（爆炸的炸弹）添加到 del_list 列表中
                del_list.append(monster)
                # 玩家控制的角色的生命值减 10
                player.hp = player.hp - 10
            continue
        # 对于其他类型的怪物，则需要遍历角色发射的所有子弹
        # 只要任何一颗子弹打中怪物，即可判断出怪物即将死亡
        for bullet in bullet_list.sprites():
            if not bullet.is_effect:
                continue
            # 如果怪物被角色的子弹打到
            if monster.is_hurt(bullet.x, bullet.y):
                # 将子弹设为无效
                bullet.is_effect = False
                # 将怪物设为死亡状态
                monster.is_die = True
                # 如果怪物是飞机
                if monster.type == TYPE_FLY:
                    # 播放爆炸音效
                    view_manager.sound_effect[1].play()
                # 如果怪物是人
                if monster.type == TYPE_MAN:
                    # 播放惨叫音效
```

```
                    view_manager.sound_effect[2].play()
                # 将怪物（被子弹打中的怪物）添加到del_list列表中
                del_list.append(monster)
                # 将打中怪物的子弹添加到del_bullet_list列表中
                del_bullet_list.append(bullet)
        # 将del_bullet_list中包含的所有子弹从bullet_list列表中删除
        bullet_list.remove(del_bullet_list)
        # 检测怪物的子弹是否打中角色
        monster.check_bullet(player)
    # 将已经死亡的怪物（保存在del_list列表中）添加到die_monster_list列表中
    die_monster_list.add(del_list)
    # 将已经死亡的怪物（保存在del_list列表中）从monster_list列表中删除
    monster_list.remove(del_list)
```

在第一行粗体字代码之前，程序将代表炸弹的怪物的is_die设为True，表明炸弹怪物已死，即将爆炸，因此第一行粗体字代码播放了爆炸音效。第二段粗体字代码同样放在monster.is_die=True之后，这意味着程序先将代表飞机或枪兵（人）的怪物设为死亡状态，然后通过粗体字代码播放对应的音效。

再次运行游戏，将会听到游戏的背景音乐，并且当角色发射子弹、怪物被打死时都会产生相应的音效，此时游戏变得逼真多了。

现在该游戏还有一个小小的问题：游戏中玩家控制的角色居然是不死的，即使角色的生命值变成了负数，玩家也依然可以继续玩这个游戏，程序只是在控制台打印出“游戏失败!”的字样，这显然不是我们期望的效果。下面将开始解决这个问题。

18.7　增加游戏场景

当玩家控制的角色的生命值小于0时，此时应该提示游戏失败。本游戏虽然已经判断出游戏失败，但程序只是在控制台打印出“游戏失败!”的字样。这显然是不够的，此处考虑增加一个代表游戏失败的场景。

此外，在游戏正常开始时，通常会显示游戏登录的场景，而不是直接开始游戏。因此，本节将会为游戏增加游戏登录和游戏失败两个场景。

下面先修改game_functions程序，在该程序中定义三个代表不同场景的常量。

```
# 代表登录场景的常量
STAGE_LOGIN = 1
# 代表游戏场景的常量
STAGE_GAME = 2
# 代表失败场景的常量
STAGE_LOSE = 3
```

接下来，该程序需要在check_events()函数中针对不同的场景处理不同的事件。对于游戏登录和游戏失败的场景，会在游戏界面上显示按钮，因此程序主要负责处理游戏界面的鼠标点击事件。

在update_screen()函数中，程序需要根据不同的场景绘制不同的界面。下面是修改后的game_functions程序的代码。

程序清单：codes\18\metal_slug_v5\game_functions.py

```
import sys
import pygame
from player import *

# 代表登录场景的常量
STAGE_LOGIN = 1
# 代表游戏场景的常量
```

```
    STAGE_GAME = 2
    # 代表失败场景的常量
    STAGE_LOSE = 3

    def check_events(screen, view_manager, player):
        ''' 响应按键和鼠标事件 '''
        for event in pygame.event.get():
            # 处理游戏退出（只有登录界面和失败界面才可退出）
            if event.type == pygame.QUIT and (view_manager.stage == STAGE_LOGIN \
                or view_manager.stage == STAGE_LOSE):
                sys.exit()
            # 处理登录场景下的鼠标按下事件
            if event.type == pygame.MOUSEBUTTONDOWN and view_manager.stage ==
STAGE_LOGIN:
                mouse_x, mouse_y = pygame.mouse.get_pos()
                if on_button(view_manager, mouse_x, mouse_y):
                    # 开始游戏
                    view_manager.stage = STAGE_GAME
            # 处理失败场景下的鼠标按下事件
            if event.type == pygame.MOUSEBUTTONDOWN and view_manager.stage ==
STAGE_LOSE:
                mouse_x, mouse_y = pygame.mouse.get_pos()
                if on_button(view_manager, mouse_x, mouse_y):
                    # 将角色的生命值恢复到最大值
                    player.hp = MAX_HP
                    # 进入游戏场景
                    view_manager.stage = STAGE_GAME
            # 处理登录场景下的鼠标移动事件
            if event.type == pygame.MOUSEMOTION and view_manager.stage == STAGE_LOGIN:
                mouse_x, mouse_y = pygame.mouse.get_pos()
                if on_button(view_manager, mouse_x, mouse_y):
                    # 如果鼠标在按钮上方移动，则控制按钮绘制高亮图片
                    view_manager.start_image_index = 1
                else:
                    view_manager.start_image_index = 0
                pygame.display.flip()
            # 处理游戏场景下按键被按下的事件
            if event.type == pygame.KEYDOWN and view_manager.stage == STAGE_GAME:
                if event.key == pygame.K_SPACE:
                    # 当角色的 left_shoot_time 为 0 时（上一枪发射结束），角色才能发射下一枪
                    if player.left_shoot_time <= 0:
                        player.add_bullet(view_manager)
                # 玩家按下向上键，表示跳起来
                if event.key == pygame.K_UP:
                    player.is_jump = True
                # 玩家按下向右键，表示向右移动
                if event.key == pygame.K_RIGHT:
                    player.move = MOVE_RIGHT
                # 玩家按下向左键，表示向左移动
                if event.key == pygame.K_LEFT:
                    player.move = MOVE_LEFT
            # 处理游戏场景下按键被松开的事件
            if event.type == pygame.KEYUP and view_manager.stage == STAGE_GAME:
                # 玩家松开向右键，表示向右站立
                if event.key == pygame.K_RIGHT:
                    player.move = MOVE_STAND
                # 玩家松开向左键，表示向左站立
                if event.key == pygame.K_LEFT:
                    player.move = MOVE_STAND

    # 判断当前鼠标指针是否在界面的按钮上
    def on_button(view_manager, mouse_x, mouse_y):
```

```
    return view_manager.button_start_x < mouse_x < \
        view_manager.button_start_x + view_manager.again_image.get_width()\
        and view_manager.button_start_y < mouse_y < \
        view_manager.button_start_y + view_manager.again_image.get_height()

# 处理更新游戏界面的方法
def update_screen(screen, view_manager, mm, player):
    # 如果当前处于游戏登录场景下
    if view_manager.stage == STAGE_LOGIN:
        view_manager.draw_login(screen)
    # 如果当前处于游戏场景下
    elif view_manager.stage == STAGE_GAME:
        # 随机生成怪物
        mm.generate_monster(view_manager)
        # 处理角色的逻辑
        player.logic(screen)
        # 如果游戏角色已死，则判断出玩家失败
        if player.is_die():
            view_manager.stage = STAGE_LOSE
        # 检测所有的怪物是否将要死亡
        mm.check_monster(view_manager, player)

        # 绘制游戏界面
        view_manager.draw_game(screen, mm, player)
    # 如果当前处于失败场景下
    elif view_manager.stage == STAGE_LOSE:
        view_manager.draw_lose(screen)

    # 更新屏幕显示，放在最后一行
    pygame.display.flip()
```

从上面 check_events()函数的粗体字代码来看，程序在处理事件时对游戏场景进行了判断，这表明该程序会针对不同的场景使用不同的事件处理代码。

程序的 update_screen()函数同样对当前场景进行了判断，在不同的场景下调用 ViewManager 的不同方法来绘制游戏界面。

- 登录场景：调用 draw_login()方法绘制游戏界面。
- 游戏场景：调用 draw_game()方法绘制游戏界面。
- 失败场景：调用 draw_lose()方法绘制游戏界面。

接下来就需要为 ViewManager 增加 draw_login()和 draw_lose()方法，使用这两个方法来绘制登录场景和失败场景。

在增加这两个方法之前，程序应该在 ViewManager 类的构造器中将游戏的初始场景设为登录场景（STAGE_LOGIN），还应该在构造器中加载绘制登录场景和失败场景的图片。修改后的 ViewManager 类的构造器代码如下。

程序清单：codes\18\metal_slug_v5\view_manager.py

```
# 管理图片加载和图片绘制的工具类
class ViewManager:
    # 加载所有游戏图片、声音的方法
    def __init__ (self):
        self.stage = STAGE_LOGIN

        ...

        # 加载开始按钮的两张图片
        self.start_bn_images = []
        self.start_bn_images.append(pygame.image.load("images/start_n.gif"))
        self.start_bn_images.append(pygame.image.load("images/start_s.gif"))
```

```
        self.start_image_index = 0
        # 加载“原地复活！”按钮的图片
        self.again_image = pygame.image.load("images/again.gif")
        # 计算按钮的绘制位置
        self.button_start_x = (self.screen_width - self.again_image.get_width()) // 2
        self.button_start_y = (self.screen_height - self.again_image.get_height()) // 2
```

上面的构造器代码就是该版本程序新增加的代码，其中第一行粗体字代码增加了一个 self.start_image_index 变量，该变量用于控制开始按钮显示哪张图片（为了给开始按钮增加高亮效果，本程序为开始按钮准备了两张图片）；最后两行粗体字代码用于计算按钮的开始坐标，该坐标将保证把按钮绘制在屏幕中间。

接下来为 ViewManager 类增加如下两个方法，分别用于绘制登录场景和失败场景。

程序清单：codes\18\metal_slug_v5\view_manager.py

```
    # 绘制游戏登录场景的方法
    def draw_login(self, screen):
        screen.blit(self.map, (0, 0))
        screen.blit(self.start_bn_images[self.start_image_index],
            (self.button_start_x, self.button_start_y))

    # 绘制游戏失败场景的方法
    def draw_lose(self, screen):
        screen.blit(self.map_back, (0, 0))
        screen.blit(self.again_image, (self.button_start_x, self.button_start_y))
```

从上面的代码可以看出，程序开始时游戏处于登录场景下。当玩家单击登录场景中的“开始”按钮时，程序进入游戏场景；当玩家控制的角色的生命值小于 0 时，程序进入失败场景。

再次运行 metal_slug 程序，将会看到程序启动时自动进入登录场景，如图 18.6 所示。

图 18.6 游戏登录场景

当玩家控制的角色死亡之后，游戏将会自动进入如图 18.7 所示的失败场景。

图 18.7 游戏失败场景

在图 18.7 所示的界面中，如果玩家单击“原地复活！”按钮，则程序会将角色的生命值恢复成最大值，并再次进入游戏场景，玩家可以继续玩游戏。

18.8　本章小结

本章开发了一个非常经典的射击类游戏：合金弹头。开发这款流行的小游戏难度适中，而且能充分激发学习热情，对于 Python 学习者来说是一个不错的选择。学习本章内容可以帮助读者掌握开发 Python 游戏的基本功：开发者应该使用面向对象的方式来定义界面上的所有角色、怪物、子弹等能与玩家交互的元素。除此之外，对游戏动画的管理，以及发射子弹，子弹是否打中目标，玩家控制角色移动、跳跃、射击等行为的处理，都值得读者好好学习，这些都是开发 Python 游戏需要重点掌握的能力。

▶▶本章练习

1．开发一个俄罗斯方块游戏。

2．开发一个“空中飞机大战”游戏，敌机从对面不断地飞过来，玩家控制自己的飞机躲避敌机、发射子弹。

CHAPTER

19

第 19 章
数据可视化

本章要点

- Matplotlib 包的安装
- Matplotlib 数据图入门
- 配置管理 Matplotlib 数据图
- 使用 Matplotlib 管理多个子图
- 使用 Matplotlib 生成饼图
- 使用 Matplotlib 生成柱状图
- 使用 Matplotlib 生成水平柱状图
- 使用 Matplotlib 生成散点图
- 使用 Matplotlib 生成等高线图
- 使用 Matplotlib 生成 3D 图形
- Pygal 包的安装
- Pygal 数据图入门
- 配置 Pygal 数据图
- 使用 Pygal 生成折线图
- 使用 Pygal 生成水平柱状图和水平折线图
- 使用 Pygal 生成叠加柱状图和叠加折线图
- 使用 Pygal 生成饼图
- 使用 Pygal 生成点图
- 使用 Pygal 生成仪表图
- 使用 Pygal 生成雷达图
- 展示本地 CSV 文件中的数据
- 展示本地 JSON 文件中的数据
- 清洗包含错误的数据
- 展示通过网络读取的数据

数据可视化、数据分析是 Python 的主要应用场景之一，Python 提供了丰富的数据分析、数据展示库来支持数据的可视化分析。数据可视化分析对于挖掘数据的潜在价值、企业决策都具有非常大的帮助。

Python 为数据展示提供了大量优秀的功能包，其中 Matplotlib 和 Pygal 是两个极具代表性的功能包。本章将从最简单的数据展示入门开始介绍，详细讲解 Matplotlib 和 Pygal 两个数据展示包的功能与用法。本章也会通过实际的数据分析，来示范如何使用 Matplotlib 和 Pygal 展示本地数据文件和来自网络的数据。

19.1 使用 Matplotlib 生成数据图

Matplotlib 是一个非常优秀的 Python 2D 绘图库，只要给出符合格式的数据，通过 Matplotlib 就可以方便地制作折线图、柱状图、散点图等各种高质量的数据图。

19.1.1 安装 Matplotlib 包

安装 Matplotlib 包与安装其他 Python 包没有区别，同样可以使用 pip 来安装。

启动命令行窗口，在命令行窗口中输入如下命令。

```
pip install matplotlib
```

上面命令将会自动安装 Matplotlib 包的最新版本。运行上面命令，可以看到程序先下载 Matplotlib 包，然后提示 Matplotlib 包安装成功。

```
Installing collected packages: matplotlib
Successfully installed matplotlib-2.2.3
```

如果在命令行窗口中提示找不到 pip 命令，则也可以通过 python 命令运行 pip 模块来安装 Matplotlib 包。例如，通过如下命令来安装 Matplotlib 包。

```
python -m pip install matplotlib
```

在成功安装 Matplotlib 包之后，可以通过 pydoc 来查看 Matplotlib 包的文档。在命令行窗口中输入如下命令。

```
python -m pydoc -p 8899
```

运行上面命令之后，打开浏览器查看 http://localhost:8899/页面，可以在 Python 安装目录的 lib\site-packages 下看到 Matplotlib 包的文档，如图 19.1 所示。

单击图 19.1 所示页面上的“matplotlib（package）”链接，将可以看到如图 19.2 所示的 API 页面。

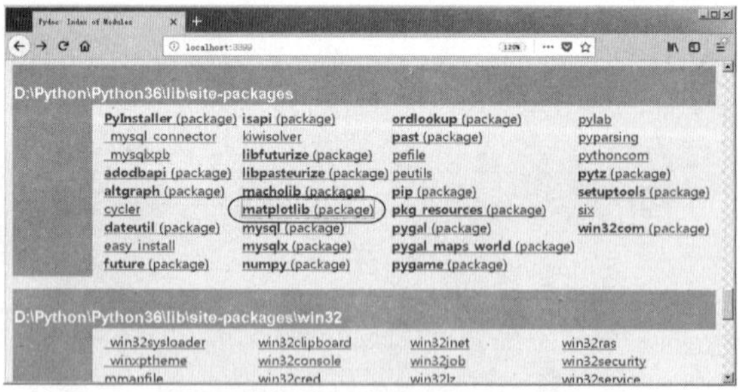

图 19.1 Matplotlib 包的文档

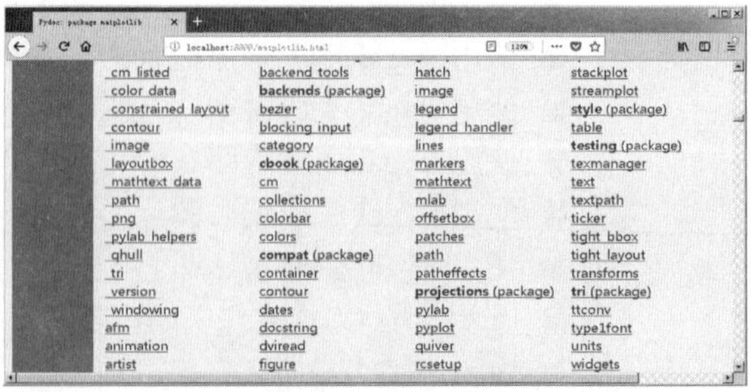

图 19.2 Matplotlib 包的 API 页面

通过图 19.2 所示的页面，即可查看 Matplotlib 包下的函数和类。

19.1.2 Matplotlib 数据图入门

Matplotlib 的用法非常简单，对于最简单的折线图来说，程序只需根据需要给出对应的 *X* 轴、*Y* 轴数据，调用 pyplot 子模块下的 plot()函数即可生成简单的折线图。

假设分析《疯狂 Java 讲义》这本书从 2011 年到 2017 年的销售数据，此时可考虑将年份作为 *X* 轴数据，将图书各年销量作为 *Y* 轴数据。程序只要将 2011—2017 年定义成 list 列表作为 *X* 轴数据，并将对应年份的销量作为 *Y* 轴数据即可。

例如，使用如下简单的入门程序来展示这本书从 2011 年到 2017 年的销售数据。

程序清单：codes\19\19.1\plot_qs.py

```
import matplotlib.pyplot as plt

# 定义两个列表分别作为 X 轴、Y 轴数据
x_data = ['2011', '2012', '2013', '2014', '2015', '2016', '2017']
y_data = [58000, 60200, 63000, 71000, 84000, 90500, 107000]
# 第一个列表代表横坐标的值，第二个列表代表纵坐标的值
plt.plot(x_data, y_data)
# 调用 show()函数显示图形
plt.show()
```

上面程序中的第一行粗体字代码调用 plot()函数根据 *X* 轴、*Y* 轴数据来生成折线图，第二行粗体字代码则调用 show()函数将折线图显示出来。

运行上面程序，可以看到生成如图 19.3 所示的简单折线图。

如果在调用 plot()函数时只传入一个 list 列表，该 list 列表的数据将作为 *Y* 轴数据，那么 Matplotlib 会自动使用 0、1、2、3 作为 *X* 轴数据。例如，将上面程序中的第一行粗体字代码改为如下形式。

```
plt.plot(y_data)
```

再次运行该程序，将看到如图 19.4 所示的结果。

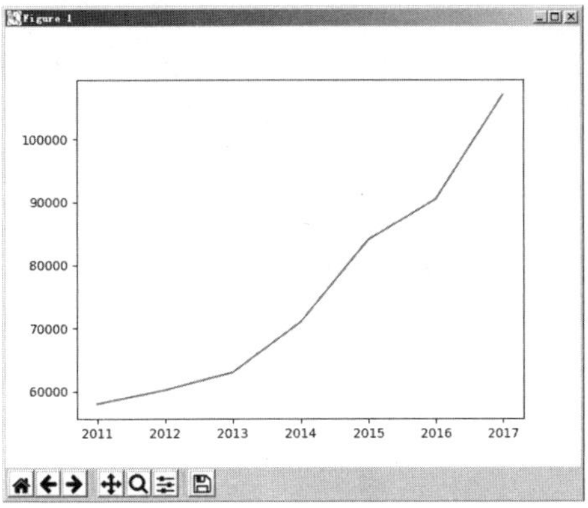

图 19.3 简单折线图

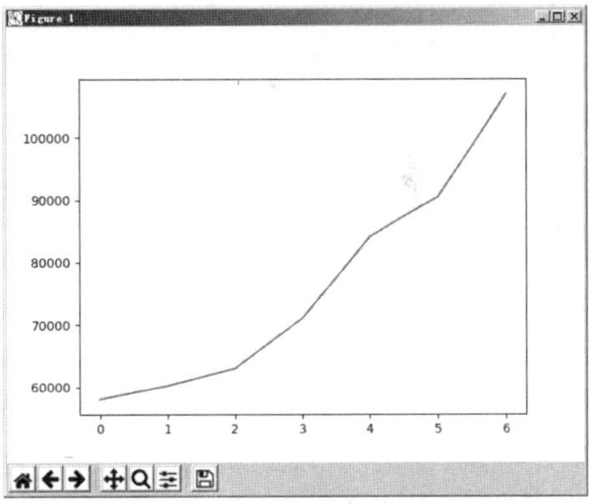

图 19.4 使用默认的 *X* 轴数据

plot()函数除了支持创建具有单条折线的折线图，也支持创建包含多条折线的复式折线图——只要在调用 plot()函数时传入多个分别代表 *X* 轴和 *Y* 轴数据的 list 列表即可。例如如下程序。

程序清单：codes\19\19.1\plot_multi_line.py

```
import matplotlib.pyplot as plt

x_data = ['2011', '2012', '2013', '2014', '2015', '2016', '2017']
# 定义两个列表分别作为两条折线的 Y 轴数据
y_data = [58000, 60200, 63000, 71000, 84000, 90500, 107000]
y_data2 = [52000, 54200, 51500,58300, 56800, 59500, 62700]
# 传入两组分别代表 X 轴、Y 轴的数据的 list 列表
```

```
plt.plot(x_data, y_data, x_data, y_data2)
# 调用 show()函数显示图形
plt.show()
```

上面程序在调用 plot()函数时，传入了两组分别代表 *X* 轴、*Y* 轴数据的 list 列表，因此该程序可以显示两条折线，如图 19.5 所示。

也可以通过多次调用 plot()函数来生成多条折线。例如，将上面程序中的粗体字代码改为如下两行代码，程序同样会生成包含两条折线的复式折线图。

```
plt.plot(x_data, y_data)
plt.plot(x_data, y_data2)
```

在调用 plot()函数时还可以传入额外的参数来指定折线的样子，如线宽、颜色、样式等。例如如下程序。

程序清单：codes\19\19.1\plot_line_format.py

```
import matplotlib.pyplot as plt

x_data = ['2011', '2012', '2013', '2014', '2015', '2016', '2017']
# 定义两个列表分别作为两条折线的 Y 轴数据
y_data = [58000, 60200, 63000, 71000, 84000, 90500, 107000]
y_data2 = [52000, 54200, 51500,58300, 56800, 59500, 62700]
# 指定折线的颜色、线宽和样式
plt.plot(x_data, y_data, color = 'red', linewidth = 2.0, linestyle = '--')
plt.plot(x_data, y_data2, color = 'blue', linewidth = 3.0, linestyle = '-.')
# 调用 show()函数显示图形
plt.show()
```

上面两行粗体字代码分别绘制了两条折线，并通过 color 指定折线的颜色，linewidth 指定线宽，linestyle 指定折线样式。

在使用 linestyle 指定折线样式时，该参数支持如下字符串参数值。

- -：代表实线，这是默认值。
- --：代表虚线。
- :：代表点线。
- -.：代表短线、点相间的虚线。

运行上面程序，可以看到如图 19.6 所示的折线图。

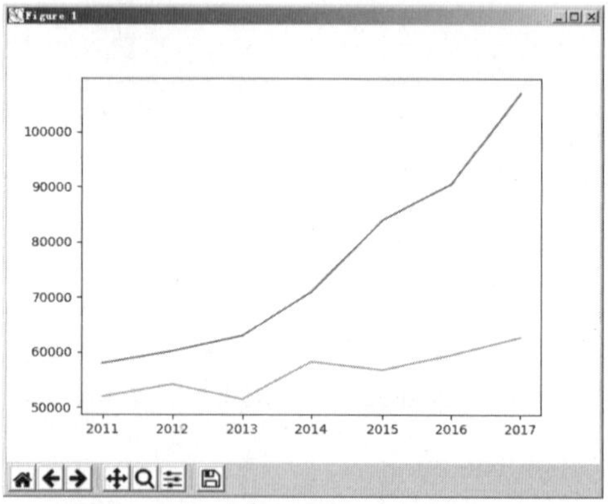

图 19.5　包含多条折线的复式折线图

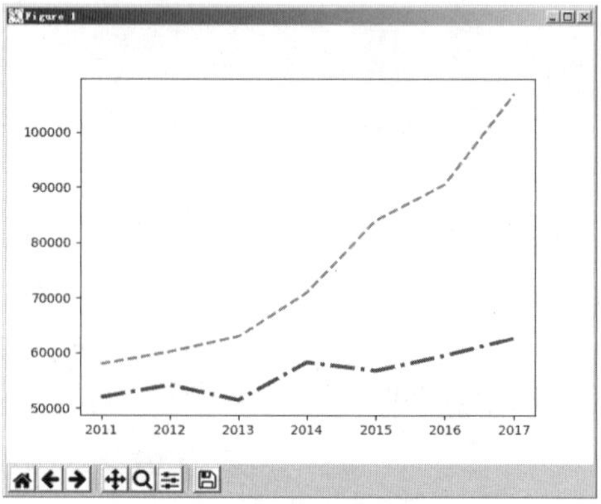

图 19.6　设置了折线的折线图

19.1.3　管理图例

对于复式折线图来说，应该为每条折线都添加图例，此时可以通过 legend()函数来实现。对于该函数可传入两个 list 参数，其中第一个 list 参数（handles 参数）用于引用折线图上的每条折线；

第二个 list 参数（labels）代表为每条折线所添加的图例。

下面程序示范了为两条折线添加图例。

程序清单：codes\19\19.1\plot_line_legend.py

```
import matplotlib.pyplot as plt

x_data = ['2011', '2012', '2013', '2014', '2015', '2016', '2017']
# 定义两个列表分别作为两条折线的 Y 轴数据
y_data = [58000, 60200, 63000, 71000, 84000, 90500, 107000]
y_data2 = [52000, 54200, 51500,58300, 56800, 59500, 62700]
# 指定折线的颜色、线宽和样式
ln1, = plt.plot(x_data, y_data, color = 'red', linewidth = 2.0, linestyle = '--')
ln2, = plt.plot(x_data, y_data2, color = 'blue', linewidth = 3.0, linestyle = '-.')
# 调用 legend()函数设置图例
plt.legend(handles=[ln2, ln1], labels=['疯狂 Android 讲义年销量', '疯狂 Java 讲义年销量'],
    loc='lower right')
# 调用 show()函数显示图形
plt.show()
```

上面程序在调用 plot()函数绘制折线图时，获取了该函数的返回值。由于该函数的返回值是一个列表，而此处只需要获取它返回的列表的第一个元素（第一个元素才代表该函数所绘制的折线图），因此程序利用返回值的序列解包来获取。

上面程序中的粗体字代码用于为 ln2、ln1 所代表的折线添加图例（按传入该函数的两个列表的元素顺序一一对应），其中 loc 参数指定图例的添加位置，该参数支持如下参数值。

- 'best'：自动选择最佳位置。
- 'upper right'：将图例放在右上角。
- 'upper left'：将图例放在左上角。
- 'lower left'：将图例放在左下角。
- 'lower right'：将图例放在右下角。
- 'right'：将图例放在右边。
- 'center left'：将图例放在左边居中的位置。
- 'center right'：将图例放在右边居中的位置。
- 'lower center'：将图例放在底部居中的位置。
- 'upper center'：将图例放在顶部居中的位置。
- 'center'：将图例放在中心。

运行上面程序，将会发现该程序并没有绘制图例，这是因为 Matplotlib 默认不支持中文字体。如果希望在程序中修改 Matplotlib 的默认字体，则可按如下步骤进行。

1. 使用 matplotlib.font_manager 子模块下的 FontProperties 类加载中文字体。
2. 在调用 legend()函数时通过 prop 属性指定使用中文字体。

将上面程序中的粗体字代码改为如下几行代码。

```
import matplotlib.font_manager as fm
# 使用 Matplotlib 的字体管理器加载中文字体
my_font=fm.FontProperties(fname="C:\Windows\Fonts\msyh.ttf")
# 调用 legend()函数设置图例
plt.legend(handles=[ln2, ln1], labels=['疯狂 Android 讲义年销量', '疯狂 Java 讲义年销量'],
    loc='lower right', prop=my_font)
```

上面程序使用 FontProperties 类来加载 C:\Windows\Fonts\msyh.ttf 文件所对应的中文字体，因此需要保证系统能找到该路径下的中文字体。

再次运行上面程序，将看到如图 19.7 所示的效果。

在使用 legend()函数时可以不指定 handles 参数，只传入 labels 参数，这样该 labels 参数将按顺序为折线图中的多条折线添加图例。因此，可以将上面的粗体字代码改为如下形式。

```
plt.legend(labels=['疯狂 Java 讲义年销量', '疯狂 Android 讲义年销量'],
    loc='lower right', prop=my_font)
```

上面代码只指定了 labels 参数，该参数传入的列表包含两个字符串，其中第一个字符串将作为第一条折线（虚线）的图例，第二个字符串将作为第二条折线（短线、点相间的虚线）的图例。

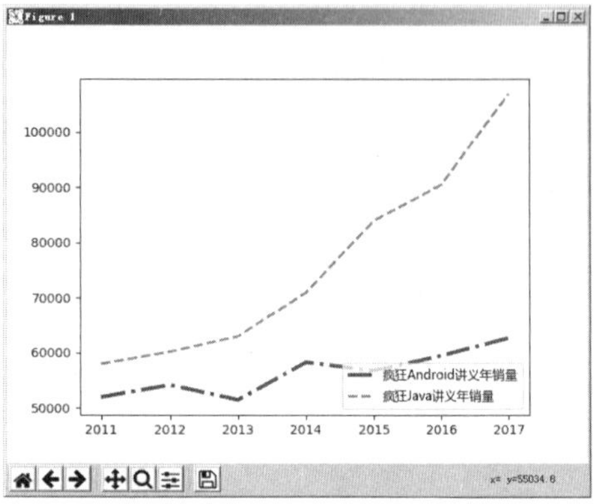

图 19.7　使用 legend()函数指定图例

Matplotlib 也允许在调用 plot()函数时为每条折线分别传入 label 参数，这样程序在调用 legend()函数时就无须传入 labels、handles 参数了。例如如下程序。

程序清单：codes\19\19.1\plot_line_legend2.py

```
import matplotlib.pyplot as plt

x_data = ['2011', '2012', '2013', '2014', '2015', '2016', '2017']
# 定义两个列表分别作为两条折线的 Y 轴数据
y_data = [58000, 60200, 63000, 71000, 84000, 90500, 107000]
y_data2 = [52000, 54200, 51500,58300, 56800, 59500, 62700]
# 指定折线的颜色、线宽和样式
plt.plot(x_data, y_data, color = 'red', linewidth = 2.0,
    linestyle = '--', label='疯狂 Java 讲义年销量')
plt.plot(x_data, y_data2, color = 'blue', linewidth = 3.0,
    linestyle = '-.', label='疯狂 Android 讲义年销量')
import matplotlib.font_manager as fm
# 使用 Matplotlib 的字体管理器加载中文字体
my_font=fm.FontProperties(fname="C:\Windows\Fonts\msyh.ttf")
# 调用 legend()函数设置图例
plt.legend(prop=my_font, loc='best')
# 调用 show()函数显示图形
plt.show()
```

上面程序在调用 plot()函数时传入了 label 参数，这样每条折线本身已经具有图例了，因此程序在调用 legend()函数生成图例时无须传入 labels 参数，如上面程序中的第三行粗体字代码所示。

正如从上面程序中所看到的，每次绘制中文内容时都需要设置字体，那么是否能改变 Matplotlib 的默认字体呢？答案是肯定的。

在 Python 的交互式解释器中输入如下两行命令。

```
>>> import matplotlib
>>> matplotlib.matplotlib_fname()
'D:\\Python\\Python36\\lib\\site-packages\\matplotlib\\mpl-data\\matplotlibrc'
```

其中 matplotlib_fname()函数会显示 Matplotlib 配置文件的保存位置，此处显示该文件的存储路径为 D:\Python\Python36\lib\site-packages\matplotlib\mpl-data\matplotlibrc。打开该文件，找到如下这行代码。

```
#font.family         : sans-serif
```

上面这行代码用于配置 Matplotlib 的默认字体，取消这行配置代码之前的注释符号（#），并将后面的 sans-serif 修改为本地已有的中文字体。例如使用微软雅黑字体，只要将上面的配置代码修改为如下形式即可。

```
font.family          : Microsoft YaHei
```

通过上面设置，即可改变 Matplotlib 的默认字体，这样即可避免每次调用 legend()函数时都需要额外指定字体。

19.1.4 管理坐标轴

可以调用 xlable()和 ylabel()函数分别设置 *X* 轴、*Y* 轴的名称，也可以通过 title()函数设置整个数据图的标题，还可以调用 xticks()、yticks()函数分别改变 *X* 轴、*Y* 轴的刻度值（允许使用文本作为刻度值）。例如，如下程序为数据图添加了名称、标题和坐标轴刻度值。

程序清单：codes\19\19.1\plot_line_label.py

```
import matplotlib.pyplot as plt

x_data = ['2011', '2012', '2013', '2014', '2015', '2016', '2017']
# 定义两个列表分别作为两条折线的 Y 轴数据
y_data = [58000, 60200, 63000, 71000, 84000, 90500, 107000]
y_data2 = [52000, 54200, 51500,58300, 56800, 59500, 62700]
# 指定折线的颜色、线宽和样式
plt.plot(x_data, y_data, color = 'red', linewidth = 2.0,
    linestyle = '--', label='疯狂 Java 讲义年销量')
plt.plot(x_data, y_data2, color = 'blue', linewidth = 3.0,
    linestyle = '-.', label='疯狂 Android 讲义年销量')
import matplotlib.font_manager as fm
# 使用 Matplotlib 的字体管理器加载中文字体
my_font=fm.FontProperties(fname="C:\Windows\Fonts\msyh.ttf")
# 调用 legend()函数设置图例
plt.legend(loc='best')
# 设置两个坐标轴的名称
plt.xlabel("年份")
plt.ylabel("图书销量（本）")
# 设置数据图的标题
plt.title('疯狂图书的历年销量')
# 设置 Y 轴上的数值文本
# 第一个参数是点的位置，第二个参数是点的文字提示
plt.yticks([50000, 70000, 100000],
    [r'挺好', r'优秀', r'火爆'])
# 调用 show()函数显示图形
plt.show()
```

运行上面程序，可以看到如图 19.8 所示的效果。

上面程序中的前两行粗体字代码分别设置了 *X* 轴、*Y* 轴的 label，因此可以看到图 19.8 中的 *X* 轴和 *Y* 轴的标签发生了改变。

如果要对 *X* 轴、*Y* 轴进行更细致的控制，则可调用 gca()函数来获取坐标轴信息对象，然后对坐标轴进行控制。比如控制坐标轴上刻度值的位置和坐标轴的位置等。

下面程序示范了对坐标轴的详细控制。

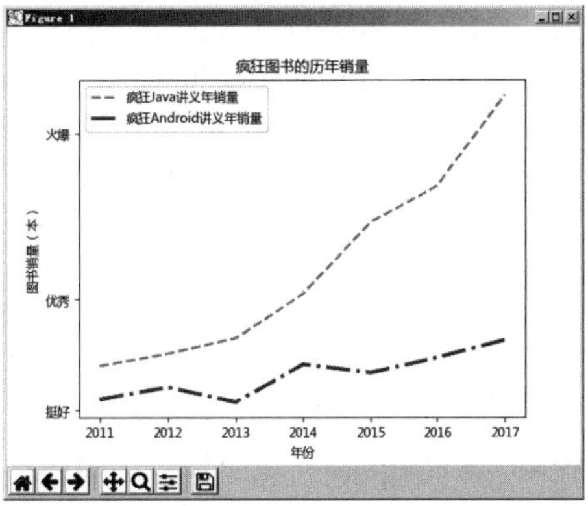

图 19.8 为数据图添加名称、标题和坐标轴刻度值

程序清单：codes\19\19.1\plot_line_axis.py

```
import matplotlib.pyplot as plt

x_data = ['2011', '2012', '2013', '2014', '2015', '2016', '2017']
```

```
# 定义两个列表分别作为两条折线的 Y 轴数据
y_data = [58000, 60200, 63000, 71000, 84000, 90500, 107000]
y_data2 = [52000, 54200, 51500,58300, 56800, 59500, 62700]
# 指定折线的颜色、线宽和样式
plt.plot(x_data, y_data, color = 'red', linewidth = 2.0,
    linestyle = '--', label='疯狂 Java 讲义年销量')
plt.plot(x_data, y_data2, color = 'blue', linewidth = 3.0,
    linestyle = '-.', label='疯狂 Android 讲义年销量')
import matplotlib.font_manager as fm
# 使用 Matplotlib 的字体管理器加载中文字体
my_font=fm.FontProperties(fname="C:\Windows\Fonts\msyh.ttf")
# 调用 legend()函数设置图例
plt.legend(loc='best')
# 设置两个坐标轴的名称
plt.xlabel("年份")
plt.ylabel("图书销量（本）")
# 设置数据图的标题
plt.title('疯狂图书的历年销量')
# 设置 Y 轴上的刻度值
# 第一个参数是点的位置，第二个参数是点的文字提示
plt.yticks([50000, 70000, 100000],
    [r'挺好', r'优秀', r'火爆'])
ax = plt.gca()
# 设置将 X 轴的刻度值放在底部 X 轴上
ax.xaxis.set_ticks_position('bottom')
# 设置将 Y 轴的刻度值放在左边 Y 轴上
ax.yaxis.set_ticks_position('left')
# 设置右边坐标轴线的颜色（设置为 none 表示不显示）
ax.spines['right'].set_color('none')
# 设置顶部坐标轴线的颜色（设置为 none 表示不显示）
ax.spines['top'].set_color('none')
# 定义底部坐标轴线的位置（放在 70000 数值处）
ax.spines['bottom'].set_position(('data', 70000))
# 调用 show()函数显示图形
plt.show()
```

上面程序中的一行粗体字代码获取了数据图上的坐标轴对象，它是一个 AxesSubplot 对象。接下来程序调用 AxesSubplot 的 xaxis 属性的 set_ticks_position()方法设置 *X* 轴刻度值的位置；与之对应的是，调用 yaxis 属性的 set_ticks_position()方法设置 *Y* 轴刻度值的位置。

通过 AxesSubplot 对象的 spines 属性可以访问数据图四周的坐标轴线（Spine 对象），通过 Spine 对象可设置坐标轴线的颜色、位置等。例如，程序将数据图右边和顶部的坐标轴线设为 none，表示隐藏这两条坐标轴线。程序还将底部坐标轴线放在数值 70000 处。运行上面程序，可以看到如图 19.9 所示的效果。

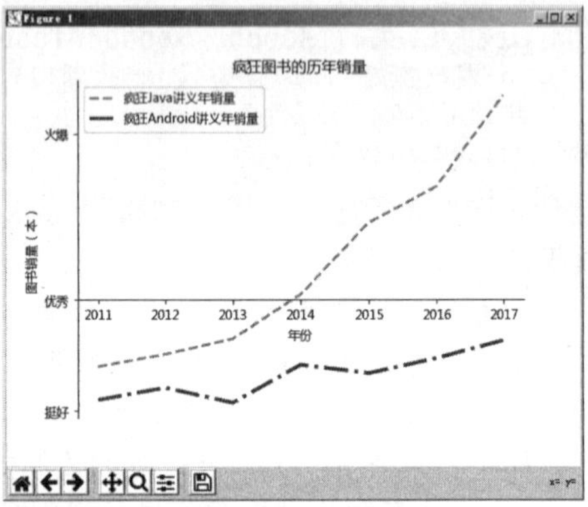

图 19.9　控制坐标轴

▶▶ 19.1.5　管理多个子图

使用 Matplotlib 除可以生成包含多条折线的复式折线图之外，它还允许在一张数据图上包含多个子图。

调用 subplot()函数可以创建一个子图，然后程序就可以在子图上进行绘制。subplot(nrows, ncols, index, **kwargs)函数的 nrows 参数指定将数据图区域分成多少行；ncols 参数指定将数据图区域分成多少列；index 参数指定获取第几个区域。

subplot()函数也支持直接传入一个三位数的参数，其中第一位数将作为 nrows 参数；第二位数将作为 ncols 参数；第三位数将作为 index 参数。

下面程序示范了生成多个子图。

程序清单：codes\19\19.1\plot_subplot.py

```
import matplotlib.pyplot as plt
import numpy as np

plt.figure()
# 定义从-pi 到 pi 之间的数据，平均取 64 个数据点
x_data = np.linspace(-np.pi, np.pi, 64, endpoint=True)  # ①
# 将整个 figure 分成两行两列，第三个参数表示将该图形放在第 1 个网格中
plt.subplot(2, 2, 1)
# 绘制正弦曲线
plt.plot(x_data, np.sin(x_data))
plt.gca().spines['right'].set_color('none')
plt.gca().spines['top'].set_color('none')
plt.gca().spines['bottom'].set_position(('data', 0))
plt.gca().spines['left'].set_position(('data', 0))
plt.title('正弦曲线')

# 将整个 figure 分成两行两列，并将该图形放在第 2 个网格中
plt.subplot(222)
# 绘制余弦曲线
plt.plot(x_data, np.cos(x_data))
plt.gca().spines['right'].set_color('none')
plt.gca().spines['top'].set_color('none')
plt.gca().spines['bottom'].set_position(('data', 0))
plt.gca().spines['left'].set_position(('data', 0))
plt.title('余弦曲线')

# 将整个 figure 分成两行两列，并将该图形放在第 3 个网格中
plt.subplot(223)
# 绘制正切曲线
plt.plot(x_data, np.tan(x_data))
plt.gca().spines['right'].set_color('none')
plt.gca().spines['top'].set_color('none')
plt.gca().spines['bottom'].set_position(('data', 0))
plt.gca().spines['left'].set_position(('data', 0))
plt.title('正切曲线')

plt.show()
```

上面程序多次调用 subplot()函数来生成子图，每次调用 subplot()函数之后的代码表示在该子图区域绘图。上面程序将整个数据图区域分成 2×2 的网格，程序分别在第 1 个网格中绘制正弦曲线，在第 2 个网格中绘制余弦曲线，在第 3 个网格中绘制正切曲线。

可能有读者感到疑问：plot()函数不是用于绘制折线图的吗？怎么此处还可用于绘制正弦曲线、余弦曲线呢？其实此处绘制的依然是折线图。看程序中的①号代码，这行代码调用 numpy 的 linspace()函数生成了一个包含多个数值的列表，该数值列表的范围是从-pi 到 pi，平均分成 64 个数据点，程序中用到的 numpy.sin()、numpy.cos()、numpy.tan()等函数也返回一个列表：传入这些函数的列表包含多少个值，这些函数返回的列表也包含多少个值。这意味着上面程序所绘制的折线图会包含 64 个转折点，由于这些转折点非常密集，看上去显得比较光滑，因此就变成了曲线。

提示：

如果读者将程序中 x_data = np.linspace(-np.pi, np.pi, 64, endpoint=True)代码的 64 改为 4、6 等较小的数，将会看到程序绘制的依然是折线图。

运行上面程序，可以看到如图 19.10 所示的效果。

如图 19.10 所示的显示效果比较差，程序明明只要显示 3 个子图，但第 4 个位置被空出来了，能不能让某个子图占多个网格呢？答案是肯定的，程序做好控制即可。例如，将上面程序改为如下形式。

程序清单：codes\19\19.1\plot_subplot2.py

```
import matplotlib.pyplot as plt
import numpy as np

plt.figure()
# 定义从-pi 到 pi 之间的数据，平均取 64 个数据点
x_data = np.linspace(-np.pi, np.pi, 64, endpoint=True)  # ①
# 将整个 figure 分成两行一列，第三个参数表示将该图形放在第 1 个网格中
plt.subplot(2, 1, 1)
# 省略绘制正弦曲线的代码
...

# 将整个 figure 分成两行两列，并将该图形放在第 3 个网格中
plt.subplot(223)
# 省略绘制余弦曲线的代码
...

# 将整个 figure 分成两行两列，并将该图形放在第 4 个网格中
plt.subplot(224)
# 省略绘制正切曲线的代码
...

plt.show()
```

上面程序中第一行粗体字代码将整个区域分成两行一列，并指定子图占用第 1 个网格，也就是整个区域的第一行；第二行粗体字代码将整个区域分成两行两列，并指定子图占用第 3 个网格——注意不是第 2 个网络，因为第一个子图已经占用了第一行——对于两行两列的网格来说，第一个子图已经占用了两个网格，因此此处指定子图占用第 3 个网格，这意味着该子图在第二行第一格；第三行粗体字代码将整个区域分成两行两列，并指定子图占用第 4 个网格，这意味着该子图会在第二行第二格。

运行上面程序，可以看到如图 19.11 所示的效果。

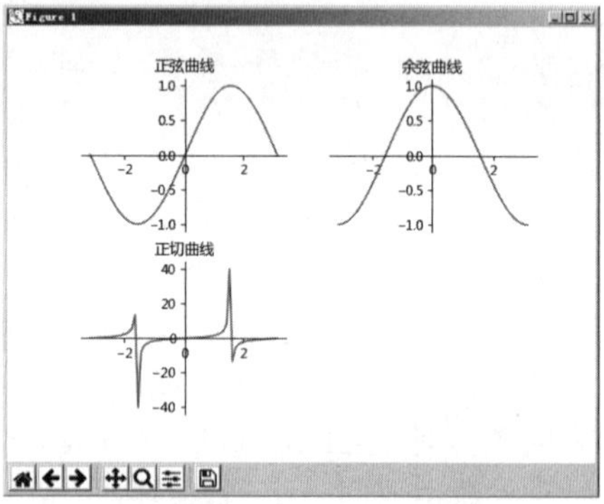

图 19.10　生成多个子图

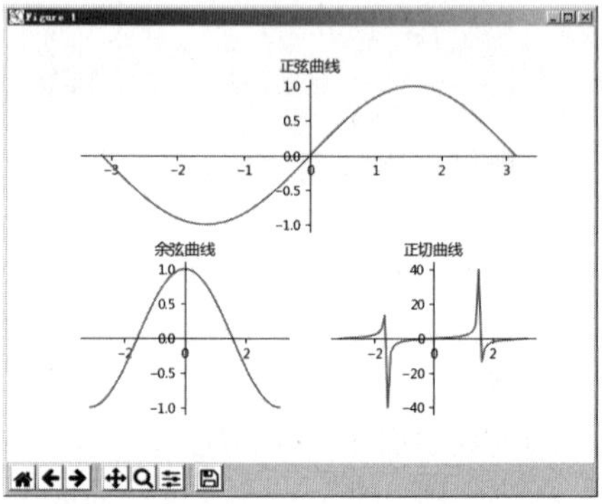

图 19.11　控制多个子图的分布

如果读者不想这么费劲来计算行、列，则可考虑使用 GridSpec 对绘图区域进行分割。例如，将上面程序改为如下形式。

程序清单：codes\19\19.1\plot_subplot3.py

```
import matplotlib.pyplot as plt
import numpy as np
```

```
import matplotlib.gridspec as gridspec

plt.figure()
# 定义从-pi 到 pi 之间的数据，平均取 64 个数据点
x_data = np.linspace(-np.pi, np.pi, 64, endpoint=True)  # ①

# 将绘图区域分成两行三列
gs = gridspec.GridSpec(2, 3)
# 指定 ax1 占用第一行（0）整行
ax1 = plt.subplot(gs[0, :])
# 指定 ax2 占用第二行（1）的第一格（则第二个参数 0 代表）
ax2 = plt.subplot(gs[1, 0])
# 指定 ax3 占用第二行（1）的第二、三格（第二个参数 0 代表）
ax3 = plt.subplot(gs[1, 1:3])

# 绘制正弦曲线
ax1.plot(x_data, np.sin(x_data))
ax1.spines['right'].set_color('none')
ax1.spines['top'].set_color('none')
ax1.spines['top'].set_color('none')
ax1.spines['bottom'].set_position(('data', 0))
ax1.spines['left'].set_position(('data', 0))
ax1.set_title('正弦曲线')

# 绘制余弦曲线
ax2.plot(x_data, np.cos(x_data))
ax2.spines['right'].set_color('none')
ax2.spines['top'].set_color('none')
ax2.spines['bottom'].set_position(('data', 0))
ax2.spines['left'].set_position(('data', 0))
ax2.set_title('余弦曲线')

# 绘制正切曲线
ax3.plot(x_data, np.tan(x_data))
ax3.spines['right'].set_color('none')
ax3.spines['top'].set_color('none')
ax3.spines['bottom'].set_position(('data', 0))
ax3.spines['left'].set_position(('data', 0))
ax3.set_title('正切曲线')

plt.show()
```

上面程序中的第一行粗体字代码将绘图区域分成两行三列；第二行粗体字代码调用 subplot(gs[0, :])，指定 ax1 子图区域占用第一行整行，其中第一个参数 0 代表行号，没有指定列范围，因此该子图在整个第一行；第三行粗体字代码调用 subplot(gs[1, 0])，指定 ax2 子图区域占用第二行的第一格，其中第一个参数 1 代表第二行，第二个参数 0 代表第一格，因此该子图在第二行的第一格；第四行粗体字代码调用 subplot(gs[1, 1:3])，指定 ax3 子图区域占用第二行的第二格到第三格，其中第一个参数 1 代表第二行，第二个参数 1:3 代表第二格到第三格，因此该子图在第二行的第二格到第三格。

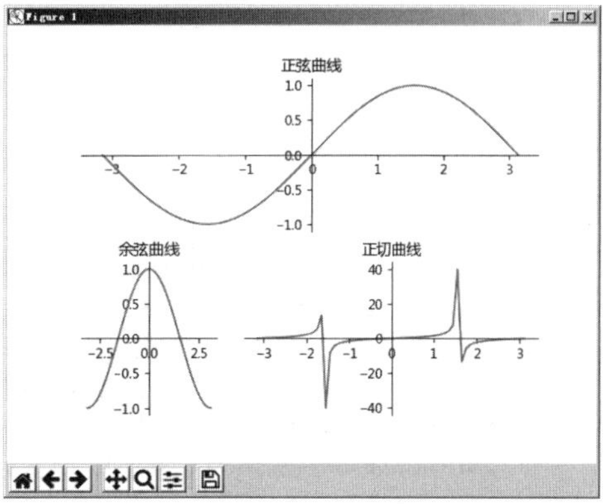

图 19.12　使用 GridSpec 管理子图的分布

定义完 ax1、ax2、ax3 这 3 个子图所占用的区域之后，接下来程序就可以通过 ax1、ax2、ax3 的方法在各自的子图区域绘图了。运行上面程序，可以看到如图 19.12 所示的效果。

19.2　功能丰富的数据图

除了前面介绍的各种折线图，Matplotlib 也支持其他常见的数据图。前面介绍的对数据图的管理知识，完全适用于下面将要介绍的数据图。

19.2.1　饼图

使用 Matplotlib 提供的 pie()函数来绘制饼图。下面是 TIOBE 2018 年 8 月的编程语言指数排行榜的前 10 名及其他。

- Java：16.881%
- C：14.966%
- C++：7.471%
- Python：6.992%
- Visual Basic .NET：4.762%
- C#：3.541%
- PHP：2.925%
- JavaScript：2.411%
- SQL：2.316%
- Assembly language：1.409%
- 其他：36.326%

下面程序将使用饼图来直观地展示这个编程语言指数排行榜。

程序清单：codes\19\19.2\pie_test.py

```
import matplotlib.pyplot as plt

# 准备数据
data = [0.16881, 0.14966, 0.07471, 0.06992,
    0.04762, 0.03541, 0.02925, 0.02411, 0.02316, 0.01409, 0.36326]
# 准备标签
labels = ['Java', 'C', 'C++', 'Python',
    'Visual Basic .NET', 'C#', 'PHP', 'JavaScript',
    'SQL', 'Assembly langugage', '其他']
# 将排在第 4 位的语言（Python）分离出来
explode = [0, 0, 0, 0.3, 0, 0, 0, 0, 0, 0, 0]
# 使用自定义颜色
colors=['red', 'pink', 'magenta','purple','orange']
# 将横、纵坐标轴标准化处理，保证饼图是一个正圆，否则为椭圆
plt.axes(aspect='equal')
# 控制 X 轴和 Y 轴的范围（用于控制饼图的圆心、半径）
plt.xlim(0,8)
plt.ylim(0,8)

# 绘制饼图
plt.pie(x = data, # 绘图数据
    labels=labels, # 添加编程语言标签
    explode=explode, # 突出显示 Python
    colors=colors, # 设置饼图的自定义填充色
    autopct='%.3f%%', # 设置百分比的格式，此处保留 3 位小数
    pctdistance=0.8,  # 设置百分比标签与圆心的距离
    labeldistance = 1.15, # 设置标签与圆心的距离
    startangle = 180, # 设置饼图的初始角度
    center = (4, 4), # 设置饼图的圆心（相当于 X 轴和 Y 轴的范围）
```

```
        radius = 3.8, # 设置饼图的半径（相当于 X 轴和 Y 轴的范围）
        counterclock = False, # 是否为逆时针方向，这里设置为顺时针方向
        wedgeprops = {'linewidth': 1, 'edgecolor':'green'},# 设置饼图内外边界的属性值
        textprops = {'fontsize':12, 'color':'black'}, # 设置文本标签的属性值
        frame = 1) # 是否显示饼图的圆圈，此处设置为显示
# 不显示 X 轴和 Y 轴的刻度值
plt.xticks(())
plt.yticks(())
# 添加图形标题
plt.title('2018 年 8 月的编程语言指数排行榜')
# 显示图形
plt.show()
```

上面程序中的粗体字代码调用 pie()函数来生成饼图。创建饼图最重要的两个参数就是 x 和 labels，其中 x 指定饼图各部分的数值，labels 则指定各部分对应的标签。

运行上面程序，可以看到如图 19.13 所示的效果。

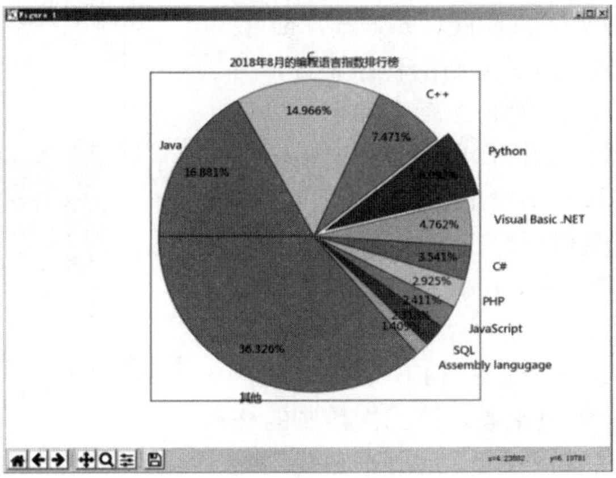

图 19.13 饼图

19.2.2 柱状图

使用 Matplotlib 提供的 bar()函数来绘制柱状图。与前面介绍的 plot()函数类似，程序每次调用 bar()函数时都会生成一组柱状图，如果希望生成多组柱状图，则可通过多次调用 bar()函数来实现。

下面程序使用柱状图来展示《疯狂 Java 讲义》和《疯狂 Android 讲义》两种图书历年的销量数据。

程序清单：codes\19\19.2\bar_test1.py

```
import matplotlib.pyplot as plt
import numpy as np

# 构建数据
x_data = ['2011', '2012', '2013', '2014', '2015', '2016', '2017']
y_data = [58000, 60200, 63000, 71000, 84000, 90500, 107000]
y_data2 = [52000, 54200, 51500,58300, 56800, 59500, 62700]
# 绘图
plt.bar(x=x_data, height=y_data, label='疯狂 Java 讲义', color='steelblue', alpha=0.8)
plt.bar(x=x_data, height=y_data2, label='疯狂 Android 讲义', color='indianred', alpha=0.8)
# 在柱状图上显示具体的数值，ha 参数控制水平对齐方式，va 参数控制垂直对齐方式
for x, y in enumerate(y_data):
    plt.text(x, y + 100, '%s' % y, ha='center', va='bottom')
for x, y in enumerate(y_data2):
    plt.text(x, y + 100, '%s' % y, ha='center', va='top')
# 设置标题
```

```
plt.title("Java 与 Android 图书对比")
# 为两个坐标轴设置名称
plt.xlabel("年份")
plt.ylabel("销量")
# 显示图例
plt.legend()
plt.show()
```

上面程序中的前两行粗体字代码用于在数据图上生成两组柱状图，程序设置了这两组柱状图的颜色和透明度。

在使用 bar()函数绘制柱状图时，默认不会在柱状图上显示具体的数值。为了能在柱状图上显示具体的数值，程序可以调用 text()函数在数据图上输出文字，如上面程序中第三行粗体字代码所示。

在使用 text()函数输出文字时，该函数的前两个参数控制输出文字的 *X*、*Y* 坐标，第三个参数则控制输出的内容。其中 va 参数控制文字的垂直对齐方式，ha 参数控制文字的水平对齐方式。对于上面的程序来说，由于 *X* 轴数据是一个字符串列表，因此 *X* 轴实际上是以列表元素的索引作为刻度值的。因此，当程序指定输出文字的 *X* 坐标为 0 时，表明将该文字输出到第一个条柱处；对于 *Y* 坐标而言，条柱的数值正好在条柱高度所在处，如果指定 *Y* 坐标为条柱的数值+100，就是控制将文字输出到条柱略上一点的位置。

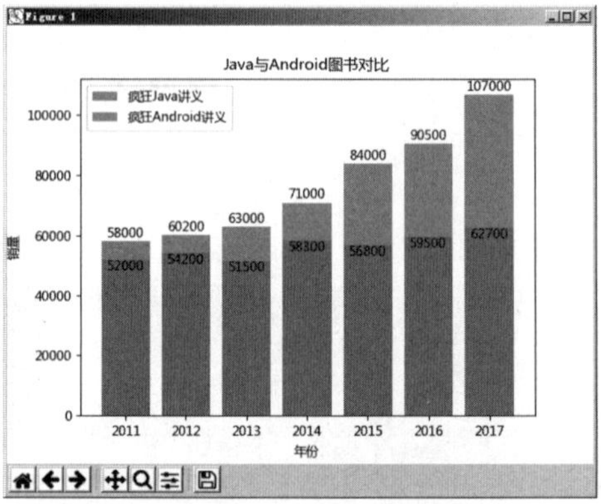

图 19.14　两组柱状图

运行上面程序，可以看到如图 19.14 所示的效果。

从图 19.14 所示的显示效果来看，第二次绘制的柱状图完全与第一次绘制的柱状图重叠，这并不是我们期望的结果，我们希望每组数据的条柱能并列显示。

为了实现条柱并列显示的效果，首先分析条柱重叠在一起的原因。使用 Matplotlib 绘制柱状图时同样也需要 *X* 轴数据，本程序的 *X* 轴数据是元素为字符串的 list 列表，因此程序实际上使用各字符串的索引作为 *X* 轴数据。比如'2011'字符串位于列表的第一个位置，因此代表该条柱的数据就被绘制在 *X* 轴的刻度值 1 处——由于两个柱状图使用了相同的 *X* 轴数据，因此它们的条柱完全重合在一起。

为了将多个柱状图的条柱并列显示，程序需要为这些柱状图重新计算不同的 *X* 轴数据。为了精确控制条柱的宽度，程序可以在调用 bar()函数时传入 width 参数，这样可以更好地计算条柱的并列方式。将上面程序改为如下形式。

程序清单：codes\19\19.2\bar_test2.py

```
import matplotlib.pyplot as plt
import numpy as np

# 构建数据
x_data = ['2011', '2012', '2013', '2014', '2015', '2016', '2017']
y_data = [58000, 60200, 63000, 71000, 84000, 90500, 107000]
y_data2 = [52000, 54200, 51500,58300, 56800, 59500, 62700]
bar_width=0.3
# 将 X 轴数据改为使用 range(len(x_data), 就是 0、1、2...
plt.bar(x=range(len(x_data)), height=y_data, label='疯狂 Java 讲义',
    color='steelblue', alpha=0.8, width=bar_width)
# 将 X 轴数据改为使用 np.arange(len(x_data))+bar_width
```

```
# 就是 bar_width、1+bar_width、2+bar_width...，这样就和第一个柱状图并列了
plt.bar(x=np.arange(len(x_data))+bar_width, height=y_data2,
    label='疯狂 Android 讲义', color='indianred', alpha=0.8, width=bar_width)
# 在柱状图上显示具体的数值，ha 参数控制水平对齐方式，va 参数控制垂直对齐方式
for x, y in enumerate(y_data):
    plt.text(x, y + 100, '%s' % y, ha='center', va='bottom')
for x, y in enumerate(y_data2):
    plt.text(x+bar_width, y + 100, '%s' % y, ha='center', va='top')
# 设置标题
plt.title("Java 与 Android 图书对比")
# 为两个坐标轴设置名称
plt.xlabel("年份")
plt.ylabel("销量")
# 显示图例
plt.legend()
plt.show()
```

该程序与前一个程序的区别就在于两行粗体字代码，这两行代码使用了不同的 x 参数，其中第一个柱状图的 *X* 轴数据为 range(len(x_data))，也就是 0、1、2…，这样第一个柱状图的各条柱恰好位于 0、1、2…刻度值处；第二个柱状图的 *X* 轴数据为 np.arange(len(x_data))+bar_width，也就是 bar_width、1+bar_width、2+bar_width…，这样第二个柱状图的各条柱位于 0、1、2…刻度值的偏右一点 bar_width 处，这样就恰好与第一个柱状图的各条柱并列了。

运行上面程序，将会发现该柱状图的 *X* 轴的刻度值变成 0、1、2 等值，不再显示年份。为了让柱状图的 *X* 轴的刻度值显示年份，程序可以调用 xticks()函数重新设置 *X* 轴的刻度值。例如，在程序中添加如下代码。

```
# 为 X 轴设置刻度值
plt.xticks(np.arange(len(x_data))+bar_width/2, x_data)
```

上面代码使用 x_data 为 *X* 轴设置刻度值，第一个参数用于控制各刻度值的位置，该参数是 (np.arange(len(x_data))+bar_width/2，也就是 bar_width/2、1+bar_width/2、2+bar_width/ 2 等，这样这些刻度值将被恰好添加在两个条柱之间。

运行上面程序可看到如图 19.15 所示的运行结果。

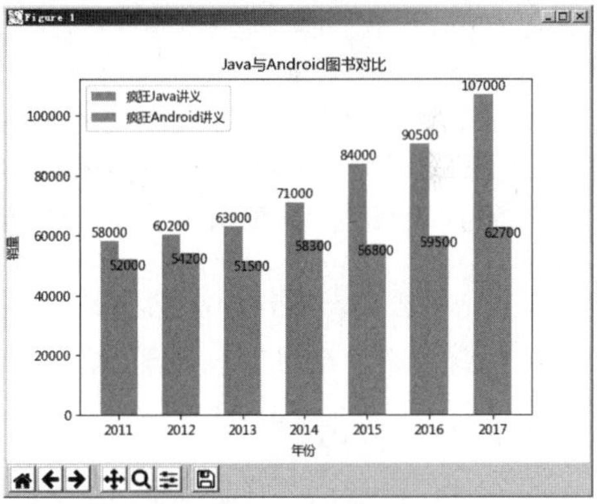

图 19.15 并列的柱状图

有些时候，可能希望两个条柱之间有一点缝隙，那么程序只要对第二个条柱的 *X* 轴数据略做修改即可。例如，将上面程序中的第二行粗体字代码改为如下形式。

```
plt.bar(x=np.arange(len(x_data))+bar_width+0.05, height=y_data2,
    label='疯狂 Android 讲义', color='indianred', alpha=0.8, width=bar_width)
```

上面代码重新计算了 *X* 轴数据，使用 np.arange(len(x_data))+bar_width+0.05 作为 *X* 轴数据，因此两组柱状图的条柱之间会有 0.05 的距离。

19.2.3 水平柱状图

调用 Matplotlib 的 barh()函数可以生成水平柱状图。barh()函数的用法与 bar()函数的用法基本一样，只是在调用 barh()函数时使用 y 参数传入 *Y* 轴数据，使用 width 参数传入代表条柱宽度的数据。

例如，如下程序调用 barh()函数生成两组并列的水平柱状图，来展示两种图书历年的销量统计数据。

程序清单：codes\19\19.2\barh_test.py

```
import matplotlib.pyplot as plt
import numpy as np

# 构建数据
x_data = ['2011', '2012', '2013', '2014', '2015', '2016', '2017']
y_data = [58000, 60200, 63000, 71000, 84000, 90500, 107000]
y_data2 = [52000, 54200, 51500,58300, 56800, 59500, 62700]
bar_width=0.3
# Y 轴数据使用 range(len(x_data), 就是 0、1、2...
plt.barh(y=range(len(x_data)), width=y_data, label='疯狂 Java 讲义',
    color='steelblue', alpha=0.8, height=bar_width)
# Y 轴数据使用 np.arange(len(x_data))+bar_width
# 就是 bar_width、1+bar_width、2+bar_width...，这样就和第一个柱状图并列了
plt.barh(y=np.arange(len(x_data))+bar_width, width=y_data2,
    label='疯狂 Android 讲义', color='indianred', alpha=0.8, height=bar_width)

# 在柱状图上显示具体的数值，ha 参数控制水平对齐方式，va 参数控制垂直对齐方式
for y, x in enumerate(y_data):
    plt.text(x+5000, y-bar_width/2, '%s' % x, ha='center', va='bottom')
for y, x in enumerate(y_data2):
    plt.text(x+5000, y+bar_width/2, '%s' % x, ha='center', va='bottom')
# 为 Y 轴设置刻度值
plt.yticks(np.arange(len(x_data))+bar_width/2, x_data)
# 设置标题
plt.title("Java 与 Android 图书对比")
# 为两个坐标轴设置名称
plt.xlabel("销量")
plt.ylabel("年份")
# 显示图例
plt.legend()
plt.show()
```

上面程序中第一行粗体字代码使用 barh()函数来创建水平柱状图，其中 y 参数为 range(len(x_data))，这意味着这些条柱将会沿着 *Y* 轴均匀分布；而 width 参数为 y_data，这意味着 y_data 列表所包含的数值会决定各条柱的宽度。第二行粗体字代码的控制方式与此类似。

运行上面程序，可以看到如图 19.16 所示的效果。

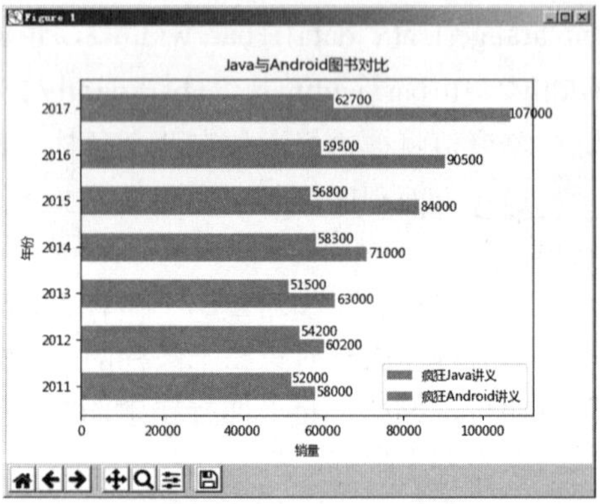

图 19.16　水平柱状图

19.2.4　散点图

散点图和折线图需要的数组非常相似，区别是折线图会将各数据点连接起来；而散点图则只是描绘各数据点，并不会将这些数据点连接起来。

调用 Matplotlib 的 scatter()函数来绘制散点图，该函数支持如下常用参数。

- x：指定 *X* 轴数据。
- y：指定 *Y* 轴数据。
- s：指定散点的大小。
- c：指定散点的颜色。
- alpha：指定散点的透明度。

- linewidths：指定散点边框线的宽度。
- edgecolors：指定散点边框的颜色。
- marker：指定散点的图形样式。该参数支持'.'（点标记）、','（像素标记）、'o'（圆形标记）、'v'（向下三角形标记）、'^'（向上三角形标记）、'<'（向左三角形标记）、'>'（向右三角形标记）、'1'（向下三叉标记）、'2'（向上三叉标记）、'3'（向左三叉标记）、'4'（向右三叉标记）、's'（正方形标记）、'p'（五边形标记）、'*'（星形标记）、'h'（八边形标记）、'H'（另一种八边形标记）、'+'（加号标记）、'x'（x 标记）、'D'（菱形标记）、'd'（尖菱形标记）、'|'（竖线标记）、'_'（横线标记）等值。
- cmap：指定散点的颜色映射，会使用不同的颜色来区分散点的值。

下面程序示范了如何使用 scatter()函数来绘制散点图。

程序清单：codes\19\19.2\scatter_test.py

```
import matplotlib.pyplot as plt
import numpy as np

plt.figure()
# 定义从-pi 到 pi 之间的数据，平均取 64 个数据点
x_data = np.linspace(-np.pi, np.pi, 64, endpoint=True)  # ①
# 将整个 figure 分成两行两列，第三个参数表示将该图形放在第 1 个网格中
# 沿着正弦曲线绘制散点图
plt.scatter(x_data, np.sin(x_data), c='purple', # 设置点的颜色
    s=50, # 设置点的半径
    alpha = 0.5, # 设置透明度
    marker='p', # 设置使用五边形标记
    linewidths=1, # 设置边框的线宽
    edgecolors=['green', 'yellow']) # 设置边框的颜色
# 绘制第二个散点图（只包含一个起点），突出起点
plt.scatter(x_data[0], np.sin(x_data)[0], c='red', # 设置点的颜色
    s=150, # 设置点的半径
    alpha = 1) # 设置透明度
# 绘制第三个散点图（只包含一个结束点），突出结束点
plt.scatter(x_data[63], np.sin(x_data)[63], c='black', # 设置点的颜色
    s=150, # 设置点的半径
    alpha = 1) # 设置透明度
plt.gca().spines['right'].set_color('none')
plt.gca().spines['top'].set_color('none')
plt.gca().spines['bottom'].set_position(('data', 0))
plt.gca().spines['left'].set_position(('data', 0))
plt.title('正弦曲线的散点图')
plt.show()
```

上面程序使用 numpy 中的 linespace()函数创建了一个列表作为 *X* 轴数据，程序使用 np.sin()函数计算一系列 sin 值作为 *Y* 轴数据。程序中的粗体字代码负责生成一个散点图，该散点图包含 64 个数据点。

此外，程序在粗体字代码之后还调用了两次 scatter()函数，这意味将会叠加两个散点图。后面两次绘制散点图的代码分别用于绘制 x_data、sin(x+data)的第一个点和最后一个点，这样即可突出显示散点图的起点和结束点。

运行上面程序，可以看到如图 19.17 所示的效果。

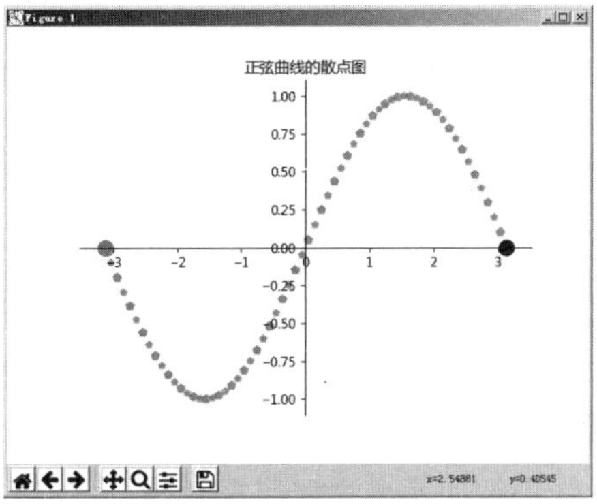

图 19.17 散点图

19.2.5 等高线图

等高线图需要的是三维数据，其中 *X*、*Y* 轴数据决定坐标点，还需要对应的高度数据（相当于 *Z* 轴数据）来决定不同坐标点的高度。

有了合适的数据之后，程序调用 contour()函数绘制等高线，调用 contourf()函数为等高线图填充颜色。

在调用 contour()、contourf()函数时可以指定如下常用参数。

- X：指定 *X* 轴数据。
- Y：指定 *Y* 轴数据。
- Z：指定 *X*、*Y* 坐标对应点的高度数据。
- colors：指定不同高度的等高线的颜色。
- alpha：指定等高线的透明度。
- cmap：指定等高线的颜色映射，即自动使用不同的颜色来区分不同的高度区域。
- linewidths：指定等高线的宽度。
- linestyles：指定等高线的样式。

下面程序使用 contour()、contourf()函数来绘制等高线图。

程序清单：codes\19\19.2\contour_test.py

```
import matplotlib.pyplot as plt
import numpy as np

delta = 0.025
# 生成代表 X 轴数据的列表
x = np.arange(-3.0, 3.0, delta)
# 生成代表 Y 轴数据的列表
y = np.arange(-2.0, 2.0, delta)
# 对 x、y 数据进行网格化
X, Y = np.meshgrid(x, y)
Z1 = np.exp(-X**2 - Y**2)
Z2 = np.exp(-(X - 1)**2 - (Y - 1)**2)
# 计算 Z 轴数据（高度数据）
Z = (Z1 - Z2) * 2
# 为等高线图填充颜色，16 指定将等高线分为几部分
plt.contourf(x, y, Z, 16, alpha = 0.75,
    cmap='rainbow')  # 使用颜色映射来区分不同高度的区域
# 绘制等高线
C = plt.contour(x, y, Z, 16,
    colors = 'black', # 指定等高线的颜色
    linewidth = 0.5) # 指定等高线的宽度
# 绘制等高线数据
plt.clabel(C, inline = True, fontsize = 10)
# 去除坐标轴
plt.xticks(())
plt.yticks(())
# 设置标题
plt.title("等高线图")
# 为两个坐标轴设置名称
plt.xlabel("纬度")
plt.ylabel("经度")
plt.show()
```

上面程序中第一行粗体字代码用于为等高线图填充颜色，此处指定了 cmap 参数，这意味着程序将会使用不同的颜色映射来区分不同高度的区域。

程序中第二行粗体字代码调用 contour()函数来绘制等高线。运行上面程序，可以看到如图 19.18 所示的效果。

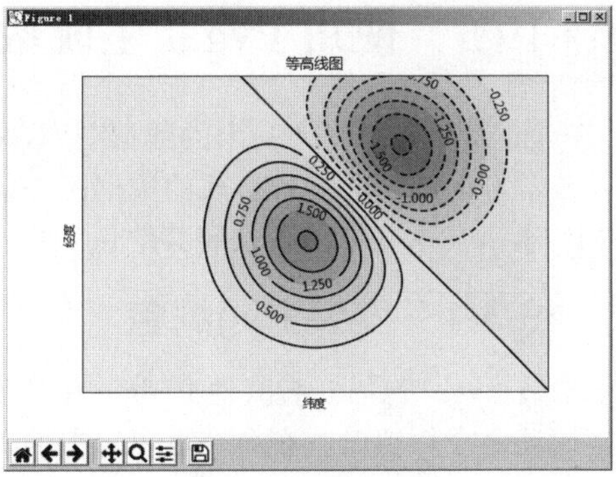

图 19.18　等高线图

19.2.6　3D 图形

3D 图形需要的数据与等高线图基本相同：*X*、*Y* 数据决定坐标点，*Z* 轴数据决定 *X*、*Y* 坐标点对应的高度。与等高线图使用等高线来代表高度不同，3D 图形将会以更直观的形式来表示高度。

为了绘制 3D 图形，需要调用 Axes3D 对象的 plot_surface()方法来完成。

下面程序将使用与前面等高线图相同的数据来绘制 3D 图形，此时将看到程序会以更直观的形式来显示高度。

程序清单：codes\19\19.2\plot_surface_test.py

```
import matplotlib.pyplot as plt
import numpy as np
from mpl_toolkits.mplot3d import Axes3D

fig = plt.figure(figsize=(12, 8))
ax = Axes3D(fig)

delta = 0.125
# 生成代表 X 轴数据的列表
x = np.arange(-3.0, 3.0, delta)
# 生成代表 Y 轴数据的列表
y = np.arange(-2.0, 2.0, delta)
# 对 x、y 数据进行网格化
X, Y = np.meshgrid(x, y)
Z1 = np.exp(-X**2 - Y**2)
Z2 = np.exp(-(X - 1)**2 - (Y - 1)**2)
# 计算 Z 轴数据（高度数据）
Z = (Z1 - Z2) * 2
# 绘制 3D 图形
ax.plot_surface(X, Y, Z,
    rstride=1,  # rstride（row）指定行的跨度
    cstride=1,  # cstride(column)指定列的跨度
    cmap=plt.get_cmap('rainbow'))  # 设置颜色映射
# 设置 Z 轴范围
ax.set_zlim(-2, 2)
# 设置标题
plt.title("3D 图")
plt.show()
```

上面程序开始准备了和前一个程序相同的数据，只是该程序将 delta 设置为 0.125，这样可以避免生成太多的数据点（在绘制 3D 图形时，计算开销较大，如果数据点太多，Matplotlib 将会很卡）。

程序中粗体字代码调用 Axes3D 对象的 plot_surface()方法来绘制 3D 图形，其中 X、Y 参数负责确定坐标点，Z 参数决定 *X*、*Y* 坐标点的高度数据。

运行上面程序，可以看到如图 19.19 所示的 3D 图形。

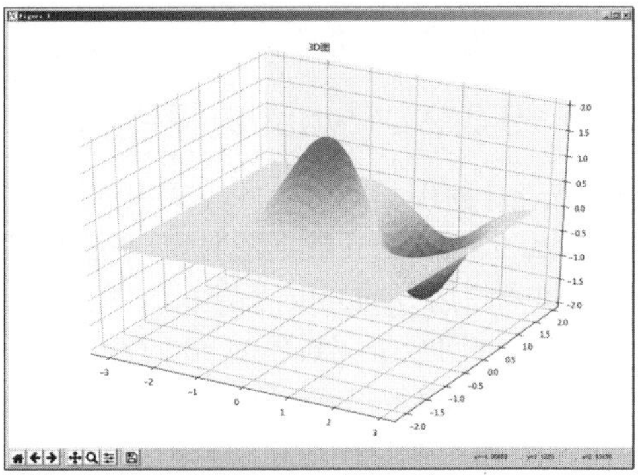

图 19.19　3D 图形

19.3 使用 Pygal 生成数据图

Pygal 是另一个简单易用的数据图库，它以面向对象的方式来创建各种数据图，而且使用 Pygal 可以非常方便地生成各种格式的数据图，包括 PNG、SVG 等。使用 Pygal 也可以生成 XML etree、HTML 表格（这些都需要安装其他包）。

19.3.1 安装 Pygal 包

安装 Pygal 包与安装其他 Python 包基本相同，同样可以使用 pip 来安装。

启动命令行窗口，在命令行窗口中输入如下命令。

```
pip install pygal
```

上面命令将会自动安装 Pygal 包的最新版本。运行上面命令，可以看到程序先下载 Pygal 包，然后提示 Pygal 包安装成功。

```
Installing collected packages: pygal
Successfully installed pygal-2.4.0
```

如果在命令行窗口中提示找不到pip命令，则也可以通过python命令运行pip模块来安装Pygal。例如，通过如下命令来安装 Pygal 包。

```
python -m pip install pygal
```

在成功安装 Pygal 包之后，可以通过 pydoc 来查看 Pygal 包的文档。在命令行窗口中输入如下命令。

```
python -m pydoc -p 8899
```

运行上面命令之后，打开浏览器查看 http://localhost:8899/页面，可以在 Python 安装目录的 lib\site-packages 下看到 Pygal 包的文档，如图 19.20 所示。

单击图 19.20 所示页面上的“pygal（package）”链接，将可以看到如图 19.21 所示的 API 页面。

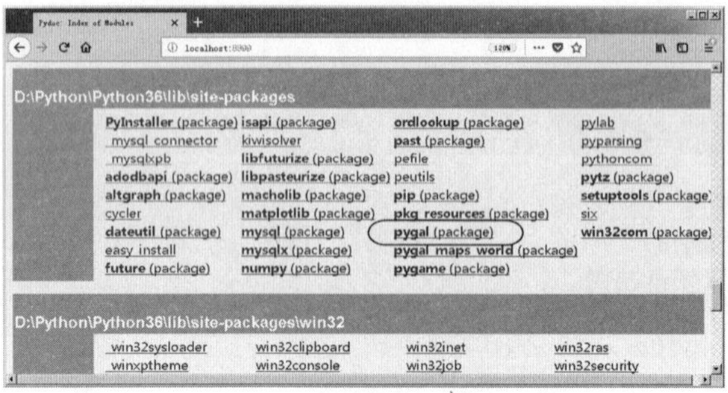

图 19.20 Pygal 包的文档

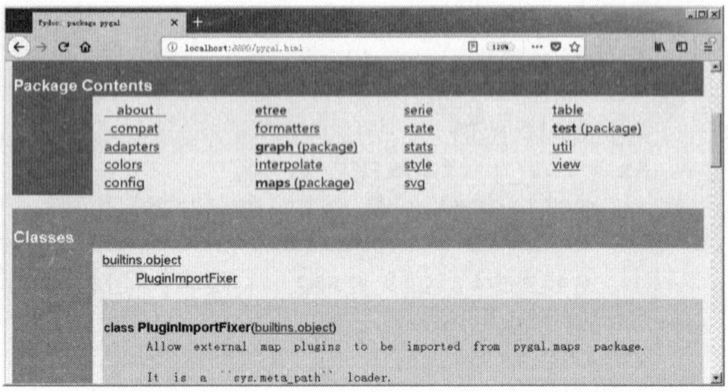

图 19.21 Pygal 包的 API 页面

通过图 19.21 所示的页面，即可查看 Pygal 包下的子模块和类。

19.3.2 Pygal 数据图入门

Pygal 使用面向对象的方式来生成数据图。使用 Pygal 生成数据图的步骤大致如下。

① 创建 Pygal 数据图对象。Pygal 为不同的数据图提供了不同的类，比如柱状图使用 pygal.Bar 类，饼图使用 pygal.Pie 类，折线图使用 pygal.Line 类，等等。

② 调用数据图对象的 add()方法添加数据。

③ 调用 Config 对象的属性配置数据图。

④ 调用数据图对象的 render_to_xxx()方法将数据图渲染到指定的输出节点——此处的输出节点可以是 PNG 图片、SVG 文件，也可以是其他节点。

下面通过生成简单的柱状图来演示如何使用 Pygal 生成数据图，该柱状图展示了两种图书从 2011 年到 2017 年的销量统计数据。

程序清单：codes\19\19.3\pygal_bar_test.py

```
import pygal

x_data = ['2011', '2012', '2013', '2014', '2015', '2016', '2017']
# 定义两个列表分别作为两组柱状图的 Y 轴数据
y_data = [58000, 60200, 63000, 71000, 84000, 90500, 107000]
y_data2 = [52000, 54200, 51500,58300, 56800, 59500, 62700]
# 创建 pygal.Bar 对象（柱状图）
bar = pygal.Bar()
# 添加两组代表条柱的数据
bar.add('疯狂 Java 讲义', y_data)
bar.add('疯狂 Android 讲义', y_data2)
# 设置 X 轴的刻度值
bar.x_labels = x_data
bar.title = '疯狂图书的历年销量'
# 设置 X、Y 轴的标题
bar.x_title = '年份'
bar.y_title = '销量'
# 指定将数据图输出到 SVG 文件中
bar.render_to_file('fk_books.svg')
```

上面程序中第一行粗体字代码创建了 pygal.Bar 对象，该对象就代表一个柱状图。接下来的两行粗体字代码为 pygal.Bar 对象添加了两组柱状图数据。

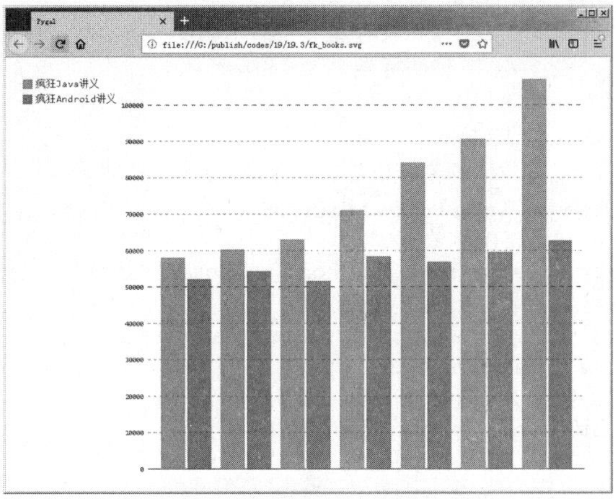

图 19.22　简单的柱状图

通过上面程序，实际上已经可以生成简单的柱状图了。如果注释掉后面对 pygal.Bar 对象的属性赋值的代码，运行该程序，将可以看到在程序当前目录下生成了一个 fk_books.svg 文件，使用浏览器查看该文件，可以看到如图 19.22 所示的柱状图。

从图 19.22 所示的柱状图可以看到，这个数据图的 *X* 轴没有刻度值，*X* 轴、*Y* 轴没有名称，它们都可以通过 pygal.Bar 对象来配置。接下来程序为 pygal.Bar 对象的 title、x_labels、x_title、y_title 属性赋值，已经属于配置数据图的部分了，其分别配置了数据图的标题、*X* 轴的刻度值、*X* 轴的名称、*Y* 轴的名称。

在增加上面的配置代码之后，再次运行该程序，程序会再次生成一个 SVG 文件。由于 SVG 文件支持交互，因此，当用户把鼠标指针移到某个条柱上时，将可以看到关于该条柱的信息，如图 19.23 所示。

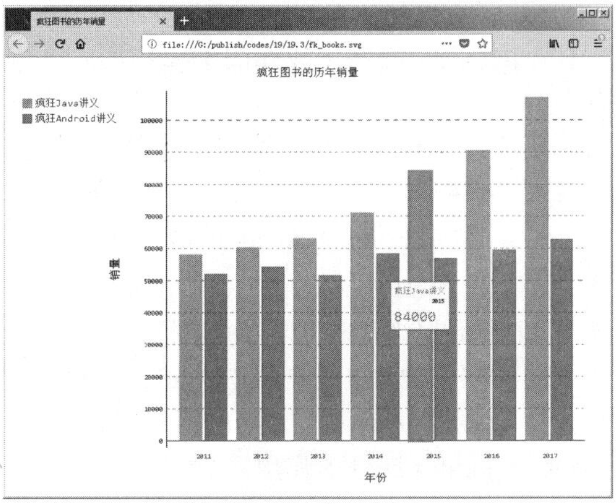

图 19.23　支持交互的 SVG 数据图

19.3.3 配置 Pygal 数据图

正如从前面程序所看到的，使用 pygal.Bar 生成数据图之后，程序可以通过对该对象的属性赋值来配置数据图。那么，除设置上面这些简单的属性之外，是否还可以设置其他属性呢？答案是肯定的，查阅 http://localhost:8899/pygal.config.html 页面（其中 8899 是运行 pydoc 的端口），可以看到 config 模块的相关说明，该模块包含了 BaseConfig、CommonConfig、Config、SerieConfig 等配置类，这些类所包含的属性正是用于配置 Pygal 数据图的。

下面程序示范了该页面中部分配置属性的作用。

程序清单：codes\19\19.3\pygal_bar_config.py

```
import pygal

x_data = ['2011', '2012', '2013', '2014', '2015', '2016', '2017']
# 定义两个列表分别作为两组柱状图的 Y 轴数据
y_data = [58000, 60200, 63000, 71000, 84000, 90500, 107000]
y_data2 = [52000, 54200, 51500,58300, 56800, 59500, 62700]
# 创建 pygal.Bar 对象（柱状图）
bar = pygal.Bar()
# 添加两组代表条柱的数据
bar.add('疯狂 Java 讲义', y_data)
bar.add('疯狂 Android 讲义', y_data2)
# 设置 X 轴的刻度值
bar.x_labels = x_data
bar.title = '疯狂图书的历年销量'
# 设置 X、Y 轴的标题
bar.x_title = '年份'
bar.y_title = '销量'
# 设置 X 轴的刻度值旋转 45°
bar.x_label_rotation = 45
# 设置将图例放在底部
bar.legend_at_bottom = True
# 设置数据图四周的页边距
# 也可通过 margin_bottom、margin_left、margin_right、margin_top 只设置单独一边的页边距
bar.margin = 35
# 隐藏 X 轴上的网格线
bar.show_y_guides=False
# 显示 X 轴上的网格线
bar.show_x_guides=True
# 指定将数据图输出到 SVG 文件中
bar.render_to_file('fk_books.svg')
```

运行上面程序，将会生成如图 19.24 所示的数据图。

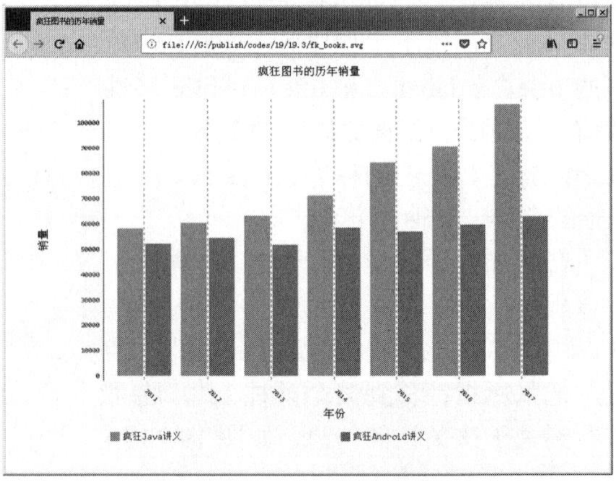

图 19.24 配置数据图

对比图 19.23 和图 19.24 所示的数据图，可以发现图 19.24 所示的数据图的 *X* 轴刻度值旋转了 45°，这是 x_label_rotation 属性的作用；数据图的图例被显示在底部，这是 legend_at_bottom 属性的作用；数据图不再显示水平方向的网格线，这是 show_y_guides 属性的作用；数据图显示垂直方向的网格线，这是 show_x_guides 属性的作用。

对于不同的数据图，Pygal 支持大量对应的配置，具体可结合 http://localhost:8899/

pygal.config.html 页面给出的属性进行设置、测试，此处不再一一讲解。

19.4 Pygal 支持的常见数据图

Pygal 同样支持各种不同的数据图，比如饼图、折线图等。Pygal 的设计很好，不管是创建哪种数据图，Pygal 的创建方式基本是一样的，都是先创建对应的数据图对象，然后添加数据，最后对数据图进行配置。因此，使用 Pygal 生成数据图是比较简单的。

19.4.1 折线图

折线图与柱状图很像，它们只是表现数据的方式不同，柱状图使用条柱代表数据，而折线图则使用折线点来代表数据。因此，生成折线图的方式与生成柱状图的方式基本相同。

使用 pygal.Line 类来表示折线图，程序创建 pygal.Line 对象就是创建折线图。下面程序示范了利用折线图来展示两种图书销量统计数据的方法。

程序清单：codes\19\19.4\pygal_line_test.py

```
import pygal

x_data = ['2011', '2012', '2013', '2014', '2015', '2016', '2017']
# 构建数据
y_data = [58000, 60200, 63000, 71000, 84000, 90500, 107000]
y_data2 = [52000, 54200, 51500,58300, 56800, 59500, 62700]
# 创建 pygal.Line 对象（折线图）
line = pygal.Line()
# 添加两组代表折线的数据
line.add('疯狂 Java 讲义', y_data)
line.add('疯狂 Android 讲义', y_data2)
# 设置 X 轴的刻度值
line.x_labels = x_data
# 重新设置 Y 轴的刻度值
line.y_labels = [20000, 40000, 60000, 80000, 100000]
line.title = '疯狂图书的历年销量'
# 设置 X、Y 轴的标题
line.x_title = '年份'
line.y_title = '销量'
# 设置将图例放在底部
line.legend_at_bottom = True
# 指定将数据图输出到 SVG 文件中
line.render_to_file('fk_books.svg')
```

上面程序中的粗体字代码创建了 pygal.Line 对象，该对象代表折线图。接下来程序调用 pygal.Line 对象的 add()方法添加统计数据，然后对数据图进行配置。

运行上面程序，将会生成如图 19.25 所示的折线图。

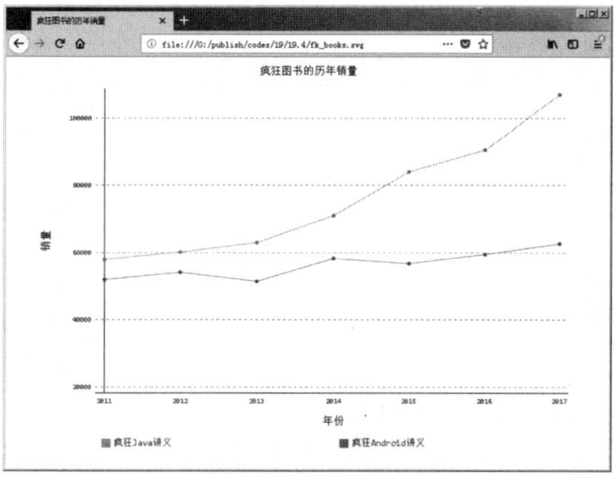

图 19.25 折线图

19.4.2 水平柱状图和水平折线图

使用 pygal.HorizontalBar 类来表示水平柱状图。使用 pygal.HorizontalBar 生成水平柱状图的步骤与创建普通柱状图的步骤基本相同。下面程序示范了使用 pygal.HorizontalBar 生成水平柱状图来展示两种图书历年销量统计数据的方法。

程序清单：codes\19\19.4\pygal_horizontal_bar_test.py

```
import pygal

x_data = ['2011', '2012', '2013', '2014', '2015', '2016', '2017']
# 构建数据
y_data = [58000, 60200, 63000, 71000, 84000, 90500, 107000]
y_data2 = [52000, 54200, 51500,58300, 56800, 59500, 62700]
# 创建 pygal.HorizontalBar 对象（水平柱状图）
horizontal_bar = pygal.HorizontalBar()
# 添加两组数据
horizontal_bar.add('疯狂 Java 讲义', y_data)
horizontal_bar.add('疯狂 Android 讲义', y_data2)
# 设置 Y 轴（确实如此）的刻度值
horizontal_bar.x_labels = x_data
# 重新设置 X 轴（确实如此）的刻度值
horizontal_bar.y_labels = [20000, 40000, 60000, 80000, 100000]
horizontal_bar.title = '疯狂图书的历年销量'
# 设置 X、Y 轴的标题
horizontal_bar.x_title = '销量'
horizontal_bar.y_title = '年份'
# 设置将图例放在底部
horizontal_bar.legend_at_bottom = True
# 指定将数据图输出到 SVG 文件中
horizontal_bar.render_to_file('fk_books.svg')
```

上面程序中第一行粗体字代码创建 pygal.HorizontalBar 对象作为水平柱状图，这与前面创建普通柱状图并无差别。在设置 pygal.HorizontalBar 对象时有一点需要注意：x_labels 属性用于设置 *Y* 轴的刻度值，而 y_labels 属性用于设置 *X* 轴的刻度值。

运行上面程序，将会生成如图 19.26 所示的水平柱状图。

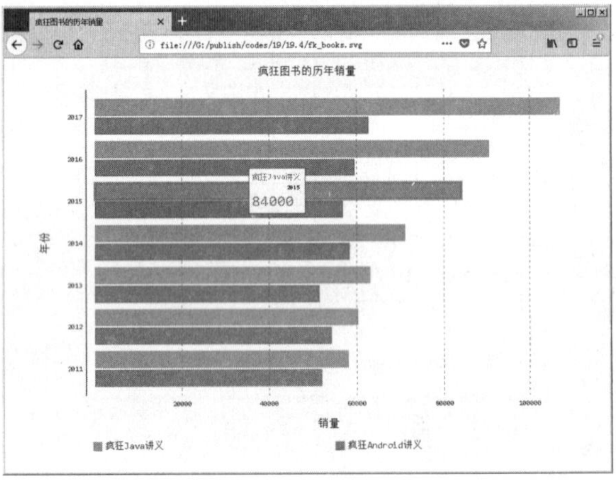

图 19.26　水平柱状图

与水平柱状图类似的还有水平折线图，水平折线图使用 pygal.HorizontalLine 类来表示，水平折线图的 *X* 轴刻度值同样使用 y_labels 属性来设置，而 *Y* 轴刻度值才使用 x_labels 属性来设置。

关于水平折线图的示例程序，可以参考本书配套代码中 codes\19\19.4\ 目录下的 pygal_horizontal_line_test.py 文件。

19.4.3　叠加柱状图和叠加折线图

有些时候，客户重点关心的不是两个产品在同一年的销量对比（应该使用普通柱状图），而是两个产品的累计销量，此时应该使用叠加柱状图或叠加折线图。

对于叠加柱状图而言，代表第二组数据的条柱会叠加在代表第一组数据的条柱上，这样可以更方便地看到两组数据的累加结果。叠加柱状图使用 pygal.StackedBar 类来表示，程序使用 pygal.StackedBar 创建叠加柱状图的步骤与创建普通柱状图的步骤基本相同。下面程序示范了使用 pygal.StackedBar 创建叠加柱状图来展示两种图书销量数据汇总的方法。

程序清单：codes\19\19.4\pygal_stacked_bar_test.py

```
import pygal

x_data = ['2011', '2012', '2013', '2014', '2015', '2016', '2017']
# 构建数据
y_data = [58000, 60200, 63000, 71000, 84000, 90500, 107000]
y_data2 = [52000, 54200, 51500,58300, 56800, 59500, 62700]
# 创建 pygal.StackedBar 对象（叠加柱状图）
stacked_bar = pygal.StackedBar()
# 添加两组数据
stacked_bar.add('疯狂 Java 讲义', y_data)
stacked_bar.add('疯狂 Android 讲义', y_data2)
# 设置 X 轴的刻度值
stacked_bar.x_labels = x_data
# 重新设置 Y 轴的刻度值
stacked_bar.y_labels = [20000, 40000, 60000, 80000, 100000]
stacked_bar.title = '疯狂图书的历年销量'
# 设置 X、Y 轴的标题
stacked_bar.x_title = '销量'
stacked_bar.y_title = '年份'
# 设置将图例放在底部
stacked_bar.legend_at_bottom = True
# 指定将数据图输出到 SVG 文件中
stacked_bar.render_to_file('fk_books.svg')
```

上面程序中的粗体字代码创建了 pygal.StackedBar 对象，该对象就代表一个叠加柱状图。接下来程序同样先为叠加柱状图添加数据，然后配置叠加柱状图。

运行上面程序，将会生成如图 19.27 所示的叠加柱状图。

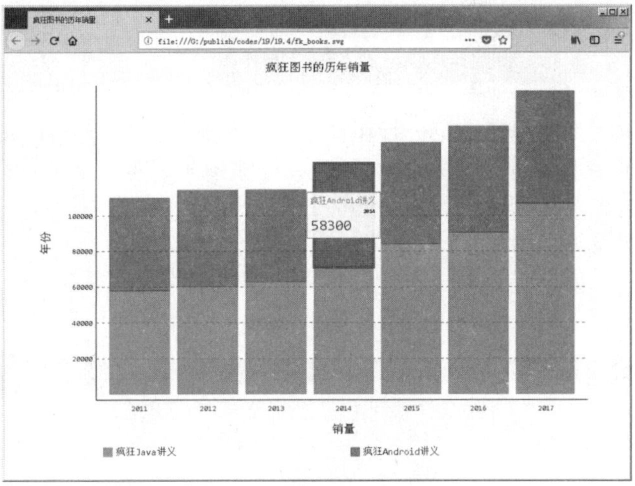

图 19.27　叠加柱状图

从图 19.27 可以看到，代表第二组数据的条柱叠加在代表第一组数据的条柱上。

与叠加柱状图类似的还有叠加折线图，叠加折线图使用 pygal.StackedLine 类来表示，叠加折线图的第二组折线的数据点同样叠加在第一组折线的数据点上。

关于叠加折线图的示例程序，可以参考本书配套代码中 codes\19\19.4\目录下的 pygal_stacked_line_test.py 文件。

对应的是，如果客户需要让叠加柱状图和叠加折线图以水平方式显示，则 Pygal 提供了 pygal.HorizontalStackedBar 和 pygal.HorizontalStackedLine 类来生成水平叠加柱状图和水平叠加折线图。

19.4.4　饼图

Pygal 提供了 pygal.Pie 类来支持饼图，程序在创建 pygal.Pie 对象之后，同样需要调用 add()方法来添加统计数据。

pygal.Pie 对象支持如下两个特有的属性。

➢ inner_radius：设置饼图内圈的半径。通过设置该属性可实现环形数据图。

➢ half_pie：将该属性设置为 True，可实现半圆的饼图。

下面程序示范了使用饼图来展示 2018 年 8 月编程语言的统计数据。

程序清单：codes\19\19.4\pygal_pie_test.py

```
import pygal

# 准备数据
data = [0.16881, 0.14966, 0.07471, 0.06992,
    0.04762, 0.03541, 0.02925, 0.02411, 0.02316, 0.01409, 0.36326]
# 准备标签
labels = ['Java', 'C', 'C++', 'Python',
    'Visual Basic .NET', 'C#', 'PHP', 'JavaScript',
    'SQL', 'Assembly langugage', '其他']
# 创建 pygal.Pie 对象（饼图）
pie = pygal.Pie()
# 采用循环为饼图添加数据
for i, per in enumerate(data):
    pie.add(labels[i], per)
pie.title = '2018 年 8 月编程语言'
# 设置将图例放在底部
pie.legend_at_bottom = True
# 设置内圈的半径长度
pie.inner_radius = 0.4
# 创建半圆数据图
pie.half_pie = True
# 指定将数据图输出到 SVG 文件中
pie.render_to_file('language_percent.svg')
```

上面程序中第一行粗体字代码创建了一个 pygal.Pie 对象，该对象就表示一个饼图。接下来程序使用循环为饼图添加了数据。程序中第二行粗体字代码设置 pygal.Pie 的 inner_radius 半径为 0.4，这表明将该饼图设为空心环；第三行粗体字代码设置 pygal.Pie 的 half_pie 为 True，这表明将该饼图设为半圆。

如果将上面程序中后面两行粗体字代码注释掉，运行该程序，将会生成如图 19.28 所示的传统饼图。如果取消这两行代码的注释，程序将会生成空心的半圆饼图，如图 19.29 所示。

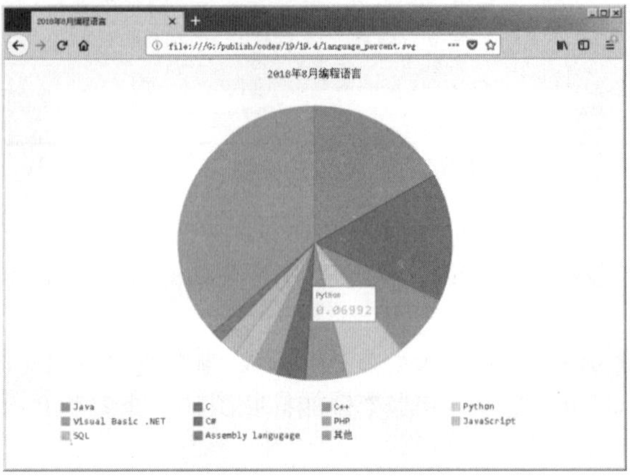

图 19.28　传统饼图

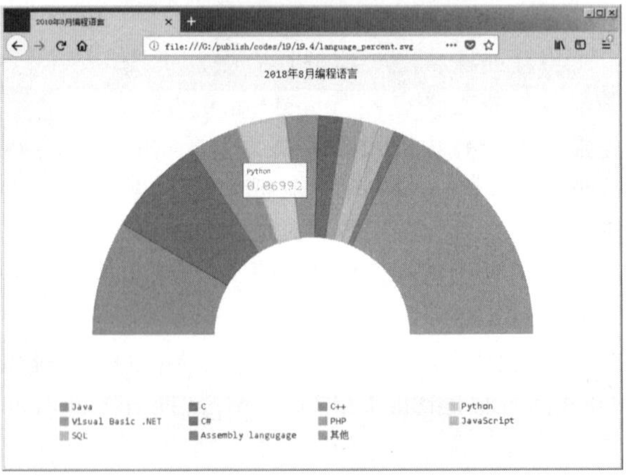

图 19.29　空心的半圆饼图

➤➤ 19.4.5　点图

与柱状图使用条柱高度来代表数值的大小不同，点图使用点（圆）的大小来表示数值的大小。Pygal 使用 pygal.Dot 类表示点图，创建点图的方式与创建柱状图的方式基本相同。

下面程序示范了使用点图来展示图书销量的统计数据。

程序清单：codes\19\19.4\pygal_dot_test.py

```
import pygal

x_data = ['2011', '2012', '2013', '2014', '2015', '2016', '2017']
# 构建数据
y_data = [58000, 60200, 63000, 71000, 84000, 90500, 107000]
y_data2 = [52000, 54200, 51500,58300, 56800, 59500, 62700]
# 创建 pygal.Dot 对象（点图）
dot = pygal.Dot()
dot.dots_size = 5
# 添加两组数据
dot.add('疯狂 Java 讲义', y_data)
dot.add('疯狂 Android 讲义', y_data2)
# 设置 X 轴的刻度值
dot.x_labels = x_data
# 重新设置 Y 轴的刻度值
dot.y_labels = ['疯狂 Java 讲义', '疯狂 Android 讲义']
# 设置 Y 轴刻度值的旋转角度
dot.y_label_rotation = 45
dot.title = '疯狂图书的历年销量'
# 设置 X 轴的标题
dot.x_title = '年份'
# 设置将图例放在底部
dot.legend_at_bottom = True
# 指定将数据图输出到 SVG 文件中
dot.render_to_file('fk_books.svg')
```

上面程序中的一行粗体字代码创建了 pygal.Dot 对象，该对象代表点图。在创建了 pygal.Dot 对象之后，程序为该对象添加要展示的数据，然后配置该点图。

运行该程序，将会生成如图 19.30 所示的点图。

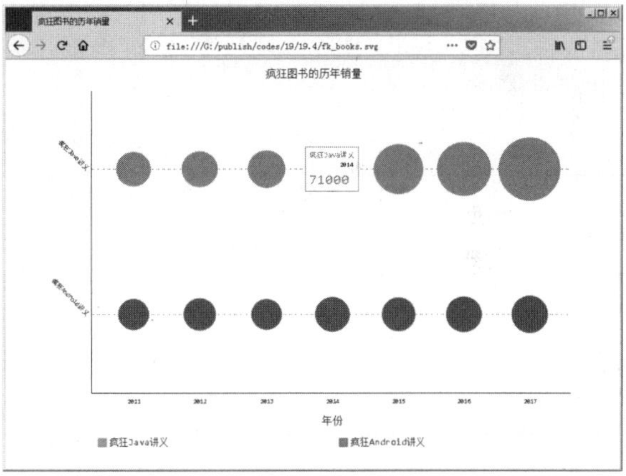

图 19.30　点图

19.4.6　仪表（Gauge）图

仪表图类似于一个仪表盘，在仪表盘内使用不同的指针代表不同的数据。Pygal 使用 pygal.Gauge 类表示仪表图。程序在创建 pygal.Gauge 对象之后，为 pygal.Gauge 对象添加数据的方式与为 pygal.Pie 对象添加数据的方式相似。

pygal.Gauge 对象有一个特别的属性：range，该属性用于指定仪表图的最小值和最大值。

下面程序示范了使用仪表图来展示各编程语言所占的市场比例。

程序清单：codes\19\19.4\pygal_gauge_test.py

```
import pygal

# 准备数据
data = [0.16881, 0.14966, 0.07471, 0.06992,
    0.04762, 0.03541, 0.02925, 0.02411, 0.02316, 0.01409, 0.36326]
# 准备标签
labels = ['Java', 'C', 'C++', 'Python',
```

```
    'Visual Basic .NET', 'C#', 'PHP', 'JavaScript',
    'SQL', 'Assembly langugage', '其他']
# 创建 pygal.Gauge 对象（仪表图）
gauge = pygal.Gauge()
gauge.range = [0, 1]
# 采用循环为仪表图添加数据
for i, per in enumerate(data):
    gauge.add(labels[i], per)
gauge.title = '2018 年 8 月编程语言'
# 设置将图例放在底部
gauge.legend_at_bottom = True
# 指定将数据图输出到 SVG 文件中
gauge.render_to_file('language_percent.svg')
```

上面程序中第一行粗体字代码创建了 pygal.Gauge 对象，接下来第二行粗体字代码对该对象的 range 属性赋值，将该仪表图的最大值赋值为 1，最小值赋值为 0。

运行该程序，将会生成如图 19.31 所示的仪表图。

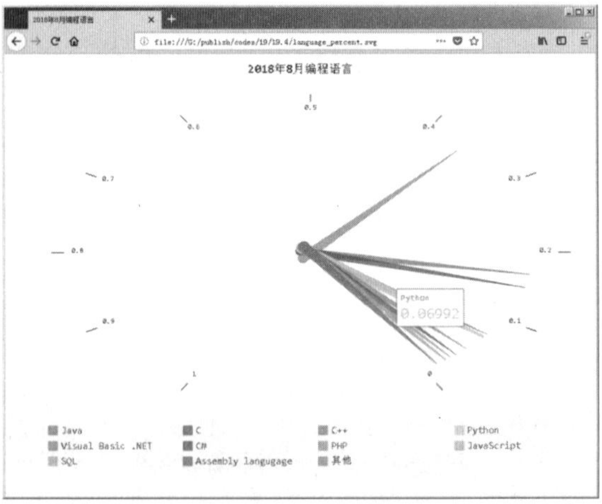

图 19.31　仪表图

19.4.7　雷达图

雷达图适合用于分析各对象在不同维度的优势和劣势，通过雷达图可对比每个对象在不同维度的得分。假如我们从表 19.1 所示的 5 个方面（平台健壮性、语法易用性、社区活跃度、市场份额和未来趋势）的得分来评价各编程语言的优势。

表 19.1　编程语言对比

	平台健壮性	语法易用性	社区活跃度	市场份额	未来趋势
Java	5	4.0	5	5	5
C	4.8	2.8	4.8	4.8	4.9
C++	4.5	2.9	4.6	4.0	4.9
Python	4.0	4.8	4.9	4.0	5
C#	3.0	4.2	2.3	3.5	2
PHP	4.8	4.3	3.9	3.0	4.5

对于表 19.1 所示的对比数据，我们可以使用雷达图来展示各编程语言在不同维度的优势。

程序清单：codes\19\19.4\pygal_rader_test.py

```
import pygal

# 准备数据
data = [[5, 4.0, 5, 5, 5],
    [4.8, 2.8, 4.8, 4.8, 4.9],
    [4.5, 2.9, 4.6, 4.0, 4.9],
    [4.0, 4.8, 4.9, 4.0, 5],
    [3.0, 4.2, 2.3, 3.5, 2],
    [4.8, 4.3, 3.9, 3.0, 4.5]]
# 准备标签
labels = ['Java', 'C', 'C++', 'Python',
    'C#', 'PHP']
# 创建 pygal.Radar 对象（雷达图）
```

```
rader = pygal.Radar()
# 采用循环为雷达图添加数据
for i, per in enumerate(labels):
    rader.add(labels[i], data[i])
rader.x_labels = ['平台健壮性', '语法易用性', '社区活跃度',
    '市场份额', '未来趋势']
rader.title = '编程语言对比图'
# 控制各得分点的大小
rader.dots_size = 8
# 设置将图例放在底部
rader.legend_at_bottom = True
# 指定将数据图输出到 SVG 文件中
rader.render_to_file('language_compare.svg')
```

上面程序中第一行粗体字代码创建了 pygal.Rader 对象，接下来程序使用循环为雷达图添加数据。在雷达图上会显示各编程语言在不同维度的得分点，程序中第二行粗体字代码设置了得分点的大小。

运行该程序，将会生成如图 19.32 所示的雷达图。

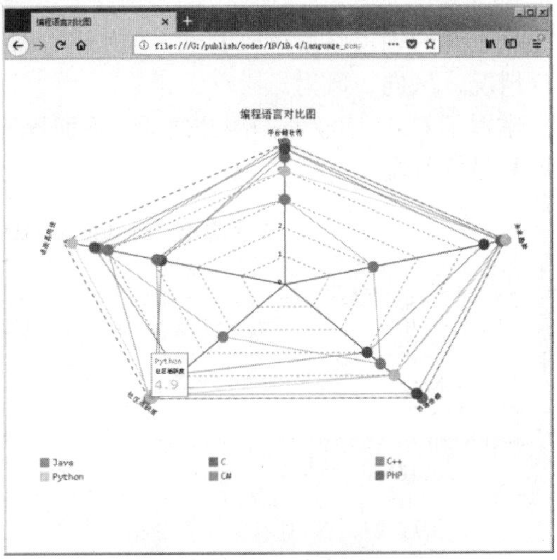

图 19.32 雷达图

19.5 处理数据

前面程序展示的数据都是直接通过程序给出的，但实际应用可能需要展示不同来源（比如文件、网络）、不同格式（比如 CSV、JSON）的数据，这些数据可能有部分是损坏的，因此程序需要对这些数据进行处理。

19.5.1 CSV 文件格式

CSV 文件格式的本质是一种以文本存储的表格数据（使用 Excel 工具即可读写 CSV 文件）。CSV 文件的每行代表一行数据，每行数据中每个单元格内的数据以逗号隔开。

Python 提供了 csv 模块来读写 CSV 文件。由于 CSV 文件的格式本身比较简单（通常第一行是表头，用于说明每列数据的含义，接下来每行代表一行数据），因此使用 csv 模块读取 CSV 文件也非常简单。

① 创建 csv 模块的读取器。

② 循环调用 CSV 读取器的 next()方法逐行读取 CSV 文件内容即可。next()方法返回一个 list 列表代表一行数据，list 列表的每个元素代表一个单元格数据。

本节使用的是 2017 年广州天气数据的 CSV 文件，数据来源于 http://lishi.tianqi.com/网站。

下面程序示范了使用 CSV 读取器来读取 CSV 文件的两行内容。

程序清单：codes\19\19.5\csv_reader_test.py

```
import csv

filename = 'guangzhou-2017.csv'
# 打开文件
with open(filename) as f:
    # 创建 CSV 读取器
    reader = csv.reader(f)
```

```
    # 读取第一行，这行是表头数据
    header_row = next(reader)
    print(header_row)
    # 读取第二行，这行是真正的数据
    first_row = next(reader)
    print(first_row)
```

上面程序中第一行粗体字代码创建了 CSV 读取器，第二行、第三行粗体字代码各读取文件的一行，其中第一行粗体字代码会返回 CSV 文件的表头数据；第二行粗体字代码会返回真正的数据。运行上面程序，可以看到如下输出结果。

```
['Date', 'Max TemperatureC', 'Min TemperatureC', 'Description', 'WindDir', 'WindForce']
['2017-1-1', '24', '13', '晴', '西南风', '1 级']
```

从上面的输出结果可以看到，该文件的每行包含 6 个数据，分别是日期、最高温度、最低文档、天气情况、风向、风力。

掌握了 CSV 读取器的用法之后，下面程序将会使用 Matplotlib 来展示 2017 年 7 月广州的最高气温和最低气温。

程序清单：codes\19\19.5\plot_guangzhou_weather.py

```
import csv
from datetime import datetime
from matplotlib import pyplot as plt

filename = 'guangzhou-2017.csv'
# 打开文件
with open(filename) as f:
    # 创建 CSV 读取器
    reader = csv.reader(f)
    # 读取第一行，这行是表头数据
    header_row = next(reader)
    print(header_row)
    # 定义读取起始日期
    start_date = datetime(2017, 6, 30)
    # 定义读取结束日期
    end_date = datetime(2017, 8, 1)
    # 定义三个 list 列表作为展示的数据
    dates, highs, lows = [], [], []
    for row in reader:
        # 将第一列的值格式化为日期
        d = datetime.strptime(row[0], '%Y-%m-%d')
        # 只展示 2017 年 7 月的数据
        if start_date < d < end_date:
            dates.append(d)
            highs.append(int(row[1]))
            lows.append(int(row[2]))

# 配置图形
fig = plt.figure(dpi=128, figsize=(12, 9))
# 绘制最高气温的折线
plt.plot(dates, highs, c='red', label='最高气温',
    alpha=0.5, linewidth = 2.0, linestyle = '-' , marker='v')
# 再绘制一条折线
plt.plot(dates, lows, c='blue', label='最低气温',
    alpha=0.5, linewidth = 3.0, linestyle = '-.' , marker='o')
# 为两个数据的绘图区域填充颜色
plt.fill_between(dates, highs, lows, facecolor='blue', alpha=0.1)
# 设置标题
plt.title("2017 年 7 月广州最高气温和最低气温")
```

```
# 为两个坐标轴设置名称
plt.xlabel("日期")
# 该方法绘制斜着的日期标签
fig.autofmt_xdate()
plt.ylabel("气温 (℃) ")
# 显示图例
plt.legend()
ax = plt.gca()
# 设置右边坐标轴线的颜色（设置为 none 表示不显示）
ax.spines['right'].set_color('none')
# 设置顶部坐标轴线的颜色（设置为 none 表示不显示）
ax.spines['top'].set_color('none')
plt.show()
```

上面程序的前半部分代码用于从 CSV 文件中读取 2017 年 7 月广州的气温数据，程序分别使用了 dates、highs 和 lows 三个 list 列表来保存日期、最高气温、最低气温。

程序的后半部分代码绘制了两条折线来显示最高气温和最低气温，其中第一行粗体字代码用于绘制最高气温，第二行粗体字代码用于绘制最低气温；第三行粗体字代码控制在两条折线之间填充颜色。程序也对坐标轴、图例进行了简单的设置。

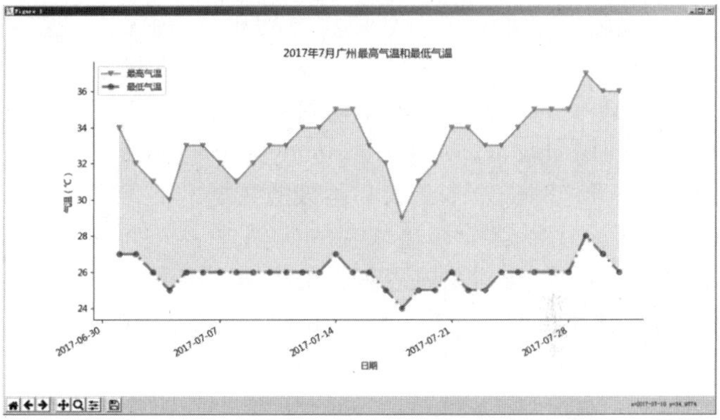

图 19.33　2017 年 7 月广州的气温折线图

运行上面程序，可以看到如图 19.33 所示的折线图。

程序也可以使用 Pygal 来统计 2017 年广州的天气汇总情况，比如统计出阴天、晴天、多云天和雨天各占多少天。程序会使用 CSV 读取器读取 2017 年广州阴天、晴天、多云天和雨天共有多少天，然后将这些数据添加到 pygal.Pie 对象中即可绘制饼图。该程序的代码如下。

程序清单：codes\19\19.5\pygal_guangzhou_weather.py

```
import csv
import pygal

filename = 'guangzhou-2017.csv'
# 打开文件
with open(filename) as f:
    # 创建 CSV 读取器
    reader = csv.reader(f)
    # 读取第一行，这行是表头数据
    header_row = next(reader)
    print(header_row)
    # 准备展示的数据
    shades, sunnys, cloudys, rainys = 0, 0, 0, 0
    for row in reader:
        if '阴' in row[3]:
            shades += 1
        elif '晴' in row[3]:
            sunnys += 1
        elif '云' in row[3]:
            cloudys += 1
        elif '雨' in row[3]:
            rainys += 1
        else:
```

```
        print(rows[3])
# 创建pygal.Pie对象（饼图）
pie = pygal.Pie()
# 为饼图添加数据
pie.add("阴", shades)
pie.add("晴", sunnys)
pie.add("多云", cloudys)
pie.add("雨", rainys)
pie.title = '2017年广州天气汇总'
# 设置将图例放在底部
pie.legend_at_bottom = True
# 指定将数据图输出到SVG文件中
pie.render_to_file('guangzhou_weather.svg')
```

上面程序的前半部分代码也是用于从 CSV 文件中读取 2017 年广州的天气数据，该程序只读取 CSV 文件的数据行的第四列数据（天气描述），并使用 shades、sunnys、cloudys、rainys 分别保存阴天、晴天、多云天和雨天的数据。

上面程序中第一行粗体字代码创建了一个 pygal.Pie 对象，该对象就表示一个饼图。接下来的 4 行粗体字代码用于向 pygal.Pie 对象添加数据。运行上面程序，可以生成如图 19.34 所示的饼图。

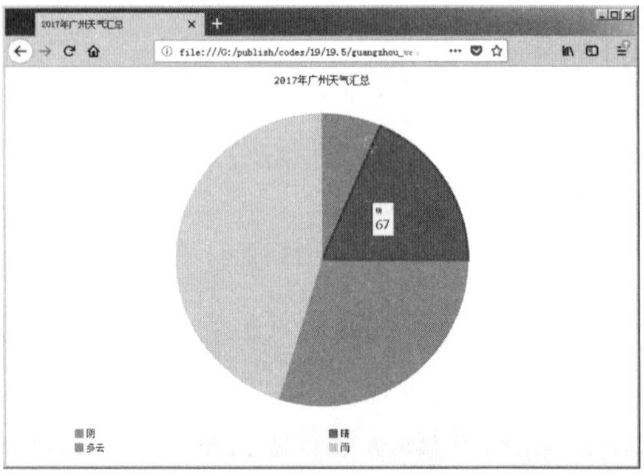

图 19.34　统计 2017 年广州天气情况的饼图

19.5.2　JSON 数据

本书第 10 章已经介绍过 JSON 格式的数据，这种格式的数据通常会被转换为 Python 的 list 列表或 dict 字典。

本节展示的是世界各国历年 GDP 总和，数据来源于 https://datahub.io 网站。数据格式如下：

```
[{"Country Code": "ARB", "Country Name": "Arab World",
    "Value": 25760683041.0857, "Year": 1968},
{"Country Code": "ARB", "Country Name": "Arab World",
    "Value": 28434203615.4829, "Year": 1969},
...
]
```

上面的 JSON 格式数据被保存在方括号内，这些数据将会被转换为 Python 的 list 列表，而 list 列表的每个元素将会是一个 dict 对象。

使用 Python 的 json 模块读取 JSON 数据非常简单，只要使用 load()函数加载 JSON 数据即可。下面程序示范了读取 2016 年中国的 GDP 值。

程序清单：codes\19\19.5\json_load_test.py

```
import json

filename = 'gdp_json.json'

with open(filename) as f:
    gpd_list = json.load(f)
# 遍历列表的每个元素，每个元素都是一个GDP数据项
for gpd_dict in gpd_list:
    # 只显示2016年中国的GDP值
    if gpd_dict['Year'] == 2016 and gpd_dict['Country Code'] == 'CHN':
        print(gpd_dict['Country Name'], gpd_dict['Value'])
```

上面程序中的一行粗体字代码调用 json 模块的 load()函数加载 JSON 数据，该函数将会返回一

个 list 列表，接下来程序遍历该 list 列表即可访问到指定年份、指定国家的 GDP 值。

运行上面程序，可以看到如下输出结果。

```
China 11199145157649.2
```

在掌握了使用 json 模块读取这份 JSON 数据的方法之后，接下来我们将会从中读取从 2001 年到 2016 年中国、美国、日本、俄罗斯、加拿大这 5 个国家的 GDP 数据，并使用柱状图进行对比。

下面程序将会使用 Matplotlib 生成柱状图来展示这 5 个国家的 GDP 数据。

程序清单：codes\19\19.5\plot_gdp_compare.py

```
import json
from matplotlib import pyplot as plt
import numpy as np

filename = 'gdp_json.json'
# 读取 JSON 格式的 GDP 数据
with open(filename) as f:
    gpd_list = json.load(f)
# 使用 list 列表依次保存中国、美国、日本、俄罗斯、加拿大的 GDP 值
country_gdps = [{}, {}, {}, {}, {}]
country_codes = ['CHN', 'USA', 'JPN', 'RUS', 'CAN']
# 遍历列表的每个元素，每个元素都是一个 GDP 数据项
for gpd_dict in gpd_list:
    for i, country_code in enumerate(country_codes):
        # 只读取指定国家的数据
        if gpd_dict['Country Code'] == country_code:
            year = gpd_dict['Year']
            # 只读取从 2001 年到 2016 年的数据
            if 2017 > year > 2000:
                country_gdps[i][year] = gpd_dict['Value']
# 使用 list 列表依次保存中国、美国、日本、俄罗斯、加拿大的 GDP 值
country_gdp_list = [[], [], [], [], []]
# 构建时间数据
x_data = range(2001, 2017)
for i in range(len(country_gdp_list)):
    for year in x_data:
        # 除以 1e8，让数值变成以亿为单位
        country_gdp_list[i].append(country_gdps[i][year] / 1e8)
bar_width=0.15
fig = plt.figure(dpi=128, figsize=(15, 9))
colors = ['indianred', 'steelblue', 'gold', 'lightpink', 'seagreen']
# 定义国家名称列表
countries = ['中国', '美国', '日本', '俄罗斯', '加拿大']
# 采用循环绘制 5 组柱状图
for i in range(len(colors)):
    # 使用自定义的 X 坐标将数据分开
    plt.bar(x=np.arange(len(x_data))+bar_width*i, height=country_gdp_list[i],
        label=countries[i], color=colors[i], alpha=0.8, width=bar_width)
    # 仅在中国、美国的条柱上绘制 GDP 值
    if i < 2:
        for x, y in enumerate(country_gdp_list[i]):
            plt.text(x, y + 100, '%.0f' % y, ha='center', va='bottom')
# 为 X 轴设置刻度值
plt.xticks(np.arange(len(x_data))+bar_width*2, x_data)
# 设置标题
plt.title("从 2001 年到 2016 年各国 GDP 对比")
# 为两个坐标轴设置名称
plt.xlabel("年份")
plt.ylabel("GDP(亿美元)")
# 显示图例
```

```
    plt.legend()
    plt.show()
```

本程序的重点其实在于前半部分代码，这部分代码控制程序从 JSON 数据中只读取中国、美国、日本、俄罗斯、加拿大这 5 个国家的数据，且只读取从 2001 年到 2016 年的 GDP 数据，因此程序处理起来稍微有点麻烦——程序先以年份为 key 的 dict（如程序中 country_gdps 列表的元素所示）来保存各国的 GDP 数据。

但由于 Matplotlib 要求被展示数据是 list 列表，因此上面程序中的前两行粗体字代码使用循环依次读取从 2001 年到 2016 年的 GDP 数据，并将这些数据添加到 country_gdp_list 列表的元素中。这样就把 dict 形式的 GDP 数据转换成 list 形式的 GDP 数据。

上面程序中的后两行粗体字代码采用循环添加了 5 组柱状图，接下来程序还在中国、美国的条柱上绘制了 GDP 值。

运行上面程序，可以看到如图 19.35 所示的柱状图。

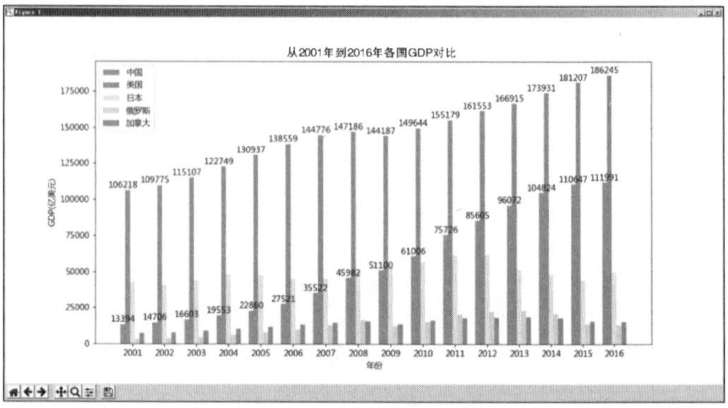

图 19.35　从 2001 年到 2016 年各国 GDP 对比柱状图

如果通过 https://datahub.io 网站下载了世界各国人口数据，就可以计算出以上各国的人均 GDP。下面程序会使用 Pygal 来展示世界各国的人均 GDP 数据。

程序清单：

codes\19\19.5\pygal_meangdp_compare.py

```
    import json
    import pygal

    filename = 'gdp_json.json'
    # 读取 JSON 格式的 GDP 数据
    with open(filename) as f:
        gpd_list = json.load(f)
    pop_filename = 'population-figures-by-country.json'
    # 读取 JSON 格式的人口数据
    with open(pop_filename) as f:
        pop_list = json.load(f)

    # 使用 list 列表依次保存美国、日本、俄罗斯、加拿大的人均 GDP 值
    country_mean_gdps = [{}, {}, {}, {}]
    country_codes = ['USA', 'JPN', 'RUS', 'CAN']
    # 遍历列表的每个元素，每个元素都是一个 GDP 数据项
    for gpd_dict in gpd_list:
        for i, country_code in enumerate(country_codes):
            # 只读取指定国家的数据
            if gpd_dict['Country Code'] == country_code:
                year = gpd_dict['Year']
                # 只读取从 2001 年到 2016 年的数据
                if 2017 > year > 2000:
                    for pop_dict in pop_list:
                        # 获取指定国家的人口数据
                        if pop_dict['Country Code'] == country_code:
                            # 使用该国的 GDP 总值除以人口数量，得到人均 GDP
                            country_mean_gdps[i][year] = round(gpd_dict['Value']
                                / pop_dict['Population_in_%d' % year])
    # 使用 list 列表依次保存美国、日本、俄罗斯、加拿大的人均 GDP 值
```

```
    country_mean_gdp_list = [[], [], [], []]
    # 构建时间数据
    x_data = range(2001, 2017)
    for i in range(len(country_mean_gdp_list)):
        for year in x_data:
            country_mean_gdp_list[i].append(country_mean_gdps[i][year])
    # 定义国家名称列表
    countries = ['美国', '日本', '俄罗斯', '加拿大']
    # 创建 pygal.Bar 对象（柱状图）
    bar = pygal.Bar()
    # 采用循环添加代表条柱的数据
    for i in range(len(countries)):
        bar.add(countries[i], country_mean_gdp_list[i])
    bar.width=1100
    # 设置 X 轴的刻度值
    bar.x_labels = x_data
    bar.title = '从 2001 年到 2016 年各国人均 GDP 对比'
    # 设置 X、Y 轴的标题
    bar.x_title = '年份'
    bar.y_title = '人均 GDP(美元)'
    # 设置 X 轴的刻度值旋转 45°
    bar.x_label_rotation = 45
    # 设置将图例放在底部
    bar.legend_at_bottom = True
    # 指定将数据图输出到 SVG 文件中
    bar.render_to_file('mean_gdp.svg')
```

上面程序中第一行粗体字代码加载了一份新的关于人口数据的 JSON 文件，这样程序即可通过该文件获取世界各国历年的人口数据。第二行粗体字代码使用 GDP 总值除以该国的人口数量，这样就可以得到该国的人均 GDP。

该程序的后半部分代码创建了 pygal.Bar 对象，程序中第三行、第四行代码使用循环为该对象添加了各国人均 GDP 数据，这样该柱状图就可以展示各国的人均 GDP 值。

运行上面程序，可以看到如图 19.36 所示的柱状图。

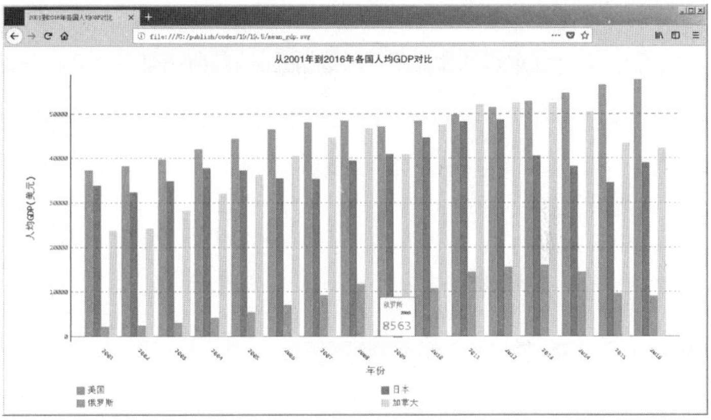

图 19.36　从 2001 年到 2016 年各国人均 GDP 对比柱状图

19.5.3　数据清洗

如果仔细查看前面介绍的展示 2017 年广州天气情况的程序，不难发现最终只统计出 363 天天气情况（雨天：164 天；晴天：67 天；阴天：24 天；多云天：108 天），但一年应该有 365 天，因此这份数据出现了问题。

当程序使用 Python 进行数据展示时，经常发现数据存在以下两种情况。

- 数据丢失。
- 数据格式错误。

对于数据丢失的情况，程序应该生成报告；对于数据格式发生错误的情况，程序应该能略过发生错误的数据，继续处理后面的程序，并报告发生错误的数据。

下面程序对前面介绍的展示 2017 年广州天气情况的程序进行改进，看看到底哪些数据出现了问题。

程序清单：codes\19\19.5\pygal_guangzhou_weather_robust.py

```
import csv
import pygal
from datetime import datetime
from datetime import timedelta

filename = 'guangzhou-2017.csv'
# 打开文件
with open(filename) as f:
    # 创建 CSV 读取器
    reader = csv.reader(f)
    # 读取第一行，这行是表头数据
    header_row = next(reader)
    print(header_row)

    # 准备展示的数据
    shades, sunnys, cloudys, rainys = 0, 0, 0, 0
    prev_day = datetime(2016, 12, 31)
    for row in reader:
        try:
            # 将第一列的值格式化为日期
            cur_day = datetime.strptime(row[0], '%Y-%m-%d')
            description = row[3]
        except ValueError:
            print(cur_day, '数据出现错误')
        else:
            # 计算前、后两天数据的时间差
            diff = cur_day - prev_day
            # 如果前、后两天数据的时间差不是相差一天，则说明数据有问题
            if diff != timedelta(days=1):
                print('%s 之前少了%d 天的数据' % (cur_day, diff.days - 1))
            prev_day = cur_day
            if '阴' in description:
                shades += 1
            elif '晴' in description:
                sunnys += 1
            elif '多云' in description:
                cloudys += 1
            elif '雨' in description:
                rainys += 1
            else:
                print(description)
# 创建 pygal.Pie 对象（饼图）
pie = pygal.Pie()
# 为饼图添加数据
pie.add("阴", shades)
pie.add("晴", sunnys)
pie.add("多云", cloudys)
pie.add("雨", rainys)
pie.title = '2017 年广州天气汇总'
# 设置将图例放在底部
pie.legend_at_bottom = True
# 指定将数据图输出到 SVG 文件中
pie.render_to_file('guangzhou_weather.svg')
```

上面程序的主要改进体现在两个方面。

➢ 将数据解析部分放在 try 块中完成，这样即使数据出现问题，程序的异常处理也可以跳过

数据中的错误——如果解析数据没有错误，程序将会执行 else 块；如果解析数据出现错误，程序将会使用 except 块处理错误，程序也不会中止执行。

➢ 第二段粗体字代码部分，检查两条数据之间的时间差，如果数据没有错误、没有缺失，那么两条数据之间的时间差应该是一天；否则，意味着数据错误或缺失。

运行上面程序，将可以看到在控制台生成如下输出结果。

```
2017-03-06 00:00:00 之前少了 2 天的数据
```

从控制台中的输出结果可以看到，这份天气数据缺少了 2017 年 3 月 6 日前两天的数据。打开 guangzhou-2017.csv 文件，找到 2017-03-06 处，即可发现这份数据确实缺少了 3 月 4 日、3 月 5 日的数据。

➤➤ 19.5.4 读取网络数据

很多时候，程序并不能直接展示本地文件中的数据，此时需要程序读取网络数据，并展示它们。比如前面介绍的 http://lishi.tianqi.com 站点的数据，它并未提供下载数据的链接（前面程序所展示的 CSV 文件本身就是使用程序抓取下来的）。在这种情况下，程序完全可以直接解析网络数据，然后将数据展示出来。

前面已经介绍了 Python 的网络支持库：urllib，通过该库下的 request 模块可以非常方便地向远程发送 HTTP 请求，获取服务器响应。因此，本程序的思路是使用 urllib.request 向 lishi.tianqi.com 发送请求，获取该网站的响应，然后使用 Python 的 re 模块来解析服务器响应，从中提取天气数据。

本程序将会通过网络读取 http://lishi.tianqi.com 站点的数据，并展示 2017 年广州的最高气温和最低气温。

程序清单：codes\19\19.5\plot_guangzhou_weather_net.py

```
import re
from datetime import datetime
from datetime import timedelta
from matplotlib import pyplot as plt
from urllib.request import *

# 定义一个函数读取 http://lishi.tianqi.com 站点的数据
def get_html(city, year, month):  # ①
    url = 'http://lishi.tianqi.com/' + city + '/' + str(year) + str(month) + '.html'
    # 创建请求
    request = Request(url)
    # 添加请求头
    request.add_header('User-Agent', 'Mozilla/5.0 (Windows NT 10.0; WOW64)' +
        'AppleWebKit/537.36 (KHTML, like Gecko) Chrome/54.0.2840.99 Safari/537.36')
    response = urlopen(request)
    # 获取服务器响应
    return response.read().decode('gbk')

# 定义三个 list 列表作为展示的数据
dates, highs, lows = [], [], []
city = 'guangzhou'
year = '2017'
months = ['01', '02', '03', '04', '05', '06', '07',
    '08', '09', '10', '11', '12']
prev_day = datetime(2016, 12, 31)
# 循环读取每个月的天气数据
for month in months:
    html = get_html(city, year, month)
    # 将 HTML 响应拼接起来
    text = "".join(html.split())
    # 定义包含天气信息的 div 的正则表达式
```

```
    patten = re.compile('<divclass="tqtongji2">(.*?)</div><divstyle="clear:both">')
    table = re.findall(patten, text)
    patten1 = re.compile('<ul>(.*?)</ul>')
    uls = re.findall(patten1, table[0])
    for ul in uls:
        # 定义解析天气信息的正则表达式
        patten2 = re.compile('<li>(.*?)</li>')
        lis = re.findall(patten2, ul)
        # 解析得到日期数据
        d_str = re.findall('>(.*?)</a>', lis[0])[0]
        try:
            # 将日期字符串格式化为日期
            cur_day = datetime.strptime(d_str, '%Y-%m-%d')
            # 解析得到最高气温和最低气温
            high = int(lis[1])
            low = int(lis[2])
        except ValueError:
            print(cur_day, '数据出现错误')
        else:
            # 计算前、后两天数据的时间差
            diff = cur_day - prev_day
            # 如果前、后两天数据的时间差不是相差一天，则说明数据有问题
            if diff != timedelta(days=1):
                print('%s 之前少了%d 天的数据' % (cur_day, diff.days - 1))
            dates.append(cur_day)
            highs.append(high)
            lows.append(low)
            prev_day = cur_day
# 配置图形
fig = plt.figure(dpi=128, figsize=(12, 9))
# 绘制最高气温的折线
plt.plot(dates, highs, c='red', label='最高气温',
    alpha=0.5, linewidth = 2.0)
# 再绘制一条折线
plt.plot(dates, lows, c='blue', label='最低气温',
    alpha=0.5, linewidth = 2.0)
# 为两个数据的绘图区域填充颜色
plt.fill_between(dates, highs, lows, facecolor='blue', alpha=0.1)
# 设置标题
plt.title("%s 年广州最高气温和最低气温" % year)
# 为两个坐标轴设置名称
plt.xlabel("日期")
# 该方法绘制斜着的日期标签
fig.autofmt_xdate()
plt.ylabel("气温（℃）")
# 显示图例
plt.legend()
ax = plt.gca()
# 设置右边坐标轴线的颜色（设置为 none 表示不显示）
ax.spines['right'].set_color('none')
# 设置顶部坐标轴线的颜色（设置为 none 表示不显示）
ax.spines['top'].set_color('none')
plt.show()
```

这个程序后半部分的绘图代码与前面程序并没有太大的区别，该程序的最大改变在于前半部分代码，该程序不再使用 csv 模块来读取本地 CSV 文件的内容。

该程序使用 urllib.request 来读取 lishi.tianqi.com 站点的天气数据，程序中①号代码定义了一个 get_html()函数来读取指定站点的 HTML 内容。

接下来程序使用循环依次读取 01~12 每个月的响应页面，程序读取到每个响应页面的 HTML

内容，这份 HTML 页面内容中包含天气信息的源代码如图 19.37 所示。

程序中第一行粗体字代码使用正则表达式来获取包含全部天气信息的<div.../>元素，即图 19.37 中数字 1 所标识的<div.../>元素。

程序中第二行粗体字代码使用正则表达式来匹配天气<div.../>中没有属性的<ul.../>元素，即图 19.37 中数字 2 所标识的<ul.../>元素。这样的<ul.../>元素有很多个，每个<ul.../>元素代表一天的天气信息，因此，上面程序使用了循环来遍历每个<ul.../>元素。

程序中第三行粗体字代码使用正则表达式来匹配每日天气<ul.../>中的<li.../>元素，即图 19.37 中数字 3 所标识的<li.../>元素。在每个<ul.../>元素内可匹配到 6 个<li.../>元素，但程序只获取日期、最高气温和最低气温，因此，程序只使用前三个<li.../>元素的数据。

通过网络、正则表达式获取了数据之后，程序使用 Matplotlib 来展示它们。运行上面程序，可以看到如图 19.38 所示的数据图。

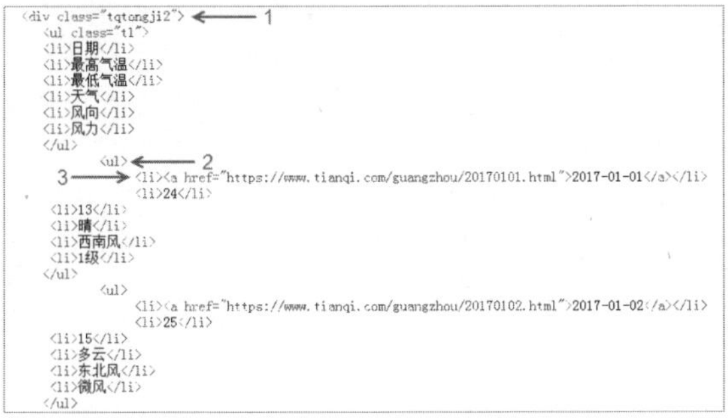

图 19.37　包含天气信息的 HTML 源代码

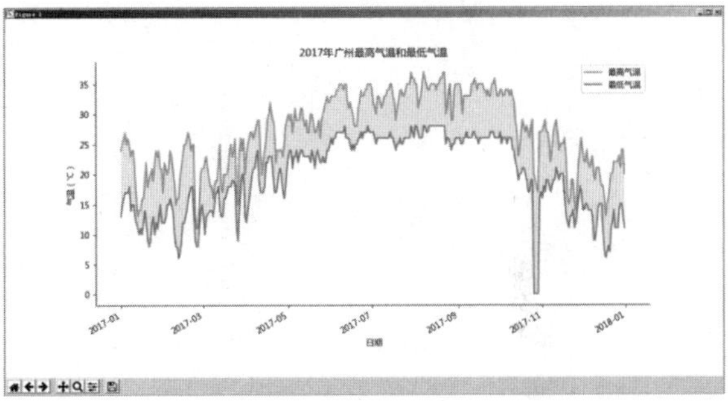

图 19.38　2017 年广州最高气温和最低气温数据图

19.6　本章小结

本章主要介绍了 Python 的一个非常实用的功能：数据可视化分析，这是 Python 在实际企业中的一个重要应用方向。本章详细介绍了 Python 的两个主流的数据可视化包：Matplotlib 和 Pygal。本章从简单的入门示例开始讲起，带领读者逐步掌握 Matplotlib 和 Pygal 的用法。本章还介绍了 Matplotlib 和 Pygal 数据图的详细配置方法，也介绍了 Matplotlib 和 Pygal 所支持的各种常见的数据图。

本章最后介绍了如何使用 Python 来展示实际的数据。本章不仅示范了对本地的 CSV、JSON 数据文件进行可视化分析，而且演示了对网络数据进行可视化分析，这些都是企业常用的应用场景，读者应该好好掌握。

➤➤本章练习

1．使用 Matplotlib 生成折线图，分析自己在两个月内体重变化与运动时间之间的关系。

2．使用 Pygal 生成饼图，分析本年度自己在生活、教育学习、健身、旅游、娱乐各方面的时间投入和金钱投入。

3．使用随机数生成 5000 个(-3,-3)~(3,3)范围的点，并使用散点图绘制它们。

4．从 https://www.tiobe.com/tiobe-index/网站查找 2018 年各月 Python 和 Java 两门语言的市场份额，并绘制它们的柱状图进行对比。

5．从 https://datahub.io 网站下载世界各国的人口数据，并绘制中国、印度历年人口变化的折线图。

6．从 http://lishi.tianqi.com 网站读取深圳的 2017 年历史天气数据，并绘制最高气温、最低气温的折线图。

CHAPTER

20

第20章 网络爬虫

本章要点

- 网络爬虫的概念和作用
- 了解和安装 Scrapy
- 创建 Scrapy 项目和 Scrapy 蜘蛛
- 使用 Scrapy shell 调试工具分析目标网页
- Scrapy 爬虫项目的开发步骤
- 使用 Scrapy 爬虫项目导出 JSON 数据
- 使用 Scrapy 爬虫项目将数据写入数据库中
- 使用 Scrapy 爬虫项目爬取瀑布流网页
- Scrapy 爬虫项目对反爬虫站点的通用应对之策
- Scrapy 整合 Selenium 实现自动登录

在学习第 19 章数据可视化时，读者可能发现一个问题：数据从何而来？从第 19 章的最后一个示例来看，可视化分析的数据很有可能来自网络。从某种意义上看，网络才是最大的数据库，互联网上的每个用户既是这些数据的创作者，也是这些数据的使用者。

有一种技术能自动从网上下载并提取项目感兴趣的海量数据，这种技术就是爬虫。实际上，爬虫项目也是 Python 最热门的应用之一。从广义上看，使用 Python 开发爬虫项目的方法有很多，即使只是简单地使用 Python 自带的 urllib 和 re 也可以实现爬虫项目，但这种方式太原始了，本章的项目不打算使用这种方式。（既然有跑车开，为何还要步行去远方？）本章打算介绍一个专业的爬虫开发框架：Scrapy，Scrapy 本身已经整合了大量工具包（比如 Twisted、lxml、cssselect 等），因此使用 Scrapy 框架开发爬虫项目非常简单、方便。

下面就从安装 Scrapy 开始介绍。

20.1 Scrapy 简介

与其他 Python 包一样，Scrapy 也不是 Python 内置的包，因此必须先安装 Scrapy，然后才能使用它。

20.1.1 了解 Scrapy

第 19 章在介绍数据可视化分析时，最后一个示例示范了展示从网络上获取的天气信息。从广义上说，那个例子也属于网络爬虫：程序可以自动获取多个页面中的所有天气信息。如果使用某种技术（如正则表达式、XPath 等）来提取页面中所有的链接（<a.../>元素），然后顺着这些链接递归打开对应的页面，最后提取页面中的信息，这就是网络爬虫。

既然第 19 章已经介绍了网络爬虫的知识，那么本章还有存在的意义吗？在回答这个问题之前，我们来分析网络爬虫具体要做哪些核心工作？

1. 通过网络向指定的 URL 发送请求，获取服务器响应内容。
2. 使用某种技术（如正则表达式、XPath 等）提取页面中我们感兴趣的信息。
3. 高效地识别响应页面中的链接信息，顺着这些链接递归执行此处介绍的①②③步。
4. 使用多线程有效地管理网络通信交互。

如果直接使用 Python 内置的 urllib 和 re 模块是否能写出自己的网络爬虫呢？答案是肯定的，只是比较复杂。就像我们要从广州去韶关，走路可以去吗？答案是肯定的，只是比较麻烦。

下面继续分析网络爬虫的核心工作。

- 向 URL 发送请求，获取服务器响应内容。这个核心工作其实是所有网络爬虫都需要做的通用工作。一般来说，通用工作应该由爬虫框架来实现，这样可以提供更稳定的性能，开发效率更高。
- 提取页面中我们感兴趣的信息。这个核心工作不是通用的！每个项目感兴趣的信息都可能有所不同，但使用正则表达式提取信息是非常低效的，原因是正则表达式的设计初衷主要是处理文本信息，而 HTML 文档不仅是文本文档，而且是结构化文档，因此使用正则表达式来处理 HTML 文档并不合适。使用 XPath 提取信息的效率要高得多。
- 识别响应页面中的链接信息。使用正则表达式可以实现这个核心工作，但是效率太低，使用 XPath 会更高效。

提示

关于 XPath 的内容，如果读者手上有《疯狂 XML 讲义》，则可以查阅该书第 9 章；如果不懂 XPath 的相关知识，后面会简单地介绍本章项目所涉及的内容。

➢ 多线程管理：这个核心工作是通用的，应该由框架来完成。

现在来回答上面提出的问题：本章有存在的意义吗？当然有，本章并不介绍使用 urllib、re 模块这种简陋的工具来实现正则表达式，而是通过专业的爬虫框架 Scrapy 来实现爬虫。

Scrapy 是一个专业的、高效的爬虫框架，它使用专业的 Twisted 包（基于事件驱动的网络引擎包）高效地处理网络通信，使用 lxml（专业的 XML 处理包）、cssselect 高效地提取 HTML 页面的有效信息，同时它也提供了有效的线程管理。

一言以蔽之，上面列出的网络爬虫的核心工作，Scrapy 全部提供了实现，开发者只要使用 XPath 或 CSS 选择器定义自己感兴趣的信息即可。

20.1.2 安装 Scrapy

安装 Scrapy 与安装其他 Python 包没有区别，同样使用如下命令来安装。

```
pip install scrapy
```

如果在命令行窗口中运行该命令，将会看到程序并不立即下载、安装 Scrapy，而是不断地下载大量第三方包。

提示

如果在命令行窗口中提示找不到 pip 命令，则也可以通过 python 命令运行 pip 模块来安装 Scrapy。例如 python -m pip install scrapy。

这是因为 Scrapy 需要依赖大量第三方包。典型的，Scrapy 需要依赖如下第三方包。

➢ pyOpenSSL：Python 用于支持 SSL（Security Socket Layer）的包。
➢ cryptography：Python 用于加密的库。
➢ CFFI：Python 用于调用 C 的接口库。
➢ zope.interface：为 Python 缺少接口而提供扩展的库。
➢ lxml：一个处理 XML、HTML 文档的库，比 Python 内置的 xml 模块更好用。
➢ cssselect：Python 用于处理 CSS 选择器的扩展包。
➢ Twisted：为 Python 提供的基于事件驱动的网络引擎包。

……

如果在 Python 环境下没有这些第三方包，那么 Python 会根据依赖自动下载并安装它们。这个过程原本没啥好讲的，pip 通常会自动完成整个过程，我们只需要等待即可。

但 pip 在自动下载、安装 Twisted 时会提示以下错误。

```
error: Microsoft Visual C++ 14.0 is required. Get it with "Microsoft Visual C++ Build Tools":
http://landinghub.visualstudio.com/visual-cpp-build-tools
```

按照上面的错误提示，我们需要先下载和安装 Microsoft Visual C++ Build Tools 工具，然后才能安装 Twisted。为了安装一个小小的 Twisted 包，难道就需要安装一个庞大的 Microsoft Visual C++ Build Tools？

答案是否定的，提示上面的错误只是因为 pip 自动下载的 Twisted 安装包有一些缺陷，因此可以先自行下载 Twisted 安装包。登录 www.lfd.uci.edu/~gohlke/pythonlibs/站点，在该页面中间查找“Twisted”项目，可以看到如图 20.1 所示的下载链接。

从图 20.1 所示的链接可以看到，当前 Twisted 的最新版是 18.7.0，Twisted 为 2.7、3.4、3.5、3.6 等不同版本的 Python 提供了对应的安装包。由于本书内容主要以 Python 3.6 为主，因此应该下载 Twisted 的 Python 3.6 版本，其中文件名带 win32 的是 32 位版本，而带 win_amd64 的则是 64 位版本，此处还需要根据操作系统的位数选择对应的版本。

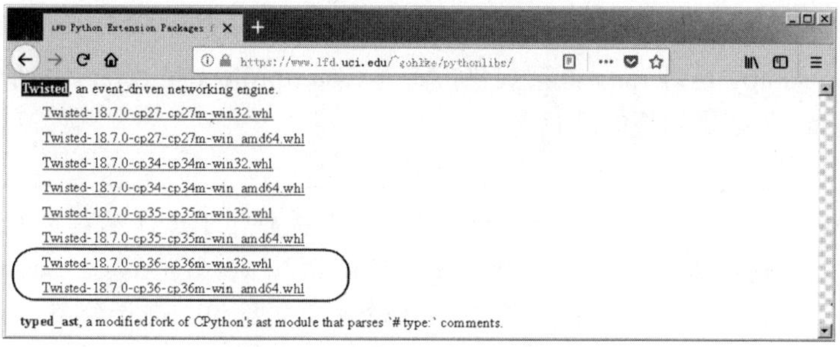

图 20.1 Twisted 包的下载链接

在下载了合适的 Twisted 安装包后，会得到一个 Twisted-18.7.0-cp36-cp36m-win_amd64.whl 文件（针对 64 位系统的），该文件就是 Twisted 安装包。

运行如下命令来安装 Twisted 包。

```
pip install Twisted-18.7.0-cp36-cp36m-win_amd64.whl
```

在安装过程中会自动检查，如有必要，会自动下载并安装 Twisted 所依赖的第三方包，如 zope.interface、Automat、incremental 等。

在安装完成后，会提示如下安装成功的信息。

```
Successfully installed Twisted-18.7.0
```

在成功安装 Twisted 包之后，再次执行 pip install scrapy 命令，即可成功安装 Scrapy。在安装成功后，会显示如下提示信息。

```
Successfully installed Scrapy-1.5.1
```

在成功安装 Scrapy 之后，可以通过 pydoc 来查看 Scrapy 的文档。在命令行窗口中输入如下命令。

```
python -m pydoc -p 8899
```

运行上面命令之后，打开浏览器查看 http://localhost:8899/页面，可以在 Python 安装目录的 lib\site-packages 下看到 Scrapy 的文档，如图 20.2 所示。

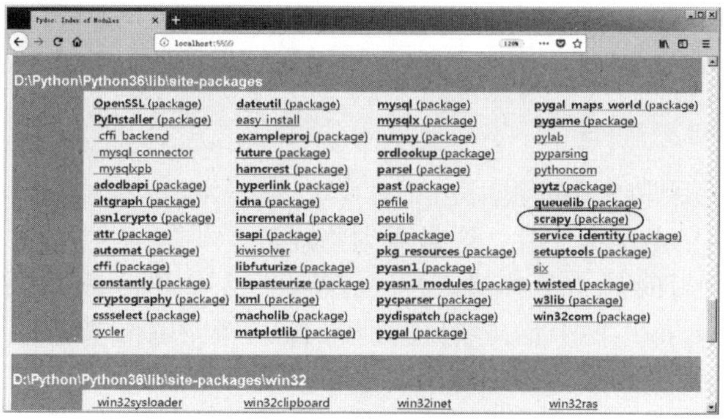

图 20.2 Scrapy 的文档

20.2 使用爬虫爬取、分析招聘信息

下面的项目将会使用基于 Scrapy 的爬虫自动爬取某招聘网站上的热门招聘信息，然后使用 Pygal 对这些招聘信息进行可视化分析，从而了解当前哪些行业最热门。

20.2.1 创建 Scrapy 项目

在使用 Scrapy 开发爬虫时，通常需要创建一个 Scrapy 项目。通过如下命令即可创建 Scrapy 项目。

```
scrapy startproject ZhipinSpider
```

在上面命令中，scrapy 是 Scrapy 框架提供的命令；startproject 是 scrapy 的子命令，专门用于创建项目；ZhipinSpider 就是要创建的项目名。

提示

scrapy 除提供 startproject 子命令之外，它还提供了 fetch（从指定 URL 获取响应）、genspider（生成蜘蛛）、shell（启动交互式控制台）、version（查看 Scrapy 版本）等常用的子命令。可以直接输入 scrapy 来查看该命令所支持的全部子命令。

运行上面命令，将会看到如下输出结果。

```
New Scrapy project 'ZhipinSpider', using template directory
 'd:\\python\\python36\\lib\\site-packages\\scrapy\\templates\\project', created in:
    G:\publish\codes\20\ZhipinSpider

You can start your first spider with:
    cd ZhipinSpider
    scrapy genspider example example.com
```

上面信息显示 Scrapy 在当前目录下创建了一个 ZhipinSpider 项目，此时在当前目录下就可以看到一个 ZhipinSpider 目录，该目录就代表 ZhipinSpider 项目。

查看 ZhipinSpider 项目，可以看到如下文件结构。

```
ZHIPINSPIDER
 │  scrapy.cfg
 │
 └─ZhipinSpider
     │  items.py
     │  middlewares.py
     │  pipelines.py
     │  settings.py
     │
     ├─spiders
     │  │  __init__.py
     │  │
     │  └─__pycache__
     └─__pycache__
```

下面大致介绍这些目录和文件的作用。

- scrapy.cfg：项目的总配置文件，通常无须修改。
- ZhipinSpider：项目的 Python 模块，程序将从此处导入 Python 代码。
- ZhipinSpider/items.py：用于定义项目用到的 Item 类。Item 类就是一个 DTO（数据传输对象），通常就是定义 *N* 个属性，该类需要由开发者来定义。
- ZhipinSpider/pipelines.py：项目的管道文件，它负责处理爬取到的信息。该文件需要由开发者编写。
- ZhipinSpider/settings.py：项目的配置文件，在该文件中进行项目相关配置。
- ZhipinSpider/spiders：在该目录下存放项目所需的蜘蛛——蜘蛛负责抓取项目感兴趣的信息。

为了更好地理解 Scrapy 项目中各组件的作用，下面给出 Scrapy 概览图，如图 20.3 所示。

在图 20.3 中可以看到，Scrapy 包含如下核心组件。

- 调度器：该组件由 Scrapy 框架实现，它负责调用下载中间件从网络上下载资源。
- 下载器：该组件由 Scrapy 框架实现，它负责从网络上下载数据，下载得到的数据会由 Scrapy 引擎自动交给蜘蛛。

➢ 蜘蛛：该组件由开发者实现，蜘蛛负责从下载数据中提取有效信息。蜘蛛提取到的信息会由 Scrapy 引擎以 Item 对象的形式转交给 Pipeline。
➢ Pipeline：该组件由开发者实现，该组件接收到 Item 对象（包含蜘蛛提取的信息）后，可以将这些信息写入文件或数据库中。

经过上面分析可知，使用 Scrapy 开发网络爬虫主要就是开发两个组件：蜘蛛和 Pipeline。

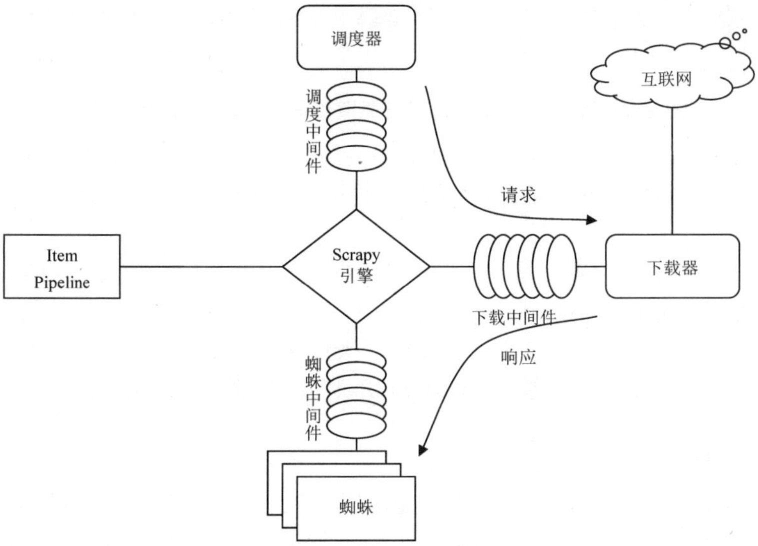

图 20.3 Scrapy 概览图

➤➤ 20.2.2 使用 shell 调试工具

本章的示例将会爬取 BOSS 直聘网上广州地区的热门职位进行分析。首先使用浏览器访问 https://www.zhipin.com/c101280100/h_101280100/页面，即可看到广州地区的热门职位。

这里我们要使用爬虫来爬取该页面中的信息，因此需要查看该页面的源代码。可以看到，该页面中包含工作信息的源代码如图 20.4 所示。

```
<div class="job-primary">
    <div class="info-primary">
        <h3 class="name">
            <a href="/job_detail/a6c0a7c297fd92071Xd42dW7F1M~.html" data-jid="a6c0a7c297fd92071Xd42dW7F1M~~" data-itemid="2" data-lid="14r37PWmF5g.search"
ka="search_list_2" target="_blank">
                <div class="job-title">信贷专员</div>
                <span class="red">20k-40k</span>
                <div class="info-detail"></div>
            </a>
        </h3>
        <p>广州 越秀区 大东<em class="vline"></em>1年以内<em class="vline"></em>高中</p>
    </div>
    <div class="info-company">
        <div class="company-text">
            <h3 class="name"><a href="/gongsi/0e863e2dbd2110b60nd50g~~.html" ka="search_list_company_2_custompage" target="_blank">中国平安</a></h3>
            <p>互联网金融<em class="vline"></em>已上市<em class="vline"></em>10000人以上</p>
        </div>
    </div>
    <div class="info-publis">
        <h3 class="name"><img
/beijin/mcs/useravatar/20180419/cef26fe36e9a1415e5739542e4adc5b3261f04ce3f344e87c1feea0529a95a87_s.jpg?x-oss-process=image/resize,w_40,limit_0" />王茁臻<e
>
        <p>发布于07月17日</p>
    </div>
    <a href="javascript:;" data-url="/gchat/addRelation.json?jobId=a6c0a7c297fd92071Xd42dW7F1M~&lid=14r37PWmF5g.search"
      redirect-url="/geek/new/index/chat?id=6def47300c89acdb1HN83N28EVM~~" target="_blank" class="btn btn-startchat">立即沟通
    </a>
</div>
```

图 20.4 页面中包含工作信息的源代码（<div.../>元素）

下面将会使用 Scrapy 提供的 shell 调试工具来抓取该页面中的信息。使用如下命令来开启 shell 调试。

```
scrapy shell https://www.zhipin.com/c101280100/h_101280100/
```

运行上面命令，将会看到如图 20.5 所示的提示信息。

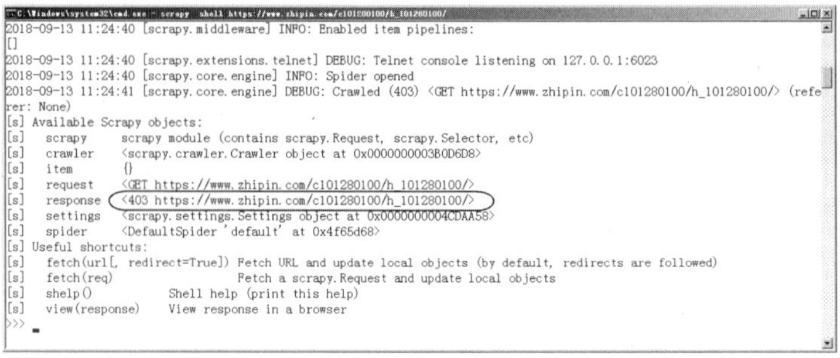

图 20.5　使用 shell 调试工具抓取页面信息时出现 403 错误

从图 20.5 可以看出，此时 Scrapy 并未抓取到页面数据，页面返回了 403 错误，这表明目标网站开启了“防爬虫”，不允许使用 Scrapy“爬取”数据。为了解决这个问题，我们需要让 Scrapy 伪装成浏览器。

为了让 Scrapy 伪装成浏览器，需要在发送请求时设置 User-Agent 头，将 User-Agent 的值设置为真实浏览器发送请求的 User-Agent。

查看浏览器的 User-Agent，可按如下步骤进行操作（以 Firefox 为例）。

① 启动 Firefox 浏览器，然后按下“Ctrl+Shift+I”快捷键打开浏览器的调试控制台，选择“网络”Tab 页。

② 通过该浏览器可以正常浏览任意页面。

③ 在浏览器下方的调试控制台中，将会显示浏览器向哪些资源发送了请求。

④ 在调试控制台中选择浏览器所请求的任意一个资源，即可在右边看到浏览器发送请求的各种请求头，如图 20.6 所示。

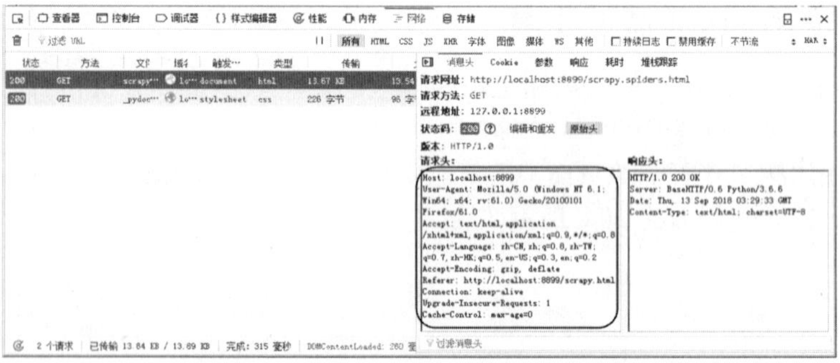

图 20.6　查看 Firefox 发送请求的请求头

因此，可以使用如下命令让 Scrapy 伪装成 Firefox 来开启 shell 调试。

```
scrapy shell -s USER_AGENT='Mozilla/5.0' https://www.zhipin.com/c101280100/
h_101280100
```

执行上面命令，将可以看到如图 20.7 所示的提示信息。

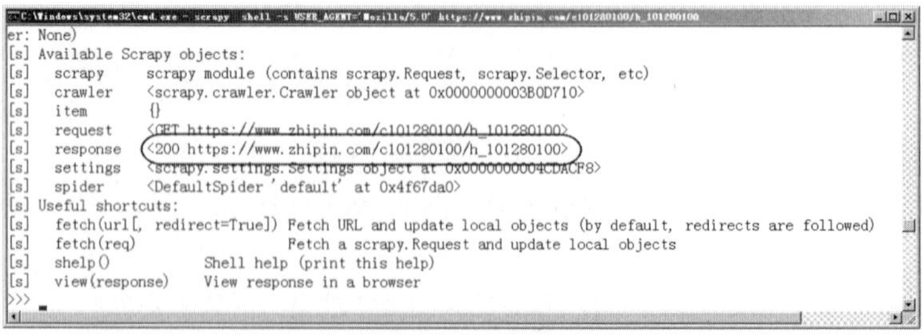

图 20.7　使用 shell 调试工具成功抓取页面的提示信息

接下来就可以使用 XPath 或 CSS 选择器来提取我们感兴趣的信息了。

为了让读者能看懂后面的代码，这里简单补充一点 XPath 的必要知识。表 20.1 中列出了 XPath 最实用的简化写法。

表 20.1　XPath 最实用的简化写法

表达式	作用
nodename	匹配此节点的所有内容
/	匹配根节点
//	匹配任意位置的节点
.	匹配当前节点
..	匹配父节点
@	匹配属性

典型的，比如可以使用//div 来匹配页面中任意位置处的<div.../>元素，也可以使用//div/span 来匹配页面中任意位置处的<div.../>元素内的<span.../>子元素。

XPath 还支持“谓词”——就是在节点后增加一个方括号，在方括号内放一个限制表达式对该节点进行限制。

典型的，我们可以使用//div[@class]来匹配页面中任意位置处、有 class 属性的<div.../>元素，也可以使用//div/span[1]来匹配页面中任意位置处的<div.../>元素内的第一个<span.../>子元素；使用//div/span[last()]来匹配页面中任意位置处的<div.../>元素内的最后一个<span.../>子元素；使用//div/span[last()-1]来匹配页面中任意位置处的<div.../>元素内的倒数第二个<span.../>子元素……

例如，想获取上面页面中的第一条工作信息的工作名称，从图 20.4 中可以看到，所有工作信息都位于<div class="job-primary">元素内，因此该 XPath 的开始应该写成：

```
//div[@class="job-primary"]
```

接下来可以看到工作信息还处于<div class="info-primary">元素内，因此该 XPath 应该写成（此处不加谓词也可以）：

```
//div[@class="job-primary"]/div
```

接下来可以看到工作信息还处于<h3 class="name">元素内，因此该 XPath 应该写成（此处不加谓词也可以）：

```
//div[@class="job-primary"]/div/h3
```

依此类推，可以看到工作名称对应的 XPath 写成：

```
//div[@class="job-primary"]/div/h3/a/div/text()
```

在掌握了 XPath 的写法之后，即可在 Scrapy 的 shell 控制台调用 response 的 xpath()方法来获取 XPath 匹配的节点。执行如下命令：

```
response.xpath('//div[@class="job-primary"]/div/h3/a/div/text()').extract()
```

上面的extract()方法用于提取节点的内容。运行上面命令，可以看到如图20.8所示的输出信息。

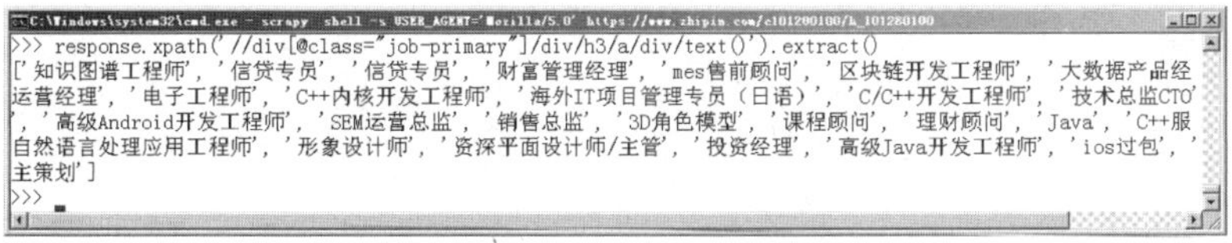

图 20.8　使用 shell 调试工具抓取感兴趣的信息

除使用 XPath 匹配节点之外，Scrapy 也支持使用 CSS 选择器来匹配节点。response 对象的 css()方法可用于获取 CSS 选择器匹配的节点。

例如，可以使用如下 CSS 选择器来匹配工资节点。

```
div.job-primary>div.info-primary>h3.name span
```

提示：

上面的 CSS 选择器是 class 选择器、父子选择器、包含选择器的综合写法，读者可参考《疯狂 HTML 5/CSS 3/JavaScript 讲义》来系统学习 CSS 选择器的知识。

在掌握了 CSS 选择器的写法之后，即可在 Scrapy 的 shell 控制台调用 response 的 css()方法来获取 CSS 选择器匹配的节点。执行如下命令：

```
response.css('div.job-primary>div.info-primary>h3.name span').extract()
```

上面的extract()方法用于提取节点的内容。运行上面命令，可以看到如图20.9所示的输出信息。

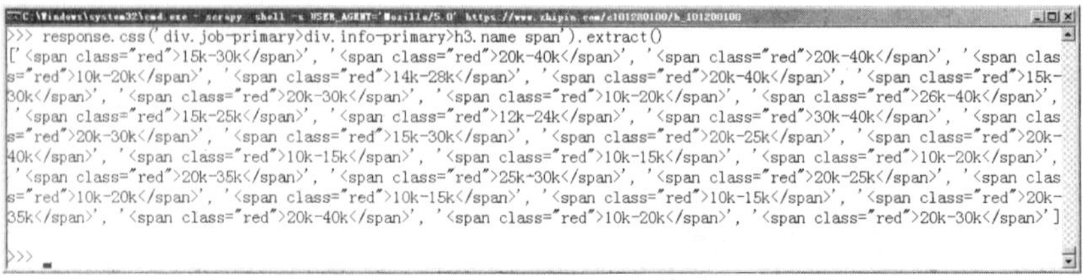

图 20.9　使用 CSS 选择器抓取感兴趣的信息

相比之下，XPath 比 CSS 选择器的匹配能力更强，因此本章的项目会使用 XPath 来匹配、抓取感兴趣的信息。

20.2.3　Scrapy 开发步骤

通过前面的 Scrapy shell 调试，已经演示了使用 XPath 从 HTML 文档中提取信息的方法，只要将这些调试的测试代码放在 Spider 中，即可实现真正的 Scrapy 爬虫。

基于 Scrapy 项目开发爬虫大致需要如下几个步骤。

① 定义 Item 类。该类仅仅用于定义项目需要爬取的 *N* 个属性。比如该项目需要爬取工作名称、工资、招聘公司等信息，则可以在 items.py 中增加如下类定义。

程序清单：codes\20\ZhipinSpider\ZhipinSpider\items.py

```
import scrapy

class ZhipinspiderItem(scrapy.Item):
    # 工作名称
    title = scrapy.Field()
    # 工资
    salary = scrapy.Field()
    # 招聘公司
    company = scrapy.Field()
    # 工作详细链接
    url = scrapy.Field()
    # 工作地点
    work_addr = scrapy.Field()
    # 行业
    industry = scrapy.Field()
    # 公司规模
    company_size = scrapy.Field()
    # 招聘人
    recruiter = scrapy.Field()
    # 发布时间
    publish_date = scrapy.Field()
```

上面程序中的一行粗体字代码表明所有的 Item 类都需要继承 scrapy.Item 类，接下来就为所有需要爬取的信息定义对应的属性，每个属性都是一个 scrapy.Field 对象。

该 Item 类只是一个作为数据传输对象（DTO）的类，因此定义该类非常简单。

② 编写 Spider 类。应该将该 Spider 类文件放在 spiders 目录下。这一步是爬虫开发的关键，需要使用 XPath 或 CSS 选择器来提取 HTML 页面中感兴趣的信息。

Scrapy 为创建 Spider 提供了 scrapy genspider 命令，该命令的语法格式如下：

```
scrapy genspider [options] <name> <domain>
```

在命令行窗口中进入 ZhipinSpider 目录下，然后执行如下命令即可创建一个 Spider。

```
scrapy genspider job_position "zhipin.com"
```

运行上面命令，即可在 ZhipinSpider 项目的 ZhipinSpider/spider 目录下找到一个 job_position.py 文件，打开该文件可以看到如下内容。

程序清单：codes\20\ZhipinSpider\ZhipinSpider\spiders\job_position.py

```
import scrapy

class JobPositionSpider(scrapy.Spider):
    # 定义该 Spider 的名字
    name = 'job_position'
    # 定义该 Spider 允许爬取的域名
    allowed_domains = ['zhipin.com']
    # 定义该 Spider 爬取的首页列表
    start_urls = ['http://zhipin.com/']

    # 该方法负责提取 response 所包含的信息
    def parse(self, response):
        pass
```

上面程序就是 Spider 类的模板，该类的 name 属性用于指定该 Spider 的名字；allow_domains 用于限制该 Spider 所爬取的域名；start_urls 指定该 Spider 会自动爬取的页面 URL。

Spider 需要继承 scrapy.Spider，并重写它的 parse(self, response)方法——如上面程序所示。从该类来看，我们看不到发送请求、获取响应的代码，这也正是 Scrapy 的魅力所在——只要把所有需要爬取的页面 URL 定义在 start_urls 列表中，Scrapy 的下载中间件就会负责从网络上下载数据，并将所有数据传给 parse(self, response)方法的 response 参数。

注意

如果在 Windows 上使用 genspider 命令来生成爬虫类，则容易引发 SyntaxError: (unicode error) 'utf-8' codec can't decode byte 0xb9 in position 0: invalid start byte 错误，这是由于 Windows 采用了 GBK 字符集。因此，需要手动将该 Spider 类保存为 UTF-8 字符集。

一言以蔽之，开发者只要在 start_urls 列表中列出所有需要 Spider 爬取的页面 URL，这些页面的数据就会“自动”传给 parse(self, response)方法的 response 参数。

因此，开发者主要就是做两件事情。

- 将要爬取的各页面 URL 定义在 start_urls 列表中。
- 在 parse(self, response)方法中通过 XPath 或 CSS 选择器提取项目感兴趣的信息。

下面将 job_position.py 文件改为如下形式。

程序清单：codes\20\ZhipinSpider\ZhipinSpider\spiders\job_position.py

```
import scrapy
from ZhipinSpider.items import ZhipinspiderItem

class JobPositionSpider(scrapy.Spider):
    # 定义该Spider的名字
    name = 'job_position'
    # 定义该Spider允许爬取的域名
    allowed_domains = ['zhipin.com']
    # 定义该Spider爬取的首页列表
    start_urls = ['https://www.zhipin.com/c101280100/h_101280100/']

    # 该方法负责提取response所包含的信息
    # response代表下载器从start_urls中的每个URL下载得到的响应
    def parse(self, response):
        # 遍历页面中的所有//div[@class="job-primary"]节点
        for job_primary in response.xpath('//div[@class="job-primary"]'):
            item = ZhipinspiderItem()
            # 匹配//div[@class="job-primary"]节点下的/div[@class="info-primary"]节点
            # 也就是匹配到包含工作信息的<div.../>元素
            info_primary = job_primary.xpath('./div[@class="info-primary"]')
            item['title'] = info_primary.xpath('./h3/a/div[@class="job-title"]/
text()').extract_first()
            item['salary'] = info_primary.xpath('./h3/a/span[@class="red"]/
text()').extract_first()
            item['work_addr'] = info_primary.xpath('./p/text()').extract_first()
            item['url'] = info_primary.xpath('./h3/a/@href').extract_first()
            # 匹配//div[@class="job-primary"]节点下./div[@class="info-company"]节点下
            # 的/div[@class="company-text"]节点
            # 也就是匹配到包含公司信息的<div.../>元素
            company_text = job_primary.xpath('./div[@class="info-company"]' +
                '/div[@class="company-text"]')
            item['company'] = company_text.xpath('./h3/a/text()').extract_first()
            company_info = company_text.xpath('./p/text()').extract()
            if company_info and len(company_info) > 0:
                item['industry'] = company_text.xpath('./p/text()').extract()[0]
            if company_info and len(company_info) > 2:
                item['company_size'] = company_text.xpath('./p/text()').extract()[2]
            # 匹配//div[@class="job-primary"]节点下的./div[@class="info-publis"]节点
            # 也就是匹配到包含发布人信息的<div.../>元素
            info_publis = job_primary.xpath('./div[@class="info-publis"]')
            item['recruiter'] = info_publis.xpath('./h3/text()').extract_first()
            item['publish_date'] = info_publis.xpath('./p/text()').extract_first()
            yield item
```

上面程序中第一行粗体字代码修改了 start_urls 列表，重新定义了该 Spider 需要爬取的首页；接下来程序重写了 Spider 的 parse(self, response):方法。

程序中第二行粗体字代码使用 XPath 匹配所有的'//div[@class="job-primary"]'节点——每个节点都包含一份招聘信息。因此，程序使用循环遍历每个'//div[@class="job-primary"]'节点，为每个节点都建立一个 ZhipinspiderItem 对象，并从该节点中提取项目感兴趣的信息存入 ZhipinspiderItem 对象中。

程序最后一行粗体字代码使用 yield 语句将 item 对象返回给 Scrapy 引擎。此处不能使用 return，因为 return 会导致整个方法返回，循环不能继续执行，而 yield 将会创建一个生成器。

Spider 使用 yield 将 item 返回给 Scrapy 引擎之后，Scrapy 引擎将这些 item 收集起来传给项目的 Pipeline，因此自然就到了使用 Scrapy 开发爬虫的第三步。

③ 编写 pipelines.py 文件，该文件负责将所爬取的数据写入文件或数据库中。

现在开始修改 pipelines.py 文件。为了简化开发，只在控制台打印 item 数据。下面是修改后的

pipelines.py 文件的内容。

程序清单：codes\20\ZhipinSpider\ZhipinSpider\pipelines.py

```
class ZhipinspiderPipeline(object):
    def process_item(self, item, spider):
        print("工作:" , item['title'])
        print("工资:" , item['salary'])
        print("工作地点:" , item['work_addr'])
        print("详情链接:" , item['url'])

        print("公司:" , item['company'])
        print("行业:" , item['industry'])
        print("公司规模:" , item['company_size'])

        print("招聘人:" , item['recruiter'])
        print("发布日期:" , item['publish_date'])
```

从上面的粗体字代码可以看到，ZhipinspiderPipeline 主要就是实现 process_item(self, item, spider)方法，该方法的 item、spider 参数都由 Scrapy 引擎传入，Scrapy 引擎会自动将 Spider“捕获”的所有 item 逐个传给 process_item(self, item, spider)方法，因此该方法只需处理单个的 item 即可——不管爬虫总共爬取了多少个 item，process_item(self, item, spider)方法只处理一个即可。

经过上面三个步骤，基于 Scrapy 的爬虫基本开发完成。下面还需要修改 settings.py 文件进行一些简单的配置，比如增加 User-Agent 头。取消 settings.py 文件中如下代码行的注释，并将这些代码行改为如下形式。

程序清单：codes\20\ZhipinSpider\ZhipinSpider\settings.py

```
BOT_NAME = 'ZhipinSpider'

SPIDER_MODULES = ['ZhipinSpider.spiders']
NEWSPIDER_MODULE = 'ZhipinSpider.spiders'

ROBOTSTXT_OBEY = True
# 配置默认的请求头
DEFAULT_REQUEST_HEADERS = {
    "User-Agent" : "Mozilla/5.0 (Windows NT 6.1; Win64; x64; rv:61.0) Gecko/20100101 Firefox/61.0",
    'Accept': 'text/html,application/xhtml+xml,application/xml;q=0.9,*/*;q=0.8'
}
# 配置使用 Pipeline
ITEM_PIPELINES = {
    'ZhipinSpider.pipelines.ZhipinspiderPipeline': 300,
}
```

回顾一下上面的开发过程，使用 Scrapy 开发爬虫的核心工作就是三步。

① 定义 Item 类。由于 Item 只是一个 DTO 对象，因此定义 Item 类很简单。

② 开发 Spider 类。这一步是核心。Spider 使用 XPath 从页面中提取项目所需的信息，并用这些信息来封装 Item 对象。

③ 开发 Pipeline。Pipeline 负责处理 Spider 获取的 Item 对象。

注意

所有修改过的源文件（尤其是添加了中文注释的文件）都需要手动保存为 UTF-8 字符集，否则在运行爬虫时会出现错误。

经过上面步骤，这个基于 Scrapy 的 Spider 已经开发完成。在命令行窗口中进入 ZhipinSpider

项目目录下（不是进入 ZhipinSpider/ZhipinSpider 目录下），执行如下命令来启动 Spider。

```
scrapy crawl job_position
```

上面 scrapy crawl 命令中的 job_position 就是前面定义的 Spider 名称（通过 JobPositionSpider 类的 name 属性指定）。运行上面命令，可以看到如图 20.10 所示的输出结果。

图 20.10　爬取第一页数据

从图 20.10 可以看出，该爬虫已经顺利爬取了 start_urls 列表所给出页面中的工作信息。但问题又出现了，该爬虫并未继续爬取下一页的工作信息。

爬虫可以自动爬取下一页信息吗？答案是肯定的。在提取完 response 中的所有"工作信息"之后，Spider 可以使用 XPath 找到页面中代表"下一页"的链接，然后使用 Request 发送请求即可。

通过浏览器查看源代码，可以看到 https://www.zhipin.com/c101280100/h_101280100/页面中包含分页信息的源代码，如图 20.11 所示。

```
<div class="page">

        <a href="javascript:;" ka="page-prev" class="prev disabled"></a>

    <a href="javascript:;" class="cur" ka="page-cur">1</a>
    <a href="/c101280100/h_101280100/?page=2" ka="page-2">2</a>
    <a href="/c101280100/h_101280100/?page=3" ka="page-3">3</a>
    <span>...</span>

        <a href="/c101280100/h_101280100/?page=2" ka="page-next" class="next"></a>

</div>
```

图 20.11　页面中包含分页信息的源代码

从图 20.11 可以看出，页面中"下一页"元素的 XPath 为//div[@class='page']/a [@class='next']，因此程序需要在 JobPositionSpider 类的 parse(self, response)方法的后面添加如下代码。

程序清单：codes\20\ZhipinSpider\ZhipinSpider\spiders\job_position.py

```
# 解析下一页链接
new_links = response.xpath('//div[@class="page"]/a[@class="next"]/@href').extract()
if new_links and len(new_links) > 0:
    # 获取下一页链接
    new_link = new_links[0]
    # 再次发送请求获取下一页数据
    yield scrapy.Request("https://www.zhipin.com" + new_link, callback=self.parse)
```

应该将上面这段代码放在 parse(self, response)方法的后面，这样可以保证 Spider 在爬取页面中所有项目感兴趣的工作信息之后，才会向下一个页面发送请求。

上面程序中第一行粗体字代码解析页面中的"下一页"链接；第二行粗体字代码显式使用 scrapy.Request 来发送请求，并指定使用 self.parse 方法来解析服务器响应数据。需要说明的是，这是一个递归操作——每当 Spider 解析完页面中项目感兴趣的工作信息之后，它总会再次请求“下一页”数据，通过这种方式即可爬取广州地区所有的热门职位信息。

再次运行 scrapy crawl job_position 命令来启动爬虫，即可看到该爬虫成功爬取了 10 页职位信息，这是因为该页面默认只提供 10 页职位信息。

20.2.4 使用 JSON 导出信息

仅在控制台打印所爬取到的信息是不够的，程序既可以将这些信息保存到文件中，也可以将这些信息写入数据库中。下面程序将示范将信息以 JSON 格式保存到文件中。

Scrapy 项目使用 Pipeline 处理被爬取信息的持久化操作，因此程序只要修改 pipelines.py 文件即可。程序原来只是打印 item 对象所包含的信息，现在应该把 item 对象中的信息存入文件中。该文件修改后的代码如下。

程序清单：codes\20\ZhipinSpider_json\ZhipinSpider\pipelines.py

```
import json

class ZhipinspiderPipeline(object):
    # 定义构造器，初始化要写入的文件
    def __init__(self):
        self.json_file = open("job_positions.json", "wb+")
        self.json_file.write('[\n'.encode("utf-8"))
    # 重写 close_spider 回调方法，用于关闭文件
    def close_spider(self, spider):
        print('----------关闭文件-----------')
        # 后退两个字符，也就是去掉最后一条记录之后的换行符和逗号
        self.json_file.seek(-2, 1)
        self.json_file.write('\n]'.encode("utf-8"))
        self.json_file.close()
    def process_item(self, item, spider):
        # 将 item 对象转换为 JSON 字符串
        text = json.dumps(dict(item), ensure_ascii=False) + ",\n"
        # 写入 JSON 字符串
        self.json_file.write(text.encode("utf-8"))
```

上面程序中第一行粗体字代码将 item 对象转换为 JSON 字符串，第二行粗体字代码将该 JSON 字符串写入文件中。从上面代码来看，该 Pipeline 类依然非常简单——只是简单的文件 I/O。

程序为该 Pipeline 类定义了构造器，该构造器可用于初始化资源；程序还为该 Pipeline 类重写了 close_spider()方法，该方法负责关闭构造器初始化的资源。

使用 scrapy crawl job_position 命令启动爬虫，此时将不会看到程序在控制台打印该爬虫所爬取到的 10 页职位信息。当程序运行结束之后，可以在项目目录下找到 job_positions.json 文件，该文件包含了 300 条热门职位信息。

20.2.5 将数据写入数据库

除将爬取到的信息写入文件中之外，程序也可通过修改 Pipeline 文件将数据保存到数据库中。为了使用数据库来保存爬取到的信息，在 MySQL 的 python 数据库中执行如下 SQL 语句来创建 job_inf 数据表。

```
CREATE TABLE job_inf(
 id INT(11) NOT NULL AUTO_INCREMENT PRIMARY KEY,
 title VARCHAR(255),
 salary VARCHAR(255),
 company VARCHAR(255),
 url VARCHAR(500),
 work_addr VARCHAR(255),
```

```
    industry VARCHAR(255),
    company_size VARCHAR(255),
    recruiter VARCHAR(255),
    publish_date VARCHAR(255)
)
```

然后将 Pipeline 文件改为如下形式，即可将爬取到的信息保存到 MySQL 数据库中。

程序清单：codes\20\ZhipinSpider_mysql\ZhipinSpider\pipelines.py

```
# 导入访问 MySQL 的模块
import mysql.connector

class ZhipinspiderPipeline(object):
    # 定义构造器，初始化要写入的文件
    def __init__(self):
        self.conn = mysql.connector.connect(user='root', password='32147',
            host='localhost', port='3306',
            database='python', use_unicode=True)
        self.cur = self.conn.cursor()
    # 重写 close_spider 回调方法，用于关闭数据库资源
    def close_spider(self, spider):
        print('----------关闭数据库资源-----------')
        # 关闭游标
        self.cur.close()
        # 关闭连接
        self.conn.close()
    def process_item(self, item, spider):
        self.cur.execute("INSERT INTO job_inf VALUES(null, %s, %s, %s, %s, %s, \
            %s, %s, %s, %s)", (item['title'], item['salary'], item['company'],
            item['url'], item['work_addr'], item['industry'],
            item.get('company_size'), item['recruiter'], item['publish_date']))
        self.conn.commit()
```

上面程序中粗体字代码使用 execute()方法将 item 对象中的信息插入数据库中。

程序为该 Pipeline 类定义了构造器，该构造器可用于初始化数据库连接、游标；程序还为该 Pipeline 类重写了 close_spider()方法，该方法负责关闭构造器中初始化的数据库资源。

使用 scrapy crawl job_position 命令启动爬虫，当程序运行结束之后，将会在 python 数据库的 job_inf 表中看到多了 300 条招聘信息。

20.2.6　使用 Pygal 展示招聘信息

使用爬虫获取到数据之后，可以使用第 19 章介绍的数据可视化工具来分析这些数据。例如，此处我们要分析 BOSS 直聘网站上热门职位所属的行业，广大读者也可根据这份数据来决定自己应该投身的行业。

该项目对前面的 ZhipinSpider_json 项目进行了修改，ZhipinSpider_json 项目可以爬取到招聘职位的 JSON 数据，然后使用 Python 的 json 包读取这份 JSON 数据，再使用 Pygal 展示该数据。

下面是负责展示数据的 Python 程序。

程序清单：codes\20\ZhipinSpider_pygal\ZhipinSpider\pygal_job_industry.py

```
import json
import pygal

filename = 'job_positions.json'
# 读取 JSON 格式的工作数据
with open(filename, 'r', True, 'utf-8') as f:
    job_list = json.load(f)
# 定义 job_dict 来保存各行业的招聘职位数
job_dict = {}
```

```
    # 遍历列表的每个元素，每个元素都是一个招聘信息
    for job in job_list:
        if job['industry'] in job_dict:
            job_dict[job['industry']] += 1
        else:
            job_dict[job['industry']] = 1

    # 创建 pygal.Pie 对象（饼图）
    pie = pygal.Pie()
    other_num = 0
    # 采用循环为饼图添加数据
    for k in job_dict.keys():
        # 如果该行业的招聘职位数少于 5 个，则将其归到“其他”中
        if job_dict[k] < 5:
            other_num += job_dict[k]
        else:
            pie.add(k, job_dict[k])
    # 添加其他行业的招聘职位数
    pie.add('其他', other_num)
    pie.title = '广州地区各行业热门招聘统计图'
    # 设置将图例放在底部
    pie.legend_at_bottom = True
    # 指定将数据图输出到 SVG 文件中
    pie.render_to_file('job_position.svg')
```

上面程序中第一段粗体字代码统计了各行业所包含的招聘职位数；第二段粗体字代码则将各行业的招聘职位数据添加到 pygal.Pie 对象（饼图）中，而且这段代码还进行了判断：如果某个行业的招聘职位数少于 5 个，则将该行业归到“其他”中。

程序生成饼图的代码与第 19 章的代码没有区别，相信读者一看就懂。运行该程序，将会生成如图 20.12 所示的饼图。

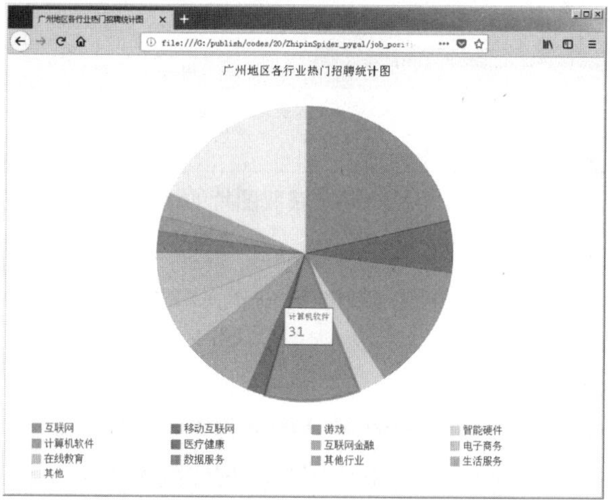

图 20.12 广州地区各行业热门招聘统计图（饼图）

从图 20.12 中可以看到，这些热门职位主要分布于互联网、移动互联网、计算机软件、游戏、互联网金融行业，实际上这些行业都属于 IT 行业，通过该图也能感受到广州 IT 行业的蓬勃发展，广大读者可以通过该图来了解今后的努力方向。

20.3 处理反爬虫

对于 BOSS 直聘这种网站，当程序请求网页后，服务器响应内容包含了整个页面的 HTML 源

代码，这样就可以使用爬虫来爬取数据。但有些网站做了一些“反爬虫”处理——其网页内容不是静态的，而是使用 JavaScript 动态加载的，此时的爬虫程序也需要做相应的改进。

20.3.1 使用 shell 调试工具分析目标站点

本项目爬取的目标站点是 https://unsplash.com/，该网站包含了大量高清、优美的图片。本项目的目标是爬虫程序能自动识别并下载该网站上的所有图片。

在开发该项目之前，依然先使用 Firefox 浏览该网站，然后查看该网站的源代码，将会看到页面的<body.../>元素几乎是空的，并没有包含任何图片。

现在使用 Scrapy 的 shell 调试工具来看看该页面的内容。在控制台输入如下命令，启动 shell 调试。

```
scrapy shell https://unsplash.com/
```

执行上面命令，可以看到 Scrapy 成功下载了服务器响应数据。接下来，通过如下命令来尝试获取所有图片的 src 属性（图片都是 img 元素，src 属性指定了图片的 URL）。

```
response.xpath('//img/@src').extract()
```

执行上面命令，将会看到返回一系列图片的 URL，但它们都不是高清图片的 URL。

还是通过“Ctrl+Shift+I”快捷键打开 Firefox 的调试控制台，再次向 https://unsplash.com/网站发送请求，接下来可以在 Firefox 的调试控制台中看到如图 20.13 所示的请求。

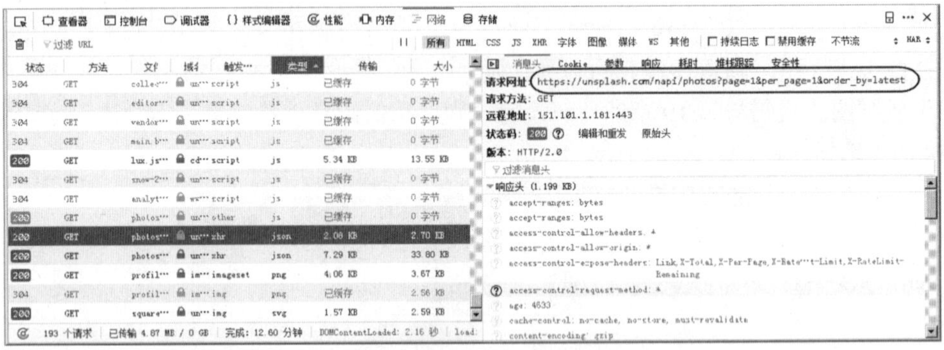

图 20.13 动态获取图片的请求

可见，该网页动态请求图片的 URL 如下：

```
https://unsplash.com/napi/photos?page=N&per_page=N&order_by=latest
```

上面 URL 中的 page 代表第几页，per_page 代表每页加载的图片数。使用 Scrapy 的 shell 调试工具来调试该网址，输入如下命令。

```
scrapy shell https://unsplash.com/napi/photos?page=1&per_page=10&order_by=latest
```

上面命令代表请求第 1 页，每页显示 10 张图片的响应数据。执行上面命令，服务器响应内容是一段 JSON 数据，接下来在 shell 调试工具中输入如下命令。

```
>>> import json
>>> len(json.loads(response.text))
10
```

从上面的调试结果可以看到，服务器响应内容是一个 JSON 数组（转换之后对应于 Python 的 list 列表），且该数组中包含 10 个元素。

使用 Firefox 直接请求 https://unsplash.com/napi/photos? page=1&per_page=12&order_by=latest 地址（如果希望使用更专业的工具，则可选择 Postman），可以看到服务器响应内容如图 20.14 所示。

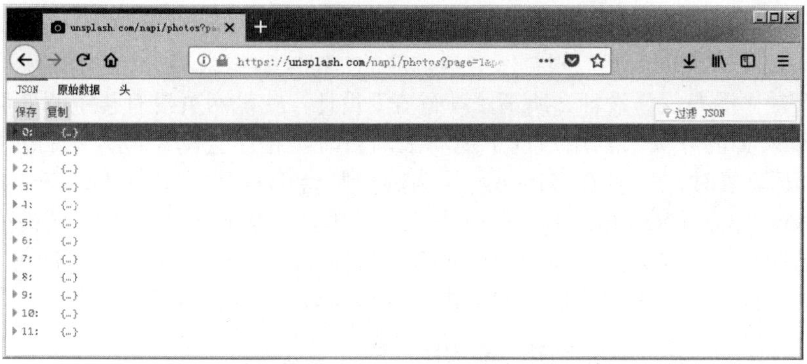

图 20.14 服务器响应的 JSON 数据包含 12 个对象

在图 20.14 所示的 JSON 数据中点开 0（代表第一个数组元素），此时可以看到如图 20.15 所示的图片数据。

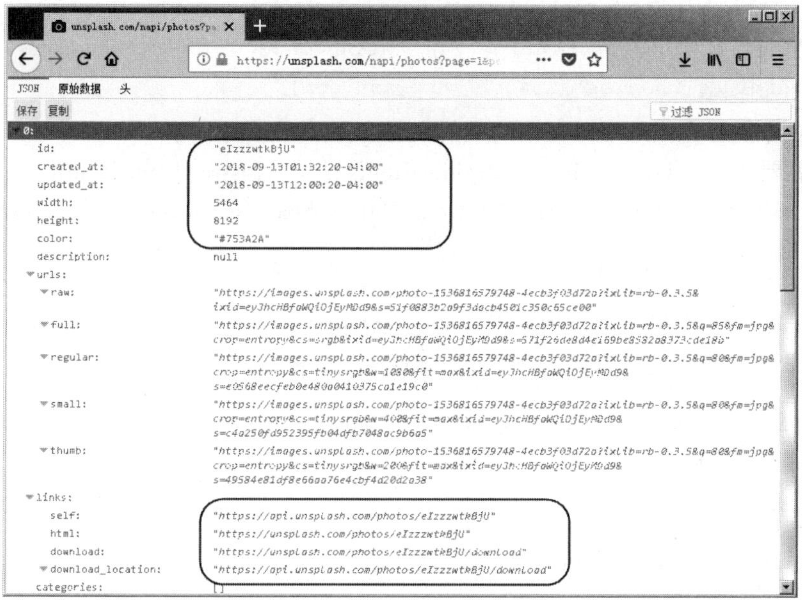

图 20.15 图片数据

从图 20.15 中可以看到，每张图片数据都包含 id、created_at（创建时间）、updated_at（更新时间）、width（图片宽度）、height（图片高度）等基本信息和一个 links 属性，该属性值是一个对象（转换之后对应于 Python 的 dict），它包含了 self、html、download、download_location 属性，其中 self 代表浏览网页时的图片的 URL；而 download 才是要下载的高清图片的 URL。

提示

网络爬虫毕竟是针对别人的网站“爬取”数据的，而目标网站的结构随时可能发生改变，读者应该学习这种分析方法，而不是“生搬硬套”地照抄本章的分析结果。

尝试在 shell 调试工具中查看第一张图片的下载 URL，应该在 shell 调试工具中输入如下命令。

```
>>> json.loads(response.text)[0]['links']['download']
'https://unsplash.com/photos/eIzzzwtkBjU/download'
```

与图 20.15 对比不难看出，shell 调试工具输出的第一张图片的下载 URL 与图 20.15 所显示的第一张图片的下载 URL 完全相同。

由此得到一个结论：该网页加载时会自动向 https://unsplash.com/napi/photos?page=N&per_page=N&order_by=latest 发送请求，然后根据服务器响应的 JSON 数据来动态加载图片。

由于该网页是“瀑布流”设计（所谓“瀑布流”设计，就是网页没有传统的分页按钮，而是让用户通过滚动条来实现分页，当用户向下拖动滚动条时，程序会动态载入新的分页），当我们在 Firefox 中拖动滚动条时，可以在 Firefox 的调试控制台中看到再次向 https://unsplash.com/napi/photos?page=N&per_page=N&order_by=latest 发送了请求，只是 page 参数发生了改变。可见，为了不断地加载新的图片，程序只要不断地向该 URL 发送请求，并改变 page 参数即可。

经过上面的分析之后，下面我们开始正式使用 Scrapy 来实现爬取高清图片。

20.3.2 使用 Scrapy 爬取高清图片

按照惯例，使用如下命令来创建一个 Scrapy 项目。

```
scrapy startproject UnsplashImageSpider
```

然后在命令行窗口中进入 UnsplashImageSpider 所在的目录下（不要进入 UnsplashImageSpider\UnsplashImageSpider 目录下），执行如下命令来生成 Spider 类。

```
scrapy genspider unsplash_image 'unsplash.com'
```

上面两个命令执行完成之后，一个简单的 Scrapy 项目就创建好了。

接下来需要修改 UnsplashImageSpider\items.py、UnsplashImageSpider\pipelines.py、UnsplashImageSpider\spiders\unsplash_image.py、UnsplashImageSpider\settings.py 文件，将它们全部改为使用 UTF-8 字符集来保存。

现在按照如下步骤来开发该爬虫项目。

① 定义 Item 类。由于本项目的目标是爬取高清图片，因此其所使用的 Item 类比较简单，只要保存图片 id 和图片下载地址即可。下面是该项目的 Item 类的代码。

程序清单：codes\20\UnsplashImageSpider\UnsplashImageSpider\items.py

```
import scrapy

class ImageItem(scrapy.Item):
    # 保存图片 id
    image_id = scrapy.Field()
    # 保存图片下载地址
    download = scrapy.Field()
```

上面程序为 Item 类定义了两个变量，分别用于保存图片 id 和图片下载地址。

② 开发 Spider。开发 Spider 就是指定 Scrapy 发送请求的 URL，并实现 parse(self, response)方法来解析服务器响应数据。下面是该项目的 Spider 程序。

程序清单：codes\20\UnsplashImageSpider\UnsplashImageSpider\spiders\unsplash_image.py

```
import scrapy, json
from UnsplashImageSpider.items import ImageItem

class UnsplashImageSpider(scrapy.Spider):
    # 定义 Spider 的名称
    name = 'unsplash_image'
    allowed_domains = ['unsplash.com']
    # 定义起始页面
    start_urls = ['https://unsplash.com/napi/photos?page=1&per_page=12&order_by=latest']
    def __init__ (self):
        self.page_index = 1

    def parse(self, response):
        # 解析服务器响应的 JSON 字符串
```

```
        photo_list = json.loads(response.text)  # ①
        # 遍历每张图片
        for photo in photo_list:
            item = ImageItem()
            item['image_id'] = photo['id']
            item['download'] = photo['links']['download']
            yield item

        self.page_index += 1
        # 获取下一页的链接
        next_link = 'https://unsplash.com/napi/photos?page='\
            + str(self.page_index) + '&per_page=12&order_by=latest'
        # 继续获取下一页的图片
        yield scrapy.Request(next_link, callback=self.parse)
```

上面程序中第一行粗体字代码指定的 URL 是本项目爬取的第一个页面，由于该页面的响应是一个 JSON 数据，因此程序无须使用 XPath 或 CSS 选择器来“提取”数据，而是直接使用 json 模块的 loads()函数来加载该响应数据即可。

在获取 JSON 响应数据之后，程序同样将 JSON 数据封装成 Item 对象后返回给 Scrapy 引擎。

提示

Spider 到底应该使用 XPath 或 CSS 选择器来提取响应数据，还是使用 JSON，完全取决于目标网站的响应内容，怎么方便怎么来！总之，提取到数据之后，将数据封装成 Item 对象后返回给 Scrapy 引擎就对了。

上面程序中最后一行粗体字代码定义了加载下一页数据的 URL，接下来使用 scrapy.Request 向该 URL 发送请求，并指定使用 self.parse 方法来处理服务器响应内容，这样程序就可以不断地请求下一页的图片数据。

③ 开发 Pipeline。Pipeline 负责保存 Spider 返回的 Item 对象（封装了爬取到的数据）。本项目爬取的目标是图片，因此程序得到图片的 URL 之后，既可将这些 URL 地址导入专门的下载工具中批量下载，也可在 Python 程序中直接下载。本项目的 Pipeline 将使用 urllib.request 包直接下载。下面是该项目的 Pipeline 程序。

程序清单：codes\20\UnsplashImageSpider\UnsplashImageSpider\pipelines.py

```
from urllib.request import *

class UnsplashimagespiderPipeline(object):
    def process_item(self, item, spider):
        # 每个 item 都代表一张要下载的图片
        print('----------' + item['image_id'])
        real_url = item['download'] + "?force=true"
        try:
            pass
            # 打开 URL 对应的资源
            with urlopen(real_url) as result:
                # 读取图片数据
                data = result.read()
                # 打开图片文件
                with open("images/" + item['image_id'] + '.jpg', 'wb+') as f:
                    # 写入读取到的数据
                    f.write(data)
        except:
            print('下载图片出现错误' % item['image_id'])
```

上面程序中第一行粗体字代码用于拼接下载图片的完整地址。可能有读者会问：为何要在图片下载地址的后面追加“?force=true”？这并不是本项目所能决定的，读者可以把鼠标指针移动到

https://unsplash.com 网站中各图片右下角的下载按钮上，即可看到各图片的下载地址都会在 download 后追加"?force=true"，此处只是模拟这种行为而已。

程序中第二行粗体字代码使用 urlopen()函数获取目标 URL 的数据，接下来即可读取图片数据，并将图片数据写入下载的目标文件中。

经过上面 3 步，基于 Scrapy 开发的高清图片爬取程序基本完成。接下来依然需要对 settings.py 文件进行修改——增加一些自定义请求头（用于模拟浏览器），设置启用指定的 Pipeline。下面是本项目修改后的 settings.py 文件。

程序清单：codes\20\UnsplashImageSpider\UnsplashImageSpider\settings.py

```
BOT_NAME = 'UnsplashImageSpider'

SPIDER_MODULES = ['UnsplashImageSpider.spiders']
NEWSPIDER_MODULE = 'UnsplashImageSpider.spiders'

ROBOTSTXT_OBEY = True

# 配置默认的请求头
DEFAULT_REQUEST_HEADERS = {
    "User-Agent" : "Mozilla/5.0 (Windows NT 6.1; Win64; x64; rv:61.0) Gecko/20100101 Firefox/61.0",
    'Accept': 'text/html,application/xhtml+xml,application/xml;q=0.9,*/*;q=0.8'
}

# 配置使用 Pipeline
ITEM_PIPELINES = {
    'UnsplashImageSpider.pipelines.UnsplashimagespiderPipeline': 300,
}
```

至此，这个可以爬取高清图片的爬虫项目开发完成，读者可以在 UnsplashImageSpider 目录下执行如下命令来启动爬虫。

```
scrapy crawl unsplash_image
```

运行该爬虫程序之后，可以看到在项目的 images 目录下不断地增加新的高清图片（对图片的爬取速度在很大程度上取决于网络下载速度），这些高清图片正是 https://unsplash.com 网站中所展示的图片。

20.3.3 应对反爬虫的常见方法

爬虫的本质就是"抓取"第三方网站中有价值的数据，因此，每个网站都会或多或少地采用一些反爬虫技术来防范爬虫。比如前面介绍的通过 User-Agent 请求头验证是否为浏览器、使用 JavaScript 动态加载资源等，这些都是常规的反爬虫手段。

下面针对更强的反爬虫技术提供一些解决方案。

1. IP 地址验证

有些网站会使用 IP 地址验证进行反爬虫处理，程序会检查客户端的 IP 地址，如果发现同一个 IP 地址的客户端频繁地请求数据，该网站就会判断该客户端是爬虫程序。

针对这种情况，我们可以让 Scrapy 不断地随机更换代理服务器的 IP 地址，这样就可以欺骗目标网站了。

为了让 Scrapy 能随机更换代理服务器，可以自定义一个下载中间件，让该下载中间件随机更换代理服务器即可。

Scrapy 随机更换代理服务器只要两步。

① 打开 Scrapy 项目下的 middlewares.py 文件，在该文件中增加定义如下类。

```
class RandomProxyMiddleware(object):
    # 动态设置代理服务器的 IP 地址
    def process_request(self, request, spider):
        # get_random_proxy()函数随机返回代理服务器的 IP 地址和端口
        request.meta["proxy"] = get_random_proxy()
```

上面程序通过自定义的下载中间件为 Scrapy 设置了代理服务器。程序中的 get_random_ proxy() 函数需要能随机返回代理服务器的 IP 地址和端口，这就需要开发者事先准备好一系列代理服务器，该函数能随机从这些代理服务器中选择一个。

② 通过 settings.py 文件设置启用自定义的下载中间件。在 settings.py 文件中增加如下配置代码。

```
# 配置自定义的下载中间件
DOWNLOADER_MIDDLEWARES = {
    'ZhipinSpider.middlewares.RandomProxyMiddleware': 543,
}
```

2. 禁用 Cookie

有些网站可以通过跟踪 Cookie 来识别是否是同一个客户端。Scrapy 默认开启了 Cookie，这样目标网站就可以根据 Cookie 来识别爬虫程序是同一个客户端。

目标网站可以判断：如果同一个客户端在单位时间内的请求过于频繁，则基本可以断定这个客户端不是正常用户，很有可能是程序操作（比如爬虫），此时目标网站就可以禁用该客户端的访问。

针对这种情况，可以让 Scrapy 禁用 Cookie（Scrapy 不需要登录时才可禁用 Cookie）。在 settings.py 文件中取消如下代码的注释即可禁用 Cookie。

```
COOKIES_ENABLED = False
```

3. 违反爬虫规则文件

在很多 Web 站点目录下都会提供一个 robots.txt 文件，在该文件中制定了一系列爬虫规则。例如，weibo.com 网站下的 robots.txt 文件的内容如下。

```
Sitemap: http://weibo.com/sitemap.xml User-Agent: Baiduspider Disallow: User-agent: 360Spider Disallow: User-agent: Googlebot Disallow: User-agent: Sogou web spider Disallow: User-agent: bingbot Disallow: User-agent: smspider Disallow: User-agent: HaosouSpider Disallow: User-agent: YisouSpider Disallow: User-agent: * Disallow: /
```

该规则文件指定该站点只接受 Baidu 的网络爬虫，不接受其他爬虫程序。

为了让爬虫程序违反爬虫规则文件的限制，强行爬取站点信息，可以在 settings 文件中取消如下代码的注释来违反站点制定的爬虫规则。

```
# 指定不遵守爬虫规则
ROBOTSTXT_OBEY = False
```

4. 限制访问频率

正如前面所提到的，当同一个 IP 地址、同一个客户端访问目标网站过于频繁时（正常用户的访问速度没那么快），其很可能会被当成机器程序（比如爬虫）禁止访问。

为了更好地模拟正常用户的访问速度，可以限制 Scrapy 的访问频率。在 settings 文件中取消如下代码的注释即可限制 Scrapy 的访问频率。

```
# 开启访问频率限制
AUTOTHROTTLE_ENABLED = True
# 设置访问开始的延迟
AUTOTHROTTLE_START_DELAY = 5
# 设置访问之间的最大延迟
AUTOTHROTTLE_MAX_DELAY = 60
```

```
# 设置Scrapy并行发给每台远程服务器的请求数量
AUTOTHROTTLE_TARGET_CONCURRENCY = 1.0
# 设置下载之后的自动延迟
DOWNLOAD_DELAY = 3
```

5. 图形验证码

有些网站为了防止机器程序访问，会做一些很“变态”有设计，它会记录同一个客户端、同一个 IP 地址的访问次数，只要达到一定的访问次数（不管你是正常用户，还是机器程序），目标网站就会弹出一个图形验证码让你输入，只有成功输入了图形验证码才能继续访问。

为了让机器识别这些图形验证码，通常有两种解决方式。

- 使用 PIL、Libsvm 等库自己开发程序来识别图形验证码。这种方式具有最大的灵活性，只是需要开发人员自己编码实现。
- 通过第三方识别。有不少图形验证码的在线识别网站，它们的识别率基本可以做到 90%以上。但是识别率高的在线识别网站通常都要收费，而免费的往往识别率不高，还不如自己写程序来识别。

20.3.4 整合 Selenium 模拟浏览器行为

某些网站要求用户必须先登录，然后才能获取网络数据，这样爬虫程序将无法随意爬取数据。为了登录该网站，通常有两种做法。

- 直接用爬虫程序向网站的登录处理程序提交请求，将用户名、密码、验证码等作为请求参数，登录成功后记录登录后的 Cookie 数据。
- 使用真正的浏览器来模拟登录，然后记录浏览器登录之后的 Cookie 数据。

上面两种方式的目的是一样的，都是为了登录目标网站，记录登录后的 Cookie 数据。但这两种方式各有优缺点。

- 第一种方式需要爬虫开发人员自己来处理网站登录、Cookie 管理等复杂行为。这种方式的优点是完全由自己来控制程序，因此爬虫效率高、灵活性好；缺点是编程麻烦，尤其是当目标网站有非常强的反爬虫机制时，爬虫开发人员要花费大量的时间来处理。
- 第二种方式则完全使用真正的浏览器（比如 Firefox、Chrome 等）来模拟登录。这种方式的优点是简单、易用，而且几乎可以轻松登录所有网站（因为本来就是用浏览器登录的，正常用户怎么访问，爬虫启动的浏览器也怎么访问）；缺点是需要启动浏览器，用浏览器加载页面，因此效率较低。

在使用 Scrapy 开发爬虫程序时，经常会整合 Selenium 来启动浏览器登录。

需要指出的是，Selenium 本身与爬虫并没有多大的关系，Selenium 开始主要是作为 Web 应用的自动化测试工具来使用的，广大 Java 开发人员对 Selenium（开始是用 Java 写成的）应该非常熟悉。Selenium 可以驱动浏览器对 Web 应用进行测试，就像真正的用户在使用浏览器测试 Web 应用一样。后来的爬虫程序正是借助于 Selenium 的这个功能来驱动浏览器登录 Web 应用的。

为了在 Python 程序中使用 Selenium，需要以下 3 步。

① 为 Python 安装 Selenium 库。运行如下命令，即可安装 Selenium。

```
pip install selenium
```

运行上面命令，安装成功后将会看到如下提示信息。

```
Installing collected packages: selenium
Successfully installed selenium-3.14.0
```

② 为 Selenium 下载对应的浏览器驱动。Selenium 支持 Chrome、Firefox、Edge、Safari 等各种主流的浏览器，登录 https://selenium-python.readthedocs.io/installation.html#drivers 即可看到各浏

览器驱动的下载链接。

本章我们将驱动 Firefox 来模拟登录，因此，通过其页面的链接来下载 Firefox 对应的驱动（对于 32 位操作系统，下载 32 位的驱动；对于 64 位操作系统，下载 64 位的驱动）。下载完成后将得到一个压缩包，解压该压缩包将得到一个 geckodriver.exe 文件，可以将该文件放在任意目录下，本项目将该驱动文件直接放在项目目录下。

③ 安装目标浏览器。比如本项目需要启动 Firefox 浏览器，那么就需要在目标机器上安装 Firefox 浏览器。

除安装 Firefox 浏览器之外，还应该将 Firefox 浏览器的可执行程序（firefox.exe）所在的目录添加到 PATH 环境变量中，以便 Selenium 能找到该浏览器。

经过上面 3 步，Python 程序即可使用 Selenium 来启动 Firefox 浏览器，并驱动 Firefox 浏览目标网站。

此处使用如下简单的程序进行测试。

程序清单：codes\20\selenium_test.py

```
from selenium import webdriver
import time

# 通过 executable_path 指定浏览器驱动的路径
browser = webdriver.Firefox(executable_path="WeiboSpider/geckodriver.exe")
# 等待 3 秒，用于等待浏览器启动完成
time.sleep(3)
# 浏览指定网页
browser.get("http://www.crazyit.org/")
# 暂停 5 秒
time.sleep(5)
```

如果成功安装了 Selenium，并成功加载了 Firefox 浏览器驱动，且 Firefox 的可执行程序所在的目录位于 PATH 环境变量中，运行上面程序，Firefox 浏览器将会被启动，并自动访问 http://www.crazyit.org/站点。

在成功安装了 Selenium、驱动及目标浏览器之后，接下来我们在 Scrapy 项目中整合 Selenium，通过 Scrapy+Selenium 来登录 weibo.com。

按照惯例，首先创建一个 Scrapy 项目。在命令行窗口中执行如下命令。

```
scrapy startproject WeiboSpider
```

然后在命令行窗口中进入 WeiboSpider 所在的目录下（不要进入 WeiboSpider\WeiboSpider 目录下），执行如下命令来生成 Spider 类。

```
scrapy genspider weibo_post "weibo.com"
```

上面两个命令执行完成后，一个简单的 Scrapy 项目就创建好了。

接下来需要修改 WeiboSpider\items.py、WeiboSpider\pipelines.py、WeiboSpider\spiders\weibo_post.py、WeiboSpider\settings.py 文件，将它们全部改为使用 UTF-8 字符集来保存。

本项目不再重复介绍使用 Scrapy 爬取普通文本内容的方法，而是重点介绍在 Scrapy 项目中整合 Selenium 的方法，因此不需要修改 items.py 和 pipelines.py 文件。

本项目直接修改 weibo_post.py 文件，在 Spider 类中整合 Selenium 调用 Firefox 登录 weibo.com，接下来爬虫程序即可利用登录后的 Cookie 数据来访问 weibo 内容。

使用 Selenium 调用 Firefox 登录 weibo.com，首先肯定要对 weibo.com 的登录页面进行分析，不过前面两个项目已经详细介绍了这种分析过程，故此处直接给出分析结果。

- weibo 的登录页面是：https://weibo.com/login/。
- 在登录页面中输入用户名的文本框是：//input[@id="loginname"]节点。

➢ 在登录页面中输入密码的文本框是：//input[@type="password"]节点。
➢ 在登录页面中登录按钮是：//a[@node-type="submitBtn"]节点。

通过分析得到以上内容之后，接下来可以在 Spider 类中额外定义一个方法来使用 Selenium 调用 Firefox 登录 weibo.com。该 Spider 类的代码如下。

程序清单：codes\20\WeiboSpider\WeiboSpider\spiders\weibo_post.py

```
import scrapy
from selenium import webdriver
import time

class WeiboPostSpider(scrapy.Spider):
    name = 'weibo_post'
    allowed_domains = ['weibo.com']
    start_urls = ['http://weibo.com/']
    def __init__(self):
        # 定义保存登录成功之后的 Cookie 的变量
        self.login_cookies = []
    # 定义发送请求的请求头
    headers = {
        "Referer": "https://weibo.com/login/",
        'User-Agent': "Mozilla/5.0 (Windows NT 6.1; Win64; x64; rv:61.0)
Gecko/20100101 Firefox/61.0"
    }
    def get_cookies(self):
        '''使用 Selenium 模拟浏览器登录并获取 Cookies'''
        cookies = []
        browser = webdriver.Firefox(executable_path="geckodriver.exe")
        # 等待 3 秒，用于等待浏览器启动完成，否则可能报错
        time.sleep(3)
        browser.get("https://weibo.com/login/")  # ①
        # 获取输入用户名的文本框
        elem_user = browser.find_element_by_xpath('//input[@id="loginname"]')
        # 模拟输入用户名
        elem_user.send_keys('xxxxxxx') # ②
        # 获取输入密码的文本框
        elem_pwd = browser.find_element_by_xpath('//input[@type="password"]')
        # 模拟输入密码
        elem_pwd.send_keys('yyyyyyy')  # ③
        # 获取登录按钮
        commit = browser.find_element_by_xpath('//a[@node-type="submitBtn"]')
        # 模拟单击登录按钮
        commit.click()  # ④
        # 暂停 10 秒，等待浏览器登录完成
        time.sleep(10)
        # 登录成功后获取 Cookie 数据
        if "微博-随时随地发现新鲜事" in browser.title:
            self.login_cookies = browser.get_cookies()
        else:
            print("登录失败！")
    # start_requests 方法会在 parse 方法之前执行，该方法可用于处理登录逻辑
    def start_requests(self):
        self.get_cookies()
        print('====================', self.login_cookies)
        # 开始访问登录后的内容
        return [scrapy.Request('https://weibo.com/lgjava/home',
            headers=self.headers,
            cookies=self.login_cookies,
            callback=self.parse)]
```

```
    # 解析服务器响应内容
    def parse(self, response):
        print('~~~~~~~parse~~~~~')
        print("是否解析成功:", '疯狂软件李刚' in response.text)
```

上面程序中①号粗体字代码控制 Firefox 打开 weibo.com 的登录页面：https://weibo.com/ login/；②号粗体字代码控制 Firefox 在登录页面的用户名文本框中输入用户名；③号粗体字代码控制 Firefox 在登录页面的密码文本框中输入密码；④号粗体字代码模拟用户单击登录页面中的“登录”按钮。

上面 Spider 程序重写了两个方法：start_requests(self)和 parse(self, response)，其中 start_request (self)方法会在 Scrapy 发送请求之前执行，该方法中的粗体字代码调用 self.get_ cookies()方法来登录 weibo.com，并保存登录之后的 Cookie 数据，这样该爬虫程序即可成功访问登录之后的 https://weibo.com/lgjava/home 页面（这是我的 weibo 主页，读者在测试时应换成登录账户对应的主页）。

本项目的 parse(self, response)方法并未 yield item，只是简单地判断了 response 中是否包含登录账号信息——因为本项目只是示范在 Scrapy 项目中如何整合 Selenium 进行登录，至于登录之后如何提取信息，前面两个项目已多次介绍，故本项目不再重复讲解。

接下来依然需要对 settings.py 文件进行修改——增加一些自定义请求头（用于模拟浏览器），设置启用指定的 Pipeline。下面是本项目修改后的 settings.py 文件。

程序清单：codes\20\WeiboSpider\WeiboSpider\settings.py

```
BOT_NAME = 'WeiboSpider'

SPIDER_MODULES = ['WeiboSpider.spiders']
NEWSPIDER_MODULE = 'WeiboSpider.spiders'

ROBOTSTXT_OBEY = False

# 配置默认的请求头
DEFAULT_REQUEST_HEADERS = {
    "User-Agent" : "Mozilla/5.0 (Windows NT 6.1; Win64; x64; rv:61.0) Gecko/20100101 
Firefox/61.0",
    'Accept': 'text/html,application/xhtml+xml,application/xml;q=0.9,*/*;q=0.8'
}

# 配置使用 Pipeline
ITEM_PIPELINES = {
    'WeiboSpider.pipelines.WeibospiderPipeline': 300,
}
```

留心上面的 ROBOTSTXT_OBEY 配置，这行配置代码指定该爬虫程序不遵守该站点下的 robot.txt 规则文件（Scrapy 默认遵守 robot.txt 规则文件），强行爬取该站点的内容。

经过上面配置，接下来在 WeiboSpider 目录下执行如下命令来启动爬虫。

```
scrapy crawl weibo_post
```

运行该爬虫程序，即可看到它会自动启动 Firefox 来登录 weibo.com，并可以在命令行窗口中看到如图 20.16 所示的输出信息。

从该爬虫程序的运行过程来看，整合 Selenium 之后 Scrapy 的运行速度明显慢了很多。因此，Scrapy 通常只使用 Selenium 控制浏览器执行登录，不会使用 Selenium 控制浏览器执行普通下载，普通下载使用 Scrapy 自己的下载中间件即可（效率更高）。

一句话：只要技术到位，网络上没有爬取不到的数据。当然，如果有些网站的数据属于机密数据，并且这些网站也已经采取种种措施来阻止非法访问，但是你非要越过层层限制去访问这些数据，这就涉嫌触犯法律了。因此，爬虫也要适可而止。

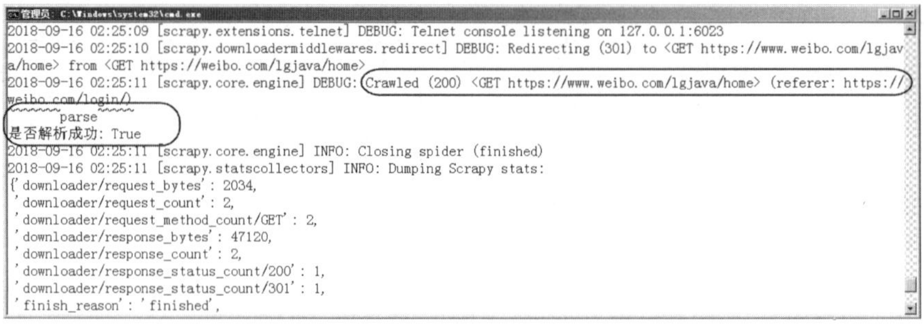

```
管理员: C:\Windows\system32\cmd.exe
2018-09-16 02:25:09 [scrapy.extensions.telnet] DEBUG: Telnet console listening on 127.0.0.1:6023
2018-09-16 02:25:10 [scrapy.downloadermiddlewares.redirect] DEBUG: Redirecting (301) to <GET https://www.weibo.com/lgjav
a/home> from <GET https://weibo.com/lgjava/home>
2018-09-16 02:25:11 [scrapy.core.engine] DEBUG: Crawled (200) <GET https://www.weibo.com/lgjava/home> (referer: https://
weibo.com/login/)
~~~~~~parse~~~~~
是否解析成功: True
2018-09-16 02:25:11 [scrapy.core.engine] INFO: Closing spider (finished)
2018-09-16 02:25:11 [scrapy.statscollectors] INFO: Dumping Scrapy stats:
{'downloader/request_bytes': 2034,
 'downloader/request_count': 2,
 'downloader/request_method_count/GET': 2,
 'downloader/response_bytes': 47120,
 'downloader/response_count': 2,
 'downloader/response_status_count/200': 1,
 'downloader/response_status_count/301': 1,
 'finish_reason': 'finished',
```

图 20.16　Scrapy 整合 Selenium 实现登录

20.4　本章小结

本章详细介绍了使用 Scrapy 开发爬虫程序的方法和步骤。Scrapy 是 Python 领域专业的爬虫开发框架，Scrapy 框架已经完成爬虫程序的大部分通用工作，因此使用 Scrapy 开发爬虫项目既简单又方便。读者需要重点掌握使用 Scrapy 开发爬虫项目的核心步骤：①定义 Item 类；②开发 Spider，Spider 负责从网页上提取感兴趣的数据，也提取翻页链接；③开发 Pipeline，Pipeline 负责将 Spider 提取的数据写入文件或数据库中。在此基础上，读者需要区别对待静态网页和动态网页，这两种网页的数据爬取方式略有差异。

本章还介绍了针对反爬虫网站的一系列应对方法，包括通过自定义下载中间件来随机改变 Scrapy 爬虫项目的 IP 地址等。本章最后介绍了使用 Scrapy 整合 Selenium 来实现自动化登录，通过这种方式可以让爬虫程序突破网页登录的限制，爬取那些受保护的信息。这些技巧都是开发爬虫项目的实用技术，值得读者认真掌握。

▶▶本章练习

1．使用爬虫爬取某房产网站上广州地区的房屋出租信息，并分析广州地区出租房屋的热点区域。

2．使用爬虫自动下载 http://desk.zol.com.cn/网站上的所有“风景”壁纸。

3．整合 Seleniun 登录 crazyit.org 论坛，爬取该论坛“Java 技术”板块下的所有讨论帖子，并将数据保存到 MySQL 数据库中。